Handbuch der Werkstoffprüfung

Herausgegeben
unter besonderer Mitwirkung
der Staatlichen Materialprüfungsanstalten Deutschlands
der zuständigen Forschungsanstalten der Hochschulen
der Kaiser-Wilhelm-Gesellschaft und der Industrie
sowie der Eidgenössischen Materialprüfungs-
anstalt Zürich

Von

Erich Siebel

Erster Band:

Prüf- und Meßeinrichtungen

Springer-Verlag Berlin Heidelberg GmbH
1940

Prüf- und Meßeinrichtungen

Bearbeitet von

R. Berthold, Berlin · A. Eichinger, Zürich-Düsseldorf
W. Ermlich, Berlin · G. Fiek, Berlin · L. Föppl, München
R. Glocker, Stuttgart · E. Lehr, Augsburg · E. Siebel
Stuttgart · O. Vaupel, Berlin

Herausgegeben von

Professor Dr.-Ing. E. Siebel
Vorstand der Materialprüfungsanstalt
an der Technischen Hochschule Stuttgart

Mit 763 Textabbildungen

Springer-Verlag Berlin Heidelberg GmbH
1940

ISBN 978-3-662-35760-6 ISBN 978-3-662-36590-8 (eBook)
DOI 10.1007/978-3-662-36590-8

Ursprünglich erschienen bei Julius Springer in Berlin 1940.

Vorwort zum ersten und zweiten Band.

Die schnelle Entwicklung, welche das Werkstoffprüfwesen in den letzten Jahrzehnten genommen hat, ließen den Wunsch nach einer umfassenden Darstellung des augenblicklichen Standes in Erscheinung treten. Der Zeitpunkt erscheint für ein derartiges Unternehmen insofern günstig, als die Entwicklung auf einigen Gebieten, wie z. B. bei den Prüfeinrichtungen und Prüfverfahren bei ruhender Beanspruchung, den technologischen Prüfverfahren, den Meßverfahren, den metallographischen Untersuchungsverfahren usw. zu einem gewissen Abschluß gekommen ist. Auf anderen Gebieten, ich nenne hier nur die Untersuchungen über das Festigkeitsverhalten in der Wärme, die Verfahren zur zerstörungsfreien Prüfung u. a., bringt jeder Tag noch neue Fortschritte. Aber auch hier dürfte die Schilderung des bisher Erreichten als Grundlage für die weitere Entwicklung wertvoll sein. Der Hauptzweck eines derartigen Handbuches aber wird der bleiben, dem Werkstoffprüfer über die Grenzen seines Sondergebietes hinaus die schnelle und gründliche Orientierung über alle Fragen des Werkstoffprüfwesens zu ermöglichen.

Eine Schwierigkeit bei der Bearbeitung ergab sich dadurch, daß das Werkstoffprüfwesen und die allgemeine Werkstofforschung äußerst eng miteinander verbunden sind, so daß es nicht einfach ist, immer die richtigen Grenzen zu ziehen. Das Handbuch beschränkt sich bewußt auf die Schilderung der Prüfeinrichtungen und Prüfverfahren, wobei die Forschungsarbeiten nur soweit angeführt sind, als sie der Entwicklung der Einrichtungen und Prüfverfahren dienen.

Die Gliederung des Handbuches ist so erfolgt, daß im ersten Band die Prüfmaschinen und Sondereinrichtungen sowie die Meßverfahren und -einrichtungen geschildert sind, während der zweite Band die Prüfung der metallischen Werkstoffe umfaßt. Ein dritter Band über die Prüfung der Baustoffe ist in Bearbeitung. Weitere Bände über die Papierprüfung, die Prüfung der Textilien und der Kunststoffe sind in Vorbereitung. Die Trennung nach maschinellen Einrichtungen und Prüfverfahren ist natürlich nur mit gewissen Einschränkungen möglich, hat sich aber ohne besondere Schwierigkeiten durchführen lassen. Sie erlaubt es, im ersten Band die maschinellen Einrichtungen und die Meßverfahren in dem Umfang zu behandeln, der der Wichtigkeit dieses Gebietes entspricht. Sie hat sich auch aus dem Grunde als zweckmäßig ergeben, weil diese Einrichtungen und Meßverfahren ja auch bei den in den weiteren Bänden behandelten Prüfverfahren Verwendung finden. Hingegen erwies es sich als notwendig, die Schilderung der Sondereinrichtungen für Versuche in der Wärme und in der Kälte sowie für metallographische und spektrographische Untersuchungen bei den entsprechenden Abschnitten des zweiten Bandes zu belassen.

Die Herausgabe des Handbuches war dadurch möglich, daß aus dem Kreise der Staatlichen Materialprüfungsanstalten, der Hochschulen, der Kaiser-Wilhelm-Institute, der Industrie und der Eidgenössischen Materialprüfungsanstalt Zürich die Mitarbeiter für die Bearbeitung der einzelnen Unterabschnitte gewonnen werden konnten.

Stuttgart, im November 1939.

E. SIEBEL.

Inhaltsverzeichnis.

Einleitung:

Allgemeine Grundlagen der Werkstoffprüfung.

Von Professor Dr.-Ing. **ERICH SIEBEL**, Staatliche Materialprüfungsanstalt an der Technischen Hochschule Stuttgart.

I. Prüfmaschinen für ruhende Belastung.

Von Professor Dipl.-Ing. **GEORG FIEK**, Berlin-Dahlem, Staatliches Materialprüfungsamt.

II. Untersuchung der Prüfmaschinen mit ruhender Belastung und der Nachprüfgeräte.

Von Professor Dipl.-Ing. **WALTER ERMLICH**, Berlin-Dahlem, Staatliches Materialprüfungsamt.

III. Prüfmaschinen und Einrichtungen für stoßartige Beanspruchung.

Von Obering. Dr.-Ing. habil. **ERNST LEHR**, Augsburg, Maschinenfabrik Augsburg-Nürnberg.

IV. Prüfmaschinen für schwingende Beanspruchung.

Von Obering. Dr.-Ing. habil. **ERNST LEHR**, Augsburg, Maschinenfabrik Augsburg-Nürnberg.

V. Sondereinrichtungen.

Von Dipl.-Ing. **ANTON EICHINGER**, Düsseldorf, Kaiser-Wilhelm-Institut für Eisenforschung.

VI. Meßverfahren und Meßeinrichtungen für Dehnungsmessungen.

Von Obering. Dr.-Ing. habil. **Ernst Lehr**, Augsburg, Maschinenfabrik Augsburg-Nürnberg.

VII. Spannungsoptische Messungen.

Von Professor Dr. phil. **LUDWIG FÖPPL**, München.

VIII. Verfahren und Einrichtungen zur röntgenographischen Spannungsmessung.

Von Professor Dr. **RICHARD GLOCKER**, Stuttgart,
Kaiser-Wilhelm-Institut für Metallforschung.

IX. Zerstörungsfreie Werkstoffprüfung.

Von Professor Dr.-Ing. **RUDOLF BERTHOLD** und Dr. phil. **OTTO VAUPEL**, Berlin-Dahlem,
Reichs-Röntgenstelle beim Staatlichen Materialprüfungsamt.

Einleitung.

Allgemeine Grundlagen der Werkstoffprüfung.

Von **Erich Siebel**, Stuttgart.

1. Verfahren und Ziele der Werkstoffprüfung.

Als Werk- und Baustoffe bezeichnet man diejenigen Materialien, die zur Herstellung von Maschinen, Fahrzeugen und Bauwerken aller Art verwendet werden. Tabelle 1 gibt einen Überblick über die *industriellen Werkstoffe.* Das gemeinsame Merkmal derselben ist ihre *Festigkeit,* welche sie zur Aufnahme der in den Bauteilen auftretenden Kraftwirkungen befähigt. Es kommen daher nur feste Körper für diese Art der Verwendung in Frage. Im übrigen kann der Aufbau der Werk- und Baustoffe weitgehend wechseln. Meist weisen diese Stoffe mikrokristallines Gefüge auf wie die Metalle, zahlreiche Mineralien, sowie die Faserstoffe, Zellulose und Holz. Der Aufbau vermag homogen oder inhomogen zu sein, wobei mehrere Kristallarten nebeneinander auftreten können, oder wie beim Beton mehr oder weniger grobkörnige Bestandteile durch ein Bindemittel zusammengehalten werden. Neben den in der Natur vorkommenden anorganischen und organischen Stoffen erlangen die künstlichen Werkstoffe wie z. B. die Kunstharze, Kunstfasern, Zement und Beton eine immer größere Bedeutung.

Tabelle 1. Industrielle Werkstoffe.

I. Metallische Werkstoffe:
- Gußeisen und Stahl
- Nichteisenmetalle

II. Mineralische Baustoffe und Erzeugnisse:
- Naturgesteine
- Bindemittel, Zement und Beton
- Gebrannte Steine und keramische Erzeugnisse
- Straßenbaustoffe
- Gläser

III. Organische Bau- und Werkstoffe:
- Holz und Kork
- Zellstoff und Papier
- Faserstoffe
- Häute und Leder
- Gummi
- Kunststoffe

Die Grundlage für die Verwendbarkeit eines Stoffes als Werk- und Baustoff bildet nach dem Gesagten sein Festigkeitsverhalten. Außer den *Festigkeitseigenschaften* können jedoch auch die für die Verarbeitung maßgebenden *technologischen Eigenschaften,* wie z. B. eine leichte Formbarkeit, oder *physikalische Eigenschaften,* wie ein gutes oder schlechtes elektrisches Leitvermögen, die Wärmeleitfähigkeit usw., oder *chemische Eigenschaften,* wie Korrosionsbeständigkeit und Zunderbeständigkeit, den Verwendungszweck eines Werkstoffes bestimmen. Die richtige Auswahl der Werkstoffe und ihre günstigste Ausnutzung in den daraus hergestellten Bauteilen ist nur dann gewährleistet, wenn ihre Eigenschaften genau bekannt sind. Es ergibt sich daraus die Notwendigkeit, diese Eigenschaften durch die Werkstoffprüfung festzulegen und zu überwachen.

Die hierfür entwickelten *Prüfverfahren* lassen sich nach der Art der zu ermittelnden Eigenschaften einteilen in

1. **Mechanisch-technologische Prüfverfahren** zur Bestimmung der *Festigkeitseigenschaften*, d. h., der Grenzbeanspruchungen bis zum Auftreten bleibender Formänderungen oder bis zum Bruch, der entsprechenden Grenzformänderungen, sowie des elastischen Verhaltens;

zur Bestimmung der *Oberflächeneigenschaften*, die durch den Eindringwiderstand (Härte), sowie durch den Abnutzungs- und Verschleißwiderstand gekennzeichnet sind;

zur Bestimmung der *für die Formgebung maßgebenden Eigenschaften*, also insbesondere zur Ermittlung des Formänderungswiderstandes und des Formänderungsvermögens bei der bildsamen Formgebung, sowie des Verhaltens bei der spanabhebenden Formgebung;

zur Bestimmung der *für den Zusammenbau maßgebenden Eigenschaften*, wie z. B. der Schweißbarkeit.

2. **Physikalische Prüfungen** zur Bestimmung des Raumgewichtes, der Kennwerte für die Federung und Wärmeausdehnung, der Wärmeleitfähigkeit und spezifischen Wärme;

zur Bestimmung der elektrischen und magnetischen Eigenschaften;
zur Bestimmung der chemischen Zusammensetzung (Spektralanalyse);
zur Bestimmung des Feinbaues der Werkstoffe.

3. **Metallographische Prüfungen** zur Bestimmung des Gefügeaufbaues; zur Ermittlung und Überwachung von Zustandsänderungen;

4. **Chemische Prüfungen** zur Bestimmung der chemischen Zusammensetzung der Werkstoffe und ihrer Widerstandsfähigkeit gegen chemischen Angriff.

5. **Zerstörungsfreie Prüfungen** zur Ermittlung von Rissen, Unganzheiten und Ungleichförmigkeiten.

Ziel der Werkstoffprüfung wird es stets bleiben, die Eigenschaften der Werkstoffe durch die Ermittlung der maßgebenden Stoffwerte voll zu erfassen[1]. Dieses Ziel wird sich bei allen den Eigenschaften verwirklichen lassen, bei denen die Abhängigkeit von den verschiedenen Einflußgrößen klar erkannt und durch eindeutige Gesetze festgelegt ist. So können zahlreiche physikalische Eigenschaften als reine Werkstoffkennwerte zahlenmäßig bestimmt werden. Es ist dies insbesondere bei den elektrischen und magnetischen Eigenschaften, sowie bei den Wärmeeigenschaften der Fall. Auch über den Aufbau und Feinbau der Werkstoffe können eindeutige Angaben gemacht werden. Das gleiche gilt von der chemischen Zusammensetzung, die durch chemische Prüfungen oder mit Hilfe der Spektralanalyse nach Art und Menge festgelegt werden kann.

Grundsätzlich anders liegen die Verhältnisse bei den mechanischen und technologischen Eigenschaften. Es zeigt sich nämlich, daß diese Eigenschaften weitgehend von den Beanspruchungsverhältnissen abhängig sind, unter denen sie ermittelt werden. Einzig die Elastizitätswerte, also Elastizitätsmodul und Querdehnungsziffer, erweisen sich als reine Werkstoffkennwerte. Die eigentliche Werkstoff-Festigkeit wie auch die Zähigkeit oder Sprödigkeit des Werkstoffes wird verschieden sein, je nachdem, wie die Festigkeitsprüfung durchgeführt wird. Es ist daher erforderlich, die Prüfung bei verschiedenen Beanspruchungsarten vorzunehmen und aus den einzelnen Ergebnissen ein Bild von dem Gesamtverhalten des Werkstoffes zu gewinnen.

[1] BAUSCHINGER hat im ersten Heft der Mitteilungen aus dem Mechanisch-technischen Laboratorium der Kgl. Polytechnischen Schule in München die Aufgaben dieser ältesten deutschen „Materialprüfungsanstalt" wie folgt gekennzeichnet: „Diese Aufgabe besteht einfach darin, die Konstanten der Mechanik, deren Kenntnis für die Anwendung der Prinzipien dieser Wissenschaft in der Praxis notwendig ist, zu bestimmen."

2. Festigkeitsprüfung und -forschung.

Nach Art der Kraftwirkung vermag man die in Tabelle 2 zusammengestellten mechanischen Prüfungen zu unterscheiden. Bei den Festigkeitsversuchen werden prismatische Probeformen und möglichst einfache Kraftwirkungen bevorzugt. Versuche mit mehrachsiger Beanspruchung kommen nur für die Klärung festigkeitstheoretischer Fragen in Betracht. Die Versuche können statisch mit kleiner Formänderungsgeschwindigkeit oder als Dauerstandversuche, dynamisch mit großer Formänderungsgeschwindigkeit oder mit wechselnder Belastung durchgeführt werden. Alle diese Versuche führen

Tabelle 2. Festigkeitsprüfungen.

Kraftwirkung	Schema	Prüfverfahren	Festigkeitseigenschaften [1]	Bevorzugte Anwendung
Zug		Zugversuch	Zugfestigkeit (σ_B), Bruchdehnung (δ) und Einschnürung (ψ)	Prüfung metallischer und organischer Werkstoffe
		Dauerstandversuch	Dauerstandfestigkeit σ_D	Prüfung metallischer Werkstoffe in der Wärme
		Schlagzugversuch	Spezifische Bruch-Schlagarbeit	Selten angewendet
		Schwingungsversuch	Schwingungsfestigkeit (σ_W)	Prüfung metallischer Werkstoffe
Druck	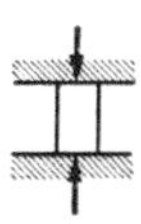	Druckversuch	Druckfestigkeit (σ_{dB}),	Prüfung von Baustoffen, Gesteinen usw.
		Stauchversuch	Spezifische Bruch-Schlagarbeit	Für metallische Werkstoffe selten angewendet
		Knickversuch	Knickfestigkeit (σ_K)	Prüfung von Konstruktionsteilen
Biegung	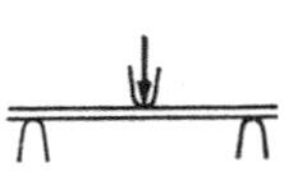	Biegeversuch	Biegefestigkeit (σ_{bB}), Bruchdurchbiegung (f)	Prüfung von Baustoffen, Gußeisen
		Schlagbiegeversuch	Spezifische Bruch-Schlagarbeit (Schlagbiegefestigkeit)	Prüfung von Kunstharzen u. a.
		Kerbschlagbiegeversuch	Spezifische Bruch-Schlagarbeit (Kerbschlagzähigkeit)	Prüfung von Baustählen
		Dauerbiegeversuch	Biegeschwingungsfestigkeit (σ_{bW})	Prüfung metallischer Werkstoffe
Verdrehung		Verdrehungsversuch	Verdrehungsfestigkeit (τ_{tB})	Als Festigkeitsprüfung selten
		Drehschwingungsversuch	Verdrehungs-Schwingungsfestigkeit (τ_{tW})	Prüfung metallischer Werkstoffe
Abscheren	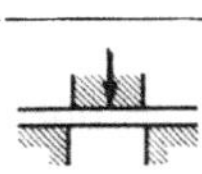	Scherversuch	Scherfestigkeit (τ_{aB})	Prüfung von Gußeisen
Örtliche Pressung	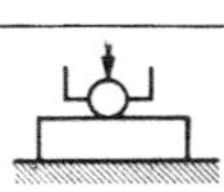	Härteprüfung	Eindringwiderstand (Härte H)	Prüfung metallischer Werkstoffe

[1] Genormte Zeichen nach DIN 1602, 4. Ausgabe, März 1936.

zu verschiedenartigen Ergebnissen, wobei jede Versuchsart meist noch verschiedene Kennwerte für die Festigkeitseigenschaften und Zähigkeitseigenschaften liefert. Aufgabe der Werkstoffmechanik und der Festigkeitsforschung ist es, die zwischen den Ergebnissen der verschiedenen Prüfverfahren bestehenden Zusammenhänge klarzustellen und eindeutige Schlüsse vom Verhalten der Werkstoffe bei der Festigkeitsprüfung auf das Verhalten im Bauteil zu ermöglichen (vgl. Bd. II, Abschn. XII, W. KUNTZE, Festigkeitstheoretische Untersuchungen).

Anzustreben bleibt es selbstverständlich, das Festigkeitsverhalten der Werkstoffe durch möglichst wenige Festigkeits- und Zähigkeitswerte zu kennzeichnen. Solange die vorstehend geschilderten Zusammenhänge noch nicht voll erkannt sind, kann man auf die Vielzahl der Prüfverfahren und der daraus hergeleiteten Werkstoffkennwerte nicht verzichten, wobei man die Prüfung möglichst den Betriebsverhältnissen des entsprechenden Bauteiles anpassen wird. Man muß jedoch stets im Auge behalten, daß auch die so erlangten Festigkeitswerte das Festigkeitsverhalten des Werkstoffes im Bauteil noch nicht vollständig festlegen, da hier Formeinflüsse auftreten, die am glatten Probestab nicht zu ermitteln sind.

Die bedingte Geltung der an glatten Probestäben gewonnenen Festigkeitswerte für die Festigkeitsrechnung ist in allen den Fällen ohne Bedeutung, in denen es nur auf einen *Vergleich* der Festigkeitszahlen ankommt. Eine derartige Handhabung der Festigkeitsprüfverfahren ist z. B. bei der Überwachung der Werkstoffherstellung oder bei der Abnahme der Werkstoffe gegeben. Hier wird man sich meist mit der Verfolgung der Festigkeitseigenschaften und Zähigkeitswerte im einfachen Zugversuch und durch wenige technologische Versuche begnügen, auch wenn der Werkstoff im Betrieb in anderer Weise beansprucht wird. Ein derartiges Verfahren erscheint durchaus zulässig, wenn der Zusammenhang zwischen den maßgebenden Festigkeitswerten und den Ergebnissen des Zugversuches durch Forschung und Erfahrung erwiesen ist.

Zahlreiche Forschungsarbeiten haben sich mit dem Nachweis derartiger Zusammenhänge durch besondere Versuche oder statistische Auswertung von geeigneten Betriebsunterlagen beschäftigt. Es konnten so z. B. Beziehungen zwischen der Zugfestigkeit und der Schwingungsfestigkeit, zwischen Zugfestigkeit und Härte sowie zwischen den Ergebnissen der verschiedenen Arten der Härteprüfung ermittelt werden. Auch zwischen den bei Raumtemperatur und in der Wärme vorhandenen Festigkeitseigenschaften lassen sich bei bestimmten Werkstoffgruppen Zusammenhänge nachweisen, desgleichen zwischen der Gefügeausbildung und der Festigkeit, Kerbzähigkeit usw.

Während die Lücke in der Festigkeitsforschung sich, solange es sich um die bloße Überwachung der Werkstoffe bei der Herstellung und Abnahme handelt, nur in geringem Umfange störend bemerkbar macht, treten bereits Schwierigkeiten auf, wenn die Aufgabe vorliegt, in einem bewährten Bauteil den bisher benutzten Werkstoff durch einen anderen zu ersetzen. Schon bei ruhender Belastung läßt sich die Auswirkung einer Steigerung der Werkstoff-Festigkeit auf das Verhalten des Bauteiles im Betrieb nicht mit Sicherheit voraussagen, da in der Festigkeitsrechnung nur die eigentlichen Festigkeitskennwerte, also die Grenzbeanspruchungen, welche eine Verformung oder einen Bruch herbeiführen, in Erscheinung treten, das Zähigkeitsverhalten jedoch unberücksichtigt bleibt. Bei schwingender Beanspruchung gestattet der am glatten Probestab ermittelte Wert der Schwingungsfestigkeit noch weniger Schlüsse auf das Verhalten des Werkstoffes im Bauteil zu ziehen, da andere Faktoren, insbesondere die Kerbempfindlichkeit des Werkstoffes, sein Festigkeitsverhalten beeinflussen und sich zur Zeit durch einfache Prüfverfahren noch nicht voll erfassen lassen (vgl. Bd. II, Abschn. III, A. THUM, Festigkeitsprüfung bei schwingender Beanspruchung).

Bei dieser Sachlage bleibt der einzige Ausweg, nicht nur den Werkstoff zu prüfen, sondern auch das Festigkeitsverhalten der ganzen Bauteile zu untersuchen, obwohl dieses Verfahren den Nachteil hat, nicht mehr die Einzeleinflüsse getrennt zu erfassen (vgl. Bd. II, Abschn. I, H und III C). Die Prüfung des ganzen Bauteiles bietet, zumal bei Schwingungsbeanspruchung, die einzige Möglichkeit, um sichere Aussagen über das Verhalten des Werkstoffes in der Konstruktion zu gewinnen. Neben der Beurteilung des Betriebsverhaltens und der sorgfältigen Auswertung der auftretenden Schadensfälle liefert der Zerstörungsversuch hier die gewünschten Unterlagen über die Gestaltfestigkeit des Bauteiles. Für die praktische Durchführung derartiger Versuche ist es dabei von größter Wichtigkeit, daß die Lastwechselfrequenz das Dauerverhalten der Werkstoffe wenig beeinflußt, solange nicht Korrosionswirkungen an der allmählichen Zerstörung beteiligt sind. Die Versuche können daher mit hoher Lastwechselfrequenz durchgeführt, und so in verhältnismäßig kurzen Versuchszeiten Unterlagen über die Lebensdauer des Versuchsstückes gewonnen werden.

So groß die Erfolge sind, die durch die Prüfung des Werkstoffverhaltens im Bauteil hinsichtlich der günstigen Ausnutzung der Werkstoffe, der Steigerung der Lebensdauer von hochbeanspruchten Maschinenteilen, des richtigen Einsatzes neuer Werkstoffe usw. erzielt wurden, so weist diese Art der Untersuchung doch stets darauf hin, daß es mit den bisherigen Verfahren der eigentlichen Werkstoffprüfung noch nicht gelungen ist, alle für das Festigkeitsverhalten maßgebenden Eigenschaften zu erfassen. Es erscheint daher erforderlich, die Verfahren zur Festigkeitsprüfung in dieser Richtung weiter zu entwickeln und zu ergänzen. Erst die Schaffung einer Werkstoffmechanik, in welcher die Zusammenhänge zwischen Werkstoffkennwert und dem Festigkeitsverhalten im Bauwerk weitgehend festgelegt sind, vermag hier die richtigen Wege zu weisen.

3. Werkstoff- und Prüfvorschriften.

Die vorstehenden Ausführungen zeigen, welche Schwierigkeiten bei der mechanischen Werkstoffprüfung dadurch entstehen, daß die festigkeitstheoretischen Zusammenhänge bisher nur unvollständig erfaßt sind. Die ermittelten Werkstoffkennwerte erhalten daher den Charakter von Vergleichswerten oder Gütewerten, aus deren Größe nur mit Einschränkung auf das Verhalten des Werkstoffes im Bauwerk und bei der Verarbeitung geschlossen werden kann. Bei der praktischen Werkstoffprüfung treten noch weitere Schwierigkeiten hinzu, welche durch die Veränderlichkeit der Eigenschaften je nach der räumlichen Lage im Prüfstück, durch die Streuung der Kennwerte infolge der unvermeidbaren Abweichungen im Herstellungsgang und durch die von den Abweichungen in den Prüfbedingungen herrührenden Streuungen bedingt sind.

Die *Veränderlichkeit der Eigenschaften* an den verschiedenen Stellen eines Werkstückes oder Bauteiles ist bei den metallischen Werkstoffen durch die bei der Erstarrung auftretenden Entmischungsvorgänge (Seigerung) bedingt[1]. In einem Flußstahlblock werden die zuletzt erstarrenden Teile den größten Gehalt an Kohlenstoff und anderen Legierungsbestandteilen aufweisen. Die

[1] Weitere Ausführungen hierzu Bd. II, Abschn. IX, J. SCHRAMM, Metallographische Prüfung.

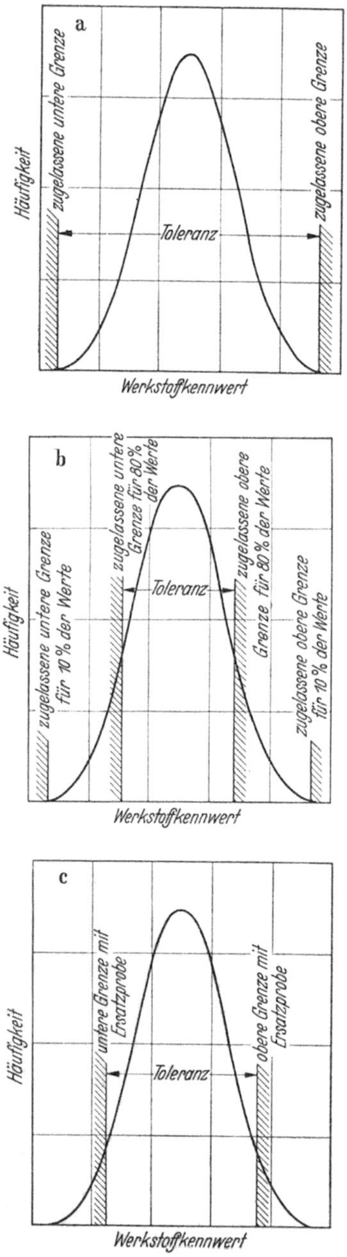

Abb. 1 a bis c. Zusammenhang zwischen Häufigkeitskurve und der Festlegung der Grenzwerte. a Ohne Anpassung an den Verlauf der Häufigkeitskurve. b Mit Anpassung an den Verlauf der Häufigkeitskurve. c Bei Zulassung von Ersatzproben.

Folge ist ein verschiedenartiges Festigkeitsverhalten von Kern und Außenzone sowie von Kopf und Fuß des Blockes, das auch bei der weiteren Verarbeitung erhalten bleibt. Andere Ursachen für Abweichungen in den Festigkeitseigenschaften können bei den Metallen die verschieden starke Durchschmiedung und die verschiedenartigen Abkühlungsbedingungen bei veränderlichen Querschnitten bilden. Bei den in der Natur vorkommenden Werkstoffen, insbesondere beim Holz, bringt der Wachstumsvorgang außerordentliche Festigkeitsunterschiede mit sich. Diese Unterschiede kann man bei der Werkstoffprüfung dadurch berücksichtigen, daß man den Verlauf der Eigenschaften in allen in Betracht kommenden Querschnittsteilen untersucht. Handelt es sich jedoch nur um eine vergleichende Prüfung, wie sie bei der Abnahme von Werkstücken meist vorliegt, so wird man sich damit begnügen, die Stellen, an welchen die Proben zu entnehmen sind, eindeutig festzulegen. Auf jeden Fall erfordert die *Probenentnahme* bei der mechanisch-technologischen Werkstoffprüfung in gleicher Weise wie bei der chemischen Prüfung genaueste Überlegung, wenn sie nicht die Veranlassung zu Fehlergebnissen bilden soll.

Die Beeinflussung der Werkstoffeigenschaften durch die unvermeidbaren *Abweichungen im Herstellungsgang* und die dadurch bedingte Streuung der Werkstoffkennwerte bei gleichartigen Werkstücken erfordert ebenfalls besondere Maßnahmen. Bei der Abnahme von Massenprodukten wie z. B. von Rohren, Blechen, Formeisen usw. wird es nur in den seltensten Fällen möglich sein, jedes einzelne Werkstück oder Bauteil zu untersuchen, zumal die mechanische Prüfung meist die Zerstörung des Werkstückes bei der Entnahme der Proben bedingt. Man begnügt sich in diesem Falle mit der Entnahme von Stichproben. Die oben gekennzeichnete Streuung der Werkstoffkennwerte führt nun dazu, daß die geforderten Festigkeitseigenschaften entweder gemäß Abb. 1 a nur an der unteren Grenze des natürlichen Streugebietes liegen dürfen, oder daß die Streuungen entsprechende Berücksichtigung finden müssen[1]. Liegt eine genügende Anzahl von Abnahmewerten vor, so besteht die Möglichkeit, eine Häufigkeitskurve aufzustellen und einen bestimmten Verlauf dieser Häufigkeitskurve als für die Abnahme der Werkstücke maßgebend zu vereinbaren (Abb. 1 b). Meist wird die Anzahl der Proben aber für ein derartiges Vorgehen zu gering sein. In diesem Falle vermag man den für die Abnahme geforderten Mindest-

[1] Vgl. K. DAEVES: Praktische Großzahl-Forschung. Berlin: VDI-Verlag 1933.

wert der betreffenden Werkstoffeigenschaften dadurch näher an den Wert der größten Häufigkeit heranzurücken, daß man beim Versagen einer Probe 1 oder 2 Ersatzproben zuläßt, welche den gestellten Bedingungen genügen müssen (Abb. 1c).

Die geschilderten Gesichtspunkte müssen bei der Aufstellung von *Werkstoffnormen* und *Abnahmevorschriften* auf das Sorgfältigste Beachtung finden. Ziel dieser Vereinbarungen muß es sein, die Güte sämtlicher Teile der Lieferung zu gewährleisten, ohne durch übertriebene Anforderungen Anlaß zu einer unnötigen Verteuerung der Herstellung zu geben. Entspricht die Häufigkeit eines Gütewertes bei normaler Fertigung z. B. Kurve *I* der Abb. 2, so würde eine Festlegung der Mindestanforderung durch die schraffiert bezeichnete Begrenzungslinie entweder bedingen, daß der Hersteller durch besondere Prüfverfahren alle Stücke, welche diesen Anforderungen nicht entsprechen, ausscheidet. Eine zweite Möglichkeit für den Hersteller besteht darin, durch Benutzung eines besseren Ausgangswerkstoffes unter Belassung des sonstigen Fertigungsganges die Häufigkeitskurve entsprechend *II* nach rechts zu verschieben. Die dritte Möglichkeit wäre die, durch eine sorgfältige Überwachung des ganzen Fertigungsganges die Grenzen der Streuung bei gleicher Lage des Höchstwertes gemäß *III* zu vermindern und so den Ausschuß zu verringern und den Abnahmebedingungen zu genügen. Zu prüfen bleibt stets, ob es nicht möglich ist, die Anforderungen herabzusetzen oder eine Ersatzprobe zuzulassen und so ohne Verteuerung des Werkstückes die Herstellung in normaler Fertigung zu ermöglichen.

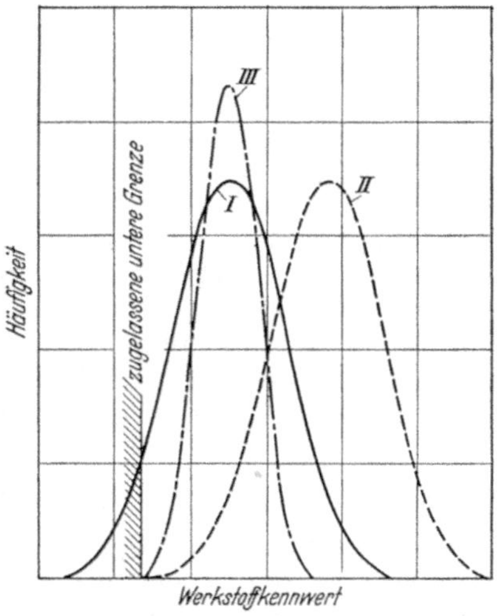

Abb. 2. Beeinflussung der Häufigkeitskurve eines Werkstoffkennwertes (*I*) durch Verbesserung des Ausgangswerkstoffes (*II*) oder Überwachung des Herstellungsganges (*III*).

Zu beachten ist, daß sich die Häufigkeitskurven eines Gütewertes infolge der Fortschritte in den Herstellungsverfahren allmählich zu günstigeren Werten verschieben, und daß auch die Anforderungen der weiterverarbeitenden Industrie an die gleichen Werkstoffe sich meist steigern. Von Zeit zu Zeit ist daher eine Nachprüfung der in den Normen und Abnahmebedingungen festgelegten Gütewerte und ihre Anpassung an die veränderten Verhältnisse erforderlich. Weiterhin ist zu beachten, daß die verschiedenartigen Werkstoffkennwerte meist in Abhängigkeit voneinander stehen. Bei Festlegung bestimmter Grenzwerte einer Eigenschaft sind für die hiermit gekuppelten Eigenschaften die Grenzen ebenfalls gegeben. Eine derartige Abhängigkeit ist z. B. bei den unlegierten Stählen zwischen dem Kohlenstoffgehalt und der Festigkeit, zwischen Festigkeit und Dehnung sowie zwischen Festigkeit und Härte vorhanden. Bei der Normung der Festigkeitseigenschaften muß auf diese Zusammenhänge Rücksicht genommen werden.

Die von den *Abweichungen in den Prüfbedingungen* herrührenden Streuungen der Prüfwerte können durch Fehler in den Anzeigen der Prüfmaschinen, durch Fehler bei der Herstellung oder der Ausmessung der Proben, bei der Ablesung der Meßgeräte und bei der Einspannung und Belastung der Proben hervorgerufen sein. Die Fehler in den Anzeigen der Prüfmaschine sucht man durch entsprechenden Bau und eine regelmäßige Eichung derselben in bestimmten Grenzen zu halten, die durch Vorschriften festgelegt werden (vgl. Bd. I,

Abschn. II, W. ERMLICH, Untersuchung der Prüfmaschinen). Die noch verbleibenden Streuungen lassen sich bei genügender Sorgfalt in der Versuchsdurchführung unter genauester Beachtung der festgelegten Prüfvorschriften weitgehend einschränken. Bei den Prüfmaschinen darf nach den deutschen Normen (DIN 1604) der Fehler in der Kraftanzeige höchstens $\pm 1\%$ erreichen. Unter Berücksichtigung der übrigen Prüfeinflüsse muß bei den Festigkeitswerten üblicherweise mit Abweichungen von etwa $\pm 2\%$ vom Sollwert gerechnet werden.

Für die laufende *Überwachung der Fertigung* und damit für die Einengung der Streuungen der Gütewerte des fertigen Werkstückes sind alle die Prüfungen von besonderer Bedeutung, welche sich ohne Entnahme von Proben an jedem Werkstück durchführen lassen. In Frage kommt hierfür z. B. eine Probebelastung. Beste Dienste leistet zur Verhinderung von Werkstoffverwechslungen oder von Fehlern in der Wärmebehandlung die Härteprüfung, welche auch bei Massenfertigung leicht an jedem Werkstück vorgenommen werden kann. In Sonderfällen können schnell durchzuführende chemische (Tüpfelanalyse) oder spektrographische Prüfverfahren dazu benutzt werden, um Werkstoffverwechslungen aufzuklären (vgl. Bd. II, Abschn. X und XI). Große Bedeutung besitzen für die laufende Überwachung noch die röntgenographischen und magnetischen Untersuchungsverfahren, die es gestatten, Materialtrennungen an der Oberfläche oder im Innern des Werkstückes ohne Zerstörung desselben zu erkennen, und so viele Ursachen für ein späteres Versagen von vornherein auszuschalten (vgl. Bd. I, Abschn. IX). Insbesondere für die Überwachung hochwertiger Schweißungen oder von hochbeanspruchten Teilen vermögen die zerstörungsfreien Prüfverfahren unschätzbare Dienste zu leisten.

4. Schadensuntersuchungen und Werkstoff-Forschung.

Ein wichtiges Sondergebiet der Werkstoffprüfung sind die *Schadensuntersuchungen*, durch welche die Ursachen für das Versagen eines Werkstückes ermittelt und durch Abstellen der erkannten Fehler in der Zusammensetzung oder Behandlung des Werkstoffes, in der Dimensionierung und Gestaltung des Werkstückes oder aber auch in den Betriebsbedingungen weitere Schäden vermieden werden sollen. Die vorstehende Aufzählung läßt bereits erkennen, wie verschiedenartig die Ursachen eines Schadensfalles sein können. Eine Schadensuntersuchung verspricht daher, wenn man von einfach liegenden Fällen absieht, meist auch nur dann einen Erfolg, wenn nicht nur eine Werkstoffprobe vorgelegt wird, sondern auch hinreichende Angaben über die Gestalt des Werkstückes und über die Betriebsbedingungen gemacht werden, welche zu einem Bruch oder einem sonstwie gearteten Versagen des Werkstückes geführt haben.

Welche Untersuchungsverfahren zur Aufklärung der Schadensursache herangezogen werden, wird von Fall zu Fall verschieden sein. Häufig wird eine Vereinigung mehrerer Untersuchungsverfahren am ehesten zum Ziele führen, wie z. B. die gleichzeitige Durchführung einer chemischen, mechanischen und metallographischen Untersuchung. Gerade die *metallographischen Untersuchungsverfahren* (vgl. Bd. II, Abschn. IX) haben bei der Aufklärung von Schadensfällen große Bedeutung erlangt, da sie es gestatten, Fehler in der Wärmebehandlung der Werkstücke mit Sicherheit nachzuweisen und auch über Entmischungserscheinungen, kleinste Rißbildungen u. a. m. Aufschluß zu geben. Doch kann auch jede andere Art der Werkstoffprüfung unter Umständen zur Aufklärung der Schäden wertvolle Dienste leisten. Der Findigkeit des mit der Durchführung der Untersuchung Betrauten wird es überlassen bleiben, an

Hand der vorliegenden Angaben und der zur Verfügung stehenden Versuchseinrichtungen einen gangbaren Weg für einen erfolgversprechenden Abschluß der Untersuchung zu finden.

In ähnlicher Weise wie bei den Schadensuntersuchungen wird auch bei der *Werkstoff-Forschung* von allen Arten der Werkstoffprüfung Gebrauch gemacht. In den meisten Fällen werden dabei bekannte Prüfverfahren als reine Vergleichsprüfungen benutzt, um darüber Aufschluß zu gewinnen, wie sich einzelne Eigenschaften durch bestimmte Maßnahmen beeinflussen lassen. Voraussetzung ist dabei, daß ein für den Forschungszweck geeignetes Prüfverfahren bereits vorliegt. Im andern Fall muß danach gestrebt werden, ein für den betreffenden Sonderzweck geeignetes Prüfverfahren neu ausfindig zu machen. So haben sich z. B. aus den Forschungsarbeiten über das Festigkeitsverhalten der metallischen Werkstoffe in der Wärme die Prüfverfahren zur Bestimmung der Dauerstandfestigkeit entwickelt, da die übliche Art der Festigkeitsprüfung im Kurzzeitversuch sich für diesen Sonderzweck als ungeeignet erwies. Die Erforschung neuer Werkstoffeigenschaften bedingt zwangläufig die Entwicklung neuer Prüfverfahren, die es gestatten, diese Eigenschaften auch zahlenmäßig zu erfassen.

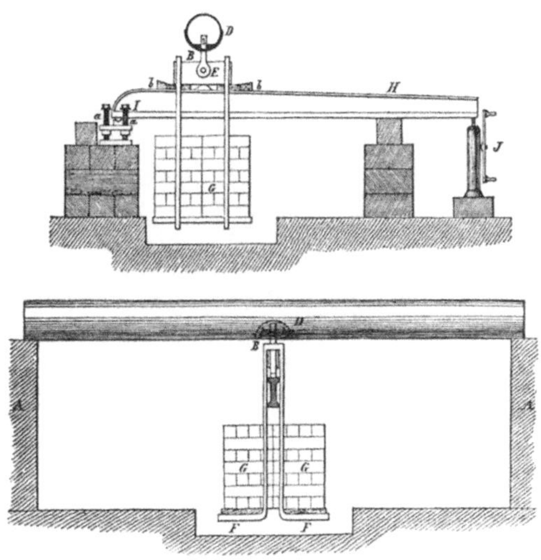

Abb. 3. Einrichtung für Festigkeitsversuche an röhrenförmigen Trägern nach FAIRBAIRN.

5. Entwicklung der Werkstoffprüfung.

Die *Entwicklung der Werkstoffprüfung*[1] hat sicherlich ihren Ausgang bei den technologischen Prüfverfahren genommen, welche ohne besondere Vorrichtungen eine erste Beurteilung des Werkstoffverhaltens ermöglichen. Umfangreiche Festigkeitsversuche scheinen erstmals durch RÉAUMUR und durch MUSSCHENBROEK durchgeführt worden zu sein, welche letzterer in seiner 1729 erschienenen Schrift „Introductio ad cohaerentiam corporum firmorum" die Verwendung von besonderen Prüfkörpern für Zugversuche an Holz und Metallen in Vorschlag bringt. Ein Bedürfnis zur Überwachung der Werkstoffeigenschaften zeigte sich zunächst bei der Herstellung der Geschütze. Die Entwicklung des Eisenbahnwesens in der ersten Hälfte des vorigen Jahrhunderts dürfte der Anlaß für die Entstehung der ersten Abnahmevorschriften und Lieferbedingungen für Schienen und Radsätze gewesen sein. Der Eisenbahnbau gab auch den Anlaß zu zahlreichen Festigkeitsversuchen an ganzen Bauteilen. In Abb. 3 ist die Versuchsanordnung wiedergegeben, welche 1845 von WILLIAM FAIRBAIRN benutzt wurde, um die Ausführbarkeit der von ROBERT STEPHENSON in Vorschlag gebrachten Röhrenbrücken nachzuprüfen[2]. Die Versuchsröhren *D* besaßen eine Länge von 18 Fuß also von etwa 6 m und einen Durchmesser von 12″ also von etwa 30 cm. Die Last *G* im Gewicht von mehreren Tonnen hing

[1] FRÉMONT, M. CH.: Évolution des Méthodes et des Appareils Employés pour L'Essai des Matériaux de Construction. Paris: Ch. Dunod 1900.

[2] FAIRBAIRN, WILLIAM: An account of the construction of the Britannia and Conway Tabular Bridges, S. 211. London 1849.

an einer Zugstange und konnte mit einer Winde *I*, die an einem Hebel *H* angriff, gesenkt und angehoben werden. Nachdem durch diese Versuche die günstigste Form für die röhrenförmigen Brückenträger, insbesondere auch die Wirkung der zellenförmigen Aussteifung des Obergurtes gegen Ausknicken festgelegt waren, wurden im Jahre 1846 noch Großversuche mit einem Träger durchgeführt, der der späteren Ausführung der Britaniabrücke in ein Sechstel der natürlichen Größe entsprach.

Die Durchführung der Festigkeitsuntersuchungen an Probestäben setzt den Bau entsprechender *Prüfmaschinen* voraus, welche mit Vorrichtung zur Messung der auftretenden Kräfte ausgerüstet sind. Der Bau der Materialprüfungsmaschinen nahm seinen Ausgang in Frankreich, wo bereits im Jahre

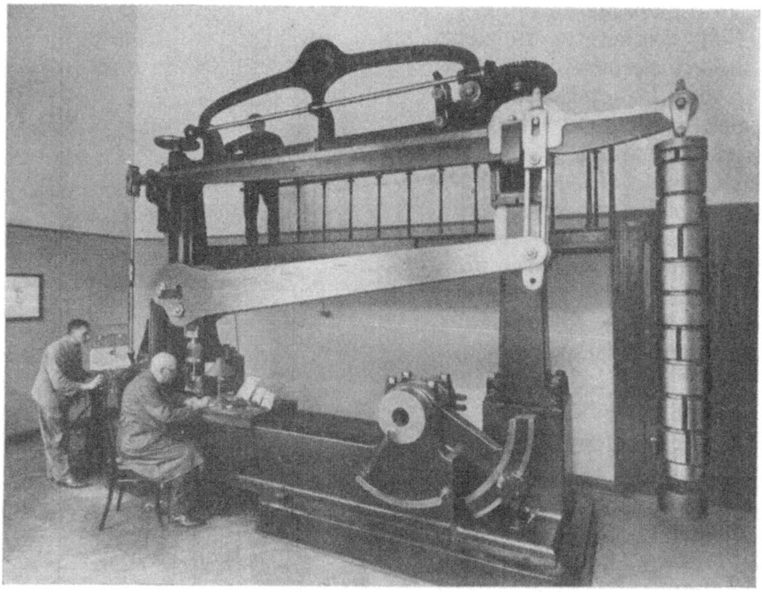

Abb. 4. Erste Materialprüfungsmaschine der Firma Krupp (1862).

1758 durch PERRONET eine für die Durchführung für Zug-Druck-Biegeversuche geeignete Einrichtung entwickelt wurde. In Deutschland wurde im Jahre 1852 von WERDER die erste Prüfmaschine entworfen, welche zunächst vorwiegend zur Prüfung von ganzen Bauteilen für Brückenbauwerke Verwendung fand. 1862 wurde bei der Firma Friedr. Krupp die erste aus England bezogene Materialprüfungsmaschine für Zugversuche an Probestäben aufgestellt (Abb. 4).

Während vor 1850 die Festigkeitseigenschaften der Werkstoffe nur in vereinzelten Fällen bestimmt werden konnten, wurden jetzt in immer steigendem Maße Festigkeitsprüfungen durchgeführt. Auch die staatlichen Behörden erkannten den Wert dieser Arbeiten und begannen sie zu unterstützen. So hat A. WÖHLER[1] seine Schwingungsversuche mit Eisen und Stahl in den Jahren 1860 bis 1870 auf Anordnung des Preuß. Ministers für Handel, Gewerbe und öffentliche Arbeiten durchgeführt. Diese Versuche wurden Anlaß für die Entstehung der „Königlich Preußischen Versuchsanstalten" in Berlin, aus denen das „Staatliche Materialprüfungsamt Berlin-Dahlem" hervorgegangen ist. 1872 wurde in München das „Mechanisch-Technologische Laboratorium"

[1] WÖHLER, A.: Dauerversuche mit Metallen. Z. Bauw. 1863—1870.

unter J. BAUSCHINGER eröffnet, welchem ebenfalls die Festigkeitsforschung oblag. Es folgte 1879 die Errichtung der „Eidgenössischen Materialprüfungsanstalt" in Zürich unter L. v. TETMAJER und 1882 die „Materialprüfungsanstalt Stuttgart" unter C. BACH. Welch stürmische Entwicklung die Arbeiten in diesen Anstalten im Laufe der letzten Jahrzehnte genommen, läßt am besten der Anstieg der in den Materialprüfungsanstalten tätigen Arbeitskräfte ermessen, welcher für die Staatliche Materialprüfungsanstalt Stuttgart in Abb. 5 wiedergegeben ist.

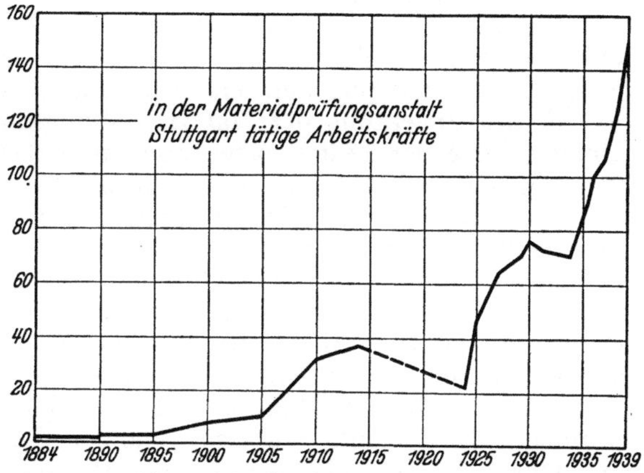

Abb. 5. Anzahl der in der Staatl. Materialprüfungsanstalt Stuttgart tätigen Arbeitskräfte.

In der Industrie hat eine stärkere Entwicklung des Materialprüfungswesens etwa um die gleiche Zeit eingesetzt. 1875 wurde bei Krupp eine „Probieranstalt" eingerichtet, in welcher die laufenden Materialprüfungen vorgenommen wurden. Den Stand der Materialprüfung auf den Werken der Eisenindustrie zu Beginn dieser Entwicklung kennzeichnet O. PETERSEN[1] wie folgt: „Anfang der achtziger Jahre kannte man zur Untersuchung nur ein paar technologische Proben, besonders die Biegeprobe. Man nahm eine oberflächliche Beurteilung des Bruchaussehens vor, machte, wenn es hoch kam, einen einfachen Zerreißversuch, ohne sich z. B. über den Einfluß der Meßlänge auf die Dehnung klar zu sein. Eine dem damaligen Stand der Probierkunst entsprechende, nicht immer ganz einwandfreie Analyse schloß sich an. Daß es einen Gefügeaufbau gab, davon dämmerte die erste Erkenntnis, aber das war auch alles. Auf dieser Grundlage ist das ganze große Gebäude der Werkstoffkunde in den (folgenden) 50 Jahren entstanden usw." Die Anzahl der in den Jahren 1890 bis 1910 bei Krupp und beim Borsigwerk (OS.) durchgeführten mechanischen Versuche ist in Abb. 6 und 7 dargestellt[2]. Die immer stärkere Bevorzugung des Zugversuches bei

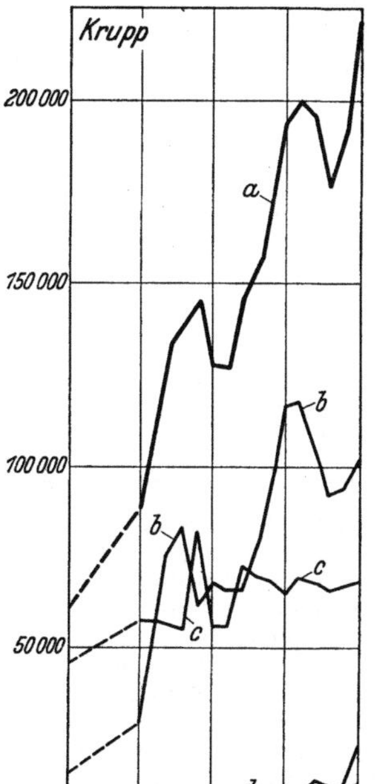

Abb. 6.

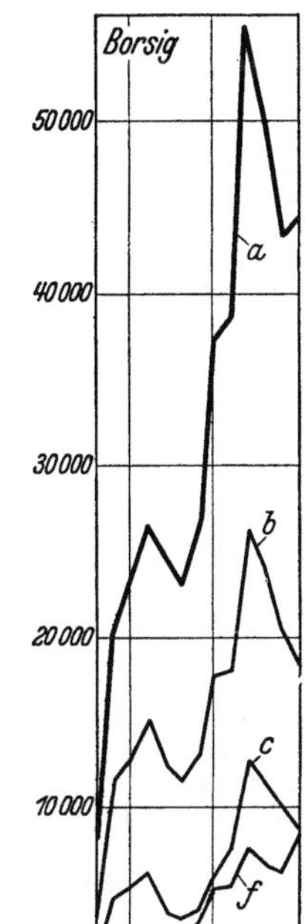

Abb. 7.

Abb. 6 und 7. Entwicklung der mechanischen Werkstoffprüfung bei der Friedr. Krupp AG. Essen und beim Borsigwerk OS. *a* Gesamtzahl der Versuche im Jahr; *b* Zugversuche; *c* Biegeversuche; *d* Schlag- und Fallproben; *e* Kugeldruckproben; *f* Schmiede- und Lochproben; *g* Kerbschlagproben.

[1] PETERSEN, O.: Stahl u. Eisen Bd. 52 (1932) S. 1f.

[2] Nach R. BAUMANN: Das Materialprüfungswesen usw. Beiträge zur Geschichte der Technik und Industrie. VDI-Jahrbuch 1912. Bd. 4, S. 147.

den mechanischen Prüfungen tritt dabei deutlich in Erscheinung. Seit 1900 hat das Materialprüfungswesen in der Industrie schnell einen ungeheueren Aufschwung genommen. Selbst kleinere Betriebe sind heute mit Einrichtungen ausgestattet, um die Güte der zu verarbeitenden Werkstoffe und der hergestellten Erzeugnisse zu überwachen. Größere Werke haben sich eigene Prüf- und Forschungsinstitute angegliedert.

Mit der Errichtung der Materialprüfungsanstalten war für die planmäßige Untersuchung der Festigkeitseigenschaften der Werkstoffe eine breite Grundlage geschaffen. Auch die Ausarbeitung der Prüfverfahren konnte jetzt vorwärts getrieben werden. Dabei ergab sich die Notwendigkeit einer Vereinheitlichung dieser Verfahren, da nur so eine Vergleichbarkeit der Prüfergebnisse gewährleistet war. Im Jahre 1884 fand in München eine Konferenz zur Vereinbarung einheitlicher Prüfmethoden statt, zu welcher BAUSCHINGER die Vorstände der Materialprüfungsanstalten, sowie Vertreter aller einschlägigen Zweige der Technik eingeladen hatte. Es folgte eine zweite Konferenz im Jahre 1886 und späterhin die Gründung des „Internationalen Verbandes für die Materialprüfungen der Technik", aus dem 1896 der „Deutsche Verband für die Materialprüfungen der Technik" hervorging. Den in den verschiedenen Ländern bestehenden Verbänden für die Materialprüfungen der Technik (Tabelle 3) fällt die Aufgabe zu, die günstigsten Prüfbedingungen festzulegen und so die Prüfverfahren für die *Normung* vorzubereiten, die den betreffenden Normenausschüssen (Tabelle 4) obliegt.

Der heutige Stand der mechanischen Werkstoffprüfung ist dadurch gekennzeichnet, daß neben den Sonderprüfungen zur Bestimmung der Dauerstandfestigkeit, Schwingungsfestigkeit usw. der Werkstoffe die Prüfung ganzer Bauteile und Bauwerke eine immer größere Bedeutung gewinnt. Die Erkenntnis, daß die auf einfachen Werkstoffkennwerten aufgebaute Festigkeitsrechnung bei Wechselbeanspruchung der Bauteile bisher zu keinem befriedigenden Erfolg führt, hat die geschilderte Art der Prüfung unter Benutzung hochentwickelter Prüfeinrichtungen weitgehend Vorschub geleistet.

Neben der mechanisch technologischen Werkstoffprüfung erlangten um die Jahrhundertwende die *metallographischen Prüfverfahren* eine immer größere

Tabelle 3. Zusammenstellung der wichtigsten für das Materialprüfungswesen in den verschiedenen Ländern zuständigen Verbände.

Land	Namen der Verbände
—	Neuer Internationaler Verband für Materialprüfungen (NIVM)
Belgien	Association Belge pour l'Etude l'Essai et l'Emploi des Matériaux
Dänemark	Dansk Materialprovningsforbund
Deutschland	Deutscher Verband für die Materialprüfungen der Technik
Estland	Government Bureau for Testing Materials
Frankreich	Association Française pour l'Essai des Matériaux
Griechenland	Association Hellénique pour l'Etude et l'Essai des Matériaux et des Constructions
Großbritannien	Joint Committee on Materials and their Testing
Holland	Bond voor Materialenkennis
Italien	Associazione Italiana per gli Studi sui Materiali da Costruzione (S.I.M.)
Jugoslawien	Association Yougoslave pour Essai des Materiaux
Norwegen	Norsk Forbund for Materialprovning
Polen	Polski Zwiazek Badania Materjalow
Rumänien	Rumänischer Verband für Brückenbau, Fachwerkbau und Materialprüfung
Schweden	Svenska Teknologföreningen
Schweiz	Schweizerischer Verband für die Materialprüfungen der Technik
USA	American Society for Testing Materials
Ungarn	Ungarischer Verband für Materialprüfung

Tabelle 4. Zusammenstellung der wichtigsten Normenausschüsse.

Kurzzeichen der Normenausschüsse	Namen der Normenausschüsse	Zeichen der Normen
ISA	International Federation of the National Standardizing Associations	
	Deutschland	
	Deutscher Normenausschuß	DIN
ÖNA	Österreichischer Normenausschuß	ÖNORM
ČSN	Böhmisch-Mährische Normungsgesellschaft	ČSN
	Australien	
SAA	Standards Association of Australia	SAA
	Belgien	
ABS	Association Belge de Normalisation	ABS
	Canada	
CESA	Canadian Engineering Standards Association	CESA
	Dänemark	
DS	Dansk Standardisiringsraad	DS
	England	
BSI	British Standards Institution	BSS
	Finnland	
SFS	Finnlands Standardiseringskommission	SFS
	Frankreich	
AFNOR	Association Française de Normalisation (Zentral-Normungsstelle in Frankreich)	AFNOR
	Holland	
CNB	Centraal Normlisatie Bureau	N
	Italien	
UNI	Ente Nationale per l'Unificazione Nell'Industria	UNI
	Japan	
JESC	Japanese Engineering Standards Committee	JES
	Norwegen	
NSF	Norges Standardiserings-Forbund	NS
	Polen	
PKN	Polski Komitet Normalizacyjny	PN
	Rumänien	
NIR	Commission Roumaine de Normalisation	
	Rußland	
USSR StO	USSR Rat für Arbeit und Verteidigung, Standartisationsausschuß der UdSSR	OST
	Schweden	
SIS	Sveriges Standardisierungs-SMS Kommission	SMS
	Schweiz	
SNV	Schweizerische Normenvereinigung	SNV
VSM	VSM-Normalienbureau	VSM
	Ungarn	
Misz	Magyar Ipari Szabvanyosito	Misz
	Vereinigte Staaten von Amerika	
ASA	American Standards Association	ASA

Bedeutung. Die ersten Arbeiten auf metallographischem Gebiete von H. C. SORBY[1] reichen bis in das Jahr 1864 zurück. In Deutschland begann unabhängig von SORBY A. MARTENS[2] um das Jahr 1878 die mikroskopische Untersuchung

[1] SORBY, H. C.: On microscopic photographs of various kinds of iron and steel. Brit. Assoc. Rep. Bd. 2 (1864) S. 189.

[2] MARTENS, A.: Handbuch der Materialienkunde für den Maschinenbau. Berlin 1898.

der Metalle, während die metallkundlichen Arbeiten in Frankreich von F. OSMOND[1] um das Jahr 1885 eingeleitet wurden. Eine Ordnung des umfangreichen Beobachtungsstoffes war jedoch erst möglich, als B. ROZEBOOM[2] die Lehre vom heterogenen Gleichgewicht auch auf die metallischen Legierungen anwandte und im Jahre 1900 das erste Eisen-Kohlenstoff-Schaubild aufstellte. Von diesem Zeitpunkte an haben die metallographischen Untersuchungsverfahren in größtem Umfang in die Werkstoff-Forschung und -Prüfung Eingang gefunden. Nachdem die Zusammenhänge zwischen dem Gefügeaufbau und den mechanischen Eigenschaften der Werkstoffe geklärt waren, gestattete die metallographische Untersuchung den Ursachen für das verschiedenartige Verhalten der zu prüfenden Werkstoffe nachzugehen.

In jüngster Zeit hat die Entwicklung der *zerstörungsfreien Prüfverfahren* eine ähnliche Bedeutung für die Werkstoffprüfung erlangt. Die Entwicklung der Röntgenstrahlen geht bereits auf das Jahr 1895 zurück. Doch blieb ihre Anwendung zunächst vorwiegend auf medizinische Zwecke beschränkt. Seit 1920 haben die röntgenographischen Untersuchungsverfahren sich jedoch mit der Schaffung von für diese Zwecke geeigneten Apparaten in der Werkstoffprüfung bestens bewährt. Während die Durchleuchtung mit Röntgenstrahlen geeignet ist, um im Innern der Werkstoffe liegende Fehlstellen anzuzeigen, vermochten Feinstrukturuntersuchungen unsere Kenntnisse über den Aufbau der Werkstoffe weitgehend zu vervollkommen. Neben der Durchstrahlung haben die in den letzten Jahren entwickelten magnetischen Prüfverfahren für die Feststellung von Oberflächenfehlern eine immer größere Bedeutung gewonnen. Ein Nachteil dieser Prüfverfahren ist es, daß eine zahlenmäßige Auswertung nicht möglich ist und daß die richtige Beurteilung der Prüfergebnisse große Erfahrungen voraussetzt. Hier verspricht die Anwendung des sog. Zählrohres einen weiteren Fortschritt, da sie die unmittelbare Messung von Wandstärkenunterschieden und Hohlräumen im Prüfstück ermöglicht.

Die vorstehenden Ausführungen zeigen, wie das Werkstoffprüfwesen in schnellem Fortschreiten sich immer neue und verfeinerte Prüfmethoden zur Lösung der ihm gestellten Aufgaben nutzbar gemacht hat. Diese Entwicklung ist noch nicht zu einem Abschluß gekommen, vielmehr ist eine stetige Weiterentwicklung durch die immer neue Befruchtung von seiten der Werkstoff-Forschung gewährleistet. Dabei bilden sich die Untersuchungsverfahren der Forschung in kurzer Zeit zu Verfahren für die laufende Werkstoffprüfung aus, eine Wechselwirkung, die den steten Fortschritt des Werkstoffprüfwesens sichert.

---

[1] OSMOND, F.: Tranformation du fer et du carbon dans les fors, les aciers et les fontes blanches. Paris: Baudvin et Co. 1888.

[2] ROZEBOOM, B.: Eisen und Stahl vom Standpunkt der Phasenlehre. Z. phys. Chem. Bd. 34 (1900) S. 437.

I. Prüfmaschinen für ruhende Belastung[1].

Von **Georg Fiek**, Berlin-Dahlem.

A. Aufbau und Ausführung von Prüfmaschinen.

1. Allgemeines.

Die mechanische Werkstoffprüfung umfaßt zum größten Teil die sog. statischen Festigkeitsversuche, die derart durchgeführt werden, daß Werkstoffproben bestimmter Form durch äußere Kräfte allmählich bis zum Bruch belastet werden. Bei dieser Belastung müssen die jeweils wirkenden äußeren Kräfte meßbar sein, da sie — auf die Einheit des Probenquerschnittes bezogen — das Maß für den Verformungswiderstand und die Festigkeit des Werkstoffes sind. Gleichzeitig soll vielfach aber auch der Zusammenhang zwischen Verformung und Verformungswiderstand während der Belastung festgestellt werden. Die Prüfvorrichtung muß daher gestatten, die Belastungen in beliebigen Stufen zu steigern und die Größe der Belastung laufend abzulesen. Die Vorrichtung muß ferner mit dem nötigen Zubehör versehen sein, um Probestäbe verschiedener Form und Art leicht ein- und ausspannen zu können.

Das naheliegende Verfahren der unmittelbaren Gewichtsbelastung wird nur noch ausnahmsweise angewendet. Es kommt wegen der Schwierigkeit, größere Gewichte an den Probestab anzuhängen, nur für verhältnismäßig niedrige Belastungen in Frage; es hat dann allerdings den Vorteil der Billigkeit und Einfachheit der Versuchseinrichtung und gibt die Gewähr, daß die gewünschten Kräfte ohne Reibungsverluste oder sonstige Fehler auf die Probe wirken. Nachteilig ist jedoch die freie Beweglichkeit der Probe beim Versuch, vor allem bei Messungen, die nicht unmittelbar an der Probe ausgeführt werden, wie z. B. bei Feinmessungen, die auf optischem Wege von einem festen Punkt im Raum aus vorgenommen werden. Ferner bereitet die stoßfreie Be- und Entlastung der Probe und die Erzielung bestimmmter Formänderungswerte beim Versuch Schwierigkeiten, weil die Bewegung des Gewichts infolge der Formänderung der Probe und damit die Formänderungsgeschwindigkeit nicht voll beherrscht werden kann. Letztere Mängel können wohl von Fall zu Fall durch geeignete Belastungsvorrichtungen mehr oder weniger behoben werden, wie z. B. durch Zu- oder Ablauf von Schrot oder Wasser in einem Belastungsbehälter durch Benutzung eines Schwimmers in einer Flüssigkeit, der sich mit Änderung des Flüssigkeitsspiegels senkt oder hebt. Durch derartige Zusatzvorrichtungen wird der Vorteil der Einfachheit der Gewichtsbelastung aber aufgehoben. Gewichtsbelastungen werden daher fast nur noch bei Belastungsversuchen mit Konstruktionsteilen angewendet, bei denen z. B. gleichmäßig oder ungleichmäßig verteilte Kräfte entsprechend der praktischen Beanspruchung wirken sollen. Der Hauptnachteil der unmittelbaren Gewichtsbelastung liegt aber darin, daß während des Belastungsvorganges auftretende Änderungen des Verformungswiderstandes nur dann richtig festgestellt werden, wenn dieser

[1] Häufig auch als statische Prüfmaschinen oder Prüfmaschinen für zügige Belastung bezeichnet. Über Festigkeitsprüfungen bei ruhender Beanspruchung vgl. Bd. II, Abschn. I.

gleichsinnig zunimmt. Eine Abnahme des Verformungswiderstandes bei fortschreitender Verformung, wie sie z. B. an der Streckgrenze bei weichem Stahl oder nach der örtlichen Einschnürung kurz vor dem Bruch beim Zugversuch eintritt, ist durch die Gewichtsbelastung nicht feststellbar. Es fehlt dann also die Möglichkeit, während des ganzen Vorganges Belastung und Verformungswiderstand im Gleichgewicht zu halten und so ein richtiges Bild von dem Zusammenhang zwischen Verformungswiderstand und Verformung (Spannungs-Dehnungsdiagramm) zu erhalten.

Es haben sich daher schon frühzeitig Maschinenkonstruktionen entwickelt, die die Belastung nicht unmittelbar durch Gewichte, sondern durch mechanische Anspannung der Probestücke erzeugen und sie durch besondere Meßvorrichtungen der Größe nach zu bestimmen, die sog. Festigkeitsprüfmaschinen.

2. Anforderungen an die Festigkeitsprüfmaschinen.

Mit den Festigkeitsprüfmaschinen sollen die Belastungen beliebiger Höhe mit bestimmter Belastungsgeschwindigkeit bequem auf die Probe übertragen werden. Diese Prüfmaschinen sind maschinelle, nach den Grundsätzen des Maschinenbaues konstruierte Vorrichtungen, die in geschlossener Bauart auf mechanischem Wege Kräfte auf die Probe ausüben und gleichzeitig die Größe der Kräfte unmittelbar oder mittelbar anzeigen. Die Prüfmaschinen haben sich aus einfachsten Geräten im Laufe der Zeit zu hochwertigen Maschinenkonstruktionen entwickelt, die von verhältnismäßig wenigen Spezialwerken gebaut und geliefert werden. An alle derartigen Prüfmaschinen sind vor allem folgende Anforderungen zu stellen:

Ihre Bauart soll möglichst einfach und übersichtlich sein, damit sich der Benutzer leicht von dem richtigen Arbeiten der Maschine überzeugen kann und Störungen in der Arbeitsweise gefunden und abgestellt werden können. Die Bauart muß ferner so kräftig sein, daß möglichst alle Vorgänge, die nichts mit dem Verhalten des Probestabes bei seiner Belastung zu tun haben, ohne Einfluß auf die Kraftmessung bleiben. Die Maschine soll leicht auf alle Änderungen des Verformungswiderstandes der Probe beim Versuch ansprechen und eine rasche Herstellung des Gleichgewichts zwischen äußerer Belastung und Verformungswiderstand gestatten, damit ein genaues Bild der tatsächlichen Eigenschaften des Werkstoffes während des Belastungsvorganges gewonnen wird. Der Betrieb der Maschine, d. h. die Erzeugung der Belastung der Probe muß möglichst mühelos für den Benutzer sein, damit er während des Versuches neben der mechanischen Steuerung der Maschine auch die übrigen Vorgänge am Probestab beobachten kann. Die Belastungen müssen sich ohne große Kraftanstrengung einstellen lassen; bestimmte Laststufen müssen konstant gehalten werden können, damit Messungen an der Probe vorgenommen werden können. Der Betrieb der Maschine soll geräuschlos und erschütterungsfrei sein. Zum Zwecke der Instandhaltung und Überholung müssen sich die Einzelteile der Maschine ausbauen und ersetzen lassen. Die Einspannteile sollen leicht auswechselbar und so gebaut sein, daß die Einspannung der Proben schnell und auf einfache Weise möglich ist. Bei der Bauweise ist darauf zu achten, daß ein Nachprüfung auf die Richtigkeit der Belastungsanzeige ohne Umstände möglich ist.

3. Grundsätzlicher Aufbau der Prüfmaschine[1].

Je nach der Belastungsweise, der die Probe beim Versuch unterworfen werden soll, d. h. je nachdem ob die Maschine für Zug-, Druck-, Biege-, Torsions-, Scher-

[1] MARTENS, A. u. M. GUTH: Das Königliche Materialprüfungsamt, S. 275f. Berlin 1904. MEMMLER, K.: Das Materialprüfungswesen. Stuttgart 1924. — SACHS, G. u. G. FIEK: Der Zugversuch. Leipzig 1926. — DEUTSCH, W. u. G. FIEK: Z. VDI Bd. 72 (1928) S. 1173.

versuche usw. bestimmt ist, unterscheiden sich die verschiedenen Maschinenkonstruktionen. Meist ist es jedoch möglich, die verschiedenen Belastungsarten auf derselben Maschine, jedoch mit besonderen Zusatzteilen und geänderter Anordnung des Versuchsstückes zu erreichen, so daß für die normalen Festigkeitsversuche verhältnismäßig wenige Maschinentypen bestehen. Die wichtigste Bauart ist diejenige, bei der die Belastungskräfte in der Maschinenachse wirken. In der Hauptsache unterscheidet man 3 Maschinentypen: 1. die Zugprüfmaschine, die nur Zugkräfte ausüben kann, 2. die Druckprüfpresse, auf der nur Druckkräfte möglich sind; 3. die Universalprüfmaschinen, die sowohl auf Zug als auch Druck benutzt werden können. Auf Druckprüfpressen und Universalprüfmaschinen können meist, bei Zugprüfmaschinen nur auf umständlicherem Wege, neben Druck- bzw. Zugversuchen auch Biege- und Scherversuche ausgeführt werden, wenn besondere Zusatzeinrichtungen benutzt werden. Für Torsionsversuche sind diese Maschinen nur ausnahmsweise verwendbar. Hierfür bestehen Sonderkonstruktionen, die in einem späteren Absatz behandelt werden.

Auch für die Durchführung von Biegeversuchen und Scherversuchen sind Sondermaschinen entwickelt worden. Über Einrichtungen für die Härteprüfung und für die Durchführung von technologischen Versuchen vgl. Abschn. V.

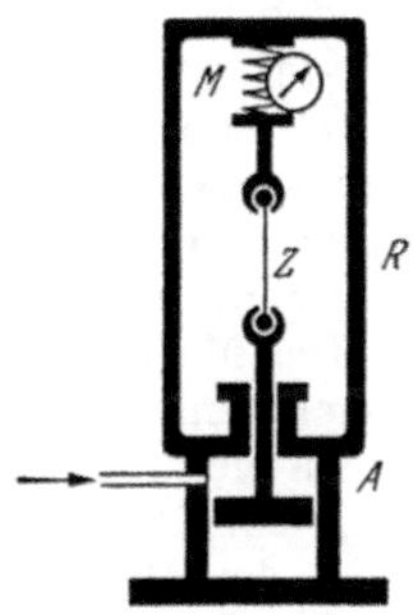

Abb. 1. Schema einer Prüfmaschine. *R* Maschinenrahmen; *A* Antriebsvorrichtung (Krafterzeuger); *Z* Probe; *M* Kraftmeßvorrichtung.

Der Aufbau der Festigkeitsprüfmaschinen, wie sie also für die genannten Versuchsarten verwendet werden, ist grundsätzlich folgender (s. Abb. 1): Die Belastungskräfte werden durch die *Antriebsvorrichtung* oder den Krafterzeuger *A* in der Weise entwickelt, daß dieser Maschinenteil gegen den die Hauptteile der Maschine verbindenden *Maschinenrahmen R* Bewegungen ausführt und diese Bewegungen auf das *Werkstoffprüfstück Z* übertragen werden. Dieses ist seinerseits mit dem Maschinenrahmen derart verbunden, daß Kraftschluß entsteht und die Bewegung des Antriebes das Probestück anspannt. Bei den meisten Prüfmaschinen werden also die Kräfte von der Maschine selbst aufgenommen und nicht vom Fundament. Zum Messen der wirkenden Belastungskräfte, die von der Bewegung des Antriebes und von der Verformung des Werkstückes abhängen, wird in den Kreis des Kraftschlusses die *Kraftmeßvorrichtung M* eingeschaltet.

Der Belastungsvorgang in der Prüfmaschine ist folgender: Durch den Antrieb wird die Probe angespannt und entsprechend ihrem Verformungswiderstand verformt. Die Reaktionskraft zu dieser Spannkraft gibt über die Kraftmessung der Maschinenrahmen her. Die wirkenden Kräfte können also immer so groß gehalten werden, wie zur Überwindung des der Verformung entsprechenden Verformungswiderstandes notwendig ist, so daß es leicht möglich ist, in der Prüfmaschine dauernd Gleichgewicht zwischen äußerer Belastung und innerem Verformungswiderstand herzustellen.

Ganz allgemein unterscheidet man nach der Lage der Maschinenachse im Raum: stehende und liegende Prüfmaschinen. Für die normalen Festigkeitsversuche ist die stehende Bauart bevorzugt, weil sie weniger Platz erfordert, die zentrische Einspannung der Proben leichter ist und die Wirkung des Eigengewichts der Einzelteile zum größten Teil ausgeschaltet wird. Maschinen mit waagerecht angeordneter Achse werden hauptsächlich für sehr große Kräfte oder für sehr lange Versuchsstücke gebraucht, wie z. B. für die Prüfung von Ketten, Seilen, Brückenteilen usw., da bei diesen der Einbau und die Messungen beim Versuch in liegenden Maschinen bequemer sind. Die liegende Bauweise beansprucht mehr Platz, darum werden schwere Maschinen, besonders für

Knickversuche, vielfach auch stehend gebaut und man nimmt die Unbequemlichkeit der Beobachtungen beim Versuch in größerer Höhe in Kauf. Bei den liegenden Maschinen ist zu beachten, daß waagerecht bewegte Maschinenteile und das Probestück entsprechend geführt oder gestützt werden müssen, weil sonst Nebenbeanspruchungen im Probestück oder Reibungswiderstände auftreten.

4. Hauptteile der Maschinen.

a) Der Maschinenrahmen.

Er faßt die einzelnen Teile der Prüfmaschine zu einem durch den Probestab in sich geschlossenen Ganzen zusammen. Seine Form richtet sich im einzelnen nach dem besonderen Verwendungszweck der Maschine und nach der Art des Antriebs und des Kraftmessers. Grundsätzlich bestehen alle Maschinenrahmen aus 2 Grundplatten oder Querhäuptern, die entweder allseitig oder auch nur einseitig durch Säulen oder dergleichen miteinander möglichst starr verbunden sind. In der einen Grundplatte ist der Antrieb der Maschine angeordnet, in oder an der anderen Grundplatte befindet sich meistens der Kraftmesser. Durch den Maschinenrahmen wird auch die Verbindung der Maschine mit dem Fundament hergestellt. Dieses dient aber nur zur Aufnahme der Maschinengewichte und der Rückschläge beim Bruch von Probestücken und nicht zur Aufnahme der Belastungskräfte.

Der Maschinenrahmen muß in seiner festgelegten Form bis zu der höchsten Maschinenleistung unveränderlich sein, d. h. infolge der ausgeübten Kräfte, die ja von ihm aufgenommen werden, dürfen keine unzulässig großen oder ungleichmäßigen und bleibenden Formänderungen auftreten, die die Wirkungsweise der Maschine beeinflussen, oder die Probe zusätzlich beanspruchen.

Die Form des Rahmens sollte immer schlicht und glatt ohne unnötiges Beiwerk sein, weil die Sauberhaltung hierdurch erleichtert wird.

Der Maschinenrahmen wird bei kleineren Maschinen vielfach in einseitiger Anordnung als [-förmig gegossener Ständer ausgebildet (s. Abb. 14 und 22), wobei meistens der Antrieb in der unteren waagerechten Platte angeordnet ist und der obere waagerechte Arm als Widerlager für die Einspannvorrichtung und den Kraftmesser dient. Diese Bauart ist wohlfeil und für die Versuche meistens sehr bequem, weil die übrigen Maschinenteile leicht zugänglich sind und das Versuchsstück von 3 Seiten freiliegt. Nachteilig ist hierbei, daß infolge der nur einseitigen Verbindung zwischen der oberen und der unteren Platte bei höherer Belastung der Probe federnde Formänderungen in dem Rahmen auftreten und hierdurch unkontrollierbare Störungen in der Beanspruchung der Probe und in der Kraftmessung entstehen können. In dieser Hinsicht sind Rahmen mit symmetrischer Verbindung zwischen der oberen und unteren Platte als geschlossener Gußkörper oder als Verbindung aus zwei Querhäuptern, die durch 2 oder 4 Stahlsäulen verschraubt sind, besser (s. z. B. Abb. 12, 15 und 24b). Bei ihnen wird im allgemeinen die elastische Formänderung der Verbindungsteile zwischen den Platten keine Veränderung der Maschinenachse verursachen. Die Zugänglichkeit zu dem Versuchsstück wird aber je nach der Ausführung schlechter sein als bei der oben geschilderten Bauart mit einseitigem Fuß.

b) Die Krafterzeugung.

Wie bereits angedeutet, werden die Belastungen dadurch in dem Probestück erzeugt, daß maschinelle Einrichtungen Bewegungen in den Maschinenteilen hervorrufen, die mit der Probe in Verbindung stehen. Gebräuchlich ist zu diesem Zweck der hydraulische und der mechanische Antrieb der Maschine.

Der *hydraulische Antrieb* besteht aus einem Druckzylinder, in den eine Druckflüssigkeit eingeleitet wird und einen Kolben verschiebt (s. Abb. 5). Der Kolben ist meist als Tauchkolben ausgebildet (s. Abb. 25a und 26a). Für die Abdichtung haben sich Ledermanschetten bewährt. Stopfbuchsendichtungen sind wegen des wechselnden unkontrollierbaren Reibungswiderstandes nicht zu empfehlen. Vereinzelt war es schon lange und neuerdings ist es bei vielen Maschinentypen üblich, die Kolben gegen die Zylinder nicht abzudichten, sondern sie spielend einzuschleifen (nach AMAGAT) und ein zähflüssiges Öl als Druckflüssigkeit zu verwenden. Auf diese Weise erhält man eine gute Führung des Kolbens und infolge des zwischen Kolben und Zylinderwand durchtretenden Öles eine so gute Schmierung, daß nur eine geringe und gleichbleibende Reibung auftritt. Die Herstellung der geschliffenen Teile ist aber sehr teuer und nur in Verbindung mit der später zu beschreibenden Kraftmeßeinrichtung des Pendelmanometers haben sich soviel Vorteile ergeben, daß diese Bauart sich immer mehr verbreitet. In neuester Zeit hat man diesen Gedanken noch weiter entwickelt durch Einschaltung einer besonderen Dichtungsbuchse zwischen Kolben und Zylinder, die eine billigere Herstellung und bessere Dichtung bei niedrigstem Reibungswiderstand erzielt. Die Kolbenstange trägt die Einspannteile für die Probe, während der Zylinder mit dem Maschinenrahmen verbunden ist. Die Druckflüssigkeit (Öl, Glyzerin, Wasser) wird durch eine Pumpenanlage (Handantrieb oder elektrisch) mit bestimmtem Druck geliefert und durch Rohrleitungen und Steuerventile dem Zylinder zugeführt. Die Steuerventile müssen leicht öffnen und schließen und so beschaffen sein, daß der Zutritt von Druckflüssigkeit zum Zylinder bis zu kleinsten Mengen, daß aber auch vollständiger Abschluß des Zylinders möglich ist. Nur dann wird die Forderung der allmählichen Drucksteigerung und der stufenweisen Lasteinstellung erfüllbar sein. Auf die richtige Durchbildung und Instandhaltung dieser Steuerorgane ist besonders zu achten. Zum Druckausgleich der Pumpenstöße muß ein Windkessel oder Akkumulator (mit Gewichts- oder Druckluftbelastung) eingeschaltet sein, damit die Belastung stoßfrei gesteigert werden kann. Der Flüssigkeitsdruck beträgt im allgemeinen ungefähr 200 at bei den mittleren Maschinengrößen und ungefähr 400 at bei den größeren Maschinen, jedoch besteht hierfür noch keine Einheitlichkeit. Kleine Maschinen kann man auch schon mit Wasser aus der städtischen Wasserleitung betreiben. Bei Einzelmaschinen ist die Pumpanlage unmittelbar in Verbindung mit der Maschine angeordnet.

Die Druckflüssigkeitserzeugung kann für den Antrieb von mehreren hydraulischen Prüfmaschinen im gleichen Betrieb vorteilhaft zentral erfolgen. Hierbei wird mit einer elektrisch betriebenen Pumpanlage die Druckflüssigkeit in großen Mengen in einen gewichts- oder druckluftbelasteten Sammler gedrückt, von dem aus sie durch Rohrleitungen und vor die Prüfmaschine geschaltete Steuerungsorgane den Prüfmaschinen getrennt zugeleitet wird. Hierdurch wird erreicht, daß bei richtig bemessener Anlage immer die zum Betrieb der verschiedenen Maschinen notwendige Druckflüssigkeitsmenge zur Verfügung steht und einen stoßlosen Gang der Prüfmaschine ergibt. Durch Anordnung von geeigneten Schaltvorrichtungen, die von dem Sammler betätigt werden, kann eine selbsttätige Versorgung mit Druckflüssigkeit erreicht werden, für die in solchen Fällen meistens Wasser gewählt wird, das nach dem Gebrauch nicht wieder aufgefangen zu werden braucht. Durch die Entwicklung des hydraulischen Einzelantriebes infolge der Anwendung feinregulierbarer Mehrkolbenpumpen (Bosch), bei dem die Vorschaltung eines Windkessels zum Ausgleich der Pumpenstöße nicht mehr notwendig ist, wird in neuester Zeit der Einzelantrieb von Prüfmaschinen mit Druckflüssigkeitsantrieb immer mehr bevorzugt. Er hat den Vorteil gegenüber der zentralen Versorgung daß das Rohrleitungsnetz wegfällt und daß als Flüssigkeit Öl benutzt werden kann, weil bei Einzelantrieb die Rückgewinnung des Öles sehr einfach ist. Vorteilhafter ist natürlich Öl als Druckflüssigkeit, weil bei Druckwasser, auch wenn Kupferleitungen verwendet werden, immer Korrosionsteilchen in die Maschine kommen, und die Dichtung zwischen Kolben und Zylinder beschädigen oder die Dichtungsflächen der Steuerventile für den Zulaß der Druckflüssigkeit in die Maschine zerstören. Jede Undichtigkeit hat aber zur Folge, daß die gewünschten Belastungsstufen schlechter eingestellt und auch nicht konstant gehalten werden können. Diese Schäden können eingeschränkt werden, wenn die Druckleitungen aus Kupfer oder aus innenverkupfertem Stahlrohr hergestellt und die Druckzylinder und Kolben mit Kupferüberzügen versehen. Vorteilhaft ist es bei Druckwasser ferner, in die Druckleitungen vor Eintritt in die Prüfmaschine Reinigungssiebe anzuordnen und die Druckleitungen regelmäßig durch Ausspülen mit reinem Wasser zu reinigen.

Der mechanische Antrieb besteht üblicherweise aus einer Schraubenspindel und einer Mutter, die über ein Vorgelege entweder durch Kurbelantrieb von Hand (bei kleinen Kräften) oder elektromotorisch bewegt werden können. Je nachdem der eine der beiden Teile seine Lage im Raum, d. h. im Maschinenrahmen beibehält, kann der andere Teil die zur Erzeugung der Belastung im Versuchsstück notwendige Bewegung hergeben. Vorwiegend wird die Mutter in der Maschine drehbar gelagert und am Umfange als Schneckenrad ausgebildet durch eine Schnecke gedreht. Infolgedessen bewegt sich die Schraubenspindel in der Mutter je nach Drehung derselben vor- oder rückwärts. Hieraus ergeben sich dann die Belastungen der Probe. Die Schneckenwelle wird bei Handantrieb meistens direkt oder durch ein Riemenvorgelege betätigt, bei elektromotorischem Antrieb ist ein Reibungsgetriebe eingeschaltet, mit dem die Bewegungsgeschwindigkeit der Schraubenspindel durch Verstellen eines auf der Schneckenwelle sitzenden Reibungsrades gegen die Drehachse der auf der Motorwelle sitzenden Reibungsscheibe geregelt wird. Durch Auskuppeln des Reibungsgetriebes kann der Antrieb plötzlich stillgesetzt werden, so daß die Einstellung von bestimmten Belastungen und Formänderungen möglich ist. Bei Handantrieb ist diese Forderung ohne weiteres erfüllbar. Vereinzelt wird auch ein hydraulisches Getriebe angewendet, um eine stufenlose Änderung der Belastungsgeschwindigkeit zu erreichen.

Über die Vor- und Nachteile der beiden Antriebsarten ist zu sagen, daß bei der neuzeitlichen Entwicklung der beiden Bauweisen eine grundsätzliche Bevorzugung der einen oder anderen Antriebsart eigentlich nur hinsichtlich der Größe der Kraftleistung angebracht ist. Für kleinere Kräfte ist der mechanische Antrieb im allgemeinen einfacher und zweckmäßiger, das trifft sowohl für den Hand- als auch für den elektromotorischen Antrieb zu. Bei großen Kraftleistungen ist der hydraulische Antrieb beliebter wegen der einfacheren Bauweise der Maschine und wegen der Möglichkeit, die großen Kräfte sehr einfach aus dem Wasserdruck im Zylinder zu messen (s. Abschnitt B 6). Für mittlere Kräfte sind beide Antriebsarten gebräuchlich.

Der hydraulische Antrieb läßt im allgemeinen eine größere Änderung der Belastungsgeschwindigkeit zu, indem die Zulaßventile für die Druckflüssigkeit mehr oder weniger geöffnet zu werden brauchen. Die Bedienung einer hydraulischen Maschine beim Versuch ist sehr einfach, und ihr Betrieb im Gegensatz zu den elektrisch angetriebenen Maschinen fast geräuschlos und erschütterungsfrei. Diese Antriebsart ist besonders dann angezeigt, wenn Druckwasser bereits zur Verfügung steht oder mehrere Prüfmaschinen von einer Druckleitung versorgt werden können. Der Vorteil des mechanischen Antriebes liegt darin, daß bei ihm die Versorgung der Maschine mit Energie sehr leicht ist und daß mit ihm die Einstellung und Konstanthaltung der Belastungsstufen keine Schwierigkeiten bereitet, besonders wenn der Antrieb von Hand möglich ist. Bei Elastizitätsmessungen u. ä. Untersuchungen, bei denen die Belastungen konstant bleiben müssen, ist der mechanische Antrieb dem hydraulischen wegen dessen unvermeidlichen geringen Undichtigkeiten im allgemeinen überlegen, während letzterer für einfache Festigkeitsversuche, besonders wenn sie in großer Zahl zu erledigen sind, geeigneter ist. Die Regelung der Belastungsgeschwindigkeit ist umständlicher und auch nicht in so weiten Grenzen möglich, wie bei der hydraulischen Antriebsweise. Die Entwicklung der beiden Antriebsarten ist aber so weit fortgeschritten, daß es im allgemeinen mehr auf die persönliche Einstellung oder die Gewöhnung des Benutzers der Maschine ankommen wird, als auf die grundsätzlichen Unterschiede in den Antrieben. Gerade in der neuzeitlichen Entwicklung der Prüfmaschinen ist man bestrebt, eine möglichst große äußere Übereinstimmung hinsichtlich der Bedienung der Maschine herbeizuführen, so daß die Antriebsart selbst wohl von untergeordneter Bedeutung sein dürfte.

c) Die Kraftmessung.

Die Kraftmesser zur Anzeige der auf das Probestück ausgeübten Belastung beruhen in den gebräuchlichsten Ausführungen entweder auf dem Waagesystem oder auf der hydrostatischen Druckmessung. Beide Arten sind meistens so in die Maschinenkonstruktion eingegliedert, daß die Kraftmessung nicht durch Reibungsverluste in der Maschine beeinflußt wird. Grundsätzlich werden die äußeren Belastungskräfte wieder durch Kräfte wie Gewichte oder elastische Formänderungen und damit verbundene Spannkräfte eines besonderen Konstruktionsteiles gemessen, wobei zwischen beide Größen eine Übersetzung eingeschaltet ist.

Diese Übersetzung kann mechanisch sein wie bei den Waagen oder hydraulisch wie bei den Meßdosen, Manometern oder Kraftprüfern.

1. Die *Waagen* können bei beiden Antriebsarten der Maschine angewendet werden, während die hydrostatische Messung meistens nur bei hydraulischem Antrieb vorkommt. Neben diesen beiden Prinzipien sind die Kraftmesser, deren Wirkungsweise auf der Messung der elastischen Formänderung besonderer Vorrichtungen beruht, nur vereinzelt anzutreffen.

Bei den Waagen wird der durch den Antrieb belastete Probestab an einen Hebel oder ein Hebelsystem angeschlossen, das am Maschinenrahmen gelagert ist. Die so auf diesen Hebel übertragene Maschinenkraft wird gemessen, indem der Waagehebel durch aufgesetzte Gewichte G im Gleichgewicht gehalten wird. Die Bauart der Waage wird so gewählt, daß das die Maschinenkraft im Gleichgewicht haltende Waagemoment bei großer Hebelübersetzung möglichst geringe Gewichte erfordert. Dieses Gesamtübersetzungsverhältnis der Waage richtet sich nach der Größe und dem Zweck der Maschine. Es kommen hierfür Werte bis zu 1:500 und noch mehr vor. Die großen Übersetzungen werden sowohl an einem Hebel als auch durch eine Reihe hintereinander geschalteter Hebel erreicht. Beide Lösungen haben ihre Vor- und Nachteile. Jeder Hebel muß wie bei allen gewöhnlichen Waagen möglichst reibungsfrei gelagert sein, damit die Kraftmesser eine möglichst große Empfindlichkeit besitzen. Im allgemeinen werden die Hebel daher mit Schneiden in Pfannen gelagert und auch die Verbindungsteile zwischen den Hebeln mit diesen durch Schneiden und Pfannen verbunden. Mit der Zahl der Hebel wächst die Schwierigkeit der gesamten Konstruktion und die Zahl der Fehlerquellen in der Waage. Es wäre daher grundsätzlich eine möglichst geringe Zahl von Hebeln zu bevorzugen, wenn die dadurch bedingten größeren Übersetzungsverhältnisse nicht stören und auch zu große Hebelgewichte vermieden werden können. Wegen der ungünstigen Beanspruchung der Waage infolge der Schläge beim Bruch der Probestäbe ist die sichere Befestigung der Schneiden und Pfannen in den Hebeln oder an den Verbindungsteilen und dem Maschinenrahmen maßgebend für die Unveränderlichkeit des Übersetzungsverhältnisses der Waage, von dem die Richtigkeit und die Zuverlässigkeit der Kraftanzeige abhängt. Besondere Aufmerksamkeit erfordern bei der Konstruktion die Bemessung der Schneiden und Pfannen, die Wahl des Werkstoffes hierfür und ihre Härtung. Nur langjährige Erfahrungen haben die Hersteller von Prüfmaschinen instand gesetzt, diese Frage zufriedenstellend zu lösen. Bei allen Maschinen mit Waagen, bei denen die Belastung unmittelbar auf ein Schneidenlager wirkt, ist es zur Vermeidung von Beschädigungen der Schneiden und Pfannen der Lager zweckmäßig, keine Versuche auszuführen, bei denen der Bruch des Probestabes und damit eine schlagartige Beanspruchung der Waage innerhalb des letzten Viertels der Kraftleistung zu erwarten ist. Die Kraftleistung der Maschine ist so zu wählen, daß sie grundsätzlich für derartige Versuche innerhalb des letzten Viertels der Höchstlast nicht benutzt wird. Vereinzelt ist es neuerdings versucht worden, die Schneidenlager der Hebel durch Kugellager zu ersetzen. Da hierfür noch nicht die langjährigen Erfahrungen vorliegen, ist noch nicht sicher, ob diese Art der Lagerung bezüglich der Haltbarkeit bei den Schlagbeanspruchungen beim Bruch der Proben und bezüglich der Zuverlässigkeit und Empfindlichkeit der Anzeige immer ausreichen.

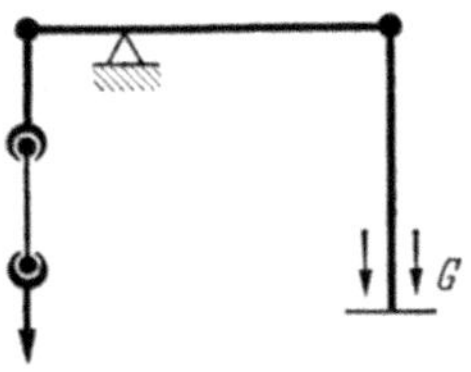

Abb. 2. Hebelwaage.

Je nach der Anordnung der Hebel in Beziehung zu den das Waagemoment bewirkenden Gewichten unterscheidet man folgende Waagen: die einfache *Hebelwaage* (Abb. 2), bei der bei konstanten Hebellängen die Aufsatzgewichte G in verschiedener Größe entweder von Hand oder durch mechanische Vorrichtungen auf eine Waagschale aufgesetzt werden. Diese Bauart ist nur noch bei älteren Maschinenkonstruktionen vorhanden und wird eigentlich nur dann verwendet, wenn die Belastung stufenweise gesteigert werden soll, wie es z. B. bei Elastizitätsmessungen oder anderen Formänderungsmessungen beim Versuch üblich ist. Nachteilig ist es bei dieser Waagenart, daß die Belastung nicht fortschreitend stufenlos gesteigert werden kann und daß die Versuchsdurchführung zur Bestimmung der Bruchlast sehr zeitraubend ist. Aus diesem Grunde hat sich die *Laufgewichtswaage* (Abb. 3) entwickelt und lange Jahre das Feld der Prüfmaschinen mit Waage beherrscht. Bei ihr ist das Aufsatzgewicht G der Waage konstant und wird längs des Waagehebels verschoben, so daß infolge des veränderlichen Hebelarmes das Waagemoment geändert wird. Der das Laufgewicht tragende Hebel ist mit einer Teilung versehen, die die Belastung für jede Stellung des Laufgewichtes angibt. Meist ist dieses Laufgewicht unterteilt in den auf den Laufgewichtshebel gleitenden Schlitten, der allein für die Messung der kleinen Kräfte (bis $^1/_{10}$ der Höchstlast der Maschine) dient und in das Aufsatzgewicht, das zusammen mit dem Schlitten zur Messung der Kräfte des großen Bereichs der Maschine gebraucht wird. Mit einer solchen Waage kann die Belastung sowohl stufenweise als auch ununterbrochen ansteigend ausgeübt werden, wenn es auch einiger Übung bedarf, den Vorschub des Laufgewichts bei steigender Belastung der Probe von Hand — wie es üblich ist — so zu regeln, daß der Laufgewichtshebel dauernd im Gleichgewicht ist. Selbsttätige maschinelle Antriebe des Laufgewichts haben sich nicht bewährt.

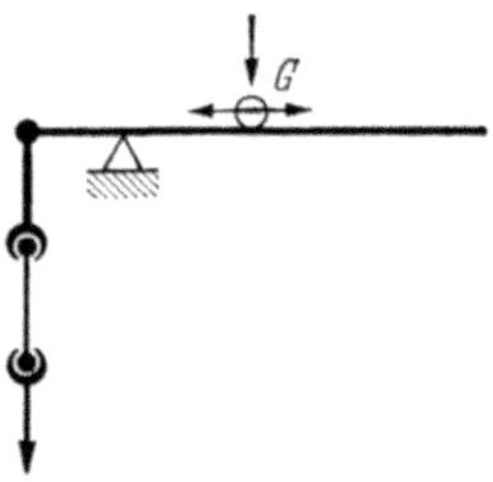

Abb. 3. Laufgewichtswaage.

Eine Kraftmeßvorrichtung, die selbsttätig der stetig fortschreitenden Belastung mit ihrer Anzeige folgt, ist die Neigungswaage.

Die Neigungswaagen (Abb. 4) haben sich daher in neuerer Zeit auf fast allen Gebiet des Prüfmaschinenbaues durchgesetzt. Bei diesen Waagen endigt das Hebelsystem in einem Pendel, das bei Belastung der Hebel durch die von der Maschinenkraft gespannte Probe zum Ausschlag gebracht wird, so daß das dem Pendelausschlag entsprechende Moment dem von der Maschine durch die Probe auf das Hebelsystem aufgebrachten Moment das Gleichgewicht hält. Der Ausschlag des Pendels wird entweder unmittelbar oder mittelbar durch eine zwischengeschaltete Übertragung auf einer Skala angezeigt, die entsprechend der Belastung geteilt ist. Die Neigungswaagen wurden bei kleineren Maschinen für Sonderzwecke und vereinzelt auch für größere Kraftleistung bereits Ende des vorigen Jahrhunderts angewendet und waren zum Teil von ganz hervorragender Ausführung. Aber erst im letzten Jahrzehnt erlangte diese Bauart wegen ihrer bequemen Arbeitsweise auch bei den normalen Prüfmaschinen für metallische Werkstoffe eine starke Verbreitung. Ihr Vorteil ist der, daß die Kraftmessung selbsttätig vor sich geht, alle zusätzliche Betätigung der Gewichte überflüssig ist und das Gleichgewicht zwischen Antriebsmoment und Waagemoment jederzeit vorhanden ist. Bei der Neigungswaage ist die selbsttätige Aufzeichnung des Belastungsvorganges (Spannungs-Dehnungs-Schaubild) besonders einfach. Durch Unterteilung und damit Verringerung des Pendelgewichtes G entsprechend dem halben und fünftel Pendelmoment, kann der gesamte Skalenbereich für entsprechend kleinere Höchstlasten ausgenutzt und dadurch die Genauigkeit der Ablesung kleiner Kräfte gesteigert werden.

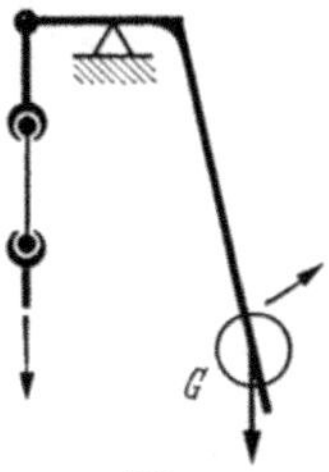

Abb. 4. Neigungswaage.

2. Ein großes Gebiet der Kraftmessung umfassen die *hydraulischen Kraftmesser*. Bei hydraulischem Antrieb der Prüfmaschine liegt es nahe, die Kolbenkraft aus dem Flüssigkeitsdruck im Zylinder und der Kolbenfläche zu berechnen. Bei großen Prüfmaschinen ist dies auch der einfachste Weg. Als Meßgerät dient das *Manometer*, das jetzt fast nur noch mit Bourdonfeder ausgerüstet ist. Der ganze Maschinenaufbau ist in diesem Falle sehr einfach (s. Abb. 5): Zylinder A, Säulen und Querhaupt bilden einen festen Rahmen. Die Probe Z wird zwischen Kolbenstange und Querhaupt eingespannt. Am Zylinder ist das Manometer Ma angebracht. Diese Art der Kraftmessung entspricht aber nicht den bisher aufgestellten Grundsätzen, weil in dieser Messung auch die im Antriebszylinder wirkende Reibung enthalten ist. Zur genauen Kraftmessung ist es daher notwendig, die Reibungsverhältnisse der Maschine zu kennen, was durch die Prüfung der Maschine (s. Abschn. II) möglich ist. Außerdem muß bei jedem Versuch die Leergangsreibung festgestellt werden, um sich von dem unveränderten Zustand der Maschine zu überzeugen. Erfahrungsgemäß kann dieses Kraftmeßverfahren bei größeren Maschinen ohne Bedenken angewendet werden, wenn die Manometer geeicht und überwacht werden. Am einfachsten geschieht das dadurch, daß an den Arbeitszylinder zwei gleiche Manometer angeschlossen werden, von denen eines während der Versuche abgesperrt und nur zur gelegentlichen Kontrolle des Gebrauchsmanometers benutzt wird. Für genauere Messung der Kräfte im unteren Bereich der Leistung der Maschine können bis zu etwa $^1/_{10}$ der Höchstleistung herab Manometer für geringeren Höchstdruck verwendet werden. Unterhalb dieser Grenze ist die unmittelbare

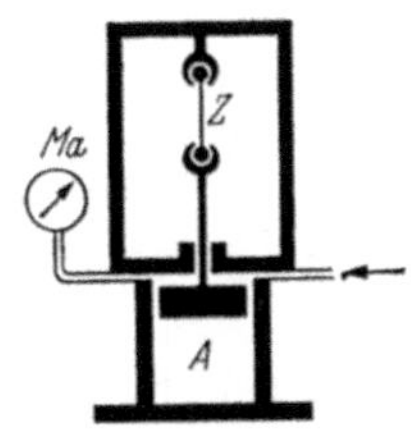

Abb. 5. Kraftmessung mit Zylindermanometer.

Manometermessung wegen der geringen Flüssigkeitsdrücke im Zylinder zu stark durch wechselnde Reibung beeinflußt. Durch die Anwendung von Doppelkolben, die ineinander angeordnet sind, kann erreicht werden, daß auch bei kleinen Kräften genügend große Flüssigkeitsdrucke vorhanden sind. Bei großen Kräften bilden beide Kolben gemeinsam die große Kolbenfläche, bei kleinen Kräften wird der große Kolben im Zylinder festgestellt und der kleine Kolben kommt allein zur Wirkung. Als Manometerteilung setzt sich immer mehr die von MARTENS schon empfohlene Winkelgradteilung ($1^\circ \sim 1$ mm) durch, für die nach der regelmäßigen Manometereichnung Umrechungstabellen aufgestellt werden müssen. Der Benutzer wird so gezwungen, an die regelmäßige Kontrolle der Manometer zu denken. Die Kraftmessung mit dem Manometer ist sehr bequem, weil sie unmittelbar den Belastungen folgt. Gegen Schläge beim Bruch von Proben müssen die Manometer durch Rückschlagventile gesichert sein. Diese Art der Messung ist besonders für große Kräfte sehr verbreitet und bei genügender Beachtung der in Frage kommenden Einflüsse auch ausreichend genau. Die für die Benutzung der Maschine notwendigen Krafttabellen müssen nur regelmäßig auf ihre Richtigkeit nachgeprüft werden.

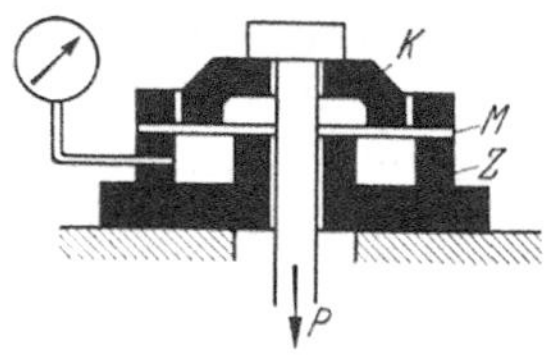

Abb. 6. Schema einer Meßdose.

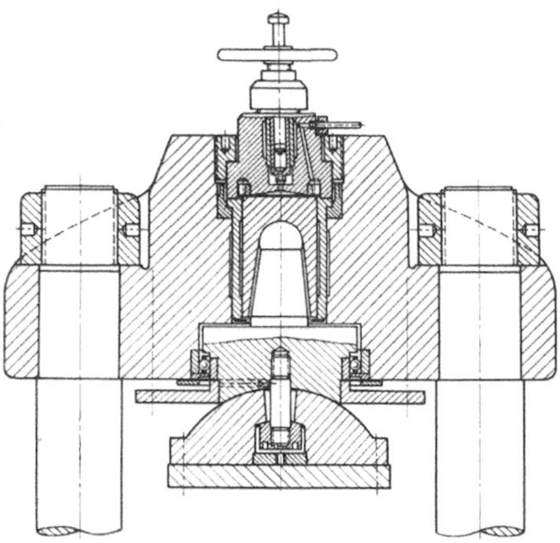
Abb. 6a. Anordnung einer Meßdose als Kraftmesser einer Druckprüfmaschine (Losenhausenwerk, Düsseldorf).

Aus dem Wunsche, den Vorteil dieser bequemen Anzeigevorrichtung mit dem Manometer bei Prüfmaschinen mit Druckflüssigkeitsantrieb auch auf kleinere Kräfte auszudehnen und die störenden Einflüsse der Maschinenreibung aus der Kraftmessung auszuschalten, und ferner bei mechanisch angetriebenen Prüfmaschinen eine Kraftmeßvorrichtung ohne Schneiden usw. zu erhalten, die also gegen stoß- oder schlagartige Beanspruchungen unempfindlicher ist, sind die sog. *Meßdosen* als Kraftmesser entstanden. Sie stellen eigentlich nichts weiter als einen hydraulischen Meßzylinder mit Manometer dar, der zwischen Probe und Maschinenrahmen als Kraftmesser eingeschaltet ist. Bei der Meßdose wird aber die Dichtung der Flüssigkeit zwischen Kolben und Zylinder nicht wie sonst üblich durch eine Stopfbüchse oder eine Manschette erzielt, sondern der Zylinder Z wird mit einer elastischen Membran M aus dünnem Metallblech oder Gummi dicht abgeschlossen, auf die der Kolben K die zu messende Kraft P überträgt (s. Abb. 6). Die Flüssigkeit im Zylinder überträgt so fast verlustlos den Druck auf das an den Zylinder angeschlossene Manometer. Solche Meßdosen können als Kraftmesser ebenso wie die Waagen in die Prüfmaschine eingebaut werden (s. Abb. 6a) und sind lange Zeit wegen der leichteren Feststellung der wirklich zur Wirkung gekommenen Belastung sehr beliebt gewesen. Durch besondere Anordnung der Übertragungsteile für die Belastung können auf diese Weise sowohl Druck- als auch Zugbelastungen gemessen werden.

Wenn auch der Hauptnachteil der unmittelbaren Manometermessung am Arbeitszylinder durch die Meßdose vermieden wird, so bleiben doch eine Reihe von Schwächen bestehen, die nur durch sachverständige Behandlung und sorgsame Benutzung der Maschine und eine dauernde Bewachung der Meßdose ausgeschaltet werden können. Es ist auch hierbei die Anordnung eines Kontrollmanometers erforderlich, um die Unveränderlichkeit des Gebrauchsmanometers zu überwachen. Die zu messende Belastung kann nicht aus der Anzeige des Manometers durch Umrechnung gewonnen werden, sondern muß durch eine Maschinenprüfung (s. Abschn. II) festgelegt sein. Die so festgelegte Belastungstabelle für die Manometeranzeigen behält nur solange Gültigkeit, wie der Zustand der Meßdose unverändert ist, d. h. solange die Füllung und damit die Vorspannung der Meßdose, die nötig ist, um die Anfangswerte der Belastung richtig zu erhalten, sich nicht ändert. Es muß daher für sehr gute Dichtigkeit gesorgt werden. Bei den meisten der ausgeführten Meßdosenmaschinen sind Vorrichtungen zur Konstanthaltung oder Wiedereinstellung der Vorspannung vorhanden. Allerdings vermeidet die Meßdose nicht den grundsätzlichen Nachteil der Manometer, daß wegen der auftretenden Nachwirkungserscheinungen in der Feder nach jeder Belastung, wenn nicht lange genug gewartet wird, der Zeiger nicht auf Null zurückgeht, und dadurch, auch wenn das Ziffernblatt jedesmal auf Null neu eingestellt wird, die Werte der Ablesungen beeinflußt sind.

Die unmittelbare Kraftmessung im Arbeitszylinder ist dadurch bedeutend verbessert worden, daß der Kolben in den Zylinder eingeschliffen wird (s. S. 19). Hierdurch wird ein gleichbleibender und sehr geringer Reibungswiderstand im Zylinder erzielt.

Im engen Zusammenhang hiermit hat sich auch die Kraftmessung durch das sog. *Pendelmanometer* (s. S. 36) entwickelt. Bei diesem Verfahren ist der mit eingeschliffenem Kolben versehene Arbeitszylinder mit einem kleinen Meßzylinder ebenfalls mit eingeschliffenem, dauernd um seine Achse sich drehenden Kolben durch eine Rohrleitung verbunden. Dieser Kolben überträgt den Flüssigkeitsdruck — also die Stabbelastung — auf ein Pendel, dessen Ausschlag, ebenso wie bei den Neigungswaagen zur Kraftmessung dient. Hier liegt demnach eine Meßeinrichtung vor, bei der die vom Antrieb erzeugte Kraft (Kolbenkraft) hydraulisch übersetzt auf das Pendel übertragen wird, und bei der die empfindlichen Schneidenlager, die zur unmittelbaren Übertragung der Belastung auf die Waage dienen, vermieden werden. Dieses Kraftmeßverfahren ist sehr verbreitet, da es in der Anwendung ähnliche Vorteile wie die Neigungswaage besitzt und im besonderen auch die selbsttätige Aufzeichnung des Spannungs-Dehnungs-Schaubildes in einfacher Weise ermöglicht. Es ist jedoch nur bei Druckölantrieb der Maschine anwendbar und erfordert eingeschliffene reibungslos arbeitende Kolben der Maschine. Unangenehm ist manchem Benutzer die nicht immer zu vermeidende Verschmutzung durch das austretende Öl.

3. Die *Messung elastischer Formänderungen zum Zwecke der Kraftmessung* geht bis auf den Anfang der Entwicklung der Prüfmaschinen zurück, wo bereits bei kleineren Maschinen eine geeichte *Schraubenfeder* unmittelbar hinter die Probe geschaltet wurde und ihre Dehnung das Maß für die Belastung war. Durch Zwischenschaltung von Hebeln zwischen Probe und Feder konnte diese Methode auch zur Messung größerer Kräfte angewendet werden, ohne daß aber eine Verbreitung des Verfahrens eingetreten wäre.

Dem gleichen Grundsatz wie die Feder bei der Kraftmessung entspricht der *Kraftprüfer* als Kraftmesser. Näheres hierüber s. Abschn. II C b. Auch dieses Gerät wird als fest eingebauter Kraftmesser von Prüfmaschinen selten verwendet.

4. Einrichtungen zur Aufzeichnung des Kraft-Formänderungs-Schaubildes (Schaubildzeichner, s. a. S. 474*).* Es ist immer angestrebt worden, den Verlauf der Festigkeitsversuche von der Maschine selbsttätig aufzeichnen zu lassen. Je nach der Art des Kraftmessers sind dabei mehr oder weniger komplizierte Geräte entstanden. Der Grundsatz der meisten dieser Geräte war der, daß die Kraft aus der Anzeige des Kraftmessers und die Formänderung der Probe aus der Bewegung der Einspannvorrichtungen gegeneinander oder aus der unmittelbaren Verformung der Probe auf eine Schreibfläche übertragen werden.

Bei den neueren Prüfmaschinen mit Neigungswaage oder Pendelmanometer ist die Ausbildung des Schaubildzeichners verhältnismäßig einfach, indem der Ausschlag des Pendels einen Schreibstift auf einer zylindrischen Schreibtrommel parallel zu ihrer Achse bewegt, während die Trommel mittels eines Schnurzuges entsprechend der Formänderung der Probe um ihre Achse gedreht wird (s. Abb. 18c und 23c).

Beim Versuch ergibt sich so ein Linienzug, der an jedem Punkt die zusammengehörige Belastung und Formänderung enthält und für den Versuchsausführenden ein wertvolles Hilfsmittel darstellt, den Verlauf des Versuchs zu überwachen. Inwieweit man aus solchen Maschinenschaubildern die festzustellenden Versuchsergebnisse unmittelbar entnehmen darf, richtet sich nach der Größe der aus dem gesamten Mechanismus des Gerätes entspringenden Fehler. Im allgemeinen wird man die maßgebenden Versuchswerte für die Belastungen am Kraftmesser ablesen und für die Formänderungen an der Probe messen. Das Schaubild wird man hierfür nur zur etwaigen Kontrolle heranziehen und es als wertvolle Ergänzung benutzen.

5. Den Grundsatz, daß der Kraftmesser der Maschine den bei Zunahme der Belastung mit den im Probestab auftretenden Formänderungen verbundenen Verformungswiderstand anzeigen soll, glaubt man allgemein durch die geschilderten grundsätzlichen Bauweisen erfüllt zu haben. Hierbei ist die ganze Maschine beim Versuch ein möglichst starres Ganzes, in das nur der Kraftmesser als nachgiebiger Teil eingeschaltet ist. Das hat zur Folge, daß Vorgänge im Probestab, die nicht gleichsinnig oder unregelmäßig verlaufen, je nach der Art des Kraftmessers verschieden stark ausgeprägt angezeigt werden. So sprechen Waagen und besonders Pendelwaagen in stärkerem Maße auf plötzlich einsetzende größere Formänderungen an als die masselosen Manometer und dgl., ohne daß indessen hierdurch bisher Schwierigkeiten entstanden wären. Neuerdings ist aber die Meinung (WELTER, SPAETH)[1] vertreten worden, daß grundsätzlich die Prüfmaschine in sich nicht starr, sondern sehr weich und stark federnd sein müsse, was durch Einschalten einer Feder zwischen Probe und Kraftmesser zu erreichen wäre. Hierdurch würden Erscheinungen, die bisher als charakteristische Werkstoffeigenschaften angenommen waren, verschwinden, weil sie nur durch die Wirkungsweise der üblichen Prüfmaschine bedingt seien. Diese Ansicht, die, falls sie zutreffend ist, wesentliche Folgen für die gesamte Werkstoffprüfung haben würde, hat eine Reihe von Untersuchungen[2] veranlaßt, die indessen ergeben haben, daß keine Notwendigkeit besteht, die bisherigen Grundsätze zu verlassen.

d) Einspannteile.

Zu allen Prüfmaschinen gehören neben den bereits besprochenen Teilen die Einspannvorrichtungen, von deren zweckmäßiger Form und Bauweise die

---

[1] WELTER, G.: Metallwirtsch. Bd. 14 (1935) S. 1043; Bd. 15 (1936) S. 885. — SPAETH, W.: Physik der mechanischen Werkstoffprüfung. Berlin 1938.

[2] POMP, A. u. A. KRISCH: Mitt. K.-Wilh.-Inst. Eisenforschg. Bd. 19, S. 187. — SIEBEL, E. u. S. SCHWAIGERER: Arch. Eisenhüttenwes. Bd. 13 (1939/40) S. 37.

leichte und einwandfreie Durchführung der Versuche zu einem erheblichen Teile abhängt.

Diese Einspannteile sollen so beschaffen sein, daß die Maschinenkräfte in dem gewünschten Sinne sicher auf die Probe übertragen werden, daß der Ein- und Ausbau der Proben ohne Schwierigkeiten und möglichst rasch erfolgen kann; daß die Einzelteile der Einspannvorrichtungen sich möglichst wenig durch den Gebrauch abnutzen und nötigenfalls leicht ersetzt werden können. Deshalb müssen die Einspannteile vor allem so bemessen sein, daß sie durch die Beanspruchungen beim Versuch keine bleibende Formänderung erleiden. Art und Form der Einspannteile richten sich nach der Form und den Abmessungen der Probestäbe (vgl. Bd. II, Abschn. I B 6).

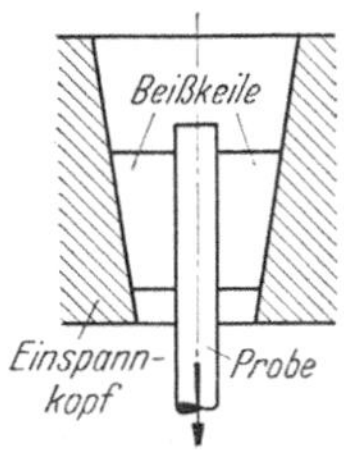

Abb. 7a. Keileinspannung.

Für *Zugversuche* kommen vorwiegend folgende drei bewährten Einspannmöglichkeiten in Frage:

1. Beiß- oder Klemmkeile für glatte zylindrische oder prismatische Proben oder Flachstäbe,
2. Gewindemuffen für Stäbe mit Gewindeköpfen und
3. geteilte Beilegeringe in Gehäusen für Stäbe mit Schulterköpfen.

Für die Anwendung dieser 3 Einspannweisen müssen 2 Einspannköpfe an der Maschine vorhanden sein, die so mit den übrigen Teilen der Maschine verbunden sind, daß durch den Einbau der Probe der Kraftschluß in der Maschine hergestellt werden kann, d. h. ein Einspannkopf ist mit dem Antrieb verbunden und der andere mit dem Kraftmesser oder, falls die Kraftmessung im hydraulischen Zylinder erfolgt, mit dem Maschinenrahmen. Die Einspannteile müssen natürlich wie alle Maschinenteile so bemessen sein, daß sie mit genügender Sicherheit die auftretenden Kräfte aufnehmen können, daß aber auf alle Fälle bleibende Verformungen an ihnen nicht auftreten. Die Einspannköpfe sind erfahrungsgemäß hierdurch am stärksten gefährdet, weil ihre Konstruktion dadurch besonders erschwert ist, daß die wirksamen Kräfte infolge von Keilwirkung usw. nicht so klar liegen wie bei anderen Teilen und weil die Forderung des leichten Ein- und Ausbaues der Proben, ihre Zugänglichkeit beim Versuch usw. eine verwickelte Formgebung der Köpfe bedingt. Jede bleibende Verformung der Einspannteile schädigt aber ihre Gebrauchsfähigkeit und kann sich auch ungünstig auf die Versuchsausführung auswirken. Darum beruhen die von den großen Herstellerwerken geschaffenen Konstruktionen auf langjähriger Erfahrung und immer wieder durchgeführten Verbesserungen.

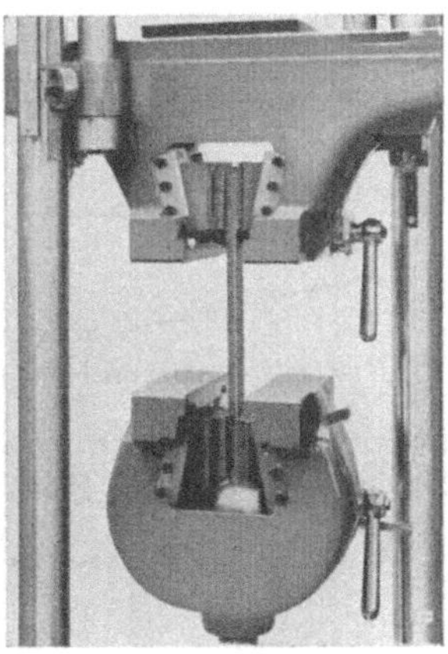
Abb. 7b. Schnellspannvorrichtung.

Die *Beißkeile* (Abb. 7a) müssen in dem Spannkopf in der Richtung der Zugkraft gleitend geführt sein derart, daß sie mit zunehmender Belastung immer stärker gegen das Probenende drücken. Hierbei ist zu beachten, daß die Keile sich gleichmäßig verschieben, damit die Proben ihre zentrische Lage im Einspannkopf und damit auch in der Maschinenachse beibehält und exzentrische Belastungen vermieden werden. Zur Vermeidung von zusätzlicher Biegebeanspruchung in der Probe oder von Klemmungen in dem Kraftmesser soll die Verbindung nicht starr, sondern so nachgiebig sein, daß sich die Einzelteile zu Beginn des Versuchs zwanglos in die Maschinenachse einstellen können. Das wird z. B. durch kugeligen Anschluß der Einspannköpfe an ihre

Kupplungsbolzen oder durch besondere Keilgehäuse bewirkt, die in den Einspannköpfen kugelig gelagert werden.

Die *Schnellspannköpfe*, die von allen einschlägigen Werken entwickelt sind, berücksichtigen alle diese Forderungen und beheben besonders den früher mit der Keileinspannung verbundenen Zeit- und Arbeitsaufwand (Abb. 7b).

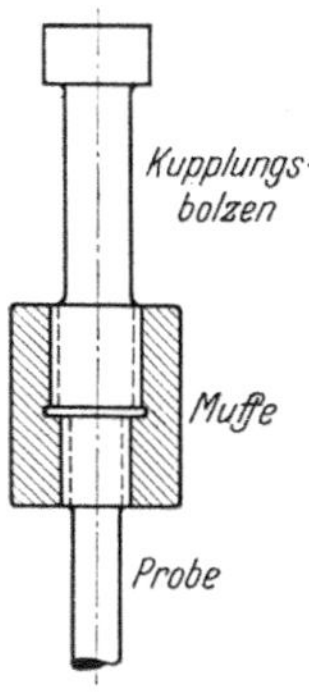

Abb. 8a. Einspannung für Gewindestäbe.

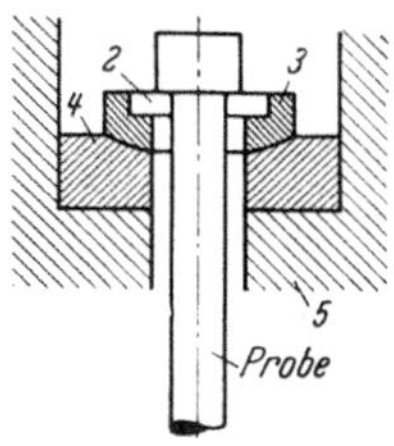

Abb. 8b. Einspannung für Rundstäbe mit Köpfen.

Die *Gewindemuffen* (Abb. 8a) für Proben mit Gewindeköpfen werden am besten durch Kupplungsbolzen und Muffen mit den Einspannköpfen verbunden. Diese Kupplungsbolzen sind an den freien Enden ebenso wie die Proben mit Schulterköpfen (Abb. 8b) ausgebildet, so daß sie ebenso wie diese in den Einspannköpfen gelagert werden können. Bezüglich der zu wählenden Gewinde sind Vereinbarungen im Gange, um die Einspannmuffen auf eine möglichst geringe Zahl zu bringen. Der Vorteil dieser Einspannung beruht darauf, daß auch kurze Proben durch die Kupplungsbolzen verlängert werden und so in der Maschine in ganzer Länge frei und nicht durch die Wandung der Einspannköpfe verdeckt oder unzugänglich werden, was bei Messungen während der Versuche störend ist.

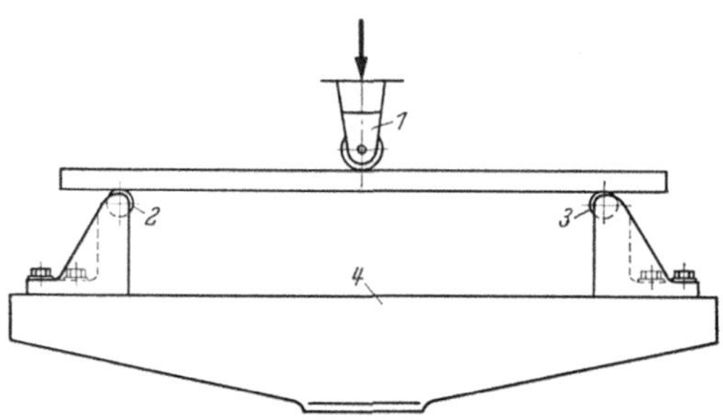

Abb. 9. Zusatzeinrichtung für Biegeversuche.

Für *Proben mit Schulterköpfen* (Abb. 8b), also auch für die Kupplungsbolzen für die Gewindestäbe ist die Einspannung meist derart, daß die dickeren Stabköpfe durch geteilte Beilegeringe *2* in kugelige oder halbzylindrische Schalen *3* festgelegt werden, die ihrerseits unmittelbar in den Einspannköpfen *5* in entsprechenden Flächen oder besonderen Schiebern *4* drehbar gelagert sind, damit eine Einstellung der Proben und der Einspannteile in die Maschinenachse zu Beginn des Versuchs möglich ist.

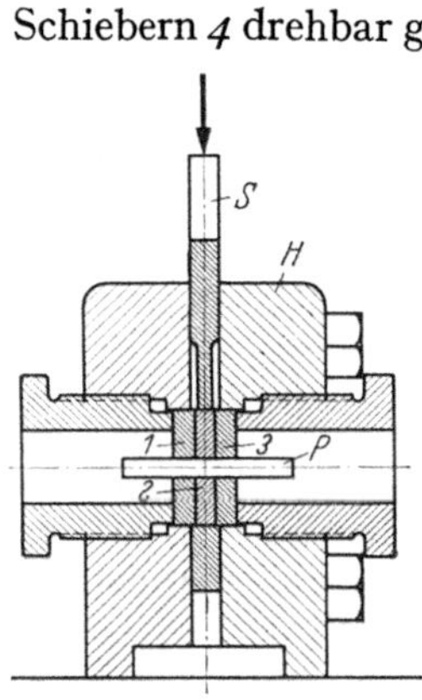

Abb. 10. Zusatzeinrichtung für Scherversuche.

Im allgemeinen sind also zwei Arten von Einspannvorrichtungen für die üblichen Probestäbe ausreichend: 1. für Rundstäbe mit Schulterköpfen und 2. für Flachstäbe oder prismatische und für zylindrische Stäbe ohne Köpfe (Beißkeile).

Die Einspannteile wie Beilegeringe und Beißkeile müssen für die verschiedenen Stabformen und Abmessungen in den notwendigen Mengen vorhanden sein, sie sollen aber äußerlich so bemessen sein, daß sie in den Köpfen und Gehäusen ausgewechselt werden können.

Für *Druckversuche* sind nur ebene, harte Stahlplatten als Einspannvorrichtungen erforderlich, von denen die eine durch kugelige Lagerung einstellbar ist und sich etwaigen Abweichungen von der Planparallelität der Druckflächen der Probe anpassen kann (s. Abb. 29a). Gelegentlich werden zwischen die Druckplatten noch Stempelführungen gesetzt, die erst die Belastung auf die Probe übertragen (vgl. Bd. II, S. 93, Abb. 65 und 66. Hierdurch wird eine zentrische Belastung der Probe erleichtert, was besonders bei Elastizitätsmessungen vorteilhaft ist.

Bei *Biegeversuchen* ist die Wirkungsweise der Maschine die gleiche wie beim Druckversuch, d. h. eine Belastung wird mit einem geeigneten Druckstück *1* (Abb. 9) auf die stabförmige Probe übertragen. Diese ist beim Biegeversuch meistens beiderseitig frei gelagert. Die als Auflager dienenden Stahlrollen *2* und *3* sind drehbar in Böcken angeordnet, damit die Durchbiegung der Probe möglichst wenig behindert wird. Die Böcke werden durch einen kräftigen Balken *4* gestützt, der von einer der beiden Druckplatten der Maschine getragen wird.

Für *Scherversuche* dient eine Zusatzeinrichtung etwa nach Abb. 10, bestehend aus einem Gehäuse H, in dem ein Schieber S durch Zug- oder Druckkraft bewegt wird. Beide Teile sind senkrecht zur Bewegungsrichtung des Schiebers mit einer Bohrung für auswechselbare Ringe *1*, *2*, *3* versehen, durch die die Probe P gesteckt wird. Über das Verhältnis von Ringbreite zu Probendurchmesser sind noch Vorarbeiten zur Vereinheitlichung im Gange.

B. Beschreibung gebräuchlicher Prüfmaschinen.

Von der großen Zahl der Maschinen, die von den einschlägigen Fabriken hergestellt werden, sollen nachstehend einige Beispiele für die verschiedenen in den voraufgegangenen Kapiteln behandelten Bauweisen an Hand von durchgeführten gebräuchlichen Konstruktionen beschrieben und dargestellt werden. Die gewählten Ausführungen sollen daher keinen Wertmaßstab darstellen. Der Bau der Prüfmaschinen in Deutschland ist so weit entwickelt und durch die Zusammenfassung der betreffenden Werke in einem Verband so stark angeregt, daß wohl alle größeren Firmen dieses Zweiges des Maschinenbaues ihre eigene Konstruktion in allen Einzelheiten vervollkommnet haben. Wenn man die neuesten Ausführungen vergleicht, so entwickelt sich die normale Prüfmaschine immer mehr zu einigen Typen, die für die Kraftmessung die Neigungswaage oder das Pendelmanometer benutzen, als Antrieb Druckflüssigkeit aus unmittelbar angeschlossener Regelpumpe oder den elektrischen Schraubenantrieb verwenden und entweder als reine Zerreißmaschine oder als Universalmaschinen gebaut sind. Bei allen Konstruktionen zeigt sich das Streben nach Einfachheit und Übersichtlichkeit der Bauweise zur Erleichterung der Bedienung der Maschine und der Versuchsausführung.

1. Maschinen mit Hebelwaage.

Die Konstruktion einer Prüfmaschine, die sich durch ihre Einfachheit und Übersichtlichkeit auszeichnet, ist die in Abb. 11 schematisch dargestellte 50-t-Zugprüfmaschine, Bauart Martens, die Ende des vorigen Jahrhunderts von der MAN Nürnberg gebaut worden ist. Der Antrieb der Maschine ist hydraulisch durch einen mit einer Manschette abgedichteten Kolben A, an dem der Einspannkopf in seiner Höhe verstellbar befestigt ist. Der zweite Einspannkopf hängt am kurzen Hebelarm des zweiarmigen Waagebalkens W. Die Übersetzung des Hebels ist 1:250, was zur Folge hat, daß der Aufbau sehr einfach ist, daß es aber auch darauf ankommt, die Größe des kurzen Hebelarmes sehr genau zu sichern. Es muß eine Beschädigung, ein Lockerwerden oder eine Verschmutzung der Schneidenlager für die Unterstützung des Waagebalkens und der Aufhängeschneiden des Einspannkopfes unbedingt vermieden werden. Die Kraftmessung geschieht durch Anhängen von Gewichten an das Ende des langen Waagehebels. Die kleinen Stufen (bis 1000 kg Belastung entsprechend 4 kg Gewicht) werden unmittelbar auf eine Waagschale gesetzt, die größeren (je 4 kg Gewicht =

je 1000 kg Belastung) und großen (je 40 kg Gewicht = je 10000 kg Belastung) Stufen sind zur Erleichterung der Arbeit in einem Belastungsrahmen R an der Maschine angeordnet und können durch mechanisches Senken des Rahmens nacheinander an das Hebelende angehängt werden. Hieraus ergibt sich, daß laufende einfache Zerreißversuche auf dieser Maschinengattung ziemlich zeitraubend werden und daß auch die Belastungsmessung bei auftretenden Änderungen des Verformungswiderstandes der Probe schwierig ist. Für Feinmeßversuche u. ä., bei denen stufenweise oder genau vorgeschriebene Belastungen angewendet werden, ist die Maschine aber gut brauchbar, zumal die Dehnungsmessungen während des Versuchs meist mehr Zeit beanspruchen, als die Betätigung der Belastungssteigerung. Ein unmittelbarer Schaubildzeichner erübrigt sich daher auch. Die Maschine hat wegen der geringen Zahl von Lagern eine außerordentlich große Empfindlichkeit und ist genau in der Kraftmessung. Darum wird sie besonders in Laboratorien noch gern benutzt.

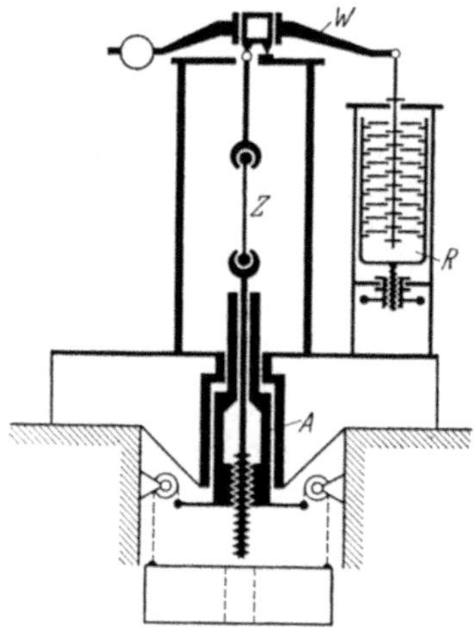

Abb. 11. Zug-Prüfmaschine mit Hebelwaage, Bauart Martens (MAN Nürnberg).

2. Maschinen mit Laufgewichtswaage.

Eine Erleichterung gegenüber den Maschinen mit gewichtsbelasteten Hebelwaagen stellt für die Durchführung der Festigkeitsversuche die Maschine mit Laufgewichtswaage dar, die lange Zeit besonders für mittlere und höhere Belastungen vorherrschend war. Als Beispiel seien einige der bekanntesten Ausführungsformen beschrieben.

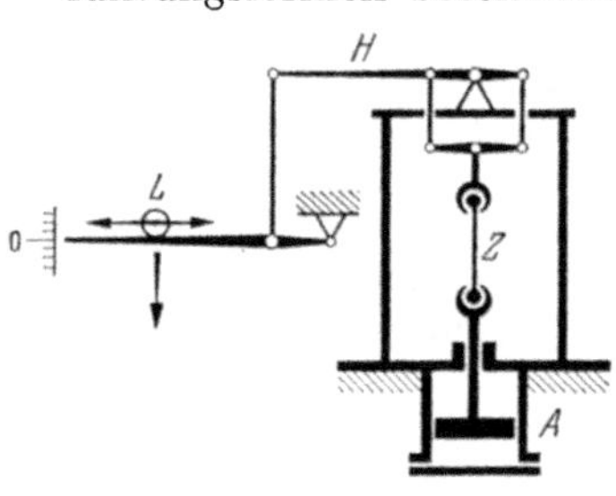

Abb. 12. Zugprüfmaschine mit Laufgewichtswaage und hydraulischem Antrieb.

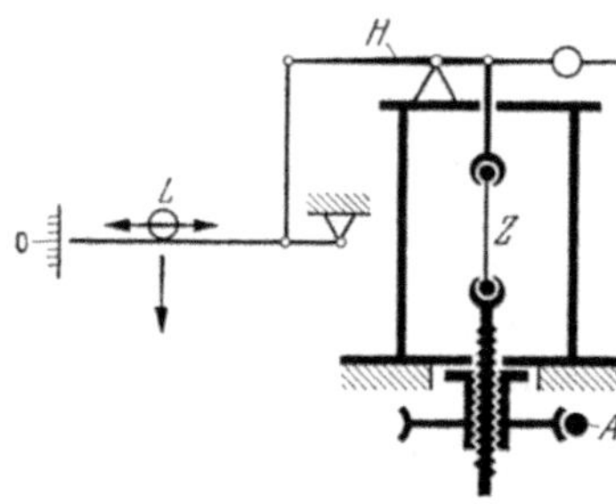

Abb. 13. Zugprüfmaschine mit Laufgewichtswaage und mechanischem Antrieb.

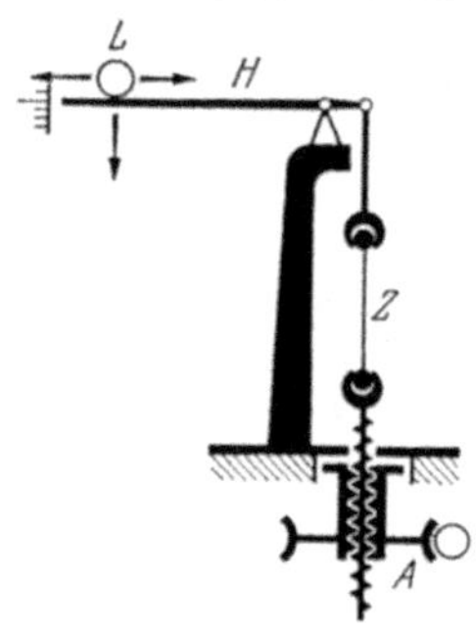

Abb. 14. Zugprüfmaschine wie Abb. 13 mit einseitigem Rahmen für kleinere Kräfte.

Abb. 12 bis 14 zeigen schematisch den Grundsatz derartiger Maschinen. Der Antrieb A ist hydraulisch (Abb. 12) oder mechanisch (Abb. 13 und 14) und in der Grundplatte des Maschinenrahmens angeordnet. Die Waage ist im oberen Querhaupt des Rahmens in Schneidenlagern gelagert; zwischen Antrieb und Waage ist der Probestab Z in den beiden Einspannköpfen eingespannt. Die auf die Probe wirkende Belastung wird durch einen Haupthebel H auf den Laufgewichtshebel übertragen und durch Verschieben des Laufgewichts L bis zum Einspielen des Waagehebels ausgewogen. Es ist also auf solchen Maschinen, wie sie z. B. Abb. 15a und b in der Ansicht zeigen möglich, den gesamten Belastungsvorgang durch entsprechendes Verschieben des Laufgewichts zu verfolgen, wenn es auch einige Übung erfordert, bei stetiger Belastungssteigerung dauernd die Waage im Gleichgewicht zu halten.

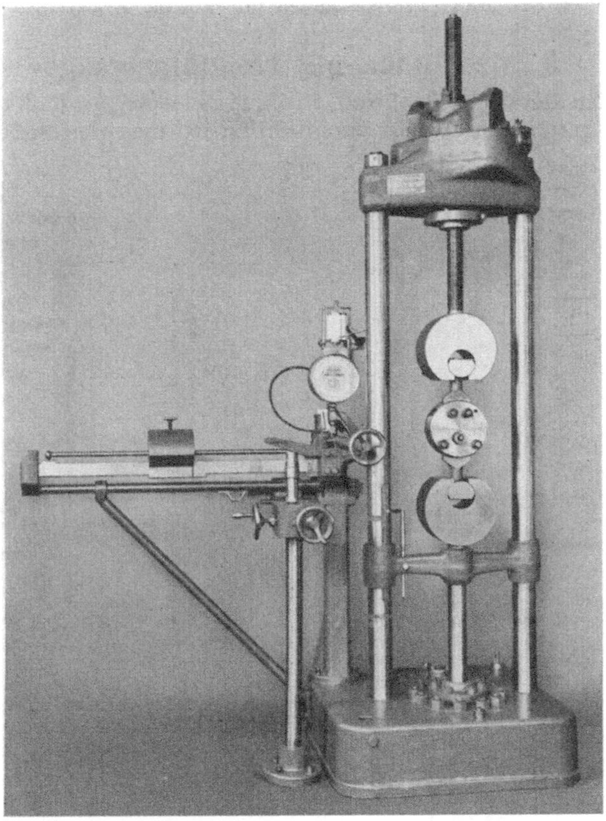

Abb. 15a. Zugprüfmaschine mit Laufgewichtswaage und hydraulischem Antrieb (wie Abb. 12) (Mohr u. Federhaff, Mannheim).

Abb. 15b. Zugprüfmaschine mit Laufgewichtswaage und mechanischem Antrieb (wie Abb. 13) (MAN, Nürnberg).

3. Maschinen mit Neigungswaage.

Der Nachteil der Gewichts- und Laufgewichtswaagen, daß nur die stufenweise Belastungssteigerung leicht durchführbar ist, eine gleichmäßig ansteigende

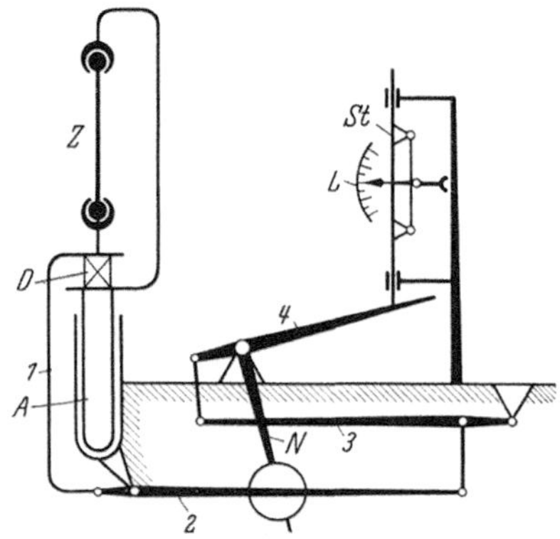

Abb. 16. Universalprüfmaschine mit Neigungswaage und hydraulischem Antrieb, Bauart Pohlmeyer.

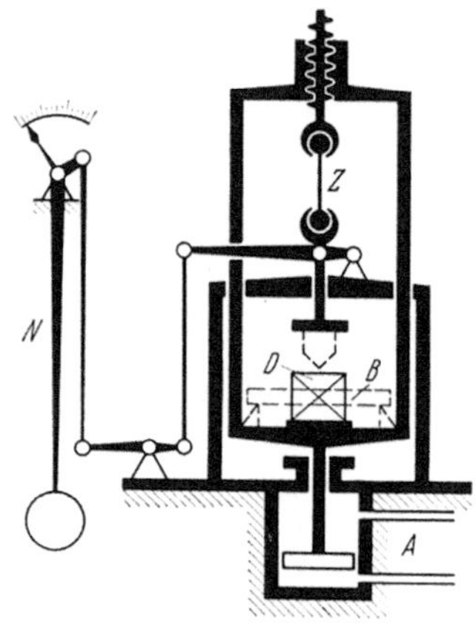

Abb. 17a. *A* Antrieb; *Z* Zugprobe; *B* Biegeprobe; *D* Druckprobe; *N* Neigungswaage.

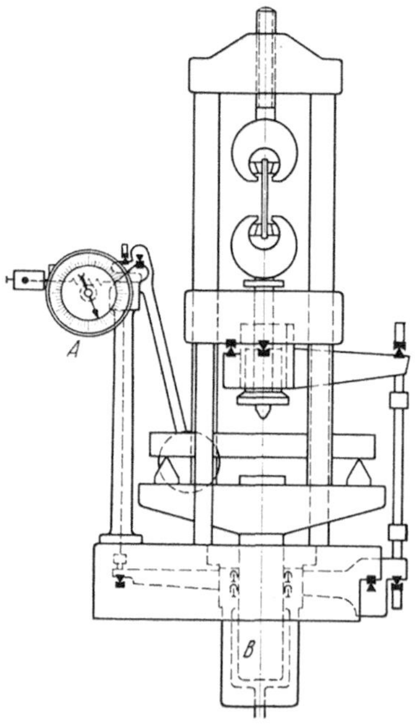

Abb. 17b. *B* Hydraulischer Zylinder; *A* Anzeige der Neigungswaage.

Abb. 17c.

Abb. 17a bis c. Universalprüfmaschine mit Neigungswaage und hydraulischem Antrieb (Mohr u. Federhaff, Mannheim)

und besonders eine wieder abfallende Belastung, wie sie bei Bestimmung der Streckgrenze, der Zerreißlast und in anderen Fällen nötig ist, aber eine besondere Fertigkeit im Bedienen der Maschine verlangt, hat zur Entwicklung der sog. Neigungswaagen geführt. Bei diesen folgt die Lastanzeige selbsttätig der jeweils wirkenden Belastung.

Diese Entwicklung der Konstruktion wurde schon Ende des vorigen Jahrhunderts von EHRHARD mit seiner Universalprüfmaschine, Bauart Pohlmeyer, erreicht. Diese Maschinenart ist noch weit verbreitet und hat sich überall, besonders für Abnahmeversuche bewährt; die Herstellung ist aber schon längere Zeit eingestellt. Da die grundsätzlichen Gesichtspunkte dieser Maschinenbauart für alle Maschinen mit Neigungswaage gelten, sei hier eine Beschreibung dieser Maschine selbst gegeben. Der Antrieb *A* ist hydraulisch mit Druckwasser (s. Abb. 16), das in den Zylinder eingelassen wird und den durch Manschetten gedichteten Tauchkolben hebt. Hierdurch wird die Zugprobe *Z* oder die

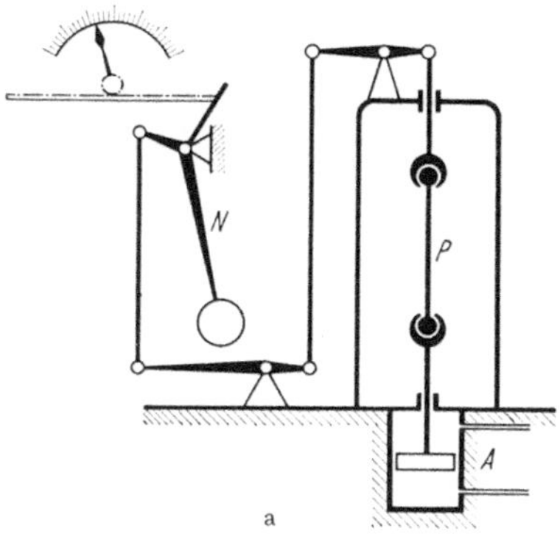

a

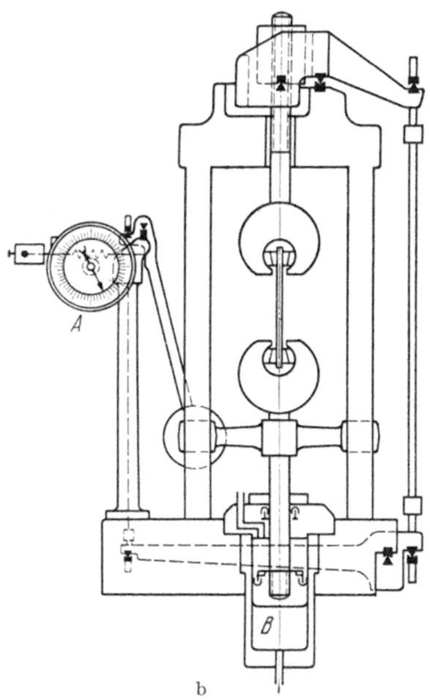

b

c

Abb. 18a bis c. Zugprüfmaschine mit Neigungswaage und hydraulischem Antrieb (Mohr u. Federhaff, Mannheim).

Druckprobe *D* belastet. Die Belastungskraft wird durch die Neigungswaage gemessen. Die Kraft wird durch das Gestänge *1* zu dem Haupthebel *2* und von hier durch den Hebel *3* zu dem Winkelhebel *4* mit Pendelgewicht *N* geleitet. Sowohl beim Zug- wie auch beim Druckversuch schlägt das Pendel entsprechend der Größe der Belastung in gleicher Richtung aus. Der Ausschlag wird auf die senkrecht geführte Stange *St* übertragen und durch einen mittels Schnurzug betätigten Zeiger auf der Skala *L* angezeigt. Die Maschinen wurden für 50 t und 100 t Höchstleistung gebaut. Sie waren lange Zeit die bequemsten Maschinen für normale Festigkeitsversuche jeder Art. Sie waren schon mit

Abb. 19 a.

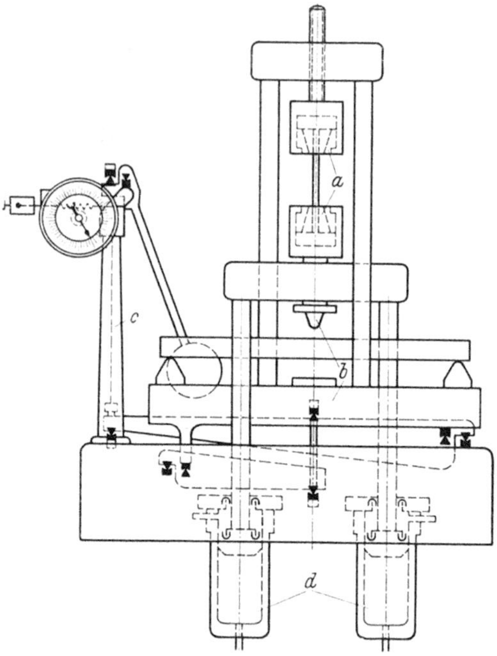

Abb. 19 b.

Abb. 19 a und b. Universalprüfmaschine mit Neigungswaage und Antrieb durch 2 hydraulische Zylinder (Mohr u. Federhaff, Mannheim). *a* Einspannteile für den Zugversuch; *b* Einrichtungen für den Biegeversuch; *c* Neigungswaage; *d* hydraulische Zylinder.

Abb. 20 a und b. Universalprüfmaschine mit Neigungswaage und mechanischem Antrieb (Louis Schopper, Leipzig). *Z* Probe; *A* Antrieb; *N* Waage.

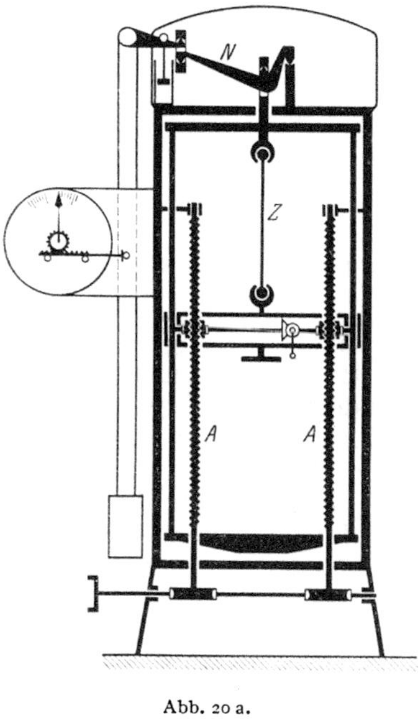

Abb. 20 a.

Abb. 20 b.

einem guten Schaulinienzeichner ausgerüstet, so daß der Verlauf des Versuches in jeder Einzelheit festgelegt werden konnte.

Nach diesem Maschinentyp sind nach dem Weltkriege eine Reihe brauchbarer Maschinen von den einzelnen Herstellerwerken entwickelt worden, die zum Teil erhebliche Vorteile gegenüber den sonstigen Maschinen mit Waage zeigten. Es sind auch besonders die Einspannteile handlicher geworden, die Bauart ist gedrungener und der Antrieb, der bei der Pohlmeyer-Maschine im allgemeinen von einer Druckwasserleitung erfolgte, geschieht jetzt meist durch hydraulischen Einzelantrieb oder elektrisch durch eine Schraubenspindel.

So zeigen die Abb. 17 und 18 die Ausführungsform der Firma Mohr u. Federhaff, Mannheim, als Universalprüfmaschine und reine Zugprüfmaschine, bei denen der Antrieb in gleicher Weise durch hydraulische Zylinder mit gedichteten Kolben erfolgt. Abb. 19 zeigt eine Ausführung mit zwei Antriebszylindern, um die Bauhöhe der Maschine zu vermindern, eine Lösung, die grundsätzlich auch von G. Wazau, Berlin-Tempelhof, wenn auch mit anderen Antriebs- und Kraftmeßmitteln, durchgeführt ist. Weitere Beispiele für Maschinen mit Neigungswaagen sind in Abb. 20 und 21 dargestellt. Diese besitzen elektrischen Antrieb mit Schraubenspindel, die entweder zentrisch in der Maschinenachse oder als Doppelspindel symmetrisch zu beiden Seiten der Achse, meist in den Tragsäulen des Maschinenrahmens angeordnet sind.

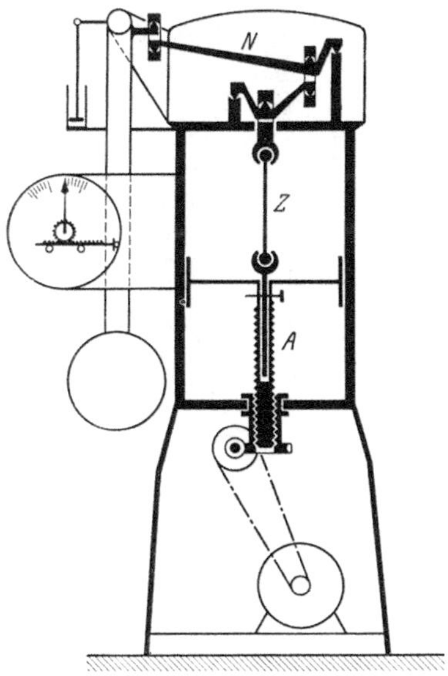

a

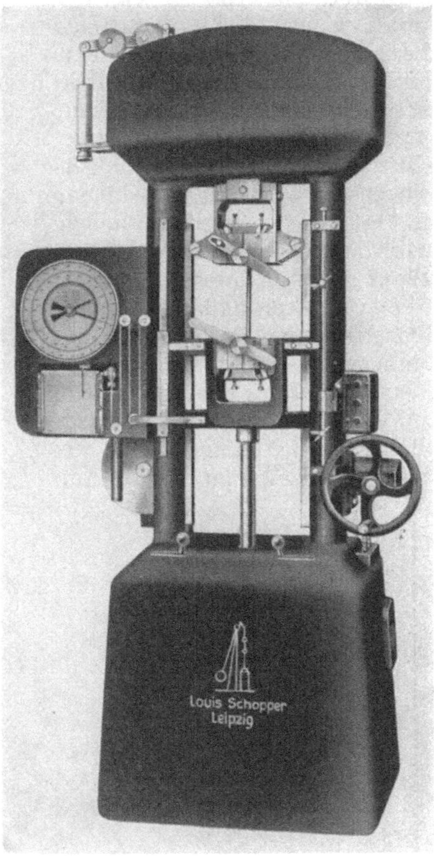

b

Abb. 21 a und b. Zugprüfmaschine mit Neigungswaage und mechanischem Antrieb (Louis Schopper, Leipzig). A Antrieb, Z Probe, N Waage.

4. Prüfmaschinen für kleine Belastungen.

Bei Prüfmaschinen für kleine Belastungen, wie sie für die Draht-, Papier-, Textil- und Kautschukprüfung gebraucht werden, hat die Neigungswaage bereits viel früher als bei der eigentlichen Metallprüfung Verwendung gefunden. Besonders die Firma L. Schopper, Leipzig, hat auf diesen Gebieten in Verbindung mit den Forschungsstellen gearbeitet. Die Abb. 22 zeigt die Bauart einer Reihe derartiger Maschinen, die grundsätzlich den gleichen Aufbau besitzen und je nach dem Verwendungszweck sich hauptsächlich in den Einspannteilen und Zusatzvorrichtungen unterscheiden. Diese Maschinen, die für gleiche Zwecke ähnlich auch von anderen Herstellerfirmen gebaut werden, besitzen wegen ihrer verhältnismäßig geringen Höchstbelastungen meistens als Rahmen auf einer Grundplatte einen Ständer mit überkragendem Ende, an dem unter Zwischenschaltung der Neigungswaage die Probe Z eingespannt wird. Am anderen Ende der Probe greift die Maschinenbelastung an, die durch einen hydraulischen Zylinder oder Schraubenspindelantrieb A erzeugt wird. Der Antriebsmechanismus ist seinerseits mit der Grundplatte des Rahmens bzw. der Säule verbunden. Die Neigungswaage N ist meistens als einfacher Winkelhebel ausgebildet, an dessen kurzem Arm die Einspannvorrichtung hängt, während der lange Hebelarm mit dem Pendelgewicht unmittelbar als Kraftanzeiger dient, indem sein Ausschlag auf einer Kreisbogenskala angezeigt wird. Durch eine feine Verzahnung und Sperrklinken wird das Pendel im Augenblick des Bruchs der Probe auf seinem Stande festgehalten. Die Lager der Pendelwaage bestanden ursprünglich wie auch sonst aus Stahlschneiden in Stahlpfannen. Neuerdings werden vielfach bei solchen Maschinen Kugellager zu diesem Zwecke verwendet.

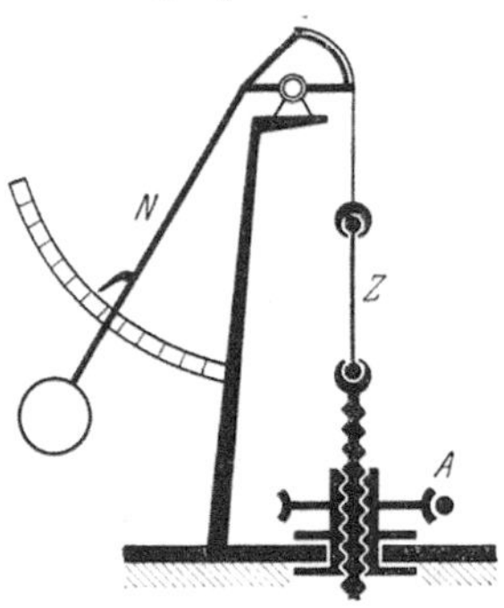

a

b

Abb. 22a und b. Zugprüfmaschine mit Neigungswaage oder Neigungspendel und mit mechanischem oder Handantrieb (Louis Schopper, Leipzig). A Antrieb; Z Probe; N Waage.

Es ist angeregt worden, diesen Unterschied auch in der Bezeichnung des Kraftmessers zum Ausdruck zu bringen, indem man Kraftmesser mit Pendel,

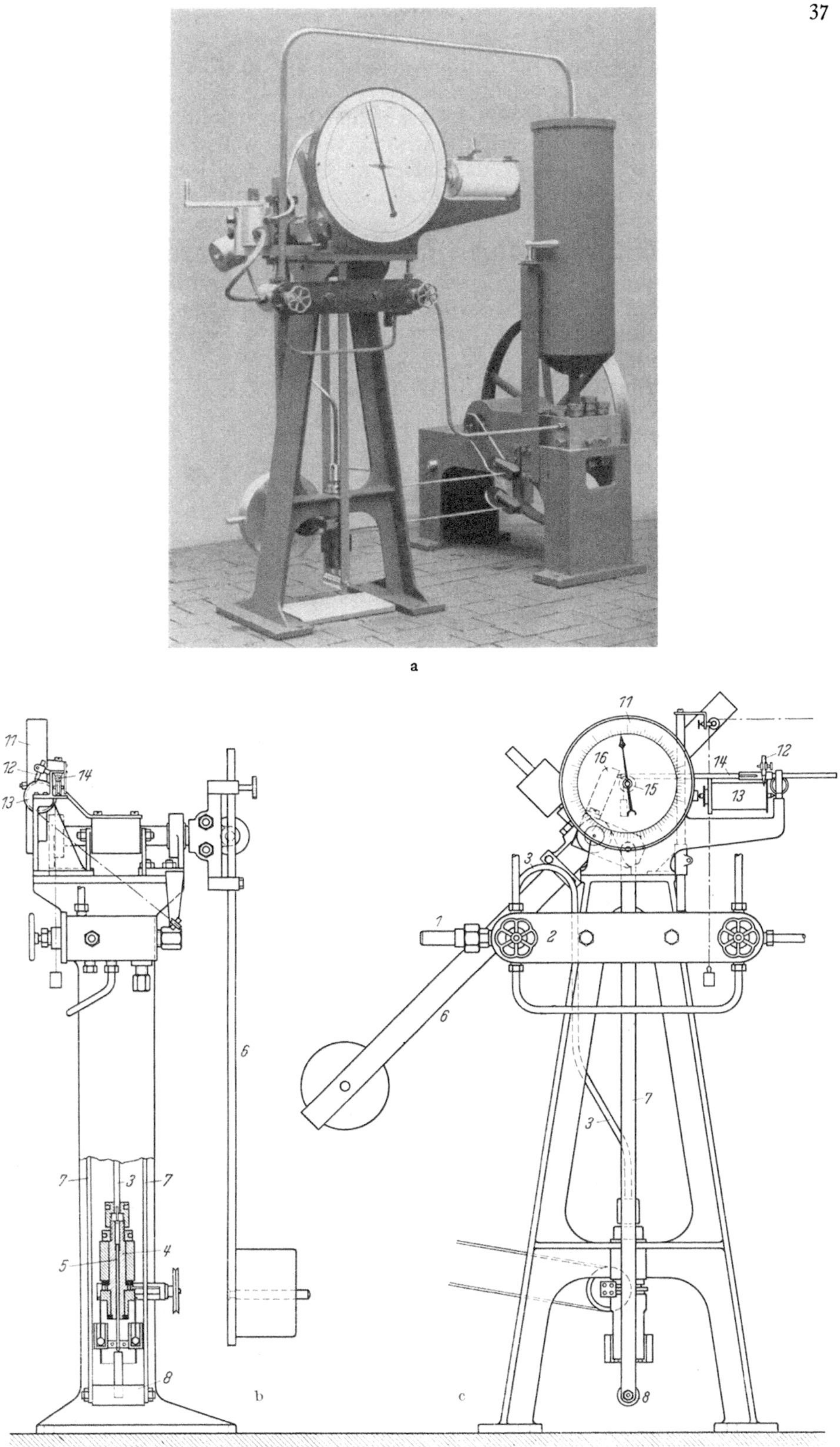

Abb. 23a bis c. Pendelmanometer von Amsler.

die in Schneiden gelagert sind, als *Neigungswaage* und solche, die statt der Schneidenlager Kugellager besitzen, als *Neigungspendel* bezeichnet. Die Schneidenlagerung ist den Kugellagern in bezug auf Genauigkeit und Gleichmäßigkeit des Hebelübersetzungsverhältnisses überlegen, weil sie genau begrenzte Hebellängen besitzt, während das Spiel in den Kugellagern, besonders bei kleinen Belastungen und in der Nullstellung zu Fehlern führen kann.

5. Prüfmaschinen mit Pendelmanometer.

Die Konstruktion dieses Kraftmessers (s. Abb. 23) stammt von der Schweizer Firma Alfred J. Amsler u. Co., Schaffhausen, die sie bereits 1904 bei ihren hydraulisch angetriebenen Prüfmaschinen mit eingeschliffenem Kolben anwendete. Das Pendelmanometer wird als getrennt aufgestellter Teil mit dem Arbeitszylinder der Maschine durch Rohrleitungen verbunden (s. Abb. 24). Die Druckflüssigkeit ist Öl, das von einer zur Maschine gehörenden Pumpe geliefert wird. Das Pendelmanometer (Abb. 23 b und c) besteht aus einem kleinen im Gestell befe-

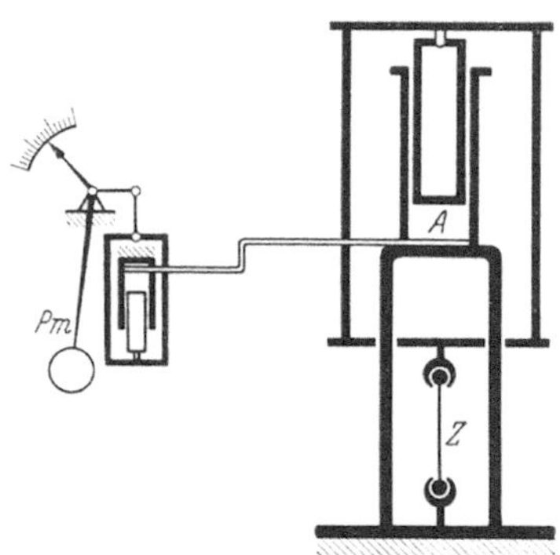

a

b

Abb. 24 a und b. Universalprüfmaschine mit Pendelmanometer und hydraulischem Antrieb. (Alfred J. Amsler, Schaffhausen). *A* Antrieb; *Z* Probe; *Pm* Pendelmanometer.

stigten Meßzylinder *4* mit eingeschliffenem und um seine Achse zum Zwecke der Reibungsverminderung dauernd gedrehten Kolben *5*. Durch die Rohrverbindung *1, 2, 3* herrscht im Arbeitszylinder und dem Meßzylinder der gleiche Flüssigkeitsdruck, der den Meßkolben entsprechend belastet. Die Kraft wird durch ein Gehänge *7, 8* auf das Pendel *6* übertragen, und verursacht je nach ihrer Größe einen entsprechenden Pendelausschlag. Durch den Anschlag *16* verschiebt die Pendelstange die Zahnstange *14*, die das Zahnrad *15* dreht und durch den auf der gleichen Achse sitzenden Zeiger den Ausschlag und damit die in der Maschine wirkende Belastung auf der Skala *11* anzeigt. Die Zahnstange trägt außerdem einen Schreibstift *12*, so daß auf einer zweckmäßig angebrachten

Trommel *13*, die durch die Bewegung des Arbeitskolbens (Maß für die Dehnung) um ihre Längsachse gedreht wird, die Pendelausschläge (Maß der Belastung) senkrecht zu dieser Drehbewegung aufgetragen werden und man beim Versuch ein Schaubild des Belastungs- und Dehnungsvorganges erhält.

Der Vorteil des Pendelmanometers gegenüber der Pendelwaage liegt darin, daß bei ihm die zur Messung gelangenden Kräfte bereits hydraulisch stark verkleinert sind und damit die Schwierigkeiten, die durch die Wirkung der Kräfte in voller Größe auf die Hauptschneiden und Pfannen der Pendelwaage auftreten können, sicher vermieden werden. Andererseits ist beim Pendelmanometer die Richtigkeit der Kraftmessung von der unveränderlichen geringen Reibung im Arbeits- und Meßzylinder abhängig, weil bei dieser Kraftmessung die im Arbeits-

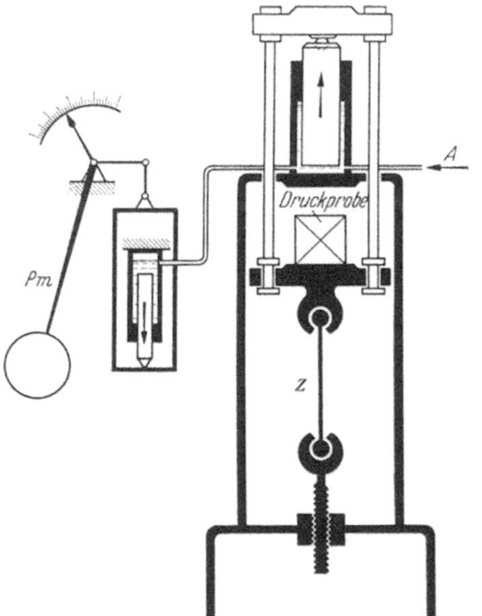

a b

Abb. 25a und b. Universalprüfmaschine mit Pendelmanometer. (Mohr u. Federhaff, Mannheim.) *A* Antrieb; *Z* Probe; *Pm* Pendelmanometer.

zylinder erzeugte Kraft gemessen wird und nicht wie bei Waagenmaschinen die von der Probe aufgenommene Belastung. Der Arbeitskolben wird daher mit großer Genauigkeit in den Arbeitszylinder eingeschliffen, so daß er leicht und reibungslos darin gleitet. Das geringe Spiel zwischen Kolben und Zylinderwand genügt gerade, um das zur Schmierung des Kolbens nötige Öl durchzulassen.

Die meisten dieser Prüfmaschinen mit Pendelmanometer sind Universalmaschinen, bei denen im Gegensatz zu der sonst üblichen Bauweise der Arbeitszylinder oben angeordnet und durch 2 oder 4 Säulen gegen das Fußteil des Maschinengestells abgestützt ist (s. Abb. 24). Der eingeschliffene Tauchkolben bewegt sich durch den Flüssigkeitsdruck aufwärts und hebt durch ein um den Zylinder herumgreifendes Gestänge eine Traverse, die den beweglichen Einspannkopf enthält und auch als Widerlager für Biege- oder Druckversuche ausgebildet ist. Bei diesen Versuchen wird die Probe zwischen diese Traverse und den Zylinderboden eingebaut, während bei Zugversuchen die Probe zwischen

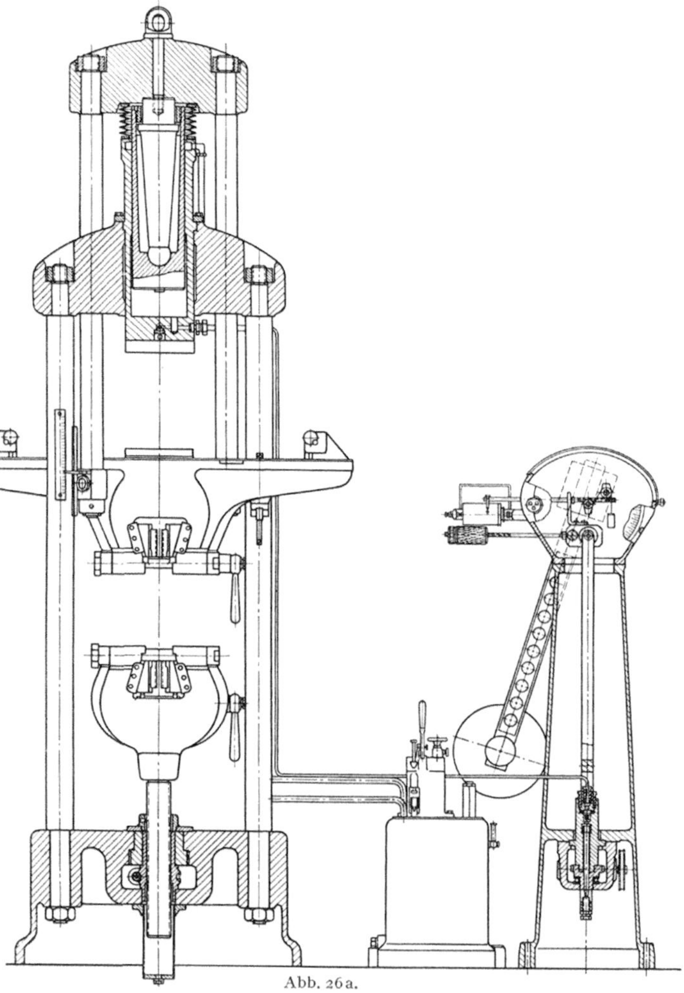

Abb. 26a.

der Traverse und der mit dem Fußteil des Rahmens befestigten in der Höhe verstellbaren festen Einspannklaue eingespannt wird. Die Proben liegen beim Versuch daher immer in bequemer Höhe. Die Anordnung des Arbeitszylinders erscheint zunächst etwas auffällig, besonders wegen des unvermeidlichen Öldurchtritts zwischen Kolben und Zylinder. Es erscheint auch erwünscht, gerade den Arbeitszylinder und Kolben, dessen reibungsfreie Arbeitsweise so wichtig ist, möglichst jederzeit unmittelbar vor Augen zu haben. Die Bauweise hat sich aber dennoch in vielen Ausführungen bewährt und wird auch in gleicher Weise von anderen Herstellern angewendet.

Nach dem gleichen Grundsatz bauen zur Zeit die meisten einschlägigen Firmen ihre Prüfmaschinen.

So zeigen Abb. 25a und b die Maschinen der Mohr u. Federhaff AG., Mannheim. Die Übertragung des Pendelausschlages auf den Zeiger des Kraftanzeigers ist in Abb. 24a und 25a nur schematisch angedeutet. Da in dieser einfachen Form der Zeigerweg nicht proportional den Pendelausschlägen verläuft, wird fast allgemein die Übertragung mit Zahnstange (s. S. 38) angewendet, bei der der Zeigerweg auch großen Pendelausschlägen proportional ist.

Den Vorteil der Maschinen mit Neigungswaage gegenüber den Maschinen mit Hebelwaage oder Laufgewichtswaage, der darin beruht, daß sich die jeder-

Abb. 26b.

Abb. 26a und b. Universalprüfmaschine mit Pendelmanometer (Losenhausenwerk, Düsseldorf).

zeit auf den Probestab wirkende Belastung in dem Ausschlag des Pendels selbsttätig anzeigt, besitzen also auch die Maschinen mit Pendelmanometer. Bei diesen ist aber Bedingung, daß der Kolben reibungsfrei im Zylinder arbeitet, weil das Pendelmanometer im Gegensatz zur Neigungswaage die Kräfte im Krafterzeuger mißt und nicht erst hinter der Probe die von dieser aufgenommenen Kräfte.

Weitere Ausführungsbeispiele von Prüfmaschinen mit Pendelmanometern zeigen die Abb. 26 bis 28.

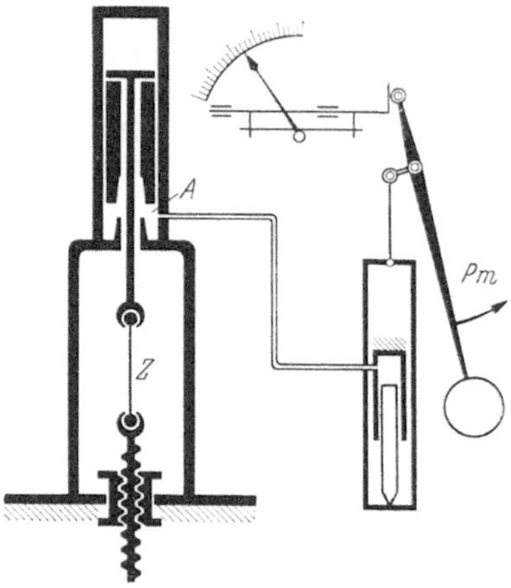

Abb. 27. Zugprüfmaschine mit Pendelmanometer (Dr.-Ing. G. Wazau, Berlin.)

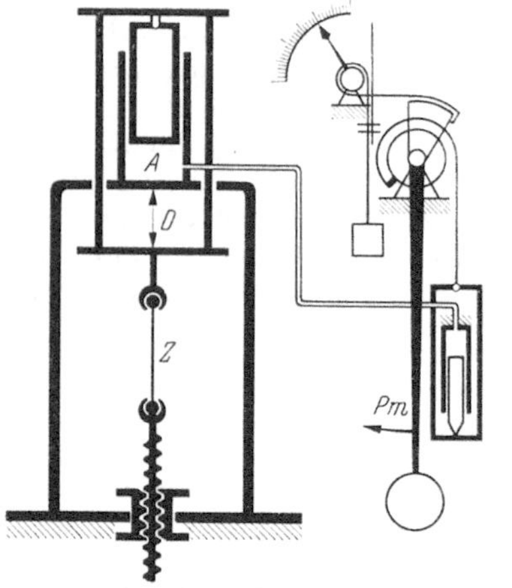

Abb. 28a. *A* Antrieb; *Z* Zugprobe; *D* Druckprobe; *Pm* Pendelmanometer.

Abb. 28b.

Abb. 28a und b. Universalprüfmaschine mit Pendelmanometer (MAN, Nürnberg).

6. Maschinen mit manometrischer Druckmessung.

Bei den Maschinen mit hydraulischer Krafterzeugung ist die Messung des Zylinderdruckes mit Manometer bei den Maschinen großer Kraftleistung vorherrschend, wie sie insbesondere für die Prüfung von Ketten, Förderseilen, ganzen Konstruktionsteilen großer Abmessungen, Beton, Steinen usw. benutzt werden. Alle diese Maschinen haben grundsätzlich gemein-

a

b

Abb. 29a und b. 500 t-Betonpresse mit Manometeranzeige. *A* Antrieb; *D* Druckprobe; *Ma* Manometer.

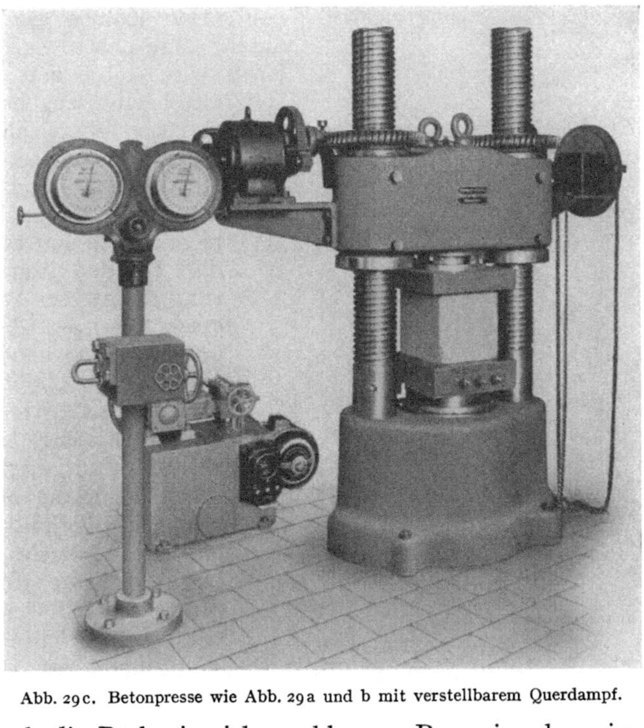

Abb. 29c. Betonpresse wie Abb. 29a und b mit verstellbarem Querdampf.

sam eine durch die Probe in sich geschlossene Bauweise ohne ein nachgiebiges Element, wie es die Waage darstellt. Die Bauart dieser Maschinen ist daher mangels empfindlicher Lagerstellen sehr widerstandsfähig und unempfindlich gegen starke Schläge, sobald die Manometer durch Rückschlagventile gesichert sind.

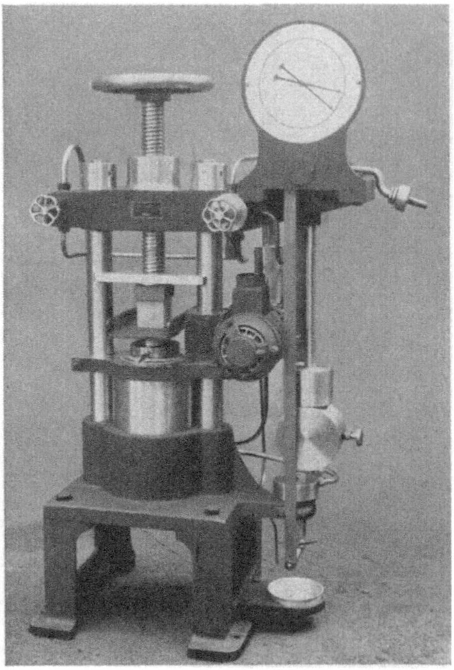

Abb. 30. Zementpresse mit Pendelmanometer (Mohr u. Federhaff, Mannheim).

Zu den Maschinen dieser Art gehören an erster Stelle die vielfach in Gebrauch befindlichen *Zement- und Betonpressen* (Abb. 29), die bis zu 500 t Höchstbelastung von verschiedenen Herstellern gebaut werden. Der mit diesen Baustoffen meist verbundene rauhere Betrieb der Prüfmaschinen läßt es zweckmäßig erscheinen, Kraftmesser mit Schneiden und anderen gegen Staub und Schmutz empfindlichen Teilen nach Möglichkeit zu vermeiden. Die Pressen haben sich in besonderer Form herausgebildet, weil Zement und Beton schon frühzeitig genormt wurden und deshalb das Bedürfnis nach geeigneten Sondermaschinen für die große Zahl der anfallenden Druckversuche auftrat. Auch für viele andere Stoffe des Bauwesens, wie Steine usw. sind diese Pressen in Gebrauch. Entsprechend der vorgeschriebenen Würfelform haben die Pressen einen sehr gedrungenen Aufbau. Der Kolben ist im Zylinder durch Manschette gedichtet. Die Kraft wird durch eine Druckflüssigkeit mittels einer zugehörigen Pumpe erzeugt und am Gebrauchsmanometer abgelesen. Zur Überwachung des Gebrauchsmanometers ist ein gleiches als Kontrollmanometer vorgesehen (s. Abb. 29a), das während der Versuche abgeschaltet wird. Im allgemeinen hat es sich gezeigt, daß bei den üblichen Ausführungen und bei guter Wartung dieser Pressen, die Kolbenreibung in ausreichendem Maße unveränderlich bleibt, so daß die für die gelieferte Presse auf Grund einer eingehenden Untersuchung aufgestellten Krafttabellen für die Manometerablesungen innerhalb der für maßgebende Versuche vorgeschriebenen Fristen für die Nachprüfung der Maschine (s. diese) Gültigkeit behalten, wenn die Maschinen nicht unterhalb $^1/_{10}$ des gesamten Belastungsbereiches verwendet werden. Auch die Benutzung eines Zusatzmanometers für einen kleineren Druckbereich zur Bestimmung kleinerer Kräfte bringt keinen Vorteil, weil in dem untersten Kraftbereich der Flüssigkeitsdruck im Zylinder zu niedrig ist. Durch

Abb. 31. Liegende Zugprüfmaschine mit Manometeranzeige und hydraulischem Antrieb.

Anwendung von Doppelkolben (s. S. 24) kann auch hier die Genauigkeit der Kraftmessung im unteren Lastbereich verbessert werden. Durch Verlängerung der Spindeln kann die lichte Höhe dieser Pressen beliebig verlängert werden

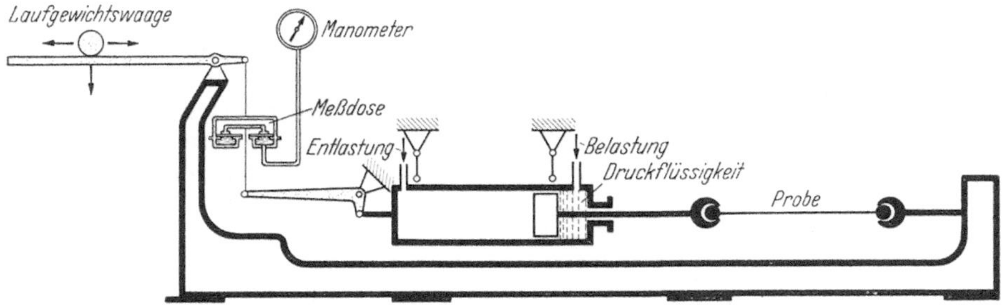

Abb. 32. Liegende Zugprüfmaschine mit Laufgewichtswaage und hydraulischem Antrieb. (Mohr u. Federhaff, Mannheim).

zur Ausführung von Knickversuchen. An dem Gewinde dieser Spindeln wird das obere Querhaupt durch gleichmäßig angetriebene Muttern verschoben und in beliebiger Höhe festgestellt (Abb. 29c).

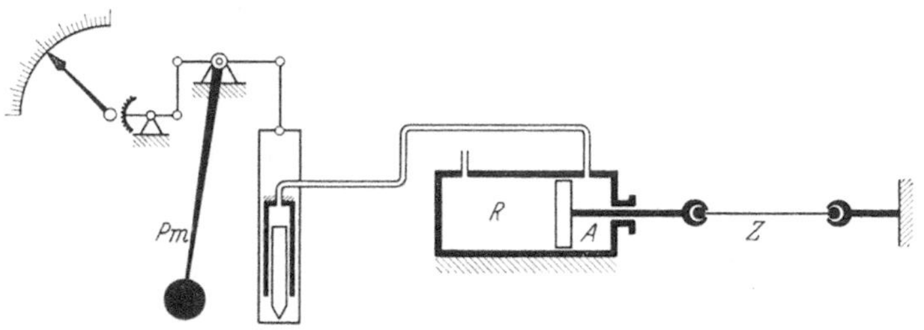

b

Abb. 33a und b. Liegende Zugprüfmaschine mit Pendelmanometer (Alfred J. Amsler, Schaffhausen).

Natürlich können diese Pressen auch mit eingeschliffenem Kolben und dann zur Kraftmessung mit einem *Pendelmanometer* (s. S. 38) ausgerüstet werden (s. Abb. 30), wodurch die obigen Einschränkungen fortfallen.

Um sich von dem Einfluß der Kolbenreibung zu befreien und nur die auf die Probe wirklich zur Wirkung gekommene Belastung zu messen, ist für diese Art von Versuchen vielfach auch die *Meßdose* als Kraftmesser vorgesehen, während die Kraftmessung mit Waagen nicht üblich ist. Die Meßdose wird wohl aus dem Grunde bevorzugt, weil bei den verhältnismäßig wenig verformungsfähigen Baustoffen harte Schläge auftreten, gegen die die Waagen empfindlicher sind als die hydraulischen Kraftmesser. Bei solchen Baustoffpressen wird die Meßdose als Widerlager zwischen Probe und Maschinengestell eingeschaltet (vgl. nächsten Absatz Meßdosenmaschinen). Sie ist wie bei der reinen Druckmessung im Arbeitszylinder mit einem Gebrauchs- und einem Kontrollmanometer ausgerüstet. Hier ist es möglich, für die Messung kleinerer Kräfte entsprechende Manometer mit kleinerem Druckbereich vorzusehen.

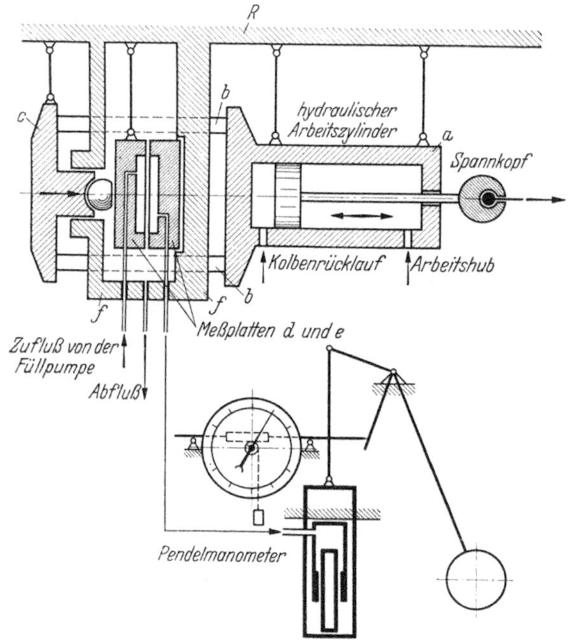

Abb. 34a.

Auch bei den meist sehr schweren Maschinen für die Prüfung von *Ketten, Förderseilen* usw. ist die Kraftmessung aus dem Flüssigkeitsdruck im Zylinder mit Manometer gebräuchlich. Diese Maschinen sind wegen der Länge der Versuchsstücke in der Regel liegend angeordnet. Sie bestehen zweckmäßig aus einem langen Rahmen aus zwei seitlichen Formeisen oder zylindrischen

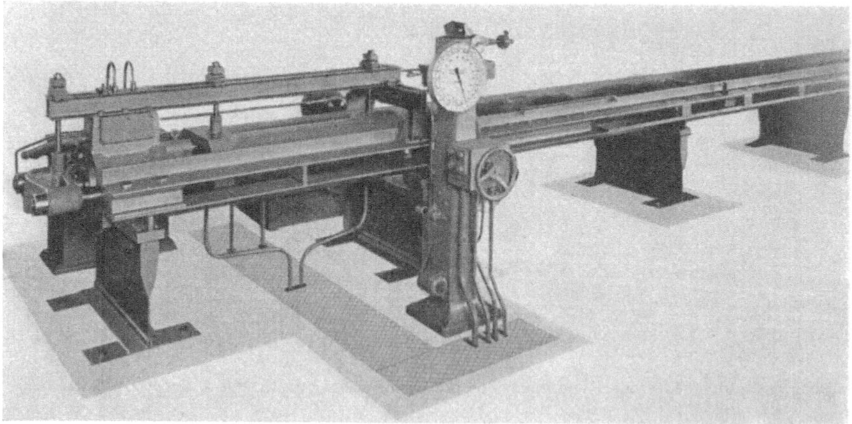

Abb. 34b.

Abb. 34a und b. Liegende Zugprüfmaschine mit Meßplatten und Pendelmanometer (Mohr u. Federhaff, Mannheim).

Säulen, die an einem Ende mit dem Arbeitszylinder und am anderen Ende mit einem Querhaupt, das in beliebiger Entfernung vom Kolben im Rahmen festgelegt werden kann, verbunden sind. Der Kolben wird durch Druckflüssigkeit bewegt, die Kolbenstange und das Querhaupt tragen die Einspannteile für die Probe. Der Kraftverlauf ist also in der Maschine geschlossen, so daß das Fundament nicht zur Kraftübertragung herangezogen wird. Konstruktionen, die diese unmittelbare Verbindung der sämtlichen Maschinenteile unter sich nicht besitzen, bei denen also die Aufnahme der Belastungskräfte durch das Fundament erfolgt, sind weniger gut, weil durch das Setzen der Fundamente die unvermeidlichen schweren Schläge bei den Versuchen der Zustand der Maschine bezüglich der Lage der Einzelteile zueinander sich leichter ändern können, als bei den durch den Rahmen in sich geschlossenen Maschinen. Jede solche Änderung kann aber die Reibungsverhältnisse in der Maschine beeinflussen und die gültigen Krafttabellen entwerten. Die einwandfreie Aufnahme der Kräfte erfordert außerdem so schwere Fundamente, daß die geschlossene Ausführung der Maschine vorzuziehen ist. Bezüglich der Kraftmessung gilt dasselbe wie für die Betonpressen.

Nachdem die Kraftmessung mit Manometern (s. Abb. 31) lange Zeit für diese Zwecke ganz allgemein in Gebrauch war, wurde die Kraftmessung auch bei Kettenprüfmaschinen entsprechend der sonstigen Entwicklung der Prüfmaschinen weiter verfeinert. Zunächst wurde die *Laufgewichtswaage* als Kraftmesser (s. Abb. 32) angewendet. Für diesen Sonderfall wollte man die Waage möglichst in der Nähe des Arbeitszylinders anordnen, damit die Bedienung der Maschine bei den Versuchen einfacher wäre. Um aber nur die wirklich von der Probe aufgenommene Belastung zu messen und die Kolbenreibung auszuschalten, wurde der *Arbeitszylinder pendelnd aufgehängt* und mit dem Hebelsystem der Laufgewichtswaage verbunden. Beim Einspielen der Waage ist also die angezeigte Belastung gleich der am anderen Maschinenende wirkenden Reaktionskraft, d. h. gleich der in der Probe wirkenden Belastung. Der Gedanke, durch eingeschliffene Kolben die Reibung niedrig zu halten, und durch die Zylinderkräfte unmittelbar durch Pendelmanometer zu messen, ist auch bei derartigen Maschinen mit Erfolg angewendet worden (Abb. 33a und b).

Neuerdings ist eine weitere Lösung auf diesem Gebiete gefunden worden, die Anordnung von sog. *Meßplatten* in Verbindung mit einem Pendelmanometer. Die schematische Anordnung dieser Meßeinrichtung zeigt Abb. 34a und b. Der Maschinenzylinder *a* ist im Maschinenbett pendelnd aufgehängt und überträgt die ausgeübte Zugkraft durch die Zugstangen *b* auf die Traverse *c*. Diese drückt die gleichfalls pendelnd aufgehängte Meßplatte *d* gegen die Platte *e*, die in einem mit dem Maschinenrahmen *R* starr verbundenen Gehäuse *f* fest gelagert ist. Beide Meßplatten besitzen eine zentrische Aussparung und sind an den Berührungsflächen eben geschliffen. Der mittlere Hohlraum wird ständig mit Preßöl gefüllt, das durch den ringförmigen Spalt austritt. Je größer die zu messende Zugkraft ist, welche die beiden Platten *d* und *e* zusammendrückt, um so enger wird der Spalt zwischen den beiden Platten und um so höher muß der Öldruck sein, um das Öl durch den Spalt zu drücken, wobei eine metallische Berührung der beiden Ringflächen verhindert wird. Der Öldruck selbst ist der zu messenden Kraft proportional und wird mit einem an den Hohlraum angeschlossenen Pendelmanometer gemessen. Diese Einrichtung gleicht in gewisser Hinsicht einem Zylinder mit eingeschliffenem Kolben, bei dem jedoch die Dichtungsflächen senkrecht zur Kraftrichtung liegen und somit keine Reibung infolge metallischer Berührung eintritt. Hierdurch wird auch bei kleinen Lasten eine gute Meßgenauigkeit erreicht.

7. Meßdosenmaschinen.

Außer bei den S. 45 erwähnten Betonpressen ist die Meßdose auch an den allgemeinen Werkstoffprüfmaschinen als Kraftmesser angewendet worden, wobei die Prüfmaschinen sowohl als reine Zugprüfmaschinen als auch als Universalprüfmaschinen ausgeführt worden sind.

Den Aufbau solcher Maschinen zeigt Abb. 35 für Zerreißmaschinen und Abb. 36 für Universalmaschinen. Die durch den hydraulischen oder mechanischen Antrieb *A* auf die Zugprobe *Z* oder Druckprobe *D* ausgeübte Belastung wird immer in gleichem Sinne auf die im Maschinenrahmen *R* gelagerte Meßdose *M* übertragen und erzeugt durch den auf die Membran wirkenden Deckel in dem durch die Membran dicht abgeschlossenen, mit Öl gefüllten Raum einen hydraulischen Druck, der an dem Manometer *Ma* abzulesen ist. Solche Maschinen wurden lange Zeit zahlreich gebaut, ihre Benutzung ist recht einfach,

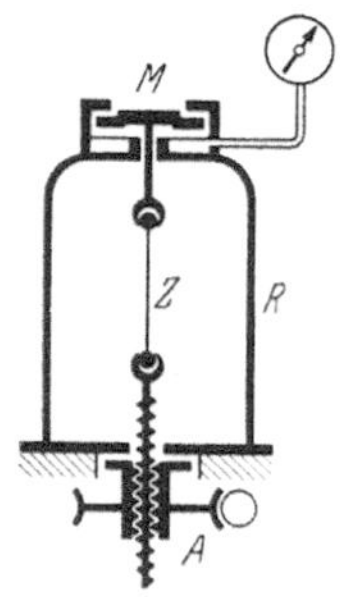

a

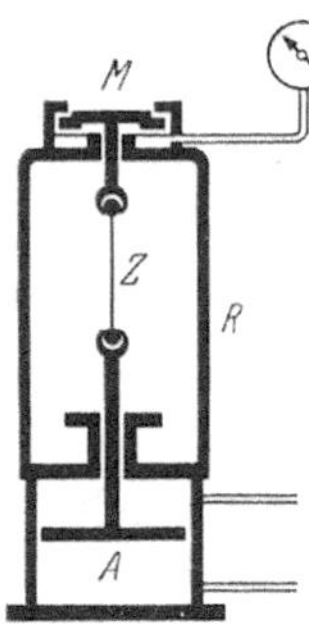

b

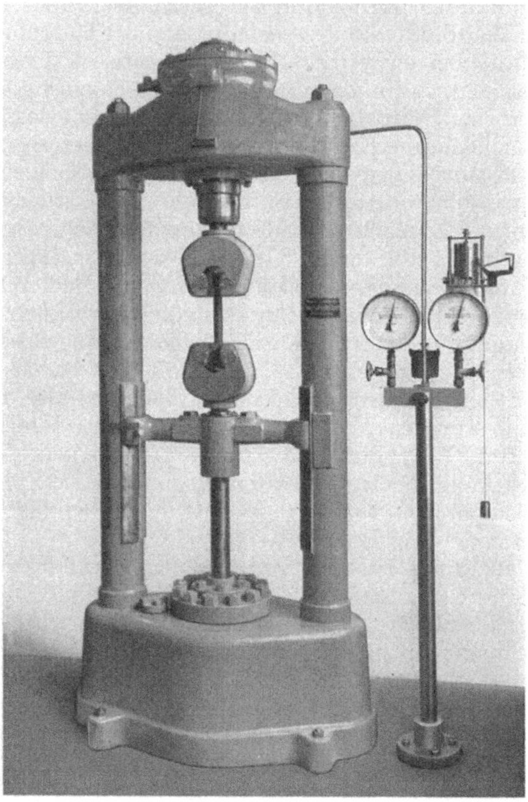

c

Abb. 35a bis c. Zugprüfmaschine mit Meßdose (Mohr u. Federhaff, Mannheim).

weil der Verlauf der Belastung ohne weiteres an dem Zeiger des Manometers verfolgt werden kann. Sie sind auch jetzt noch vielfach in Gebrauch. Sie erfordern allerdings besonders sachgemäße Bedienung und Wartung des Kraftmessers und sind neuerdings durch die Maschinen mit Neigungswaage oder Pendelmanometer abgelöst.

8. Torsionsmaschinen.

Bei diesen wird nach Abb. 37 die durch mechanischen Antrieb *S* bewirkte Drehbewegung auf die Probe *P* übertragen, die mit dem angetriebenen Ende drehbar auf dem Maschinengestell gelagert ist. Das andere freie Ende der Probe kann beispielsweise nach Abb. 37a in einem durch das Maschinengestell einseitig gestützten Hebel H_1 befestigt werden, der das von der Probe aufgenommene Drehmoment als Kraft auf einen Kraftmesser H_2 (Laufgewichtswaage, Meßdose u. a.) überträgt. Die Probe kann auch beiderseits

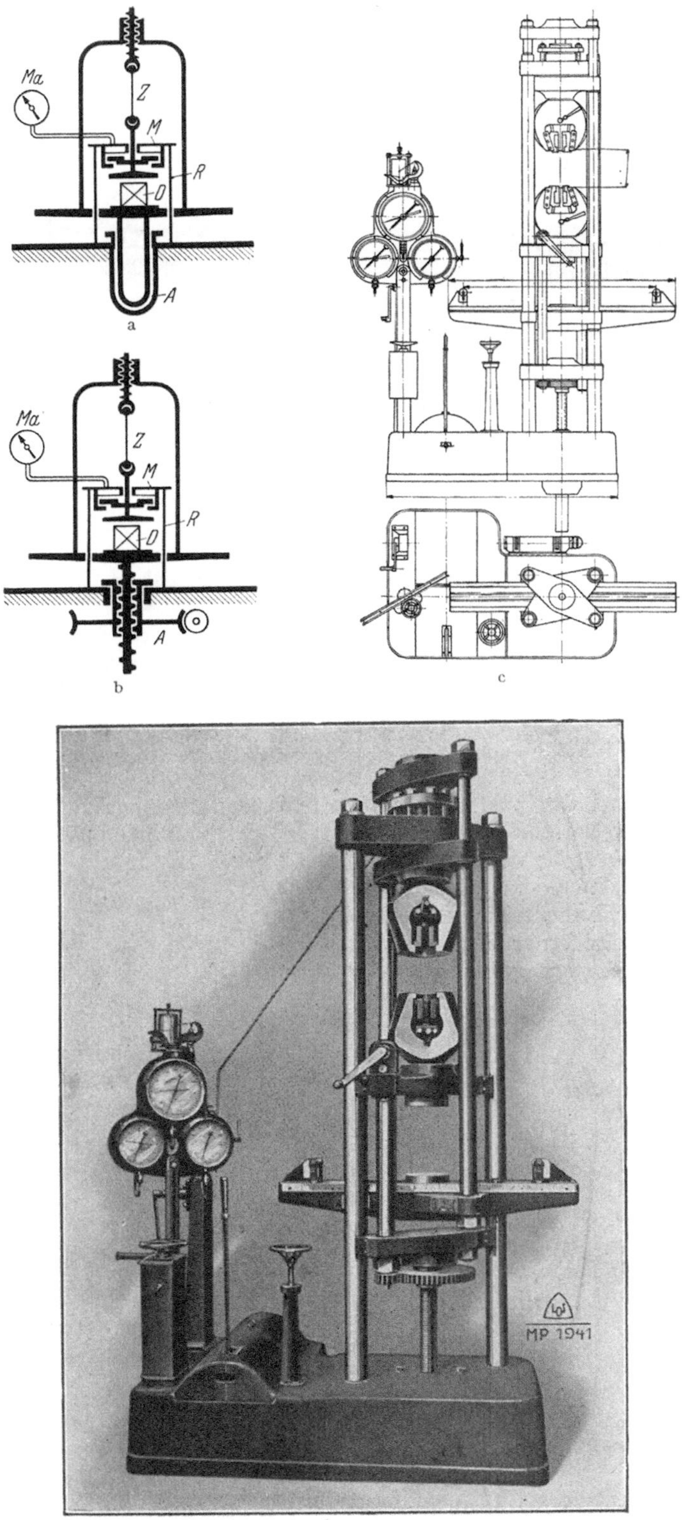

Abb. 36a bis d. Universalprüfmaschine mit Meßdose (Losenhausenwerk Düsseldorf).

drehbar auf dem Gestell gelagert werden und an dem nicht angetriebenen Ende ein Gewichtspendel tragen, dessen Ausschlag als Maß für die Größe des aufgenommenen Drehmoments gilt und auf einer Skala angezeigt wird (s. Abb. 38).

Bei der Verdrehung der Probe ist besonders darauf zu achten, daß jede zusätzliche Biegebeanspruchung vermieden wird. Das nicht angetriebene Probenende

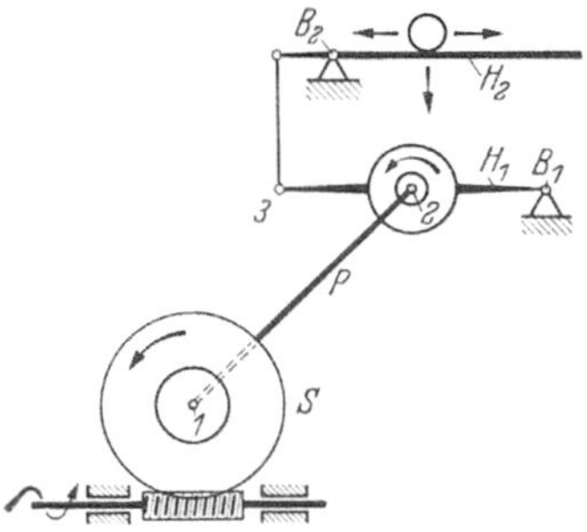

a

b

Abb. 37a und b. Torsionsmaschine mit Laufgewichtswaage.

darf sich also bei der zuerst beschriebenen Ausführung nicht senkrecht zur Probenachse bewegen. Man erreicht dies durch zweckmäßige Lagerung der Probe oder durch Begrenzung der Ausschläge des Kraftmessers. Die Lagerung des nicht angetriebenen Probenendes muß ferner derart sein, daß eine Bewegung in der

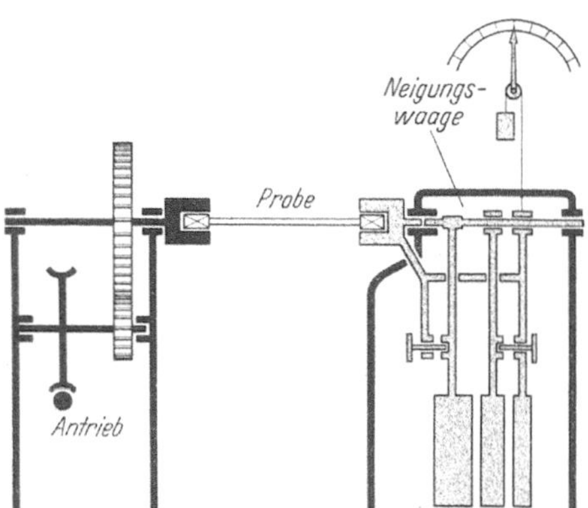

a

b

Abb. 38a bis b. Torsionsmaschine mit Neigungswaage.

Längsrichtung der Probe leicht möglich ist, damit die bei der Verdrehung auftretenden Längenänderungen der Probe ungehindert erfolgen können.

Größere Proben werden im allgemeinen an den Enden mit verdickten Vierkantköpfen versehen, die in die passenden Öffnungen der Spannköpfe gesteckt werden. Für dünne Proben, z. B. Drähte (Abb. 39), bei denen die Anbringung von Köpfen nicht möglich ist, sind auch Spannfutter in Gebrauch, bei denen die Beißkeile durch Gewindemuffen ähnlich wie bei einem Bohrfutter, gleichmäßig allseitig gegen die Probenoberfläche, zum Teil auch selbsttätig unter der Wirkung des Drehmomentes gepreßt werden. Zur Messung

Abb. 39. Torsionsapparat für Drähte (Louis Schopper, Leipzig).

der Verdrehungen sind Umdrehungszähler, Winkelmesser, zum Teil mit Schreibwerk an den Maschinen vorgesehen, die aber nur für grobe Messungen ausreichen. Für feine, besonders elastische Verdrehungen können nur getrennte Meßeinrichtungen, die unmittelbar innerhalb der freien Versuchslänge des Probestabes angesetzt werden, empfohlen werden.

9. Versuchseinrichtungen für Dauerbelastungen.

Alle bisher beschriebenen Prüfmaschinen sind bestimmt für Versuche, bei denen unter allmählich steigender Belastung oder bei stufenweise gesteigerter Belastung der Verlauf der Verformung in Beziehung zur Belastung bis zum Bruch festgestellt werden soll. Sie könnten aber auch für Versuche benutzt werden, bei denen der Verlauf der Dehnung unter bestimmten gleichbleibenden Belastungen in Abhängigkeit von der Zeit und der Temperatur ermittelt werden soll, für die sog. Dauerstandversuche (s. Abschn. IV/2, Bd. II). Hierbei ist es aber nötig, daß die einzelnen Laststufen unverändert gehalten werden. Das ist bei mechanisch angetriebenen Maschinen im allgemeinen ohne weiteres möglich, bei den hydraulisch angetriebenen Maschinen aber nur, wenn es durch besondere Einrichtungen möglich ist, den infolge Undichtigkeit des Kolbens im Zylinder und der Steuerventile auftretenden Druckverlust stetig zu ergänzen; die hydraulischen Maschinen werden deshalb kaum für Dauerbelastungen benutzt. Aber auch die mechanisch angetriebenen Maschinen werden nur selten hierzu verwendet, weil sie dann für normale Festigkeitsversuche nicht verfügbar wären und sie im übrigen auch für Dauerstandversuche zu wertvoll sind; die Anforderungen, die an derartige Versuchseinrichtungen zu stellen sind, können mit einfacheren Einrichtungen erfüllt werden. Es werden daher für Dauerbelastungen Vorrichtungen gebaut, bei denen die Belastung meistens durch einfache Hebel bewirkt wird. Eine schematische Darstellung zeigt Abb. 40. Die Vorrichtung besteht aus einem durch das Gewicht G belasteten Hebel H, der auf einem Rahmen R gelagert ist und den einen Einspannkopf *1* für die Probe P trägt. Der Einspannkopf *2* ist mit dem Rahmen verbunden. Bei dieser Anordnung wird also im Gegensatz zu den anderen Prüfmaschinen die Belastung des Stabes durch das Hebelgewicht gleichzeitig erzeugt und gemessen. Nachteilig ist hierbei das Absinken des Gewichthebels infolge der Dehnung der Probe. Eine Reihe von derartigen Konstruktionen enthält das Abschn. IV/2, Bd. II.

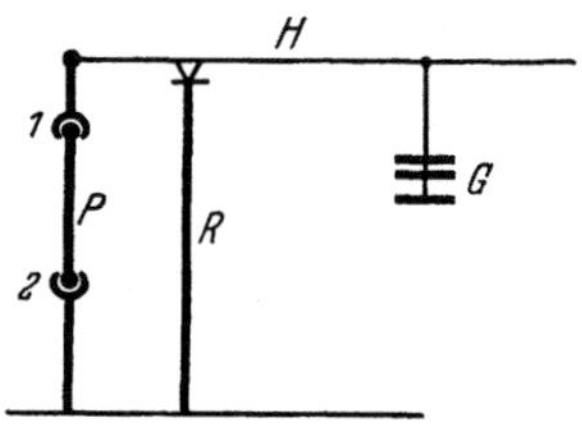

Abb. 40. Schema einer Versuchseinwirkung für Dauerstandversuche.

C. Die künftige Entwicklung im Bau von Prüfmaschinen.

Wenn man die Entwicklung der statischen Prüfmaschinen betrachtet, so kommt deutlich zum Ausdruck, daß sich überall das Pendel, sei es in der Neigungswaage oder im Pendelmanometer, als einfachste Kraftmeßvorrichtung durchsetzt. Die Vorteile, die sein selbsttätiges Mitgehen mit der auf den Verformungswiderstand des Probestückes reagierenden Maschinenbelastung dem Versuchsausführenden bieten, haben alle anderen Waagenformen zurückgedrängt. Aber auch die ebenso leicht ansprechenden Manometer, sei es am Maschinenzylinder oder an der Meßdose als Kraftmesser dürften für die normalen Maschinengrößen verschwinden und höchstens für ganz große Kräfte und in rauheren Betrieben beibehalten bleiben.

Die Maschinengestelle werden immer mehr in einfachen und glatten Formen ausgeführt, wobei aber im Auge behalten werden muß, daß trotz begrüßenswerter Einkapselung wichtiger Teile die klare Übersicht über die Konstruktion nicht verlorengehen darf und die leichte Zugänglichkeit zu allen wichtigen Teilen erhalten bleiben muß.

Zu erkennen ist ferner eine gewisse Angleichung der äußeren Form und der Gesamtanordnung der verschiedenen Erzeugnisse, die auch mit der Vereinfachung der Form zusammenhängt. Für den Antrieb werden beide Arten, die hydraulische und die mechanische, weiterhin nebeneinander bestehen, wenn auch der hydraulische Einzelantrieb mit elektrisch betriebener Mehrkolbenpumpe vielleicht in stärkerem Maße gefordert werden wird wegen ihres geräuschloseren und ruhigeren Betriebes und der größeren Veränderlichkeit der Belastungsgeschwindigkeit.

Es mußte ganz allgemein noch mehr darauf geachtet werden, daß dem Versuchsausführenden seine Arbeit möglichst erleichtert wird, damit er die vielseitige Tätigkeit bei normalen Versuchen möglichst ohne Hilfskräfte ausführen kann. Zu diesem Zwecke muß die Steuerung der Maschine so angeordnet sein, daß bei ihrer Betätigung beim Versuch sowohl die Belastungsanzeige als auch die Probe beobachtet werden können, ohne daß aber die Zugänglichkeit zur Maschine beim Einbau der Proben und für den Aufbau von Meßeinrichtungen beeinträchtigt wird. Die zweckmäßige Höhenlage der Probe in der Maschine — etwa in Augenhöhe — ist immer anzustreben.

Zu begrüßen wäre eine größere Angleichung der Einspannteile der verschiedenen Erzeugnisse aneinander; besonders sollte jede Maschine die Möglichkeit bieten, Probestäbe sowohl mit Keileinspannung als auch mit Kopfeinspannung zu prüfen.

Eine Beschränkung der Typen in bezug auf die Höchstlast dürfte zu erwarten sein. Der bisherige Grundsatz, die statischen Festigkeitsprüfmaschinen zum Nachweis der im Werkstoff bei seiner Belastung auftretenden inneren Vorgänge möglichst starr ohne große Eigenfederung zu bauen, wird sich wohl nicht ändern. Die Anschauung, daß Prüfmaschinen mit großer Eigenfederung diese Vorgänge richtiger aufzudecken vermögen, hat sich als unhaltbar erwiesen. Es ist allerdings durch diese Erörterungen ein eingehenderes Studium der Frage angeregt worden, in welcher Weise die Eigenart der einzelnen Maschinentypen sich auf die Versuchsergebnisse auswirkt.

II. Untersuchung der Prüfmaschinen mit ruhender Belastung und der Nachprüfgeräte.

Von **Walter Ermlich**, Berlin-Dahlem.

A. Zweck der Untersuchung.

Die Werkstoff-Prüfmaschinen, deren üblichste Bauarten im Abschn. I in ihren Ausführungsformen beschrieben worden sind, können ihren Zweck nur dann erfüllen, wenn sie in einem für die jeweils vorliegende Aufgabe ausreichenden Maße genau arbeiten. Sie bilden für die gesamte mechanische Prüfung aller Arten von Werkstoffen, Halbfertig- und Fertig-Erzeugnissen das Hilfsmittel, mit dem auf ein Versuchsstück

eine Kraft von bestimmter Größe
in einer bestimmten Richtung
mit einer bestimmten Belastungsgeschwindigkeit

aufgebracht und gegebenenfalls in der gewünschten Weise gesteigert werden soll. Hieraus ergeben sich die drei Hauptbedingungen, denen eine Prüfmaschine genügen muß, wenn die auf ihr erzielten Versuchsergebnisse als Grundlage für die Beurteilung eines Werkstoffes oder eines Erzeugnisses dienen sollen:

Der Belastungsmesser der Prüfmaschine muß in jedem Augenblicke während des ganzen Versuches die auf das Versuchsstück tatsächlich wirkende Kraft mit einer für den Versuchszweck ausreichenden Genauigkeit anzeigen.

Das Versuchsstück darf nur in der gewünschten Richtung beansprucht werden; alle zusätzlichen Beanspruchungen, wie Biegung bei Zug-, Druck- und Knickversuchen, außermittige Beanspruchung und Auftreten von Schubkräften, müssen während der ganzen Dauer des Versuches mit Sicherheit vermieden werden.

Der Antrieb der Prüfmaschine muß die stoßfreie Regelung der Belastungsgeschwindigkeit in den Grenzen gestatten, die nach den geltenden Vorschriften für die betreffenden Versuchszwecke in Frage kommen.

Die letzte Bedingung kann von dem Käufer oder Besitzer einer Prüfmaschine ohne besondere Hilfsmittel selbst nachgeprüft werden und wird wohl auch von allen neueren Bauarten von Prüfmaschinen in vollem Umfang erfüllt.

Dagegen kann der Versuchsausführende nicht ohne weiteres ein Urteil darüber gewinnen, inwieweit die von ihm benutzte Prüfmaschine den beiden ersten Bedingungen genügt. Infolgedessen trat schon frühzeitig das Bestreben hervor, wenigstens die Richtigkeit der Belastungsanzeige einer Prüfmaschine nach der Herstellung wie auch nach einer gewissen Benutzungsdauer nachzuprüfen.

B. Prüfverfahren[1].

1. Prüfung durch Gewichtsbelastung.

Das naheliegendste und darum auch älteste Verfahren, die Genauigkeit der Belastungsanzeige einer Prüfmaschine festzustellen, ist die unmittelbare Gewichtsbelastung. Bei dieser, der Eichung von Waagen nachgebildeten Prüf-

[1] Erste Mitteilungen des Neuen Internationalen Verbandes für Materialprüfungen 1930. Gruppe D, S. 173f. (W. Ermlich).

weise wird an dem oberen Einspannkopf einer stehenden Prüfmaschine ein Querbalken angebracht, an dessen Enden zwei Gewichtsschalen hängen. Das Gewicht des Waagebalkens mit seiner Aufhängung und den Gewichtsschalen wird so gewählt, daß es der kleinsten nachzuprüfenden Belastung entspricht. Durch Aufsetzen von geeichten Gewichten auf die beiden Gewichtsschalen wird dann der ganze Bereich der Belastungsanzeige in einer Reihe von Belastungsstufen durchgeprüft, wobei für bestimmte wirkliche Belastungen die Anzeigen an dem Belastungsmesser der Prüfmaschine abgelesen werden. Die unmittelbare Gewichtsbelastung ist naturgemäß nur für kleinere Kräfte — etwa bis zur Höchstlast von 2000 kg — anwendbar.

Bei Prüfmaschinen für größere Kräfte hilft man sich durch den Einbau eines Übersetzungshebels, prüft also durch mittelbare Gewichtsbelastung. Der Übersetzungshebel — bei stehenden Prüfmaschinen meist ein einfacher, einarmiger Hebel, bei liegenden ein Winkelhebel — wird im allgemeinen mit Schneiden in Pfannen auf einem an dem Maschinenrahmen angebrachten Bocke gelagert und trägt am Ende des langen Armes eine Gewichtsschale oder einen Querbalken mit zwei Schalen zum Aufsetzen von Gewichtstücken. Um den Einfluß von Ungenauigkeiten und Änderungen des Übersetzungsverhältnisses bei diesen „Kontrollhebeln" tunlichst abzuschwächen, gibt man dem kurzen Arme des Hebels eine möglichst große Länge — etwa 100 mm — und erhält dadurch eine wesentlich kleinere Übersetzung — meist 1:10 —, als sie die Belastungsmesser der Prüfmaschinen besitzen. Infolgedessen ist auch für den Kontrollhebel der Verwendungsbereich verhältnismäßig eng begrenzt. Schon bei einer Höchstlast von 30000 kg in der Prüfmaschine ist der Einbau des schweren Kontrollhebels und das Aufsetzen der unhandlichen Gewichte (sechzig 50 kg-Stücke) sehr umständlich und nicht ohne starke Erschütterungen möglich.

Wenn man aber auch von diesen praktischen Nachteilen absieht, können beide Prüfverfahren trotzdem nicht als brauchbar anerkannt werden, weil ihnen schwere, grundsätzliche Mängel anhaften. Bei einer solchen Prüfung mit unmittelbarer oder mittelbarer Gewichtsbelastung ist in der Prüfmaschine nicht der gleiche Kraftschluß vorhanden, wie bei der betriebsmäßigen Prüfung eines Versuchsstückes. Alle Fehler der Belastungsanzeige der Prüfmaschine, die dadurch hervorgerufen werden, daß infolge des starren Einbaues eines Versuchsstückes und durch die Lage der Zug- oder Druckachse der Prüfmaschine der Belastungsmesser ungünstig beansprucht wird, müssen bei diesen Prüfverfahren verborgen bleiben. Der an dem oberen Spannkopf einer stehenden Prüfmaschine frei pendelnd aufgehängte Gewichtsbalken folgt ebenso, wie der nachgiebig gelagerte Kontrollhebel, allen Seiten- oder Drehbewegungen, die — von dem Belastungsmesser der Prüfmaschine ausgehend — auf den oberen Spannkopf wirken. Wird dagegen ein in beide Spannköpfe eingebautes Versuchsstück unter Verwendung des Antriebes der Prüfmaschine belastet, so wird die Stellung des oberen Spannkopfes ausschließlich durch die Zugachse der Prüfmaschine bestimmt, die durch die Spannköpfe und den Antrieb gegeben ist. Jede in dem Belastungsmesser auftretende Kraft, die den oberen Spannkopf seitlich verschieben oder drehen will, muß dann von dem Belastungsmesser selbst aufgenommen oder von diesem auf den Maschinenrahmen weitergeleitet werden, wodurch das einwandfreie Arbeiten des Belastungsmessers beeinträchtigt wird. Alle diese den Belastungsmesser behindernden Reibungswiderstände, die bei alten und bei fabrikneuen Prüfmaschinen sehr häufig zu beobachten sind, können also bei den beiden Prüfverfahren mit unmittelbarer oder mittelbarer Gewichtsbelastung auch bei sorgfältigster Versuchsausführung nicht gefunden werden. Wegen der grundsätzlichen Bedeutung möge dies an zwei Beispielen erläutert werden.

Bei einer fabrikneuen stehenden Zug-Prüfmaschine mit einem Neigungspendel als Belastungsmesser stimmten in beiden Kraftbereichen bei der Prüfung mit unmittelbarer Gewichtsbelastung die von dem Belastungsmesser der Prüfmaschine angezeigten Belastungen sehr gut überein mit den an den oberen Spannkopf angehängten Gewichten. Die Untersuchung nach dem später zu behandelnden Kontrollstabverfahren ergab dagegen Fehler der Belastungsanzeige von 3 bis 14%. Die Ursache für diese Erscheinung wurde in unzweckmäßiger Lagerung der Pendelwelle gefunden. Bei frei pendelndem oberen Spannkopfe genügte die Lagerung vollkommen, während bei der Belastung in der durch die untere Antriebsspindel bestimmten Zugachse starke Reibungswiderstände auftraten. Deutliche Reibstellen an der Pendelwelle bewiesen, daß auch bei den Betriebsversuchen in den wenigen Wochen von der Aufstellung bis zur Untersuchung die gleichen ungünstigen Verhältnisse geherrscht hatten, wie bei der Untersuchung nach dem Kontrollstabverfahren.

Eine liegende Prüfmaschine mit Laufgewichtswaage als Belastungsmesser hatte bei der Prüfung durch mittelbare Gewichtsbelastung — mit einem Kontrollhebel — einen gleichmäßigen Fehler von 0,7% gezeigt. Bei der wenige Tage später durchgeführten Untersuchung nach dem Kontrollstabverfahren ergab sich eine mit 6% beginnende, sehr ungünstige Fehlerkurve (Beispiel 2, S. 119). Die Hilfsschneiden, die den Winkelhebel der Laufgewichtswaage bei unbelasteter Prüfmaschine in seiner Lage halten, lagen mit den Hauptstützschneiden nicht in einer Flucht. Bei jeder mit dem Antriebe der Prüfmaschine in der Zugachse aufgebrachten Belastung wurden die Hilfsschneiden mit einer verhältnismäßig sehr großen Kraft gegen die sie tragenden Pfannen gepreßt. Der Kontrollhebel aber gab dem an dem Winkelhebel der Laufgewichtswaage auftretenden Zwange nach, die von dem Einspannwagen zu der Laufgewichtswaage führende Zugstange konnte nach oben ausweichen und der Reibungswiderstand wurde infolgedessen nicht wirksam.

Weitere Mängel der beiden Prüfverfahren mit unmittelbarer und mittelbarer Gewichtsbelastung bestehen darin,

daß sich infolge der federnden Verformung des Kontrollhebels seine Wirkungsweise mit steigender Belastung ändert und

daß die schwereren Prüfmaschinen nicht bis zu ihrer Höchstlast geprüft werden können.

Bei den Ketten- und Anker-Prüfmaschinen für 100 bis 300 t Höchstlast begnügt man sich bei der Verwendung eines Kontrollhebels mit der Prüfung bis zu $^1/_{10}$ der Maschinenhöchstlast. Die federnden Verformungen einzelner Teile der Prüfmaschine und ihres Belastungsmessers treten aber erst bei wesentlich höheren Belastungen auf. Infolgedessen können die dadurch entstehenden Fehler, wie zunehmende Reibungswiderstände oder Änderung des Übersetzungsverhältnisses, nicht erkannt werden.

Beide Prüfverfahren mit unmittelbarer und mittelbarer Gewichtsbelastung eignen sich also nur dazu, an dem Belastungsmesser einer Prüfmaschine das Übersetzungsverhältnis allein nachzuprüfen. Sie versagen aber vollständig, wenn man ein Urteil darüber gewinnen will, ob bei den Betriebsversuchen die Prüfmaschine und ihr Belastungsmesser einwandfrei arbeiten.

2. Prüfung durch Vergleichsversuche.

Das Prüfverfahren beruht darauf, daß man die Belastungsanzeige der zu prüfenden Maschine mit der als richtig angenommenen Anzeige einer anderen Prüfmaschine vergleicht. Bei dieser Vergleichsprüfung wird aus einem als sehr gleichmäßig nachgewiesenen Werkstoff eine Gruppe von Versuchsstücken gleichen Querschnittes angefertigt, je die Hälfte dieser Vergleichsstäbe auf der zu prüfenden und auf der als richtig anerkannten Prüfmaschine zerrissen, und die Bruchlasten (Höchstlasten) der Zerreißstäbe in kg werden als Vergleichswerte benutzt. Um an der zu prüfenden Prüfmaschine nicht nur einen einzigen Punkt des ganzen Belastungsbereiches zu erfassen, muß man also Vergleichsstäbe verschiedener Querschnitte benutzen.

In Frankreich und in anderen Ländern verwendet man zu diesem Zwecke stets denselben Werkstoff, dessen Gleichmäßigkeit man möglichst genau erprobt und nachgewiesen hat, und stellt für diesen auf der als richtig anerkannten Prüfmaschine aus einer größeren Zahl von Versuchen statt der Bruchlast (in kg) für einen bestimmten Querschnitt die mittlere Bruchfestigkeit (in kg/mm²) fest. Von diesem Werkstoffe werden Stangen größerer Querschnitte hergestellt, so daß die Bruchlast bei den gebräuchlichsten Prüfmaschinen nahe an die Maschinenhöchstlast herankommt. Durch Abdrehen der Stange werden dann weitere Vergleichsstäbe geeigneter Querschnitte angefertigt, mit denen man den ganzen für die Benutzung der Prüfmaschine wesentlichen Belastungsbereich in einer als ausreichend angesehenen Zahl von Punkten durchprüfen kann.

In Deutschland hat man, soweit dies Verfahren überhaupt Anklang gefunden hat, einen anderen Weg gewählt. Man hat sich nicht auf einen bestimmten Werkstoff festgelegt und benutzt nicht die Bruchfestigkeit (in kg/mm²), sondern die Bruchlast (in kg) für den Vergleich. Man fertigt deshalb in jedem Einzelfalle für die Prüfung einer bestimmten Prüfmaschine so viele Gruppen von Vergleichsstäben an, wie man für die zu erfassenden Punkte des zu prüfenden Belastungsbereiches benötigt. Jede dieser Stangen wird in vier, der Reihenfolge nach bezeichnete Vergleichsstäbe zerlegt, von denen die Stäbe 1 und 3 auf der zu prüfenden und die Stäbe 2 und 4 auf der Vergleichsmaschine zerrissen werden. Diese Art des Verfahrens will also die Ungleichmäßigkeiten des Werkstoffes weitmöglichst ausschalten und sich auch davon freimachen, daß die an einem wesentlich größeren Querschnitt ermittelte Bruchfestigkeit für alle schwächeren, durch Abdrehen der Stange gewonnenen Querschnitte als zutreffend angesehen werden soll. Man nimmt dafür den praktischen und wirtschaftlichen Nachteil in Kauf, daß für die Prüfung einer bestimmten Prüfmaschine die doppelte Anzahl von Vergleichsstäben angefertigt und von Zerreißversuchen durchgeführt werden muß.

Eine auch nur einigermaßen einwandfreie Prüfung gestattet auch dies Verfahren nicht. Die unvermeidlichen Ungleichmäßigkeiten des Werkstoffes, die Unterschiede in der Versuchsausführung (Einspannung, Belastungsgeschwindigkeit, Ablesegenauigkeit) und der Fehler der als richtig unterstellten Prüfmaschine verwischen das Bild zu sehr. Das Verfahren wird deshalb in Deutschland für die Prüfung von Prüfmaschinen allgemein nicht anerkannt. Die letzten Verfechter dieser Prüfart in Deutschland betonen zwar, daß man bei diesem Prüfverfahren nicht allein über die Prüfmaschine, sondern sogar über die Versuchsausführung in dem fraglichen Betriebe und über den Prüfer ein Urteil gewinne. Tatsächlich wird man aber wegen der vielerlei, sich teils überdeckenden, teils einander entgegengesetzt wirkenden Einflüsse nicht einmal vermuten können, wie sich die beobachteten Fehler und Streuungen auf die zu prüfende und die Vergleichsmaschine, auf die Unsicherheit des Werkstoffes, die Versuchsausführung und den Prüfer verteilen.

Eine Abart dieses Verfahrens, bei der statt der Bruchlast die bleibende Formänderung von Versuchsstücken als Maß für die zur Wirkung kommende Kraft dient, ist von der Firma Gebr. Amsler (Schaffhausen, Schweiz) für die Prüfung von Prüfpressen empfohlen worden. An kleinen Druckzylindern aus ganz weichem und sehr gleichmäßigem Kupfer — Crusher genannt —, deren Durchmesser, Höhe und Oberflächenbeschaffenheit genau übereinstimmen müssen, wird die bleibende Stauchung gemessen, die bei bestimmten Belastungsanzeigen der zu prüfenden Prüfpresse erzielt worden ist. Die Ergebnisse werden mit den Stauchwerten verglichen, die auf einer als richtig angenommenen Prüfpresse für gleichartige Zylinder aus demselben Werkstoffe bestimmt worden sind. Durch Erhöhung der Zahl der Druckzylinder läßt sich die Belastung stufenweise soweit steigern, daß man die Prüfpresse in dem ganzen Bereiche bis zu ihrer Höchstlast durchprüfen kann. Wegen der Abhängigkeit der Stauchwerte von der Richtigkeit der Vergleichsmaschine, von der Oberflächenbeschaffenheit der Druckplatten, von der Temperatur und von der Belastungsgeschwindigkeit und -dauer ist auch dieses Verfahren zu fehlerhaft und unzuverlässig. Es hat sich deshalb in Deutschland nicht eingebürgert und kann nur als Notbehelf verwendet werden, wenn die zu geringe Einbauhöhe einer Prüfpresse die Prüfung mit geeigneteren Hilfsmitteln verbietet.

3. Prüfung mit Kontroll- und Prüfgeräten.

Alle übrigen Verfahren, nach denen heute vornehmlich Prüfmaschinen sämtlicher Bauarten und Verwendungszwecke geprüft werden, benutzen als Kräftemaß die federnden Formänderungen von Körpern, die man in Deutschland unter dem Sammelbegriffe Kontroll- und Prüfgeräte zusammenfaßt. Wegen der grundsätzlichen Unterschiede in der Art der eigentlichen Messungen empfiehlt es sich, zwischen der Prüfung mit Prüfgeräten und der mit Kontrollgeräten zu unterscheiden.

Die Prüfung mit Prüfgeräten bedient sich der in dem Unterabschnitte C 1 näher zu behandelnden Meßdosen, Kraftprüfer und Meßbügel. Das Prüfgerät wird in der gleichen Weise, wie die Versuchsstücke bei den Betriebsversuchen in die Prüfmaschine eingebaut und nach den Anzeigen des Belastungsmessers der Prüfmaschine stufenweise belastet. Für jede dieser Belastungsstufen wird die Formänderung des Prüfgerätes an der zu dem Geräte gehörigen Meßvorrichtung abgelesen. Sind nun die Formänderungswerte, die dem benutzten Prüfgeräte für bestimmte Belastungen eigentümlich sind — seine Sollwerte — bekannt, so ergibt sich aus dem Vergleiche der bei der Maschinenprüfung beobachteten Formänderungswerte mit diesen Sollwerten unmittelbar der Fehler der Belastungsanzeige für die zu prüfende Prüfmaschine. Ebenso kann man aus den beobachteten Ablesungen und den Sollwerten ohne weiteres die Kräfte berechnen, die bei den eingestellten Belastungsanzeigen der Prüfmaschine auf ein in die Prüfmaschine eingebautes Versuchsstück tatsächlich ausgeübt werden. Die Sollwerte werden jedem Prüfgeräte von dem Herstellerwerke mitgegeben. Sie sollen von einer dafür eingerichteten und als zuständig anerkannten amtlichen Prüfstelle ermittelt und in einem zu dem Prüfgeräte gehörigen Prüfungszeugnisse niedergelegt sein. Nach einem angemessenen Zeitraume sollen die Sollwerte — unabhängig von der Häufigkeit der Benutzung des Prüfgerätes — von neuem amtlich bestimmt werden.

Gegenüber allen vorher geschilderten bietet dieses Prüfverfahren schon eine Reihe sehr wesentlicher Vorteile:

Die Prüfmaschine und ihr Belastungsmesser arbeiten bei der Prüfung genau in derselben Weise, wie bei den Betriebsversuchen.

Die Sollwerte des Prüfgerätes gelten, wenn sie einwandfrei bestimmt sind und das Gerät sachgemäß behandelt und benutzt wird, für eine längere Zeitdauer.

Innerhalb des — bei der Bestimmung der Sollwerte festgelegten — Verwendungsbereiches des Prüfgerätes kann man bei der Prüfung beliebige Belastungsstufen wählen.

Die Handhabung des Prüfgerätes ist im allgemeinen leicht und erfordert bei den meisten Geräten nur die genaue Beachtung der Bedienungsvorschrift und der in dem Prüfungszeugnisse gegebenen Richtlinien, sowie ein sorgfältiges Arbeiten, nicht aber eine besondere Ausbildung. Die Prüfung nimmt nicht viel Zeit in Anspruch.

Infolge dieser Vorzüge wird das Prüfgeräteverfahren in Deutschland sehr viel angewendet und ist auch in dem neuen Normenblatte DIN 1604 für die „Zwischenprüfungen" (Unterabschnitt E 1) ausdrücklich zugelassen.

Das Kontrollstabverfahren[1] hat seinen Namen von den von A. MARTENS eingeführten „Kontrollstäben", bei denen es erstmalig Anwendung fand, und bedient sich für die Messung der federnden Formänderungen des „MARTENSschen Spiegelfeinmeßgerätes" (vgl. Abschn. VI B 1 c).

Hierin — in der Art, wie die Formänderungen gemessen werden — liegt der einzige grundsätzliche Unterschied und gleichzeitig der wissenschaftlich und praktisch bedeutend höhere Wert gegenüber dem Prüfgeräteverfahren. Die drei Hauptvorteile jenes Verfahrens — die richtige Beanspruchung der Prüfmaschine und ihres Belastungsmessers, die längere Geltungsdauer der Sollwerte und die beliebige Benutzbarkeit innerhalb des ganzen Verwendungsbereiches — sind dem Kontrollstabverfahren in noch vollkommenerer Weise zu eigen. Darüber hinaus hat es noch mehrere Vorzüge, die darauf beruhen, daß die Messung der Formänderungen genauer und zuverlässiger ist und daß sie in zwei oder mehr Fasern des Kontrollgerätes gleichzeitig durchgeführt wird:

Die Streuungen der für eine bestimmte wirkliche Belastung bei mehreren Messungen beobachteten Ablesungen bleiben bei einer einwandfrei arbeitenden Prüfmaschine unter 0,4 %, in der Regel sogar unter 0,2 % des Mittelwertes bei der niedrigsten Belastungsstufe.

Durch geeignete Versuchsausführung kann der Beobachter alle etwaigen Fehler seiner Versuchsausführung oder des Feinmeßgerätes sofort sicher erkennen.

Die Versuchsergebnisse liefern unmittelbar die sehr wesentliche Erkenntnis, ob das Versuchsstück in der zu untersuchenden Prüfmaschine während des ganzen Prüfvorganges mittig beansprucht wird.

Die beiden zuerst genannten Vorzüge bieten die Gewähr, daß das Feinmeßgerät in Ordnung ist und somit die Sollwerte Gültigkeit haben, daß die Versuchsausführung einwandfrei ist und daß daher alle auffallenden Erscheinungen allein in der zu untersuchenden Prüfmaschine ihre Ursache haben müssen.

Andererseits kann das Kontrollstabverfahren nicht ohne weiteres von jedem angewendet werden, der ein Prüfgerät sachgemäß bedienen kann. Einwandfreie Ergebnisse werden nur von einem Beobachter erzielt werden, der das Meßverfahren theoretisch und praktisch vollkommen beherrscht.

Die besonderen Vorzüge sichern dem Kontrollstabverfahren den ersten Platz unter allen für die Prüfung von Prüfmaschinen bekannten Verfahren. Lediglich aus diesem Grunde ist es auch in dem neuen Normenblatte DIN 1604 für die „Hauptuntersuchungen" (Unterabschnitt E 1) grundsätzlich vorgeschrieben worden.

C. Kontroll- und Prüfgeräte.

Wie bei den Prüfverfahren sollen auch hier zunächst die Prüf- und anschließend daran die Kontrollgeräte behandelt werden.

1. Prüfgeräte.

Das älteste und einfachste, aber auch ungenaueste Gerät, mit dem man Kräfte messen kann, ist das *Federdynamometer*. Die Kraft wird von einer Schraubenfeder aufgenommen, deren Formänderung von einem Zeiger vergrößert

[1] MARTENS, A.: Handbuch der Materialienkunde für den Maschinenbau, S. 52f. und 477f. — HINRICHSEN-MEMMLER: Das Materialprüfungswesen, Kap. IV, A. VI.

an einer Bogenskala angezeigt wird. Das Gerät wird heute allgemein für die Prüfung von Prüfmaschinen nicht mehr anerkannt und wohl nur noch vereinzelt von dem Besitzer einer Prüfmaschine für gelegentliche Stichproben angewendet, wenn die Versuche eine größere Ungenauigkeit, als allgemein üblich, zulassen.

Eine verbesserte Bauart eines Zugdynamometers zeigt die Abb. 1. Die Kraft wirkt auf einen geschlossenen Stahlbügel, dessen Längswände blattfederartig gebogen sind. Die federnde Verbiegung dieser Seitenwände wird auf ein Zeigerwerk übertragen und vergrößert an einer Kreisskala angezeigt. Die Unsicherheit der Nullanzeige bei unbelastetem Dynamometer, die kleine Übersetzung und die grobe Teilung der Skala lassen aber auch dieses Gerät für die Prüfung von Prüfmaschinen nicht als geeignet erscheinen.

Abb. 1. Dynamometer.

Alle übrigen Prüfgeräte, die für die „Zwischenprüfungen" von Prüfmaschinen zugelassen sind und viel benutzt werden, lassen sich in drei Hauptgruppen einteilen:

Meßdosen,

Kraftprüfer mit Quecksilberfüllung und

Geräte, bei denen die Formänderung mit einer Meßuhr bestimmt wird.

a) Meßdosen.

Die *Meßdose* (Abb. 2a bis c und 3) ist ein flaches, zylindrisches Gefäß, das durch eine Membrane — aus Gummi oder seltener aus dünnem Messingblech — vollkommen luftdicht abgeschlossen ist und mit einem Manometer der üblichen Bauart in Verbindung steht. Die Dose selbst und das Manometer sind mit einer Flüssigkeit — Wasser oder besser Glycerin — gefüllt. Auf der Membrane steht der Meßdosenkolben, dessen Durchmesser ein wenig kleiner ist als der Innendurchmesser der Dose, so daß der Kolben die Membrane etwas in die Meßdose hineindrücken kann, ohne sie abzuscheren. Auf den Meßdosenkolben wirkt die zu messende Belastung entweder unmittelbar oder — wie bei der neuzeitlichen Bauart der Abb. 2c — mit Hilfe eines zwischen Kugeln geführten, in den Meßdosenkolben tief hineingreifenden Druckstempels. Zur Erzielung eines einwandfreien Kraftschlusses und damit einer gleichmäßigen und eindeutigen Nullanzeige bei unbelasteter Meßdose wird im allgemeinen durch die Art der Füllung oder durch eine einstellbare Vorbelastung des Meßdosenkolbens oder auch nur durch das Eigengewicht der auf der Membrane ruhenden Druckglieder dafür gesorgt, daß die Flüssigkeit in der Meßdose stets unter einer geringen, aber gleichbleibenden Vorspannung steht. Endlich gehört zu der Ausrüstung einer Meßdose noch ein Deckelwegzeiger, an dessen Verschiebung gegenüber einer Strichmarke man während des Versuches den Weg beobachten kann, den der Meßdosenkolben bei der Belastung der Meßdose zurücklegt. An der in der Abb. 2c dargestellten Meßdose ist die Strichmarke an dem Druckstempel und der Zeiger auf dem Abschlußdeckel des Meßdosenkörpers angebracht; der Weg wird also in natürlicher Größe angezeigt. Da es sich um sehr kleine Beträge, etwa von 0,5 mm, handelt, wäre es vorteilhafter, wenn der Deckelwegzeiger die Verschiebung in zweckmäßiger Vergrößerung —10:1 — anzeigen würde.

Bei der Meßdose wird also die auf den Druckstempel aufgebrachte Belastung — im Verhältnisse des wirksamen Querschnittes des Meßdosenkolbens zu dem Hohlraum-Querschnitt in der Bourdonfeder des Manometers — hydraulisch übersetzt und dann durch die federnde Aufbiegung der Bourdonfeder gemessen. Diese Formänderung der Bourdonfeder wird durch einen kleinen Hebel auf ein Zahnsegment übertragen, das ein auf der Zeigerachse sitzendes Ritzel in Umdrehung versetzt.

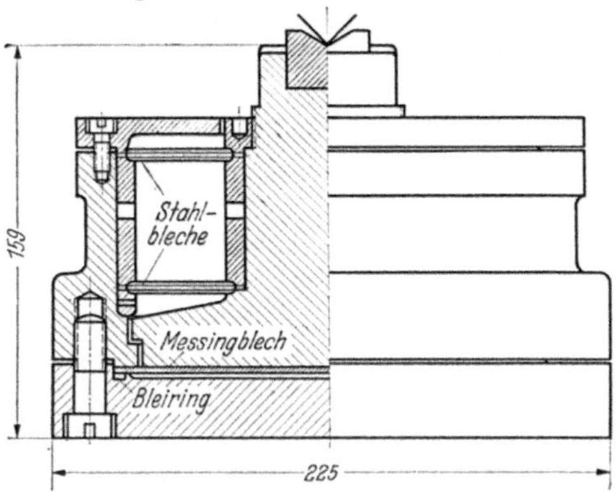

Abb. 2a. 20 t-Meßdose mit Messing-Membrane (Bauart Martens).

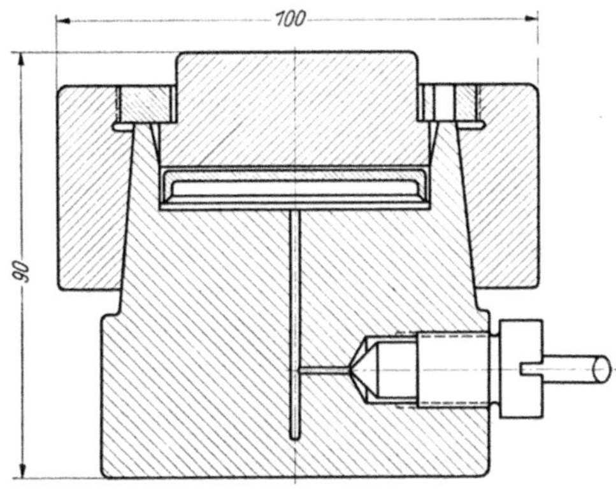

Abb. 2b. 50 t-Meßdose mit Leder-Stulp-Membrane (Bauart Martens).

Der Meßdose haften mehrere Mängel an, die in dem Grundsätzlichen des Meßverfahrens ihre Ursache haben und infolgedessen durch Änderungen in der Ausführung nicht vollständig behoben werden können:

Der wirksame Querschnitt des Meßdosenkolbens, also auch das Übersetzungsverhältnis ändern sich mit dem Deckelwege; sie sind demnach von dem Füllungsgrade der Meßdose, von dem Luftinhalt und von der Vorspannung abhängig.

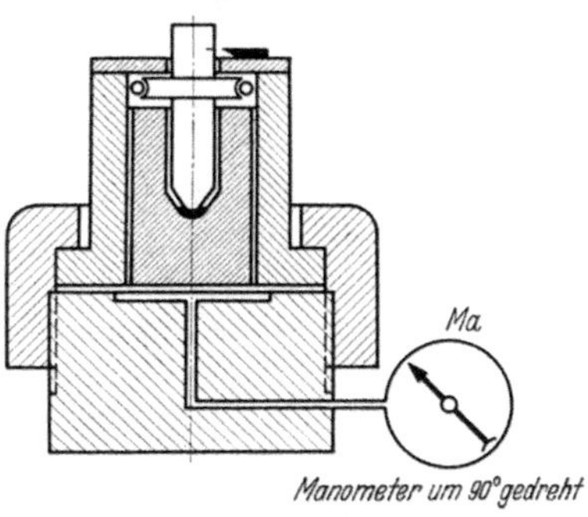

Abb. 2c. Meßdose mit Gummi-Membrane (Bauart Losenhausenwerk).

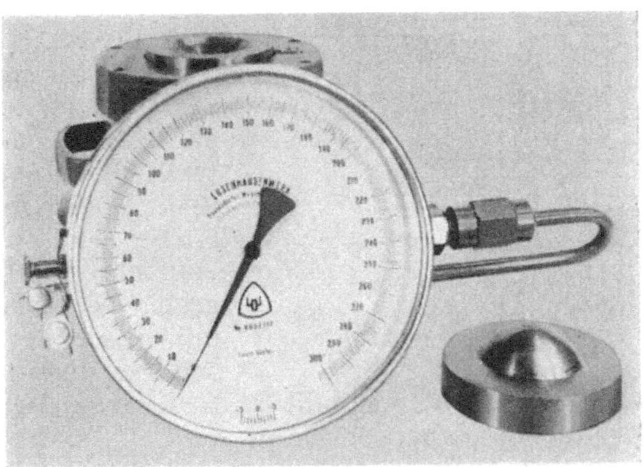

Abb. 3. 100 t-Meßdose (Losenhausenwerk).

Änderungen in diesen Vorbedingungen sind aber ohne Nachprüfung der Meßdose nur schwer und ungenau zu erkennen, weil die Deckelweganzeige meist nicht genügend fein ist und kleine Wechsel in der Nullanzeige auch aus anderen, in dem Manometer selbst liegenden Gründen auftreten können.

Das Manometer ist, zumal in dem untersten Drittel seines Meßbereiches, kein sehr genaues und zuverlässiges Meßgerät. Bei dem üblichen Meßdosenmanometer mit nicht ganz einem vollen Umlaufe des Zeigers von 0 bis zum Höchstwerte hat man bei $^1/_{10}$ der Manometerhöchstanzeige eine Ablesung, die unter Berücksichtigung der Meßdosenvorspannung ungefähr 25 bis 28° entspricht. Bei der üblichen Versuchsausführung — Zusammenarbeit von zwei Leuten, von denen der eine die gewünschte Belastungsanzeige an der Prüfmaschine einstellt und der andere auf Zuruf des ersteren die Anzeige an dem Meßdosenmanometer abliest — muß man auch im günstigsten Falle mit einer Unsicherheit dieser Ablesung von ±0,2° rechnen. Das bedeutet aber schon eine Streuung von 1,5% vom Mittelwerte. Dieser Betrag kann sich noch etwa um die Hälfte erhöhen, weil auch bei der Ermittelung der Sollwerte eine Unsicherheit der Ablesung von ±0,1° im allgemeinen nicht wird vermieden werden können.

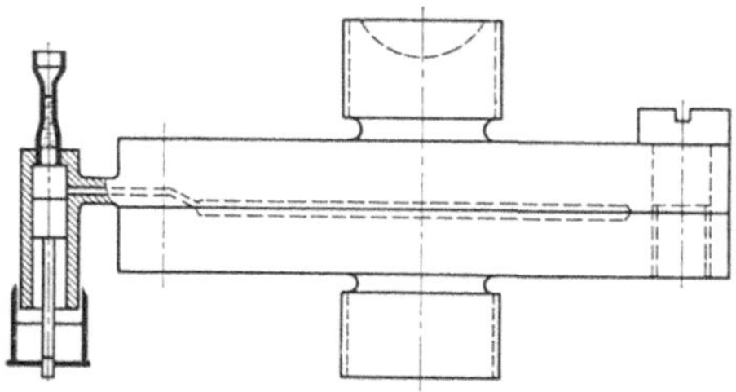

Abb. 4. Platten-Kraftprüfer mit Quecksilberfüllung (Wazau).

Trotz dieser Mängel kann aber ein Prüfer, der die Wirkungsweise der Meßdose und ihre Eigenarten kennt, bei pfleglicher Behandlung und sachgemäßer Verwendung einwandfreie Ergebnisse mit diesem Prüfgerät erzielen. Es müssen nur nachstehende Voraussetzungen erfüllt sein und dauernd beachtet werden:

Die Meßdose muß sehr sorgfältig gefüllt und möglichst vollkommen entlüftet sein. Das gesamte Gerät — Meßdose, Rohrleitungen mit Anschlüssen und Manometer — muß so gut abgedichtet sein, daß auch nicht einzelne Tropfen der Druckflüssigkeit verlorengehen können.

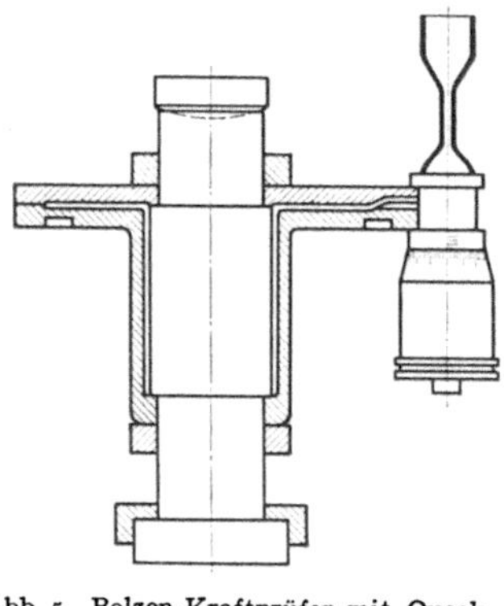

Abb. 5. Bolzen-Kraftprüfer mit Quecksilberfüllung (Wazau).

Besitzt das Manometer ein drehbares Zifferblatt zum Einstellen des Skalen-Nullpunktes auf die Hauptzeigerspitze, so muß auch eine ausreichende und genügend unterteilte Hilfsskala vorhanden sein, an der man die Einstellung des Zifferblattes genau nachprüfen kann.

Das Prüfungszeugnis, das bei der Ermittelung der Sollwerte aufgestellt ist, muß eindeutige Angaben über den bei der Untersuchung beobachteten Deckelweg, über die Hilfszeigerstellung und über die Streuungen enthalten.

Bei der Untersuchung und bei der Benutzung empfiehlt es sich, das Manometer durch Klopfen gegen die Glasscheibe leicht zu erschüttern, damit die Hemmungen im Manometertriebe gleichmäßiger überwunden werden.

Der Deckelweg und die Nullanzeige des Manometers sind bei jeder Benutzung der Meßdose zu beobachten.

Sollen Werte unterhalb von $^1/_5$ der Meßdosenhöchstlast verwendet werden, so sind die oben gekennzeichneten, unvermeidlichen Unsicherheiten bei der Beurteilung der Ergebnisse entsprechend zu berücksichtigen.

b) Kraftprüfer mit Quecksilberfüllung.

Bei der zweiten Gruppe von Prüfgeräten, den *Kraftprüfern mit Quecksilberfüllung*, sind hauptsächlich zwei voneinander abweichende Bauarten in Gebrauch.

Der *Wazau-Kraftprüfer*[1] besteht aus einem mit Quecksilber gefüllten Gefäße von geringem Rauminhalt und einem mit diesem in Verbindung stehenden Meßzylinder. Bei der älteren Ausführungsform (Abb. 4) wird das Gefäß von

[1] Wazau, G.: Forschungsarb. VDI, Sonderreihe M, Heft 3.

zwei fest zusammengeschraubten, tellerartigen Platten gebildet. Die neuere Bauart (Abb. 5) besitzt einen durchgehenden Bolzen, auf den ein das Gefäß bildender Körper aufgeschrumpft ist. In beiden Fällen ändert sich das Volumen des mit Quecksilber gefüllten Hohlraumes, wenn das Gerät auf Zug oder Druck beansprucht wird, bei der ersteren Bauart durch federnde Verbiegung der Platten, bei der letzteren infolge federnder Längenänderung des durchgehenden Bolzens. Je nach der Kraftrichtung wird hierbei Quecksilber aus dem Hohlraume herausgedrückt oder in ihn hineingesaugt. Die Menge dieses Quecksilbers wird in dem an den Gefäßkörper seitlich angeschraubten Meßzylinder mit einem eingeschliffenen Meßkolben mikrometrisch gemessen. Der Meßkolben wird zu diesem Zwecke stets soweit in den Meßzylinder hineingeschraubt, bis die Oberfläche des Quecksilberfadens in einem Haarrohr auf eine Strichmarke einspielt. Die Mikrometerteilung liefert an sich ein außerordentlich feines Maß für die Änderung des Rauminhaltes und damit für die auf den Kraftprüfer wirkende Belastung. Die Möglichkeit, an der Trommel der Mikrometerschraube die Zehntel der Teilung genau zu schätzen, wird man freilich nur selten ausnutzen können, weil die Einstellung der Quecksilberkuppe auf die Strichmarke im Augenblicke der Lasteinstellung nicht mit der entsprechenden Genauigkeit und Sicherheit möglich ist.

Der Meßgrundsatz ist bei diesem Prüfgerät also ein ganz anderer als bei der Meßdose. Die auf den Kraftprüfer aufgebrachte Belastung verursacht eine sehr kleine Formänderung, die durch hydraulische Übersetzung so stark vergrößert wird, daß eine sehr genaue Messung möglich ist.

Für das richtige Arbeiten dieser Kraftprüfer können in der Hauptsache folgende Voraussetzungen als unerläßlich angesehen werden:

Der eigentliche Kraftprüfer darf nicht zu hoch beansprucht sein, weil andernfalls elastische Nachwirkungen auftreten, die die Meßergebnisse sehr ungünstig beeinflussen können. Ist die Beanspruchung zu hoch gewählt oder genügt der benutzte Werkstoff nicht vollkommen den von dem Hersteller angenommenen Bedingungen, so ändern sich die Sollwerte des Gerätes, je nachdem der Kraftprüfer häufig unmittelbar hintereinander benutzt wird oder längere Zeit ruht, sowie wenn er bei der Benutzung bis zu seiner eigenen Höchstlast oder nur in einem Teile seines Verwendungsbereiches beansprucht wird. Auch bleiben bei zu hoch beanspruchten Kraftprüfern, die für Zug- und Druckbelastung bestimmt sind und benutzt werden, die für die eine Kraftrichtung festgelegten Sollwerte nicht unverändert, wenn das Gerät kurz vorher in der anderen Kraftrichtung bis zu seiner Höchstgrenze belastet worden ist.

Der Kraftprüfer muß so luftdicht abgeschlossen sein, daß kein Quecksilber austreten und keine Luft von außen in den Hohlraum hineingesaugt werden kann.

Die Füllung des Kraftprüfers muß luftfrei sein. Enthält das Quecksilber in dem Hohlraume des Gefäßes Luftbläschen, so treten unmittelbar nach jeder Entlastung Änderungen in der Nullanzeige des Gerätes ein.

Diese drei Voraussetzungen müssen schon erfüllt sein, wenn die Sollwerte des Gerätes einwandfrei bestimmt werden sollen, während die weiteren Punkte von dem Besitzer besonders zu beachten sind:

Das Quecksilber und das Haarrohr mit den beiden oben und unten liegenden Erweiterungen dürfen nicht durch Staubteilchen oder Fett verunreinigt sein.

Das Gerät muß pfleglich behandelt und vorsichtig bedient werden; zu schnelle Lastwechsel sind zu vermeiden.

Für den Besitzer empfiehlt es sich, den Kraftprüfer nur bis zu der Höchstlast untersuchen zu lassen, die er selbst auf seinen eigenen Prüfmaschinen einstellen kann und bis zu der er das Gerät benutzen will.

Sind diese Vorbedingungen erfüllt, so ist der Wazau-Kraftprüfer ein sehr gutes, wenn auch recht empfindliches Prüfgerät. Besonders eignet er sich wegen des feinen Kräftemaßes für schwerere Prüfpressen mit 100 bis 600 t Höchstlast besser als die meisten anderen Prüfgeräte. Allerdings erfordert er einen geübten und sorgfältigen Beobachter. Ein Nachteil bei der praktischen Benutzung ist die große Empfindlichkeit gegen Temperaturänderungen. Man muß nach dem Einbau in die Prüfmaschine oft längere Zeit warten, ehe der Temperaturausgleich soweit eingetreten ist, daß die Nullablesung bei unbelastetem Kraftprüfer sich nicht mehr oder nur noch sehr langsam ändert. Erst dann kann man auf einwandfreie Prüfergebnisse rechnen.

Der von der Firma Gebr. Amsler herausgebrachte Kraftprüfer mit Quecksilberfüllung (Abb. 6), von dem Hersteller als „Meßdose" bezeichnet, arbeitet nach dem gleichen Meßgrundsatz. Er ist in seinem Aufbau einfacher, hat für die gleiche Höchstlast größere Abmessungen und schwereres Gewicht und liefert ein bei weitem nicht so feines Maß für die Belastungseinheit.

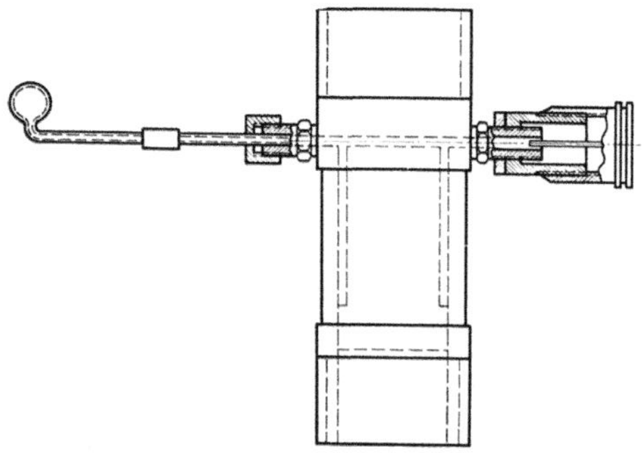

Abb. 6. Quecksilber-Kraftprüfer (Amsler).

Ein zylindrisches Gefäß ist luftdicht durch ein konisches Einsatzstück verschlossen, das fast bis auf den Boden des Gefäßes hinabreicht und einen nur geringen Hohlraum freiläßt. Der Hohlraum ist mit Quecksilber gefüllt. Die bei der Belastung des Kraftprüfers aus dem Hohlraume heraustretende oder in ihn hineingesaugte Quecksilbermenge wird ebenfalls durch Verschieben eines Meßkolbens in einem Meßzylinder mikrometrisch gemessen, wobei der Quecksilberfaden auch in einem Haarrohr auf eine Marke eingestellt wird. Der Meßzylinder und das Haarrohr sind hier aber waagerecht angeordnet.

Was über den Wazau-Kraftprüfer gesagt wurde, gilt mit einigen Einschränkungen und Änderungen auch für das Amsler-Prüfgerät:

Eine zu hohe Beanspruchung wird hierbei kaum auftreten können, weil diese Kraftprüfer durchweg sehr reichliche Abmessungen haben.

Schmutzteilchen, Fett und Luftblasen stören bei der waagerechten Lage des ganzen Meßgerätes und des Haarrohres und bei dem gröberen Kräftemaße noch weit mehr, als bei den Wazau-Kraftprüfern; außerdem ist die Säuberung und Entlüftung des Meßgerätes bedeutend schwieriger und zeitraubender.

Das weit aus dem Geräte herausragende Haarrohr ist beim Einbau sehr unbequem und zerbricht leicht. Die Einspannung in Zug-Prüfmaschinen mit Anschlußlaschen unter Benutzung der Schnellspannvorrichtung der Prüfmaschine ist bei dem schweren Kraftprüfer und empfindlichen Meßgerät unvorteilhaft.

c) Prüfgeräte mit Meßuhr.

Die *dritte Gruppe von Prüfgeräten* verwendet Stahlkörper in Ring-, Schleifen- oder Bügelform, bei denen die federnde Formänderung, die der Körper unter der Belastung erleidet, entweder in natürlicher Größe oder durch mechanische Übersetzung zweckmäßig vergrößert mit einer Meßuhr bestimmt wird. Bei allen diesen Geräten wird die Genauigkeit und Zuverlässigkeit der Ergebnisse ausschlaggebend beeinflußt von

der Feinheit des Maßes,

der Sicherheit des Kraftschlusses zwischen den Einzelgliedern des Gerätes,

der Zuverlässigkeit der Übertragung der zu messenden Bewegung auf den Fühlstift der Meßuhr und

dem einwandfreien Arbeiten dieser Meßuhr selbst.

Während die wünschenswerte Feinheit des Maßes durch genügend große Übersetzung ohne weiteres zu erreichen ist, bereitet der unveränderliche Kraftschluß zwischen den Einzelgliedern des Gerätes schon größere Schwierigkeiten. Man beobachtet manchmal bei solchen Prüfgeräten Unstetigkeiten in der Nullanzeige und beim Übergange von dem unbelasteten Zustande zu der ersten Belastungsstufe oder auch größere Streuungen bei den kleinsten Prüflasten. Meistens sind diese Erscheinungen darauf zurückzuführen, daß der Übersetzungshebel seine Lage zu dem Hauptkörper ändert oder nicht gleichmäßig fest an diesem anliegt. Eine weitere Fehlerquelle bietet die Übertragung der Hebelbewegung auf den Fühlstift der Meßuhr. Der Teil des Übersetzungshebels, gegen den sich der Fühlstift der Meßuhr anlegt, bewegt sich bei vielen Bauarten auf einem Kreisbogen um den Drehpunkt des Hebels. Weicht die Auflagerfläche am Hebel dabei zu sehr von der zur Achse des Fühlstiftes senkrecht stehenden Ebene ab, so wirkt auf den Fühlstift eine Seitenkraft, die Reibung zwischen dem Fühlstift und seiner Führung verursacht. Dieser Mangel macht sich dann durch größere Streuungen bei den oberen Belastungsstufen bemerkbar.

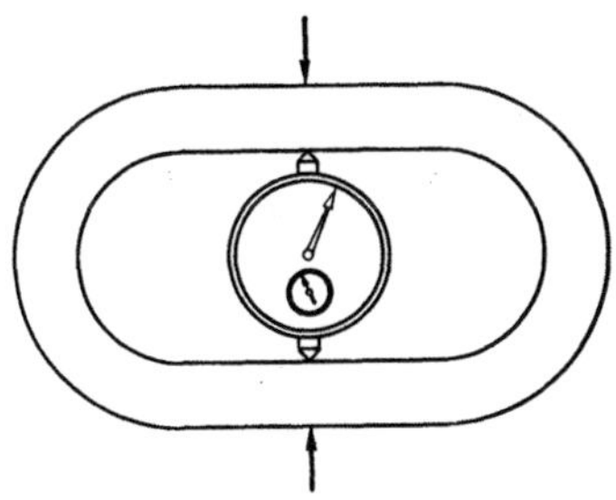

Abb. 7. Bügel mit Meßuhr für 7 t Höchstlast.

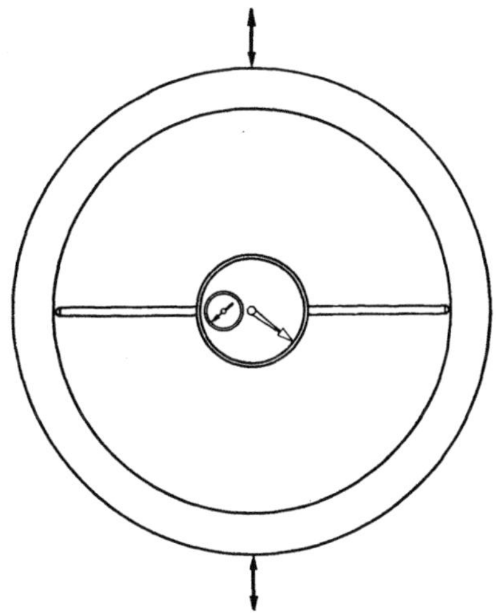

Abb. 8. Ring mit Meßuhr.

Die unangenehmsten Schwierigkeiten werden die Hersteller solcher Prüfgeräte aber wohl mit den Meßuhren haben, weil Unstetigkeiten im Triebwerk und Hemmungen, die die leichte Beweglichkeit des Fühlstiftes verhindern, immer wieder zu beobachten sind. Zum Teile liegt dies vielleicht auch daran, daß die Hersteller der Prüfgeräte mit Rücksicht auf die Anordnung der Uhr in dem Geräte möglichst kleine und leichte Meßuhren bevorzugen und wegen der Verkaufsmöglichkeiten auch zu kostspielige Meßuhren vermeiden müssen.

Alle überhaupt vorhandenen Arten dieser Prüfgeräte zu behandeln, würde zu weit führen und viel Wiederholungen bringen, weil sich manche Bauarten lediglich in Einzelheiten der Ausführung voneinander unterscheiden. Es sollen deshalb nur die Untergruppen, die in grundsätzlich oder meßtechnisch wesentlichen Punkten voneinander abweichen, in einigen schematischen Darstellungen oder Lichtbildern gezeigt werden. Auch bei diesen wird meistens von einer eingehenden Beschreibung des Gerätes abgesehen und nur auf besondere Merkmale hingewiesen.

Die beiden schematischen Darstellungen (Abb. 7 und 8) zeigen möglichst einfach gebaute Geräte in Ring- und Bügelform ohne Übersetzung der Formänderungen. Die Meßuhr ist bei diesen Bauarten mit einem kleinen Haltestück an den Stahlkörper angeklemmt; der Fühlstift setzt sich in einen in den Stahlkörper eingearbeiteten Körner ein. Den Kraftschluß bewirkt allein der Druck der in der Meßuhr vorhandenen Schraubenfeder. Bei dem Bügel nach Abb. 7 wird die Formänderung in der Druckachse, bei dem Ringe der Abb. 8 senkrecht zu der Belastungsrichtung gemessen. Die Teilungseinheit der Meßuhr ist in beiden Fällen 0,01 mm. Zur Übertragung der Kraft auf das Gerät sind auf den Bügel kleine Druckstücke aufgeschraubt, deren oberes eine Kugelkalotte besitzt. An dem Ringe sind an den Kraftübertragungsstellen Bolzen eingeschraubt, die für Zugprüfungen Anschlußgewinde und für Druckprüfungen Kugeln besitzen. Bei beiden Ausführungen gewährleistet der geringe Federdruck und die Lagerung der Fühlstiftspitze in einem Körner des dafür nicht genügend harten Stahlkörpers noch nicht einen ausreichenden und genügend gleichmäßigen Kraftschluß. Außerdem ist das Kräftemaß zu grob. Der Bügel (Abb. 7) hat nur 7 t Höchstlast und dabei sehr unhandliche Abmessungen von 515 mm Breite und 285 mm Höhe. Trotzdem ist die Ablesung von 205,3 Teilungseinheiten an der Meßuhr für die Höchstlast 7000 kg außerordentlich klein. Die erforderliche Feinheit des Maßes kann somit durch die Formänderung allein nicht erreicht werden.

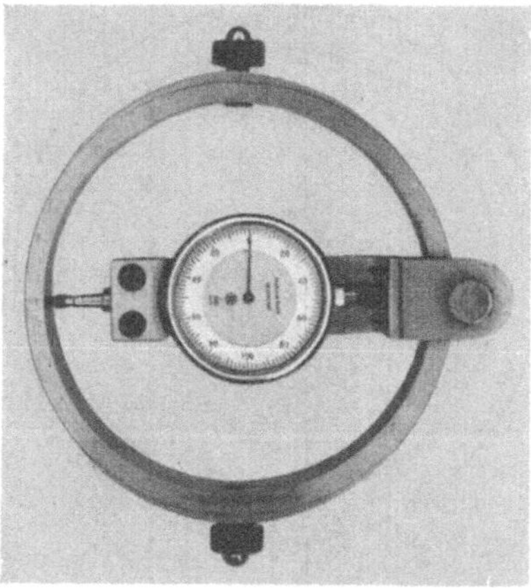

Abb. 9. Ring mit Meßuhr für 1,5 t Höchstlast (Schaefer, Staufen).

Abb. 10. Ring mit Meßuhr für 3 t Höchstlast (Otto Wolpert, Ludwigshafen).

Der Prüfring von A. Schaefer u. Co., Staufen, hat in seiner neuesten Ausführung (Abb. 9) schon ein wesentlich feineres Maß dadurch erreicht, daß er eine größere Übersetzung der Formänderung in die Meßuhr selbst hineingelegt hat, indem er eine Feinmeßuhr mit 0,001 mm Teilungseinheit verwendet. Der Prüfring liefert bei der Höchstlast von 1500 kg eine Ablesung von 296,0 Teilungseinheiten an der Meßuhr.

Den gleichen Weg geht O. Wolpert, Ludwigshafen, mit seinem 3 t-Prüfringe (Abb. 10), bei dem die Formänderung in der Druckachse mit einer Feinmeßuhr mit 0,001 mm Teilungseinheit gemessen wird. Die Meßuhr selbst ist hier durch ein kräftiges Haltestück mit dem Stahlringe fest verbunden. Zur Übertragung der Belastung ist unten ein an den Ring angepaßter Schuh angesetzt, der das Gerät standsicher macht, während oben eine Kugelkalotte eingearbeitet ist, in die unmittelbar die 10 mm-Kugel der zu prüfenden Kugeldruckpresse hineindrückt.

Der Fühlstift der Meßuhr legt sich bei beiden Prüfringen mit dem Drucke der in der Meßuhr vorhandenen Schraubenfeder in einen in den Stahlring eingearbeiteten Körner.

Die übrigen Geräte dieser Gruppe verwenden Meßuhren mit 0,01 mm Teilungseinheit und vergrößern die Formänderung durch besondere Übertragungsglieder oder auch durch die hebelartige Form des Gerätes selbst.

Haberer benutzt bei seinem Zugprüfer (Abb. 11) einen Stahlkörper in Form einer länglichen Schleife und mißt die — durch einen kleinen Hebel übersetzte — Formänderung in der zur Zugachse senkrechten Mittelachse der Schleife. Bei dieser Bauart können leicht Störungen auftreten, wenn die Ausbildung des kleinen Hebels und seiner Lagerung, sowie der auf recht engem Raume zusammengedrängten Befestigungsteile werkstattmäßig nicht ganz sauber gelungen ist oder bei dem Gebrauch allmählich Lockerungen eintreten, die äußerlich noch

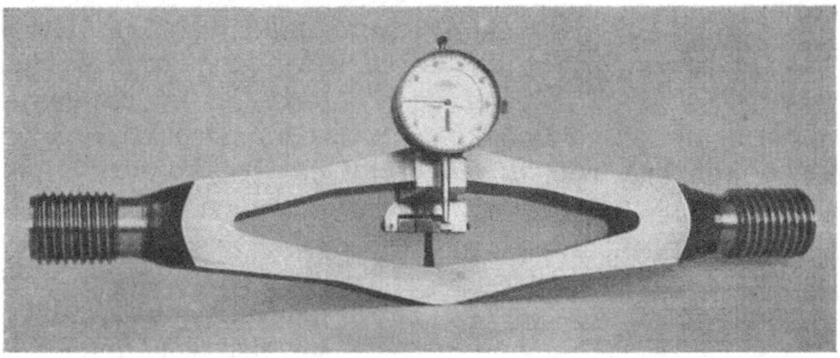

Abb. 11. Zugprüfer mit Meßuhr für 30 t Höchstlast (Haberer).

gar nicht auffallen. Außerdem kann der Zugprüfer die auf ihn wirkenden Belastungen nicht mehr richtig wiedergeben, wenn die Zugkraft in der zu prüfenden Prüfmaschine außermittig wirkt. Denn beim Auftreten einer zusätzlichen Biegungsbeanspruchung muß der Kräfteverlauf in den beiden Schenkeln der Schleife und damit auch die Abstandsänderung der Schenkel anders werden.

Bei seinem 3 t-Druckprüfer (Abb. 12) hat Haberer eine ganz andere Bauart gewählt, um ihn auch für Kugeldruckpressen mit geringer Einbauhöhe verwendbar zu machen. Der Stahlkörper ist als liegender U-förmiger Bügel ausgebildet. Die in der Druckachse auftretende Durchbiegung wirkt etwa fünffach vergrößert auf die am Ende des oberen Bügelschenkels befestigte Meßuhr. Auf das Gerät selbst wird die Kraft unten durch ein Fußstück übertragen, das, wie die Abb. 12 zeigt, den Druck nur an zwei bestimmten Stellen auf den Bügel weiterleitet. In den oberen Schenkel ist zur Aufnahme einer 10 mm-Kugel eine Kalotte eingearbeitet. Der Fühlstift der Meßuhr läuft in eine wenig abgerundete Spitze aus, die durch den Federdruck der Meßuhr gegen eine in den unteren Schenkel fest eingesetzte, gehärtete und geschliffene Platte gedrückt wird. Da die Spitze des Fühlstiftes bei der Belastung ein kleines Stück eines Kreisbogens um das innere Ende des oberen Schenkels beschreibt, verschiebt sie sich gegenüber der Platte etwas in der Längsrichtung des Bügels. Dadurch können Meßfehler auftreten, wenn der Fühlstift nicht genügend leicht gleitet und infolgedessen eine Seitenkraft auf den Fühlstift wirkt, die das freie Spiel der Meßuhr behindert. Der Druckprüfer wird auch für zwei Kraftmeßbereiche ausgeführt, wobei an dem Bügel für das untere Fußstück zwei Paar Anlageflächen angearbeitet und in dem oberen Schenkel zwei Kalotten vorgesehen sind, so daß sich zwei Übersetzungsverhältnisse ergeben.

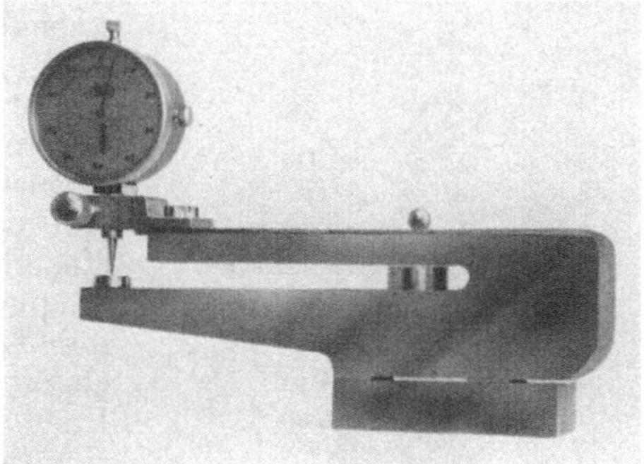

Abb. 12. Druckprüfer mit Meßuhr für 3 t Höchstlast (Haberer).

Die gleiche Bauart zeigt die „Brinellpresse Zwerg", die in Abb. 13 schematisch dargestellt ist. Grundsätzlich unterscheidet sie sich von dem Haberer-Druckprüfer nur dadurch, daß hier beide Schenkel federnd verbogen werden, während bei jenem der obere Schenkel allein eine Verbiegung erfährt. Die von dem Hersteller gewählte Bezeichnung „Brinellpresse" ist unzutreffend, weil von einer Presse nur gesprochen werden kann, wenn man mit dem Geräte selbst auch die für den Versuch erforderliche Druckkraft erzeugen kann. Es ist ein einfacher Druckprüfer, in dessen oberen Schenkel verschiedene Druckstempel mit den für Härteprüfungen üblichen Kugeln eingesetzt werden können.

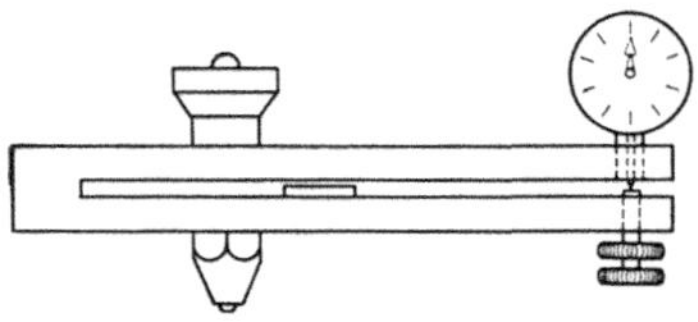

Abb. 13. Druckprüfer mit Meßuhr für 3 t Höchstlast. „Zwerg".

Einen waagerecht liegenden, geschlossenen Bügel verwendet Amsler, Schaffhausen, in seiner Druck-„Meßschlange", die in Abb. 14 schematisch und in Abb. 15 im Lichtbilde wiedergegeben ist. Der Bügel a wird in der Mitte belastet; für die Kraftübertragung sind an den waagerechten Schenkeln kleine Druckstücke befestigt. Der ganze Bügel ist von einem zweiteiligen Kasten b_1 und b_2 umkleidet, dessen beide Hälften voneinander unabhängig an dem einen Ende des Bügels um die Bolzen c_1 und c_2 drehbar gelagert sind und als Hebel wirken. In der Druckachse ist die obere Kastenhälfte mit dem oberen Bügelschenkel und die untere Hälfte mit dem unteren Schenkel durch die beiden Druckstücke verbunden. An der anderen Seite des Bügels trägt die obere Kastenhälfte die Meßuhr d und die untere eine kleine, gehärtete Druckplatte e, gegen die sich der Fühlstift der Meßuhr anlegt. Auf der Seite der Lagerung sind die beiden Kastenhälften über die Drehpunkte c_1 und c_2 hinaus verlängert und jenseits von diesen Drehpunkten durch zwei Schraubenfedern f miteinander verbunden, so daß sie an dem anderen Ende auseinandergedrückt werden, um dem Geräte eine möglichst gleichmäßige Nullanzeige zu sichern. Den gleichbleibenden Kraftschluß zwischen dem ganzen Hebelsysteme — dem zweiteiligen Kasten — und dem Bügel selbst bewirkt eine Schraubenfeder g, die in der Nähe der Meßuhr als Druckfeder zwischen den Bügel und die obere Kastenhälfte eingeschaltet ist.

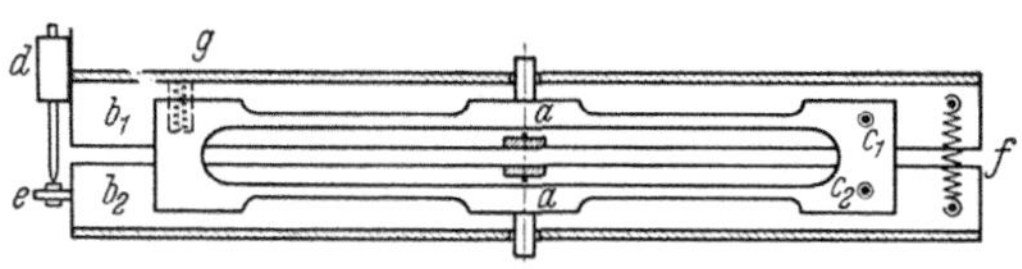

Abb. 14. „Meßschlange" für 5 t Höchstlast (Amsler).

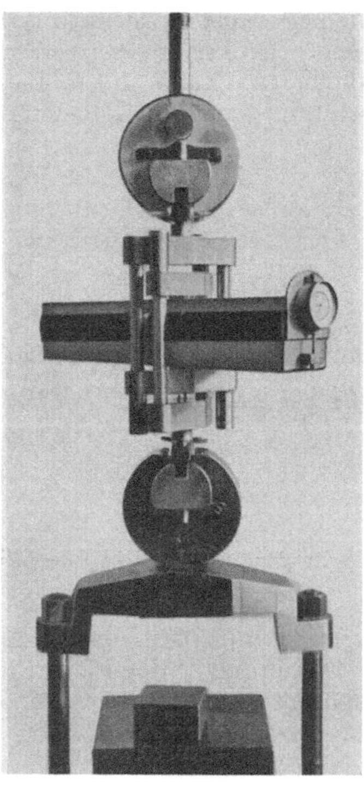

Abb. 15. „Meßschlange" für 5 t Höchstlast (Amsler).

Die Umkleidung bietet zweifellos Vorteile insofern, als empfindliche Teile gegen Verschmutzung und Beschädigung besser geschützt sind. Sie hat aber wegen der Unübersichtlichkeit und Unzugänglichkeit auch ihre Nachteile: der Besitzer erkennt die Wirkungsweise des ganzen Gerätes überhaupt nicht, sieht nicht, wovon das einwandfreie

Arbeiten abhängt, und bemerkt es infolgessen auch nicht, wenn sich einzelne Teile gelockert oder verschoben haben.

Der in dem Lichtbilde (Abb. 15) gezeigte Einbau für Zugprüfungen mit Hilfe eines Gehänges ist in der gleichen Art bei allen Druckprüfgeräten möglich. Die deutschen Herstellerwerke vermeiden aber diese mehr behelfsmäßige Lösung mit Recht. Denn der doppelte Umführungsrahmen kann leicht zu Störungen Anlaß geben und ist beim Einbau des Gerätes unbequem.

Die in den nächsten vier Lichtbildern (Abb. 16 bis 19) wiedergegebenen Druckprüfgeräte verfolgen den gleichen Meßgrundsatz und unterscheiden sich nur in der Ausbildung und Anordnung der Einzelglieder voneinander. An einem in sich geschlossenen Stahlringe von Kreis- oder Bügelform wird die federnde Formänderung in der Druckachse — durch einen besonderen Hebel vergrößert — mit einer Meßuhr gemessen, die 0,01 mm Teilungseinheit besitzt. Der Hebel ist an einem an dem Stahlringe befestigten Bocke gelagert, der bei dreien dieser Geräte gleichzeitig auch die Meßuhr trägt. Nur bei dem 1 t-Bügel der Gesellschaft für Feinmechanik (Abb. 18) ist die Meßuhr an dem Bügel selbst angebracht. Für die Kraftübertragung sind oben Kugeln oder Kalotten vorgesehen. Unten haben der Ring von O. Wolpert und die beiden Bügel der Feinmechanik G. m. b. H. ebene Flächen, auf denen das Gerät sicher steht. Nur der Bügel von Mohr u. Federhaff hat unten gleichfalls eine eingesetzte Kugel.

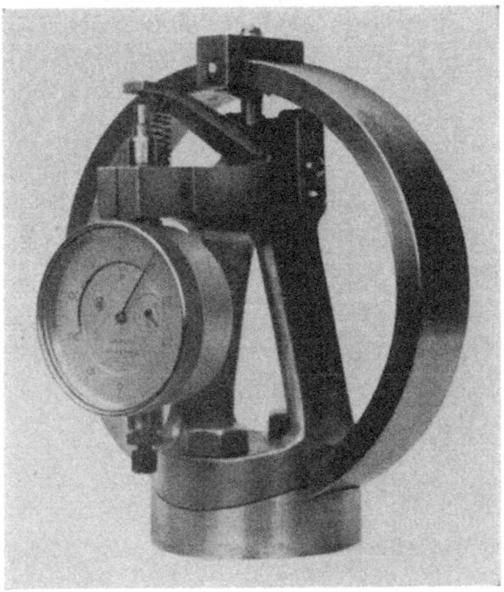

Abb. 16. Ringprüfer mit Meßuhr für 3 t Höchstlast (Otto Wolpert, Ludwigshafen).

Abb. 17. Bügel mit Meßuhr für 3 t Höchstlast (Gesellschaft für Feinmechanik, Mannheim).

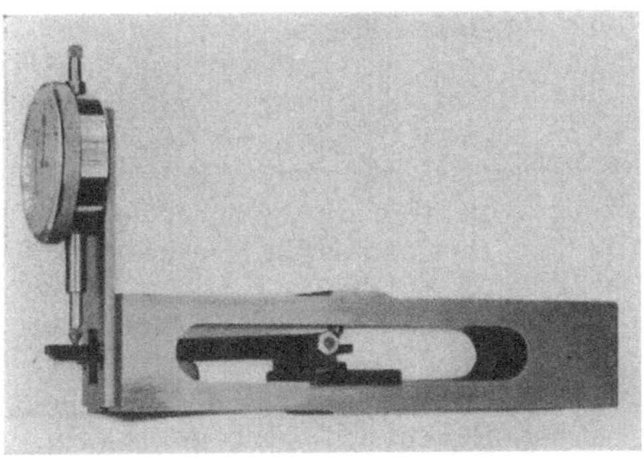

Abb. 18. Bügel mit Meßuhr für 1 t Höchstlast (Gesellschaft für Feinmechanik, Mannheim).

Abb. 19. Bügel mit Meßuhr für 3 t Höchstlast (Mohr u. Federhaff, Mannheim).

Die standsichere Ausführung ist für solche Prüfgeräte vorteilhafter. Denn bei einer Lagerung zwischen zwei Kugeln kann man Kugeldruckpressen, bei denen der die Prüfkugel tragende Druckstempel beweglich — als Pendelstütze — ausgebildet ist, überhaupt nicht oder nicht einwandfrei prüfen. Außerdem kann man solche Geräte, was noch störender ist, niemals mit unmittelbarer Gewichtsbelastung untersuchen.

Für den Hersteller liegt bei diesen vier Prüfgeräten die Hauptschwierigkeit darin, den Übersetzuugshebel so zu lagern und das die Formänderung des Stahl-

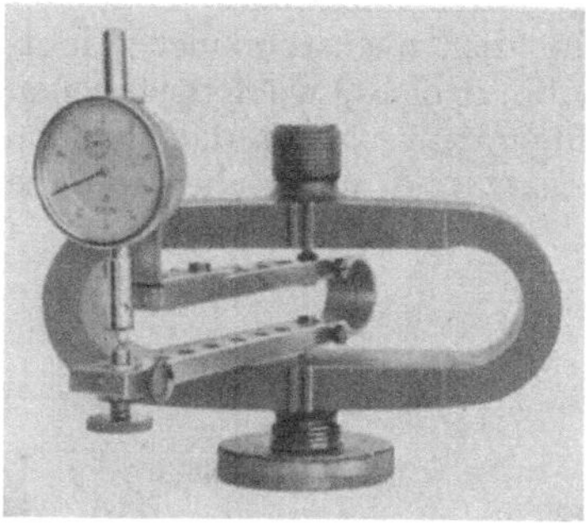

Abb. 20. Zug-Druck-Meßbügel mit Hilfsbügel für 5 t Höchstlast (Wazau).

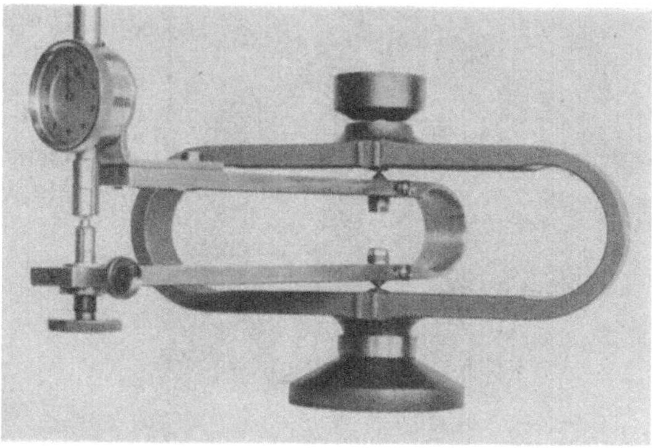

Abb. 21. Druck-Meßbügel mit Hilfsbügel für 250 kg Höchstlast (Wazau).

ringes auf den Hebel übertragende Druckstück so auszubilden, daß einerseits bei dem Ein- und Ausbau des Gerätes und bei seiner Aufbewahrung keine die Messungen beeinflussenden Änderungen in der Lage dieser Teile zueinander eintreten und daß andererseits jeder Reibungswiderstand vermieden wird, der das freie Spiel des Hebels behindert.

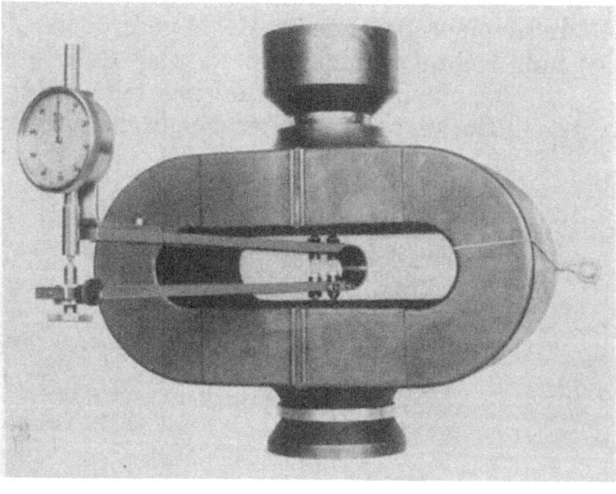

Abb. 22. Druck-Meßbügel mit Hilfsbügel für 100 t Höchstlast, 2 Meßbereiche für 100 und 50 t Höchstlast (Wazau).

Einen ganz anderen Weg hat G. Wazau, Berlin, gewählt, um einen sicheren und trotzdem reibungsfreien Kraftschluß zwischen dem die Formänderung erleidenden Meßbügel und dem Übertragungsgliede zu erreichen, das den zu messenden Weg vergrößert auf die Meßuhr weiterleiten soll (Abb. 20 bis 22). Er hat statt des Hebels einen zweiten, U-förmigen Bügel, den Hilfsbügel, in den Hauptbügel eingesetzt. Der Hilfsbügel ist mit Kugeln genau in der senkrechten Mittelachse des Hauptbügels in Bohrungen drehbar gelagert. An dem freien Ende des oberen Schenkels ist an dem Hilfsbügel die Meßuhr befestigt, während der untere Schenkel — in der Höhe einstellbar — die gehärtete und geschliffene Platte trägt, gegen die sich der Fühlstift der Meßuhr anlegt. G. Wazau baut diese Geräte im allgemeinen für beide Kraftrichtungen (Zug und Druck) oder nur für Druck; der Unterschied liegt lediglich in der Ausbildung der Endzapfen. Abb. 20 zeigt einen Zug-Druck-Meßbügel für 5 t

Höchstlast. Für Druckprüfungen wird auf den unteren Gewindezapfen eine Druckplatte aufgeschraubt, auf der der Meßbügel fester steht; in den oberen Zapfen ist eine Kugelkalotte eingearbeitet. Ausschließlich für kleinere Kugeldruckpressen ist der 250 kg-Druck-Meßbügel (Abb. 21) bestimmt, der unten ein weiter ausladendes Fußstück und oben eine Kugelplatte besitzt. In der gleichen Art werden auch die Druck-Meßbügel für größere Kräfte ausgeführt. Der in Abb. 22 dargestellte 100 t-Druck-Meßbügel besitzt außerdem zwei Kraftmeßbereiche für 100 und 50 t Höchstlast, die durch Änderung des Übersetzungsverhältnisses des Hilfsbügels erzielt werden. Man erkennt auf dem Bild an dem Hilfsbügel die zwei Paar Haltestücke mit Kugelspitzen, die die beiden Übersetzungsverhältnisse bestimmen. Als ein gewisser Mangel der Meßbügel muß es bezeichnet werden, daß der Schwerpunkt des Hilfsbügels nicht auf der senkrechten Mittelachse des Hauptbügels liegt, daß somit das ganze Prüfgerät nicht zu dieser Achse im Gewicht ausgeglichen ist. Das ziemlich große Übergewicht, das der weit herausragende Hilfsbügel mit der Meßuhr am langen Arme ausübt, will die beiden Kugeln aus den Bohrungen des Hauptbügels — oben nach vorn und unten nach hinten — herausdrücken. Hierdurch machen sich zuweilen, besonders bei langen Hilfsbügeln, Meßstörungen bemerkbar, die verschwinden, wenn man behelfsmäßig das Übergewicht aufhebt. Das einseitige Übergewicht kann auch andere Nachteile haben. In stehenden Zug-Prüfmaschinen ist bei den meisten Bauarten der untere Spannkopf nur in der senkrechten Zugachse beweglich, während der obere Spannkopf frei pendelnd an einem Teile des Belastungsmessers hängt. Hat das Prüfgerät vorn Übergewicht, so wird der obere Spannkopf dadurch bei unbelasteter Prüfmaschine nach vorn aus der Zugachse herausgedrückt. Da bekanntlich jede kugelige Lagerung sofort wirkungslos wird, sobald der Kraftschluß in der Prüfmaschine eintritt, bleibt dieser Einbauzustand während der ganzen Prüfung unverändert, so daß auf den Belastungsmesser der Prüfmaschine eine Seitenkraft wirkt, die je nach dessen Bauart das Prüfungsergebnis mehr oder weniger beeinflussen kann.

Bei einer Universal-Prüfmaschine mit Pendelmanometer fand eine andere Prüfstelle Fehler der Belastungsanzeige bis zu 7%, die ausschließlich auf diese Erscheinung zurückzuführen waren. Die auf den Arbeitskolben wirkende Seitenkraft verursachte einen, im vorliegenden Fall überraschend großen Reibungswiderstand zwischen Antriebskolben und Zylinder. Bei gewöhnlichem — nicht etwa besonders sorgfältigem — Einbau eines im Gewicht ausgeglichenen Gerätes ergaben sich Fehler der Belastungsanzeige von wenigen Zehntel Prozent entgegengesetzten Vorzeichens.

Auf allen drei Lichtbildern (Abb. 20 bis 22) sieht man an der Vorderfläche des Hauptbügels in der Mitte zwei schmale, angearbeitete Leisten, die zum Ansetzen eines Spiegelfeinmeßgerätes bestimmt sind. Diese Lösung ist vorläufig noch recht behelfsmäßig. An einem Flachstabe ist an sich schon ein einwandfreier Sitz des Spiegelfeinmeßgerätes schwieriger zu erreichen als an einem Rundstabe. Hier kommt noch erschwerend hinzu, daß die Spiegelapparate mit dem Spiegel und mit dem Handgriff und Zeiger über den breit gebauten Meßbügel hinausragen müssen und infolgedessen sehr lang sind und daß die Anlageleisten anscheinend nicht genügend sauber herausgearbeitet werden können.

In neuester Zeit ist G. Wazau von der Verwendung eines einsetzbaren Hilfsbügels abgegangen und hat den Hilfsbügel in einen Ausleger und einen einarmigen Hebel aufgelöst. Abb. 23a zeigt einen solchen Zug-Druck-Meßbügel für 60 t Höchstlast. In der senkrechten Mittelachse des Hauptbügels ist an dessen oberer Innenfläche ein Ausleger fest angebracht, der an seinem vorderen Ende eine Meßuhr trägt, während in dem rechtwinklig nach unten abgebogenen hinteren Ende der einarmige Übersetzungshebel in Kugellagern gehalten wird. Dieser

Hebel trägt an seinem vorderen Ende eine in der Höhe einstellbare, gehärtete Druckplatte, auf die sich der Fühlstift der Meßuhr aufsetzt. In der senkrechten Mittelachse des Hauptbügels wird dessen Formänderung durch eine kleine Pendelstütze auf den Hebel übertragen. Zwei Zugfedern, die den Hebel mit dem unteren Teile des Hauptbügels verbinden, sorgen für einen einwandfreien Kraftschluß zwischen dem Hauptbügel, der Pendelstütze und dem Hebel. Damit der Wert der Anzeige nach der Fertigstellung des ganzen Meßbügels noch in gewissen Grenzen erhöht oder verringert werden kann, ist der vordere Teil an dem Ausleger und an dem Hebel in der Länge veränderlich. Die endgültige Einstellung ist durch Paßstifte gesichert. Zur Erzielung von zwei Kraftmeßbereichen verwendet G. Wazau zwei Meßuhren. Die eine, bei der eine Umdrehung des Hauptzeigers einer Verschiebung des Fühlstiftes um 1 mm entspricht, dient bei dem in

Abb. 23a. Zug-Druck-Meßbügel mit fest eingebautem Übersetzungshebel für 60 t Höchstlast. 2 Meßbereiche für 60 und 30 t Höchstlast (Wazau).

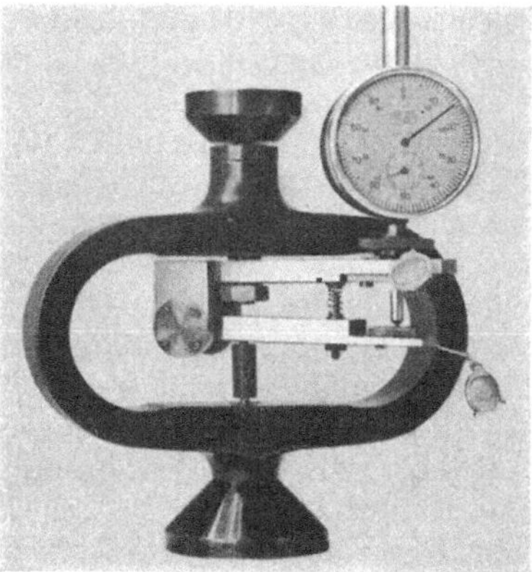

Abb. 23b. Druck-Meßbügel mit fest eingebautem Übersetzungshebel für 5 t Höchstlast (Wazau).

der Abb. 23a gezeigten Meßbügel für Kräfte bis 60000 kg, während die andere mit 0,5 mm Weg des Fühlstiftes für einen Zeigerumlauf für 30000 kg Höchstlast zu benutzen ist. Der Kraftschluß zwischen dem Hauptbügel und dem der Übersetzung der Formänderung dienenden Zwischenglied ist bei dieser Bauweise fraglos wesentlich besser gelöst. Auch erübrigt sich das Hin- und Herschwenken des Hilfsbügels vor Beginn eines Belastungsversuches und das Erschüttern des Hauptbügels; die Bedienung ist somit einfacher, von der Geschicklichkeit des Prüfers unabhängiger und damit wesentlich sicherer geworden. Bei der jüngsten Ausführung (Abb. 23b) ist nun auch noch das Übergewicht, das das ganze Gerät nach vorn kippen will, wenn auch nicht aufgehoben, so doch stark verringert. Der Ausleger und der Hebel sind so schräg wie möglich eingesetzt, so daß dic Mcßuhr dicht vor dem Hauptbügel steht. Die beiden Zugfedern, die den Kraftschluß zwischen dem Hauptbügel und dem Hebel gewährleisten, sind hier durch eine zwischen dem Hebel und dem Ausleger angeordnete Druckfeder ersetzt. Die Benutzung eines Spiegelfeinmeßgerätes ist bei den Meßbügeln dieser beiden Bauweisen nicht mehr möglich, weil der Ausleger und der Hebel von dem Besitzer des Gerätes nicht ausgebaut werden sollen.

d) Allgemeine Richtlinien für die Benutzung der Prüfgeräte.

Aus den vorstehenden Einzelbetrachtungen ergeben sich für die Verwendung von Prüfgeräten einige Richtlinien, deren Befolgung dem Besitzer solcher Geräte vielleicht manche Unannehmlichkeiten und unnötige Kosten ersparen kann:

Vor der Anschaffung eines Prüfgerätes muß man genau wissen, für welchen Belastungsbereich — für welche kleinste und größte Kraft — man das Gerät tatsächlich braucht und welche Genauigkeit bei den beiden Grenzwerten erforderlich ist.

Die Auswahl muß ein Ingenieur treffen. Ein Kaufmann oder Verwaltungsbeamter kann unmöglich beurteilen, ob ein Prüfgerät für einen bestimmten Zweck brauchbar und ob der Preis angemessen ist.

Einem standsicheren Geräte gebe man den Vorzug vor einem zwischen zwei Kugeln gelagerten.

Das Gesamtgerät sollte — besonders bei Zugprüfgeräten — in seinem Gewicht in bezug auf die senkrechte Mittelachse wenigstens annähernd ausgeglichen sein.

Bei der Bestellung schreibe man vor, daß dem Geräte eine Beschreibung und eine Bedienungsvorschrift beizufügen ist und daß das Gerät unmittelbar vor der Lieferung von einer hierfür allgemein anerkannten amtlichen Prüfstelle, die man selbst benennt, untersucht werden muß. Die Beschreibung muß die Wirkungsweise genau erklären; die Bedienungsvorschrift muß alles für den Ein- und Ausbau, für die Aufbewahrung und für die Versuchsdurchführung Wesentliche so klar enthalten, daß der Benutzer auch bei etwaigen Störungen weiß, wie er sich verhalten soll. Die Untersuchung durch eine amtliche Prüfstelle ist vorteilhaft, wenn diese für solche Aufgaben gut eingerichtet ist und das Fachgebiet Meßwesen tatsächlich beherrscht. Es gibt mehrere Herstellerwerke, die ihre eigenen Prüfgeräte sehr gut prüfen können und es auch sehr sorgfältig tun. Man kann aber unmöglich von dem Hersteller erwarten, daß er auf etwaige Mängel oder Unsicherheiten selbst hinweist. Außerdem bietet ein amtliches Prüfungszeugnis noch den Vorteil, daß es in strittigen Fällen von Abnahmestellen oder Lieferern unbedenklich anerkannt wird.

Das Prüfungszeugnis hat aber seinen Zweck noch nicht erfüllt dadurch, daß es vorhanden und von der Abteilung Einkauf zu den Akten genommen ist. Der Benutzer des Prüfgerätes muß es stets zur Hand haben und bei allen seinen Prüfungen die Hinweise des Zeugnisses genau so sorgfältig beachten, wie die Anweisungen der Bedienungsvorschrift, die durch das Prüfungszeugnis nicht ersetzt, sondern nur ergänzt werden.

Unter allen Umständen empfiehlt es sich, einen einzigen Prüfer zu bestimmen, der allein das Gerät benutzen darf und auch für die sachgemäße Aufbewahrung verantwortlich ist. Bei Arbeitsmaschinen ist es für jeden Betriebsleiter eine Selbstverständlichkeit, daß nicht jeder nach Belieben damit umgehen darf; bei Prüfgeräten sieht man aber immer wieder, daß diese einfachste und natürlichste Vorsorge außer Acht gelassen wird. Die meisten und schwersten Mängel, die man bei der Nachprüfung gebrauchter Prüfgeräte findet, sind nicht, wie die Besitzer meistens glauben, auf vorzeitige Abnutzung, also auf Mängel der Bauart oder der Werkstattarbeit zurückzuführen, sondern ausschließlich auf ganz unsachgemäße Behandlung.

Bei allen Prüfgeräten mit Manometern oder Meßuhren sollte stets mit Klopfen gearbeitet werden, damit kleine Reibungswiderstände leichter und gleichmäßiger überwunden werden. Allerdings sind unerläßliche Voraussetzungen dafür, daß auch bei der Untersuchung — der Bestimmung der Sollwerte — solche künstliche Erschütterung angewendet worden ist, daß das Prüfungszeugnis genaue Angaben darüber enthält, wo und wie geklopft worden ist, und daß in der gleichen Weise gearbeitet wird. Wie wichtig einerseits und wie schwierig andererseits diese Frage ist, erhellt am besten aus der Fülle der voneinander abweichenden Vorschriften, die von den verschiedenen Herstellerwerken und zum Teile sogar von demselben Werke für Geräte gleicher Bauart und Stärke herausgegeben werden: Klopfen gegen die Meßuhr, gegen den Meßuhrträger, gegen den eigentlichen Bügel oder Ring, Benutzung eines Hammers von bestimmtem Gewichte. Auch bei den genauesten Angaben weiß der Benutzer aber niemals sicher, wie stark und wie schnell geklopft werden soll. Eine weitere Schwierigkeit liegt darin, daß der Prüfer nach der Vorschrift klopfen soll, bis der Zeiger der Meßuhr bei stehender Belastung nicht mehr vorwärts geht, daß aber bei vielen Prüfmaschinen die Einstellung bestimmter Belastungsstufen so schwierig ist, daß man eine vollkommen unverändert stehende Belastung auch nicht eine Sekunde lang erreicht.

2. Kontrollgeräte.

a) Kontroll-Zugstäbe, Kontroll-Druckkörper, Kontroll-Zugbügel und Kontroll-Druckbügel.

Das bekannteste Gerät dieser Gruppe ist der Kontroll-Zugstab, ein zylindrischer Stab, der mit Gewindemuttern oder festen Stabköpfen unter Verwendung von Einspannschiebern, Kugelschalen und Beilegeringen in die Spannköpfe der zu untersuchenden Prüfmaschine eingebaut wird. Im zylindrischen Teil — in der Mitte der Gesamtlänge — liegt die Meßstrecke, für die die federnde Längenänderung bestimmt wird. Für die Wahl der Länge des ganzen Stabes und der Meßstrecke sind mehrere, einander entgegengerichtete Überlegungen maßgebend. Die Gesamtlänge des Stabes hängt von der freien Einbaulänge bei den Gruppen von Prüfmaschinen ab, für deren Untersuchung der Kontroll-Zugstab seiner Höchstlast nach verwendet werden soll. Die Meßlänge möchte man einerseits möglichst groß annehmen, um große Formänderungswerte zu erlangen und dadurch die Feinheit des Kräftemaßes zu erhöhen. Andererseits darf man mit den Enden der Meßstrecke nicht zu nahe an die Stabenden herangehen, weil sonst störende Einflüsse, die von kleinen Unregelmäßigkeiten an den Einspanngliedern herrühren, bis in die Meßstrecke hinein wirken. Außerdem werden bei zu großen Meßlängen die Meßfedern zu schwer; das zu große Gewicht der Meßfedern bedingt einen stärkeren Klemmendruck, und dieser wiederum ist für die Schneidenkörper der Spiegelapparate schädlich und kann die Meßgenauigkeit ungünstig beeinflussen. Als zweckmäßig können Meßlängen von 150 bis 200 mm bezeichnet werden, wobei für Stäbe bis zu 500 mm Gesamtlänge 150 mm Meßlänge und für alle längeren Stäbe 200 mm Meßlänge genommen wird. In Abb. 24 ist ein 50 t-Kontroll-Zugstab und in Abb. 25 ein 20 t-Kontroll-Zugstab von den heute in der Abteilung Meßwesen des St. M.P.A. Berlin-Dahlem gebräuchlichen Abmessungen dargestellt. Abb. 25 zeigt gleichzeitig eine für Kontroll-Zugstäbe mit festen Köpfen geeignete Einspannung. Die geteilten Beilegeringe müssen in der Kugelschale so sauber geführt sein, daß sie ohne Zwischenraum aneinander anliegen; die Oberfläche der beiden Ringhälften muß genau in einer Ebene liegen, damit die Kraft auf den Stabkopf rund herum gleichmäßig übertragen wird. Bei Kontroll-Zugstäben, die für größere Kräfte oder für die kleineren Kraftbereiche der stärkeren Prüf-

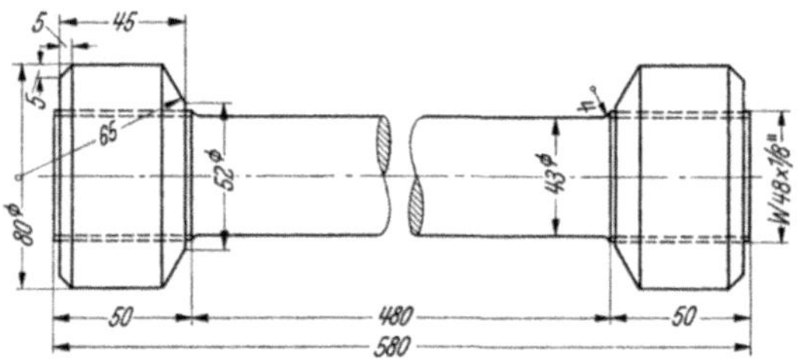

Abb. 24. 50 t-Kontroll-Zugstab.

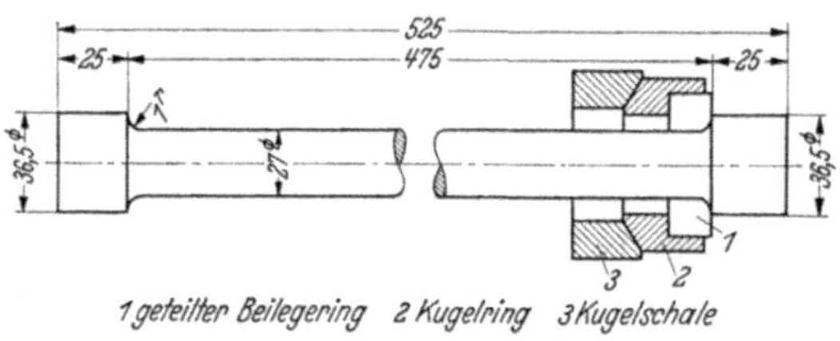

Abb. 25. 20 t-Kontroll-Zugstab mit Einspannstücken.

maschinen bestimmt sind, muß man bei der Wahl der Gesamtlänge noch berücksichtigen, daß durch die schweren Einspannglieder der Prüfmaschine ein größerer Teil der freien Stablänge verloren geht.

Nach gleichen Grundsätzen sind für die Untersuchung von Prüfpressen die Kontroll-Druckkörper ausgebildet worden. Da die Druckflächen an den zu untersuchenden Prüfpressen häufig uneben oder beschädigt sind, ist die Kraftübertragung hier wesentlich ungünstiger als bei Zug-Prüfmaschinen. Man muß deshalb, um von störenden Einspanneinflüssen frei zu sein, bei der Wahl des Verhältnisses Meßlänge zu Gesamthöhe des Körpers noch vorsichtiger sein als bei den Kontroll-Zugstäben, mit den Enden der Meßstrecke also noch weiter von den Körperendflächen entfernt bleiben. Erschwerend kommt hinzu, daß bei den Prüfpressen die Einbauhöhe oft sehr gering ist, weil nur auf die Probekörper — Betonwürfel von 30 oder 20 cm und Zementwürfel von 7 cm Kantenlänge — Rücksicht genommen ist. Die Abteilung Meßwesen des St. M.P.A. Berlin-Dahlem verwendet deshalb Kontroll-Druckkörper nur für die größeren Kräfte von 60 bis 600 t Höchstlast und unterhalb von 100 t Höchstlast auch nur bei Prüfpressen mit großer Einbauhöhe. Statt der von A. Martens eingeführten vollen Kontroll-Druckkörper sind in neuerer Zeit mit gutem Erfolge auch Hohl-Druckkörper benutzt worden, die bei gleichem Gewicht einen größeren Umfang haben und beim Ein- nnd Ausbau wegen der durchgehenden Bohrung bequemer und sicherer zu handhaben sind. Abb. 26 zeigt einen vollen Kontroll-Druckkörper von 600 t Höchstlast für Prüfpressen mit großer Einbauhöhe und Abb. 27 einen Kontroll-Hohldruckkörper für 60 t Höchstlast. Im Gegensatze zu allen anderen Kontrollgeräten wird mit Rücksicht auf die oben erwähnte ungünstigere Kraftübertragung bei den Kontroll-Druckkörpern die Formänderung nicht in zwei, sondern in vier, gleichmäßig über den Umfang verteilten Fasern gemessen.

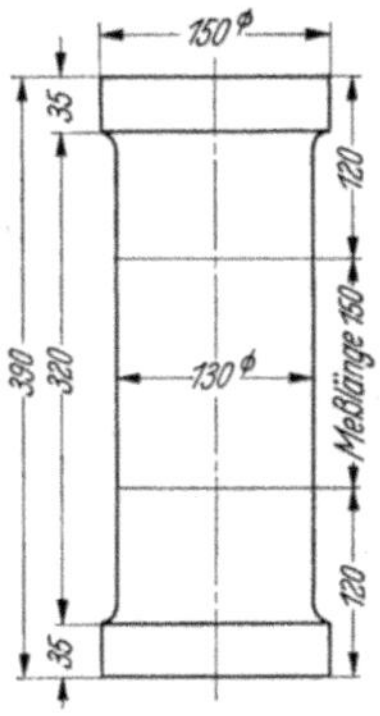

Abb. 26. 600 t-Kontroll-Druckkörper (voll).

Zur Messung kleinerer Kräfte sind Kontroll-Zugstäbe und Kontroll-Druckkörper nicht geeignet, weil bei zu kleinem Durchmesser ein einwandfreier Sitz des Meßgerätes zu schwierig zu erreichen ist und weil zu dünne Stäbe oder Körper gegen Biegungsbeanspruchungen zu empfindlich sind. Für diese Zwecke hat die Abteilung Meßwesen des St. M.P.A. Berlin-Dahlem deshalb Kontroll-Zugbügel (Abb. 28) und Kontroll-Druckbügel (Abb. 29) ausgebildet, bei denen die federnde Aufbiegung oder Zusammendrückung eines bügelförmigen Stahlringes nach dem gleichen Verfahren, wie bei den Kontroll-Zugstäben gemessen wird. Von der für die federnde Verbiegung eigentlich richtigen Form einer Schleife (Abb. 30) wurde dabei absichtlich abgewichen, um eine möglichst einfache und trotzdem genaue Herstellung zu ermöglichen. Bei der gewählten Form bietet der Bearbeitungsgang die Gewähr dafür, daß in bezug auf alle drei Mittelebenen die durch die Ebene getrennten Hälften einander genau gleich sind. Wie die Abb. 31 erkennen läßt, ist die ganze äußere Form in einem Arbeitsgange gedreht. Das Meßgerät greift über den eigentlichen Bügel hinweg und legt sich an die Zapfen an. Sein Sitz ist mithin ebenso sicher, wie bei den Kontroll-Zugstäben. Die Kontroll-Zugbügel haben Gewindezapfen zum Anschluß von Kopf- und

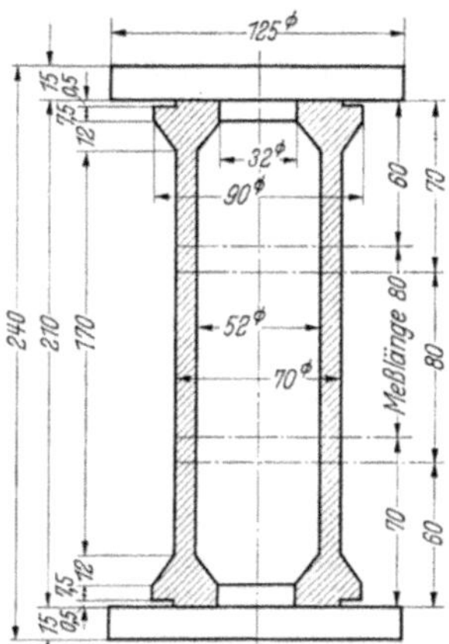

Abb. 27. 60 t Kontroll-Hohldruckkörper.

Gabelbolzen, so daß sie nach Art des 20 t-Kontroll-Zugstabes (Abb. 25) mit Beilegeringen in Kugelschalen oder mit Laschen in die Keileinspannung der Prüfmaschinen eingebaut werden können. Die Kontroll-Druckbügel sind mit einer ebenen Endfläche des unteren Zapfens standsicher. Für größere Kräfte wird der untere Zapfen zur Verminderung des Flächendruckes in eine kegelförmige Fußplatte eingesetzt. Auf dem oberen Zapfen liegt bei kleineren Kräften eine Kugel in einer kegelförmigen Bohrung, während für größere Kräfte ein

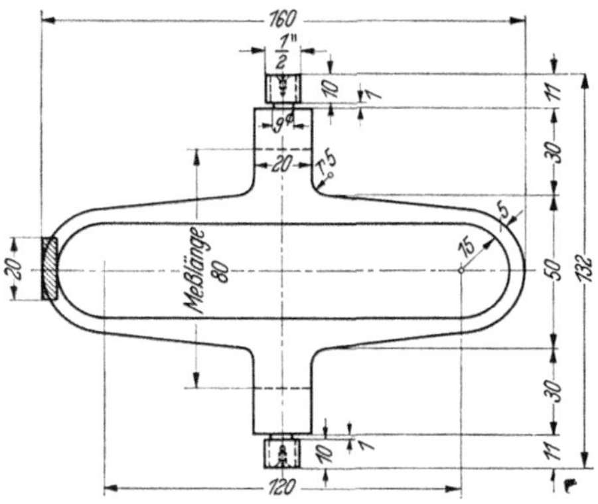

Abb. 28. Kontroll-Zugbügel für 100 kg Höchstlast.

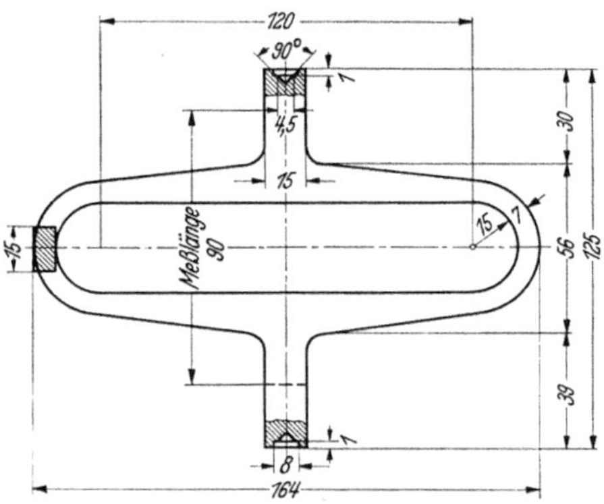

Abb. 29. Kontroll-Druckbügel für 250 kg Höchstlast.

Kugellager — Kugelschale mit eingeschliffener und geschabter Kugelplatte — oder ein die Anlagefläche vergrößerndes kegelförmiges Druckstück aufgesetzt wird, wenn die Prüfpresse ein Kugellager besitzt. Einen Kontroll-Druckbügel für 100 t Höchstlast zeigt Abb. 31. Grundsätzlich werden die Kontrollbügel nur für eine Kraftrichtung — Zug oder Druck — gebaut und verwendet, um

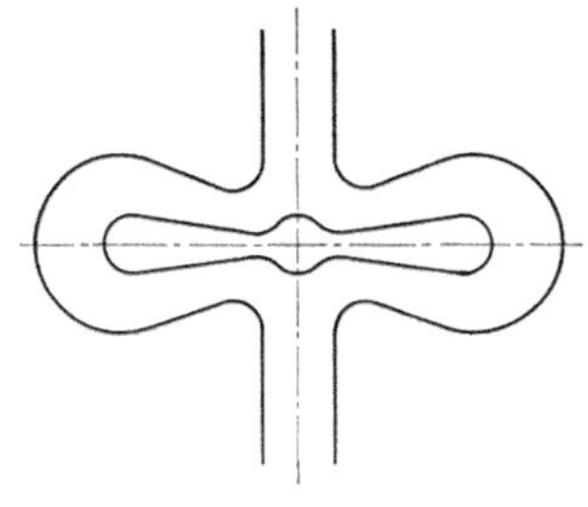

Abb. 30. Schleifenform für Kontroll-Zug- und Druckbügel.

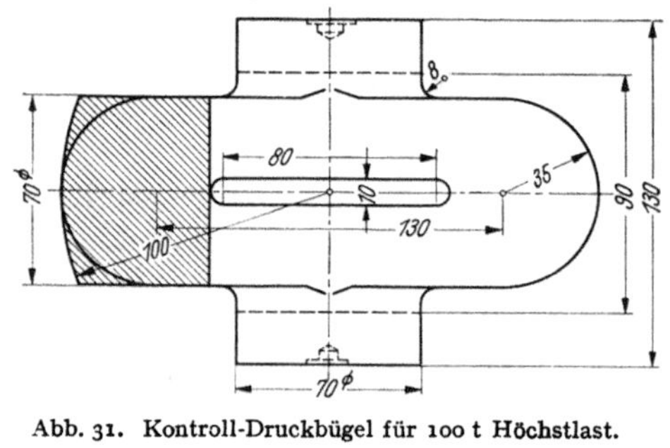

Abb. 31. Kontroll-Druckbügel für 100 t Höchstlast.

Störungen, die von dem mehr oder weniger häufigen Wechsel in der Belastungsrichtung abhängen könnten, von vornherein auszuschalten.

Die Kontrollgeräte werden zweckmäßigerweise aus hochwertigem Chrom-Nickelstahl hergestellt, der auf 110 kg/mm² Streckgrenze und 130 kg/mm² Festigkeit vergütet und bei Kontroll-Zugstäben bis zu 35 kg/mm², bei Kontroll-Druckkörpern mit 40 kg/mm² beansprucht wird.

b) Das MARTENSsche Spiegelfeinmeßgerät.

Zur Messung der Formänderungen wird, wie in dem Unterabschnitte B 3 (Kontrollstabverfahren) schon erwähnt wurde, ausschließlich das „MARTENSsche Spiegelfeinmeßgerät" verwendet. Wegen der ausschlaggebenden Bedeutung, die das Spiegelfeinmeßgerät bei der Verwendung von Kontrollgeräten besitzt, erscheint es geboten, die theoretischen und praktischen Grundlagen für die richtige Benutzung übersichtlich zusammenzustellen, zumal vieles davon auf mehrere, heute nur schwer zugängliche Werke und Veröffentlichungen verstreut ist und manche praktische Fingerzeige überhaupt noch nicht bekanntgegeben worden sind.

Das nach ihm benannte Spiegelfeinmeßgerät (Abb. 32) hat A. Martens aus dem Bauschingerschen Rollenapparat, bei dem die Spiegelablesung von Gauss-Poggendorff benutzt wurde, entwickelt, indem er den Rollenapparat in mehrere Einzelteile auflöste und die Rolle durch einen Schneidenkörper rhombischen Querschnittes ersetzte.

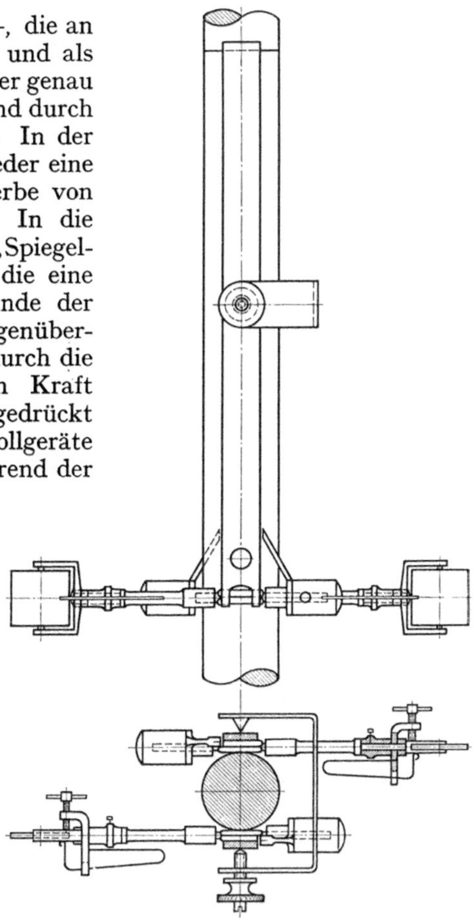

Zwei Stahlschienen — „Meßfedern" —, die an dem einen Ende rechtwinklig umgebogen und als Schneiden ausgebildet sind, werden einander genau gegenüber an das Kontrollgerät angelegt und durch eine Bügelklemme in ihrer Lage gehalten. In der Nähe des anderen Endes ist in jede Meßfeder eine Kerbe eingearbeitet; der Abstand der Kerbe von der Schneide bestimmt die „Meßlänge". In die Kerbe wird der Schneidenkörper eines „Spiegelapparates" in der Weise eingesetzt, daß die eine Kante des Schneidenkörpers in dem Grunde der Kerbe gehalten wird, während die gegenüberliegende Kante mit einer sehr geringen, durch die Spannung der Bügelklemme bestimmten Kraft gegen die Oberfläche des Kontrollgerätes gedrückt wird. Die Meßfeder liegt an dem Kontrollgeräte mit zwei Punkten ihrer Schneide an, während der Schneidenkörper des Spiegelapparates das Kontrollgerät in einem Punkte berührt, so daß durch eine klare Dreipunktlagerung ein fester Sitz des Gerätes gewährleistet ist. Bei Längenänderungen des Kontrollgerätes muß der Schneidenkörper des Spiegelapparates eine Kippbewegung um die im Kerbgrunde ruhende Schneidenkante ausführen. Für die optische Übersetzung und Ablesung wird die Kippbewegung des Schneidenkörpers in die Drehbewegung eines kleinen Spiegels umgewandelt, der mit einer Verlängerungsstange an der einen Seite auf einen axial angearbeiteten Zapfen des Schneidenkör-einem Rahmen so gelagert, daß er um die Achse des Schneidenkörpers und um die dazu senkrechte Achse gedreht und genau eingestellt werden kann. Auf der Gegenseite trägt der axiale Zapfen des Schneidenkörpers ein Ausgleichsgewicht und einen Zeiger. Das Gewicht soll den Schwerpunkt des ganzen Spiegelapparates in die Mitte des Schneidenkörpers verlegen und dient zugleich als Handgriff. Der Zeiger wird so angesetzt, daß eine auf ihm eingeritzte Strichmarke auf eine an der Seite der Meßfeder angebrachte Strichmarke einspielt, wenn die durch die beiden Kanten des Schneidenkörpers gelegte Ebene genau senkrecht zu der Achse des Kontrollgerätes steht.

Der Winkel, um den sich beim Kippen der Spiegelschneide der einzelne Spiegel dreht, wird mit einem Fernrohr an einer geraden, zur Achse des

Fernrohres senkrecht stehenden Skala gemessen. Stehen zu Beginn der Messung der Schneidenkörper des Spiegelapparates und die Fernrohrachse senkrecht zur Achse des Kontrollgerätes und liegt der Skalennullpunkt in Höhe der Fernrohrachse, so wird gemäß Abb. 33 das optische Übersetzungsverhältnis n bestimmt durch die Gleichung

$$n = \frac{\lambda}{a} = \frac{r \cdot \sin\alpha}{A \cdot \operatorname{tg} 2\alpha}.$$

Hierin bedeutet

λ die Formänderung des Kontrollgerätes,
a die Ablesung an der Skala,
r die Breite des Schneidenkörpers an dem Spiegelapparat,
A den Abstand der Skala von der spiegelnden Fläche des Spiegels und
α den Drehwinkel des Spiegels.

Nach dem Vorschlage von A. MARTENS wird zur Vereinfachung

$$\frac{r \cdot \sin\alpha}{A \cdot \operatorname{tg} 2\alpha} = \frac{r}{2A}$$

gesetzt und das Übersetzungsverhältnis allgemein nach der Gleichung

$$n = \frac{r}{2A}$$

angenommen. Hieraus ergibt sich für das im Kontrollstabverfahren eingebürgerte Übersetzungsverhältnis

$$n = \frac{1}{500},$$

bei dem man die Summe der beiden zusammengehörigen Ablesungen in der Größenordnung mm $\cdot 10^{-4}$ erhält, der Abstand der Skala von der spiegelnden Fläche des Spiegels (Grenze zwischen Glasscheibe und Belag) zu

$$A = 250 \cdot r.$$

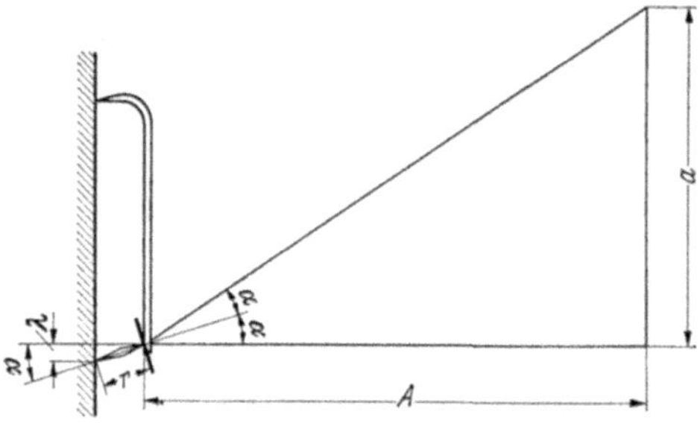

Abb. 33. MARTENSscher Spiegelapparat. Bestimmung des Übersetzungsverhältnisses.

Zur Bestimmung dieses Abstandes A wird an jedem Spiegelapparate die Breite r des Schneidenkörpers in der Mitte der Kantenlänge, mit der die Schneide an dem Kontrollgerät anliegt, und in der Nähe der beiden Kantenenden, an den Stellen, die in der Kerbe der Meßfeder ruhen, mikrometrisch sehr sorgfältig ausgemessen. Bei der üblichen Schneidenbreite von 4,5 bis 4,6 mm darf der Meßfehler hierbei $\pm 0{,}001$ mm nicht erreichen, wenn man unter $\pm 0{,}05\%$ Unsicherheit bleiben will. Bei der Auswahl der Schneidenkörper ist der größte Wert darauf zu legen, daß die beiden Kanten des einzelnen Schneidenkörpers möglichst genau gleichlaufend sind, daß also die Breite r an allen drei Meßstellen gleich ist und die Schneide weder nach dem einen Ende hin schmaler wird noch auch an beiden Kanten hohl oder nach außen gewölbt ist. Diese Eigenschaft genau gleichlaufender Kanten hat meßtechnisch Bedeutung. Ist der Schneidenkörper in der Mitte schmaler oder breiter als an den Enden, so bekommt man, weil der Abstand A nicht für die tatsächlich wirksame Schneidenbreite berechnet wird, einen Fehler in die Messung, der schon bei einem Unterschiede von 0,01 mm 0,05 bis 0,1% beträgt. Nimmt die Breite des Schneidenkörpers nach dem einen Ende hin ab, so liegt die Schneide in der Kerbe der Meßfeder nur an dem einen Stege richtig an. Infolgedessen sitzt der Schneidenkörper nicht fest und rutscht leicht bei Erschütterungen und bei schnellem Lastwechsel. Außer diesen beiden Mängeln kann der Schneidenkörper noch einen Fehler haben, den man bei der angegebenen mikrometrischen Ausmessung nicht bemerkt. Die Kanten können zwar genau gleichlaufend sein, sind aber beide in dem gleichen Sinne und in demselben Maße gekrümmt, die eine hohl, die andere gewölbt. In Abb. 34 ist diese Form übertrieben dargestellt. Man berechnet in diesem Falle den Abstand A aus dem überall gleichmäßig gemessenen Werte r, während tatsächlich die Schneidenbreite r_1 oder r_2 wirkt, je nachdem mit welcher Kante der Schneidenkörper an dem Kontrollgerät anliegt. Da sich beim Ansetzen des Gerätes die Lage des Schneidenkörpers zu dem Kontrollgeräte und der Meßfeder umkehrt, wenn man den Zeiger auf dem Zapfen um 180° dreht, kann man diesen Mangel eines Schneidenkörpers also sofort erkennen, wenn man mit dem zu untersuchenden Spiegelapparate mit beiden Zeigerstellungen Versuchsreihen durchführt. Bei einem Unterschiede von $r - r_1 = r_2 - r = 0{,}01$ mm weichen die gemessenen Formänderungen bei dem einen Zeigersitz um $+0{,}2\%$ und bei dem anderen um $-0{,}2\%$ von den für die gemessene Schneidenbreite r richtigen Werten ab. Man bekommt somit zwischen den beiden Gruppen von Versuchsreihen Unterschiede von 0,4%. Gerade dieser Fehler wird besonders häufig an Spiegelapparaten beobachtet, die zur Untersuchung eingeschickt worden sind. Alle drei Mängel sind nur durch Nachschleifen des Schneidenkörpers zu beheben. Bei der Zusammenstellung zweier Spiegelapparate zu einem Paare wird man auch darauf achten, daß die Breiten der beiden Schneidenkörper möglichst gleich sind. Ein störender Meßfehler ergibt sich bei Unterschieden in den Schneidenbreiten allerdings nur, wenn infolge außermittiger Beanspruchung des Kontrollgerätes die beiden Ablesungen für die vorn und hinten liegenden Fasern stark voneinander abweichen.

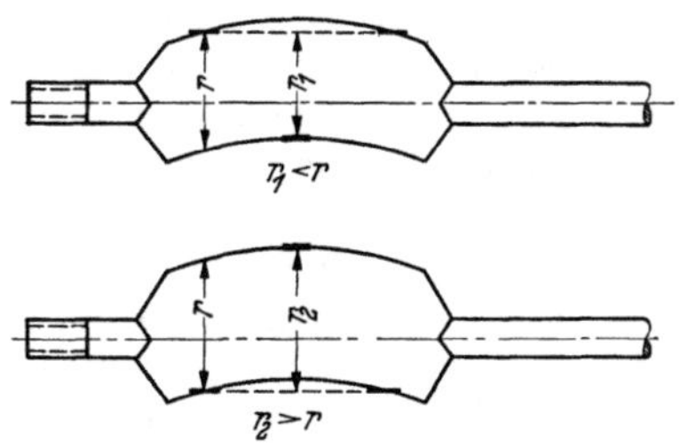

Abb. 34. Spiegelschneiden.

Auch die Meßfedern und die Bügelklemme müssen, so einfach diese Teile aussehen, sehr sorgfältig hergestellt sein und einer Reihe von Bedingungen genügen, wenn das ganze Meßgerät einwandfrei arbeiten soll.

Die Meßfedern sind 10 mm breit und etwa 3 mm stark; an dem einen Ende sind sie genau rechtwinklig umgebogen und zu einer gut gehärteten winkelförmigen Schneide (Abb. 35) ausgearbeitet. Der Schneidenwinkel beträgt etwa 30°. Der Winkel, den die beiden Schneidenhälften miteinander bilden, richtet sich nach dem Durchmesser des zylindrischen Teiles, an dem die Meßfeder anliegen soll. Der Winkel ist so zu wählen, daß die Schneidenhälften ungefähr mit dem ersten Drittelpunkt ihrer Länge — von der Spitze aus — den Zylinderkörper berühren. Die Anlage der Schneidenspitzen ist unbedingt zu vermeiden, weil diese sich in den Zylinderkörper eindrücken und selbst auch leicht beschädigt würden. Rücken andererseits die Auflagerpunkte zu weit nach innen, geht der Vorteil der Dreipunktlagerung des ganzen Meßgerätes mehr und mehr verloren; der Sitz wird unsicher. Die beiden Hälften des Schneidenkörpers müssen genau gegengleich sein, weil sonst die Meßfeder sich schief an den Zylinder anlegt und den Schneidenkörper des Spiegelapparates dabei mitnimmt. Die Höhe der Schneide wird dadurch bestimmt, daß bei dem fertig angesetzten Geräte die Meßfeder zu der Achse des Kontrollgerätes gleichlaufend liegen soll. An dem anderen Ende wird die Meßfeder zu zwei schmalen Stegen ausgearbeitet, in die die Kerbe mit einem Winkel von 120° und einer Tiefe von 0,5 bis 0,6 mm eingefräst und zum Schlusse mit einem Formstahl eingeschlagen wird. Das

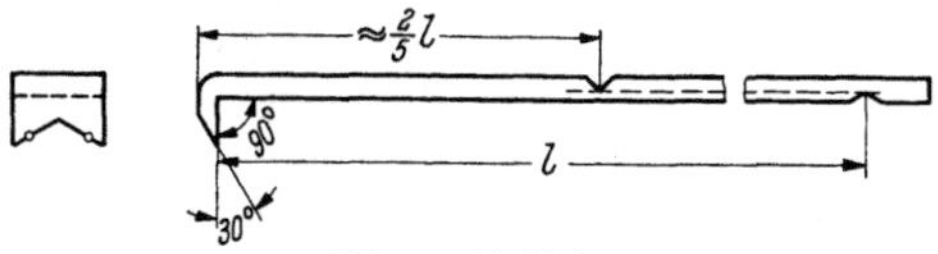

Abb. 35. Meßfeder.

Schlagen ist wichtig, weil bei keiner anderen Herstellungsart der Grund und die Flanken ebenso sauber gelingen. Die Kerbe muß über die ganze Länge genau gleich tief sein und der Kerbgrund zu der Meßfederschneide gleichlaufend liegen. Nach der Fertigstellung der Meßfeder wird in Höhe des Kerbgrundes, gleichlaufend zu der Längsachse der Meßfeder die Strichmarke eingeritzt, nach der der Zeiger des Spiegelapparates ausgerichtet wird. Zum Ansetzen der Bügelklemme wird in die Meßfeder etwa bei $^2/_5$ der Meßlänge ein Körner eingearbeitet. Die Tiefe wählt man zweckmäßig so, daß die Körnerspitze mit dem Kerbgrund in einer zur Längsachse der Meßfeder gleichlaufenden Ebene liegt. Nur bei Meßlängen von mehr als 200 mm verwendet man — besonders bei der Untersuchung liegender Prüfmaschinen — vorteilhaft zwei Bügelklemmen, deren eine, mit stärkerer Spannung, in der Nähe der Meßfederschneide und deren andere, mit schwächerem Andrucke, nahe der Kerbe angesetzt wird. Auf die genaue Bearbeitung sollte man bei den Meßfedern und den Schneidenkörpern der Spiegelapparate mehr Wert legen, als auf schönes Aussehen. Am besten werden diese Teile überhaupt nicht vernickelt; unter allen Umständen muß aber das Vernickeln bei den Meßfederschneiden, in den Kerben und an den Spiegelschneiden unterbleiben.

Die Bügelklemme wird aus Federstahl U-förmig gebogen. In die Enden der beiden Schenkel werden Körnerspitzen eingesetzt, deren eine in der Höhe verstellt und in der gewählten Lage durch eine Mutter festgelegt werden kann. Die Bügelklemme muß in ihren Abmessungen dem Durchmesser des zylindrischen Teiles, an den das Gerät angesetzt werden soll, angepaßt sein. Bei fertig eingebautem Geräte darf die Bügelklemme die Meßfeder nicht nach der Seite drücken. Biegt man die fertig eingestellte Bügelklemme soweit auf, daß der Abstand der beiden Körnerspitzen dem in Frage kommenden Durchmesser des Kontrollgerätes zuzüglich der doppelten Spiegelschneidenbreite entspricht, so müssen bei der angegebenen Ausführung der Meßfedern also die beiden Schenkel der Klemme gleichlaufend sein und die Körnerspitzen genau einander gegenüber stehen, und die Achsen der beiden Körnerkegel müssen auf einer Geraden liegen. Die richtige Spannung der Bügelklemme kann zahlenmäßig nicht festgelegt werden; sie ist Sache der Erfahrung und des Gefühles. Bei zu großer Spannung wird die Oberfläche des Kontrollgerätes durch die Spiegelschneide beschädigt, die Meßfedern werden verbogen, und es tritt in dem Arbeiten des ganzen Gerätes ein Zwang ein, der sich am stärksten beim Durchgange der Spiegelschneide durch ihre Mittellage — senkrecht zu der Achse des Kontrollgerätes — bemerkbar macht. Ein zu geringer Andruck der Bügelklemme gibt der Spiegelschneide nicht genügend Halt, so daß diese bei Erschütterungen und schnellem Lastwechsel leicht rutscht. Aus Vorstehendem erhellt ohne weiteres, daß für jedes Kontrollgerät ein Paar Meßfedern und eine Bügelklemme vorhanden sein müssen, die ausschließlich für dieses eine Gerät benutzt werden.

Zum richtigen Anbringen des Feinmeßgerätes an dem Kontrollgeräte werden an diesem eine Ringmarke und für jede Meßfeder ein Paar Längsmarken angebracht. In die Ringmarke wird die Schneide der Meßfeder eingesetzt, der infolgedessen die Ringmarke in Form und Tiefe angepaßt sein muß. Für die in Abb. 35 dargestellte Schneide wird die Ringmarke mit einem Formstahl von 60° Winkel 0,2 bis 0,3 mm tief eingestochen. Kann sich die Schneide in der Ringmarke, weil beide nicht einander entsprechen, in der Längsrichtung der Meßfeder verschieben, so wird die Messung unbrauchbar. Bei jedem Durchgange der Spiegelschneide durch ihre Mittellage wird die Meßfederschneide je nach der Kipprichtung der Spiegelschneide in der einen oder anderen Richtung verschoben. Ursprünglich hatte MARTENS zum Einsetzen des Schneidenkörpers des Spiegelapparates eine zweite Ringmarke vorgesehen, um der Spiegelschneide vor

Beginn der Messung eine bestimmte Lage gegenüber der Achse des Kontrollgerätes zu sichern. Diese Lösung ist aber schon von MARTENS selbst als fehlerhaft verworfen worden. Das zwanglose, einwandfreie Arbeiten des ganzen Gerätes hört auf, wenn die Spiegelschneide an beiden Kanten — in der Meßfederkerbe und in einer Ringmarke am Kontrollgerät — in einer ganz bestimmten Richtung festgelegt ist. Den gedachten Zweck hat MARTENS — ohne Nachteile für die Messung und noch vielseitiger und vollkommener — später dadurch erreicht, daß er an der Spiegelschneide den Zeiger und an der Meßfeder die Strichmarke anbrachte, mit deren Hilfe man jede gewünschte Lage der Spiegelschneide genau einstellen kann. Die auch heute noch vertretene Meinung, man brauche die zweite Ringmarke, damit die Spiegelschneide richtig angesetzt werden könne und nicht rutsche, ist abwegig. Wer überhaupt mit einem Feinmeßgerät umgehen kann, bedarf solcher Hilfsmittel nicht.

Die Längsmarken sind feine Risse an den beiden Enden der Meßstrecke, nach denen die Meßfedern — gleichlaufend zur Achse des Kontrollgerätes und einander genau gegenüber — ausgerichtet werden sollen. Bei dem Einritzen der Längsmarken ist demnach besonders darauf zu achten, daß die beiden zusammengehörigen Paare so genau wie möglich einander gegenüber liegen.

Bei allen Einzelteilen des Spiegelfeinmeßgerätes — dem Schneidenkörper des Spiegelapparates, der Schneide und der Kerbe der Meßfeder, der Spitzenstellung der Bügelklemmen und den Längsmarken am Kontrollgerät — ist auf die unbedingt erforderliche, große Genauigkeit in der Bearbeitung hingewiesen worden. Selbstverständlich dürfen auch die Verlängerungsstangen, die auf den Schneidenkörper aufgesetzt sind und am anderen Ende den Spiegel tragen, nicht verbogen oder an den Schneidenkörper oder den Spiegelrahmen unter einem Winkel angesetzt sein. Zum richtigen Arbeiten des ganzen Gerätes ist es unerläßlich, daß die Achsen der beiden Spiegelapparate vollkommen geradlinig sind und genau gleichlaufend liegen. Weiter gehört dazu, daß der Spiegel selbst in seinem Rahmen in der durch die Achse des Spiegelapparates bestimmten Ebene bleibt und nicht um seine senkrechte Mittelachse aus dem Rahmen und damit aus dieser Ebene herausgedreht wird. Der Beobachter muß also, wenn er das Spiegelfeinmeßgerät an dem Kontrollgeräte fertig eingerichtet hat und das Bild der Skalen in den Fernrohren sucht, entweder das Kontrollgerät drehen oder die Fernrohre verschieben, bis beide Skalenbilder in den Fernrohren erscheinen. Er darf aber nicht stattdessen die Fernrohre in einer zu dem Geräte noch nicht passenden Stellung stehen lassen und die Spiegel entsprechend aus dem Rahmen herausdrehen. Außerdem müssen die Fernrohre und Skalen so angeordnet sein, daß der Abstand der Fernrohrachsen voneinander und der der Skalen voneinander gleich dem der beiden Spiegelmitten ist. Gerade gegen diese einfachsten und selbstverständlichen Regeln wird immer wieder in gröbster Weise verstoßen, besonders auch von solchen Prüfstellen, die nach ihrer eigenen Überzeugung alle Verfahren und Geräte meßtechnisch vollkommen beherrschen.

Der durch das Herausdrehen des Spiegels aus seinem Rahmen entstehende Fehler läßt sich rechnerisch sehr leicht erfassen. Bei der Drehung des Spiegels folgt das Fernrohr in einem Kreisbogen um den Spiegelpunkt M senkrecht zu der Bildebene (Abb. 36). Der so entstehende Quadrant ist in der Abbildung nach unten in die Bildebene geklappt. Nach einer Drehung um den Winkel β steht das Fernrohr auf dem Kreisbogen bei D_1 und die Ablesung a hat den Wert a_1 angenommen. Aus dem Dreieck MBC ergibt sich

$$\frac{a_1}{a} = \frac{MD}{MB}.$$

Da nach dem Dreieck MDD_1

$$MD = A \cdot \cos\beta$$

ist, so folgt

$$\frac{a_1}{a} = \frac{A \cdot \cos\beta}{A}$$

oder

$$a_1 = a \cdot \cos\beta.$$

Der Wert a der Ablesung nimmt also mit dem Kosinus des Drehwinkels β ab. Der Fehler beträgt demnach schon bei einem Drehwinkel

$$\beta = 5^3/_4{}^\circ \quad 0{,}5\,\%,$$
$$= 8^\circ \quad 1\,\%,$$
$$= 11^1/_2{}^\circ \quad 2\,\%.$$

Der Wert des Martensschen Spiegelfeinmeßgerätes für genaueste wissenschaftliche Messungen und besonders auch für seine Verwendung an Kontrollgeräten wurde durch die Untersuchung von G. Jensch[1] über die grundsätzlichen Fehler des Meßverfahrens und deren leicht durchführbare Berücksichtigung noch wesentlich erhöht. Nach Jensch haften den Messungen bei der üblichen Verwendung des Feinmeßgerätes zwei grundsätzliche Fehler an:

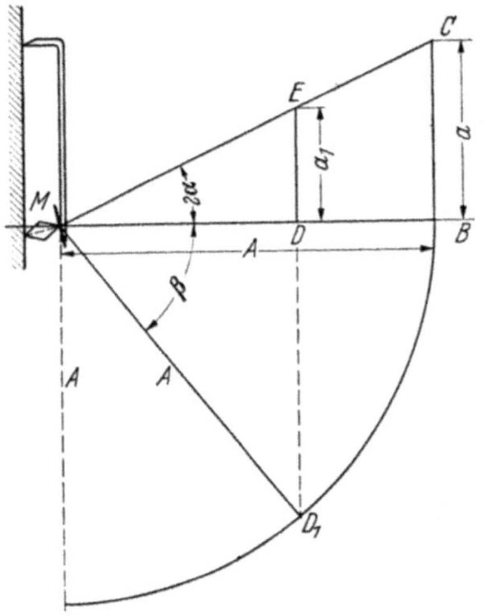

Abb. 36. Drehung des Spiegels um seine senkrechte Achse. Einfluß auf die Größe der Ablesung a.

Statt der wahren Formänderung λ wird eine scheinbare Formänderung λ_v beobachtet.

Diese scheinbare Formänderung λ_v wird ungenau — als λ_1 — bestimmt.

Der letztere Fehler, die falsche Bestimmung der scheinbaren Formänderung λ_v, beruht auf der oben schon erwähnten Vereinfachung bei der Annahme des Übersetzungsverhältnisses zu

$$n = \frac{\lambda_v}{a} = \frac{r}{2A}$$

statt

$$n = \frac{\lambda_v}{a} = \frac{r \cdot \sin\alpha}{A \cdot \operatorname{tg} 2\alpha}.$$

Die nachfolgenden Ableitungen sind zunächst für die Messung von Dehnungen durchgeführt.

Bei seiner Untersuchung über die Größe dieses Fehlers geht Jensch von der Voraussetzung aus, daß zu Beginn der Messung die Spiegelschneide und die Fernrohrachse senkrecht zur Achse des Kontrollgerätes stehen und die Skala und die Spiegelfläche gleichlaufend ausgerichtet sein sollen. Die Winkelfunktionen können dadurch ausgeschaltet werden, daß die nach Martens fehlerhaft bestimmte Formänderung λ_1 durch die scheinbare Formänderung λ_v ausgedrückt wird. Setzt man für das übliche Übersetzungsverhältnis

$$n = \frac{1}{500}$$

in der Gleichung (Abb. 33)

$$a = A \cdot \operatorname{tg} 2\alpha$$

$A = 250 \cdot r$ und $a = 500 \cdot \lambda_1$ ein, so erhält man

$$\lambda_1 = \frac{r}{2} \cdot \operatorname{tg} 2\alpha.$$

[1] Jensch, G.: Mitteilungen aus dem Materialprüfungsamt zu Berlin-Lichterfelde West (1920) Heft 1, S. 1.

Hieraus und aus der Beziehung (Abb. 33)

$$\lambda_v = r \cdot \sin\alpha$$

kann man den Unterschied $\lambda_1 - \lambda_v$ als Abhängige von der scheinbaren Dehnung λ_v und der Breite r der Spiegelschneide berechnen. Unter Anwendung einer ihres geringen Fehlers wegen zulässigen Vereinfachung erhält JENSCH für diesen Unterschied in Ablesungseinheiten

$$\lambda_1 - \lambda_v = \frac{1{,}5 \cdot \lambda_v^3}{r^2 - 2\lambda_v^2}\,.$$

Der Fehler in Prozent von λ_v wird dann

$$\frac{\lambda_1 - \lambda_v}{\lambda_v} \cdot 100 = \frac{150 \cdot \lambda_v^2}{r^2 - 2\lambda_v^2} = \frac{150 \cdot \lambda_v^2}{r^2}\,,$$

solange λ_v gegenüber r sehr klein bleibt. Für die gebräuchlichsten Schneidenbreiten r von 4,4—4,5—4,6 mm sind in Abb. 37a die Unterschiede $\lambda_1 - \lambda_v$ in Ablesungseinheiten (mm $\cdot\, 10^{-4}$) für λ_v von 0 bis 3000 mm $\cdot\, 10^{-4}$ als Schaulinien dargestellt. Abb. 37b zeigt für die gleichen Schneidenbreiten und denselben Bereich von λ_v die Fehler in Prozenten von λ_v.

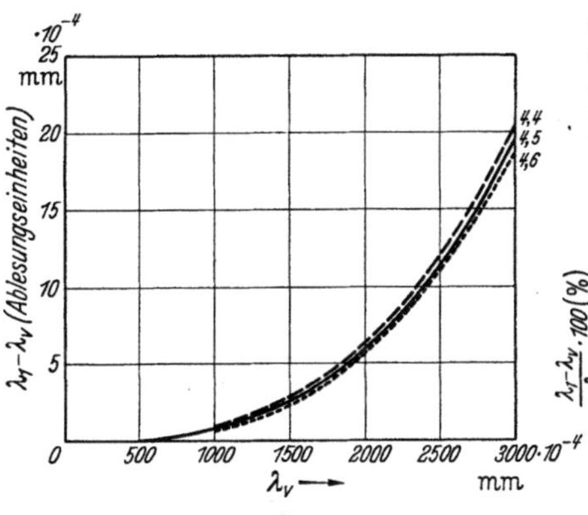

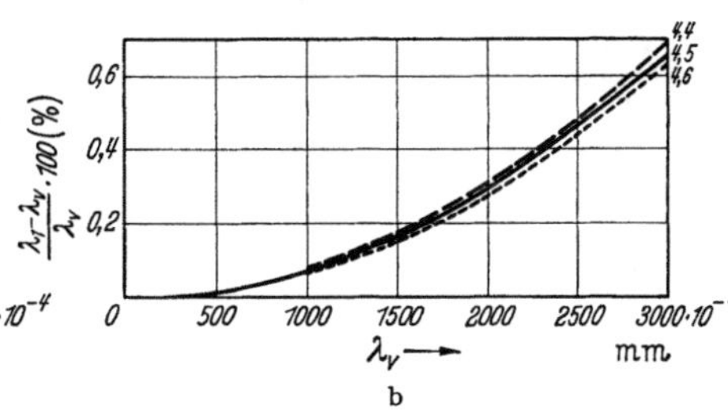

Abb. 37a und b. Übersetzungsfehler für Schneidenbreiten r von 4,4—4,5—4,6 mm, wenn der Schneidenkörper zu Beginn der Messung senkrecht zur Achse des Kontrollgerätes steht. (Nach JENSCH.)

In seiner weiteren Betrachtung untersucht JENSCH die Änderung dieses Fehlers, wenn man nicht von der oben gekennzeichneten Anfangsstellung des Feinmeßgerätes ausgeht, sondern der Spiegelschneide vor Beginn der Messung einen gewissen Vorausschlag in der Richtung gibt, die der zu erwartenden Bewegung entgegengesetzt ist, wenn also die Spiegelschneide erst bei einer höheren Belastung durch ihre Mittellage — senkrecht zu der Achse des Kontrollgerätes — hindurchgeht. JENSCH kommt zu dem Ergebnisse, daß der vorteilhafteste Verlauf des Fehlers sich ergibt, wenn die Spiegelschneide bei $^4/_{10}$ der Höchstlast des Kontrollgerätes oder, auf λ_v bezogen, bei 0,4 $\lambda_{v\,\max}$ senkrecht zu der Achse des Kontrollgerätes steht. Für diesen Sonderfall sind in Abb. 38a und b die Unterschiede $\lambda_1 - \lambda_v$ in Ablesungseinheiten (mm $\cdot\, 10^{-4}$) und in Prozenten von λ_v bezogen auf die λ_v-Werte von 0,1 $\lambda_{v\,\max}$ bis 1,0 $\lambda_{v\,\max}$ — d. h. für den Belastungsvorgang von 0 bis zur Höchstlast des Kontrollgerätes — als Schaulinien aufgetragen. Die Berechnung ist durchgeführt worden für die an dem rechten Ende der einzelnen Linienzüge angegebenen Höchstwerte für λ_v von 1000 bis 4000 mm $\cdot\, 10^{-4}$. Abb. 38b läßt klar erkennen, daß das Fehlerbild in dem für die Beurteilung eines Kontrollgerätes wesentlichen Bereiche von $^2/_{10}$ der Höchstlast bis zur Höchstlast denkbar günstig ist.

Der andere auf S. 82 an erster Stelle genannte Fehler — die Beobachtung einer scheinbaren Formänderung λ_v statt der wahren Formänderung λ — entsteht dadurch, daß die Meßfeder eine Schwingung um ihren Stützpunkt an dem

Kontrollgeräte ausführt, wenn die Schneide des Spiegelapparates um einen Winkel α kippt. Der Kerbgrund, in dem die eine Kante der Spiegelschneide ruht, nähert sich während des Belastungsvorganges dem Kontrollgerät oder entfernt sich von ihm. Der Winkel α wird entsprechend bei einer Annäherung der Meßfeder an das Kontrollgerät vergrößert und bei einer Entfernung verkleinert. Setzt man für die Ermittlung der Fehlergröße zunächst wieder voraus, daß zu Beginn der Messung die Spiegelschneide senkrecht zur Achse des Kontrollgerätes steht, so ergeben sich nach Abb. 39 die Gleichungen

$$d^2 = l^2 + r^2$$

für den Ausgangszustand vor Beginn der Messung und

$$\left.\begin{aligned} l + \lambda = r \cdot \sin\alpha + \\ + \sqrt{d^2 - r^2 \cdot \cos^2\alpha} \end{aligned}\right\}$$

nach einer Formänderung um den Betrag λ.

Aus den beiden Gleichungen folgt

$$\left.\begin{aligned} \lambda = r \cdot \sin\alpha + \\ + \sqrt{l^2 + r^2 \cdot \sin^2\alpha} - 1 \end{aligned}\right\}$$

oder mit $r \cdot \sin\alpha = \lambda_v$

$$\lambda - \lambda_v = \sqrt{l^2 + \lambda_v^2} - 1 .$$

Mit Hilfe einer ihres geringen Fehlers wegen zulässigen Vereinfachung erhält man hieraus

$$\lambda - \lambda_v = \frac{\lambda_v^2}{2\,l} .$$

Gibt man der Spiegelschneide auch hierbei wieder vor Beginn der Messung einen Vorausschlag in der Richtung, die der zu erwartenden Bewegung entgegengesetzt ist, so muß man die beiden Beobachtungsabschnitte

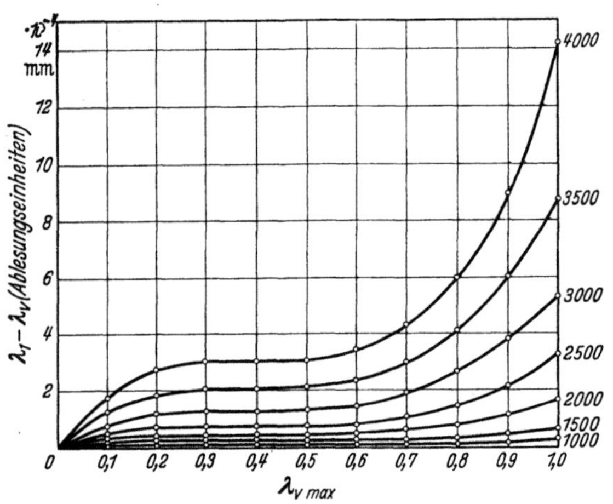

a

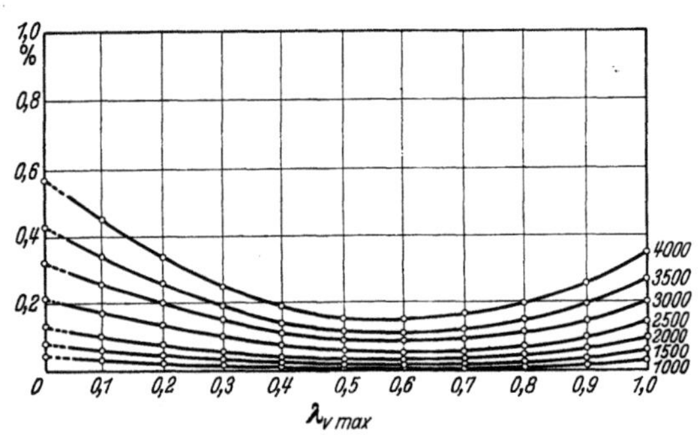

b

Abb. 38a und b. Übersetzungsfehler bei r = 4,5 mm Schneidenbreite, wenn der Schneidenkörper bei 0,4 $\lambda_{v\,\max}$ senkrecht zur Achse des Kontrollgerätes steht. (Nach Jensch.)

vom Beginne der Messung bis zur Senkrechtstellung der Spiegelschneide und
von der Senkrechtstellung bis zum Schlusse der Messung

getrennt betrachten. Der Vorausschlag entspreche nach Abb. 40 einer Formänderung λ_m, so daß für die Meßlänge l die Länge der Meßfeder $l + \lambda_m$ wird. Rechnet man die wahre Dehnung λ und den Ausschlagwinkel α der Spiegelschneide von der Senkrechtstellung aus, so ergeben sich nach Abb. 40 die Gleichungen

$$d^2 = r^2 \cdot \cos^2\alpha + (l + \lambda_m - \lambda + \lambda_v)^2$$

für den Ausgangszustand vor Beginn der Messung und

$$d^2 = r^2 + (l + \lambda_m)^2$$

bei Erreichung der Senkrechtstellung. Aus den beiden Gleichungen erhält man nach Einsetzung von $r \cdot \sin \alpha = \lambda_v$ und unter Anwendung einer zulässigen Vereinfachung den Unterschied

$$\lambda - \lambda_v = - \frac{\lambda_v^2}{2 \cdot (l + \lambda_m)} \,.$$

Für den zweiten Beobachtungsabschnitt gilt die vorher behandelte allgemeine Ableitung, wobei nur entsprechend der jetzigen Voraussetzung die Meßfederlänge mit $l + \lambda_m$ statt l einzusetzen ist. Der Ausdruck lautet dann

$$\lambda - \lambda_v = + \frac{\lambda_v^2}{2\,(l + \lambda_m)} \,.$$

Die beiden Gleichungen bringen folgendes zum Ausdrucke: Der hier behandelte zweite Fehler hat das umgekehrte Vorzeichen. Während bei dem ersten Fehler die beobachtete Formänderung λ_1 größer war als die scheinbare λ_v, ist hier die wahre Formänderung λ kleiner als die scheinbare λ_v. Der Fehler $\lambda - \lambda_v$ beginnt demnach mit einem kleinen negativen Betrage, erreicht bei der Senkrechtstellung der Spiegelschneide seinen größten negativen Wert und nähert sich dann allmählich wieder dem Werte 0, den er erreichen muß, wenn der Ausschlagwinkel von der Senkrechtstellung bis zur Höchstlast gleich dem Winkel des Vorausschlages — von dem Messungsbeginn bis zur Senkrechtstellung — wird. Erst jenseits dieser Grenze wird der Fehler positiv.

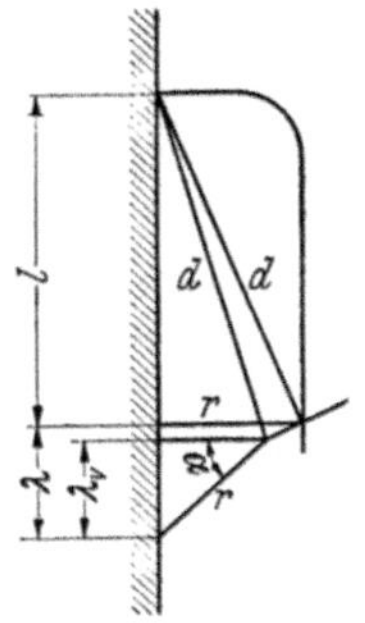

Abb. 39. Schwingen der Meßfeder während der Formänderung. Bei Beginn der Messung: $\alpha = 0$. (Nach JENSCH).

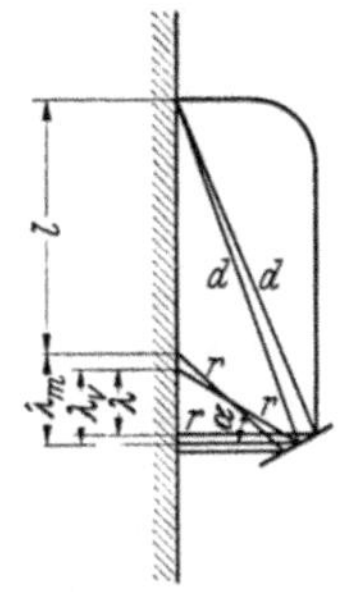

Abb. 40. Schwingen der Meßfeder während der Formänderung. Bei Beginn der Messung Vorausschlag α. (Nach JENSCH).

Für die Berechnung der Fehlergröße ist JENSCH von der Annahme ausgegangen, daß infolge des Vorausschlages, den man der Spiegelschneide gibt, die Länge der Meßfeder um 0,1 mm größer ist als die Meßlänge; es ist also $\lambda_m = 0{,}1$ mm. Die auf dieser Grundlage berechneten Unterschiede $\lambda - \lambda_v$ zwischen der wahren und der scheinbaren Formänderung sind in Abb. 41a und b in Ableseungseinheiten (mm · 10^{-4}) und in Prozenten von λ_v bezogen auf die λ_v-Werte von 0 bis 3000 mm · 10^{-4} für die Meßlängen von 50 bis 200 mm als Schaulinien aufgetragen.

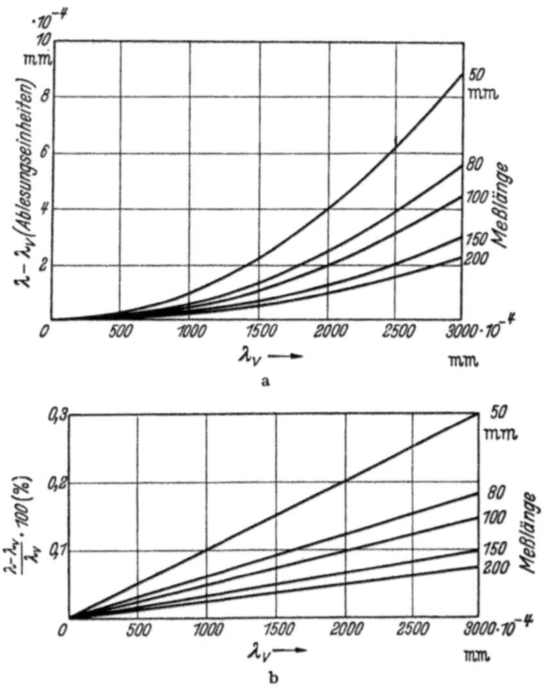

Abb. 41a und b. Unterschiede $\lambda - \lambda_v$ zwischen der wahren und der scheinbaren Formänderung für Meßlängen l von 50 bis 200 mm. (Nach JENSCH).

Will man nun aus dem tatsächlich beobachteten Werte λ_1 den Unterschied zwischen diesem und der wahren Formänderung λ ermitteln, so muß man nach den vorstehenden Ableitungen den gesuchten Unterschied $\lambda_1 - \lambda$ zerlegen in die beiden Einzelfehler $\lambda_1 - \lambda_v$ und $\lambda - \lambda_v$ und somit von der Gleichung ausgehen:

$$\lambda_1 - \lambda = (\lambda_1 - \lambda_v) - (\lambda - \lambda_v).$$

$\lambda_1 - \lambda_v$ ist der Übersetzungsfehler, $\lambda - \lambda_v$ der durch das Schwingen der Meßfeder hervorgerufene Fehler. Aus der Gleichung ergibt sich für die wahre Formänderung λ der Ausdruck

$$\lambda = \lambda_1 - (\lambda_1 - \lambda_v) + (\lambda - \lambda_v) = \lambda_1 - \frac{1,5 \cdot \lambda_v^3}{r^2 - 2\,\lambda_v^2} + \frac{\lambda_v^2}{2\,l}.$$

Nach dieser Gleichung kann man die wahre Formänderung λ berechnen, wenn die Spiegelschneide zu Beginn der Messung senkrecht zur Achse des Versuchsstückes stand und Fernrohre und Skalen dementsprechend eingerichtet waren. Man muß in diesem Falle also von der beobachteten Formänderung λ_1 den Übersetzungsfehler abziehen und dem Ergebnis den Betrag des durch das Schwingen der Meßfeder entstehenden Fehlers hinzufügen.

Gibt man aber der Spiegelschneide vor Beginn der Messung einen Vorausschlag entgegen der Bewegungsrichtung, so muß man nach den obigen Ableitungen für die Berechnung beider Fehler von der Senkrechtstellung der Spiegelschneide — von dem Ausschlagwinkel $\alpha = 0$ — ausgehen. Man zerlegt also den ganzen Beobachtungsbereich von der Formänderung (oder Belastung) 0 bis zur größten Formänderung (oder Höchstlast) in zwei Abschnitte von 0 bis zur Senkrechtstellung der Spiegelschneide (Ansetzlast) und von dieser bis zur Höchstlast. In dem ersten Abschnitte stellt sich demgemäß eine bestimmte Belastungsstufe als der Unterschied zwischen der Belastung von 0 bis zur Ansetzlast und der Entlastung von der Ansetzlast bis zu der betreffenden Belastungsstufe dar. Im zweiten Abschnitt ergibt sich eine bestimmte Belastungsstufe entsprechend als die Summe von der Belastung von 0 bis zur Ansetzlast und der Weiterbelastung von dieser bis zu der betreffenden Belastungsstufe.

Aus dieser Überlegung folgt der tatsächlich durchzuführende Rechnungsgang. Man bestimmt zunächst für die Formänderung, die man bei der Ansetzlast beobachtet hat, beide Fehler in mm $\cdot 10^{-4}$. Dann rechnet man für jede der gewählten Belastungsstufen den Unterschied zwischen der bei der Ansetzlast und der bei der betreffenden Belastungsstufe beobachteten Formänderung aus und bestimmt auch für diese Unterschiedswerte die beiden Fehler. Für den Übersetzungsfehler $\lambda_1 - \lambda_v$ zieht man diese Teilbeträge in dem ersten Abschnitte — von 0 bis zur Ansetzlast — von dem für die Ansetzlast ermittelten Fehler ab, während man sie in dem zweiten Abschnitte — von der Ansetzlast bis zur Höchstlast — dem für die Ansetzlast ermittelten Fehler hinzufügen muß.

Für den zweiten Fehler $\lambda - \lambda_v$ sind dagegen die Teilbeträge in beiden Abschnitten von dem für die Ansetzlast ermittelten Fehler abzuziehen.

Zur Ermittlung der Einzelwerte benutzt man zweckmäßig Schaubilder, die man einmal für die in Betracht kommenden Spiegelschneidenbreiten und Meßlängen in geeignetem Maßstabe sorgfältig aufgetragen hat.

Nach dem oben Gesagten müßte man nun eigentlich von den Werten λ_1 den Übersetzungsfehler abziehen, für das Ergebnis den zweiten Fehler bestimmen und diesen, da er selbst ein negatives Vorzeichen hat, dann ebenfalls von dem Ergebnis abziehen. Statt dessen kann man, ohne merkliche Ungenauigkeit, für die Werte λ_1 gleich beide Fehler nach dem angegebenen Verfahren bestimmen und deren Summe von λ_1 abziehen. Der ganze Rechnungsgang, der zur Berücksichtigung der beiden Fehler durchzuführen ist, ist in nachstehender Zahlentafel 1 für ein bestimmtes Beispiel übersichtlich zusammengestellt.

Werden mit dem Spiegelfeinmeßgeräte Verkürzungen gemessen, so bleibt der Übersetzungsfehler $\lambda_1 - \lambda_v$ in Größe und Vorzeichen unverändert. Denn er hängt nach der Ableitung nur von der Breite r der Spiegelschneide und von der Größe des Ausschlagwinkels α, nicht aber von dessen Richtung ab. Dagegen behält der zweite Fehler $\lambda - \lambda_v$ nur seine absolute Größe, während das Vorzeichen sich umkehren muß, weil es von der Richtung des Winkelausschlages abhängt. Der Ausschlagwinkel α wird bei der Messung von Dehnungen zunächst verkleinert und nach dem Durchlaufen der Senkrechtstellung vergrößert. Bei der Messung von Verkürzungen spielt sich, weil der Vorausschlag nach der entgegengesetzten Richtung gegeben wird, der gleiche Vorgang umgekehrt ab. Der Fehler $\lambda - \lambda_v$ beginnt also bei der Messung von Verkürzungen mit einem kleinen positiven Betrage, erreicht bei der Senkrechtstellung seinen Höchstwert und nimmt dann wieder ab, um in das Negative überzugehen, wenn der Winkelausschlag nach dem Durchlaufen der Senkrechtstellung größer wird, als der Vorausschlag war. Der Rechnungsgang bei der Bestimmung der wahren Formänderung λ aus der beobachteten λ_1 ändert sich dadurch ein wenig. Da der Fehler $\lambda_1 - \lambda_v$ von den λ_1-Werten abgezogen und der Fehler $\lambda - \lambda_v$ den λ_1-Werten hinzugefügt werden soll, bildet man jetzt nicht die Summe der beiden Fehler, sondern die Differenz und zieht diese von den λ_1-Werten ab. Bei der Messung von Verkürzungen wird somit die Wirkung des Übersetzungsfehlers durch den zweiten Fehler vermindert, während sie bei der Messung von Dehnungen in dem gleichen Maße vergrößert wird.

Zahlentafel 1. Ermittlung der wahren Dehnung λ für einen 10 t-Kontroll-Zugstab aus den beobachteten Werten λ_1. Spiegelschneiden bei 4 t senkrecht zur Achse des Kontroll-Zugstabes. Breite der Spiegelschneiden 4,55 mm. Meßlänge: 150 mm.

Belastung in t	1	2	3	4	5	6	7	8	9	10
Beobachtete Dehnungen λ_1 mm · 10^{-4}	228,6	457,6	686,6	915,9	1145,7	1375,9	1606,3	1837,3	2068,9	2300,9
Unterschiede $\Delta\lambda_1$ für die Ermittlung der beiden Fehler	$-687{,}3$	$-458{,}3$	$-229{,}3$	915,9	$+229{,}8$	$+460{,}0$	$+690{,}4$	$+921{,}4$	$+1153{,}0$	$+1385{,}0$
Übersetzungsfehler $\lambda_1 - \lambda_v$ mm · 10^{-4}	$-0{,}23 = 0{,}33$	$-0{,}07 = 0{,}49$	$-0{,}01 = 0{,}55$	0,56	$+0{,}01 = 0{,}57$	$+0{,}07 = 0{,}63$	$+0{,}24 = 0{,}80$	$+0{,}57 = 1{,}13$	$+1{,}11 = 1{,}67$	$+1{,}93 = 2{,}49$
Zweiter Fehler $-(\lambda - \lambda_v)$ mm · 10^{-4}	$-0{,}16 = 0{,}12$	$-0{,}07 = 0{,}21$	$-0{,}02 = 0{,}26$	0,28	$-0{,}02 = 0{,}26$	$-0{,}07 = 0{,}21$	$-0{,}16 = 0{,}12$	$-0{,}28 = 0{,}00$	$-0{,}44 = -0{,}16$	$-0{,}64 = -0{,}36$
Summe der beiden Fehler $(\lambda_1 - \lambda_v) + [-(\lambda - \lambda_v)]$ mm · 10^{-4}	0,45	0,70	0,81	0,84	0,83	0,84	0,92	1,13	1,51	2,13
Wahre Dehnungen λ mm · 10^{-4}	228,1	456,9	685,8	915,1	1144,9	1375,1	1605,4	1836,2	2067,4	2298,8

Der Wert dieser Untersuchung von JENSCH für genaueste wissenschaftliche Messungen, bei denen es auf die Ermittlung der wahren Formänderungen ankommt, liegt ohne weiteres auf der Hand. Dagegen könnte ein oberflächlicher Beobachter meinen, bei der Benutzung des Feinmeßgerätes an Kontrollgeräten spiele die Erkenntnis und Berücksichtigung der beiden grundsätzlichen Fehler keine Rolle. Denn hier sei die Bestimmung der wahren Formänderungen nebensächlich; es käme nur darauf an, daß das Kontrollgerät bei der Benutzung für eine bestimmte Belastung stets die gleiche Formänderung erfährt, die bei der Untersuchung als sein Sollwert für diese Belastung bestimmt worden ist. Es sei deshalb noch kurz auf die grundlegende Bedeutung hingewiesen, die der Untersuchung von JENSCH gerade für das richtige Arbeiten mit Kontrollgeräten zukommt.

Die Kenntnis der Ursache, der Abhängigkeit und der Größe der beiden Fehler gestattet, die wesentlichen Teile des Spiegelfeinmeßgerätes möglichst vorteilhaft zu bemessen. Je größer die Breite der Spiegelschneiden und die Meßlänge werden, desto geringer werden die grundsätzlichen Fehler der Messungen bei Zug-Kontrollgeräten, während sie bei Druck-Kontrollgeräten mit zunehmender Schneidenbreite und abnehmender Meßlänge geringer werden.

Aus den Ableitungen ergab sich auch die günstigste Ansetzlast von $0{,}4 \cdot P_{\max}$ für die Senkrechtstellung der Spiegelschneiden.

Die Beobachtung dieser beiden Punkte bietet bei der Benutzung der Kontrollgeräte den Vorteil, daß der Fehler, der durch kleine Ungenauigkeiten in der Senkrechtstellung der Spiegelschneiden beim Ansetzen hineinkommt, bei den kleinsten Belastungsstufen und bei der Höchstlast möglichst klein bleibt und nicht an dem einen Ende des Verwendungsbereiches eine allzu störende Größe annimmt.

Die Erkenntnis der wahren Formänderungen ermöglichte erst die eingehende Untersuchung des gesetzmäßigen Verlaufes der Spannungsformänderungskurve. Hieraus ergab sich das im nächsten Unterabschnitte zu behandelnde Auswertungsverfahren, mit dessen Hilfe man verschieden durchgeführte Untersuchungen desselben Kontrollgerätes vergleichen und beliebige Zwischenwerte genau berechnen kann.

Endlich zeigt die Untersuchung von JENSCH deutlich, wie wesentlich es ist, daß der Prüfer bei der Benutzung eines Kontrollgerätes die Versuchsbedingungen, die bei der Untersuchung des Gerätes angewandt worden sind, genau innehält. Man muß immer wieder beobachten, daß Prüfer, die die theoretischen Grundlagen des Feinmeßgerätes nicht beherrschen, mit den Kontrollgeräten auch nicht einwandfrei arbeiten können. Wenn Störungen in den Messungen auftreten, erkennen sie die Ursachen nicht und wissen nicht, wie sie sie beheben können. Läßt sich eine Untersuchung nicht in der gewohnten Weise durchführen, versagen diese Prüfer überhaupt, weil ihnen nicht bekannt ist, wie sie die Versuchsbedingungen ändern und gegebenenfalls die Sollwerte umrechnen können.

Von verschiedenen Seiten ist nachträglich versucht worden, das MARTENSsche Spiegelfeinmeßgerät für die praktische Benutzung zu verbessern. Diese Bestrebungen verfolgten entweder das Ziel, durch Verbindung der Einzelteile das Ansetzen des Gerätes zu erleichtern, oder sie wollten die Fernrohrablesung durch die Beobachtung eines Lichtbandes an der Skala ersetzen.

Der erstere Weg ist grundsätzlich nicht zu empfehlen. Gerade durch die Auflösung des Rollenapparates in mehrere, voneinander unabhängige Einzelglieder hat MARTENS das zwanglose und infolgedessen stets gleichmäßig zuverlässige Arbeiten seines Gerätes erreicht. Man würde also einen Schritt rückwärts gehen, wollte man die Einzelteile nun so miteinander verbinden, daß das ganze Gerät mit einem Handgriff an das Kontrollgerät angesetzt werden kann. Die für Ungeübte vielleicht angenehme Bequemlichkeit in der Handhabung könnte die meßtechnischen Nachteile nicht im entferntesten aufwiegen.

Dagegen wäre es bei manchen Arten von Versuchen an sich wesentlicher, wenn man die persönliche Fernrohrablesung eines einzelnen Beobachters durch eine, allen Versuchsteilnehmern sichtbare Beobachtung ersetzen könnte. Ein solches Gerät hat G. WAZAU vor einigen Jahren ausgebildet. Er verwendet zylindrisch geschliffene Hohlspiegel, die möglichst schmale Lichtbänder, die von einer Lichtquelle durch einen Spalt auf die beiden Spiegel geworfen werden, auf eine nach einem Kreisbogen gekrümmte Skala lenken. Da er die Breite der Spiegelschneide einheitlich auf 4,0 mm festgelegt hat, ist der Abstand der Skala von der spiegelnden Fläche des Spiegels und der Krümmungshalbmesser der Skala bei dem üblichen Übersetzungsverhältnis stets 1 m. Den Vorteilen, daß die Ablesung allen Versuchsteilnehmern sichtbar ist und daß ein Ungeübter das Gerät leichter einrichten kann, stehen meßtechnische Nachteile gegenüber. Besonders der zylindrische Schliff der Hohlspiegel, aber auch die gleichmäßige Schneidenbreite von 4,0 mm und der Krümmungshalbmesser der Skala werden nicht genügend gleichmäßig gelingen. Vor allem wirkt aber das Lichtband etwa 6 bis 10mal so breit, wie das Bild der Fadenkreuzlinie im Fernrohr, so daß die Ablesegenauigkeit auf weniger als ein Sechstel sinkt. Die eingeätzte Linie des Fadenkreuzes hat heute eine Breite von 0,005 mm, erscheint also bei der üblichen 20fachen Vergrößerung des Fernrohrokulares in einer Breite von 0,1 mm auf dem Bilde der Skala, deren Millimeterteilung im Fernrohr bei 1 m Skalenentfernung mit 3 mm Strichabstand sichtbar wird. Die Breite des Fadens ist demnach $^1/_{30}$ der Teilungseinheit. Das Lichtband hat aber im günstigsten Falle noch eine Breite von 0,2 bis 0,3 mm, d. h. $^1/_5$ bis $^1/_3$ der Teilungseinheit der Skala, auf der es unmittelbar für die Schätzung der Teilungszehntel benutzt werden soll. Für die Verwendung an Kontrollgeräten wird sich auch dieses Gerät nicht einbürgern können, weil man auf die höhere Meßgenauigkeit nicht ohne sehr triftige Gründe verzichten wird. Die allgemeine Sichtbarkeit der Ablesung bedeutet hier aber keinen Gewinn, weil nicht mehrere Versuchsteilnehmer die Messungen beobachten wollen, sondern ein allein verantwortlicher Prüfer sich ein Urteil über die Prüfmaschine bilden soll. Auch die bequemere Einstellmöglichkeit spielt hier keine Rolle; ein geübter Prüfer richtet das MARTENSsche Spiegelfeinmeßgerät in der gleichen Zeit fertig ein.

D. Untersuchung von Kontroll- und Prüfgeräten.

Die Untersuchung dieser Geräte soll in erster Linie der möglichst fehlerfreien Bestimmung der Sollwerte dienen, d. h. der Anzeigen, die dem Geräte für bestimmte Belastungen eigentümlich sind. Daneben ist durch die Untersuchung festzustellen, ob das Gerät unter der Voraussetzung sachgemäßer Benutzung und Wartung zuverlässig arbeitet, mit welchen Streuungen man bei den Anzeigen des Gerätes rechnen muß, worin diese ihre Ursachen haben, welchen Einfluß äußere Umstände — wie Temperaturänderungen, Erschütterungen, Art des Einbaues u. a. — auf die Meßergebnisse ausüben und welche Anzeigen das Gerät bei stufenweiser Entlastung liefert.

Die Lösung dieser verschiedenartigen Aufgaben wird nur gelingen, wenn der Prüfer die Bauart und Wirkungsweise des zu untersuchenden Gerätes genau kennt, wenn er das Prüfverfahren zweckentsprechend wählt, und vor allem, wenn er über die Hilfsmittel verfügt, die ihm eine einwandfreie Durchführung der Untersuchung gestatten. Besonders schwer sind diese Vorbedingungen bei den amtlichen Prüfstellen zu erfüllen, weil bei ihnen nicht — wie bei den Herstellerwerken — nur bestimmte, in allen Einzelheiten der Bauart und der Werkstattausführung genau bekannte Geräte von bestimmten Höchstlasten geprüft werden sollen. Von den amtlichen Prüfstellen wird vorausgesetzt, daß sie jede vorhandene oder neu herausgebrachte Bauart prüftechnisch beherrschen und Geräte für kleinste und größte Prüflasten gleichmäßig einwandfrei untersuchen können.

1. Belastungsvorrichtungen und Sonderprüfmaschinen mit unmittelbarer Gewichtsbelastung.

Nach den soeben aufgestellten Zielen wäre das vollkommenste Untersuchungsverfahren die unmittelbare Gewichtsbelastung, bei der die Kraft völlig stoßfrei und ganz allmählich um beliebig zu wählende Beträge gesteigert und vermindert werden kann. Wollte man dies erreichen, müßte man an das zu untersuchende Gerät — bei Zug unmittelbar, bei Druck mit einem Umführungsrahmen — Behälter anhängen und mit Schrot- oder Wasserzulauf arbeiten. Bei großen Kräften wäre dieses Verfahren überhaupt nicht durchführbar und bei kleineren Belastungen auch sehr umständlich, zumal die genaue Bestimmung der aufgebrachten Belastung nicht ganz einfach wäre, weil man den Belastungszuwachs von einer Stufe zur nächstfolgenden je nach der Höchstlast des Gerätes immer wieder anders wählen muß. Man ist also darauf angewiesen, gewisse Nachteile in Kauf zu nehmen und kann nur ein möglichst günstiges Verfahren und entsprechende Hilfsmittel verwenden, die einerseits ausreichend genau sind und andererseits ein flottes Arbeiten gestatten.

Bei kleineren Kräften verwendet man vorteilhaft die unmittelbare Gewichtsbelastung, indem man mit einer zweckmäßig ausgebildeten Vorrichtung oder Sondermaschine Gewichtscheiben — bei Zug unmittelbar, bei Druck mit einem Umführungsrahmen — an das zu untersuchende Gerät anhängt. Wenn die Belastungsvorrichtung so gebaut ist, daß die aufgebrachten Gewichte ohne jeden Reibungsverlust zur Wirkung kommen, kann man durch sorgfältiges Wägen und Abstimmen der Gewichte die Genauigkeit bis zur Vollkommenheit steigern. Auch läßt es sich einrichten, daß man innerhalb des Verwendungsbereiches einer solchen Einrichtung alle überhaupt möglichen Belastungsstufen zusammenstellen kann. Dagegen gelingt hierbei das völlig stoßfreie Aufbringen und Abnehmen einer bestimmten Zusatzbelastung nicht in wünschenswerter Vollkommenheit. Auch bei sorgfältigster und vorsichtigster Bedienung des gewählten Antriebes wird die jeweils eingestellte Belastung in einem sehr kurzen Zeitraume voll zur Wirkung kommen, weil das Gewicht bis zuletzt von der Belastungsvorrichtung getragen wird und in dem nächsten Augenblicke schon frei pendelnd an dem Geräte hängt. Dieser Nachteil der unmittelbaren Gewichtsbelastung macht sich bei Prüfgeräten, an denen die Formänderung mit einem Manometer oder einer Meßuhr bestimmt wird, oft sehr unangenehm bemerkbar. Infolge der — wenn auch noch so geringen — Beschleunigung werden etwaige Hemmungen, die bei allmählich steigender Belastung die Anzeige an dem Prüfgeräte behindern, leichter überwunden. Das Gerät erscheint dann bei der Untersuchung besser, als es ist, und liefert bei der späteren Benutzung in anderen Prüfmaschinen nicht so gleichmäßige und, im ungünstigsten Falle, sogar etwas niedrigere Anzeigen bei den gleichen wirklichen Belastungen. Stark gemildert, in der Regel sogar ganz aufgehoben wird dieser Mangel unmittelbarer Gewichtsbelastung, wenn man bei der Untersuchung und bei der Benutzung das Prüfgerät, wie oben schon vorgeschlagen, vor jeder Ablesung leicht erschüttert, so daß die Hemmungen stets gleichmäßig überwunden werden. Kann man aus irgendeinem Grunde ein solches Gerät nicht erschüttern, so muß man in einer Prüfmaschine, bei der die Belastung allmählich gesteigert werden kann, eine zweite Untersuchung in den gleichen Belastungsstufen durchführen, um nachzuweisen, ob das Gerät genügend gleichmäßig arbeitet.

Die Belastungsvorrichtungen und Sondermaschinen mit unmittelbarer Gewichtsbelastung arbeiten alle nach dem gleichen, bereits gekennzeichneten

Grundsatze. Beim Bau solcher Einrichtungen sind mehrere Gesichtspunkte zu beachten. Das zu untersuchende Gerät soll in einer für sorgfältiges Arbeiten zweckmäßigen Höhe eingebaut werden. Das Gehänge mit den dazugehörigen, besonderen Einspannteilen bestimmt die Größe der kleinsten, mit der Einrichtung überhaupt zu untersuchenden Belastung und darf deshalb nicht zu schwer gemacht werden. Auch treten, wenn das Gehänge sehr lang ist, leicht meßtechnische Störungen durch Schwingungen oder Reibungswiderstände an Führungen auf. Andererseits ist eine große Länge bei dem Gehänge erwünscht, wenn man ohne Umbau und in durchlaufenden Versuchsreihen die Geräte bis zu ihrer Höchstlast oder der der Einrichtung untersuchen und dabei die Belastungsstufen, also auch die Gewichtscheiben beliebig wählen will. Diese einander widersprechenden Bedingungen haben zur Folge, daß der Verwendungsbereich der einzelnen Einrichtung verhältnismäßig klein ist. Man muß also mehrere, einander genügend überschneidende Einrichtungen dieser Art besitzen, wenn man für die üblichen Prüfgeräte ausreichend ausgerüstet sein will.

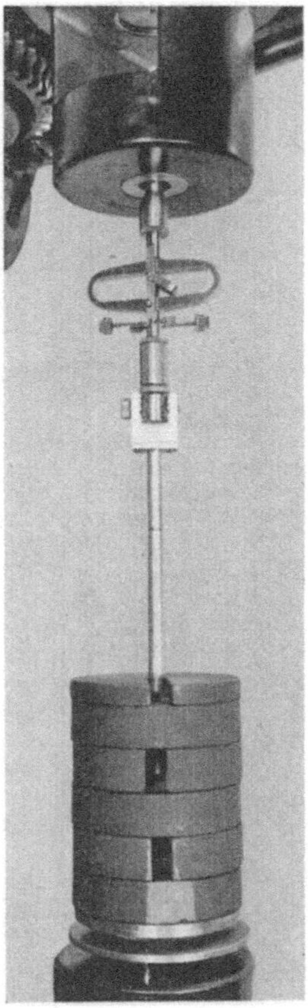

Abb. 42. Belastungs-Vorrichtung für 100 kg Höchstlast. 300 kg-Kontroll-Zugbügel.

Für die kleinsten Kräfte ist man vorläufig noch auf Belastungsvorrichtungen angewiesen, die mehr behelfsmäßig für die jeweils vorliegende Aufgabe zusammengestellt werden. Dies hat seinen Grund darin, daß einerseits die niedrigste Belastungsstufe, die bei jeder Sondermaschine durch das Gewicht eines Zugspannkopfes oder eines Druckquerhauptes, einer Hängestange und eines Gewichtstellers bestimmt ist, vielfach sehr klein sein muß und daß andererseits die gleichen, Teile bis zur Höchstlast der betreffenden Einrichtung verwendbar, also in ihren Abmessungen den schwersten für die Einrichtung in Frage kommenden Belastungsgewichten angepaßt sein müssen.

Eine solche Belastungsvorrichtung der Abteilung Meßwesen des St. M. P. A. Berlin-Dahlem — mit dem Gehänge für 100 kg Höchstlast — zeigt die Abb. 42 bei der Untersuchung eines 300 kg-Kontroll-Zugbügels. Zum Einbau der ganzen Vorrichtung wird eine größere Prüfmaschine benutzt, bei der man den unteren Spannkopf beliebig langsam absenken und anheben kann. Das gabelförmige Anschlußstück mit dem kleinen Bolzen, die Hängestange und der die Gewichtscheiben tragende Teller wiegen zusammen genau 5 kg, so daß innerhalb der Grenzen von 5 bis 100 kg jede gewünschte Belastung einzustellen ist. Zwischen dem Gewichtsteller und dem unteren Spannkopfe der Prüfmaschine sieht man auf dem Lichtbilde noch eine als Auflagertisch dienende Platte, die mit drei Stellschrauben vor jedem Versuche so genau ausgerichtet wird, daß sich die Belastungsvorrichtung ohne die geringste Seitenverschiebung abhebt und aufsetzt. Für Druckuntersuchungen wird statt des gabelförmigen Anschlußstückes ein Umführungsrahmen auf die Hängestange aufgeschraubt. Das zu untersuchende Gerät steht auf einem Fernrohrstativ, und der Umführungsrahmen setzt sich mit einer Kugelkalotte auf eine auf dem Geräte liegende Kugel genau mittig auf. Zum Aufbringen und Abheben der Last wird ein hydraulischer Heber benutzt. Der Verwendungsbereich ist der gleiche, wie bei Zuguntersuchungen.

Bei größeren Kräften — oberhalb von 100 kg Höchstlast — ist man auf solche Belastungsvorrichtungen, bei denen das freischwebend auf das Prüfgerät aufgebrachte Gehänge sich sehr leicht dreht oder seitlich verschiebt, nicht mehr angewiesen. Hier kann man Sondermaschinen verwenden, die mit ihrem festen Rahmen, den ständig eingebauten Belastungsgewichten und einer zweckmäßigen Antriebsvorrichtung an sich schon die Gewähr dafür bieten, daß man weit schneller, leichter und auch sicherer arbeiten kann.

Die unmittelbare Gewichtsbelastung wird man bei diesen Sondermaschinen im allgemeinen jedoch kaum über 10000 kg Höchstlast hinaus anwenden können, weil größere Kräfte zu umfangreiche Belastungsgewichte erfordern und das Gehänge, das die Gewichte aufnimmt, zu lang wird. Aber auch diesen Kräftebereich — von 100 bis 10000 kg — kann man aus den oben erwähnten Gründen nicht mit einer einzigen Sondermaschine beherrschen, wenn alle bei den verschiedenartigen Prüfgeräten gewünschten Belastungsstufen leicht einstellbar sein sollen. Man wird den Bereich mindestens in zwei Kräftegruppen aufteilen müssen, wobei man die Zwischengrenze zweckmäßig auf 2000 oder 3000 kg legt. In den Abb. 43 bis 45 sind zwei derartige Sondermaschinen wiedergegeben, die in der Abteilung Meßwesen des St. M.P.A. Berlin-Dahlem stehen.

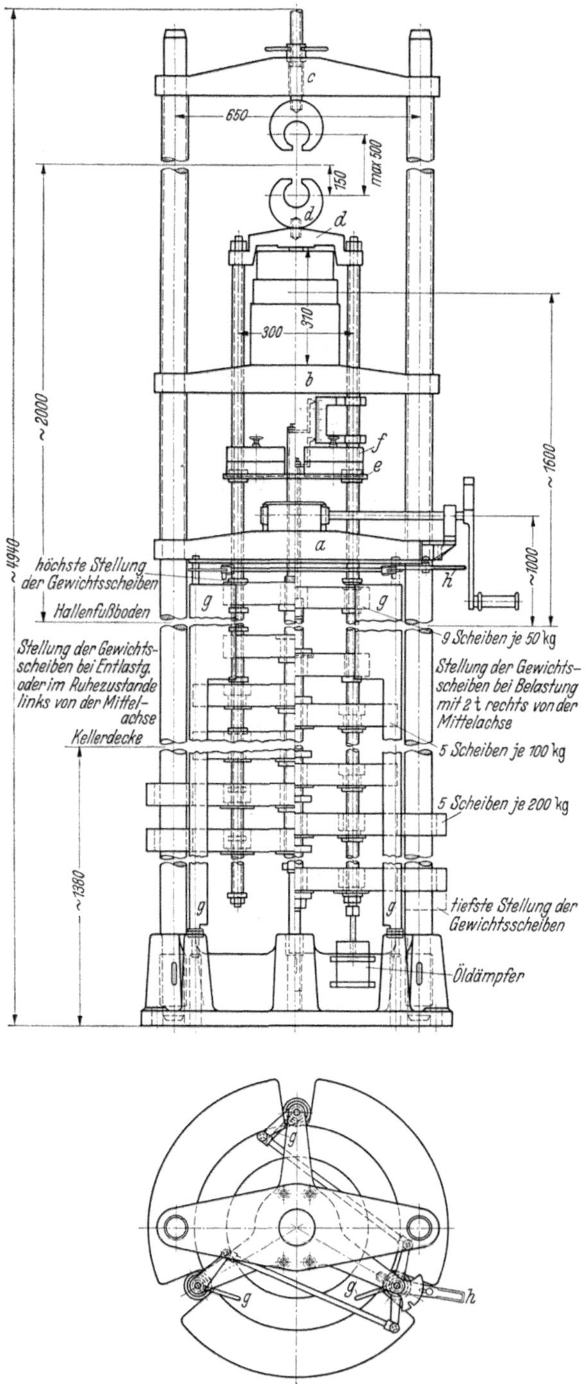

Abb. 43. Sondermaschine zur Untersuchung von Kontroll- und Prüfgeräten für 2000 kg Höchstlast. Gesamtdarstellung mit Zentriervorrichtung.

Die schwächere Sondermaschine umfaßt den Kräftebereich von 50 bis 2000 kg. In Abb. 43 ist die Bauart schematisch dargestellt, Abb. 44 zeigt die Sondermaschine bei der Untersuchung eines 2 t-Kontroll-Zugbügels. Die beiden Säulen stehen auf einem Betonsockel im Kellergeschoß in einer festen Grundplatte und sind in der Mitte ihrer ganzen Länge — unmittelbar über dem Fußboden der Versuchshalle — und an ihrem oberen Ende durch steife Rahmen so mit der Gebäudewand verbunden, daß keine Verbiegungen auftreten können. Mit Hilfe von Aufsteckhülsen, die auf die Säulen stramm aufgepaßt und paarweise

Abb. 44. Sondermaschine zur Untersuchung von Kontroll- und Prüfgeräten für 2000 kg Höchstlast. 2000 kg-Kontroll-Zugbügel.

Abb. 45. Sondermaschine zur Untersuchung von Kontroll- und Prüfgeräten für 10000 kg Höchstlast.

auf genau gleiche Länge abgestimmt wurden, sind an die Säulen drei Querhäupter angeschlossen, von denen das unterste *a* den Antrieb aufnimmt, während das mittlere *b* den Auflagertisch für Druckuntersuchungen bildet und das oberste *c* den — in der Höhe reichlich verstellbaren — oberen Spannkopf für Zuguntersuchungen trägt. Wie bei der Belastungsvorrichtung für 100 kg Höchstlast ändert also auch hier das eingebaute Gerät während der Untersuchung seine Höhenlage im Raume nicht. Ein viertes, kleineres Querhaupt *d*, das den unteren Spannkopf für Zuguntersuchungen trägt und bei Druckuntersuchungen als obere Druckplatte wirkt, kann an zwei langen Hängestangen mit Gewichtscheiben belastet werden. Die Hängestangen sind an ihrem unteren Ende miteinander verbunden und werden dort außerdem durch einen gelenkig angeschlossenen, aber in sich steifen Rahmen so in der richtigen Mittelachse gehalten, daß sie sich beim Heben und Senken seitlich nicht bewegen. Damit diese Führung unbedingt reibungsfrei arbeitet, ist der Führungsrahmen in großem Abstande an der Wand gelagert. Die Anschlußpunkte an den Hängestangen beschreiben also bei ihrer Auf- und Abbewegung einen sehr flachen Kreisbogen. Der auf die Hängestangen wirkende Gewichtsanteil des Rahmens ist bei dem Gewicht der ersten Belastungsstufe von 50 kg berücksichtigt. Zwischen den beiden festen Querhäuptern *a* und *b* der Maschine tragen die Hängestangen einen Teller *e* zum Aufsetzen kleinerer Belastungsgewichte. Weiter unterhalb sind dann in bestimmten Abständen an jeder Stange kleine Teller angebracht, auf die sich die Gewichtscheiben auflegen. Bei den Hängestangen sind, ebenso wie bei den Säulen, Aufsteckhülsen verwendet worden, die ein ganz genaues Abstimmen der Höhen ermöglichen und einen etwaigen Ausbau und ein neues Zusammensetzen erleichtern. Für die Auf- und Abwärtsbewegung der Gewichtscheiben wurde mit Rücksicht auf die kleinen Kräfte und ein erschütterungsfreies Arbeiten ein einfacher, selbsthemmender Handantrieb mit Schnecke, Schneckenrad und Hubspindel gewählt. Die in der Mittelachse der Maschine sichtbare Spindel trägt mit kleinen Tellern die Gewichtscheiben. Das gesamte Gehänge, bestehend aus dem unteren Spannkopfe, dem Querhaupte *d* mit den beiden Hängestangen und dem Teller für Zusatzgewichte, wiegt genau 50 kg. Das gleiche Gewicht hat jede der obersten neun Gewichtscheiben. Dann folgen fünf Scheiben von je 100 kg und zum Schlusse fünf von je 200 kg Gewicht. Die Belastung kann hiermit also von 50 kg als Anfangslast um je 50 kg bis 500 kg, dann um je 100 bis 1000 kg und um je 200 bis 2000 kg gesteigert werden. Für den Gewichtsteller stehen acht in die Felder des Tellers passende Zusatzgewichte *f* von je 6,25 kg Gewicht zur Verfügung. Mit diesen können die für Druck-Prüfgeräte wesentlichen Belastungsstufen 62,5 — 125 — 187,5 kg und die 50 kg-Stufen in dem Bereiche von 500 bis 1000 kg eingestellt werden. Endlich sind zum Aufschieben auf die beiden obersten Gewichtscheiben noch vier Stücke von je 12,5 kg Gewicht vorhanden, damit man auch zwischen 1000 und 2000 kg die Last um je 100 kg steigern kann. Die Teller an den Hängestangen und an der Spindel haben ebene Auflagerflächen und keinerlei Führungen. Die notwendige Führung der Gewichtscheiben ist nach außen gelegt. Drei Führungsschienen *g*, die durch einen Hebelgriff *h* gleichzeitig an die Scheiben angelegt oder von ihnen abgeschwenkt werden, verhindern jede seitliche Verschiebung der Scheiben und sichern sie auch gegen Drehbewegungen, indem sich die beiden vorderen gegen Anschlagstifte an den Scheiben anlegen. Da außerdem alle Bohrungen, durch die die Spindel und die Hängestangen hindurchgehen, reichlich groß bemessen sind, ist jede Möglichkeit von Reibung ausgeschaltet. Im Ruhezustande der Maschine, sowie beim Ein- und Ausbau von Geräten werden die Hängestangen noch durch Beilegeringe in dem mittleren Querhaupte *b* festgelegt; in Abb. 44 sind die Beilegeringe eingesetzt. Die Abstände der Scheiben voneinander und von den Tellern sind so groß, daß alle für das einwandfreie Arbeiten wesentlichen Teile ohne jeden Ausbau ständig überwacht und sauber gehalten werden können.

Die stärkere Sondermaschine dieser Gruppe (Abb. 45) beherrscht den Kräftebereich von 500 bis 10000 kg; sie ist im Jahre 1898 nach den Angaben von A. Martens von der Firma Paul Hoppe, Berlin gebaut worden. Die kleinste Belastung — bestimmt durch das bewegliche Querhaupt mit dem Spannkopfe, die beiden Hängestangen und die oberste Gewichtscheibe — beträgt 500 kg. Dann folgen eine zweite Scheibe von 500 kg und neun Scheiben von je 1000 kg.

Zum Heben und Senken der Belastungsgewichte ist eine hydraulische Presse in die Fundamentplatte des Apparates eingebaut. Die Abb. 45 zeigt den Apparat bei einer Zuguntersuchung. Für Druckuntersuchungen wird das in der Abb. 45 an dem oberen Säulenende liegende Querhaupt dicht über der in dem Lichtbild in der Mitte sichtbaren Wandbefestigung eingebaut. Auf die Hängestangen wird nach Abnehmen des beweglichen Querhauptes mit Verlängerungsstangen ein Druckquerhaupt aufgesetzt, das in der jeweils gewünschten Höhe über dem festen Querhaupt eingestellt werden kann. Die in dem Lichtbild auf der obersten Scheibe sichtbaren Zusatzgewichte dienen zum Ausgleiche der für Zug und Druck verschieden schweren Einspannglieder und Querhäupter, damit die kleinste Belastungsstufe stets genau 500 kg beträgt. Abgesehen von dem sehr umständlichen Umbau bei jedem Wechsel der Belastungsrichtung weist diese Bauart noch mehrere, recht störende Mängel auf:

Der auf einer verhältnismäßig kleinen Kolbenfläche ruhende, hohe Gewichtsstapel neigt sich leicht zur Seite und muß dann stets neu ausgerichtet werden.

Die zwischen den Scheiben liegende Führung ist unzugänglich und unübersichtlich und führt nur durch Kegelzapfen jede Scheibe auf der darunter liegenden. Sie sichert die Scheiben aber nicht ausreichend gegen Drehbewegungen und führt auch nicht den ganzen Stapel.

Die Scheiben haben im günstigsten Falle, wenn sie alle auf den Tellern des Gehänges ruhen, nur 10 mm Abstand voneinander. Zum Säubern und Nachsehen muß demnach der Apparat ausgebaut werden.

Diese Nachteile wären, wie die Ausführungen über die 2 t-Sondermaschine zeigen, heute leicht zu vermeiden.

Für Kräfte oberhalb von 10 t Höchstlast empfiehlt sich die unmittelbare Gewichtsbelastung nicht mehr, weil die einzelnen Scheiben zu groß und zu schwer werden. In Deutschland ist nur eine Einrichtung dieser Art bekannt, die aber nicht für die hier zu behandelnden Untersuchungen gebaut ist. An einigen Prüfmaschinen der Fried. Krupp AG., Gußstahlfabrik in Essen ist eine Vorrichtung angebracht, mit der der Belastungsmesser der Prüfmaschine, ein Pendelmanometer, durch unmittelbare Gewichtsbelastung nachzuprüfen sein sollte. In vereinzelten Fällen ist diese Einrichtung nach zweckentsprechender Ergänzung auch für die Untersuchung von Kontroll-Zugstäben benutzt worden.

2. Sonderprüfmaschinen mit mittelbarer Gewichtsbelastung.

Im allgemeinen wird man bei Belastungen von mehr als 10 t Höchstlast zu der mittelbaren Belastung übergehen müsssen, d. h. die Belastung, die auf das zu untersuchende Gerät aufgebracht wird, mechanisch oder hydraulisch übersetzen und die so verkleinerte Kraft dann mit unmittelbarer Gewichtsbelastung messen. Die Schwierigkeiten liegen bei allen nach diesem Grundsatz arbeitenden Sondermaschinen darin,

daß das Übersetzungsverhältnis sehr genau bestimmt werden muß und sich bei dem Belastungsvorgange nicht ändern darf und

daß jede, die Genauigkeit der Belastungsmessung beeinträchtigende Reibung zuverlässig vermieden werden muß.

a) Mechanische Übersetzung der Belastung.

Die einfachste Lösung bietet die ein- oder zweiarmige Hebelwaage, bei der man dem kurzen Arm eine größere Länge — von 100 bis 200 mm — gibt, um Änderungen des Übersetzungsverhältnisses, die durch federnde Verbiegung des Hebels oder Verdrückung der Schneidenkanten entstehen können, in ihrer Wirkung tunlichst abzuschwächen. Diese unerläßliche Vorsichtsmaßnahme hat aber zur Folge, daß man auch mit diesen Sondermaschinen wesentlich höhere Belastungen nicht erreichen kann. Eine zweite Schwierigkeit besteht bei dieser Bauart darin, daß man, wenn dieselbe Maschine für beide Kraftrichtungen benutzt werden soll, für Druckuntersuchungen eines doppelten Umführungsrahmens bedarf. Der Auflagertisch für das zu untersuchende Gerät ist das untere Querhaupt eines aus zwei Querhäuptern und zwei Verbindungsstangen bestehenden Rahmens, der frei pendelnd auf einer Schneide des Waagehebels hängt. Um den Auflagertisch und das Gerät greift von unten kommend ein zweiter gleichartiger Rahmen herum, der an den Antrieb angeschlossen ist. Der das Gerät tragende Rahmen muß, damit die Achsen des Gehänges, des Gerätes und des Maschinenantriebes eine Gerade bilden, genau geführt sein oder vor jedem Versuche durch Gewichtsausgleich sehr sorgfältig ausgerichtet werden. Führungen an Teilen, die zum Belastungsmesser gehören oder ihn beeinflussen können, vermeidet man aber, gerade bei diesen Sondermaschinen, gern, um jede Möglichkeit von Reibungswiderständen auszuschalten. Das Ausrichten durch Ausgleichsgewichte ist umständlich und gelingt vielleicht nicht immer ausreichend genau. Schneller und sicherer läßt sich jedenfalls mit festem Auflagertisch arbeiten, besonders wenn die Formänderungen des zu untersuchenden Gerätes mit einem Spiegelfeinmeßgeräte bestimmt werden, bei dem kleine Verschiebungen und Drehungen des Auflagertisches Störungen und Abstandsänderungen, sogar Meßfehler mit sich bringen können.

Abb. 46. 50 t-Sondermaschine (MARTENS).

Sondermaschinen mit einfachen Hebelwaagen sind mehrfach ausgeführt worden. Die älteste ist wohl die von A. MARTENS 1884 entworfene und von der Maschinenfabrik Augsburg-Nürnberg, Werk Nürnberg, gebaute „50 t-Martens-Maschine" (Abb. 46), die im St. M.P.A. Berlin-Dahlem noch bis Ende 1936 regelmäßig benutzt wurde, wenn Kontroll- und Prüfgeräte für den Bereich von 10 bis 50 t Höchstlast auf Zug untersucht werden sollten. Man kann mit dieser Maschine sehr genaue und zuverlässige Ergebnisse erzielen. Sie erfordert aber eine außergewöhnlich sorgsame Wartung und Überwachung. Ihr Nachteil liegt darin, daß der kurze Arm des Waagehebels bei der großen Übersetzung von 1:250 nur 3,4 mm lang ist. Eine Änderung dieser Länge um 0,04 mm,

Abb. 47. 50 t-Sondermaschine. (Mohr u. Federhaff, Mannheim.)

a *b* *c*

Abb. 48. *a* 20 t-Sondermaschine; *b* Manometer-Druckwaage; *c* 60 t-Sondermaschine. (Losenhausenwerk, Düsseldorf-Grafenberg.)

die durch Temperatureinflüsse oder durch Verschiebung der Auflagerlinien der Schneiden infolge geringer Abnutzung leicht eintreten kann, ändert den Wert der Belastungsanzeige schon um mehr als 1%.

Neuere Sondermaschinen mit Hebelwaage zeigen die Abb. 47 und 48. Im Jahre 1928 ist von dem Losenhausenwerk Düsseldorfer Maschinenbau AG. in Düsseldorf-Grafenberg für eigene Zwecke die auf Abb. 48 links stehende Maschine gebaut worden, die mit einem Übersetzungsverhältnisse von 1 : 10 und einem kurzen Hebelarme von 100 mm Länge bis zu 20 t Höchstlast reicht. Auf dem Lichtbilde steht im Druckbereiche der Maschine eine Meßdose. An dem Auflagertisch ist rechts ein an einem Ausleger verschiebbares Ausgleichsgewicht zu erkennen, mit dem der an dem Waagebalken hängende Rahmen ausgerichtet werden kann. Für die Belastung an dem langen Arme des Waagehebels verwendet das Losenhausenwerk den Gewichtssatz seiner Manometerdruckwaage, die später näher beschrieben wird.

Die Mannheimer Maschinenfabrik Mohr u. Federhaff AG. in Mannheim hat 1935 die in Abb. 47 wiedergegebene Sondermaschine für 50 t Höchstlast herausgebracht. Bei einem Übersetzungsverhältnisse des Belastungshebels von 1 : 20 ist die Länge des kurzen Hebelarmes mit 150 mm möglichst günstig gewählt worden; eine Längenänderung dieses Armes um 0,15 mm bedeutet einen Fehler von 0,1%. Die Belastungsgewichte — Scheiben von 25, 100 und 250 kg Gewicht — sind zu einem Stapel geordnet und können in beliebiger Zusammenstellung durch Schieber auf Teller an der Hängestange aufgebracht worden. Für die Einstellung von Zwischenstufen ist in der üblichen Weise eine Gewichtsschale zum Auflegen von Gewichtstücken vorgesehen.

b) Hydraulische Übersetzung der Belastung.

Um jede Möglichkeit einer Änderung des Übersetzungsverhältnisses auszuschalten und auch noch größere Kräfte erfassen zu können, hat man den Gedanken der hydraulischen Übersetzung der Kraft weiterentwickelt. Den Weg hierzu wies die Universalprüfmaschine mit Pendelmanometer, bei der die auf das Versuchsstück wirkende Kraft aus dem in dem Antriebszylinder herrschenden Flüssigkeitsdrucke bestimmt wird. Der Druck wirkt auf einen Meßkolben wesentlich kleineren Querschnittes und bringt dadurch einen Pendelhebel zum Ausschlage, mit dem die auf das Versuchsstück wirkende Kraft gemessen wird. Ohne weiteres ist jedoch diese Bauart für die Untersuchung von Kontroll- und Prüfgeräten noch nicht verwendbar, weil an mehreren Teilen des Belastungsmessers Reibungswiderstände auftreten können, die das für solche Untersuchungen zulässige Maß unter Umständen weit überschreiten würden. Besonders kommt dies an dem Antriebskolben vor, sowie an den Übertragungsgliedern, die die Bewegung des Meßkolbens auf den Pendelhebel weiterleiten, in der Lagerung des Pendelhebels und an der Anzeigevorrichtung. Sogar an dem Meßkolben, bei dem man zur Verminderung der Reibung eine Drehbewegung zwischen Kolben und Zylinder vorgesehen hat, wird oft eine sehr störende Reibung beobachtet, wenn durch das Zuggestänge auf den Meßkolben eine Seitenkraft ausgeübt wird. Man mußte also, um aus der Universalprüfmaschine mit Pendelmanometer eine brauchbare Sondermaschine zur Untersuchung von Kontroll- und Prüfgeräten zu entwickeln, die Möglichkeit der Reibung des Antriebskolbens im Zylinder ausschalten und den Meßkolben unmittelbar mit Gewichten belasten, um auch alle übrigen Fehlerquellen zu beseitigen. Beides hat erstmalig das Losenhausenwerk Düsseldorfer Maschinenbau AG. in Düsseldorf-Grafenberg ausgebildet und schon 1929 in seiner 60 t-Sondermaschine (Abb. 48 rechts) ausgeführt. Der ganze Aufbau dieser Maschine entspricht dem der Universal-Prüfmaschine. Unter dem Biegetische, der zur Vergrößerung der beiden Arbeitsräume an den Hängestangen nach oben und unten fast bis zur Anlage an den festen Querhäuptern verstellt werden kann, sieht man den Raum für Zuguntersuchungen. Auf dem Biegetisch, in dem Raume für Druckuntersuchungen, steht ein Plattenkraftprüfer mit Quecksilberfüllung. An dem auf dem oberen Maschinenquerhaupte ruhenden Antriebszylinder erkennt man den Zahnkranz, mit dem die Zylinderhülse elektromotorisch gedreht wird. Für die Messung des Druckes im Antriebszylinder benutzt das Losenhausenwerk seine Manometerdruckwaage. Zur Erzielung einer stets gleichbleibenden, eindeutigen Nullanzeige muß das bei angehobenem Antriebskolben auf der Druckflüssigkeit ruhende Gewicht in der Manometerdruckwaage, also auf dem Meßkolben sehr viel kleineren Querschnittes, ausgewogen werden. Das Gewicht — in diesem Falle des Antriebskolbens, des oberen, beweglichen Querhauptes, der Hängestangen und des Biegetisches mit Einspannstücken und dem zu untersuchenden Prüfgerät — ist noch erhöht durch den schweren Ringkörper, der oberhalb des

a *b* *c*

Abb. 49. Manometer-Prüfstand. *a* Druck-Anschlüsse für 200 at und 400 at Höchstdruck; *b* 30 at-Druckwaage; *c* Druckwaagen für 200 at 1000 at Höchstdruck.

festen Maschinenquerhauptes an den Hängestangen angebracht ist. Der Meßgrundsatz war mit dieser Lösung geschaffen. Wenn es gelingt, den Antriebs- und den Meßkolben sehr sauber und gleichmäßig herzustellen und in die Zylinder einzuschleifen, sowie an dem auf dem Antriebskolben ruhenden Gehänge und in der Manometerdruckwaage jede Möglichkeit von Reibungswiderständen auszuschließen, so muß die ganze Anlage einwandfrei arbeiten und auch die für die Untersuchung von Kontroll- und Prüfgeräten erforderliche Genauigkeit gewährleisten.

Bevor die neueren, nach diesem Meßgrundsatz ausgeführten Sondermaschinen behandelt werden, erscheint es angebracht, auf die Manometerdruckwaagen näher einzugehen.

Wie der Name schon sagt, dient eine solche Einrichtung ursprünglich dem Zwecke, Manometer zu untersuchen, d. h. Flüssigkeitsdrücke mit größter Genauigkeit in wirklichen Atmosphären (p_w at) zu messen. In der einfachsten Ausführung einer solchen Druckwaage wird ein lotrecht stehender Zylinder, in dem ein sehr sorgfältig eingeschliffener Meßkolben ruht, mit dem zu untersuchenden Manometer und einer Spindelpreßpumpe verbunden. Durch die eingepreßte Druckflüssigkeit, Glyzerin oder Öl, wird der Meßkolben genügend angehoben und dann von Hand so in Umdrehung versetzt, daß er sich während der Dauer der Manometerablesung möglichst gleichmäßig dreht, ohne auf und ab zu schwingen. Der in dem Manometer zur Wirkung kommende Druck ergibt sich aus dem genau bestimmten Querschnitt und dem Gewichte des Meßkolbens und wird stufenweise gesteigert, indem man das Kolbengewicht durch Zusatzscheiben erhöht, die dem Querschnitt entsprechend bemessen sind.

Der Manometerprüfstand (Abb. 49) der Abteilung Meßwesen des St. M.P.A. Berlin-Dahlem hat drei derartige Druckwaagen, die von der Firma Schäffer u. Budenberg gebaut worden sind. Auf dem Tische steht in der Mitte des Lichtbildes die 30 at-Waage mit den zugehörigen Gewichtscheiben für je 0,1 — 0,5 — 1 — 5 at Drucksteigerung. Rechts hinter dem Tische sind zwei stärkere Druckwaagen für 200 at und 1000 at Höchstdruck aufgestellt. Die beiden auf der rechten Tischhälfte auf die Anschlußstutzen aufgesetzten Manometer können gleichzeitig untersucht und durch Umsteuerung mit jeder der drei Druckwaagen verbunden werden. Für bequemere und schnellere Bedienung kann man eine solche Anlage vervollkommnen, indem man den Meßkolben oder den Zylinder durch einen elektromotorischen Antrieb in Umdrehung versetzt, den Druck durch eine mechanische Pumpe erzeugt und die Gewichtscheiben zu einem Stapel ordnet und so ausbildet, daß sie, ohne angehoben zu werden, auf den Meßkolben aufgebracht werden können. Der Meßkolben trägt dann an einem Umführungsrahmen oder, wenn er als Differenzkolben arbeitet, an dem nach unten durch den Zylinderkörper hindurchgeführten Kolbenende eine Hängestange, an der in bestimmten Abständen Auflagerteller angebracht sind. Die zu einem Stapel zusammengestellten Gewichtscheiben haben in der Mitte Bohrungen, durch die die Auflagerteller frei hindurchgehen, und sind mit Schiebern versehen, mit denen sie von außen her so an der Hängestange festgelegt werden können, daß der nächste Auflagerteller sie mit anhebt. In dieser Weise ist die Manometerdruckwaage des Losenhausenwerkes (Abb. 50) gebaut, die, wie Abb. 48 zeigt, als Druckmeßgerät für die 60 t-Sondermaschine dient und deren Gewichtscheiben — von dem Meßkolben abgehoben — die Belastungsvorrichtung für die 20 t-Sondermaschine mit Hebelwaage bilden. Auf die leichtere Handhabung und vielseitigere Verwendungsmöglichkeit hat die Abteilung Meßwesen des St. M.P.A. Berlin-Dahlem bewußt verzichtet, um bezüglich der Genauigkeit und Zuverlässigkeit jede denkbare Sicherheit zu haben. Je einfacher eine Anlage in allen ihren Einzelheiten ist, desto besser kann der Prüfer bei einer Untersuchung das Ganze überwachen und etwaige Störungen

Abb. 50. Manometer-Druckwaage (Losenhausenwerk).

sofort erkennen und beheben. Die Sicherheit, daß keine störenden Reibungswiderstände auftreten können, ist bei der einfachsten Anordnung unbedingt größer als bei jeder verwickelteren und unübersichtlicheren Anlage.

Ein grundsätzlicher Mangel haftet jeder nach diesem Meßverfahren gebauten Druckwaage noch an, ein Mangel, der — wie in anderem Zusammenhange schon dargelegt — der unmittelbaren Gewichtsbelastung eigentümlich ist. Legt man nach dem Einstellen einer bestimmten Druckstufe zum Übergang auf die nächste

Abb. 51. Sondermaschine zur Untersuchung von Kontroll- und Prüfgeräten für 300 t Zug und 600 t Druck. Gesamtbild.

eine neue Gewichtscheibe noch so vorsichtig auf den Meßkolben auf, so kommt die Druckerhöhung doch in einem kurzen Augenblicke voll zur Wirkung. Es tritt eine Beschleunigung der bewegten Masse (Kolben und Gewichtsstapel) ein, der Manometerzeiger schwingt zunächst über die Stellung hinweg, auf die er nach Eintreten des Gleichgewichts- und Ruhezustandes einspielt. Hebt man statt dessen jede neue Druckstufe wieder aus dem Entlastungszustand an, so beginnt der Meßkolben infolge der Trägheit der Masse sich erst zu heben, wenn der Druck ein wenig höher gestiegen ist, als für den Gleichgewichtszustand eigentlich erforderlich wäre. Der Manometerzeiger schwingt, ebenso wie vorher, über seine spätere Anzeige hinweg. Geringere Hemmungen im Manometertriebe sind bei diesem Prüfverfahren also nicht festzustellen. An dem Manometerprüfstand (Abb. 49 links) ist deshalb noch eine zweite Prüfanlage eingebaut, bei der die zu untersuchenden Manometer an die beiden Speicherdruckleitungen für 200 und 400 at Höchstdruck angeschlossen und mit langsamer und stetiger Drucksteigerung geprüft werden können.

Unter Berücksichtigung aller bei den bisher beschriebenen Sondermaschinen und bei den Druckwaagen hervorgehobenen Gesichtspunkte hat die Mannheimer

Abb. 52. Sondermaschine zur Untersuchung von Kontroll- und Prüfgeräten für 300000 kg Zug. 100000 kg-Kontroll-Zugstab.

Maschinenfabrik Mohr u. Federhaff AG. in Mannheim in Zusammenarbeit mit der Abteilung Meßwesen des St. M.P.A. Berlin-Dahlem im Jahre 1935 eine aus zwei Sondermaschinen bestehende Prüfanlage entwickelt und gebaut, die im Dezember 1936 in Betrieb genommen werden konnte. Abb. 51 zeigt die gesamte Anlage nach dem ersten Zusammenbau im Herstellerwerk. In den Abb. 52 und 53 sind die beiden Sondermaschinen für 300 t Zug und für 600 t Druck einzeln wiedergegeben, wie sie in der Abteilung Meßwesen aufgestellt sind. Die Auflösung in zwei für Zug und Druck getrennte Maschinen wurde für zweckmäßig gehalten, um große Einbauhöhen zu ermöglichen und die zu untersuchenden Geräte trotzdem bei der Untersuchung in der richtigen Höhe zu haben, um die schweren Kontroll-Zugstäbe und die dabei zu benutzenden Einspannstücke mit dem Hallenkran ein- und ausbauen und um mit der einen Maschine arbeiten zu können, während in der anderen eine Untersuchung vorbereitet wird oder ein soeben untersuchtes Gerät unverändert bleibt, bis die Ergebnisse ausgewertet sind. Beiden Maschinen gemeinsam sind die Pumpenanlage, der Steuerkörper und zwei Druckwaagen, deren Meßkolben Querschnitte im Verhältnis 1:5 haben. An den Meßkolben der beiden Druckwaagen und an den Antriebskolben der beiden Maschinen werden die Zylinderhülsen elektromotorisch in Umdrehung versetzt. Die oberen festen Querhäupter werden bei beiden

Abb. 53. Sondermaschine zur Untersuchung von Kontroll- und Prüfgeräten für 600000 kg Druck. 600000 kg-Kontroll-Druckkörper.

Maschinen elektromotorisch in die gewünschte Höhe verfahren. In der 600 t-Maschine ist die schwere, obere Druckplatte kugelig gelagert, kann aber durch drei Stellschrauben in einer bestimmten Lage festgelegt werden. Bei der 300 t-Maschine werden Geräte mit mehr als 100 t Höchstlast durch die beiden Querhäupter hindurchgeführt und in diesen in Kugelschalen beweglich gelagert. Für Geräte bis zu 100 t Höchstlast sind die auf dem Lichtbilde sichtbaren, geschlossenen Spannköpfe bestimmt, die in den Querhäuptern in Paßführungen unbeweglich festgelegt sind. Die kugelige Lagerung ist in den Spannköpfen vorgesehen. Zur Erreichung einer eindeutigen Nullanzeige genügt bei der 600 t-Maschine das Gewicht des Antriebskolbens, das an der jeweils angeschlossenen Druckwaage sauber ausgewogen wird. An der 300 t-Maschine mußte eine besondere Einrichtung geschaffen werden, die mechanisch oder hydraulisch den Antriebskolben, das unter ihm liegende Querhaupt, die beiden Zugstangen, das Einspannquerhaupt und die Einspannstücke anhebt und darüber hinaus in dem Antriebszylinder noch einen gewissen Druck erzeugt, der dann an der eingeschalteten Druckwaage ausgewogen werden kann. Gewählt wurde eine mechanische Anhebevorrichtung in Form eines zweiarmigen Hebels mit der sehr kleinen Übersetzung 1:3 und Schneidenübertragung an allen Punkten (Abb. 51 links unten). Die Lösung ist übersichtlicher und zuverlässiger als eine hydraulische Anhebevorrichtung. Damit an dem nach unten wirkenden Antriebskolben der 300 t-Maschine jede Möglichkeit für das Auftreten einer Seitenkraft ausgeschlossen ist, überträgt der Kolben die Kraft auf das unter ihm liegende Querhaupt nur durch eine Kugel. Im Ruhezustande der Maschine, sowie beim Ein- und Ausbau von Geräten und bei den Versuchsvorbereitungen sind die beiden Verbindungsstangen zwischen den Querhäuptern durch Führungsringe in der in Fußbodenhöhe liegenden Grundplatte gehalten, und das Einspannquerhaupt ist mit Exzenterrollen an den Maschinensäulen festgelegt. Vor Beginn einer Untersuchung werden die beiden Führungsringe herausgehoben und unter dem Querhaupte mit Bajonettverschluß an den Stangen verriegelt (Abb. 52, vordere Verbindungsstange), und die beiden Exzenterrollen werden von den Säulen abgeklappt, so daß sämtliche Zugglieder ohne jede Führung und damit ohne Reibungsmöglichkeit arbeiten. Die Zugmaschine hat in Verbindung mit der rechten Druckwaage, die einen Differenzkolben kleineren Querschnittes besitzt, 300 t und mit der linken Druckwaage, deren zylindrischer Kolben fünfmal so großen Querschnittes einen vollkommen frei hängenden Umführungsrahmen trägt, 60 t Höchstlast. Bei der Druckmaschine sind die entsprechenden Werte 600 und 120 t. An beiden Druckwaagen ist wieder den von Hand aufzusetzenden Gewichtscheiben der Vorzug gegeben worden vor anderen Lösungen, die bequemer, aber unübersichtlicher sind.

Auch bei diesen beiden Sondermaschinen wäre an sich wieder der schon mehrfach erwähnte Mangel vorhanden, daß beim Aufsetzen einer weiteren Gewichtscheibe infolge der Massenbeschleunigung die Belastung die gewünschte Höhe zunächst überschreiten würde oder daß bei vorsichtigerem Arbeiten — teilweiser Entlastung, Auflegen der nächsten Scheibe und langsamem Anheben — infolge der Massenträgheit der Meßkolben erst bei einem kleinen Überdrucke zu steigen begänne, d. h. daß die gewollte Belastung ebenfalls zunächst überschritten würde. Diese Schwierigkeit hat die Firma Mohr u. Federhaff durch eine sehr geschickte und in jeder Hinsicht einwandfreie Lösung überwunden. An dem Gehänge jeder Druckwaage greift ein kleines Neigungspendel an, das — mit dem vom Antriebszylinder kommenden Drucke zusammenwirkend — den Meßkolben schon anhebt, bevor der Druck dem jeweiligen Gewichte des Gehänges entspricht, d. h. bevor die gewünschte Belastungsstufe erreicht ist. Sobald der Meßkolben einige Millimeter gestiegen ist, bleibt das Neigungspendel stehen und berührt während der weiteren Bewegung des Meßkolbens das Gehänge überhaupt nicht mehr. Damit bei der Einleitung der Hubbewegung keine Schwingungen auftreten, sind beide Pendel noch mit Öldämpfern ausgerüstet. Infolge dieser Vorrichtung wird bei allen Untersuchungen in beiden Maschinen jede beliebige Belastungsstufe mit langsam steigender Belastung von unten her eingestellt und niemals eine gewünschte Belastungsstufe vor der endgültigen Einstellung auch nur um den geringsten Betrag überschritten. Auch in jeder anderen Beziehung haben diese beiden Sondermaschinen in den ersten drei Betriebsjahren meßtechnisch vollkommen einwandfrei gearbeitet.

Gleichzeitig mit diesen Maschinen ist in den Jahren 1935/36 von der Firma G. Wazau Berlin-Tempelhof eine Sondermaschine für 60 t Höchstlast nach dem gleichen Meßgrundsatze gebaut worden.

3. Untersuchungsverfahren für Kontroll- und Prüfgeräte.

Für das im Einzelfalle zu wählende Prüfverfahren können neben allgemeinen Richtlinien, die für diese ganze Gruppe von Untersuchungen gelten, auch noch besondere Bedingungen maßgebend sein, die nur für bestimmte Geräte oder in Sonderfällen — auf Wunsch des Besitzers, unter Berücksichtigung des Verwendungszweckes, in stehender oder liegender Anordnung u. ä. — zu beachten sind.

Grundsätzlich muß die Untersuchung den ganzen Verwendungsbereich des Gerätes umfassen, also die niedrigste und die höchste Belastungsstufe enthalten, für die das Gerät benutzt werden soll. Bei der erstmaligen Untersuchung empfiehlt sich eine angemessene Überlastung, damit man die Sicherheit hat, daß das Gerät nicht zu hoch beansprucht ist. Die Abteilung Meßwesen des St. M.P.A. Berlin-Dahlem überlastet die eigenen Geräte um 10%. Den zu untersuchenden Bereich unterteilt man in 10 bis 12 Belastungsstufen, die man tunlichst so wählt, daß sie der späteren Benutzung des Gerätes angepaßt sind, daß sie sich auf den vorhandenen Sondermaschinen ohne Schwierigkeiten einstellen lassen und daß der Zuwachs von Stufe zu Stufe gleich ist. Damit man die niedrigsten Belastungsstufen genau erhält und die dem Gerät eigentümlichen Eigenschaften gerade in diesem naturgemäß empfindlichsten und unsichersten Teile des ganzen Verwendungsbereiches klar erkennt, nimmt man unterhalb der niedrigsten gewünschten Stufe noch eine kleinere Last und schaltet nach der ersten und zweiten der 10 bis 12 gleichen Belastungsstufen noch je eine Zwischenstufe mit dem halben Zuwachs ein. Bei allen für die Prüfung von Kugeldruckpressen und Härteprüfern bestimmten Geräten müssen außerdem die dabei wesentlichen besonderen Prüflasten, wie 15,625—31,25—62,5 kg usw., als Belastungsstufen bei der Untersuchung genommen werden, besonders bei Geräten mit einem Manometer oder einer Meßuhr als Anzeigevorrichtung. Für die hiernach sich ergebenden Belastungsstufen führt man die Untersuchung in mehreren Versuchsreihen durch, deren Zahl sich nach den Ergebnissen richtet. Die öfter erörterte Frage, ob drei oder fünf Versuchsreihen richtiger sind, ist — mindestens — als müßig zu bezeichnen. Denn einerseits dauert eine solche Reihe nur wenige Minuten, andererseits bietet bei unveränderten Versuchsbedingungen und gleichmäßigen Werten eine größere Zahl von Versuchsreihen keinerlei Vorteile. Man sollte wenigstens drei Reihen nehmen, um von Zufällen unabhängig zu sein, im übrigen aber den Hauptwert darauf legen, die Reihen so genau und sorgfältig wie möglich durchzuführen und die Versuchsbedingungen zweckmäßig zu ändern. Gerade der nach der Bauart des einzelnen Gerätes richtig gewählte Wechsel der Versuchsbedingungen ist für die Beurteilung des Gerätes wichtig. Denn bei unverändertem Einbauzustand erhält man in einer hintereinander durchgeführten Gruppe von Versuchsreihen häufig auch dann gleichmäßige Werte, wenn das Gerät nicht als zuverlässig bezeichnet werden kann. Meßdosen, Kraftprüfer mit Quecksilberfüllung und solche Prüfgeräte mit Meßuhr, bei denen das ganze Gerät einschließlich Meßuhr fertig zusammengebaut verpackt und aufbewahrt wird, nimmt man nach einigen Versuchsreihen aus der Prüfmaschine heraus, macht sie versandfertig, ändert, wie dies beim Verschicken und Aufbewahren auch geschieht, mehrfach die Lage des Versandkastens und setzt dann mit neuem Einbau die Untersuchung fort. Werden für den Versand und die Aufbewahrung des Gerätes einzelne Teile — Meßuhr, Übersetzungshebel, Hilfsbügel — ausgebaut, so genügt es, wenn man nach einigen Reihen diese Teile ausbaut und von neuem einsetzt. Bei allen Kontrollgeräten, an denen die Formänderung mit dem Martensschen Spiegelfeinmeßgeräte gemessen wird, setzt man nach zwei einwandfreien Reihen die Spiegelapparate um, d. h. man tauscht, ohne an der Lage des Kontrollgerätes und der Meßfedern etwas zu ändern, die beiden Spiegelapparate gegeneinander aus und dreht nach einer weiteren Reihe ohne Änderung des Meßgerätes das Kontrollgerät um 180° (bei zwei Meßstellen) oder um 90° (bei vier Meßstellen). Außerdem empfiehlt es sich bei allen Prüfgeräten, unmittelbar vor einer der Versuchsreihen das Gerät ohne Ablesungen mehrere Male bis zu seiner Höchstlast vorzubelasten und die letzte Versuchsreihe einer Gruppe am folgenden Tage durchzuführen, ohne daß an dem Geräte gegenüber dem Zustande bei der vorletzten Reihe irgend etwas geändert worden ist. Ergeben sich nach einem solchen Wechsel der Versuchsbedingungen nicht die gleichen Werte wie vorher, so muß man durch Wiederholung der entsprechenden Änderung die Ursache der Unstetigkeiten aufklären. Jede Versuchsreihe muß von dem vollständig unbelasteten Zustande des Gerätes ausgehen und mit ihm aufhören. Einige Reihen führt man bei steigender und fallender Belastung in denselben Stufen durch, wobei darauf zu achten ist, daß bei fallender Belastung jede Stufe „von oben her", also bei langsam sinkender Belastung, eingestellt werden muß, ebenso wie bei jeder Untersuchung mit steigender Belastung jede Stufe „von unten her", also bei langsam zunehmender Belastung, anzusteuern ist.

Die während der Untersuchung aufgenommene Niederschrift enthält für den unbelasteten Zustand vor und nach jeder Reihe und für alle untersuchten Stufen die Ablesungen a an der Anzeigevorrichtung des Gerätes, für die Belastungsstufen die Änderungen A dieser Ablesungen a gegenüber der Nullablesung vor Beginn der Reihe und den Ablesungsrest, d. h. die Nullablesung nach Beendigung der Reihe vermindert um die Nullablesung vor Beginn der Reihe.

Über die Bewertung dieser Ablesungsreste gehen die Meinungen heute noch weit auseinander. Der Rest kann — abhängig von äußeren Umständen und von Eigentümlichkeiten des betreffenden Gerätes — aus ganz verschiedenen und zum Teil aus mehreren Ursachen gleichzeitig entstehen. Zu hohe Beanspruchung, mangelnder Kraftschluß oder Lagenänderung einzelner Teile, Unstetigkeiten in der Nullanzeige, kleine Unterschiede bei an sich ordnungsmäßigem Zusammensetzen des Gerätes, Rutschen einzelner Teile infolge von Erschütterungen oder schnellem Lastwechsel, Temperatureinflüsse können Gründe für Restbildungen sein. Sehr oft wird man bei Prüfgeräten nicht klar erkennen können, worauf im Einzelfalle ein Rest zurückzuführen ist. Bei den Kontrollgeräten weiß dagegen ein geübter Beobachter sofort die Ursache und kann daher bei den weiteren Versuchsreihen Restbildungen vermeiden. In allen Fällen sind aber für die Auswertung die Reihen nicht zu verwenden, bei denen der Rest das als zulässig anzusehende Maß überschreitet. Für Prüfgeräte läßt sich dieses zuzulassende Maß nicht allgemein festlegen, weil es von dem mehr oder weniger einwandfreien Arbeiten des Gerätes selbst abhängt. Man wird sich also nach den kleinsten Resten richten müssen, die man mit dem betreffenden Geräte bei sorgfältiger Versuchsausführung überhaupt erzielt. Bei dem sicherer und zuverlässiger arbeitenden Kontrollgeräte werden im St. M.P.A. Berlin-Dahlem möglichst alle Reihen ausgeschieden, bei denen der Rest 0,1 % des bei der Höchstlast gemessenen Formänderungswertes überschreitet. Vollkommen abwegig ist es, den Rest rechnerisch berücksichtigen und dic verdorbenen Reihen auf diese Art verwendbar machen zu wollen. Selbst in dem einfachsten Falle, bei reinen „Temperaturresten", ist die gleichmäßige Verteilung des Restes auf die einzelnen Stufenwerte nicht im entferntesten berechtigt, weil die Voraussetzung dafür niemals zutrifft. Die Raumtemperatur ändert sich während der Dauer einer Reihe nicht so stetig und die Auswirkung der Temperaturänderung auf die Meßergebnisse ist ebenfalls nicht so gleichmäßig. Bei den Kontrollgeräten, bei denen die in verschiedenen Versuchsreihen für die gleiche Belastungsstufe beobachteten Ablesungen an sich sehr gut übereinstimmen, kann man an den Abweichungen deutlich sehen, wann eine Restbildung begonnen und wie sie sich — stetig oder unstetig — weiterentwickelt hat.

Für die Auswertung der Ergebnisse bildet man — nach Ausscheidung der infolge zu großer Reste nicht verwendbaren Reihen — die Mittelwerte A_m, rechnet für jede Belastungsstufe die Streuung der Beobachtungswerte $A_{\max}—A_{\min}$ in Ablesungseinheiten und $\frac{A_{\max}-A_{\min}}{A_m} \cdot 100$ in Prozent von A_m aus und bestimmt die Werte $\varDelta A_m$ für die Stufen gleichen Lastzuwachses und $q \cdot \frac{A_m}{P}$ für alle Stufen. Die an sich beliebige Zahl q wählt man meistens gleich der t- oder kg-Zahl der niedrigsten Belastungsstufe, jedenfalls nicht größer als diese. Hat man also ein 50 t-Prüfgerät in den Stufen 2,5 — 5 — 7,5 — 10 — 12,5 — 15 und weiter um je 5 t steigend bis 50 t untersucht, so bildet man die $\varDelta A_m$-Reihe für je 5 t und nimmt $q = 2{,}5$, bestimmt also die 2,5. A_m/P_t-Reihe. Diese beiden Gruppen von Werten, $\varDelta A_m$ und $q \cdot \frac{A_m}{P}$, trägt man in geeigneten Maßstäben als Ordinaten zu den Belastungsstufen als Abszissen auf. Aus den beiden Schaubildern, den Streuungen und den während der Untersuchung unmittelbar gewonnenen Eindrücken, sowie aus den Beobachtungen nach den Wechseln der Versuchsbedingungen wird ein geübter Prüfer ein ganz sicheres Urteil über das untersuchte Gerät gewinnen und die eingangs aufgestellten Fragen ohne weiteres beantworten können. Bei der Wertung der Streuungen ist jedoch Vorsicht geboten, wenn man nicht ganz sicher ist, daß die benutzte Prüfeinrichtung gleichmäßig und fehlerfrei arbeitet und auch die Versuchsausführung — Einstellung der Belastungsstufen, Bedienung des Gerätes und Ablesung der Anzeigen — einwandfrei war. Grundsätzlich sollte stets der Prüfer selbst die Ergebnisse auswerten und zwar sogleich nach Schluß der Untersuchung. Bis zur Fertigstellung der Auswertung und der Beurteilung des Gerätes bleibt dieses unverändert in der Prüfeinrichtung, damit der Prüfer in Zweifelsfällen bestimmte Fragen schnell durch ergänzende Versuche klären kann. Etwaige Unstetigkeiten in den Schaubildern darf man bei Prüfgeräten mit einem Manometer oder einer Meßuhr bei der Festlegung der Sollwerte nicht ausgleichen, weil sie — außer auf Ablesefehler — in der Hauptsache auf Unregelmäßigkeiten im Triebwerke dieser Meßgeräte zurückzuführen und infolgedessen dem betreffenden Prüfgeräte eigentümlich sind.

Bei den Kontrollgeräten müssen dagegen die Schaulinien an sich stetige Kurven ergeben, weil weder die Formänderungen Unregelmäßigkeiten aufweisen, noch solche durch das Meßverfahren hineinkommen können. Hier sind also die Unstetigkeiten der Linienzüge lediglich darauf zurückzuführen, daß den Ablesungen wegen der Schätzung der Teilungszehntel noch gewisse Fehler anhaften, die in dem Mittelwert um so stärker in die Erscheinung treten, je weniger Versuchsreihen zur Auswertung benutzt worden sind. Man muß also bei allen Kontrollgeräten die beiden entsprechenden Linienzüge der $\varDelta\lambda$- und der $q \cdot \frac{\lambda}{P}$-Werte durch eine den Beobachtungswerten möglichst angepaßte, aber stetige Kurve ausgleichen und aus dieser die Sollwerte bestimmen.

Für Kontroll-Zugstäbe hat JENSCH[1] ein besonderes, sehr genaues und in der Anwendung einfaches Ausgleichsverfahren entwickelt. Die Erkenntnis der systematischen Fehler des MARTENSschen Spiegelfeinmeßgerätes ermöglichte es ihm, aus den beobachteten die wahren Formänderungen zu ermitteln. An ihnen

---

[1] JENSCH, G.: Mitteilungen aus dem Materialprüfungsamt zu Berlin-Dahlem (1921) Heft 3 und 4, S. 187f.

konnte er die Richtigkeit einer zunächst theoretisch abgeleiteten Beziehung zwischen den federnden Dehnungen und den Spannungen nachweisen. Bedeutet

ε die Dehnung der Längeneinheit,

λ die Gesamtdehnung für die Meßstrecke l_0,

$\sigma = \frac{P}{F_0}$ die Spannung, bezogen auf den Anfangsquerschnitt und

$E_0 = \frac{1}{\alpha_0}$ den Elastizitätsmodul für den Beginn der Belastung,

so gilt für Kontroll-Zugstäbe die Gleichung

$$\varepsilon = \alpha_0 \cdot \sigma_0 + n \cdot \alpha_0^2 \cdot \sigma_0^2 + \cdots$$

oder

$$\lambda = \frac{P \cdot l_0}{E_0 \cdot F_0} + n \frac{P^2 \cdot l_0}{E_0^2 \cdot F_0^2} + \cdots.$$

Die weiteren Glieder der Reihe sind wegen ihrer sehr geringen Größe zu vernachlässigen.

Die Zahl n ist für den einzelnen Kontroll-Zugstab ein Festwert, der angibt, in welchem Maße die λ-Kurve von der HOOKEschen geraden Linie abweicht, um wieviel also der Elastizitätsmodul (kg/mm²) abnimmt, wenn die Spannung um 1 kg/mm² wächst. Wie neuere Forschungen von W. KUNTZE[1] erwiesen haben, ist diese Abweichung eine Folge innerer Spannungen, die auf die Vorbehandlung zurückzuführen und auch durch natürliche oder künstliche Alterung niemals vollständig zu beseitigen sind. Der Wert n gibt also ein Maß für die Größe der inneren Spannungen und damit für die Brauchbarkeit des Kontroll-Zugstabes. Bei allen Stäben, die sich bewährt haben, ist $n > 4 < 7$. Aus der obigen quadratischen Gleichung für λ folgt, daß die $\Delta\lambda$-Kurve eine gerade Linie sein muß. Damit ist das Verfahren gegeben, nach dem man nicht allein eine einzelne Untersuchung eines Kontroll-Zugstabes auswerten, sondern auch zwei Untersuchungen desselben Stabes, die mit verschiedenen Ansetzlasten durchgeführt worden sind, vergleichen kann. Aus den Mittelwerten λ_m der Beobachtungswerte berechnet man nach dem in Unterabschnitt C2b eingehend dargelegten Verfahren die wahren Formänderungen λ'_m, bildet die $\Delta\lambda'_m$- und die $q \cdot \frac{\lambda'_m}{P}$-Werte und trägt diese als Ordinaten zu den Belastungsstufen als Abzissen auf. Die $\Delta\lambda'_m$-Werte gelten für den ganzen Abschnitt des betreffenden Belastungszuwachses, also für die ganze Länge zwischen den beiden, diesen Belastungszuwachs begrenzenden Ordinaten. Sie müßten demnach eigentlich als Linien gleichlaufend zur Abszissenachse von der unteren zu der oberen Begrenzungsordinate des betreffenden Zuwachses eingetragen werden. Statt dessen kann man die $\Delta\lambda'_m$-Werte als Punkte in der Mitte zwischen den beiden zugehörigen Ordinaten auftragen. Die $q \cdot \frac{\lambda'_m}{P}$-Werte sind dagegen Punkte der zu der betreffenden Belastungsstufe gehörigen Ordinate. Der geradlinige Ausgleich der beiden Linienzüge liefert für die Sollwerte eine quadratische Gleichung von der Form

$$\lambda'_s = A \cdot P_{qt} + B \cdot P_{qt}^2 ,$$

aus der man für jede gewünschte Belastungsstufe innerhalb des untersuchten Bereiches und für jede Breite von Spiegelschneiden die endgültigen Sollwerte λ_s berechnen kann. Schneidet die Ausgleichsgerade der $\Delta\lambda'_m$-Linie auf der Ordinatenachse die Strecke I und auf der Ordinate des Höchstlastpunktes die Strecke II ab, so ist der Wert $A = I$ und der Wert $B = \frac{II - I}{2 \cdot x}$, worin x die Anzahl der gleich

[1] KUNTZE, W.: Z. Metallkde. 1928, Heft 4, S. 145f.

großen Belastungsstufen bedeutet. Sind für die $q \cdot \frac{\lambda'_m}{P}$-Linie III und IV die entsprechenden Abschnitte auf der Ordinatenachse und der Ordinate des Höchstlastpunktes, so ist $A = III$ und $B = \frac{IV - III}{X}$. Der Abschnitt auf der Ordinatenachse muß bei beiden Ausgleichsgeraden der gleiche sein, während die Steigung bei der $\Delta \lambda'_m$-Linie doppelt so groß ist, wie bei der $q \cdot \frac{\lambda'_m}{P}$-Linie. Der Wert q in dem Index für P und P^2 in der λ'_s-Gleichung bezeichnet, wie vorher, die niedrigste der Belastungsstufen gleichen Zuwachses. Bei der 10-stufigen Untersuchung eines 50 t-Stabes ist also $q = 5$. Die obige Gleichung würde in diesem Falle, in dem $\Delta \lambda'_m$ für 5 t und $5 \cdot \frac{\lambda'_m}{P}$ die aufgetragenen Werte wären, lauten $\lambda'_s = A \cdot P_{5\,t} + B \cdot P^2_{5\,t} = A \cdot P$ (für 5 t) $+ B \cdot P^2$ (für 5 t).

Zur Berechnung der λ'_s-Werte ist demnach der aus dem Ausgleich ermittelte Wert A mit den Ordnungszahlen 1, 2, 3 . . . bis x und der Wert B mit den Quadraten dieser Ordnungszahlen zu multiplizieren, wobei x wieder die Stufenzahl bedeutet. Aus λ'_s berechnet man die gewünschten Sollwerte λ_s für die gegebene Meßlänge und die Schneidenbreite der in Betracht kommenden Spiegelapparate, indem man nach dem bekannten Verfahren die beiden systematischen Fehler bestimmt und diese nun zu den λ'_s-Werten hinzuzählt, wie man sie vorher von den λ_m-Werten abgezogen hat, um die λ'_m-Werte zu erhalten. Aus dem Vergleiche zwischen den λ'_s- und den λ'_m-Werten ersieht man, ob der Ausgleich richtig gewählt worden ist.

Für Kontroll-Druckkörper lautet die entsprechende Gleichung

$$\lambda = \frac{P \cdot l_0}{E_0 \cdot F_0} - \frac{P^2 \cdot l_0}{E_0^2 \cdot F_0^2} - \cdots.$$

Die Auswertung wird also in der gleichen Art durchgeführt. Allerdings macht es sich, wie oben schon erwähnt, bei den Druckkörpern häufig störend bemerkbar, daß die Einflüsse der ungleichmäßigen Druckübertragung bis in die Meßstrecke hinein wirken. Das für eine einwandfreie Druckübertragung gültige Verfahren ist demgemäß nur anwendbar, wenn die Abstände der Endflächen von der Meßstrecke genügend groß sind. Nur, wenn diese Bedingung erfüllt ist, besteht aber auch die Sicherheit, daß die ermittelten Sollwerte in anderen Prüfpressen mit weniger günstigen Auflagerflächen ihre Geltung behalten.

E. Untersuchung von Prüfmaschinen[1].

1. Prüfvorschriften und Anforderungen an die Prüfgeräte.

Für die Fragen, welchen Weg man bei einer Untersuchung beliebiger Art einschlagen, welche Hilfsmittel man anwenden soll und welchen Zeitaufwand man einerseits opfern muß und andererseits verantworten kann, ist in jedem Falle allein der Zweck der Untersuchung bestimmend. Daß diese allgemeine Regel gerade auch für die Untersuchung von Prüfmaschinen ohne jede Einschränkung gilt, dessen muß sich eine amtliche Prüfstelle bewußt sein, wenn sie auf diesem Fachgebiete maßgebend sein und ihre Aufgabe verantwortlich erfüllen will. Für den in der Einleitung dieses Abschnittes (S. 54) schon kurz gekennzeichneten Zweck sind zunächst die Richtlinien zu beachten, die die einschlägigen Normenblätter der Deutschen Industrienormen enthalten. Das hierfür in erster Linie maßgebende neue Normenblatt DIN 1604 „Richtlinien für die Überwachung von Werkstoffprüfmaschinen", 2. Ausg. Mai 1938,

[1] Ermlich, W.: Kongreßbuch Zürich des Int. Verb. f. Materialprüfung 1932, S. 499f.

unterscheidet zwischen „Hauptuntersuchungen" und „Zwischenprüfungen". Für die Hauptuntersuchungen wird festgelegt,

in welchen Zeitabständen und bei welchen besonderen Anlässen sie notwendig sind,

welchen Bedingungen die Prüfstellen genügen müssen, die solche Untersuchungen vornehmen dürfen,

welche Nachprüfgeräte zu benutzen sind,

worauf sich die Untersuchung erstrecken und

was das über das Untersuchungsergebnis ausgefertigte Zeugnis enthalten muß.

Bezüglich der Zwischenprüfungen beschränken sich die Richtlinien auf die Festlegung

der Fristen,

der hierfür zugelassenen Prüfer und

der zu benutzenden Prüfgeräte.

In einem Schlußabschnitte behandelt das DIN-Blatt dann die für die vorliegende Betrachtung wesentlichen Punkte „Benutzungsbereich und Fehlergrenzen". Danach dürfen Prüfmaschinen, soweit sie für Abnahmeprüfungen oder für solche Prüfungen bestimmt sind, über deren Ergebnisse amtliche Zeugnisse oder Werkszeugnisse ausgestellt werden,

nicht unter $^1/_{10}$ der Maschinenhöchstlast benutzt werden, wenn sie nur einen Kraftbereich besitzen, und nicht unter $^1/_{25}$ der Maschinenhöchstlast, wenn sie mehrere Kraftbereiche haben.

Als zulässige Fehlergrenzen werden allgemein festgelegt:

$\pm 1\%$ bei allen statischen Zug- und Universal-Prüfmaschinen, Biege-Prüfpressen, Verdreh- und Härte-Prüfmaschinen, wenn Stahl und Nichteisenmetalle, Drähte, Draht- und Hanfseile, Holz, Leder, Papier und Textilien mit ihnen geprüft werden sollen und

$\pm 3\%$ bei allen Prüfmaschinen zur Untersuchung von Baustoffen (natürlichen und künstlichen Steinen, Zement und Beton),

bei Prüfmaschinen für Lastenketten gemäß DIN 685 „Geprüfte Ketten",

bei Prüfmaschinen für Schiffsketten und -anker und

bei Federprüfmaschinen.

In einer Bemerkung zu dieser Ziff. 17 des DIN-Blattes wird aber darauf hingewiesen, daß Vorschriften, die eine größere Genauigkeit verlangen, durch diese allgemeinen Richtlinien nicht aufgehoben werden. Solche Ausnahmen bestehen schon für mehrere Gruppen von Prüfmaschinen und auch für bestimmte Arten von Prüfungen:

Statt der Fehlergrenzen von $\pm 3\%$ schreibt das hierfür maßgebende Normenblatt DIN 1164 „Portlandzement, Eisenportlandzement, Hochofenzement" vom April 1932 vor:

$\pm 1{,}5\%$ bei den Zement-Prüfpressen und

$\pm 1\%$ bei den Zug-Prüfmaschinen für Zementproben. Ebenso werden statt der Fehlergrenzen von $\pm 3\%$ von den für die Versuchsausführung verantwortlichen Abnahmestellen für die Prüfung einiger Fertigerzeugnisse engere Fehlergrenzen angeordnet, z. B.

$\pm 1\%$ bei Prüfmaschinen für Lastenketten, wenn diese Ketten für wichtige Fahrzeugkupplungen bestimmt sind, und

$\pm 1\%$ bei Feder-Prüfmaschinen in Sonderfällen.

Wie sich hieraus ergibt, lassen sich die als zulässig anzusehenden Fehlergrenzen weder für die Prüfmaschinen noch für die Versuchsarten allgemein regeln. Sie können auch nicht — wie irrtümlich oft angenommen oder behauptet wird — von den die Prüfmaschinen untersuchenden amtlichen Prüfstellen festgesetzt werden. Hierüber haben vielmehr in jedem einzelnen Falle ausschließlich die Stellen zu entscheiden, die für die zu prüfenden Werkstoffe, Halbfertig- und Fertigerzeugnisse die Verantwortung übernehmen sollen. Sie können dabei von den amtlichen Prüfstellen nur insofern beraten werden, als diese auf Grund ihrer Erfahrungen beurteilen können, ob die in Gebrauch befindlichen Prüfmaschinen den gewünschten Anforderungen überhaupt genügen können.

Für die Untersuchung einer bestimmten Prüfmaschine muß der Prüfer also zunächst wissen, für welche Werkstoffe und Versuchsarten die Prüfmaschine benutzt wird und welche Abnahmevorschriften für die auf ihr auszuführenden Versuche gelten.

Unter Berücksichtigung der im Einzelfalle zu beachtenden Vorschriften soll sich die Untersuchung einer Prüfmaschine auf

die Genauigkeit,
die Zuverlässigkeit und
die Empfindlichkeit

des Belastungsmessers oder der Belastungsanzeige der Prüfmaschine erstrecken und gleichzeitig noch darüber Aufschluß geben,

ob die zu der Prüfmaschine oder ihrem Belastungsmesser gehörigen Hilfsvorrichtungen — Schleppzeiger, Schaulinienzeichner, Dehnungsmesser, Sperrklinken, Prüfkugeln, Diamantprüfspitzen, Tiefenmesser, Projektionsapparat — einwandfrei arbeiten und infolgedessen unbedenklich und ohne Einschränkung benutzt werden können,

ob das Versuchsstück genügend genau mittig beansprucht wird und

ob der Antrieb den allgemein zu stellenden Anforderungen genügt.

Die drei Haupteigenschaften bedürfen einer eindeutigen Begriffsbestimmung:

Die „Genauigkeit der Belastungsanzeige" einer Prüfmaschine bedeutet den Grad der Übereinstimmung zwischen der auf ein Versuchsstück tatsächlich zur Wirkung kommenden und der von dem Belastungsmesser der Prüfmaschine in dem gleichen Augenblick angezeigten Kraft. Die Abweichung von dieser Übereinstimmung zwischen der wirklichen und der angezeigten Belastung — also die Ungenauigkeit — nennt man den „Fehler der Belastungsanzeige".

Die „Zuverlässigkeit der Belastungsanzeige" einer Prüfmaschine bezeichnet die Unveränderlichkeit der Genauigkeit während einer längeren Zeitdauer.

Die „Empfindlichkeit des Belastungsmessers" ist die Eigenschaft, die gewährleistet, daß bei jeder größeren oder kleineren Zu- oder Abnahme der wirklichen Belastung des Versuchsstückes die Änderung der Belastungsanzeige der Änderung der wirklichen Belastung sofort und in der richtigen Größe folgt.

Über die Begriffsbestimmung und die Bedeutung dieser drei Grundeigenschaften muß der Prüfer und der Benutzer einer Prüfmaschine die gleiche, eindeutige und klare Vorstellung haben, wenn die Untersuchung ihr eigentliches Ziel erreichen, d. h. wenn der Benutzer der Prüfmaschine bei seinen Betriebs- oder Abnahmeversuchen den Wert seiner Ergebnisse richtig und sicher beurteilen soll.

Die Genauigkeit der Belastungsanzeige wird mit der Festlegung der zulässigen Fehlergrenze — wie oben gezeigt — durch die einschlägigen DIN-Blätter geregelt oder von den verantwortlichen Abnahmestellen vorgeschrieben. Von der Genauigkeit sprechen infolgedessen alle Beteiligten; sie erscheint als die wichtigste, ja sogar als die einzige Eigenschaft, die bei den Prüfmaschinen Bedeutung hat. Die Herstellerwerke betonen in ihren Anpreisungen die Genauigkeit und überbieten sich — zum Nachteile für die Sache — gegenseitig, indem sie Prüfmaschinen mit vielen Kraftbereichen ausrüsten und in jedem Kraftbereiche von $^1/_{10}$ seiner Höchstlast an eine Genauigkeit von $\pm 1\%$ gewährleisten. Die Käufer der Prüfmaschinen haben meist nur von Abnahmebestimmungen und Genauigkeit gehört und bevorzugen das Herstellerwerk, das ihnen für die kleinsten

Kräfte noch die größte Genauigkeit — für die Dauer von 6 Monaten — gewährleistet. Die Abnahmebeamten fragen vielfach nur nach der Genauigkeit und arbeiten bedenkenlos mit der Prüfmaschine, wenn die vorgeschriebene Genauigkeit von einer dafür zugelassenen Prüfstelle innerhalb der in ihren Bestimmungen angegebenen Frist festgestellt worden ist. Und selbst die Prüfstellen sind fast durchweg zufrieden, wenn die Genauigkeit sogar nur innerhalb der bei den Betriebsversuchen gebrauchten Belastungsgrenzen am Tage der Untersuchung den innezuhaltenden Bedingungen genügt. Ohne sich über die Begriffe und die Bedeutung im klaren zu sein, unterstellt man die Genauigkeit einer Prüfmaschine, die man bei einer Untersuchung oder Zwischenprüfung einmal ermittelt hat, längere Zeit als Zuverlässigkeit, weil stets die gleiche Genauigkeit bei allen Betriebsversuchen als erwiesen angenommen wird. Da die Genauigkeit von allen Seiten so in den Vordergrund gerückt wird, die Zuverlässigkeit aber unerwähnt bleibt, wird häufig ein Monteur bei der Aufstellung oder Überholung einer Prüfmaschine die Belastungsanzeige auf irgendeine Art auf Kosten der Zuverlässigkeit soweit ändern, daß sie den gewünschten Genauigkeitsgrad im Augenblick erreicht. Er wird aber, wenn er den die Belastungsanzeige störenden Mangel der Prüfmaschine nicht gleich wahrnimmt, die eigentliche Ursache der beobachteten Fehler der Belastungsanzeige nicht zeitraubend suchen. Ebenso wird er oft, wenn er die eigentlichen Mängel auch erkannt hat, die gründliche Instandsetzung als zu langwierig und kostspielig vermeiden.

Im Gegensatze zu dieser allgemeinen Auffassung kommt der Genauigkeit der Belastungsanzeige einer Prüfmaschine eine untergeordnetere Bedeutung zu gegenüber der Zuverlässigkeit und sogar der Empfindlichkeit. Die Genauigkeit kennzeichnet einen augenblicklichen Zustand, nicht aber eine der Prüfmaschine oder ihrem Belastungsmesser eigentümliche Eigenschaft. Ihre Feststellung bietet nicht die geringste Sicherheit dafür, daß die ermittelte Genauigkeit nach einigen Tagen oder Wochen noch annähernd zutrifft. Die gewünschte Genauigkeit kann auch für den Augenblick mit sehr fragwürdigen Mitteln erreicht werden. Dagegen sind die Zuverlässigkeit und die Empfindlichkeit Eigenschaften, die der Prüfmaschine oder ihrem Belastungsmesser eigentümlich sind und von der Bauart, der Werkstattausführung, der Aufstellung, dem Standorte, der Wartung, der Inanspruchnahme und der Abnutzung abhängen. Dieser für die richtige Beurteilung von Prüfmaschinen außerordentlich wesentliche Unterschied zwischen Genauigkeit und Zuverlässigkeit sei an zwei Beispielen erläutert:

Bei einer 10 t-Zug-Prüfmaschine mit Laufgewichtswaage und einem Kraftbereiche habe der Fehler der Belastungsanzeige nach dem Ergebnisse der letzten Hauptuntersuchung in dem ganzen untersuchten Bereiche von 1 bis 10 t innerhalb der Grenzen von $\pm 0{,}3\%$ gelegen. Bei der ersten Zwischenprüfung nach einem Jahre sei der Fehler zunächst etwa mit 2% (zwischen 1,8 und 2,2% schwankend) und nach entsprechender Gewichtsänderung am Laufgewichte mit 0,4 bis 0,6% festgestellt worden. Diese Prüfmaschine würde allgemein als sehr genau angesehen werden, obwohl man nach der Fehlerentwicklung innerhalb des einen Jahres bestimmt damit rechnen müßte, daß der Fehler schon nach 3 bis 4 Monaten die 1%-Grenze wieder überschreiten würde.

Eine gleichartige Prüfmaschine habe dagegen bei der Hauptuntersuchung und den Zwischenprüfungen in den nächsten 3 Jahren ganz gleichmäßig einen Fehlerverlauf von $-1{,}2\%$ bei 1 t bis $+1{,}8\%$ bei 10 t geradlinig ansteigend gezeigt. Diese Prüfmaschine würde von allen Stellen als zu ungenau abgelehnt werden. Sie wäre aber sehr zuverlässig und böte die Sicherheit, daß der festgestellte Fehlerverlauf sich in der Zeit bis zur nächsten Zwischenprüfung nicht wesentlich ändern würde.

Es wäre demnach sachlich richtiger, man verlangte von den Prüfmaschinen einen hohen Grad der Zuverlässigkeit, schriebe aber bezüglich der Genauigkeit überhaupt nichts vor oder ließe wenigstens sehr weite Fehlergrenzen zu. Das ist indes praktisch nicht durchführbar. Denn die Zuverlässigkeit läßt sich zahlenmäßig nicht erfassen, kann also auch nicht genügend eindeutig in Bestimmungen umrissen und bei der einzelnen Hauptuntersuchung oder Zwischenprüfung festgestellt werden. Außerdem will man aber auch, um Irrtümer im Vorzeichen oder in der Größe bei der rechnerischen Berücksichtigung der Fehler auszuschließen, bei allen Betriebs- und Abnahmeversuchen die Belastungsanzeige der Prüfmaschine unmittelbar — ohne jede Umrechnung — verwenden können. Dann muß man naturgemäß den Genauigkeitsgrad so festlegen, daß er für alle in Betracht kommenden Versuche genügt. Man sollte aber stets dabei im Auge behalten, daß die Genauigkeit eine willkürlich gewählte, die Güte der Prüfmaschine in keiner Weise kennzeichnende Eigenschaft ist und daß die Genauigkeit ohne die Zuverlässigkeit überhaupt keinen Wert hat.

Ganz ähnlich liegen die Verhältnisse bezüglich der Empfindlichkeit der Belastungsmesser. Sie ist einerseits eine sehr wichtige und die Güte der Prüfmaschine kennzeichnende Eigenschaft. Denn bei unzureichender Empfindlichkeit hat der Belastungsmesser — besonders bei den niedrigeren Kraftbereichen — keine eindeutige Nullstellung, wodurch die Genauigkeit und die Zuverlässigkeit der Belastungsanzeige bei den unteren Belastungsstufen stark beeinträchtigt werden. Ein Absinken der wirklichen Belastung beim Nachgeben des Versuchsstückes macht sich an dem Belastungsmesser verspätet und nicht in der richtigen Größe bemerkbar. Der ungünstige Einfluß verschiedener Belastungsgeschwindigkeiten wirkt sich noch stärker aus, als dies bei einem empfindlichen Belastungsmesser derselben Bauart der Fall wäre. Der gleichen wirklichen Belastung entsprechen bei mehreren Versuchen nicht die gleichen Belastungsanzeigen. Auf der anderen Seite kann man aber den für ein einwandfreies Arbeiten erforderlichen Grad der Empfindlichkeit des Belastungsmessers bei den Prüfmaschinen nicht — wie etwa bei den Gewichtswaagen — zahlenmäßig so festlegen, daß man danach die Empfindlichkeit eindeutig nachprüfen könnte. Für die Unzuverlässigkeit und die Unempfindlichkeit lassen sich demnach keine zulässigen Grenzwerte festsetzen.

2. Gang der Untersuchung.

Diese Unwägbarkeiten und die außerordentliche Mannigfaltigkeit in den Bauarten und in der Durchbildung einzelner, im Grundgedanken gleichartiger Teile der Prüfmaschinen, ihrer Belastungsmesser und Hilfsvorrichtungen bringen es mit sich, daß sich für die Untersuchung der Prüfmaschinen niemals Regeln aufstellen lassen, nach denen jeder beliebige Prüfer eine Hauptuntersuchung oder auch nur eine Zwischenprüfung erfolgreich durchführen und über die Prüfmaschine ein der Sache dienliches Urteil gewinnen könnte. Einwandfreie Ergebnisse wird nur ein Beobachter erzielen, der nicht allein die allgemeinen Prüfverfahren und die Geräte genau kennt, sondern vor allen Dingen auch auf Grund langjähriger Erfahrungen weiß, was für Störungen bei den einzelnen Prüfmaschinenarten möglich sind, wie sie sich bemerkbar machen, worin sie ihre Ursache haben und wie sie zu beheben sind. Die verschiedenen Prüfverfahren, die für Hauptuntersuchungen vorgeschriebenen Kontrollgeräte und die für Zwischenprüfungen zugelassenen Prüfgeräte — beide mit den bei ihnen angewendeten Meßverfahren —, sowie die Hilfsmittel, mit denen diese Geräte untersucht werden können, und die Bestimmung der Sollwerte sind in den vorhergehenden Unterabschnitten besprochen worden. Die bis in die Einzelheiten gehende Behandlung dieser Verfahren und Geräte erschien geboten, weil die

Beherrschung dieser Dinge die Grundlage für jede Prüfmaschinenuntersuchung bildet, weil man in der Literatur hierüber nicht viel und das Wenige nur verstreut findet und weil man häufig beobachten kann, daß den Prüfern wichtige Einzelheiten davon unbekannt sind.

Die Versuchsausführung ist bei der Untersuchung einer Prüfmaschine an sich die gleiche, wie sie bei der Bestimmung der Sollwerte des betreffenden Gerätes angewendet worden ist. Alle in diesem Zusammenhange hervorgehobenen Punkte sind auch hierbei genau zu beachten. Die Belastungsreihen führt man zweckmäßig etwa in 10 Belastungsstufen durch, damit einerseits für die zur Auswertung zu benutzenden Schaubilder eine ausreichende Zahl von Punkten zur Verfügung steht und andererseits die Versuchsreihen mit Rücksicht auf Temperatureinflüsse und Zeitaufwand tunlichst kurz sind.

Besonders zu betonen ist, daß man grundsätzlich bei jeder Versuchsreihe von vollständig entlastetem Kontroll- oder Prüfgeräte (auf der einen Seite frei von dem Spannstücke der Prüfmaschine) ausgehen und nach Beendigung der Reihe ebenso weit entlasten muß. Die Verwendung einer sog. „Nullast" — einer Anfangsbelastung, von der man jede Belastungsreihe beginnt und auf die man nach der Reihe wieder zurückgeht — bedeutet zwar eine Erleichterung für einen Prüfer, der die Kontroll- und Prüfgeräte nicht sicher beherrscht. Sie ist aber grundsätzlich falsch und muß zu unbrauchbaren Ergebnissen führen. Denn alle Reibungswiderstände und andere Störungen, die den Belastungsmesser der Prüfmaschine von dem Belastungsbeginn an beeinflussen, müssen dem Prüfer verborgen bleiben, wenn er seine Messungen nicht mit völlig entlastetem Nachprüfgeräte beginnt.

Alle Belastungsreihen, bei denen der Ablesungsrest — der Unterschied zwischen der Nullablesung nach der Entlastung und der vor Beginn der Reihe — zu groß ist, dürfen für die Auswertung nicht benutzt werden. Die Grenzwerte, die man hierbei noch als zulässig ansehen soll, lassen sich nicht einheitlich festlegen. Sie richten sich nach dem in Betracht kommenden Nachprüfgeräte, weil die Ablesegenauigkeit an den Anzeigevorrichtungen der Geräte und die dem einzelnen Gerät eigentümlichen, also unvermeidlichen Streuungen sehr verschieden sind. Man sollte aber höchstens 0,2% des der Höchstlast entsprechenden Ablesungswertes als Rest zulassen und alle dieser Bedingung nicht genügenden Versuchsreihen ausscheiden. Aufgabe des Prüfers ist es, im Einzelfalle die Versuchsbedingungen so zu wählen, daß alle durch Temperaturänderungen und Erschütterungen entstehenden Störungen ausgeschaltet werden. Möglich ist dies in allen Fällen gewesen, obwohl Prüfmaschinenuntersuchungen unter den unwahrscheinlichsten Umständen — neben offenen Schmiedefeuern, in einseitig geschlossenen Rüsthallen, im Freien, in Gefrierkellern bei $+10°$, $0°$, $-10°$, auf Prüfschiffen — durchzuführen waren.

Zur Auswertung wird stets das Mittel aus mehreren — mindestens 3, möglichst 5 — Versuchsreihen gebildet, damit das Gesamtbild nicht von Zufallswerten zu stark beeinflußt wird. Der Vergleich dieser Mittelwerte mit den Sollwerten des Gerätes liefert unmittelbar den Fehler der Belastungsanzeige der untersuchten Prüfmaschine in Ablesungseinheiten oder in Kilogramm oder in Prozent. Bei der Berechnung und Angabe des prozentualen Fehlers muß man sich entscheiden, worauf der Fehler bezogen werden soll, damit hinsichtlich des Vorzeichens keine Irrtümer möglich sind. Von der Abteilung Meßwesen des St. M. P. A. Berlin-Dahlem ist der bei wissenschaftlichen Untersuchungen übliche Grundsatz übernommen worden, nach dem alle prozentualen Unterschiede stets auf das Soll bezogen werden. Der Fehler der Belastungsanzeige einer Prüfmaschine wird demgemäß bestimmt durch die Ausdrücke:

$$f\% = \frac{\lambda_m - \lambda_s}{\lambda_s} \cdot 100$$

bei der Benutzung eines Kontrollgerätes mit λ_m als Mittel- und λ_s als Sollwert,

$$f\% = \frac{A_m - A_s}{A_s} \cdot 100$$

bei der Benutzung eines Prüfgerätes mit A_m als Mittel- und A_s als Sollwert oder

$$f\% = \frac{P_w - P_a}{P_a} \cdot 100\,,$$

worin P_w die mit dem Nachprüfgeräte bestimmte, wirkliche und P_a die von dem Belastungsmesser der Prüfmaschine angezeigte Belastung bezeichnet. Das positive Vorzeichen bedeutet also, daß die auf das Versuchsstück wirklich ausgeübte Kraft größer ist, als die von dem Belastungsmesser der Prüfmaschine angezeigte Belastung.

Beschränken sich die Durchführung der Untersuchung und die Auswertung auf die Innehaltung dieser allgemeinen Richtlinien, so erhält man als Ergebnis ein Bild über die Genauigkeit der Belastungsanzeige der untersuchten Prüfmaschine, also nach den obigen Ausführungen ein Bild des augenblicklichen Zustandes, wie er zur Zeit der Untersuchung und unter der Voraussetzung der bei der Untersuchung angewendeten Bedingungen herrschte. Man gewinnt aber auf diese Art niemals ein Urteil darüber, ob überhaupt und wie lange das Ergebnis für die mit der Prüfmaschine vorzunehmenden Betriebsversuche Gültigkeit hat. Um das zu erreichen, muß man während der Untersuchung weitere Beobachtungen hinzunehmen und auch die Auswertung der zahlenmäßigen Ergebnisse gründlicher gestalten.

Zu Beginn der Untersuchung ermittelt man für jeden Kraftbereich der Prüfmaschine mit dafür (in ihrer Stärke) geeigneten Geräten in je zwei einwandfrei durchgeführten Versuchsreihen den Fehler der Belastungsanzeige $P_w - P_a$ in Prozenten von P_a. Diese Fehler trägt man sofort in zweckmäßig gewählten Schaubildern auf, die im Zusammenhange mit der Auswertung der Ergebnisse näher beschrieben werden. Die Beurteilung des Belastungsmessers nach den Schaubildern wird vorteilhaft ergänzt durch genaueste Beobachtung der ganzen Prüfmaschine und ihres Belastungsmessers sowie des Nachprüfgerätes während jeder Versuchsreihe. Nullpunktverschiebungen an dem Belastungsanzeiger der Prüfmaschine, Lagenänderungen oder Verformungen einzelner Teile des Belastungsmessers oder des Maschinenrahmens, Unstetigkeiten in der Änderung der Belastungsanzeige bei gleichmäßig steigender oder fallender Belastung, die Spannungsverteilung in dem Kontrollgeräte, Streuungen der für die gleiche Belastungsstufe in verschiedenen Versuchsreihen beobachteten Werte, räumliche Verschiebungen des Kontrollgerätes während der Be- und Entlastung u. a. m.; alle diese Erscheinungen sind für einen geübten Beobachter wesentliche Hinweise, aus denen er über die Zuverlässigkeit und Empfindlichkeit des Belastungsmessers und das Arbeiten der ganzen Prüfmaschine ein Urteil gewinnen kann und die ihm das Auffinden etwaiger Mängel sehr erleichtern. Ein Prüfer, der das Fachgebiet nicht beherrscht, bemerkt diese Dinge aber überhaupt nicht oder hält sie für nebensächliche oder Zufallserscheinungen. Genügt nach dem Bilde dieser Vorversuche die Prüfmaschine allen berechtigten Anforderungen oder hat man auf Grund der Vorarbeit die vorhandenen Mängel beheben lassen, so beginnt man die endgültige Untersuchung in dem niedrigsten Kraftbereiche der Prüfmaschine mit dem empfindlichsten (schwächsten) Nachprüfgerät. In diesem Zustande prüft man auch gleich den Einfluß, der gegebenenfalls durch den Wechsel der Kolbenstellung oder die Benutzung der verschiedenen Hilfsvorrichtungen — Schleppzeiger, Schaulinienzeichner, Dehnungsmesser, Sperrklinken — auf den Belastungsmesser ausgeübt wird. Die Untersuchung dieses Einflusses der Kolbenstellungen und der Hilfsvorrichtungen wird von vielen

Prüfstellen ganz vernachlässigt oder sehr oberflächlich behandelt. Sie ist aber oft von ausschlaggebender Bedeutung, weil bei den Betriebs- und Abnahmeversuchen verschiedene Kolbenstellungen oder der ganze Kolbenhub, sowie einzelne oder alle Hilfsvorrichtungen gebraucht werden. Andererseits ist die alleinige Untersuchung bei eingeschalteten Hilfsvorrichtungen ebenfalls unrichtig, weil dabei die dem Belastungsmesser eigentümlichen Eigenschaften von den Einflüssen der Hilfsvorrichtungen überdeckt werden und infolgedessen nicht klar zu erkennen sind. Nach Abschluß dieser gründlicheren Untersuchung des niedrigsten Kraftbereiches werden die übrigen Kraftbereiche durchgeprüft, wobei nur in dem höchsten Kraftbereiche bei den hierfür in Betracht kommenden Prüfmaschinen die Kolbenstellung noch einmal zu wechseln ist. Eine Untersuchung mit eingeschalteten Hilfsvorrichtungen erübrigt sich hier, soweit es sich nicht um solche handelt, die im niedrigsten Kraftbereiche nicht geprüft werden können (z. B. Schleppzeiger an stärkeren Manometern).

Die Empfindlichkeit prüft man, indem man unmittelbar nach der Ablesung für eine bestimmte Stufe die Belastung nach der Anzeige der Prüfmaschine um einen kleinen Betrag das eine Mal steigern und das andere Mal senken und danach die zuletzt beobachtete Stufe von neuem genau einstellen läßt. Bei der Bewertung der sich hierbei ergebenden Ablesungsunterschiede ist man naturgemäß davon abhängig, daß das benutzte Nachprüfgerät für die gleiche wirkliche Belastung stets die gleiche Ablesung liefert, auch wenn zwischen den beiden aufeinander folgenden Beobachtungen die wirkliche Belastung gesteigert oder gesenkt worden ist. Außerdem muß die betreffende Belastungsstufe in allen Fällen mit der gleichen Sorgfalt und Genauigkeit eingestellt und für die Dauer der Ablesung unverändert gehalten worden sein.

Um die Reibungsverhältnisse des Belastungsmessers einer Prüfmaschine klarer zu erkennen und von anderen Einflüssen zu trennen, verwendet man zuweilen mit gutem Erfolge die Prüfung bei steigender und fallender Belastung. Bei einigen Versuchsreihen in jedem Kraftbereich entlastet man nach der Durchführung einer Belastungsreihe bis zu der jeweiligen Höchstlast das Nachprüfgerät nicht sofort, sondern stellt die gleichen Belastungsstufen, die man bei steigender Belastung beobachtet hat, nach dem Belastungsmesser der Prüfmaschine nun auch bei fallender Belastung ein und liest hierfür wieder die Anzeigen des Nachprüfgerätes ab. Wesentlich ist, daß die einzelnen Belastungsstufen vor diesen Einstellungen bei fallender Belastung niemals unterschritten werden, wie ja umgekehrt vor den Einstellungen bei steigender Belastung die Überschreitung vermieden werden muß. Der Unterschied zwischen den bei steigender und den bei fallender Belastung beobachteten Anzeigen des Nachprüfgerätes soll dann — umgerechnet in Kilogramm — den doppelten Reibungswiderstand ergeben, der bei der betreffenden Belastungsstufe in dem Belastungsmesser der Prüfmaschine bei den gewählten Versuchsbedingungen herrscht. Tatsächlich wird dies jedoch nur zutreffen,

wenn das benutzte Nachprüfgerät bei seiner Untersuchung mit unmittelbarer Gewichtsbelastung für dieselben wirklichen Belastungen bei steigender und fallender Belastung die gleichen Anzeigen liefert,

wenn die Einstellung bei steigender und fallender Belastung gleichmäßig sauber gelingt,

wenn alle Reibungswiderstände, die in dem Belastungsmesser der Prüfmaschine auftreten können, in dem gleichen Sinne wirken und

wenn die in dem gleichen Sinne wirkenden Reibungswiderstände bei steigender und fallender Belastung die gleichen absoluten Beträge (mit verschiedenen Vorzeichen) annehmen.

Diese Voraussetzungen werden jedoch oft nicht erfüllt sein.

Viele Nachprüfgeräte ergeben bei fallender Belastung andere Werte als bei steigender. Man spricht dann wohl von Hysteresiserscheinungen, obwohl der Nachweis elastischer Nachwirkungen durchaus nicht erbracht ist. Meist wird die Ursache vielmehr einfach darin zu suchen sein, daß die Anzeige des Prüfgerätes dessen Formänderung bei fallender Belastung nicht ebenso folgt, wie bei steigender. Auf die Schwierigkeiten des Kraftschlusses an den Übertragungsgliedern und der Anzeigevorrichtungen selbst wurde bei der Besprechung der Prüfgeräte schon hingewiesen.

Die Einstellung bereitet sehr oft bei fallender Belastung bedeutend größere Schwierigkeiten als bei steigender.

Bei allen Prüfmaschinen, bei denen der Druck im Antriebszylinder für die Belastungsmessung benutzt wird, können zwei verschiedene Arten von Reibungswiderständen mit entgegengesetzten Vorzeichen auftreten. Beispielsweise wird bei der üblichen Bauart der Universal-Prüfmaschine mit Pendelmanometer durch Reibung des Antriebskolbens im Zylinder die auf das Versuchsstück ausgeübte Kraft im Verhältnisse zur Belastungsanzeige verringert, während umgekehrt eine Reibung des Meßkolbens im Meßzylinder die Anzeige gegenüber der wirklichen Belastung verkleinert. Die beiden verschiedenen Arten von Reibungswiderständen überdecken einander also und können sich sogar gegenseitig aufheben.

Wieweit bei Prüfmaschinen, bei denen alle überhaupt möglichen Reibungswiderstände die Belastungsanzeige in demselben Sinne beeinflussen müssen, diese Widerstände bei steigender und fallender Belastung die gleichen absoluten Beträge (mit verschiedenen Vorzeichen) ergeben, ist noch völlig unbekannt und wird sich kaum feststellen lassen. Man kann nur immer wieder beobachten, daß dies bei einfachen Hebel- und bei Laufgewichtswaagen anscheinend zutrifft, während es bei Neigungswaagen, Neigungspendeln und anderen, weniger einfach gebauten Belastungsmessern offenbar nicht der Fall ist. Denn die aus den Entlastungsreihen ermittelten Reibungswiderstände stimmen bei diesen Belastungsmessern sehr häufig nicht überein mit dem Bilde, das die bei steigender Belastung durchgeführten Versuchsreihen liefern. Es leuchtet auch ohne weiteres ein, daß beispielsweise die Reibung eines Kugellagers oder der Widerstand einer Zahnstange oder einer Spindel, eines Ritzels oder Zahnsektors nicht bei beiden Bewegungsrichtungen den gleichen absoluten Betrag anzunehmen braucht. Die oben wiedergegebene allgemeine Annahme, daß der Unterschied zwischen den bei steigender und den bei fallender Belastung beobachteten Werten den doppelten Reibungswiderstand ergeben müßte, wird demnach durchaus nicht immer zutreffen. Vielmehr kann das Verhältnis, in dem die beobachtete Summe der beiden Reibungswiderstände auf den Belastungs- und den Entlastungsvorgang zu verteilen ist, recht verschieden und nicht ohne weiteres zu erkennen sein. Es ist mithin falsch, wenn man in allen Fällen glaubt, aus den sich bei den Entlastungsreihen ergebenden Unterschieden die Art des Widerstandes sicher erkennen und seinen Wert in Kilogramm unmittelbar berechnen zu können. Das Verfahren ist nur eines der vielen kleinen Hilfsmittel, die — bei richtiger Beobachtung und Wertung — in ihrer Gesamtheit einem erfahrenen Prüfer die Erkenntnis etwaiger Mängel erleichtern können. In dem neuen Normenblatte DIN 1604 ist deshalb bei dem Hinweis auf dieses Verfahren (in Ziff. 11) auch eine entsprechend vorsichtige Ausdrucksweise gewählt worden.

3. Auswertung der Untersuchungsergebnisse.

Die Auswertung der Untersuchungsergebnisse mit Hilfe von Schaubildern ist der Eigenart des Belastungsmessers angepaßt worden. Den Grundgedanken lieferte die Erkenntnis, daß die gleichen oder einander sehr ähnlichen Fehler der Belastungsanzeige, die bei Prüfmaschinen aller möglichen Bauarten zu beobachten sind, bei den verschiedenen Arten von Belastungsmessern ganz andere Ursachen haben können. Aus theoretischen Ableitungen und praktischen Erfahrungen ist nicht allein bekannt, wie sich das der einzelnen Bauart eigentümliche Verhalten — zu einem geeignet gewählten Schaubild aufgetragen — bei einwandfreiem Arbeiten des Belastungsmessers darstellen muß, sondern vor allem auch, worin die Ursache zu suchen ist, wenn das Schaubild Abweichungen von dem eigentlich richtigen Verlauf oder scheinbar zufällige Unregelmäßigkeiten aufweist. Dieses von der Abteilung Meßwesen des St. M.P.A. Berlin-Dahlem eingeführte Auswertungsverfahren soll an einigen Beispielen näher gezeigt werden, die so gewählt sind, daß sie gleichzeitig noch für andere Ausführungen dieses Abschnittes als Beweis dienen können. Die dabei angewendeten Bezeichnungen haben folgende Bedeutungen:

P_w die mit dem Kontrollgeräte bestimmte wirkliche Belastung,

P_a die von dem Belastungsmesser der Prüfmaschine angezeigte Belastung,

P_w—P_a in Prozenten von P_a der Fehler der Belastungsanzeige,

p_w die bei einer Anzeige von p_a at wirklich vorhandenen at, die durch die Untersuchung des Manometers auf den Druckwaagen bestimmt worden sind,

F der wirksame Kolbenquerschnitt bei Prüfmaschinen, bei denen zur Belastungsmessung der im Antriebszylinder herrschende Flüssigkeitsdruck von Federmanometern angezeigt wird,

$p_w \cdot F$ die theoretische Belastung und

$P_w - p_w \cdot F$ der Reibungsverlust bei diesen Prüfmaschinen.

Beispiel 1. Stehende Zug-Prüfmaschine, Laufgewichtswaage mit einem Kraftbereiche, Höchstlast 1500 kg.

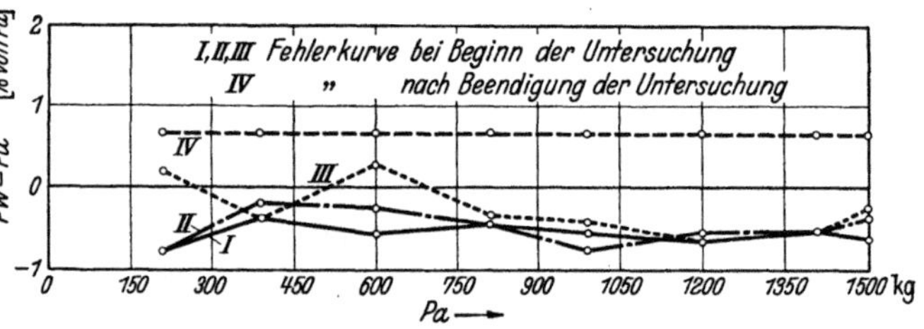

Abb. 54. Fehlerkurven einer stehenden Zug-Prüfmaschine mit Laufgewichtswaage.

Bei der Laufgewichtswaage ist das Gewicht gleichbleibend und der Hebelarm veränderlich, indem das Laufgewicht an dem mit einer Skala versehenen Laufgewichtshebel verschoben und nach der Teilung der Skala für bestimmte Längen des Hebelarmes eingestellt wird.

Trägt man die Fehler der Belastungsanzeige — $P_w - P_a$ in Prozenten von P_a — als Ordinaten zu den bei der Untersuchung gewählten Belastungsstufen P_a als Abszissen auf, so ist die Fehlerkurve bei einwandfreiem Arbeiten der Laufgewichtswaage eine Gerade, gleichlaufend zu der P_a-Achse. Jede Abweichung von diesem Verlaufe, jede Unregelmäßigkeit hat ihre bestimmte Ursache.

Die ersten drei Versuchsreihen ergaben die Fehlerkurven *I*, *II* und *III* (Abb. 54). Da die zulässigen Fehlergrenzen von $\pm$ 1% in dem ganzen Bereiche von 200 bis 1500 kg nirgends überschritten wurden, hätte sich ein oberflächlicher Prüfer mit dem Ergebnisse begnügt und die Prüfmaschine in diesem unzuverlässigen Zustande gelassen. Die unregelmäßige Art der Streuung über den ganzen Belastungsbereich bei gut schwingender Waage ließ vermuten, daß an dem kurzen Arm eines der beiden Hebel eine Schneide locker sein mußte. Die Größe der Streuungen deutete auf den Haupthebel hin. Nach Festlegung der tatsächlich losen Schneide lieferte die Untersuchung ohne jede weitere Änderung die Fehlerkurve *IV*.

Beispiel 2. Liegende Zug-Prüfmaschine, Laufgewichtswaage mit einem Kraftbereiche, Höchstlast 50 t. Der bei der ersten Versuchsreihe gefundene Fehlerverlauf *I* (Abb. 55) zeigte, daß in der Laufgewichtswaage ein Reibungswiderstand von rd. 500 kg wirkte und daß das Übersetzungsverhältnis etwa um 2% zu groß war. Aus der Höhe des Widerstandes und aus der Beobachtung, daß die Spannungsverteilung im Kontroll-Zugstab im ganzen Bereich unverändert gut blieb, daß ferner die Waage einwandfrei spielte und ihre Ausgleichsstellung nach der Be- und Entlastung nicht änderte, mußte der Schluß gezogen werden, daß die Hilfsschneiden, die den Haupt- (Winkel-) Hebel der Waage bei unbelasteter Maschine in seiner Lage halten, mit den Hauptstützschneiden nicht in einer Flucht lagen. Diese Folgerung bestätigte sich. Nach Beseitigung des auf mangelhafte Instandsetzung zurückzuführenden Übelstandes und Verkleinerung des Übersetzungsverhältnisses um 2,1% wurde ohne Zwischenversuche der Linienzug *II* als Fehlerkurve erhalten.

Während diese Prüfmaschine in dem vorgefundenen Zustande durch die Zerstörung der fraglichen Schneiden sehr schnell unbrauchbar geworden wäre, bot der endgültige Zustand zweifellos die Gewähr für ein über eine längere Zeitdauer zuverlässiges Arbeiten. Die Wiederholungsprüfungen der nächstfolgenden Jahre haben dies bestätigt.

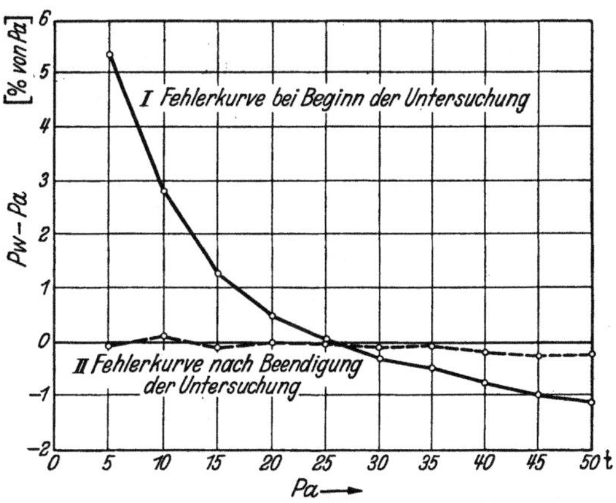

Abb. 55. Fehlerkurven einer liegenden 50 t-Zug-Prüfmaschine mit Laufgewichtswaage.

Dieses Beispiel beweist gleichzeitig die Ausführungen über das Prüfverfahren mit mittelbarer Gewichtsbelastung. Die Prüfmaschine war nämlich wenige Tage vor der Untersuchung von einer anderen Stelle mit einem Kontrollhebel durchgeprüft worden, wobei sich ein einwandfreies Arbeiten des Belastungsmessers und ein gleichmäßiger Fehler von — 0,7% ergeben hatte.

Beispiel 3. Stehende Universal-Prüfmaschine, Neigungswaage mit zwei Kraftbereichen für 10 t und 2 t Höchstlast.

Bei dieser Art Belastungsmesser wird die auf das Versuchsstück wirkende Belastung — unmittelbar oder durch Zwischenhebel übersetzt — auf den kurzen Arm eines Pendelhebels weitergeleitet und durch den Ausschlag des Pendels gemessen. Man nennt den Belastungsmesser eine Neigungs*waage*, wenn an dem Ende des kurzen Armes des Pendelhebels eine Schneide angeordnet ist, auf die die von dem Versuchsstücke kommende Kraft durch eine Pfanne übertragen wird. Ist statt dessen an diesem Punkt ein Kugellager, eine Bolzenverbindung oder eine Stahlbandübertragung vorgesehen, so bezeichnet man den Belastungsmesser als Neigungs*pendel*. Die Neigungswaage ist bei gleichwertiger Ausführung zuverlässiger als das Neigungspendel. Hat der kurze Arm des Pendelhebels, wie dies sehr oft der Fall ist, eine Länge von 50 mm, so ändert sich bei einer Verlängerung oder Verkürzung dieses Hebelarmes um 0,5 mm der Wert der Belastungsanzeige schon um 1%. Solche kleinen Verschiebungen der Auflagerlinie kommen aber bei allen anderen Übertragungsgliedern, besonders bei Kugellagern und Bolzen, viel leichter und öfter vor, als bei Schneiden und

Pfannen. Außerdem wirkt sich die unvermeidliche Verschmutzung bei jenen Übertragungsgliedern viel unangenehmer aus als bei Schneiden und Pfannen.

Bei Neigungswaagen und Neigungspendeln benutzt man die gleiche Art der Auftragung, wie bei den Laufgewichtswaagen: P_w—P_a in Prozenten von P_a als Ordinaten zu den P_a-Belastungsstufen als Abszissen. Man trägt aber die für die verschiedenen Kraftbereiche ermittelten Kurven in *einem* Schaubild auf und wählt die Maßstäbe auf der Abszissenachse so, daß die auf der gleichen Ordinate liegenden Punkte für die verschiedenen Kraftbereiche dem gleichen Pendelausschlag entsprechen. Man erkennt so leichter die Ursache von Störungen, die von dem Winkel des Pendelausschlages oder von der Zeigerstellung abhängig sind, weil die in dieser Beziehung zusammengehörigen Punkte für alle Kraftbereiche auf derselben Ordinate liegen.

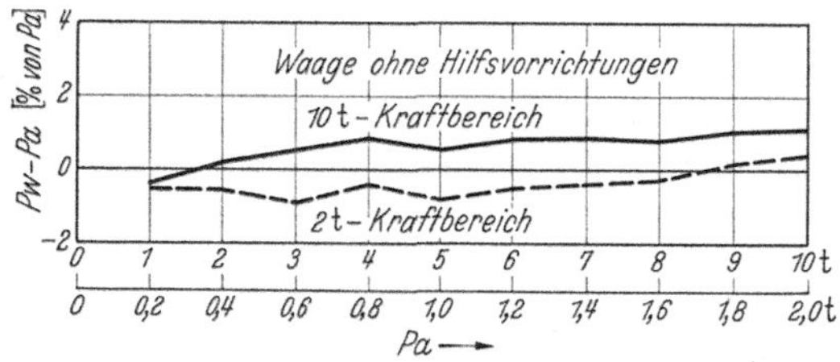

Abb. 56a. Fehlerkurven einer stehenden 10 t-Universal-Prüfmaschine mit Neigungswaage. Fehlerkurven zu Beginn der Untersuchung.

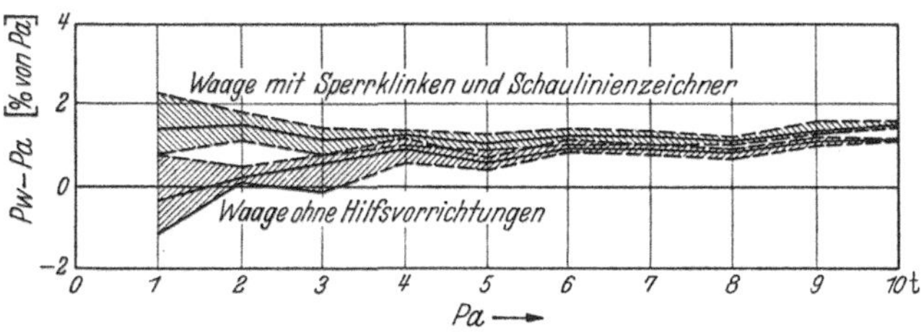

Abb. 56b. Fehlerkurven einer stehenden 10 t-Universal-Prüfmaschine mit Neigungswaage. Fehlerkurven zu Beginn der Untersuchung.

Die angegebene Art der Darstellung liefert bei Neigungswaagen, Neigungspendeln und Pendelmanometern, wenn der Belastungsmesser einwandfrei arbeitet und die Anzeigeskala nach der Berechnung gleichmäßig geteilt ist, für den Fehlerverlauf eine schwach gekrümmte Kurve, die von dem Anfangswerte für $0{,}1 \cdot P_{\max}$ bis zur Mitte des Kraftbereiches um einige Zehntel Prozent abfällt, dann allmählich wieder ansteigt und bei $P_{\max}$ ungefähr den Anfangswert erreicht.

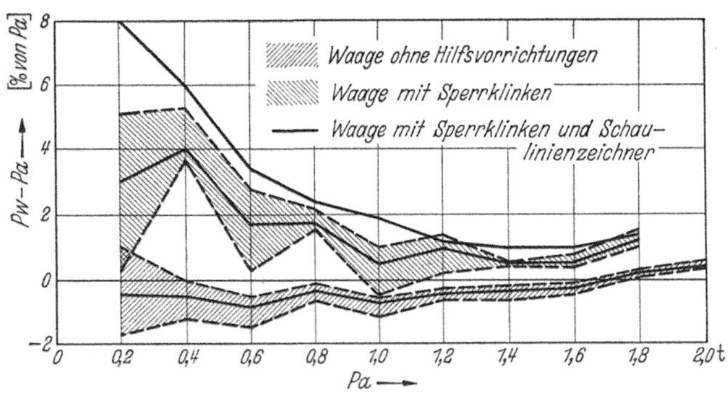

Abb. 56c. Fehlerkurven einer stehenden 10 t-Universal-Prüfmaschine mit Neigungswaage. Fehlerkurven zu Beginn der Untersuchung.

Die für das Beispiel gewählte stehende Universal-Prüfmaschine, Neigungswaage mit zwei Kraftbereichen für 10 und 2 t Höchstlast, war fabrikneu. Der Belastungsmesser war mit Schleppzeiger und Schaulinienzeichner ausgerüstet. Außerdem wurde, um das freie Herabfallen des Pendels bei dem Bruch eines Versuchsstückes zu verhüten, der Hebel durch einen Satz von Sperrklinken, deren Zähne gegeneinander versetzt waren, an Bogenstücken mit Zahnkränzen in seiner jeweiligen Stellung gehalten. Um die Eigenarten des Belastungsmessers selbst zu erkennen und auch für die Betriebsversuche eine zuverlässige Unterlage zu schaffen, mußte man also bei der Untersuchung einmal ohne alle Hilfsvorrichtungen arbeiten und diese dann einzeln einschalten. Für die Untersuchung ohne Hilfsvorrichtungen ergaben sich für die beiden Kraftbereiche aus den Mittelwerten die in Abb. 56a dargestellten Linienzüge. In Abb. 56b sind die Fehlerkurven des 10 t-Kraftbereiches für die Waage allein und für die Waage mit Sperrklinken und Schaulinienzeichner und in Abb. 56c die Kurven des 2 t-Kraftbereiches für die Waage allein, für den Zustand mit eingeschalteten Sperrklinken und für den mit Sperrklinken und Schaulinienzeichner dargestellt. Die Untersuchung mit vorgeschaltetem Schleppzeiger ist hierbei nicht berücksichtigt worden, um die Übersichtlichkeit in den grundsätzlichen Punkten zu erhöhen. Die Schaubilder ließen folgendes erkennen:

Der allgemeine Verlauf entsprach nicht dem für eine Neigungswaage normalen. Die Skala der Anzeigevorrichtung mußte also empirisch geteilt worden sein und zwar offenbar bei dem 10 t-Kraftbereich in dem Zustande „Waage mit Sperrklinken" und bei dem 2 t-Kraftbereich in dem Zustande „Waage ohne Hilfsvorrichtungen". Die Streuungen der für die gleiche Belastungsstufe bei verschiedenen Versuchsreihen ermittelten Fehler — die schraffierten Flächen, begrenzt durch die beobachteten Größt- und Kleinstwerte — waren sehr groß und unregelmäßig. Die den Belastungsmesser behindernden Reibungswiderstände wechselten demnach stark.

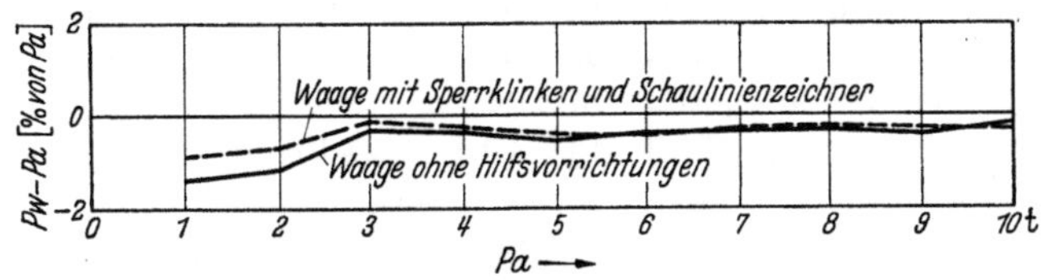

Abb. 57a. Fehlerkurven einer stehenden 10 t-Universal-Prüfmaschine mit Neigungswaage. Fehlerkurven nach Beendigung der Untersuchung.

Durch die Hilfsvorrichtungen wurden die Widerstände in einem solchen Maße erhöht, daß die Prüfmaschine, obwohl ihr Hauptbestandteil — die Waage ohne Zeigerwerk und Hilfsvorrichtungen — sauber arbeitete, für praktische Versuche wertlos wurde.

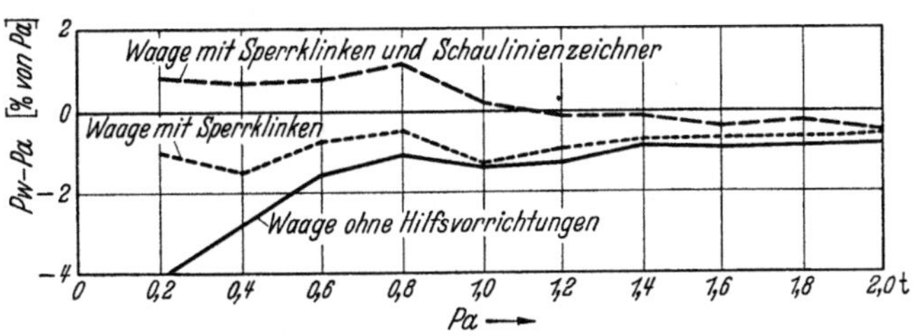

Abb. 57b. Fehlerkurven einer stehenden 10 t-Universal-Prüfmaschine mit Neigungswaage. Fehlerkurven nach Beendigung der Untersuchung.

Auf Grund dieser Ergebnisse wurde empfohlen, die Übertragung der Kraft vom Pendel auf die Anzeigevorrichtung sowie den Schaulinienzeichner anders auszubilden und die Sperrklinken durch eine Ölbremse zu ersetzen oder zum mindesten zahlenmäßig zu verringern, sowie leichter und beweglicher zu gestalten.

Nach dem Umbau der Kraftübertragung und der Verbesserung der Sperrklinken ergab eine neue Untersuchung für die beiden Kraftbereiche die in den Abb. 57a und b wiedergegebenen Fehlerkurven. Bei den kleineren Kräften machten sich die durch Sperrklinken und Schaulinienzeichner verursachten Widerstände auch jetzt noch recht bemerkbar. Am fühlbarsten störte aber die wiederum empirisch vorgenommene Teilung der Anzeigeskala. Die Ausmessung der Teilstrichabstände zwischen den für die Untersuchung benutzten Punkten lieferte folgendes Bild:

10 t-Kraftbereich.

P_a t	1	2	3	4	5	6	7	8	9	10
Fehler $P_w - P_a$ in % von P_a . .	−1,4	−1,2	−0,3	−0,3	−0,6	−0,4	−0,3	−0,3	−0,3	−0,2
Sehnenlänge in mm	66,6	67,0	68,0	68,0	67,0	68,0	67,5	68,0	67,5	69,4

2 t-Kraftbereich.

P_a t	0,2	0,4	0,6	0,8	1	1,2	1,4	1,6	1,8	2
Fehler $P_w - P_a$ in % von P_a . .	—4,3	—2,8	—1,6	—1,1	—1,4	—1,2	—0,8	—0,9	—0,9	—0,8
Sehnenlänge in mm	65,2	67,1	68,8	68,9	67,0	68,7	68,0	67,9	67,9	68,0

Wie die beiden Zahlentafeln zeigen, fallen die Unstetigkeiten der Fehlerkurven in beiden Kraftbereichen mit den Unregelmäßigkeiten der Teilungen zusammen. Die Prüfmaschine ist in diesem Zustande für eine bestimmte Frist zugelassen und dann unter Berücksichtigung der Untersuchungsergebnisse von dem Herstellerwerk umgebaut worden.

Beispiel 4. Stehende Universal-Prüfmaschine, Pendelmanometer mit drei Kraftbereichen für 20 t, 10 t und 5 t Höchstlast.

Die auf das Versuchsstück wirkende Belastung wird hydraulisch — im Verhältnisse der wirksamen Querschnitte des Antriebs- und des Meßkolbens — genügend übersetzt, durch den Ausschlag eines Pendelhebels gemessen und an einer Kreisskala angezeigt. Der Pendelhebel ist ein Winkelhebel; an dem Ende des kurzen Armes greift die auf den Meßkolben wirkende Kraft an, während den langen Arm das Pendel bildet.

Die Fehlerkurven werden in der gleichen Art aufgetragen, wie bei den Neigungswaagen und den Neigungspendeln. Die Auffindung bestimmter Mängel der Werkstattausführung, des Zusammenbaues oder der Abnutzung ist bei diesem Belastungsmesser aber oft bedeutend schwieriger, als bei den vorher besprochenen. Denn einmal können hier, wie schon auf S. 117 erwähnt, zwei Gruppen von Reibungswiderständen auftreten, die den Wert der Belastungsanzeige in entgegengesetztem Sinne beeinflussen. Sodann ist bei den vielerlei möglichen Störungen die Ursache oft nicht leicht mit der Sicherheit zu erkennen, die der Prüfer braucht, um ganz bestimmte Änderungsvorschläge zur Behebung der beobachteten Fehler machen zu können. Endlich ist gerade bei den Prüfmaschinen dieser Bauart die genaue Einstellung der gewählten Belastungsstufen häufig sehr schwierig und unzuverlässig, weil Pumpen mit großen Förderleistungen verwendet werden und die Steuerung nicht genügend feinfühlig arbeitet.

Als Beispiel ist ein verhältnismäßig sehr einfacher Fall gewählt worden, um das Grundsätzliche deutlicher zu machen.

Die zu Beginn der Untersuchung gefundenen Fehlerkurven (Abb. 58a) zeigten einen zu großen Abstand der drei Kurven voneinander,

hohe positive Fehler bei den kleinsten Belastungsstufen aller drei Kraftbereiche und

Störungen, die in allen drei Kraftbereichen bei dem gleichen Pendelausschlag auftraten.

Bei diesem klaren Bilde waren die eigentlichen Mängel leicht zu erkennen: Die Kugellager mußten verschmutzt und einzelne Teile der Verbindungsglieder, die die Bewegung des Pendelhebels auf die Anzeigevorrichtung weiterleiten, mußten verbogen oder beschädigt sein. Nach Behebung dieser Schäden ergaben sich ohne sonstige Änderungen die Fehlerkurven der Abb. 58b. Eine weitere Verbesserung — eine Verringerung der Fehler bei den unteren Belastungsstufen — wäre nur durch Verkleinerung des (stumpfen) Winkels, den der kurze Arm des Pendelhebels mit dem Pendel selbst bildet, möglich gewesen, da Reibungswiderstände und Störungen anderer Art nicht mehr vorhanden waren. Von dieser recht umständlichen Änderung konnte im vorliegenden Falle abgesehen werden, weil die Prüfmaschine unter 1,5 t nicht benutzt wurde.

Beispiel 5. Stehende Universal-Prüfmaschine, Meßdose mit einem Gebrauchs- und einem Kontrollmanometer für 5 t Höchstlast.

Die auf das Versuchsstück aufgebrachte Belastung wirkt auf den Kolben einer mit Glycerin gefüllten Meßdose. Der Flüssigkeitsdruck in der Meßdose wird durch die Aufbiegung der Bourdonfeder eines Manometers gemessen und an der Kreisskala des Manometers angezeigt.

Besitzt das Manometer, wie es richtig ist, eine Gradteilung, so liefert der Belastungsmesser der Prüfmaschine unmittelbar überhaupt keine Belastungsanzeige P_a in t oder kg. Die bisher gezeigte Art von Schaubildern ist hier also nicht anwendbar, weil man von einem Fehler der Belastungsanzeige $P_w - P_a$ nicht sprechen kann. Man wählt deshalb zur Beurteilung des Belastungsmessers eine andere Art der Auswertung und trägt zu den bei der Untersuchung eingestellten Belastungsanzeigen P_a (in Grad) als Abszissen die Werte $q \cdot \frac{P_w \text{ in t oder kg}}{P_a \text{ in Grad}}$ als Ordinaten auf, wobei die an sich beliebige Zahl q zweckmäßig gleich der Gradzahl der niedrigsten benutzten Belastungsstufe genommen wird.

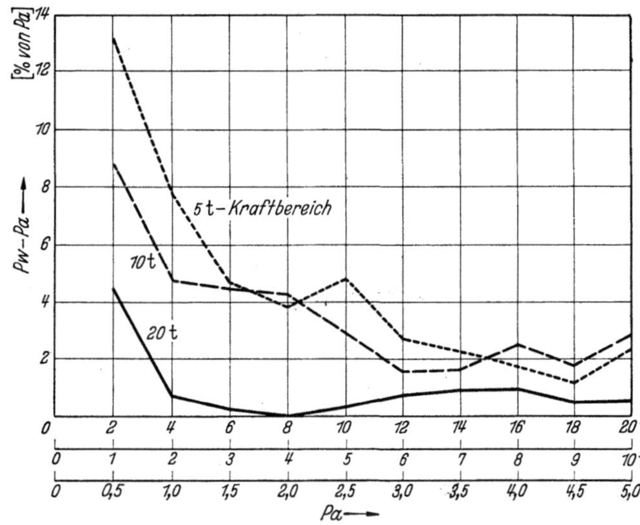

Abb. 58a. Fehlerkurven einer stehenden 20 t-Universal-Prüfmaschine mit Pendelmanometer. Fehlerkurven zu Beginn der Untersuchung.

Die für das Beispiel gewählte Prüfmaschine wurde jährlich untersucht. Die Abb. 59a zeigt die Ergebnisse von vier aufeinanderfolgenden Untersuchungen. Könnte die Meßdose ohne jede Vorspannung arbeiten, bliebe der wirksame Kolbenquerschnitt der Meßdose während des ganzen Belastungsvorganges unverändert und wären die Anzeigen des Manometers proportional zu den Drücken, so ergäbe sich bei dieser Art der Auftragung eine Gerade gleichlaufend zu der Abszissenachse. Die Neigung der Geraden — in dem Bereiche zwischen 120° und 300° — ist darauf zurückzuführen, daß der wirksame Kolbenquerschnitt sich mit zunehmender Belastung ändert, während die Membrane sich in die Meßdose hineinzieht. Die stark gekrümmte Kurve in dem untersten Belastungsbereiche zeigt den Einfluß der Vorspannung. Im vorliegenden Falle reicht dieser Einfluß sehr weit, bis zu der Anzeige von 120°, fast der Hälfte der

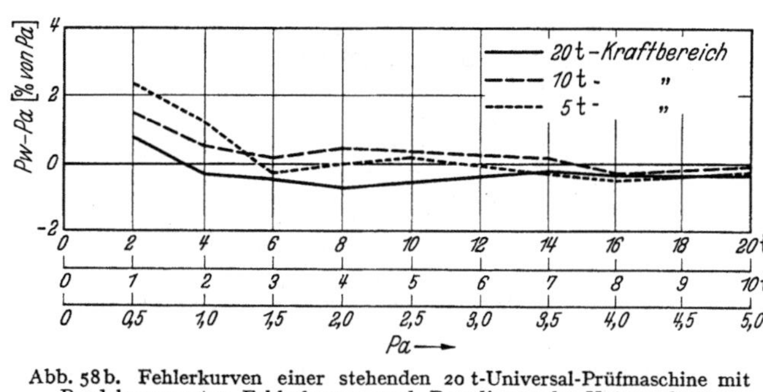

Abb. 58b. Fehlerkurven einer stehenden 20 t-Universal-Prüfmaschine mit Pendelmanometer. Fehlerkurven nach Beendigung der Untersuchung.

Höchstlast. Die Vorspannung ist hier also im Verhältnisse zu den in der Meßdose während des Belastungsvorganges auftretenden Drücken zu groß gewählt worden. Im allgemeinen, bei richtig bemessener Vorspannung, liegt die Grenze dieser Wirkung bei $^1/_5$ bis $^1/_4$ der Höchstlast. Das Bild beweist gleichzeitig, wie wichtig es ist, daß die Vorspannung der Meßdose und ihr Füllungsgrad unverändert bleiben, und einen wie großen Einfluß selbst kleine Änderungen der Vorspannung und des Füllungsgrades auf die Genauigkeit der Belastungsanzeige

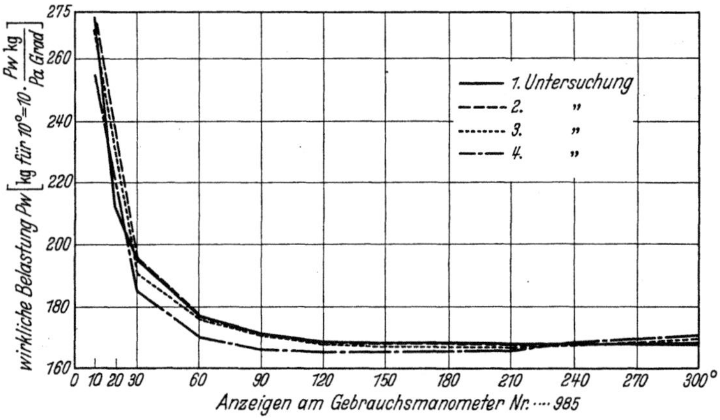

Abb. 59a. Stehende 5 t-Universal-Prüfmaschine mit Meßdose. Ergebnisse von vier, im Abstande von je einem Jahr aufeinanderfolgenden Untersuchungen.

in dem davon abhängigen Belastungsbereich ausüben müssen. Die Unstetigkeiten der Linienzüge erklären sich daraus, daß die Anzeigen des Manometers den Drücken nicht proportional sind und daß durch kleine Mängel in dem Triebwerke des Manometers Unregelmäßigkeiten in die Anzeige hineinkommen. Um bei Störungen noch schneller und sicherer erkennen zu können, ob die Ursache

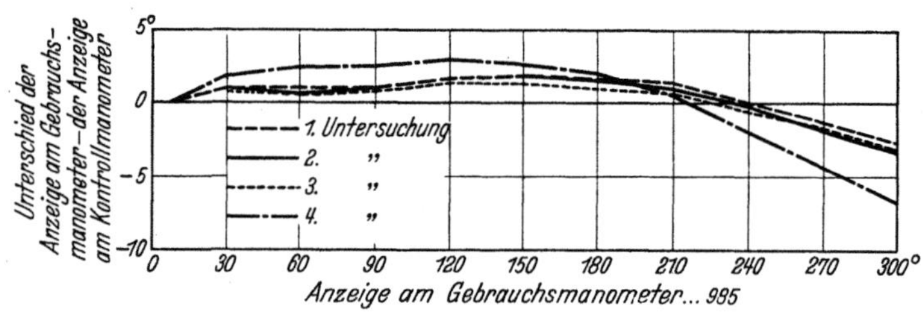

Abb. 59b. Stehende 5 t-Universal-Prüfmaschine mit Meßdose. Ergebnisse der Manometervergleiche bei vier, im Abstande von je einem Jahr aufeinanderfolgenden Untersuchungen.

in der Meßdose oder in dem Gebrauchsmanometer zu suchen ist, benutzt man vorteilhaft noch ein weiteres Hilfsmittel. Man muß ja bei der Untersuchung der Prüfmaschine ohnedies die Anzeigen des Gebrauchsmanometers mit denen des Kontrollmanometers vergleichen, damit der Besitzer der Prüfmaschine ein Mittel an die Hand bekommt, durch gelegentliche Manometervergleiche gröbere Veränderungen des Gebrauchsmanometers selbst zu erkennen. Das Ergebnis dieses Manometervergleiches trägt man ebenfalls zu einem Schaubild auf, wobei man als Abszissen wiederum die eingestellten Belastungsanzeigen P_a (in Grad) und als Ordinaten die Unterschiede in Grad zwischen den Anzeigen am Gebrauchsmanometer und denen am Kontrollmanometer nimmt. In Abb. 59b sind die Ergebnisse der Manometervergleiche für dieselben vier Untersuchungen zusammengestellt, für die in Abb. 59a das Verhältnis der wirklichen Belastungen zu den Belastungsanzeigen wiedergegeben ist. Bei den ersten drei Untersuchungen arbeitete der Belastungsmesser der Prüfmaschine einwandfrei. Die drei Linienzüge der Abb. 59a und b zeigen dementsprechend einen sehr gleichmäßigen Verlauf. Bei der vierten Untersuchung wich dagegen die $10 \cdot \frac{P_w}{P_a}$-Kurve (Abb. 59a) auffällig von den bisherigen Kurven und von dem erfahrungsgemäß als normal anzusehenden Verlauf ab. Wie der Manometervergleich (Abb. 59b) zeigte, lag die Ursache der Störung im Manometer. Es war überlastet worden und hatte außerdem einen Reibungswiderstand im Triebwerke, der etwa bei der Anzeige 120° einsetzte und mit wachsendem Ausschlage der Bourdonfeder zunahm. Nach Einbau einer neuen Bourdonfeder und Instandsetzung des Triebwerkes war der Mangel behoben.

Beispiel 6. Stehende Beton-Prüfpresse, Messung des Druckes im Antriebszylinder durch Manometer mit Bourdonfedern. 300 t Höchstlast.

Das Versuchsstück ruht unmittelbar auf dem Antriebskolben, der bei allen älteren Bauarten durch eine Stulpmanschette gegen den Antriebszylinder abgedichtet ist. In neuerer Zeit verwenden mehrere Herstellerwerke zur Verminderung der Reibung eingeschliffene Antriebskolben. Der Flüssigkeitsdruck in dem Antriebszylinder wird durch die Aufbiegung der Bourdonfeder eines Manometers gemessen und an der Kreisskala des Manometers angezeigt.

Vor der Untersuchung der Prüfpresse werden die zu ihr gehörigen Gebrauchs- und Kontrollmanometer auf zuverlässigen Druckwaagen (S. 99) genau untersucht und daraus für die bei der Untersuchung der Prüfpresse einzustellenden Belastungsanzeigen die wirklichen Atmosphärendrücke p_w at bestimmt. Aus diesen p_w at und dem durch unmittelbare Messung des Zylinderdurchmessers (bei manschettengedichtetem Kolben, bei dem die Manschette an dem Kolben befestigt ist) oder des Kolbendurchmessers (bei eingeschliffenem Kolben) ermittelten wirksamen Kolbenquerschnitte F berechnet man die theoretisch in der Prüfpresse erzeugte Kraft $p_w \cdot F$. Der Unterschied zwischen den bei der Untersuchung der Prüfpresse mit den Kontrollgeräten gemessenen wirklichen Belastungen des Versuchsstückes P_w und den theoretischen Belastungen $p_w \cdot F$ ergibt für jede eingestellte Belastungsanzeige P_a den Reibungsverlust $P_w — p_w \cdot F$. Diese Reibungsverluste $P_w — p_w \cdot F$ trägt man als Ordinaten zu den wirklichen Atmosphärendrücken p_w at der eingestellten Belastungsanzeigen als Abszissen auf. Das Schaubild zeigt also die Widerstandskurve der Prüfpresse, gegebenenfalls bei Benutzung mehrerer Manometer verschiedener Stärke und für mehrere Stellungen des Antriebskolbens im Zylinder. Aus dem Verlaufe der Widerstandskurve, der Beobachtung der Spannungsverteilung in dem Kontroll-Druckkörper oder -Druckbügel und dem Verhalten der Manometer bei der Untersuchung auf dem Manometerprüfstand und während der Untersuchung der Prüfpresse gewinnt ein geübter Prüfer ein ganz sicheres Urteil über die Genauigkeit und Zuverlässigkeit der Belastungsanzeige der Prüfpresse. Diese Art der Auswertung ist auch ganz unabhängig davon, ob die Kreisskalen der Manometer nach Grad, at, t oder kg oder nach Einheiten geteilt sind. Denn stets wird man durch die Untersuchung der Manometer auf dem Prüfstande für die bei der Untersuchung der Prüfpresse einzustellenden Manometeranzeigen die wirklichen at p_w erhalten.

Die hier gewählte Untersuchung einer 300 t-Beton-Prüfpresse lieferte zu Beginn die Widerstandskurve $I—I$ (Abb. 60). In dem unteren Bereiche, vom Belastungsbeginne bis zu der Anzeige von 160 at entsprechend 120 t, war der Widerstand annähernd gleichmäßig, wenn auch für einen manschettengedichteten

Kolben dieses Umfanges mit 700 bis 1000 kg reichlich groß. Bei 120 t Belastung trat aber ein zusätzlicher Reibungsverlust auf, der mit steigender Belastung rasch anwuchs und bei der Höchstlast der Prüfpresse fast 8000 kg erreichte. Nach der Bauart der Prüfpresse kam als Ursache für diesen Widerstand nur eine federnde Verformung des den Zylinder enthaltenden Sockels der Prüfpresse in Frage, unter deren Auswirkung der Antriebskolben allmählich immer fester zwischen den Zylinderwänden eingeklemmt wurde. Um ein Maß für die Größenordnung der Bewegung der Zylinderwände zu gewinnen, wurde in einer zweiten Belastungsreihe gleichzeitig mit einem festen Spiegel der Winkel bestimmt, den die Tangente an die Biegungslinie der Oberfläche des Zylinderkörpers in der Einspannung (neben der Säule) mit der Waagerechten bildet. Hiernach konnte vorgeschlagen werden, den Kolben um 0,4 mm im Dmr. abschleifen zu lassen. Das Ergebnis der Maßnahme zeigte der Linienzug *II—II* (Abb. 60). Die Streuungen ($\gtrless$ 400 kg) erklären sich aus der ungenauen Einstellung der Belastungsstufen. Die Unsicherheit beträgt hierbei mindestens ein halbes Zehntel der Teilung auf der Manometerskala, im vorliegenden Falle

0,5 at $= \sim$ 380 kg.

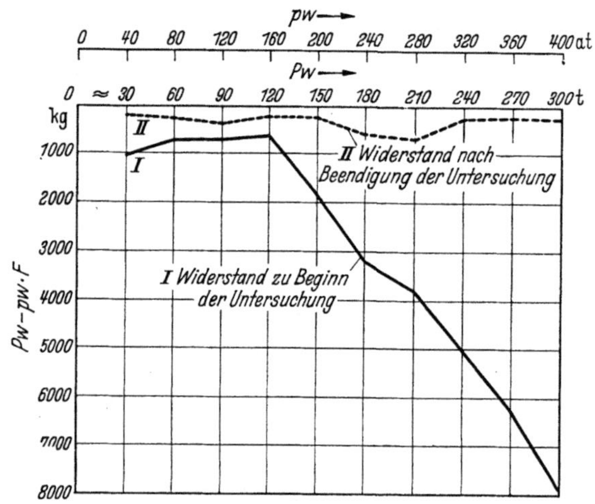

Abb. 60. Widerstandskurven einer stehenden 300 t-Beton-Prüfpresse.

Beispiel 7. Liegende Zug-Prüfmaschine für Ketten, Messung des Druckes im Antriebszylinder durch Manometer mit Bourdonfedern. 100 t Höchstlast.

Das Versuchsstück wird an dem einen Ende der Prüfbahn in ein festes Widerlager und an dem anderen Ende in einen Einspannwagen eingelegt, der an die Kolbenstange des Antriebskolbens angeschlossen ist und mit Rollen auf festen Schienen läuft. Wegen der sehr großen Formänderungen der Ketten beim Reckversuche sind diese Prüfmaschinen mit langen Antriebszylindern ausgerüstet, die einen Kolbenhub von 1,5 bis 2 m gestatten.

Die Belastungsmessung und demgemäß auch die Auswertung der Untersuchungsergebnisse sind bei dieser Gruppe von Prüfmaschinen grundsätzlich die gleichen, wie bei den in Beispiel 6 behandelten Prüfpressen. Es werden also die Werte p_w, F und $p_w \cdot F$ bestimmt und die Widerstandskurven als Schaubilder aufgetragen. Die Durchführung einer in jeder Hinsicht einwandfreien Untersuchung und das sichere Erkennen der Ursachen von Mängeln oder Störungen sind jedoch hier oft bedeutend schwieriger, als bei stehenden Prüfmaschinen mit verhältnismäßig kleinem Kolbenhube. Die liegende Anordnung und die Art der Kraftübertragung von dem Antriebskolben auf das Versuchsstück bergen bei den großen Kräften (Höchstlasten von 100 bis 300 t) eine Fülle von Fehlerquellen in sich: Falsche Lage des Zylinders zu den beiden senkrecht und waagerecht durch die Zugachse der Prüfmaschine gelegten Hauptebenen, zu hohe oder zu tiefe Lage des Einspannwagens, fehlerhafter Anschluß des Einspannwagens an die Kolbenstange, unzweckmäßige Ausbildung der Dichtung zwischen Kolbenstange und Zylinderdeckel, Nachgeben des Fundamentes oder Lagenänderungen des Zylinders bei steigender Belastung, Verbiegung der Kolbenstange, Reibung des Antriebskolbens im Zylinder und der Kolbenstange im Zylinderdeckel oder der Rollen des Einspannwagens auf der Laufbahn. In noch höherem Grade als bei den anderen Arten von Prüfmaschinen ist deshalb hier eine sehr vielseitige und gründliche Erfahrung des Prüfers die Vorbedingung, wenn die Untersuchung zu einem einwandfreien Urteil über die Prüfmaschine führen soll.

Die dem Beispiele zugrunde gelegte Untersuchung einer 100 t-Zug-Prüfmaschine für Ketten ergab bei den ersten beiden Belastungsreihen die Widerstandskurven *I—I* und *II—II* (Abb. 61 a). Drei Beobachtungen führten zum sofortigen Erkennen der Mängel der Prüfmaschine:

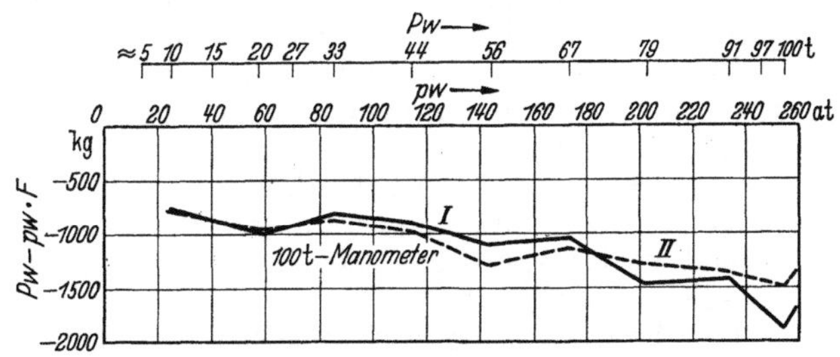

Abb. 61 a. Widerstandskurven einer liegenden 100 t-Zug-Prüfmaschine für Ketten mit manometrischer Messung des Druckes im Antriebszylinder. Widerstandskurven zu Beginn der Untersuchung.

Die Widerstandskurven zeigten Unstetigkeiten und abwechselnd kleinere und größere Widerstände;

die Spannungsverteilung im Kontroll-Zugstabe wurde bei Anordnung des Feinmeßgerätes an den oben und unten liegenden Fasern mit wachsender Belastung stetig schlechter, während sie beim Ansetzen des Feinmeßgerätes an den beiden Seitenfasern des Stabes gleichmäßig gut blieb;

bei den Belastungsstufen, die im Kurvenbilde Spitzen lieferten, also gegenüber der Mittellinie einen geringeren Widerstand zeigten, stieg die Ablesung in den Fernrohren, mithin die wirkliche Belastung ruckweise an.

Nach diesen Beobachtungen mußte sich die Kolbenstange während des Belastungsvorganges verbiegen und im Zylinderdeckel zur Anlage kommen. Der Zylinder lag nach der Prüfbahn hin etwas geneigt und wurde außerdem während der Belastung infolge Verbiegens der ihn haltenden Prüfbahnträger am rückwärtigen Ende noch weiter angehoben. Auch hatte die Kolbenstange in der Bohrung des Zylinderdeckels nur sehr wenig Spiel. Nach genauem Ausrichten des Zylinders, zunächst behelfsmäßigem Festlegen der Prüfbahnträger und Erweitern der Bohrung im Zylinderdeckel ergab die weitere Untersuchung ein brauchbares Widerstandsbild (Abb. 61 b). Erst oberhalb von 91 t gaben die Prüfbahnträger wieder etwas nach, wie auch das Schaubild erkennen ließ. Die mit den beiden schwächeren Manometern für 24 t und 10 t Höchstlast ermittelten Widerstandskurven *IV* und *V* (Abb. 61 b) paßten sich der mit dem 100 t-Manometer gefundenen Kurve gut an. In das Schaubild (Abb. 61 b) ist außerdem der Leergangswiderstand, der mit dem 10 t-Manometer bestimmt wurde mit — 450 kg eingetragen worden. Rückwärts verlängert treffen die aus der Untersuchung gewonnenen Widerstandskurven *III*, *IV* und *V* für eine Belastung von 0 at auf den gleichen Punkt.

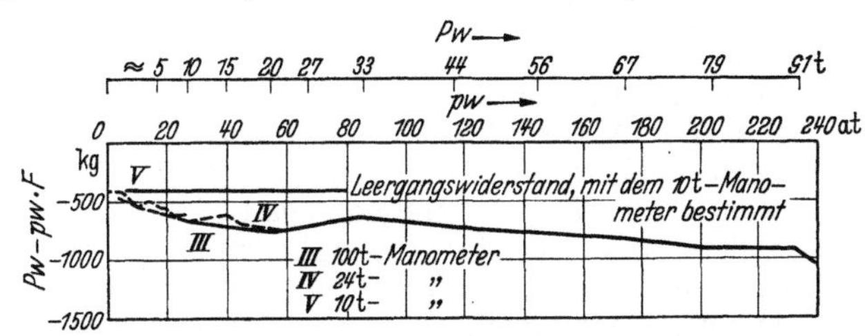

Abb. 61 b. Widerstandskurven einer liegenden 100 t-Zug-Prüfmaschine für Ketten mit manometrischer Messung des Druckes im Antriebszylinder. Widerstandskurven nach Beendigung der Untersuchung.

Von den bei Prüfmaschinen gebräuchlichen Belastungsmessern sind in den vorstehenden Beispielen behandelt worden:

die Laufgewichtswaage,
die Neigungswaage,
das Neigungspendel,
das Pendelmanometer,
die Meßdose und
die Messung des Druckes im Antriebszylinder durch Manometer mit Bourdonfedern.

An Belastungsmessern sind demnach nur die Hebelwaage, der Federkraftmesser und der Meßzylinder nicht behandelt worden.

Für die Hebelwaage gilt das über Laufgewichtswaagen Gesagte ohne Änderung; sie ist für die Untersuchung nur noch übersichtlicher und klarer, so daß etwaige Mängel bei ihr leichter zu erkennen und zu beheben sind als bei der Laufgewichtswaage. Die Fehlerkurve ist bei einwandfreiem Arbeiten der Hebelwaage und sorgfältig abgestimmten Belastungsgewichten eine Gerade gleichlaufend zu der Abszissenachse, auf der die gewählten Belastungsstufen P_a aufgetragen worden sind.

Der Federkraftmesser findet sich bei den mittleren und stärkeren Prüfmaschinen wohl ausschließlich in Verbindung mit einer Hebelwaage. Nur bei den schwächsten Prüfmaschinen für Drähte und für Gummibänder wirkt die auf das Versuchsstück aufgebrachte Belastung unmittelbar — ohne Übersetzung — auf den Federkraftmesser. In beiden Fällen ist aber die Anzeigevorrichtung des Federkraftmessers empirisch geteilt worden. Man erhält also bei der Untersuchung nicht ein dem Belastungsmesser eigentümliches Bild des Fehlerverlaufes, sondern kann nur feststellen, wie groß die Fehler bei den für die Untersuchung gewählten Belastungsstufen sind und ob der Belastungsmesser in dem bei der Untersuchung obwaltenden Zustande gleichmäßig arbeitet oder bei mehreren Versuchsreihen streuende Werte liefert.

Für den Meßzylinder endlich gelten unverändert die Ausführungen über die „Messung des Druckes im Antriebszylinder durch Manometer mit Bourdonfedern". Der für die Untersuchung wesentliche Unterschied zwischen diesen beiden Belastungsmessern besteht lediglich darin, daß bei den praktischen Versuchen der Antriebskolben den ganzen der Probenverformung entsprechenden Weg zurücklegen muß, während ein Meßkolben nur sehr geringe Bewegungen ausführt. Der Weg des Meßkolbens ist abhängig von dem Querschnitte des Meßzylinders und von der Flüssigkeitsmenge, die unter Berücksichtigung ihrer Zusammendrückbarkeit zum Aufbiegen der Bourdonfeder erforderlich ist. Die Belastungsmessung mit einem von dem Antriebe der Prüfmaschine unabhängigen Meßzylinder muß demnach bei sorgfältiger Werkstattarbeit wesentlich genauer und zuverlässiger sein, als die Messung des Druckes im Antriebszylinder. In der ganzen Art, wie die Untersuchung durchgeführt und das Ergebnis ausgewertet wird, sind beide Belastungsmesser gleichmäßig zu behandeln. Nur die Untersuchung in mehreren Kolbenstellungen ist bei einem Meßzylinder nicht notwendig. Bei der üblichen Anordnung in der Prüfmaschine, bei der das Versuchsstück zwischen dem Antrieb und dem Meßkolben liegt, ergeben sich für die Reibungswiderstände $P_w - p_w \cdot F$ bei dem Meßzylinder positive Werte, während man bei der Messung des Druckes im Antriebszylinder negative Reibungsverluste erhält.

Die gewählten Beispiele verteilen sich andererseits — nach der Bauart der Prüfmaschinen selbst — auf stehende und liegende Zug- und Universal-Prüfmaschinen und Prüfpressen. Die Hauptgruppen der Prüfmaschinen, die für die Zwecke amtlicher Abnahmeprüfungen benutzt und infolgedessen regelmäßig untersucht und nachgeprüft werden müssen, sind damit vollständig erfaßt.

4. Untersuchung von Härte-Prüfmaschinen.

Da die Biege-Prüfpressen wie die Beton- und Zement-Prüfpressen und die Feder-Prüfmaschinen je nach ihrer Bauart wie die Zug- oder Universal-Prüfmaschinen oder wie die Prüfpressen zu behandeln sind, bleibt nur noch eine wesentliche Gruppe — die der Härteprüfmaschinen — zu besprechen:

Bei diesen unterscheidet man folgende Bauarten:

Kugeldruckpressen ohne Tiefenmessung,

Kugeldruckpressen mit Tiefenmessung,

Kugeldruckpressen mit Projektionsgerät,

Kugeldruckpressen mit Tiefenmessung in Verbindung mit Vorlasthärteprüfern,

Vorlasthärteprüfer mit Tiefenmessung.

Als Belastungsmesser kommen hauptsächlich die Hebel- und Laufgewichtswaage, das Pendelmanometer, die Meßdose, der Meßzylinder und der Federkraftmesser in Frage, wenn auch die Hebelwaage bedeutend überwiegt. Bei allen Bauarten ist bei der Untersuchung zunächst wieder festzustellen, ob bei sämtlichen für Härtebestimmungen in Betracht kommenden Prüflasten die Genauigkeit und Zuverlässigkeit der Belastungsmessung und damit der Belastungsanzeige den geltenden Vorschriften genügt. Insoweit ist das oben über die gleichen Belastungsmesser Gesagte sinngemäß anzuwenden. Besonders zu beachten sind jedoch eine ganze Reihe von Eigentümlichkeiten dieser Prüfmaschinen, die oft zu Störungen Anlaß geben.

Die Härte-Prüfmaschine muß in beiden Hauptebenen genau nach der Wasserwaage ausgerichtet, auf geeignetem Boden erschütterungsfrei aufgestellt und an dem Boden verankert sein. Jede Schiefstellung der Prüfmaschine kann das einwandfreie Arbeiten des Druckstempels, des Belastungsmessers oder beider Teile wesentlich beeinträchtigen. Ist die Prüfmaschine während eines Versuches Erschütterungen ausgesetzt, so muß die Prüfkugel oder die Diamant-Prüfspitze tiefer in das Versuchsstück eindringen, als dies bei ruhender Last der Fall wäre. Die Ergebnisse müssen also — je nach der Stärke der Erschütterungen — mehr oder minder fehlerhaft sein, auch wenn die Prüfmaschine an sich in Ordnung ist.

Der Kugeldruckstempel, der an seinem unteren Ende die Prüfkugel oder die Diamant-Prüfspitze trägt, muß im Maschinenrahmen so geführt sein, daß er einerseits nicht seitlich ausweichen kann, andererseits aber keine, das freie Spiel des Belastungsmessers behindernden Reibungswiderstände verursacht.

Die Prüflast muß sich mit Hilfe des Antriebes in einem einzigen, stetigen und genügend langsamen Belastungsvorgang aufbringen lassen und dann während einer bestimmten Zeitdauer — 10 oder 30 s — unverändert auf den Druckstempel wirken, ohne daß ein nochmaliges Anheben der Prüflast notwendig wird. Während bei den meisten Härte-Prüfmaschinen die Dauer der ruhenden Belastung dem Prüfer überlassen ist, indem dieser mit Hilfe eines Exzenterhebels, einer Handkurbel oder eines anderen Antriebes die Prüflast aufbringt und auch selbst wieder abhebt, besitzen manche Bauarten einen elektromotorischen Antrieb, der selbsttätig die Be- und Entlastung durchführt. Hier muß die Dauer der Belastung, der ruhenden Last und des Entlastens — 10—10—10 oder 15—30—15 s — den in der Bedienungsvorschrift angegebenen Zeiten auch tatsächlich entsprechen.

Viele Härte-Prüfmaschinen sind mit einer Ölbremse ausgerüstet, die die Belastungsgeschwindigkeit regeln und jede Stoßwirkung verhindern soll. Die Ölbremse muß den Belastungshebel, sobald die Prüflast auf den Druckstempel wirkt, vollkommen freigeben, damit eine Behinderung des Belastungshebels durch die Bremse oder den zwischen die Bremse und den Belastungshebel eingeschalteten Hilfshebel ganz unmöglich ist.

Bei Kugeldruckpressen mit Meßzylinder kann man oft beobachten, daß der Druck unter dem Meßkolben und damit auch die Prüflast absinken, während der Meßkolben infolge seiner Reibung im Meßzylinder seine Stellung behält und somit die richtige Höhe der Prüflast vortäuscht. Erst bei stärkerem Fallen des Flüssigkeitsdruckes entsteht unter dem Meßkolben in dem Meßzylinder ein solcher Unterdruck, daß der Meßkolben stoßartig herunterfällt. Hierbei wird die eingestellte Prüflast im Augenblicke sogar überschritten. Der gleiche Vorgang wiederholt sich dann ständig, bis die Prüflast endgültig abfällt.

Bei den am häufigsten vorkommenden Härte-Prüfmaschinen mit einer Hebelwaage als Belastungsmesser sind die das Übersetzungsverhältnis des Hebels bestimmenden Gelenkpunkte oft nicht sachgemäß ausgebildet. Einwandfrei ist das Übersetzungsverhältnis eines Hebels nur festgelegt, wenn an allen drei Punkten an dem Hebel Schneiden mit scharfer Schneidenkante, die zum Schutze gegen Ausbröckeln nur ganz leicht gerundet ist, angeordnet sind. Die Schneiden sollen in einer Ebene liegen und als Gegenstücke winkelförmig ausgearbeitete oder eben geschliffene, gehärtete Pfannen haben. Besonders wesentlich ist diese Art der Ausbildung der Gelenkstellen naturgemäß an den beiden den kurzen Hebelarm begrenzenden Punkten. Bei den Zug- und Universal-Prüfmaschinen, die irgendeine Waage als Belastungsmesser haben, ist dieser an sich selbstverständliche Grundsatz auch bei den meisten Bauweisen von jeher berücksichtigt worden. Bei den der Prüfung von Federn dienenden Zug- und Universal-Prüfmaschinen und Prüfpressen findet man schon häufiger in dem Belastungshebel die Pfannen und in den Gegenstücken die Schneiden angeordnet, wodurch die Zuverlässigkeit der Belastungsmessung stark beeinträchtigt wird.

Am wenigsten wird dieses Grundgesetz einer jeden Waage aber bei den Härte-Prüfmaschinen beachtet, obwohl es hier besonders wichtig wäre. Denn der kurze Hebelarm hat bei dieser Gruppe von Prüfmaschinen meist eine sehr kleine Länge. Man will die ganze Maschine nicht zu groß und schwer bauen und auch leicht zu handhabende Belastungsgewichte verwenden. Daraus ergibt sich zwangläufig ein großes Übersetzungsverhältnis und eine geringe Länge (5 bis 15 mm) des kurzen Hebelarmes. Bei 15 mm Länge bedeutet aber eine Änderung um 0,15 mm bereits eine Änderung des Fehlers der Belastungsanzeige ($P_w - P_a$ in Prozenten von P_a) um 1%. Trotz dieser an sich schon ungünstigen Verhältnisse, die durch die Unübersichtlichkeit der meist sehr eng eingekapselten Hebelwaage noch verschlechtert werden, sieht man gerade bei den Härte-Prüfmaschinen die fragwürdigsten Bauweisen von Hebelwaagen.

An Stelle der Schneiden sind in dem Hebel die (winkelförmig ausgearbeiteten) Pfannen angeordnet. Ist nach einer — je nach der Behandlung und Beanspruchung — mehr oder weniger langen Benutzungsdauer der Pfannengrund um einige Zehntel Millimeter ausgearbeitet, so ändert sich das Übersetzungsverhältnis um mehr als $\pm 1\%$.

Im Hebel liegen zwar die Schneiden; aber sie haben statt scharfer Kanten zylindrische Flächen von 0,5 bis 0,8 mm Breite, die in zylindrischen Pfannen ruhen.

Das eine Ende des kurzen Armes wird durch ein Kugellager bestimmt. Da das Kugellager niemals umläuft, sondern stets nur kleine Hin- und Herbewegungen ausführt, genügt schon eine geringe Verschmutzung durch den unvermeidlichen Staub in Verbindung mit verharztem Öl, um das Übersetzungsverhältnis wesentlich zu ändern. Ja, man findet sogar — allerdings in neuerer Zeit nur noch bei ausländischen Bauarten — einfache Bolzenverbindungen ohne Kugellager, die das Übersetzungsverhältnis des Belastungshebels ausreichend genau bestimmen sollen.

Alle diese Punkte gelten für sämtliche Bauarten von Härte-Prüfmaschinen, soweit sie mit den betreffenden Belastungsmessern ausgerüstet sind. Über die Kugeldruckpressen ohne Tiefenmessung und die Vickers-Härte-Prüfmaschinen ist damit das Wesentlichste gesagt.

Bei den Kugeldruckpressen mit Tiefenmessung kommt zu den Prüflasten noch die Vorlast hinzu, die für die Tiefenmessung einen bestimmten, stets gleichmäßigen Ausgangspunkt gewährleisten soll. Die Vorlast muß also auf ihre Unveränderlichkeit geprüft werden. Die wirklich ausgeübte Vorlast darf, ohne daß die Genauigkeit der Tiefenmessung beeinträchtigt wird, etwa um 0,7 bis 0,8% der niedrigsten Prüflast, für die die betreffende Vorlast nach der Bedienungsvorschrift verwendet werden soll, zu groß oder zu klein sein. Sie muß aber bei mehreren Wiederholungen der Einstellung so gleichmäßig sein, daß kein Wert diese Grenze überschreitet. Die Tiefenmeßvorrichtung selbst — die Meßuhr und der den Fühlstift der Meßuhr bewegende Übertragungshebel — bedarf bei den Kugeldruckpressen nicht der Nachprüfung, weil die Tiefenmessung bei der Bestimmung der Kugeldruckhärte nicht ein absolutes Maß für Einzelversuche, sondern nur ein relatives Maß für Massenversuche liefern soll. Will man zur laufenden Überwachung die Kugeldruckhärte ein- und desselben Erzeugnisses regelmäßig nach der Tiefenmessung beurteilen, so legt man durch eine ausreichend große Zahl von Vergleichsmessungen selbst die Ablesungen an der Meßuhr fest, die bei dieser Art von Erzeugnissen den zugelassenen Grenzwerten der mit dem Mikroskop ermittelten Kugeldruckhärte entsprechen. Man ist damit unabhängig von der Richtigkeit von Umrechnungs-Zahlentafeln oder -Kurven wie auch von der absoluten Genauigkeit der Tiefenmessung.

Kugeldruckpressen mit Projektionsgerät lassen unmittelbar nach dem Versuche das Bild der Oberfläche des Versuchsstückes in zweckmäßiger Vergrößerung auf einer Mattscheibe erscheinen; übliche Vergrößerungen sind die 14-, 35-, 70- und 140-fache. Für jedes zu dem Projektionsgeräte gehörige Objektiv ist ein Maßstab vorgesehen, mit dem man auf der Mattscheibe unmittelbar den Durchmesser des Kugel- oder die Diagonale des Pyramideneindruckes in $^1/_{10}$ oder $^1/_{100}$ mm ausmessen kann. Bei der Untersuchung dieser Art von Härte-Prüfmaschinen muß demnach auch festgestellt werden, ob die für die einzelnen Objektive vorhandenen Maßstäbe zu der Vergrößerung des Objektives passen und genügend genau geteilt sind. Außerdem muß die Randschärfe des Bildes für die größten in Frage kommenden Kugeleindrücke noch ausreichen.

Das Versuchsstück wird bei diesen Härte-Prüfmaschinen vor dem Aufbringen der Prüflast nur soweit gehoben, bis das Bild der Oberfläche auf der Mattscheibe seine größte Schärfe erreicht hat. Es berührt hierbei die Prüfkugel oder die Diamant-Prüfspitze also noch nicht, und der Kugeldruckstempel muß infolgedessen während des Prüfvorganges einen größeren Weg zurücklegen, als bei den Härte-Prüfmaschinen ohne Projektionsgerät, bei denen das Versuchsstück gegen die Kugel oder die Prüfspitze gedrückt wird. Hierdurch kann die Genauigkeit der Prüflast beeinträchtigt werden. Hat die Härte-Prüfmaschine eine Hebelwaage als Belastungsmesser, so kann der Waagehebel zu tief absinken und dadurch die auf den Druckstempel wirkende Belastung zu klein werden. Ist der Belastungsmesser ein Federkraftmesser, so kann der auf den Druckstempel entfallende Anteil der Federkraft und damit die Prüflast ebenfalls zu niedrig werden. Während aber bei der Hebelwaage die größten Prüflasten in dieser Beziehung die kritischen sind, sind es bei dem Federkraftmesser die kleinsten. Man wird also bei der Untersuchung nachprüfen, ob bei den größten Wegen des Druckstempels, die den tiefsten mit den betreffenden Prüflasten zu erzielenden Eindrücken entsprechen, die Fehler der kritischen Prüflasten noch innerhalb der zulässigen Grenzen bleiben. Bei den Prüfmaschinen mit Federkraftmesser ist außerdem festzustellen, welche Ungenauigkeit bei dem Einrichten des Versuchsstückes nach dem Bild auf der Mattscheibe und bei dem Einstellen der Prüflasten nach der Einstellskala statthaft ist, ohne daß der Fehler der Prüflasten die zulässigen Grenzen überschreitet.

Die letzten beiden Gruppen von Härte-Prüfmaschinen, die Kugeldruckpressen mit Tiefenmessung in Verbindung mit Vorlasthärteprüfern und

die Vorlasthärteprüfer mit Tiefenmessung,

haben außer den oben besprochenen allgemeinen Eigentümlichkeiten aller Härte-Prüfmaschinen noch mehrere Fehlerquellen, die ihre Untersuchung sehr erschwerten und auch den Wert des Untersuchungsergebnisses für die praktischen Versuche oft in Frage stellten. Die Vorlast von 10 kg sollte auf $\pm 1\% = \pm 100$ g und die Tiefenmessung auf $\pm 0{,}002$ mm genau sein. Die Vorlast wird bei den meisten Prüfmaschinen dieser Art dadurch erzeugt, daß der Druckstempel, bevor er den Belastungshebel berührt, eine Schraubenfeder spannt. Bei anderen Bauweisen liefert der Belastungshebel selbst die Vorlast, indem er bis zu einer bestimmten Lage angehoben wird. Die dritte und in ihrem Grundgedanken wohl einwandfreieste Lösung verwendet für die Vorlast einen besonderen Hebel, an dem ein Verschiebegewicht in der für die Vorlast richtigen Stellung festgelegt werden kann. In allen drei Fällen wird aber die Vorlast nach der Meßuhr des Tiefenmessers eingestellt; ihre Genauigkeit ist also bis zu einem gewissen Grad auch von dessen richtigem Arbeiten abhängig. Dieser Tiefenmesser besteht in der Regel aus einem kleinen Hebel, der die senkrechte Bewegung des Druckstempels fünffach vergrößert auf den Taststift einer Meßuhr überträgt, und der Meßuhr selbst, bei der eine Umdrehung des Hauptzeigers 1 mm und die Teilungseinheit 0,01 mm bedeutet. Konnte schon die Genauigkeit und Zuverlässigkeit der Vorlast auf ± 100 g oft nur sehr schwer erreicht und besonders die Zuverlässigkeit nicht immer genügend sicher nachgewiesen werden, so standen der einwandfreien Untersuchung des Tiefenmessers noch größere Schwierigkeiten entgegen. Man hätte feststellen müssen, ob in dem ganzen, bei den Härteprüfungen benutzten Meßbereiche die Anzeige an der Meßuhr von dem tatsächlichen Wege des Druckstempels nirgends um mehr als $\pm$ 0,002 mm abweicht. Man hat dies auch versucht, indem man das Übersetzungsverhältnis des Übertragungshebels für sich allein ausgewogen, die Meßuhr in dem fraglichen Meßbereiche mit einem Sondergerät — etwa nach Art des Zeißschen Dickenmessers — untersucht und das richtige Arbeiten des ganzen Tiefenmessers in dem Härteprüfer mit Parallelstücken nachgeprüft hat. Trotz seiner Umständlichkeit genügt aber dieses Verfahren nicht einmal, weil die Nachprüfung mit Parallelstücken nicht dem Meßvorgange bei einer Härtebestimmung entspricht. Außerdem würde auch die Genauigkeit und Zuverlässigkeit der Prüflasten, der Vorlast und der Tiefenmessung allein noch nicht die Sicherheit bieten, daß die Rockwell-C-Härtebestimmung richtige Werte liefert. Der Kegelwinkel, die Spitzenabrundung und der einwandfreie Schliff der Diamant-Prüfspitze üben ebenfalls einen maßgebenden Einfluß auf das Ergebnis aus. Den Kegelwinkel und die Spitzenabrundung kann man mit einem geeigneten Projektionsgeräte mit 100facher Vergrößerung an passenden Schablonen recht genau nachprüfen, wobei sich auch die Abweichungen vom Soll sicher ausmessen lassen. Für die Beurteilung des Schliffes und die Feststellung etwaiger Beschädigungen genügt die mikroskopische Betrachtung.

Eine solche eingehende Untersuchung dieser Härte-Prüfmaschinen läßt sich in den Betrieben gar nicht durchführen, ganz abgesehen davon, daß der dazu erforderliche Aufwand und damit auch die Kosten einer solchen Untersuchung nicht in angemessenen Grenzen zu halten wären.

Die Herstellerwerke der Härte-Prüfmaschinen hatten andererseits zur gelegentlichen Nachprüfung der ganzen Tiefenmeßvorrichtung jedem Härteprüfer ein Prüfplättchen mitgegeben, dessen Sollhärte — in der Regel 65 ± 1 — auf dem Plättchen selbst angegeben war. Ob und mit welcher Genauigkeit diese Sollhärte wirklich zutraf und wie sie ermittelt war, wußte man jedoch nicht. Man beobachtete nur, daß mehrere Prüfplättchen der gleichen Sollhärte, die von verschiedenen Herstellerwerken und sogar von demselben Hersteller stammten, in dem gleichen Härteprüfer verschiedene Werte ergaben. In der Regel konnte man mit einem solchen Prüfplättchen nur feststellen, ob sich die Tiefenmessung seit der Lieferung des Härteprüfers in diesem einen Härtebereiche geändert hatte. Denn bei der Lieferung waren der Tiefenmesser des Härteprüfers, die Diamantprüfspitze und das Prüfplättchen gut aufeinander abgestimmt.

Es galt also, ein Untersuchungsverfahren zu schaffen, das

sich auf allgemein anerkannte Grundlagen stützte,

alle berechtigten Wünsche der Hersteller und Besitzer der Prüfmaschinen, der Abnahmebehörden und der Prüfstellen weitgehendst befriedigte,

möglichst einfach und klar sowie in jedem Betriebe durchzuführen war und

für das ganze Reichsgebiet einheitlich geregelt und für verbindlich erklärt werden konnte.

Auf Grund der Beobachtungen und der allgemeinen, beim Untersuchen von Prüfmaschinen gesammelten Erfahrungen hat der Verfasser 1935 einen Vorschlag ausgearbeitet, der in einer Vereinbarung zwischen

dem Deutschen Verband für die Materialprüfungen der Technik,

der Fachuntergruppe Prüfmaschinen (der Wirtschaftsgruppe Maschinenbau, Hauptgruppe II der Deutschen Wirtschaft) und

dem Staatlichen Materialprüfungsamt Berlin-Dahlem (Abteilung Meßwesen) als verbindlich anerkannt wurde. Das Untersuchungsverfahren ist dann von dem Verfasser in den

„Grundsätzen für die Untersuchung von Vorlasthärteprüfern und für die Lieferung von Kontrollplättchen"

vom 2. 1. 1936 niedergelegt worden, die dem Normenblatt als Anhang beigegeben werden sollen. Die Grundsätze regeln im Abschnitt

I. die Untersuchung von Vorlastprüfern.

Die zulässigen Fehlergrenzen werden

für die Vorlast von 10 kg auf ±2,5% und

für alle Prüflasten auf ±1% festgelegt.

Das einwandfreie Arbeiten der Diamant-Prüfspitze und der Tiefenmessung ist durch Vergleichsversuche mit amtlichen Kontrollplättchen nachzuweisen; der mit dem Härteprüfer ermittelte Härtewert darf von dem Sollwerte des amtlichen Kontrollplättchens höchstens um ±2 Teilstriche (±2 Rockwell-C-Härtegrade = ±0,004 mm) abweichen. Der Abschnitt

II. Herstellung und Lieferung von Kontrollplättchen schafft die allgemeine Grundlage für diese Vergleichsversuche. Für die Herstellung der nunmehr allein anzuerkennenden Kontrollplättchen wurden drei Standardapparate im St. M.P.A. Berlin-Dahlem aufgestellt, die von drei verschiedenen Werken besonders sorgfältig hergestellt und in allen Teilen möglichst genau untersucht worden sind und die ausschließlich für die Bestimmung der Sollhärte von Kontrollplättchen verwendet werden.

Durch die Einführung dieses Verfahrens sind die grundsätzlichen Schwierigkeiten bei der Untersuchung von Vorlasthärteprüfern endgültig beseitigt worden. Daß man trotzdem noch häufig die Untersuchung oder Zwischenprüfung einer solchen Prüfmaschine ohne befriedigendes Ergebnis abbrechen muß, hat seinen

Grund in der Durchbildung und werkstattmäßigen Ausführung der Einzelteile mancher Bauweisen.

Es gelingt in jedem Betriebe leicht und schnell, die Prüflasten auf die vorgeschriebene Genauigkeit zu bringen, wenn der Belastungshebel ursprünglich richtig ausgebildet und gelagert war. Prüfmaschinen, die an dem kurzen Arme des Belastungshebels einfache Bolzenverbindungen ohne Kugellager als Gelenke verwenden, sollte man grundsätzlich nicht für maßgebliche Versuche zulassen. Denn es ist bestimmt damit zu rechnen, daß die Genauigkeit der Prüflasten nach wenigen Wochen nicht mehr der Vorschrift entspricht, wenn man auch am Tage der Untersuchung die Gelenkstellen noch so sorgfältig hat in Ordnung bringen lassen.

Etwas umständlicher ist schon das Abstimmen der Vorlast, wenn diese durch eine um den Druckstempel herumlaufende Schraubenfeder erzeugt wird, weil man durch eine Längenänderung an der Feder gleichzeitig den Weg, den der Druckstempel bis zur Anlage an dem Belastungshebel zurücklegen muß, und damit auch die für die Einstellung der Vorlast geltende Anzeige der Meßuhr ändert. Außerdem muß man die richtige Erhöhung oder Verminderung der Federspannkraft schrittweise durch Versuche ermitteln.

Die größten Schwierigkeiten treten aber auf, wenn trotz ausreichender Genauigkeit der Vorlast und der Prüflasten die Vergleichsversuche keine brauchbaren Ergebnisse liefern. Liegen in dem ganzen Bereiche von 20 bis 65 Härtegraden alle Werte gleichmäßig zu hoch oder zu tief, so kann eine Änderung des Übersetzungsverhältnisses an dem die Meßuhr bedienenden Übertragungshebel zum Ziele führen. Sie ist vielfach aber sehr schwierig, weil der kurze Arm des Hebels nicht durch Schneiden bestimmt ist, deren Abstand man durch Nachschleifen um einige Hundertstel Millimeter ändern könnte. Bei vielen Bauweisen kann man diese Änderung in der für eine Untersuchung zur Verfügung stehenden Zeit und am Standorte der Prüfmaschine überhaupt nicht durchführen. Oft wird aber der noch ungünstigere Fall vorliegen, daß man entweder bei dem härtesten Kontrollplättchen richtige Härtewerte findet, während mit abnehmender Härte die Abweichung der gemessenen von der Sollhärte des Plättchens immer größer wird, oder umgekehrt. Dieser Fehler kann zwei Ursachen haben: Mängel der Diamant-Prüfspitze oder des die Meßuhr bedienenden Übertragungshebels. Hat der Diamantkegel nicht die richtige Spitzenabrundung oder eine Beschädigung an der Spitze oder an dem Mantel, so ist der Einfluß dieses Mangels von der Eindringtiefe, also von der Härte des Versuchsstückes abhängig. Liegt ein Mangel an der Kegelspitze vor, so muß der Fehler der Tiefenmessung bei den härtesten Versuchsstücken oder Kontrollplättchen am größten werden. Dabei werden die Härtewerte zu hoch, wenn die Spitze beschädigt oder der Radius der Spitzenabrundung zu groß ist, während sich bei zu kleinem Abrundungsradius zu kleine Härtewerte ergeben. Ist aber der Kegelwinkel falsch oder der Mantel oberhalb der Spitze beschädigt, so wirkt sich dies in um so stärkeren Maße aus, je weicher die Versuchsstücke sind, und tritt möglicherweise bei den größten Härten überhaupt nicht in die Erscheinung. Ein zu spitzer Kegelwinkel liefert zu geringe, ein zu stumpfer zu große Härtewerte. Dringt eine beschädigte Stelle des Mantels mit in das Versuchsstück ein, so wird die Härte in diesem Bereich im allgemeinen zu niedrig bestimmt. Ist der beobachtete Fehler in dem die Meßuhr bedienenden Übertragungshebel zu suchen, so tritt in den meisten Fällen während des Prüfvorganges eine störende Änderung des Übersetzungsverhältnisses ein. An dem meist einarmigen Übertragungshebel bleibt der lange Arm stets unverändert, weil er durch die im Maschinenrahmen gelagerte Drehachse des Hebels und durch den Fühlstift der Meßuhr begrenzt wird, der sich gleichlaufend zu dem Druckstempel bewegt. Bei der Einstellung der Vorlast erhält der Übertragungshebel, wenn seine drei Gelenkpunkte in einer Ebene liegen, einen gewissen Vorausschlag nach oben. Während die Diamant-Prüfspitze unter der Wirkung der Prüflast in das Versuchsstück eindringt, durchläuft der Hebel die Mittelstellung, in der seine drei Gelenkpunkte in einer waagerechten Ebene liegen, und nimmt am Schlusse der Bewegung — zum mindesten bei den weicheren Versuchsstücken — eine Schräglage nach unten ein. Im ersten Teile dieser ganzen Kippbewegung ist der kurze Arm etwas zu kurz, in der Mittelstellung erreicht er seine größte Länge und wird dann wieder kürzer. Liegen die drei Gelenkpunkte in einer Ebene und ist der Vorausschlag bei der Einstellung der Vorlast richtig gewählt, so macht sich die geringe Längenänderung nicht störend bemerkbar. Anders werden aber die Verhältnisse, wenn der mittlere Gelenkpunkt, der sich auf den Druckstempel aufsetzt, wesentlich über oder unter der Verbindungslinie der beiden äußeren liegt. Wenn er über dieser Linie liegt, werden die Härtewerte zu niedrig bestimmt, und der Fehler ist bei den weichsten Versuchsstücken am größten. Liegt der Punkt unter dieser Linie, werden die Härtewerte zu hoch bestimmt und der Fehler ist bei den härtesten Versuchsstücken am größten. Will man in einem solchen Falle den Fehler selbst beheben, so muß man gleichzeitig die Länge des Druckstempels in dem Teile, der den Übertragungshebel bedient, um das gleiche Maß größer oder kleiner machen, um das man den mittleren Gelenkpunkt des Übertragungshebels hebt oder senkt. Denn andernfalls wird der Weg des Druckstempels beim Einstellen der Vorlast und damit die Vorlast selbst fehlerhaft. Richtiger dürfte es indes wohl sein, wenn man solche grundsätzlichen Mängel nur einwandfrei feststellt, ihre Behebung aber dem Herstellerwerk überläßt.

Von den beiden Gruppen

Kugeldruckpressen mit Tiefenmessung in Verbindung mit Vorlasthärteprüfern und

Vorlasthärteprüfern mit Tiefenmessung

sind bisher nur die letzteren behandelt worden. Für die ersteren gilt ohne jede Einschränkung das gleiche. Die beiden Gruppen unterscheiden sich nur dadurch voneinander, daß die Kugeldruckpressen meist noch für wesentlich größere Kräfte verwendbar sind. Diese Lösung, eine Kugeldruckpresse, z. B. für 3000 kg Höchstlast, und einen Vorlasthärteprüfer für 62,5 bis 150 kg in einer Prüfmaschine zu vereinigen, ist nicht sehr zu empfehlen. Die Untersuchungsergebnisse zeigen, daß bei solchen Prüfmaschinen viel häufiger Störungen auftreten, als bei den nur einem der beiden Zwecke dienenden. Der ganze Aufbau ist nicht so einfach und übersichtlich, und die zu bewegenden Massen sind bedeutend größer. Der Druckstempel ist stärker und der Belastungshebel muß wesentlich kräftiger ausgebildet sein. Dies trifft auch dann zu, wenn man zwei Belastungshebel verwendet, deren einer nur für die größeren Prüflasten bestimmt ist und bei der Benutzung der kleinen Prüflasten abgeschaltet wird. Denn der die kleinen Prüflasten messende Belastungshebel muß auch die Prüflast 3000 kg auf den Druckstempel übertragen und entsprechend große Abmessungen haben. Infolgedessen werden die kleinen Prüflasten bei diesen Prüfmaschinen durch Reibungswiderstände am Druckstempel und am Widerlager des Belastungshebels leicht zu unsicher. Es treten auch, wie die Wiederholungsprüfungen zeigen, durch die Benutzung häufiger Störungen auf, die auf Lagenänderung der Einzelglieder zurückzuführen sind.

Die gründliche Untersuchung und die einwandfreie Beurteilung ist, wie die vorstehenden Ausführungen schon erkennen lassen, bei den Härte-Prüfmaschinen oft bedeutend schwieriger als bei den Zug- und Universal-Prüfmaschinen mit einfachen Belastungsmessern. Die Härte-Prüfmaschinen sind in ihrem Aufbau oft umständlicher und unübersichtlicher und haben viele empfindliche Einzelteile, die alle sehr genau und zuverlässig zusammenarbeiten müssen, wenn die Ergebnisse der Härteprüfungen zutreffen sollen. Erschwerend kommt hinzu, daß einerseits verschiedene Bauweisen in der Ausbildung der Einzelteile und in der werkstattmäßigen Ausführung noch mancherlei zu wünschen übrig lassen und daß andererseits — auch nach Einführung der ,,Grundsätze für die Untersuchung von Vorlasthärteprüfern und für die Lieferung von Kontrollplättchen" — die Ansprüche, die die Abnahmezentralen und die Besitzer an die Genauigkeit und Zuverlässigkeit dieser Gruppe von Prüfmaschinen stellen, reichlich scharf sind.

Eine Fehlergrenze von $\pm 1\%$ bei Prüfmaschinen von 1 bis 10 kg, also eine Genauigkeit auf ± 10 bis ± 100 g, eine Fehlergrenze von $\pm 2{,}5\%$ bei den Vorlasten von

0,35 und 10 kg, also eine Genauigkeit auf $\pm 8{,}75$ und ± 250 g,

eine Fehlergrenze von ± 2 Rockwell-C-Graden bei der Tiefenmessung, also eine Genauigkeit auf $\pm 0{,}004$ mm Eindrucktiefe

sind Bedingungen, die eine sehr gut ausgebildete und hergestellte Prüfmaschine, eine gründliche Untersuchung durch einen sachkundigen, geübten Prüfer, eine pflegliche Wartung der Maschine und eine sorgfältige Versuchsausführung bei den Härtebestimmungen voraussetzen. Andernfalls kann man unmöglich damit rechnen, daß die Bedingungen in dem ganzen, zwischen zwei amtlichen Prüfungen der Maschine liegenden Zeitraume tatsächlich erfüllt sind. Diese Voraussetzungen werden aber in den seltensten Fällen gegeben sein. Besonders die Wartung der Maschine und die Durchführung der Härtebestimmungen entspricht oft nicht im entferntesten der Genauigkeit, die man erzielen will. Die Prüfmaschinen sind häufig in Härtereien aufgestellt, dem Eisenstaub und schädlichen Gasen ausgesetzt, werden während eines ganzen Jahres niemals gesäubert und ständig von Leuten bedient, die gar nicht wissen, wie die Prüfmaschine arbeitet und woran sie etwaige Störungen erkennen können. Auf der anderen Seite genügen den Abnahmezentralstellen und den Besitzern die vereinbarten Genauigkeitsvorschriften noch nicht einmal. Die Kontrollplättchen sollen in neuester Zeit eine Genauigkeit und Gleichmäßigkeit der Härte von $\pm 0{,}5$ Rockwell-C-Härtegraden $= \pm 0{,}001$ mm Eindrucktiefe haben. Bei den Kontrollplättchen von 50 bis 65 Rockwell-C-Härtegraden hat die Abteilung Meßwesen des St. M.P.A. Berlin-Dahlem diesen Wunsch ohne weiteres erfüllen können. Bei den weicheren Kontrollplättchen muß erst noch durch umfangreiche Vorversuche ermittelt werden, ob man eine solche Gleichmäßigkeit der Härte über die ganze Oberfläche des Plättchens unbedenklich gewährleisten kann. Der Wunsch besagt, daß man bei den Härteprüfern eine Genauigkeit der Tiefenmessung auf ± 1 Rockwell-C-Härtegrad $= \pm 0{,}002$ mm Eindrucktiefe erreichen und nachprüfen möchte. Damit dürfte man die Grenze des Möglichen überschritten haben. Wenn eine solche Genauigkeit tatsächlich unumgänglich notwendig ist, wird man ein anderes Prüfverfahren für die Härtebestimmung finden und neue Hilfsmittel entwickeln müssen. Es wird aber keinen Wert haben, unter Beibehaltung der jetzigen Prüfverfahren und Härte-Prüfmaschinen die Genauigkeitsvorschriften zu verschärfen, weil die Genauigkeit dann nur auf dem Papiere stehen würde, in der praktischen Härtebestimmung aber nicht mit der erforderlichen Sicherheit und Gleichmäßigkeit erreicht werden könnte. Solche Mißverhältnisse zwischen gewünschter und praktisch erreichbarer Genauigkeit führen nur zu Schwierigkeiten zwischen Herstellern, Besitzern und Prüfern der Prüfmaschinen, Lieferern und Abnehmern der Werkstoffe und Erzeugnisse, Schwierigkeiten, die der Sache nicht dienlich sind und das vertrauensvolle Zusammenarbeiten aller beteiligten Kreise beeinträchtigen.

Bei diesen mannigfaltigen und ganz verschiedenartigen Fehlerquellen, der starken Auswirkung etwaiger Mängel auf die Ergebnisse der Betriebsversuche und den hohen Ansprüchen, die an die Genauigkeit und Zuverlässigkeit der Härte-Prüfmaschinen — insbesondere der Vorlasthärteprüfer — gestellt werden, muß die Untersuchung dieser Gruppe von Prüfmaschinen sehr sachkundig und gründlich bearbeitet werden. Statt dessen beobachtet man häufig, daß die Prüfer nicht alle Einzelheiten der verschiedenen Bauarten und sämtliche Fehlermöglichkeiten ausreichend beherrschen und daß die Untersuchungen infolgedessen oft recht oberflächlich durchgeführt werden.

Die wenigen Beispiele über Zug- und Universal-Prüfmaschinen und Prüfpressen und die Ausführungen über die Härte-Prüfmaschinen beweisen die Richtigkeit des auf S. 113 Gesagten: Es lassen sich keine Regeln aufstellen, nach denen man eine Prüfmaschinen-Untersuchung erfolgreich durchführen kann. Der eigentliche Zweck dieser Untersuchungen — die einwandfreie Beurteilung der ganzen Prüfmaschine, ihres Belastungsmessers und der Hilfsvorrichtungen — kann nur erreicht werden, wenn der Prüfer das gesamte Fachgebiet beherrscht und auf Grund langjähriger Erfahrungen alle Eigentümlichkeiten der verschiedenen Gattungen und Bauarten von Prüfmaschinen und alle möglichen Fehlerquellen genau kennt.

5. Ausländische Untersuchungsverfahren und Vorschriften.

Die bisherigen Ausführungen, über die Untersuchung von Prüfmaschinen — Abschn. B Prüfverfahren, C Kontroll- und Prüfgeräte und E Untersuchung von Prüfmaschinen — beruhen auf den heute in Deutschland herrschenden Auffassungen und auf den Vorschriften des Normenblattes DIN 1604 und der deutschen Abnahmezentralbehörden. Sie gelten also ausschließlich für Deutschland.

In den anderen Ländern, die dem Neuen Internationalen Verband für Materialprüfungen (N. I. V. M.) angehören, hat man entweder gar keine allgemeinen oder andere — meist mildere — Bestimmungen über die Bedingungen, die von den Prüfmaschinen erfüllt werden sollen, und über deren Nachprüfung.

Die für die Beurteilung einer Prüfmaschine grundlegenden Begriffe — Genauigkeit, Zuverlässigkeit und Empfindlichkeit — sind teils gar nicht in Gebrauch, teils werden sie anders aufgefaßt und erklärt. Unter der „Genauigkeit" einer Prüfmaschine versteht man den Unterschied zwischen der von dem Belastungsmesser der Prüfmaschine angezeigten und der wirklichen Belastung, bezogen auf die wirkliche Belastung, also nach der deutschen Begriffsbestimmung den „Fehler der Belastungsanzeige" (mit entgegengesetztem Vorzeichen). Der Begriff „Zuverlässigkeit" ist nicht eingeführt. Als „Empfindlichkeit" ist nicht eine bestimmt umrissene Eigenschaft der Prüfmaschine festgelegt. Es werden nur die Wege gewiesen, wie man die Empfindlichkeit einer Prüfmaschine feststellen soll. Danach ist die Empfindlichkeit gekennzeichnet durch den Unterschied zwischen dem größten und dem kleinsten — für eine bestimmte wirkliche oder angezeigte Belastung gefundenen — Beobachtungswert, bezogen auf den mittleren Wert der im Zusammenhange durchgeführten Gruppe von Belastungsversuchen. Der „mittlere Wert" ist bei einer ungeraden Zahl von Beobachtungswerten derjenige, der in der Mitte zwischen gleich vielen größeren und kleineren Werten liegt. Statt des in Deutschland gebräuchlichen Mittelwertes, des arithmetischen Mittels, bevorzugt man in Frankreich und in anderen Ländern diesen mittleren Wert, weil er von besonders stark ausfallenden Einzelwerten nicht beeinflußt wird. Bei Verwendung geeigneter Prüfverfahren und -geräte und sorgfältiger Versuchsdurchführung unterscheiden sich jedoch die beiden Arten gar nicht oder nur ganz unbedeutend voneinander. Fällt ein Einzelwert besonders stark heraus, so ist dies fast immer auf Mängel der Versuchsausführung, meist auf schlechte Einstellung der Belastungsstufe, zurückzuführen. Solche Werte scheidet man deshalb zweckmäßig überhaupt aus und wiederholt den Versuch, bis man eine ausreichende Zahl gleichberechtigter Werte hat. Geht man aber so vor, dann dürfte der Mittelwert als Grundlage für die Auswertung richtiger sein, als der von Zufällen abhängigere mittlere Wert. Der Unterschied zwischen dem größten und kleinsten Beobachtungswerte, nach dem man in anderen Ländern also die Empfindlichkeit einer Prüfmaschine beurteilt, wird in Deutschland „Streuung" genannt. Diese Streuung umfaßt neben den Einflüssen, die aus der Unempfindlichkeit des Belastungsmessers der Prüfmaschine herrühren, noch die Auswirkung aller Mängel des Prüfverfahrens, des Prüfgerätes, der Versuchsausführung und der Beobachtung. Da hiervon die letzteren vier in ihrer Gesamtwirkung den Einfluß der Unempfindlichkeit um ein Vielfaches übertreffen, eignet sich die Streuung überhaupt nicht zur Beurteilung der Empfindlichkeit einer Prüfmaschine.

Als das genaueste und in der Durchführung einwandfreieste Verfahren zur Prüfung von Prüfmaschinen wird in den übrigen Ländern die *Prüfung durch unmittelbare Gewichtsbelastung* angesehen. An ihre Stelle tritt die *Prüfung durch mittelbare Gewichtsbelastung*, also die Verwendung eines Kontrollhebels, wenn liegende Prüfmaschinen, Prüfpressen oder Härte-Prüfmaschinen untersucht werden sollen oder wenn bei stehenden Zug- und Universal-Prüfmaschinen die Größe der Kräfte die Anwendung der unmittelbaren Gewichtsbelastung verbietet. Als drittbestes Prüfverfahren gilt die *Prüfung durch Vergleichsversuche*. Das vierte und letzte Verfahren ist die *Prüfung mit Dynamometern*. Unter dem Begriff „Dynamometer" faßt man dabei alle Geräte zusammen, bei denen die Formänderung, die der Körper des Gerätes unter der Einwirkung einer äußeren Kraft erfährt, als Maß für diese auf ihn wirkende Kraft dient. Entsprechend der Wertung der vier Prüfverfahren ist die Weiterentwicklung von solchen Dynamometern in diesen Ländern nicht besonders gepflegt worden. Es sind infolgedessen einfachere Geräte, die in der Genauigkeit und Zuverlässigkeit den deutschen Prüfgeräten nicht gleichwertig sind. Die vier Prüfverfahren sind unter Abschn. B „Prüfverfahren" eingehend behandelt worden.

Wie die Wahl und die Reihenfolge der vier Prüfverfahren zeigen, setzt man in den anderen Ländern die Prüfung von Prüfmaschinen versuchstechnisch der Eichung von Waagen gleich. Bei einer frei spielenden Hebel-, Laufgewichts- oder Neigungswaage, mit der Wägungen vorgenommen werden, liegen aber ganz andere und zwar wesentlich einfachere und günstigere Verhältnisse vor als bei dem Belastungsmesser einer Prüfmaschine, selbst wenn er dem Grundgedanken nach einer solchen Waage entspricht.

Von der Eichung der Waagen ist wohl auch die oben beschriebene Beurteilung der Empfindlichkeit übernommen worden. Wiederholt man bei der Prüfung einer Prüfmaschine mit unmittelbarer Gewichtsbelastung die Einstellung einer bestimmten wirklichen Belastung mehrmals und erhält man dabei verschiedene Anzeigen an dem Belastungsmesser der Prüfmaschine, so bietet der Unterschied zwischen den Grenzwerten tatsächlich einen gewissen Anhaltspunkt für die Beurteilung der Empfindlichkeit. Aber selbst bei der Eichung von Waagen hat man in Deutschland zur Feststellung des Empfindlichkeitsgrades einen anderen Weg gewählt. Man erhöht und vermindert die auf die Waage aufgebrachte Belastung um geringe Beträge, die man in Abhängigkeit von der zulässigen Höchstbelastung der Waage festgelegt hat. Sinngemäß das gleiche Verfahren ist bei der Untersuchung von Prüfmaschinen mit Kontrollgeräten für die Beurteilung der Empfindlichkeit auf S. 116 empfohlen worden. Einen

Hinweis auf dieses Verfahren enthält auch schon die deutsche Begriffsbestimmung der Empfindlichkeit des Belastungsmessers einer Prüfmaschine (S. 111).

Ist die Beurteilung der Empfindlichkeit aus der Streuung der Beobachtungswerte schon bei der Prüfung mit unmittelbarer Gewichtsbelastung nicht ganz einwandfrei, so erscheint ihre Übertragung auf die drei anderen Prüfverfahren noch weit bedenklicher. Trotzdem wird in Frankreich und in anderen Ländern auch bei der Prüfung durch Vergleichsversuche die Beurteilung der Empfindlichkeit aus der Streuung vorgeschrieben. Ergeben sich bei drei Zerreißversuchen der für die Prüfung von Prüfmaschinen ausgegebenen Normalstäbe für einen bestimmten Querschnitt drei verschiedene Anzeigen A an dem Belastungsmesser der Prüfmaschine, so sollen diese nach der Größe — A_1, A_2, A_3 — geordnet werden, so daß A_2 nach der obigen Begriffsbestimmung der „mittlere Wert" ist. Für die Beurteilung der Empfindlichkeit der zu prüfenden Prüfmaschine soll das Verhältnis $\frac{A_1-A_3}{A_2} \cdot 100$ benutzt werden. Man verwendet dieses Verfahren sogar bei der Prüfung von Härte-Prüfmaschinen. Je nach der Bauart und dem Verwendungs-Zwecke der Härte-Prüfmaschine werden auf einem als gleichmäßig nachgewiesenen Normalstücke drei oder fünf Eindrücke mit der Kugel oder dem Diamantkegel oder der Pyramiden-Prüfspitze aufgebracht und nach den dafür geltenden Vorschriften ausgewertet. Die Streuung der zusammengehörigen Einzelwerte im Vergleiche zu dem mittleren Werte dient auch hierbei als Maß für die Empfindlichkeit der Härte-Prüfmaschine.

F. Wege zur Erhöhung der Genauigkeit, Zuverlässigkeit und Empfindlichkeit der Prüfmaschinen.

Die künftige Entwicklung der Prüfmaschinen läßt sich von den verschiedensten Blickrichtungen aus betrachten: man kann an die voraussichtliche oder an die wünschenswerte Weiterentwicklung denken und kann diese im Sinne einer möglichst guten und preiswerten Herstellung oder vom Standpunkte der Besitzer aus, nach den Wünschen der Abnahme oder auf Grund der Erfahrungen amtlicher Prüfstellen behandeln. Hier sei nur auf die wünschenswerte Weiterentwicklung eingegangen, wie sie sich aus den Erfahrungen ergibt, die durch Tausende von Untersuchungen in der Abteilung Meßwesen des St. M.P.A. Berlin-Dahlem zusammengetragen werden konnten.

1. Belastungsmesser.

Die beiden wichtigsten und deshalb auch zahlenmäßig am stärksten vertretenen Gruppen von Prüfmaschinen sind die Zug- und Universal-Prüfmaschinen und die Härte-Prüfmaschinen. Auf die letzteren ist im vorigen Unterabschnitte bei den Fragen, worauf sich deren Untersuchung erstrecken muß und welche Schwierigkeiten hierbei auftreten können, schon näher eingegangen worden. Die Ausführungen lassen zur Genüge erkennen, welche Richtung eine wünschenswerte Fortentwicklung einschlagen müßte. Die nachstehenden Betrachtungen sollen sich deshalb auf die Zug- und Universal-Prüfmaschinen und deren gebräuchlichste Belastungsmesser beschränken.

In neuerer Zeit wird bei den stehenden Zug- und Universal-Prüfmaschinen mittlerer und großer Kraftleistungen — von 10 bis 200 t Höchstlast — das Pendelmanometer als Belastungsmesser bevorzugt. Es bietet auch zweifellos gegenüber den Hebel- und Laufgewichtswaagen und auch im Vergleiche mit der

Neigungswaage gewisse Vorteile. Vor allen Dingen kann man mit den Bruchlasten unbedenklich bis an die Höchstlast der Prüfmaschine herangehen, während man bei allen Waagen als Belastungsmessern zur Schonung der Schneiden $^2/_3$ der Maschinenhöchstlast mit den Bruchlasten nicht überschreiten soll. Die Unsicherheit, daß durch den Bruch einer Schneide der Wert der Belastungsanzeige plötzlich sehr stark geändert werden kann, fällt bei den Pendelmanometern fort. Außerdem herrscht die Auffassung, daß das Pendelmanometer auch bei stärkster Inanspruchnahme der Prüfmaschine für eine längere Dauer der zuverlässigste Belastungsmesser sei, weil das Übersetzungsverhältnis sich nicht ändern könne. Diese Schlußfolgerung trifft allerdings nicht zu. Die Unveränderlichkeit des Übersetzungsverhältnisses ist für die Zuverlässigkeit der Belastungsanzeige nicht allein maßgebend. In dem Antriebszylinder und -kolben, in dem Meßzylinder und -kolben, an den Teilen, die die Kraft vom Meßkolben auf den Pendelhebel weiterleiten, in den Zwischengliedern, die den Ausschlag des Pendels in die Drehbewegung des Zeigers umsetzen, an dem Rückschlagdämpfer und in den Hilfsvorrichtungen hat das Pendelmanometer viele empfindliche Stellen, an denen durch Abnutzung, Verschmutzung und Verbiegungen oder Verdrehungen einzelner Teile schwere Störungen der Belastungsanzeige hervorgerufen werden können, ohne daß der Benutzer der Prüfmaschine auch nur das Geringste davon bemerkt. Sogar bei der Untersuchung der Maschine, bei der man durch die Fehler der Belastungsanzeige auf das Vorhandensein von Mängeln hingewiesen wird, gehört ein geübter und erfahrener Prüfer dazu, bei diesen vielerlei verschiedenen Störungsmöglichkeiten die Ursache der beobachteten Fehler sicher erkennen und sofort ganz bestimmte Änderungen zur Behebung der Mängel vorschlagen zu können. Die Zuverlässigkeit der alten Laufgewichtswaage wird jedenfalls von dem Pendelmanometer bei weitem nicht erreicht. Bei den Wiederholungsprüfungen liefert das Pendelmanometer fast alljährlich ein anderes Bild des Fehlers; oft wird schon im zweiten Jahre nach der Herstellung der Prüfmaschine die zulässige Fehlergrenze von $\pm 1\%$ nicht mehr in allen Stufen der schwächeren Kraftbereiche innegehalten. Bei den Waagen bleibt dagegen der Fehler jahrelang ganz unverändert oder verschiebt sich langsam in positiver Richtung, wenn nicht eine Schneide schwerer beschädigt oder gebrochen ist. Stets wird man aber die seit der letzten Untersuchung eingetretenen Mängel schnell finden und ebenso rasch beheben können.

Für kleinere Kraftleistungen — unterhalb von 10 t Höchstlast — sind die Neigungswaage und das Neigungspendel die verbreitetsten Belastungsmesser. Daneben findet man für Kraftleistungen von 2 bis 10 t Höchstlast auch noch das Pendelmanometer. In der Zuverlässigkeit dürfte in dieser Gruppe von Prüfmaschinen zweifellos die Neigungswaage an erster Stelle stehen, zumal eine Beschädigung der Schneiden durch harte Schläge bei den kleineren Kräften nicht so zu befürchten ist, wenn die Schneidenkörper genügend kräftig ausgebildet und sorgfältig gelagert sind. Die Hauptvorteile der Neigungswaage gegenüber dem Neigungspendel und dem Pendelmanometer beruhen auf der Eindeutigkeit der Nullstellung und darauf, daß man infolgedessen etwaige Reibungsstörungen leichter bemerkt. Gerade die klare und unveränderliche Nullstellung des Belastungsmessers hat eine um so größere Bedeutung, je kleiner die mit der Prüfmaschine zu messenden Kräfte sind. Bei einer Unsicherheit von ± 5 kg in der Nullanzeige des Belastungsmessers ist die Prüfmaschine schon bis zu 1000 kg Belastung für maßgebliche Versuche nicht verwendbar, wenn die zulässige Fehlergrenze auf $\pm 1\%$ festgelegt ist. Das freie Schwingen und ungehemmte Auspendeln einer Neigungswaage bei unbelasteter Prüfmaschine gewährleistet eine solche sichere Nullstellung, während man bei dem Neigungspendel und dem Pendelmanometer, die meistens schon nach wenigen, kurzen

Schwingungen zur Ruhe kommen, die klare Nullstellung sehr oft vermißt und eine Änderung der Reibungsverhältnisse nicht so leicht erkennen kann. Voraussetzung für eine gute Neigungswaage ist allerdings, daß sie nicht allein in der Werkstattarbeit sorgfältig ausgeführt ist, sondern auch, daß ihr Wert nicht durch Hilfsvorrichtungen — Dehnungsmesser, Schaulinienzeichner, Sperrklinken oder Ölbremse — beeinträchtigt wird. Wie schädlich der Einfluß solcher Hilfsvorrichtungen sich auswirken kann, ist in dem Beispiel 3 auf S. 119 gezeigt worden.

Bei allen drei Bauarten von Belastungsmessern werden also die Herstellerwerke bestimmte Voraussetzungen erfüllen und die Benutzer gewisse Einschränkungen in Kauf nehmen müssen, wenn die heute üblichen Genauigkeitsgrade gewährleistet sein sollen.

Die Herstellerwerke werden ihr Augenmerk darauf zu richten haben, den Einfluß der oben genannten Fehlerquellen durch weitere Verbesserungen in der Ausbildung der Einzelteile und sorgfältigste Werkstattausführung herabzusetzen. Viel ist in dieser Beziehung auch schon erreicht worden, wie ein Vergleich der neuzeitlichen deutschen Pendelmanometer, Neigungswaagen und Neigungspendel mit älteren ausländischen Ausführungsformen deutlich zeigt. Bei den Pendelmanometern ist die Lagerung des Meßzylinders und die Übertragung von dem Meßkolben auf den Pendelhebel, bei allen drei Bauarten von Belastungsmessern sind die Führung des oberen Spannkopfquerhauptes (oder des Biegetisches) an den Maschinensäulen, sowie die Zwischenglieder, die den Pendelausschlag in die Drehbewegung des Zeigers umsetzen, und die Anzeigevorrichtung selbst wesentlich verbessert worden. Auch sind die empfindlichen Teile gegen grobe Verschmutzung und zufällige Beschädigung von außen her heute schon gut geschützt. Bei manchen Bauweisen könnte nur noch mehr Wert darauf gelegt werden, daß alle diese Teile trotz der Einkapselung gut zugänglich bleiben und daß man den ganzen Belastungsmesser — einschließlich des Pendelhebels und aller Kugellager — leicht und schnell ausbauen und ohne Gefährdung empfindlicher Teile wieder zusammensetzen kann. Es muß unbedingt erreicht werden, daß der Prüfer während der knappen, für eine Untersuchung zur Verfügung stehenden Zeit den Belastungsmesser von den Hilfskräften, die der Besitzer der Prüfmaschine zur Verfügung hat, ausbauen, säubern und wieder betriebsfertig machen lassen kann. Zu diesem Zwecke müßten alle Einzelteile — auch in ihrer Stellung zueinander — eindeutig gezeichnet sein und, soweit besondere Hilfsmittel — Steckschlüssel, Abdrückschrauben o. ä. — erforderlich sind, diese mit der Prüfmaschine zusammen geliefert werden, wie auch ein vollständiger Satz der in Betracht kommenden einfachen Schraubenschlüssel zu jeder Prüfmaschine gehört und bei ihr bleiben soll. Sind besondere Vorsichtsmaßregeln bei dem Aus- und Einbau zu beachten, so sollten diese in der Bedienungsvorschrift genau angegeben sein. Sehr häufig erweist es sich bei der Untersuchung älterer Prüfmaschinen als unvermeidlich, kleine Mängel, die bei längerer Benutzung durch verdicktes Öl, durch Schmutz oder durch Verbiegung einzelner Teile entstanden sind, beheben zu lassen. Muß für solche unbedeutenden Nacharbeiten jedesmal ein Fachmann des Herstellerwerkes nur deshalb hinzugezogen werden, weil für den Aus- und Einbau besondere Kenntnisse oder Hilfsmittel unentbehrlich sind, so ist dies für das Herstellerwerk, den Besitzer und die amtliche Prüfstelle in gleichem Maße nachteilig, weil ein nutzloser Aufwand an Zeit und Geldmitteln damit verbunden ist. Ein weiteres Glied dieser Belastungsmesser, das einer sorgfältigeren Ausbildung und Erprobung bedarf, ist der Rückschlagdämpfer. Es ist an sich gleich, ob man in die vom Antriebs- zum Meßzylinder führende Leitung ein Rückschlagventil einbaut oder mit dem Pendelhebel eine Ölbremse verbindet; der Dämpfer muß nur zwei nicht leicht miteinander in Einklang zu bringende Bedingungen erfüllen. Er muß einerseits bei dem Bruch eines Versuchsstückes den Rückschlag des Pendels bei der Höchstlast der Prüfmaschine und bei den kleinsten in Frage kommenden Belastungen so vollkommen abfangen, daß Beschädigungen an Teilen des Belastungsmessers unmöglich sind. Andererseits muß der Dämpfer den Pendelhebel wenige Grade vor der lotrechten Lage ganz freigeben, damit das Pendel ohne jede Behinderung frei ausschwingen kann. Auch diese Aufgabe ist heute schon bei mehreren Bauweisen sehr gut gelöst.

Andererseits werden die Besitzer und die Benutzer der Prüfmaschinen insofern gewisse Einschränkungen in Kauf nehmen müssen, als sie die Prüfmaschinen nicht mehr für beliebig kleine Kräfte verwenden dürfen. Gerade in dieser Hinsicht hat die Entwicklung im Prüfmaschinenbau in dem abgelaufenen Jahrzehnt — vom fachlichen Standpunkt aus betrachtet — nicht den richtigen Weg beschritten. Prüfmaschinen mit Pendelmanometer oder Neigungspendel als Belastungsmesser findet man sehr häufig mit vier, fünf, acht und zum Teil sogar noch mehr Kraftbereichen, wobei die Höchstlast des schwächsten Bereiches $^1/_{50}$ der Maschinenhöchstlast oder weniger beträgt. Soll dieser schwächste Bereich überhaupt einen Zweck haben, so müßte man also $^1/_{10}$ seiner Höchstlast, d. h. $^1/_{500}$ der Maschinenhöchstlast, noch mit einer brauchbaren Genauigkeit messen können, was in den günstigsten Fällen vielleicht unmittelbar nach der Herstellung der Prüfmaschine zu erreichen ist.

Die Erkenntnis, daß man kleine Kräfte nur auf entsprechend schwachen und empfindlichen Prüfmaschinen mit der gewünschten Genauigkeit messen kann, führte zu der Festlegung der unteren Benutzungsgrenze. Die Ziff. 17 des neuen Normenblattes DIN 1604 (2. Ausgabe, Mai 1938) bestimmt, daß die Prüfmaschinen mit mehreren Kraftbereichen für maßgebliche Versuche nicht unterhalb von $^1/_{25}$ der Maschinenhöchstlast benutzt werden dürfen. Damit sind alle Kraftbereiche, deren Höchstlast kleiner als $^1/_5$ der Maschinenhöchstlast ist, zwecklos geworden. Denn die Belastungsstufe $^1/_{25}$ der Maschinenhöchstlast ist in dem Kraftbereiche, der $^1/_5$ der Maschinenhöchstlast als eigene Höchstlast hat, vollkommen einwandfrei, wenn die Prüfmaschine gut durchgebildet und werkstattmäßig sauber ausgeführt ist. Durch diese Festlegung der unteren Benutzungsgrenze ist gleichzeitig entschieden, daß die Anordnung von zwei ineinander liegenden Kolben, die zur Erzielung kleinerer Kraftbereiche oft gewählt worden ist, künftig keinen Zweck mehr hat und daß die richtige Abstufung der Höchstlasten für die Kraftbereiche $^1/_1$, $^1/_2$ und $^1/_5$ der Maschinenhöchstlast ist.

2. Anzeigevorrichtungen.

a) Skalenteilung.

Bei den hier behandelten drei Belastungsmessern — Pendelmanometern, Neigungspendeln und Neigungswaagen — ist noch die Frage zu klären, welcher Art von Teilung der Vorrang gebührt. Es gibt an sich folgende drei Möglichkeiten:

Man bildet die Anzeigevorrichtung so aus, daß gleichen Momenten des Pendels gleiche Zeigerwege entsprechen, und legt die Pendelgewichte rechnerisch so fest, daß der Zeiger in allen Kraftbereichen bei dem Vorgange von dem entlasteten Zustande bis zur Höchstlast den gleichen Weg durchläuft, z. B. bei der Kreisteilung den vollen Umfang. Die Unterteilung wird dann rechnerisch ermittelt und als gleichmäßige Teilung maschinell aufgetragen.

Bei der gleichen Ausbildung der Anzeigevorrichtung kann man aber auch die Pendelgewichte so wählen, daß der Zeiger auf der Kreisteilung bei dem Vorgange von Null bis zur Höchstlast nur einen Winkel von 300 bis 330° durchläuft, und die ganze Teilung versuchsmäßig — empirisch — ermitteln. Man stellt also in jedem Kraftbereich in mehreren Belastungsreihen bestimmte Belastungsstufen nach den Anzeigen eines Kontroll- oder Prüfgerätes ein und legt damit eine Gruppe von Hauptteilstrichen von Null bis zur Höchstlast fest. Die Zwischenräume unterteilt man dann gleichmäßig. Durch eine Nachprüfung, bei der man die Belastungsstufen nach der so gewonnenen Teilung einstellt, überzeugt man sich davon, daß der Fehler der Belastungsanzeige innerhalb der gewünschten Grenzen bleibt, und nimmt nach Bedarf noch kleine Änderungen in der Teilung vor. Die ganze Teilung wird von Hand aufgezeichnet.

Die dritte Möglichkeit ist ein Mittelweg, bei dem man bestimmte Vorteile der beiden Arten von Teilungen vereinigen will. Für jede einzelne, reihenweise herzustellende Art von Prüfmaschinen — z. B. für die stehende 35 t-Prüfmaschine mit Pendelmanometer und 3 Kraftbereichen von 35 — 17,5 — 7 t Höchstlast — wird *einmal* versuchsmäßig, also nach dem zweiten Verfahren, eine tunlichst günstige Teilung festgelegt, bei der der Fehler der Belastungsanzeige in allen Kraftbereichen von $^1/_{10}$ der Höchstlast bis zur Höchstlast möglichst klein bleibt. Diese — ungleichmäßige, empirisch ermittelte — Teilung wird dann bei allen künftig herzustellenden Prüfmaschinen genau gleicher Art und Stärke maschinell, also gemäß dem ersten Verfahren, aufgetragen.

Da die beiden letzteren Teilungsarten auf demselben Grundgedanken, der versuchsmäßigen Ermittlung der Hauptteilstriche, beruhen, läuft die oben gestellte Frage darauf hinaus, ob die rechnerische oder die versuchsmäßige Bestimmung der Teilung richtiger ist. Auf S. 120 wurde bereits erwähnt, daß sich bei Neigungswaagen, Neigungspendeln und Pendelmanometern, wenn die Anzeigeskalen nach der Berechnung gleichmäßig geteilt sind und der Belastungsmesser einwandfrei arbeitet, für den Fehlerverlauf eine schwach gekrümmte Kurve ergibt. Schon aus diesem Grunde wird von mancher Seite die versuchsmäßige Teilung bevorzugt, weil man bei ihr eine zu der Achse der Belastungsanzeigen gleichlaufende Gerade als Fehlerkurve erreichen kann, während bei der rechnerisch ermittelten Teilung die Gefahr besteht, daß die gekrümmten Fehlerkurven schon bei kleinen Mängeln des Belastungsmessers nicht mehr in dem ganzen Bereiche innerhalb der zulässigen Grenzen von $\pm 1\%$ bleiben. Ein weiterer Vorteil der versuchsmäßigen Teilung liegt für das Herstellerwerk in der Zeitersparnis bei der Vorprüfung der zu liefernden Prüfmaschinen. Es erfordert bedeutend weniger Arbeit, versuchsmäßig eine Teilung festzulegen und sicherheitshalber mit der umgekehrten Art der Einstellung noch einmal durchzuprüfen, als eine Prüfmaschine mit rechnerisch bestimmter Teilung so in Ordnung zu bringen, daß der Fehler überall innerhalb der zugesagten Grenzen bleibt. Ebenso vereinfacht sich die Überholung gebrauchter Prüfmaschinen, weil nach Abschluß der werkstattmäßigen allgemeinen Überholung eine neue, dem jetzigen Zustande der Prüfmaschine angepaßte Teilung versuchsmäßig bestimmt und aufgezeichnet wird.

Dieser zweite — wirtschaftliche — Vorteil kennzeichnet gleichzeitig sachlich den Hauptnachteil der versuchsmäßig ermittelten Teilung. Die neu angefertigte, ebenso wie die überholte Prüfmaschine braucht von dem Herstellerwerk überhaupt nicht gründlich daraufhin untersucht zu werden, ob dem Belastungsmesser noch Mängel anhaften. Spielt das Pendel in der Nullstellung genügend genau ein und ergeben sich bei mehrmaliger Einstellung der gleichen Belastungsstufen nicht zu große Streuungen, so wird die Prüfmaschine in dem Zustand, in dem sie von der Werkstatt abgeliefert wird, als richtig arbeitend und einwandfrei übernommen. Für diesen zufälligen Zustand wird die Teilung versuchsmäßig bestimmt. Eine ganz andere Aufgabe hat dagegen die Vorprüfung im Herstellerwerke zu leisten, wenn die Prüfmaschine von der Werkstatt mit fertiger, rechnerisch ermittelter Teilung abgeliefert wird. Ergibt, was in der Regel der Fall sein wird, die erste Prüfung störende Fehler der Belastungsanzeige, so muß die eigentliche Ursache der Störung gefunden und die Wurzel des Übels beseitigt werden. Es muß also jeder etwaige Mangel der Werkstattarbeit oder des Zusammenbaues aus der Wirkung, die er auf den Fehlerverlauf ausübt, erkannt und durch zweckentsprechende Nacharbeit behoben werden, bis die Fehlerkurve den vorgeschriebenen Genauigkeitsbedingungen vollständig genügt. Während bei der versuchsmäßigen Festlegung die Teilung dem zufälligen Zustande der Prüfmaschine angepaßt und mit den Fehlern der benutzten Kontroll- oder Prüfgeräte und der Versuchsausführung behaftet ist, also nicht der Eigentümlichkeit des Belastungsmessers entspricht, sondern in diesem Sinne willkürlich ist, liefert die rechnerisch bestimmte, gleichmäßige Teilung eine dem Belastungsmesser eigentümliche Fehlerkurve, die einzig und allein von der Durchbildung, Ausführung und Zusammensetzung des Belastungsmessers abhängig ist. Daraus ergibt sich der zweite wesentliche Vorteil der rechnerisch bestimmten, gleichmäßigen Teilung. Jeder Prüfer kann bei einer späteren Untersuchung der Prüfmaschine schon aus dem Verlaufe der Fehlerkurven erkennen, welche Mängel an dem Belastungsmesser noch vorhanden oder im Laufe der Benutzung eingetreten sind. Er ist infolgedessen in der Lage, die erforderlichen Nacharbeiten sofort anzugeben, weil er stets davon ausgehen kann, daß die Teilung dem Belastungsmesser entspricht und daher an sich fehlerfrei ist. Hierin liegt nicht etwa, wie vielfach angenommen wird, eine Annehmlichkeit für den Prüfer, indem ihm die Arbeit erleichtert würde. Einfacher ist es, dem Besitzer aufzugeben, die Prüfmaschine von dem Herstellerwerk in Ordnung bringen zu lassen, weil infolge der versuchsmäßig festgelegten Teilung die eigentlichen Mängel nicht klar zu erkennen sind, als bei der rechnerisch ermittelten Teilung selbst die Mängel eindeutig festzustellen. Den Vorteil hat der Besitzer. Während bei der rechnerisch ermittelten Teilung das Herstellerwerk schon bei der Vorprüfung alle etwaigen Mängel beseitigen muß, läßt dies bei versuchsmäßig bestimmten Teilungen häufig erst der Besitzer der Prüfmaschine auf seine eigenen Kosten tun.

In diesem Zusammenhange sei gleich die Teilung an Federmanometern besprochen. Es gibt bei Prüfmaschinen vier verschiedene Arten:

die Teilung in kg/cm²,
die Teilung in „Teilstrichen" oder „Einheiten",
die Teilung in kg oder t und
die Teilung in Grad.

Die kg/cm²-Teilung ist die älteste, weil die Manometer ursprünglich nur dem Zwecke dienten, Dampf-, Wasser- oder Gasdrücke in Atmosphären zu messen. An Prüfmaschinen findet man diese Teilung nur bei älteren Baustoff-Prüfpressen und vereinzelt noch an liegenden Ketten-Prüfmaschinen. Sie ist unzweckmäßig, weil die Messung des Druckes bei Prüfmaschinen nicht Selbstzweck, sondern nur ein Mittel ist, mit dem man Kräfte bestimmen will, und weil bei den handelsüblichen Manometern dieser Art die Teilung zu grob ist und die ganze Ausführung nicht der in der Werkstoffprüfung geforderten Meßgenauigkeit entspricht.

Auch die Teilung in „Teilstriche" oder „Einheiten" wird immer seltener. Man hat sie seinerzeit aus zwei verschiedenen Gründen eingeführt. In dem einen Falle will man nur eine weitgehende Unterteilung erreichen, ohne die Abstände zwischen zwei Teilstrichen so klein werden zu lassen, daß die Beobachtung erschwert wird. Man wählt den Durchmesser der Teilung größer und nimmt bei einem Zeigerwege von rd. 300° für den Vorgang von dem entlasteten Zustande bis zur Höchstlast 400 oder 500 Teilstriche. Man kann also auf $^1/_{400}$ oder $^1/_{500}$ der Höchstlast noch unmittelbar ablesen, ohne Zehntel der Teilung schätzen zu müssen. Die Teilung ist gleichmäßig und maschinell aufgebracht worden und steht nicht in einer bestimmten, zahlenmäßigen Beziehung zu den auf das Versuchsstück ausgeübten Belastungen. Es entspricht beispielsweise eine Ablesung von 485 Teilstrichen einer wirklichen Belastung von 2000 kg. Zur Umrechnung der Anzeigen in Kräfte bedient man sich der Zahlentafeln, die auf Grund der Untersuchungsergebnisse aufgestellt sind. In dem anderen Falle handelt es sich dagegen um eine getarnte kg- oder t-Teilung. Man hat versuchsmäßig, wie oben näher beschrieben, eine kg- oder t-Teilung von Hand aufgebracht, aber die Bezeichnung „kg" oder „t" vermieden, damit bei einer Untersuchung der Prüfmaschine nicht ein unzulässig großer Fehler der Belastungsanzeige festgestellt werden kann. Bleibt der Fehler unter der Annahme einer t-Teilung überall innerhalb der gewünschten Grenzen, so kann man sagen: „1 Teilstrich ist gleich 1 t". Im anderen Falle bezeichnet man die Teilung in Teilstriche als eine willkürliche, so daß auf Grund der Untersuchungsergebnisse eine Zahlentafel aufgestellt werden muß, aus der man für jede Anzeige die Belastung ablesen kann. Hieraus entsteht bei manchen Arten von Prüfmaschinen die nicht ohne weiteres verständliche Bezeichnung der Teilung: „1 Teilstrich = 2 Einheiten". Bei einer 600 t-Prüfpresse, deren Manometer 300 Teilstriche hat, kann man bei günstigem Untersuchungsergebnis angeben: 1 Einheit = 1 t, also 1 Teilstrich = 2 Einheiten = 2 t.

Die dritte Art der Teilung — nach kg oder t — ist heute noch sehr gebräuchlich. Sie wird von den Benutzern der Prüfmaschinen bevorzugt, weil man bei den Betriebsversuchen unmittelbar die Belastungen ablesen kann und nicht erst die einer beobachteten Anzeige entsprechende Kraft einer Zahlentafel entnehmen muß. Die Teilung ist versuchsmäßig ermittelt und von Hand aufgezeichnet.

Der getarnten und der offenen kg- oder t-Teilung haften alle oben erörterten Mängel einer versuchsmäßig ermittelten, ungleichmäßigen Teilung an. Bei den hierfür in Betracht kommenden Prüfmaschinen tritt jedoch als weiterer Nachteil der versuchsmäßig bestimmten Teilung noch der Umstand hinzu, daß der Wert der Manometeranzeige sich schneller und in größerem Maße ändern kann, als dies bei anderen Belastungsmessern zu befürchten ist. Bei der Meßdose ist — wie an anderer Stelle ausgeführt wurde — die Zuverlässigkeit der Belastungsmessung von der Unveränderlichkeit des Füllungsgrades, des Luftinhaltes und der Vorspannung abhängig. Noch ungünstiger ist in dieser Beziehung die manometrische Messung des Druckes im Antriebszylinder, weil — besonders bei manschettengedichtetem Kolben und in staubigen Betrieben — der Reibungswiderstand nicht gleichmäßig bleibt. In beiden Fällen ändert sich außerdem das Manometer selbst, sei es durch nicht genügend gedämpfte Stöße beim Bruch eines Versuchsstückes, sei es auch nur durch Ermüdung der Bourdonfeder infolge der häufigen Beanspruchung. Bleibt aber der Fehler der Belastungsanzeige nicht mehr innerhalb der vorgeschriebenen Grenzen, so gibt es bei diesen Manometern mit versuchsmäßig festgelegten Teilungen nur zwei Möglichkeiten: man muß entweder die kg- oder t-Bezeichnung entfernen und für die übriggebliebene „Teilstrich"-Teilung eine Zahlentafel aufstellen oder die Teilung muß entfernt, versuchsmäßig neu bestimmt und aufgezeichnet werden. Die erstere Lösung bedeutet den Verzicht auf den einzigen Vorteil dieser Teilung, die letztere ist sehr umständlich und kann im allgemeinen nicht in der für eine Untersuchung zur Verfügung stehenden Zeit durchgeführt werden.

Die sachlich richtigste und in jeder Beziehung beste Art ist die maschinell aufgebrachte Gradteilung. Dabei empfiehlt es sich, einen bestimmten Durchmesser der Teilung festzulegen, damit in allen Fällen der Abstand zwischen zwei Teilstrichen gleich groß ist, wodurch die Schätzung der Teilungszehntel bedeutend erleichtert und sicherer wird. Hierin liegt der einzige Vorteil der

Gradteilung gegenüber der an zweiter Stelle behandelten, gleichmäßigen und maschinell aufgebrachten Teilstrichteilung. Hat man an derselben Prüfmaschine, wie es bei dieser Teilungsart üblich ist, für drei Kraftbereiche drei Manometer mit verschiedenen Teilungen (350 — 400 — 500 Teilstriche), so sind die Abstände zwischen zwei Teilstrichen und damit die zu schätzenden Zehntel verschieden groß. Dadurch wird die Schätzung erschwert, ganz besonders für Abnahmebeamte, die nicht ständig an der gleichen Prüfmaschine arbeiten und infolgedessen dauernd auf andere Teilungsarten und Teilstrichabstände umschalten müssen. Im Vergleiche zu den übrigen Teilungsarten liegen die Vorteile der Gradteilung nach den vorstehenden Ausführungen auf der Hand. Die Gradteilung hat als gleichmäßige, maschinell aufgebrachte Teilung die feinste Strichdicke, stets die gleiche Unterteilung nach dem Dezimalsysteme, den gleichen Einheitswert (1°), die gleiche Hervorhebung der 5°-Striche, die gleiche Bezifferung von 10 zu 10 Grad. Diese Eigenschaften gewährleisten die größte Sicherheit der Ablesung und Zehntelschätzung. Außerdem steht die Gradteilung nicht in einer bestimmten zahlenmäßigen Beziehung zu den auf das Versuchsstück ausgeübten Belastungen. Ändert sich der Wert der Belastungsanzeige durch die Erneuerung der Membrane bei der Meßdose oder der Manschette im Antriebszylinder oder aus anderen Gründen, so bleibt die Teilung unverändert; nur die Zahlentafel der wirklichen Belastungen wird auf Grund einer Untersuchung der Prüfmaschine neu aufgestellt. Trotzdem hat der Prüfer — wie in einem früheren Abschnitte bereits ausgeführt wurde — bei richtigem Untersuchungsverfahren einen vollständigen Überblick darüber, wie sich die Prüfmaschine und ihr Belastungsmesser seit der letzten Untersuchung geändert haben, welche Mängel augenblicklich vorhanden sind und ob die Belastungsmessung als ausreichend genau und zuverlässig angesehen werden kann.

b) Einzelglieder der Anzeigevorrichtungen.

Außer der Wahl der Teilung bedürfen noch mehrere andere Punkte, die zum Teile nur für die Manometer, zum Teil aber gleichzeitig auch für die Anzeigevorrichtungen der Neigungswaagen, Neigungspendel und Pendelmanometer gelten, der endgültigen Klärung und — wenn irgend durchführbar — der Vereinheitlichung.

Bei den Manometern allein sind es der Anschlagstift, die Frage des feststehenden oder drehbaren Zifferblattes, die Verbindung eines Schaulinienzeichners mit dem Manometer und das Kontrollmanometer.

Anschlagstifte sind bei Manometern an Prüfmaschinen grundsätzlich zu verwerfen. Legt sich der Zeiger vor dem Erreichen der dem Manometer eigentümlichen Nullstellung gegen einen Anschlag, so ist die wahre Nullstellung unbekannt. Eine — für die Belastungsmessung in der Prüfmaschine wesentliche — Änderung der wahren Nullstellung entzieht sich also der Beobachtung. Der Wert der Manometeranzeige kann sich, ohne daß man es bemerkt, im Sinne einer Verminderung der Anzeige an sich beliebig und im Sinne einer Erhöhung der Anzeige um das Maß ändern, das der Vorspannung entspricht, also um den Unterschied zwischen der wahren und der durch den Anschlagstift gegebenen Nullstellung.

Das Zifferblatt müßte — nach meßtechnischen Gesichtspunkten allein beurteilt — feststehen, damit man stets von dem gleichen Nullpunkt ausgehen und bei jeder Änderung in der Nullstellung des Zeigers die Ursache feststellen und je nach dem Grund entweder den Mangel beheben oder den Unterschied zwischen der tatsächlichen und der richtigen Nullanzeige bei den Versuchsergebnissen berücksichtigen müßte. Das drehbare Zifferblatt hat nur dann eine gewisse Berechtigung, wenn das Gewicht des Prüfstückes schon eine die Belastungsmessung störende Anzeige an dem Manometer hervorruft. Denn in diesem Falle müßte man sonst die Zahlentafel der wirklichen Kräfte für den theoretischen Zustand „ohne Prüfstück und ohne Einspannteile" aufstellen und bei den Betriebsversuchen das Gewicht des Prüfstückes und der bei dem Versuche verwendeten Einspannteile von den Manometerablesungen abziehen. In allen anderen Fällen, in denen das Gewicht des Prüfstückes und der Einspannteile die Manometeranzeige gar nicht oder nur unwesentlich beeinflußt, ist die Drehbarkeit des Zifferblattes überflüssig und meist sogar schädlich. Überflüssig ist sie, weil der Zeiger, solange der Belastungsmesser in Ordnung ist, immer in die dem Belastungsmesser eigentümliche Nullstellung zurückgeht, die beispielsweise bei der Meßdose durch die Vorspannung, bei der Messung des Druckes im Antriebszylinder durch das auf der Druckflüssigkeit ruhende tote Gewicht bestimmt ist. Schädlich wird die Drehbarkeit des Zifferblattes allerdings erst durch die unsachgemäße Anwendung. Der Benutzer der Prüfmaschine achtet nicht darauf, ob und warum der Zeiger nicht in die Nullstellung zurückgeht, sondern stellt das Zifferblatt ohne jedes Bedenken solange nach, bis ihm das Ende der Zahnstange Halt gebietet. Bei einem Manometer, das durch Überlastung unbrauchbar geworden war und über 30° anzeigte, beklagte sich der Besitzer der Prüfmaschine darüber, daß das Herstellerwerk an dem Triebe für die Verstellung des Zifferblattes gespart habe. Bei den Manometern mit drehbaren Zifferblättern muß eine Hilfsteilung vorhanden sein, an der man beobachten kann, nach welcher Richtung und um welches Maß das Hauptzifferblatt verstellt worden ist. Die Hilfsteilung ist im allgemeinen auf dem Zifferblatt aufgetragen, während an dem Manometergehäuse ein Zeiger oder eine Strichmarke vorgesehen ist. Diese Hilfsvorrichtung erfüllt jedoch ihren Zweck nicht, wenn sich der Ring des Manometergehäuses, der die feste Strichmarke trägt, bei der Einstellung des Zifferblattes gleichfalls dreht, wie man es öfter beobachten kann.

Die Verbindung eines Schaulinienzeichners mit dem Manometer sollte stets in der Weise gelöst werden, daß man Doppelmanometer mit zwei hintereinander liegenden Bourdonfedern verwendet, von denen die vordere den Zeiger und die hintere den Schaulinienzeichner bedient. Bei dieser Anordnung ist die Belastungsanzeige unabhängig von etwaigen Reibungswiderständen, die an dem Schaulinienzeichner auftreten können.

Das Kontrollmanometer dient ausschließlich der Nachprüfung des Gebrauchsmanometers, das infolge der ständigen Benutzung und vielleicht auch durch nicht ausreichend gedämpfte Rückschläge leicht den Wert seiner Anzeige ändern kann. Eine Nachprüfung des ganzen Belastungsmessers durch einen Vergleich der Anzeigen des Gebrauchsmanometers mit denen des Kontrollmanometers ist überhaupt nicht möglich, weil man bei einem solchen Manometervergleich über die Beziehung zwischen den Anzeigen an den Manometern und den auf das Versuchsstück ausgeübten Belastungen kein Urteil gewinnt. Das Kontrollmanometer muß vollkommen sicher abzusperren sein und darf bei den Betriebsversuchen niemals mitbelastet werden. Es erfüllt seinen Zweck aber nur dann, wenn regelmäßig — mindestens allmonatlich — ein Manometervergleich sorgfältig durchgeführt und das Ergebnis nach dem Manometervergleiche beurteilt wird, der in dem über die letzte amtliche Untersuchung ausgestellten Prüfzeugnisse niedergelegt ist. Die Manometervergleiche müßten in ein für die betreffende Prüfmaschine angelegtes Buch fortlaufend eingetragen werden, damit man auch allmähliche Änderungen des Gebrauchsmanometers verfolgen und aus der Entwicklung auf die Ursache schließen kann. Es wäre Aufgabe der Besitzer solcher Prüfmaschinen — lediglich zu ihrem eigenen Nutzen — für die genaue

Durchführung dieser an sich selbstverständlichen Sicherheitsmaßnahme zu sorgen. Andererseits müßten die Herstellerwerke allgemein bei Prüfmaschinen mit mehreren Manometern verschiedener Stärke für jedes Gebrauchsmanometer ein Kontrollmanometer gleicher Stärke vorsehen, wie man es bei einzelnen Bauweisen schon findet. Die Kontrollmanometer müssen — einzeln absperrbar — an dem Manometerständer angebracht sein, so daß sie nicht abgenommen zu werden brauchen. Sie sollten außerdem stets so angeordnet sein, daß man das Gebrauchs- und das zugehörige Kontrollmanometer gleichzeitig beobachten kann. Die Teilung des Kontrollmanometers darf nicht zu grob sein — z. B. nicht nur in 10 gleichen Stufen von Null bis zur Höchstlast —, damit man in dem wesentlichsten Benutzungsbereich auch Zwischenstufen nachprüfen kann. Man findet es häufig, daß Manometer bei den Betriebsversuchen stellenweise offensichtlich falsche Anzeigen liefern, obwohl die Bourdonfeder und der Wert der Anzeige im allgemeinen sich nicht geändert haben. Die Ursache ist meist eine Gratbildung in dem Triebwerke, die naturgemäß besonders leicht an den am meisten benutzten Stellen auftritt. Eine solche Störung läßt ein Manometervergleich, der in kleinen Zwischenstufen durchgeführt wird, sofort erkennen. Deshalb ist es am besten, wenn jedes Kontrollmanometer die gleiche Teilung besitzt, wie das entsprechende Gebrauchsmanometer.

Bei den Anzeigevorrichtungen der Neigungswaagen, Neigungspendel, Pendelmanometer und zum Teil auch bei den Manometern handelt es sich um die ganze Anordnung und Ausbildung der Einzelglieder, um die Einstellbarkeit der genauen Nullanzeige, den Zeiger und den Schleppzeiger.

Die drei zuerst genannten Belastungsmesser haben wohl in allen Fällen mehrere Kraftbereiche mit einer gemeinsamen Anzeigevorrichtung und verschiedenen Skalen. Bei der am meisten gebräuchlichen Kreisteilung, die entweder ganz geschlossen ist oder einen Kreisbogen von 300 bis 330° bedeckt, gibt es für das Zifferblatt zwei Ausführungen. Bei der einen gehört zu jedem Kraftbereich eine besondere auf eine Ringscheibe aufgetragene Skala; die Ringe werden beim Wechsel des Kraftbereiches ausgetauscht. Bei der anderen Ausführung sind alle Skalen auf einem gemeinsamen Zifferblatt auf gleichlaufenden Kreisen ineinander angeordnet. Die Ringscheiben hält man vielfach für vorteilhafter, weil man sich bei den Ablesungen nicht in der Skala irren kann, wenn man den zu dem eingestellten Kraftbereiche gehörigen Skalenring aufgelegt hat. Die Vorzüge der anderen Ausführung dürften aber bedeutend überwiegen. Sind keine Skalen auszuwechseln, so kann das Zifferblatt, der Hauptzeiger und gegebenenfalls der Schleppzeiger durch einen gut schließenden, angeschraubten Deckel mit Glasscheibe geschützt werden. Allein hierin liegen schon sehr schwerwiegende Vorteile: das Zifferblatt bleibt sauber und die Teilung unbeschädigt und deutlich; der Haupt- und der Schleppzeiger werden weder absichtlich noch versehentlich verbogen. Außerdem überschneidet bei dem festen Zifferblatte der Zeiger alle Skalen, während er bei auswechselbaren Skalenringen im allgemeinen nur bis nahe an die Skala heranreicht. Einige Herstellerwerke haben allerdings auch bei Skalenringen die Zeiger so lang gemacht, daß diese die Teilung überdecken. Man soll dann beim Wechsel der Skalen die Ringe vorsichtig unter dem Zeiger hinwegschieben oder den Zeiger an eine bestimmte Stelle bringen, an der in dem Ring eine Aussparung vorgesehen ist. Wie die Erfahrung lehrt, nützt dies jedoch nichts. Wenn auswechselbare Skalenringe vorhanden sind, beginnt man die Untersuchung der Prüfmaschine fast ausnahmslos damit, daß man die Zeiger richten und die Skalen säubern läßt.

Bei Verwendung eines gemeinsamen Zifferblattes hat es sich bewährt, für jeden Kraftbereich eine besondere Skala vorzusehen und die Kraftbereiche durch verschiedene Farben kenntlich zu machen. Wenn bei diesen Belastungsmessern künftig, wie oben begründet, nur noch drei Kraftbereiche in Betracht kommen, bietet dies auch gar keine Schwierigkeiten, weil drei Skalen sehr übersichtlich ineinander angeordnet werden können, ohne daß der Durchmesser des ganzen Zifferblattes zu groß oder die Teilung an der innen liegenden Skala zu eng oder zu grob wird. Jede Umrechnung — Teilung der Anzeigen durch 2 oder durch 5 — sollte man vermeiden, weil sie unbequem ist und die Möglichkeit von Irrtümern erhöht. Ist noch ein vierter Kraftbereich für $^1/_{10}$ der Maschinenhöchstlast vorhanden, so ist eine gleichfalls schon eingeführte Unterscheidung zweckmäßig: bei der Bezifferung der Hauptteilstriche wird die letzte Null in anderer Farbe geschrieben und gilt nur für den Hauptkraftbereich, während die einfarbigen Zahlen zu dem Kraftbereich „$^1/_{10}$ der Maschinenhöchstlast" gehören.

Eine sehr zweckmäßige Neuerung wäre bei den festen Zifferblättern aller dieser Belastungsmesser und den Manometern die Anordnung eines schmalen, ringförmigen Spiegels. Man kennt dieses ausgezeichnete Hilfsmittel gegen fehlerhafte Augenhaltung — gegen die parallaktischen Fehler — von allen elektrotechnischen Meßinstrumenten als eine Selbstverständlichkeit, findet es aber leider bei den Anzeigevorrichtungen von Prüfmaschinen überhaupt nicht. Wer jahrelang Prüfmaschinen mit immer wieder anderen Helfern zusammen untersucht hat, kann beurteilen, wie viele von denen, die ständig an den Prüfmaschinen arbeiten, durch falsche Augenhaltung grobe Ablesefehler machen und wie überraschend groß diese Fehler oft sind.

Wesentlich für ein leichtes und sicheres Beobachten sind die Größe des Zifferblattes, die Höhenlage im Raum und die bequeme Anordnung der Steuerorgane. Der Durchmesser des Zifferblattes darf nur so groß sein, daß man bei unveränderter Grundstellung des Körpers das Auge vor jedem Teilstrich in die durch den Teilstrich gegebene, zum Zifferblatt senkrecht stehende Ebene bringen kann. Skalen, bei denen man einer Fußbank bedarf, um in dem oben liegenden Viertel richtig zu beobachten, und in dem unten liegenden Bereiche nur in der Kniebeuge ablesen kann, sind zu verwerfen. Ebensowenig sind Anzeigevorrichtungen gutzuheißen, bei denen das Zifferblatt nicht lotrecht, sondern stark geneigt angeordnet ist, so daß man schräg von unten draufsehen muß. Bei der natürlichen Kopf- und Augenhaltung kann man am zuverlässigsten beobachten. Daraus ergibt sich für die Anzeigevorrichtung auch die richtige Höhe über dem Fußboden. Sie muß so sein, daß ein Mensch mittlerer Größe — entweder stehend oder sitzend — den Skalenmittelpunkt ungefähr in Augenhöhe hat. Noch wichtiger ist die richtige Anordnung der Steuerorgane. Denn bei zu großen oder in der Höhe falsch angeordneten Zifferblättern kann man sich immer noch helfen, wenn es auch unbequem ist. Sind aber die Steuerorgane so unzweckmäßig angebracht, daß man nur mit unnatürlich langen Armen oder unter ständigen Körperverrenkungen den Antrieb bedienen und gleichzeitig die Belastungsanzeige richtig verfolgen kann, so gibt es dagegen keine Hilfsmittel. Die Steuerorgane müssen so liegen, daß man bei der Bedienung des Antriebes, und zwar beim Be- und Entlasten, die Körperhaltung ausschließlich nach der bestmöglichen Beobachtung des Zifferblattes wählen und dabei die Steuerung leicht und mit dem erforderlichen Feingefühle bedienen kann.

Auf alle diese Kleinigkeiten, die zunächst nebensächlich erscheinen, sollte man den größten Wert legen. Man muß immer bedenken, daß die gewählte Ausführung nicht allein im Gesamtbilde nett aussehen, sondern daß auch bei mehrstündigem Arbeiten der Beobachter nicht zu sehr ermüden soll. Jeder Prüfer weiß, daß man oft die Untersuchung einer Prüfmaschine nach mehreren Stunden unterbrechen muß, weil man merkt, daß der die Belastungsstufen einstellende Helfer nicht mehr mit der notwendigen Genauigkeit arbeiten kann.

Eine weitere Frage ist bei den Anzeigevorrichtungen der Neigungswaagen, Neigungspendel und Pendelmanometer die Einstellbarkeit des Zifferblattes und des Zeigers gegeneinander. Vorgesehen ist eine solche Einstellbarkeit fast bei allen Bauweisen. Bei den meisten Prüfmaschinen dieser drei Gruppen kann man bei unveränderter Lage des Pendelhebels zur Einstellung der Nullanzeige das Ritzel oder die Rolle drehen, auf dessen oder deren Achse der Zeiger befestigt ist. Teils geschieht dies durch Drehen der Spindel, die den Pendelausschlag auf die Zeigerwelle weiterleitet. Teils wird die Schnur oder das Band, die dem gleichen Zwecke dienen, gegenüber der den Zeiger tragenden Rolle verschoben. Bei einigen Ausführungsformen, bei denen die Pendelbewegung durch eine Zahnstange oder ein Zahnsegment auf den Zeiger weitergeleitet wird, ist das Zifferblatt einstellbar. Ist nun eine solche Verstellbarkeit des Zeigers gegenüber dem Zifferblatt oder umgekehrt notwendig oder erwünscht? Der Ausgangspunkt für jeden Versuch, die Nullstellung der Prüfmaschine, also der Entlastungszustand, von dem aus einerseits die Belastung des Versuchsstückes und andererseits die Messung der Belastung beginnt, ist beispielsweise für eine stehende Universal-Prüfmaschine mit oben liegendem Antriebszylinder und einem Pendelmanometer als Belastungsmesser durch folgende Bedingung gekennzeichnet: bei schwebendem Antriebskolben und eingebautem Versuchsstücke — Zugprobe in den oberen Spannkopf eingespannt ohne Kraftschluß am unteren Spannkopf oder Druckprobe auf der unteren Druckplatte stehend ohne Kraftschluß an der oberen Druckplatte — soll bei lotrecht hängendem Pendel der Zeiger auf den Nullpunkt der Skala weisen. Dieser Grundsatz gilt allgemein und für alle Kraftbereiche. Andererseits entspricht bei allen Bauarten, bei denen der Pendelhebel eine Zahnstange verschiebt und diese Zahnstange das den Zeiger tragende Ritzel dreht, der lotrecht hängenden Pendelstange eine bestimmte Stellung der Zahnstange, des Ritzels und des Zeigers. Ist also eine solche Anzeigevorrichtung einmal richtig eingestellt worden, so muß sich bei lotrecht hängendem Pendel die Nullanzeige stets wieder richtig ergeben. Geschieht dies nicht, so sind entweder die oben bezeichneten Voraussetzungen nicht erfüllt oder das Pendel hängt nicht lotrecht, oder es ist an dem Belastungsmesser eine Störung aufgetreten, z. B. der Zeiger auf der Achse locker geworden. In allen diesen Fällen ist es grundsätzlich verkehrt, das Zifferblatt oder den Zeiger nachzustellen, damit äußerlich die gewünschte Nullanzeige erscheint. Nach diesem Verfahren wird jedoch heute meistens gearbeitet, wie man bei den Betriebsversuchen immer wieder beobachten kann. Statt dessen müßte der jeweils vorliegende Fehler behoben werden, damit die Messung von dem richtigen Nullwert ausgeht. Bei jeder Prüfmaschine dieser Bauarten muß man, um das Gewicht des Versuchsstückes und der in Betracht kommenden Einspannstücke berücksichtigen zu können, den Pendelhebel durch Verschieben eines Ausgleichsgewichtes in die lotrechte Stellung bringen und diese Lage an zwei aufeinander einspielenden Zungen schnell und sicher erkennen können, wie es bei jeder Hebel- und Laufgewichtswaage selbstverständlich ist. Diese Nachstellmöglichkeit braucht man nicht allein, um verschieden schwere Gewichte von Versuchsstücken und Einspannteilen ausgleichen zu können, sondern oft auch beim Wechsel des Kraftbereiches, weil nicht immer der Schwerpunkt des Pendels in allen Kraftbereichen auf der Mittelachse der Pendelstange liegt oder den gleichen Abstand von dieser hat.

Wird die Pendelbewegung auf den Zeiger durch einen Schnurzug oder ein Band übertragen, also durch Zwischenglieder, deren Länge sich ändern kann, so muß natürlich die Möglichkeit bestehen, eine etwaige Längenänderung durch eine zweckentsprechende Nachstellung an dem Zwischengliede selbst auszugleichen. Das Wichtigere ist aber auch bei diesen Ausführungsformen das einstellbare Ausgleichsgewicht an dem Pendelhebel und die Kennzeichnung der lotrechten Stellung des Pendels.

Die dritte Bauweise benutzt für die Umsetzung des Pendelausschlages in die Drehbewegung des Zeigers eine Spindel. Man findet diese Art der Übertragung vornehmlich an Prüfmaschinen, bei denen die lotrechte Lage des Pendels weder durch ein Ausgleichsgewicht eingestellt werden kann, noch an dem Belastungsmesser selbst — durch Zungen oder Strichmarken — kenntlich gemacht ist. Hier wird also, wenn das Pendel aus einem der oben angegebenen Gründe vor Beginn eines Versuches nicht lotrecht hängt, stets verkehrter Weise der Zeiger nachgestellt, also von einer falschen Nullstellung des Pendelmanometers ausgegangen. Liegt der Schwerpunkt des Pendels nicht in allen Kraftbereichen in dem gleichen Abstande von der Mittelachse der Pendelstange, so ergeben sich bei der Untersuchung wegen der verschiedenen Ausgangsstellungen des Pendels für die einzelnen Kraftbereiche Fehlerkurven, die nicht gleichlaufend sind, oft sogar einander überhaupt nicht ähneln.

Über den Zeiger ist nicht viel und eigentlich nur Selbstverständliches zu sagen, obschon man auch dabei Ausführungen sieht, die als Teil einer Meßvorrichtung geradezu unwahrscheinliche Formen und Abmessungen haben. Der Zeiger muß so fest auf der Achse sitzen, daß er seine Lage bei starken Rückschlägen nicht ändert und sich auch nicht allmählich lockert. Er muß sich außerdem leicht abnehmen und wieder aufsetzen lassen. Am besten werden diese Bedingungen wohl erreicht, wenn man das Ende der Achse quadratisch ausarbeitet, den Zeiger genau aufpaßt und dann durch eine flache Mutter oder Schraube sichert. Die heute gebräuchlichste Art, die Achse kegelförmig auszubilden und den Zeiger fest zu drücken oder zu schlagen, empfiehlt sich nicht so. Es kommt öfter vor, daß der Zeiger nicht genügend fest sitzt oder daß die Achse beim Abnehmen oder Aufdrücken des Zeigers verbogen worden ist. Weiter soll der Zeiger nicht unnötig schwer und in seinem Gewichte zur Achse vollkommen ausgeglichen sein, so daß weder die Spitze noch das Gegenende Übergewicht hat. Das Gegenende darf zur Vermeidung von Irrtümern nicht bis an die Skala heranreichen und hat am besten eine breite, z. B. sektorartige Form. Die sicherste Ablesung und die genaueste Schätzung der Teilungszehntel gewährleistet nicht eine fein auslaufende Spitze, sondern ein zum Zifferblatte senkrecht stehendes Blatt, das über die ganze Breite der Teilung oder der Teilungen hinwegreicht. Es hat außerdem den großen Vorteil, daß das Auge des Beobachters auch bei langem Arbeiten am wenigsten ermüdet. Das Blatt soll einerseits nur die gleiche Dicke haben, wie die feinsten Teilstriche der Skala, andererseits darf es aber nicht zu dünn sein, damit es nicht bei leichten Erschütterungen in sich zu zittern beginnt. In der Richtung senkrecht zum Zifferblatt ist es zweckmäßig mindestens 4 mm breit. Je breiter das Blatt ist, desto leichter erkennt der Beobachter jeden Fehler in der Augenhaltung. Selbstverständlich muß das Zeigerblatt in seiner ganzen Länge und Breite vollkommen eben sein und zum Zifferblatte genau senkrecht stehen. Das der Beobachtung dienende Zeigerende muß den richtigen Abstand von dem Zifferblatte haben. Denn im gleichen Verhältnisse mit diesem Abstande wächst der Fehler bei unrichtiger Augenhaltung. Andererseits ist es nicht ratsam, mit dem Zeiger näher als auf 1 mm an das Zifferblatt heranzugehen. Einmal erleichtert es die Beobachtung bei künstlicher Beleuchtung, wenn man zwischen dem Schatten des Zeigers und dem Zeigerblatte selbst noch einen schmalen Streifen beleuchteten Zifferblattes sieht. Sodann besteht bei zu geringem Abstande die Gefahr, daß der Zeiger auf dem Zifferblatte schleift, ohne daß der Beobachter es bemerkt. In diesem Zusammenhange sei noch ein Fingerzeig für die zweckmäßigste künstliche Beleuchtung eingefügt. Was man in den Betrieben heute sieht, ist für ein mehrstündiges und genaues Arbeiten nicht geeignet. Die übliche allgemeine Raumbeleuchtung, eine über dem Beobachter hängende Lampe oder eine unmittelbar über der Anzeigevorrichtung angebrachte, gegen den Beobachter abgeblendete Lampe sind sämtlich allein schon wegen der Schattenbildungen unvorteilhaft; vielfach stört außerdem an manchen Stellen des Zifferblattes noch eine Blendwirkung. Die beste Lösung wäre bei der Kreisskala wohl eine kleine Schwachstromlampe vor der Mitte des Zifferblattes, die gegen den Beobachter abgeblendet ist und deren Abblendeschirm zur Erhöhung der Helligkeit gleichzeitig als Rückstrahler nutzbar gemacht wird. Bei dem heute gebräuchlichen Durchmesser der Anzeigevorrichtung von 35 bis 40 cm könnte man vielleicht den Abstand der Lampe von dem Zifferblatt oder der Glasscheibe gleich dem halben Durchmesser des Gehäuses der Anzeigevorrichtung wählen, ohne daß der Beobachter durch den Lampenhalter behindert wird. Der Ausleger, der die Lampe trägt und aus einem dünnen, den Leitungsdraht aufnehmenden Rohre bestehen würde, könnte die Form eines Viertelkreisbogens haben und um eine senkrechte Achse drehbar an der Rückwand des Gehäuses angebracht sein, damit er bei Tage zur Seite geschwenkt werden kann. Bei einer nicht geschlossenen Kreisskala würde der Arm überhaupt nicht stören, und bei der geschlossenen Skala wäre es nur notwendig, für einen kleinen Teil des Ablesebereiches die Blickrichtung durch ein geringes Ausschwenken des Armes freizumachen.

Als letztes Einzelglied dieser Anzeigevorrichtungen und der Manometer bleibt noch der Schleppzeiger zu besprechen, der von jeher der unvollkommenste Teil war und auch heute noch am meisten der Verbesserung bedarf. Schon Geheimrat MARTENS hatte empfohlen, den Schleppzeiger abzuschaffen und statt der nachträglichen Ablesung an dem Schleppzeiger während des ganzen Versuches zu beobachten und aufzupassen. Die Abnahme glaubt aber auch heute noch, den Schleppzeiger nicht entbehren zu können. Von den Gründen, die man dafür nennen hört, leuchtet am meisten noch der ein, daß die Ablesung von mehreren Personen festgestellt werden soll, was nur an einem stehenbleibenden Zeiger einwandfrei möglich sei. In der Regel sind die Gründe viel weniger sachlich: man will einfach die Zeit noch besser ausnutzen und während eines Belastungsvorganges die Werte des vorigen Versuches ausrechnen oder den nächsten Versuch vorbereiten.

Hinsichtlich der Form und des Gewichtsausgleiches gilt das gleiche, was für den Hauptzeiger gesagt wurde. Darüber hinaus soll aber ein brauchbarer Schleppzeiger noch mehrere besondere Bedingungen erfüllen:

er muß sich mit dem Hauptzeiger in dem ganzen Ablesungsbereiche genau decken, was nur zu erreichen ist, wenn die Achsen des Haupt- und des Schleppzeigers genau übereinstimmen,

er darf sich nicht so leicht bewegen, daß er bei einer Erschütterung der Prüfmaschine springt oder bei ruckweisem Vorgehen des Hauptzeigers vorausgestoßen wird,

der Widerstand, den der Schleppzeiger der Bewegung des Hauptzeigers entgegensetzt, muß so gering, wie nur irgend möglich, gehalten werden.

Gerade die zuletzt genannte Voraussetzung ist oft nicht ausreichend erfüllt. Die Bedeutung dieses Widerstandes ist auch sehr vielen Besitzern von Prüfmaschinen nicht genügend vertraut. Sie übersehen, wie außerordentlich gering die Kraft ist, mit der der Hauptzeiger vorwärtsbewegt wird, und daß einige Tausendstel dieser kleinen Kraft schon genügen, den Fehler der Belastungsanzeige über die zulässige Grenze steigen zu lassen.

Bei den Manometern und bei den Anzeigevorrichtungen der neueren deutschen Prüfmaschinen mit Neigungswaage, Neigungspendel und Pendelmanometer als Belastungsmesser bevorzugen die meisten Bauweisen die weiter oben auch als zweckmäßig empfohlene Anordnung eines geschlossenen Gehäuses. Der Schleppzeiger ist dabei stets in einer Bohrung der Glasscheibe angebracht und zwischen blanken Plättchen gelagert. Den Andruck des Schleppzeigers gegen die Gleitfläche regeln schwache Federringe. Diese Anordnung hat schwerwiegende Nachteile. Während in dem einen Falle der Schleppzeiger häufig locker wird, zieht er sich im anderen Falle bei der Benutzung fester. Stets wird aber im Betriebe die Schleppzeigerbefestigung ständig nachgestellt, so daß auch der Widerstand immer wechselt. Dazu kommen noch Mängel, die aus der Anbringung an der Glasscheibe herrühren: die Achsen der beiden Zeiger fallen nicht zusammen, oder das Loch in der Glasscheibe ist zu groß, so daß die Hülse mit dem Schleppzeiger der Scheibe gegenüber verschoben werden kann. Der Prüfer kann infolgdessen beim Abschluß einer Untersuchung immer nur den augenblicklichen Zustand angeben, aber niemals aussagen, daß der Schleppzeiger auch nur einige Wochen oder Monate zuverlässig arbeiten wird.

Wesentlich besser ist die Lagerung des Schleppzeigers im allgemeinen bei den offenen Anzeigevorrichtungen mit auswechselbaren Skalenringen ausgeführt. Die Achse des Schleppzeigers ist hier meist als hohle Achse ausgebildet und in der Grundplatte der Anzeigevorrichtung gelagert; durch die hohle Achse des Schleppzeigers ist die Achse des Hauptzeigers genau mittig hindurchgeführt. Bei mehreren verschiedenen Ausführungsformen dieser Bauweise sind die drei oben genannten Bedingungen ohne weiteres erfüllt; der Schleppzeiger bietet keinen Anlaß zu Beanstandungen, wenn nicht durch Verschmutzung oder Verbiegung einzelner Teile das freie Spiel behindert wird.

Es ist nicht recht einzusehen, warum man nicht die Vorteile der beiden Ausbildungsarten vereinen und gleichzeitig ihre Mängel vermeiden soll. Auch bei dem geschlossenen Gehäuse kann man den Schleppzeiger in der Grundplatte der Anzeigevorrichtung so lagern, daß er von außen unzugänglich ist und den drei Voraussetzungen für den ganzen Zeitraum zwischen zwei Untersuchungen der Prüfmaschine sicher genügt. In der Mitte der Glasscheibe braucht man dann nur einen Mitnehmer anzubringen, mit dem man den Schleppzeiger an den Hauptzeiger heranführen kann. Liegt der Schleppzeiger zwischen dem Zifferblatt und dem Hauptzeiger, so muß man allerdings, wenn man einmal den Schleppzeiger in der Belastungsrichtung vom Hauptzeiger abrücken will, hierzu den Hauptzeiger benutzen, also bei Belastungsmessern mit einem Pendelhebel die Zahnstange dazu verwenden, bei Manometern aber vorbelasten. Diese Bewegungsrichtung wird jedoch nur sehr selten gebraucht. Es wäre aber trotzdem vorteilhafter, wenn man die Achse des Schleppzeigers durch die hohle Achse des Hauptzeigers hindurchführen könnte, damit der Schleppzeiger zwischen dem Hauptzeiger und der Glasscheibe liegt. Dann wäre der Mitnehmer für beide Bewegungsrichtungen brauchbar.

3. Allgemeine Gesichtspunkte.

Die ständige Vervollkommnung der Nachprüfgeräte, deren sorgfältige und dem Verwendungszweck entsprechende Untersuchung, die allen Neuerungen sich anpassende Verbesserung der Verfahren, nach denen die Prüfmaschinen untersucht werden, die gewissenhafte und gründliche Durchführung dieser Untersuchungen selbst durch erfahrene Prüfer und die Weiterentwicklung der Prüfmaschinen in dem aufgezeigten Sinne — dies alles sind zweifellos wesentliche Hilfsmittel zur Erreichung des in diesem Abschnitte mehrfach betonten Zieles: die auf einer Prüfmaschine bei den Betriebsversuchen und Abnahmeprüfungen erzielten Ergebnisse sollen dauernd eine brauchbare Grundlage für die Beurteilung der Werkstoffe und Erzeugnisse bilden. Indes ist mit diesen Verbesserungen allein der gewünschte Zweck nicht zu erreichen. Der Erfolg muß versagt bleiben, wenn nicht gleichzeitig noch drei grundlegende Voraussetzungen erfüllt sind:

Die Prüfmaschinen, besonders auch die kleinen, die man leicht umstellen kann, müssen in geeigneten Räumen — genau ausgerichtet — fest aufgestellt und verankert sein.

Die Prüfmaschinen müssen pfleglich gewartet und sachgemäß benutzt werden.

Die Versuche müssen sorgfältig durchgeführt werden.

Gegen diese an sich selbstverständlichen Vorbedingungen einwandfreier Ergebnisse wird aber noch sehr viel und schwer gesündigt.

Die erste Bedingung wird allmählich immer mehr eingeführt werden, in dem gleichen Maße, wie es den Abnahme-Zentralbehörden gelingt, die Richtlinien des Normenblattes DIN 1604 in den für sie arbeitenden Industriezweigen tatsächlich durchzusetzen.

Die zweite Bedingung werden die Besitzer der Prüfmaschinen selbst als unerläßlich erkennen. Viele sind schon durch Schaden klug geworden und haben eingesehen, daß sie auf ein einwandfreies Arbeiten ihrer Prüfmaschinen nur rechnen können, wenn sie einem zuverlässigen Schlosser die Wartung und Bedienung der Prüfmaschinen verantwortlich übertragen und diesem auch die Zeit lassen, notwendige Überholungsarbeiten rechtzeitig und gründlich vorzunehmen.

Am schwierigsten wird die dritte Bedingung zu erfüllen sein. Die Entwicklung geht immer mehr dahin, daß die Zahl der Versuche in allen Zweigen ständig wächst und daß man infolgedessen überall danach strebt, den Zeitaufwand für den einzelnen Versuch tunlichst zu verringern. Als Akkordarbeit betrieben sind die Versuche aber nicht mehr Werkstoffprüfung, sondern Massenvergeudung wertvoller Werkstoffe und der ebenso wertvollen Arbeitsleistung, die zur Entnahme und Herstellung der Proben notwendig war. Zum allermindesten muß man so viel Zeit für die Durchführung der Versuche opfern,

daß man die Proben sachgemäß — bei Verwendung einer Keileinspannung besonders auch mittig — einbaut,

daß man die richtige Belastungsgeschwindigkeit innehält und

daß man die Messung der Kräfte und gegebenenfalls der Formänderungen sorgfältig und genau vornimmt. Andernfalls können die Versuche das gedachte Ziel niemals erreichen, wenn sich auch alle anderen Stellen noch so sehr bemühen, die Hilfsmittel zu vervollkommnen.

III. Prüfmaschinen und Einrichtungen für stoßartige Beanspruchung.

Von ERNST LEHR, Augsburg.

A. Aufgabe und Eigenart der Werkstoffprüfung bei schlagartiger Beanspruchung.

Die Werkstoffprüfung bei schlagartiger Beanspruchung soll ein Urteil darüber gewinnen lassen, wie sich der Werkstoff verhält, wenn die Verformungen mit hoher Formänderungsgeschwindigkeit vor sich gehen. Nach der Art der Beanspruchung kann man im wesentlichen 4 Versuchsanordnungen unterscheiden, nämlich:

1. *Stauchversuche,* bei denen der Versuchskörper schlagartig auf Druck beansprucht wird.

2. *Schlagzerreißversuche,* bei denen der Probestab durch eine in Richtung seiner Längsachse wirkende Zugkraft beansprucht wird, die während sehr kurzer Zeitdauer wirkt.

3. *Schlagbiegeversuche,* die bei der „Kerbschlagprobe" besonders ausgedehnte Verwendung gefunden haben.

4. *Drehschlagversuche,* bei denen der Probestab durch ein um seine Längsachse schlagartig wirkendes Drehmoment beansprucht wird.

Die Versuche können als Einzelschlagversuche oder als Dauerschlagversuche durchgeführt werden. Die erste Gruppe umfaßt alle Versuche, die sich mit dem Verhalten der Werkstoffe bei einmaligem Schlag oder einer Folge von wenigen Schlägen befassen. In die zweite Gruppe gehören alle Versuche, die zur Ermittlung der Werkstoffeigenschaften bei oftmals wiederholten Schlägen gleicher Stärke dienen. Bei den *Einzelschlagversuchen* werden in den genannten 4 Anordnungen einerseits glatte Probekörper z. B. Zerreißstäbe mit glattzylindrischem Schaft untersucht, wobei hauptsächlich der Einfluß der Verformungsgeschwindigkeit auf die Festigkeitseigenschaften zu klären ist und die ermittelten Werte mit den beim statischen Versuch (d. h. bei sehr niedriger Verformungsgeschwindigkeit) erhaltenen Werten verglichen werden. Andererseits gelangen bei den Anordnungen 2 bis 4 Probekörper mit Kerben der verschiedensten Form zur Untersuchung, wobei der Einfluß der Kerbwirkung auf die Festigkeitseigenschaften bei Einzelschlag ermittelt werden soll. Hierbei sind die Form der Kerben und die Versuchstemperatur außer der Verformungsgeschwindigkeit von entscheidendem Einfluß auf die ertragene Schlagarbeit. Dieser Umstand gestaltet die Schlagversuche mit gekerbten Stäben besonders vielseitig und schwierig. Umfangreiche Untersuchungen zur Klärung dieser Einflüsse sind besonders bei den Kerbschlagbiegeproben durchgeführt worden.

Auf die Schlagversuche selbst und die dabei erhaltenen Ergebnisse wird in Bd. II, Abschn. II (Beitrag MAILÄNDER) eingegangen werden. Die nachstehenden Ausführungen beschränken sich auf die Beschreibung der wichtigsten Versuchsanordnungen einschließlich der zugehörigen Meßgeräte.

Die *Prüfmaschinen für Einzelschlagversuche* lassen sich folgendermaßen einteilen:

a) Schlagwerke mit Fallbär. Hierbei wird der Schlag durch ein Fallgewicht hervorgebracht, das hochgezogen und dann ausgelöst wird, so daß es zwischen senkrechten Führungen herabfällt.

b) Pendelschlagwerke. Bei dieser Anordnung wird der Schlag durch einen Hammer ausgeübt, dessen Stiel nach Art eines Pendels um eine im Gestell des Schlagwerkes feste Achse drehbar ist. Hierbei läßt sich die von der Probe verbrauchte Schlagarbeit besonders bequem und genau messen.

c) Schwungradschlagwerke. Der Energieträger ist ein um eine feste Achse in rasche Drehung versetztes Schwungrad, das eine Schlagnase trägt. Bei Durchführung des Versuches wird die Probe durch eine besondere Vorrichtung plötzlich in den Bereich der Schlagnase gebracht. Diese Anordnung kommt in Betracht, wenn besonders hohe Schlaggeschwindigkeit verlangt wird und eine große Energiemenge auf engem Raum aufgespeichert werden soll.

d) Federschlagwerke. Die Energie wird durch Spannen einer Feder aufgespeichert, die im Augenblick des Schlages plötzlich ausgelöst wird.

e) Maschinen für Drehschlagversuche. Die Anordnung ist ähnlich wie bei den Schwungradschlagwerken. Nur sind zwei diametral gegenüberliegende Schlagnasen angeordnet, die mit einem am Probestab befestigten Querhaupt in Eingriff kommen und auf dieses ein reines Drehmoment ausüben.

Die *Meßeinrichtungen* sind sehr verschiedenartig; ihre Entwicklung ist noch nicht abgeschlossen.

Bei allen Anordnungen wird die vom Probekörper aufgenommene Schlagarbeit und die dadurch bewirkte bleibende Formänderung gemessen, was mit verhältnismäßig einfachen Mitteln möglich ist.

Große Schwierigkeiten macht es dagegen, den zeitlichen Verlauf der Kräfte und Verformungen oder die gegenseitige Zuordnung von Kräften und Verformungen, also das Kraftwegschaubild des Vorganges aufzunehmen. Für diesen Zweck sind namentlich für den Schlagzerreißversuch, vereinzelt auch für den Drehschlagversuch, verschiedene Anordnungen entwickelt und erprobt worden. Es ist jedoch noch nicht gelungen, eine Meßanlage zur Aufnahme des Kraftwegschaubildes bei Schlagversuchen zu entwickeln, die über den behelfsmäßigen Laboratoriumsversuch hinausgeht und sich zur zuverlässigen Durchführung von laufenden Versuchen eignet.

Die *Prüfmaschinen für Dauerschlagversuche* beschränken sich im wesentlichen auf Anordnungen für Biege- und Zug-Druckbeanspruchung. Die neueren Bauarten arbeiten mit einer möglichst hohen Schlagzahl in der Minute, um die Versuchsdauer abzukürzen. Das Interesse für Dauerschlagversuche ist in den letzten Jahren stark zurückgegangen, nachdem erkannt war, daß die erhaltenen Ergebnisse grundsätzlich keine andere Wertung der Werkstoffe und der Gestaltfestigkeit liefern als Dauerversuche mit sinusförmig verlaufender Wechselbeanspruchung. Die besondere Schwierigkeit der Versuchsauswertung besteht bei den Dauerschlagversuchen darin, daß es nicht möglich ist, eine einfache Beziehung zwischen der Schlagarbeit und der im Prüfstab während des Schlages auftretenden Höchstbeanspruchung herzuleiten oder die Beanspruchung im Prüfstab in einfacher und zuverlässiger Weise zu messen.

Außerdem ist zu beachten, daß die Dauerschlagversuche nur dann klare und eindeutige Ergebnisse liefern, wenn in ähnlicher Weise wie bei den Dauerprüfmaschinen mit sinusförmig verlaufender Beanspruchung Wöhlerkurven aufgenommen werden. Es ist dann bei jeder Versuchsreihe für 6 bis 10 Probestäbe genau gleicher Beschaffenheit mit verschiedener, entsprechend gestaffelter Schlagarbeit jeweils die bis zum Bruch ertragene Schlagzahl zu ermitteln. Die Versuche müssen bei Stahl mindestens bis zu 2 Millionen, besser bis zu 10 Millionen Schlägen durchgeführt werden und sind deshalb sehr langwierig.

B. Prüfmaschinen für Einzelschlagversuche.

1. Schlagwerke mit Fallbär[1].

Die in der Werkstoffprüfung verwendeten Schlagwerke mit Fallbär, im folgenden kurz als „*Fallwerke*“ bezeichnet, bestehen im wesentlichen aus einem *Amboß* (auch Schabotte genannt), der auf genügend schwerem Fundament befestigt ist, dem mit Führungsschienen ausgerüsteten *Gestell*, dessen Achse

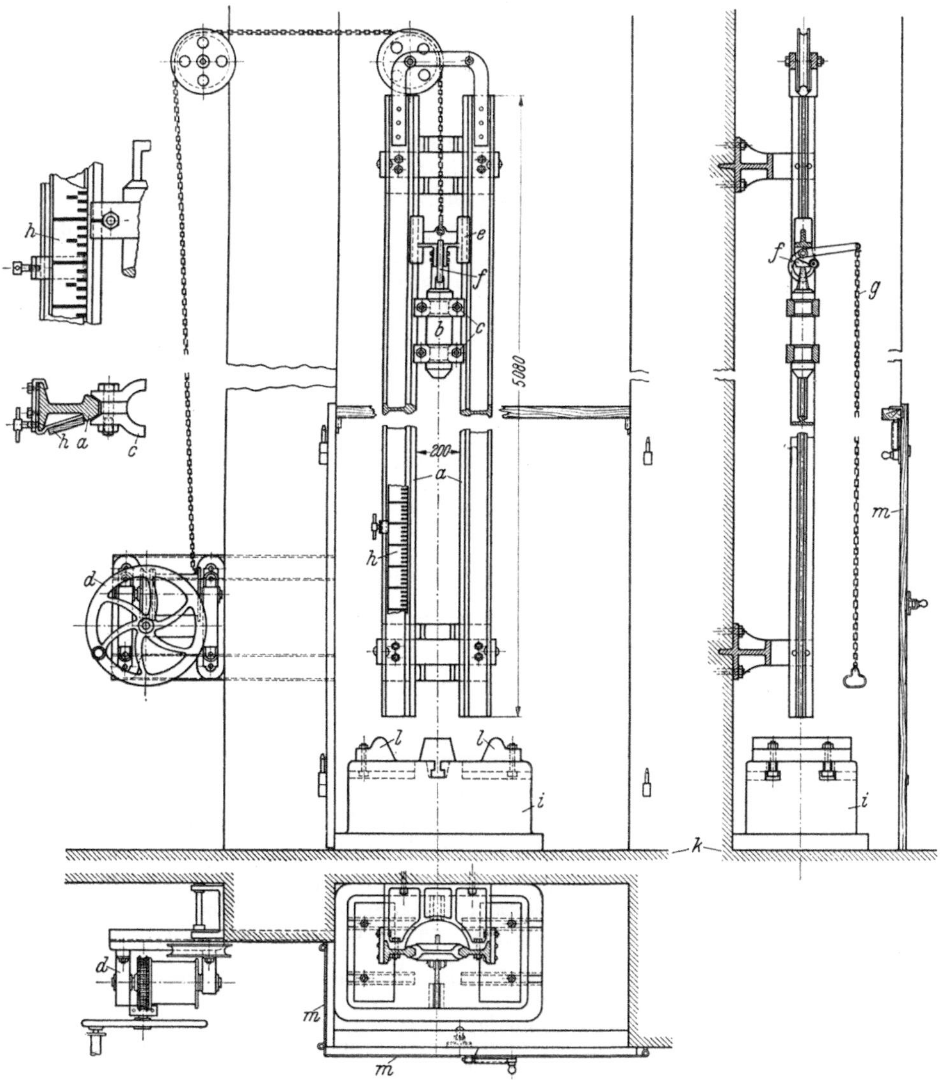

Abb. 1. Schlagwerk von A. Martens.
a Führungsschienen, gehobelte Eisenbahnschienen an der Gebäudewand befestigt; *b* Fallbär; *c* Führungslaschen des Fallbären; *d* Windwerk, Kettentrommel über ein selbsthemmendes Schneckengetriebe von Hand angetrieben; *e* Querhaupt des Windwerkes; *f* Sperrklinke, die den Fallbär hält; *g* Zugkette zum Auslösen der Sperrklinke; *h* Meßlatte zum Ablesen der Fallhöhe, in der Höhe einstellbar; *i* Amboß; *k* Betonfundament; *l* Auflager für den Schlagbiegeversuch; *m* Schutzwand mit Tür.

[1] Martens, A.: Handbuch der Materialienkunde für den Maschinenbau. 2. Teil von E. Heyn. Berlin 1926. — Schulze-Vollhardt: Werkstoffprüfung, für Maschinen- und Eisenbau. Berlin 1923.

senkrecht auszurichten ist, dem *Bär,* der in den Führungsschienen gleitet und einem *Windwerk mit Auslösevorrichtung,* durch das der Bär auf die gewünschte Höhe aufgezogen wird, um dann beim Versuch durch Auslösen einer Sperrung zum Herabfallen gebracht zu werden. Die aufgebrachte Schlagarbeit ergibt sich als Produkt aus der Fallhöhe und dem Gewicht des Bären, von dem ein gewisser durch Versuch zu bestimmenden Betrag für die Reibung in den Führungen abzuziehen ist (dieser liegt erfahrungsgemäß in der Größenordnung von 0,5 bis 1,5% des Bärgewichtes).

Abb. 1 zeigt die Anordnung des von MARTENS entwickelten Fallwerkes, das von ihm 1891 beschrieben wurde und eine der ersten Anlagen dieser Art war. In Abb. 2 ist ein Beispiel für die heute handelsüblichen Fallwerke dargestellt.

Ein Fallwerk besonders großer Schlagarbeit ist im St. M.P.A. Berlin-Dahlem aufgestellt. Es arbeitet mit Fallhöhen bis zu 10 m und Bärgewichten bis 1000 kg. Das Windwerk ist mit mechanischem Antrieb versehen, der die Einstellung beliebiger Fallhöhen gestattet und die Winde selbsttätig stillsetzt, wenn die Greiferklaue die oberste oder unterste Stellung erreicht.

CHARPY führte Schlagversuche mit Fallhöhen bis zu 47 m durch. Dabei benutzte er einen Fabrikschornstein zur Befestigung der Führungsschienen und des Windwerkes.

Für den Bau der Fallwerke sind vom Deutschen Verband für Materialprüfungen der Technik folgende Richtlinien aufgestellt worden:

Schlagwerke bis zu 6 m Fallhöhe können leichter in geschlossenen Räumen untergebracht werden als höhere; es empfiehlt sich daher, bei Neuanlagen 6 m Höhe nicht zu überschreiten und den Aufbau in Eisen auszuführen.

Es sind Einrichtungen zu treffen, welche verhindern, daß das Versuchsstück aus den Auflagern springt oder umkippt; die freie Beweglichkeit des Stückes darf dadurch nicht beeinflußt werden.

Das normale Bärgewicht sei 1000 oder 500 kg, für besondere Fälle sind kleinere Bärgewichte zuzulassen.

Die Bärmasse kann aus Gußeisen, gegossenem oder geschmiedetem Stahl bestehen.

Die Bärform ist so zu wählen, daß der Schwerpunkt der ganzen Bärmasse möglichst tief liegt.

Die Schwerlinie des Bären muß in die Mittellinie der Bärführungen fallen.

Das Verhältnis der Führungslänge des Bären zur Lichtweite zwischen den Führungen soll größer als 2:1 sein.

Die Bärführungen sind aus Metall, z. B. aus Eisenbahnschienen, so herzustellen, daß dem Bären kein großer Spielraum bleibt.

Es wird empfohlen, die Führungen mit Graphit zu schmieren.

Die Hammerbahn ist aus Stahl einzusetzen und durch Schwalbenschwanz und Keil zentrisch zur Schwerlinie des Bären zu befestigen. Durch besondere Marken ist die Erfüllung dieser Bedingung erkennbar zu machen.

Bei Bären von 1000 und 500 kg soll die Hammerbahn nach 150 mm Halbmesser abgerundet sein und die Antrefflinie senkrecht zur Schwerlinie stehen.

Die Auflagerstücke für den Probekörper sind an der Schabotte sicher zu befestigen z. B. zu verkeilen.

Die Schabotte soll aus einem Stück Gußeisen bestehen und ihr Gewicht mindestens das 10fache des Bärgewichtes betragen.

Das Fundament soll aus einem Mauerkörper gebildet sein, dessen Größe zwar durch die Baugrundverhältnisse bedingt ist, dessen Höhe aber mindestens 1 m betragen muß.

Die Höhenteilung zum Ablesen der Fallhöhe soll an der Geradführung verschiebbar und in Zentimeter geteilt sein.

Die Auslösevorrichtung für den Bären soll so beschaffen sein, daß sie den freien Fall des Bären nicht beeinflußt.

Es ist eine Einrichtung zu treffen, durch welche verhindert wird, daß der teilweise oder ganz gehobene Bär zufällig herabfällt.

Vor dem Versuch ist festzustellen, daß die Führung senkrecht steht und der Bär sich in der ganzen Führungslänge leicht bewegt.

Um die Ergebnisse vergleichen zu können, wird empfohlen, möglichst alle Einzelheiten des bei den Versuchen beobachteten Verfahrens anzugeben.

a) Einzelheiten des Aufbaues.

Zu den Einzelheiten der Ausführung ist folgendes zu bemerken: Das *Windwerk* besteht in der Regel aus einem Drahtseil oder einer Kette, die auf einer Trommel aufgewunden werden. Diese wird durch eine Handkurbel oder durch einen Elektromotor über ein Zahnradvorgelege in Drehung versetzt und kann durch ein Sperrrad in beliebiger Lage festgehalten werden, so daß es möglich ist, die Fallhöhe des Bären in weiten Grenzen feinstufig zu regeln. Zur genauen Messung der Fallhöhe wird eine seitlich am Gestell angeordnete Meßlatte benutzt, die in senkrechter Richtung derart verschoben werden kann, daß der Nullpunkt des Maßstabes jeweils auf die dem Schlag ausgesetzte Fläche des Probekörpers oder seiner Einspannvorrichtung eingestellt wird.

Bei dem Fallwerk von Amsler (Abb. 2) ist an Stelle der Meßlatte ein über Rollen laufendes endloses Meßband angeordnet, das von dem Querhaupt der Aufzugsvorrichtung mitgenommen wird.

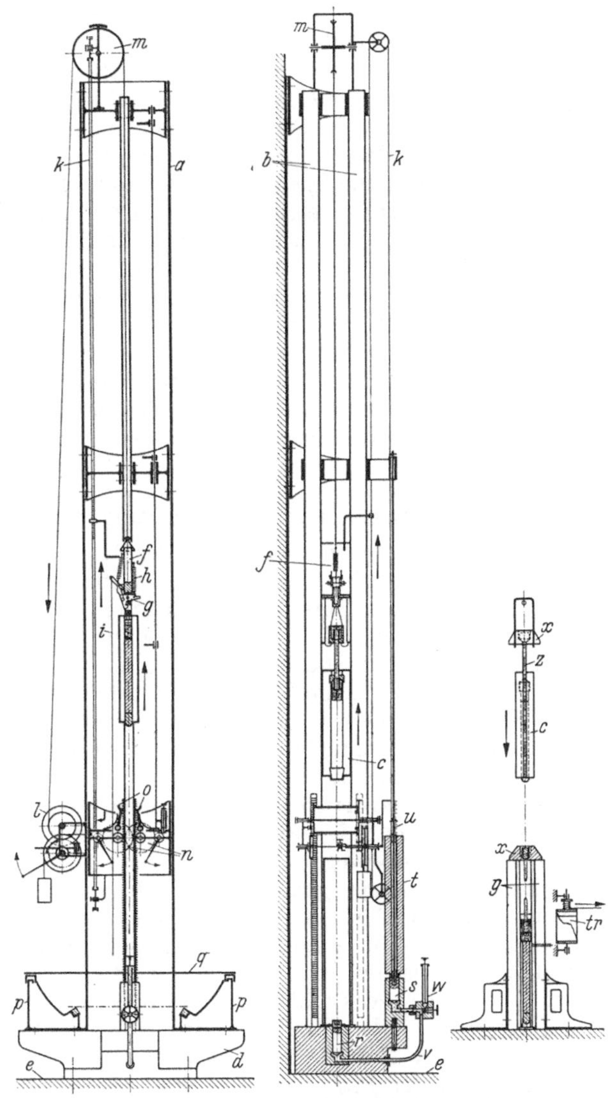

Abb. 2. Schematische Darstellung des Fallwerkes von Amsler. *a* Gestell; *b* Führungsschienen; *c* Fallbär; *d* Amboß; *e* Betonfundament; *f* Querhaupt der Aufzugvorrichtung; *g* Sperrklinke der Aufzugvorrichtung; *h* Haltefeder der Sperrklinke *g*; *i* Auslösevorrichtung mit Zugleine; *k* über Rollen laufendes endloses Meßband an *f* befestigt; *l* Aufzugwinde mit Sperrad und gewichtsbelasteter Bremse; *m* Umlenkrolle für das Seil der Aufzugvorrichtung; *n* Hubvorrichtungen für die Führungsschienen bestehend aus Kurbel mit Zahnradvorgelege und Ritzel, das in die an der Führungsschiene befestigte Zahnstange eingreift; *o* Sperrklinken, zum Feststellen der Führungsschienen *b*; *p* Auflagerböcke für den Schlagbiegeversuch, auf dem Amboß verstellbar; *q* Schutzvorrichtung beim Schlagbiegeversuch; *r* Zylinder und Kolben *I* des Energiemessers; *s* Zylinder und Kolben *II* des Energiemessers; *t* Gegenbär des Energiemessers; *u* Führungsstange mit Teilung; *v* Verbindungsleitung zwischen Zylinder *I* und Zylinder *II*; *w* Handpumpe zum Füllen der Zylinder des Energiemessers; *x* Querhaupt für den Schlagzerreißversuch; *y* Ständer, auf die das Querhaupt *x* aufschlägt; *z* Probestab mit Gewindeköpfen für den Schlagzerreißversuch; *tr* Schreibtrommel des Schaubildzeichners.

Die *Führungsschienen* für den Fallbär sind in der Regel im Gestell fest. Martens benutzte Eisenbahnschienen, die an der Wand des Gebäudes befestigt wurden.

Bei dem Fallwerk Abb. 2 können die Führungsschienen in Führungen des Gestells gleiten und bis zu einer bestimmten Höhe angehoben werden. Zu diesem Zweck sind sie am unteren Ende mit Zahnstangen versehen, in welche die Ritzel von am Gestell gelagerten Windwerken greifen.

Diese werden von Hand bedient. Die Führungsschienen lassen sich in der gewünschten Höhenlage durch Sperrklinken feststellen. Durch diese Anordnung wird das Auswechseln des Fallbären und der Ein- und Ausbau der Probestäbe beim Schlagbiege- und Schlagzerreißversuch sehr erleichtert.

Die *Greiferklaue* des Windwerkes ist in der Regel in einem besonderen Schlitten gelagert, der in den Führungsschienen gleitet. Die Auslösung des Bären erfolgt stets derart, daß eine Sperrung der Greiferklaue ausgerückt wird. Das Ausrücken der Sperrung erfolgt meist durch Seilzug von Hand. In Einzelfällen ist eine elektromagnetische Auslösung vorgesehen worden.

Aus Abb. 2 sind die Einzelheiten der Sperrvorrichtung beim Amsler-Fallwerk zu ersehen. Der am Querhaupt der Aufzugsvorrichtung gelagerte Sperrhaken wird durch eine Zugfeder in die am Kopf des Bären angeordnete Tasche gezogen. Beim Auslösen wird entweder durch den Seilzug eine Klinke betätigt, die über einen Ansatz des Sperrhakens gleitet und diesen ausrückt, oder der Sperrhaken stößt mit einer Nase beim Aufziehen des Bären gegen einen am Gestell befestigten Anschlag und wird durch diesen ausgerückt.

b) Einrichtungen zur Durchführung der verschiedenartigen Versuche.

Die *Stauchversuche* werden in der Regel an zylindrischen Körpern durchgeführt. Dabei erhalten Bär und Amboß je einen gehärteten Stahleinsatz. Die Flächen beider Einsätze müssen genau eben sein und senkrecht zur Fallbahn stehen. Außerdem muß der Schwerpunkt des Bären genau über dem Mittelpunkt der Schlagfläche liegen. Läßt man den Bär auf dem Amboß aufsitzen, so müssen beide Schlagflächen satt aufeinander aufliegen.

Es muß vermieden werden, daß der Bär, wenn er nach dem ersten Schlag zurückspringt, nochmals auf den Prüfkörper auftrifft. Zu diesem Zweck wird entweder (z. B. bei dem Fallwerk Abb. 2) der Bär nach dem Schlag durch eine besondere Bremsvorrichtung abgefangen oder man befestigt den Probekörper an einem dünnen Seil und zieht ihn nach dem ersten Auftreffen des Bären rasch von dem Amboß weg.

Bei den *Schlagbiegeversuchen* werden meist in der aus Abb. 1 ersichtlichen Weise auf dem Amboß Auflagerstücke mit abgerundeten Auflagerflächen befestigt. Sie sind in Führungen verschiebbar angeordnet derart, daß die Stützweite etwa zwischen 100 mm und 1 m stetig verändert werden kann. Neben der Probe werden zweckmäßig Holzklötze befestigt, die sie mit geringem Spiel in Auflagermitte halten und die Bruchstücke abfangen. Besitzt der Bär keine auswechselbare Hammerfinne, sondern nur eine ebene Schlagfläche, so wird in der Mitte der Probe ein mit einer Finne versehenes Sattelstück aufgesetzt, das eine ebene Kopffläche besitzt, auf die der Bär schlägt.

Bei dem Fallwerk Abb. 2 und 3 kann auf dem Amboß eine Vorrichtung befestigt werden, in der Probestäbe einseitig eingespannt werden können.

Als Maß für die bleibende Verformung beim Schlag dient die Durchbiegung in Probenmitte. Die genaue Ermittlung dieses Wertes geschieht zweckmäßig in folgender Weise:

Vor dem Versuch werden auf einer Geraden, die auf den Seitenflächen in Probenmitte gezogen ist, drei Körnereindrücke angebracht, und zwar zwei über den Auflagern, einer unter der Aufschlagstelle des Bären. Gemessen wird der Abstand des mittleren Körners von einem Lineal, das die beiden äußeren Körner verbindet. Es sind auch schublehrenartige Sondermeßgeräte zur Ausführung dieser Messung entwickelt worden.

Über die Versuchsanordnung für die Prüfung von Achsen und Bandagen vgl. Bd. II, Abschn. VI.

Kerbschlagbiegeproben werden heute so gut wie ausschließlich auf Pendelschlagwerken durchgeführt (s. S. 163/171).

Zur Vornahme von *Ausbeulungsversuchen* an Blechen wird auf den Amboß ein Ringstück mit wulstförmigem Querschnitt von meist 250 oder 350 mm Auflagerdurchmesser aufgesetzt. Abb. 4 zeigt die Anordnung. Die Ausbeulung wird durch Schläge auf die Mitte des Bleches hervorgebracht, wobei die Schlagfläche des Bären Kreisquerschnitt besitzt und leicht kalottenförmig gewölbt ist.

Die Durchführung der *Schlagzerreißversuche* wird in verschiedener Weise gehandhabt. Abb. 5 zeigt die von MARTENS angegebene Anordnung. Der als normaler Zerreißstab mit zylindrischen Schulterköpfen ausgebildete Probestab wird mit dem oberen Kopf in einen Stahlgußbock eingehängt, der auf dem Amboß festgeschraubt ist. Auf den unteren Probestabkopf stützt sich ein Schlitten, der in den Führungsschienen des Fallwerkes gleitet und rahmenartig um die Einspann-Nase des Stahlgußbockes herumgreift. Der Bär schlägt auf die obere Endfläche des Schlittens.

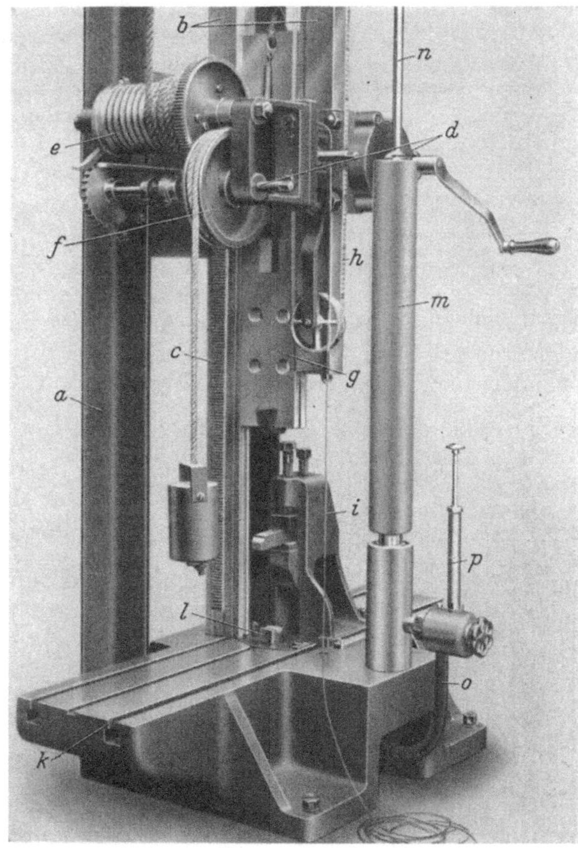

Abb. 3. Ansicht des unteren Teiles bei dem Fallwerk von AMSLER. Die Anordnung zeigt den Schlagbiegeversuch mit einer einseitig eingespannten Probe, auf deren freies Ende der Schlag ausgeübt wird.

a Gestell; *b* Führungsschienen; *c* Zahnstange an der Führungsschiene; *d* Windwerke zum Anheben der Führungsschienen; *e* Windwerk zum Hochziehen des Bären; *f* gewichtsbelastete Seilbremse des Windwerkes *e*, die beim Ablassen des Querhauptes in Tätigkeit tritt; *g* Fallbär; *h* Meßband zur Bestimmung der Fallhöhe; *i* Einspannbock für die Probe; *k* Amboß; *l* Kopfstück des Kolbens *I* des Energiemessers; *m* Gegenbär; *n* Führungsstange des Gegenbären mit Teilung und Schieber; *o* Verbindungsrohr der beiden Zylinder des Energiemessers; *p* Handpumpe zum Füllen der Zylinder des Energiemessers.

Diese Anordnung hat den Nachteil, daß die Masse des Schlittens beim Schlag beschleunigt werden muß und in schwer zu übersehender Weise einen Teil der Schlagenergie aufnimmt.

Dieser Nachteil wird vermieden, wenn man die bei dem Fallwerk Abb. 2 vorgesehene Anordnung wählt, die auch bei den Versuchen von PLANK und denen von BLOUNT, KIRKALDY und SANKEY benutzt wurde.

Dabei ist der Bär gemäß Abb. 2 frei am unteren Ende des Probestabes befestigt, dessen oberes Ende von einem Querhaupt aufgenommen wird, das in den Führungen gleitet. Beim Herabfallen schlägt das Querhaupt auf zwei gleich hohe Flächen eines mit dem Amboß verschraubten Gestells und wird hier plötzlich festgehalten, während die in dem Bär aufgespeicherte kinetische Energie sich auf den Probestab entlädt und bestrebt ist, ihn zu zerreißen.

Kennt man außer der aus Fallhöhe und Bärgewicht bestimmten Anfangsenergie noch die nach dem Bruch der Probe, also beim Auftreffen des Bärs auf den Amboß, vorhandene Energie, so kann man die von der Probe verbrauchte Energie als Differenz beider Beträge berechnen. Eine besondere Einrichtung, durch welche die beim Auftreffen des Bärs auf den Amboß vorhandene Energie unmittelbar gemessen werden kann, ist bei dem Fallwerk von AMSLER (Abb. 2 und 3) vorgesehen[1]. Sie arbeitet folgendermaßen:

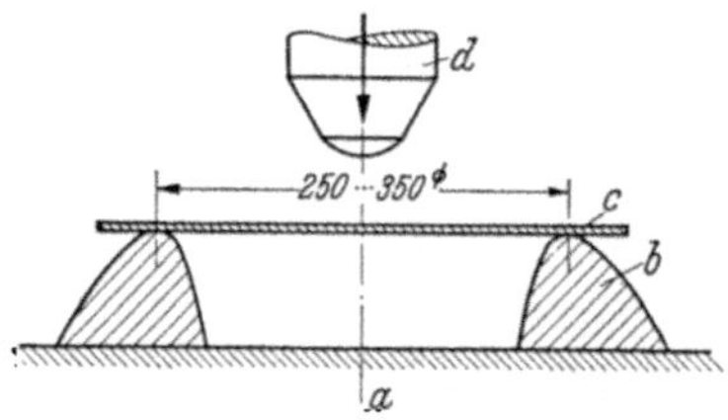

Abb. 4. Anordnung für Ausbeulversuche an Blechen. *a* Amboß; *b* Ringstück aus Stahl mit wulstförmigem Querschnitt; *c* Probe; *d* Hammerbär mit kalottenförmig abgerundetem Kopfstück.

Im Amboß ist zentrisch zur Schwerachse des Fallbärs ein Zylinder *I* mit eingeschliffenem Kolben angeordnet. Dieser ist durch ein Rohr mit einem zweiten entsprechend ausgebildeten Zylinder *II* verbunden, der vorne auf dem Amboß außerhalb der Führungsschienen befestigt ist. Die Zylinder und das Verbindungsrohr sind mit Öl gefüllt. Die Füllung kann durch eine Handpumpe ergänzt werden. Auf dem Kolben des Zylinders *I* ist ein Sattelstück angeordnet, in das die Finne des Fallbärs paßt. Auf den Kolben des Zylinders *II* ist ein Gewicht, der „Gegenbär", aufgesetzt. Er wird durch eine senkrechte am Gestell befestigte Stange geführt, die eine Teilung trägt. Schlägt der Bär in das Sattelstück des Kolbens *I*, so überträgt sich der Stoß durch das Öl auf den Kolben *II* und dieser schleudert den „Gegenbär" in die Höhe. Die erreichte „Steighöhe" wird mittels eines Schleppzeigers, der vom Gegenbär mitgenommen wird und in der Höchstlage stehen bleibt, auf der Teilung der Führungsstange abgelesen. Sie bildet ein Maß für den Energieinhalt, den der Bär beim Auftreffen auf den Amboß besaß.

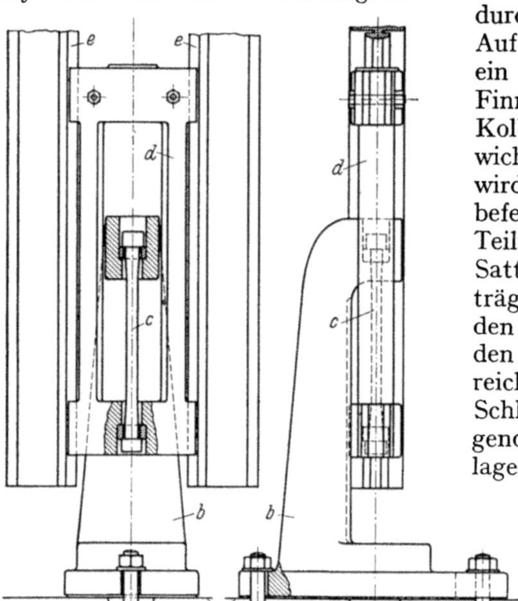

Abb. 5. Anordnung für Schlagzerreißversuche nach A. MARTENS. *a* Amboß; *b* Stahlgußbock; *c* Probestab, normaler Zerreißstab mit zylindrischen Schulterköpfen; *d* rahmenförmiger Schlitten; *e* Führungsschienen des Fallwerkes.

Die Vorrichtung kann leicht dadurch geeicht werden, daß man den Bär aus verschiedenen bekannten Höhen auf den Amboß herabfallen läßt und die zugehörigen Steighöhen des Gegenbärs ermittelt.

Eine weitere grundsätzlich andere Anordnung für den Schlagzerreißversuch hat H. BRINKMANN[2] gewählt. Sie ist in Abb. 6 dargestellt und wurde ausgearbeitet, um in möglichst einwandfreier Weise den Kraftverlauf während des Schlages messen zu können.

[1] Nach Druckschriften der Fa. Amsler, Schaffhausen.

[2] BRINKMANN, H.: Zerreißversuche mit hohen Geschwindigkeiten. Dissertation, T. H. Hannover 1933.

Als Kraftmesser wurde eine nach dem piezoelektrischen Prinzip arbeitende Meßdose verwendet. Die Meßanordnung selbst ist auf S. 193 beschrieben. Der mit Gewindeköpfen versehene Probestab wird in zwei Einspannköpfen befestigt. Der obere Kopf ist mittels Bolzen in einem Rahmen eingehängt, der sich mit einer Kugel auf die Kraftmeßdose stützt. Der untere Spannkopf ist an einem einarmigen Hebel angelenkt, der sich um eine feste, im Lagerbock der Vorrichtung angeordnete Achse dreht.

Der Fallbär schlägt auf das freie Ende des Hebels. Um die Trägheitskräfte der bewegten Teile gegenüber den am Stab wirkenden Kräften klein zu halten, wurden Rahmen und Hebel aus Elektron hergestellt.

Die Schlagenergie wurde so groß gewählt, daß die Zerreißgeschwindigkeit während des Versuches auf etwa 1% genau gleich blieb, d. h. der Bär gab bei dem Versuch nur etwa 2% der in ihm enthaltenen Energie an die Versuchsanordnung ab.

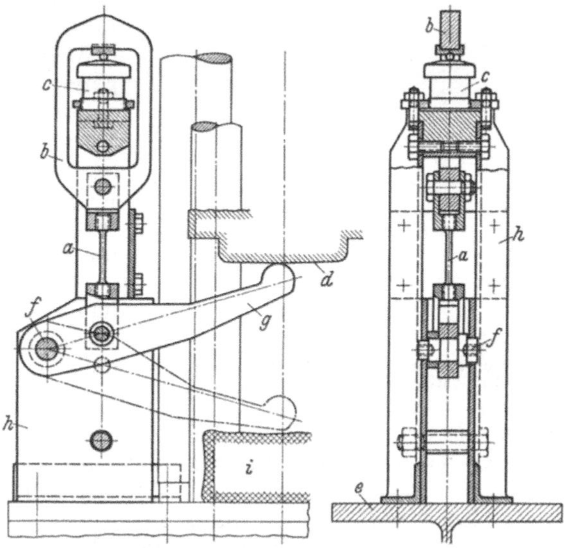

Abb. 6. Anordnung des Schlagzerreißversuches von H. BRINKMANN. *a* Probestab; *b* Rahmen mit Kugelaufhängung; *c* Kraftmeßdose mit piezoelektrischer Meßeinrichtung; *d* Fallbär; *e* Amboß; *f* feste Drehachse des Schlaghebels *g*; *g* Schlaghebel aus Leichtmetall; *h* Bock zur Lagerung der Meßanordnung; *i* Plastilinklumpen.

Die beim Auftreffen auf den Amboß noch vorhandene Energie wurde durch Zusammenstauchen eines Plastilinklumpens vernichtet.

2. Pendelschlagwerke[1].

a) Schlagarbeit.

Zur Durchführung des Kerbschlagbiegeversuches, der als der am häufigsten vorgenommene Versuch mit schlagartiger Beanspruchung gelten kann, werden heute fast ausschließlich Pendelschlagwerke verwendet. Diese Anordnung wurde zuerst von CHARPY angegeben. Sie hat gegenüber den Fallwerken den grundlegenden Vorteil, daß die von der Probe verbrauchte Schlagarbeit in einfachster Weise gemessen werden kann, wenn man die Ausgangshöhe, von welcher der Pendelhammer herabfällt, einerseits und die Steighöhe nach dem Versuch andererseits bestimmt. Die von der Probe verbrauchte Schlagarbeit ist dann gleich der Differenz der den beiden Grenzlagen zugeordneten potentiellen Energie des Pendelhammers, die sich jeweils als Produkt aus der Höhe des Hammerschwerpunktes und dem Gewicht des Hammers ergibt.

Als weiterer Vorteil kommt hinzu, daß jede Führungsreibung in Wegfall kommt, da die Achse des Hammers praktisch reibungsfrei in Kugellagern spielt.

Aus Abb. 7 sind die Zusammenhänge zu entnehmen, die zur Berechnung der Schlagarbeit erforderlich sind. Der Schwerpunkt S des Hammers besitze von der Drehachse den Abstand l_s. Die Verbindungsgerade von der Drehachse O

[1] SCHULZE-VOLLHARDT: Werkstoffprüfung. Berlin 1923. — Druckschriften der Firmen Losenhausen-Düsseldorf, Schopper-Leipzig, Mohr u. Federhaff-Mannheim, Amsler-Schaffhausen.

zum Hammerschwerpunkt bilde in der Ausgangslage den Winkel α_1 mit der Senkrechten. Der Hammer schwingt nach Durchschlagen der Probe soweit aufwärts, daß die Verbindungsgerade von der Drehachse zum Hammerschwerpunkt einen Winkel α_2 (Steigwinkel) mit der Senkrechten einschließt. Dieser Winkel wird durch einen auf der Kreisteilung des Pendelhammers gleitenden Schleppzeiger angezeigt, der durch einen auf der Hammerachse befestigten Anschlag verstellt wird. Der Winkel α_1 ist durch die Sperrung, die den Pendelhammer vor dem Versuch festhält, fest gegeben. Man braucht also beim Versuch nur den Steigwinkel α_2 zu messen.

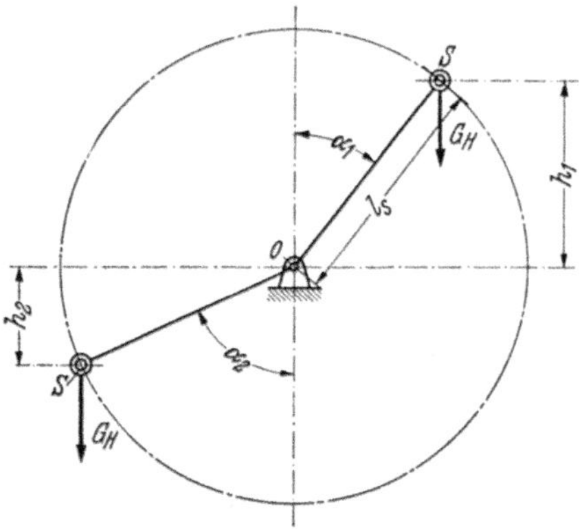

Abb. 7. Beziehungen für die Berechnung der Schlagarbeit beim Pendelhammer.

Ist G_H das Gesamtgewicht des Pendelhammers, das in seinem Schwerpunkt S vereinigt gedacht werden kann, so ist die verbrauchte Schlagarbeit

$$A_S = G_H \cdot l_s \cdot (\cos\alpha_1 + \cos\alpha_2)\,, \quad (1)$$

denn wie aus Abb. 7 ersichtlich, ist $l_s \cdot (\cos\alpha_1 + \cos\alpha_2)$ der Höhenunterschied $(h_1 + h_2)$ zwischen der Anfangs- und der Endlage des Pendelhammerschwerpunktes. Wird α_2 größer als 90°, so wird $\cos\alpha_2$ negativ.

Ist α_1 fest gegeben, wie dies bei den ausgeführten Pendelschlagwerken stets der Fall ist, so wird $G_H \cdot l_s \cdot \cos\alpha_1$ ein Festwert. Die Schlagarbeit ist dann nur noch von α_2 abhängig. Man kann also an Stelle der Gradteilung eine auf Grund der Gl. (1) berechnete Teilung setzen, welche die Schlagarbeit unmittelbar in mkg anzeigt. Die auf dem Markt befindlichen Pendelschlagwerke sind heute fast durchweg mit derartigen Teilungen versehen. Andernfalls wird dem Pendelschlagwerk eine Kurve mitgegeben, aus der die Schlagarbeit in Abhängigkeit von α_2 abgegriffen werden kann.

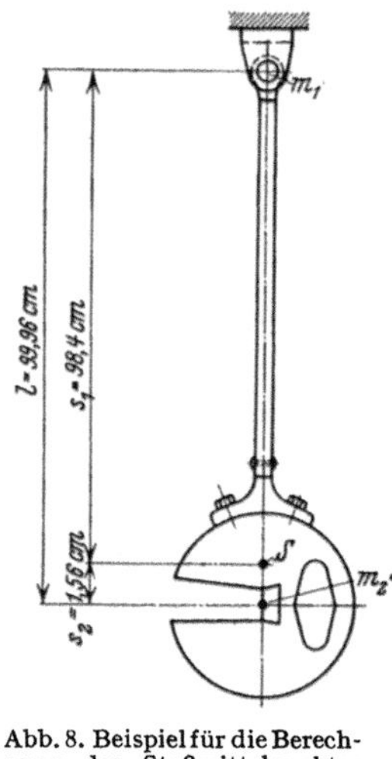

Abb. 8. Beispiel für die Berechnung des Stoßmittelpunktes beim Pendelhammer. $s_2 = i^2/s_1$.

Die Pendelhämmer werden in der Regel für Schlagarbeiten von 250, 75, 30 und 10 mkg ausgeführt. Vielfach ist außerdem noch eine Einrichtung vorhanden, die es gestattet, den Hammer aus verschiedenen Anfangslagen herabfallen zu lassen. Dadurch werden verschiedene Stufen der Schlagarbeit erreicht. So wird z. B. ein 75-mkg-Pendelschlagwerk für Stufen von 50, 25 und 10 mkg Schlagarbeit eingerichtet. Für Sonderzwecke, z. B. für die Prüfung der Schlagfestigkeit von Kunst- und Preßstoffen, werden Pendelschlagwerke mit besonders kleiner Schlagarbeit von z. B. 5 bis 50 cmkg gebaut.

Für die Konstruktion des Pendelhammers gelten folgende Gesichtspunkte:

1. Der Schwerpunkt soll möglichst tief liegen. Dies ist dann der Fall, wenn der Pendelarm möglichst leicht gehalten wird. Jedoch muß er andererseits so steif sein, daß zusätzliche Schwingungen vermieden werden.

2. Die Schlagkraft soll durch den *Stoßmittelpunkt* des Pendels gehen, dann bleibt die in Kugellagern spiegelnde Pendelachse beim Schlag praktisch unbelastet. Der Pendelhammer ist daher so zu konstruieren, daß die Mitte der Schlagschneide in den Stoßmittelpunkt fällt (s. Abb. 8).

Die Lage des Stoßmittelpunktes läßt sich aus den in Abb. 8 angegebenen Beziehungen berechnen. Zunächst muß der Abstand s_1 des Hammerschwerpunktes von der Pendelachse genau bekannt sein. Er wird durch Auswiegen bestimmt. Sodann muß das Massenträgheitsmoment des Pendels Θ bestimmt werden.

Abb. 9.

Abb. 10.

Abb. 9. Pendelschlagwerk für 30 mkg größte Schlagarbeit mit Stufen für 25, 20, 15, 10 und 5 mkg. *a* Hammer; *b* Schlagschneide; *c* Steg des Hammers; *d* Pendelarm; *e* Pendelachse; *f* Scheiben mit Sperrzähnen; *g* Sperrklinke; *h* Teilung zur Messung der Steighöhe des Pendelhammers, meist zur unmittelbaren Ablesung der Schlagarbeit eingerichtet; *i* Schleppzeiger; *k* Mitnehmer auf der Pendelachse; *l* Amboßstücke zur Lagerung der Probe; *m* gußeisernes Gestell; *n* Bremsgurt; *o* Handhebel zum Spannen des Bremsgurtes.

Abb. 10. Pendelschlagwerk neuer Bauart für 75 mkg größte Schlagarbeit mit Stufen für 50, 25 und 10 mkg und Schneckengetriebe mit Handantrieb zum Anheben des Pendels.

Dies geschieht, indem man die genaue Zeitdauer einer vollen Pendelschwingung feststellt, wobei der Schwingwinkel kleiner sein muß als $\pm 5°$. Ist

G das Eigengewicht des betriebsfertigen Pendels in kg,
T die Dauer einer vollen Pendelschwingung in Sekunden
s_1 der Abstand des Hammerschwerpunktes von der Pendelachse in cm,
g die Fallbeschleunigung $= 981$ cm/s²,

dann ist:

$$\Theta = \frac{s_1 \cdot G}{4\pi^2} \cdot T^2$$

das Massenträgheitsmoment bezüglich der Pendelachse,

$$i = \sqrt{\frac{s_1 \cdot g}{4\pi^2} \cdot T^2 - s_1^2}$$

der Trägheitshalbmesser bezüglich des Pendelschwerpunktes, und

$$s_2 = \frac{i^2}{s_1} = \frac{g \cdot T^2}{4\pi^2} - s_1$$

der Abstand des Stoßmittelpunktes vom Schwerpunkt.

b) Einzelheiten des Aufbaues.

Zu den Einzelheiten der konstruktiven Durchbildung ist folgendes zu bemerken: Abb. 9 zeigt ein Pendelschlagwerk neuester Bauart für eine größte Schlagarbeit von 30 mkg mit Stufen für 25, 20, 15, 10 und 5 mkg. Der Hammer *a* besteht im wesentlichen aus einer flachen Stahlscheibe. Die Schlagschneide *b*

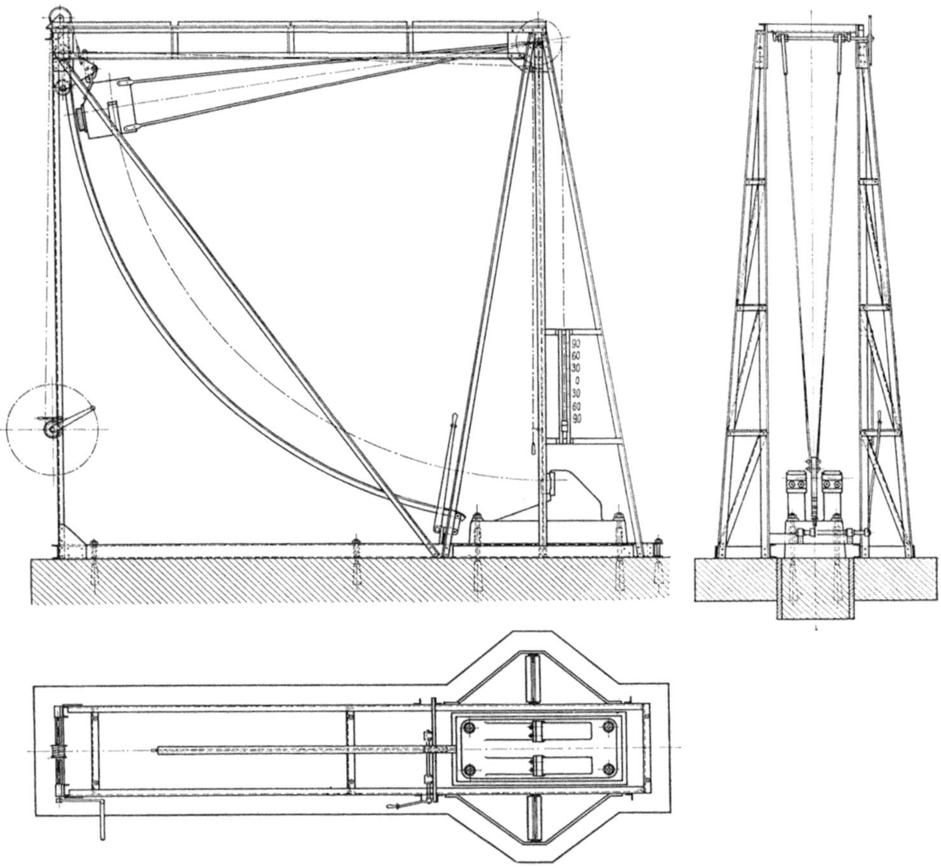

Abb. 11. Ältere Konstruktion der Pendelschlagwerke für 75 und 250 mkg.

ist am vorderen Ende des in der Mitte des Hammers ausgearbeiteten Stegs *c* angeordnet.

Der Pendelarm *d*, der mit einem Fußstück auf den Hammer aufgeschraubt ist, wurde früher meist als Rohr ausgebildet. Bei neueren Bauarten erhält er I-Querschnitt, wobei der Steg noch mit Erleichterungslöchern versehen wird.

Am oberen Ende des Pendelarms ist in einer Querbohrung die Pendelachse *e* befestigt, die am Gestell des Schlagwerkes in Kugellagern gelagert ist. Auf der Pendelachse sind zwei Scheiben *f* befestigt, in die Sperrzähne eingearbeitet sind, deren Anzahl und Anordnung den gewählten Stufen für die Schlagarbeit entspricht. Sie arbeiten mit einer am oberen Ende des Gestells angeordneten Sperrklinke *g* zusammen. Durch diese wird der Hammer in der Winkellage α_1, die der gewünschten Schlagarbeit entspricht, festgehalten und zu Beginn des Versuches durch ausheben der Klinke von Hand ausgelöst. Die Steighöhe des Hammers nach dem Versuch wird auf der Teilung *h* abgelesen, die, wie bereits erwähnt, zweckmäßig so geeicht ist, daß sie unmittelbar die verbrauchte Schlagarbeit angibt. Die Anzeige wird durch den Schleppzeiger *i* gegeben, der durch den an der Pendelachse befestigten Mitnehmer *k* betätigt wird.

Die Probe wird auf besonderen winkelförmigen Amboßstücken *l* gelagert die gehärtet sind und in Schwalbenschwanzführungen des gußeisernen Schlagwerkgestells *m* eingespannt werden.

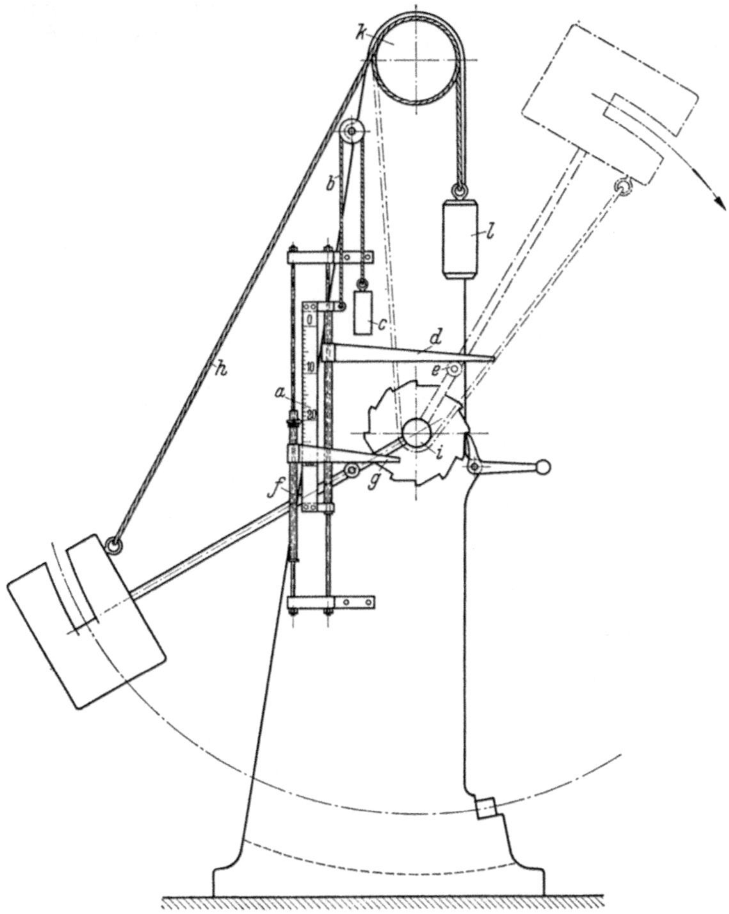

Abb. 12. Schlagwerk von AMSLER.
a Schieber mit Teilung; *b* Seilzug und *c* Gegengewicht zum Gewichtsausgleich des Schiebers *a*; *d* Anschlaglineal des Schiebers *a*; *e* Rolle am Pendelarm; *f* Schieber mit Zeiger; *g* Anschlaglineal des Schiebers *f*; *h* Seil der Bremse; *i* Umlenkrolle auf der Pendelachse; *k* Bremstrommel; *l* Bremsgewicht.

Nach dem Versuch wird der Hammer durch einen Gurt *n* abgebremst, der meist aus Ferodofibre besteht und mittels des Handhebels *o* gespannt wird. Das Schlagwerk wird zweckmäßig auf einem Betonfundament befestigt und so ausgerichtet, daß die Pendelebene genau senkrecht ist.

Die Pendelschlagwerke für 75 und 250 mkg Schlagarbeit sind grundsätzlich ebenso konstruiert. Nur ist es hier nicht mehr möglich den Hammer am Pendelarm von Hand anzuheben und in die Sperrvorrichtung einzuklinken. Vielmehr wird hier zum Anheben des Hammers ein Schneckengetriebe vorgesehen, das von Hand oder durch einen Elektromotor betätigt wird. Nach dem Einklinken des Hammers muß dann die Schnecke ausgerückt werden. Abb. 10 zeigt als

Ausführungsbeispiel ein Pendelschlagwerk für 75 mkg Schlagarbeit mit Stufen für 50, 25 und 10 mkg, bei dem die Schnecke mit Handantrieb versehen ist.

In Abb. 11 ist die ältere auch heute noch vielfach verwendete Bauart der Schlagwerke für 75 und 250 mkg dargestellt; dabei besteht das Gestell aus einem Profileisengerüst von 3,4 bzw. 4,5 m Höhe. Die Fallhöhe beträgt 2,28 bzw. 2,94 m, die Auflagerentfernung der Proben 120 mm. Der Pendelarm wird durch 4 Stahlrohre gebildet, die einerseits an dem scheibenförmigen Hammer andererseits an der Pendelachse befestigt sind. Der Hammer wird beim Hochziehen an einen Wagen angehängt, der mit Rollen in einer aus Profileisen bestehenden kreisbogenförmigen Kurvenbahn geführt ist und mittels Drahtseil durch eine Kurbelwinde hochgezogen wird. Die Klinkvorrichtung wird durch Schnurzug ausgelöst. Das Pendel, an dessen Unterseite eine Stahlbürste befestigt ist, wird durch Anheben der Kurvenbahn mittels Handhebel nach dem Schlag abgebremst.

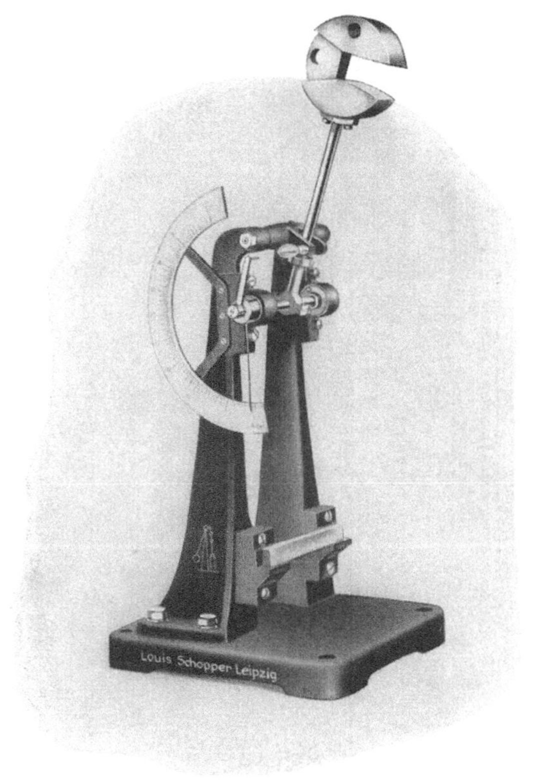

Abb. 13. Pendelschlagwerk für kleine Schlagarbeit (0,40 mkg).

Die Schabotte ist auf einem genügend schweren besonderen Fundament unabhängig vom Gestell gelagert.

Zur Messung der Steighöhe dient eine leichte auf der Pendelachse befestigte Schnurscheibe, in deren Rille ein dünner Draht läuft, der an der Scheibe befestigt ist und durch ein am freien Ende befestigtes Gewicht gespannt wird. Dieses gleitet in einer mit Teilung versehenen Führung und nimmt beim Versuch einen Schleppzeiger mit, der in der höchsten Lage stehen bleibt und die Steighöhe anzeigt.

Das in Abb. 12 dargestellte Schlagwerk von Amsler weicht in der Anzeige der Schlagarbeit und in der Konstruktion der Bremse wesentlich von der sonst üblichen Ausführung ab.

Die Anzeigevorrichtung mißt unmittelbar den Unterschied zwischen den Höhenlagen des Hammerschwerpunktes zu Beginn des Versuches und im Umkehrpunkt nach Durchschlagen der Probe, also den Wert $l_s \cdot (\cos\alpha_1 + \cos\alpha_2)$. Die lineare Teilung ist auf einem Schieber *a* befestigt, dessen Eigengewicht durch einen Seilzug *b* mit Gegengewicht *c* ausgeglichen ist. An dem Schieber ist ein Anschlag *d* befestigt, der mit einer am Pendelarm gelagerten Rolle *e* zusammenarbeitet und bewirkt, daß der Schieber in eine der Ausgangsstellung des Pendelhammers entsprechende Lage eingestellt wird. Der Zeiger ist an einem zweiten Schieber *f* angeordnet, dessen Anschlag *g* durch die Rolle *e* auf dem Pendelarm in eine Lage gebracht wird, die der Steighöhe des Pendelhammers nach dem Schlag entspricht. An der Teilung ist dann ein dem Höhenunterschied für die Endlagen des Hammerschwerpunktes entsprechender Wert abzulesen. Da sich die Schlagarbeit als Produkt aus diesem Höhenunterschied und dem Hammergewicht ergibt, kann die Teilung leicht zum unmittelbaren Ablesen der Schlagarbeit eingerichtet werden.

Die Bremse zum Abfangen des Hammers nach dem Schlag arbeitet folgendermaßen:

An dem Hammerkopf ist ein Seil *h* befestigt, das über eine an der Pendelachse befestigte Umlenkrolle *i* und dann über die Bremstrommel *k* läuft. Das Seil *h* wird durch ein Gewicht *l* gespannt. Beim Aufwärts-Schwingen des Pendelhammers nach dem Schlag wird das Seil *h* lose und durch das Gewicht *l* über die Bremstrommel *k* gezogen. Beim Zurückschwingen des Hammers muß das Seil dann über die Bremsscheibe gleiten, wobei die in dem Hammer steckende Energie vernichtet wird.

Abb. 14. Übliche Anordnung für den Schlagzerreißversuch auf dem Pendelschlagwerk. *a* Probestab; *b* Querhaupt am freien Ende des Probestabes; *c* Stelzen, die am Gestell des Pendelhammers befestigt sind.

Die Pendelschlagwerke für sehr kleine Schlagarbeit entsprechen in ihrem grundsätzlichen Aufbau der in Abb. 9 dargestellten Konstruktion. Jedoch kommt hier die Bremse in Wegfall, da der Hammer leicht von Hand aufgefangen wird. Abb. 13 zeigt als Beispiel ein Pendelschlagwerk für 0,40 mkg, wie es vornehmlich für die Prüfung von Preßstoffen benutzt wird.

c) Versuchseinrichtungen zur Durchführung von Schlagzerreißversuchen auf dem Pendelschlagwerk.

Die übliche Anordnung zur Durchführung von Schlagzerreißversuchen auf dem Pendelschlagwerk ist in Abb. 14 dargestellt. Der an beiden Enden mit Gewinde versehene Probestab wird mit dem einen Ende in den Rücken des Hammers eingeschraubt. Am freien Ende wird ein Querhaupt befestigt, das beim Schlag von zwei Stelzen abgefangen wird, die mit dem Gestell des Schlagwerkes verschraubt sind. Sie sind so bemessen, daß der Aufschlag des Querhauptes erfolgt, wenn das Pendel durch die senkrechte Lage geht. Außerdem ist dafür gesorgt, daß das Querhaupt beim Aufprallen gleichzeitig satt auf beiden Stelzen aufliegt. Diese Anordnung hat den Nachteil, daß durch die starre Einspannung unkontrollierbare Biegebeanspruchungen in den Probestab kommen können, die das Ergebnis beeinträchtigen.

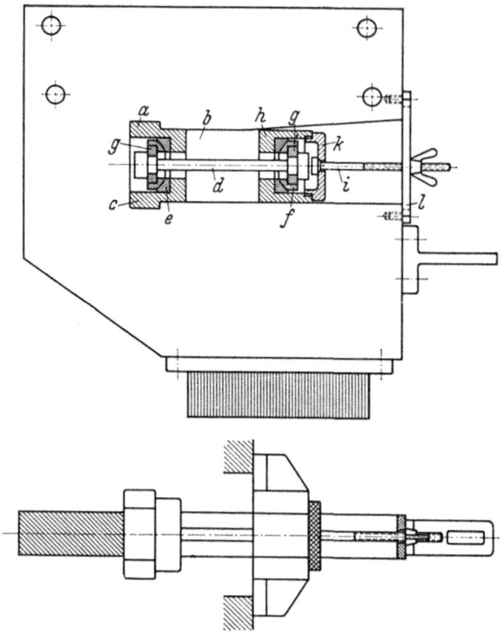

Dieser Mangel wird bei der von KÖRBER und SACK[1] ausgearbeiteten Anordnung, die in Abb. 15 dargestellt ist, vermieden.

Die Vorrichtung wurde in den entsprechend abgeänderten Hammer eines Pendelschlagwerkes für 250 mkg Schlagarbeit, Bauart Abb. 11 eingebaut. Nach Entfernen der Schlagschneide wurden in dem Hammerkörper bei *a* und *b* Ausfräsungen angebracht. In den Schlitz *a* wird der feste Einspannkopf *c* für den Probestab *d* eingeschoben. Der Hammerkörper wurde in das Pendel umgekehrt eingebaut, so daß die offene Seite nach hinten zeigte.

Der Probestab besitzt zylindrische Schulterköpfe, wie sie bei

[1] KÖRBER, F. u. R. H. SACK: Vergleichende statische und dynamische Zerreißversuche. Mitt. K.-Wilh.-Inst. Eisenforschg. 1924, Heft 5, S. 16.

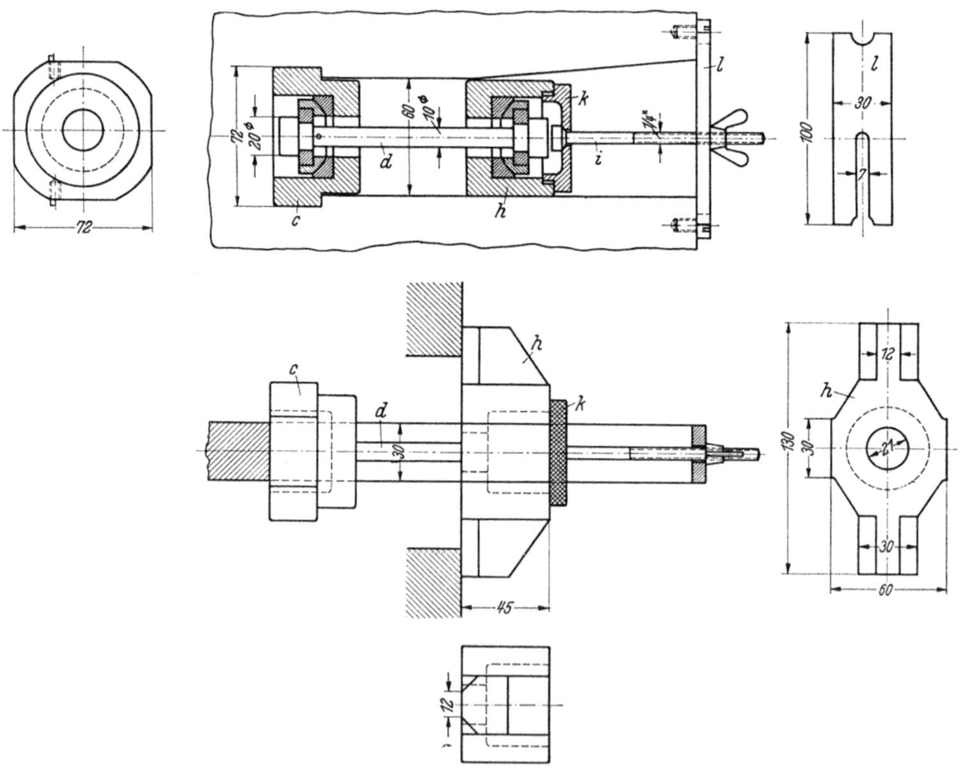

Abb. 15. Anordnung der Probe im Pendelhammer bei den Versuchen von KÖRBER und SACK.

Zerreißstäben üblich sind. Er wird in den Spannfuttern unter Zwischenschaltung von Kugelschalen *e*, *f* gelagert, in denen die Einspannköpfe durch zweigeteilte Ringe *g* gehalten werden. Der bewegliche Einspannkopf *h* wird in dem Hammerschlitz geführt. Er besitzt seitliche Ansätze, die aus dem Hammer herausragen und beim Schlag auf die beiden gleichhohen Amboßflächen aufprallen. Um eine einwandfreie Lage des Probestabes und des beweglichen Einspannkopfes zu sichern, wird er durch eine Schraube *i* unter Vorspannung gesetzt, die an dem Deckel *k* des Spannkopfes *h* angreift und sich auf eine an der offenen Schmalseite des Hammers in zwei Stiften gehaltene Spannplatte *l* stützt. Mit dieser Vorrichtung werden die Anschlagflächen des Einspannkopfes *h* vor dem Versuch so ausgerichtet, daß sie beide satt auf den Flächen des Ambosses aufliegen und Biegebeanspruchungen beim Schlag vermieden werden, da der Anschlag beiderseits genau gleichzeitig erfolgt. Die Vorrichtung hat weiterhin den Vorzug, daß damit verschieden lange Prüfstäbe z. B. mit Schaftlängen von 10 bis 100 mm untersucht werden können. Beim Zerschlagen des Probestabes verbleibt im Hammer nur noch der feste Spannkopf mit dem entsprechenden Bruchstück des Probestabes.

Bei den Versuchen auf dieser Vorrichtung wurden die zum Bruch erforderliche Schlagarbeit, ferner die Bruchdehnung und die Brucheinschnürung gemessen.

Eine ähnliche Anordnung war bei früheren Versuchen von FUCHS benutzt worden. Sie besaß jedoch eine starre Auflagerung für die Schulterköpfe des Probestabes, so daß der Nachteil unkontrollierbarer zusätzlicher Biegespannungen nicht vermieden wurde.

3. Schwungrad-Schlagmaschinen.

Das Arbeiten mit dem Pendelschlagwerk ist sehr zuverlässig und die Messung der vom Probestab verbrauchten Schlagarbeit dabei in besonders einfacher und bequemer Weise durchführbar. Jedoch ist die Schlaggeschwindigkeit mit Rücksicht auf die Bauhöhe der Pendelhämmer begrenzt. Sie beträgt bei normalen Pendelhämmern 4 bis 5 m/s, bei den größten bisher ausgeführten Pendelschlagwerken etwa 7 bis 8 m/s.

Will man noch höhere Schlaggeschwindigkeiten bis z. B. 100 m/s erreichen, so muß eine grundsätzlich andere Lösung gefunden werden. Sie wurde durch den Bau der Schwungradschlagmaschinen gegeben. Dabei dient als Energieträger ein Schwungrad, das in rasche Drehung versetzt werden kann. Es trägt an seinem Umfang Anschläge, sog. Hammernasen, die im Augenblick des Schlages auf den Prüfstab oder bei Schlagzerreißversuchen auf ein mit dem freien Kopf des Prüfstabes verbundenes Querhaupt auftreffen. Die Hauptschwierigkeit besteht bei dieser Anordnung darin, daß im Augenblick des Schlages entweder ein Schlitten, der den Probestab mit seiner Einspannung trägt, genügend schnell in den Bereich der Hammernasen gerückt werden muß, oder daß bei ortsfester Anordnung des Prüfstabes die Hammernasen entsprechend schnell aus dem Schwungradkranz herausgeklappt werden. Es sind bisher zwei Bauarten ausgeführt worden, nämlich die bereits 1906 gebaute Maschine von GUILLERY und das Schwungradschlagwerk von MANN, über das 1935 eine erste Veröffentlichung erfolgte. Über die Einzelheiten dieser beiden Schlagmaschinen ist folgendes zu sagen:

a) Die Schwungrad-Schlagmaschine von GUILLERY[1].

Abb. 16 zeigt die Gesamtordnung und die Abmessungen der Maschine von GUILLERY, die als erste Ausführung einer Schwungradschlagmaschine bemerkenswert ist. Als Speicher für die kinetische Energie dient ein Schwungrad

[1] MARTENS, A.: Handbuch der Materialienkunde für den Maschinenbau. 2. Teil von E. HEYN. Berlin 1926.

aus Stahl, das sog. Hammerrad *a*, dessen Welle *b* in zwei Gleitlagern *c* umläuft und das durch eine Handkurbel *d* über ein Zahnradvorgelege *e* in Drehung versetzt wird. Zur Messung der Drehzahl dient folgende Vorrichtung: Mit der Schwungradwelle ist eine kleine Schleuderpumpe *f* gekuppelt; diese drückt Wasser in ein senkrechtes Steigrohr *g*, das mit einer Teilung versehen ist. Die Steighöhe des Wassers bildet ein Maß für die Drehzahl. Die Teilung wird entsprechend geeicht.

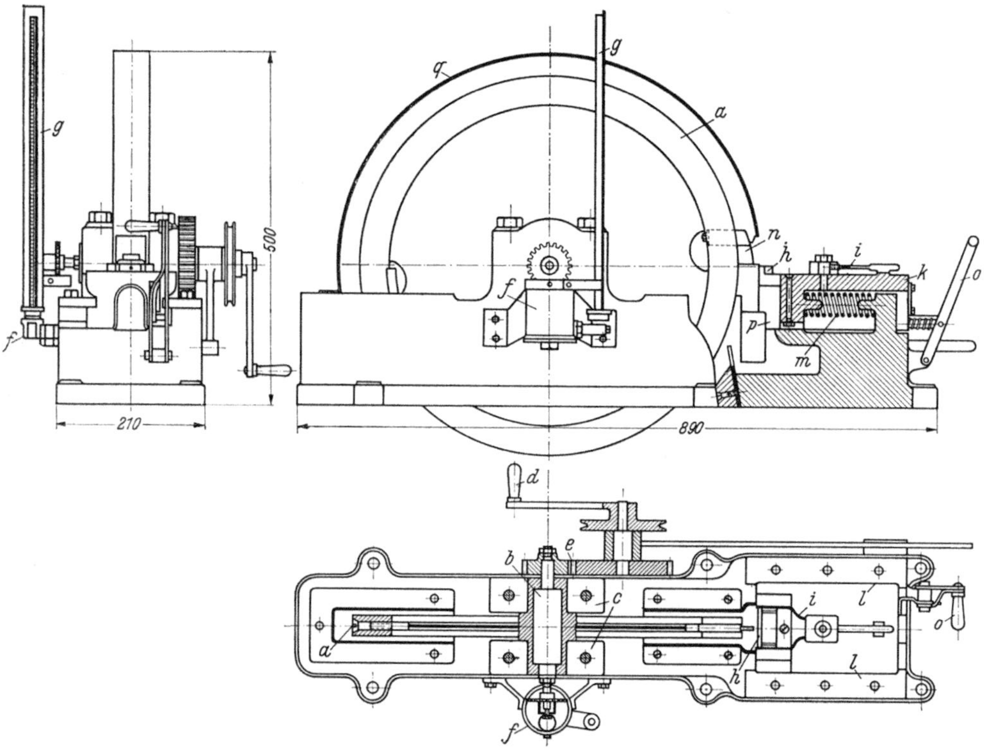

Abb. 16. Schwungrad-Schlagmaschine von GUILLERY.
a Schwungrad (Hammerrad); *b* Welle des Schwungrades; *c* Gleitlager; *d* Handkurbel; *e* Stirnradvorgelege; *f* Schleuderpumpe für die Drehzahlmessung; *g* Steigrohr der Schleuderpumpe; *h* Biegeprobe; *i* gabelförmige Klemme zum Festhalten der Probe; *k* Schlitten, auf dem die Probe eingespannt ist; *l* Gleitführung; *m* Feder, die den Schlitten vorschnellt; *n* Hammernase des Schwungrades; *o* Handhebel zum Auslösen des Schlittens; *p* Anschlag; *q* Schutzkasten.

Die Biegeprobe *h* wird mittels einer gabelförmigen Klemme *i* auf einem Schlitten *k* befestigt, der in einer Gleitführung *l* des Maschinenbettes in waagerechter Richtung auf die Achse des Schwungrades zu verschiebbar ist. Der Schlitten *k* steht unter der Einwirkung einer starken Feder *m*, die vor Beginn des Versuches gespannt wird. In dem Schwungrad ist eine Hammernase *n* befestigt. Die Probe wird auf dem Schlitten derart gelagert, daß die Hammernase in der Mitte des Probestabes *h* satt aufliegt, wenn der Schlitten vorgeschoben ist.

Im Augenblick des Versuches wird eine Sperrung, die den Schlitten zurückhält, durch Betätigung des Handhebels *o* ausgelöst; der Schlitten wird dann im Bruchteil einer Sekunde durch die Feder *m* bis zum Anschlag *p* vorgeschnellt; dabei kommt die Probe in den Bereich der Hammernase *n* und wird zerschlagen.

Die Drehzahl des Schwungrades wird vor und nach dem Versuch an dem Steigrohr *g* abgelesen. Da das Massenträgheitsmoment des Schwungrades ein für allemal bestimmt ist, kann aus dem Drehzahlunterschied die Energiemenge berechnet werden, die zum Durchschlagen der Probe benötigt wurde. Die Drehzahl soll derart gewählt werden, daß die Anfangsenergie des Schwungrades 60 mkg und die Geschwindigkeit der Hammernase 8,8 m/s beträgt. Diesen Werten entsprach eine Drehzahl von $n = 293/\text{min}$.

Die Proben besaßen eine Gesamtlänge von 60 mm, einen Querschnitt von $10 \cdot 10\ \text{mm}^2$ und eine freie Länge zwischen den Auflagern von 40 mm. Die Schlaggeschwindigkeit, die bei dieser Maschine erreicht wurde, geht nicht wesentlich über den bei Pendelschlagwerken erreichbaren Wert hinaus.

b) Die Schwungrad-Schlagmaschine von MANN[1].

Die Anordnung ist aus Abb. 17 zu ersehen. Zur Speicherung der kinetischen Energie dient ein Schwungrad *a* aus hochwertigem Stahl, dessen Welle in Kugellagern umläuft und das von einem Elektromotor *b*, mit dem es direkt gekuppelt

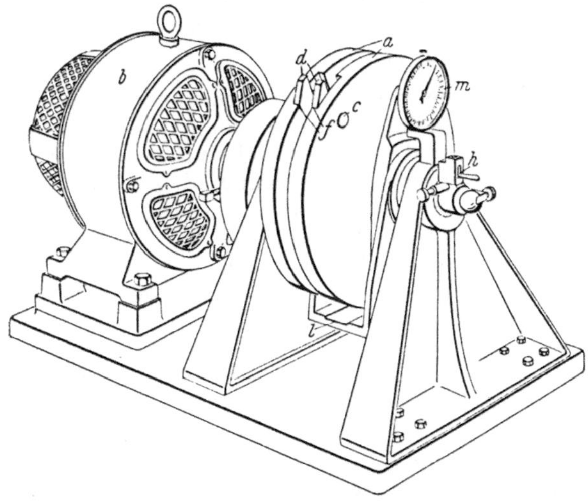

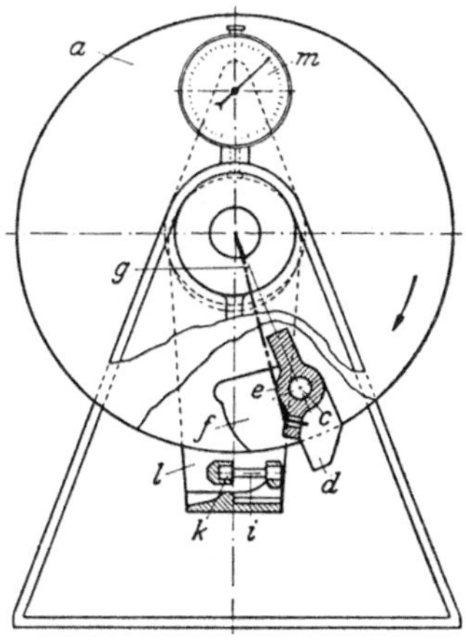

Abb. 17a und b. Schwungrad-Schlagmaschine von C. MANN.
a Schwungrad aus zwei Scheiben bestehend; *b* Elektromotor; *c* Bolzen, auf dem der Schlagkörper *e* gelagert ist; *d* Hammernasen; *e* Schlagkörper; *f* Ausfräsung in den Schwungradscheiben, an deren Rücken sich der Schlagkörper anlegt; *g* Seilzug zur Betätigung des Schlagkörpers; *h* Handhebel mit Muffe zur Betätigung des Seilzuges *g*; *i* Probestab; *k* Querhaupt, das am freien Ende des Probestabes befestigt ist; *l* Pendel zur Messung der Schlagenergie; *m* Anzeigevorrichtung für den Ausschlagwinkel des Pendels *l*, die Teilung ist so angeordnet, daß der Wert $(1 - \cos\alpha)$ unmittelbar abgelesen wird.

ist, in rasche Drehung versetzt wird. Das Schwungrad *a* besteht im wesentlichen aus zwei Scheiben, zwischen denen auf einem Bolzen *c* der die beiden Hammernasen *d* tragende Schlagkörper *e* gelagert ist. An diesem greift ein Seilzug *g* an, der die Hammernasen zunächst nach innen geklappt hält. Der Seilzug ist durch die hohle Welle zu einer an ihrem vorderen freien Ende angeordneten Muffe geführt, die in der üblichen Weise mittels Handhebel *h* verschoben werden kann, während das Schwungrad mit voller Drehzahl umläuft. Der die Hammernasen tragende Körper ist so ausgebildet, daß der Schwerpunkt nicht in die Achse des Gelenkbolzens *c* fällt. Beim Umlaufen des Schwungrades entsteht im Schwerpunkt des Schlagkörpers *e* eine Fliehkraft, die bestrebt ist, ihn nach außen zu klappen. Wird daher durch Einrücken der Muffe der Seilzug *g* freigegeben, so klappt der Hebel *e* mit den Hammernasen im Bruchteil einer Sekunde heraus, bis er sich in der aus Abb. 17 ersichtlichen Weise gegen die

[1] MANN, C.: Proc. Amer. Soc. Test. Mater. 1935, II, S. 323; 1936, II, S. 85; 1937, II, S. 102.

Anschlagflächen der Ausfräsungen *f*, die in den Schwungscheiben ausgearbeitet sind, legt. In dieser Stellung treffen die Hammernasen *d* das an dem Prüfstab *i* befestigte Querhaupt *k* und zerreißen den Prüfstab. Die Meßvorrichtung zur Ermittlung der Energie, die notwendig ist, um den Probestab zu Bruch zu bringen, arbeitet folgendermaßen:

Der Probestab wird in der aus Abb. 17 ersichtlichen Weise am unteren Ende eines Pendels *l* befestigt, das in zwei am Grundgestell der Maschine angeordneten Kugellagern aufgehängt ist, und zwar derart, daß die Pendelachse mit der Schwungradachse zusammenfällt. An dem freien Ende des Probestabes ist das bereits erwähnte Querhaupt *k* befestigt, das so ausgerichtet wird, daß seine Schlagflächen satt auf den Hammernasen *d* des Schwungrades aufliegen, sobald diese in Eingriff kommen. Im Augenblick des Schlages sind die Trägheitskräfte des Pendels zu überwinden. Das Pendel wird während des Schlages einen Winkelausschlag erfahren, der in einfachem Zusammenhang mit der zum Zerreißen des Probestabes notwendigen Energie steht. Für die Bruchenergie läßt sich nach den Gesetzmäßigkeiten des Stoßvorganges folgende Gleichung ableiten:

$$A_B = \omega_0 (1 - \cos\alpha)^{1/2} K_1 - (1 - \cos\alpha) K_2. \qquad (2)$$

Dabei sind K_1 und K_2 Festwerte, die den Massenträgheitsmomenten des Schwungrades und des Pendels entsprechen und versuchsmäßig ermittelt werden. α ist der größte Ausschlagwinkel, den das Pendel während des Versuches zurücklegt, ω_0 die Winkelgeschwindigkeit, die das Schwungrad im Augenblick des Schlages besitzt und die mit Hilfe eines Drehzahlmessers festgestellt wird.

Aus Gleichung (2) erkennt man, daß zur Bestimmung der Bruchenergie vor allem der Wert $(1 - \cos\alpha)$ gemessen werden muß. Die Vorrichtung *m*, die den Ausschlag des Pendels anzeigt, ist deshalb so konstruiert, daß der Wert $(1 - \cos\alpha)$ auf der Teilung unmittelbar abgelesen werden kann.

Bei den Versuchen wurden Prüfstäbe verwendet, die eine Gesamtlänge von 3″ bei $^3/_4$″ Kopfdurchmesser besaßen. Der zylindrische Schaft war 1″ lang und hatte einen Durchmesser von 0,252″ (6,4 mm). Er war mit schlanken Hohlkehlen an die Stabköpfe angeschlossen, die mit Gewinde versehen waren.

Die Prüfmaschine von MANN eignet sich besonders zur Durchführung von Schlagzerreißversuchen mit sehr hoher Geschwindigkeit. Es wurden damit Versuche bis zu einer Schlaggeschwindigkeit von rd. 100 m/s durchgeführt. MANN gibt in seiner Veröffentlichung an, daß die Maschine bis zu Schlaggeschwindigkeiten von 300 m/s benutzt werden könne.

Die beschriebene Anordnung gestattet die Schlagzerreißversuche in ein Gebiet auszudehnen, in dem die Zerreißgeschwindigkeit extrem hohe Werte erreicht.

Es erscheint ferner nicht aussichtslos auch bei diesen Versuchen mit elektrischen Hilfsmitteln das Kraft-Dehnungsschaubild aufzunehmen. Dabei kann z. B. die Kraft in ähnlicher Weise wie bei BRINKMANN (s. S. 193) mit Hilfe einer piezoelektrischen Meßdose gemessen werden. Die Messung des Weges könnte etwa mittels einer entsprechend der Dehnung gesteuerten Blende vorgenommen werden, die den einer Photozelle zugeführten Lichtstrom beeinflußt. Die Aufzeichnung des Schaubildes kann in jedem Fall nur mit einem Kathodenstrahloszillographen erfolgen.

4. Federschlagwerke.

Anordnungen, die sich grundsätzlich von den bisher behandelten Konstruktionen unterscheiden, sind die Federschlagwerke. Bei diesen wird der Schlag dadurch hervorgebracht, daß eine Feder, an deren Ende der Schlagkörper befestigt ist, zunächst gespannt und dann ausgelöst wird, wobei sich die aufgespeicherte potentielle Energie auf den Schlagkörper und den Probestab entlädt. Am nächstliegenden ist es, als Energieträger Stahlfedern in Form von Blatt- oder Schraubenfedern zu verwenden. Jedoch können ebenso gut auch gespannte Luft oder gespannte Gase in Betracht gezogen werden, die in einen Zylinder gebracht werden, in dem der Schlagkörper als Kolben arbeitet. Im Grenzfall könnte man, um extrem hohe Schlaggeschwindigkeiten zu erreichen, die gespannten Gase durch Entzünden einer Pulverladung erzeugen, wobei die Energiemenge ebenfalls recht genau abgestimmt werden kann.

Bei Verwendung von Stahlfedern bildet die Feder mit dem Schlagkörper ein Schwingungssystem, das eine ausgesprochene Eigenschwingungszahl besitzt. Man muß bestrebt sein, diese möglichst hoch zu legen, damit eine genügend hohe Schlaggeschwindigkeit erreicht werden kann.

Ein derartiges Federschlagwerk wurde wohl erstmalig in praktisch brauchbarer Weise von D. W. GINNS gebaut[1]. Er entwickelte es für Schlagzerreißversuche, die sich zum Ziel setzten, den Einfluß der Zerreißgeschwindigkeit auf Fließgrenze, Zugfestigkeit, Dehnung und Einschnürung zu bestimmen. Zu diesem Zweck wurden Versuche an verschiedenen Stahlsorten und Nichteisenmetallen einmal im üblichen Zugversuch und ein zweites Mal auf dem Federschlagwerk vorgenommen.

Bei den Versuchen wurden Schulterstäbe mit 7 mm Schaftdurchmesser verwendet, die in der üblichen Weise in Kugelpfannen eingespannt waren.

Zur Erzeugung des Schlages diente eine starke Blattfeder, die eine Federkonstante von rd. 1450 kg/cm und eine Eigenfrequenz von 35,7 Hz besaß. Sie wurde vor dem Schlag um einen entsprechenden Betrag ausgelenkt und von einer Sperrung festgehalten, die beim Schlag dann plötzlich ausgelöst wurde.

Die Anordnung war so getroffen, daß der Schlag der Feder eine genau in die Achse des Probestabes fallende Kraft ergab. Zur Messung der Dehnung wurde der Weg der Feder aufgenommen. Zu diesem Zweck beeinflußte ein mit der Feder verbundener Schieber die Intensität eines auf eine Photozelle fallenden Lichtstrahles. Der Zellenstrom gelangte über einen Einstufenverstärker zu dem einen Plattenpaar eines Kathodenstrahloszillographen.

Die auf die Probe aufgebrachte Kraft wurde mit Hilfe von starren Druckkörpern gemessen[2], die in der oberen Einspannung eingebaut waren und ihren elektrischen Durchgangswiderstand mit dem Druck änderten. Die Druckkörper waren über eine Brückenschaltung und einen Einstufenverstärker an das zweite Plattenpaar des Kathodenstrahloszillographen angeschlossen. Mit Hilfe dieser Anordnung, die sich als gut eichfähig erwies, war es möglich, unmittelbar das Lastdehnungsschaubild aufzuzeichnen. Die im Kathodenstrahloszillographen entstehende Kurve wurde durch einen Photoapparat aufgenommen, dessen Verschluß durch die Belastungsfeder so ausgelöst wurde, daß er während des Belastungs- und Bruchvorganges geöffnet war.

Die aufgenommenen Kurven weisen von einem bestimmten Punkt an Verzerrungen auf. Es konnte nachgewiesen werden, daß diese Verzerrungen auf freie Schwingungen in der Versuchsanordnung zurückzuführen waren. Sie traten bei Gußeisen nach dem Bruch auf. Bei Stählen und Nichteisenmetallen, bei denen vom Beginn der Belastung bis zum Erreichen der Fließgrenze eine gleichmäßige Steigerung der Belastung stattfand, wurden die freien Schwingungen an der Fließgrenze durch das plötzliche Nachlassen der Kraft erregt. Das Einsetzen der freien Schwingungen konnte infolgedessen benutzt werden, um die Lage der

[1] GINNS, D. W.: Jap. Inst. of Metals Bd. 4 (1937) Teil 5, Nr 773, S. 263/273.

[2] Woraus diese bestehen ist nicht angegeben, offenbar handelt es sich um Körper, die aus eben geschliffenem Kohleplättchen geschichtet sind.

Fließgrenze zu ermitteln. Als Lastdehnungslinie wurde oberhalb der Fließgrenze die Mittellinie durch die entstandenen Schwingungen gezogen.

Die bis zum Erreichen der Fließgrenze verstrichene Zeit betrug im Durchschnitt etwa 0,001 s, die Zeit bis zum Erreichen der Höchstspannung im Mittel 0,005 s.

5. Meßeinrichtungen für den Schlagzerreißversuch.

Bei der Kerbschlagbiegeprobe genügt es, die zum Bruch erforderliche Schlagarbeit zu bestimmen. Diese Messung läßt sich auf dem Pendelschlagwerk einfach und genau durchführen. Wesentlich schwieriger ist es, die Größen zu messen, die beim Schlagzerreißversuch ermittelt werden sollen. Die Aufgabe besteht hierbei darin, ähnlich wie beim einfachen Zerreißversuch Elastizitätsgrenze, Streckgrenze, Bruchfestigkeit und Bruchdehnung zu bestimmen und anzugeben, wie sich diese Werte mit der Dehngeschwindigkeit ändern. Dabei ist zu beachten, daß die Dehngeschwindigkeit beim Schlagzerreißversuch etwa bis zu 10^6-mal so groß sein kann, wie beim einfachen Zugversuch.

Die gestellte Aufgabe läßt sich nur dann einwandfrei lösen, wenn es gelingt, das Kraftwegschaubild des Schlagzerreißversuches aufzunehmen und hierbei eine Meßgenauigkeit von 1 bis 2% zu erzielen. Welche Schwierigkeiten dabei zu bewältigen sind, geht schon daraus hervor, daß mit Zerreißgeschwindigkeiten von 1000 bis 10000%/s gerechnet werden muß, daß also die Aufnahme des Schaubildes z. B. bei einer Bruchdehnung von 10% in 0,001 s zu erfolgen hat. Es ist gelungen, diese Aufgabe mit Hilfe von elektrischen Meßverfahren zu lösen. Bevor diese beschrieben werden, sei kurz auf die Entwicklung der Meßverfahren eingegangen, die vieles Interessante bietet.

a) Einfache Meßanordnungen.

Eine erste noch sehr unzulängliche Vorstufe bilden die Meßverfahren, bei denen lediglich die während des Schlages auftretende Höchstkraft gemessen werden sollte. Im einfachsten Fall wurde mit dem Zerreißstab ein Stauchkörper aus Weicheisen oder Kupfer hintereinandergeschaltet, der durch den Stoß bleibend gestaucht wurde. Die beim Schlagzerreißversuch auftretende Höchstkraft wurde dann dadurch bestimmt, daß an einem zweiten genau gleichen Stauchkörper statisch die Kraft ermittelt wurde, die eine Stauchung gleicher Größe hervorbrachte, wie sie beim Schlagzerreißversuch gemessen war. Dieses Verfahren ist schon deshalb unbrauchbar, weil es den recht erheblichen Einfluß der Verformungsgeschwindigkeit auf die Größe der am Stauchkörper erforderlichen Kraft vernachlässigt.

Eine zweite verbesserte Anordnung nahm sich die Brinellprobe zum Vorbild. Der eine Spannkopf des Zerreißstabes stützte sich dabei auf eine Kugel, die sich durch die Schlagkraft in eine Platte aus Stahl niedriger Festigkeit eindrückte. Der Durchmesser des Eindruckes wurde gemessen und festgestellt, welche Kraft bei Belastung in einer Brinellpresse auf die Kugel ausgeübt werden muß, um einen Eindruck vom gleichen Durchmesser in der gleichen Platte hervorzubringen. Auch hierbei ist der Einfluß der Verformungsgeschwindigkeit außer acht gelassen.

Eine weitere Verbesserung wurde dadurch angestrebt, daß die Stahlkugel auf eine polierte gehärtete Stahlplatte gesetzt wurde, die mit einer dünnen Rußschicht überzogen war. Die Kugel hinterließ bei der schlagartigen Belastung einen ihrer Abplattung entsprechenden rußfreien Abdruck von Kreisform, dessen Durchmesser ein Maß für die Kraft bildete. Die Eichung wurde wiederum bei Belastung durch eine ruhende Kraft vorgenommen. Bei dieser Anordnung dürfte die Belastungsgeschwindigkeit keinen großen Einfluß mehr besitzen, indessen ist die Meßgenauigkeit noch unzureichend (etwa $\pm 5\%$).

Eine weitere Teilaufgabe wurde von G. WELTER[1] gelöst. Er setzte sich zum Ziel, die beim Schlagversuch erhaltene Elastizitätsgrenze zu messen. Die von ihm benutzte Versuchsanordnung ist in Abb. 18 dargestellt. Abb. 19 zeigt den Probestab mit aufgesetztem Feinmeßgerät.

Das für die Versuche besonders gebaute Fallwerk arbeitet mit einem Fallgewicht von 5 kg, bei 60 cm größter Fallhöhe. Der Probestab *a* besitzt einen zylindrischen Schaft von 8 mm Dmr. und 80 mm Länge und ist an den Einspannenden mit Gewinde versehen. Er wird mit dem einen Ende in das kräftige obere Querjoch *b* des Fallwerkgestelles *c* eingeschraubt. Mit dem unteren Ende des Probestabes

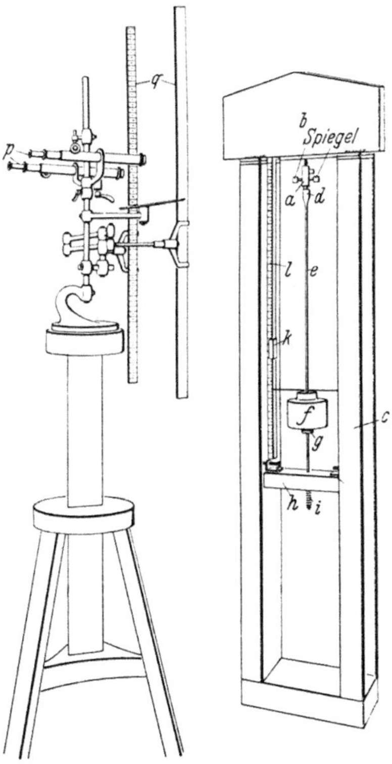

Abb. 18.

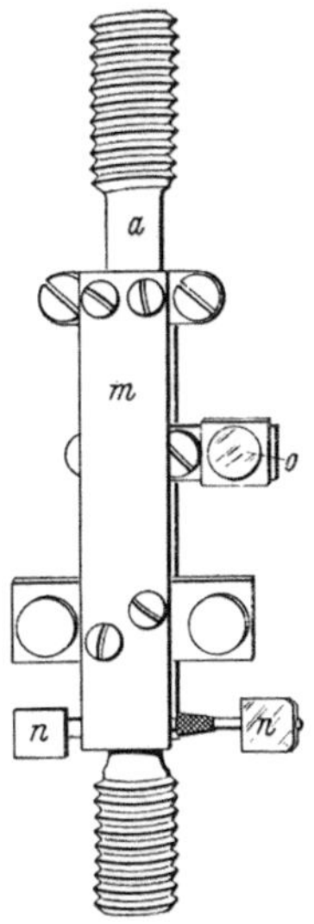

Abb. 19.

Abb. 18 und 19. Fallwerk und Meßanordnung von G. WELTER zur Messung der Elastizitätsgrenze beim Schlagzugversuch.

a Probestab; *b* oberes Querjoch des Fallwerkgestells; *c* Fallwerkgestell; *d* Muffe zur Verbindung von Probestab und Führungsstange *e*; *e* Führungsstange für das Fallgewicht; *f* Fallgewicht; *g* Anschlag auf der Führungsstange *e*; *h* Mittelsteg des Gestells; *i* Schraubenfeder zur Vorspannung der Führungsstange *e*; *k* Schleppzeiger; *l* cm-Teilung zur Messung der Fallhöhe und der Rückprallhöhe; *m* Meßfedern der MARTENSschen Spiegeldehnungsmesser; *n* Drehspiegel der MARTENSschen Spiegeldehnungsmesser; *o* Festspiegel; *p* Ablesefernrohre; *q* Maßstäbe zu den Ablesefernrohren.

wird eine Muffe *d* verschraubt, an der die Führungsstange *e* für das Fallgewicht *f* befestigt ist. Diese wird in dem Mittelsteg *h* des Gestells geführt und durch eine unterhalb dieses Steges angeordnete Schraubenfeder *i* mit einer Kraft von ~~80 kg gespannt~~.

Das Fallgewicht *f* ist so ausgebildet, daß sein Schwerpunkt unterhalb der Aufprallfläche liegt. Der Aufprall erfolgt auf einen an der Führungsstange befestigten Anschlag *g*. Die Fallhöhe wird an einer cm-Teilung *l* abgelesen. Auf der Oberseite des Fallgewichtes ist eine Querstange angeordnet, die beim Rückprall einen Schleppzeiger *k* mitnimmt. Dieser zeigt auf der Teilung *l* die Rückprallhöhe des Fallgewichtes an.

[1] WELTER, G.: Z. Metallkde. 1924, S. 213.

Gemessen wird die durch den Schlag hervorgebrachte bleibende Dehnung des Probestabes. Zur Messung dient, wie aus Abb. 19 zu ersehen, ein dem MARTENSschen Spiegelapparat ähnliches Gerät. Zum Ausgleich des Einflusses einer etwaigen Exzentrizität des Lastangriffes auf die Messungen sind wie üblich zwei Spiegelgeräte n angeordnet, die auf diametral gegenüberliegenden Mantellinien des Prüfstabes angreifen. Außerdem ist an dem Probestab noch ein Festspiegel o vorgesehen, der zur Beobachtung und zum Ausgleich etwaiger räumlicher Verschiebungen des Prüfstabes dient. Die Klemmen für die Meßfedern sind besonders kräftig ausgebildet und derart fest angespannt, daß die Erschütterungen des Schlages keine Verschiebungen der Meßspiegel n hervorrufen können. Die Ablesung erfolgt wie üblich durch Fernrohre p mit Maßstäben q. Dabei wurde eine Vergrößerung $V = 1:1000$ verwendet. Gemessen wurde die bleibende Dehnung des Probestabes mit einer Genauigkeit von $^1/_{10\,000}$ mm. Trägt man diese Werte in Abhängigkeit von der als Produkt aus Fallgewicht und Fallhöhe errechneten Schlagarbeit auf, so ergibt sich eine Kurve, aus der die vom Probestab an der E-Grenze aufgenommene Schlagarbeit A_E entnommen werden kann. Abb. 20 zeigt ein Beispiel hierfür.

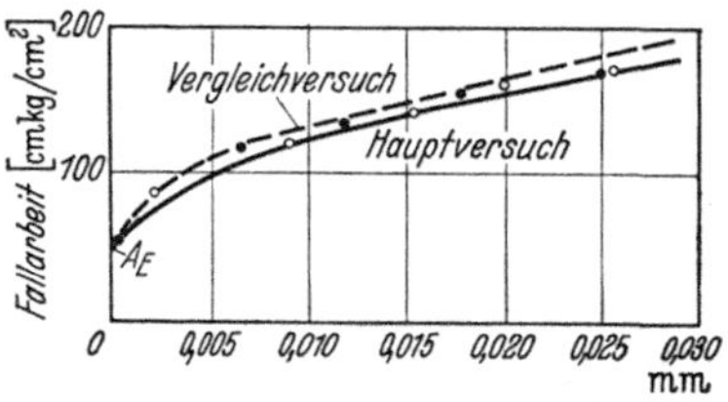

Abb. 20. Beispiel für die Ermittlung der Elastizitätsgrenze beim Schlagzugversuch nach G. WELTER.
Die Fallarbeit in cmkg je 1 cm² Prüfstabquerschnitt wird in Abhängigkeit von der durch Spiegelgeräte gemessenen bleibenden Zugdehnung aufgetragen. Als E-Grenze A_E wird die zur bleibenden Dehnung Null gehörige Fallarbeit bezeichnet.

Bei der Auswertung muß von der gesamten Fallarbeit jeweils die durch die Führungsstange allein elastisch aufgenommene Schlagarbeit abgezogen werden. Diese wird durch Messung der Rückprallhöhe des Schlaggewichtes f bei einem Versuch festgestellt, bei dem die Führungsstange unmittelbar mit dem Querhaupt b verschraubt wird.

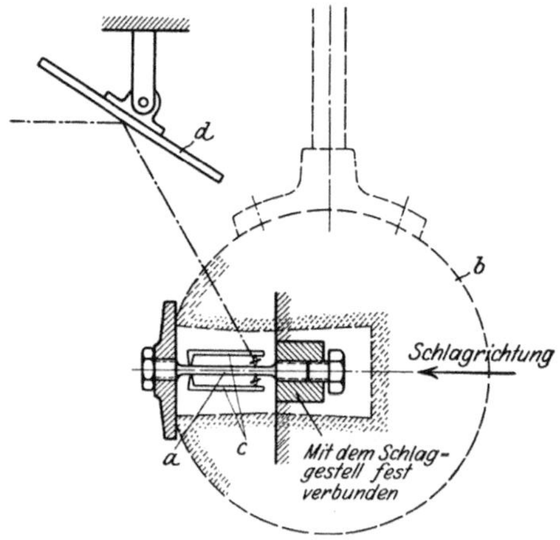

Abb. 21. Anordnung der Probe im Pendelhammer für die Messung der Elastizitätsgrenze beim Schlagzugversuch nach WELTER. a Probestab; b Pendelhammer; c MARTENSsche Spiegelgeräte; d Umlenkspiegel.

Entsprechende Messungen hat WELTER auf einem Pendelschlagwerk für 10 mkg Schlagarbeit durchgeführt. Abb. 21 zeigt schematisch die Anordnung. Das eine Ende des Probestabes ist in ein Querhaupt eingeschraubt, das an dem Gestell des Pendelschlagwerkes befestigt wird. Der Schlitz des Pendelhammers ist derart erweitert, daß er frei über das Querhaupt hinweggreift. Am freien Ende des Probestabes ist ein Anschlagstück befestigt, auf das der Hammer aufprallt. Auf den Probestab sind wieder zwei in diametral zueinanderliegenden Mantellinien angesetzte Spiegelgeräte aufgeklemmt, mit deren Hilfe die durch die verschieden starken Schläge bewirkten bleibenden Formänderungen des Probestabes gemessen werden. Die Ablesung erfolgt unter Zwischenschalten eines Umlenkspiegels wieder durch Fernrohre mit Maßstäben. Außerdem wird aus der beim Pendelschlagwerk besonders bequem feststellbaren Rückprallhöhe die vom Probestab verbrauchte Schlagarbeit bestimmt.

Die Auswertung wird ebenso wie bei den Fallwerksversuchen vorgenommen.

b) Ermittlung der vom Probestab verbrauchten Schlagarbeit.

Weitere Meßeinrichtungen beschränken sich darauf, die vom Probestab verbrauchte Schlagarbeit zu messen. Die beim Fallwerk von AMSLER gegebene Lösung war bereits auf S. 162 beschrieben. Ferner sei auf die auf S. 170 dargestellten Anordnungen zur Durchführung von Schlagzugversuchen auf dem Pendelschlagwerk hingewiesen.

Eine andere Lösung, die von B. BLOUNT, W. G. KIRKALDY und H. R. SANKEY[1] veröffentlicht ist, ähnelt den in der Ballistik üblichen Verfahren und setzt sich zum Ziel die Geschwindigkeit zu messen, die der Fallbär nach Bruch des Probestabes noch besitzt. Hieraus kann dann der Inhalt an kinetischer Energie berechnet werden. Die Geschwindigkeit, die der Fallbär zu Beginn des Versuches hatte und damit die zu Beginn des Schlagzerreißversuches vorhandene kinetische Energie kann nach den Fallgesetzen aus der Fallhöhe des Bären genügend genau berechnet werden. Die Differenz beider Energieinhalte ist dann die vom Prüfstab bis zum Bruch verbrauchte Arbeit. Zur Durchführung dieser Messung diente folgende Anordnung, deren Einzelheiten aus Abb. 22 ersichtlich sind.

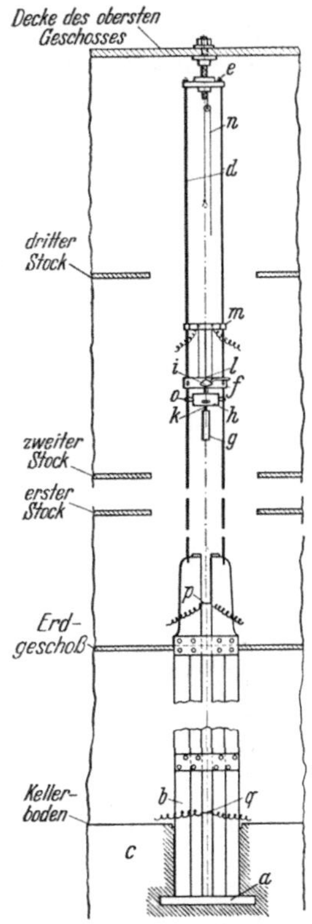

Abb. 22. Fallwerk und Meßanordnung von B. BLOUNT, W. G. KIRKALDY und H. R. SANKEY.
a Fußplatte; *b* gußeiserne Ständer des Grundgestells; *c* Betonfundament; *d* straff gespannte senkrechte Stahldrähte; *e* Querhaupt mit Spannvorrichtung für die Drähte *d*, das an der Decke des obersten Geschosses befestigt ist; *f* Querhaupt, das in beliebiger Höhenlage auf den Drähten *d* festgeklemmt werden kann; *g* Fallbär; *h* Querhaupt, das auf die Schlagflächen der Ständer des Grundgestells aufschlägt; *i* Greiferklaue; *k* Probestab; *l* Elektromagnet für die Greiferklaue; *m* Klemmbrett für die Stromzuführung zum Elektromagneten *l*; *n* Aufwindevorrichtung für Querhaupt *f* und Fallbär *g*; *o* Drahtschlingen zur Führung des Querhauptes *f* auf den Drähten *d*; *p* „Amboßkontakt" und *q* „Fußkontakt", dünne Drähte, die durch den Fallbären zerrissen werden.

Das Fallwerk besitzt ein Grundgestell, das im wesentlichen aus zwei miteinander und mit einer Fußplatte *a* verschraubten gußeisernen Ständern *b* besteht und in einem Betonfundament *c* verankert ist. Die Fallbahn wird durch zwei straff gespannte genau senkrecht ausgerichtete Stahldrähte *d* gebildet, die einerseits am Grundgestell, andererseits an einem mit der Decke des Gebäudes verbundenen Querhaupt *e* befestigt sind. Auf den Drähten wird in der gewünschten Höhenlage ein Joch *f* festgeklemmt, an dem der Fallkörper mit einer Greiferklaue *i* angehängt wird.

Das fallende System besteht aus dem Bären *g*, in den das untere Ende des Probestabes *k* eingeschraubt ist und einem Querhaupt *h* in dem das obere Ende des Prüfstabes befestigt wird. Die ganze Anordnung fällt frei herab. An dem Querhaupt *h* sind, lediglich zur Sicherung, 2 Drahtschleifen *o* befestigt, die mit großem Spiel um die Führungsdrähte *d* herumgreifen. Die Auslösevorrichtung wird durch Unterbrechung des Stromes in der Wicklung eines Elektromagneten *l*, der die Greiferklaue festhält, betätigt und ist so konstruiert, daß beim Auslösen keine zusätzlichen Seitenkräfte auf das fallende System ausgeübt werden und auch verhütet wird, daß der Fallkörper in Drehung gerät. Das Bärgewicht *g* ist zwischen rd. 5 und 10 kg in Stufen von je 1 kg regelbar. Die Fallhöhe kann bis zu 12 m betragen. Mit besonderer Sorgfalt ist Vorkehrung getroffen, daß die Verbindungsgerade der Schwerpunkte des Bären *g* und des Querhauptes *h* möglichst genau in die Prüfstabachse fällt.

[1] BLOUNT, B., W. G. KIRKALDY u. H. R. SANKEY: Engineering 1910, S. 725.

Zur Bestimmung der Energie, die im Augenblick des Bruches der Probe noch in dem Bär enthalten ist, wird seine Geschwindigkeit in folgender Weise gemessen:

Ermittelt wird der Zeitunterschied zwischen der Unterbrechung von zwei Kontakten. Der erste Kontakt *p* ist so angeordnet, daß er von dem Bären kurz nach Bruch der Probe geöffnet wird. Der zweite Kontakt *q* sitzt rd. 300 cm (10 Fuß) tiefer.

Die Unterbrechungskontakte bestehen im wesentlichen aus dünnen Drähten, die senkrecht zur Fallbahn gespannt sind und zerrissen werden, sobald sie die Grundfläche des Bären trifft. Die Messung des Zeitunterschiedes erfolgt durch ein Schreibwerk, das folgendermaßen arbeitet: Zur Aufzeichnung dient ein Papierband, wie es bei Morsetelegraphen üblich ist. Der Ablauf erfolgte bei den Versuchen mit einer Geschwindigkeit von rd. 13 cm/s. Auf das Papierband arbeiten zwei Schreibfedern. Die erste wird durch eine Stimmgabel betätigt, die mit 40 Schwingungen je s schwingt. Diese Aufzeichnung liefert die Zeitmarke. Die zweite Schreibfeder zeichnet, solange die Kontakte geschlossen sind, eine Gerade. Jedesmal beim Durchschlagen eines Kontaktes entsteht in der Geraden eine Ausbuchtung, die den Beginn der Kontaktunterbrechung scharf erkennen läßt. In Abb. 23 ist ein Beispiel der Aufzeichnungen gegeben. Die richtige Anzeige der Kontakte wird dadurch kontrolliert, daß man den Bär frei herabfallen läßt, wobei der Zeitunterschied, der sich zwischen der Unterbrechung der beiden Kontakte ergeben muß, auf Grund der Gesetzmäßigkeiten des freien Falles leicht errechnet werden kann[1].

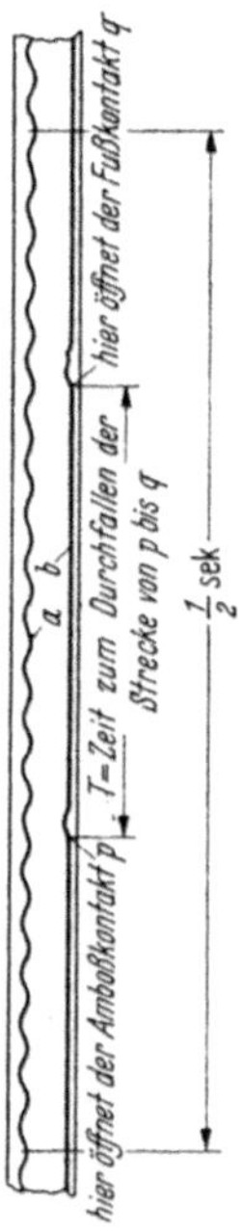

Abb. 23.

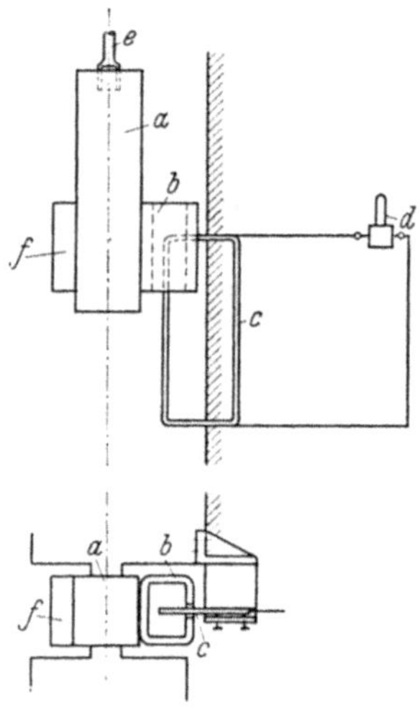

Abb. 24.

Abb. 23. Beispiel für die bei der Meßanordnung Abb. 22 erzielten Aufzeichnungen.
a Aufzeichnung der Schreibfeder *1*, Sinusschwingung mit 40 Hz, die von einer Stimmgabel gesteuert wird und als Zeitmarke dient; *b* Aufzeichnung der zweiten Schreibfeder; der Anfang der Zacken kennzeichnet den Beginn der Kontaktunterbrechung durch das Fallgewicht. Der Abstand der Zacken entspricht der Zeit *T*, die das Fallgewicht braucht, um die Strecke (300 cm) zwischen „Amboßkontakt" *p* und „Fußkontakt" *q* zu durchfallen.

Abb. 24. Vorschlag zur unmittelbaren Aufzeichnung der Geschwindigkeit während des Schlagzerreißversuches.
a Fallbär; *b* Dauermagnet am Fallbär befestigt; *c* flache, aus wenigen Drähten bestehende Spule am Grundgestell befestigt; *d* Meßschleife des Oszillographen; *e* Probestab; *f* Gegengewicht zum Ausgleich des Dauermagneten *b*.

---

[1] Ein anderes Meßverfahren, das zur unmittelbaren Messung der Geschwindigkeit des Bären beim Bruchvorgang geeignet erscheint, ließe sich etwa folgendermaßen anordnen:

Am unteren Ende des Bären wird, wie in Abb. 24 schematisch dargestellt, ein hufeisenförmiger Dauermagnet befestigt. Am Amboß wird eine flache Spule derart angeordnet, daß die senkrecht zur Fallbahn stehenden Drahtabschnitte in den Spalt des Magneten hineinragen, so daß sie beim Vorbeifallen des Bären von den magnetischen Kraftlinien geschnitten werden. Dabei wird in der Spule eine E.M.K. induziert, die der Fallgeschwindigkeit verhältnisgleich ist. Werden die Enden der Spulen über eine Oszillographenschleife geschlossen, so wird von dieser auf dem Film des Oszillographen eine Kurve aufgezeichnet,

Die beim Bruch der Probe verbrauchte Energie kann nach folgender Formel berechnet werden:

$$A_B = G \cdot \left\{ H - \frac{1}{2g} - \left[\frac{h}{T} - \frac{g \cdot T}{2} \right]^2 \right\} \text{ cmkg}. \qquad (3)$$

hierbei ist:

H = freie Fallhöhe bis zum Auftreffen des Querhauptes auf den Amboß in cm,
h = Höhenunterschied zwischen Amboßkontakt und Fußkontakt in cm,
G = Bärgewicht in kg,
T = Zeitunterschied zwischen der Unterbrechung der beiden Kontakte in s,
g = Fallbeschleunigung = 981 cm/s^2.

Die Zeitmessungen erfolgten mit einer Genauigkeit von 0,005 s. Es wurde festgestellt, daß die Ergebnisse dann am genauesten sind, wenn die Fallhöhe derart eingestellt wird, daß die im Probestab verbrauchte Energie etwa 20% der Gesamtenergie des Bären ist. Die entsprechende Einstellung wurde von Fall zu Fall durch Vorversuche ermittelt.

c) Ermittlung des Kraftdehnungsschaubildes beim Schlagzerreißversuch durch Aufzeichnen der Zeitwegkurve des Bären.

Dieses Verfahren wurde zuerst von HATT[1] (1904) angewandt, später von R. PLANK[2] (1912) selbständig wieder gefunden und weiter entwickelt.

Die Versuchsanordnung geht von folgendem Grundgedanken aus: Mit Hilfe einer rasch umlaufenden Schreibtrommel wird während des Schlagzerreißversuches der Weg des Bären in Abhängigkeit von der Zeit aufgenommen. Durch 2maliges Differentiieren der erhaltenen Kurve läßt sich der zeitliche Verlauf der Beschleunigung des Fallbären ermitteln. Nun muß in jedem Augenblick die vom Probestab auf den Bär ausgeübte Kraft gleich dem Produkt aus der Masse des Bären und der an ihm beobachteten Beschleunigung sein, dann ist aber die gefundene Beschleunigungskurve dem zeitlichen Verlauf der im Probestab wirkenden Kraft verhältnisgleich. Man kennt also während des aufgenommenen Zeitabschnittes in jedem Augenblick einerseits den Weg des Bären und damit die Dehnung des Probestabes, andererseits die Beschleunigung und damit die im Probestab wirkende Kraft. Auf Grund dieser Angaben ist es aber möglich, das Lastdehnungsschaubild aufzuzeichnen.

Abb. 25 zeigt Fallwerk und Versuchsanordnung wie sie von HATT benutzt wurden. Der Aufbau des Fallwerkes und die Anordnung von Probestab mit Querhaupt und Fallbär entspricht dem Üblichen. Zur Aufzeichnung der Zeitwegkurve diente eine am Gestell gelagerte Trommel *k* von rd. 460 mm Durchmesser und 610 mm Länge, die durch ein Uhrwerk *l* mit Gewichtsantrieb in Drehung versetzt wird. Als Zeitmarke wurden von einer mit 126 Hz schwingenden Stimmgabel *n*, an deren einem Zinken eine Schreibfeder befestigt war, Sinuslinien entsprechender Periodendauer auf die Trommel geschrieben. Die Zeitwegkurve wurde von einer an dem Bären befestigten Schreibfeder *m* aufgezeichnet. Die Versuche wurden einerseits an Drähten von 350 mm Länge andererseits

---

deren Ordinaten unmittelbar der jeweiligen Geschwindigkeit des Bären verhältnisgleich ist. Man erhält also unmittelbar den zeitlichen Verlauf der Geschwindigkeit des Bären während des Zerreißvorganges. Die Anordnung kann leicht dadurch geeicht werden, daß man die Aufzeichnung bei frei herabfallendem Bären vornimmt.

Es ist mir nicht bekannt, daß diese bei anderen Versuchen als sehr zuverlässig und genau bewährte Anordnung für den vorliegenden Zweck bereits benutzt wurde. Sie würde auch das Verfahren von HATT und PLANCK wesentlich einfacher und genauer gestalten.

[1] HATT: Proc. Amer. Soc. Test. Mater. Bd. 4 (1904) S. 282.

[2] PLANK, R.: Forsch. Ing.-Wes. 1913, Heft 213, S. 21/45.

an Probestäben mit einem Schaft von 12,2 mm Dmr. und rd. 200 mm Länge durchgeführt. Die Fallhöhe betrug 150 bis 180 cm, das Bärgewicht 235 bis 400 kg.

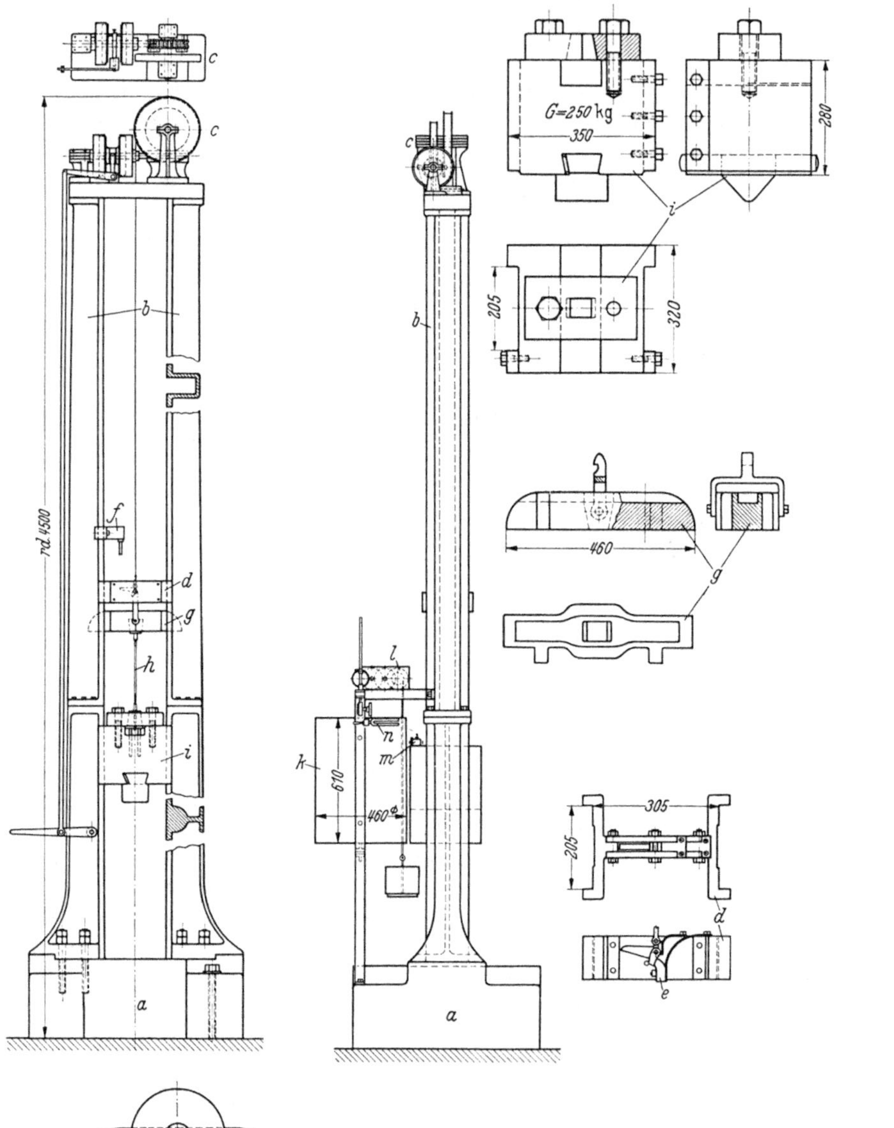

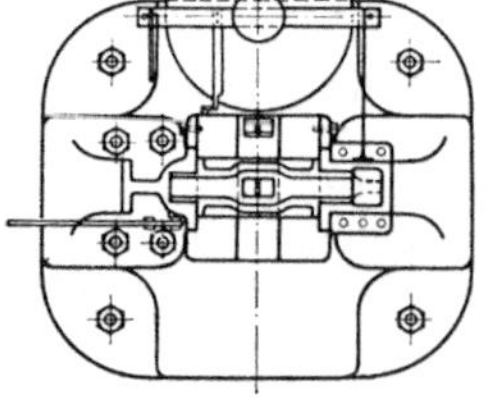

Abb. 25. Fallwerk und Versuchsanordnung von Hatt.
a Amboß; *b* Führungsschienen; *c* Windwerk mit umsteuerbarem Reibungsgetriebe; *d* Schlitten des Windwerkes; *e* Sperrhaken; *f* Anschlag zum Auslösen des Sperrhakens; *g* Querhaupt, das auf die Amboßsäulen aufschlägt; *h* Probestab; *i* Fallbär; *k* Aufzeichentrommel; *l* Uhrwerk mit Gewichtsantrieb, das die Aufzeichentrommel in rasche Drehung setzt; *m* Schreibstift am Fallbär; *n* Stimmgabel mit Schreibstift zur Aufzeichnung der Zeitmarke.

Abb. 26 zeigt ein Beispiel für die erhaltenen Aufzeichnungen. Bemerkenswert ist, daß der Augenblick in dem die Probe bricht, durch den Wendepunkt in der Zeitwegkurve gekennzeichnet ist.

Die Versuche von PLANK wurden auf einem Amsler-Fallwerk älterer Bauart vorgenommen. Die größte Fallhöhe betrug 4 m, das Bärgewicht war von 25,5 bis 100 kg veränderlich. Die Probestäbe hatten 10 mm Schaftdurchmesser und 235 mm Schaftlänge. Der untere Teil des Fallwerkes ist in Abb. 27 abgebildet. Die Fallbahn wird durch zwei Eisenbahnschienen gebildet. Diese sind mit je einer Nut versehen, in der sich die Gleitstücke des Bären führen. Die Schienen sind am oberen Ende durch ein Joch am unteren Ende durch einen schweren Stahlblock verbunden, der bei den Schlagzerreißversuchen als Amboß dient und eine Öffnung besitzt, durch die der Bär hindurchgeht.

Am oberen Ende der Schienen ist eine Winde zum Hochziehen des Bären angeordnet. Sie wird durch die rechts sichtbare Kurbel mit Kettenrad betätigt. Die Fallhöhe wird an einer cm-Teilung an der linken Schiene abgelesen. Der Bär hängt an einem auslösbaren Sperrhaken. Die Auslösung erfolgt durch einen Schnurzug. Das obere Ende des Probestabes wird in einem als Querhaupt ausgebildeten Einspannkopf befestigt, der am Sperrhaken hängt. An das untere Ende wird der Bär frei angehängt, wobei er sich auf den unteren Kopf des Probestückes stützt.

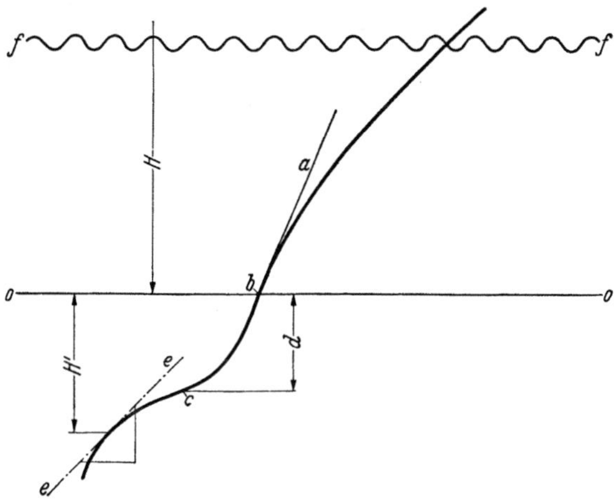

Abb. 26. Beispiel für die mit der Versuchsanordnung Abb. 25 aufgenommenen Schaubilder.

o—o Nullinie; *a—b* Tangente an die Zeitwegkurve des Fallbären, welche die Geschwindigkeit des Bären zu Beginn des Versuches bestimmt; *b—c* Zeitwegkurve des Fallbären während des Schlagzerreißversuches; *c* Punkt, in dem der Bruch der Probe erfolgte, als Wendepunkt in der Zeitwegkurve erkennbar; *d* Dehnung der Probe bis zum Bruch; *e—e* Tangente an die Zeitwegkurve zur Bestimmung der Geschwindigkeit des Fallbären in einem Augenblick kurz nach Bruch der Probe; *f—f* Zeitmarkierung, Aufzeichnung der Stimmgabel.

Das Querhaupt, der Probestab und der Bär werden als Ganzes in die Höhe gehoben und fallen gelassen. Dabei schlägt das Querhaupt auf den Amboß auf, während der Bär vermöge seiner kinetischen Energie das Bestreben hat den Stab zu dehnen und zu zerreißen. Die Fallhöhe wird so gewählt, daß nahezu die ganze Fallarbeit des Bären in Formänderungsarbeit der Probe übergeht. Nach Bruch der Probe fällt der Bär weiter und schlägt schließlich auf den Amboß auf. Die noch vorhandene Schlagenergie wird zur Ergänzung und Kontrolle der Auswertung durch einen geeichten Kupferzylinder ermittelt, der auf den Amboß gesetzt und dessen Zusammendrückung gemessen wird.

Die Anordnung der *Schreibvorrichtung* ist aus Abb. 28 zu ersehen. Sie besteht aus einer mit Papier bespannten Trommel *a*, die durch einen Elektromotor *b* über ein Riemenvorgelege in rasche Drehung versetzt wird. Die besten Ergebnisse wurden dann erzielt, wenn das Papier mit einer dünnen Schicht schwarzer Druckfarbe überzogen wurde, in die der Schreibstift dünne Linien ritzte. Auf das Papier zeichnet ein in den Bär gesetzter Schreibstift. Er besteht aus Kupferdraht und gleitet in einer Stahlhülse, die in eine Bohrung des Bären eingesetzt ist. Am hinteren Ende des Stiftes ist ein Zelluloidscheibchen angeordnet, das verhindert, daß der Stift herausfällt. Er wird durch ein zweites Zelluloidscheibchen vorgedrückt, hinter dem in der Bohrung ein Pfropfen aus Watte liegt, der als weiche Feder wirkt.

An der Schreibtrommel wurde ein akustischer Umlaufzähler angebracht, der je 4 m Weg des Trommelumfanges ein Signal gab. Die Umfangsgeschwindigkeit der Trommel in m/s wird also erhalten, wenn man die Anzahl der Schläge je min durch 15 teilt.

Die Schreibtrommel mit Motor ist auf einem Schlitten *c* abgeordnet; dieser kann in senkrechter Richtung mittels der Spindel *d* verschoben werden, wobei seine Stellung an einer Teilung mit Nonius abgelesen wird. Ferner ist eine Feinverstellung *e* in waagerechter Richtung vorgesehen, mit Hilfe deren die Trommel dem Bären solange genähert wird, bis ein feiner Strich

Abb. 27. Versuchsanordnung von PLANK, unterer Teil des benutzten Fallwerkes.
a Führungsschienen; *b* Amboßklotz; *c* Querhaupt, das auf den Amboß aufschlägt; *d* Probestab; *e* Fallbär; *f* Schreibtrommel; *g* Antrieb des Windwerkes.

Abb. 28. Anordnung der Schreibtrommel bei den Versuchen von PLANK.
a Schreibtrommel; *b* Elektromotor mit Riemenantrieb; *c* Schlitten mit Höhenverstellung; *d* Spindel zur Höhenverstellung; *e* Feinverstellung in waagerechter Richtung.

geschrieben wird. Nach dem Schlag wird die Trommel mittels einer Schnur aus dem Bereich des Schreibstiftes gezogen, damit beim Rückprallen des Bären keine weiteren Linien geschrieben werden.

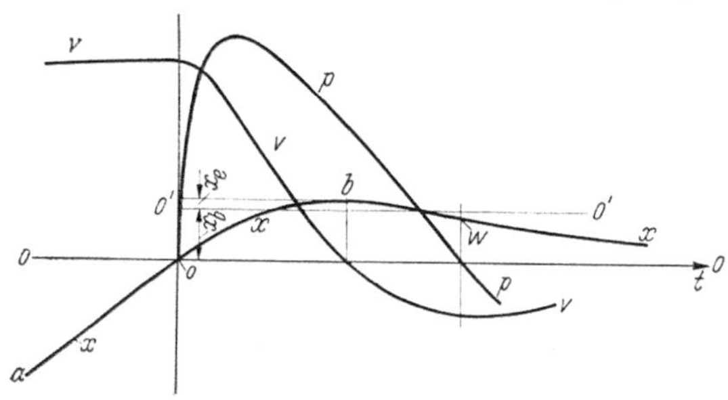

Abb. 29. Beispiel für den Zusammenhang zwischen Weg-, Geschwindigkeits- und Kraftkurve bei dem Verfahren von PLANK.
o—o Nullinie entsprechend der Dehnung Null des Probestabes; *o'—o'* Nullinie nach Beendigung des Vorversuches der *nicht* zum Bruch der Probe geführt hat; *x—x* Zeitwegkurve; x_b bleibende Dehnung und x_e elastische Dehnung des Probestabes; *w* Wendepunkt der Zeitwegkurve; *b* Scheitel der Zeitwegkurve; *a—o* Anfangsparabelbogen der Zeitwegkurve; *v—v* Zeitgeschwindigkeitskurve; *p—p* Zeitkraftkurve.

Vor dem Versuch wird das Querhaupt mit Stab und Bär auf den Amboß gesetzt und die Nullinie geschrieben, welche die Lage des Schreibstiftes bei Beginn der Dehnung des Prüfstabes festlegt.

Die Form der erhaltenen Zeitwegkurven ist an dem in Abb. 29 gegebenen Beispiel zu erkennen. Der Ast *a* bis *o* ist ein Teil einer einfachen Parabel, entsprechend der Bewegung beim freien Fall. Dann setzt die Dehnung des Probestabes ein; von hier ab kehrt die Kurve ihre Richtung um, da jetzt durch die Prüfstabkraft die Masse des Bären verzögert wird. Bricht der Stab nicht, so wird der Bär nach Erreichen eines Wendepunktes *w* in der Kurve wieder durch die elastische Kraft des Stabes in entgegengesetzter Richtung beschleunigt. Dann folgen Schwingungen, die in Abb. 29 nicht aufgezeichnet sind. Nach Beendigung der Versuche, die nicht zum Bruch führen, wird eine o'-Linie gezogen. Der Abstand x_b der o'—o'-Linie von der o—o-Linie ist die bleibende Dehnung. Außerdem ist die in Abb. 29 mit x_e bezeichnete elastische Dehnung zu erkennen.

Die Dehngeschwindigkeit erhält man, indem man die x-Kurve zeichnerisch mit dem Spiegelderivator differentiiert. Die Anfangsgeschwindigkeit entspricht der freien Fallgeschwindigkeit des Bären. Die Geschwindigkeit sinkt dann bis zu der dem Wendepunkt w entsprechenden Abszisse, um nunmehr infolge der Rückfederung wieder etwas anzusteigen.

Durch Differentiation der Geschwindigkeitskurve ergibt sich schließlich die Kurve der Verzögerung (Beschleunigung), aus der man durch Multiplikation mit der Masse des Bären die ihr verhältnisgleiche Kurve für die am Prüfstab wirkende Kraft P erhält. Kurz nach dem Aufprallen entstehen Verzögerungen in der Größenordnung vom 100- bis 200fachen der Fallbeschleunigung. Die Dehnungen erscheinen im Diagramm in natürlicher Größe. Dagegen hängen Zeit, Geschwindigkeit und Beschleunigung von der Umfangsgeschwindigkeit der Trommel ab und müssen entsprechend errechnet werden. Da aus dem erhaltenen Schaubild in jedem Punkt die Dehnung unmittelbar, die Kraft aus der berechneten P-Kurve entnommen werden kann, läßt sich auch ohne weiteres das Kraftwegschaubild aufzeichnen.

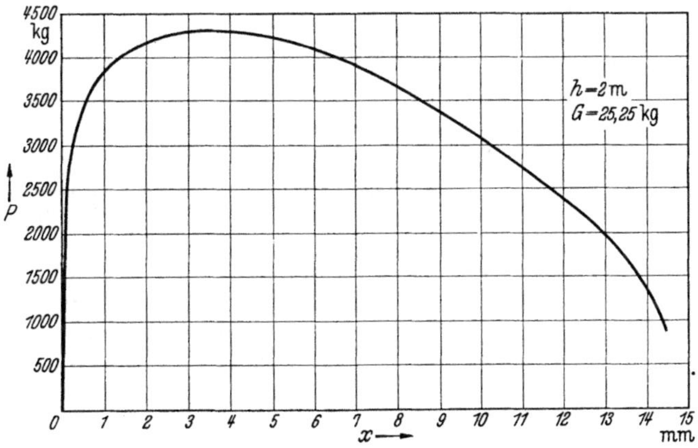

Abb. 30. Beispiel für ein nach dem Verfahren von Plank ermitteltes Kraftwegschaubild eines Schlagzerreißversuches.

Abb. 30 zeigt ein Beispiel für diese Auswertung. Infolge der 2maligen Differentiierung, die je mit mindestens 2% Fehler behaftet ist, kann keine genügend große Genauigkeit erreicht werden. Diese ließe sich wesentlich steigern, wenn einerseits die Zeitwegkurve, andererseits nach dem auf S. 180 angegebenen Verfahren unmittelbar die Zeitgeschwindigkeitskurve aufgezeichnet würde. Das Amsler-Fallwerk Abb. 2 und 3 wird mit einer Trommel und Schreibvorrichtung zur Ausführung des Verfahrens von Plank ausgerüstet.

Eine neuartige Anordnung zur möglichst einwandfreien und genauen Durchführung des Verfahrens von Hatt-Plank haben Körber und v. Storp ausgearbeitet[1].

Die Versuche wurden auf einem normalen Pendelschlagwerk für 75 mkg Schlagarbeit vorgenommen. Die Einspannung des Zerreißstabes im Hammer erfolgte mit der in Abb. 15 dargestellten Anordnung von F. Körber und R. H. Sack. Der Hammer besaß ein Gewicht von 66,5 kg. Die Fallhöhe wurde mit 0,827 m gewählt, entsprechend einer Fallarbeit von 55 mkg und einer Geschwindigkeit von rd. 4 m/s beim Auftreffen auf den Amboß.

[1] Körber, F. u. H. A. v. Storp: Mitt. K.-Wilh.-Inst. Eisenforschg. Bd. 7 (1925) S. 81.

Zur Aufzeichnung der Zeitwegkurve diente die in Abb. 31 schematisch dargestellte optische Vorrichtung. An der Rückenfläche des Hammers wurde eine Blende *a* befestigt, in der ein senkrechter Spalt *b* von 0,1 mm Breite angebracht war. Dieser befand sich während des Schlagzerreißvorganges im Lichtkegel der Bogenlampe *c*, der ein Kondensor *d* vorgeschaltet war. Durch das photographische Objektiv *e* wurde ein Bild des Spaltes auf der mit lichtempfindlichem Papier bespannten Trommel *f* entworfen. Vor der Trommel war in der sie umgebenden lichtdichten Kasette *g* ein in Richtung der Mantellinie

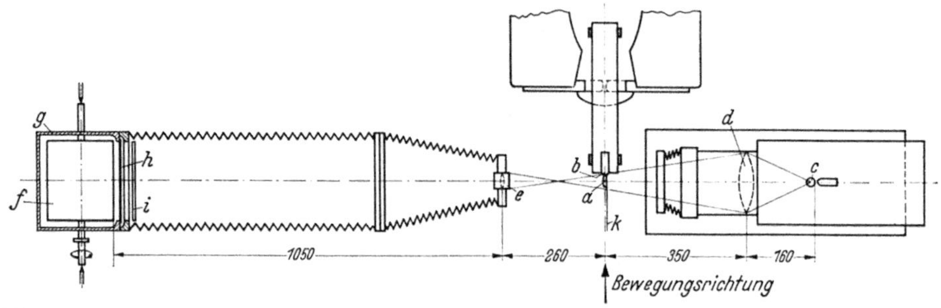

Abb. 31. Schematische Anordnung der optischen Aufzeichenvorrichtung für die Zeitwegkurve eines Pendelhammers nach KÖRBER und v. STORP. *a* Blende; *b* senkrechter Spalt in der Blende *a* von 0,1 mm Breite; *c* Bogenlampe; *d* Kondensor; *e* photographisches Objektiv; *f* Trommel mit lichtempfindlichem Papier bespannt; *g* lichtdichte Kasette; *h* Schlitz in der Mantellinie der Kasette *g*; *i* Zylinderlinse; *k* Fahne aus schwarzem Papier.

verlaufender schmaler Schlitz *h* angebracht. Das Bild des Spaltes fiel senkrecht zu diesem Schlitz, so daß eine nahezu punktförmige Abbildung ausgeblendet wurde. Vor dem Schlitz war eine Zylinderlinse *i* angeordnet, die das Spaltbild in senkrechter Richtung zusammenzog und so eine wesentliche Erhöhung der Flächenhelligkeit der Aufzeichnung auf der Trommel bewirkte.

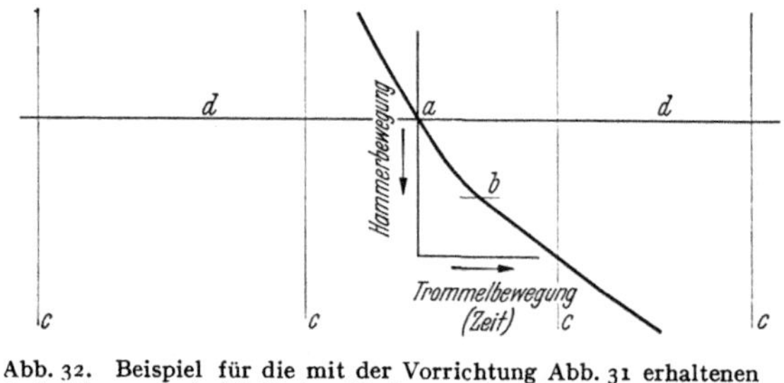

Abb. 32. Beispiel für die mit der Vorrichtung Abb. 31 erhaltenen Aufzeichnungen. *d–d* Nullinie; *a* Beginn des Zerreißvorganges; *b* Bruch des Probestabes; *c* Umfangsmarkierungen auf der Trommel.

Der Schlitz wurde durch eine elektromagnetisch betätigte Klappe verschlossen, deren Steuerung durch einen auf der Achse des Pendelhammers angeordneten Kontakt erfolgte. Die zugehörige Schleifbürste war so eingestellt, daß der Stromschluß erfolgte, sobald der Hammer in den Strahlengang gelangte, wogegen der Strom wieder geöffnet wurde, sobald das Bild des Spaltes über die Trommel hinweg war. Um unerwünschte Belichtung sicher zu vermeiden, war hinter der Schlitzblende eine lange Fahne *k* aus schwarzem Papier angebracht.

Die Drehzahl der Trommel betrug etwa $n = 800$ bis 1000/min entsprechend einer Umfangsgeschwindigkeit von 7 bis 8 m/s. Sie wurde so gewählt, daß die mittlere Neigung der aufgenommenen Kurve etwa 45° betrug, um möglichst günstige Bedingungen für die Auswertung zu erhalten. Die Abstände der einzelnen Bauteile in Richtung der optischen Achse sind in Abb. 31 eingetragen. Es gelang mit dieser Anordnung die Hammerwege in etwa vierfacher Vergrößerung auf der Trommel aufzuzeichnen.

Abb. 32 zeigt ein Beispiel für die erhaltenen Schaubilder. *d—d* ist die Nullinie, die dadurch erhalten wurde, daß der Hammer mit eingelegtem Probestab gegen den Amboß gedrückt und das Papier bei umlaufender Trommel kurze Zeit belichtet wurde. Bei Punkt *a* beginnt der Zerreißvorgang und damit die Verzögerung des Hammers. In Punkt *b* ist der Bruch erfolgt. Dieser Punkt wurde dadurch ermittelt, daß am gebrochenen Zerreißstab die bleibende Dehnung

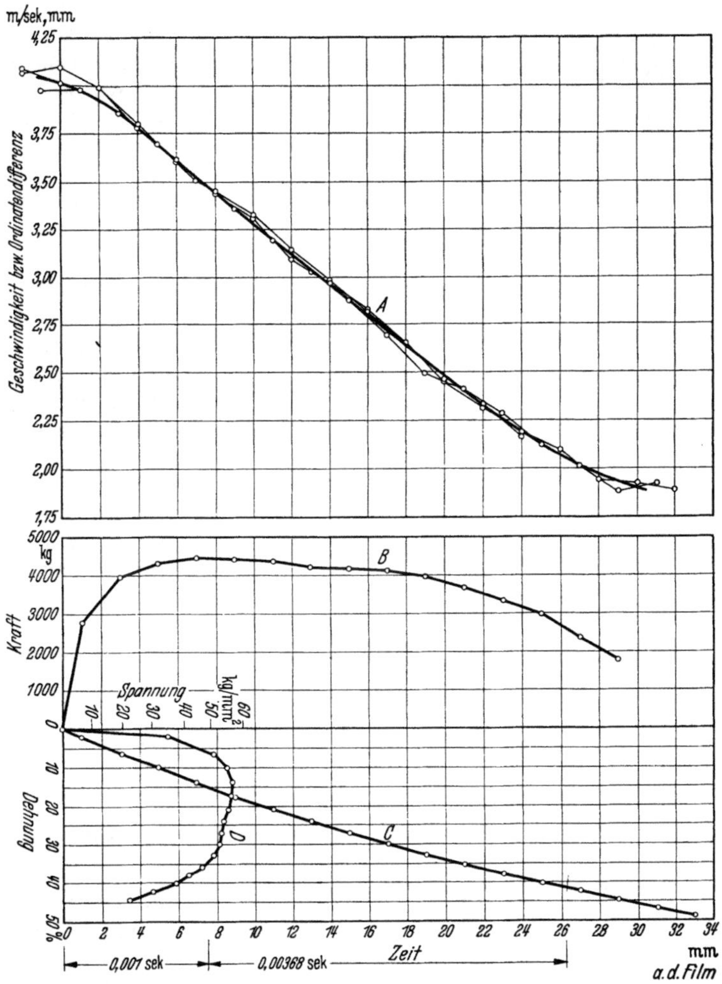

Abb. 33. Beispiel für die Auswertung der Wegzeitkurve.

Kurve *A*. Die Ordinatendifferenzen der Wegzeitkurve in Abhängigkeit von der Zeit aufgetragen ergeben die Geschwindigkeitszeitkurve.

Kurve *B*. Die Ordinatendifferenzen der Geschwindigkeitszeitkurve in Abhängigkeit von der Zeit aufgetragen ergeben die Beschleunigungszeitkurve und nach Multiplikation mit der Hammermasse die Kraftzeitkurve.

Kurve *C*. Wegzeitkurve bei der die Wege in Prozent der Dehnung des Probestabes aufgetragen sind.

Kurve *D* ergibt sich, wenn man über der Dehnung die zugehörigen aus Kurve *B* zu entnehmenden Werte der Kraft oder Spannung aufträgt.

bestimmt und diese dann in entsprechendem Maßstab vergrößert senkrecht zur Nullinie *dd* im Schaubild eingetragen wurde.

Besondere Sorgfalt wurde auf die zweimalige Differentiierung der Kurve verwendet. Die Ausmessung erfolgte auf einem Zeißschen Komparator, wobei die Wegkoordinate in die Hauptmeßrichtung gelegt wurde. Die Ordinaten wurden mit einer Genauigkeit von 0,01 mm ausgemessen, wobei die Meßpunkte in Richtung der Zeitachse in 2 mm Abstand lagen.

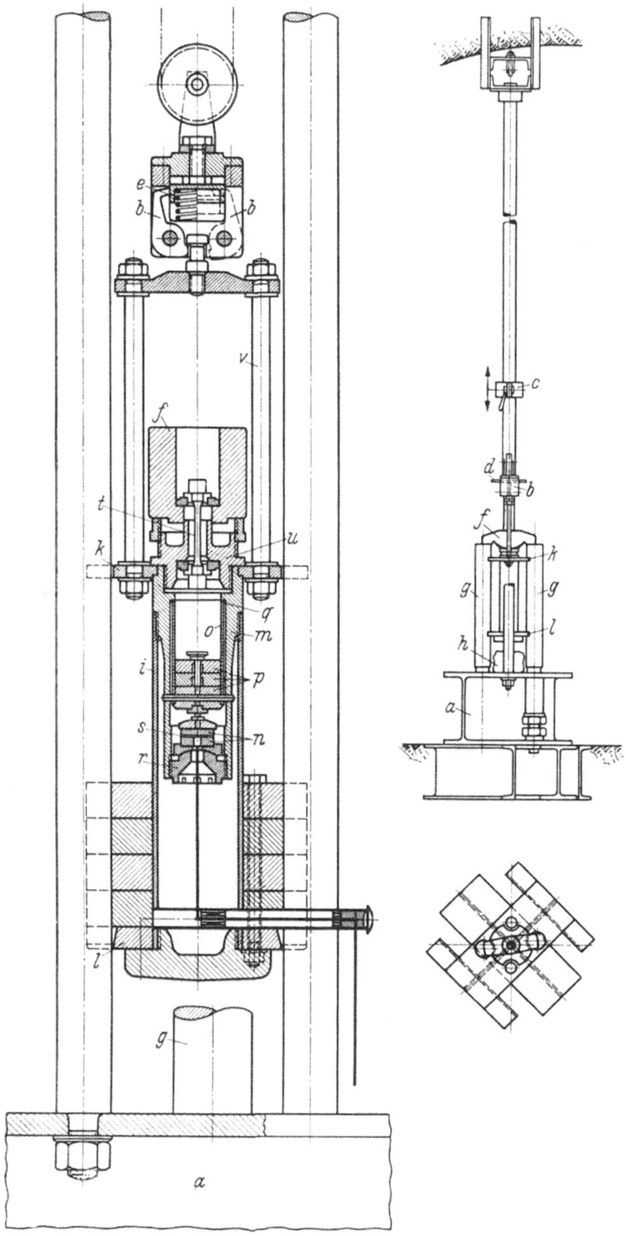

Abb. 34. Fallwerk von BRINKMANN mit eingebautem Piezoquarz-Beschleunigungsmesser.
a Amboß; *b* Greiferzange zum Hochziehen des Bären; *c* verstellbarer Anschlag zum Auslösen der Greiferzange; *d* Riegel zum Auslöser, der sich an den Anschlag *c* anlegt; *e* Kolben, der beim Auslösen herabgedrückt wird und die Nasen der Greiferzange freigibt; *f* Querhaupt des Fallgewichtes; *g* Bolzen des Ambosses, auf die das Querhaupt *f* aufprallt; *h* Plastilinklumpen, der die Energie des Fallbären nach dem Zerreißversuch vernichtet; *i* Stahlrohr, *k* oberer Führungsflansch und *l* unterer Führungsflansch des Bären; *m* Einsatz für den Beschleunigungsmesser; *n* Quarzkristalle mit vergoldeten Flächen; *o* topfförmige Belastungsmasse des Beschleunigungsmessers; *p* Zusatzgewichte der Belastungsmasse *o*; *q* Gummiring; *r* Vorspannmutter; *s* vergoldete Meßelektrode; *t* Probestab; *u* Deckel des Bären mit dem unteren Einspannkopf für den Probestab; *v* Umführung zum Aufziehen des Bären.

Zur Ermittlung der Geschwindigkeitskurve wurden die Differenzen dieser Ordinaten über der Zeitachse in entsprechend großem Maßstab aufgetragen. Das Meßverfahren wurde 3mal wiederholt und durch die erhaltenen Punkte die Mittelkurve gelegt. Diese wurde dann in gleicher Weise, jedoch mit einer Genauigkeit von nur 0,1 mm ausgemessen und durch Auftragen der Differenz der Ordinaten über der Zeitachse die Beschleunigungskurve erhalten, aus der dann durch Multiplikation mit der Masse des Hammers die am Probestab wirkende Kraft in Kilogramm berechnet wird. Hieraus kann schließlich die Spannung in kg/mm² ermittelt und die Spannungsdehnungskurve aufgetragen werden. Abb. 33 zeigt ein Beispiel für diese Art der Auswertung.

d) Unmittelbare Messung der Beschleunigung des Fallbären während des Schlagzerreißversuches.

H. BRINKMANN[1] hat eine Versuchsanordnung ausgearbeitet, mittels deren der Verlauf der Beschleunigungen (Verzögerungen) am Fallbären während des Schlagzerreißversuches unmittelbar gemessen und aufgezeichnet werden sollte. Abb. 34 zeigt die Versuchsanordnung.

[1] BRINKMANN, H.: Zerreißversuche mit hohen Geschwindigkeiten. Dissertation T. H. Hannover 1933.

Der Fallbär, der in senkrechten Führungsstangen geführt ist, besteht im wesentlichen aus einem Stahlrohr *i* mit einem oberen und einem unteren Führungsflansch *k*, *l*. Seine Masse kann durch Aufschrauben von Bleiringen auf den unteren Flansch weitgehend verändert werden.

In einem besonderen Einsatz *m* ist der nach dem piezoelektrischen Prinzip arbeitende Beschleunigungsmesser eingebaut. Der Meßkörper besteht aus zwei Quarzkristallen *n*, die an ihren Auflageflächen vergoldet sind. Zwischen diesen ist die ebenfalls vergoldete Meßelektrode *s* angeordnet. Die Zuleitung ist durch eine Bohrung im unteren Quarzkristall und in der Verschraubung des Meßeinsatzes herausgeführt. Die Belastungsmasse *o*, die auf die Meßkristalle einen der Beschleunigung verhältnisgleichen Druck ausübt, ist als Topf mit auswechselbaren Zusatzgewichten *p* ausgebildet. Da die Belastungsmasse sich möglichst reibungsfrei bewegen soll, ruht der Topf *o* am oberen kegeligen Rand auf einem Gummiring *q*, während das untere Ende an gekreuzte Drähte, die in dem rohrförmigen Einsatz des Fallbären befestigt sind, angeschlossen ist und so an seitlichen Bewegungen gehindert wird.

Die Trägheitskräfte der Belastungsmasse werden über eine gehärtete Spitzenlagerung auf den oberen Druckteller der Quarze übertragen. Durch Anziehen der Mutter *r* wird das ganze System gegen den Gummiring *g* gedrückt und stark vorgespannt. Der untere Druckteller, der auf der Mutter *r* aufliegt, ist kugelig ausgebildet, so daß er sich allseitig einstellen kann und ein gleichmäßiges Tragen der Quarze gewährleistet ist.

Der Probestab *t* ist wie üblich am oberen Ende in ein Querhaupt *f* eingespannt, das beim Herabfallen auf die auf dem Amboß befestigten Stützen *g* aufschlägt. Das untere Probestabende wird in den Spannkopf *u* am oberen Ende des Fallbären eingesetzt, der noch durch einen besonderen Zentrieransatz im Querhaupt *f* geführt ist, um unerwünschte Biegebeanspruchungen des Probestabes zu verhüten. Das Aufziehen des Bären erfolgt durch eine besondere aus zwei Zugstangen mit Querhaupt bestehende Umführung *v*, die unmittelbar am oberen Flansch *k* des Bären angreift. Diese Anordnung verhütet, daß der an sich schwache Probestab beim Aufziehen belastet wird.

Die Aufnahme der Beschleunigung erfolgte in Abhängigkeit von der Zeit trägheitsfrei mit Hilfe eines Kathodenstrahloszillographen. Die Beschreibung der elektrischen Schaltung würde hier zu weit führen.

Die Versuche führten zu keinem brauchbaren Ergebnis, denn die Beschleunigungszeitkurve war von etwa 13 bis 15 Schwingungen mit so großen Amplituden überlagert, daß der Verstärker übersteuert und die Aufzeichnungen verzerrt wurden. Es war daher nicht möglich, durch die Schwingungen eine Mittelwertkurve mit der nötigen Genauigkeit zu legen. Die Ursache der störenden Schwingungen war in heftigen Längseigenschwingungen des Bärkörpers zu suchen, die durch den Aufschlag des Querhauptes erregt wurden.

e) Unmittelbare Aufzeichnung des Kraftdehnungsschaubildes beim Schlagzerreißversuch.

Anordnung von PÉROT[1].

Die Versuche wurden auf einem normalen Fallwerk mit etwas abgeändertem Amboß durchgeführt. Das untere Ende des Probestabes ist in einem Querhaupt befestigt, auf das der Bär herabfällt. Der Spannkopf für das obere Ende wird an einem einarmigen Hebel (im folgenden „Kraftmeßhebel" genannt) angelenkt, der um eine waagerechte Achse drehbar in dem Amboß gelagert ist und durch

[1] PÉROT, A.: C. R. Acad. Sci., Paris 1903, S. 1044.

eine starke Feder abgestützt wird. An dem Fallbären wird auf der der Hebelachse zugewandten Seitenfläche eine photographische Platte befestigt, die in einer Kassette angeordnet ist. Der Kassettenschieber wird beim Herabfallen des Bären durch einen am Gestell des Fallwerkes befestigten Anschlag erst kurz vor dem Auftreffen des Bären auf das mit dem unteren Ende des Probestabes verbundene Querhaupt herausgezogen. An der Achse des „Kraftmeßhebels" ist ein Spiegel befestigt. Auf diesen fällt ein Lichtstrahlenbündel, das von einer Bogenlampe mit vorgeschalteter Punktblende ausgeht. Das Strahlenbündel wird nach dem Spiegel durch ein Prismensystem derart umgelenkt, daß bei Drehung des Hebels der Lichtstrahl eine Bewegung auf der Platte zurücklegt, die senkrecht zur Fallrichtung ist. Durch eine vor dem Spiegel angeordnete Linse wird das Strahlenbündel derart gesammelt, daß auf der Platte ein scharfer Punkt abgebildet wird.

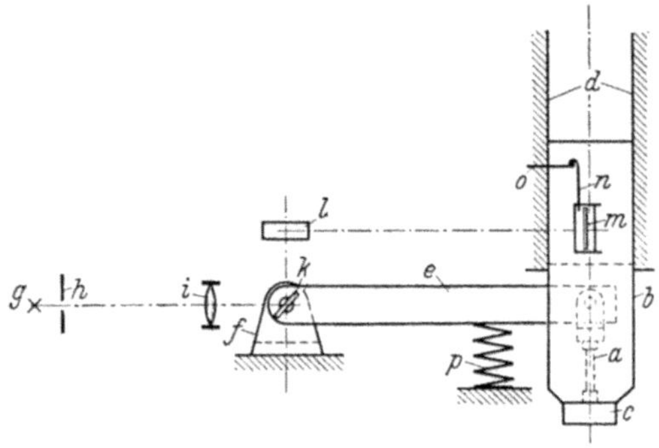

Abb. 35. Versuchsanordnung von PÉROT zur Aufzeichnung der Kraftwegkurve. Schematisch.
a Probestab; *b* Fallbär greift gabelförmig über das Ende des Kraftmeßhebels *e*; *c* Querhaupt am unteren Ende des Probestabes; *d* Führung des Fallbären; *e* Kraftmeßhebel; *f* fester Lagerstuhl für die Achse des Kraftmeßhebels; *g* Lichtquelle (Bogenlampe); *h* Punktblende; *i* Linse; *k* Drehspiegel auf der Achse des Kraftmeßhebels; *l* Prismenkombination zur Umlenkung des Lichtzeigers; *m* photographische Platte in einer am Bären befestigten Kassette; *n* Schieber der Kassette; *o* Anschlag, der den Schieber *n* herauszieht; *p* Kraftmeßfeder.

Durch diese Anordnung wird beim Schlagzerreißversuch auf der photographischen Platte eine Kurve beschrieben, deren Ordinaten dem Weg des Bären und damit der Dehnung des Probestabes entsprechen, während die Abszissen den Verformungen der Kraftmeßfeder verhältnisgleich sind, also ein Maß für die im Probestab wirkenden Kräfte darstellen. PÉROT hat keine zeichnerische Darstellung der beschriebenen Anordnung gegeben. In Abb. 35 ist ihr Schema auf Grund der Beschreibung rekonstruiert. Abb. 36 zeigt einige Kurven, die von PÉROT als Versuchsergebnisse mitgeteilt sind. In diesen Kurven sind zum Teil die Eigenschwingungen der Kraftmeßeinrichtung deutlich erkennbar.

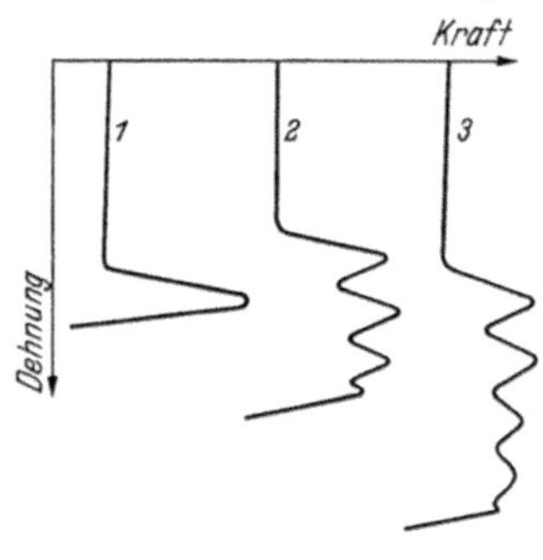

Abb. 36. Kraftdehnungsschaubilder, die mit der Versuchsanordnung von PÉROT aufgenommen wurden.
1 Probestab mit Kerbe; *2* und *3* Probestäbe, deren zylindrischer Schaft mit großen Hohlkehlen an die Stabköpfe angeschlossen war.

Auf Grund seiner Messungen kommt PÉROT zu folgenden Schlüssen:

1. Die beim Schlagzerreißversuch ausgeübten Kräfte wachsen sehr schnell. Die Schlagdauer liegt unter 5/10000 s.

2. Die Kurven in Abb. 36 zeigen Schwingungen der Kraftmeßfeder. Diese Schwingungen klingen nach einem Exponentialgesetz ab.

3. Die Höhe der Schlagkraft hängt von den Eigenschaften des untersuchten Metalls ab.

Die Eichung der Meßfeder wurde einerseits durch statische Belastung, andererseits durch Messung der Schlagarbeit und der ihr entsprechenden Zusammendrückung der Meßfeder bei rein elastischen Schlägen bewerkstelligt (die gesamte Schlagarbeit wurde dabei durch rein elastische Formänderungsarbeit des Probestabes aufgenommen). Die Werte, die sich in beiden Fällen ergaben, stimmten bis auf die unvermeidlichen Beobachtungsfehler überein.

Anordnung von MESMER-DEUTLER[1].

DEUTLER benutzte für Schlagzerreißversuche auf einem Losenhausen-Pendelschlagwerk die in Abb. 37 dargestellte von G. MESMER entwickelte Apparatur. Zur Kraftmessung dient ein Federkraftmesser *a*, der im wesentlichen aus zwei gebogenen Blattfedern besteht, die an den Enden zusammengeklemmt sind.

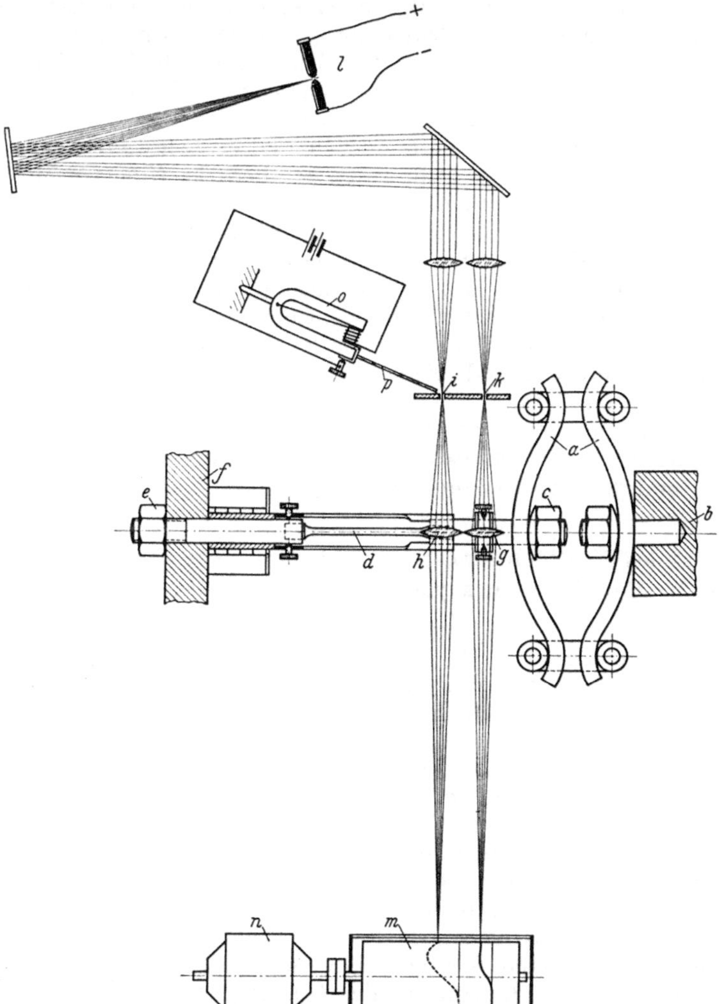

Abb. 37. Anordnung von MESMER-DEUTLER.
a Federkraftmesser, bestehend aus zwei gegeneinander gespannten gebogenen Blattfedern; *b* Amboß des Pendelschlagwerkes; *c* erster Spannkopf des Probestabes; *d* Probestab; *e* zweiter Spannkopf des Probestabes; *f* Querhaupt; *g* und *h* Linsen; *i* und *k* Spaltblenden; *l* Bogenlampe; *m* rasch umlaufende Trommel mit lichtempfindlichem Papier bespannt; *n* Elektromotor; *o* Stimmgabel mit elektromagnetischer Erregung; *p* Steuerfahne der Stimmgabel.

Die Mitte der ersten Feder ist mit dem Amboß *b* des Schlagwerkes verschraubt. An der zweiten Feder greift der erste Spannkopf *c* des Probestabes *d* an.

Der zweite Spannkopf *e* sitzt in einem Querhaupt *f*, das am kurzen Arm eines Hebels in Rollenlagern drehbar gelagert ist, auf dessen langen Arm der

[1] DEUTLER, H.: Phys. Z. 1932, S. 247.

Schlag des Hammers wirkt. Die Meßanzeige wird auf optischem Weg durch die Linsen *g* und *h* bewirkt. Durch jede dieser Linsen wird eine Spaltblende *i* bzw. *k*, die durch eine Bogenlampe *l* beleuchtet wird, auf lichtempfindlichem Papier abgebildet. Verschiebt sich die Linse, so verschiebt sich das Bild auf dem lichtempfindlichen Papier um einen im Verhältnis der Linsenabstände von Papier bzw. Blende vergrößerten Betrag.

Das lichtempfindliche Papier ist auf einer rasch umlaufenden Trommel *m* aufgespannt, die durch einen Elektromotor *n* angetrieben wird.

Der Weg der Linse *g* entspricht der Dehnung des Federkraftmessers. Die entsprechende Aufzeichnung auf der Trommel stellt also ein Maß für die am Prüfstab wirkende Kraft in Abkängigkeit von der Zeit dar. Die Linse *h* ist auf einem mit dem Spannkopf *e* verbundenen Halter befestigt. Die zugehörige Kurve gibt also die Summe der Dehnungen von Federkraftmesser und Probestab an. Werden beide Kurven mit gleicher Vergrößerung beschrieben, so läßt sich die jeweilige Dehnung des Probestabes als Abstand der Kurven abgreifen. Somit kann das Kraftdehnungsschaubild gezeichnet werden.

Die Zeitmarkierung wird durch eine Stimmgabel *o* (Frequenz 137 Hz) bewirkt, an deren einem Zinken ein Arm *p* mit einer Steuerfahne befestigt ist, die so eingestellt ist, daß sie den Lichtkegel vor der einen Schlitzblende im Rhythmus der Schwingung verdeckt und wieder frei gibt, so daß die Aufzeichnung als gestrichelte Linie erscheint.

Die Vergrößerung des „optischen Hebels" war 8,51fach. Die Dehnungsgeschwindigkeit lag zwischen etwa 100 und 1000% je s. Die Probestäbe hatten 4 mm Dmr. und 50 oder 100 mm Länge im Schaft.

f) Aufnahme des Kraftdehnungsschaubildes mit dem Kathodenstrahloszillographen unter Benutzung des piezoelektrischen Effektes zur Kraftmessung (BRINKMANN)[1].

Abb. 38 zeigt das Schema der von BRINKMANN ausgearbeiteten Anordnung zur unmittelbaren Aufzeichnung des Kraftzeitschaubildes. Die zugehörige Belastungsvorrichtung war bereits auf S. 163 besprochen worden. Der Aufbau der Kraftmeßdose ist aus Abb. 39 zu ersehen. Die zur Messung dienenden Quarze können nicht unmittelbar mit den Zerreißkräften belastet werden, da sie hierdurch zerstört würden. Sie sind daher in einer Meßdose aus Stahl angeordnet, die unter Wirkung der Kräfte um einen geringen Betrag (etwa 0,01 mm) elastisch zusammengedrückt wird. Die Meßdose besteht aus einem rohrförmigen Körper mit Gewindeansatz für die Befestigung am unteren Ende. Sie ist am oberen Ende durch einen starren Deckel verschlossen, in dessen Mitte die Kugel für den Kraftangriff des Umführungsbügels sitzt. Die Quarze sitzen auf einer am unteren Rohrende eingespannten Membran. Diese ist so bemessen, daß sie die für die Anzeige der Quarze günstige Kraft (z. B. 15 kg) ausübt, wenn sie um den Betrag der elastischen Zusammendrückung des Meßkörpers durchgebogen wird. Die Quarze stützen sich auf der Oberseite gegen den Deckel der Meßdose, wobei sie durch eine ausreichende Vorspannung der Membran angedrückt werden.

Diese Anordnung hatte eine Eigenfrequenz von rd. 15000 Hz. Zur Aufzeichnung diente wieder ein Kathodenstrahloszillograph, an dessen eines Plattenpaar die Quarze unter Zwischenschaltung eines Verstärkers gelegt wurden. Das zweite Plattenpaar wurde kurzgeschlossen. Die Aufzeichnung erfolgte auf einer mit lichtempfindlichem Film bespannten Trommel, die durch einen

---

[1] BRINKMANN: Vgl. Fußnote 1, S. 188.

Elektromotor in rasche Umdrehung versetzt wurde und auf welcher der auf dem Schirm des Kathodenstrahloszillographen erscheinende Lichtpunkt durch ein Linsensystem abgebildet wurde. Die Messung der Trommeldrehzahl erfolgte stroboskopisch mittels Glimmlampe, die an das 50-Hz-Netz angeschlossen war.

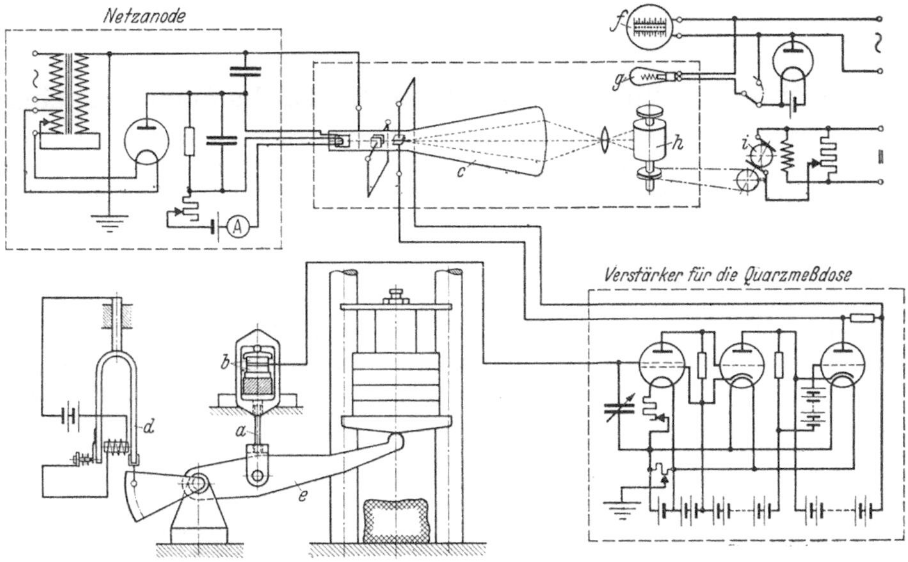

Abb. 38. Versuchsanordnung von BRINKMANN zur Aufnahme des Kraftdehnungsschaubildes mit Hilfe eines Kathodenstrahloszillographen unter Benutzung einer piezoelektrischen Kraftmeßdose.
a Probestab; *b* piezoelektrische Kraftmeßdose (s. Abb. 39); *c* Kathodenstrahloszillograph; *d* Stimmgabel zur Messung des zeitlichen Verlaufes der Dehnung; *e* Meßhebel; *f* Zungenfrequenzmesser; *g* Glimmlampe zur Zeitmarkierung auf dem Film; *h* Filmtrommel; *i* Antriebsmotor.

Da die Dehnungsgeschwindigkeit des Probestabes während des Versuches bei der vorliegenden Anordnung als praktisch gleichbleibend angenommen werden kann, stellt das erhaltene Kraft-Zeitschaubild auch gleichzeitig das Kraft-Dehnungsschaubild dar.

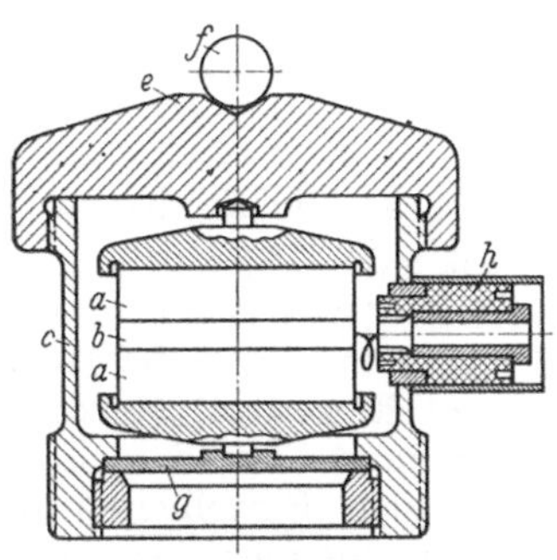

Abb. 39. Konstruktion der piezoelektrischen Kraftmeßdose von BRINKMANN. *a* Quarzkristalle; *b* Meßelektrode; *c* rohrförmiger Stahlmeßkörper mit Gewindeansatz; *e* starrer Deckel des Meßkörpers; *f* Kugel, durch welche der Druck übertragen wird; *g* Membran; *h* Bernsteindurchführung der Zuleitung zur Meßelektrode.

Zur Kontrolle wurde ähnlich wie es in der Ballistik üblich ist, die Schwingung einer Stimmgabel auf einer segmentförmigen Kupferplatte aufgezeichnet, die in der aus Abb. 38 ersichtlichen Weise an dem Belastungshebel befestigt war. An Hand dieser Aufzeichnung kann die Dehnung des Probestabes in Abhängigkeit von der Zeit aufgetragen werden.

Diese Anordnung lieferte scharfe und schwingungsfreie Kraft-Zeitschaubilder, die eine genaue Bestimmung der Schlag-Streckgrenze und der Schlagzerreißfestigkeit ermöglichten.

Die Messungen von DEUTLER und BRINKMANN kommen unter Hinzunahme der bei niedrigen Zerreißgeschwindigkeiten durchgeführten Versuche von SIEBEL und POMP[1] zu dem Ergebnis, daß die Zugfestigkeit in dem durch die Messungen belegten Bereich der Dehngeschwindigkeit von 0,0045 bis 1000%

[1] SIEBEL, E. u. A. POMP: Mitt. K.-Wilh.-Inst. Eisenforschg., Abhandlung 100.

je s dem Logarithmus der Dehngeschwindigkeit v sehr genau proportional ist. Das Gesetz läßt sich in die Gleichung fassen:

$$\sigma_{B2} - \sigma_{B1} = C \cdot \log \frac{v_2}{v_1},$$

wobei σ_{B1} die Zugfestigkeit bei der Dehngeschwindigkeit v_1, σ_{B2} diejenige bei der Dehngeschwindigkeit v_2 und C eine Konstante ist, die vom Werkstoff abhängt.

6. Einrichtungen zur Durchführung von Drehschlagversuchen.

Schlagversuche, bei denen der zylindrische Probestab um seine Achse verdreht wird, sind bisher nur vereinzelt durchgeführt worden. Sie sollen die bei Schlagzerreißversuchen und Schlagbiegeversuchen gewonnenen Ergebnisse vervollständigen. Auch hierbei werden teils Stäbe mit glatt zylindrischem Schaft, teils gekerbte Stäbe verwendet.

Die bei diesen Versuchen durchzuführenden Messungen beschränken sich im einfachsten Fall auf die Ermittlung der vom Probestab bis zum Bruch aufgenommenen Schlagarbeit und die Feststellung des Verdrehungswinkels zwischen den Stabköpfen, der infolge der bleibenden Formänderungen beim Bruch des Stabes zustande kommt. Das Endziel der Messungen muß wie beim Schlagzerreißversuch darin bestehen, den Verlauf des beim Drehschlag auftretenden Drehmoments in Abhängigkeit vom Verdrehungswinkel aufzunehmen. Als Zwischenstufe kann die Lösung der Aufgabe angesehen werden, den Größtwert des während des Schlages auftretenden Drehmomentes zu ermitteln.

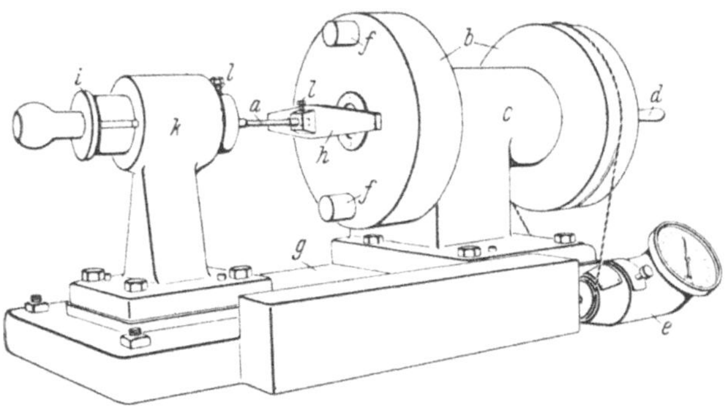

Abb. 40. Drehschlagmaschine von LUERSSEN und GREENE. *a* Probestab; *b* Schwungradsatz; *c* Lagerbock des Schwungradsatzes; *d* Handkurbel; *e* Drehzahlmesser; *f* Schlagbolzen; *g* Grundrahmen; *h* Querhaupt am freien Ende des Probestabes befestigt; *i* verschiebbarer Spannkopf für den Probestab; *k* Ständer zur Führung des Spannkopfes *i*; *l* Stellschrauben.

a) Die Drehschlagmaschine von LUERSSEN und GREENE[1].

Diese Maschine, deren Anordnung aus Abb. 40 ersichtlich ist, weist eine sehr einfache Bauart auf. Bei den Versuchen kann lediglich die zum Bruch der Probe erforderliche Schlagarbeit gemessen und die Bruchverdrehung der Probe festgestellt werden. Meßeinrichtungen zur Ermittlung des beim Schlag wirkenden Drehmomentes sind nicht vorgesehen.

Zu den Einzelheiten der Konstruktion ist folgendes zu bemerken: Die Maschine besteht aus zwei Hauptteilen, nämlich

a) dem in Kugellagern umlaufenden Schwungradsatz,

b) dem in Richtung der Schwungradachse in einem Ständer verschiebbaren Spannkopf für den Prüfstab, an dessen freiem Ende ein Querhaupt für den Angriff der Schlagbolzen angeordnet ist.

Die Abmessungen des mit Einspannköpfen von quadratischem Querschnitt versehenen Prüfstabes gehen aus Abb. 41 hervor.

Der *Schwungradsatz* besteht im wesentlichen aus zwei Schwungscheiben *b*, die an den beiden Enden einer Welle aufgekeilt sind. Die Welle läuft in Kugel-

[1] LUERSSEN, G. V. u. O. V. GREENE: Proc. Amer. Soc. Test. Mater. Bd. 33 (1933) II S. 315.

lagern um, die in einem mit dem Grundrahmen *g* der Maschine verschraubten Bock *c* angeordnet sind. In die vordere Schwungscheibe sind in gleichen Abständen von der Mitte zwei Bolzen *f* eingesetzt, die bei Durchführung des Versuches mit dem am freien Ende des Prüfstabes befestigten Querhaupt *h* in Eingriff gebracht werden und dabei den Drehschlag ausüben.

Die hintere Schwungscheibe trägt eine Handkurbel *d*, deren Masse durch ein Gegengewicht ausgeglichen ist. Der Schwungradsatz wird von Hand in Drehung versetzt. Die Drehzahl wird mit Hilfe eines Tachometers *e* gemessen, das am Grundrahmen der Maschine eingespannt ist und durch eine in einer Rille des hinteren Schwungrades laufende Schnur angetrieben wird.

Der Spannkopf *i* für den Prüfstab besteht im wesentlichen aus einem zylindrischen Körper, der am hinteren Ende einen Handgriff trägt und in der Bohrung eines Ständers *k* geführt und durch eine Gleitfeder gegen Drehung gesichert ist. Der Vierkantkopf des Prüfstabes wird von einem entsprechenden Futter des Spannkopfes aufgenommen und durch eine Stellschraube *l* festgespannt. Die Achse des Spannkopfes ist genau in die Achse des Schwungrades ausgerichtet.

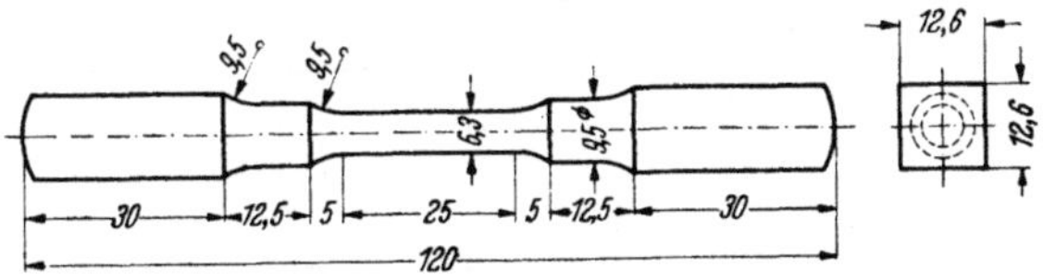

Abb. 41. Probestab, der bei den Drehschlagversuchen von LUERSSEN und GREENE verwendet wurde.

Zwecks Durchführung des Versuches wird zunächst der Schwungradsatz mit Hilfe der Handkurbel *d* auf die gewünschte Drehzahl gebracht; sodann wird der Spannkopf *i* des Prüfstabes rasch in Richtung des Schwungradsatzes mit Hilfe seines Handgriffes vorgestoßen. Dabei kommt das Querhaupt *h* in den Bereich der Schlagbolzen *f*. Die in dem Schwungradsatz aufgespeicherte kinetische Energie entlädt sich zum Teil auf den Prüfstab und führt den Bruch herbei. Liest man nach dem Versuch nochmals die Drehzahl des Schwungradsatzes an dem Tachometer *e* ab, so kann man aus der Differenz der Drehzahlen n_1 und n_2, die vor und nach dem Versuch vorhanden sind, und aus dem durch einen besonderen Versuch festzulegenden Massenträgheitsmoment Θ cmkg s² des Schwungradsatzes die zum Bruch verbrauchte Energie A_B berechnen. Es ergibt sich:

$$A_B = \frac{1}{2}(W_1^2 - W_2^2)\,\Theta = \frac{(n_1^2 - n_2^2)}{1800}\pi^2 \cdot \Theta \text{ cmkg}. \tag{4}$$

Bei den mit dieser Maschine durchgeführten Versuchen wurde vor allem die Klärung der Frage angestrebt, welchen Einfluß die Schlaggeschwindigkeit (entsprechend der vor dem Schlag vorhandenen Drehzahl des Schwungradsatzes) auf die von Probestäben mit glattzylindrischem Schaft ertragene Bruchschlagarbeit ausübt. Die Drehzahl *n* wurde dabei etwa zwischen 390 und 550/min verändert.

Weiterhin wurde der Einfluß der Schaftlänge, die 25, 50 und 75 mm betrug, auf die Bruchschlagarbeit untersucht.

Ergänzend wurden einige Versuche mit Stäben, deren Schaft mit einem Spitzkerb versehen war, durchgeführt. (Stabschaftdurchmesser 10 mm, Kerbtiefe 2 mm, Flankenwinkel 45°, Rundungshalbmesser im Kerbgrund 0,25 mm.)

b) Die Drehschlagmaschine von ITIHARA[1].

Diese Maschine zeigt im grundsätzlichen Aufbau eine ähnliche Anordnung wie diejenige von LUERSSEN und GREENE; jedoch ist sie zusätzlich mit einer

[1] ITIHARA, M.: Technol. Rep. Tôhoku Univ. Bd. 9 (1933) S. 16; Bd. 11 (1935) S. 489, 512, 528; Bd. 12 (1936) S. 105.

Vorrichtung zum Messen des zeitlichen Verlaufes des Verdrehungswinkels und einer weiteren Einrichtung zum Messen des im Probestab wirkenden Dreh-momentes und seines zeitlichen Verlaufes versehen.

Zu den Einzelheiten ist folgendes zu bemerken:

Abb. 42 zeigt den Aufbau, Abb. 43 das Arbeitsschema der Maschine von Itihara. Als Energiespeicher dient ein Schwungrad *a* mit 480 mm Dmr. und 60 mm Breite des Schwungkranzes. Nach Angaben von Itihara speichert es bei der für die Versuche benutzten Höchstdrehzahl von $n = 865$ min eine kinetische Energie von 656 mkg auf. Die zum Zerbrechen des Prübstabes *b* notwendige Energie liegt in der Größenordnung von 20 bis 50 mkg.

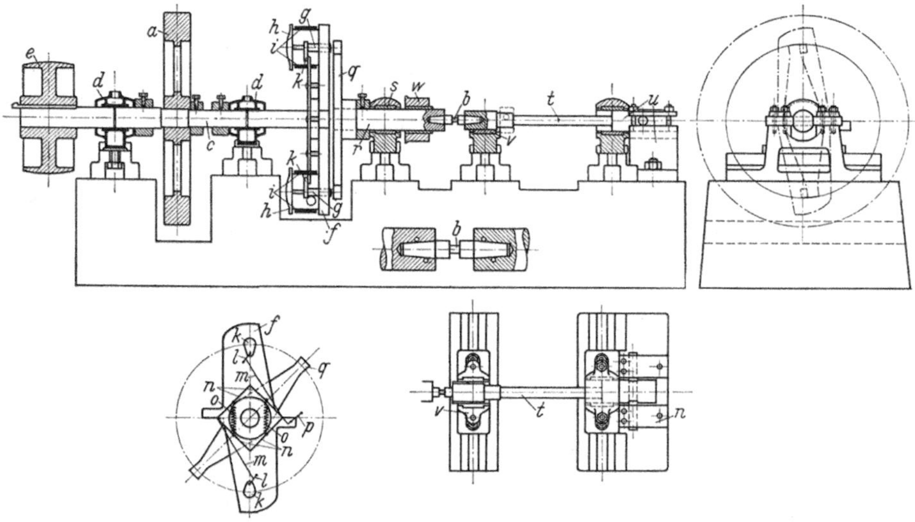

Abb. 42. Aufbau der Drehschlagmaschine von Itihara.
a Schwungrad; *b* Probestab; *c* Schwungradwelle; *d* Gleitlager; *e* Riemenscheibe; *f* Querhaupt der Schwungradwelle; *g* in Richtung der Achse verschiebbare Schlagbolzen; *h* Querjoche der Schlagbolzen *g*; *i* Zugfedern; *k* Anschläge auf den Schlagbolzen *g*; *l* Sperrklinken; *m* Stoßstangen zur Betätigung der Sperrklinken *l*; *n* Lenker des Gelenkviereckes; *o* Schraubenfedern zum Spannen des Gelenkviereckes; *p* Klinke zum Umklappen des Gelenkviereckes und Ausrücken der Sperrklinken *l*; *q* Gegenquerhaupt, das am Spannkopf *r* befestigt wird; *r* beweglicher Spannkopf für den Prüfstab; *s* Gleitlager für das bewegliche Spannfutter *r*; *t* Federkraftmesser; *u* Einspannbock für den Federkraftmesser; *v* Führungslager für den Federkraftmesser; *w* Trommel mit lichtempfindlichem Papier bespannt; x_1, x_2, x_3 Punktlichtlampen; y_1, y_2, y_3 Blenden; z_1, z_2, z_3 Momentverschlüsse; *aa* Stimmgabel; *b b*Linsensysteme; *cc* photographische Platte; *dd* Wagen; *ee* 50-Hz-Stimmgabel.

Die Welle *c*, auf der das Schwungrad *a* angeordnet ist, läuft in Gleitlagern *d*. Sie trägt am freien Ende eine Riemenscheibe *e* in fliegender Anordnung, die zwecks Änderung der Drehzahl ausgewechselt werden kann. (Es sind Scheiben von 6, 8, 10, 12 und 16 Zoll Dmr. vorgesehen.) Der Antrieb erfolgt durch einen Elektromotor, der eine Leistung von $^1/_4$ PS und eine Drehzahl von $n = 1425$/min besitzt.

An dem der Meßanordnung zugekehrten Ende der Welle ist in der aus Abb. 42 ersichtlichen Weise ein Querhaupt *f* aufgekeilt. In der Nähe seiner Enden sind Bohrungen angeordnet, in denen Bolzen *g* in axialer Richtung verschoben werden können. Sie tragen an den Enden je ein Querjoch *h*, das durch zwei Zugfedern *i* unter Spannung gesetzt wird. Ferner sind sie je mit einem Anschlag *k* versehen, hinter den eine Sperrklinke *l* greift. Beide Sperrklinken *l* sind in der aus Abb. 42 ersichtlichen Weise durch Stoßstangen *m* mit einem Gelenkviereck verbunden, dessen Lenker *n* auf der Nabe des Querhauptes aufliegen und durch zwei Schraubenfedern *o* gegeneinander gespannt sind. Sollen die Bolzen *g* zwecks Ausübung des Drehschlages vorgeschnellt werden, so wird die mit einer Ecke des Gelenkviereckes verbundene und am Querhaupt gelagerte

Klinke p durch Einrücken eines am Grundgestell der Maschine verschiebbaren Anschlages umgelegt. Dabei klappt das unter Federspannung stehende Gelenkviereck in die in Abb. 42 gezeichnete Lage, wobei die Sperrklinken l der Bolzen

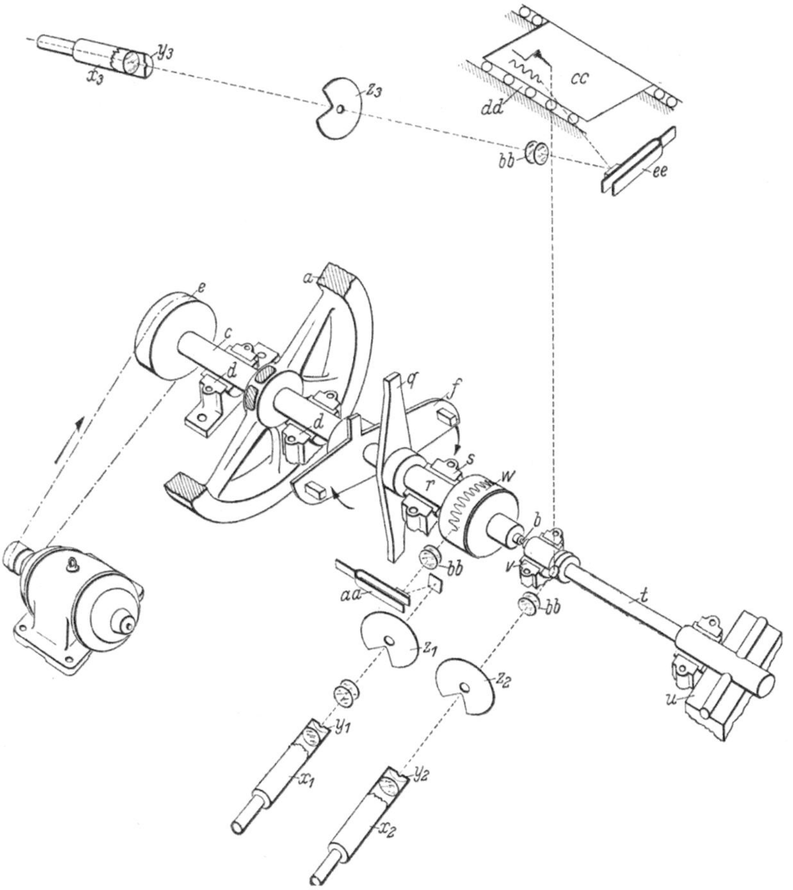

Abb. 43. Arbeitsschema der Drehschlagmaschine von ITIHARA. (Buchstabenerklärung siehe Abb. 42.)

durch die Stoßstangen m unter den Anschlägen k herausgezogen werden. Die Bolzen g werden dann durch die Zugfedern i bis zu den Anschlägen k aus dem Querhaupt f herausgeschoben und kommen dabei mit einem Querhaupt q in Eingriff, das an dem Spannkopf r für den Prüfstab b befestigt ist. Dabei entlädt sich die Schlagenergie auf dem Prüfstab und führt den Bruch herbei. Abb. 44 zeigt die Abmessungen des Prüfstabes, der mit kegeligen Spannköpfen versehen ist. Diese werden in die entsprechenden Spannfutter eingesteckt und durch je zwei senkrecht zur Stabsache angeordnete Kegelstifte, deren Sitze nach dem Einsetzen des Probestabes gebohrt und aufgerieben werden, gegen Drehung gesichert.

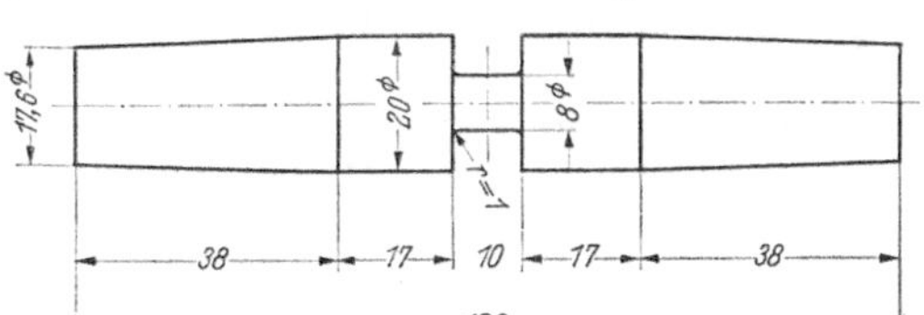

Abb. 44. Probestab für die Drehschlagversuche von ITIHARA.

Das bewegliche Spannfutter *r* sitzt am Ende einer in einem Gleitlager *s* drehbaren Welle, an deren anderem Ende das Querhaupt *q* für die Ausübung des Drehschlages durch die Schlagbolzen angeordnet ist. Das hintere Ende des Prüfstabes wird an dem Spannkopf eines Federkraftmessers *t* befestigt. Dieser besteht im wesentlichen aus einem Stahlstab, dessen Schaft einen Durchmesser von 22 mm und eine Länge von 213 mm besitzt, und dessen hinteres Ende in einem mit dem Grundgestell der Maschine verschraubten Bock *u* befestigt ist, während das vordere Ende durch ein Gleitlager *v* leicht drehbar abgestützt wird.

Die Anordnung der Meßeinrichtung ist schematisch aus Abb. 43 zu ersehen. Gemessen wird einerseits der zeitliche Verlauf des Drehwinkels, den der mit dem Querhaupt *q* verbundene Spannkopf *r* zurücklegt, andererseits der zeitliche Verlauf des Drehwinkels an dem Spannkopf des Federkraftmessers *t*.

Die Messung des Drehwinkels an der Welle des Querhauptes wird folgendermaßen durchgeführt: Auf der Welle *r* ist eine hölzerne Trommel *w* angeordnet, die mit lichtempfindlichem Papier bespannt wird. Von einer Beleuchtungsvorrichtung, die aus einer Punktlichtlampe x_1 mit vorgeschalteter Blende y_1 und Momentverschluß z_1 besteht, fällt ein Lichtstrahl über eine Stimmgabel *aa*, deren einer Zinken einen Spiegel trägt und die eine Eigenfrequenz von 100 Hz besitzt, auf das lichtempfindliche Papier der Trommel *w*. Der Lichtstrahl beschreibt hier eine Sinuslinie, deren Wellenlänge einer Hundertstelsekunde entspricht; hierdurch wird eine einwandfreie Zeitmarkierung geliefert. Bei Drehung des Stabkopfes ziehen sich die Schwingungen entsprechend dem zeitlichen Verlauf des Drehwinkels auseinander, so daß durch Auswerten des erhaltenen Schaubildes der zeitliche Verlauf des Drehwinkels konstruiert werden kann. Dieses Verfahren entspricht dem für die Ermittlung der Zeitwegkurve des Rücklaufes von Geschützrohren in der Ballistik seit langem üblichen Verfahren. Abb. 45 zeigt ein Beispiel für das erhaltene Schaubild, durch dessen Auswertung der Drehwinkel *D* in Abhängigkeit von der Zeit erhalten wird.

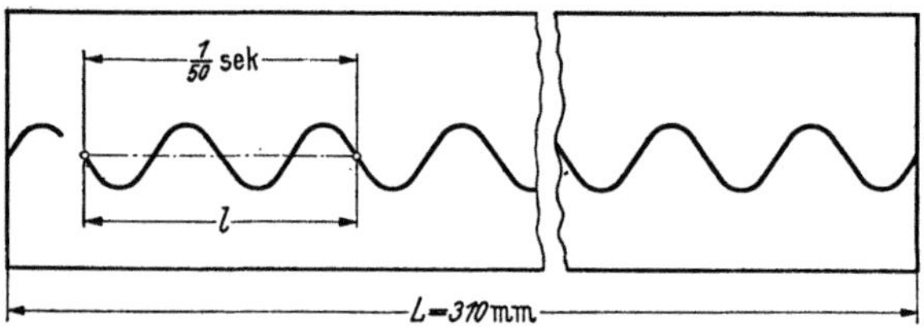

Abb. 45. Beispiel für die Aufzeichnungen auf der Trommel *w* in Abb. 42 und 43, die zur Ermittlung des zeitlichen Verlaufes des Drehwinkels am beweglichen Spannkopf dienen.

Zur Messung des zeitlichen Verlaufes des Drehmomentes, das durch den Federkraftmesser angezeigt wird, ist folgende, ebenfalls aus Abb. 43 ersichtliche Anordnung getroffen: Am Kopf des Federkraftmessers *t* ist ein Spiegel befestigt, auf den von einer zweiten Beleuchtungsvorrichtung x_2, y_2, z_2 ein Lichtstrahl über ein Linsensystem *bb* fällt. Er wird von dem Spiegel auf eine photographische Platte *cc* zurückgeworfen, die in einem auf Kugeln laufenden Wagen *dd* befestigt ist. Der Wagen wird kurz vor Beginn des Versuches in waagerechter Richtung durch ein Gewicht in Bewegung gesetzt, das unter Zwischenschaltung einer Rolle an einem am Wagen befestigten Faden angreift. Die Verhältnisse sind so abgestimmt, daß der Wagen *dd* während des Versuches mit annähernd gleichbleibender Geschwindigkeit abläuft. Durch den Spiegel am Kopf des Federkraftmessers *t* wird der Lichtstrahl senkrecht zur Bewegungsrichtung abgelenkt, so daß auf der Platte *cc* eine Kurve beschrieben wird, die das Drehmoment in Abhängigkeit von der Zeit in einen bestimmten, durch Eichung zu ermittelnden Maßstab darstellt. Zur genauen Auswertung wird außerdem noch auf der Platte ein Zeitzeichen geschrieben, und zwar durch einen Lichtstrahl, der von einer Stimmgabel *ee* mit 50 Hz Eigenfrequenz gesteuert wird, und der von einer dritten Beleuchtungsvorrichtung x_3, y_3, z_3 erzeugt wird.

Abb. 46 zeigt ein Beispiel für die auf der Platte *cc* entstehenden Aufzeichnungen. Man erkennt, daß die Drehstabfeder *t* nicht unmittelbar den Verlauf des mittleren Drehmomentes aufzeichnet, sondern heftige Eigenschwingungen ausführt, die bei der gewählten Versuchsanordnung mit etwa 185 Hz verlaufen. Diese Tatsache ist für die Empfindlichkeit der Aufzeichnungen nur günstig, da durch die Schwingungen die Reibung weitgehend ausgeschaltet wird und der mittlere Verlauf des Drehmomentes leicht als Mittelwert der Schwingungen eingezeichnet werden kann.

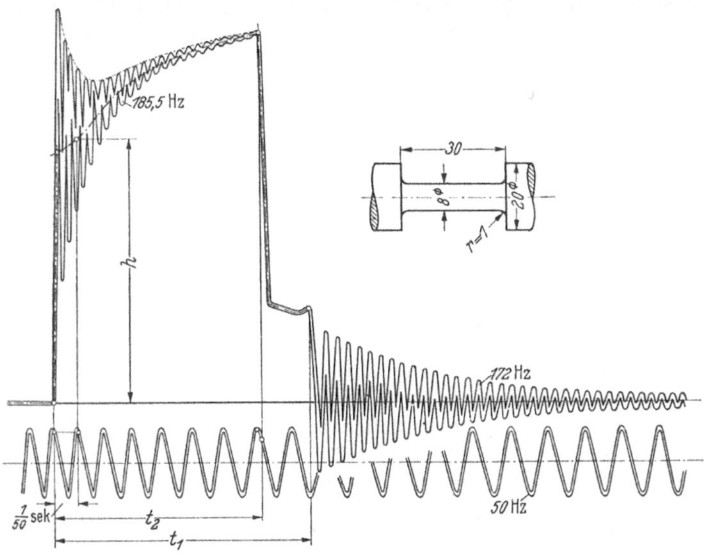

Abb. 46. Beispiel für die Aufzeichnungen auf der photographischen Platte *cc* in Abb. 43, aus denen der zeitliche Verlauf des Drehmomentes bestimmt wird.

Das Ziel der Messungen ist die Ermittlung eines Schaubildes, welches das im Probestab wirkende Drehmoment in Abhängigkeit vom Drehwinkel darstellt. Man wird dieses Schaubild konstruieren können, wenn der zeitliche Verlauf

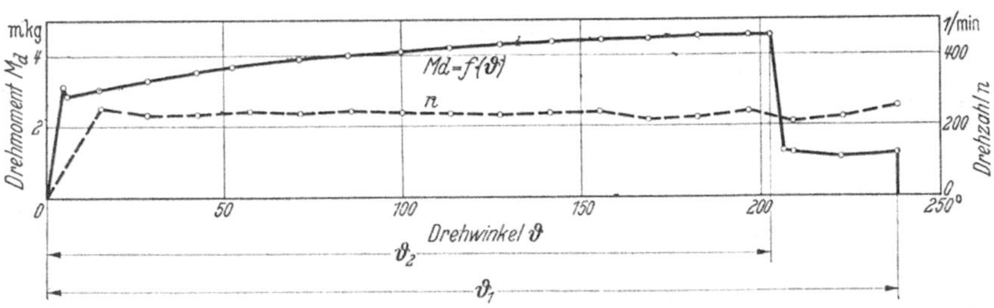

Abb. 47. Beispiel für das auf Grund der Aufzeichnungen in Abb. 45 und 46 konstruierte Drehmoment-Drehwinkel Schaubild eines Drehschlagversuches.

des Drehwinkels einerseits und derjenige des Drehmomentes andererseits mit den beschriebenen Versuchseinrichtungen ermittelt ist; denn aus diesen Kurven können für beliebige Zeitpunkte die zusammengehörigen Werte von Drehmoment und Drehwinkel entnommen und in Abhängigkeit voneinander aufgetragen werden. Bei der Auswertung ist zu beachten, daß von dem Drehwinkel der Trommel *w* jeweils noch der zugehörige Drehwinkel des Federkraftmessers *t* abgezogen werden muß, der aus den Aufzeichnungen auf der Platte *cc* entnommen werden kann; denn es kommt ja darauf an, die Relativverdrehung der beiden Prüfstabköpfe zu erhalten. Abb. 47 zeigt ein Beispiel für das auf diese Weise ermittelte Drehmoment-Drehwinkel-Schaubild eines Drehschlagversuches. Aus ihm können dann die Drehfließgrenze und das beim Bruch des Probestabes vorliegende Drehmoment sowie die zugehörigen Drehwinkel entnommen werden.

Die Bedienung der Maschine geschieht in nachstehender Reihenfolge, wobei die einzelnen Handgriffe rasch hintereinander erledigt werden müssen:

1. Man schaltet den auf voller Drehzahl laufenden Motor ab.
2. Man öffnet die Verschlüsse *z* der drei Beleuchtungsvorrichtungen.
3. Man setzt den Wagen *dd* mit der photographischen Platte in Bewegung.
4. Man löst die Schlagbolzen *g* durch Einschieben des Anschlages für die Betätigung des Gelenkviereckes aus und führt damit den Schlagversuch durch.
5. Nach erfolgtem Bruch schließt man die Verschlüsse *z* der Beleuchtungsvorrichtungen.

Die gesamte Meßanordnung muß in einem verdunkelten Raum aufgestellt werden.

Die Eichung der Drehstabfeder erfolgt durch statische Belastung.

Die Versuche wurden mit verschiedenen Drehzahlen durchgeführt, die zwischen etwa 340 und 850/min lagen, um den Einfluß der Schlaggeschwindigkeit auf Streckgrenze und Bruchgrenze des Werkstoffes zu erforschen. Festgestellt wurde

a) die Drehstreckgrenze,
b) das zum Bruch erforderliche Drehmoment,
c) die zum Bruch erforderliche Energie,
d) der an der Streckgrenze und der beim Bruch vorliegende Verdrehungswinkel zwischen den Spannköpfen des Probestabes.

Es wurden Probestäbe verwendet, deren zylindrischer Schaft 8 mm Dmr. und teils 10, teils 30 mm Länge besaß und mit Kehlhalbmessern von 1 mm in die Stabköpfe übergeführt war.

C. Prüfmaschinen für Dauerschlagversuche[1].

1. Allgemeines.

Dauerschlagversuche werden vorgenommen, um festzustellen, wie sich ein Probekörper verhält, wenn er durch zahlreiche Schläge gleicher Stärke beansprucht wird. Ursprünglich wurden diese Versuche nur im Sinne einer technologischen Prüfung durchgeführt. Die Proben aus den verschiedenen, miteinander zu vergleichenden Werkstoffen hatten gleiche Form und wurden bei Schlägen gleicher Stärke geprüft. Als Maß für die Widerstandsfähigkeit gegen Dauerschlagbeanspruchung diente die Anzahl der bis zum Bruch ertragenen Schläge. Die Schlagstärke wurde so gewählt, daß der Bruch bei dem widerstandsfähigsten Werkstoff nach weniger als 100000 Schlägen eintrat. Dabei arbeiteten die Dauerschlagwerke mit Schlagfrequenzen von etwa 60 bis 100 in der Minute. Das KRUPPsche Dauerschlagwerk ist die bekannteste Anordnung für dieses Prüfverfahren.

Die umfangreichen Erfahrungen, die bei den Dauerversuchen mit sinusförmigem Beanspruchungsverlauf gesammelt wurden, führten zu der Erkenntnis, daß die vorstehend beschriebene Art der Versuchsdurchführung sehr fragwürdige Ergebnisse liefert. Wenn ein einwandfreies Urteil über die Widerstandsfähigkeit bei Dauerschlagbeanspruchung erhalten werden soll, so müssen

[1] MAILÄNDER, R.: Ermüdungserscheinungen und Dauerversuche. Werkstoffausschußbericht des Vereins deutscher Eisenhüttenleute, Nr 38. — Stahl u. Eisen 44. Jg. (1924) S. 628. FÖPPL, O., E. BECKER, G. v. HEYDEKAMPF: Die Dauerprüfung der Werkstoffe. Berlin 1929.

auf dem Dauerschlagwerk vollständige Wöhler-Kurven aufgenommen werden, in entsprechender Weise wie bei den Dauerversuchen mit sinusförmigem Verlauf der Beanspruchung. Es müssen also von jedem Werkstoff wenigstens sechs Proben mit verschieden großer, entsprechend gestaffelter Schlagstärke untersucht werden, wobei in jedem Fall die bis zum Bruch ertragene Schlagzahl ermittelt wird. Wenigstens eine der Proben ist so zu beanspruchen, daß die Bruchschlagzahl zwischen 1 und 2 Millionen liegt. Eine weitere Probe soll mehrere Millionen Schläge ertragen, ohne zu brechen. Die Grenzschlagzahl, bei der die Versuche abgebrochen werden, wird zur Abkürzung vielfach mit 2 Millionen gewählt. Ein noch besseres Bild ergibt sich bei einer Grenzschlagzahl von 5 oder 10 Millionen. Abb. 48 zeigt als Beispiel einer derartigen Wöhler-Reihe das Ergebnis von Dauerschlagversuchen an Schrauben.

Für die Aufnahme von Wöhler-Reihen arbeiteten die Dauerschlagwerke, bei denen der Bär lediglich unter Einwirkung seines Eigengewichtes herabfällt, zu

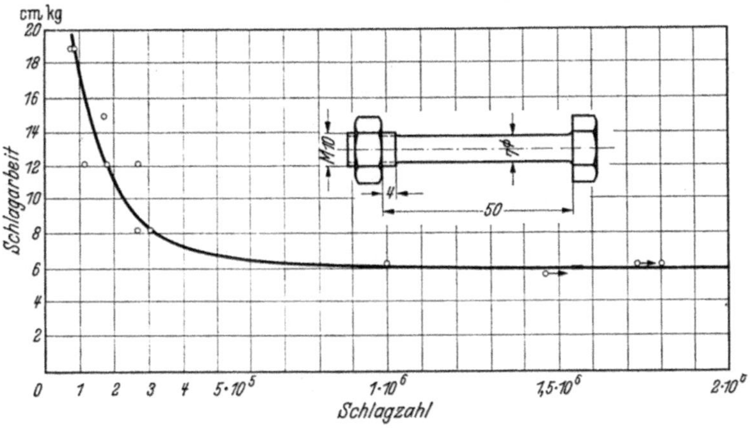

Abb. 48. Wöhler-Schaubild von Dauerschlagversuchen an Schrauben nach Thum und Städel.

langsam. Eine Erhöhung der Schlagfrequenz bis auf etwa 300/min gelingt, wenn ein Hub von nur 10 mm gewählt wird (Schlagwerke von Thum und Städel, Thum und Debus). Eine noch schnellere Schlagfolge kann dadurch erzielt werden, daß der Bär unter die Wirkung einer oder mehrerer Federn gesetzt wird, deren Spannkraft eine entsprechend größere Beschleunigung bewirkt. Diese Anordnung ist bei dem Dauerschlagwerk von Amsler gewählt, das mit einer Schlagzahl bis zu 600 Schlägen in der Minute zu arbeiten vermag. Es erschien weiterhin wünschenswert, einen Vergleich zwischen den Ergebnissen der Dauerschlagversuche und der Versuche mit sinusförmiger Wechselbeanspruchung durchzuführen. Dies ist nur möglich, wenn es gelingt, die beim Dauerschlagversuch auftretende Beanspruchung einwandfrei zu messen. Bei den üblichen Anordnungen der Dauerschlagwerke ist die Durchführung derartiger Messungen schwierig und bisher nur bei dem Dauerschlagwerk von Thum und Debus gelungen. Eine wesentlich einfachere Lösung dieser Aufgabe wurde durch das Maybachsche Dauerschlagwerk gegeben. Hierbei wird die Probe nicht durch den Schlag eines Bären beansprucht, sondern mit Hilfe von Rollen um einen genau einstellbaren Betrag durchgebogen. Die Durchbiegung kann gemessen werden und bildet ein zuverlässiges Maß für die Beanspruchung. Der zeitliche Verlauf der Beanspruchung ist in diesem Fall ganz ähnlich, wie bei den Dauerschlagwerken mit Schlagkörper, so daß beide Anordnungen hinsichtlich der Eigenart des Beanspruchungsverlaufes als gleichwertig angesehen werden können. Das Maybachsche Dauerschlagwerk ermöglicht es bis zu 6000 Schlägen in der Minute zu erzielen, so daß die Aufnahme von WÖHLER-Kurven ebenso schnell vonstatten geht wie bei Dauerprüfmaschinen mit sinusförmiger Beanspruchung.

Vergleichsversuche, die auf Veranlassung des Vereins deutscher Eisenhüttenleute auf mehreren SCHENCKschen Dauerbiegemaschinen einerseits und dem MAYBACHschen Dauerschlagwerk andererseits durchgeführt wurden, zeigten, daß in beiden Fällen praktisch die gleiche Dauerbiegefestigkeit erhalten wird.

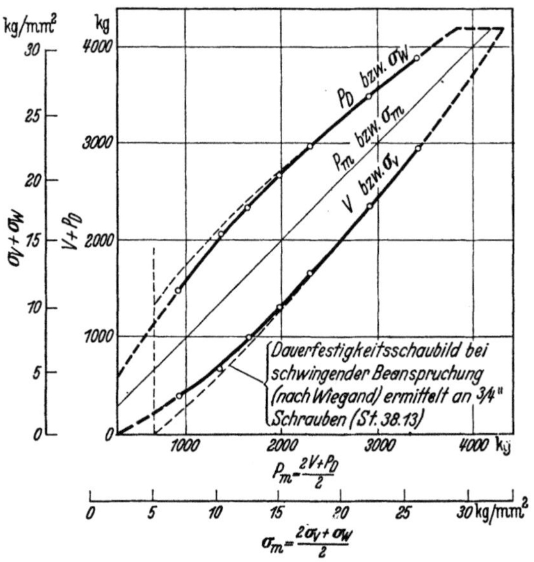

Abb. 49. Vergleich der Dauerfestigkeitsschaubider von Schrauben, die a) bei sinusförmiger Zug-Druck-Beanspruchung von THUM und WIEGAND (ausgezogene Kurve), b) bei Dauerschlagbeanspruchung mit Kraftmessung von THUM und DEBUS (gestrichelte Kurve) erhalten wurden. σ_v Vorspannung; V Vorspannkraft; σ_w Dauerschlagfestigkeit; P_D Dauerschlagkraft; σ_m Mittelspannung; P_m Mittelkraft.

Noch besser wird diese Tatsache durch Vergleich der Dauerversuche an Schrauben bestätigt, die von THUM und WIEGAND auf einer Zug-Druckdauerprüfmaschine mit sinusförmigem Beanspruchungsverlauf, von THUM und DEBUS auf einem Dauerschlagwerk mit elektrischer Kraftmeßeinrichtung durchgeführt wurden. Wertet man die Ergebnisse nach den gleichen Gesichtspunkten aus, so ergeben sich Dauerfestigkeitsschaubilder, die sich vollständig decken. Abb. 49 zeigt das betreffende, von THUM und DEBUS veröffentlichte Schaubild.

Angesichts dieses Sachverhaltes, der allenfalls noch durch weitere Versuchsreihen zu bestätigen wäre, erscheint es fraglich, ob es sich lohnt, die doch immerhin mühsamen und zeitraubenden Dauerschlagversuche neben den weit einfacheren Dauerversuchen mit sinusförmigem Beanspruchungsverlauf noch weiter durchzuführen.

2. Dauerschlagwerke, bei denen der Hammer unter Wirkung des Eigengewichtes herabfällt.

a) Dauerschlagwerk von STANTON.

Die Anordnung, daß ein Fallbär durch einen Nocken angehoben und zum Herabfallen gebracht wird, wurde wohl zuerst 1906 von STANTON[1] gewählt.

Abb. 50 zeigt ein schematisches Bild der Konstruktion. Der Hammer *b* (Gewicht 2,15 kg) gleitet in einer senkrechten Führung *c*. Er trägt am oberen Ende ein Querhaupt *d*, an dem zwei Stangen *e* befestigt sind. Diese werden am unteren Ende durch ein Querjoch *f* verbunden, das auf den Stangen in der Höhe verstellt werden kann und eine Rolle *g* sowie einen Kreuzkopf *h* trägt, der in einer Führung *i* gleitet. Die Rolle *g* arbeitet mit einer Daumenscheibe *k* zusammen, deren Form aus Abb. 50 zu ersehen ist. Durch diese wird der Bär angehoben und fällt, wenn die Rolle an der Spitze der Daumenscheibe freigegeben wird, frei auf die Probe *a* herab. Die Schlagarbeit ist durch Ändern der Fallhöhe zwischen 0 und 190 cmkg regelbar. Sie wird durch Verschieben des Querjoches *f* eingestellt. Dieses Dauerschlagwerk arbeitete mit 45 Schlägen in der Minute.

Der Probestab wird auf Biegung beansprucht. Er ist als Rundstab von 12,7 mm Dmr. ausgebildet und wird durch 2 Schneiden *l* in 114 mm Abstand

[1] STANTON, E.: Engineering Bd. 2 (1906) S. 33. — Bericht, Stahl u. Eisen 1906, S. 1217.

abgestützt. Der Hammer schlägt auf die Mitte der Probe. Hier ist eine scharfkantige Eindrehung vorgesehen, deren Kerndurchmesser 10 mm beträgt. Durch ein besonderes Getriebe wird die Probe nach jedem Schlag um 180° gedreht. Beim Bruch des Stabes schaltet sich die Maschine selbsttätig aus. Die Bruchschlagzahl wird an einem Zählwerk abgelesen.

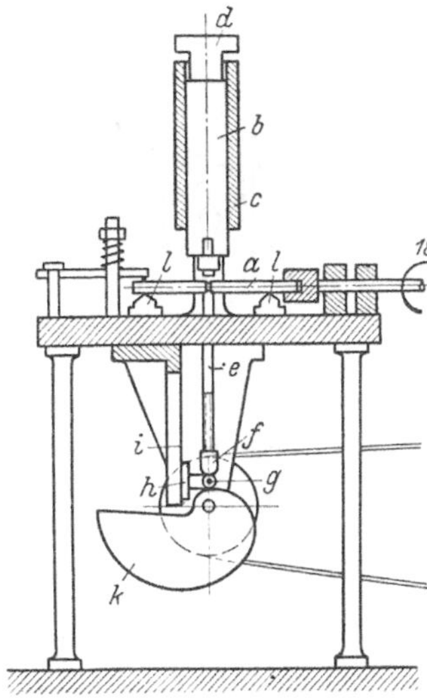

Abb. 50. Dauerschlagwerk von STANTON. *a* Probestab; *b* Hammer; *c* Hammerführung; *d* Querhaupt des Hammers; *e* am Querhaupt *d* befestigte Stangen; *f* Querjoch, das auf den Stangen *e* verstellbar ist; *g* Rolle; *h* Kreuzkopf des Querjoches *f*; *i* Führung des Kreuzkopfes *h*; *k* Daumenscheibe; *l* Auflageschneiden;

Auf einem ähnlich gebauten Dauerschlagwerk wurden von STANTON und BAIRSTOW[1] nach Einbau der in Abb. 51 dargestellten Sondervorrichtung Dauerschlagversuche mit Zug-Druckbeanspruchung durchgeführt. Die Vorrichtung besteht im wesentlichen aus zwei ineinandergesteckten, topfartigen Spannköpfen, in denen die Einspannenden des Probestabes befestigt sind.

Der äußere Topf wird von einem Ring mit Zapfen aufgenommen, der um eine waagerechte Achse gedreht werden kann. Der Probestab wird mit dem einen Ende im Boden des äußeren Topfes verschraubt. Links und rechts von der Einspannstelle sind Schlitze angeordnet, durch welche zwei Ansätze des inneren Topfes hindurchtreten. Das zweite Einspannende des Probestabes ist im Boden des inneren Topfes verschraubt. Der Hammer schlägt abwechselnd auf den Boden oder die Ansätze des inneren Topfes. Zwischen je zwei Schlägen wird die Spannvorrichtung um 180° gedreht.

Die Fallhöhe des Hammers ist zwischen 25 und 84 mm regelbar.

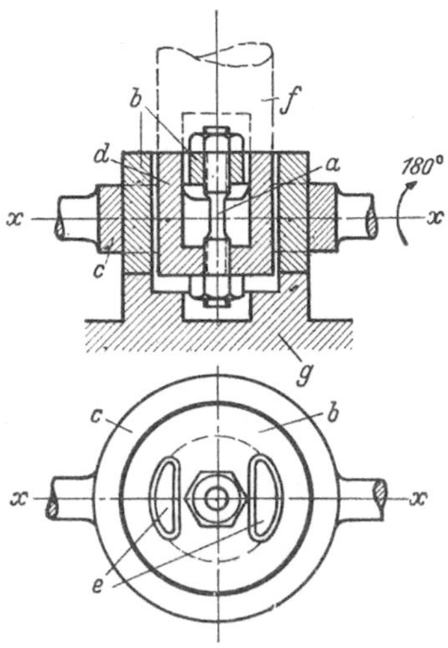

Abb. 51. Sondervorrichtung von STANTON und BAIRSTOW zur Durchführung von Zug-Druck-Dauerschlagversuchen. *a* Probestab; *b* äußerer Einspanntopf; *c* Haltering mit Drehzapfen; *d* innerer Einspanntopf; *e* Ansätze des inneren Einspanntopfes; *f* Hammer; *g* Amboß.

b) Das Kruppsche Dauerschlagwerk[2].

Dieses Dauerschlagwerk wurde in der Versuchsanstalt der Fa. Krupp, Essen, ausgearbeitet und seit 1910 von Mohr u. Federhaff, Mannheim, auf den Markt gebracht. Eine verbesserte Bauart (Abb. 53) wurde von Losenhausen, Düsseldorf, entwickelt.

Die in Abb. 52 dargestellte Anordnung ist ähnlich wie bei dem Dauerschlagwerk von STANTON. Der in einer zylindrischen Führung gleitende Hammer *b*, der ein Gewicht von rd. 4,2 kg besitzt, wird durch eine obenliegende Daumenscheibe *c* etwa 85mal in der Minute um 30 mm angehoben und zum Herabfallen gebracht. Die Daumenscheibe arbeitet mit einer Rolle zusammen, die in einem Querhaupt gelagert ist, das seinerseits an zwei mit dem Hammer verschraubten Zugstangen befestigt wird. Der Antrieb der Nockenwelle erfolgt durch einen im Grundgestell angeordneten Elektromotor *h* mit senkrechter Welle unter Zwischenschaltung eines Schneckengetriebes *k*.

---

[1] STANTON, E. u. L. BAIRSTOW: Engineering 1908, II S. 731.

[2] MOHR, E.: Z. VDI 1923, S. 337.

Das Schlagwerk ist so eingerichtet, daß sowohl Schlagbiegeversuche als auch Schlagzugversuche damit durchgeführt werden können. Der Biegestab besitzt 15 mm Dmr. mit einem Kerb in der Mitte. Er wird nach jedem Schlag durch ein vom Hauptantrieb betätigtes Schaltgetriebe um 180° oder 14,4° (25 Rasten je Umdrehung) gedreht. Grundsätzlich ist die Anordnung ähnlich wie bei STANTON. Abb. 52 zeigt die Anordnung für Schlagzugversuche. Dabei wird der Hammer gegen ein leichteres Führungsstück *d* ausgewechselt, das beim Herabfallen auf einen Bund aufprallt. In dieses ist das obere Ende des Probestabes eingeschraubt. An seinem unteren Ende wird ein Bärgewicht *b* befestigt, das beim Aufprallen des Führungsstückes auf seinen Bund vermöge der durch die plötzliche Verzögerung hervorgerufenen Trägheitskraft auf den Probestab eine schlagartige Zugbeanspruchung ausübt.

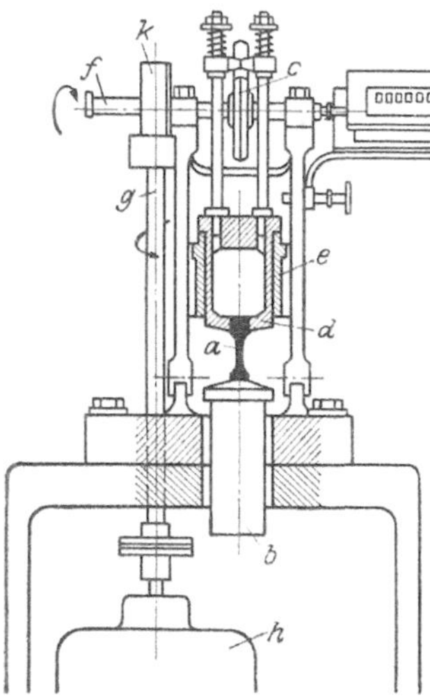

Abb. 52. Kruppsches Dauerschlagwerk, Bauart Mohr u. Federhaff, Mannheim. Anordnung für Schlagzugversuche. *a* Probestab; *b* Bärmasse; *c* Daumenscheibe; *d* Führungsstück mit Bund; *e* Führungshülse; *f* Antrieb für das Schaltwerk bei Biegewechselbeanspruchung; *g* Antriebswelle; *h* Antriebsmotor; *i* Zählwerk; *k* Schneckenvorgelege des Antriebsmotors.

In Abb. 53 ist die von LOSENHAUSEN[1] gewählte Bauart dargestellt, die eine Reihe von Verbesserungen zeigt. Der Hammer *b* wird durch den seitlich angeordneten Mitnehmer *d*, der durch die untenliegende Daumenscheibe *c* betätigt wird, mit einer minutlichen Hubzahl von 80 bis 100 um 30 mm angehoben. Die Schlagarbeit ist dadurch veränderlich, daß an dem Hammer Zusatzgewichte angebracht und weggenommen werden können.

Das Schlagwerk ist so eingerichtet, daß in der oberen Einspannvorrichtung Schlagzugversuche, in der unteren Einspannung Schlagbiege- und Schlagdruckversuche durchgeführt werden können.

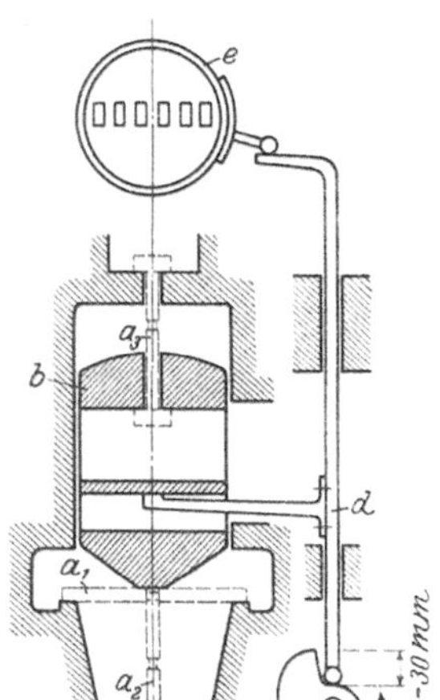

Abb. 53. Dauerschlagwerk der Firma Losenhausen, Düsseldorf. a_1 Dauerschlagbiegeprobe, a_2 Dauerschlagdruckprobe und a_3 Dauerschlagzugprobe (wahlweise); *b* Hammer, Masse- durch Zusatzgewichte veränderlich; *c* Daumenscheibe; *d* Mitnehmer; *e* Zählwerk.

c) Die Dauerschlagwerke von THUM und STÄDEL und THUM und DEBUS[2].

Das von THUM und DEBUS entwickelte Dauerschlagwerk wurde von vorneherein so konstruiert, daß damit WÖHLER-Kurven aufgenommen werden konnten, bei denen festzustellen war, wie sich die bis zum Dauerbruch ertragene Schlagzahl mit der Schlagarbeit ändert. Die Konstruktion war also derart zu wählen, daß die Schlagarbeit leicht in weiten Grenzen geändert werden konnte. Ferner war eine möglichst hohe minutliche Schlagzahl anzustreben, damit die Dauerversuche mit erträglichem Zeitaufwand durchgeführt werden konnten. Abb. 54 zeigt die Anordnung des Schlagwerkes, das den Schlag lediglich unter Wirkung der Schwerkraft erzeugt. Durch Wahl der sehr geringen Fallhöhe von 10 mm und durch

[1] Z. VDI 1925, S. 1445.

[2] THUM, A. u. E. DEBUS: Vorspannung u. Dauerhaltbarkeit von Schraubenverbindungen. Berlin 1936. — STÄDEL, W.: Dauerfestigkeit von Schrauben. Berlin 1933.

besonders sorgfältige Ausbildung der Form der Daumenscheibe, durch die der Hammer angehoben wird, gelang es, eine minutliche Schlagzahl von 320 bis 380 zu erzielen. Der Hammer *b* ist glockenförmig ausgebildet. Die Veränderung seines Gewichtes zwischen 6 und 20 kg wird dadurch bewirkt, daß im Innern der Glocke Hartbleigewichte in verschiedener Anzahl und Abstimmung eingeschraubt werden können. Sollen Schlagarbeiten von weniger als 6 cmkg eingestellt werden, so wird der Daumen ausgewechselt, so daß das Schlagwerk mit kleineren Fallhöhen von z. B. 5 oder 2 mm arbeitet. Besondere Sorgfalt ist auf die genaue Führung des außen zylindrischen Hammers gelegt. Das Spiel in der Führung des Ständers ist so gering wie möglich gehalten, so daß ein Ecken sicher vermieden wird. Die Schmierung erfolgt mit Spindelöl. Der zu untersuchende Probekörper (im vorliegenden Fall handelte es sich um Schrauben) wird von oben in den Einspannkopf der Maschine eingeführt und in die im Kopf des Hammers eingesetzte Hammerkopfmutter eingeschraubt. Zur Anordnung verschieden langer Schrauben ist ein auswechselbarer Unterlagteller vorgesehen, dessen Höhe von Fall zu Fall entsprechend gewählt wird. Der obere Schraubenkopf wird durch einen Gewindestopfen *o* fest gegen den Unterlagteller *n* gepreßt.

Der Antrieb der in Gleitlagern laufenden Daumenwelle erfolgt mittels Kette von einer Transmission über die ausrückbare Kupplung *g*. Ein 1 : 100 untersetzter Zähler gibt die Schlagzahl an. Beim Bruch schaltet sich das Schlagwerk selbsttätig dadurch aus, daß der Hammer etwas tiefer herabfällt und dabei die Tastschraube *k* trifft, welche die Kupplung ausrückt.

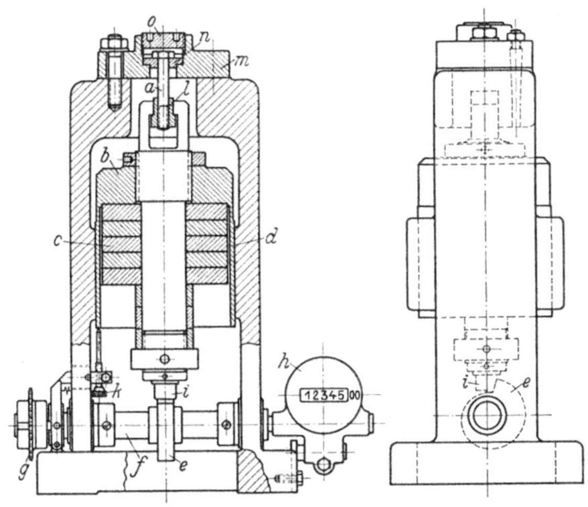

Abb. 54. Dauerschlagwerk von THUM und STÄDEL.
a Probekörper (Schraube); *b* Hammer; *c* auswechselbare Hartbleigewichte; *d* Hammerführung; *e* Daumenscheibe; *f* Antriebswelle; *g* Kettenrad mit ausrückbarer Kupplung; *h* Zähler 1:100 untersetzt; *i* einstellbarer Hammerstößel; *k* Tastschraube mit Hebel zum Ausrücken der Kupplung *g*; *l* Hammerkopfmutter; *m* oberer Einspannkopf; *n* Unterlagteller; *o* Schraubstopfen zum Anpressen des Schraubenkopfes.

In Abb. 48 war bereits ein Beispiel für die erhaltenen WÖHLER-Kurven gezeigt. Man erkennt, daß etwa von einer Schlagzahl von 0,5 Millionen ab ein ziemlich flacher Verlauf der Kurve einsetzt. Die Versuche konnten deshalb mit Rücksicht auf den Zeitbedarf bei einer Schlagzahl von 2,5 Millionen abgebrochen werden, während bei sinusförmiger Belastung eine Anzahl von 10 Millionen Lastspielen üblich ist.

Das *Dauerschlagwerk von* THUM und DEBUS ist grundsätzlich ebenso aufgebaut. Es ist jedoch für eine wesentlich größere Schlagarbeit bemessen und arbeitet mit einer Schlagfrequenz von nur 210/min. Abb. 55 zeigt die Einzelheiten der Konstruktion. Es sind zwei verschiedene Hämmer vorgesehen, von denen der kleine (links dargestellt) ein Kleinstgewicht von 7 kg, der große (rechts dargestellt) ein Höchstgewicht von 80 kg besitzt. Die Abstufung der Gewichte wird wieder durch auswechselbare Hartbleieinsätze bewerkstelligt. Der Hub des Hammers beträgt bei allen Versuchen 10 mm.

Das Dauerschlagwerk enthält eine Zusatzeinrichtung zur Erzeugung einer ruhenden Vorspannung und eine elektrische Meßeinrichtung zur Messung von Größe und zeitlichem Verlauf der beim Schlag erzeugten Kraft.

Die Anordnung der Vorspanneinrichtung geht aus der schematischen Abb. 56 hervor. Ein einarmiger Hebel, der an seinem einen Ende von einem federnden Lager aufgenommen wird und an dessen zweitem Ende eine weiche Schraubenfeder *e* angreift, drückt mit Schneiden auf die entsprechend ausgebildete Mutter am unteren Ende der Schraube, auf die gleichzeitig der Schlag des Fallgewichtes wirkt. Die Spannung der Feder *e* kann in weiten Grenzen geändert werden.

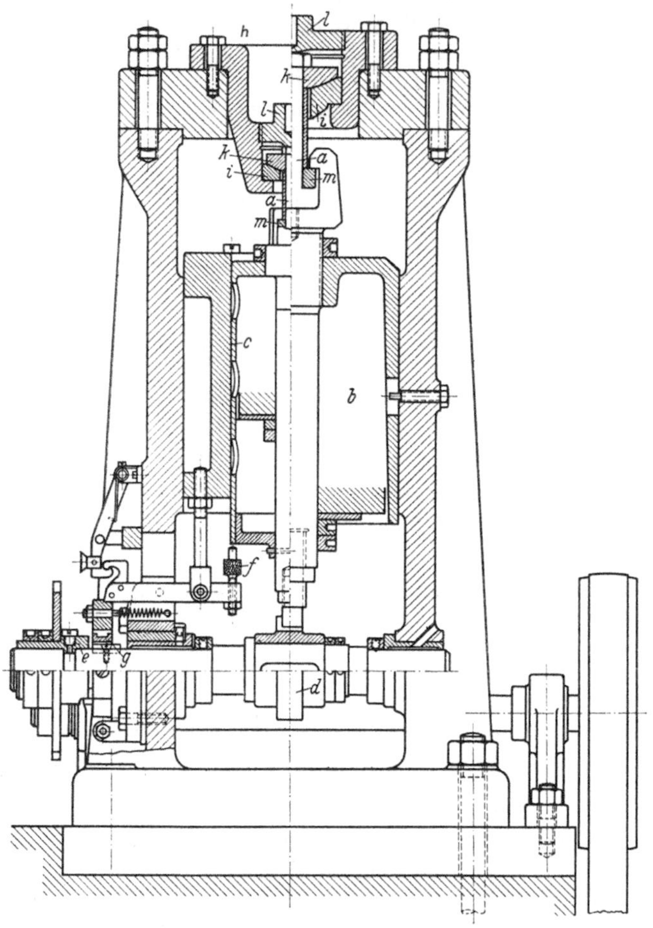

Abb. 55. Dauerschlagwerk von THUM und DEBUS.
a Probekörper (Schraube); *b* großer Hammer (Höchstgewicht 80 kg); *c* kleiner Hammer (Mindestgewicht 7 kg); *d* Daumenscheibe; *e* ausrückbare Kupplung; *f* Tastschraube mit Sperrklinke zum Ausrücken der Kupplung *e*; *g* Muffe zur Kupplung *e*; *h* Spannfutter; *i* Einsatzstück mit Kalottenpfanne; *k* kugelige Unterlagescheibe; *l* Gewindestopfen zum Festspannen des Schraubenkopfes; *m* in den Kopf des Hammers passende Mutter.

Der Weg, den das Hebelende durch die elastische Dehnung der Schraube beim Schlag zurücklegt, ist gegenüber der Dehnung der Schraubenfeder *e* so gering, daß die Vorspannung dadurch nicht merklich beeinflußt wird. Mit dieser Vorrichtung konnte an der Schraube eine Vorspannung bis zu 3000 kg erzeugt werden.

Aus Abb. 57 ist die Konstruktion der Form der Daumenscheibe zu ersehen, die besonders darauf Rücksicht nimmt, daß ein Springen des Fallgewichtes möglichst vollkommen vermieden wird, so daß die dadurch bedingten Fehlerquellen sicher ausgeschaltet werden.

Abb. 57 zeigt unten die für die Konstruktion der Daumenscheibe maßgebende Zeitwegkurve des Hammers. Die Strecke $\overline{AB}$ stellt den freien Fall dar, dann folgt der Rücksprung $\overline{BC}$. Um ein störungsfreies Arbeiten zu erzielen, muß der Nocken so gestaltet werden, daß er den Hammer dicht unterhalb des Scheitels der Rücksprungkurve abfängt. Ferner ist der Nocken so auszubilden, daß seine Mantelfläche hier ein Stück konzentrisch verläuft, so daß der Hammer keine Tangentialkräfte erfährt und ungestört „austrillern“ kann. Er ist dann vollständig zur Ruhe gekommen, wenn die Hubkurve $\overline{DE}$ beginnt. Diese ist sinusförmig ausgebildet, so daß auch die Beschleunigung sinusförmig verläuft und am Ende des Hubs wieder zu Null geworden ist. Schließlich folgt auf der Strecke $\overline{EA}$ nochmals eine Rast zur Ausschaltung kleiner Unregelmäßigkeiten. Endlich wird der Hammer bei A durch den Absatz des Nockens für den Fall freigegeben und das Spiel beginnt von neuem.

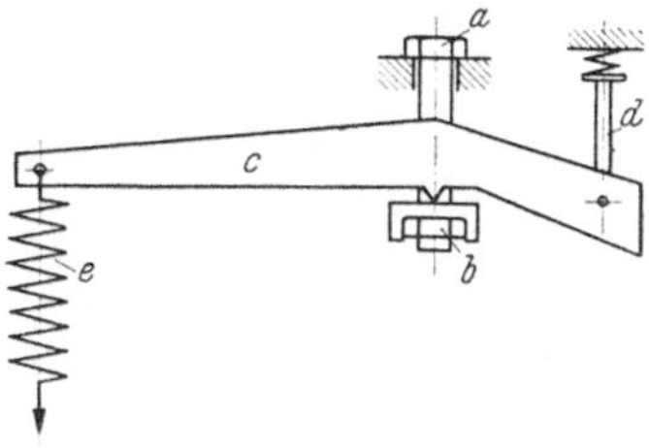

Abb. 56. Vorspanneinrichtung zur Maschine von THUM und DEBUS. *a* Probekörper (Schraube); *b* Mutter, die in den Kopf des Hammers eingesetzt ist und auf die der Schlag wirkt; *c* Vorspannhebel; *d* federnd abgestütztes Lager; *e* Vorspannfeder.

In Abb. 57 ist links oben die Nockenform dargestellt, die dieser Zeitwegkurve entspricht.

Die Höhe des Rücksprungs ändert sich mit der Beschaffenheit des Versuchsstückes. Um alle Fälle bewältigen zu können, wurden 5 verschiedene Nocken hergestellt, bei denen die Höhe der „Auffangstrecke“ entsprechend abgestuft war. Hiermit konnten alle Versuchsfälle erledigt werden.

Es gelang durch diese Gestaltung des Nockens, einen ruhigen Lauf der Maschine und eine auf dem jeweils eingestellten Wert genau gleichbleibende Schlagstärke zu erzielen. Nach zweijähriger Betriebsdauer konnte noch kein meßbarer Verschleiß des Nockens festgestellt werden.

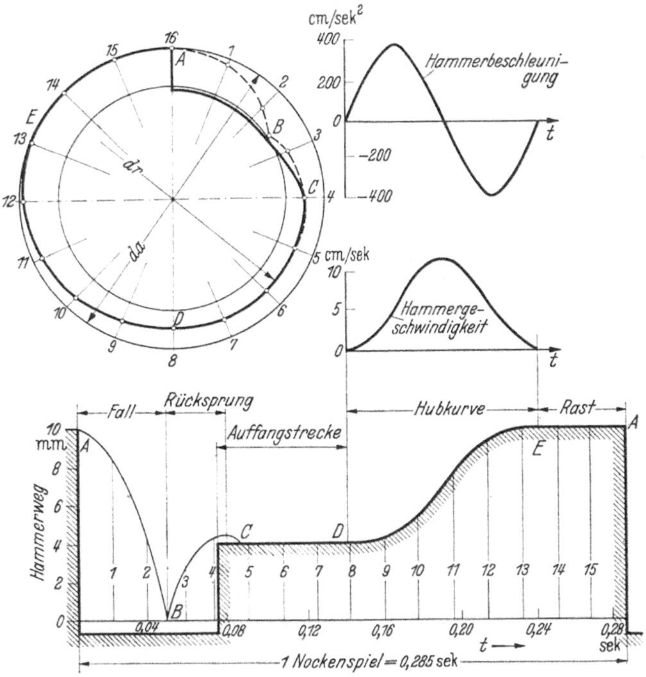

Abb. 57. Konstruktion der Daumenscheibe auf Grund der Zeitwegkurve des Hammers nach THUM und DEBUS.

Zur Messung der beim Dauerschlagversuch wirkenden Kräfte wurde ein *Schlagkraftmesser* entwickelt, der folgendermaßen arbeitet:

Der Schraubenkopf sitzt auf einem Stahlkörper, dessen Form aus Abb. 58 ersichtlich ist, und der im wesentlichen aus einem kurzen Schaft und zwei Flanschen besteht. Als Meßgröße dient die elastische Zusammendrückung des Schaftes, der so bemessen ist, daß durch die größten in Betracht kommenden

Kräfte eine Beanspruchung von nur 6 kg/mm² erzeugt wird. Der Meßkörper bildet ein mechanisches Schwingungssystem mit einer Eigenfrequenz von etwa 9000 Hz, so daß er dem steil ansteigenden Kraftverlauf des Schlagvorganges einwandfrei zu folgen vermag.

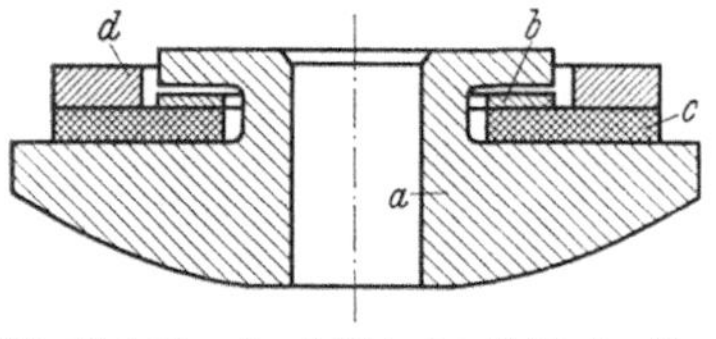

Abb. 58. Aufbau des elektrischen Schlagkraftmessers von THUM und DEBUS. *a* Druckkörper (geerdet); *b* spannungsführender Beleg des Meßkondensators; *c* Isolierplatte (geteilt); *d* Deckring zum Festspannen der Isolierplatte.

Die Längenänderungen des Schaftes werden dadurch gemessen, daß sie in Kapazitätsänderungen eines Meßkondensators umgewandelt werden, der den Strom in einem elektrischen Schwingungskreis beeinflußt. Der eine (geerdete) Beleg des Meßkondensators wird durch den oberen Flansch des Meßkörpers gebildet, der zweite (spannungsführende) Beleg durch einen Metallring, der isoliert auf dem unteren Flansch des Meßkörpers befestigt ist. Die elektrische Schaltung geht aus Abb. 59 hervor. Sie besteht in der Hauptsache aus dem Erregerkreis und dem Meßkreis. Der Erregerkreis ist im wesentlichen ein hochfrequenter Röhrengenerator, dessen Frequenz durch Verändern der Kapazität C_1 geregelt werden kann.

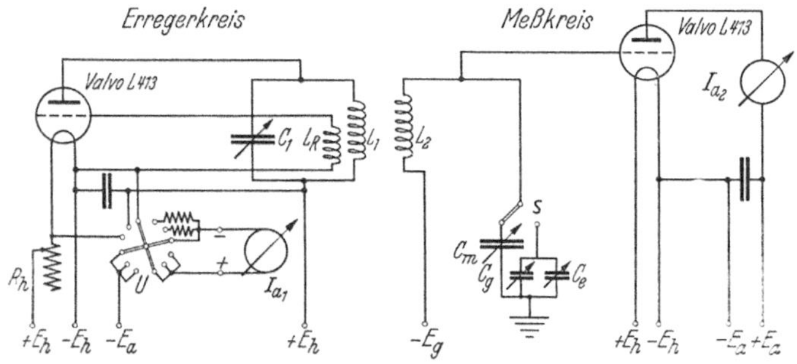

Abb. 59. Schaltschema des elektrischen Schlagkraftmessers von THUM und DEBUS.
Erregerkreis: L_1 Selbstinduktion; C_1 veränderliche Kapazität; L_R Rückkoppelung; I_{a_1} Anodenstrommesser; U Umschalter. Meßkreis: L_2 Selbstinduktion; C_m Meßkapazität; $C_g + C_e$ Vergleichskapazität; I_{a_2} Anodenstrommesser bzw. Oszillograph; S Umschalter zum wechselweisen Einschalten von C_m bzw. $C_g + C_e$ in den Meßkreis; E_h Heizspannung; E_a Anodenspannung; E_g Gittervorspannung.

Der Meßkreis ist ein einfacher, elektrischer Schwingungskreis, der induktiv an den Erregerkreis angekoppelt ist und dessen Kapazität durch den Meßkondensator gebildet wird. Die Spannung dieses Schwingungskreises liegt an dem Gitter einer Verstärkerröhre und steuert deren Anodenstrom. Dieser wird durch einen Oszillographen aufgezeichnet, und zwar durch eine Meßschleife mit einer Eigenfrequenz von 3500 Hz. Der Meßkreis wird durch den Erregerkreis zu erzwungenen Schwingungen angeregt. Dabei bleibt während der Messung die Erregerfrequenz gleich. Beide Kreise werden so abgestimmt, daß nahezu Resonanz herrscht. Ändert der Meßkondensator durch die Zusammendrückung des Meßkörpers seine Kapazität, so wird der Meßkreis entsprechend verstimmt und der Strom im Oszillographen ändert sich entsprechend der Verstimmung nach Maßgabe der Resonanzkurve (Abb. 60). Somit gelingt es durch geringe Kapazitätsänderungen große Änderungen des Meßstromes hervorzubringen. Um die Eichung jederzeit durchführen zu können, sind zwei parallel geschaltete Eichkondensatoren (für Grob- und Feineinstellung) vorgesehen, die wahlweise an Stelle des Meßkondensators eingeschaltet werden können. Die Einstellskala dieser Kondensatoren wird bei ruhender Belastung des Meßkörpers durch jeweiliges Abgleichen ihrer Kapazität mit der Meßkapazität unmittelbar nach der Belastung des Meßkörpers in Kilogramm geeicht.

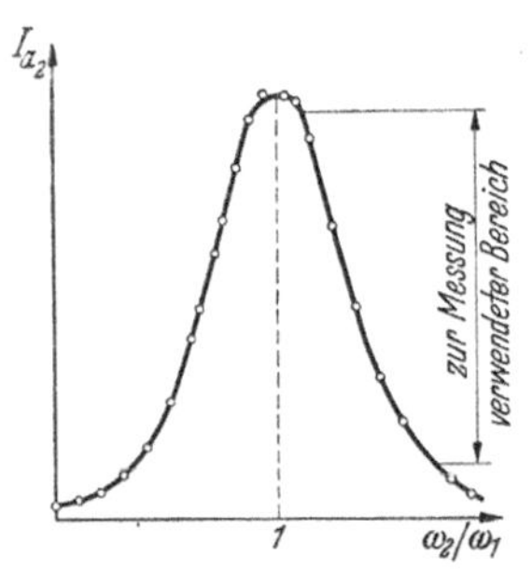

Abb. 60. Resonanzkurve des Anodenstromes I_{a_2} im Meßkreis bei dem Schlagkraftmesser von THUM und DEBUS. ω_1 Eigenfrequenz des Erregerkreises; ω_2 Eigenfrequenz des Meßkreises.

Mit diesem Gerät konnte die beim Dauerschlagversuch auf die Probe ausgeübte Kraft nach Größe und Verlauf einwandfrei gemessen werden. Es zeigte sich bei der Auswertung, daß die im Dauerschlagwerk festgestellte, der Grenzschlagarbeit entsprechende Dauerfestigkeit in kg/mm² genau gleich groß war, wie die Dauerfestigkeit entsprechender Proben, die auf einer Dauerprüfmaschine mit sinusförmigem Kraftverlauf untersucht wurden. Der Vergleich beider Meßergebnisse war bereits in Abb. 49 gegeben worden.

d) Das Dauerschlagwerk von SMITH und WARNOCK[1].

Diese Konstruktion ist einerseits wegen ihres neuartigen Antriebs, andererseits deshalb bemerkenswert, weil sie eine besonders große Schlagarbeit zu erzeugen gestattet. Diese kann bis zu 2200 cmkg betragen. Abb. 61 zeigt schematisch die wichtigsten Einzelheiten des Aufbaues.

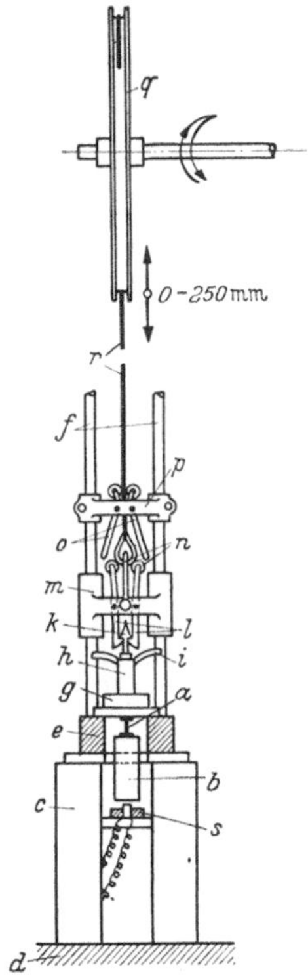

Abb. 61. Dauerschlagwerk von SMITH und WARNOCK. *a* Probestab; *b* Bär; *c* Amboß; *d* Betonfundament; *e* Flansch mit im Einsatz gehärteter Aufprallfläche; *f* Führungsstangen; *g* Flansch des Fallkörpers; *h* Bügel; *i* Querarm des Bügels *h*; *k* gehärtetes Formstück für den Greifer; *l* Sperrklinken; *m* Kreuzkopf; *n* Führungsrollen der Sperrklinken; *o* Führungsschienen für die Rollen *n*; *p* Querhaupt, das auf den Säulen *f* festgespannt wird; *q* Antriebsseilscheibe; *r* Zugseil für den Kreuzkopf; *s* Druckknopf für die Betätigung des selbsttätigen Ausschalters.

Auf einem gußeisernen Amboß *c* von rd. 700 kg Gewicht, der auf einem Betonfundament *d* verankert ist, ist ein Flansch *e* aus geschmiedetem Stahl befestigt. Der Außendurchmesser der oberen Ringfläche ist 265 mm, die Bohrung 140 mm. Die Aufschlagfläche ist im Einsatz gehärtet. In dem Flansch sind zwei Führungsstangen *f* befestigt, die am oberen Ende durch ein Querhaupt zusammengehalten werden. Der Fallkörper besteht aus dem Stahlflansch *g*, dem Prüfstab *a* und dem Bären *b*.

Der Flansch *g* trägt am Fuß einen Bund, der mit Ausschnitten versehen ist, die sich in den Säulen führen. Der Prüfstab *a* wird mit seinem oberen Ende in einer mit Gewinde versehenen Bohrung des Flansches *g* befestigt und durch eine Gegenmutter gesichert. Auf dem Flansch *g* ist ein Bügel *h* befestigt, der einen ebenfalls an den Säulen geführten Querarm *i* trägt. In der Mitte des Bügels *h* ist ein gehärtetes Formstück *k* angeordnet, das in eine Schneide ausläuft, unterhalb von der Schultern eingearbeitet sind. Hinter diese greifen zwei Sperrklinken *l*, die in dem Kreuzkopf *m* gelagert sind und deren Greifer durch Federn zusammengedrückt werden. Am oberen Ende der Sperrklinken sind Rollen *n* angeordnet, diese kommen mit Führungsschienen *o* in Eingriff, die an einem Querhaupt *p* befestigt sind, das an den Führungssäulen in der Höhe verstellt werden kann.

Wird der Kreuzkopf *m* durch das daran befestigte Drahtseil in die Höhe gezogen, so werden die oberen Enden der Sperrklinken *l* durch die Führungsschienen *o* zusammengedrückt, bis schließlich die Greifer die Schultern des Formstückes *k* freigeben, an denen das Fallgewicht hängt. Dieses fällt herab bis der Flansch *g* auf die gehärtete Amboßfläche aufprallt. Anschließend entlädt sich die in dem Bären *b* aufgespeicherte kinetische Energie auf den Prüfstab *a*, in dem sie eine entsprechende schlagartige Zugbeanspruchung hervorruft. Sodann kehrt der Kreuzkopf *m* seine Bewegung um, die Greifer der Sperrklinken *l* treffen dabei auf die Schneide des Formstückes *k*, von der sie auseinandergedrückt werden. Schließlich schnappen sie hinter die Schultern des Formstückes, der Kreuzkopf *m* kehrt seine Bewegung wieder um und das Spiel beginnt von neuem.

[1] MAILÄNDER, R.: Stahl u. Eisen 1928, S. 110.

Die auf- und abgehende Bewegung des Kreuzkopfes *m* wird durch folgende Anordnung hervorgebracht: Auf einer ortsfest gelagerten Welle sitzen zwei Seilscheiben. Auf der Scheibe *q* läuft das am Kreuzkopf *m* befestigte Seil *r*. An der zweiten, nicht gezeichneten Scheibe greift ein zweites Stahlseil an, das unter Zwischenschaltung eines Spannschlosses zur Pleuelstange eines Kurbelgetriebes mit verstellbarem Hub führt.

Das Kurbelgetriebe sitzt auf der Welle eines Schneckenvorgeleges mit Untersetzung 1:25, dessen Schnecke von einem Gleichstromregelmotor mit 2 PS Leistung angetrieben wird. In der Regel läuft der Motor mit einer Drehzahl von $n = 1000$/min, so daß das Schlagwerk 40 Schläge je Minute liefert.

Beim Umlaufen der Kurbel wird der Kreuzkopf *m* in sinusförmig schwingende Bewegung versetzt. Dabei ist der Hub durch Einstellen des Kurbelradius zwangläufig gegeben. Die untere Grenzlage, die für das einwandfreie Arbeiten der Klinken maßgebend ist, muß durch entsprechende Einstellung des Spannschlosses feinfühlig eingeregelt werden. Beim Bruch des Prüfstabes fällt der Bär auf einen in dem Grundgestell angeordneten Gummipuffer. Dabei drückt er einen Druckknopf *s* herunter, der einen Kontakt schließt, durch den der automatische Schalter des Motors ausgelöst wird. Ein mit der Schneckenradwelle direkt gekuppeltes Zählwerk zeigt die Anzahl der bis zum Bruch ertragenen Schläge an.

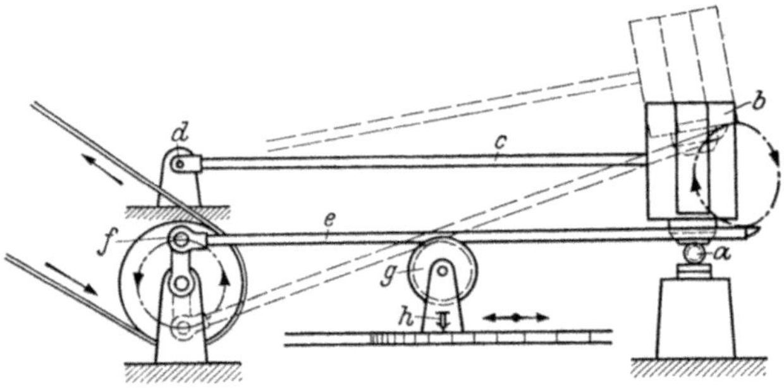

Abb. 62. Dauerschlagwerk von STANTON mit Kurbelantrieb. *a* Probestab; *b* Hammer; *c* Hammerstiel; *d* Drehgelenk des Hammerstieles; *e* Antriebsstange; *f* Kurbelzapfen; *g* Stützrolle für die Antriebsstange; *h* Lagerbock der Stützrolle, verstellbar.

e) Das mit Kurbelantrieb arbeitende Dauerschlagwerk von STANTON[1].

Ein weiteres von STANTON entwickeltes Dauerschlagwerk, dessen Antrieb von den bisher beschriebenen Konstruktionen abweicht, zeigt Abb. 62.

Der Hammer *b* sitzt an einem Stiel *c*, der um ein ortsfest im Maschinengestell angeordnetes Gelenk *d* drehbar ist. Der Antrieb erfolgt durch eine Stange *e*, deren eines Ende nach Art eines Pleuels in den Kurbelzapfen *f* der Antriebswelle eingreift. Die Stange *e* wird etwa in ihrer Mitte durch eine Rolle *g* gestützt, deren Lagerbock *h* in Längsrichtung der Stange *e* verschoben werden kann.

Das Ende der Stange *e* beschreibt dann eine ellipsenförmige Bahn, deren Höhe von der Form und Lage der Rolle *g* abhängt. Es greift mit einem seitlichen Ansatz unter den Hammer *b* und hebt ihn hoch. Etwa vor Erreichen des höchsten Punktes der Ellipse kommt der Ansatz an der Kante einer Einfräßung des Hammers außer Eingriff und dieser fällt auf die Probe herab, worauf sich das Spiel wiederholt. Die größte Hubhöhe wird mit 90 mm angegeben. Der Prüfstab hat einen Durchmesser von 12,7 mm und trägt in der Mitte einen Kerb. Er wird auf zwei Schneiden mit 115 mm Mittenabstand gelagert. Die Schneiden sind etwas hohl ausgeführt. Auf der einen Seite wird der Prüfstab durch eine Feder gehalten, das andere Ende wird in eine Klaue eingespannt, mit der der Stab zwischen zwei Schlägen um 180° gedreht wird. Die Klaue ist durch eine biegsame Welle mit dem antreibenden Zahnrad verbunden, so daß der Schlag nicht auf das Zahnrad kommt, sondern vollständig von den Schneiden aufgenommen wird.

[1] STANTON, E.: Engineering 1910 I, S. 572.

3. Schnellaufende Sonderbauarten.

a) Das Dauerschlagwerk von AMSLER[1].

Das Dauerschlagwerk von AMSLER setzt zwecks Erzielung einer sehr raschen Schlagfolge bis zu 600 Schlägen in der Minute den Hammer der Einwirkung einer Federkraft aus. Diese Anordnung bewirkt, daß die Beschleunigung der Hammermasse auf den mehrfachen Betrag der Fallbeschleunigung erhöht werden kann. Die Einzelheiten der Konstruktion sind aus Abb. 63 zu ersehen.

Der schlittenförmig ausgebildete Hammer *b* wird in dem Gestell *c* des Schlagwerkes in senkrechter Richtung durch Rollenpaare *d* gerade geführt. An zwei, in der Mitte des Hammers angeordneten seitlichen Ansätzen greifen die beiden Druckfedern *e* an, die mit großem Federungsweg vorgespannt sind, damit die Federkraft über den ganzen Hub des Hammers angenähert gleich bleibt. Der

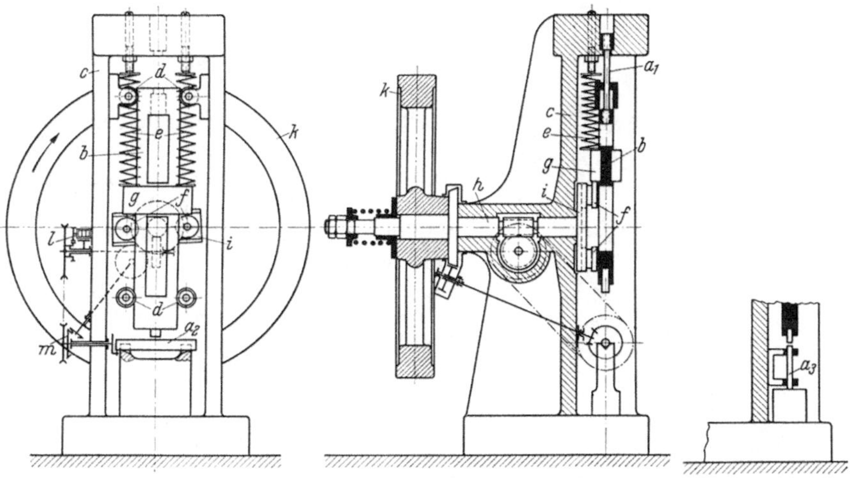

Abb. 63. Dauerschlagwerk von AMSLER.
a_1 Probestab für den Zugversuch; a_2 Probestab für den Biegeversuch; a_3 Probestab für den Druckversuch; *b* Hammer; *c* Gestell; *d* Rollenpaare zur Führung des Hammers; *e* Druckfedern; *f* Hubrollen; *g* Querschiene des Hammers; *h* Hauptwelle; *i* Querhaupt der Hauptwelle, in dem die Hubrollen *f* gelagert sind; *k* Schwungrad; *l* Zählwerk; *m* Drehvorrichtung für den Biegestab.

Hammer wird durch die Federkraft gegen die Hubrollen *f* gedrückt, die mit der in der Mitte des Hammers befestigten Querschiene *g* in Eingriff stehen. Die Hubrollen sind in einem am Ende der Hauptwelle *h* befestigten Querhaupt *i* gelagert. Der Hammer *b* wird also während einer Umdrehung zweimal angehoben. Die Vorspannung der Federn *e* ist so zu bemessen, daß der Hammer sich auch bei der größten Drehzahl des Schlagwerkes nicht von den Rollen *f* abhebt. Kurz vor der Mittellage des Rollenquerhauptes *i* trifft der Hammer auf die Probe *a* auf und entlädt hier seine kinetische Energie $\frac{m}{2} \cdot v^2$. Dabei ist die Geschwindigkeit $v = 0{,}1045 \cdot n \cdot s$ cm/s, wobei n = minutliche Drehzahl der Hauptwelle (in der Regel 300/min), s = Abstand der Hub-Rollenachsen von der Drehachse in cm.

Kurz darauf wird der Hammer von der zweiten Rolle wieder angehoben und das Spiel wiederholt sich.

Die Schlagarbeit kann einerseits durch Regeln der Drehzahl *n*, andererseits durch Verstellen des Rollenachsabstandes *s*, der zwischen 20 und 50 mm einstellbar ist, in den Grenzen von 7 bis 40 cmkg geregelt werden.

[1] Z. VDI 1925, S. 1445. — Druckschriften der Fa. Amsler-Schaffhausen.

Ein Schwungrad *k* sorgt für gleichmäßigen Gang. Bei Bruch der Probe wird die Maschine durch einen selbsttätig wirkenden Schalter stillgesetzt. Ein Zählwerk *l* gibt die Schlagzahl an.

Auch dieses Dauerschlagwerk ist für Zug-, Druck- und Biegebeanspruchung eingerichtet. Die Anordnung der Proben für die 3 Fälle ist aus Abb. 63 zu ersehen.

Beim Biegeversuch wird der Probestab mit gleichmäßiger Geschwindigkeit langsam um seine Achse gedreht. Außerdem ist noch eine Vorrichtung *m* vorhanden, die den Probestab nach jedem Schlag um 180° verdreht, und die wahlweise eingeschaltet werden kann. Beide Vorrichtungen werden von der Hauptwelle angetrieben. Abb. 64 zeigt eine Ansicht des Dauerschlagwerkes.

Abb. 64. Ansicht des Dauerschlagwerkes von AMSLER.

b) Das Dauerschlagwerk von MAYBACH[1].

Das Dauerschlagwerk von MAYBACH erzeugt die schlagartige Beanspruchung nicht durch die kinetische Energie einer Hammermasse, sondern dadurch, daß dem Probestab in rasch aufeinanderfolgenden Abständen eine kurzzeitige Durchbiegung von meßbarer Größe aufgezwungen wird. Da zwischen Durchbiegung und Beanspruchung ein einfacher Zusammenhang besteht, läßt sich auch ohne weiteres die Größe der bei dem Dauerschlagversuch aufgebrachten Beanspruchungsspitze angeben. Abb. 65 zeigt die Konstruktion der neueren Bauart des MAYBACHschen Dauerschlagwerkes in Grund und Aufriß und in den wichtigsten Schnitten[2]. Der zylindrische Probestab *a* besitzt einen Schaft von 7 mm Dmr. und 78 mm Länge und ist am einen Ende mit einem Vierkant *b* versehen. Er wird an seinen Enden von Halblagerstellen des Schlittens *c* aufgenommen, während symmetrisch zur Mitte in einem Abstand von je 22 mm zwei außen kugelig abgedrehte Lagerbüchsen *d* aufgeschoben sind. Diese stützen sich auf entsprechend ausgebildete Pfannen *e*, die am Ende von Blattfedern *f* sitzen und durch diese mit einer für eine sichere Halterung des Probestabes ausreichenden Vorspannung angedrückt werden.

Die stoßartige Beanspruchung wird durch gehärtete Rollen *g* hervorgebracht, die zwischen zwei auf der Hauptwelle *h* angeordneten Scheibenpaaren *i* auf gehärteten Bolzen *k* gelagert sind und mit Nocken in Eingriff kommen, die am oberen Ende der Blattfedern *f* angeordnet sind. Insgesamt sind je 4 Rollen, die um 90° gegeneinander versetzt sind, vorgesehen. Sie sind so ausgerichtet, daß sie die Stoßnocken jeweils genau gleichzeitig treffen und um den gleichen Betrag vordrücken. Der Schlitten *c* ist in einer Führung des Maschinengehäuses in waagerechter Richtung verschiebbar. Er kann mit Hilfe des Keiles *m* feinfühlig um meßbare Beträge verstellt werden, wobei die Bewegung des Keiles *m* durch die an ihm angelenkte Spindel *n* bewirkt wird, die in die Nabe des am

[1] Druckschriften der Fa. Mohr u. Federhaff, Mannheim und K. LAUTE, Z. Metallkde. Bd. 28 (1936) S. 233, zeigen die ältere Ausführung.

[2] DRP. 522 424.

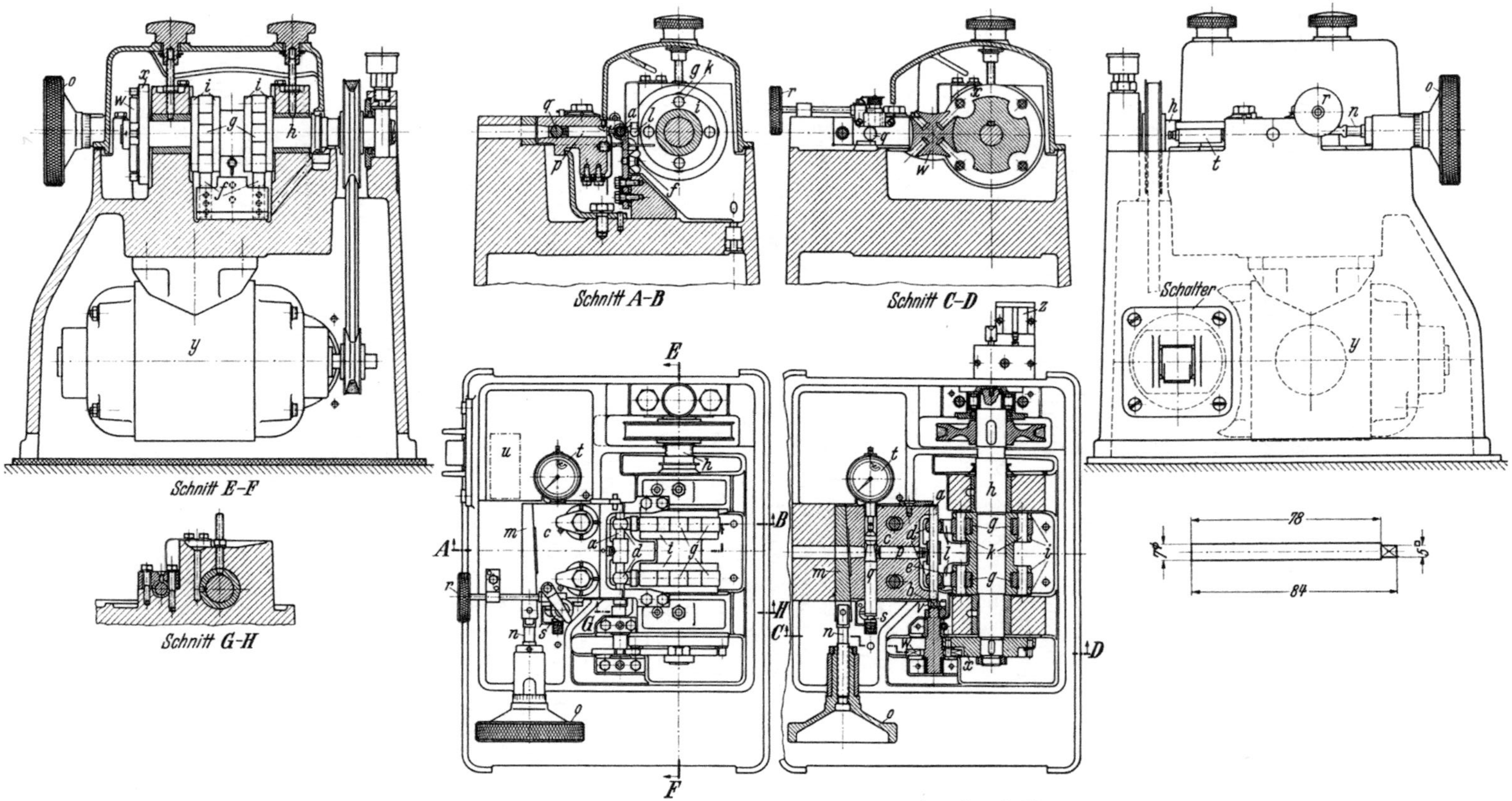

Abb. 65. Dauerschlagwerk der Maybach-Motorenbau G. m. b. H.

a Probestab; *b* Vierkant am Ende des Probestabes; *c* Schlitten; *d* Lagerbüchsen außen kugelig abgedreht; *e* Pfannen für die Lagerbüchsen *d*; *f* Blattfedern; *g* Stoßrollen; *h* Hauptwelle; *i* Scheibenpaare auf der Hauptwelle *h*; *k* gehärtete Bolzen zur Lagerung der Stoßrollen; *l* Stoßnocken an den Blattfedern *f*; *m* Keil zur Verschiebung des Schlittens; *n* Spindel zur Verstellung des Keiles *m*; *o* Handrad zur Verstellung des Keiles *m*; *p* Taststift; *q* Stellbolzen zum Taststift; *r* Fühlschraube mit Schneckentrieb zur Verschiebung des Stellbolzens *q*; *s* Eindrehung am Ende des Stellbolzens; *t* Meßuhr zur Anzeige der Durchbiegung des Probestabes; *u* Glimmlampe; *v* Mitnehmer auf den Vierkant *b* gesetzt; *w* Malteserkreuz; *x* Stiftrad zum Malteserkreuz; *y* Antriebsmotor; *z* Zählwerk.

Maschinengehäuse gelagerten Handrades *o* eingreift, das auch eine Teilung zur Messung des Verstellweges trägt.

Die Größe der Durchbiegung, die dem Probestab durch die Schlagrollen erteilt wird, ist an sich bereits durch die Stellung des Schlittens *c* eindeutig festgelegt. Sie wird jedoch außerdem noch unabhängig hiervon auf folgende Weise gemessen. In dem Schlitten *c* ist ein Taststift *p* derart gelagert, daß er senkrecht zur Probestabachse verschoben werden kann. Die Verschiebung wird durch den mit einer Kegelfläche versehenen Stellbolzen *q* bewirkt, der in einer Querbohrung des Schlittens gleitet und gegen den der Taststift durch eine Feder gedrückt wird.

Die Verschiebung des Bolzens *r* wird durch eine Fühlschraube mit Schneckentrieb *r* vorgenommen. An der Achse des Schneckenrades sitzt exzentrisch ein Stift, der in die Eindrehung *s* des Stellbolzens eingreift. Dabei wird der Verschiebungsweg, der gleichzeitig ein Maß für die Durchbiegung des Probestabes und damit für seine Beanspruchung ist, durch die Meßuhr *t* angezeigt. Die Verstellung muß derart erfolgen, daß der Probestab *a* den Taststift *p* im Augenblick größter Durchbiegung gerade berührt. Dies wird dadurch festgestellt, daß die Spitze des Taststiftes isoliert eingesetzt und mit dem einen Pol einer Batterie verbunden ist, deren anderer Pol an dem Maschinengehäuse liegt. Beim Berühren wird eine in das Maschinengehäuse eingebaute Glimmlampe *u* zum Aufleuchten gebracht.

Der Zusammenhang zwischen der gemessenen Durchbiegung und der zugehörigen Biegebeanspruchung des Probestabes wird durch einen statischen Eichversuch festgestellt.

Auf dem Vierkant *b* des Probestabes wird ein Mitnehmer *v* aufgesetzt, der mit einem Anschlag in Eingriff steht. Dieser sitzt auf der Welle eines vierarmigen „Malteserkreuzes" *w*, das durch das auf der Hauptwelle sitzende Stiftrad *x* nach jedem Schlag um 90° gedreht wird, womit auch der Probestab eine entsprechende Drehung erfährt. Die Hauptwelle wird von einem Motor *y*, der eine Leistung von etwa 0,5 kW hat, über ein Keilriemenvorgelege mit einer Drehzahl von rd. 1500/min in Drehung versetzt, so daß der Probestab 6000 Schläge je Minute erfährt. Beim Bruch des Probestabes wird die Maschine durch einen Ausschaltkontakt selbsttätig stillgesetzt. Ein mit der Hauptwelle gekuppeltes Zählwerk *z* gibt die Anzahl der bis zum Bruch ertragenen Schläge an.

Während der Prüfung werden Probestab und Schlagrollen reichlich mit Öl bespült. Der leicht abnehmbare, öldicht aufgesetzte Deckel der Maschine ist mit einem Fenster versehen, so daß die Probe während der Prüfung beobachtet werden kann. Beim Bruch wird der Probestab durch einen um seine Mitte greifenden Halter aufgefangen.

Die Maschine wird in 3 Größen für Stabdurchmesser von 11, 9 und 7 mm und Stabschaftlängen von 230, 120 und 78 mm gebaut. Die größte Ausführungsform ist auch zur Durchführung von Korrosionsdauerversuchen sowie für Prüfungen bei hohen und tiefen Temperaturen eingerichtet.

Das MAYBACHsche Dauerschlagwerk besitzt, unter allen bisher gebauten Schlagwerken die weitaus höchste Arbeitsgeschwindigkeit. Ein weiterer Vorzug besteht darin, daß die Größe der beim Schlag auftretenden Beanspruchung mit einfachen Mitteln genau gemessen werden kann. Wesentlich ist schließlich, daß der Probestab nach jedem Schlag losgelöst von dem Schlagkörper frei ausschwingen kann. Dabei entsteht die Schwingungsbeanspruchung unter Wirkung der Eigenmasse des Probestabes, so daß alle Einspanneinflüsse in Wegfall kommen und der Probestab ohne Nachteile glatt zylindrisch und ohne Einspannköpfe ausgebildet werden kann.

IV. Prüfmaschinen für schwingende Beanspruchung.

Von **Ernst Lehr**, Augsburg.

A. Aufgabe und Einteilung der Dauerprüfmaschinen.

Die Dauerprüfmaschinen für schwingende Beanspruchung sollen zur Bestimmung der Dauerfestigkeit (Schwingungsfestigkeit) an Probestäben und ganzen Konstruktionsteilen dienen. Sie müssen mit allen Einrichtungen versehen sein, die zur Aufnahme von einwandfreien Wöhler-Schaubildern (vgl. Bd. II, Abschn. III B 1 b) benötigt werden. Es sind dies im wesentlichen:

1. Einrichtungen zur Erzeugung und Messung der Wechselbeanspruchung.

2. Regeleinrichtungen, die dafür sorgen, daß die Grenzen, zwischen denen die Belastung schwingt, während der gesamten Versuchsdauer mit genügender Genauigkeit gleichgehalten werden[1].

3. Einspannvorrichtungen zur Einspannung oder Lagerung des Probekörpers in der Prüfmaschine und zur einwandfreien Übertragung der Wechselkraft auf den Probekörper.

4. Vorrichtungen, welche die Maschine beim Eintritt des Dauerbruches der Probe selbsttätig abschalten und die Anzahl der vom Beginn des Versuches bis zum Bruch ertragenen Lastspiele selbsttätig anzeigen.

Die meisten Dauerprüfmaschinen sind so gebaut, daß lediglich Probestäbe bestimmter Abmessungen darauf untersucht werden können. Nur wenige Ausführungsformen gestatten die Prüfung von Konstruktionsteilen beliebiger Form. Die Regelung ist so eingerichtet, daß entweder die *Formänderung* der Probe zwischen zwei Grenzwerten gehalten wird, oder daß die Grenzwerte, zwischen denen die *Belastung* schwingt, gleich bleiben. Hinsichtlich des Ergebnisses besteht zwischen beiden Arten der Regelung praktisch kein Unterschied. Im übrigen lassen sich die Dauerprüfmaschinen nach der Beanspruchungsart des Probekörpers in drei Klassen einteilen, nämlich:

I. Dauerprüfmaschinen für Zug-Druckbeanspruchung,

II. Dauerprüfmaschinen für Verdrehungsbeanspruchung,

III. Dauerprüfmaschinen für Biegebeanspruchung,

bei denen wiederum zwischen Maschinen zur Prüfung umlaufender Probestäbe und solchen zur Prüfung von Flachproben, die hin- und hergebogen werden, zu unterscheiden ist.

Verschiedene Ausführungsformen gestatten, wahlweise zwei Beanspruchungsarten durchzuführen, z. B. Zug-Druck- und Biegebeanspruchung, oder Verdrehungsbeanspruchung und Biegebeanspruchung von Flachproben.

Vereinzelt sind Maschinen für zusammengesetzte Wechselbeanspruchung, z. B. zur Überlagerung von Biege- und Drehwechselbeanspruchung oder von Zug-Druck- und Drehwechselbeanspruchung gebaut worden. Daneben gibt

---

[1] Eine Regeleinrichtung gilt als hinreichend genau, wenn die Schwankungen der Lastgrenzen kleiner bleiben als $\pm 2\%$ des jeweiligen Wertes.

es Sonderprüfmaschinen für bestimmte Zwecke, z. B. zur Schwingungsprüfung von Federn, zur Prüfung von Behältern unter innerem Überdruck, zur Prüfung von Nietverbindungen usw.

Die Dauerprüfmaschinen blicken auf eine mehr als 60jährige Entwicklung zurück, jedoch wurden die Konstruktionen erst in den letzten 15 Jahren auf eine der modernen Technik entsprechende Höhe gebracht. Es ist eine große Fülle von Ausführungsformen entstanden. Diese lassen sich jedoch auf eine beschränkte Anzahl von grundsätzlichen Anordnungen zurückführen. Viele Ausführungsformen haben nur noch geschichtliche Bedeutung. Die nachstehende Darstellung ist bestrebt, in systematischer Ordnung einen möglichst vollständigen Überblick über die wichtigsten der bisher ausgeführten Anordnungen und ihre Bauformen zu bringen. An Hand dieser Darstellung wird sich der Werkstoffprüfer von Fall zu Fall selbst ein zuverlässiges Bild über die Vorzüge und Nachteile der einzelnen Maschinen bilden können. Im Schrifttum sind die wichtigsten Originalarbeiten angegeben[1].

B. Zug-Druck-Dauerprüfmaschinen.

Die Dauerprüfmaschinen für schwingende Zug-Druckbeanspruchung lassen sich nach Art der Wechselkrafterzeugung in 6 Gruppen einteilen, die mit ihren wichtigsten Ausführungsformen nachstehend besprochen werden.

1. Krafterzeugung durch einen Kurbeltrieb in Verbindung mit einer Feder.

a) Maschine von JASPER.

Das Konstruktionsprinzip dieser Gruppe von Zug-Druckmaschinen wird in seiner einfachsten Form durch die von JASPER[2] angegebene Anordnung (Abb. 1). verkörpert.

Der eine Spannkopf des Prüfstabes *a* ist in einem Spannfutter *b* befestigt, das mit dem Grundgestell *c* der Maschine verschraubt ist, wobei es mit Hilfe der beiden Muttern *d* in Richtung der Prüfstabachse verschoben werden kann. Der zweite Probestabkopf ist in ein Futter *e* gespannt, das sich in Richtung der Prüfstabachse in einer Gleitführung *f* des Grundgestells frei bewegen kann. Das andere Ende dieses Futters ist als Federmutter ausgebildet, in der die Endwindungen einer Schraubenfeder *g* derart befestigt sind, daß die Feder auf Zug oder Druck beansprucht werden kann. Das zweite Ende der Feder *g* ist in gleicher Weise mit dem in der Gleitführung *i* des Grundgestells geführten Kreuzkopf *h* verbunden, der durch ein Schubkurbelgetriebe *k* angetrieben wird.

Läuft das Kurbelgetriebe um, so wird die Feder *g* abwechselnd zusammengedrückt und gedehnt, wobei der zeitliche Verlauf des Federweges sinusförmig ist. Dementsprechend wird auf das Spannfutter *e* und damit auf den Prüfstab *a* eine sinusförmig veränderliche Zug-Druckkraft ausgeübt. Als Maß für die Größe dieser Kraft dient die Bewegung, welche die Spannköpfe der Feder relativ zueinander ausführen. Sie wird in der aus Abb. 1 ersichtlichen Weise durch Abtasten der Endstellungen eines mit dem Kreuzkopf *h* verbundenen Zeigers *m*

[1] Zusammenfassende Arbeiten über Dauerfestigkeit und Dauerprüfmaschinen: FÖPPL, O., E. BECKER u. G. v. HEYDEKAMPF: Die Dauerprüfung der Werkstoffe. Berlin: Julius Springer 1929. — GRAF, O.: Die Dauerfestigkeit der Werkstoffe und der Konstruktionselemente. Berlin: Julius Springer 1929. — GOUGH, H. J.: The Fatigue of Metals. London 1924. — HEROLD, W.: Die Wechselfestigkeit metallischer Werkstoffe. Wien: Julius Springer 1934. — MAILÄNDER, R.: Stahl u. Eisen Bd. 44 (1924) S. 585, 624, 657, 684, 719.

[2] MOORE u. KOMMERS: The Fatigue of Metals. London: Mc. Graw Hill Book Comp. Inc. 1927.

gemessen. Zum Abtasten dienen zwei Mikrometerschrauben *n*, die an einer mit dem Spannfutter *e* verbundenen Stange *o* sitzen, welche die Bewegung des Futters *e* mitmacht, so daß die Relativbewegung der Federspannköpfe gegeneinander gemessen wird. Da die Feder *g* geeicht ist, kann die Messung der Federdehnung unmittelbar als Maß für die auf den Probestab ausgeübte Wechselbeanspruchung dienen.

Nach Angabe von JASPER konnte diese Anordnung mit Rücksicht auf Resonanzerscheinungen in der Feder *g* und auf die Massenkräfte der bewegten Teile nur bis zu einer Drehzahl von etwa $n = 200$/min betrieben werden. Der Größtwert der Federkraft wird mit rd. $\pm$ 1000 kg angegeben. Durch entsprechende Verschiebung des Spannfutters *b* mit Hilfe der Muttern *d* kann die Feder *g* auf Zug oder Druck vorgespannt werden, so daß man in der Lage ist, der Schwingungsbeanspruchung eine beliebige Mittelspannung auf Zug oder Druck zu überlagern und vollständige Dauerfestigkeitsschaubilder aufzunehmen.

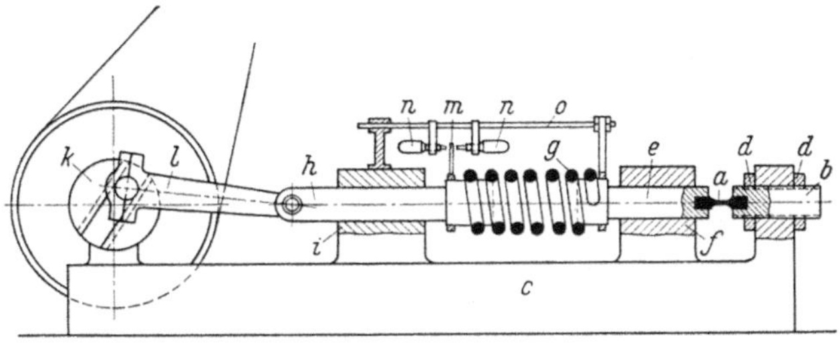

Abb. 1. Federkraftmaschine von JASPER. $P_{max} = \pm 1000$ kg, $n = 200$/min. *a* Probestab; *b* festes Spannfutter; *c* Grundgestell der Maschine; *d* Muttern zur Verschiebung des festen Spannfutters *b* in Richtung der Probestabachse zwecks Einstellung einer Vorspannung; *e* bewegliches Spannfutter; *f* Gleitführung für das bewegliche Spannfutter *e*; *g* geeichte Schraubenfeder; *h* Kreuzkopf; *i* Gleitführung für den Kreuzkopf; *k* Kurbel mit verstellbarem Hub; *l* Pleuelstange; *m* Zeiger am Kreuzkopf *h*; *n* Mikrometerschrauben; *o* mit dem beweglichen Spannfutter *e* fest verbundene Stange, an der die Mikrometerschrauben *n* befestigt sind.

Die Anordnung dieser Maschine ist sehr einfach und übersichtlich. Ein wesentlicher Nachteil ist jedoch die niedrige Drehzahl. Er läßt sich durch Wahl einer Feder mit hoher Eigenschwingungszahl und sorgfältige Konstruktion des Triebwerkes beseitigen. Ferner sollte zur einwandfreien Messung der Beanspruchung zwischen den Spannkopf *b* und den Probestab *a* ein Federkraftmesser (Meßbügel) geschaltet werden. Denn, wenn man als Maß für die Größe der Wechselkraft lediglich die elastische Dehnung der Antriebsfeder benutzt, so bleiben dabei die Massenkräfte des Einspannkopfes *e* unberücksichtigt, und es können bei höherer Drehzahl wesentliche Meßfehler entstehen. Im übrigen sei darauf hingewiesen, daß bei dieser Art von Maschinen die *gesamte* auf den Probestab ausgeübte Kraft von den Lagerstellen des Kurbelgetriebes aufgenommen werden muß. Demgemäß hängt die Betriebssicherheit in erster Linie von der sorgfältigen Ausbildung und Schmierung der Lager und Gleitführungen ab.

Eine besondere Regeleinrichtung erübrigt sich, da die Dehnung des Probestabes gegenüber den Dehnungen der Feder *g* vernachlässigt werden kann. Bei gleichbleibendem Hub hält die Maschine die Grenzen der schwingenden Belastung konstant.

b) Maschine von A. WÖHLER.

Auch die von AUGUST WÖHLER konstruierte Maschine zur Ermittlung der Zugschwellfestigkeit, die wohl als erste überhaupt gebaute Dauerprüfmaschine anzusprechen ist, war eine Federkraftmaschine mit Kurbelantrieb[1]. Abb. 2 zeigt den Aufbau. Der Prüfstab *a* wird an seinen Enden von Futtern *b*, *c* aufgenommen, in denen sich Kugelpfannen *d* frei einstellen können. Das obere Spannfutter *c* hängt mittels Pfannen *e* in Schneiden des zweiarmigen Hebels *f*, der sich mit den Schneiden *g* auf das Grundgestell stützt. Am Ende des

[1] WÖHLER, A.: Z. Bauw. Bd. 16 (1866) S. 67; Bd. 20 (1870) S. 73.

Hebels *f* ist über ein Gehänge *h* ein Zwischenhebel *i* angelenkt, dessen zweites Ende auf den kurzen Arm des Kraftmeßhebels *k* drückt. In der Mitte des Zwischenhebels *i* greift eine S-förmig gebogene Blattfeder *l* an. Ihr anderes Ende ist mit einer Zugstange *m* verbunden, an der ein Bolzen *n* angreift, der mittels der Muttern *o* gespannt wird und so der Feder *l* eine Vorspannung erteilt. Hierdurch wird die untere Grenze der Belastung festgelegt. In einen Schlitz der Zugstange *m* greift ein an dem Antriebshebel *p* sitzender Querbolzen *q*, der bei Bewegung nach unten die Zugstange *m* mitnimmt und die Feder *l* spannt, wobei die Beanspruchung im Prüfstab ansteigt, und zwar so lange, bis sich der Kraftmeßhebel *k* von dem Anschlag *r* abhebt, auf den er durch die Spannung der

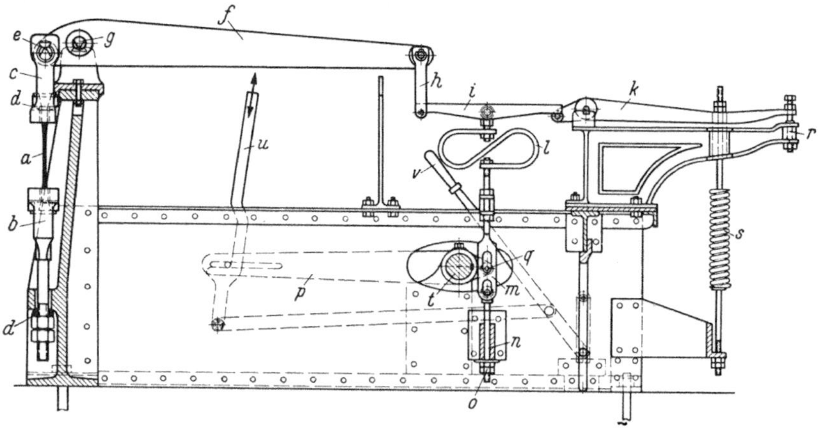

Abb. 2. Dauerprüfmaschine für schwellende Zugbeanspruchung von A. WÖHLER.
a Probestab; *b* und *c* Futter für den Probestab mit *d* Kugelpfannen; *e* Schneidenpfannen des Spannfutters *c*; *f* zweiarmiger Belastungshebel; *g* Stützschneiden des Hebels *f*; *h* Gehänge; *i* Zwischenhebel; *k* Hebel für die Kraftmessung; *l* S-förmige Belastungsfeder; *m* Zugstange mit Schlitten; *n* Spannbolzen; *o* Muttern zum Spannbolzen; *p* Antriebshebel; *q* Querbolzen zum Antriebshebel; *r* Anschlag für den Kraftmesserhebel *k*; *s* geeichte Feder für die Kraftmessung; *t* Hauptantriebswelle; *u* Antriebsstoßstange; *v* Ausschaltvorrichtung.

geeichten Feder *s* gezogen wird. Die obere Lastgrenze wird also durch die Feder *s* eingestellt und es besteht die Möglichkeit, durch Ändern der Federspannung diese Grenze in einem weiten Bereich zu ändern, während der Antriebshebel mit gleichbleibendem Hub arbeitet. Die Hauptwelle *t*, auf welcher der Antriebshebel *p* aufgekeilt ist, wird durch die von einem Kurbelgetriebe betätigte Stoßstange *u* mit $n = 100$/min in schwingende Bewegung versetzt.

Die Maschine besitzt vier Belastungssysteme der beschriebenen Art, die gleichzeitig von der Hauptwelle angetrieben werden, wobei die Lastgrenzen innerhalb des Meßbereiches für jeden Stab anders eingestellt werden können[1].

Diese Anordnung besitzt insofern besondere *geschichtliche* Bedeutung, als auf ihr die ersten Dauerversuche mit schwellender Zugbeanspruchung durchgeführt wurden.

c) Maschine von G. WELTER.

Eine neuzeitliche Ausführungsform des von JASPER angegebenen Prinzips zeigt die Maschine von WELTER[2] (Abb. 3).

Der Probestab *a* ist am einen Ende in das Gestell der Maschine eingespannt, während das Spannfutter für das zweite Ende an dem kurzen Arm eines Winkelhebels *b* drehbar gelagert ist und außerdem in einer Führung des Grundgestells

[1] Die Maschine ist heute im Deutschen Museum in München aufgestellt.

[2] WELTER: International Association for testing Material, Kongress London, April 1937, Vorberichte, Gruppe A Metalle, S. 30.

gehalten wird, um die Übertragung von zusätzlichen Biegebeanspruchungen auf den Probestab zu vermeiden.

Der Federantrieb besteht aus einem Kurbeltrieb *c* mit verstellbarem Hub. Seine Pleuelstange *d* greift an einem Kolben *e* an, der sich in einer Hülse *f* bewegt und gegen den von beiden Seiten die Schraubenfedern *g* eines dreifachen Federsatzes vorgespannt sind. Die Hülse *f* gleitet in der Bohrung des Zylinders *h* der Maschine und ist durch einen in der Mitte ihres oberen Abschlußdeckels angreifenden Bolzen mit dem langen Arm des Winkelhebels *b* verbunden.

Zur Erzielung einer Zugvorspannung dient ein weiterer Federsatz *i*, der in einer Hülse *k* untergebracht ist, die ihrerseits an einem weiteren Gelenkpunkt des Winkelhebels *b* angreift. Die Federspannung kann mittels der Schraube *l* nach einer Teilung auf der Hülse *k* eingestellt werden.

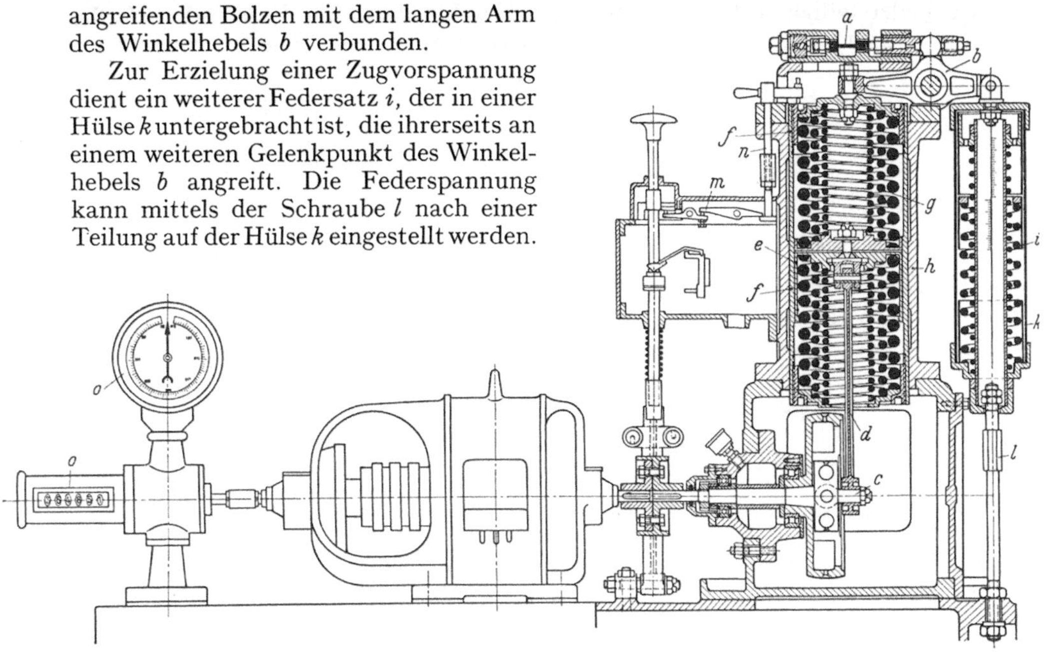

Abb. 3. Federkraftmaschine von WELTER. $P_{max} = \pm 1250$ kg, $n = 1000$/min.
a Probestab; *b* Winkelhebel; *c* Kurbel mit verstellbarem Hub; *d* Pleuelstange; *e* Kolben; *f* Federhülse; *g* dreifacher Satz Schraubenfedern; *h* Zylinder des Maschinengestelles; *i* Federsatz zur Erzeugung einer Vorspannung; *k* Hülse der Vorspannfedern; *l* Spannschraube zum Einstellen der Vorspannung; *m* selbsttätige Ausschaltvorrichtung; *n* Stoßstange der Ausschaltvorrichtung; *o* Drehzahlmesser mit Zähler.

Die Maschine arbeitet mit einer Drehzahl von $n = 1000$/min und einem größten Kurbelhub von ± 20 mm. Auf den Probestab können Kräfte bis zu ± 1250 kg ausgeübt werden. Die Eichung erfolgt durch einen Meßbügel, der an Stelle des Probestabes eingebaut wird, und dessen Verformungen durch eine Spiegelanordnung angezeigt werden.

Die Größe der Beanspruchung wird durch Ändern des Kurbelhalbmessers eingestellt. Zu diesem Zweck wird bei stillstehender Maschine der auf einem Schlitten angeordnete Kurbelzapfen mittels Spindel auf dem Kurbelflansch verschoben. Die Ausschaltvorrichtung wird durch die Stoßstange *n*, deren Anschlag durch die Federhülse *f* mitgenommen wird, betätigt.

d) Maschine von MOORE und JASPER.

Während bei den bisher beschriebenen Ausführungsformen der „Federkraftmaschinen" der Prüfstab ruht und sein eines Ende am Maschinengestell fest eingespannt ist, wird bei den in Abb. 4 bis 7 dargestellten Ausführungsformen zwischen Probestab und Grundgestell eine verhältnismäßig steife Feder angeordnet, während das Kurbelgetriebe unmittelbar am einen Ende des Probekörpers angreift, diesen also hin- und herbewegt. Da die Feder sehr steif ist, braucht das Kurbelgetriebe nur einen kleinen Hub zu machen. Infolge der hohen Eigenschwingungszahl der Feder und in Anbetracht der geringeren Massenkräfte können diese Maschinen auch bei höheren Drehzahlen noch einwandfrei arbeiten. Die Feder dient gleichzeitig als Kraftmesser. Aus all diesen Gründen ist diese Bauart den vorher beschriebenen überlegen.

Bei der Maschine von MOORE und JASPER[1] (Abb. 4) ist die Feder *a* als einseitig eingespannte Blattfeder ausgebildet, deren freie Länge zwecks Änderung der Federsteifigkeit (d. h. der je 1 cm Durchbiegung am Federende erforderlichen Kraft) in weiten Grenzen verändert werden kann. Dies geschieht durch

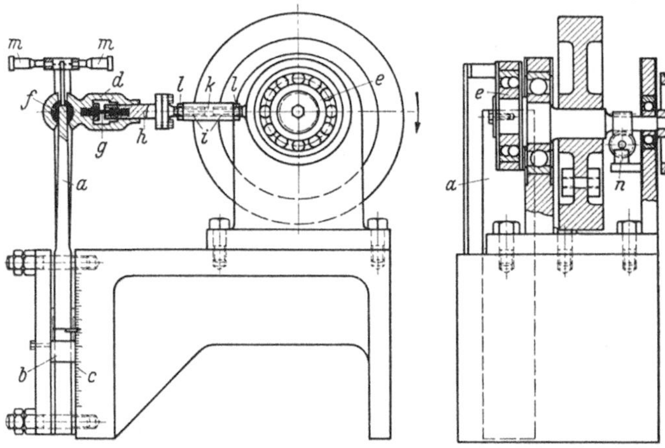

Abb. 4. Zug-Druckdauerprüfmaschine von MOORE und JASPER mit Blattfeder als Meßorgan. $P_{max} = \pm 3000$ kg $n = 560$/min.

a Blattfeder mit verstellbarer federnder Länge; *b* Spannschlitten; *c* Teilung für die Einstellung des Spannschlittens *b*; *d* Pleuelstange; *e* Exzentergetriebe mit nicht verstellbarem Hub; *f* Gelenkbolzen der Pleuelstange *d*; *g* Probestab; *h* Gleitstück für den beweglichen Kopf des Probestabes; *i* Verschraubung der Pleuelstange zwecks Erzielung einer Vorspannung; *k* Mutter mit Rechts- und Linksgewinde; *l* Gegenmuttern; *m* Mikrometerschrauben; *n* Umdrehungszähler.

Verschieben des Schlittens *b* auf der Spannfläche des Maschinengestells, wobei die Einstellung nach der Teilung *c* erfolgt. Das freie Ende der Feder wird unter Zwischenschaltung des Probestabes *g* durch die Pleuelstange *d* eines Exzentergetriebes *e* mit *nichtverstellbarem Hub* hin- und herbewegt. Dabei ist die Pleuelstange *d* in der aus Abb. 4 ersichtlichen Weise in einem kräftigen auf das Federende aufgesetzten Bolzen *f* gelenkig gelagert. Der Prüfstab *g* bildet sozusagen einen Teil der Pleuelstange *d*. Er ist derart angeordnet, daß er die gesamte in Längsrichtung der Pleuelstange wirkende Kraft aufzunehmen hat. Dabei ist das eine Prüfstabende in das mit der Feder verbundene Kopfstück der Pleuelstange eingeschraubt, während das andere Ende in einem zylindrischen Stück *h* befestigt wird, das in einer Führung des Kopfstücks in Richtung der Prüfstabachse gleiten kann. Durch diese Anordnung wird die Übertragung von unerwünschten zusätzlichen Biegebeanspruchungen auf den Prüfstab vermieden.

Die Länge der Pleuelstange kann mit Hilfe der mit Rechts- und Linksgewinde versehenen Verschraubung *i* durch Verdrehen der Mutter *k* (Sicherung der Einstellung durch die Gegenmuttern *l*) verändert werden. Hierdurch wird das Ende der Blattfeder *a* einseitig durchgebogen und dem Prüfstab eine Vorspannung auf Zug oder Druck erteilt. Die Bewegung des Federendes wird mit Hilfe der Mikrometerschrauben *m* abgetastet, deren Halter in einem mit dem Grundgestell fest verbundenen Stativ sitzen. Ein Zähler *n* zeigt die bis zum Bruch der Probe ertragene Anzahl von Lastspielen (Umdrehungen der Maschine) an.

[1] MOORE u. KOMMERS: The Fatigue of Metals. London: McGraw Hill Book Comp. Inc. 1927.

Der Ausschaltkontakt, der die Maschine selbsttätig stillsetzt, wird durch die beim Bruch des Probestabes einsetzende Bewegung des Gleitstückes *h* ausgelöst.

Die Maschine arbeitet mit einer größten Drehzahl von $n = 560$/min. Die Kraft kann bis zu rd. ± 3000 kg betragen. Sie muß von den Lagern der Exzenterwelle aufgenommen werden.

e) Maschine der Deutschen Versuchsanstalt für Luftfahrt.

Bei der Zug-Druck-Dauerprüfmaschine *der Deutschen Versuchsanstalt für Luftfahrt*[1], deren Aufbau aus dem Schema Abb. 5 ersichtlich ist, dient als Kraftmesser und Belastungsfeder ein Meßbügel *b* (auch „Ringkraftmesser" genannt). Der Antrieb erfolgt zwangläufig durch ein Kurbelgetriebe *c*, dessen Hub bei Stillstand der Kurbelwelle eingestellt werden kann. Die Pleuelstange *d* greift am langen Hebelarm eines Winkelhebels *e* an, dessen Drehachse am Rahmen der Maschine fest gelagert ist und dessen kurzer Hebelarm durch eine Stoßstange *f* mit dem angetriebenen Spannkopf *g* verbunden ist. Dieser wird in einer Gleitführung *h* gehalten. Der Probestab *a* ist einerseits an diesem Spannkopf, anderseits an dem Ringkraftmesser *b* befestigt. Dieser sitzt an einer Spindel *i*, die in einem Bock *k* des Grundrahmens zur Erzielung einer Vorspannung mit Mutter und Gegenmutter verschoben werden kann.

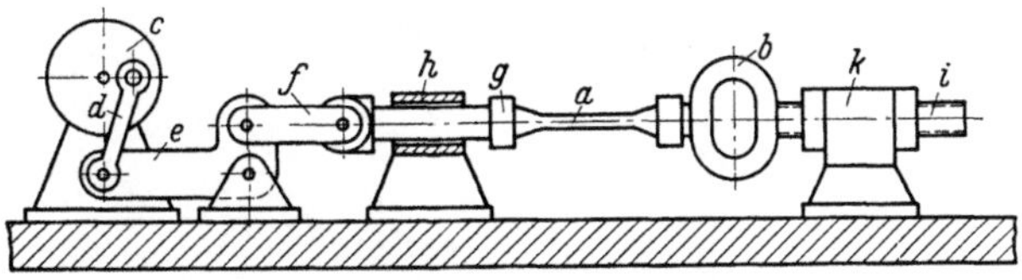

Abb. 5. Schema der Zug-Druckdauerprüfmaschine der Deutschen Versuchsanstalt für Luftfahrt. $P_{max} = \pm 5000$ kg, $n = 800$/min. *a* Probestab; *b* Ringkraftmesser; *c* Kurbel mit verstellbarem Hub; *d* Pleuelstange; *e* Winkelhebel; *f* Stoßstange; *g* angetriebener Spannkopf; *h* Gleitführung des Spannkopfes *g*; *i* Spindel am Ringkraftmesser; *k* Bock zur Befestigung der Spindel *i*.

Die Ausführung der Maschine geht aus Abb. 6 hervor. Der Rahmen besteht aus zwei Säulen *b*, die durch vier Joche miteinander verbunden sind. Die Joche sind auf einer Stahlkonstruktion *c* befestigt, auf der auch die Lagerung des Kurbelgetriebes *d* angeordnet ist. Das erste Joch *f* trägt die Lagerung des Winkelhebels *g*, das zweite *h* die Gleitführung des angetriebenen Einspannkopfes *i*. Am dritten Joch *k*, das auf den Säulen *b* gleitet, sitzt der Ringkraftmesser *l*, während das vierte Joch *m* zur Befestigung der Vorspannspindel *n* dient. Um verschieden lange Probestäbe untersuchen zu können, kann dieses Joch auf der Stahlkonstruktion in verschiedenen Lagen durch Paßbolzen *o* und Keile befestigt werden.

Die Kurbelwelle läuft in Kugellagern, die Pleuelstange *e* in Rollenlagern. Die Gelenke und Führungen sind als Gleitlager mit Druckölschmierung ausgebildet.

Der Federweg des Ringkraftmessers wird mit einem Hohlspiegel gemessen, der auf einem Halter mit zwei Schneiden sitzt. Die erste Schneide greift auf einen mit dem festen Ende des Kraftmessers verbundenen Halter, die zweite auf einen entsprechenden am Einspannkopf des Probestabes sitzenden Halter auf, wobei durch eine Zugfeder eine kraftschlüssige Verbindung hergestellt wird. Bewegen sich die Enden des Kraftmessers gegeneinander, so erfährt der Hohlspiegel eine Drehung, durch die ein Lichtzeiger ausgelenkt wird, der auf eine Mattscheibe fällt. Die Länge des Lichtbandes, das bei Schwingung des Hohlspiegels auf der Mattscheibe sichtbar wird, ist ein Maß für die Amplitude der schwingenden Beanspruchung des Probestabes.

Die Maschine ist für eine höchste Kraft von ± 5000 kg gebaut und arbeitet mit einer Drehzahl von $n = 800$/min. Der Probestab besitzt bei Stahl einen

[1] MATTHAES, L.: Luftf.-Forsch. Bd. 12 (1935) S. 87.

Durchmesser von 10 mm, bei Leichtmetall einen solchen von 18 mm. Die Anzahl der Lastspiele wird durch ein 1 : 50 untersetztes Zählwerk angezeigt.

Besondere Erwähnung verdient die Arbeitsweise der selbsttätigen Ausschaltvorrichtung. Es sind zwei Kontakte vorgesehen, die zueinander parallel geschaltet sind. Der erste wird durch den Ringkraftmesser betätigt. Er ist so

Abb. 6. Seitenansicht und Draufsicht der Zug-Druckdauerprüfmaschine der Deutschen Versuchsanstalt für Luftfahrt. *a* Probestab; *b* Säulen; *c* Stahlkonstruktion; *d* Kurbelgetriebe; *e* Pleuelstange; *f* erstes Joch mit Lagerung des Winkelhebels; *g* Winkelhebel; *h* zweites Joch mit Gleitführung des angetriebenen Einspannkopfes; *i* angetriebener Einspannkopf; *k* drittes Joch auf den Säulen *b* gleitend; *l* Ringkraftmesser; *m* viertes Joch; *n* Vorspannspindel; *o* Paßbolzen- *p* Antriebsmotor; *q* Ölpumpe.

angeordnet, daß er während der Zugbeanspruchung geschlossen und während der Druckbeanspruchung geöffnet ist.

Der zweite Kontakt wird durch den Winkelhebel gesteuert und derart eingestellt, daß er während der Druckbeanspruchung geschlossen, während der Zugbeanspruchung dagegen offen ist. Beide Kontakte liegen parallel zueinander in dem Auslösestromkreis des automatischen Schalters für den Antriebsmotor. Solange der Probestab unversehrt ist, bleibt dieser Stromkreis dauernd geschlossen, da stets der eine Kontakt geschlossen ist, wenn der andere sich öffnet. Zeigt jedoch der Probestab einen Anriß oder streckt er sich um einen bestimmten Betrag, so hat der vom Ringkraftmesser gesteuerte Kontakt noch nicht geschlossen, wenn der vom Winkelhebel gesteuerte Kontakt bereits zu öffnen beginnt und der Schalter wird ausgelöst.

f) Maschine von J. Pirkl und H. v. Laizner.

Die Maschine von J. Pirkl und H. v. Laizner[1], die schematisch in Abb. 7 dargestellt ist, zeigt grundsätzlich den gleichen Aufbau wie die Federkraftmaschine der Deutschen Versuchsanstalt für Luftfahrt. Wesentlich neu ist, daß an die Stelle des Winkelhebels eine nach dem Prinzip der bandgeführten Differentialrolle arbeitende Hebelanordnung tritt, die eine zehnfache Übersetzung erzielt.

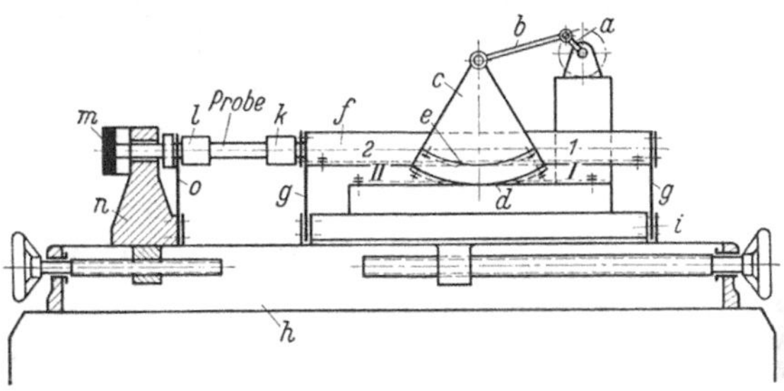

Abb. 7. Schema der Zug-Druckdauerprüfmaschine von J. Pirkl und H. v. Laizner mit Antrieb durch eine bandgeführte Differentialrolle. *a* Kurbeltrieb mit verstellbarem Hub; *b* Pleuelstange; *c* Schwinge; *d* äußere Zylindermantelfläche der Schwinge; *e* innere Zylindermantelfläche der Schwinge; *I*, *II* Stahlbänder zu *d*; *1*, *2* Stahlbänder zu *e*; *f* Schwingrahmen; *g* Blattfedern zur Führung des Schwingrahmens *f*; *h* Maschinenbett; *i* Grundplatte, auf der der Antrieb aufgebaut ist; *k* am Schwingrahmen *f* befestigter Spannkopf; *l* Spannkopf an der Meßfeder; *m* Meßfeder; *n* Einspannbock mit Meßfeder auf der Grundplatte *h* verschiebbar; *o* Blattfedern zur Führung des Querhauptes am Spannkopf *l*.

Der Antrieb des Hebels erfolgt durch ein Kurbelgetriebe mit verstellbarem Hub, dessen Drehzahl zwischen $n = 1500$ und 3000/min geregelt werden kann. Der Kurbelhalbmesser ist zwischen 0 und 10 mm verstellbar, und zwar dadurch, daß der den Kurbelzapfen tragende Gleitstein mittels Spindel in einer radialen Nut der Kurbelscheibe bei Stillstand der Maschine verschoben werden kann.

Die Pleuelstange *b* greift mit einem Federgelenk an der Schwinge *c* an, die einen sektorförmigen Ausschnitt aus einer Differentialrolle bildet. Das erste Bandsystem *I*, *II* ist einerseits an der äußeren Zylindermantelfläche *d* der Schwinge *c*, anderseits auf der Grundplatte *i* durch Auflöten befestigt.

Abb. 8. Ansicht des Einspannbockes der Prüfmaschine Abb. 7 mit Meßfeder, Spannkopf und dessen Führung. (Bezeichnungen siehe Abb. 7.)

Das innere Bandsystem *1*, *2* wird mit dem einen Ende auf der kleineren Zylindermantelfläche *e* der Schwinge, mit dem anderen Ende auf dem in Blattfedern *g* geführten Schwingrahmen *f* befestigt, an dessen Stirnfläche der eine Spannkopf *k* für den Probestab angeordnet ist.

Der zweite Spannkopf *l* sitzt an einem Bolzen der in der Mitte der bügelförmigen Meßfeder *m* angreift. Die Meßfeder ist in der aus Abb. 8 ersichtlichen Weise an einem Bock *n* befestigt, der in Richtung der Prüfstabachse auf dem Bett der Maschine verschoben werden kann. Zur Abstützung ist an dem Spannkopf *l* ein durch Blattfedern *o* geführtes Querhaupt befestigt.

Die Maschine ist für eine größte Belastung von ± 1600 kg gebaut. Bei dem größten Kurbelhalbmesser von $r = 10$ mm macht der Rahmen *f* bei unbelasteter Maschine eine Schwingungsamplitude von ± 1 mm. Ist der Prüfstab eingespannt, so wird nach Angaben der Verfasser als Relativbewegung der beiden Einspannköpfe des Prüfstabes gegeneinander nur eine Amplitude von $\pm 0{,}26$ mm gemessen.

[1] Pirkl, J. u. H. v. Laizner: Arch. Eisenhüttenw. Bd. 12 (1938/39) S. 305.

Die übrige Bewegung wird durch die Federung der Meßfeder, des Rahmenquerhauptes und der Stahlbänder, die einen Querschnitt von $0{,}5 \times 50$ mm besitzen verbraucht.

Die Probestäbe besitzen 5 mm Schaftdurchmesser und können bei Stahl bis auf ± 80 kg/mm² beansprucht werden.

Die Meßfeder erreicht bei der Höchstkraft von $\pm 1{,}6$ t eine Durchbiegung von $\pm 0{,}2$ mm. Diese wird durch den in Abb. 9 dargestellten Hebel mit Federgelenken 5fach vergrößert und dadurch gemessen, daß die Bewegung der Hebelspitze durch Kontakte abgetastet wird, die um genau meßbare Beträge verschoben werden bis ein in den Kontaktstromkreis geschalteter Strommesser einen bestimmten Strom anzeigt. Zur Verschiebung der Kontakte wurde ein ebenfalls nach dem Prinzip der Differentialrolle arbeitender Mechanismus gebaut, der nach Angabe der Verfasser eine Ablesegenauigkeit von $4 \cdot 10^{-4}$ mm erreicht.

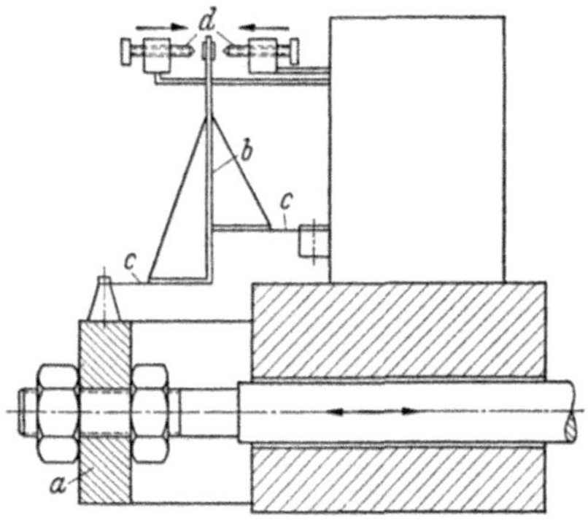

Abb. 9. Schema der Vorrichtung zur Messung der Durchbiegung der Meßfeder.
a Meßfeder; *b* Meßhebel; *c* Federgelenke; *d* Kontakte, die meßbar verschoben werden.

Zur laufenden Kontrolle dient ein durch ein einfaches Bandrollenelement von 5 mm Dmr. betätigter Drehspiegel, der mittels Fernrohr und Maßstab beobachtet wird, wobei zur Einstellung der Ablesung auf dem Maßstab verschiebbare Marken benutzt werden, die nur in der Umkehrlage scharf erscheinen.

Bei Bruch des Probestabes wird die Maschine selbsttätig durch ein Ruhestromrelais ausgeschaltet, das auf den Rückgang des Stromes im Antriebsmotor anspricht, der stattfindet, sobald der Probestab bricht, wobei eine wesentliche Verringerung des Widerstandes, den der Kurbeltrieb findet, eintritt. Beim Abschalten betätigt ein Bremslüftmagnet eine Bandbremse, die den Motor innerhalb weniger Umdrehungen stillsetzt. Die Anzahl der bis zum Bruch zurückgelegten Lastspiele wird durch ein mit dem Motor gekuppeltes Zählwerk bestimmt. Zur Erzielung einer Vorspannung wird die Grundplatte *i*, auf welcher der gesamte Antrieb aufgebaut ist, auf dem Maschinenbett mittels Spindel verschoben. Wegen weiterer Einzelheiten sei auf die Originalarbeit verwiesen.

g) Federkraftmaschine von Mohr u. Federhaff.

Einen ebenfalls der D.V.L-Maschine ähnlichen Aufbau besitzt die Federkraftmaschine von Mohr u. Federhaff, von der Abb. 10 eine schematische Skizze, Abb. 11 eine Ansicht zeigt. Auch hier dient als Kraftmesser und als Belastungsfeder ein Meßbügel *a*. Die auf den Prüfstab wirkende Kraft entspricht der Relativbewegung der Flanken des Bügels. Sie wird durch einen Hebel fünffach vergrößert angezeigt. Die Umkehrpunkte der Bewegung des Hebelendes werden durch zwei Mikrometerschrauben abgetastet. Abb. 12 zeigt die Einzelheiten der Meßanordnung.

Der Meßbügel *a* trägt den einen Spannkopf für den Probestab *b*. Der andere Spannkopf sitzt an dem Kreuzkopf *c*, der im Unterschied zu der Maschine der Deutschen Versuchsanstalt für Luftfahrt durch ein Exzentergetriebe bewegt wird, dessen Hub beliebig verstellt werden kann, während die Maschine mit voller Drehzahl arbeitet. Das Exzentergetriebe besteht im wesentlichen aus den beiden Exzentern *d* und *e* mit ihren Pleuelstangen *f* und *g* und dem an dem

Kreuzkopf *c* gelagerten Querhaupt *h*. Der Exzenter *d* sitzt fest auf der Hauptwelle *i*, während der Exzenter *e* auf einem auf der Hauptwelle *i* gelagerten Rohr *k* angeordnet ist, das durch ein Verstellgetriebe gegenüber der Hauptwelle im Winkel verdreht werden kann, während die Maschine mit voller Drehzahl arbeitet. Wie man sich leicht klarmacht, steht der Kreuzkopf still, wenn die beiden Exzenter um 180° gegeneinander versetzt sind, da dann lediglich das Querhaupt *h* um seine Lagerung im Kreuzkopf hin- und herschwingt. Dagegen wird der volle Hub erreicht, wenn die Exzenter auf gleiche Phasenlage eingestellt sind. Durch Verdrehen des Exzenters *e* auf der Hauptwelle *i* lassen sich somit beliebige Zwischenwerte des Hubs einstellen. Das Verstellgetriebe arbeitet folgendermaßen:

Das Rohr *k* mit dem Exzenter *e* trägt eine Scheibe *m* mit Innenzahnkranz *n*. In diesen greift das an einem auf die Hauptwelle aufgekeilten Gehäuse *l* gelagerte Ritzel *o*, das durch ein doppeltes Schneckenvorgelege angetrieben wird. Der Verstellmotor *p* (Gleichstrommotor) ist an dem Gehäuse der Maschine angeflanscht. Ist der Motor *p* stromlos, so wird der mit dem Schneckenvorgelege gekuppelte Anker von der Hauptwelle mitgenommen. Soll das Verstellgetriebe vorwärts laufen, so wird der Verstellmotor auf eine Drehzahl eingeregelt, die höher ist, als die Drehzahl der Hauptwelle; für Rückwärtslauf des Verstellgetriebes wird der Verstellmotor als Stromerzeuger geschaltet, der Anker also abgebremst.

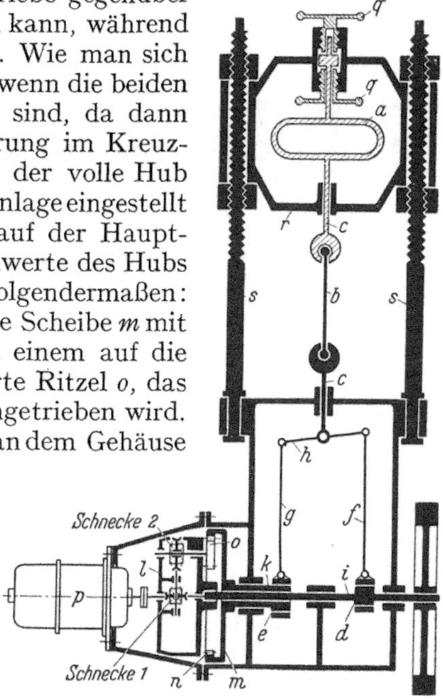

Abb. 10.

Eine Vorspannung auf Zug oder Druck kann im Prüfstab dadurch erzeugt werden, daß das Einspannende des Meßbügels *a* mit Hilfe der Spannschrauben *q* in Richtung der Längsachse des Probestabes verstellt wird.

Abb. 11.

Abb. 10 und 11. Zug-Druck-Dauerprüfmaschine von Mohr u. Federhaff mit Federkraftmesser. $P_{max} = \pm 2500$, 5000 oder 10000 kg, $n = 750$/min. Abb. 10: Schema, Abb. 11: Ansicht.
a Meßbügel, gleichzeitig Feder der Prüfmaschine; *b* Probestab; *c* Kreuzköpfe; *d* fester Exzenter; *e* drehbarer Exzenter; *f* Pleuelstange des festen Exzenters; *g* Pleuelstange des drehbaren Exzenters; *h* Querhaupt des Kreuzkopfes; *i* Hauptwelle; *k* Rohr für den drehbaren Exzenter; *l* Gehäuse des Verstellgetriebes; *m* Antriebsscheibe für das Rohr *k*; *n* Innenzahnkranz; *o* Antriebsritzel mit doppeltem Schneckenvorgelege; *p* Verstellmotor; *q* Spannschrauben zum Einstellen einer Vorspannung; *r* Schlitten für den Meßbügel; *s* Holmen der Maschine; *t* Führungs-Blattfedern; *u* Zählwerk; *v* Hauptantriebsmotor.

Der Schlitten *r* mit dem Meßbügel *a* kann zwecks Prüfung verschieden langer Probestäbe auf den Holmen *s* der Maschine nach Bedarf verschoben werden. Die ganze Maschine ist auf senkrechten Blattfedern[1] frei pendelnd angeordnet, damit durch die Massenkräfte keine Erschütterungen auf den Aufstellungsort übertragen werden. Die Drehzahl kann bis zu $n = 750$/min gesteigert

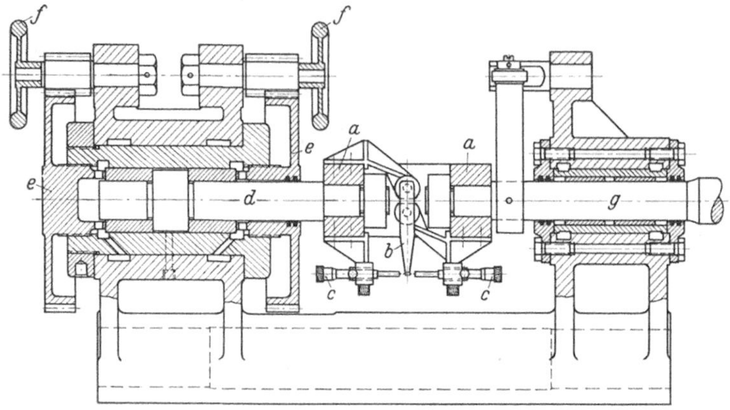

Abb. 12. Einzelheiten der Kraftmeßeinrichtung der in Abb. 10 dargestellten Maschine. *a* Meßbügel; *b* Meßhebel mit fünffacher Übersetzung; *c* Mikrometerschrauben; *d* Einspannende des Meßbügels; *e* Spannschrauben für die Verschiebung des Einspannendes *d*; *f* Handräder mit Stirnradvorgelege zur Betätigung der Spannschrauben *e*; *g* „Kreuzkopf", an dem das Einspannfutter für den Probestab befestigt ist.

werden. Die Maschine wird für ± 2500, ± 5000 und ± 10000 kg schwingende Belastung und ebenso große Vorspannkraft ausgeführt. Der Hub ist bis $\pm 2{,}5$ mm einstellbar.

h) „Pulsator" von Mohr u. Federhaff.

Eine weitere Maschine von Mohr u. Federhaff, die unter dem Namen „Pulsator" bekannt ist, benutzt als „Feder" einen mit Drucköl gefüllten Zylinder. Da eine derartige „Ölfeder" zwar Druckkräfte, dagegen keine Zugkräfte zu übertragen vermag, kann diese Maschine nur zur Erzeugung schwellender Belastung verwendet werden.

Abb. 13 zeigt schematisch die Anordnung. Der Einspannkopf für das obere Ende des Probestabes ist durch ein Gehänge mit dem Kolben *d* des Druckölzylinders verbunden. Der untere Spannkopf wird durch ein Getriebe in schwingende Bewegung gesetzt, dessen Hub während des Betriebes der Maschine feinfühlig eingestellt werden kann. Die dem Kolben durch das Getriebe aufgezwungene Schwingbewegung drückt das im Zylinder enthaltene Öl federnd zusammen. Dabei entspricht der jeweilige Öldruck, der im Probestab wirkenden Kraft, wenn man von den Massenkräften absieht. Die Messung des Öldruckes kann also unmittelbar zur Kraftmessung benutzt werden. Dabei genügt es, die beiden Grenzwerte, zwischen denen der Druck pendelt, abzutasten.

Zu den Einzelheiten der Konstruktion ist folgendes zu sagen: Der mechanische Antrieb des unteren Spannkopfes wird durch einen Schwinghebel *a* vermittelt, der in einem festen Drehpunkt *b* am Gehäuse der Maschine gelagert ist und an dessen kurzen Hebelarm der untere Spannkopf *c* angelenkt wird, während das Ende des langen Hebelarmes eine gehärtete Rollbahn *e* trägt. Ihr gegenüber ist im Grundgestell der Maschine eine zweite Rollbahn *f* angeordnet, die um einen festen Drehpunkt *g* geschwenkt werden kann, wobei ihre Neigung mittels einer durch ein Schneckenvorgelege *h* betätigten Spindel *i* einstellbar ist. Zwischen beiden Rollbahnen wird durch ein Kurbelgetriebe mit festem Hub *k*

[1] Die Führungsblattfedern sind in Abb. 10 nicht gezeichnet, da diese Skizze eine Draufsicht der Maschine darstellt und die Blattfedern senkrecht zur Zeichenebene liegen.

ein Rollensatz *l* hin- und herbewegt. Dabei laufen die beiden in der Mitte angeordneten Rollen lediglich auf der unteren Rollenbahn *f*, während die beiden außen angeordneten Rollen lediglich mit der oberen Rollenbahn *e* in Eingriff sind, also die untere Bahn *f* nicht berühren. Stehen die Rollbahnen parallel zueinander, so bleibt der Schwinghebel *a* und damit der untere Spannkopf *c* der Prüfmaschine in Ruhe. Wird die feste Rollbahn *f* geneigt, so wird der Spannkopf *c* in eine mit wachsendem Neigungswinkel zunehmende Schwingbewegung versetzt.

Zur Gleichhaltung der eingestellten Lastgrenzen dienen elektrische Kontakte, die durch gewichtsbelastete Kolben gesteuert werden. Diese Kolben werden durch einen mit dem Antrieb der Kurbelwelle gekuppelten Drehschieber, so mit dem Druckzylinder der Maschine verbunden, daß der eine den Mindestdruck, der andere den Höchstdruck anzeigt. Die Regelung geht dabei folgendermaßen von statten. Angenommen, die obere Lastgrenze sinke ab, die untere bleibe erhalten; dann wird der Hebel für die Oberlast *n* absinken und dabei zwei Kontakte *p* betätigen, die den Stromkreis des Verstellmotors für die schwenkbare Rollbahn in solchem Sinne schließen, daß der Hub des unteren Spannkopfes *c* vergrößert wird. Sinkt umgekehrt die untere Lastgrenze ab, während die obere erhalten bleibt, so wird ein zweiter Stromkreis *q* des Verstellmotors geschlossen, wobei er in einem solchen Drehsinn umläuft, daß der Hub des unteren Spannkopfes *c* verkleinert wird. Zur Überwachung werden beide Lastgrenzen durch Schreibmanometer *r* laufend aufgezeichnet. Gehen beide Lastgrenzen gleichzeitig herunter, so wird das Ventil *s* der Druckpumpe *t* durch mechanische Betätigung geöffnet. Durch dieses Ventil tritt dann Drucköl in den Zylinder der Prüfmaschine und beide Lastgrenzen steigen gleichmäßig an.

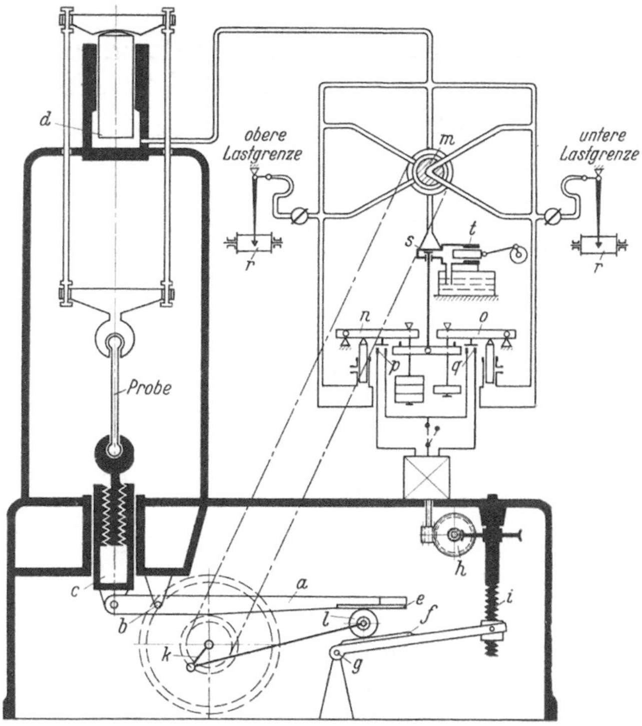

Abb. 13. Schema der Pulsatormaschine von Mohr u. Federhaff. *a* Schwinghebel; *b* fester Drehpunkt des Schwinghebels; *c* unterer Spannkopf der Prüfmaschine; *d* Druckzylinder mit eingeschliffenen Kolben; *e* gehärtete Rollbahn des Schwinghebels; *f* schwenkbare Rollbahn (gehärtet); *g* Drehpunkt der Rollbahn *f*; *h* Schneckenvorgelege mit Antriebsmotor; *i* Spindel zur Verstellung der Rollbahn *f*; *k* Kurbelgetriebe mit festem Hub; *l* Rollensatz, in Zylinderrollenlagern laufend; *m* Drehschieber; *n* Hebel mit Gewichtsbelastung für die Oberlast; *o* Hebel mit Gewichtsbelastung für die Unterlast; *p* Kontakte zur Vergrößerung des Schwinghubes; *q* Kontakte zur Verkleinerung des Schwinghubes; *r* Schreibmanometer; *s* Ventil der Druckpumpe; *t* Druckpumpe.

Diese Maschine arbeitet mit etwa 300 bis 350 Schwingungen in der Minute. Ein schnellerer Betrieb ist mit Rücksicht auf die Massenkräfte und die Abnutzung des Triebwerkes nicht angängig[1].

[1] Die Maschine wird in der Regel noch mit einem Pendelmanometer und einer Öldruckanlage zur Durchführung von einfachen Zerreißversuchen ausgerüstet. Diese Teile sind in Abb. 13 weggelassen.

Die „Federkraftmaschinen" haben den grundsätzlichen Vorteil, daß die Schwingungsbeanspruchung von Drehzahlschwankungen nicht beeinflußt wird, und den Nachteil, daß die meisten bisher versuchten Anordnungen nur mit verhältnismäßig geringer Drehzahl gut arbeiten. Im übrigen sind die Federkraftmaschinen noch nicht mit der Sorgfalt weiterentwickelt worden, die notwendig ist, um die günstigste Form herauszuarbeiten.

2. Krafterzeugung durch Umformung einer ruhenden Kraft in eine Wechselkraft.

a) Zug-Druckmaschine mit Gewichtsbelastung von JASPER.

Einen wesentlich neuen Gedanken bringt die von JASPER[1] konstruierte Maschine (Abb. 14). Hier ist der Probestab *a* in einem scheibenförmigen Gehäuse *b* angeordnet, das durch Riemenantrieb in rasche Drehung versetzt wird, während die Belastung durch Gewichte oder durch eine geeichte Feder bewirkt

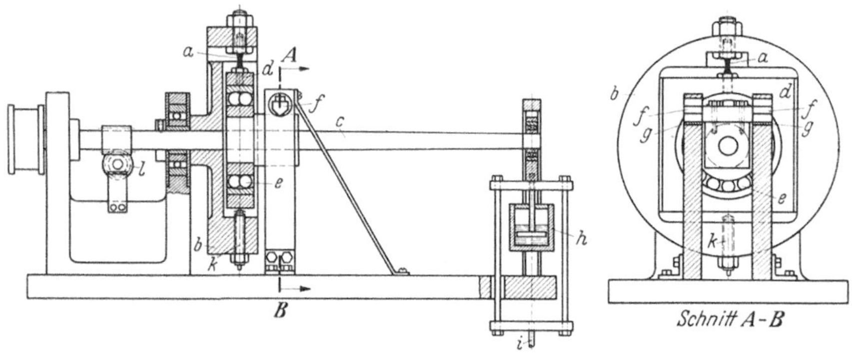

Abb. 14. Zug-Druck-Dauerprüfmaschine von JASPER mit umlaufendem Probestab, $n = 1000$/min. *a* Probestab; *b* umlaufendes Gehäuse; *c* Belastungshebel; *d* Schlitten; *e* Pendelkugellager; *f* Schneiden des Belastungshebels; *g* Pfannen; *h* Dämpfer; *i* Belastungsgehänge; *k* einstellbarer Anschlag; *l* Zähler.

wird, die am Ende eines ruhend gelagerten Hebels *c* angreifen. Die Kraft wird durch ein Kugellager vom kurzen Hebelarm auf den zweiten Spannkopf des Probestabes übertragen. Über die Einzelheiten ist folgendes zu sagen:

Die Maschine formt durch die Anordnung des Probestabes in einem umlaufenden Gehäuse, die ruhende, am Hebel *c* angreifende Kraft in eine am Prüfstab wirkende Wechselkraft um. Das eine Ende des Probestabes *a* ist am Außenkranz des Gehäuses *b* festgespannt. Das zweite Ende wird mit dem Schlitten *d* verschraubt, der in einem Ausschnitt des Gehäuses in Richtung der Prüfstabachse gerade geführt ist. In dem Schlitten *d* ist ein Pendelkugellager *e* angeordnet, dessen Innenring auf dem als Zapfen ausgebildeten Ende des Hebels *c* befestigt ist. Der Hebel *c* dreht sich um Schneiden *f*, die sich auf ortsfest am Grundgestell der Maschine angeordnete Pfannen *g* stützen.

Läuft das Gehäuse *b* um, so entstehen in dem Probestab *a* Wechselbeanspruchungen, die sich zwischen einer größten Zugbeanspruchung und einer größten Druckbeanspruchung sinusförmig mit dem Drehwinkel ändern. Die größte Zugkraft entsteht z. B. wenn der Probestab die unterste Lage erreicht hat, die größte Druckkraft dann, wenn der Probestab die in Abb. 14 gezeichnete oberste Lage einnimmt.

---

[1] MOORE u. KOMMERS: The Fatigue of Metals. London: McGraw Hill Book Comp. Inc. 1927.

Die Maschine kann mit einer größten Drehzahl von $n = 1000$/min arbeiten. Der Hebel *c* schwingt dabei nach Maßgabe der elastischen Dehnungen des Probestabes auf und ab. Auch der Dämpfer *h* wird diese Schwingungen nur wenig verringern. Wird die Belastung durch Gewichte vorgenommen, die unmittelbar an dem Belastungsgehänge *i* befestigt sind, so entstehen dabei erhebliche zusätzliche Massenkräfte, die bei Berechnung der Beanspruchung nicht berücksichtigt werden und das Ergebnis wesentlich fälschen können. Daher sollte die Belastung entweder durch eine geeichte Feder erfolgen, oder in der Weise, daß zwischen dem Hebelende und der Gewichtsbelastung eine weiche Feder angeordnet wird. Bei Bruch des Probestabes wird der Schlitten *d* durch den einstellbaren Anschlag *k* abgefangen. Der Ausschaltkontakt wird durch das Belastungsgehänge *i* betätigt. Der Zähler *l* zeigt die bis zum Bruch ertragene Anzahl der Lastspiele an.

Die Maschine von JASPER hat sich trotz ihrer Einfachheit nicht durchgesetzt, da sie zwei grundsätzliche Nachteile hat. Einerseits läuft der Prüfstab um, so daß er während der Prüfung nicht unmittelbar beobachtet werden kann; anderseits gestattet die Maschine nur eine reine Wechselbelastung zu erzeugen. Eine Vorspannung auf Zug oder Druck kann dem Probestab nicht erteilt werden. Schließlich fehlt eine unmittelbare Kraftmessung, so daß nicht nachgeprüft werden kann, wie groß die Zusatzbelastungen sind, die durch die Massenkräfte des Belastungshebels zustande kommen.

b) Zug-Druckmaschine mit Federbelastung von E. LEHR, Bauart MAN.

Diese Nachteile sind bei der in Abb. 15 skizzierten Maschine von E. LEHR vermieden, die ebenfalls eine ruhende Kraft (Federkraft) in eine Wechselkraft umformt.

Der Probestab *a* ist hier ruhend angeordnet; die Beanspruchung wird durch einen Federkraftmesser *b* gemessen, der zwecks Einspannung von verschieden langen Probestäben in einem Schlitten angeordnet ist. Dieser kann in einer Führung des Maschinengestells in der aus Abb. 15 ersichtlichen Weise verschoben und in beliebiger Lage festgestellt werden. Zur Messung der Längsdehnungen des Kraftmessers dient ein elektromagnetisches Meßwerk. Das untere Prüfstabende ist an einem Schwingtisch *c* festgespannt, der durch Blattfedern *d* geführt ist. An dem Schwingtisch *c* greift eine Schraubenfeder *e* an, die dem Prüfstab eine Vorspannung auf Zug oder Druck erteilen kann und durch ein Schneckenvorgelege gespannt wird. An dem Schwingtisch *c* ist ferner mit einem breiten Federband das eine Ende eines Hebels *g* angelenkt, der mit dem Federbandkreuzgelenk *f* an dem Gehäuse der Maschine drehbar gelagert ist. Am anderen Ende des Belastungshebels *g* ist ein Pendelrollenlager *h* angeordnet, an dem eine Zugstange *i* angreift. Diese führt zu dem einen Ende eines Winkelhebels *k*, der in der umlaufenden Trommel *l* gelagert und durch Gegengewichte so ausgewuchtet ist, daß sein Schwerpunkt in die Drehachse fällt. Das zweite Ende des Winkelhebels fällt in die Drehachse der Trommel. Hier greift eine Feder *m* an, die in der hohlen Trommelwelle angeordnet ist und deren Spannung durch eine Spindel mit Schneckenvorgelege *n* bei stillstehender Maschine eingestellt wird. Läuft die Trommel um, so wird durch die senkrechte Komponente der vom Winkelhebel übertragenen Federkraft auf den Belastungshebel *g* eine sinusförmig veränderliche Kraft ausgeübt, die auf den Schwingtisch *c* und auf den Prüfstab übertragen wird. Die waagerechte Komponente der Federkraft wird von den waagerechten Bändern des Federbandgelenkes *f* aufgenommen.

Die Maschine arbeitet mit $n = 1500$/min und mit Belastungen bis zu ± 10000 kg. Die Vorspannung beträgt 20000 kg auf Zug oder Druck. Der Antrieb des Gehäuses *l* erfolgt von einem Elektromotor *o* über einen Keilriemen.

Ohne besondere Schwierigkeiten kann ein Zusatzantrieb angebracht werden mit Hilfe dessen die Federspannung durch Betätigung des Schneckengetriebes n geändert wird, während die Maschine mit voller Drehzahl arbeitet.

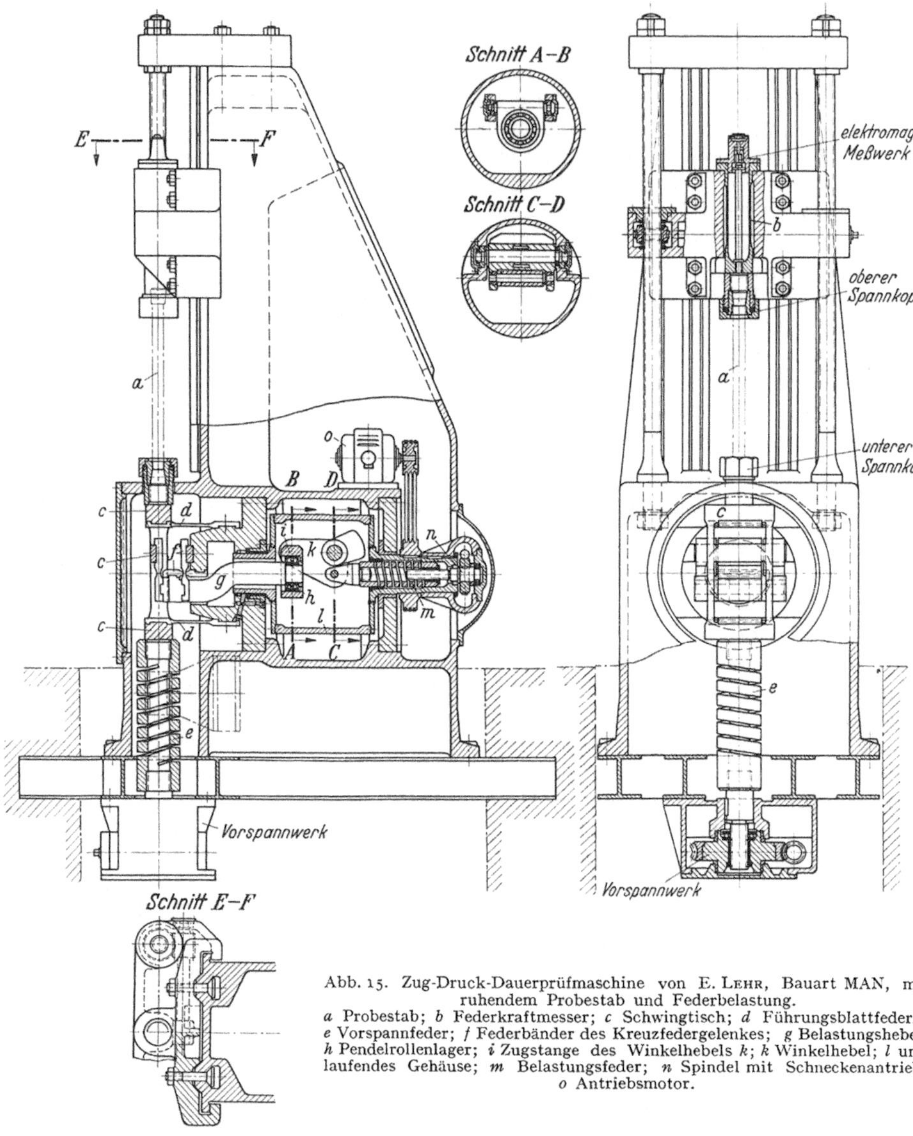

Abb. 15. Zug-Druck-Dauerprüfmaschine von E. LEHR, Bauart MAN, mit ruhendem Probestab und Federbelastung.
a Probestab; *b* Federkraftmesser; *c* Schwingtisch; *d* Führungsblattfedern; *e* Vorspannfeder; *f* Federbänder des Kreuzfedergelenkes; *g* Belastungshebel; *h* Pendelrollenlager; *i* Zugstange des Winkelhebels *k*; *k* Winkelhebel; *l* umlaufendes Gehäuse; *m* Belastungsfeder; *n* Spindel mit Schneckenantrieb; *o* Antriebsmotor.

Es sind noch weitere Bauformen für die Umformung einer ruhenden Kraft in eine Wechselkraft möglich, die jedoch bisher nicht verwirklicht worden sind.

3. Krafterzeugung durch die Trägheitskräfte schwingend bewegter Massen oder durch Fliehkräfte.

Bei einer weiteren Gruppe von Zug-Druckdauerprüfmaschinen werden die Wechselbeanspruchungen durch Massenkräfte hervorgerufen. Dabei werden einerseits die Massenkräfte von frei schwingenden oder durch einen Kurbeltrieb hin- und herbewegten Massen, anderseits die Fliehkräfte umlaufender Wuchtmassen nutzbar gemacht. Diese Maschinen haben den grundsätzlichen Vorteil, daß sie leicht mit hohen Drehzahlen von $n = 1000$ bis 3000/min betrieben werden können und den grundsätzlichen Nachteil, daß die aufgebrachten Beanspruchungen sehr stark von Drehzahlschwankungen beeinflußt werden, da die Massenkräfte mit der zweiten Potenz der Drehzahl zu- und abnehmen.

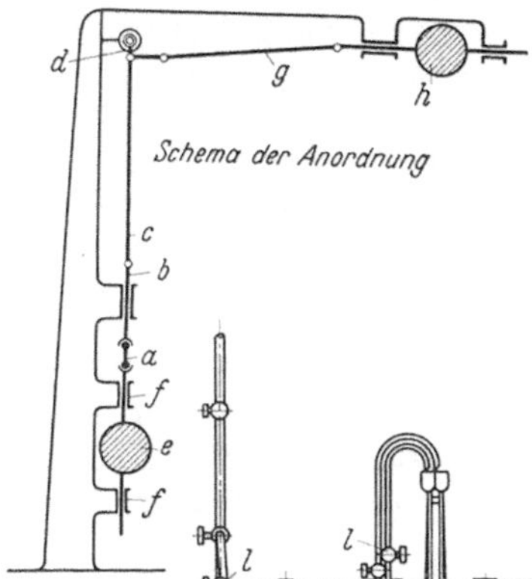

a) Maschine von Reynolds-Smith.

Die erste derartige Maschine, wurde von Reynolds-Smith[1] gebaut. Abb. 16 zeigt das Schema der Anordnung und die ausgeführte Konstruktion. Das eine Ende des Probestabes *a* ist an dem Kreuzkopf *b* eines Schubkurbelgetriebes *c, d* eingespannt, das zweite Ende an

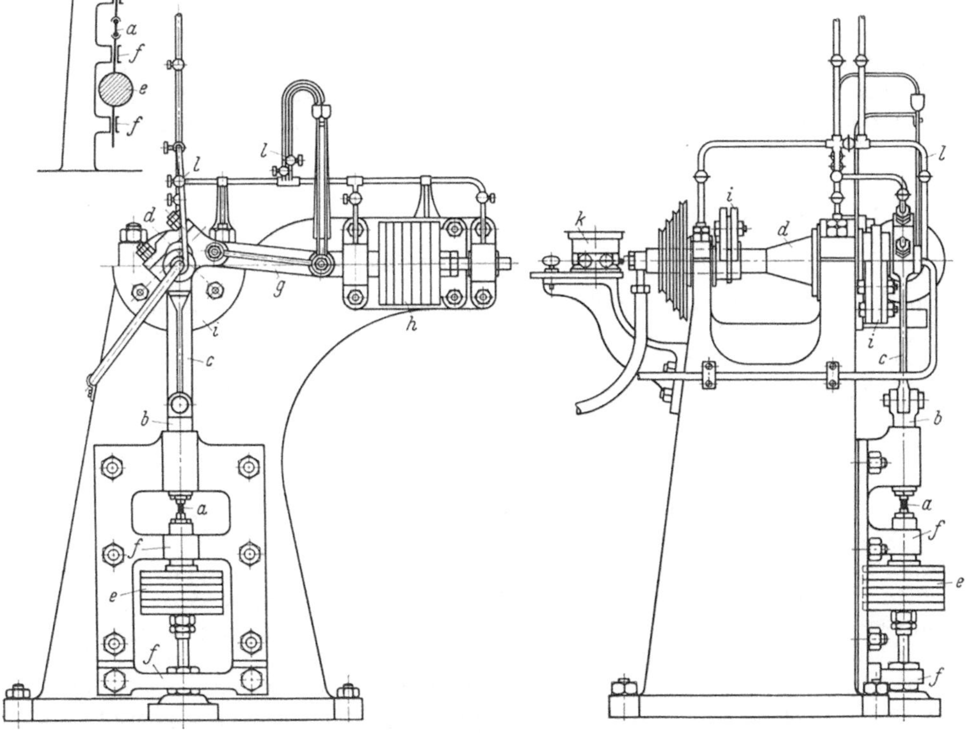

Abb. 16. Massenkraftmaschine von Reynolds-Smith.
a Probestab; *b* Kreuzkopf; *c* Pleuelstange; *d* Kurbelwelle; *e* Belastungsmasse (veränderlich); *f* Gleitführungen der Belastungsmasse; *g* Pleuelstange der Ausgleichsmasse *h*; *h* Ausgleichsmasse (veränderlich); *i* umlaufende Gegengewichte an der Kurbelwelle (veränderlich); *k* Umdrehungszähler; *l* Leitungen für das Schmieröl.

einer Masse *e*, die in Gleitführungen *f* bewegt wird, deren Achse mit der Richtung der Kreuzkopfbahn übereinstimmt. Die Masse *e* ist in einzelne Scheiben unterteilt und in weiten Grenzen veränderlich.

Beim Umlaufen des Kurbelgetriebes wird der Prüfstab durch die im wesentlichen sinusförmig verlaufende Massenkraft beansprucht, deren Scheitelwert sich berechnet zu:

$$P_A = m \cdot b = \frac{G}{981} \cdot r \cdot \omega^2 \left(1 + \frac{r}{l}\right) \text{kg}.$$

[1] Smith, J. H.: Engineering 1905, I, S. 307. — Wazau, G.: Dinglers polytechn. Journal, 1905, S. 481.

Dabei ist G das Gewicht der bewegten Masse in kg, gerechnet von Mitte Prüfstab an, r der Kurbelhalbmesser in cm, l die Länge der Pleuelstange in cm, $\omega = \frac{2\pi}{60} \cdot n$ 1/sec die Winkelgeschwindigkeit der Kurbelwelle.

Zur Erzielung eines einwandfreien Massenausgleiches ist an derselben Kurbel eine zweite Pleuelstange g angelenkt. Diese betätigt einen Kreuzkopf mit einer zweiten Masse h, die als Ausgleichsmasse bezeichnet werden soll, wobei die Achse der Gleitbahn senkrecht zu derjenigen der ersten Masse steht. Die Ausgleichsmasse wird stets so abgestimmt, daß sie gleich groß ist wie die Belastungsmasse e für den Probestab. Auch die Pleuelstangen c und g haben gleiche Länge. Dann sind die Massenkräfte beider Getriebe gleich groß und setzen sich zu einer Resultierenden zusammen, die für alle Winkelstellungen gleiche Größe besitzt und mit der Kurbel umläuft. Sie läßt sich durch entsprechende Gegengewichte i, die in der aus Abb. 16 ersichtlichen Weise an der Kurbelwelle befestigt werden, ausgleichen, so daß die Maschine möglichst erschütterungsfrei und mit gutem Gleichförmigkeitsgrad arbeitet.

Die Länge l der Pleuelstange ist im Verhältnis zum Hub $2r$ groß gehalten, so daß die Massenkräfte zweiter Ordnung nur gering sind. Diese bewirken im übrigen lediglich, daß die Beanspruchung des Probestabes keine *reine* Schwingungsbeanspruchung ist, sondern, daß eine Mittelspannung auf Zug entsteht von der Größe

$$P_m = \frac{G}{981} \cdot \frac{r^2}{l} \cdot \omega^2 \text{ kg}$$

der dann eine Schwingungsbeanspruchung mit der Amplitude

$$P_A = \frac{G}{981} \cdot r \cdot \omega^2 \text{ kg}$$

überlagert ist. Dieser Einfluß wird zum Teil durch das ihm entgegenwirkende Eigengewicht der Belastungsmasse ausgeglichen. Auch ist er an sich ziemlich belanglos. Einen unkontrollierbaren Einfluß bringt die Reibung in den Gleitführungen der Belastungsmasse. Er ist allerdings dadurch möglichst klein gehalten, daß die Achse der Gleitführung senkrecht angeordnet, daß diese also weitgehend entlastet ist.

b) Die Maschine von STANTON und BAIRSTOW.

Eine zweite Anordnung wurde von STANTON und BAIRSTOW[1] ausgeführt. Abb. 17 zeigt das Schema dieser Prüfmaschine. Die Beanspruchung der Prüfstäbe erfolgt genau so wie bei der Maschine von REYNOLDS-SMITH durch die Massenkräfte hin- und hergehender Massen. Jedoch sind mit Rücksicht auf den Massenausgleich insgesamt vier Proben vorhanden. Die Kurbeln sind in der aus Abb. 17 ersichtlichen Weise bei je zwei zusammengehörigen Massen um 180° versetzt, damit sich die Massenkräfte erster Ordnung gegenseitig aufheben. Die beiden Kröpfungspaare sind um 90° gegeneinander versetzt, so daß sich auch die Massenkräfte zweiter Ordnung ausgleichen und nur noch das Moment der Massenkräfte zweiter Ordnung übrig bleibt. Die bewegten Massen laufen mit waagerechter Bewegungsrichtung und auf Rollen, um die Reibung möglichst klein zu halten und die Einwirkung des Eigengewichtes der Belastungsmasse auf den Probestab auszuschalten.

Mit diesen Maschinen wurden nur wenige Versuche durchgeführt. Sie haben folgende Nachteile:

1. Es läßt sich nur eine Wechselbeanspruchung mit festem Verhältnis der Zug- zur Druckbeanspruchung aufbringen, die einer reinen Wechselbean-

[1] STANTON, T. E.: Engineering 1905, I, S. 201. — WAZAU, G.: Dinglers polytechn. Journal 1905, I, S. 201.

spruchung sehr nahe kommt. Eine Ermittlung der Wechselfestigkeit bei Zug- oder Druckvorspannung ist nicht möglich.

2. Die Drehzahl der Maschinen muß mindestens auf $\pm 1/2$ bis 1% genau gleichbleiben, wenn ein brauchbares Ergebnis erzielt werden soll. Für diesen Zweck standen zu der Zeit, als die Maschinen gebaut wurden, noch keine ausreichenden Regler zur Verfügung. Heute läßt sich diese Aufgabe durch Verwendung von Elektromotoren mit Fliehkraftreglern leicht lösen.

3. Die den Prüfstab beanspruchenden Kräfte müssen in voller Größe von den Lagern der Kurbelwelle aufgenommen werden. Hierzu kommen noch zusätzlich die Massenkräfte von Pleuelstange und Kreuzkopf.

4. Durch die Reibung in den Führungen der Belastungsmassen werden unkontrollierbare Zusatzkräfte wechselnder Größe auf den Prüfstab gebracht, die das Ergebnis trüben. Auch stört es die Beobachtung, daß sich der Prüfstab in rascher hin- und hergehender Bewegung befindet.

Diese Nachteile haben dazu geführt, daß die beschriebenen oder ähnlich konstruierte Massenkraftmaschinen heute nicht mehr benutzt werden.

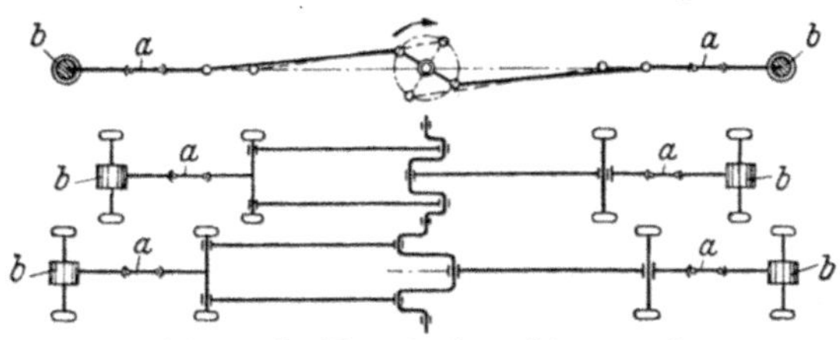

Abb. 17. Schema der Massenkraftmaschine von STANTON und BAIRSTOW. *a* Probestäbe; *b* Belastungsmassen.

c) Fliehkraftmaschine von J. H. SMITH.

Eine Prüfmaschine, bei der die *Fliehkräfte umlaufender Wuchtmassen* zur Erzeugung einer Zug-Druck-Schwingungsbeanspruchung benutzt werden, wurde zuerst von J. H. SMITH[1] gebaut. Die gut durchgearbeitete Konstruktion ist in Abb. 18 dargestellt. Abb. 19 zeigt das Schema der Meßanordnung.

Wie man aus Abb. 18 erkennt, wurde die Maschine mit Rücksicht auf den Massenausgleich als Doppelmaschine ausgeführt. Der mit kegeligen Einspannköpfen versehene Probestab *a* ist am einen Ende in das Spannfutter *b* eingespannt, das in eine Bohrung des Maschinengestells eingesetzt und durch das Querjoch *c* festgezogen wird. Die Spannvorrichtung für das zweite Ende des Probestabes ist an dem Kreuzkopf *d* befestigt, der sich in Gleitführungen des Maschinengestells bewegt. In diesem Kreuzkopf ist die Welle *e* in Gleitlagern gelagert. Auf ihr sind beiderseits Arme *f* aufgekeilt, an denen Wuchtmassen *g* befestigt werden. Die Welle *e* wird durch eine nachgiebige Mitnehmeranordnung *h* von einer fest im Maschinengestell gelagerten Welle *i* angetrieben. Diese ist mit Gegengewichten versehen, die von Fall zu Fall so abgestimmt werden, daß sie die Fliehkräfte der an den Wellen *e* sitzenden Wuchtmassen gerade aufheben. Vermöge der symmetrischen Anordnung von zwei gleichen und mit denselben Wuchtmassen arbeitenden Maschinen in einem Gehäuse gelingt ein vollständiger Massenausgleich. Um die noch verbleibenden freien Massenkräfte unwirksam zu machen, wurde das Maschinengehäuse auf Federn *l* aufgestellt und hierdurch schwingungsisoliert. Sämtliche Lager werden von einer Druckölpumpe *n* gespeist, die von der Hauptwelle *i* durch ein Schneckengetriebe *m* betätigt wird.

Beim Umlaufen der Welle *e* beansprucht in jedem Augenblick die in die Richtung der Prüfstabachse fallende Komponente der von den Wuchtmassen *g* herrührenden Fliehkraft den Probestab, während die senkrecht dazu stehende Komponente von den Gleitführungen des Kreuzkopfes aufgenommen wird. Somit entsteht im Probestab eine im Rhythmus des Umlaufes der Welle pulsierende sinusförmige Zug-Druck-Schwingungsbeanspruchung.

[1] SMITH, J. H.: Engineering 1905, I, S. 307; 1909, II, S. 105. — Journ. Brit. Iron Steel Inst. 1910, II, S. 246.

Um Mittelspannungen beliebiger Größe auf Zug oder Druck überlagern zu können, wurde eine Vorspannfeder *o* vorgesehen. Sie ist einerseits mit der Federmutter *p* am Maschinengehäuse, anderseits an einer Hülse *q* befestigt, in der

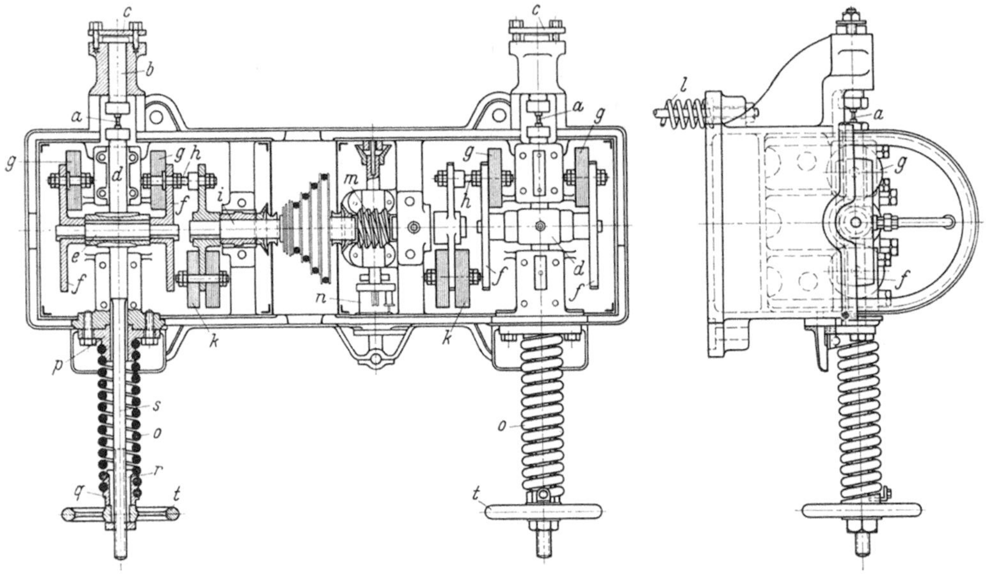

Abb. 18. Konstruktion der Fliehkraftprüfmaschine von SMITH (Doppelmaschine).
a Probestab; *b* festes Spannfutter; *c* Querjoch zum Festspannen des Futters *b*; *d* Kreuzkopf mit Lagerung; *e* Hauptwelle; *f* Arme zur Befestigung der Wuchtmassen; *g* Wuchtmassen; *h* nachgiebige Mitnehmeranordnung; *i* Antriebswelle mit Gegengewichten *k*; *k* Gegengewichte; *l* Federn zur Schwingungsisolierung der Maschine; *m* Schneckengetriebe zum Antrieb der Druckölpumpe *n*; *n* Druckölpumpe; *o* Vorspannfeder; *p* am Maschinengehäuse befestigte Federmutter; *q* Hülse mit Federmutter, *r* Mutter zur Spindel *s*; *s* mit dem Kreuzkopf *d* verbundene Spindel; *t* Handrad.

eine Mutter *r* gelagert ist, die auf der mit dem Kreuzkopf verbundenen Spindel *s* mittels des Handrades *t* vor- und zurückgeschraubt werden kann. Alle weiteren Einzelheiten gehen aus Abb. 18 hervor.

SMITH hat die Maschine einerseits zur Aufnahme von WÖHLER-Kurven, anderseits zur Durchführung von Dehnungsmessungen zwecks Bestimmung

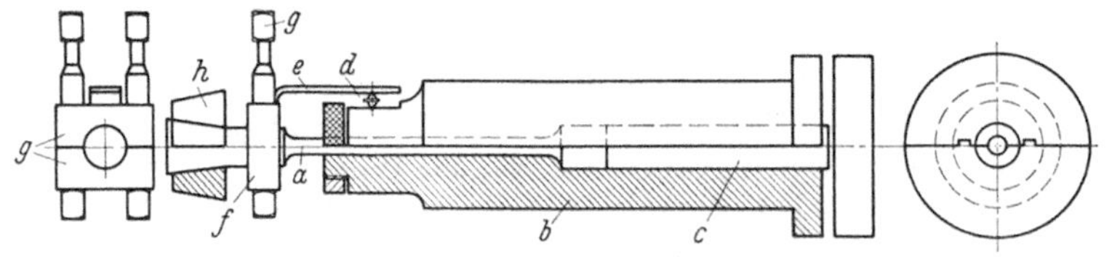

Abb. 19. Anordnung der langen Probestäbe bei der Fliehkraftmaschine von SMITH.
a Probestab; *b* zweigeteilte Hülse, die den Probestab gegen Ausknicken sichert; *c* Druckstempel, der durch das Querjoch *c* Abb. 18 festgespannt wird und den oberen Prüfstabkopf festhält; *d* Doppelschneide mit Drehspiegel; *e* Blattfeder zur Doppelschneide *d*; *f* Klemme, auf den unteren Prüfstabkopf aufgespannt; *g* Festspiegel; *h* geschlitzte Spannhülse für den unteren kegeligen Stabkopf des Probestabes.

der „Wechselfließgrenze" benutzt. Im ersten Fall hatten die Prüfstäbe eine Schaftlänge von $1/2''$ bei $1/4''$ Dmr. Im zweiten Fall wurde die Schaftlänge mit $4''$ bei ebenfalls $1/4''$ Schaftdurchmesser gewählt. Um Knickung zu vermeiden, wurde der Stab durch ein in den oberen Spannkopf eingesetztes Rohr gestützt. Abb. 19 läßt die Einzelheiten dieser Anordnung erkennen.

Bei Benutzung dieses Stabes wurde zur Messung der Dehnungen ein dem MARTENSschen Spiegelapparat ähnliches Gerät angeordnet, das die schwingenden Dehnungen zu messen gestattet. Die Doppelschneide *d*, die den Spiegel trägt, stützt sich einerseits auf die über den Prüfstab geschobene zweigeteilte Hülse *b*, anderseits auf eine Blattfeder *e*, die an einem auf dem unteren Stabkopf aufgeklemmten Halter *f* befestigt ist. Ein von einer Bogenlampe *2* auf den Spiegel des Dehnungsmessers *1* fallender Lichtstrahl wird auf einem Schirm *3* aufgefangen und zieht sich dort zu einem leuchtenden Band auseinander, dessen Länge ein Maß für die schwingende Dehnung ist (s. Abb. 20).

Die Maschine wurde weiterhin mit einer Vorrichtung zur Aufzeichnung der elastischen Hysteresisschleife versehen. Die Anordnung ist aus Abb. 20 ersichtlich. Der Lichtstrahl fällt vom Spiegel des Dehnungsmesser *1*, der um eine

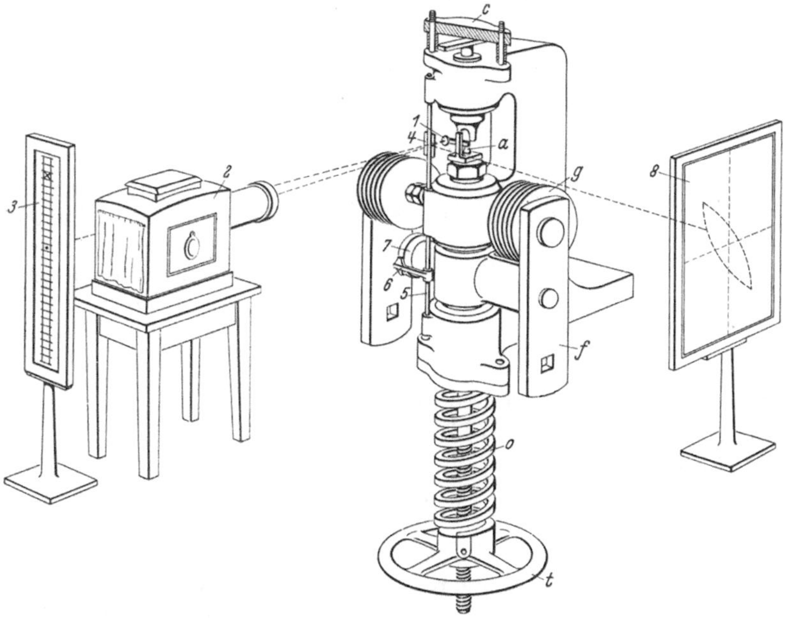

Abb. 20. Anordnung zur Aufzeichnung der Hysteresisschleife bei der Maschine von Smith. Die Buchstaben entsprechen der Legende Abb. 18. *1* Spiegeldehnungsmesser nach Abb. 19; *2* Bogenlampe; *3* Schirm für die Dehnungsmessungen; *4* Umlenkspiegel, dessen Drehachse zu der des Dehnungsmessers *1* senkrecht steht; *5* Welle des Umlenkspiegels *4*; *6* Hebel der Welle *5*, der von dem Exzenter *7* betätigt wird; *7* Exzenter, der auf der Hauptwelle in Phase mit den Wuchtmassen aufgekeilt ist; *8* Schirm, auf dem die Hysteresisschleife abgebildet wird.

waagerechte Achse schwingt, auf den mit senkrechter Achse angeordneten Umlenkspiegel *4*. Dieser sitzt auf einer Welle *5*, die durch den auf ihr befestigten Hebel *6* und den auf der Hauptwelle aufgekeilten Exzenter *7* in Schwingbewegung versetzt wird. Der Exzenter ist so aufgekeilt, daß die von ihm gesteuerte Schwingbewegung in Phase mit der den Prüfstab beanspruchenden Kraft verläuft. Der Lichtstrahl wird mit dem Schirm *8* aufgefangen. Hier entspricht seine Auslenkung in senkrechter Richtung der Dehnung des Probestabes, während die Auslenkung in waagerechter Richtung proportional zu der den Probestab beanspruchenden schwingenden Kraft und in Phase mit ihr ist. Auf dem Schirm entsteht also das dynamische Lastdehnungs-Schaubild des Probestabes, das von dem Lichtpunkt bei jedem Lastspiel einmal durchlaufen wird. Bei der raschen Folge der Lastspiele erscheint dieses Bild dem Auge als leuchtende Figur, die nachgezeichnet oder photographiert werden kann. Solange die Verformungen rein elastisch sind, stellt es eine gerade Linie dar. Entstehen plastische Verformungen, die eine innere Arbeitsaufnahme des Probestabes zur Folge haben, so zieht sich das Schaubild zu einer Schleife auseinander, deren Inhalt der Arbeitsaufnahme des Probestabes je Lastspiel verhältnisgleich ist.

Wir haben es hier mit einer der ältesten Anordnungen zur Messung der Werkstoffdämpfung zu tun. SMITH hat mit dieser Maschine zahlreiche Messungen durchgeführt, und zwar einerseits Dauerversuche mit Aufnahme von WÖHLER-Kurven, andererseits Messungen zur Bestimmung der „dynamischen Fließgrenze", die heute auch „Wechselfließgrenze" genannt wird. Sie war dadurch erkennbar, daß das auf dem Schirm *3* sichtbare Lichtband sich von einer bestimmten Beanspruchung ab nach der „Zug"-Seite hin verschob. SMITH stellte fest, daß diese „dynamische Fließgrenze" mit der Dauerfestigkeit des kerbfreien polierten Stabes zusammenfalle. Er entwickelte damit das erste Abkürzungsverfahren zur Bestimmung der Dauerfestigkeit.

d) Fliehkraftmaschine der MPA Darmstadt.

Eine besonders einfache Maschine mit Fliehkraftantrieb, die in der Materialprüfungsanstalt der Technischen Hochschule Darmstadt entwickelt wurde, zeigt Abb. 21[1]. Der Aufbau ist grundsätzlich ähnlich wie bei der Maschine von SMITH. Der Antrieb besteht aus einem in Blattfedern geführten Gehäuse, in dem eine Welle mit Wuchtmasse gelagert wird. Diese wird von einem Motor mit regelbarer Drehzahl über eine biegsame Welle angetrieben. Als Wechselkraft dient die in die Schwingungsrichtung fallende Komponente der Fliehkraft. Ihre Größe kann durch Ändern der Drehzahl in weiten Grenzen geregelt werden. Zur Messung der Kraft dient ein Ringkraftmesser mit optischer Ablesung. Die Vorspannung auf Zug oder Druck wird durch eine Schraubenfeder bewirkt, die am Antriebsgehäuse befestigt ist und deren freies Ende an einer Spindel angreift, die zwecks Einstellung der Vorspannung mittels Mutter und Gegenmutter in einem am Fundament befestigten Bock verschoben werden kann.

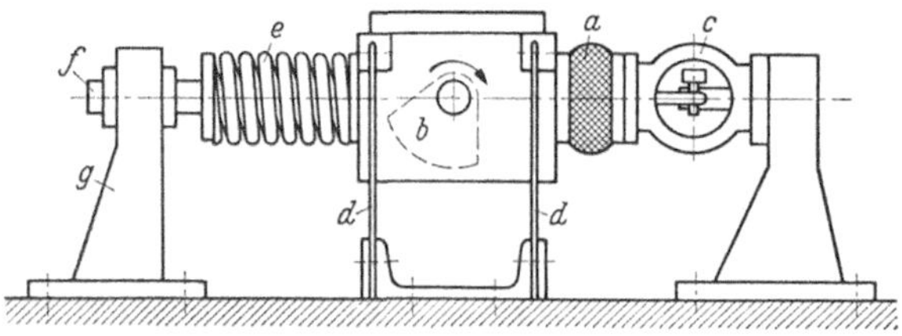

Abb. 21. Fliehkraftmaschine der Materialprüfungsanstalt an der Technischen Hochschule in Darmstadt.
a Probekörper (hier Gummipuffer); *b* umlaufende Welle mit Wuchtmasse; *c* Federkraftmesser (Ringkraftmesser) mit optischer Ablesung; *d* Blattfedern zur Geradeführung des Gehäuses, in dem die Wuchtmasse gelagert ist; *e* Vorspannfeder; *f* Spindel zur Einstellung der Kraft in der Vorspannfeder *e*; *g* Böcke, auf der Grundplatte befestigt.

In Abb. 21 ist als Prüfkörper ein Gummipuffer eingezeichnet. Genau so gut kann auch ein Metallprobestab eingebaut werden. Derartig einfache Maschinen eignen sich für Kräfte bis höchstens ± 3000 kg.

e) Fliehkraftmaschine von E. LEHR, Bauart Schenck.

Abb. 22 zeigt eine von E. LEHR konstruierte, mit Fliehkraftantrieb versehene Maschine der Firma Schenck, die weitgehend vervollkommnet ist[2]. Sie arbeitet mit einer Frequenz von $n = 3000$/min und erzeugt Zug-Druckwechselkräfte mit einer Amplitude bis zu ± 3000 kg, denen Vorspannkräfte überlagert werden können, die zwischen 5000 kg Zug und 5000 kg Druck beliebig einstellbar sind. Außerdem können mit einer Zusatzeinrichtung Drehwechselbeanspruchungen hervorgebracht werden, die den Zug-Druckbeanspruchungen überlagert werden und mit diesen genau synchron verlaufen, wobei der Phasenwinkel zwischen beiden Schwingungsbeanspruchungen gemessen und beliebig ein-

[1] THUM, A. u. G. BERGMANN: Z. VDI Bd. 81 (1937) S. 1013.
[2] LEHR, E. u. W. PRAGER: Forschung Bd. 4 (1939) Nr. 5, S. 209.

geregelt werden kann. Schließlich können noch eine statische Verdrehungsvorspannung und hydraulischer Innendruck im rohrförmigen Probestab aufgebracht werden. Die Maschine dient also zur getrennten Bestimmung der Dauerfestigkeit bei Zug-Druck- oder Drehwechselbeanspruchung und zur Ermittlung der Dauerfestigkeit bei zusammengesetzter Schwingungsbeanspruchung. Über die wichtigsten Einzelheiten der Ausführung ist folgendes zu sagen:

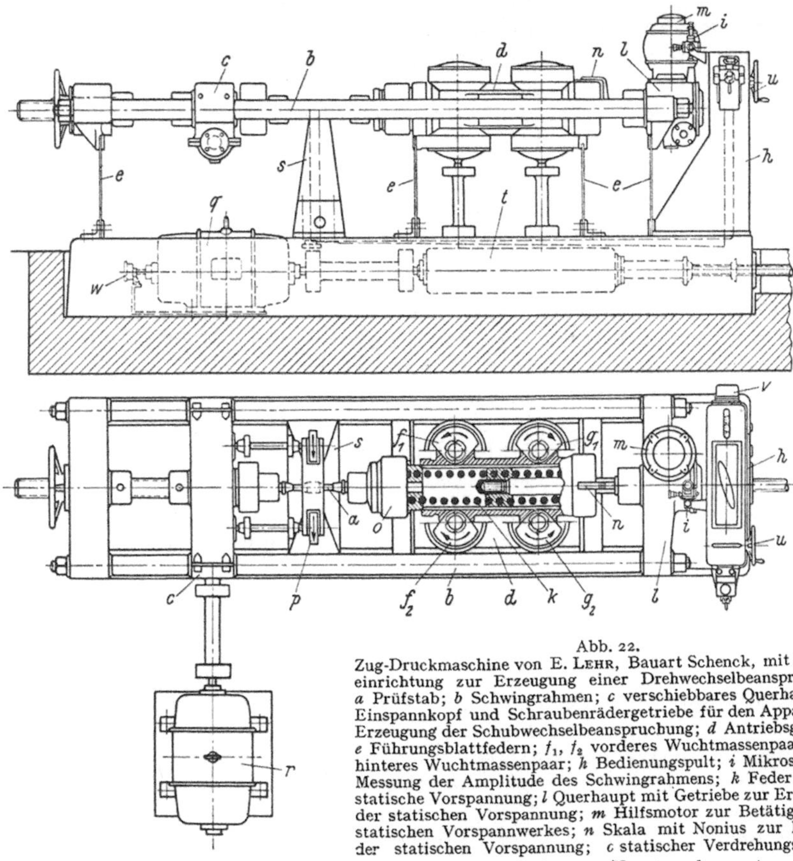

Abb. 22.
Zug-Druckmaschine von E. LEHR, Bauart Schenck, mit Zusatzeinrichtung zur Erzeugung einer Drehwechselbeanspruchung. *a* Prüfstab; *b* Schwingrahmen; *c* verschiebbares Querhaupt mit Einspannkopf und Schraubenrädergetriebe für den Apparat zur Erzeugung der Schubwechselbeanspruchung; *d* Antriebsgehäuse; *e* Führungsblattfedern; f_1, f_2 vorderes Wuchtmassenpaar; g_1, g_2 hinteres Wuchtmassenpaar; *h* Bedienungspult; *i* Mikroskop zur Messung der Amplitude des Schwingrahmens; *k* Feder für die statische Vorspannung; *l* Querhaupt mit Getriebe zur Erzeugung der statischen Vorspannung; *m* Hilfsmotor zur Betätigung des statischen Vorspannwerkes; *n* Skala mit Nonius zur Messung der statischen Vorspannung; *o* statischer Verdrehungsapparat mit Einspannkopf; *p* Querhaupt zur Erzeugung der Schubwechselbeanspruchung; *q* Hauptsynchronmotor; *r* Hilfssynchronmotor mit drehbarem Gehäuse; *s* Bock für die optischen Teile; *t* Getriebe für die Phasenverstellung; *u* Bedienungshandrad für die Phasenverschiebung (Fliehkrafteinstellung); *v* Lastwechselzähler; *w* Zählerkontakt.

Der eine Kopf des rohrförmigen Prüfstabes *a* wird an dem verschiebbaren Querhaupt *c* des Schwingrahmens *b*, der andere an dem Antriebsgehäuse *d* festgespannt. Der Schwingrahmen *b* besteht aus zwei rohrförmigen Holmen, die an den Enden durch Querhäupter verbunden sind. Schwingrahmen und Antriebsgehäuse werden von dünnen, am Grundrahmen befestigten Blattfedern *e*, die gleiche Länge besitzen, getragen, so daß sie in einer waagerechten Ebene praktisch reibungsfrei schwingen können. In dem Antriebsgehäuse *d* sind vier senkrechte Wellen, die Wuchtmassen gleicher Größe tragen, in Rollenlagern angeordnet. Sie werden durch Kardanwellen mit HARDY-Scheiben über ein im Grundrahmen der Maschine angeordnetes Schraubenrädergetriebe mit gleicher Drehzahl aber paarweise mit entgegengesetztem Drehsinn angetrieben. Zum Verständnis der Wirkungsweise fassen wir die Wellen f_1, f_2 zum vorderen und die Wellen g_1 und g_2 zum hinteren Wuchtmassenpaar zusammen. Da sich die beiden Wellen eines jeden Wuchtmassenpaares gegenläufig drehen, heben sich die Fliehkraftkomponenten senkrecht zur Längsachse der Maschine gegenseitig auf. Jedes der beiden Wuchtmassenpaare erzeugt also eine mit der Drehzahl der Maschine pulsierende sinusförmige Wechselkraft. Beide Wechselkräfte wirken in der Mittelachse des Schwingrahmens, die mit der Achse des Prüfstabes zusammenfällt.

Die Einstellung der Amplitude der Wechselkraft erfolgt während des Betriebes, indem die von beiden Wuchtmassenpaaren erzeugten gleichgroßen Teilwechselkräfte mittels des Schraubenrädergetriebes in der Phase gegeneinander verstellt werden. Auf der Längswelle des Getriebes sitzen ein fest verkeiltes Schraubenrad, das die beiden Schraubenräder des vorderen Wuchtmassenpaares antreibt und ein walzenförmiges, durch Längskeil mitgenommenes Schraubenrad, das mit den beiden Rädern für das hintere Wuchtmassenpaar in Eingriff steht; zur Regelung der Phasenverschiebung wird dieses walzenförmige Rad längs der Antriebswelle mittels Spindel unter Zwischenschaltung eines Druckkugellagers verschoben[1]. Die Amplitude der Gesamtwechselkraft erhält man dabei durch vektorielle Addition der Amplituden beider Teilwechselkräfte[2].

Die Wechselkraft setzt die durch den Prüfstab verbundenen Massen von Schwingrahmen und Antriebsgehäuse in Schwingung. Nehmen wir zunächst an, es bestehe zwischen Rahmen und Antriebsgehäuse außer durch den Prüfstab keine weitere Verbindung, so ist die den Prüfstab beanspruchende Kraft in jedem Augenblick gleich der Trägheitskraft P_m des Schwingrahmens. Diese Tatsache wird zur Messung der Prüfstabbeanspruchung benutzt.

Es ist:

$$P_m = m\,a\,\omega^2,$$

worin: m die Gesamtmasse des Schwingrahmens (durch Auswiegen bestimmt),

$$\omega = \frac{2\pi}{60}\,n = 314\,s^{-1} \pm 1\,\% \quad (\text{für } n = 3000\,\text{min}^{-1} \pm 1\,\%),$$

a die Schwingungsamplitude des Rahmens bedeuten.

Da $m\,\omega^2$ eine genau bekannte Konstante der Maschine ist, kann die Schwingungsamplitude a des Rahmens, die mittels eines am Meßpult befestigten Meßmikroskops auf $^1/_{100}$ mm genau abgelesen wird, als Maß für die den Prüfstab beanspruchende Wechselkraft benutzt werden.

In einer konzentrisch zur Maschinenlängsachse liegenden Bohrung des Antriebsgehäuses ist eine Schraubenfeder k angeordnet. Die Endwindungen sind in Federmuttern befestigt. Eine weitere Federmutter ist in der Mitte der Schraubenfeder verstemmt und mit dem Ende einer Spindel verschraubt, die durch eine Mutter mit Schneckenvorgelege in dem Endquerhaupt des Schwingrahmens verschoben wird (Antrieb durch Hilfsmotor mit Rutschkupplung). Die an einer Skala abzulesende Stellung der Spindel gibt nach Eichung der Feder ein Maß für die Vorspannung (1 cm = rd. 2000 kg). Da die Spindel nach beiden Richtungen verschoben werden kann und die Feder in beiden

[1] Das Zustandekommen der Phasenverschiebung macht man sich am besten am ruhenden Getriebe klar. Verschiebt man das walzenförmige Schraubenrad bei stillstehender Antriebswelle, so verdrehen sich die Räder des hinteren Schraubenradsatzes genau so wie beim Eingriff einer Zahnstange. Diese Verschiebung tritt in gleicher Weise in Erscheinung, wenn das Getriebe mit voller Drehzahl umläuft.

[2] Beträgt z. B. die Phasenverschiebung 180°, so erreicht die Wechselkraft des vorderen Wuchtmassenpaares ihren Höchstwert nach vorn im gleichen Augenblick, in dem die Wechselkraft des zweiten Wuchtmassenpaares ihren Höchstwert nach hinten annimmt. Beide Kräfte heben sich also, da es sich um synchron verlaufende sinusförmige Kräfte handelt, in jedem beliebigen Zeitpunkt auf. Beträgt die Phasenverschiebung 0°, so sind die beiden Wechselkräfte in jedem Augenblick gleichgerichtet; sie addieren sich daher. Zwischen diesen Grenzfällen läßt sich jede beliebige Zwischenstufe einregeln.

Richtungen gleich anspricht, lassen sich beliebige Zug- oder Druckvorspannungen bis zu 5000 kg einstellen[1].

Zur Erzielung einer statischen Schubvorspannung ist am vorderen Ende des Antriebsgehäuses ein Schneckenvorgelege *o* eingebaut, mit dessen Hilfe der Spannkopf für den Prüfstab um genau meßbare Beträge (Ablesung an einer Teilscheibe mit Nonius) verdreht werden kann. Die Prüfstabköpfe sind an den Enden mit Querflächen versehen, auf die walzenförmige Querkeile gespannt werden; diese greifen in Querbohrungen der Spannköpfe ein.

Die Vorrichtung zur Erzeugung der Schub-Wechselbeanspruchung besteht im wesentlichen aus einem Joch, das auf dem mittleren Bund des Prüfstabes mittels Querkeil festgespannt wird. An den Enden des Joches sind zwei Schwungräder mit regelbaren Wuchtmassen angeordnet, deren Achsen in gleichem Abstand parallel zur Prüfstabachse liegen; sie werden in gleichem Drehsinn von einem Schraubenradvorgelege im Querhaupt *c* des Schwingrahmens über kleine Kardanwellen angetrieben. Die Wuchtmassen beider Schwungräder werden bei ruhender Maschine stets so eingestellt, daß sie gleich groß und um 180° gegeneinander versetzt sind[2].

Bei dieser Anordnung heben sich die in der Verbindungslinie der Schwungradwellen liegenden Fliehkraftkomponenten auf. Übrig bleiben stets nur die senkrecht zur Verbindungslinie der Schwungradwellen wirkenden Komponenten, die ein reines Kräftepaar bilden, das den Prüfstab beansprucht. Das Trägheitsmoment des Joches und die Federkonstante des Prüfstabes sind so aufeinander abgestimmt, daß die Eigenschwingungszahl des aus ihnen gebildeten Schwingungssystems 50 bis 60% höher liegt als die Betriebsdrehzahl, so daß man im federgehemmten Gebiet arbeitet und Resonanz sicher vermieden wird.

Das Hauptgetriebe und das Hilfsgetriebe zur Erzeugung der Schubwechselbeanspruchung werden von je einem zweipoligen Synchronmotor angetrieben, die beide aus dem vorhandenen Drehstromnetz gespeist werden. Damit ist Synchronismus beider Bewegungen gesichert. Zur Einstellung des Phasenwinkels zwischen Zug-Druck- und Schubwechselbeanspruchung wird das Gehäuse des Motors zum Hilfsgetriebe verdrehbar angeordnet.

Auf der Unterseite des Querhaupts für die Schubwechselbeanspruchung ist ein Spiegel angeordnet, auf den von einer Lichtquelle im Bock *s*, ein Lichtstrahl fällt. Dieser wird über zwei total reflektierende Prismen zum Beobachtungspult der Maschine geleitet. Das im Fuß des Pultes untergebrachte Prisma ist schwingbar und wird durch eine Stoßstange vom Schwingrahmen der Maschine angetrieben. Die Schwingung des Rahmens ist in Phase mit der den Prüfstab beanspruchenden Zug-Druckwechselkraft. Der leuchtende Punkt, der als Bild des Lichtstrahles auf der Mattscheibe entsteht, erhält durch das schwingende Prisma eine Auslenkung in der Längsrichtung der Maschine, während der Spiegel auf dem Querhaupt für die Schub-Wechselbeanspruchung ihm gleichzeitig eine Auslenkung senkrecht zur Maschinenachse erteilt.

Der Lichtpunkt führt also gleichzeitig zwei synchrone sinusförmige Schwingungen aus, deren Achsen senkrecht aufeinander stehen. Die Bahn des Lichtpunktes ist dann eine Ellipse. Diese liegt symmetrisch zum Achsenkreuz, wenn

---

[1] Nach Beendigung der Einstellung, die bei ruhender Maschine erfolgt, wird die Spindel durch eine Gegenmutter festgezogen und hierdurch die Verstellmutter entlastet, damit ein Ausschlagen durch die bei der Schwingung auftretenden Trägheitskräfte vermieden wird.

[2] Die beiden Schwungräder haben feste Wuchtmassen gleicher Größe. An ihrem Umfang ist ein Ring aufgesetzt, der eine gleichgroße Wuchtmasse trägt wie der Schwungradkörper. Bei der Einstellung werden die Ringe beider Schwungräder nach einer Teilung jeweils um gleiche Beträge und im gleichen Drehsinn verstellt. Hierbei addieren sich die von den Wuchtmassen des Schwungradkörpers und des Ringes ausgehenden Fliehkräfte vektoriell, so daß jede beliebige Fliehkraft zwischen Null und einem Größtwert eingestellt werden kann.

die Phasenverschiebung 90° beträgt und schrumpft zu einer schrägen Geraden zusammen, wenn die Phasenverschiebung 0° wird. Demgemäß verdreht man bei der Messung das Gehäuse des zweiten Synchronmotors r solange, bis die Ellipse auf der Mattscheibe zu einer Geraden zusammengeschrumpft ist und benutzt die zugehörige Winkelstellung als Nullage für die Einstellung des Phasenwinkels. Die Vorrichtung arbeitet mit einer Einstellgenauigkeit von $\pm 1{,}5°$.

Abb. 23. Zug-Druck-Dauerprüfmaschine mit Fliehkraftantrieb, Bauart Schenck, für ± 25 t Wechselbeanspruchung bei 50 t Vorspannung auf Zug oder Druck.

Zur Erzeugung eines hydraulischen Innendruckes kann dem rohrförmigen Prüfstab durch eine Längsbohrung in der Einstellspindel Drucköl über einen biegsamen Metallschlauch zugeleitet werden.

Eine von Schenck ausgeführte Maschine entsprechender Bauart (Abb. 23), die für eine Wechselkraftamplitude von ±25 t bei 50 t Vorspannung eingerichtet ist, wurde in der Versuchsanstalt der Firma Krupp, Essen, aufgestellt. Hier können die Wuchtmassen jedoch nur bei Stillstand der Maschinen verstellt werden. Die Zusatzeinrichtung für Drehschwingungsbeanspruchung ist nicht vorgesehen. Diese Maschine ist mit einer mit Photozelle arbeitenden, selbsttätigen Steuerung versehen, welche die Größe der Vorspannung gleichhält, falls während des Dauerversuches bleibende Dehnungen des Probekörpers auftreten.

f) Zug-Druckmaschine Bauart Schenck mit Antrieb durch eine Schwingungsmaschine.

Eine weitere Maschine mit Fliehkraftantrieb, die mit einfacheren Mitteln unter beschränkter Ausnutzung der Resonanzwirkung arbeitet, wurde 1929 von C. Schenck unter Verwendung der Wuchtförderantriebsmaschine[1] gebaut. Sie ist schematisch in Abb. 24 dargestellt.

[1] Einzelheiten über die Konstruktion dieser Maschine siehe E. LEHR: Schwingungstechnik Bd. 1, S. 66. Berlin: Julius Springer 1931.

Die zum Antrieb dienende Schwingungsmaschine *b* hat eine würfelförmige Masse, in die ein Elektromotor *c* (Drehstrom-Asynchronmotor mit Kurzschlußläufer $n = 950$/min) eingebaut ist, und die im Kasten des Antriebes an Federn aufgehängt ist. Auf der Achse des Motors sitzen zwei Scheibenpaare *e* mit gleich großen Wuchtmassen. Das erste Scheibenpaar ist auf der Motorachse fest aufgekeilt; die beiden anderen Scheiben sind auf den ersten drehbar angeordnet und können nach einer Teilung eingestellt werden. Durch diese Anordnung ist es möglich, die Wuchtmassenwirkung zwischen Null und einem Größtwert einzuregeln.

Die würfelförmige Masse wird zwischen 10 Schraubenfedern *d* gehalten, die in dem Kasten gegeneinander gespannt sind. Dieser bildet mit seinem auf senkrecht stehenden Blattfedern schwingbar angeordneten Rahmen die eine Masse der

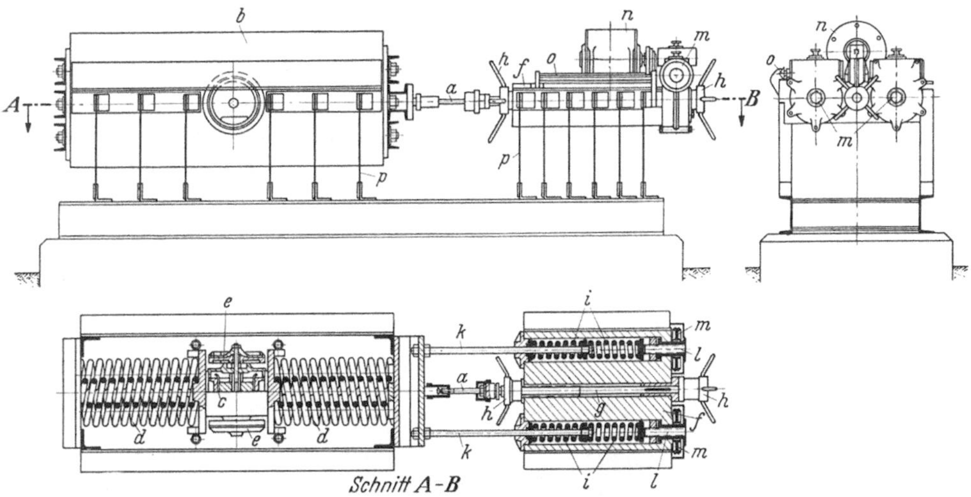

Abb. 24. Zug-Druckprüfmaschine von SCHENCK mit Antrieb durch eine Schwingungsmaschine.
a Probestab; *b* Antriebsmaschine; *c* Drehstrom-Asynchronmotor in die Masse der Antriebsmaschine eingebaut; *d* Federn der Antriebsmaschine (10 Stück); *e* Schwungräder mit regelbarer Wuchtmasse; *f* Gegenmasse; *g* Einspannspindel der Gegenmasse; *h* Muttern der Einspannspindel; *i* Vorspannfedern; *k* Zugstangen des Vorspannwerkes; *l* Schraubspindeln des Vorspannwerkes; *m* doppeltes Schneckengetriebe zum Vorspannwerk; *n* Motor zum Antrieb des Vorspannwerkes; *o* Anzeigevorrichtung zum Vorspannwerk; *p* Führungsblattfedern.

Prüfmaschine. Er trägt das Spannfutter für das eine Ende des Probestabes. Das zweite Spannfutter ist an der Gegenmasse *f* der Maschine (Gewicht etwa 2 t) befestigt, die ebenfalls von senkrechten, am Grundrahmen eingespannten Blattfedern getragen wird. Beim Arbeiten der Maschine wird der Probestab *a* durch die Massenkräfte der Gegenmasse belastet. Die Wechselkraft ergibt sich dabei zu:

$$P_m = m \cdot a \cdot \omega^2 .$$

Hier ist a der Schwingungsausschlag der Gegenmasse m, der mittels Mikroskop beobachtet wird, ω die Winkelgeschwindigkeit der Welle des Antriebmotors, gleichzeitig die Kreisfrequenz der Schwingung. Die Anordnung arbeitet etwa bei 85 bis 90% der Resonanzfrequenz, also in einem noch sehr stabilen Bereich. Dabei wirkt auf den Prüfstab eine Wechselkraft, die etwa 2 bis 3mal so groß ist, wie die an der Welle des Antriebsmotors wirkende Fliehkraft. Man vermeidet bei dieser Anordnung die Labilität des Resonanzbetriebes und macht sich doch die Vorteile einer „Resonanzübersetzung" zunutze. Es werden Wechselkräfte bis zu ± 5000 kg erzeugt.

Die Maschine ist ferner mit einem Vorspannwerk ausgerüstet, durch das der Probekörper mit Kräften bis zu 10000 kg auf Zug vorbelastet werden kann. Die Anordnung besteht im wesentlichen aus vier Schraubenfedern, die in Bohrungen der Gegenmasse angeordnet sind und gegen Teller auf zwei Zugstangen *k* gespannt werden, die an dem Rahmen der Antriebsmaschine *b* angreifen. Die Vorspannung wird durch Schraubenspindeln *l* hervorgebracht, die von einem Verstellmotor *n* über ein doppeltes Schneckenradvorgelege *m* angetrieben werden.

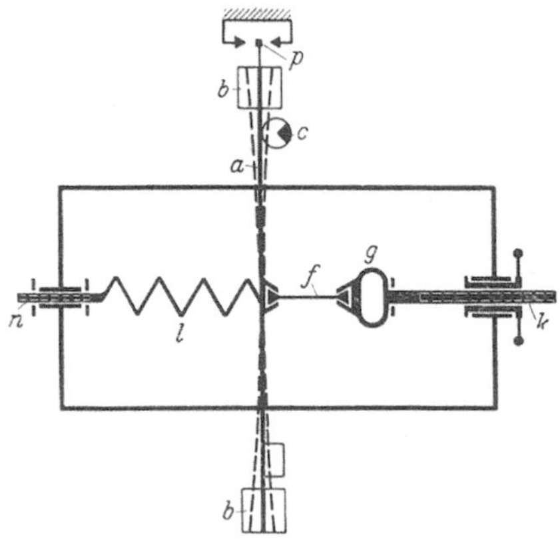

Abb. 25. Schema der Anordnung von Abb. 26.

Diese Maschine arbeitet mit $n = 950$/min sehr gleichmäßig und zuverlässig. Die Spannfutter für den Probestab sind sorgfältig aufeinander zentrisch eingestellt, so daß ungewollte zusätzliche Biegebeanspruchungen sicher vermieden werden.

g) Zug-Druckpulser von SCHENCK und ERLINGER

Der Zug-Druckpulser von Schenck[1] arbeitet unter weitgehender Ausnutzung der Resonanz. Abb. 25 zeigt schematisch den Aufbau, Abb. 26 eine Ansicht der Maschine. Das Hauptorgan ist eine symmetrisch ausgebildete, doppelarmige Biegefeder *a* der aus Abb. 25 und 26 ersichtlichen Form, in deren Mitte der eine Kopf des Probestabes *f* festgespannt wird und die an ihren beiden Enden Zusatzmassen *b*

Abb. 26. Ansicht der Maschine.

Abb. 25 und 26. Zug-Druckpulser mit Resonanzantrieb, Bauart Schenck.
a Hauptfeder, *b* Zusatzmassen der Hauptfeder; *c* Unwuchterreger; *d* Antriebsmotor; *e* Lenkerbleche; *f* Probestab; *g* Ringkraftmesser; *h* Meßmikroskop; *i* verschiebbares Querhaupt; *k* Spindel zur Verstellung des Querhauptes *i*; *l* Schraubenfedern für die Vorspannung; *m* Joch zur Verbindung der Schraubenfedern *l*; *n* Verstellspindel zur Einstellung der Vorspannung; *o* Zählwerk; *p* Regelkontakt für die Steuerung des Schwingungsausschlages.

trägt. Am einen Federende ist ferner ein Unwuchterreger *c* gelagert, der über eine biegsame Welle von einem Gleichstrommotor *d* mit rd. 1 PS Leistung und senkrechter Achse angetrieben wird. Die Mitte der Biegefeder wird durch Lenkerbleche *e* reibungsfrei geradegeführt.

[1] ERLINGER, E.: Arch. Eisenhüttenw. Bd. 10 (1936/37) Heft 7, S. 317—320.

Der Unwuchterreger erzeugt in der Feder Biegeschwingungen, die symmetrisch zu ihrer Mitte erfolgen, derart, daß sich die Federenden synchron miteinander vor- und rückwärts bewegen. Dabei wirken auf die Federmitte, an der die Probe *f* festgespannt ist, sinusförmig veränderliche Auflagerdrücke. Die Anordnung arbeitet mit starker Resonanzübersetzung dicht unterhalb der Resonanzkuppe. Die Größe des Schwingungsausschlages und damit die Amplitude der auf den Prüfstab ausgeübten Wechselkraft läßt sich in weiten Grenzen durch Drehzahländerung des Motors *d* einstellen.

Die Größe des Schwingungsausschlages wird durch die federnden Längsdehnungen des Probestabes beeinflußt. Dieser muß deshalb eine bestimmte Mindestfederkonstante besitzen.

Die auf die Probe wirkenden Kräfte werden durch einen Ringkraftmesser *g* gemessen, an den der zweite Kopf des Probestabes angeschlossen ist. Die Messung erfolgt mittels Meßmikroskop *h*, dessen Stativ an der feststehenden Seite des Ringkraftmessers angeschraubt ist. Beobachtet wird die Schwingung und Verschiebung einer Spaltblende, die an der mit dem Prüfstab verbundenen Seite des Ringkraftmessers befestigt ist, und zwar in deren Mitte, damit auch bei nicht genau mittiger Probeneinspannung Fehler, die durch zusätzliche Biegung entstehen können, vermieden werden. Der Ringkraftmesser sitzt an einem auf dem Maschinenbett verstellbaren Querhaupt *i*, das mittels einer Spindel *k* zwecks Einspannung verschieden langer Proben gegenüber dem Maschinenbett verstellt werden kann.

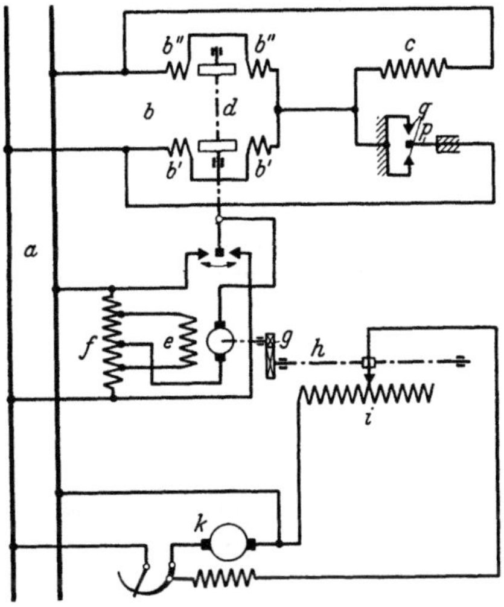

Abb. 27. Schaltbild des Ausschlagsteuergerätes Bauart Slattenscheck-Kehse für den Zug-Druckpulser von SCHENCK.
a Gleichstromnetz; *b* Differentialrelais mit zwei Magnetspulensystemen *b'* und *b''*; *c* OHMscher Widerstand; *d* Anker des Differentialrelais; *e* Steuermotor; *f* Spannungsteiler für Steuermotor; *g* Zahnradvorgelege; *h* Verstellspindel mit Kontakt; *i* Schiebewiderstand; *k* Hauptantriebsmotor; *p* federnder Kontakt an der Hauptblattfeder; *q* ortsfeste Kontakte der Steuerung.

In Verlängerung der Probestabmitte greifen auf der anderen Seite der Biegefeder *a* zwei Schraubenfedern von genau gleicher Federkonstante an, deren Enden durch ein Joch *m* verbunden sind, in dessen Mitte eine am Maschinenbett gelagerte Verstellspindel *n* befestigt ist. Durch diese Vorrichtung können Zug- oder Druck-Vorspannkräfte auf die Probe ausgeübt werden.

Die Brauchbarkeit aller Resonanzmaschinen hängt davon ab, daß es gelingt, den Schwingungsausschlag und damit die auf die Probe ausgeübte Wechselbeanspruchung für beliebige Zeitdauer mit genügender Genauigkeit (rd. 1 bis 2% des jeweiligen Ausschlages) gleichzuhalten. Diese Aufgabe ist hier durch eine besondere Regeleinrichtung gelöst, deren Wirkungsweise aus dem Schaltschema Abb. 27 zu ersehen ist.

Am einen Ende der Biegefeder *a* ist ein federnder Kontakt *p* befestigt, der bei jeder Schwingung an den je nach dem gewünschten Schwingungsausschlag einstellbaren, im übrigen aber ortsfesten Kontakten *q* zur Anlage kommt. Die Zeitdauer des dabei entstehenden Stromstoßes wird stark von der Schwingungsweite der Biegefeder beeinflußt. Der Kontaktstromkreis ist nun gemäß Abb. 27 parallel zum ersten Magnetspulensystem *b'* eines Differentialrelais *b* geschaltet, während das zweite Magnetspulensystem *b''* durch einen dazu parallel geschalteten OHMschen Widerstand *c* so abgeglichen wird, daß die Kräfte der beiden einander entgegenwirkenden Magnetsysteme des Differentialrelais bei dem zu haltenden Schwingungsausschlag gerade im Gleichgewicht sind.

Die Magnete suchen einen Anker *d* zu verdrehen, der bei Auslenkung aus seiner Gleichgewichtslage je nach der Auslenkungsrichtung den Steuermotor, der an einen Spannungsteiler *f* angeschlossen ist, vor- oder rückwärts laufen läßt. Der Steuermotor *e* verdreht über ein Vorgelege *g* die Verstellspindel *h* eines Schiebewiderstandes *i*, der das Feld des Antriebmotors *k* beeinflußt und damit seine Drehzahl solange regelt, bis der gewünschte Schwingungsausschlag wieder eingestellt ist.

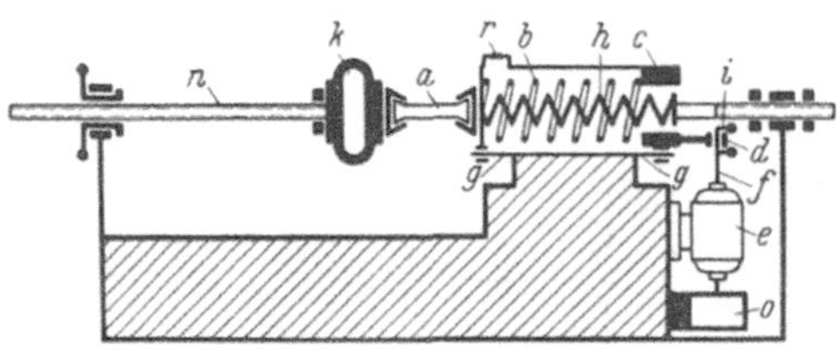

Abb. 28. Schema der Anordnung von Abb. 29.

An den Kontakten wird durch Kondensatoren und Dämpfungswiderstände jede Funkenbildung unterdrückt. Das Feld des Steuermotors ist dauernd erregt, so daß der Motor sofort stillsteht, wenn das Relais unterbricht und ein Übersteuern vermieden wird.

Abb. 29. Ansicht eines Pulsers für ± 3 t.

Abb. 28 und 29. Zug-Druckpulser mit großem Hub, Bauart Schenck-Erlinger.
a Probestab; *b* Schwingfeder; *c* Masse an der Schwingfeder; *d* Unwuchterreger; *e* Antriebsmotor; *f* biegsame Welle; *g* Gleitbahn für die beiden Köpfe der Schwingfeder; *h* Vorspannfeder; *i* Spindel zur Vorspannfeder; *k* Ringkraftmesser; *l* Meßmikroskop; *m* Querhaupt zum Ringkraftmesser; *n* Spindel zur Einstellung verschieden langer Proben; *o* Ölpumpe und Kontaktgeber für das Zählwerk; *p* elektrisches Zählwerk; *q* Relais zum Regler von Slattenscheck-Kehse; *r* Steuerkontakt zum Regler; *s* Widerstand mit motorisch angetriebenem Schieber; *t* Schaltautomat; *u* Gummifedern zur isolierten Aufstellung.

Diese Maschine arbeitet zuverlässig und wird heute an zahlreichen Stellen verwendet. Die Einspannvorrichtungen sind leicht auswechselbar, so daß außer Probestäben auch ganze Konstruktionsteile der verschiedensten Art geprüft werden können.

Neuerdings hat SCHENCK einen Pulser, Bauart Schenck-Erlinger, entwickelt, der einen Hub bis zu ± 6 mm am Einspannkopf der Probe besitzt. Die Anordnung ist in Abb. 28 schematisch dargestellt. An die Stelle der Blattfeder des Pulsers Abb. 25 und 26 ist eine Schraubenfeder, die „Schwingfeder" *b*, getreten. Ihr eines Ende ist mit dem Spannkopf für den Probestab *a* fest verbunden. Am anderen Ende ist eine Masse *c* befestigt, in der auch der Unwuchterreger *d* gelagert ist. Er wird von dem Antriebsmotor *e* über eine biegsame Welle *f* in Drehung versetzt. Die Resonanz liegt etwa bei $n = 2400$/min.

Einspannkopf und Antriebskopf der Schwingfeder *b* werden in gemeinsamen Gleitbahnen *g*, die mit Drucköl geschmiert werden, geradegeführt. Die Vorspannfeder *h* ist im Innern der Schwingfeder angeordnet. Ihr eines Ende ist mit dem Spannkopf für den Probestab, ihr anderes Ende mit einer Spindel *i* verbunden, die zur Einstellung der Vorspannung dient. Im übrigen ist der Aufbau der Maschine der gleiche wie bei dem in Abb. 25 und 26 dargestellten Pulser. Zur Kraftmessung dient wie dort ein „Ringkraftmesser“ mit Ablesung durch ein Meßmikroskop *l*. Die Steuerung hält den Schwingungsausschlag gleich,

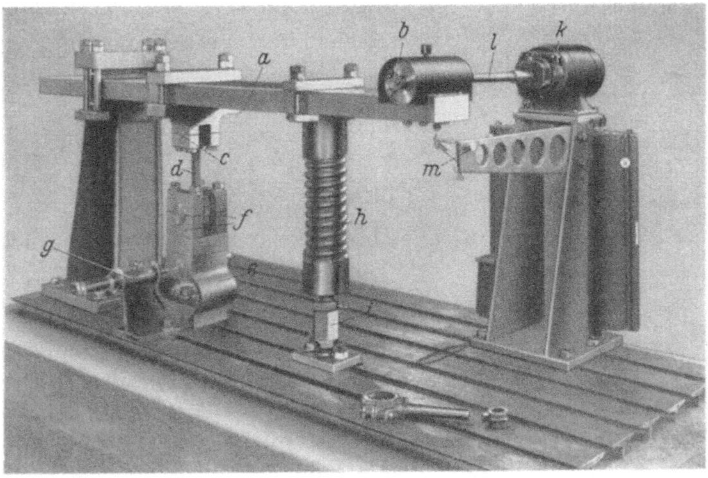

Abb. 30. Resonanzschwingprüfanlage für Zug-Druckbeanspruchung von Pleuelstangen mit 3 t Höchstlast nach E. ERLINGER.

a Schwinghebel; *b* Unwuchterreger; *c* Klemme am Schwinghebel zur Einspannung des oberen Pleuelkopfes; *d* Probekörper (Pleuelstange); *e* Ringkraftmesser; *f* Spannkopf des Ringkraftmessers; *g* Ablesemikroskop zum Ringkraftmesser; *h* Vorspannfeder; *i* Spannmutter zur Vorspannfeder; *k* Antriebsmotor; *l* biegsame Welle; *m* Arm mit Kontakt für den Regler.

den die Enden der Schwingfeder gegeneinander ausführen. Sie erfolgt wieder mit dem Regler, Bauart *Slattenscheck-Kehse*. Die Regelgenauigkeit beträgt zwischen $^1/_5$ und $^1/_1$ der Vollast ± 3 bis ± 1%.

Abb. 29 zeigt eine Ansicht der Maschine, die für Wechselkräfte von ± 1, ± 3 und ± 10 t gebaut wird.

h) Weitere Resonanzprüfanordnungen.

E. ERLINGER[1] hat verschiedene weitere Resonanzanordnungen zur Durchführung von Dauerprüfungen entwickelt. Sie zeigen grundsätzlich denselben Aufbau wie der SCHENCKsche Pulser. Zur Erzeugung der Kraft dient jeweils ein in Resonanz betriebenes Schwingungssystem, das durch die Fliehkräfte einer umlaufenden Wuchtmasse erregt wird. Ferner ist eine Feder zur Herstellung einer Vorspannung vorgesehen. Zur Messung der im Probestab wirkenden Kräfte wird ein Ringkraftmesser mit Ablesung durch ein Meßmikroskop benutzt. Als Beispiel zeigt Abb. 30 eine Anlage zur Zug-Druckbeanspruchung von Pleuelstangen mit 3 t Höchstlast.

Als Schwingsystem dient ein einseitig drehbar gelagerter Schwinghebel *a*, an dessen freiem Ende ein Unwuchterreger *b* angeordnet ist. In geringem Abstand von der Lagerstelle ist auf dem Hebel *a* eine Klemme *c* befestigt, in der das eine Auge der Pleuelstange *d* gelagert wird. Das andere Auge des Pleuels wird von dem Spannkopf des Ringkraftmessers *e* aufgenommen, der an der Grundplatte befestigt ist. Das Drehgelenk des Schwinghebels wird durch

[1] ERLINGER, E.: Arch. Eisenhüttenw. Bd. 12 (1938/39) S. 613—621.

zwei Walzen gebildet, die in Pfannen lagern und beim Schwingen des Hebels darin abrollen. An einer zweiten Klemme des Schwinghebels greift die Vorspannfeder *h* an, die durch einen in der Grundplatte gelagerten Gewindebolzen auf Zug oder Druck gespannt wird und entsprechende Vorspannkräfte auf den Prüfkörper ausübt. Ein weiterer Ständer trägt den Antriebsmotor und einen Arm *m*, an dem der Reglerkontakt sitzt.

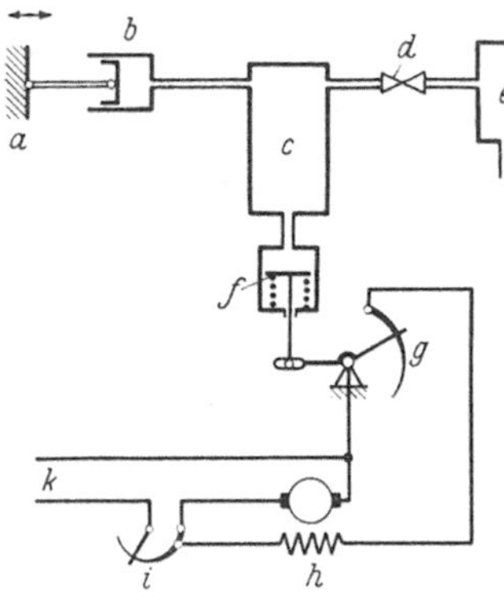

Abb. 31. Ausschlagregler der Siemens-Schuckert-Werke.
a Teil, dessen Schwingungsausschlag gleichgehalten werden soll; *b* Ölpumpe; *c* Druckraum; *d* Drosselstelle; *e* Raum, mit gleichbleibendem Gegendruck, in der Regel an die Luft angeschlossen; *f* Reglerkolben mit Federbelastung; *g* Feldregler des Antriebsmotors; *h* Antriebsmotor; *i* Anlasser des Antriebsmotors; *k* Gleichstromnetz.

Entscheidend für die Ausführung der Prüfungen auf derartigen Resonanzprüfständen ist der Regler, der den Schwingungsausschlag und damit die Amplitude der Wechselkraft gleichhält. Zu diesem Zweck sind außer dem bereits beschriebenen Regler nach A. Slattenschek und W. Kehse noch entsprechende Regler von den Siemens-Schuckert-Werken und von E. Erlinger ausgearbeitet worden.

Abb. 31 zeigt schematisch die Anordnung des Siemens-Schuckert-Reglers. Der Schwingkörper *a*, dessen Ausschlag gleichgehalten werden soll, wird mit dem Kolben einer Ölpumpe *b* verbunden. Diese fördert einen von der Schwingweite abhängigen Ölstrom in den Druckraum *c*. Dieser steht auf der einen Seite über eine Drosselstelle *d* mit einem Raum gleichbleibenden Gegendruckes *e*, auf der anderen Seite mit dem Zylinder des Reglerkolbens *f* in Verbindung. Wächst der Schwingungsausschlag, so fördert die Pumpe mehr Öl und der Druck im Raum *c* steigt. Diesem Druck entspricht eine andere Stellung des federbelasteten Reglerkolbens *f*.

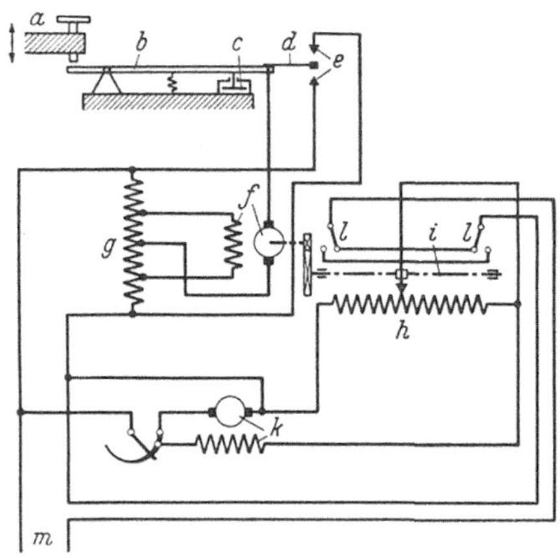

Abb. 32. Ausschlagregler nach E. Erlinger.
a Teil dessen Schwingungsausschlag gleich gehalten werden soll; *b* Tasthebel; *c* Dämpfer des Tasthebels; *d* Steuerzunge des Tasthebels; *e* Schaltkontakte; *f* Steuermotor; *g* Spannungsteiler zum Steuermotor; *h* Schiebewiderstand zur Feldregelung des Hauptmotors; *i* vom Steuermotor betätigte Spindel für den Schieber des Widerstandes *h*; *k* Hauptantriebsmotor; *l* Endausschalter; *m* Gleichstromnetz.

Dieser verstellt den Feldregler *g* des Antriebsmotors *h* und verringert dessen Drehzahl um einen Betrag, der die Schwingweite entsprechend vermindert, bis der ursprüngliche Gleichgewichtszustand wieder erreicht ist. Die Einstellung des gewünschten Schwingungsausschlages erfolgt durch Einstellen der Drosselstelle *d*.

Bei dem Regler von E. Erlinger (Abb. 32) tastet ein Fühlhebel *b* den Umkehrpunkt der Bewegung des schwingenden Körpers *a* ab. Der Tasthebel *b* hat eine niedrige Eigenschwingungszahl und ist stark gedämpft. Er folgt daher nicht der einzelnen Schwingung, sondern nur den Änderungen des Schwingungsausschlages. Bei Abweichungen der Schwingungsweite vom Sollwert schließt die Steuerzunge *d* des Tasthebels Kontakte *e*, die den Steuermotor *f* im einen oder anderen Drehsinn einschalten. Dieser verstellt den Schiebewiderstand *h*, der das Feld des Antriebmotors *k* regelt und dessen Drehzahl so lange verändert, bis der Sollwert der Schwingungsweite wieder erreicht ist.

Alle durch Massenkräfte angetriebenen Schwingungsprüfmaschinen müssen auf schwingungsisolierten Fundamenten Aufstellung finden, da sich dabei auch bei sorgfältigem Ausgleich freie Massenkräfte nicht vermeiden lassen, die bei nicht abgefedertem Fundament starke Erschütterungen der Umgebung im Gefolge haben können.

4. Krafterzeugung durch elektromagnetischen Antrieb.

Der Gedanke, Dauerprüfmaschinen zu schaffen, die ohne Verschleiß mit möglichst hohen Frequenzen arbeiten, führte zur Entwicklung von Versuchsanordnungen mit elektromagnetischem Antrieb.

a) Die Maschine von HOPKINSON.

Die erste derartige Maschine wurde von HOPKINSON[1] im Jahre 1911 entwickelt. Sie arbeitete in Resonanz mit einer Schwingungszahl von rd. 7000/min. Abb. 33 zeigt schematisch den Aufbau. Das Schwingungssystem besteht aus dem Probestab *a*, der die „Feder" des Systems bildet, und dem aus geblättertem Eisen hergestellten Anker *b*, der die Masse des Systems darstellt. Der Einspannkopf für das untere Ende des Probestabes ist am Grundgestell *c* der Maschine angeordnet, das auf einem schweren Fundament verankert ist. Der Anker *b* wird durch gespannte Drähte, deren Anordnung aus Abb. 33 ersichtlich ist, derart geführt, daß er sich nur in senkrechter Richtung bewegen kann.

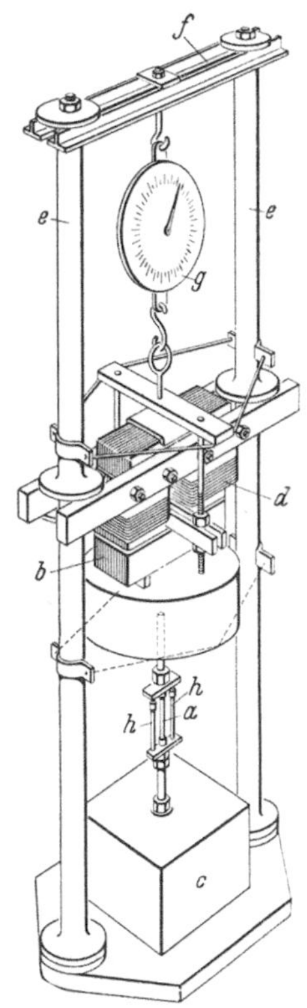

Abb. 33. Elektromagnetisch angetriebene Zug-Druckmaschine von HOPKINSON. *a* Probestab; *b* Anker aus geblättertem Eisen mit Zusatzmasse; *c* Grundgestell; *d* hufeisenförmiger Elektromagnet aus geblättertem Eisen; *e* Säulen des Grundgestells; *f* oberes Querhaupt; *g* Federkraftmesser; *h* Spiegeldehnungsmesser.

Die Schwingungen werden durch einen hufeisenförmigen Elektromagneten *d* erregt, der aus geblättertem Eisen hergestellt und an den Säulen *e* des Grundgestells befestigt ist. Seine Wicklungen sind an einen Einphasengenerator mit feinfühlig regelbarer Drehzahl angeschlossen. Die Frequenz wird so eingeregelt, daß Resonanz entsteht. Dabei besitzen die vom Elektromagneten ausgeübten Kräfte die doppelte Frequenz wie der Wechselstrom. An dem Anker *b* greift der am oberen Querhaupt *f* des Maschinengestells befestigte Federkraftmesser *g* an, der dazu dient, das Eigengewicht des Ankers *b* auszugleichen und eine Zugvorspannung im Probestab zu erzeugen.

Zur Messung der Schwingungsbeanspruchung wurden am Probestab zwei Spiegeldehnungsmesser angesetzt, die einen Lichtzeigerausschlag auf einem Schirm hervorbrachten.

Mit dieser Maschine sind — soweit aus den Veröffentlichungen zu entnehmen — nur wenige Versuche durchgeführt worden. Offenbar machte es, da das verwendete Schwingungssystem ungedämpft, also die Resonanzkuppe sehr spitz ist, große Schwierigkeiten, den Resonanzzustand mit genügender Genauigkeit aufrechtzuerhalten und dafür zu sorgen, daß die Schwingungsbeanspruchung des Probestabes in den erforderlichen Grenzen blieb.

[1] HOPKINSON, B.: Engineering 1912, I, S. 113 u. 123. — Stahl u. Eisen Bd. 32 (1912) S. 711.

b) Die Maschine von HAIGH.

Erfolgreicher war die von HAIGH konstruierte Maschine, deren Aufbau aus der schematischen Abb. 34 ersichtlich ist. Der Anker *a* ist an zwei Zugstangen *b* befestigt, deren Querhäupter durch Blattfedern *c*, *d* in der Schwingungsrichtung geradegeführt sind. Die untere, aus zwei beiderseits gegeneinander gespannten Federblättern bestehende Blattfeder *d* kann zwecks Erzeugung einer Vorspannung im Probestab durch eine Spindel *e* gegen ein an den 4 Säulen *m* der Maschine befestigtes Querhaupt gespannt werden. Ferner läßt sich ihre Federkonstante dadurch verändern, daß Klemmvorrichtungen *f*, mit denen die Federblätter zusammengespannt

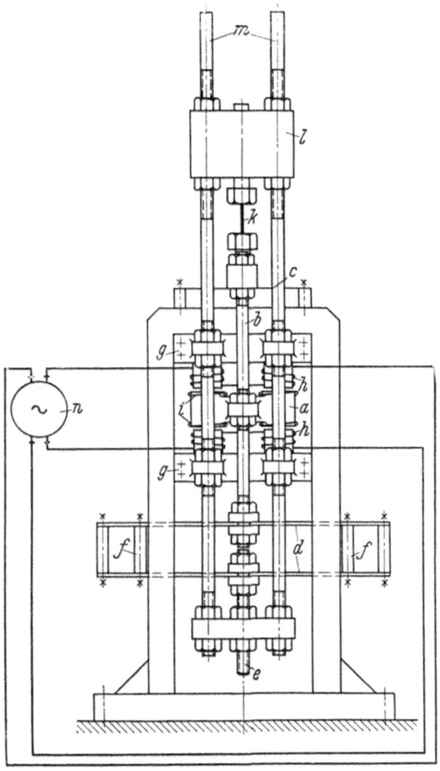

Abb. 34.

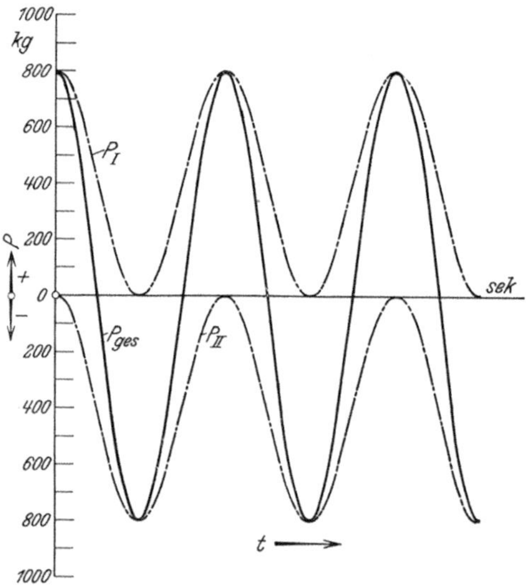

Abb. 35.

Abb. 34. Schema der Zug-Druckmaschine von HAIGH.
a Anker; *b* Zugstangen des Ankers; *c* obere Führungsblattfeder; *d* Hauptblattfeder; *e* Spindel zur Erzeugung einer Vorspannung; *f* Klemmen zur Änderung der Federkonstante der Hauptblattfeder; *g* Elektromagnete; *h* Hauptwicklungen; *i* Spannungswicklungen (Induktionsspulen); *k* Probestab; *l* verschiebbares Querhaupt; *m* Säulen, als Schraubspindeln ausgebildet; *n* Zweiphasen-Wechselstromgenerator.

Abb. 35. Verlauf der auf den Anker der HAIGH-Maschine ausgeübten Magnetkräfte P_I und P_{II} und der resultierenden Magnetkraft P_{ges}.

werden, sich in Längsrichtung der Federblätter verschieben lassen, wodurch die wirksame Federlänge verändert wird.

Der Anker *a* ist zwischen zwei aus geblättertem Eisen hergestellten Elektromagneten *g* angeordnet, deren Hauptwicklungen *h* an die beiden, um $^1/_4$ Periode gegeneinander verschobenen Phasen eines Wechselstromgenerators *n* angeschlossen sind. Die in diesen Elektromagneten entstehenden Kräfte verlaufen mit der doppelten Frequenz des Wechselstromes, sind also um eine halbe Periode gegeneinander verschoben. Der in Abb. 35 dargestellte Verlauf der Erregerkraft ist also sinusförmig und pendelt zwischen gleich großen Zug- und Druckwerten.

Der Probestab *k* wird mit dem unteren Ende in einem am oberen Querjoch der Ankerzugstangen *b* angeordneten Spannfutter befestigt. Das Spannfutter für den oberen Kopf des Probestabes sitzt an einem Querhaupt *l*, das an den als

Schraubspindeln ausgebildeten vier Säulen *m* der Maschine durch einen Schneckenantrieb, der gleichzeitig die vier in dem Querhaupt gelagerten Muttern betätigt, feinfühlig auf- und abgestellt werden kann.

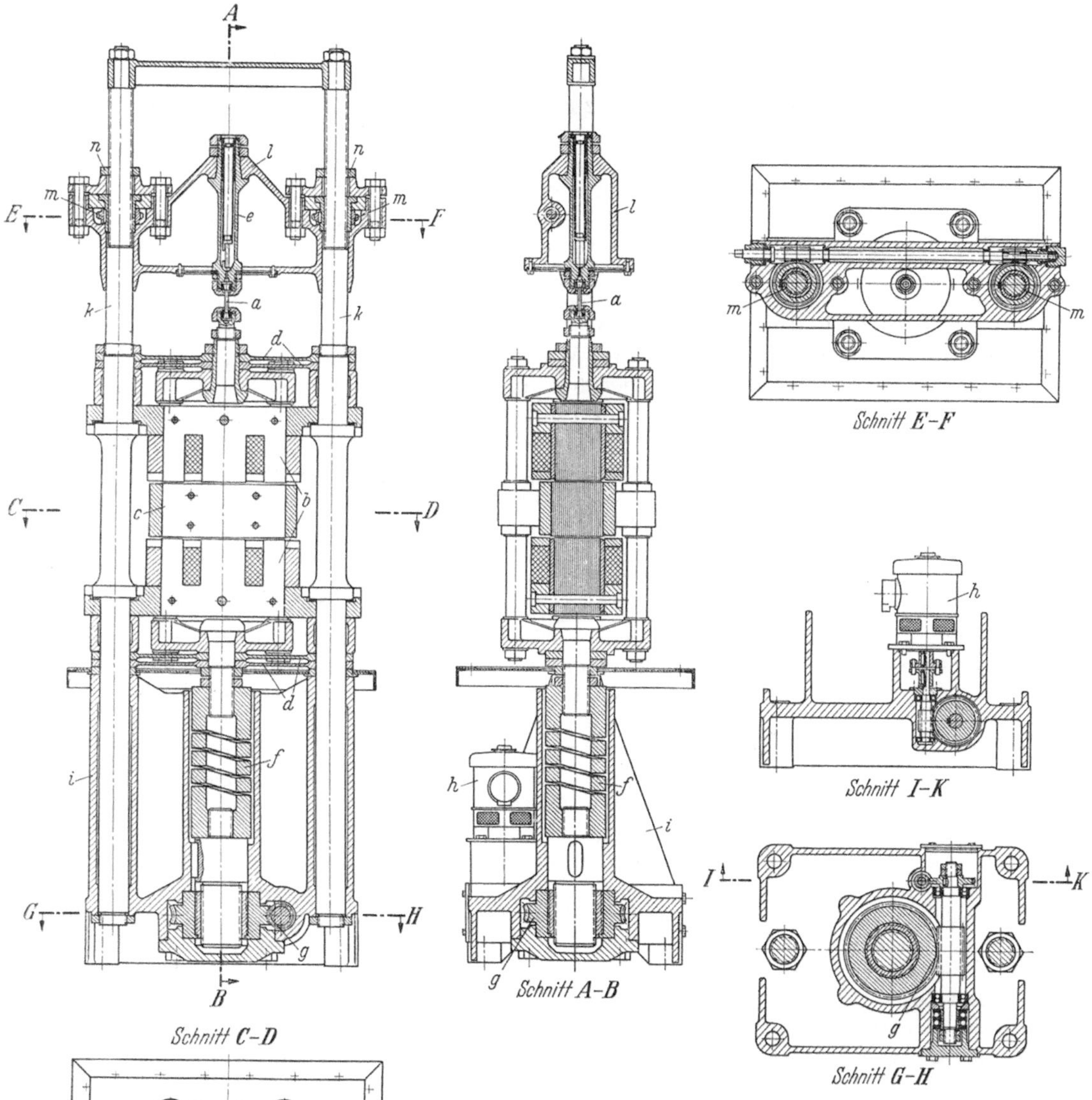

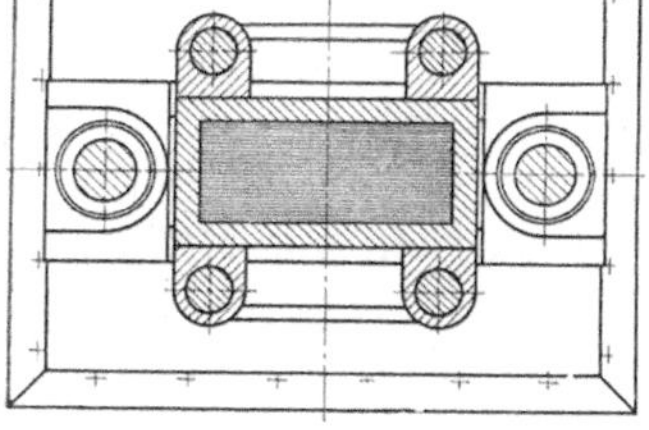

Abb. 36. Elektromagnetisch angetriebene Zug-Druck-Dauerprüfmaschine nach dem Prinzip von HAIGH, Bauart MAN.
a Probestab; *b* Wechselstrommagnete; *c* Anker; *d* Blattfedern zur Führung und Abfederung des Ankersystems; *e* Federkraftmesser; *f* Vorspannfeder; *g* Getriebe zur Vorspannfeder; *h* Hilfsmotor zum Getriebe *g*; *i* Grundgestell; *k* Säulen; *l* verstellbares Querhaupt; *m* Schneckengetriebe zur Verschiebung des Querhauptes *l*; *n* Gegenmuttern zur Feststellung des Querhauptes *l*.

Die Hauptfeder *d* der Maschine wird so abgeglichen, daß bei der gewählten Frequenz von 2000 Schwingungen je Minute die Massenkräfte der schwingenden Massen gerade von den Federkräften der Hauptfeder aufgehoben werden. Würde man die Maschine ohne Prüfstab betreiben, so wäre also das aus der Ankermasse und den Blattfedern *d* bestehende Schwingungssystem gerade in Resonanz. Wird der Probestab eingespannt, so arbeitet die Maschine weit außerhalb der Resonanz im federgehemmten Gebiet. Jedoch wird durch die beschriebene Anordnung erreicht, daß die auf den Probestab wirkenden Wechselkräfte gerade gleich den Magnetkräften sind, denn bei der gewählten Abstimmung werden die Massenkräfte des Ankersystems gerade von den Federkräften der Hauptblattfeder aufgehoben[1].

Es genügt also, die Magnetkräfte zu messen. Dies geschieht dadurch, daß um die vier Pole des Ankers *a* Spannungsspulen *i* gelegt sind. Die in ihnen induzierte Spannung ist der Änderungsgeschwindigkeit des Magnetflusses und bei sinusförmigem Fluß und konstanter Frequenz des Wechselstromes der Amplitude des magnetischen Wechselflusses proportional und kann leicht mit einem Wechselstromvoltmeter gemessen werden. Kennt man die Amplitude des magnetischen Wechselflusses, so kann daraus die Amplitude der magnetischen Wechselkraft berechnet werden, die der zweiten Potenz der Amplitude des Magnetflusses verhältnisgleich ist. Die an den Induktionsspulen *i* gemessene Spannung bildet also ein Maß für die Wechselbeanspruchung des Probestabes.

Die Maschine von HAIGH ist namentlich in England in mehreren Forschungsinstituten in Betrieb und arbeitet einwandfrei. Auch bei dieser Anlage muß die Drehzahl des Umformers sehr genau gleichgehalten werden, da sonst durch zusätzliche Massenkräfte Fehler bei der Messung entstehen. Die Maschine wird in zwei Größen, nämlich für 2 t und für 5 t Größtamplitude der Wechsellast hergestellt.

In Abb. 36 ist eine nach dem Prinzip der HAIGH-Maschine von der MAN gebaute Zug-Druck-Dauerprüfmaschine für eine Wechsellast von ± 3500 kg und eine Vorspannung bis zu 7000 kg auf Zug oder Druck dargestellt, die mit einer Schwingungszahl von 50 Hz ($n = 3000$/min) arbeitet. Die Vorspannung wird hier durch eine aus dem vollen gearbeitete Schraubenfeder bewirkt, die durch eine Spindel mit einem durch einen Hilfsmotor angetriebenen Schneckenvorgelege gespannt wird. Zur Messung der im Probestab wirkenden Beanspruchungen ist ein im wesentlichen aus einem Stahlrohr bestehender Federkraftmesser mit elektrischer Anzeigevorrichtung vorgesehen. Zur Führung des Ankers dienen zwei Blattfederpaare *d*, die am Maschinengestell eingespannt sind. Diese bilden gleichzeitig einen wesentlichen Anteil des auf eine Eigenschwingungszahl von $n = 3000$/min abgestimmten Ankersystems.

Besondere Sorgfalt ist auf die genaue Zentrierung der Einspannvorrichtung für den Probestab verwandt. Das am Anker sitzende Spannfutter kann mit Hilfe einer besonderen Lehre nach dem Prinzip des Doppelexzenters sehr genau auf das Spannfutter des Federkraftmessers zentriert werden. Der Probestab ist mit kegeligen Einspannköpfen versehen.

Die selbsttätige Ausschaltvorrichtung, welche die Maschine beim Bruch des Probestabes stillsetzt, wird von der elektrischen Anzeigevorrichtung des Kraftmessers gesteuert. Das Zählwerk wird vom Umformersatz angetrieben. Die Maschine ist auf schwingungsisoliertem Fundament aufgestellt.

c) Hochfrequente Zug-Druckmaschine, Bauart Schenck.

Die hochfrequente Zug-Druckmaschine, Bauart Schenck[2], ist trotz der hohen Frequenz, mit der sie arbeitet, zu einer Anlage hoher Betriebssicherheit und Meß-

---

[1] Näheres über die hierbei geltenden Gesetzmäßigkeiten siehe z. B. E. LEHR: Schwingungstechnik Bd. 2. Berlin 1934.

[2] LEHR, E.: Die Abkürzungsverfahren zur Ermittlung der Schwingungsfestigkeit von Materialien. Dissertation an der Technischen Hochschule Stuttgart 1925; ferner E. LEHR: Neuzeitliche Schwingungsprüfmaschinen. Ber. Congrès Int. Mécanique Général Lüttich, 5. Sept. 1930. Bd. 1 (1930) S. 128.

genauigkeit entwickelt worden. Die Anregung zur Konstruktion dieser Maschine gaben Dauerbrüche in den Rohrfedern des Unterwasserschallsenders der Signal-Gesellschaft Kiel. Die Anordnung wurde deshalb für die gleiche Frequenz wie der Unterwasserschallsender, nämlich für 500 Hz, entsprechend einer minutlichen Lastspielzahl von $n = 30\,000$/min gebaut.

Die Konstruktion ist aus der Schnittzeichnung Abb. 37 zu ersehen, während Abb. 38 das Schaltschema zeigt.

Das Schwingungssystem besteht aus der Ankermasse *a*, die einerseits durch die fest in die Maschine eingebaute Rohrfeder *b*, anderseits durch den Prüfstab *c* abgefedert wird. Massen und Federn sind so abgestimmt, daß das System bei eingebautem Prüfstab eine Eigenfrequenz von 500 Hz besitzt. Zur genauen Abstimmung können auf dem Kopf des Ankers Zusatzmassen *d* aufgebracht oder weggenommen werden.

Das obere Ende des Probestabes wird unter Zwischenschaltung eines Dynamometers *e* an eine Gegenmasse *f* angeschlossen, die nach Art einer Glocke über das Grundgestell der Maschine gesetzt ist und in der Schwingungsrichtung durch Rollen *g*, die auf gehärteten Leisten laufen, spielfrei geführt wird. Das Eigengewicht der „Glocke" wird durch Federn *h* aufgenommen. Weitere Federn *i*, die durch Spindeln mit Schneckenradantrieb *k* gespannt werden, dienen zur Erzeugung einer ruhenden Vorspannung im Probestab, der die Schwingungsbeanspruchung überlagert wird.

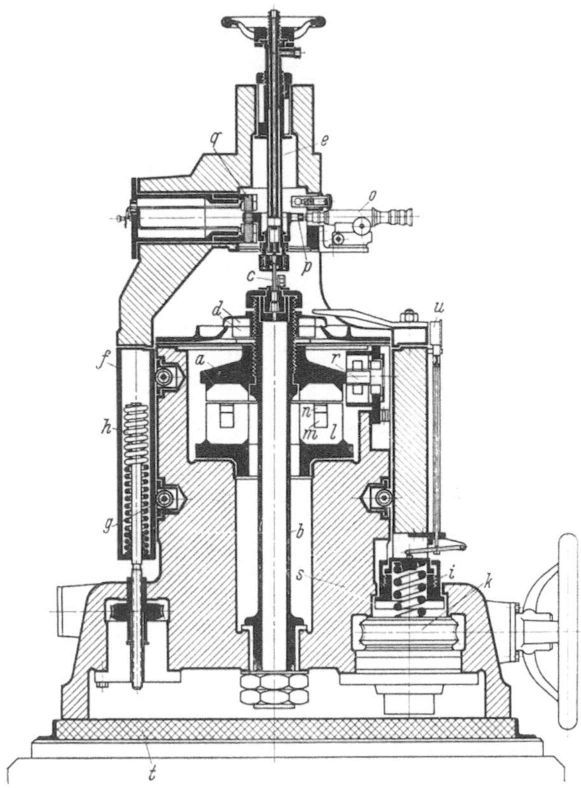

Abb. 37. Schnittzeichnung der hochfrequenten Zug-Druckmaschine Bauart Schenck.

a Ankermasse; *b* Rohrfeder; *c* Probestab; *d* Zusatzmassen zur Regelung der Eigenfrequenz; *e* Dynamometer; *f* glockenförmige Gegenmasse; *g* Führungsrollen; *h* Federn zur Aufnahme des Eigengewichtes der Gegenmasse *f*; *i* Federn zur Erzeugung einer Vorspannung; *k* Schneckenantrieb für die statische Vorspannung; *l* Elektromagnetsystem; *m* Gleichstromwicklung der Hauptspule; *n* Wechselstromwicklung der Hauptspule; *o* Meßmikroskop; *p* Schlitzblende mit Beleuchtung; *q* elektrischer Schwingungsmesser des Dynamometers; *r* elektrischer Schwingungsmesser für die Ankermasse; *s* Grundgestell; *t* Korkplatte zur Schwingungsisolierung gegenüber dem Fundament; *u* Meßuhr für die statische Vorspannung.

Der Antrieb erfolgt durch ein Elektromagnetsystem *l*, das aus vier im Quadrat angeordneten U-förmigen Magnetkörpern aus geblättertem Eisen besteht, die auf eine Grundplatte aufgeschweißt sind. Die in den Magnetkörpern eingebettete Spule trägt eine Gleich- und eine Wechselstromwicklung. Nach dem Schaltschema Abb. 38 ist die Gleichstromwicklung unter Zwischenschaltung einer starken Drosselspule an einen Gleichstromgenerator angeschlossen, dessen Spannung durch einen Tirrillregler auf $\pm 0{,}5\%$ gleichgehalten wird. Die Wechselstromspule liegt unter Zwischenschaltung einer Kondensatorenbatterie und eines Dämpfungswiderstandes an einem Einphasenwechselstromgenerator für

500 Hz, der von einem Gleichstrommotor mit feinfühlig regelbarer Drehzahl angetrieben wird.

Durch diese Schaltung ist das mechanische Schwingungssystem der Maschine mit einem elektrischen Schwingungssystem gleicher Frequenz gekoppelt. Dabei

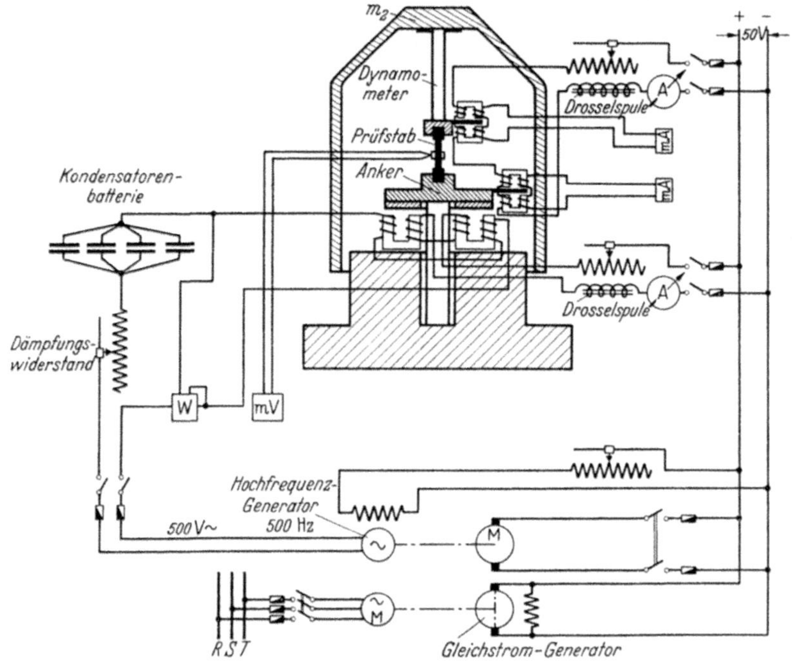

Abb. 38. Schaltschema der hochfrequenten Zug-Druckmaschine, Bauart Schenck.

wird der elektrische Schwingungskreis aus den Induktivitäten des 500-Hz-Generators und des Erregermagneten, sowie der Kapazität der Kondensatorenbatterie und dem Dämpfungswiderstand gebildet. Die Kopplung beider Systeme erfolgt durch das Magnetfeld und ist der Stärke des Stromes in der Gleichstromspule proportional.

Durch richtiges Abgleichen von Kopplung, Dämpfung und Abstimmung gelingt es, für den Schwingungsausschlag der Ankermasse eine Kurve gemäß Abb. 39 zu erzielen. Dabei bleibt also auch bei beträchtlichen Frequenzschwankungen der Schwingungsausschlag der Ankermasse und damit die Schwingungsbeanspruchung des Probestabes konstant. Man kann also die Vorteile des Resonanzbetriebes ausnutzen, ohne die Nachteile einer starken Frequenzabhängigkeit des Schwingungsausschlages in Kauf nehmen zu müssen[1].

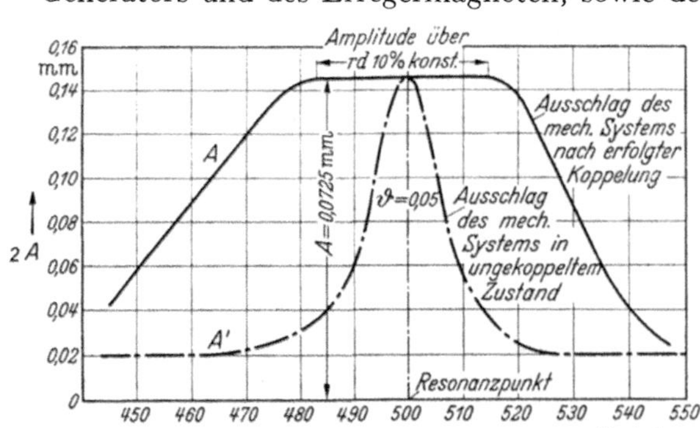

Abb. 39. Resonanzkurve der Ankermasse bei der hochfrequenten Zug-Druckmaschine, Bauart Schenck. Verbreiterung der Resonanzkuppe durch die Wirkung des angekoppelten elektrischen Schwingungssystems. Dargestellt sind die Ergebnisse einer Messung. ϑ Dämpfungsdekrement des mechanischen Systems.

[1] Eine eingehende Untersuchung dieser Verhältnisse ist veröffentlicht in E. LEHR: Arch. Elektrotechn. Bd. 24 (1930) Heft 3, S. 330.

Eine Verstimmung des mechanischen Schwingungssystems bei Bildung eines Anrisses im Probestab wird durch Verwendung der Rohrfeder im wesentlichen unwirksam gemacht, da diese so stark bemessen ist, daß der Unterschied in den Eigenfrequenzen mit und ohne Probestab nur etwa 5% beträgt.

Die Messung der Beanspruchung erfolgt durch Messung der Längenänderung des als Stahlrohr ausgebildeten Dynamometers *e*. Dabei wird der Schwingungsausschlag des Dynamometerkopfes einerseits mittels Meßmikroskop *o* an einer durchleuchteten Schlitzblende *p* beobachtet, anderseits durch zwei diametral zueinander angeordnete elektrische Schwingungsmesser *q* angezeigt. Jeder der beiden elektrischen Schwingungsmesser besteht aus zwei durch Gleichstrom erregten Elektromagneten, die beiderseits eines mit dem Kopf des Dynamometers verbundenen Ankers angeordnet sind. Beim Schwingen des Ankers werden in den Wechselstromspulen der Magnete Spannungen induziert, die der Schwinggeschwindigkeit des Ankers, also bei gleichbleibender Frequenz dem Schwingungsausschlag des Dynamometerkopfes und damit der Amplitude der im Probestab wirkenden Wechselkraft proportional sind.

In entsprechender Weise werden die Schwingungsausschläge der Ankermasse *a* durch ein Meßmikroskop und einen elektrischen Schwingungsmesser *r* beobachtet.

Die Eigenschwingungszahl des Dynamometersystems ist rund viermal so groß wie die Betriebsfrequenz, so daß bei der Anzeige gegenüber der statischen Eichung nur eine Korrektur von wenigen Prozenten gegeben zu werden braucht.

Die Größe der Vorspannkraft wird mit Hilfe einer Meßuhr *u* gemessen, welche die Abstandsänderung zwischen den Enden der geeichten Vorspannfedern anzeigt.

Die Maschine hat den Vorteil, daß sie sehr rasch arbeitet. Die größte Amplitude der Wechselkraft beträgt rd. ± 2000 kg, die Zugvorspannung ebenfalls 2000 kg. Die elektrischen Schalt- und Beobachtungsgeräte sind in einem Schaltpult zusammengefaßt.

d) Hochfrequente Zug-Druckmaschine von ESAU und VOIGT.

Einen anderen Weg zur Beseitigung der durch den Resonanzbetrieb bedingten Nachteile haben ESAU und VOIGT beschritten[1]. Die in Abb. 40 schematisch dargestellte Prüfmaschine besitzt ein mechanisches Schwingungssystem, das aus dem Prüfstab als Feder und der durch Membranen geradegeführten Ankermasse besteht. Der Anker wird durch einen mit Gleichstrom- und Wechselstromwicklung versehenen Elektromagneten zu Schwingungen erregt. Der Gleichstrom wird dem 220-V-Netz entnommen, der Wechselstrom durch einen Röhrengenerator erzeugt, der mit dem mechanischen Schwingungssystem rückgekoppelt ist. Hierdurch wird erreicht, daß das System dauernd in seiner Eigenschwingungszahl arbeitet. Die Einzelheiten der Schaltung gehen aus Abb. 40 hervor. Im übrigen sei dazu noch folgendes bemerkt: Der Feldmagnet wird durch eine Gleichstromwicklung polarisiert, die unter Zwischenschaltung einer Drosselspule (diese dient zum Schutz des Gleichstromkreises gegen die Induktionswirkungen, die von der Wechselstromspule ausgehen) an eine Gleichstromquelle von 220 V angeschlossen ist. Die Wechselstromwicklung ist mit der Kapazität C und einem Dämpfungswiderstand zu einem Schwingungskreis vereinigt, der genau auf die Eigenfrequenz des mechanischen Systems abgestimmt wird. Dieser elektrische Schwingungskreis ist an die Sekundärwicklung eines Transformators angeschlossen, dessen Primärwicklung im Anodenkreis der zweiten Stufe des Röhrengenerators liegt. Die Rückkopplung kommt durch eine Spannungsteilerschaltung zustande.

[1] LEHR, E.: Schwingungstechnik Bd. 2, S. 286. Berlin: Julius Springer 1934.

Der Röhrengenerator zeigt im wesentlichen die Schaltung eines zweistufigen Verstärkers. Dem Transformator der ersten Stufe wird eine Spannung zugeführt, die an der mit dem Schwingungskreis verbundenen Sekundärwicklung des Endtransformators der zweiten Stufe abgegriffen wird. Die übrige Schaltung bietet keine Besonderheiten.

Die Anodenspannung der ersten Stufe wurde mit 220, die der zweiten Verstärkerstufe mit 2000 V gewählt. Die Gittervorspannungen der Röhren sind auf 8 bzw. 30 V bemessen.

Das Ingangsetzen vollzieht sich folgendermaßen: Wird nach Einschalten des Verstärkers der Gleichstrom der Polarisationsspule des Feldmagneten eingeschaltet, so werden durch den dabei auftretenden Stoß Schwingungen des mechanischen Systems erregt. Der schwingende Anker induziert in der Wechselstromspule eine Spannung, die im Takt der mechanischen Schwingungen pulsiert.

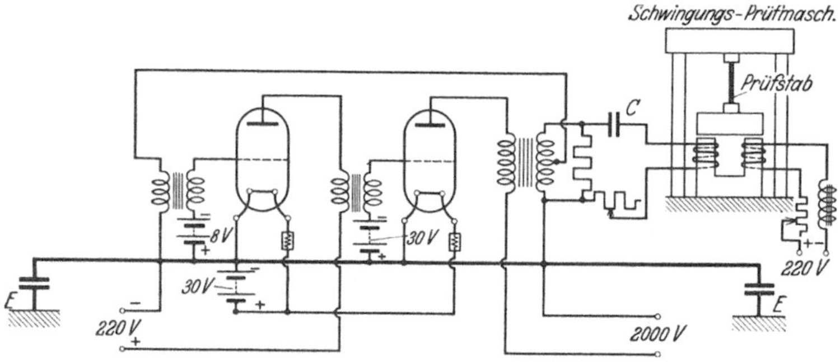

Abb. 40. Schema der hochfrequenten Zug-Druck-Dauerprüfmaschine von ESAU und VOIGT.

Eine entsprechende synchrone Spannung wird durch die Spannungsteilerschaltung dem Transformator der ersten Verstärkerstufe zugeführt. Die zweite Verstärkerstufe steuert dem Wechselstromkreis einen entsprechend verstärkten Wechselstrom zu, dessen Frequenz mit der Eigenfrequenz des mechanischen Schwingers übereinstimmt und eine Verstärkung der mechanischen Schwingungen bewirkt. Die Schwingungen schaukeln sich auf diese Weise rasch bis zur Erreichung des stationären Zustandes auf. Die Größe des Schwingungsausschlages wird durch Einstellen der Rückkopplung und durch Abgleichen der Dämpfung im elektrischen Schwingungskreis des Feldmagneten mit Hilfe eines Schiebewiderstandes eingeregelt.

Diese Maschine wurde auch zur Messung der Werkstoffdämpfung benutzt. Zu diesem Zweck wurden mit optischen Hilfsmitteln Ausschwingkurven des Probestabes in der Weise aufgenommen, daß die Maschine zunächst einige Zeit mit einem gleichbleibenden Schwingungsausschlag lief und dann der Strom abgeschaltet wurde, so daß das mechanische Schwingungssystem freie gedämpfte Schwingungen ausführte. Aus den erhaltenen Ausschwingkurven konnte die Gesamtdämpfung des Schwingungssystems und daraus nach Abzug der durch besondere Messungen ermittelten Zusatzdämpfungen (Luftdämpfung usw.) die Werkstoffdämpfung ermittelt werden.

e) Wechsel-Zugmaschine für Drähte von POMP und HEMPEL.

Eine elektromagnetisch angetriebene Sonderprüfmaschine zur Ermittlung der Zugschwellfestigkeit von Stahldrähten wurde von POMP und HEMPEL entwickelt[1]. Abb. 41 zeigt schematisch den Aufbau. Die Maschine besteht im

[1] POMP u. HEMPEL: Mitt. K.-Wilh.-Inst. Eisenforsch. Bd. 19 (1937) S. 237—246.

wesentlichen aus einem mechanischen Drehschwingungssystem, das durch elektromagnetische Kräfte in Resonanznähe zu erzwungenen Schwingungen erregt wird.

Der Antrieb erfolgt durch einen als Schwingungsmotor umgebauten Gleichstrommotor *a*. Das Feld wird durch Gleichstrom gleichbleibend erregt. Der Anker ist an zwei diametral gegenüberliegenden Stellen des Kollektors an die Klemmen eines Einphasen-Wechselstromgenerators[1] angeschlossen, dessen Drehzahl feinfühlig geregelt werden kann.

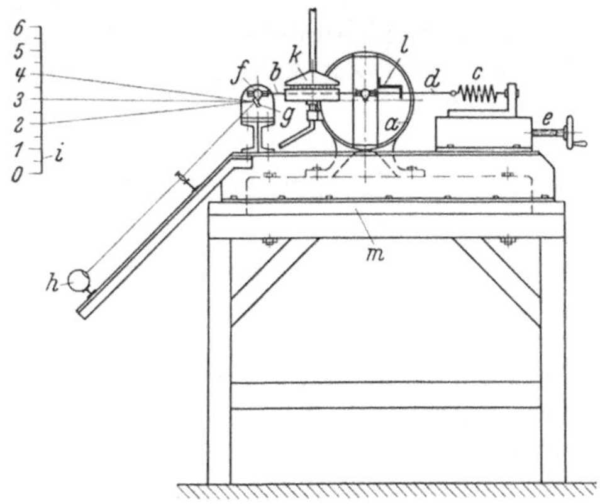

Abb. 41. Schema der Dauerprüfmaschine von POMP und HEMPEL zur Prüfung der Zugschwellfestigkeit von Drähten. *a* Schwingungsmotor; *b* Prüfdraht; *c* Vorspannfeder; *d* Vorspanndraht; *e* Spindel zur Regelung der Vorspannung; *f* Gelenkkopf der Meßfeder mit der Einspannvorrichtung für den Prüfdraht; *g* Spiegel der am Kopfende des Meßfederstabes befestigt ist; *h* Lichtquelle; *i* Teilung; *k* Wasserberieselung; *l* Abschaltvorrichtung; *m* Maschinengestell.

Der Anker des so geschalteten Motors *a* erfährt ein im Takt der Frequenz des Wechselstromes pulsierendes Drehmoment. Er bildet die Masse eines Drehschwingungssystems, dessen Abfederung folgendermaßen zustande kommt:

Am einen Ende der Ankerwelle ist ein Gelenkkopf angeordnet. Er besteht im wesentlichen aus zwei auf der Welle befestigten Wangen, in denen mittels Kugellagern am Hebelarm von 25 mm eine Klemmplatte drehbar gelagert ist. Auf ihrer rechten Seite wird gemäß Abb. 41 ein Stahldraht *d* festgeklemmt, an dem eine Zugfeder *c* angreift, deren freies Ende auf einem mittels Spindel *e* verstellbaren Schlitten befestigt ist, und die dazu dient, dem Prüfdraht *b* eine Vorspannung zu erteilen. Dieser wird mit dem einen Ende auf der linken Seite der Klemmplatte befestigt, während das zweite Ende auf der Klemmplatte eines ähnlich ausgebildeten Gelenkkopfes festgeklemmt wird, der am Kopf des Meßfederstabes angeordnet ist; Einzelheiten der Gelenkköpfe gehen aus Abb. 42 hervor.

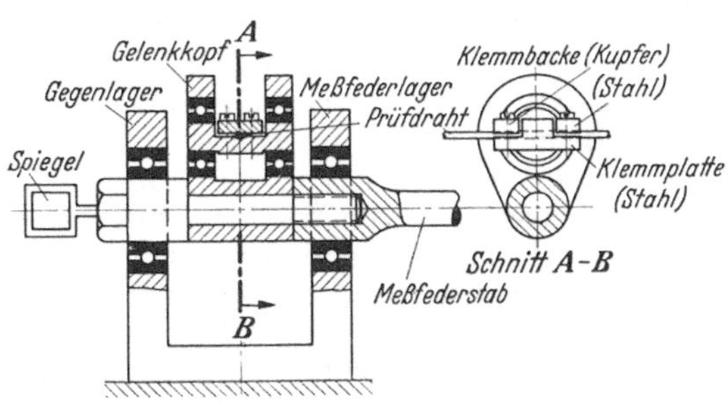

Abb. 42. Einzelheiten der auf der Meßfeder und der Motorachse angeordneten Gelenkköpfe und der Einspannvorrichtung für die Prüfdrähte bei der in Abb. 41 dargestellten Maschine.

Das so entstandene Drehschwingungssystem, dessen Federung hauptsächlich durch den Meßfederstab gebildet wird, besitzt eine Eigenschwingungszahl von rd. 1250/min.

Die in dem zu prüfenden Draht *b* wirkende Beanspruchung wird auf den Meßfederstab als Drehmoment übertragen, kann also durch Messung der Verdrehung des Stabes ermittelt werden. Dies geschieht mit Hilfe eines Lichtzeigers, der von einem am Kopf des Meßfederstabes angeordneten Spiegel *g* gesteuert und auf einer Teilung *i* aufgefangen wird, wo er sich bei der Schwingung zu einem leuchtenden Band auseinanderzieht, dessen Enden die Lastgrenzen anzeigen, zwischen denen die Beanspruchung des Prüfdrahtes pendelt. Die Größe des

[1] Als Generator wurde ein Einanker-Umformer verwendet, der an eine Akkumulatorenbatterie angeschlossen war.

Spannungsausschlages der Schwingungsbeanspruchung wird durch die Schwingungsweite des Ankers bestimmt. Sie wird durch feinfühlige Änderung der Drehzahl des Umformers eingestellt, wobei der Schwingungsausschlag sich nach Maßgabe der Resonanzkurve ändert. Es zeigte sich, daß die Einstellung am feinfühligsten gelingt, wenn die Maschine oberhalb des Resonanzpunktes arbeitet.

Bei Bruch des Drahtes wird die Maschine durch einen Kontaktstift *l*, der durch die Vorspannfeder *c* zum Anliegen gebracht wird, selbsttätig ausgeschaltet. Das Zählwerk zur Anzeige der Lastspielzahl wird von der Welle des Umformers angetrieben.

5. Krafterzeugung durch Druckölantrieb.

Die Maschinen mit Erzeugung der Wechselkraft durch Drucköl sind aus dem Bestreben hervorgegangen, die bewährte statische Zerreißmaschine durch eine Zusatzeinrichtung, den sog. Pulsator, so auszugestalten, daß damit Dauerversuche unter schwingender Belastung durchgeführt werden können. Dabei beschränkte man sich zunächst auf Anordnungen für schwellende Zug- oder Biegebeanspruchung. Später wurden Konstruktionen geschaffen, mit denen auch eine Schwingungsbeanspruchung erzeugt werden kann, die zwischen Zug- und Druckspannungen pendelt.

a) Der Pulsator von AMSLER.

Die erste derartige Anordnung wurde von Amsler-Schaffhausen ausgearbeitet. Das Prinzip des älteren Pulsators geht aus Abb. 43 hervor. Das durch eine Dreikolbenpumpe (in Abb. 43 nicht gezeichnet) geförderte Drucköl tritt durch das Hauptventil *a* und den Druckregler *b* in den Druckzylinder *c* mit eingeschliffenem Kolben und erzeugt in dem Probestab *e* eine ruhende Zugbeanspruchung, wobei die Kraft sich über das Maschinengestell *d* schließt. Zur Erzeugung der pulsierenden Kräfte dient die Pulsatorpumpe, die ebenfalls auf den Druckzylinder arbeitet.

Von der Kurbelwelle *h* werden durch Pleuelstangen die Kolben der Zylinder *f* und *g* angetrieben. Dabei ist der Zylinder *f* ortsfest, während der Zylinder *g* um die Achse der Kurbelwelle insgesamt um etwa 180° geschwenkt werden kann. Beim Umlaufen der Kurbelwelle *h* wird dann im Takt der Kurbelwellendrehung ein Ölvolumen in den Druckzylinder *c* hinein- und wieder herausgepumpt, das der geometrischen Differenz der Kolbenwege verhältnisgleich ist. Dabei dient der Probestab samt dem Gestell der Zerreißmaschine als „Feder“, die durch das hineingepreßte Ölvolumen gespannt wird, und deren Spannkraft es wieder in die Pumpenzylinder zurückdrückt, sobald die Kolben der Pumpe zurückgehen und den entsprechenden Raum freigeben. Wird z. B. der schwenkbare Zylinder *g* so eingestellt, daß die Bewegung seines Kolbens um eine halbe Umdrehung gegenüber der Bewegung des Kolbens im festen Zylinder verschoben ist, so wird das Öl lediglich zwischen beiden Zylindern hin- und hergepumpt, und es gelangt nichts in den Zylinder der Zerreißmaschine. Die Amplitude der pulsierenden Kraft ist dann gleich Null. Wird der schwenkbare Zylinder *g* im Winkel verstellt, so ergibt sich als resultierende Förderung der Pumpe ein pulsierendes Ölvolumen, das vom Verstellwinkel abhängig ist. Man kann mit dieser Anordnung die Größe der pulsierenden Kraft leicht verändern, während die Maschine arbeitet.

Abb. 44 zeigt die neuere Anordnung des Amsler-Pulsators. Dabei ist nur noch *ein* Zylinder vorhanden. Der Hub des Kolbens kann, während die Maschine arbeitet, mit Hilfe eines Getriebes verstellt werden, das folgendermaßen konstruiert ist:

Der Antriebsmechanismus besteht im wesentlichen aus einem Gelenkviereck, dessen „Steg“ nach Richtung und Länge verstellt werden kann. Der den Kolben *f*

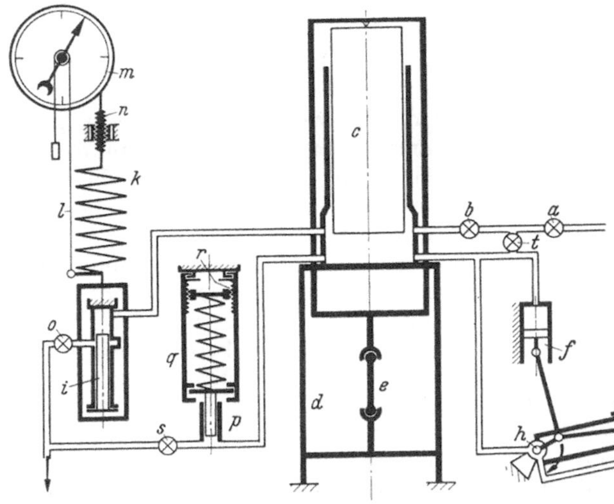

Abb. 43. Schema der älteren Ausführung des Pulsators von AMSLER.
a Hauptventil zur Zuflußleitung von der Dreikolbenpumpe; *b* Druckregler für das Drucköl; *c* Druckzylinder mit eingeschliffenem Kolben; *d* Maschinengestell; *e* Probestab; *f* fester Pulsatorzylinder; *g* schwenkbarer Pulsatorzylinder; *h* Kurbelwelle der Pulsatorpumpe; *i* Meßzylinder für die obere Lastgrenze; *k* Meßfeder für die obere Lastgrenze; *l* Stahlband; *m* Teilung für die Kraftmessung; *n* Spindel zum Spannen der Feder *k*; *o* Auslaßventil; *p* Meßkolben für die untere Lastgrenze; *q* Meßfeder für die untere Lastgrenze; *r* Gewinde zum Spannen der Feder *q*; *s* Auslaßventil; *t* Ventil zur Deckung der Ölverluste im Pulsatorkreislauf.

antreibende Lenker (die Kolbenstange *e*) besitzt gleiche Länge wie die „Schwinge“ *k* des Gelenkviereckes und ist in deren Endpunkt angelenkt. Der Antrieb erfolgt durch die Kurbel *c*; die Pleuelstange *d* des Kurbelgetriebes bildet gleichzeitig die „Koppel“ des Gelenkviereckes.

Der eine Endpunkt *A* des Steges wird durch das Lager der Kurbel gebildet und bleibt für alle Stellungen des Gelenkviereckes unverändert. Der zweite Endpunkt *B* des Steges ist an einem Zahnsegment *g* angeordnet und kann durch Verdrehen des Segmentes auf einem Kreisbogen verstellt werden. Diese Verstellung wird durch ein mittels Handkurbel betätigtes Schneckenvorgelege *i* über einige Zwischenzahnräder *h* vorgenommen und kann erfolgen, während die Maschine mit voller Drehzahl arbeitet. Wie man sich leicht klarmacht, ändert sich der Hub des Kolbens *f*, wenn der Punkt *B* verstellt wird. Im einen Grenzfall kann *B* so eingestellt werden, daß seine Gelenkachse mit der Achse des Kolbenbolzens zusammenfällt, dann ist der Hub des Kolbens Null, da jetzt

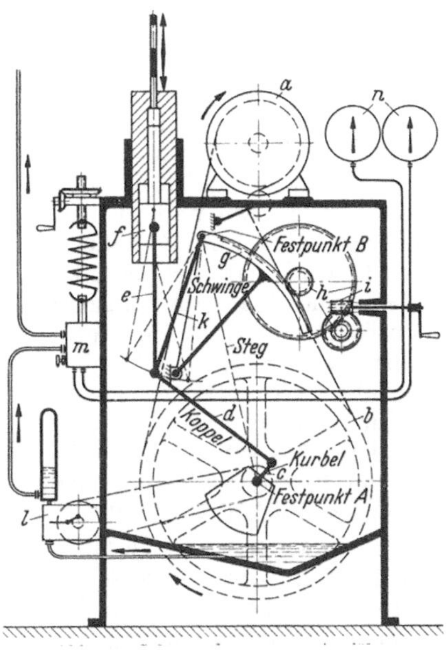

Abb. 44. Schema der neueren Ausführung des Pulsators von AMSLER.
a Antriebsmotor; *b* Schwungrad; *c* Antriebskurbel; *d* Pleuelstange (Koppel); *e* Kolbenstange; *f* Kolben; *g* Zahnsegment zur Einstellung des Hubes; *h* Zwischenräder zur Segmentverstellung; *i* Schneckenvorgelege mit Handkurbelantrieb zur Segmentverstellung; *k* Schwinge; *l* Ölpumpe zur Deckung der Leckverluste; *m* Druckregler; *n* Manometer zur Messung der Grenzwerte, zwischen denen der Öldruck pendelt.

Kolbenstange *e* und Schwinge *k* aufeinanderfallen. Der Kolbenhub wird um so größer, je weiter sich der Punkt *B* von dieser Lage entfernt; denn die durch den Endpunkt der Schwinge *k* festgelegte Kreisbahn des durch die Pleuelstange angetriebenen Gelenkpunktes neigt sich dann immer mehr gegen die Kolbenachse, so daß auch die in die Richtung der Kolbenachse fallende Komponente dieser Bewegung und damit der Hub des Kolbens immer größer wird. Am besten überzeugt man sich von den Bewegungsverhältnissen, indem man die Endlagen des Kolbens für verschiedene Stellungen des Punktes *B* konstruiert.

Bei der Prüfung kommt es darauf an, die eingestellten beiden Lastgrenzen dauernd gleichzuhalten. Die Anordnung der hierfür vorgesehenen Regelorgane ist in schematischer Darstellung aus Abb. 43 zu ersehen. Zur Messung und Gleichhaltung der oberen Lastgrenze dient der Meßzylinder *i*. Der darin arbeitende Kolben wird durch die Meßfeder *k* in den Zylinder hineingedrückt. Die Größe der Spannkraft wird durch die Verlängerung der Feder *k* angezeigt, die auf der Teilung *m* abgelesen wird, wobei die Federverlängerung durch das Stahlband *l* auf den Zeiger der Teilung *m* übertragen wird. Steigt der Öldruck soweit an, daß die Spannkraft der Feder *k* überwunden wird, so bewegt sich der Kolben in dem Zylinder *i* nach unten und gibt dabei die bisher verschlossene Leitung frei, so daß Öl durch das Auslaßventil *o* entweichen kann. In ähnlicher Weise wird die Regelung der unteren Lastgrenze durch den Kolben *p* bewerkstelligt, der durch die Meßfeder *q* belastet ist. Ihre Spannung kann durch das Gewinde *r* feinfühlig eingestellt werden; die durch Undichtigkeiten der Zylinder und durch die Tätigkeit der Regler entstehenden Ölverluste im Kreislauf der Pulsatorpumpe werden selbsttätig durch das Ventil *t* ergänzt, das an eine Druckpumpe angeschlossen ist.

b) Der Pulsator von LOSENHAUSEN.

Abb. 45 zeigt schematisch die Konstruktion der Pulsatormaschine von Losenhausen. Die Pumpe zur Erzeugung des pulsierenden Öldruckes besteht aus dem Zylinder *a* mit eingeschliffenem Kolben *b*. Der Antrieb des Kolbens erfolgt durch eine Schwinge *c*, die durch ein Kurbelgetriebe *d*, *e* in Schwingung versetzt wird. Am unteren Ende des Kolbens ist eine Rolle *f* angeordnet, die durch den Öldruck im Zylinder und durch die Feder *g* derart gegen die Schwinge gedrückt wird, daß stets eine kraftschlüssige Verbindung besteht. Der Hub des Kolbens und damit das pulsierende Ölvolumen kann zwischen Null und einem Höchstwert dadurch eingeregelt werden, daß der Zylinder, der auf einem Schlitten *h* angeordnet ist, mittels der Spindel *i* in Längsrichtung der Schwinge verschoben wird. Die Anzeige der eingestellten Lastgrenzen erfolgt durch zwei Schaltmanometer *k* und *l*, die durch einen von der Kurbelwelle des Pulsators angetriebenen Drehschieber *m* jeweils für kurze Dauer im Augenblick der Höchstbelastung bzw. der Kleinstbelastung mit dem Druckzylinder *n* der Prüfmaschine verbunden werden.

Das Manometer für die Höchstbelastung *l* schaltet, sobald der Sollwert um einen kleinen Betrag unterschritten wird, mit Hilfe eines Magneten die Boschpumpe *o* ein, die Öl in den Druckzylinder der Prüfmaschine fördert, so daß die obere Lastgrenze wieder ansteigt. Eine Regelung der unteren Lastgrenze erübrigt sich, da — wie die Erfahrung gezeigt hat — der Abstand von oberer und unterer Lastgrenze bei gleichbleibendem Hub der Pulsatorpumpe ebenfalls mit genügender Näherung gleichbleibt.

Die Maschine wird in der Weise eingestellt, daß zunächst bei Pulsatorhub Null die Höchstlast unter Benutzung des Pendelmanometers *p* eingeregelt wird. Sodann wird das Pendelmanometer abgeschaltet und der Pulsatorzylinder *a* so lange verschoben, bis das Min-Manometer k die untere Lastgrenze anzeigt. Schließlich wird der Kontakt des Max-Manometers l eingestellt, worauf die

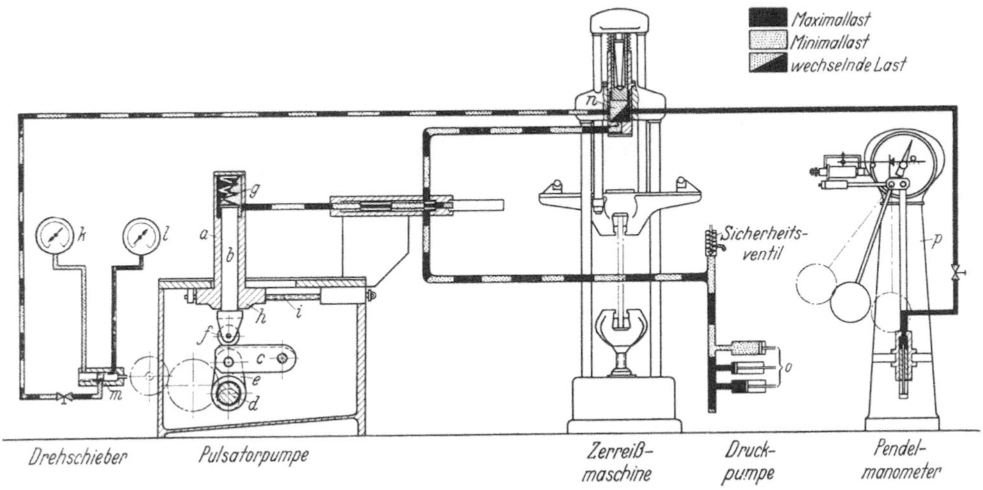

Abb. 45. Schema der LOSENHAUSEN-Pulsatormaschine für schwellende Belastung.
a Zylinder des Wechseldruckerzeugers (Pulsatorpumpe); b eingeschliffener Kolben; c Schwinge; d Kurbelwelle n = 350 bis 1000/min; e Pleuelstange; f Rolle; g Rückstellfeder; h Verstellschlitten für den Zylinder; i Verstellspindel; k Min-Manometer; l Max-Manometer; m Drehschieber; n Druckzylinder der Prüfmaschine mit eingeschliffenem Kolben; o Boschpumpe; p Pendelmanometer.

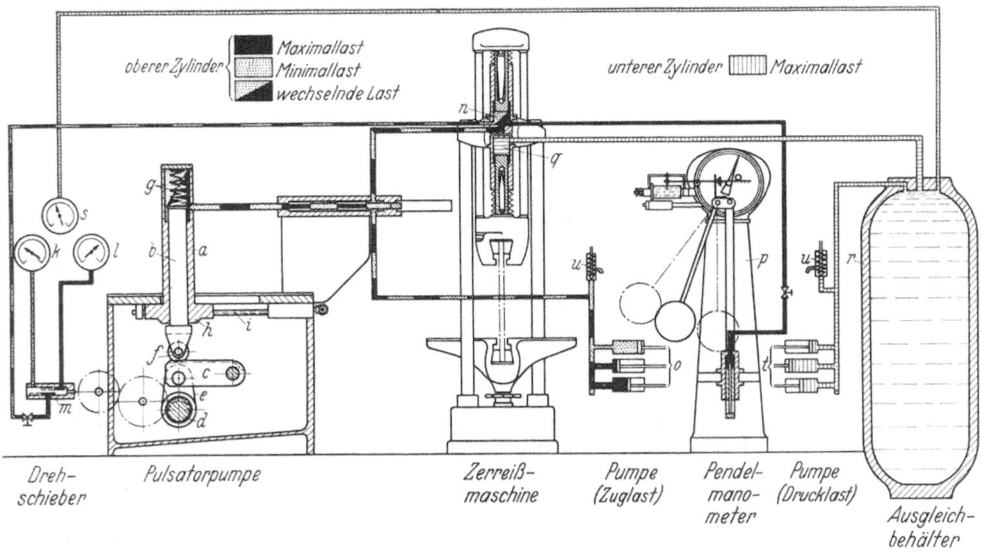

Abb. 46. Schema der LOSENHAUSEN-Pulsatormaschine für Zug-Druckbelastung.
Bedeutung a bis p wie bei Abb. 45; q unterer Druckzylinder der Prüfmaschine; r „Ölgegenfeder" (Ausgleichsbehälter); s Manometer zur Steuerung des Druckes im Ausgleichsbehälter; t Boschpumpe für den Ausgleichsbehälter; u Sicherheitsventile.

Maschine im Dauerbetrieb arbeiten kann. — Die Drehzahl wird in der Regel zwischen 350 und 1000/min gewählt.

Bei dem LOSENHAUSEN-Pulsator für schwingende Zug- und Druckbelastung, der schematisch in Abb. 46 dargestellt ist, sind Ausführung und Anordnung der Pulsatorpumpe die gleichen wie bei der vorstehend beschriebenen Maschine. Der bewegliche Spannkopf der Prüfmaschine ist jedoch mit zwei Kolben

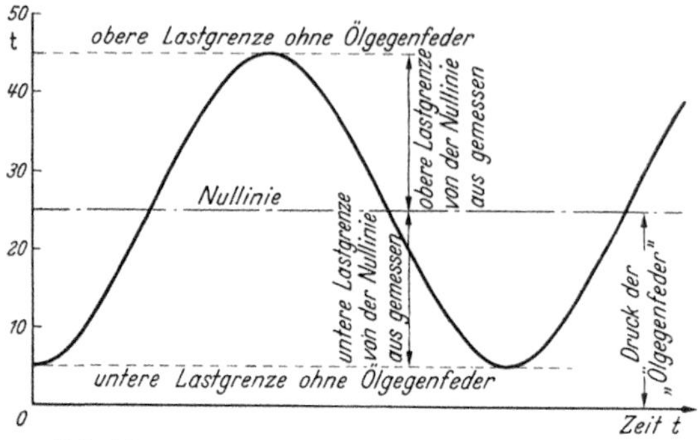

Abb. 47. Beispiel für den Kraftverlauf beim Zug-Druckpulsator Abb. 47.

Abb. 48. Bild einer LOSENHAUSEN-Pulsatormaschine für Zug-Druckbelastung gemäß Abb. 46.
a Probestab (Biegeprobe); *b* Pulsatorpumpe; *c* Zylinder für die Zugkraft; *d* Zylinder für die Druckkraft; *e* Ausgleichbehälter; *f* Schaltmanometer für die untere Lastgrenze; *g* Schaltmanometer für die obere Lastgrenze; *h* Schaltmanometer zur Steuerung des Drucks im Ausgleichsbehälter *e*.

ausgerüstet. Der obere Kolben n ist wie bei der Anordnung Abb. 45 mit der Pulsatorpumpe unmittelbar verbunden. Der untere Kolben q steht mit einem Ausgleichsbehälter r, der sog. „Ölgegenfeder" in Verbindung. Der Druck in diesem Behälter gestattet, der Maschine eine Druckvorspannung zu geben, deren Größe in weiten Grenzen veränderlich ist, und der sich die zwischen einem Kleinstwert und einem Höchstwert schwankenden *Zugkräfte* des oberen Kolbens überlagern. Abb. 47 zeigt die Zusammensetzung der Kräfte für ein Beispiel. Angenommen, die Kraft im oberen Kolben schwanke zwischen 5 und 45 t. Die Maschine soll so eingestellt werden, daß die Probe mit einer Kraft beansprucht wird, die zwischen 20 t Zug und 20 t Druck schwankt. Dann braucht man nur den Druck in dem Ausgleichsbehälter so einzustellen, daß auf den unteren Kolben eine Kraft von 25 t ausgeübt wird, um dieses Ziel zu erreichen.

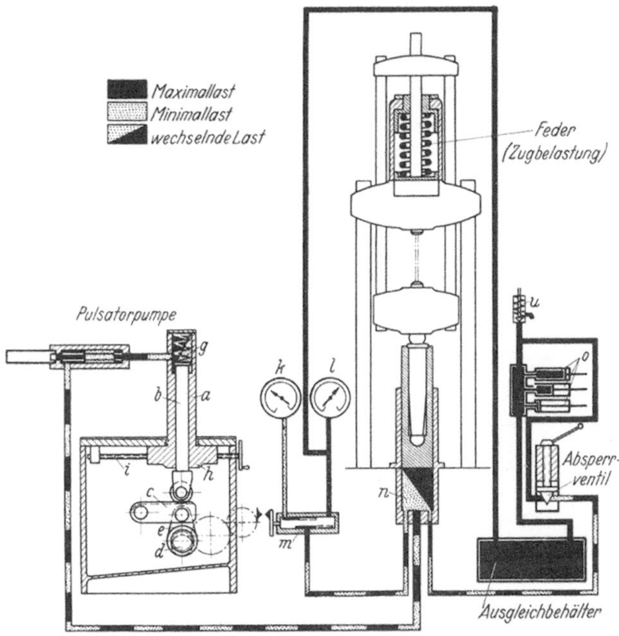

Abb. 49. Schema des LOSENHAUSEN-Zug-Druck-Pulsators für eine größte Lastamplitude von $\pm$ 2,5 t bei $n = 3000$/min. An Stelle der auf Druck wirkenden „Ölgegenfeder" ist eine auf Zug wirkende Stahlfeder angeordnet. Bezeichnungen wie bei Abb. 45 und 46.

Die Lastgrenzen werden durch ein Max-Manometer l und ein Min-Manometer k für den oberen Zylinder und ein Manometer s für den Druck im Ausgleichsbehälter angezeigt. Das Max-Manometer l und das Manometer s für den Ausgleichsbehälter sind Schaltinstrumente, die den zugehörigen Druck durch absatzweises Einschalten von Boschpumpen mit Hilfe von Schaltmagneten selbsttätig gleichhalten.

Abb. 48 zeigt das Bild einer Zug-Druck-Pulsatormaschine für eine größte Lastamplitude von ± 20 t mit eingebauter Biegevorrichtung.

In Abb. 49 ist schließlich das Schema eines kleinen Pulsators für $\pm 2{,}5$ t dargestellt. Hier ist die „Ölfeder" durch eine Stahlfeder ersetzt, die eine *Zug*vorspannung hervorbringt. Der an die Pulsatorpumpe angeschlossene Kolben erzeugt in diesem Fall schwellende Druckkräfte. Im übrigen ist die Anordnung grundsätzlich die gleiche wie bei der in Abb. 45 dargestellten Maschine.

c) Sonderprüfmaschinen für langsame Wechselzahlen und große Hübe.

Abb. 50 zeigt eine von AMSLER gebaute Maschinenanlage für 200 t Höchstlast, die vier Lastspiele je Minute aufweist und auf der GRAF seine grundlegenden Versuche über die Dauerfestigkeit von Nietverbindungen ausführte[1]. Abb. 51 zeigt die Einzelheiten des Steuerapparates. Dieser besitzt zwei Ventile, die durch

[1] GRAF, O.: Die Dauerfestigkeit der Werkstoffe und der Konstruktionselemente. Berlin, Julius Springer 1929.

Elektromagnete abwechselnd geöffnet und geschlossen werden und den Druckzylinder der Prüfmaschine abwechselnd mit der Ölpumpe und dem Ölabfluß verbinden. Die Betätigung der Elektromagnete erfolgt durch Quecksilberkippschalter, die von dem Zeiger des Manometers für die Kraftmessung durch Kontakte entsprechend den Lastgrenzen gesteuert werden.

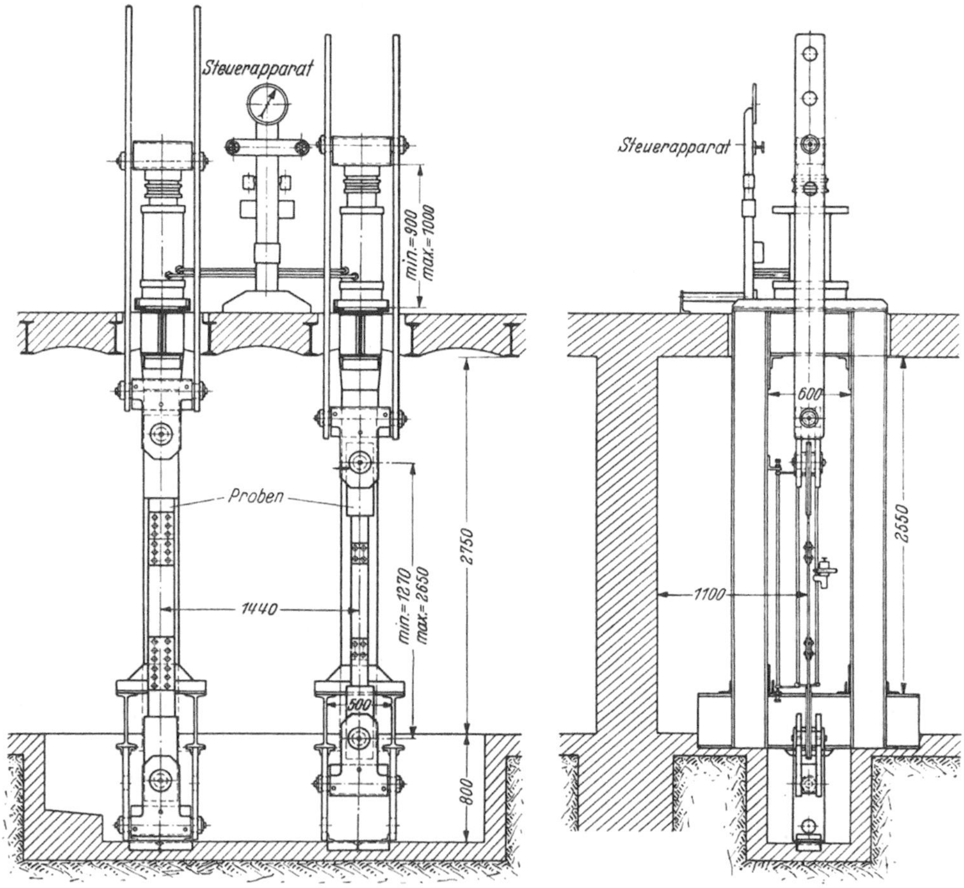

Abb. 50. Sonderprüfmaschine von AMSLER für die Prüfung der Schwellfestigkeit von Nietverbindungen für 200 t Höchstlast und 4 Lastspiele in der Minute.

Eine andere von Mohr u. Federhaff gebaute Maschine mit Steuereinrichtung nach GABER[1] zeigt schematisch Abb. 52. Mit dieser Maschine können große Zug- und Druckwechselkräfte bei langsamem Lastwechsel erzeugt werden.

Die in stehender Anordnung ausgeführte Prüfmaschine besitzt zwei Arbeitszylinder mit eingeschliffenen Kolben, und zwar dient Zylinder *a* zur Erzeugung von Zugkräften, Zylinder *b* zur Erzeugung von Druckkräften. Für statische Belastungen ist eine kleine Regelpumpe *c* und ein Pendelmanometer *d* vorgesehen. Für langsame Lastwechsel mit großem Hub wird eine Einrichtung nach GABER verwendet. Diese besteht aus einer großen Kolbenpumpe *e*, dem zugehörigen Steuerventil mit Druckregler *f* und Sicherheitsventil *g*, dem preßluftbelasteten Speicher *h* zum Auffangen der Schaltstöße, den Druckbegrenzern *i*

[1] Nach Unterlagen der Firma Mohr u. Federhaff, Mannheim.

zum Einstellen der Grenzwerte der wechselnden Last sowie einer kleinen Hilfspumpe *n* mit Druckölspeicher *k* als Servomotor zum Umsteuern des Hauptschiebers *o* für die Antriebspumpe *e*. Die Wirkungsweise bei Wechselbelastungen sei an Hand des Schemas Abb. 52 erläutert, das die Anlage in Schaltung für wechselnde Zugkräfte zeigt.

Die dauernd laufende Hauptpumpe *e* fördert Drucköl in die Anlage, dessen nutzbare Menge durch das Steuerorgan *g* beliebig zwischen Null und der vollen Pumpenleistung einstellbar ist. Das von *e* gelieferte Drucköl fließt zu dem Hauptschieber *o*, der in seiner linken Grenzlage den Zufluß nach dem Zugzylinder *a* freigibt. Der zugehörige Kolben wird also angehoben. Die Pumpe fördert nun unter stetigem Druckanstieg so lange, bis die an dem Druckbegrenzer *l* eingestellte obere Lastgrenze erreicht ist. In diesem Augenblick wird der eingeschliffene Steuerkolben des Druckbegrenzers gegen die Spannung der Belastungsfeder derart angehoben, daß er den Flüssigkeitsdurchtritt nach dem Vorschieber *m* freigibt. Dadurch wird der Vorschieber *m* in die gezeichnete linke Grenzlage verschoben, wobei er den durch die Füllpumpe *n* aufgeladenen Druckölspeicher *k* mit dem linken Steuerkolben verbindet. Dieser verschiebt den Hauptschieber *o* in die gezeichnete rechte Grenzlage, sperrt also den Zugzylinder *a* vom Zufluß ab und unterbricht die weitere Laststeigerung. Gleichzeitig wird der Zugzylinder *a* über das Drosselventil *p* mit dem Abfluß verbunden, so daß Öl aus dem Zylinder entweichen und die Spannung im Prüfkörper absinken kann. Dieser Vorgang dauert so lange, bis im Druckbegrenzer *q* für die untere Lastgrenze die gespannte Feder den eingeschliffenen Meßkolben gegen den Öldruck verschieben kann, was

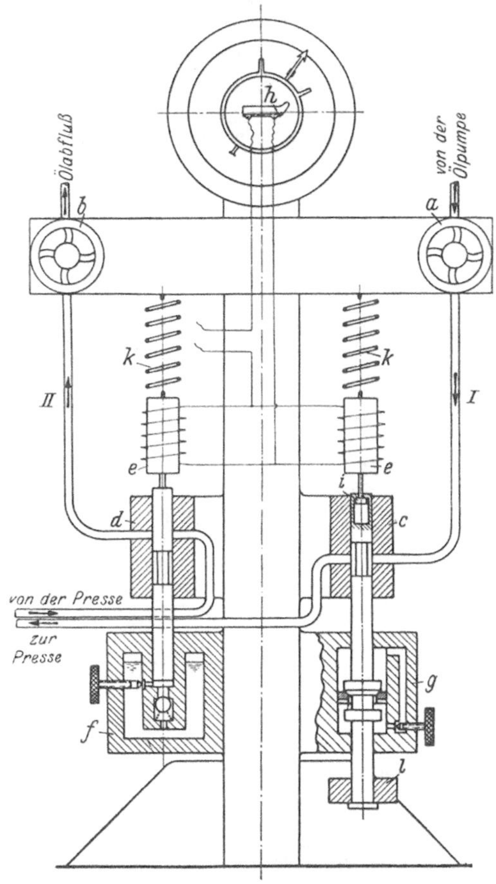

Abb. 51. Einzelheiten der Steuereinrichtung zu der in Abb. 50 dargestellten Maschine.
a *Be*lastungsventil zur Regelung der Belastungsgeschwindigkeit; *b* *Ent*lastungsventil zur Regelung der Entlastungsgeschwindigkeit; *c*, *d* Schieber; *e* Elektromagnete; *f* Ölbremse zur Einstellung der Zeit, während der die Höchstlast erreicht werden soll; *g* Ölbremse zur Einstellung der Zeit, in der die vollständige Entlastung erreicht werden soll; *h* Quecksilberkippschalter; *i* lose Kupplung; *k* Federn der Ventile *c* und *d*; *l* Belastungsgewicht.
Arbeitsvorgänge: *1. Belastung.* Der Stromkreis ist geschlossen; der Elektromagnet öffnet durch Herunterziehen des Schiebers *c* die von der Ölpumpe kommende Leitung *I*, so daß das Öl in den Zylinder der Prüfmaschine strömt und den Druckanstieg erzeugt. Der Schieber *d* für die Abschlußleitung *II* ist geschlossen. *2. Entlastung.* Der Stromkreis ist durch das Kontaktmanometer bei Erreichen der Höchstlast durch Betätigen des Quecksilberkippschalters unterbrochen worden. Die Federn *k* ziehen die Schieber der Ventile *c* und *d* hoch. Dadurch wird Ventil *c* geschlossen, der Zufluß des Drucköls zum Prüfmaschinenzylinder also abgesperrt, Schieber *d* geöffnet, so daß das Öl aus dem Druckzylinder durch die Leitung *II* abfließen kann. Der Druck sinkt, bis das Schaltmanometer an der unteren Druckgrenze wieder anspricht, den Quecksilberkippschalter wieder umlegt, der den Strom schließt, so daß das Spiel von neuem beginnt.

bei Erreichen der eingestellten unteren Lastgrenze eintritt. Dadurch wird der Flüssigkeitsdurchtritt von einem vorher aufgeladenen Speicher *r* nach der linken Kammer des Vorschiebers *m* geöffnet, wodurch dieser wieder nach rechts umgelegt wird. Dies bewirkt wiederum ein Umsteuern des Hauptschiebers *o* nach links, einen erneuten Zufluß von Drucköl aus der Pumpe *e* nach dem Zugzylinder und ein entsprechendes Anwachsen der Belastung. Durch diese Vorrichtung ließen sich bei einer ausgeführten Anlage Wechselzahlen bis 40/min und Schwinghübe bis zu 300 mm erzielen.

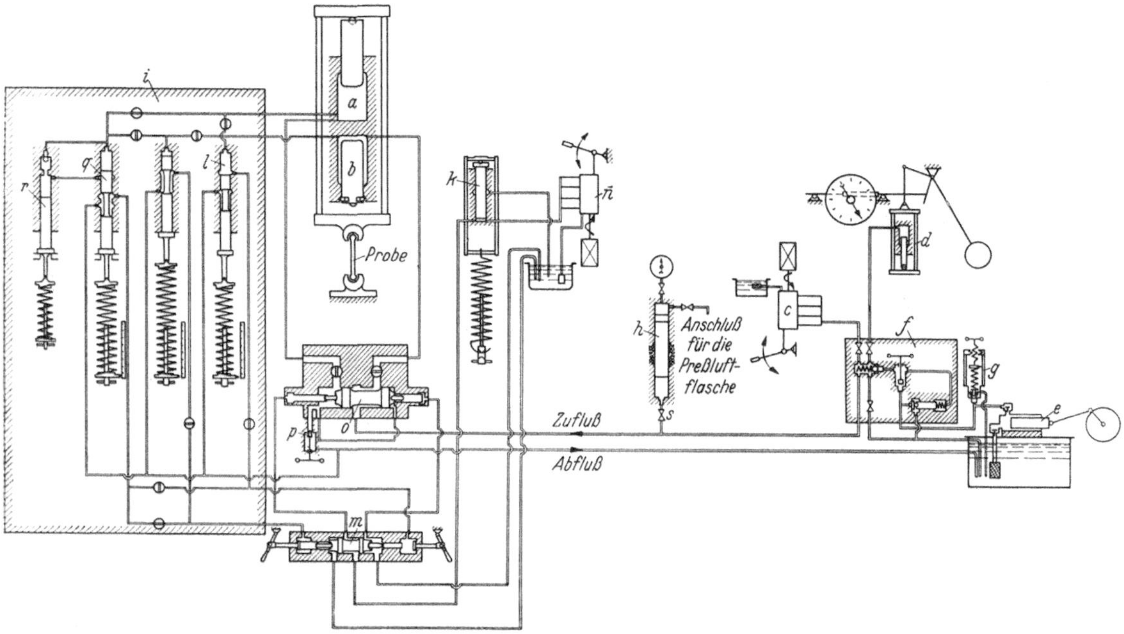

Abb. 52. Sonderprüfmaschine für Zug-Druckbeanspruchung großer Konstruktionsteile. Bauart Mohr u. Federhaff mit Steuereinrichtung nach GABER.
a Zylinder für Zugkräfte; *b* Zylinder für Druckkräfte; *c* Regelpumpe; *d* Pendelmanometer; *e* große Kolbenpumpe; *f* Steuerventil mit Druckregler; *g* Sicherheitsventil; *h* preßluftbelasteter Druckspeicher; *i* Druckbegrenzer zum Einstellen der wechselnden Last; *k* Hilfspumpe mit Druckölspeicher zum Servomotor für den Hauptschieber *o*; *l* Druckbegrenzer für die obere Lastgrenze; *m* Vorschieber; *n* Füllpumpe; *o* Hauptschieber; *p* Drosselventil; *q* Druckbegrenzer für die untere Lastgrenze; *r* Druckölspeicher; *s* Drosselventil.

In analoger Anordnung können mit der Anlage wechselnde Druckkräfte sowie Wechselbeanspruchungen zwischen Zug und Druck ausgeübt werden. Die Einstellung der Lastgrenzen wird, wie geschildert, durch entsprechendes Anspannen der Federn an den Druckbegrenzern vorgenommen; die minutliche Wechselzahl richtet sich nach der Größe des verlangten Hubes und der einstellbaren Förderleistung der Pumpe. Der zeitliche Ablauf der Kraft oder des Schwingweges kann durch die Drosselventile *s* und *t* innerhalb gewisser Grenzen verändert werden. Durch den Bruch wird die Anlage drucklos, der Spannkopf verschiebt sich also sehr rasch bis an die Hubgrenze und bringt dort einen Schalter zur Auslösung, der die Maschine stillsetzt.

6. Krafterzeugung durch Druckluft.

Die Verwendung des Druckölantriebes bedingt bei großen Kräften und Hüben die Beschränkung auf verhältnismäßig niedrige Lastwechselfrequenzen. Diese Schwierigkeit wurde durch Entwicklung eines Pulsers mit Druckluftantrieb überwunden. Die Anordnung ist schematisch in Abb. 53 dargestellt. Die Arbeitsweise beruht auf dem Gedanken, daß in den Zylindern für den

Wechseldruck Luft von einem durch ein Kurbelgetriebe hin- und herbewegten Kolben abwechselnd verdichtet und entspannt wird. Die arbeitende Luftmenge bleibt also stets die gleiche. Zu ersetzen sind nur etwaige Leckverluste. Zur Verwirklichung dieses einfachen Grundgedankens waren eine ganze Reihe besonderer Maßnahmen notwendig, um vor allem die Schwierigkeiten zu überwinden, die durch die Erwärmung beim Verdichten der Luft bedingt sind.

Die erste Maßnahme besteht darin, daß das Verdichtungsverhältnis sehr klein gehalten wird und im Höchstfall 1 : 2 beträgt. Dabei ergibt sich eine Temperatursteigerung von höchstens etwa 60°, die leicht beherrscht werden kann.

Die zweite Maßnahme besteht darin, daß auf dem Arbeitsweg der abwechselnd zusammengedrückten und wieder entspannten Luft alle Reibungen soweit als irgend möglich ausgeschaltet werden. Dies wird dadurch erreicht, daß der Zylinder des Verdichters unmittelbar an die Arbeitszylinder angeschlossen ist, so daß alle Zwischenleitungen und Querschnittsverengungen grundsätzlich ausgeschaltet sind.

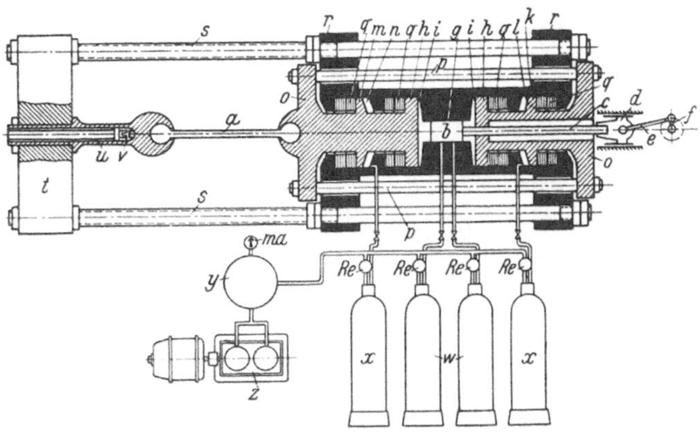

Abb. 53. Schema des Druckluftpulsers von E. Lehr, Bauart MAN. *a* Probekörper; *b* Kolben des Hauptverdichters; *c* Kolbenstange; *d* Kreuzkopf; *e* Pleuelstange; *f* Kurbeltrieb; *g* Zylinder des Hauptverdichters; *h* Kolben für den Wechseldruck; *i* Zylinder für den Wechseldruck; *k* Kolben für die Zugvorspannung; *l* Zylinder für die Zugvorspannung; *m* Kolben für die Druckvorspannung; *n* Zylinder für die Druckvorspannung; *o* „Pilze"; *p* Verbindungsschrauben der „Pilze" (bei der Ausführung 3 Stück); *q* Schwingmetalldichtungen; *r* Hauptflansche des Antriebsgehäuses; *s* Hauptspindeln; *t* Querhaupt; *u* Federkraftmesser; *v* elektrische Meßeinrichtung des Kraftmessers; *w* Druckluftnachladeflaschen des Hauptverdichters; *x* Druckluftflaschen der Vorspannzylinder; *y* Druckluftvorratsbehälter; *z* Hilfsverdichter; *ma* Schaltmanometer zum Ein- und Ausschalten des Hilfsverdichters; *Re* selbsttätige Druckregler.

Durch diese Anordnungen ist zugleich die dritte Maßnahme bedingt, die darin besteht, daß *zwei* Arbeitszylinder vorgesehen werden, deren Kolben miteinander starr verbunden sind, wobei die Kolbenkräfte in entgegengesetztem Sinn wirken, so daß auf den Probekörper lediglich ihre Differenz zur Wirkung kommt. Man kann dann, um hohe Kräfte zu erzielen, die Verdichtung von einer ziemlich hohen Spannung aus (z. B. von 40 oder 50 atü aus) beginnen.

Hiermit ist auch bereits die vierte Maßnahme gegeben. Diese besteht darin, daß die Amplitude der Wechselkraft durch Regelung des Druckes, von dem aus die Verdichtung erfolgt, eingestellt wird. Die Maschine kann also bei allen Belastungen mit dem gleichen Hubvolumen arbeiten. Zur Gleichhaltung der Amplitude braucht lediglich der Druck, bei dem die Verdichtung beginnt, gleichgehalten zu werden, was mit Hilfe eines einfachen Luftdruckreglers möglich ist.

Eine fünfte Maßnahme besteht schließlich in der verschleißfreien Abdichtung der Kolben. Diese wird durch Gummiringe, die zwischen Stahlbeilagen vulkanisiert sind, erreicht. Die Endscheiben dieser Dichtungen werden auf der einen Seite mit dem Kolben auf der anderen Seite mit dem Zylinder luftdicht verschraubt. Schließlich sind noch Vorkehrungen zum Ausgleich der Massenkräfte des Kolbenaggregates und zur Erzielung einer Vorspannung auf Zug oder Druck getroffen.

Abb. 54a und b zeigen den Aufbau einer von E. Lehr entwickelten Großmaschine, Bauart MAN, für eine Kraftamplitude von $\pm$ 100 t und 200 t

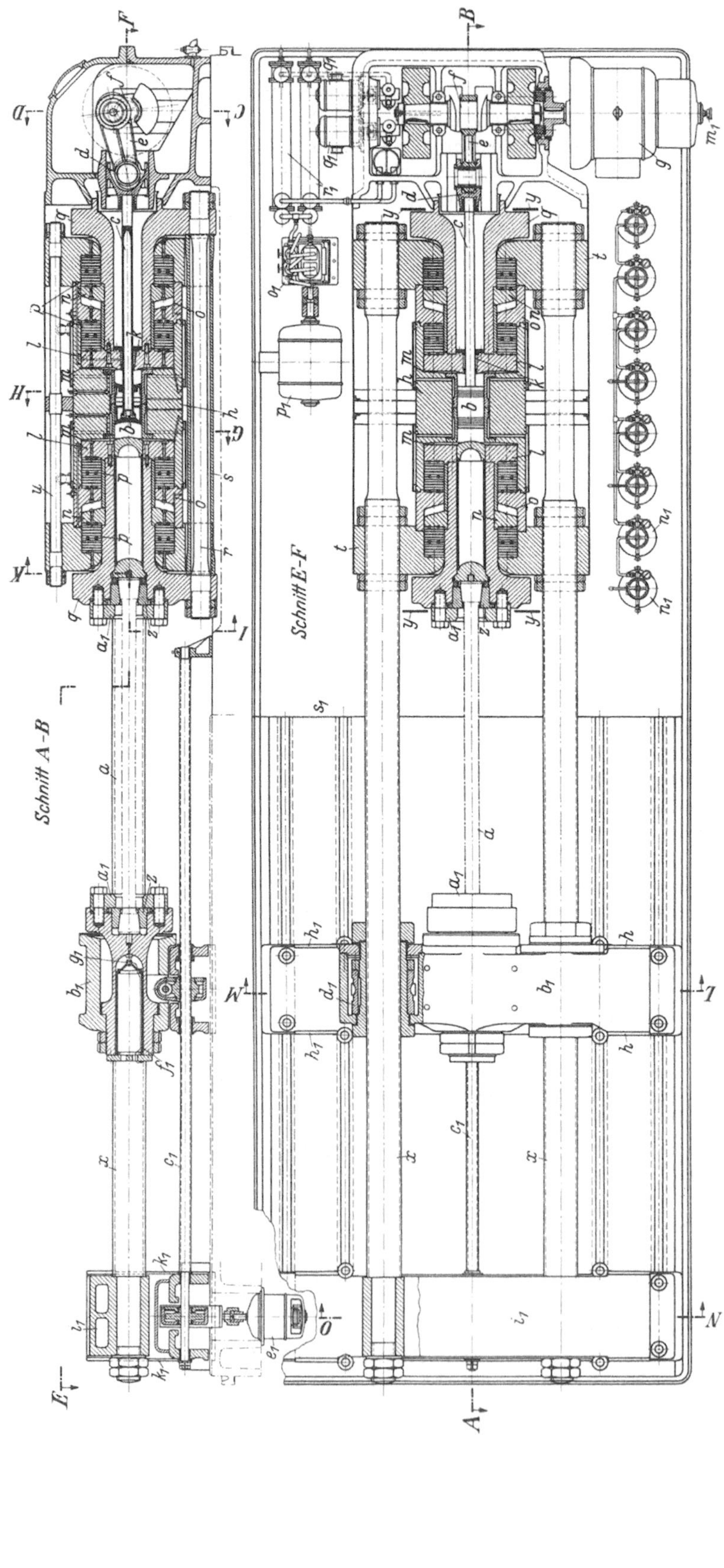

Abb. 54 a. (Erläuterung siehe S. 267).

Vorspannung auf Zug oder Druck[1]. Diese liegend angeordnete Maschine arbeitet mit 1000 bis 1200 Hüben in der Minute und mit Schwingungsausschlägen bis zu ± 5 mm bei 3 m Einspannlänge. Der Antrieb enthält zwei Zylinder zur Erzeugung der Wechselkraft, einen Zylinder für Vorbelastung durch eine Zugkraft und einen weiteren Zylinder für Vorbelastung durch eine Druckkraft. Die Kolben der vier Zylinder sind zu einem starren System miteinander verbunden, das durch Blattfedern gegenüber der Grundplatte abgestützt und in der Kraftrichtung gerade geführt ist. Die Führung ist so angeordnet, daß die Kolben in den Zylindern allseitig ein Spiel von etwa 0,2 mm besitzen. Die Abdichtung wird durch „Schwingmetallringe“ bewirkt, deren Anordnung für den vorliegenden Zweck besonders entwickelt wurde. Sie bestehen aus einer Folge von etwa 15 mm dicken Gummischichten und Stahlblechscheiben, die aufeinander vulkanisiert sind. Dabei wird der eine Endring am Kolben, der andere an einem entsprechenden Flansch des Zylinders luftdicht verschraubt. Diese Anordnung vermag bei entsprechender Bemessung Drücke von 100 at dauernd auszuhalten. Die Gummidichtungen dienen gleichzeitig als Federn, die mit der Masse des Kolbensystems ein Schwingungsgebilde ergeben. Seine Eigenschwingungszahl wird so gewählt, daß sie mit der Betriebsdrehzahl überein-

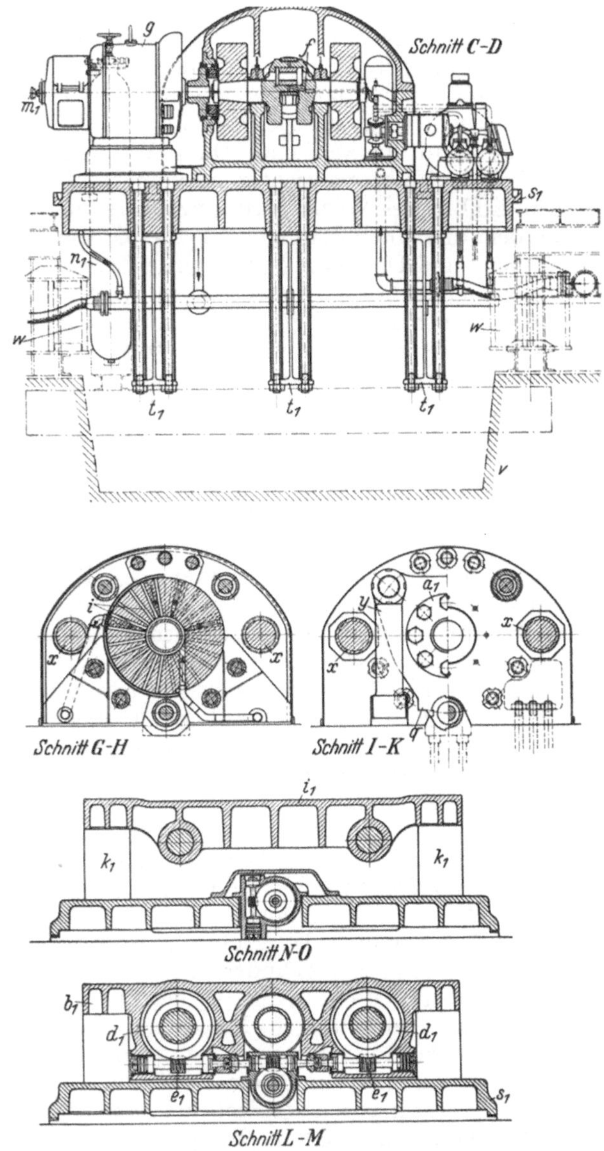

Abb. 54 b.

Abb. 54 a und b. Druckluftpulser von E. LEHR, Bauart MAN, für Zug-Druckkräfte von $\pm$ 100 t bei einer Vorlast von 200 t auf Zug oder Druck. *a* Probekörper als Stab angedeutet, meist ein naturgroßer Konstruktionsteil; *b* Kolben des Hauptverdichters; *c* Kolbenstange; *d* Kreuzkopf; *e* Pleuelstange; *f* Kurbelwelle; *g* Hauptantriebsmotor; *h* Zylinder des Hauptverdichters; *i* Bohrungen für die Wasserkühlung des Zylinders *h*; *k* Stopfbüchse der Kolbenstange *c*; *l* Kolben für den Wechseldruck; *m* Zylinder für den Wechseldruck; *n* Kolben für die Vorspannung; *o* Zylinder für die Vorspannung; *p* Schwingmetalldichtungen; *q* „Pilze“ mit dreieckförmigem Endflansch; *r* 3 Zuganker zur Verbindung der „Pilze“ *q*; *s* Abstandsrohre zu den Zugankern; *t* Hauptflansche; *u* Zuganker der Hauptflansche *s*; *v* Betonfundament; *w* Schwingungsisolierung; *x* Hauptspindeln; *y* Führungsblattfedern für das Kolbenaggregat; *z* zweigeteilte kegelige Spannfutter; a_1 Spannringe der Futter; b_1 verschiebbares Querhaupt; c_1 Antriebsspindel zum Querhaupt b_1; d_1 Spindelmuttern; e_1 Schneckenantrieb der Spindelmuttern d_1; f_1 Kraftmesser; g_1 elektrische Anzeigevorrichtung des Kraftmessers; h_1 Führungsblattfedern des Querhaupts; i_1 Endquerhaupt; k_1 Führungsblattfedern des Endquerhaupts; l_1 Hilfsmotor zum Antrieb der Verschiebung des Querhaupts b_1; m_1 Zählwerk. n_1 Luftflaschen mit selbsttätigen Druckreglern; o_1 Hilfsverdichter; p_1 Antriebsmotor des Hilfsverdichters; q_1 Ölpumpen; r_1 Filterkühler für das Schmieröl; s_1 Grundplatte; t_1 Trägerrost.

[1] DRP. 664764.

stimmt, die je nach Größe der Maschine zwischen 1000 und 2000/min liegt. Dann heben beim Betrieb der Maschine die Massenkräfte und die Federkräfte der „Gummifedern" einander gerade auf, so daß der Prüfkörper durch Wechselkräfte beansprucht wird, die gleich den auf die Kolben des Wechselkrafterzeugers ausgeübten Luftdrücken sind. Diese Wechseldrücke werden durch einen doppelwirkenden Kolbenverdichter hervorgebracht, der wie Abb. 54a zeigt, zwischen den Kolben des Wechseldruckerzeugers angeordnet ist. Durch diese Anordnung werden alle toten Räume und alle Drosselquerschnitte vermieden, die durch Reibung und Drosselung eine starke Erwärmung der Luft hervorrufen könnten.

Die Verdichtung erfolgt nur im Verhältnis 1 : 1,5 bis 1 : 2, so daß die Erwärmung der dem Wechseldruck unterworfenen Luft in geringen Grenzen bleibt (mittlere Temperatur etwa 40 bis 50°). Eine Wasserkühlung des Verdichtungszylinders sorgt für stetige Wärmeabfuhr. Diese Anordnung ist für die Benutzung von Luft als Arbeitsmittel ausschlaggebend. Die Wahl eines stärkeren Verdichtungsverhältnisses würde Temperaturerhöhungen im Gefolge haben, die eine Verwendung von Gummidichtungen unmöglich machen und die Gefahr von Schmierölexplosionen mit sich bringen würde.

Die Steuerung der von der Maschine erzeugten Wechselkraft erfolgt durch Regelung des Luftdruckes, von dem aus die Verdichtung erfolgt. Zu diesem Zweck werden die beiden Seiten des Verdichtungszylinders am Ende jedes Hubes durch Schlitze, die vom Kolben gesteuert werden, mit je einem Druckluftbehälter verbunden, dessen Druck auf dem zur Erzeugung des gewünschten Wechseldruckes erforderlichen Wert durch einen selbsttätigen Regler gleichgehalten wird. Hierdurch wird erreicht, daß die Verdichtung stets von dem gleichen Anfangsdruck aus erfolgt. Dementsprechend wird auch der Enddruck gleichbleiben. Auf den Prüfkörper kommt stets nur die Differenz der auf die Kolben des Wechseldruckerzeugers ausgeübten Kräfte zur Wirkung, die trotz der in den Zylindern herrschenden hohen Grundspannung eine zwischen gleich großen positiven und negativen Werten nahezu sinusförmig verlaufende Kraft ist.

Der Antrieb des Verdichterkolbens erfolgt durch ein Kurbelgetriebe mit festem Hub. Die Stopfbüchse der Kolbenstange ist in der aus Abb. 54a ersichtlichen Weise in dem einen Kolben des Wechseldruckerzeugers angeordnet.

Die Vorspannung des Probekörpers wird ebenfalls durch Druckluft erzeugt, die wahlweise in den Zylinder für Zug- oder Druckvorspannung geleitet werden kann. Dabei wird die Spannung der Luft in der angeschlossenen Flasche wieder durch einen selbsttätigen Regler auf dem jeweils eingestellten Wert gleichgehalten. Die Räume der Vorspannzylinder sind so groß gehalten, daß der dort herrschende Druck durch die Bewegungen des Kolbensystems, die infolge der elastischen Dehnungen des Probekörpers eintreten, praktisch nicht beeinflußt wird.

Die Druckluftbehälter der 4 Arbeitszylinder werden von einem Vorratsbehälter gespeist, der selbsttätig durch einen Hilfsverdichter aufgeladen wird, sobald der Druck unter einen bestimmten Grenzwert sinkt.

Die im Probekörper wirkenden Kräfte werden durch einen Federkraftmesser gemessen. Dieser besteht im wesentlichen aus einem Stahlrohr, das am einen Ende in dem verstellbaren Querhaupt der Maschine befestigt ist, während das andere Ende ein Spannfutter für den Probekörper trägt. Die elastischen Dehnungen des Stahlrohres sind in jedem Augenblick der im Probekörper herrschenden Kraft verhältnisgleich. Sie werden mit einem elektrischen Dehnungsmesser gemessen und fortlaufend aufgezeichnet. Die Eichung wird bei ruhender Belastung mittels eines Spiegeldehnungsmessers durchgeführt.

Die Grundplatte mit dem darunter angeordneten Trägerrost geben der liegend angeordneten Maschine ein starres Rückgrat, so daß alle störenden Nebenschwingungen ausgeschaltet sind.

Die ganze Maschine ist durch federnde Aufstellung schwingungsisoliert, damit die Übertragung von Erschütterungen auf die Umgebung vermieden wird. Diese Maßnahme ist unerläßlich, da bei derartigen Großmaschinen infolge der elastischen Dehnungen des Probekörpers beträchtliche freie Massenkräfte durch die Bewegungen des Kolbensystems entstehen.

Die selbsttätige Ausschaltvorrichtung, welche die Maschine beim Bruch der Probe stillsetzt, wird von dem elektrischen Anzeigegerät des Kraftmessers gesteuert. Der Zähler wird von der Kurbelwelle des Verdichters betätigt. Eine besondere Vorrichtung sorgt dafür, daß die Bruchflächen des Probekörpers im Augenblick des Bruchs auseinandergezogen werden.

Die wichtigsten weiteren Einzelheiten gehen aus Abb. 54a und b, sowie dem zugehörigen Begleittext hervor.

C. Maschinen zur Ermittlung der Drehschwingungsfestigkeit.

Die Dauerprüfmaschinen zur Ermittlung der Drehschwingungsfestigkeit können nach ähnlichen Gesichtspunkten in mehrere Gruppen gegliedert werden wie die Zug-Druckprüfmaschinen. Die *erste Gruppe* umfaßt die Anordnungen mit zwangläufigem Antrieb durch ein Kurbelgetriebe. Bei der *zweiten Gruppe*, die bisher nur durch *eine* Ausführung vertreten ist, wird eine durch Gewichtsbelastung hervorgebrachte ruhende Kraft in eine Wechselkraft umgewandelt. Die Maschinen der *dritten Gruppe* erzeugen die Drehschwingungsbeanspruchung durch die Trägheitskräfte schwingend bewegter Massen oder durch Fliehkräfte. Dabei nehmen die in Resonanz arbeitenden Maschinen eine besondere Stellung ein. Die Erregung wird teils durch ein Kurbelgetriebe, teils durch umlaufende Wuchtmassen bewerkstelligt. In der *vierten Gruppe* sind die Maschinen mit elektromagnetischem Antrieb zusammengefaßt. Sie arbeiten sämtlich in Resonanz. Drehschwingungsmaschinen mit Antrieb durch Drucköl oder Druckluft sind bisher nicht entwickelt worden.

Meist ist eine besondere Meßeinrichtung vorgesehen, mit der das den Probestab beanspruchende Drehmoment gemessen werden kann. Die Bestimmung des Drehmomentes aus der Verformung des Probestabes kann nur als Behelf angesehen werden. In einem Fall ist die Meßeinrichtung derart erweitert worden, daß damit das vollständige Drehmoment-Drehwinkelschaubild des Belastungsvorganges durch einen Lichtzeiger angezeigt wird. Dabei entsteht auf der Mattscheibe der Meßeinrichtung als leuchtende Figur die Hysteresisschleife des Belastungsvorganges, deren Flächeninhalt ein Maß für die vom Probestab je Lastspiel aufgenommene innere Reibungsarbeit ist.

Verschiedene Drehschwingungsmaschinen sind so eingerichtet, daß auf ihnen mit Hilfe einer Zusatzeinrichtung auch Hin- und Herbiege-Dauerversuche durchgeführt werden können. Obwohl diese Einrichtungen streng genommen in den Abschnitt IV, E gehören, sollen sie des Zusammenhangs wegen schon hier erörtert werden.

1. Krafterzeugung durch zwangläufige Verdrehung der Probe mittels Kurbelgetriebe.

a) Maschine von A. Wöhler.

Die älteste mit Antrieb durch einen Kurbeltrieb arbeitende Dauerprüfmaschine und gleichzeitig die erste überhaupt ausgeführte Maschine zur Ermittlung der Drehschwingungsfestigkeit wurde von A. Wöhler[1] gebaut. Sie

[1] Wöhler, A.: Z. Bauw. Bd. 20 (1870) S. 73.

ist in Abb. 55 schematisch dargestellt. Der Probestab *a* wird in zwei Gleitlagern *b* leicht drehbar gelagert. An seinem hinteren Einspannkopf ist ein einarmiger Hebel *c* befestigt, an dem die Schubstange *d* des antreibenden Schubkurbelgetriebes angreift. Der Hub der Kurbel ist den zu wählenden Beanspruchungen entsprechend verstellbar. Der vordere Einspannkopf des Prüfstabes trägt einen zweiarmigen Hebel *e*. Seine Enden ruhen auf den Druckstützen *f*, deren Zapfen mit reichlichem Spiel in die Bohrungen des Hebels *e* gesteckt sind, so daß sich dieser abwechselnd auf der einen oder der anderen Seite abheben kann. Die Druckstützen *f* sind an zwei weiteren Hebeln *g* angelenkt, an deren Enden geeichte Federn *h* angreifen, durch welche die Hebel *g* auf Anschläge *i* gezogen werden. Die Spannung der Federn *h*, die in weiten Grenzen veränderlich ist, bestimmt das auf den Probestab übertragene Drehmoment. Denn sobald das der Federspannung entsprechende Moment überschritten wird, hebt sich der Hebel *g* von seinem Anschlag *i* ab und eine weitere Steigerung des Drehmomentes findet nicht statt. Da die Spannung der beiden Federn *h* unabhängig voneinander eingestellt werden kann, lassen sich auch die Grenzen des Drehmomentes auf verschiedene Werte einregeln, so daß innerhalb eines gewissen Bereiches auch Versuche mit einer von Null verschiedenen Mittelspannung durchgeführt werden können. Diese Maschine arbeitete mit rd. 60 Lastspielen je Minute. Für eine wesentlich höhere Arbeitsgeschwindigkeit ist sie ihrer ganzen Bauart nach nicht geeignet. Sie besitzt heute nur noch geschichtliches Interesse.

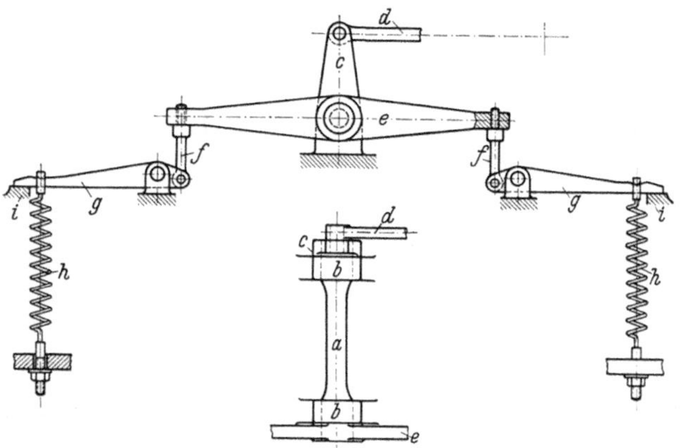

Abb. 55. Schema der Drehschwingungsmaschine von A. WÖHLER. *a* Probestab; *b* Gleitlager zur Führung der Köpfe des Probestabs; *c* Hebel für den Angriff der Antriebskraft; *d* Schubstange angetrieben durch eine Kurbel mit einstellbarem Hub; *e* zweiarmiger Hebel für die Messung des Drehmomentes; *f* Druckstützen; *g* Hebel zur Messung der Grenzwerte des Drehmomentes; *h* geeichte Federn mit einstellbarer Spannung; *i* Anschläge.

b) Maschine von OLSEN-FOSTER.

Eine ähnliche Konstruktion zeigt die Maschine von OLSEN-FOSTER[1]. Wie aus der schematischen Skizze Abb. 56 zu ersehen, wird der Probestab *a* von zwei Spannfuttern *b* und *c* aufgenommen, die in je einem Lager *d* geführt sind, wobei beide Lagerachsen genau miteinander fluchten. An dem ersten Spannfutter *b* ist ein Hebel *e* befestigt. Er wird von einer Kurbel *f* unter Zwischenschaltung einer Schwinge *g* hin und her bewegt. Dabei wird die Amplitude des Drehwinkels dadurch verändert, daß der am Hebel *e* befestigte und in einen Längsschlitz der Schwinge *g* eingreifende Gleitstein *h* in Richtung der Längsachse des Hebels *e* verschoben wird. Das Ende des am zweiten Spannfutter *c* befestigten Hebels *i* ist zwischen zwei geeichte Federn *k* gespannt. Der Winkelweg dieses Hebels gibt ein Maß für die Größe des im Prüfstab wirkenden Drehmomentes. Die Maschine ist mit einer vom Hauptantrieb über ein Schneckenvorgelege in Drehnung versetzten Schreibtrommel *l* ausgerüstet, auf der von einem mit dem Meßhebel *i* gekuppelten Schreibhebel *m* eine Schwingung aufgezeichnet

[1] MOORE u. KOMMERS: The Fatigue of Metals. London 1927.

wird, deren Amplitude dem im Probestab wirkenden Drehmoment verhältnisgleich ist. Der Antrieb erfolgt mittels Riemen von der Scheibe *n* aus. Die Anzahl der Lastspiele wird durch das mit der Schreibtrommel *l* gekuppelte Zählerwerk *o* angezeigt. Die Maschine arbeitet mit 350 Lastspielen je Minute. Eine wesentliche Erhöhung der Arbeitsgeschwindigkeit dürfte mit Rücksicht auf die niedrige Eigenschwingungszahl des Meßsystems nicht möglich sein. Auch diese Konstruktion muß heute als überholt angesehen werden.

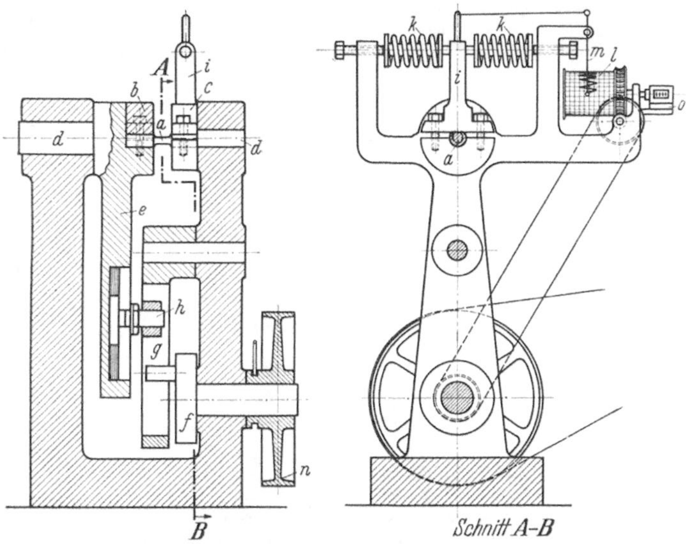

Abb. 56. Schema der Drehschwingungsmaschine von OLSEN-FOSTER. *a* Probestab; *b* angetriebenes Spannfutter; *c* Spannfutter des Drehmomentmessers; *d* Lagerzapfen; *e* Antriebshebel; *f* Kurbel mit unveränderlichem Hub; *g* Schwinge; *h* Gleitstein am Hebel *e* verstellbar befestigt; *i* Hebel für die Drehmomentmessung; *k* geeichte Federn; *l* Schreibtrommel; *m* Schreibhebel; *n* Riemenscheibe für den Antrieb; *o* Zählwerk.

c) Maschine von AMSLER.

Die in Abb. 57 und 58 dargestellte *Drehschwingungsmaschine von* AMSLER[1] ist ebenfalls eine Weiterentwicklung des der Anordnung von WÖHLER zugrunde liegenden Gedankens. Auch diese Maschine besitzt zwei Spannköpfe, deren Wellen in je zwei in die gleiche Achse ausgerichteten Lagern gehalten werden. Der an dem ersten Spannkopf *b* befestigte Hebel *d* wird von der Pleuelstange *e* eines Kurbelgetriebes, das mit einer Drehzahl von $n = 1000$ bis 2000/min umläuft, in Schwingbewegung versetzt. Der Hub der Kurbel ist nach dem Prinzip des Doppelexzenters einstellbar, wobei die in einer exzentrischen Bohrung des Schwungrades gelagerte Scheibe *f*, die den Kurbelzapfen trägt, nach einer Kreisteilung *g* verdreht wird. Der größte Schwingwinkel beträgt $\pm 5°$.

Auf der Welle des zweiten Spannfutters *h* ist ein Hebel *i* festgespannt, der in der Längsrichtung dieser Welle verschoben werden kann, damit Probestäbe verschiedener Länge geprüft werden können, wobei der Schlitten *k* auf der Führung des Grundgestelles verstellt wird. Am Ende des Hebels *h* greift in einem Gelenk die Spindel *l* an, die in dem am Maschinengestell in senkrechter Richtung geführten Gehänge *m* gelagert ist. Das Hebelende kann mit Hilfe dieser Spindel gegenüber dem Gehänge verschoben werden, wenn der Prüfstab eine Drehvorspannung erhalten soll. Dabei wird die Stellung des Hebels *h*, die ein Maß für die Vorspannung liefert, auf der Teilung *n* abgelesen.

Zur Messung der beiden Grenzen des schwingenden Drehmomentes dient folgende Anordnung. Am oberen Ende des Gehänges *m* greift eine geeichte Feder *o* an, deren Spannung mittels der über ein Zahnradvorgelege *q* bestätigten Spindel *p* in weiten Grenzen verändert werden kann. Dabei wird der jeweilige Betrag der Federkraft an einer Teilung *r* abgelesen. In dem Gehänge *m* ist ein Bolzen *s* befestigt, der sich wahlweise auf die Keile *t* und *u* stützt.

[1] Nach Unterlagen, die von der Herstellerfirma zur Verfügung gestellt wurden.

Zur Messung der *oberen* Grenze des Drehmomentes wird, während die Maschine mit voller Drehzahl arbeitet, die Feder *o* — nachdem der untere Keil *u* zurückgezogen ist — zunächst so angespannt, daß der Bolzen *s* an dem oberen Keil *t* fest anliegt; sodann wird die Feder *o* langsam solange entspannt, bis an diesem Keil ein leichtes Summen bemerkbar wird, das darauf hinweist, daß sich der Bolzen beim Erreichen der oberen Grenze des Drehmomentes gerade von dem Keil *t* abhebt. In diesem Augenblick herrscht also Gleichgewicht zwischen dem Größtwert des im Prüfstab wirkenden Drehmomentes und dem von der Meßfeder ausgeübten Moment.

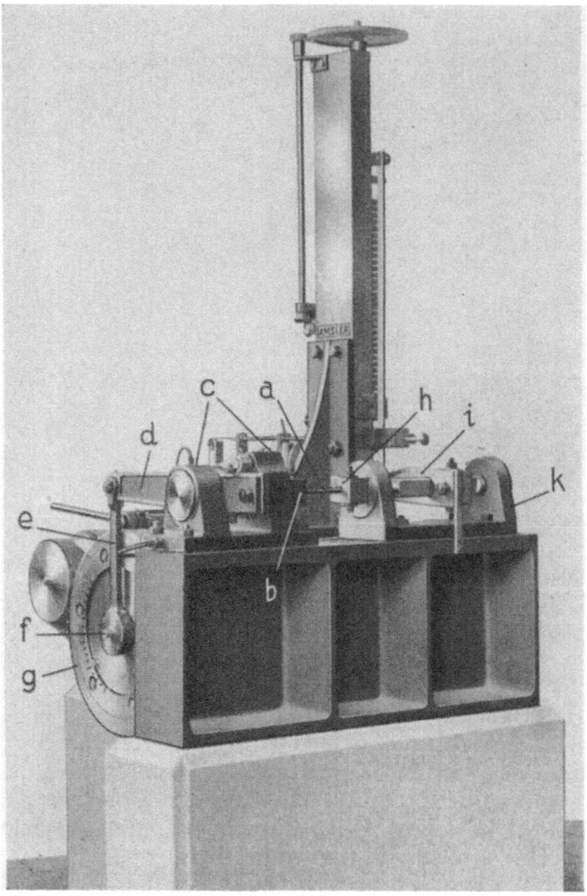

Abb. 57. Drehschwingungsmaschine von AMSLER, ältere Bauart, Vorderansicht. (Erklärung hierzu s. Abb. 58.)

Um weiterhin noch die *untere Grenze* des Drehmomentes zu messen, wird nunmehr der untere Keil *u* eingesetzt und die Meßfeder *o* so lange *entspannt*, bis der Bolzen *s* auf dem Keil *u* fest aufliegt. Dann wird der obere Keil *t* etwas zurückgezogen und die Feder so lange wieder gespannt, bis das Summen am unteren Keil *u* bemerkbar wird. Die zugehörige Federkraft ist dann ein Maß für die untere Grenze des Drehmomentes.

Eine Schreibvorrichtung *v* dient zur Anzeige einer etwaigen bleibenden Verwindung des Probestabes. Die Schreibtrommel wird von der Kurbelwelle aus mit Untersetzung 1 : 100000 angetrieben, wobei sie sich außerdem je Umdrehung um 1 mm axial verschiebt. Der Schreibstift *w* ist mit dem Keil *u* verbunden. Tritt eine bleibende Verdrehung des Probestabes ein, so wird die untere Belastungsgrenze sinken. Da die Spannung der Meßfeder aber gleichbleibt, wird der untere Keil *u*, wenn er unter leichter Kraftwirkung verschiebbar ist[1], sich so lange bewegen, bis der Kraftmeßhebel *i* soweit verdreht ist, daß die untere Grenze des Drehmomentes wieder dem ursprünglichen Wert entspricht. Der waagerechte Weg des Keiles ist also ein Maß für die bleibende Verdrehung. Er wird dadurch angezeigt, daß die aufgezeichnete Linie gegenüber der Schraubenlinie von 1 mm Steigung, die bei ruhendem Keil *u* auf der Schreibtrommel geschrieben würde, einen Knick erfährt.

Der Vorspannwinkel läßt sich zwischen $-2^1/_2$ und $+15°$ ändern. Das größte Drehmoment beträgt 70 mkg. Bei Bruch des Probestabes tritt ein Kontakt

[1] Diese wird durch den Draht *x* mit angehängtem Gewicht *y* erzeugt.

in Tätigkeit, der die Maschine selbsttätig abschaltet. Die Anzahl der Lastspiele wird durch das von der Kurbelwelle angetriebene Zählwerk *sz* angezeigt.

In letzter Zeit hat AMSLER eine Neukonstruktion der Drehschwingungsmaschine herausgebracht, die auch für die Dauerbiegeprüfung von Flachproben eingerichtet ist. Die Anordnung ist aus Abb. 59 zu ersehen. Der Antrieb wurde von der bisherigen Ausführung fast unverändert übernommen, so daß sich eine nochmalige Beschreibung erübrigt. Dagegen wurde die Vorrichtung zur Messung des Drehmomentes vollständig umkonstruiert. Sie erscheint jetzt in geschlossener Form und ist einfacher zu bedienen als bisher. Die Arbeitsweise ist folgende:

Abb. 58. Drehschwingungsmaschine von AMSLER, ältere Bauart, Rückansicht. *a* Probestab; *b* angetriebener Spannkopf; *c* Lagerung des angetriebenen Spannkopfs; *d* Antriebshebel; *e* Pleuelstange; *f* Kurbelscheibe mit verstellbarem Hub; *g* Kreisteilung; *h* Spannfutter für den Kraftmesser; *i* Hebel für die Kraftmesser; *k* Schlitten mit Lagerung des Spannfutters *h*; *l* Spindel; *m* Gehänge der Kraftmeßvorrichtung; *n* Teilung für die Einstellung der Vorspannung; *o* geeichte Feder; *p* Spindel zur Einstellung der Spannung in der geeichten Feder *o*; *q* Zahnradvorgelege; *r* Teilung zur Ablesung der Federkraft; *s* Bolzen im Gehänge *m*; *t* oberer Keil; *u* unterer beweglicher Keil; *v* Schreibvorrichtung; *w* Schreibstift; *x* Draht; *y* Spanngewicht; *z* Antriebsmotor; *sz* Zählwerk.

Die Einspannwelle *p* des Drehmomentmessers ist in dem Gehäuse *r* des Meßwerks in zwei Kugel- oder Nadellagern leicht drehbar gelagert und trägt einen im Innern des Gehäuses angeordneten fest angekeilten Hebel. Sein Ende wird mit geringem Spiel zwischen zwei Klauen eines Schlittens gefaßt, der durch eine von dem Griffstern *s* des Vorspannwerks betätigte Spindel feinfühlig verschoben werden kann, wobei die Verschiebung auf der Teilung *t* angezeigt wird. Dabei wird der Hebel mitgenommen und die Einspannwelle verdreht, so daß dem Probestab eine entsprechende Vorspannung erteilt wird.

An dem Hebelende ist ferner eine geeichte Feder befestigt, deren Spannung durch das zur Drehmomentmessung dienende Handrad *u* nach einer Teilung *v* in meßbarer Weise eingestellt wird. Diese Feder ist so angeordnet, daß sie sowohl Zug- als auch Druckkräfte ausüben kann. Bei der Messung wird sie derart gespannt, daß der Hebel einmal an der vorderen, ein zweites Mal an der hinteren Klaue des Schlittens gerade zur dauernden Anlage kommt. Sobald dies der Fall ist, glüht eine Signallampe auf, die erlischt, solange sich der Hebel noch

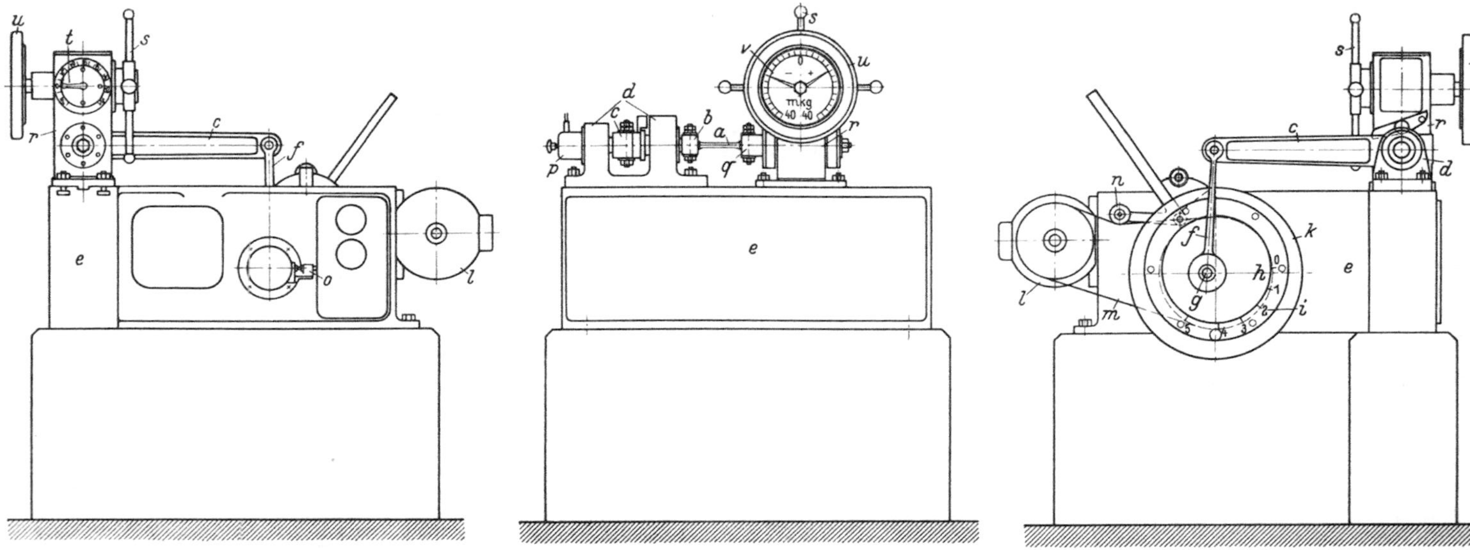
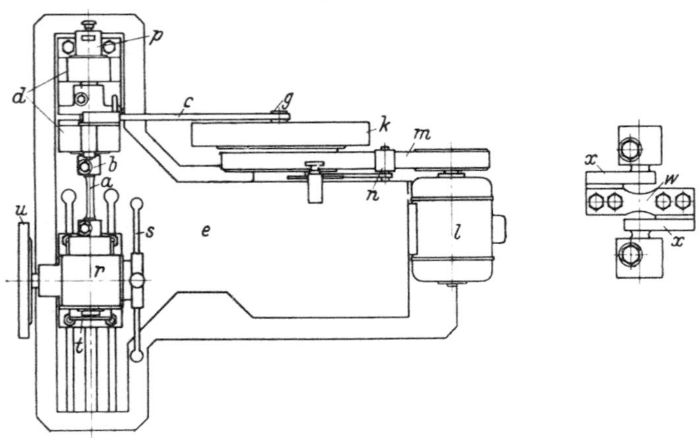

Abb. 59. Drehschwingungsmaschine von AMSLER, neue Ausführung.

a Probestab; *b* angetriebener Spannkopf; *c* Antriebshebel; *d* Lagerung des angetriebenen Spannkopfs (ortsfest); *e* Grundgestell der Maschine; *f* Pleuelstange; *g* Kurbelzapfen; *h* verdrehbarer Flansch zum Einstellen der Exzentrizität des Kurbelzapfens; *i* Teilung zum Flansch *h*; *k* Schwungrad; *l* Antriebsmotor; *m* Riemen; *n* Spannrolle; *o* Zählwerk; *p* Ausschaltkontakt; *q* Einspannwelle des Drehmomentmessers; *r* Gehäuse des Drehmomentmessers; *s* Griffstern zur Betätigung des Vorspannwerks; *t* Anzeigevorrichtung zum Vorspannwerk; *u* Handrad zum Drehmoment-Meßwerk; *v* Anzeigevorrichtung zum Drehmomentmeßwerk; *w* Probestab für Schwingbiegeversuche; *x* Klauen zur Einspannung des Flachstabes *w*.

während eines Bruchteils der Lastperiode von der Klaue abhebt, das vom Probestab auf die Einspannwelle ausgeübte Drehmoment in seinem Scheitelwert also noch größer ist, als das durch die Spannkraft der Feder ausgeübte Moment. Auf diese Weise werden die beiden Grenzwerte des schwingenden Drehmomentes rasch und sicher gemessen.

Die Einspannvorrichtung für den Flachbiegestab *w* ist ähnlich ausgebildet wie bei der Maschine von SCHENCK, Abb. 65. In die beiden Spannköpfe werden Klauen *x* eingespannt, auf denen der Probestab *w* derart befestigt wird, daß seine Mittelebene die Längsachse der Einspannwellen schneidet. Der selbsttätige Ausschaltkontakt *p* wird durch axiale Verschiebung der angetriebenen Einspannwelle beim Bruch des Probestabes betätigt.

d) Maschine mit optischer Anzeige der Hysteresisschleife von E. LEHR, Bauart Schenck.

Die von E. LEHR entwickelte Drehschwingungsmaschine Bauart Schenck mit optischer Anzeige der Hysteresisschleife kann wohl als die bisher am weitesten vervollkommnete Anordnung zur Untersuchung der Drehschwingungsfestigkeit

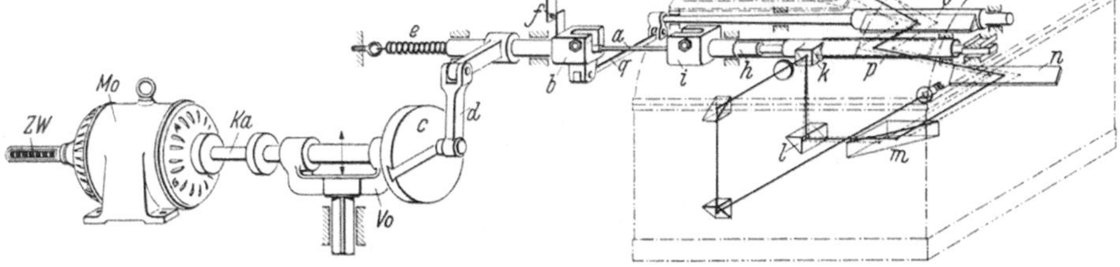

Abb. 60. Schema der Drehschwingungsmaschine von E. LEHR, Bauart Schenck, mit optischer Anzeige der Hysteresisschleife.
a Probestab; *b* angetriebenes Spannfutter; *c* Kurbelgetriebe mit verstellbarem Hub, Einzelheiten siehe Abb. 61; *d* Pleuelstange; *e* Feder zum Rückziehen des Spannfutters *b* beim Bruch des Probestabes zwecks Betätigung des Ausschaltkontakts *f*; *f* Ausschaltkontakt; *g* Mattscheibe des optischen Indikators; *h* Kraftmesserstab; *i* Einspannkopf des Kraftmesserstabes *h*; *k* Prisma für die Drehmomentmessung; *l*, *m* Umlenkprismen; *n* Umlenkspiegel; *o* Schwingspiegel zur Verdrehungsmessung; *p* Gegenspiegel auf dem Rohr des Kraftmesserstabes befestigt; *q* Stoßstange; *Mo* Antriebsmotor; *Ka* Kardanwelle; *Vo* Vorspannwerk; *ZW* Zählwerk.

angesehen werden[1]. Sie besitzt ebenfalls zwangläufigen Antrieb. Abb. 60 zeigt schematisch die Anordnung des optischen Indikators. Abb. 61 die Konstruktion der Antriebstrommel. Das erste Spannfutter *b* wird von einem Kurbelgetriebe *c* in Schwingbewegung versetzt, dessen Hub beliebig eingestellt werden kann, während die Maschine mit ihrer vollen Drehzahl von $n = 3000$/min arbeitet[2]. Die Verstellung des Hubes wird nach dem Prinzip des Doppelexzenters mit Hilfe eines Drehstrom-Asynchronmotors *y*, mit Kurzschlußläufer vorgenommen, der in die Antriebstrommel eingebaut ist und wahlweise in beiden Drehrichtungen eingeschaltet werden kann. Der Strom wird dem Verstellmotor *y* über drei Schleifringe *z* zugeführt. Die Betätigung erfolgt durch einen Steuerschalter in vor- oder rückläufigem Sinn. Die Einzelheiten der Anordnung sind aus dem in Abb. 61 dargestellten Schnitt der Antriebstrommel zu ersehen.

Am vorderen Ende der in Gleitlagern mit Druckölschmierung laufenden Trommel *r* ist in einer Büchse *t*, deren Mittel gegen die Trommelachse um 8 mm versetzt ist, eine Welle *y* gelagert, die am einen Ende den um 8 mm exzentrischen

[1] LEHR, E.: Bericht des Congrès International de Mécanique Général, Lüttich, Bd. 1 (5. Sept. 1930) S. 218.

[2] Der Antrieb erfolgt von einem Drehstrom-Asynchrommotor über eine Kardanwelle.

Kurbelzapfen, am anderen Ende das Schneckenrad *v* trägt. Wird das Schneckenrad gedreht, so ändert sich der resultierende Kurbelradius zwischen dem Wert Null — der erreicht wird, wenn die Exzentrizität des Kurbelzapfens gerade der Exzentrizität der Lagerbüchse *t* entgegengesetzt gerichtet ist — und dem Größtwert von 16 mm.

Um dem Probestab eine Vorspannung erteilen zu können, wird die Achse der Antriebstrommel in senkrechter Richtung parallel verschoben. Hierdurch wird die Mittellage, um welche die Schwingbewegung des Antriebes stattfindet, verlagert. Die Verstellung wird dadurch bewerkstelligt, daß die beiden Hauptlager der Antriebstrommel exzentrisch in zwei Ringe eingesetzt sind, die im Maschinengehäuse mit Hilfe von Schneckengetrieben von Hand verdreht werden können, wobei durch zwangläufige Kupplung erreicht ist, daß beide Ringe sich stets um genau gleiche Winkelbeträge verdrehen.

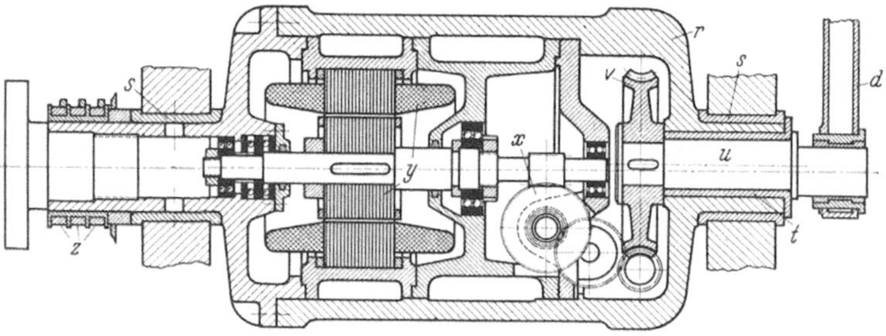

Abb. 61. Schnitt durch die Antriebstrommel der in Abb. 60 dargestellten Maschine.
r Antriebstrommel; *s* Hauptlager; *t* exzentrisch eingesetzte Buchse; *u* Kurbel; *v* Schneckenrad; *x* Schneckenvorgelege; *y* Verstellmotor; *z* Schleifringe.

Der Ausschalter, der die Maschine beim Bruch des Probestabes selbsttätig stillsetzt, arbeitet folgendermaßen: Das angetriebene Spannfutter *b* ist so ausgebildet, daß es sich in Richtung seiner Achse um etwa 5 mm verschieben kann. An seinem hinteren Ende greift eine Schraubenfeder *e* an, die beim Einbau des Probestabes entspannt und bei Beginn des Versuches wieder gespannt wird. Bricht der Stab, so zieht die Feder *e* den Spannkopf *b* zurück, wobei ein Kontakt *f* betätigt wird, der den Schaltautomaten des Hauptantriebsmotors auslöst.

Als Meßorgan dient der optische Indikator. Er projiziert das dynamische Drehmoment-Drehwinkelschaubild des Probestabes als leuchtende Figur auf die Mattscheibe *g*. Das Schaubild gibt in jedem Punkt als Auslenkung in der waagerechten Richtung die Größe des den Probestab beanspruchenden Drehmomentes, als Auslenkung in der senkrechten Richtung die Größe des Relativverdrehungswinkels der beiden Einspannköpfe an. Das Schaubild dient ferner zur Messung der vom Probestab durch innere Reibung verbrauchten Arbeit. Solange keine Arbeitsaufnahme vorliegt, wird auf der Mattscheibe eine einfache Gerade abgebildet. Nimmt dagegen der Probestab durch innere Reibung Arbeit auf, so öffnet sich das Schaubild zu einer Schleife, deren Inhalt der Arbeitsaufnahme je Schwingung entspricht. Abb. 62 zeigt die Form der Schleifen an einem Beispiel.

Arbeitet die Maschine mit reiner Schwingungsbeanspruchung, so liegt das Schaubild symmetrisch zum Nullpunkt. Wird die Schwingungsbeanspruchung einer Mittelspannung überlagert, so verschiebt es sich um einen entsprechenden Betrag, wobei die Grenzen des Drehmomentes leicht auf der Teilung der Mattscheibe abgelesen werden können.

Die Anzeige des Indikators kommt folgendermaßen zustande: Zur Messung des Drehmomentes dient ein Kraftmesser *h*. Dieser besteht im wesentlichen aus einem Stahlstab, der am hinteren Ende fest in das Indikatorgehäuse eingespannt ist und dessen vorderes Ende den Einspannkopf für den Prüfstab trägt und durch ein Kugellager praktisch reibungsfrei abgestützt wird. Der Kraftmesser stellt ein Schwingungssystem dar, dessen Eigenschwingungszahl etwa 10mal so hoch ist wie die höchste Betriebsfrequenz der Maschine. Er zeigt, da die Massenkräfte gegenüber den Federkräften vernachlässigbar sind, vollständig verzerrungsfrei die im Prüfstab wirkenden Drehmomente an. Die Eichung kann statisch erfolgen, wobei die erhaltene Eichkurve ohne Korrektur den dynamischen Messungen zugrunde gelegt werden kann.

Als Maß für die Kraftwirkung dient die Verdrehung des Kraftmesserkopfes gegenüber dem Indikatorgehäuse. Sie wird durch ein Prisma k angezeigt, das unmittelbar auf ein mit dem Kraftmesserkopf fest verbundenes Rohr aufgesetzt

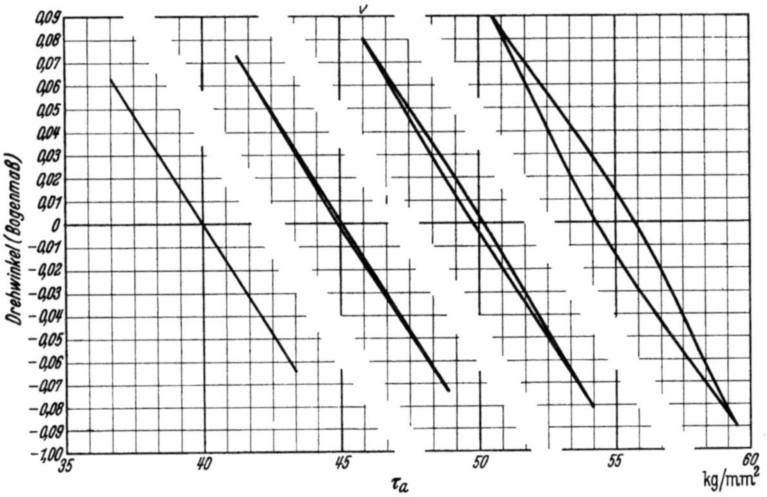

Abb. 62. Hysteresisschleifen von Probestäben aus VCN 25 h aufgenommen mit der in Abb. 60 dargestellten Prüfmaschine bei einem Spannungsausschlag der Drehwechselbeanspruchung von $\tau_a = \pm$ 40, 45, 50 und 55 kg/mm².

ist und somit, da sämtliche Zwischenübertragungsglieder fehlen, dessen Bewegungen getreu abbildet. Durch einen Prismensatz l, m und den Spiegel n wird gemäß Abb. 60 der vom Kraftmesserprisma k erzeugte Lichtfächer, der zunächst in einer senkrechten Ebene arbeitet, in eine Horizontalebene umgelenkt, so daß auf der Mattscheibe g die Verdrehung des Kraftmessers eine Auslenkung des Lichtpunktes in waagerechter Richtung hervorruft. Diese Umlenkung ist notwendig, damit dem Lichtstrahl von einem zweiten Spiegelsystem eine Auslenkung erteilt werden kann, die senkrecht zu der ersten steht und ein Maß für die Relativverdrehung der Stabköpfe bildet. Dieses zweite Spiegelsystem besteht aus zwei langen Spiegeln, von denen der erste p auf dem mit dem Kraftmesserkopf fest verbundenen Rohr angebracht ist, während der zweite Spiegel o über eine mit Federgelenken versehene Stoßstange q vom angetriebenen Spannfutter b aus betätigt wird, und zwar derart, daß er genau gleiche Schwingwinkel beschreibt wie dieses. Die Bewegungen der beiden Schwingspiegel o und p sind so geschaltet, daß der Lichtstrahl, wenn er nacheinander über beide Spiegel läuft, auf der Mattscheibe eine Auslenkung in senkrechter Richtung erfährt, die der Relativverdrehung beider Stabköpfe verhältnisgleich ist. Die Einzelheiten des Strahlenganges sind schematisch aus Abb. 60 zu ersehen. Durch die gewählte Anordnung ist erreicht, daß der Indikator vollständig verzerrungsfrei arbeitet und ein Meßgerät von höchster Genauigkeit bildet.

Zu dieser Maschine ist noch eine Einspannvorrichtung zur Ermittlung der Dauerbiegefestigkeit von Flachstäben geschaffen worden. Die aus Abb. 63 ersichtliche Anordnung ist derart gewählt, daß ein über die Meßlänge der Probe *a* gleichbleibendes Biegemoment zustande kommt. Durch das Vorspannwerk der Maschine kann dem Probestab auch eine Mittelspannung erteilt werden, der sich die Schwingungsbeanspruchung überlagert. Das bei der Schwingungsbeanspruchung wirkende Biegemoment wird durch den optischen Indikator der Maschine gemessen, der ebenso wie bei den Drehschwingungsversuchen das Kraftweg-Schaubild des Vorganges aufzeichnet.

Hinsichtlich der Einzelheiten sei folgendes bemerkt: Der eine Einspannkopf des Probestabes *a* wird an einer kurbelartigen Klaue *b* befestigt, die in dem Spannfutter des Kraftmessers festgespannt wird. Die Spannfläche der Klaue ist so gearbeitet, daß sie, wenn die Maschine bei Vorspannung Null auf den Schwingungsausschlag Null eingestellt ist, in eine Ebene mit der Fläche des am Antriebskopf befestigten Bügels *c* fällt. Die Enden des Bügels *c*, dessen Form aus Abb. 63 ersichtlich ist, sind durch Blattfedern *d* abgestützt, die an einer Schwinge *e* befestigt sind. Diese trägt in ihrer Mitte einen Zapfen, der in dem angetriebenen Spannkopf der Maschine festgespannt wird. Die Anordnung ist so getroffen, daß die Einspannkante des Bügels *c* genau symmetrisch zu derjenigen der „Kraftmesserklaue“ *b* liegt. Im übrigen sind die Spannflächen so angeordnet, daß die neutrale Faser der Probe genau durch die Achse des Kraftmesserstabes geht. Bei Änderung der Probendicke werden entsprechende Unterlagen angebracht.

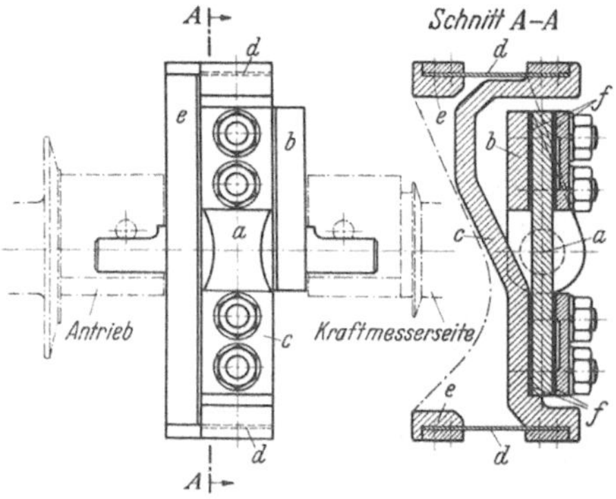

Abb. 63. Zusatzeinrichtung zur Ermittlung der Dauerbiegefestigkeit von Flachstäben auf der in Abb. 60 dargestellten Prüfmaschine.
v Probestab; *b* Spannklaue für den Einspannkopf des Kraftmessers; *c* Einspannbügel der Antriebsseite; *d* Lenkerblattfedern; *e* Schwinge der Antriebsseite; *f* Beilagen aus Hartpapier.

Wird die Maschine in Betrieb gesetzt, so führt der Antriebskopf Drehschwingungen aus, wobei die Probe hin- und hergebogen wird. Dabei wird durch die geschilderte Anordnung bewirkt, daß die Tangenten an die elastische Linie der Probe stets durch die Achse des Kraftmesserstabes gehen, einerlei, wie groß die Auslenkung und damit die Biegebeanspruchung gewählt wird. Demgemäß muß die elastische Linie der Probe stets einen Kreisbogen bilden, was gleichbedeutend damit ist, daß die Beanspruchung über die gesamte Meßstrecke hin konstant bleibt. Da der Bügel *c* der Antriebsseite auf Lenkerfedern angeordnet ist, kann er in Richtung der Probenlängsachse leicht nachgeben. Hierdurch werden unerwünschte Zusatzbeanspruchungen in der Probe vermieden, die entstehen würden, wenn das Probenende auf einer fest mit dem Antriebskopf verbundene Klaue eingespannt würde. Um die Kerbwirkung der Spannkanten auszuschalten, ist die Probe in der Meßstrecke seitlich etwas eingeschnürt, so daß sie mit Bestimmtheit innerhalb der Meßstrecke zu Bruch geht. Außerdem werden in den Spannflächen Hartpapierunterlagen *f* angeordnet.

Diese Zusatzeinrichtung gab erstmalig die Möglichkeit, das Wechsel-Biegemoment bei Flachstäben durch einen Drehstab-Kraftmesser zu ermitteln und das dynamische Kraft-Wegschaubild des Vorganges anzuzeigen.

e) Vereinfachte Verdreh- und Schwingbiegemaschine Bauart Schenck.

Die neuere Verdreh- und Schwingbiegemaschine, Bauart Schenck[1], entstand durch Vereinfachung der in Abb. 60 dargestellten Konstruktion. Abb. 64 zeigt schematisch die Anordnung, Abb. 65 eine Ansicht der Maschine. Der Antrieb erfolgt wieder zwangläufig durch ein Kurbelgetriebe, dessen Hub nach dem

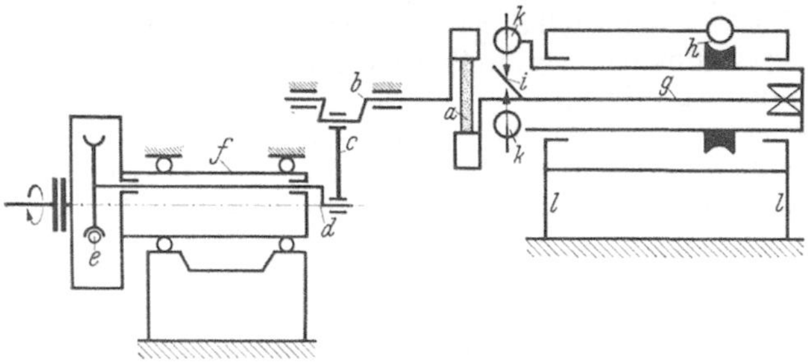

Abb. 64.

Abb. 65.

Abb. 64 und 65. Vereinfachte Dauerprüfmaschine, Bauart Schenck, zur Ermittlung der Drehschwingungsfestigkeit und der Dauerbiegefestigkeit von Flachproben. $n = 3000$/min, $M_{d\,\max} = 80$ mkg.

a Probestab; *b* Antriebsschwinge; *c* Pleuelstange; *d* Kurbel; *e* Schneckengetriebe zur Verdrehung der Kurbel *d* in der Antriebswelle *f*; *f* Antriebswelle; *g* Federstabkraftmesser; *h* Schneckengetriebe zur Verdrehung des Federstabkraftmessers zwecks Erzeugung einer Vorspannung im Probestab; *i* Arm am Kopf des Kraftmessers; *k* Meßuhren zum Abtasten des Schwingungsausschlags, den der Arm *i* ausführt; *l* Führungsblattfedern für die Bewegung des Kraftmessergehäuses in Richtung der Längsachse; *m* Führungsblattfedern für die Bewegung des Kraftmessergehäuses senkrecht zur Längsachse; *n* Antriebsmotor; *o* Zählwerk; *p* Schaltautomat; *q* Kühlwasseranschluß.

Prinzip des Doppelexzenters verstellt wird. Die Verstellung wird ebenfalls durch ein Schneckengetriebe bewerkstelligt. Jedoch kann dieses nur bei Stillstand der Maschine von Hand betätigt werden. Der Drehkraftmesser ist in einem Gehäuse angeordnet, das auf zwei Blattfederpaaren befestigt ist, derart, daß es in Richtung der Maschinenlängsachse und senkrecht dazu federnd nachgeben kann, damit unerwünschte Zusatzbeanspruchungen im Probestab ausgeschaltet sind. Zur Erzielung einer Vorspannung kann das Einspannende des Kraftmesserstabes mit Hilfe eines Schneckengetriebes gegenüber dem Gehäuse verdreht werden.

Da das Kraftmessergehäuse federnd nachgibt, genügt es, für die Untersuchung von Flachbiegeproben je eine in den Spannkopf des Kraftmessers und den Antriebskopf fest eingespannte Klaue zu verwenden.

---

[1] Oschatz, H.: Z. VDI Bd. 80 (1936) S. 1433.

Die Messung des Drehmomentes geschieht folgendermaßen: Am Kopf des Kraftmesserstabes ist ein Hebel befestigt, dessen Schwingungsausschlag durch zwei Meßuhren abgetastet wird. Im spannungsfreien Zustand stehen die Meßuhren beide auf Null, wenn ihre Taster den Hebel gerade berühren. Bei schwingendem Spannkopf werden die Taster mittels Fühlschrauben so lange gegen den schwingenden Hebel herangestellt, bis sie ihn gerade berühren, was an leichtem Zucken der Meßuhrzeiger bemerkbar wird. Dann geben die zugehörigen Zeigerstellungen der Meßuhren genau die Lage der Umkehrpunkte des schwingenden Hebels an.

Das Ausschalten der Maschine wird sinngemäß ebenso wie bei Abb. 60 dadurch bewirkt, daß das federnd aufgestellte Kraftmessergehäuse beim Bruch des Probestabes zurückgezogen wird, wobei es den Ausschaltkontakt bestätigt.

Die Maschine besitzt einen Meßbereich bis zu 80 mkg Drehmoment. Dabei werden zur Ermittlung der Drehschwingungsfestigkeit Stäbe mit 14 mm Schaftdurchmesser verwendet. Die Flachproben für den Schwingbiegeversuch besitzen eine Dicke bis zu 12 mm. Sollen kleinere Proben untersucht werden, so kann der Drehfederstab oder auch der ganze Kraftmesserschlitten ausgewechselt werden. Es sind Kraftmesser mit den Meßbereichen 14, 6 und 2 mkg vorgesehen.

f) Vielprobenmaschine von Schenck.

Die *Vielprobenmaschine von Schenck,* von der Abb. 66 eine Ansicht zeigt, stellt gewissermaßen eine Vervielfachung der soeben beschriebenen Maschine

Abb. 66. Vielprobenmaschine zur Ermittlung der Drehschwingungsfestigkeit und der Dauerbiegefestigkeit von Flachproben, Bauart Schenck.

dar. Ihre Konstruktion entsprang dem Wunsch, mehrere Proben gleichzeitig prüfen zu können.

Von dem gemeinsamen Antrieb werden gleichzeitig 6 Spannköpfe in Drehschwingungen versetzt, deren Schwingwinkel stets einander gleich sind. Die Größe des Schwingwinkels kann durch Verstellung des Hubes der Antriebskurbel verändert werden, die ähnlich wie bei der Maschine Abb. 64/65 ausgebildet ist.

Auch die Konstruktion der leicht auswechselbaren Drehstabkraftmesser entspricht derjenigen der Maschine Abb. 64/65. Ihre Steifigkeit ist durch Wahl verschiedener Schaftdurchmesser so abgestuft, daß bei gleichem Schwingwinkelausschlag der angetriebenen Spannköpfte in den 6 Proben verschieden große Beanspruchungen entstehen, die so gestaffelt sind, wie es für die Lage

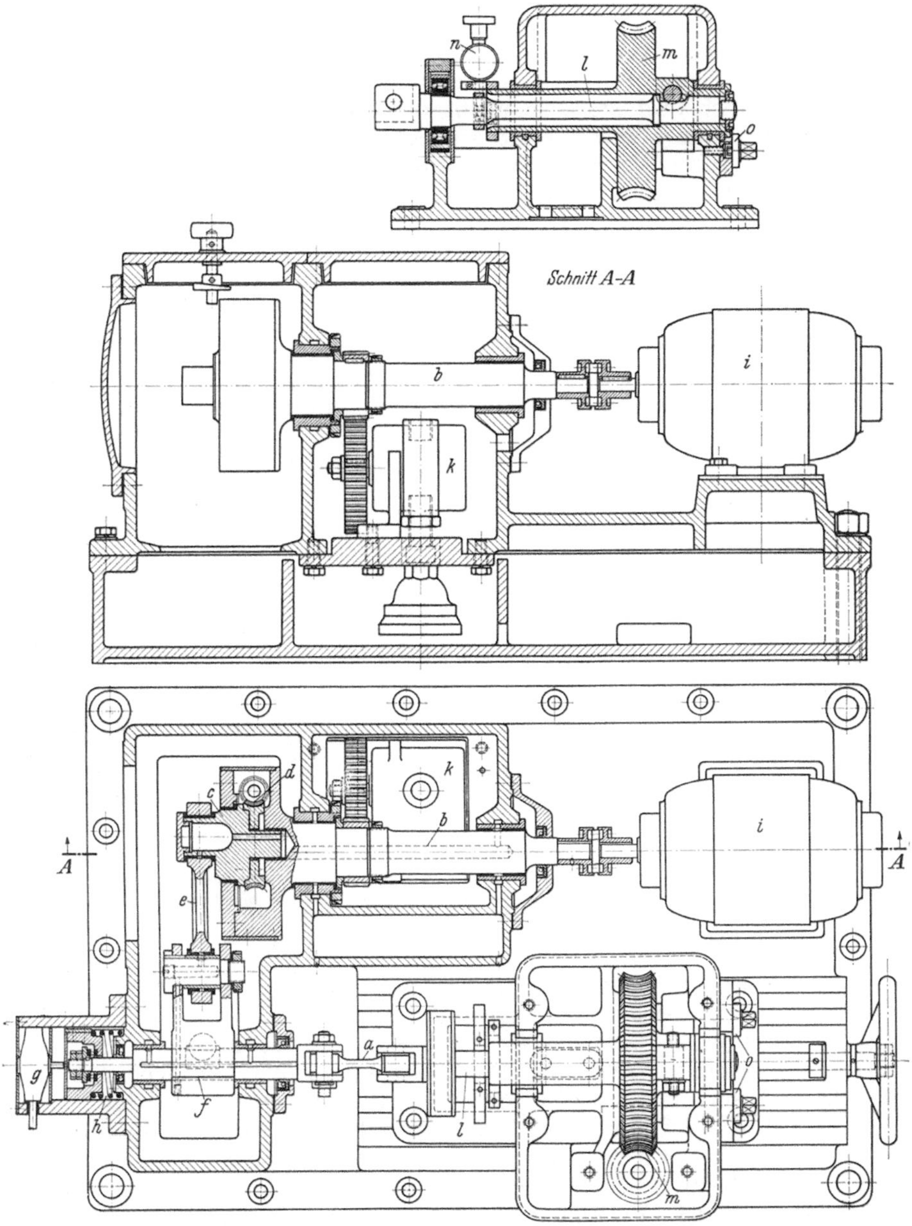

Abb. 67. Drehschwingungs- und Schwingbiegemaschine von E. LEHR, Bauart MAN.
a Probestab; *b* Antriebswelle: *c* Flansch mit Kurbelzapfen; *d* Schneckengetriebe zur Verstellung des Kurbelzapfens; *e* Pleuelstange; *f* Schwinge mit angetriebenem Spannkopf; *g* Ausschaltkontakt; *h* Feder zur Betätigung des Ausschaltkontakts; *i* Antriebsmotor; *k* Ölpumpe zur Schmierung sämtlicher Lagerstellen; *l* Drehstabkraftmesser; *m* Schneckengetriebe zur Verdrehung des Kraftmessers zwecks Erzeugung einer Vorspannung; *n* Meßuhren zum Abtasten des Kraftmesserausschlags; *o* Feststellvorrichtung.

der Punkte in der WÖHLER-Kurve wünschenswert ist. Zu jedem Kraftmesser gehört ein elektrisch angetriebenes Zählwerk, das bei Bruch der zugehörigen

Probe stillgesetzt wird, während die übrigen Prüfstäbe ungestört weiterlaufen. Die Ausschaltkontakte arbeiten folgendermaßen: Am Kopf der Federkraftmesser ist je eine dünne Stange mit senkrechter Achse befestigt. Auf ihr gleitet eine in Richtung eines Durchmessers durchbohrte Kugel. Wird diese bei arbeitendem Kraftmesser an das obere Ende der Stange geschoben, so bleibt sie infolge der durch die Schwingung des Kraftmesserkopfes bewirkten Fliehkräfte in dieser Lage. Bricht der Probestab, so bleibt der Kraftmesser in Ruhe, die Kugel gleitet auf der Stange abwärts und schließt dabei einen Kontakt, der die Abschaltung des zugehörigen Zählwerkes bewirkt. Die Maschine arbeitet mit 1500 Lastspielen je min. Das höchste Drehmoment je Stabkopf beträgt ± 1,5 mkg. Die Anordnung eignet sich gleich gut zur Ermittlung der Dauerdrehfestigkeit (Stabschaftdurchmesser 3 mm) und der Dauerbiegefestigkeit von Flachproben (Dicke meist 2 mm).

g) Drehschwingungsmaschine von E. LEHR, Bauart MAN.

Abb. 67 zeigt die Anordnung einer von E. LEHR für Proben mit 7,5 bis 10 mm Schaftdurchmesser geschaffenen Drehschwingungsmaschine, die mit

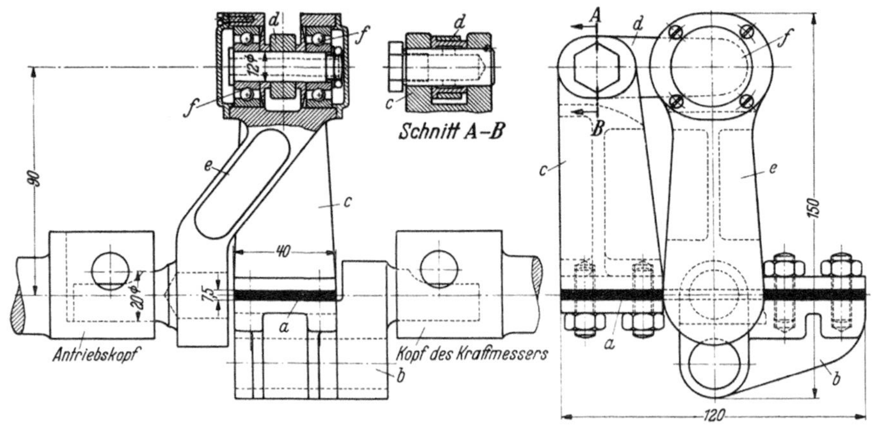

Abb. 68. Biegevorrichtung für Flachstäbe zur Drehschwingungsmaschine Abb. 67. *a* Probestab; *b* Einspannklaue im Kopf des Kraftmessers der Drehschwingungsmaschine befestigt; *c* Hebel aus Leichtmetall am freien Ende des Probestabes aufgeklemmt; *d* Stoßstange; *e* Antriebshebel mit gabelförmigem Kopfende; *f* Kugellager.

$n = 3000$/min arbeitet. Das gesamte Triebwerk ist in einem öldichten Kasten mit abnehmbarem Deckel angeordnet.

Der Antrieb erfolgt zwangläufig durch eine Kurbel, die nach dem Prinzip des Doppelexzenters verstellt wird. Die Verstellung erfolgt bei ruhender Maschine dadurch, daß ein im Kopf der Antriebswelle gelagerter Flansch *c* mittels Schneckengetriebe *d* verdreht wird. Der Ausschaltkontakt *g* wird dadurch betätigt, daß eine Feder *h* den in seinen Lagern mit seitlichem Spiel arbeitenden Antriebskopf *f* beim Bruch der Probe in Richtung seiner Achse zurückzieht.

Zur Messung des Drehmomentes dient ein Drehstabkraftmesser *e*, dessen Ausschlag durch Meßuhren *n* abgetastet wird und dessen Einspannung mittels Schneckengetriebe *m* zwecks Erzielung einer Vorspannung verdreht werden kann. Alle weiteren Einzelheiten sind aus Abb. 67 ersichtlich.

Abb. 68 zeigt die zugehörige Biegevorrichtung für Flachstäbe. Das eine Ende der Probe *a* wird auf einer im Kopf des Kraftmessers befestigten Klaue *b* festgespannt. Am anderen Ende ist ein Hebel *c* aus Leichtmetall aufgeschraubt, an dem eine Stoßstange *d* angreift, deren Achse parallel zur Längsachse der

Flachprobe angeordnet ist. Sie ist an einem in dem angetriebenen Spannkopf eingespannten Antriebshebel mit gabelförmigem Kopfende *e* angelenkt. Beim Arbeiten dieser Anordnung entsteht, da die Kraft stets parallel zur Längsachse der Probe wirkt, ein über die ganze Probelänge gleichbleibendes Biegemoment. Die dabei in Längsrichtung der Probe auftretende Zug- bzw. Druckkraft ist belanglos.

h) Drehschwingungsmaschine von Krupp für Proben bis 45 mm Schaftdurchmesser.

Während die vorstehend beschriebenen Maschinen nur Proben bis etwa 15 mm Durchmesser prüfen können, hat Krupp eine ebenfalls mit zwangläufigem Kurbelantrieb arbeitende Maschine entwickelt, welche die Drehwechselfestigkeit von Proben bis 45 mm Dmr. zu ermitteln gestattet [1]. Abb. 69 zeigt schematisch den Antrieb, der so ausgebildet ist, daß der Schwingwinkel des angetriebenen Spannkopfes verändert werden kann, während die Maschine mit ihrer vollen Drehzahl von $n = 300$/min arbeitet.

Abb. 69 zeigt das Schema, Abb. 70 eine Ansicht dieser Maschine. Der Antrieb der Kurbelwelle *a* erfolgt durch einen Elektromotor *b* über eine elastische Scheibenkupplung *c*. Die Pleuelstange *d* treibt eine um die ortsfest gelagerten seitlichen Zapfen *e* schwingende Kulisse *f* an. Diese ist mit einer Gleitbahn versehen, in der ein Gleitstein *g* verschoben werden kann. An ihm sind seitliche Zapfen angebracht, an denen einerseits die beiden Stoßstangen *h*, andererseits die Lenker *i* angelenkt sind. Der Abstand der Zapfenachse des Kulissensteines von der Drehachse der Kulisse kann von dem Handrand *k* aus durch Verschieben des Querhauptes *l* mittels der Spindel *m* geregelt werden, während die Kurbelwelle mit voller Drehzahl umläuft. Denn die an dem Querhaupt *l* angreifenden Lenker *i* verstellen den Kulissenstein *g* entsprechend der Lage des Querhauptes.

Die Stoßstangen *h* treiben die Schwinge *n* an, deren Achse zweifach gelagert ist und den einen Spannkopf *o* für den Probestab *p* trägt. Der zweite Spannkopf *q* ist in einem auf dem Grundrahmen der Maschine verstellbaren Bock *r* derart gelagert, daß er sich in Richtung der Probenachse verschieben, aber nicht um seine Achse verdrehen kann. Andererseits kann die Achse des Spannkopfes *q* durch ein in den Bock *r* eingebautes Schneckengetriebe *s* verdreht werden, um dem Probestab eine ruhende Vorspannung zu erteilen.

Die Maschine ist für ein größtes Drehmoment von 1000 mkg und einen größten Schwingwinkel von $\pm 7°$ gebaut, beide am beweglichen Einspannkopf *n* gemessen. Beim Anfahren wird der Kulissenstein zunächst in die Achse der Kulissenzapfen *e* gestellt, so daß der Einspannkopf *n* in Ruhe bleibt und die Maschine ohne Last anlaufen kann. Erst nach Erreichen der Betriebsdrehzahl von $n = 300$/min wird durch Einstellen des Kulissensteines mittels des Handrades *k* der gewünschte Winkelausschlag hervorgebracht. Während des Dauerbetriebes wird das Querhaupt *l* festgeklemmt. Die Probestäbe besitzen verstärkte zylindrische Einspannköpfe mit Abflachungen gegen die Deckplatten durch je 4 Schrauben in den Spannköpfen gezogen werden.

Die Maschine besitzt keinen Federkraftmesser. Um eine Messung der Beanspruchung zu ermöglichen, wurden die Probestäbe zunächst statisch geeicht, d. h. es wurde auf einer Prüfmaschine für statische Verdrehung die Beziehung zwischen Drehmoment und Verdrehungswinkel ermittelt. Dabei wurden zur Messung des Verdrehungswinkels an den inneren Enden der beiden Stabköpfe Drehspiegel befestigt, deren Drehung in bekannter Weise mittels Fernrohr und

[1] MAILÄNDER, R. u. W. BAUERSFELD: Techn. Mitt. Krupp Bd. 2 (1934) H. 5 S. 143—152.

Maßstab abgelesen werden konnte. Die so geeichte Probe wurde dann mit den Spiegeln in die Drehschwingungsmaschine eingebaut. Hier konnte die Drehung der Spiegel mit Hilfe von Lichtstrahlen beobachtet werden, die von ruhend

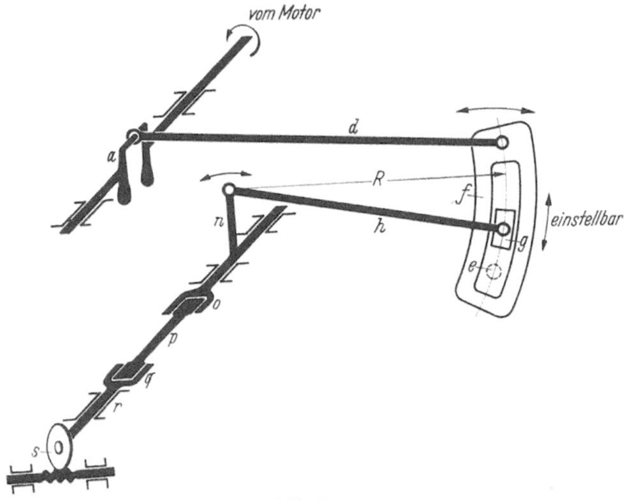

Abb. 69.

Abb. 70.

Abb. 69 Schema und Abb. 70 Ansicht der Drehschwingungsmaschine von Krupp für Proben bis 45 mm Schaftdurchmesser.

a Kurbelwelle; *b* Elektromotor für den Antrieb; *c* elastische Scheibenkupplung; *d* Pleuelstange; *e* Lagerzapfen der Kulisse; *f* Kulisse; *g* Gleitstein der Kulisse; *h* Stoßstangen zum Antrieb der Schwinge *n*; *i* Lenker zum Verstellen des Kulissensteins *g*; *k* Handrad: *l* Querhaupt für die Lenker *i*; *m* Spindel zum Verstellen des Querhaupts *l*; *n* Schwinge mit dem angetriebenen Spannkopf *o*; *o* angetriebener Spannkopf; *p* Probestab; *q* fester Spannkopf; *r* verstellbarer Bock; *s* Schneckengetriebe zur Verdrehung des festen Spannkopfes *q*.

aufgestellten Beleuchtungsgeräten ausgingen und auf eine Mattscheibe fielen. Der Unterschied in der Länge der beiden Lichtbänder, die beim Arbeiten der Maschine auf der Mattscheibe erschienen, bildete ein Maß für den Spannungsausschlag der Drehschwingungsbeanspruchung.

i) Drehschwingungsmaschine von E. LEHR für $\pm 25^\circ$ Schwingwinkel bei einem Drehmoment von 600 mkg.

Eine weitere von E. LEHR entwickelte Großmaschine für Probestäbe bis 40 mm Schaftdurchmesser [1] zeigen Abb. 71 und 72. Sie wurde in erster Linie zur Ermittlung der Dauerfestigkeit naturgroßer Drehstabfedern gebaut. Demgemäß mußte sie einen Vorspannwinkel bis zu 60° und einen Schwingwinkel von $\pm 25^\circ$ besitzen.

Der Antrieb erfolgt zwangläufig durch ein Kurbelgetriebe, das in druckölgeschmierten Gleitlagern läuft. Der Hub ist vor- und rückwärts verstellbar, während die Maschine mit einer Drehzahl von $n = 1000 \ldots 1200$/min arbeitet.

Abb. 73 zeigt einen Schnitt durch die Antriebstrommel. Der Kurbelzapfen *a* sitzt um 50 mm exzentrisch an einem Flansch *b*, der in einer auf der vorderen Stirnseite der Trommel angebrachten, ebenfalls um 50 mm exzentrischen Bohrung gelagert ist und einen Zahnkranz mit Innenverzahnung trägt. In diesen greift ein Ritzel *c* ein, das durch ein selbsthemmendes Schneckengetriebe *d* verdreht werden kann. Es erhält seinen Antrieb von der Hülse *e*, die bei Steuerung des Hubes durch eine Bandbremse *f* festgehalten wird und durch axiale Verschiebung mittels der Muffe *g* wahlweise mit dem Getriebe für Vergrößerung des Hubes *h* oder dem Umkehrgetriebe für Verringerung des Hubes *i* in Eingriff gebracht oder schließlich auf Leerlauf geschaltet werden kann. Dabei wird die Drehung über ein Stirnradvorgelege *k* und ein auf der Welle der Hauptschnecke angeordnetes Schneckenvorlege *l* übertragen.

Die Messung des Drehmomentes erfolgt durch einen Drehstabkraftmesser *i*, dessen Winkelausschlag durch Meßuhren *o* abgetastet wird (Abb. 74). Dabei sitzt der Rahmen *n*, der die beiden Meßuhren mit den Fühlschrauben *p* trägt, am vorderen Ende eines Rohres *k*, das auf dem im Vorspannwerk eingespannten Kopf des Kraftmessers aufgeschrumpft und neben der Meßstelle zur Vermeidung unerwünschter Nebenschwingungen nochmals gelagert ist. Am Kopf des Kraftmesserstabes ist ein Hebel *q* angeordnet, der am Ende eine Kugel trägt, auf welche die ebengeschliffenen Enden der Meßuhrtaster aufgreifen.

Abb. 74 zeigt die Konstruktion des Vorspannwerkes. Es besteht im wesentlichen aus einer in Gleitlagern drehbaren Welle *a*, die den Einspannkopf *b* für das hintere Ende des Kraftmessers trägt. Auf dieser Welle ist ein Hebel *c* befestigt, der unter Zwischenschaltung von zwei Laschen *d* durch eine Spindel *e* verstellt wird, deren Mutter *f* in dem Gehäuse des Schlittens gelagert ist und über ein Stirnradvorgelege *g* mittels Knarre gedreht wird. Nach Einstellen der Vorspannung werden Spindel und Welle durch Gegenmuttern *h* in ihrer Lage gesichert. Um bei starker Vorspannung den Antrieb von den Vorspannkräften zu entlasten, sind *zwei* Meßschlitten angeordnet, so daß gleichzeitig zwei Proben geprüft werden können, die gegeneinander vorgespannt werden.

Der starre Grundrahmen der Maschine ist auf Gummifedern schwingungsisoliert, so daß die beim Betrieb entstehenden starken Massenkräfte keine Erschütterung der Umgebung hervorrufen können.

k) Drehschwingungsmaschine von W. SPÄTH.

Neuerdings ist von SPÄTH [2] eine Anordnung gewählt worden, die von der Tatsache Gebrauch macht, daß Federkräfte und Massenbeschleunigungen bei einer Schwingungsbewegung um 180° gegeneinander phasenverschoben sind, so daß sie einander bei einer bestimmten Drehzahl fast ganz aufheben.

---

[1] Aufgestellt in der Forschungsanstalt der MAN, Werk Nürnberg.

[2] SPÄTH, W.: Physik der mechanischen Werkstoffprüfung. Berlin 1938.

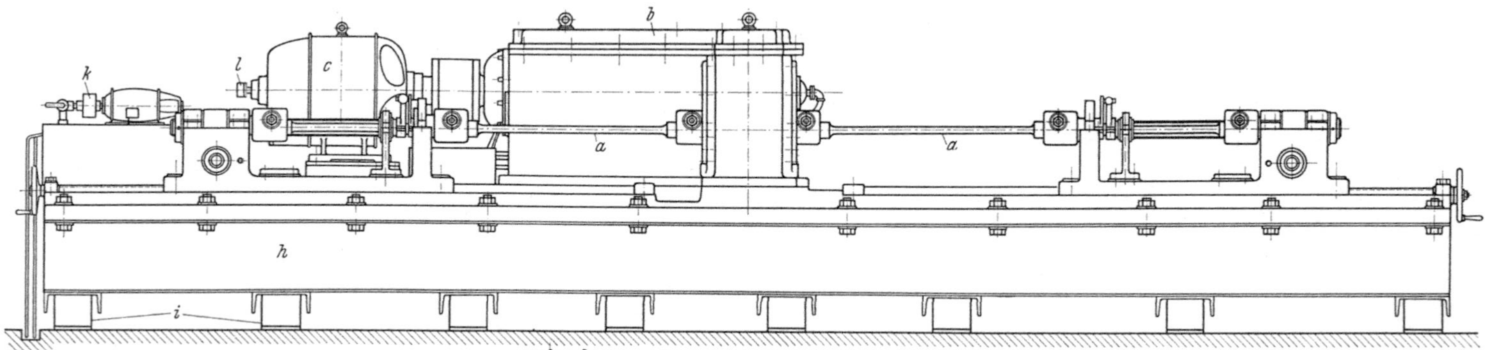

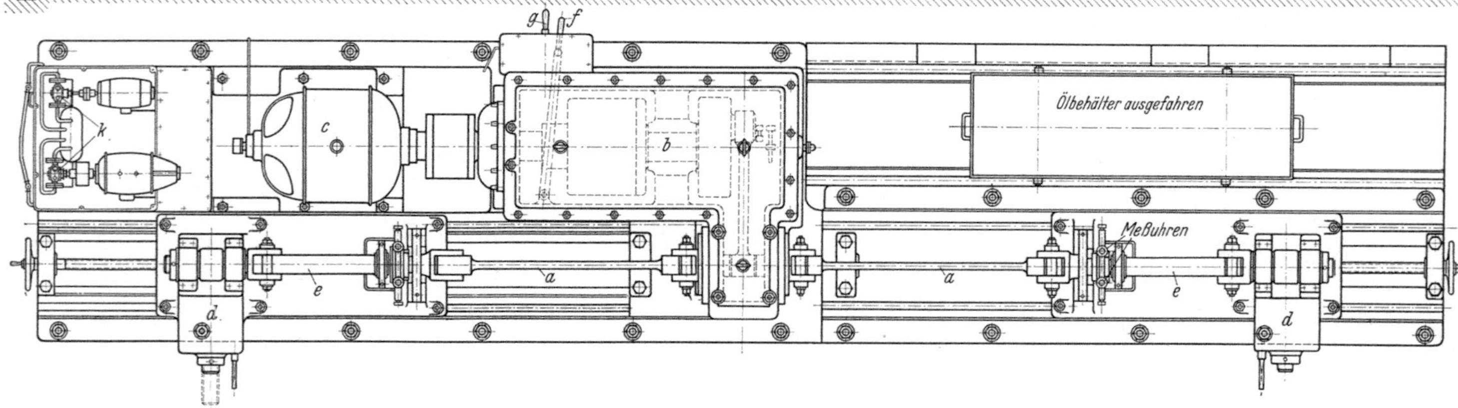

Abb. 71.

Abb. 71 und 72. Drehschwingungsmaschine von E. LEHR für Drehfederstäbe bis 40 mm Dmr. Schwingwinkel bis $\pm 25°$; $n = 1000$ bis 1200/min.
a Probestäbe; *b* Antriebsgehäuse; *c* Antriebsmotor; *d* Vorspannwerke; *e* Drehstabkraftmesser; *f* Schalthebel zur Betätigung des Vor- und Rückwärtsgangs der Hubverstellung; *g* Bremshebel zur Betätigung der Hubverstellung; *h* Grundrahmen; *i* Gummifedern; *k* Ölpumpen; *l* Zählwerk Untersetzung 1:1000.

Abb. 72. Ansicht der Drehschwingungsmaschine von E. LEHR für Drehfederstäbe bis 40 mm Dmr.

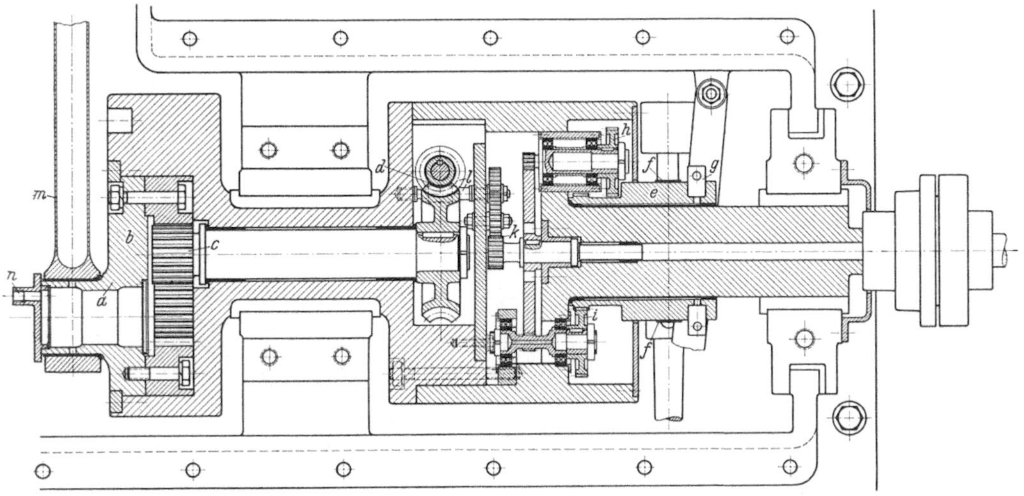

Abb. 73. Schnitt durch die Antriebstrommel der Drehschwingungsmaschine Abb. 71 und 72.
a Kurbelzapfen; *b* Kurbelflansch mit Innenzahnkranz; *c* Ritzel zur Verdrehung des Kurbelflansches *b*; *d* Schneckengetriebe; *e* Antriebshülse mit Zahnkranz; *f* Bandbremse; *g* Muffe zur Verschiebung der Antriebshülse *e*; *h* Getriebe zur Vergrößerung des Hubs; *i* Umkehrgetriebe zur Verringerung des Hubs; *k* Stirnradvorgelege; *l* Schneckenvorgelege; *m* Pleuelstange; *n* Ölzuführung zum Kurbelzapfen.

Wenn gemäß Abb. 75 z. B. das freie Ende eines fest eingespannten Flachstabes durch einen Kurbeltrieb hin- und hergebogen wird, so kann man die zur Überwindung der Federkraft des Flachstabes notwendige Kraft dem Kurbeltrieb zum größten Teil abnehmen, wenn man auf dem freien Ende des Flachstabes eine Masse befestigt, die so bemessen ist, daß die bei der Schwingbewegung entstehende Massenbeschleunigung gerade so groß ist, wie die Federkraft. Ist der Halbmesser der Kurbel r, die Winkelgeschwindigkeit der Kurbelwelle ω, so ist der Weg des Flachstabendes

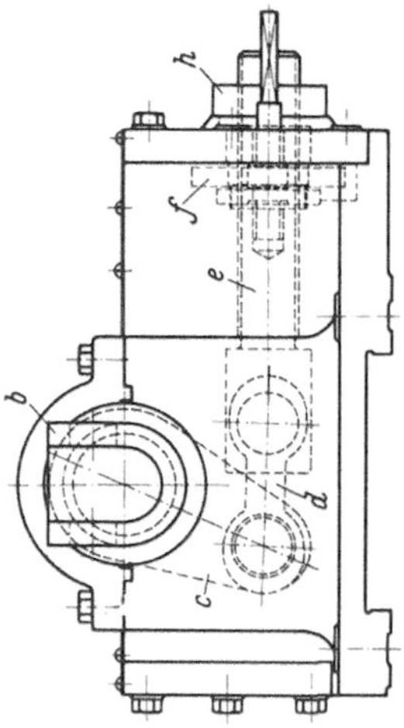

$$s = r \cdot \sin(\omega t) \qquad (1)$$

und die Federkraft, wenn c die auf den Angriffspunkt der Pleuelstange bezogene Federkonstante des Flachstabes ist

$$P_c = c \cdot r \cdot \sin(\omega t). \qquad (2)$$

Die Massenkraft ergibt sich, wenn m die am Ende des Flachstabes befestigte Masse ist, zu

$$P_m = -m \cdot \omega^2 \cdot \sin(\omega t). \qquad (3)$$

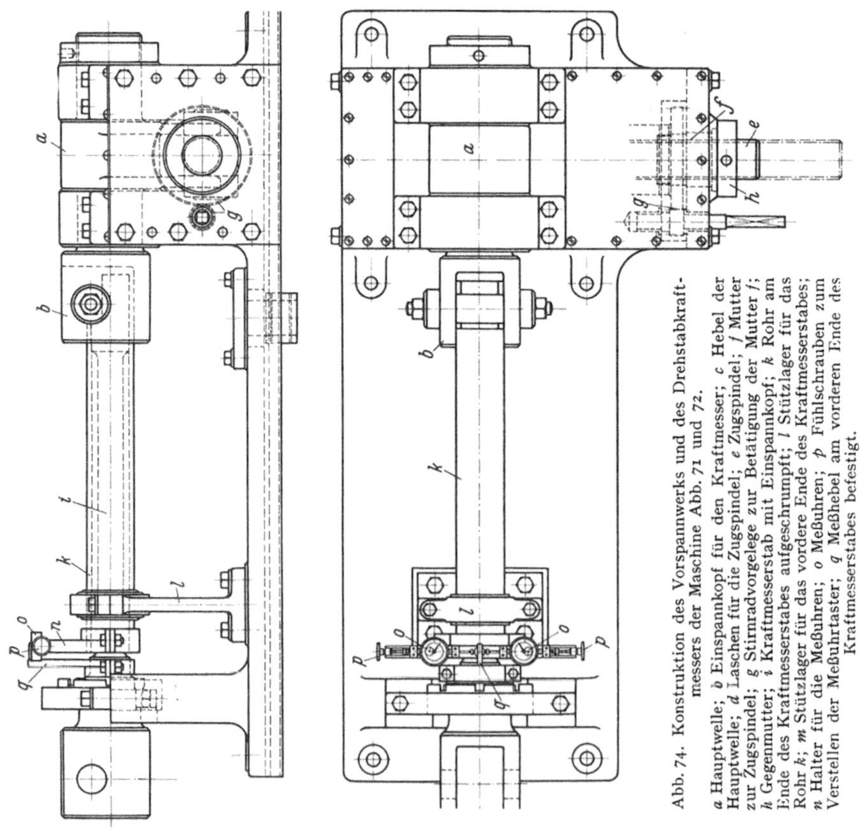

Abb. 74. Konstruktion des Vorspannwerks und des Drehstabkraftmessers der Maschine Abb. 71 und 72.

a Hauptwelle; *b* Einspannkopf für den Kraftmesser; *c* Hebel der Hauptwelle; *d* Laschen für die Zugspindel; *e* Zugspindel; *f* Mutter zur Zugspindel; *g* Stirnradvorgelege zur Betätigung der Mutter *f*; *h* Gegenmutter; *i* Kraftmesserstab mit Einspannkopf; *k* Rohr am Ende des Kraftmesserstabes aufgeschrumpft; *l* Stützlager für das Rohr *k*; *m* Stützlager für das vordere Ende des Kraftmesserstabes; *n* Halter für die Meßuhren; *o* Meßuhren; *p* Fühlschrauben zum Verstellen der Meßuhrtaster; *q* Meßhebel am vorderen Ende des Kraftmesserstabes befestigt.

Auf die Pleuelstange wirkt in jedem Augenblick die algebraische Summe dieser Kräfte. Wie man ohne weiteres einsieht, werden sich Federkraft und

Massenkraft gerade gegenseitig aufheben, wenn $m \cdot \omega^2 = c$ gemacht wird. Man kann dies entweder durch entsprechende Wahl der Masse m oder der Winkelgeschwindigkeit ω erreichen. Eine ausführliche Darlegung der bei dieser Anordnung geltenden Gesetzmäßigkeiten ist gegeben in E. LEHR: Schwingungstechnik, Bd. II, S. 92 bis 101.

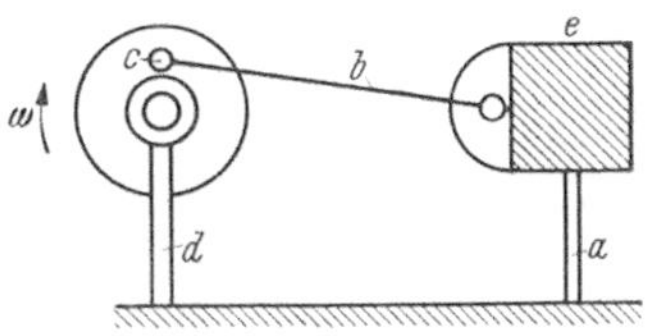

Abb. 75. Prinzip des Antriebs bei der Drehschwingungs- und Biegemaschine von W. SPÄTH.
a Flachbiegestab, am unteren Ende fest eingespannt; *b* Pleuelstange; *c* Kurbeltrieb mit verstellbarem Hub; *d* Blattfeder, an deren freiem Ende die Lagerung des Kurbeltriebes *b c* angeordnet ist; *e* Zusatzmasse, am Kopfende des Probestabes *a* befestigt.

Die Hauptschwierigkeit bei Ausnutzung der gegenseitigen Kompensation von Massenkräften und Federkräften besteht darin, daß zwar die Entlastung des Kurbeltriebes in der Betriebsdrehzahl leicht erreicht werden kann, daß die Lager des Getriebes jedoch beim Anfahren aus dem Stillstand die volle Federkraft aufnehmen müssen. Diese Schwierigkeit sucht SPÄTH zum Teil dadurch zu beheben, daß er die Lagerung der Kurbelwelle ebenfalls auf eine Feder setzt. Diese Federung bildet dann gewissermaßen einen Kraftmesser für die in den Lagern der Kurbelwelle wirkende Kraft und setzt gleichzeitig diese Kraft beim Anfahren wesentlich herab, da die Kurbellagerung ja jetzt federnd ausweichen kann. Ist die Winkelgeschwindigkeit $\omega = \sqrt{\frac{c}{m}}$ erreicht, bei der Massenbeschleunigung und Federkraft des Prüfstabes sich gegenseitig aufheben, so steht die Federung der Kurbelwellenlagerung praktisch still, da die in der Pleuelstange

Abb. 76. Ansicht der Drehschwingungsmaschine von SPÄTH.
a Grundplatte; *b* Schlitten; *c* Federstabkraftmesser; *d* Meßuhren des Kraftmessers; *e* Probestab; *f* angetriebener Spannkopf; *g* Lager der Spannkopfwelle; *h* Antriebshebel; *i* Pleuelstange; *k* Zusatzmasse am Hebel *h* befestigt; *l* Kurbelantrieb; *m* Schwingbock mit Lagerung für den Kurbeltrieb; *n* Schwungscheibe auf der Kurbelwelle; *o* Elektromotor (ortsfest); *p* Zählwerk.

wirkende Kraft nunmehr ihren Kleinstwert erreicht hat. Diese von SPÄTH gewählte Anordnung macht sich also gewissermaßen die Vorteile der Resonanz zunutze ohne ihren Hauptnachteil, nämlich die starke Veränderlichkeit des Schwingungsausschlages bei Drehzahlschwankungen in Kauf nehmen zu müssen.

Abb. 76 zeigt eine nach diesem Gedanken ausgeführte Drehschwingungsmaschine. Die Grundplatte *a* trägt links eine Führung auf der ein Schlitten *b* verschiebbar ist. Dieser trägt in üblicher Weise einen Drehfederstab *c* zur Messung des Drehmomentes. Der Winkelausschlag wird dabei an einem auf dem Spannkopf des Federstabes befestigten Hebel mit Hilfe von Meßuhren *d* abgetastet.

Der Probestab *e* wird mit dem einen Ende in dem Kopf des Kraftmessers *c* festgespannt. Der Spannkopf *f* für das andere Prüfstabende sitzt an einer Welle, die in zwei auf der Grundplatte befestigten Lagern *g* drehbar ist. Auf dieser Welle ist ferner der Hebel *h*, an dem die Pleuelstange *i* angreift, und eine Masse *k* befestigt, die so abgeglichen wird, daß das aus dem Probestab und der Masse des angetriebenen Spannkopfes bestehende Drehschwingungssystem eine Eigenschwingungszahl besitzt, die gleich der Antriebsdrehzahl ist. Der Kurbeltrieb *l* ist in einem Schwingbock *m* gelagert, der durch einen Drehfederstab abgefedert ist. Ferner ist auf der Kurbelwelle eine Schwungscheibe *n* angeordnet. Der Antrieb erfolgt von einem ortsfesten Elektromotor *o* über eine elastische Kupplung.

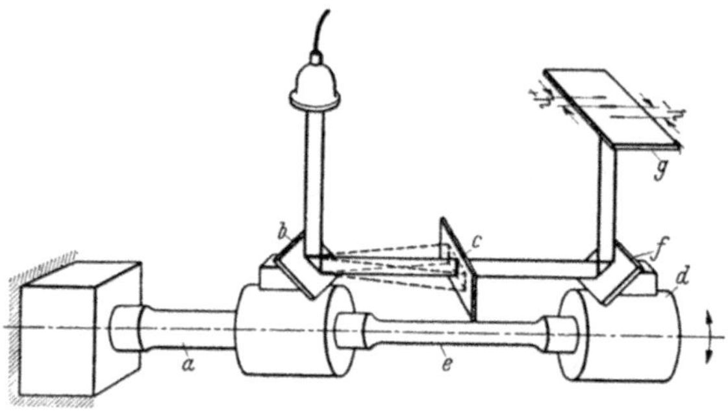

Abb. 77. Optische Meßanordnung von SPÄTH zur Messung der Breite der elastischen Hysteresisschleife (des Phasenwinkels). *a* Drehfederstab, dessen Ende fest eingespannt ist; *b* Spiegel auf dem Kopf des Drehfederstabes; *c* ortsfeste Spaltblende; *d* angetriebener Spannkopf; *e* Probestab; *f* Spiegel auf dem angetriebenen Spannkopf; *g* Mattscheibe ortsfest angeordnet.

Der Hub der Kurbel ist verstellbar. Beim Inbetriebsetzen der Maschine macht der Schwingbock *m* zunächst größere Bewegungen. Diese werden mit steigender Drehzahl immer kleiner. Die Anlage ist so abgestimmt, daß der Schwingbock *m* in der Betriebsdrehzahl den Kleinstwert der Ausschläge erreicht, wobei er nahezu stillsteht. Die jetzt von der Kurbel noch aufzubringenden Kräfte betragen etwa 5% der Federkraft des Probestabes. Sie sind zur Überwindung der Reibungswiderstände notwendig.

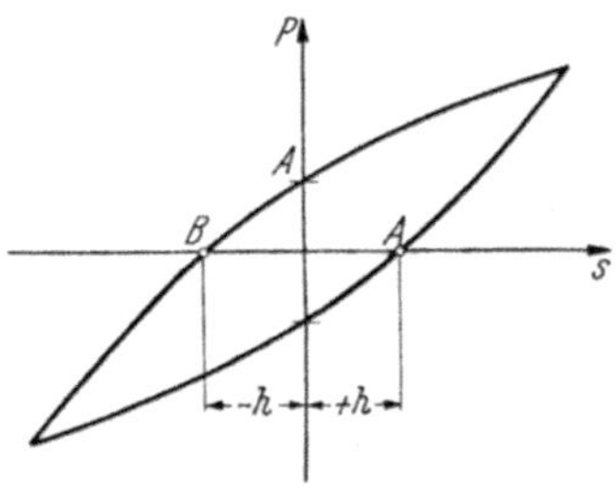

Abb. 78. Erläuterung des Meßprinzips der Anordnung Abb. 77 an Hand der Hysteresisschleife.

SPÄTH hat weiterhin zwei Vorrichtungen zur Messung des „Verlustwinkels" angegeben, der als Maß der inneren Hysteresisverluste angesehen werden kann, da er der Breite der Hysteresisschleife verhältnisgleich ist.

Die erste in Abb. 77 schematisch dargestellte Einrichtung beruht auf folgendem Grundgedanken. Greift man in der Hysteresisschleife Abb. 78 die Punkte *A* und *B* heraus, in denen die Kraft (bzw. das Moment) durch Null geht, so ist die Dehnung *s* (bzw. der Drehwinkel) dann keineswegs gleich Null, sondern besitzt einen Wert $\pm h$, der, wie Abb. 78 erkennen läßt, der Breite der Hysteresisschleife verhältnisgleich ist. Die Einrichtung soll zur Messung dieses Wertes *h* dienen.

Die Meßanordnung, Abb. 77, besteht aus dem Drehfederstab *a*, an dessen Kopf der Spiegel *b* befestigt ist. Auf diesen fällt ein Lichtstrahl, der so eingestellt wird, daß er bei spannungsfreiem Drehfederstab eine ortsfeste Spaltblende *c* genau trifft. Auf dem angetriebenen Spannkopf *d* für den Probestab *e* ist ebenfalls ein Spiegel *f* befestigt. Dieser wirft den durch die Spaltblende *c* tretenden Lichtstrahl auf eine Mattscheibe *g*.

Arbeitet der Probestab verlustfrei, so wird das Moment im Meßfederstab *a* Null und dabei die Spaltblende *c* beleuchtet, wenn auch der angetriebene Spannkopf *d* in der Nullage steht, also die Verdrehung des Probestabes *e* Null ist. Findet dagegen eine Arbeitsaufnahme im Probestab statt, so ist, wenn beim

Drehmoment Null der Lichtstrahl durch den Spalt *c* tritt, noch eine Auslenkung des angetriebenen Spannkopfes *d* vorhanden, und der Lichtzeiger erscheint auf der Mattscheibe *g* außerhalb der Nullmarke. Entsprechend dem in Abb. 77 gekennzeichneten Sachverhalt treten zwei Lichtmarken symmetrisch zur Nullmarke auf. Ihr Abstand ist ein direktes Maß für die Breite $\pm h$ der Hysteresisschleife und damit für die innere Arbeitsaufnahme des Probestabes.

Abb. 79 zeigt eine ebenfalls von SPÄTH angegebene elektrische Meßeinrichtung, die demselben Zweck dient.

Als Anzeigeorgan dient eine Glimmlampe *a*, die in die Schwungscheibe *b* des Kurbeltriebes, der dem Probestab *n* die Verformung aufzwingt, eingebaut ist, und zwar derart, daß sie bis zur Mitte durch eine Blende *c* mit scharfer Kante abgedeckt ist. Der Strom wird der Glimmlampe *a* von einer Anodenbatterie *d* über Schleifringe *e* zugeführt. Das Aufleuchten der Lampe *a* wird durch einen vom Kraftmesser *f* gesteuerten Kontakt bewirkt. Am Kopf des Kraftmessers *f* sitzt ein Arm *g*, der beim Durchschwingen durch die Nullage auf das eine Ende eines zweiarmigen Hebels *h* schlägt, dessen anderes Ende den Kontakt *i* schließt. Schwingt der Arm des Kraftmessers nach rechts, so hält er den Kontakt *i* geöffnet, schwingt er von der Nullage nach links, so bleibt der Kontakt geschlossen. Die Glimmlampe erlischt und zündet also immer genau beim Nulldurchgang der Kraft. Sie leuchtet jeweils genau während einer halben Umdrehung der Schwungscheibe. Bei verlustfreiem Arbeiten des Probestabes fällt die Zündung der Lampe mit dem Durchgang des Kurbelzapfens durch die Nullage zusammen. Andernfalls verschiebt sich das Zünden bzw. Erlöschen der Glimmlampe um einen bestimmten Weg, der mittels Meßlupe an der Teilung *m* genau ermittelt werden kann und ein Maß für die innere Dämpfungsarbeit des Probestabes ist.

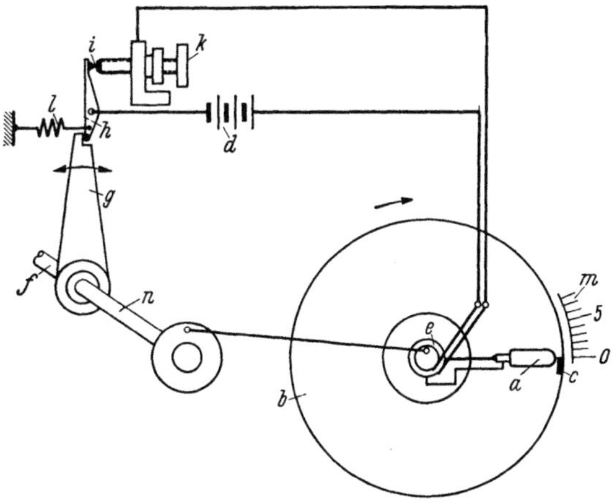

Abb. 79. Elektrische Meßanordnung von SPÄTH zur Messung der Breite der Hysteresisschleife (des Verlustphasenwinkels). *a* Glimmlampe; *b* Kurbeltrieb mit Schwungscheibe; *c* Blende mit scharfer Abdeckkante für die Glimmlampe *a*; *d* Anodenbatterie; *e* Schleifringe für die Stromzuführung der Glimmlampe; *f* Kraftmesser; *g* Arm am Kopf des Kraftmessers; *h* Kontakthebel; *i* Kontakt für die Glimmlampe; *k* Stellschraube zur Feinregelung der Kontakteinstellung; *l* Feder des Kontakthebels *h*; *m* Teilung zur Messung des Phasenwinkels; *n* Probestab.

2. Krafterzeugung durch Umformung einer ruhenden Kraft in eine Wechselkraft.

Die bisher einzige Prüfmaschine, die in diese Gruppe gehört, wurde von H. F. MOORE angegeben[1]. Abb. 80 zeigt schematisch die Konstruktion. Der Probestab *a* wird am einen Ende in den umlaufenden Rahmen *b* eingespannt. Dieser sitzt am Ende einer Welle *c* mit waagerechter Achse, die sich in Kugellagern *d* dreht. Der Antrieb erfolgt durch die Riemenscheibe *e*. Das zweite Ende des Probestabes wird an einer in dem Rahmen *b* in Kugellagern drehbaren Welle *f* festgespannt, auf der ein Hebel *g* aufgekeilt ist. Sein Ende ist in einem Gleitstein *h* gelagert, der in einem Bock *i* des Maschinengestells in senkrechter

[1] MOORE u. KOMMERS: Fatigue of Metals. London 1927.

Richtung geführt ist und an dem eine ruhende Belastung P durch ein Gewicht oder eine Feder angreift.

In der in Abb. 80 gezeichneten Lage wird der Probestab durch das Moment $P \cdot L$ der ruhenden Kraft P verdreht. Hat sich der Rahmen b um 90° weiter gedreht, so ist der Probestab unbeanspruncht und das Moment $P \cdot L$, wird von den Lagern der Welle f aufgenommen. Nach einem Drehwinkel von 180° erleidet

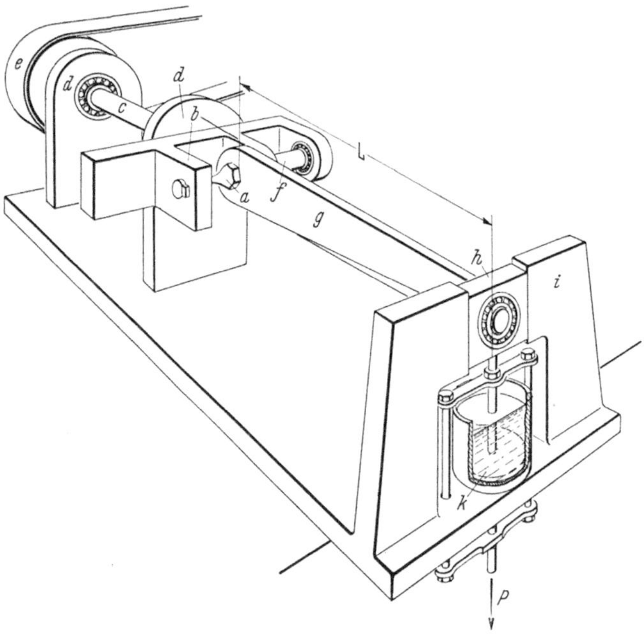

Abb. 80. Drehschwingungsprüfmaschine mit umlaufendem Probestab und Gewichtsbelastung von H. F. MOORE. *a* Probestab; *b* umlaufender Rahmen; *c* Welle des Rahmens *b*; *d* Kugellager; *e* Riemenscheibe; *f* Welle des Belastungshebels; *g* Belastungshebel; *h* Gleitstein; *i* Führungsbock für den Gleitstein *h*; *k* Dämpfer.

der Probestab eine Drehbeanspruchung gleicher Größe, wie im Ausgangszustand, aber mit entgegengesetztem Sinn. Die nähere Untersuchung zeigt, daß die Drehbeanspruchung des Probestabes sich mit dem Drehwinkel nach einem Sinusgesetz ändert.

Wäre der Belastungshebel g starr, so müßte der Gleitstein h und mit ihm die Belastung sich während jeder Umdrehung zweimal um einen Betrag auf und ab bewegen, welcher der Verdrehung des Probestabes entspricht. Dabei würden sehr erhebliche Massenkräfte entstehen, die das Ergebnis fälschen. Dieser Übelstand wird vermieden, wenn man den Hebel als Blattfeder ausbildet und so elastisch macht, daß das im Gleitstein h gelagerte Ende der Feder bei senkrecht stehender Stabachse genau so weit durchfedert wie bei waagerechter Stabachse, wobei die Blattfeder über die „hohe Kante“ beansprucht wird, also praktisch starr ist. Bei Wahl einer solchen Anordnung bleibt der Angriffspunkt der Belastung P auch bei schneller Drehung praktisch in Ruhe. Den noch verbleibenden Schwingungen wirkt der Dämpfer k entgegen. Nach Angaben von MOORE arbeitete die Maschine mit einer Drehzahl von $n = 1000$/min noch zufriedenstellend.

STANTON und BAIRSTOW haben eine entsprechende Anordnung gewählt, um gleichzeitig Biege- und Verdrehungsbeanspruchung zu erzeugen[1]. Abb. 81

[1] MOORE u. KOMMERS: Fatigue of Metals. London 1927.

zeigt eine schematische Skizze der Konstruktion. Sie entsteht aus der Anordnung Abb. 80, wenn man die Welle *f* mit ihrer Lagerung wegläßt und den Belastungshebel *g* unmittelbar auf dem Ende des Probestabes befestigt.

Das Biegemoment besitzt dann mit den in Abb. 81 eingetragenen Bezeichnungen in der 0°- und 180°-Stellung die Größe $P \cdot B$. In der 90°- und 270°-Stellung erreicht es den Wert $P \cdot L$, wobei die Biegungsebene zu derjenigen der 0°-Stellung

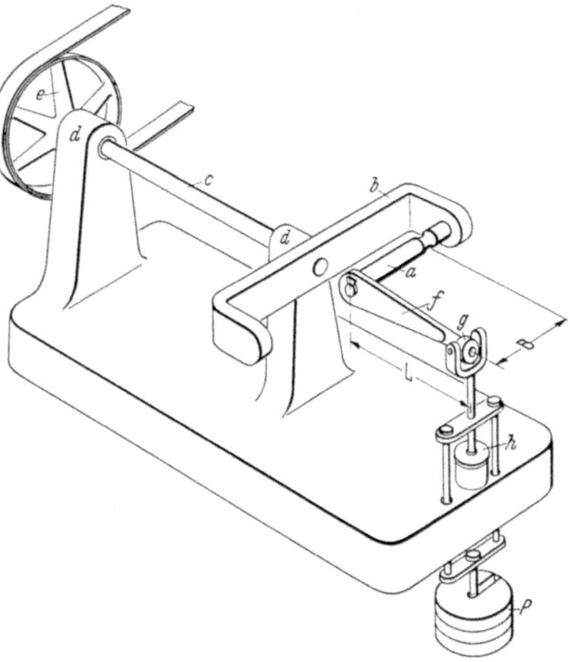

Abb. 81. Dauerprüfmaschine für zusammengesetzte Dreh- und Biegewechselbeanspruchung von STANTON und BAIRSTOW.
a Probestab; *b* umlaufender Rahmen; *c* Welle des Rahmens *b*; *d* Lager der Welle *c*; *e* Riemenscheibe; *f* Belastungshebel; *g* kardanische Lagerung für den Lastangriff am Ende des Hebels *f*; *h* Dämpfer.

steht. Der Drehschwingungsbeanspruchung sind also schwingende Biegebeanspruchungen verschiedener Größe, die in zwei zueinander senkrechten Ebenen wirken, überlagert.

Diese Anordnung ist zwar einfach, aber nicht gerade glücklich zu nennen und heute verlassen.

3. Krafterzeugung durch die Trägheitskräfte schwingend bewegter Massen und durch Fliehkräfte.

a) Drehschwingungsmaschinen von STROMEYER und MCADAM.

Die einfachste in diese Gruppe gehörende Anordnung zeigen die Maschinen von STROMEYER und MCADAM [1]. Die Konstruktion der Maschine von STROMEYER ist in Abb. 82, diejenige von MCADAM in Abb. 83 schematisch dargestellt. Die Arbeitsweise macht man sich am besten durch folgenden Gedankengang klar:

Nach dem Grundgesetz der Dynamik muß, wenn eine um eine feste Achse drehbar gelagerte Schwungmasse mit der Winkelbeschleunigung

$$\varepsilon = \frac{d^2 \varphi}{dt^2} \tag{4}$$

[1] STROMEYER, C. E.: Proc. roy. Soc., Lond. Bd. 90 (1914) S. 411. — MCADAM: Proc. Amer. Soc. Test. Mater. 1920.

bewegt werden soll, ein Drehmoment von der Größe

$$M_d = \varepsilon \cdot \Theta$$

aufgebracht werden. Dabei ist Θ das auf die Drehachse bezogene Massenträgheitsmoment der Schwungmasse.

Liegt eine sinusförmige Schwingbewegung vor, so daß für den Drehwinkel φ die Gesetzmäßigkeit

$$\varphi = \varphi_0 \cdot \sin(\omega t) \tag{5}$$

gilt, so wird

$$\varepsilon = \frac{d^2 \varphi}{dt^2} = -\varphi_0 \cdot \omega^2 \cdot \sin(\omega t). \tag{6}$$

Dabei ist φ_0 die Amplitude des Schwingwinkels im Bogenmaß gemessen, $\omega = 2\pi f$ die Kreisfrequenz der Schwingung, wobei f die Schwingfrequenz in Hertz (Schwingungen je Sekunde) ist.

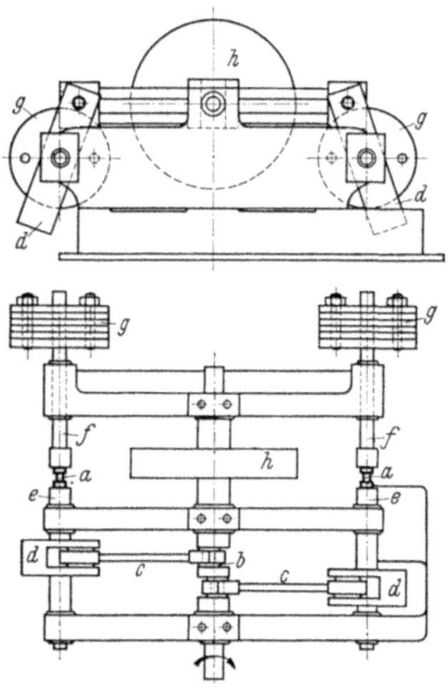

Abb. 82. Drehschwingungsmaschine von STROMEYER.
a Probestäbe; *b* Kurbelwelle mit festem Hub; *c* Pleuelstangen; *d* Antriebshebel; *e* angetriebene Einspannwellen; *f* Einspannwellen der Schwungmassen *g*; *g* Schwungmassen; *h* Schwungrad auf der Antriebswelle.

Nach dieser Gleichung besitzt das Drehmoment, das an der Schwungmasse angreifen muß, damit die sinusförmige Schwingbewegung zustande kommt, ebenfalls sinusförmigen Verlauf. Es ist der Amplitude φ_0 des Schwingwinkels und dem Quadrat der Kreisfrequenz ω verhältnisgleich.

Diese Tatsache benutzten die Maschinen von STROMEYER und MCADAM zur Erzeugung einer Drehschwingungsbeanspruchung im Probestab. Der Antrieb erfolgt zwangläufig durch eine Kurbel *b*, deren Pleuelstange *c* an einem Hebel *d* angreift. Dieser ist auf einer Welle *e* aufgekeilt, die den einen Spannkopf für den Probestab trägt. Das andere Ende des Probestabes wird an einer zweiten Welle *f* festgespannt, deren Lagerachse mit derjenigen der ersten Welle genau übereinstimmt, und auf der die Schwungmasse *g* befestigt ist, die ein Massenträgheitsmoment Θ besitzt. Läuft die Kurbelwelle mit der Winkelgeschwindigkeit ω um und wird an der Schwungmasse *g* ein Schwingwinkel mit der Amplitude φ_0 gemessen, so wirkt nach der in Gleichung (6) gegebenen Gesetzmäßigkeit im Prüfstab ein sinusförmiges Drehmoment, dessen Scheitelwert die Größe besitzt:

$$M_d = \Theta \cdot \varphi_0 \cdot \omega^2. \tag{7}$$

Die Amplitude φ_0 des Schwingungswinkels wird durch einen Lichtzeiger gemessen, der auf einer Mattscheibe *m* spielt und von einem Spiegel *k* gesteuert wird, der am Ende der Welle *f* sitzt und auf den von einer ortsfesten Lampe *l* ein Lichtstrahl geworfen wird. Zur Änderung des Drehmomentes kann entweder das Massenträgheitsmoment Θ (z. B. durch Zusetzen oder Wegnehmen einzelner Scheiben) oder die Drehzahl *n* (Winkelgeschwindigkeit ω) oder der Hub (Schwingwinkel φ_0) geändert werden. Bei der Maschine von STROMEYER wird zur Grobregelung das Massenträgheitsmoment Θ, zur Feinregelung die Drehzahl *n* verändert, während der Hub der Kurbel nicht veränderlich ist. Ferner sind, um einen günstigen Massenausgleich zu erzielen, gemäß Abb. 82 zwei gleiche Systeme angeordnet, die von zwei um 180° gegeneinander versetzten Kurbeln angetrieben werden. Zur Erzielung eines gleichmäßigen Ganges ist schließlich auf der Kurbelwelle ein Schwungrad h vorgesehen. Bei der Maschine von McAdam (Abb. 83) sind das Massenträgheitsmoment Θ und die Drehzahl n unveränderlich. Die Regelung wird durch Einstellung des Hubes vorgenommen, und zwar dadurch, daß der Kurbelzapfen in der Kurbelscheibe mittels Spindel in radialer Richtung verschoben wird.

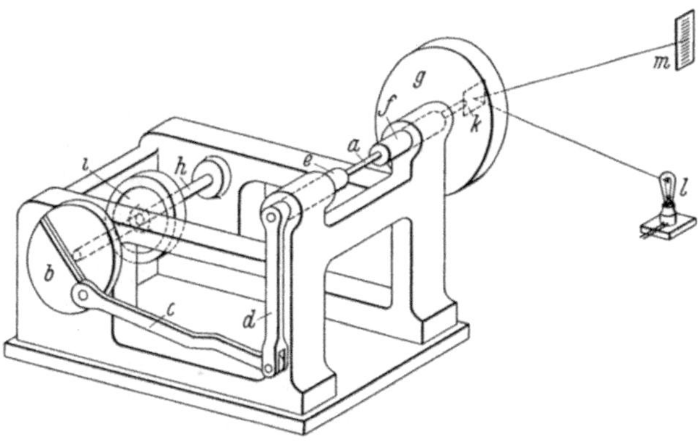

Abb. 83. Schema der Drehschwingungsmaschine von McAdam. *a* Probestab; *b* Kurbelscheibe mit verstellbarem Kurbelzapfen; *c* Pleuelstange; *d* Antriebshebel; *e* angetriebene Einspannwelle; *f* Einspannwelle der Schwungmasse; *g* Schwungmasse; *h* Antriebswelle; *i* Schwungrad auf der Antriebswelle; *k* Drehspiegel an der Schwungmasse *g* befestigt; *l* Beleuchtungsvorrichtung; *m* Mattscheibe mit Teilung.

Die Maschine von Stromeyer war ursprünglich für eine Drehzahl von $n =$ 400/min gebaut, konnte aber von Gough mit Drehzahlen bis $n =$ 1000/min betrieben werden. Die von McAdam nach dem gleichen Prinzip gebaute Maschine arbeitete noch mit einer Drehzahl von $n =$ 2100/min einwandfrei.

Beide Maschinen müssen mit der Tatsache rechnen, daß sich das Wechseldrehmoment und damit die Schwingungsbeanspruchung mit der zweiten Potenz der Drehzahl der Kurbelwelle ändert. Um brauchbare Ergebnisse zu erhalten, muß daher die Drehzahl mit einer Genauigkeit von wenigstens $\pm$ 1% auf dem jeweils eingestellten Wert gleichgehalten werden, was heute z. B. mit Hilfe von fliehkraftgeregelten Elektromotoren ohne weiteres möglich ist. Ein weiterer Nachteil besteht darin, daß die Prüfungen nur mit einer reinen Schwingungsbeanspruchung durchgeführt werden können, eine Vorspannung also nicht überlagert werden kann.

b) Drehschwingungsmaschine von Föppl-Busemann.

Bei den Maschinen von Stromeyer und McAdam liegt ein Drehschwingungssystem vor, das aus dem Prüfstab als Feder und dem Schwungkörper als Masse besteht. Bei diesen Maschinen ist jedoch die Eigenschwingungszahl weit höher als die Betriebsdrehzahl. Würde man die Drehzahl weit genug steigern können, so würde es möglich sein, das Drehschwingungssystem in Resonanz zu bringen. Dabei würde ein sehr kleiner Kurbelhalbmesser genügen, um den gewünschten Ausschlag der Masse hervorzubringen. Abb. 84 zeigt diese Verhältnisse schematisch an Hand einer Resonanzkurve.

Diesen Gedanken verwirklicht die Maschine von Föppl-Busemann[1], deren Konstruktion in Abb. 85 schematisch dargestellt ist. Durch Verwendung eines Prüfstabes mit verhältnismäßig sehr langem Schaft, $l =$ 700 mm bei $d =$ 15 bis 20 mm, wird erreicht, daß die Resonanz schon bei einer Drehzahl von etwa $n =$ 700/min auftritt. Um keine allzu spitze Resonanzkurve (Vergrößerungsverhältnis $V = 5$ bis 8) zu erhalten, ist an der Schwungmasse ein Flüssigkeitsdämpfer einfachster Art angebracht. Er besteht aus einer am Ende eines Flachstabes befestigten Platte, die in einen mit Wasser gefüllten Behälter eintaucht. Durch Änderung der Höhe des Wasserspiegels läßt sich die Dämpfung in gewissen Grenzen regeln.

---

[1] Busemann, A.: Die Dämpfungsfähigkeit von Eisen. Diss. Braunschweig 1925.

Die Maschine ist mit einem Regler ausgerüstet, der bewirkt, daß die Schwingung dauernd in Resonanz gehalten wird. Seine in Abb. 86 schematisch dargestellte Anordnung geht von der Tatsache aus, daß in Resonanz zwischen der Schwingbewegung des Antriebshebels und der Schwingung der Schwungmasse eine Phasenverschiebung von 90° bestehen muß.

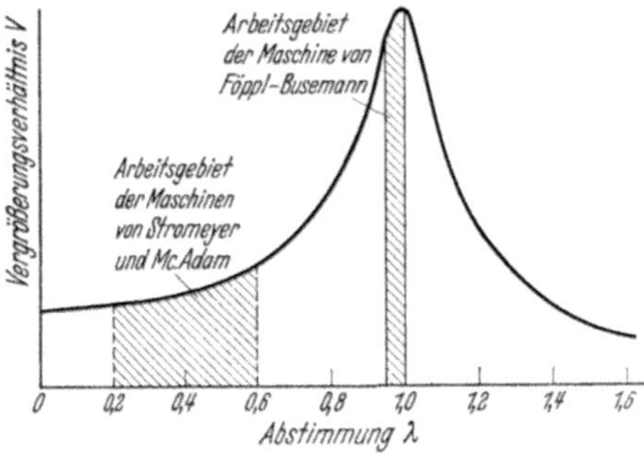

Abb. 84. Resonanzkurve zur Veranschaulichung der Arbeitsverhältnisse bei den Drehschwingungsmaschinen von STROMEYER-MCADAM einerseits und FÖPPL-BUSEMANN andererseits.

Die Regelvorrichtung besteht im wesentlichen aus einem Schiebewiderstand, der den Strom in der Feldwicklung und damit die Drehzahl des Antriebsmotors beeinflußt, wobei der Gleitkontakt durch eine Spindel verschoben wird, auf der ein Reibrädchen *e* sitzt. Dieses wird durch einen Stoßfinger *f* aus Gummi gedreht, der an dem Gelenkpunkt von zwei rechtwinklig zueinander stehenden Stoßstangen *g*, *h* befestigt ist, von denen die eine die Pleuelstange *g* eines auf der Welle des Antriebsmotors sitzenden Exzenters *i* ist, der in Phase mit dem Antriebsexzenter (oder um 180° phasenverschoben) aufgekeilt wird, während die zweite *h* an der Schwungmasse *d* angreift.

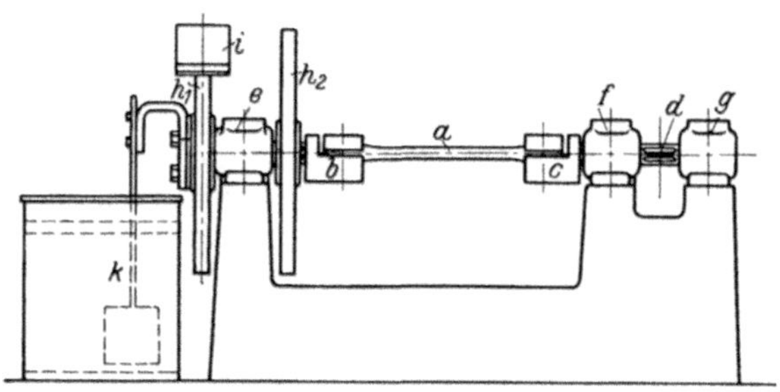

Abb. 85. Schema der Drehschwingungsmaschine von FÖPPL-BUSEMANN.
a Probestab; *b* Einspannkopf der Schwungmasse; *c* angetriebener Einspannkopf; *d* Antriebswelle mit Antriebshebel; *e* Kugellagerung der Schwungmasse; *f*, *g* Kugellager der Antriebswelle; h_1, h_2 Schwungmassen; *i* Ablesevorrichtung zur Messung des Schwingungsausschlags; *k* Dämpfer mit Wasserfüllung.

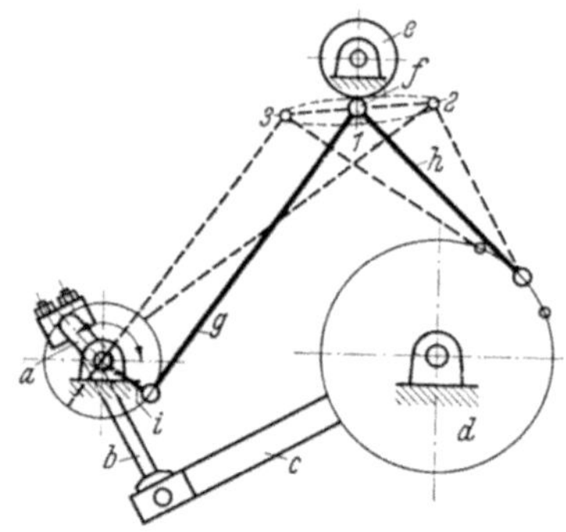

Abb. 86. Schema zur Erläuterung der Wirkungsweise des Drehzahlreglers der Drehschwingungsmaschine von FÖPPL-BUSEMANN.
a Antriebskurbel; *b* Pleuelstange; *c* Antriebshebel; *d* Schwungmasse; *e* Reibrädchen auf der Spindel des Schiebewiderstandes; *f* Stoßfinger aus Gummi; *g* Stoßstange des Steuerexzenters *i*; *h* Stoßstange der Schwungmasse *d*; *i* Steuerexzenter auf der Antriebswelle befestigt.

Ist die Phasenverschiebung zwischen Antrieb und Schwingung der Schwungmasse 90°, so bewegt sich der Gelenkpunkt auf der Geraden *1—2—3*; weicht die Motordrehzahl von der Resonanzdrehzahl ab, so ändert sich die Phasenverschiebung, und der Gelenkpunkt durchläuft eine Ellipse, und zwar *im Uhrzeigersinn*, wenn die Drehzahl *zu niedrig* ist, *gegen den Uhrzeigersinn*, wenn die Kurbelwelle *zu schnell* läuft. Dabei stößt der am Gelenkpunkt befestigte Gummifinger *f* gegen das Reibrädchen *e* auf der Spindel des Schiebewiderstandes und dreht es in dem jeweiligen Umlaufsinn der Ellipse so lange, bis die geradlinige Bewegung des Gelenkpunktes und damit die Phasenverschiebung von 90°, also die Resonanz wieder erreicht ist.

c) Resonanz-Drehschwingungsmaschine der Deutschen Versuchsanstalt für Luftfahrt.

Eine Drehschwingungsmaschine mit Fliehkraftantrieb ist von der D.V.L. entwickelt worden. Dabei wird wiederum die Resonanz ausgenutzt, um mit kleinen Fliehkräften verhältnismäßig große Probekörper, z. B. Kurbelwellen von Flugmotoren zu Bruch zu bringen.

Abb. 87 zeigt eine Ansicht der Maschine, aus der die Einzelheiten des Aufbaues ersichtlich sind[1]. Der Probekörper *a*, im vorliegenden Fall eine einfach gekröpfte Kurbelwelle, ist am einen Ende in einen mit der Grundplatte *b* fest verschraubten Bock *c* eingespannt. Der am anderen Ende angeordnete Flansch ist mit einer in zwei Wälzlagern *e* pendelnd angeordneten Welle *d* verschraubt, auf der ein Querhaupt *f* befestigt ist. Somit ist ein Drehschwingungssystem

Abb. 87. Resonanz-Drehschwingungsmaschine der Deutschen Versuchsanstalt für Luftfahrt.
a Probekörper (Kurbelwellenkröpfung); *b* Grundplatte; *c* fester Einspannbock; *d* Einspannwelle; *e* Stützlager der Einspannwelle (Pendelrollenlager); *f* Querhaupt; *g* verstellbare Massen des Querhauptes *e*; *h* Scheibe mit Wuchtmasse; *i* biegsame Welle; *k* Antriebsmotor; *l* Zählwerk und Geber für den elektrischen Drehzahlmesser.

geschaffen, dessen Federung durch den Probekörper und dessen Masse durch das Querhaupt *f* gebildet wird. Um die Eigenschwingungszahl auf einen Sollwert abstimmen zu können, sind in dem Querhaupt *f* zwei Massen *g* angeordnet, die in radialer Richtung verschoben werden können.

Die Erregung erfolgt durch die Fliehkräfte einer in der Scheibe *h* angebrachten Wuchtmasse. Die Scheibe *h* ist in einem Arm des Querhauptes *f* gelagert und wird von dem Antriebsmotor *k* über eine biegsame Welle *i* in rasche Drehung versetzt. Die Drehzahl des Motors (meist $n = 3000$/min) ist feinfühlig regelbar, so daß die Resonanz scharf eingestellt und eingehalten werden kann. Das Wechseldrehmoment wird in der Weise bestimmt, daß zunächst durch statische Eichung die Beziehung zwischen dem Drehmoment im Probekörper und dem Verdrehungswinkel der Einspannwelle ermittelt wird. Beim Betrieb der Maschine wird dann mittels Drehspiegel und Lichtzeiger die Amplitude des Schwingwinkels der Einspannwelle ermittelt und hierfür an Hand der statischen Eichkurve die Amplitude des Wechseldrehmomentes entnommen. Gegebenenfalls kann auch zwischen den Probekörper und den festen Einspannbock ein Drehstabkraftmesser

[1] Nach Unterlagen, die von der Deutschen Versuchsanstalt für Luftfahrt, Adlershof, zur Verfügung gestellt wurden.

zur unmittelbaren Messung des Wechseldrehmomentes geschaltet werden. Auch diese Maschine ist nur für Prüfungen mit reiner Schwingungsbeanspruchung geeignet.

d) Resonanz-Drehschwingungsmaschine der Materialprüfungsanstalt an der Technischen Hochschule Darmstadt.

Ebenfalls in Resonanz arbeitet die von der Materialprüfungsanstalt der Technischen Hochschule Darmstadt entwickelte Drehschwingungsmaschine Abb. 88 [1]. Dabei ist der Probestab *a* die Feder eines frei beweglich aufgehängten Zweimassen-Drehschwingungssystem. Die beiden Massen des Systemes werden durch die Platten *b* und *c* gebildet. Zur Schwingungserregung dient eine am Ende der Platte *b* gelagerte Wuchtmasse *d*, die von einem feinfühlig regelbaren Gleichstrommotor über eine biegsame Welle *e* angetrieben wird. Die Größe des Schwingwinkels wird mit Hilfe eines Mikroskops *f* beobachtet, das auf die Endlagen eingestellt wird, die eine an der Platte *c* befestigte und von hinten beleuchtete Schlitzblende *g* bei der Schwingung einnimmt. Dabei wird die Verschiebung des Mikroskops mittels einer Meßuhr *h* festgestellt. Sie ist ein unmittelbares Maß für die Größe des Schwingwinkels. Das Schwingungssystem ist mit senkrechter Achse an einem Draht *i* frei aufgehängt. Durch weitgehende Ausnutzung der Resonanz gelang es, mit einer derartigen Anordnung Prüfstäbe bis zu 80 mm Durchmesser zum Dauerbruch zu bringen. Voraussetzung war dabei, daß die Gleichspannung für den Motor *k* sehr genau gleich blieb, was durch Verwendung eines besonderen Generators mit sehr genau geregelter Spannung erreicht wurde.

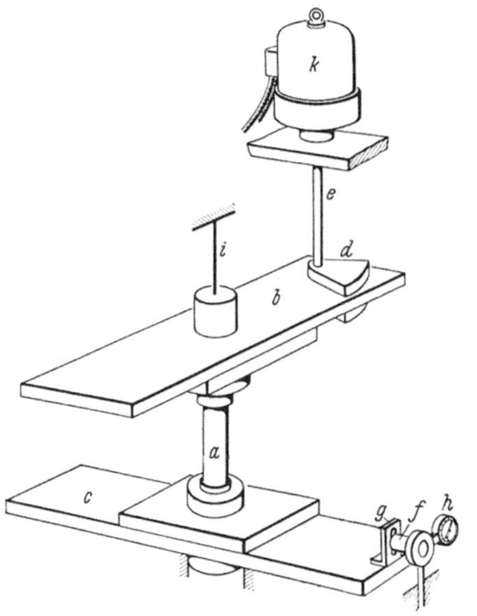

Abb. 88. Resonanz-Drehschwingungsmaschine der Materialprüfungsanstalt an der Technischen Hochschule Darmstadt.
a Probestab; *b*, *c* plattenförmige träge Massen; *d* Erregerwuchtmasse; *e* biegsame Welle; *f* Meßmikroskop; *g* Schlitzblende; *h* Meßuhr zur Messung der Verschiebung des Mikroskops *f*; *i* Draht, an dem das Schwingungssystem aufgehängt ist; *k* Antriebsmotor (ortsfest).

e) Der „Verdrehpulser" von SCHENCK [2].

Neuerdings hat SCHENCK eine in Resonanz arbeitende Drehschwingungsmaschine mit Fliehkraftantrieb entwickelt, die auch mit einer Vorrichtung zur Erzeugung einer statischen Verdrehvorspannung ausgerüstet werden kann. Diese Maschine wird in 2 Größen, und zwar für einen Scheitelwert des schwingenden Drehmomentes von $\pm$ 300 oder $\pm$ 1000 mkg, gebaut.

Abb. 89 zeigt schematisch die Anordnungen, mit denen die Maschine arbeiten kann. *Anordnung 1* wird verwendet, wenn Probestäbe ohne statische Vorspannung geprüft werden sollen. Die Maschine stellt dann ein Zweimassen-Drehschwingungssystem dar, dessen Federung durch den Probestab *a* in Hintereinanderschaltung mit dem Drehstabkraftmesser *b* gebildet wird. Die scheibenförmige Gegenmasse *d* und die Antriebsmasse *e* sind auf dem Grundgestell der

[1] THUM, A. u. G. BERGMANN: Z. VDI Bd. 81 (1939) S. 1013.
[2] Nach Unterlagen, die von der Fa. C. Schenck, Darmstadt, zur Verfügung gestellt wurden.

Maschine frei drehbar gelagert. Die Erregung erfolgt durch die in der Masse *e* gelagerte Wuchtmasse *f*, die über eine biegsame Welle von einem Gleichstromregelmotor angetrieben wird. Um Probestäbe mit sehr verschiedener Drehsteifigkeit prüfen zu können, ist die Drehzahl des Motors zwischen 1000 und 3000/min regelbar. Der Schwingungsausschlag wird in ähnlicher Weise wie bei dem SCHENCKschen Zug-Druck-Pulser mit Hilfe eines selbsttätigen Reglers

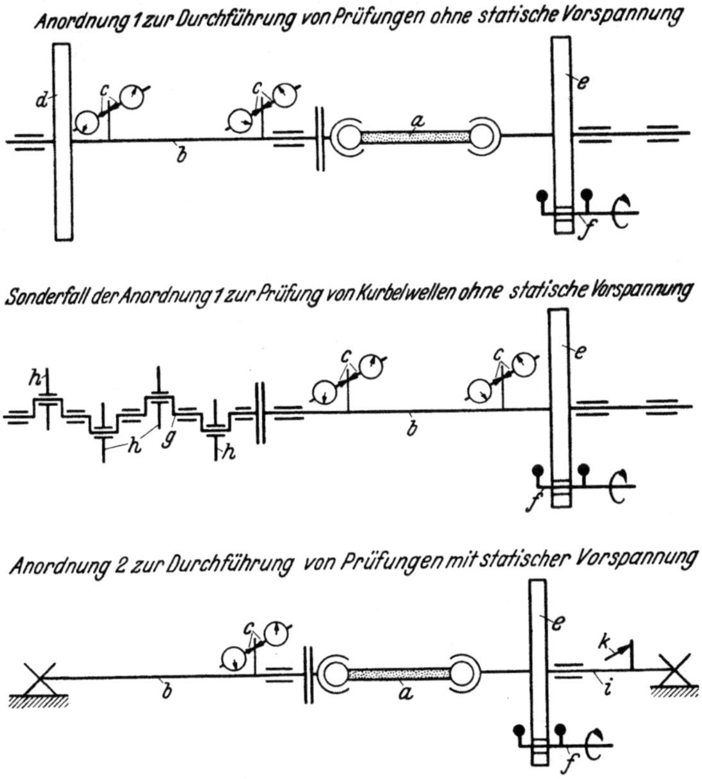

Abb. 89. Schematische Darstellung der Hauptanordnungen des Resonanz-Verdrehpulsers von SCHENCK. *a* Probestab; *b* Drehstabkraftmesser; *c* Meßuhren zum Abtasten des Drehschwingungsausschlags in zwei Querschnitten des Drehstabkraftmessers; *d* Gegenmasse; *e* Antriebsmasse; *f* Erregerwuchtmasse, angetrieben durch eine biegsame Welle; *g* Kurbelwelle; *h* Massen, die auf die Kurbelzapfen der Kurbelwelle *g* aufgesetzt sind; *i* Gegenfederstab; *k* Vorspannwerk des Gegenfederstabes.

nach SLATTENSCHECK-KEHSE (s. S. 243) mit einer Genauigkeit von $\pm 3\%$ gleichgehalten. Das Drehmoment wird dadurch gemessen, daß man die Schwingungsausschläge zweier Zeiger, die in einem bestimmten axialen Abstand auf den Drehstabkraftmesser aufgesetzt sind, mit Hilfe von Meßuhren *c* in bekannter Weise abtastet. Das Drehmoment ist der Differenz dieser Schwingungsausschläge verhältnisgleich. Da sich die Massen *d* und *e* gegenüber dem Grundgestell in ihren Lagern frei drehen können, ist bei dieser Anordnung der Schwingungsausschlag nicht begrenzt.

Abb. 89 zeigt im zweiten Bild einen Sonderfall für die Benutzung der Anordnung 1 zur Ermittlung der Drehschwingungsfestigkeit von Kurbelwellen. Dabei soll die Welle nicht auf ihrer ganzen Länge mit gleichbleibendem Drehmoment beansprucht werden, sondern die Beanspruchung soll ähnlich wie im Betriebszustand von Kröpfung zu Kröpfung abnehmen und am Kupplungsende ihren Größtwert erreichen. Dementsprechend werden auf die einzelnen

Kurbelzapfen der zu prüfenden Kurbelwelle *g* Massen *h* aufgesetzt, die im allgemeinen unter sich gleich sein werden. Die Lagerzapfen der Welle werden von Lagern aufgenommen, die auf Querstegen des Maschinengestells befestigt sind. Der Drehstabkraftmesser *b* wird in diesem Fall unmittelbar mit der Antriebsmasse *e* gekuppelt. Die Gegenmasse *d* fällt weg; an ihre Stelle treten die Massen *h*, die auf der Kurbelwelle aufgesetzt sind.

Die *zweite Anordnung* findet Anwendung, wenn die Proben mit statischer Verdrehvorspannung geprüft werden sollen. In diesem Fall wird das Ende des Drehstabkraftmessers *b* mit dem Grundrahmen der Prüfmaschine fest verspannt. Die Gegenmasse *d* kommt in Wegfall. An der Antriebsmasse *e* ist ein Gegenfederstab *i* angeschlossen, dessen Ende von einem Verdrehwerk *k* um einen der Vorspannung entsprechenden Betrag verdreht und dann ebenfalls am Grundgestell festgespannt wird. Es liegt jetzt ein Drehschwingungssystem vor, dessen Federung auf der einen Seite durch den Gegenfederstab, auf der anderen Seite durch die in Hintereinanderschaltung liegenden Federungen des Probestabes und des Drehstabkraftmessers gebildet wird. Die erste, kleinere Masse des Systems ist die Antriebsmasse *e*, die zweite, sehr große Masse das Grundgestell der Maschine, das durch Gummifedern gegen den Aufstellungsort schwingungsisoliert ist. In dieser Anordnung können nur verhältnismäßig steife Proben geprüft werden, da der größte Schwingwinkel mit Rücksicht auf die Dauerfestigkeit des Gegenfederstabes *i* nur $\pm 6°$ sein kann.

f) Resonanzprüfmaschine für Kurbelwellen von THUM und BANDOW.

In Resonanz arbeiten ferner die bisher entwickelten Sonderprüfmaschinen für Kurbelwellen. Abb. 90 zeigt schematisch die Anordnung der Kurbelwellenprüfmaschine von THUM und BANDOW[1]. Sie stellt im wesentlichen ein Zweimassen-Drehschwingungssystem dar, dessen Federung die Kurbelwelle in Hintereinanderschaltung mit einem Drehstabkraftmesser bildet.

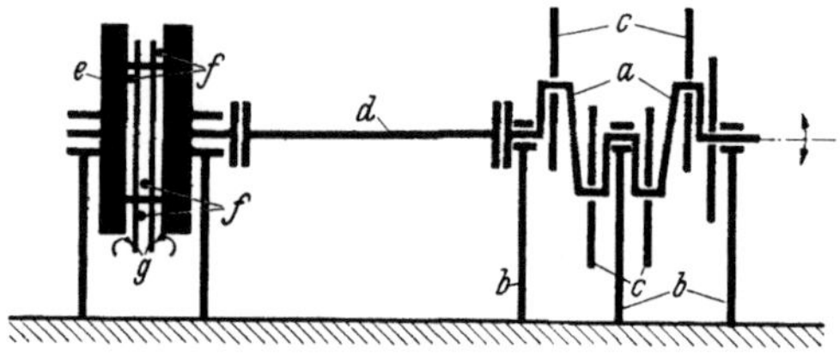

Abb. 90. Schema der Kurbelwellenprüfmaschine von THUM und BANDOW.
a zu prüfende Kurbelwelle; *b* ortsfeste Lagerböcke für die Kurbelwelle; *c* zweigeteilte Scheiben, auf den Kurbelzapfen festgeklemmt; *d* Drehfederstab zur Messung des Wechseldrehmomentes; *e* Antriebsmasse; *f* Wuchtmassen; *g* Wellen, auf denen die Wuchtmassen angeordnet sind.

Die zu prüfende Kurbelwelle *a* wird z. B. in 3 ortsfesten Böcken *b* gelagert. Auf die Kurbelzapfen sind zweigeteilte Scheiben als Massen *c* aufgesetzt, die so bemessen sind, daß die gewünschte Eigenschwingungszahl erreicht wird. Zwischen Kurbelwelle *a* und Antriebsmasse *e* ist ein Drehfederstab *d* geschaltet, der als Drehmomentmesser dient.

Die Erregung der Resonanzschwingungen erfolgt durch Wuchtmassen *f*, die auf zwei in gegenläufigem Sinn mit gleicher Winkelgeschwindigkeit umlaufenden Wellen *g* angeordnet sind, und die so eingestellt werden, daß die entstehenden Fliehkräfte auf die Antriebsmasse ein reines Kräftepaar ausüben. Der Antrieb der Wellen erfolgt durch Kardanwellen, die an ein ortsfest aufgestelltes Getriebe angeschlossen sind, das mit einem Gleichstrommotor mit feinfühlig regelbarer Drehzahl gekuppelt ist.

Die Verdrehung des Kraftmesserstabes *d* wird optisch gemessen. Abb. 91 zeigt schematisch die Anordnung. Als Lichtquelle dient die Bogenlampe *a*. Von hier werden je durch einen Spalt zwei Lichtstrahlen auf die Spiegel b_1 und b_2 geworfen, die an den Enden des Kraftmesserstabes *d* befestigt sind. Die Licht-

[1] THUM, A. u. K. BANDOW: Z. VDI Bd. 80 (1936) S. 23.

strahlen fallen von hier auf zwei Mattscheiben c_1 und c_2. Beim Schwingen des Systems ziehen sich die auf den Mattscheiben erscheinenden Spaltbilder zu Lichtbändern auseinander, deren Länge durch Verschieben der Mattscheiben nach einer Teilung gemessen wird. Zur Bestimmung des Drehmomentes muß die Länge der Lichtbänder addiert werden, wenn der Knoten innerhalb des Kraftmesserstabes liegt. Andernfalls ist eine Subtraktion vorzunehmen. Auf dieser Maschine konnten Kurbelwellen bis zu etwa 50 mm Zapfendurchmesser untersucht werden.

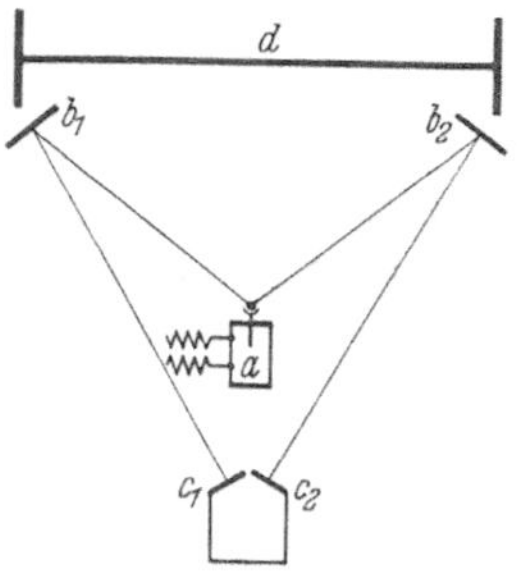

Abb. 91. Anordnung der Drehmomentmeßeinrichtung der Kurbelwellenprüfmaschine von THUM und BANDOW. *a* Bogenlampe; b_1, b_2 Drehspiegel, die an den Enden des Kraftmesserstabes *d* befestigt sind; c_1, c_2 Mattscheiben; *d* Drehstabkraftmesser.

g) Resonanzanordnung von S. BERG bei den Deutschen Werken, Kiel.

Eine sehr einfache Anordnung zur Ermittlung der Drehschwingungsfestigkeit von Kurbelwellen, die von S. BERG benutzt wurde, ist in Abb. 92 dargestellt [1]. Auf die beiden Kurbelwangen werden Profileisen *b* aufgespannt, die an den Enden noch Zusatzmassen tragen. Sie bilden die Massen eines Zweimassen-Drehschwingungssystems, dessen Federung durch die zu prüfende Kröpfung *a* gegeben ist. Die Erregung erfolgt durch eine Wuchtmasse *c*, deren Gehäuse an einem der Profileisen aufgespannt ist und die von einem ortsfest aufgestellten Motor über eine biegsame Welle *d* angetrieben wird. Die Kurbelwelle wird an einer Feder *e* frei beweglich aufgehängt.

Abb. 92. Anordnung von S. BERG zur Ermittlung der Drehschwingungsfestigkeit von Kurbelwellen. *a* Kurbelwelle; *b* Walzträger mit Zusatzmassen an den Enden; *c* Wuchtmasse; *d* biegsame Welle zum Antrieb der Wuchtmasse *c*; *e* Aufhängefeder.

h) Hochfrequente Resonanz-Kurbelwellenprüfmaschine der Deutschen Versuchsanstalt für Luftfahrt.

In Abb. 93 ist die Kurbelwellenprüfmaschine der D.V.L. dargestellt [2]. Sie unterscheidet sich von der Maschine Abb. 90 vor allem dadurch, daß die Erregung bis zu Frequenzen von 10000/min gesteigert werden kann, so daß es möglich ist, die Kurbelwelle *a* in ihrer Dreheigenschwingungszahl ersten Grades zu prüfen, wobei die Kröpfungen lediglich mit Zusatzmassen *b* belastet werden, die den Ersatzmassen des Triebwerkes [3] entsprechen.

Die Erregung erfolgt von einem Querhaupt *c* aus, das an einer am einen Ende fest eingespannten Stabfeder *d* angeordnet ist und durch zwei Wälzlager, deren Gehäuse mit der Grundplatte verschraubt sind, abgestützt wird. In dem Querhaupt *c* sind zwei Scheiben mit Wuchtmassen einstellbarer Größe gelagert, deren

[1] BERG, S.: Z. VDI Bd. 81 (1937) Nr. 17 S. 483.

[2] Nach Unterlagen, die von der Deutschen Versuchsanstalt für Luftfahrt, Adlershof, zur Verfügung gestellt wurden.

[3] Die Zusatzmassen sind als zweigeteilte Ringe ausgebildet, die auf die Kurbelzapfen aufgeklemmt werden. Das Gewicht jedes Ringes entspricht dem Gewicht des rotierenden Anteiles einer Pleuelstange plus dem halben Gewicht der oszillierenden Massen (Kolben + Anteil des Pleuels).

Achsen parallel zur Kurbelwellenachse liegen. Beim Umlaufen der Scheiben, die sich im gleichen Sinn drehen, heben sich die waagerechten Komponenten der gleichgroßen Fliehkräfte auf, während sich die senkrechten Komponenten zu einem Kräftepaar zusammensetzen, das die Schwingungen erregt. Dabei sind die Wuchtmassen beider Scheiben um 180° phasenverschoben anzuordnen.

Der Antrieb der beiden Scheiben erfolgt durch eine elektrische Gleichlaufanordnung. Die erste Scheibe wird unter Zwischenschaltung eines 1:3 ins schnelle übersetzten Stirnradgetriebes *e* durch einen Gleichstrommotor *f* angetrieben, der mit einem zweipoligen Drehstromgenerator *g* gekuppelt ist. Dieser gibt

Abb. 93. Kurbelwellenprüfmaschine der Deutschen Versuchsanstalt für Luftfahrt. *a* zu prüfende Kurbelwelle; *b* Zusatzmassen; *c* Querhaupt; *d* Stabfeder; *e, e'* Stirnradgetriebe, 1:3 übersetzt; *f* Gleichstromregelmotor; *g* zweipoliger Drehstromgenerator mit verdrehbarem Gehäuse; *h* zweipoliger Drehstromsynchronmotor; *i* Schaltpult mit den elektrischen Meß- und Regelgeräten.

seinen Strom an einen zweipoligen Synchronmotor *h*, der die zweite Welle über ein gleichartiges Stirnradgetriebe *e'* antreibt und stets genau synchron und in Phase mit der ersten Welle umläuft. Eine etwa erforderliche Phasenverschiebung zwischen beiden Wellen wird dadurch hervorgebracht, daß der Stator des Drehstromgenerators *g* durch ein Schneckengetriebe um seine Achse gedreht wird.

Wird das aus Stabfeder, Querhaupt und Kurbelwelle bestehende Drehschwingungssystem in seiner ersten Oberschwingung erregt, so entsteht in der Kurbelwelle dicht vor ihrer Einspannstelle am Querhaupt ein Schwingungsknoten. Die dabei entstehende Schwingungsform entspricht mit sehr großer Näherung der Grundschwingungsform des aus der Kurbelwelle und einer Luftschraube gebildeten Drehschwingungssystems, wobei die Luftschraube angenähert das gleiche Massenträgheitsmoment besitzen muß wie das Querhaupt der Prüfmaschine.

Ebenso entspricht die Frequenz, bei der das in der Prüfmaschine geschaffene Drehschwingungssystem in Resonanz kommt, angenähert der Dreheigenschwingungszahl des betreffenden Flugmotors und damit auch der Beanspruchungsfrequenz, welche die Kurbelwelle im Betrieb erfährt.

Die Größe des bei der Prüfung aufgebrachten Wechseldrehmomentes wird in der Weise bestimmt, daß die Drehschwingungswinkel des Querhauptes und sämtlicher Kröpfungen während der Prüfung gemessen werden und hieraus die Schwingungsform aufgetragen wird, aus der dann die Amplitude des größten Wechseldrehmomentes berechnet werden kann.

i) Drehschwingungsmaschine von M. Ulrich zur Prüfung von Keilwellen.

Abb. 94 zeigt eine Sonderprüfmaschine, die in der Materialprüfungsanstalt an der Technischen Hochschule Stuttgart von M. Ulrich zur Ermittlung der Drehdauerfestigkeit von Keilwellen entwickelt wurde[1]. Die ganze Anordnung ist auf einem 15 t schweren Fundamentblock angeordnet, der in einer mit Wasser gefüllten Grube auf vier geschichteten Blattfedern aufgehängt ist. Durch diese Schwingungsisolierung werden die durch die Massenkräfte der Maschine entstehenden Erschütterungen von der Umgebung ferngehalten. Die Wasserfüllung der Grube dient zur Dämpfung der Schwingungen.

Die zu untersuchende Keilwelle *a* wird an ihrem rechten Ende in dem am Fundamentblock sitzenden Einspannkopf *b* befestigt. Das linke mit Nuten versehene Ende der Welle wird mit Hilfe eines aufgesteckten Kegelrades *c* mit dem angetriebenen Spannkopf *d* verbunden, der in dem auf dem Fundamentblock befestigten Lager *e* drehbar ist. Er steht durch die federnde Stoßstange *f* mit dem Schwingtisch *g* in Verbindung. Dieser wird durch zwei nach dem Prinzip des Ellipsenlenkers ausgebildete Lenkersysteme *h* in waagerechter Bahn geradegeführt. Das hintere Ende des Schwingtisches ist durch ein Federgelenk *i* mit einer Blattfeder *k* verbunden, die zusammen mit dem Probestab die Abfederung bewirkt. Sie wurde so gewählt, daß die Eigenschwingungszahl des Systems bei rd. 800/min lag.

Die Resonanzschwingungen werden durch eine Wuchtmasse *l* erregt, deren Schwerpunktslage während des Betriebes verstellt werden kann. Die Anordnung besteht im wesentlichen aus einem zweigeteilten Trommelgehäuse *m*, das in den Wangen des Schwingtisches in Rollenlagern gelagert ist. Die Wuchtmasse ist in diesem Gehäuse nach Art eines Gleitsteins radial verschiebbar geführt. In der Aussparung der Wuchtmasse sind schräg zur Achse verlaufende Nuten angeordnet. In diese greift ein Schieber *n* ein, der mittels einer Spindel in Richtung der Trommelachse verschoben werden kann und dabei die Wuchtmasse in radialer Richtung verstellt. Zwischen Spindel und Schieber ist ein Druckkugellager angeordnet, so daß, da die Spindel nicht mit umläuft, die Verstellung von dem Handrad *o* aus vorgenommen werden kann, während die Maschine mit voller Drehzahl läuft.

Die Größe des am Probestab wirkenden Drehmomentes wird aus dem Ausschlagwinkel des Spannkopfes *d* ermittelt. Um die Beziehung zwischen Ausschlagwinkel und Drehmoment zu finden, wird vor Beginn der Dauerversuche ein statischer Eichversuch durchgeführt. Zu diesem Zweck ist in Verlängerung des Spannkopfes *d* eine noch durch ein weiteres Lager abgestützte Welle *p* vorgesehen, an der ein Hebel *q* befestigt ist, der durch Gewichte belastet werden kann. Die Welle *p* wird bei den Schwingversuchen ausgekuppelt. Die Maschine erzeugt Drehmomente bis zu $\pm$ 100 mkg.

k) Dreh- und Biegeschwingungsmaschine von Gough und Pollard, Bauart Amsler.

Abb. 95 zeigt schematisch die Konstruktion, Abb. 96 eine Ansicht der von Gough und Pollard entwickelten Prüfmaschine, die für Drehschwingungs- und

[1] Forschungsarbeiten für das Kraftfahrwesen. Versuchsbericht Nr. 11. — Ulrich, M.: Verdrehungsfestigkeit und Verschleiß von Keilwellen. Berlin 1935.

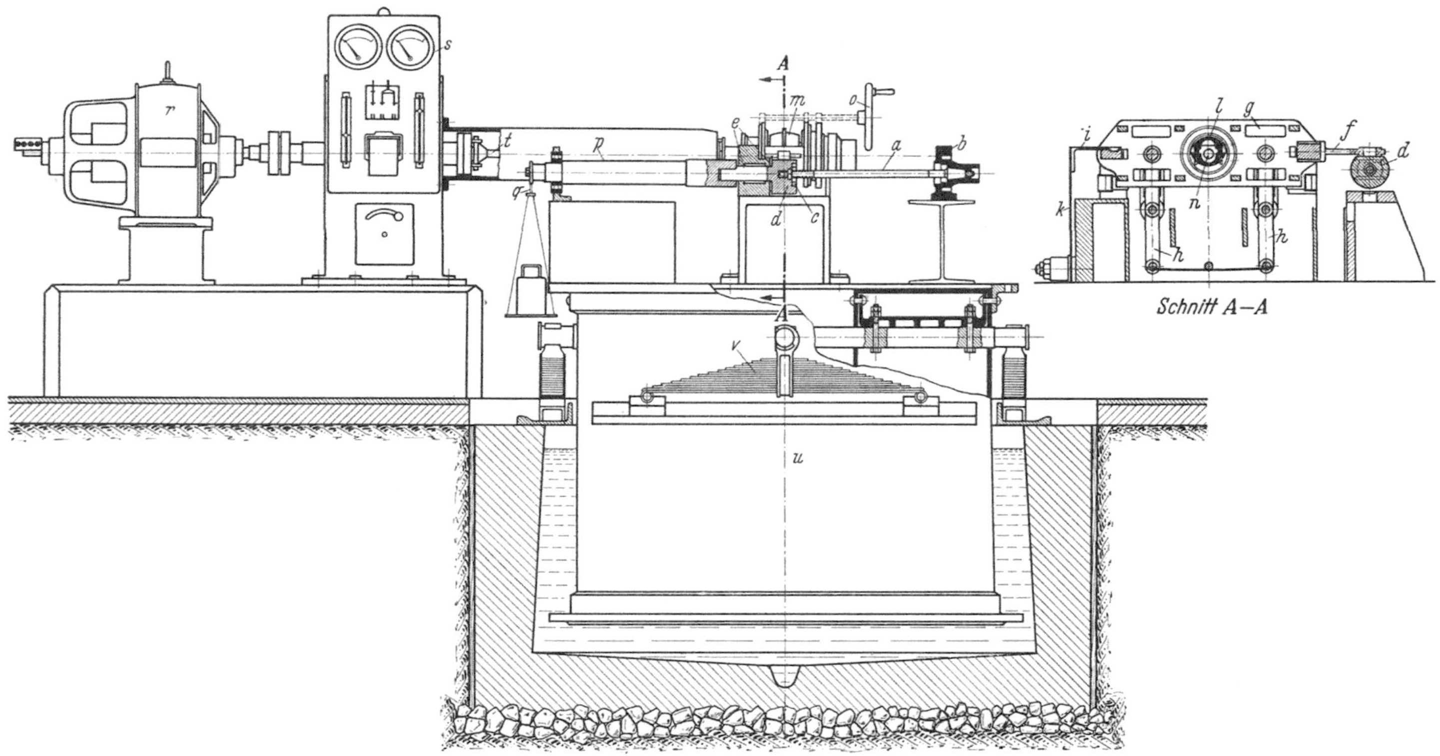

Abb. 94. Drehschwingungsmaschine von M. ULRICH zur Prüfung von Keilwellen.
a zu untersuchende Keilwelle; *b* fester Einspannkopf; *c* Kegelrad mit zur Keilwelle passender Nabe; *d* angetriebener Spannkopf; *e* Stützlager des angetriebenen Spannkopfes; *f* federnde Stoßstange; *g* Schwingtisch; *h* Ellipsenlenkergeradführungen des Schwingtisches *g*; *i* Federgelenk; *k* Hauptblattfeder des Schwingtisches; *l* Wuchtmasse; *m* Trommelgehäuse der Wuchtmasse; *n* Schieber zur radialen Verstellung der Wuchtmasse; *o* Handrad zur Betätigung der Wuchtmassenverstellung; *p* Welle zur Eichvorrichtung; *q* Eichhebel; *r* Antriebsmotor; *s* Schalttafel; *t* Kardanwelle des Antriebs; *u* Fundamentblock; *v* geschichtete Blattfedern zur schwingungsisolierten Aufhängung des Fundamentblockes.

Biegeschwingungsbeanspruchung und die Überlagerung beider Beanspruchungsarten benutzt werden kann[1]. Der Antrieb erfolgt durch die Fliehkraft einer umlaufenden Wuchtmasse. Die Maschine arbeitet jedoch nicht in Resonanz, sondern im übertragenen Sinn nach demselben Prinzip wie die Maschine von HAIGH derart, daß alle Massenkräfte durch Federkräfte ausgeglichen werden

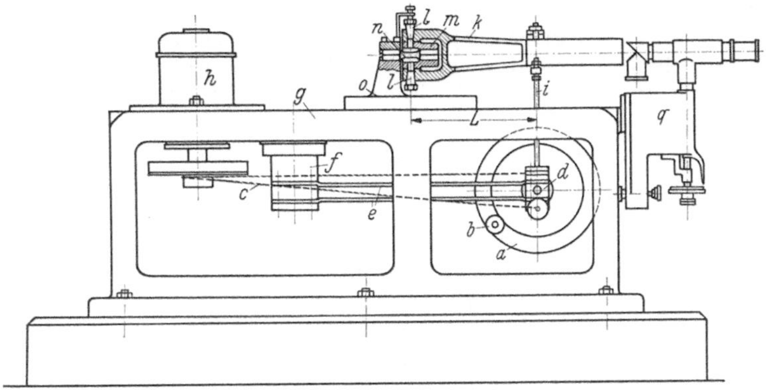

Abb. 95. Schema der Dreh- und Biegeschwingungsmaschine von GOUGH und POLLARD, Bauart Amsler.

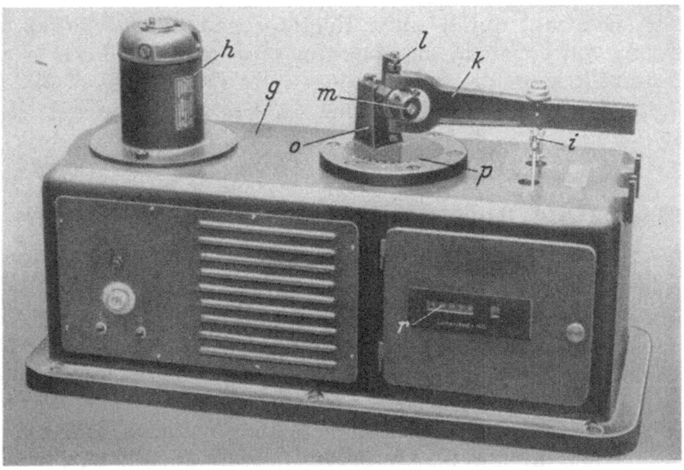

Abb. 96. Ansicht der Dreh- und Biegeschwingungsmaschine von GOUGH und POLLARD.
a umlaufende Scheibe; *b* Wuchtmasse; *c* Rundriemen; *d* Zwischenstück zur Lagerung der Scheibe *a*; *e* Blattfedern; *f* Einspannung der Blattfedern *e* am Maschinengehäuse; *g* Maschinengehäuse; *h* Antriebsmotor; *i* Stoßstange; *k* Belastungshebel mit gabelförmigem Ende; *l* nachstellbare Kegelzapfen; *m* Einspannkopf; *n* Probestab; *o* Einspannbock für den Probestab, auf dem Gehäuse drehbar; *p* Teilung für die Einstellung des Einspannbocks *o*; *q* Meßmikroskop; *r* Zählwerk.

und die Beanspruchung des Probestabes lediglich durch die Fliehkraft der Wuchtmasse hervorgebracht wird.

Die Scheibe *a* mit der Wuchtmasse *b*, die von einem Riemen *c* angetrieben wird, ist in einem Zwischenstück *d* gelagert, das zwischen den freien Enden von zwei am Maschinengestell *g* fest eingespannten Blattfedern *e* angeordnet ist. Das Zwischenstück *d* wird durch eine Stoßstange *i* mit dem Hebel *k* verbunden, an dessen gabelförmigem Ende in zwei nachstellbaren Kegelzapfen *l* drehbar der Einspannkopf *m* für den Probestab *n* gelagert ist. Das zweite Ende des

[1] Die Maschine wird von der Fa. Amsler, Schaffhausen, hergestellt. Stahl u. Eisen. Bd. 56 (1936), S. 797—798.

Probestabes wird an einem Bock *o* festgespannt, der um seine senkrechte Achse drehbar auf dem Maschinengehäuse *g* gelagert ist und in der jeweiligen Lage festgespannt wird. Die Federn *e* werden so abgestimmt, daß die Maschine in Resonanz arbeiten würde, wenn an Stelle des Probestabes ein Gelenk gesetzt wäre, dessen Achse parallel zur Achse der Scheibe *a* ist. Durch diese Maßnahme wird erreicht, daß die Massenkräfte der Anordnung bei der Betriebsdrehzahl gerade durch die Federkraft der Blattfedern *e* kompensiert werden. Der Scheitelwert des auf den Probestab wirkenden Wechselmoments ergibt sich dann unmittelbar als Produkt aus der Fliehkraft der Wuchtmasse *b* und dem Hebelarm *L*, an dem sie angreift.

Die Maschine arbeitet mit reiner Biegebeanspruchung, wenn der Bock *o* so eingestellt wird, daß die Achse des Probestabes mit der Achse des Belastungshebels *k* zusammenfällt und mit reiner Drehschwingungsbeanspruchung, wenn die Achse des Probestabes senkrecht zur Achse des Hebels *k* steht. In den Zwischenstellungen findet eine Überlagerung von Biege- und Drehschwingungsbeanspruchung statt. Es können Verdrehungsbeanspruchungen bis zu 5000 kg/cm² und Biegebeanspruchungen bis zu 10000 kg/cm² erreicht werden. Die Drehzahl ist 1500/min. Die Änderung der Beanspruchung wird durch Auswechseln der Wuchtmasse *b* bewerkstelligt. Der Antrieb erfolgt durch einen Synchronmotor *h*, falls ein Drehstromnetz mit genügend gleichbleibender Frequenz (Schwankungen höchstens ±0,1 Hz) zur Verfügung steht, andernfalls durch einen Gleichstrommotor, dessen Drehzahl durch einen Regler genau gleichgehalten wird, wobei der Gleichstrom von einem in die Maschine eingebauten Gleichrichter geliefert wird. Zur Kontrolle kann die Schwingungsweite des Hebels *k* mit Hilfe eines Meßmikroskops *q* abgelesen werden, das an der Stirnseite der Maschine angeordnet ist.

4. Krafterzeugung durch einen elektromagnetischen Antrieb.

a) Resonanz-Drehschwingungsmaschine von H. HOLZER, Bauart MAN.

Eine einfache, von H. HOLZER bei der MAN entwickelte Drehschwingungsmaschine[1] mit elektromagnetischem Antrieb ist in Abb. 97 schematisch dargestellt.

Der Probestab *a* ist durch Keilverbindungen *b* am einen Ende mit dem Grundgestell der Maschine, am anderen Ende mit einer Schwungscheibe *c* verbunden. Diese sitzt an einer in Kugellagern pendelnden Welle, die den Anker *d* des Schwingungsmotors trägt. Das Gehäuse *e* dieses Motors trägt zwei Polschuhe mit Gleichstromwicklung und ist ebenfalls pendelnd aufgehängt, wobei es durch eine Feder *g* in seiner Mittellage gehalten wird.

Der Probestab *a* bildet mit den Massen *c* und *d* ein Drehschwingungssystem, das eine bestimmte Eigenschwingungszahl besitzt. Es wird nach dem Prinzip des WAGNERschen Hammers in seiner Eigenschwingung erregt und zwar durch folgende Anordnung. Auf der Rückseite der Schwungscheibe *c* ist ein Unterbrecherkontakt angeordnet. Dieser schaltet die beiden Wicklungen des Ankers abwechselnd im Rhythmus der Schwingungen ein. Dementsprechend werden auf das Schwingungssystem Wechselmomente im Takte der Eigenschwingungszahl ausgeübt, die eine Resonanzaufschaukelung des Systems bewirken.

Durch die Selbststeuerung wird erreicht, daß die Maschine stets in Resonanz arbeitet. Als Maß für die Größe der Wechselbeanspruchung dient der Winkelausschlag der Schwungscheibe *c*, der an einer Teilung abgelesen wird. Die Regelung des Ausschlages erfolgt durch Ändern der Gleichspannung, die an die Klemmen des Ankers gelegt wird.

[1] FÖPPL-BECKER v. HEYDEKAMPF: Dauerprüfung der Werkstoffe. Berlin 1929.

Die Maschine arbeitet mit einer Schwingungszahl von 1200 bis 1800/min. Die Anzahl der Lastspiele wird durch ein Zählwerk *f* angezeigt, das durch die Erschütterungen des Grundgestells in Tätigkeit gesetzt wird. Der Antrieb ist auf einem Schlitten angeordnet, so daß verschieden lange Prüfstäbe eingespannt werden können. Zur Messung der Dämpfung werden die Schwingungen der

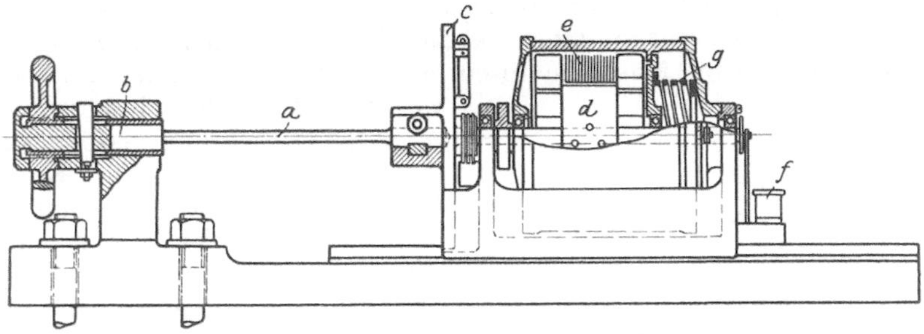

Abb. 97. Elektromagnetisch angetriebene Drehschwingungsmaschine von H. HOLZER, Bauart MAN.
a Probestab; *b* Keilverbindungen für die Einspannköpfe des Probestabes; *c* Schwungscheibe; *d* Anker des Schwingungsmotors; *e* Gehäuse des Schwingungsmotors; *f* Zähler; *g* Feder zum Gehäuse des Schwingungsmotors.

Schwungscheibe *c* und des Gehäuses *e* auf eine berußte Glasplatte aufgezeichnet. Aus der dabei erhaltenen Phasenverschiebung kann die bei der Schwingung verbrauchte Arbeit berechnet werden.

Diese Maschine wird heute nicht mehr gebaut. Ihr Hauptnachteil bestand darin, daß der Schwingungsausschlag nicht mit genügender Genauigkeit gehalten werden konnte, so daß ein zuverlässiger Dauerbetrieb mit gleichbleibendem Schwingungsausschlag sich nicht erzielen ließ.

b) Resonanz-Drehschwingungsmaschine von LOSENHAUSEN.

Eine weitere elektromagnetisch angetriebene Drehschwingungsmaschine, die in Resonanz arbeitet, ist von LOSENHAUSEN entwickelt worden[1]. Abb. 98 zeigt die Anordnung. Das Drehschwingungssystem wird aus dem Anker des Schwingungsmotors *b* als Masse und dem Probestab *a* sowie einem besonderen, dauernd in der Maschine verbleibenden Federstab *c* gebildet. Dieser ist am unteren Ende fest in das Gestell der Maschine eingespannt.

Das obere Ende des Probestabes *a* ist in einem Schlitten *e* befestigt, der auf Rollen *f*, die im Gehäusekopf gelagert sind, in Richtung der Stabachse verschiebbar ist. An dem Schlitten *e* greifen Seilzüge an, die über Rollen laufen und ein Gegengewicht *g* tragen, das ebenfalls in Rollen geführt ist. Dieses gleicht das Eigengewicht des Schlittens *e* aus und bewirkt, daß er bei Bruch des Probestabes nach oben gezogen wird, wobei sich ein Kontakt schließt, der die Maschine stillsetzt. Der Kopf der Maschine mit dem Schlitten kann um die Probestabachse gegenüber dem Grundgestell durch ein Schneckengetriebe verdreht werden. Hierdurch ist es möglich, dem Probestab eine Vorspannung zu erteilen. Der Schwingungsausschlag des Ankers *b* und die Größe der Vorspannung werden durch einen Lichtzeiger auf einer Mattscheibe mit Teilung gemessen.

Die Arbeitsweise des Schwingungsmotors sei an Hand der Abb. 99 erläutert. Der Motor besteht aus einem Stator, der eine Gleichstrom- und Wechselstromwicklung trägt und einem Anker, der ähnlich, wie es bei Drehstromasynchronmotoren üblich ist, mit einem Kurzschlußkäfig versehen ist. Die Achsen der beiden Wicklungen des Stators stehen senkrecht aufeinander. Die Achse des

[1] BOHUSZEWICZ, O. v. u. W. SPÄTH: Werkstoffausschußbericht Nr. 135 (1928) des Vereins deutscher Eisenhüttenleute.

Kurzschlußkäfigs des Ankers fällt im Ruhezustand mit der Achse der Wechselstromwicklung des Stators zusammen. In ihr werden Ströme induziert, die ebenso wirken, als ob der Anker mit einer wechselstromdurchflossenen Spule versehen wäre. Demgemäß werden auf den Anker Wechseldrehmomente ausgeübt, die im Takt des Wechselstromes verlaufen.

Die Resonanzkurve des so entstandenen Drehschwingungssystems ist sehr spitz, so daß bei Frequenzschwankungen beträchtliche Ausschlagschwankungen entstehen würden. Da die Maschine an ein normales Drehstromnetz angeschlossen werden soll, ist deshalb durch eine besondere Vorrichtung dafür Sorge getragen, daß eine flache Kuppe der Resonanzkurve entsteht. Diese Zusatzanordnung besteht aus einem Drehschwingungssystem, dessen Feder *k* an den Anker *b* angekoppelt ist und dessen

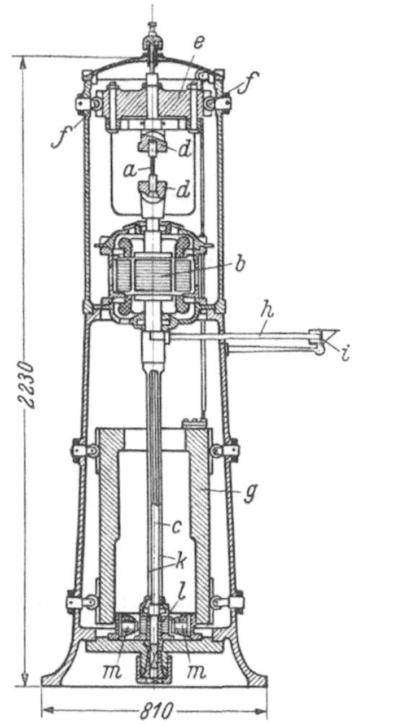

Abb. 98. Elektromagnetisch angetriebene Drehschwingungsmaschine der Fa. Losenhausen.
a Probestab; *b* Anker des Schwingungsmotors; *c* in der Maschine verbleibender Federstab; *d* Einspannköpfe; *e* Schlitten; *f* Führungsrollen für den Schlitten *e*; *g* Gegengewicht; *h* Lichtzeiger; *i* Mattscheibe mit Teilung; *k* Federn des angekoppelten Systems; *l* Masse des angekoppelten Systems; *m* Wirbelstromdämpfung.

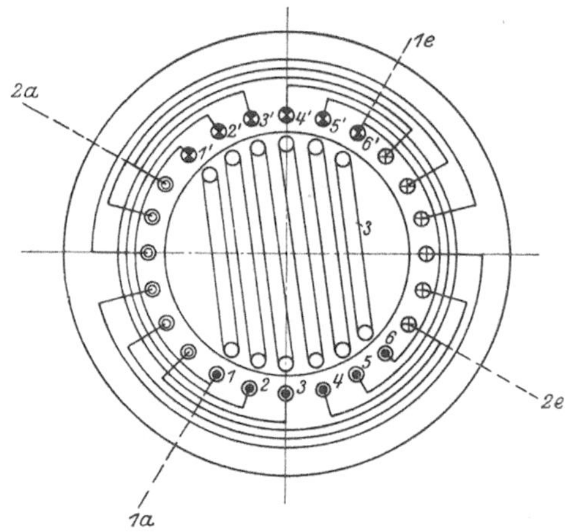

Abb. 99. Schema des Schwingungsmotors der Drehschwingungsmaschine der Fa. Losenhausen.
1 a Anfang, *1 e* Ende der Wechselstromwicklung des Stators; *2 a* Anfang, *2 e* Ende der Gleichstromwicklung (Feldwicklung) des Stators; *3* Kurzschlußwicklung des schwingenden Ankers.

Masse *l* durch eine Wirbelstromdämpfung *m* gedämpft ist. Durch richtige Einstellung der Eigenschwingungszahl und der Dämpfung dieses Systems gelingt es, eine flache Kuppe der Resonanzkurve mit einer leichten Einsattelung in der Mitte zu erzielen, derart, daß auch bei Frequenzschwankungen von $\pm 1\%$ keine nennenswerten Ausschlagschwankungen auftreten.

Auch diese Maschine wird heute nicht mehr gebaut.

c) Dreh- und Biegeschwingungsmaschine nach ESAU und KORTUM, Bauart MAN.

Eine Maschine, die wahlweise für Drehschwingungsversuche und Biegeschwingungsversuche mit Flachstäben eingerichtet werden kann, wird nach Angaben von ESAU und KORTUM von der MAN herausgebracht. Abb. 100 zeigt die Anordnung für Drehschwingungen. Sie besteht im wesentlichen aus einer in der Höhe verstellbaren Grundplatte *b*, die das Gehäuse mit dem Magnetsystem *c* trägt, einer oberen Platte *f*, an der die vier Säulen *g* für die Führung der

Grundplatte sitzen und dem Prüfstab *a* mit dem Anker *d*. Der Prüfstab ist 72 mm lang, besitzt 10 mm Schaftdurchmesser und 20 mm Kopfdurchmesser. Die zylindrischen Köpfe werden in der oberen Platte *f* und am Anker durch geschlitzte, kegelige Hülsen mit Überwurfmuttern festgespannt. Zur Vermeidung zusätzlicher Biegeschwingungen ist der Anker am unteren Ende mit einer Spitze versehen, die in einer durch Federdruck angestellten Pfanne *e* der Grundplatte geführt wird. In dem Magnetgehäuse sind vier Elektromagnete angeordnet. Je zwei diametral einander gegenüberliegende Magnete bilden ein Polpaar. Der Anker wird abwechselnd von beiden Polpaaren im Takt der Eigenschwingung des

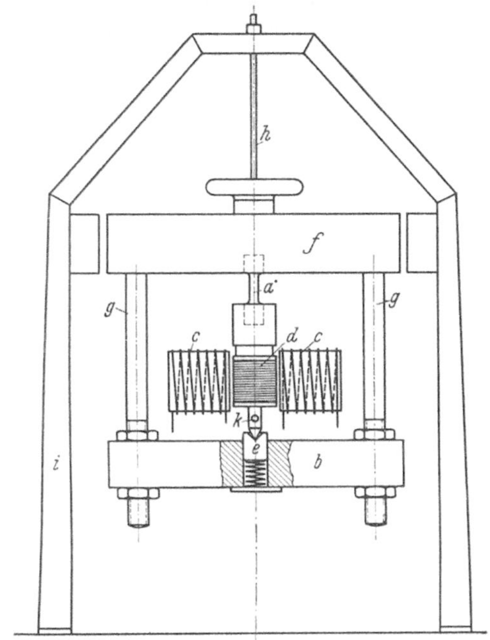

Abb. 100. Dreh- und Biegeschwingungsmaschine nach ESAU und KORTUM, Bauart MAN (Anordnung für Drehschwingungen). *a* Probestab; *b* Grundplatte in der Höhe verstellbar; *c* Magnetsystem; *d* Anker; *e* federnde Spitzenlagerung der Ankerwelle; *f* obere Platte; *g* Säulen zur Führung der Grundplatte; *h* Aufhängung; *i* Maschinenrahmen; *k* Drehspiegel.

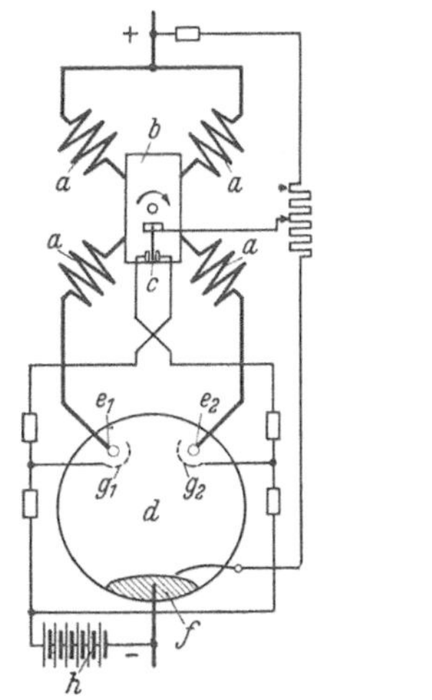

Abb. 101. Schaltschema der Drehschwingungsmaschine nach ESAU und KORTUM, Bauart MAN. *a* Elektromagnete; *b* Anker; *c* schwingender Steuerkontakt; *d* Stromrichter (Schaltröhre); e_1, e_2 Anoden des Stromrichters; *f* Quecksilberkathode des Stromrichters; g_1, g_2 Gitter des Stromrichters; *h* Akkumulatorenbatterie für die Steuerung.

aus Anker und Prüfstab bestehenden Drehschwingungssystems angezogen und das Drehschwingungssystem so zu Resonanzschwingungen erregt. Die Schaltung des Stromes geschieht durch Selbststeuerung. Die Einzelheiten der Anordnung sind aus dem Schaltschema Abb. 101 ersichtlich. An dem Anker sitzt eine federnde Zunge, die zwischen zwei Kontaktschrauben schwingen kann. Durch die Massenwirkung werden die Kontakte im Rhythmus der Schwingung des Ankers geschlossen und geöffnet.

Die Kontakte steuern einen Stromrichter und sind nur von etwa 10 mA durchflossen, so daß eine Störung des Prüfverlaufes durch Verschmoren der Kontakte ausgeschlossen ist.

Die Spulen der Arbeitsmagnete liegen zwischen der Plusleitung des Gleichstromnetzes und den Anoden, der Minuspol des Netzes an der Quecksilberkathode des Stromrichters. Die federnde Zunge steuert die vor den Anoden liegenden Gitter, wobei der Strom einer Batterie entnommen wird.

Angenommen, die Feder liege an dem rechten Kontakt an, dann wird die Sperrspannung am Gitter der Anode e_1 durch die von dem rechten Kontakt gesteuerte Spannung überwunden. Diese Anode zündet und die angeschlossenen

Magnetwicklungen werden vom Strom durchflossen, der sofort erlischt, wenn der rechte Kontakt wieder geöffnet wird. Sobald die Zunge den linken Kontakt berührt, werden die dort angeschlossenen Magnetwicklungen der Anode e_2 vom Strom durchflossen usf. Bei Bruchbeginn des Probestabes sinkt die Schwingungszahl, und die Magnetstromstärke steigt. Dadurch wird ein Kontaktstrommesser zum Schalten gebracht, der einen Automaten auslöst und die Maschine stillsetzt. Die Anzahl der Schwingungen wird unter Berücksichtigung der Frequenz, die an einem Zungenfrequenzmesser abgelesen wird, aus der Zeit einer beim Abschalten der Maschine stillgesetzten Kontaktuhr berechnet. Das Anlassen der Maschine erfolgt dadurch, daß die Steuerung der Gitter des Stromrichters zunächst von einer durch einen Gleichstromregelmotor angetriebenen Kontaktscheibe übernommen wird, bis die Eigenschwingungszahl des Systems erreicht ist und die am Anker sitzende Kontaktzunge zu arbeiten beginnt.

Abb. 102. Anordnung für Biegeschwingungen bei der Prüfmaschine Abb. 100. *a* Probestab; *b* Elektromagnete; *c* lamellierter Anker; *d* Schalteinrichtung; *e* Schneidenaufhängung.

Zur Durchführung von Biegeschwingungsversuchen werden an Stelle des Magnetgehäuses zwei Einzelmagnete aufgesetzt. Der Probestab wird mit seinem oberen Ende in die obere Platte *f* der Maschine eingespannt und am unteren Ende mit einem lamellierten Anker versehen, an dem auch die Kontakteinrichtung sitzt. Im übrigen ist die Arbeitsweise sinngemäß die gleiche. Abb. 102 zeigt eine Ansicht dieser Anordnung.

Um zu vermeiden, daß Energie durch Erschütterungen abwandert, ist die Prüfanordnung bei Drehschwingungen an einem dünnen Federstab *h*, bei Biegeschwingungen an zwei Schneiden aufgehängt.

Die Messung der Prüfstabausschläge und damit der Beanspruchung erfolgt auf optischem Wege. Am Anker wird ein Metallspiegel *k* befestigt, der das Licht eines Spaltscheinwerfers auf einen durchscheinenden Maßstab oder bei Ausschwingversuchen auf die Filmkammer wirft. Die Regelung des Ausschlages erfolgt durch einen in die Gleichstromleitung vor die Magnetwicklungen geschalteten Schiebewiderstand.

Bei den *Ausschwingversuchen* wird durch Abschalten des Gleichstromes die Erregung unterbrochen, so daß das System in freien Schwingungen ausschwingt, die mit dem Filmgerät in Abhängigkeit von der Zeit aufgenommen werden. Aus diesen Kurven kann das Dämpfungsdekrement bestimmt und daraus die Werkstoffdämpfung berechnet werden. Abb. 103 zeigt die Maschine mit vorgesetzter Filmkammer.

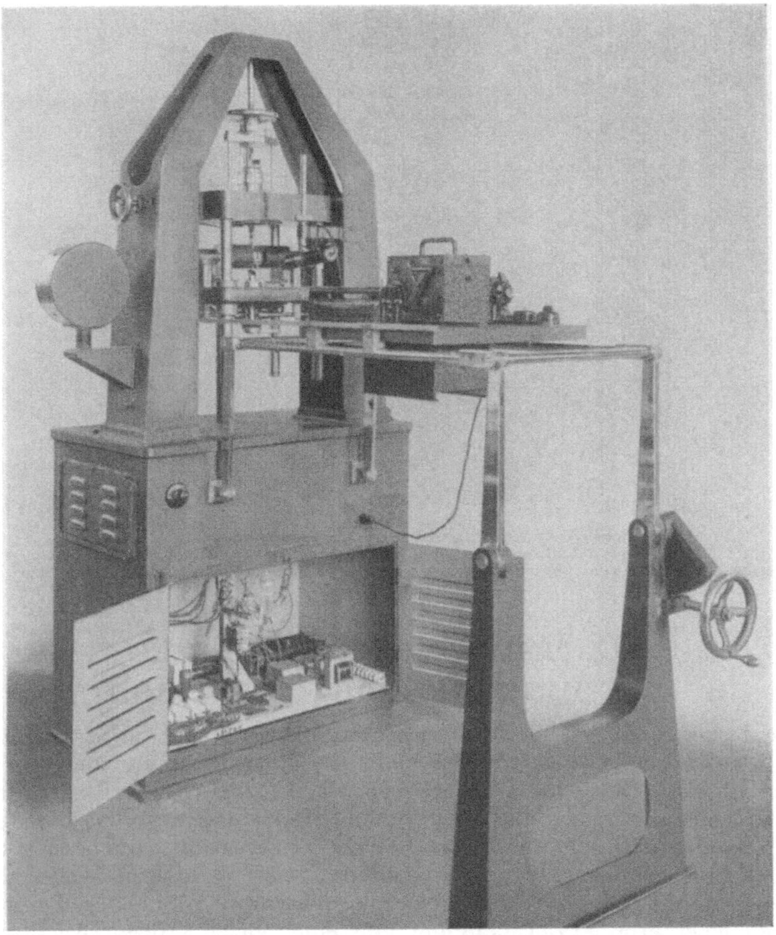

Abb. 103. Gesamtansicht der Dreh- und Biegeschwingungsmaschine nach ESAU und KORTUM, Bauart MAN, mit vorgebautem Filmapparat.

d) Verdreh-Ausschwingmaschine des Wöhler-Instituts Braunschweig nach FÖPPL-PERTZ.

In diesem Zusammenhang sei noch auf die dem gleichen Zweck dienende Verdreh-Ausschwingmaschine von FÖPPL-PERTZ, Abb. 104, hingewiesen. Sie besteht aus einem Rahmen, in dem der Probestab *a* durch die Klemmen *b* eingespannt wird. Um Energieabwanderung zu vermeiden, ist der Rahmen an dem dünnen Draht *c* aufgehängt. Am oberen Ende des Probestabes ist die zweiteilige Schwungmasse *m* mittels starker Schrauben *d* festgeklemmt. Eine Zapfenführung *e* verhindert unerwünschte Nebenschwingungen auf Biegung. Das Magnetpaar *f* hält zu Beginn des Versuches die Schwungmasse in einer Lage fest, in der der Probestab um den gewünschten Winkel verdreht ist. Dann werden die Magnete abgeschaltet und die ausklingenden Schwingungen von dem Schreibgerät *g* mittels Tintenschreiber aufgezeichnet. Luftdämpfung und

Schreibstiftreibung werden durch besondere Eichversuche ermittelt und bei der Auswertung berücksichtigt.

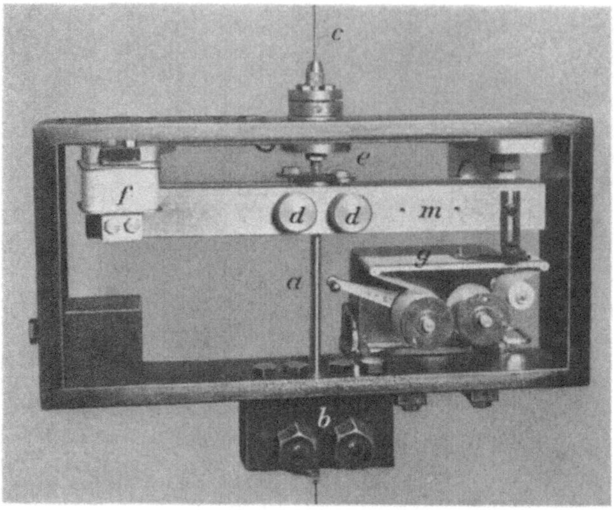

Abb. 104. Verdreh-Ausschwingmaschine des Wöhler-Instituts nach FÖPPL-PERTZ.
a Probestab: *b* Einspannkopf; *c* Aufhängedraht; *d* Schrauben zum Festspannen des oberen Probestabkopfs an der Schwungmasse *m*; *m* Schwungmasse; *e* Zapfenführung der Schwungmasse; *f* Festhaltemagnete; *g* Schreibgerät mit Tintenschreibwerk.

D. Dauerbiegemaschinen mit umlaufendem Probestab.

Die bisher wohl am meisten angewandte Anordnung zur Ermittlung der Dauerbiegefestigkeit benutzt als Vorbild die Beanspruchung, der eine Welle mit kreisrundem Querschnitt unterworfen ist, die z. B. in zwei Lagern umläuft und durch eine relativ zu den Lagern ruhende Belastung, etwa das Eigengewicht eines Schwungrades oder die Zugkraft eines Treibriemens, durchgebogen wird.

Betrachtet man eine beliebige Randfaser einer derartigen Welle, so stellt man fest, daß die in ihr wirkende Spannung sich mit dem Sinus des Drehwinkels zwischen einer größten Zugspannung und einer gleich großen Druckspannung ändert. Dabei wird die größte Zugspannung erreicht, wenn die Faser in Richtung der Belastung ihre tiefste Lage durchschreitet, die größte Druckspannung nach Drehung um 180° aus dieser Lage. Die gesamte Welle erfährt eine Biegebeanspruchung, die relativ zur Welle mit der Drehzahl umläuft, jede Randfaser eine Biegewechselbeanspruchung, bei der ein Lastspiel einer Umdrehung der Welle entspricht.

Diese Anordnung ist sehr übersichtlich und einfach, so daß schon aus diesem Grunde ein besonderer Anreiz zu ihrer Verwendung für den Bau von Dauerprüfmaschinen bestand. Ferner ist die Ermittlung der Dauerbiegefestigkeit von Wellen mit ihren verschiedenartigen konstruktivbedingten Kerben, wie Hohlkehlen, Ringkerben, Nabensitzen, Gewinden, Keilnuten, Querbohrungen usw. eine der praktisch wichtigsten Aufgaben der Dauerfestigkeitsprüfung.

Allerdings darf man von diesen Maschinen lediglich die Ermittlung der reinen Schwingungsfestigkeit verlangen. Die Versuche, Zusatzvorrichtungen zu schaffen, um dem Probestab z. B. eine Zugvorspannung zu geben[1], sind vereinzelt

[1] Vgl. z. B. Abb. 111 auf S. 318.

geblieben und meist wenig erfolgreich gewesen. Die Untersuchung des Einflusses einer der Wechselbeanspruchung überlagerten ruhenden Biegespannung läßt sich in einfacher Weise auf den Dauerbiegemaschinen mit schwingender Flachprobe durchführen und sollte auf diese Maschinen beschränkt bleiben.

1. Belastungsanordnungen.

Bei den Dauerbiegemaschinen mit umlaufender Probe sind bisher im wesentlichen 5 Belastungsanordnungen benutzt worden, die in Abb. 105 schematisch zusammengestellt sind.

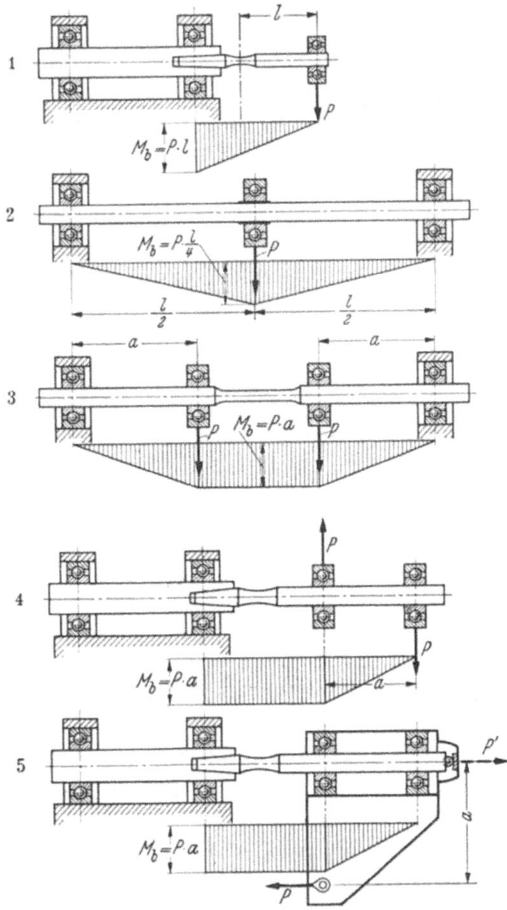

Abb. 105. Übersicht über die wichtigsten bei Dauerbiegemaschinen mit umlaufendem Probestab in Betracht kommenden Belastungsanordnungen (schematisch). Die eingetragenen Momentenflächen kennzeichnen die jeweilige Verteilung der Beanspruchung im Probestab.

Bei Anordnung 1 greift die Last am Ende des frei aus der Lagerung vorstehenden Teiles des Probestabes an. Die Momentenfläche ist daher dreieckig, wobei das größte Moment in dem der Last zugekehrten Lager auftritt. Man kann in der Probe eine gleichbleibende Beanspruchung erzielen, wenn der Längsschnitt des vorstehenden Stabteiles als kubische Parabel ausgebildet wird. Praktisch genügt es, den Stabschaft als Kegel auszubilden, der sich dem kubischen Paraboloid anschmiegt. Vielfach begnügt man sich damit, die Probe, wie in Abb. 105 gezeichnet, mit einer großen Hohlkehle einzuschnüren, um eine „Sollbruchstelle" zu erzielen.

Als Anordnung 1a sei die ebenfalls wiederholt angewandte kinematische Umkehrung der Anordnung 1 bezeichnet. Hierbei wird der Probestab am einen Ende fest eingespannt. Die Belastung greift wieder am Ende des frei vorstehenden Teiles an, jedoch derart, daß sie um den ruhenden Probestab umläuft. Die Beanspruchung wird dabei entweder durch zwangläufige Bewegung des Probestabendes auf einer Kreisbahn, oder durch die Kraft einer Feder, die in einer umlaufenden Trommel angeordnet ist, oder auch durch Gewichtsbelastung mit zwischengeschalteten Hebeln hervorgebracht.

Bei Anordnung 2 greift die Last in der Mitte zwischen den Lagern des Probestabes an. Die Momentenfläche ist dreieckig, wobei das größte Moment in die Angriffsstelle der Last P fällt.

Soll die Dauerbiegefestigkeit an der Lastangriffsstelle einer Welle, z. B. an einer Nabe oder einem Wälzlagersitz, untersucht werden, so kann diese Anordnung sehr zweckmäßig sein.

Handelt es sich dagegen um die Untersuchung von Probestäben, so ist die ungleichmäßige Beanspruchung infolge der dreieckigen Momentenfläche unerwünscht.

Man kann diesen Nachteil in ähnlicher Weise wie bei Anordnung 1 ausgleichen, indem man beide Hälften des Probestabes so ausbildet, daß ihr Längsschnitt einer kubischen Parabel bzw. dem umhüllenden Trapez entspricht, doch ist diese Lösung umständlich und bisher nicht in Betracht gezogen worden.

Anordnung 3 ist sozusagen das „klassische Belastungsschema" für Dauerbiegemaschinen. Der Probestab ist an beiden Enden in ortsfesten Lagern abgestützt. An zwei symmetrisch zur Mitte angeordneten Lagern greifen zwei gleich große Kräfte an. Die Momentenfläche ist demgemäß trapezförmig, wobei das Biegemoment im mittleren Stabteil gleich bleibt. Die Probestäbe werden daher zweckmäßig mit zylindrischem Schaft ausgebildet, der mit großen Hohlkehlen an die dickeren Stabköpfe angeschlossen ist. Die weitaus meisten Dauerbiegemaschinen mit umlaufendem Probestab arbeiten nach diesem Prinzip.

Bei einer Variante sind die beiden mittleren Lager fest, während die beiden gleich großen Belastungen symmetrisch an den beiden Endlagern angreifen.

Anordnung 4 macht sich die Vorteile der Anordnung 3 für den Fall zunutze, daß der Probestab wie bei Anordnung 1 am einen Ende eingespannt ist. Die Belastung wird durch zwei gleich große, entgegengesetzt gerichtete Kräfte aufgebracht, die am frei vorstehenden Stabteil angreifen. Die Momentenfläche ist trapezförmig, ähnlich wie bei Anordnung 3. Demgemäß ist auch das Biegemoment im Probestabschaft gleichbleibend. Anordnung 4 ist jedoch für die Konstruktion von Dauerbiegemaschinen unhandlich, so daß sie nur für Sonderfälle in Betracht kommt.

Bei Anordnung 5 wird im Stabschaft ebenfalls ein gleichbleibendes Biegemoment hervorgebracht. Grundsätzlich neu ist, daß jetzt die Kraft parallel zur Stabachse wirkt und an einem Hebel angreift, der mit 2 Lagern auf den aus der ortsfesten Lagerung frei vorstehenden Stabteil gesetzt ist. Als Reaktion zur Kraft P wird in dem Probestab eine zusätzliche Druckspannung erzeugt, die jedoch so klein ist, daß sie im allgemeinen praktisch ohne Einfluß auf das Ergebnis bleiben wird. Gegebenenfalls kann sie durch eine am freien Ende des Probestabes in Richtung der Stabachse angreifende Zugkraft aufgehoben werden, die z. B. durch eine Feder erzeugt wird.

Es sei nun ein Überblick über die bisher entwickelten Bauformen der Dauerbiegemaschinen mit umlaufendem Probestab gegeben, wobei die Einteilung nach den Belastungsanordnungen 1 bis 5 erfolgen soll.

2. Dauerbiegemaschinen nach Belastungsanordnung 1.

a) Maschine von A. WÖHLER[1].

Nach Anordnung 1 arbeitete die erste überhaupt gebaute Dauerbiegemaschine (Abb. 106), die von A. WÖHLER entwickelt wurde. Sie prüft gleichzeitig zwei Probestäbe *a*. Diese sind mit verstärkten Einspannköpfen versehen, mit denen sie in die in zwei ortsfesten Gleitlagern *b* umlaufende Welle *c* eingespannt werden. Die Belastung wird durch zwei S-förmig gebogene Blattfedern *d* erzeugt, die durch die Schrauben *e* gespannt werden und mittels der Gabeln *f* an den am Ende der Probestäbe aufgesetzten Lagern *g* angreifen. Die Größe der Kraft wird aus der gegenseitigen Verschiebung der Federenden bestimmt, die je an einem Maßstab *h* abgelesen wird.

b) Maschine von AMSLER[2].

Ganzä hnlich ist die heute noch viel benutzte Dauerbiegemaschine, von AMSLER (Abb. 107) gebaut. Die Probestäbe *a* haben einen kegelig ausgebildeten

[1] WÖHLER, A.: Z. Bauw. Bd. 13 (1863) S. 233; Bd. 16 (1866) S. 67; Bd. 20 (1870) S. 73.
[2] Nach Unterlagen der Herstellerfirma.

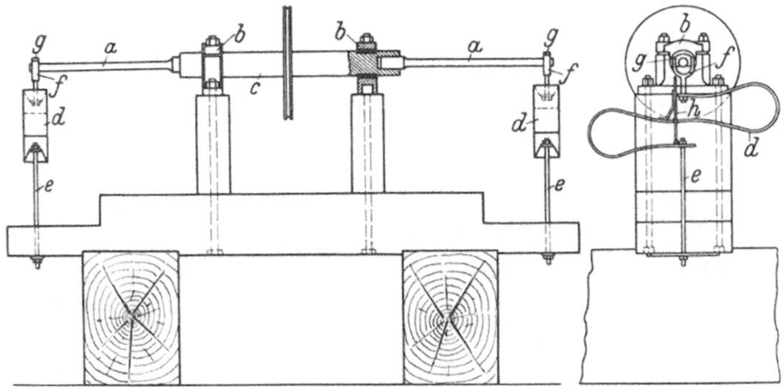

Abb. 106. Dauerbiegemaschine von A. WÖHLER.
a Probestäbe; *b* Gleitlager; *c* Einspannwelle; *d* S-förmig gebogene Belastungsfedern; *e* Schrauben zum Spannen der Belastungsfedern *d*; *f* Gabeln der Belastungsfedern; *g* Lager am freien Ende der Probestäbe; *h* Maßstab zum Messen des Federwegs der Belastungsfedern (der Federkraft).

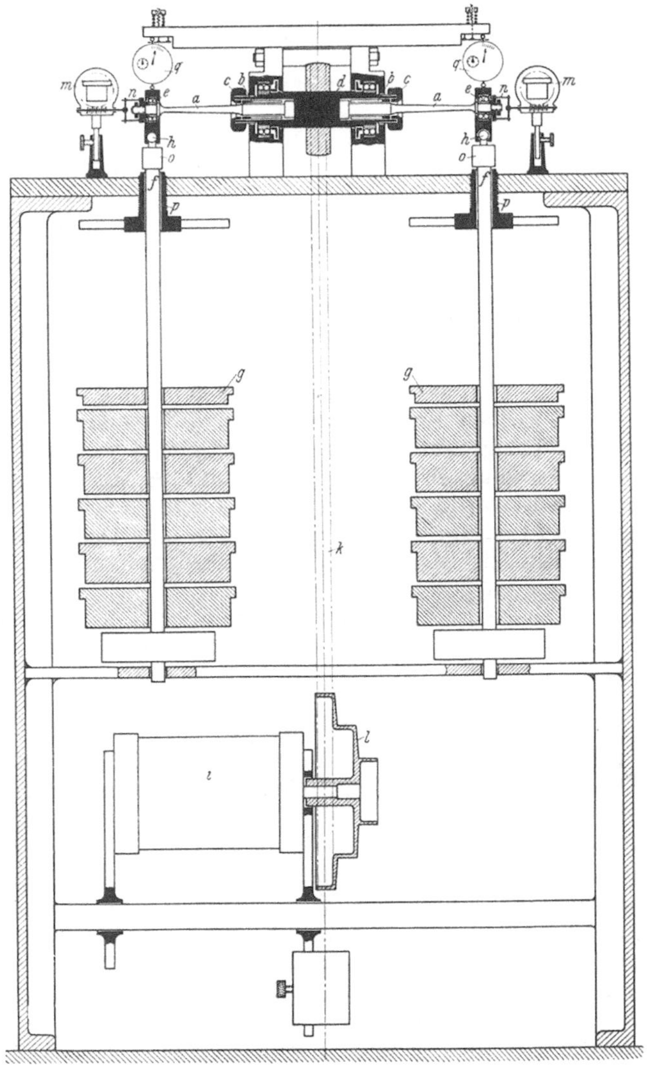

Abb. 107. Dauerbiegemaschine von AMSLER.
a Probestäbe mit kegeligem Schaft; *b* geschlitzte Spannpatronen; *c* Überwurfmuttern; *d* Antriebswelle; *e* Kugellager für den Lastangriff; *f* Zugstangen für die Belastungsgewichte; *g* Belastungsgewichte; *h* Gelenke der Zugstangen *f*; *i* Antriebsmotor; *k* Riemen; *l* Stufenscheibe; *m* Zählwerke; *n* Stiftkupplungen; *o* Bunde an den Zugstangen *f*; *p* rohrförmige Schraubspindeln; *q* Meßuhren zur Ermittlung der Durchbiegung.

Schaft, wobei sich der Kegel dem durch die kubische Parabel festgelegten Profil anschmiegt. Hierdurch wird erreicht, daß die Biegebeanspruchung über die ganze Länge des Schaftes angenähert gleichbleibt. Die verstärkten Einspannköpfe werden mit Hilfe von geschlitzten Spannpatronen *b*, die durch Überwurfmuttern *c* festgezogen werden, in die Antriebswelle *d* eingespannt.

An den freien Enden der Probestäbe sind Kugellager *e* aufgesetzt, an deren Gehäusen die Zugstangen *f* für die Belastungsgewichte *g* mit Gelenken *h* angreifen. Die Antriebswelle *d* wird von dem Motor *i* mittels Riemen *k* und Stufenscheibe *l* wahlweise mit $n = 1000$, 1500 oder 2000/min in Drehung versetzt. Das Motorgehäuse ist an einer Querstange des Maschinenrahmens drehbar gelagert, so daß der Riemen durch das Eigengewicht des Motors gespannt wird. Mit jedem Probestab ist ein Zählwerk *m* gekuppelt, das durch eine einfache Stiftkupplung *n* angetrieben wird und in der Höhe jeweils auf das durchgebogene Probestabende eingestellt werden kann. Beim Bruch einer Probe bleibt das zugehörige Zählwerk stehen, da dann die Verbindung mit der Antriebswelle unterbrochen ist. Die Belastung wird dadurch abgefangen, daß ein Bund *o* der Zugstange auf die rohrförmige Spindel *p* aufschlägt, die in die Grundplatte der Maschine eingeschraubt ist und je nach Durchbiegung des Probeendes eingestellt wird. Die Spindeln *p* dienen auch zum Ausschalten der Belastungsgewichte beim Einbau der Probestäbe. Die Größe der Durchbiegung wird mit Hilfe der Meßuhren *q* ermittelt, deren Taster auf die Gehäuse der Kugellager *e* aufgreifen.

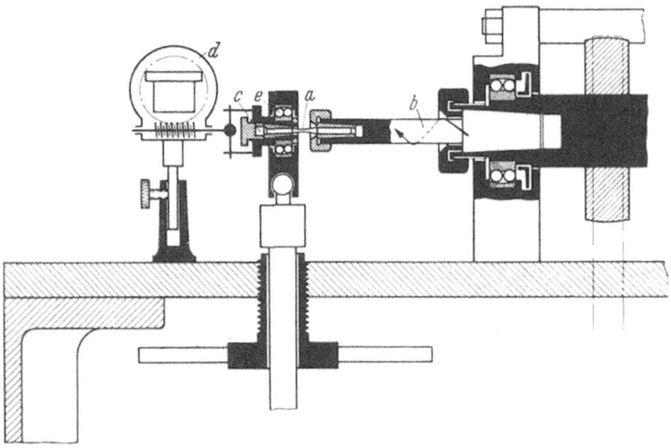

Abb. 108. Zusatzvorrichtung zur Dauerbiegemaschine von AMSLER zum Einspannen kleiner Probestäbe mit 5 mm Schaftdurchmesser. *a* Probestab; *b* Zwischenwelle; *c* Kopfstück für das Lastkugellager *e*; *d* Zählwerk; *e* Lastkugellager; *f* Stiftkupplung für das Zählwerk *m*.

In Abb. 108 ist eine Zusatzvorrichtung zum Einspannen kleiner Probestäbe mit 5 mm Schaftdurchmesser dargestellt. Hierbei ist der Schaft als *eine* große Hohlkehle ausgebildet.

c) Maschine von SCHENCK.

Abb. 109 zeigt eine entsprechend ausgebildete von der Firma C. Schenck entwickelte Dauerbiegemaschine. Die beiden Probestäbe *a* werden mit Spannpatronen und Überwurfmuttern in die Welle des Antriebsmotors *b*, der mit $n = 3000$/min umläuft, eingespannt. Die Proben sind an der Meßstelle nach Art einer großen Hohlkehle ausgebildet und poliert. Der Querschnitt an der höchstbeanspruchten Stelle und der Abstand dieses Querschnittes von der Lastangriffsstelle wurden so gewählt, daß die Beanspruchung der Probe in kg/mm² doppelt so groß ist wie die Belastung in kg.

An den freien Enden der Probestäbe hängen an Kugellagern Tragschalen *c*, auf welche die Belastungsgewichte aufgesetzt werden.

Die Anzahl der bis zum Bruch ertragenen Lastspiele wird für jeden Stab durch eine Synchronuhr *f* angezeigt. Diese wird bei Beginn der Prüfung in Betrieb gesetzt und bei Bruch der Probe dadurch abgeschaltet, daß die zugehörige Tragschale auf einen unter ihr befindlichen Kontakt fällt, der den Stromkreis der Uhr unterbricht.

Geht auch der zweite Stab zu Bruch, so wird außer der zweiten Synchronuhr noch der Schaltautomat *g* des Motors ausgelöst und die Maschine stillgesetzt.

Abb. 109. Dauerbiegemaschine von C. Schenck mit einseitig eingespannten Proben.
a Probestäbe; *b* Antriebsmotor; *c* Belastungsgehänge; *d* Federn der Belastungsgehänge; *e* Schutzbügel; *f* Synchronuhren; *g* Schaltautomat für den Antriebsmotor.

Um beim Bruch das Abschleudern der Belastungsgewichte infolge starken Schlagens der Probestäbe zu verhindern, sind Schutzbügel *e* angeordnet, welche die Stäbe dicht hinter der Lastangriffsstelle umgeben. In die Gehänge der Tragschalen *c* sind Federn *d* eingeschaltet, damit die Schwingungen der Lastkugellager sich nicht auf die Tragschalen übertragen.

3. Dauerbiegemaschinen mit kinematischer Umkehrung von Belastungsanordnung 1

a) Einfachste Anordnung.

Die kinematische Umkehrung der Belastungsanordnung 1 ist in einfachster Form in Abb. 110 dargestellt. Der Probestab *a* ist in dem Bock *b* an seinem einen Ende fest eingespannt. Das andere Ende trägt ein Kugellager *c*, gegen dessen Außenring eine Stellschraube gedrückt wird, die in einem umlaufenden Futter *d* angeordnet ist. Dieses sitzt an einer in einem Bock des Maschinengestells gelagerten Welle *e*, deren Achse genau mit der Achse des unbeanspruchten Probestabes übereinstimmt und die mittels Riemen angetrieben wird. Beim Umlaufen der Welle führt das Probestabende eine

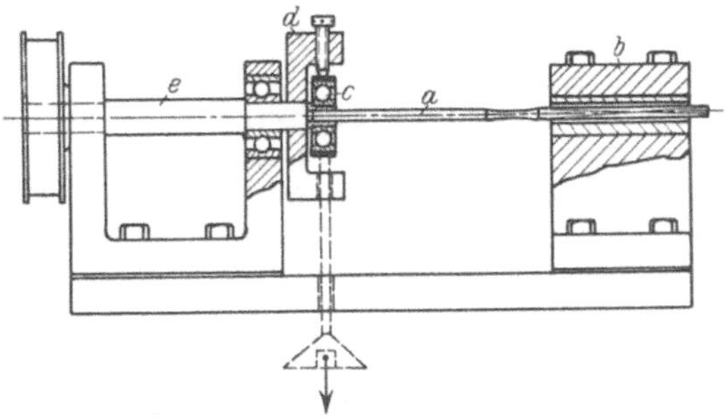

Abb. 110. Einfachste Form einer Dauerbiegemaschine mit ruhendem Probestab und umlaufender Belastung.
a Probestab; *b* Einspannbock; *c* Kugellager für den Lastangriff; *d* umlaufendes Futter; *e* Antriebswelle.

keglige Bewegung aus. Durch einen statischen Eichversuch wird bestimmt, wie groß die dem Weg der Stellschraube zugeordnete Beanspruchung des Probestabes ist. Zu diesem Zweck wird bei stillstehender Maschine an dem Kugellager *c* ein Belastungsgehänge angebracht, das in Abb. 110 gestrichelt eingetragen ist.

b) Maschine von PUTNAM und HARSCH mit zusätzlicher Zugvorspannung.

Abb. 111 zeigt eine entsprechend aufgebaute Maschine von PUTNAM und HARSCH[1], bei der die Belastung durch eine geeichte Feder *c* erzeugt wird. Diese drückt auf einen in dem umlaufenden Gehäuse *d* in radialer Richtung geführten

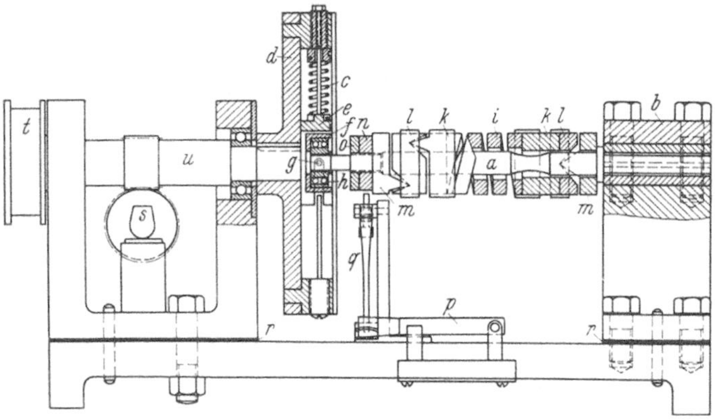

Abb. 111. Dauerbiegemaschine mit ruhendem Probestab, umlaufender Belastung durch eine Feder und Zusatzeinrichtung zur Erzeugung einer Zugvorspannung im Probestab.
a Probestab; *b* Einspannbock; *c* geeichte Belastungsfeder; *d* umlaufendes Gehäuse; *e* Schlitten in einer radialen Führung des Gehäuses gleitend; *f* ringförmiges Gehäuse des Lastkugellagers *h*; *g* seitliche Zapfen des Gehäuses *f*; *h* Lastkugellager; *i* Schraubenfeder für die Zugvorlast; *k* Stützringe der Feder *i* mit Schneiden; *l* Zwischenringe mit je 4 Pfannen; *m* Endringe mit Schneiden; *n* Mutter zum Spannen der Feder *i*; *o* Gegenmutter; *p* Ausschaltkontakt; *q* Stoßstange zur Betätigung des Ausschaltkontakts; *r* Isolierschichten; *s* Zähler mit Schneckenantrieb, 1:100 untersetzt; *t* Antriebsriemenscheibe; *u* Antriebswelle.

Schlitten *e*, der in zwei seitliche Zapfen *g* des ringförmigen Gehäuses *f* eingreift, in welches das am freien Ende des Probestabes angeordnete Lastkugellager *h* eingesetzt ist.

Außerdem ist noch eine Zusatzeinrichtung zur Erzeugung einer Zugvorspannung im Probestab vorgesehen. Diese wird durch eine Schraubenfeder *i* mit rechteckigem Querschnitt hervorgebracht. Ihre Enden sind auf Ringe *k* gesetzt, die mit je zwei Schneiden versehen sind. Diese sind in eine senkrecht zur Stabachse stehende Linie ausgerichtet. Die Schneiden stützen sich in Pfannen eines Zwischenringes *l*, der noch ein zweites Pfannenpaar trägt, dessen Achse senkrecht zu dem ersten Pfannenpaar steht und in die gleiche Radialebene fällt. Die zweiten Pfannenpaare stützen sich auf Ringe *m* mit Schneiden, die an den Enden des Probestabes aufgesetzt sind. Durch diese Anordnung sind an den Enden der Feder *i* zwei reibungsfreie Kardangelenke geschaffen, die eine einwandfreie Übertragung der Federkraft ermöglichen. Die Vorspannung wird durch die auf einem Gewinde des Probestabes verstellbare Mutter *n* hervorgebracht, die durch die Gegenmutter *o* gesichert wird.

Alle weiteren Einzelheiten gehen aus Abb. 111 und dem zugehörigen Begleittext hervor.

---

[1] MOORE, KOMMERS u. JASPER: An Investigation of the fatigue of metals. Univ. Illinois, Bulletin Nr. 124, 136, 142.

c) Maschine von DORGERLOH[1].

Die in Abb. 112 dargestellte Dauerbiegemaschine von DORGERLOH arbeitet mit feststehendem Probestab und Gewichtsbelastung, die durch einen umlaufenden Hebelmechanismus in eine relativ zum Probestab umlaufende Kraft umgeformt wird. Diese Maschine ist besonders für die Ermittlung der Dauerbiegefestigkeit bei höheren Temperaturen durchgebildet worden. Der Probestab *a* ist mit senkrechter Achse angeordnet und am oberen Ende in das Maschinengestell fest eingespannt. Der Schaft ist in der Nähe der Einspannstelle mit einer Hohlkehle von 31 mm Halbmesser von 14 auf 7 mm Dmr. eingeschnürt. Am unteren Ende ist ein Pendelkugellager *b* befestigt, dessen Gehäuse an dem einen Arm des Winkelhebels *c* angelenkt ist. Der Winkelhebel ist auf der am oberen Ende einer Hohlwelle *d* angeordneten Tellerscheibe gelagert. Am Ende seines zweiten, waagerechten Hebelarmes greift eine Zugstange an, die durch die Hohlwelle *d* hindurchgeführt ist und an deren unterem Ende die Belastung *f* unter Zwischenschaltung eines Längslagers *e* angehängt wird. Durch die Belastung wird das Probestabende ausgelenkt. Es beschreibt demgemäß beim Umlaufen der Hohlwelle *d* einen Kreis. Der Antrieb erfolgt durch den Motor *m* mittels Riemen mit einer Drehzahl von $n = 3000$/min. Das Zählwerk *g* wird mittels einer auf die Hohlwelle *d* aufgeschnittenen Schnecke angetrieben. Beim Bruch des Probestabes wird der Ausschaltkontakt *k* durch die herabfallende Belastung *f* betätigt.

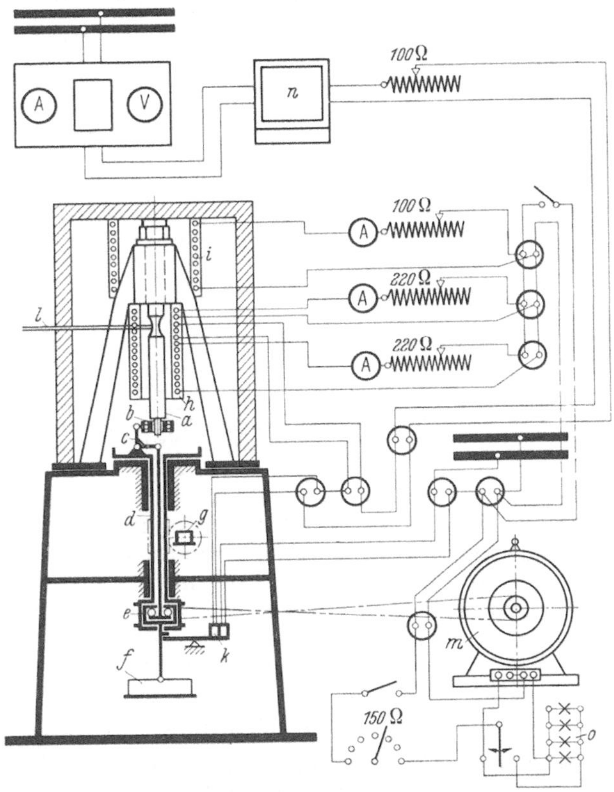

Abb. 112. Dauerbiegemaschine von DORGERLOH zur Bestimmung der Dauerbiegefestigkeit bei höheren Temperaturen.
a Probestab; *b* Pendelkugellager; *c* Winkelhebel; *d* Hohlwelle; *e* Längslager; *f* Belastung; *g* Zählwerk durch Schneckenvorgelege angetrieben; *h* elektrischer Ofen mit Platinwicklung; *i* elektrische Heizung des Einspannkopfes; *k* selbsttätiger Ausschalter; *l* Thermoelement; *m* Antriebsmotor; *n* Temperaturregler; *o* Lampenwiderstand.

Der Probestab wird durch einen ihn umgebenden elektrischen Ofen mit Platinwicklung *h* erwärmt, wobei die Temperatur durch den Regler *n* selbsttätig auf dem eingestellten Wert gleichgehalten wird. Ferner war noch eine elektrische Heizung *i* für den Einspannkopf notwendig. Bei Bruch der Probe werden auch die elektrischen Öfen selbsttätig abgeschaltet. Die Temperatur des Probestabes wird durch ein Thermoelement *l* gemessen. Die ganze Maschine ist durch einen Wärmeschutzkasten abgedeckt.

---

[1] DORGERLOH, E.: Dissertation T. H. Dresden 1929. — Metallwirtsch. Bd. 8 (1929) S. 986; Bd. 9 (1930) S. 381.

4. Dauerbiegemaschinen nach Belastungsanordnung 2.

a) Maschine des Wöhler-Instituts Braunschweig.

Eine Dauerbiegemaschine bei der die Belastung in der Mitte des an den beiden Enden gelagerten Probestabes angreift, wurde vom Wöhler-Institut der T. H. Braunschweig entwickelt[1]. Abb. 113 zeigt schematisch die Anordnung. Zu beachten ist die elastische Kupplung *e* zwischen Motor *f* und Probestab *a*, die das Drehmoment möglichst stoßfrei überträgt, ferner die nachgiebige Beilage *g*, die an dem die Belastung übertragenden mittleren Kugellager *d* zwischen

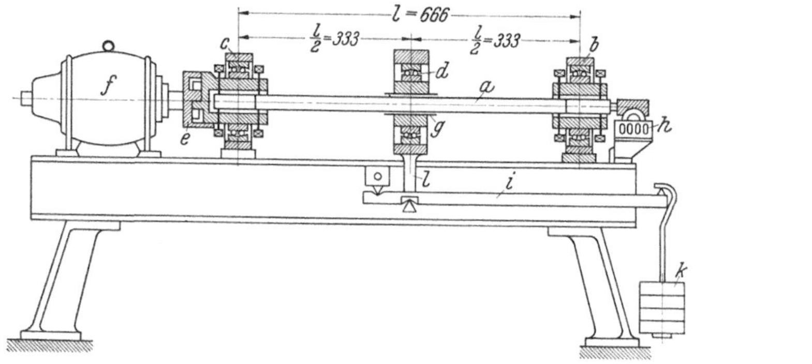

Abb. 113. Dauerbiegemaschine des Wöhler-Instituts in Braunschweig.
a Probestab; *b*, *c* Stützkugellager; *d* Lastkugellager; *e* elastische Kupplung; *f* Antriebsmotor; *g* Beilage zwischen Kugellager *d* und Probestab aus Pappe oder weichem Metall; *h* Zählwerk; *i* Belastungshebel; *k* Belastungsgewicht; *l* Zuggehänge des Belastungshebels.

Kugellagerinnenring und Probestab vorgesehen ist. Sie bewirkt, daß sich der Druck gleichmäßig über die Auflagerung verteilt, so daß die starke Verminderung der Dauerfestigkeit, die bei direktem Aufsetzen des Innenringes auf den Probestab auftreten würde, vermieden wird.

Die Beilage *g* wird aus Pappe von 1 bis 1,5 mm Stärke oder aus weichem Metall, z. B. Blei oder Letternmetall, gefertigt. Die Belastung *P* wird durch Gewichte *k* unter Zwischenschaltung eines Hebels *i* hervorgebracht.

b) Maschine von E. Lehr.

Eine weitere nach Anordnung 2 arbeitende Maschine benutzte E. Lehr bei Versuchen zur Ermittlung des Einflusses von Nabensitzen, Wälzlagersitzen und Keilbefestigungen auf die Dauerbiegefestigkeit von Wellen. Abb. 114 zeigt die wesentlichsten Einzelheiten der Konstruktion. Der Probestab *a* besitzt 40 mm Dmr. Die äußeren Lager *b* haben einen Mittenabstand von 750 mm. Die Belastung wird durch die geeichte Feder *c* unter Zwischenschaltung des im Grundrahmen der Maschine gelagerten Hebels *d* erzeugt, von dessen Ende eine Zugstange *e* zum Gehäuse des Lastkugellagers *f* führt. Die Feder *c* wird durch eine Spindel *g* gespannt, deren Mutter *h* auf einem Druckkugellager aufliegt und durch einen Griffstern gedreht wird. Als Maß für die Kraft dient die Längenänderung der Feder, die durch eine im unteren Federkopf befestigte Stange *i* gemessen wird, deren Teilung an einer auf der hohlen Spindel *g* befestigten Marke abgelesen wird.

Der Antrieb erfolgt mit $n = 1500$/min durch den Motor *k* über eine Kardanwelle *l*. Das Zählwerk *m* wird unmittelbar vom Motor angetrieben. Der Aus-

[1] Föppl, O., E. Becker, G. v. Heydekampf: Die Dauerprüfung der Werkstoffe, S. 78. Berlin 1929. — Föppl, O.: Schweiz. Bauztg. Bd. 84 (1924) S. 87. — Beissner, H.: Z. VDI Bd. 75 (1931) S. 954.

schalter *n* wird vom Zwischenhebel *d* betätigt, der bei Bruch der Probe auf einen mit Gummi gepolsterten Anschlag gezogen wird. Das größte Biegemoment der Maschine ist 1000 mkg.

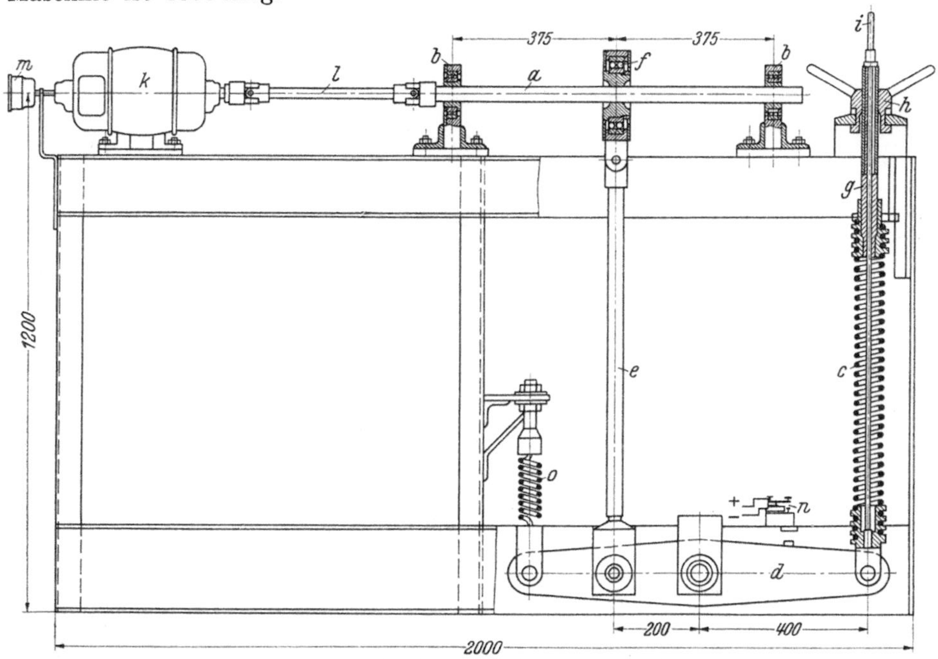

Abb. 114. Dauerbiegemaschine von E. LEHR zur Prüfung von Wellen mit 40 mm Schaftdurchmesser und Nabensitzen. *a* Probestab; *b* Stützkugellager; *c* geeichte Feder; *d* Belastungshebel; *e* Zugstange; *f* Lastkugellager; *g* Hohlspindel zum Spannen der Feder *c*; *h* Mutter zur Spindel *g*; *i* Stab mit Teilung zur Messung der Federdehnung (Federkraft); *k* Antriebsmotor; *l* Kardanwelle; *m* Zählwerk; *n* Ausschalter; *o* Vorspannfeder.

5. Dauerbiegemaschinen nach Belastungsanordnung 3.

a) Maschine von MARTENS.

Eine der ersten Dauerbiegemaschinen mit gleichbleibendem Biegemoment im Stabschaft wurde von MARTENS[1] entwickelt. Abb. 115 zeigt die Konstruktion. Der Probestab *a* wird in zwei Gleitlagern *b* mit 35 mm Bohrung gelagert, die im Maschinengestell *c* um waagerechte Achsen schwenkbar sind. Die frei vorstehenden Enden des Probestabes tragen zwei weitere Gleitlager *e*, an denen die Zugfedern *f* angreifen, durch welche die Belastung hervorgebracht wird. Dabei wird die Federspannung durch Spindeln *g* eingestellt, die in Bohrungen der Arme *h* des Maschinengestells mit Mutter und Gegenmutter verstellbar sind. Der Antrieb des Probestabes erfolgte durch die Riemenscheibe *d* mit $n =$ 60/min. Zähler und Ausschaltkontakt sind nicht vorgesehen, da MARTENS keine WÖHLER-Kurven aufnahm, sondern die Maschinen lediglich zur Untersuchung der Frage benutzte, ob die statischen Festigkeitseigenschaften sich durch die Dauerbiegebeanspruchung ändern. Deshalb hat auch der mittlere Teil des Stabschaftes genau die Abmessungen eines normalen Zerreißstabes.

b) Maschine von SONDERICKER-FARMER.

Eine namentlich in Amerika viel benutzte Maschine ist die in Abb. 116 dargestellte „Farmer-Type“, die zuerst von SONDERICKER[2] angegeben wurde.

[1] MARTENS: Handbuch der Materialienkunde, Bd. 1. Berlin 1898.
[2] Siehe z. B. GOUGH: The Fatigue of metals. London 1926.

Auf dem Probestab *a*, dessen mittlerer Teil nach Art einer großen Hohlkehle eingeschnürt ist, werden mit Klemmhülsen vier Pendel-Kugellager befestigt. Die Gehäuse *c* der äußeren Lager *b* stützen sich mit zwei Zapfen *d* in Pfannen der auf dem Maschinengestell befestigten Lagerböcke *e*, so daß sie um waagerechte Achsen schwenkbar sind. Die Gehäuse *g* der mittleren Lager *f* sind an

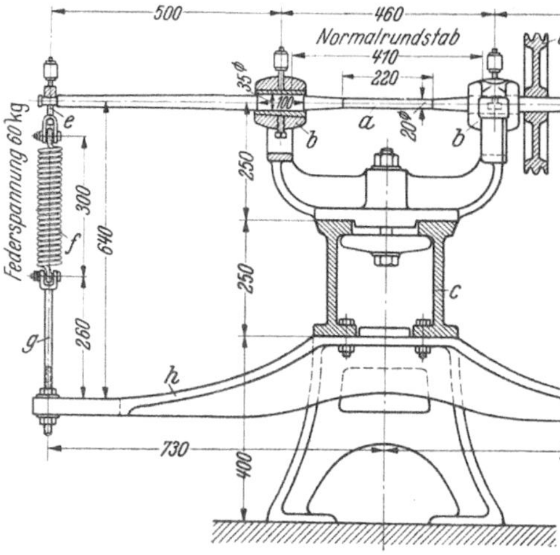

Abb. 115. Dauerbiegemaschine von MARTENS.
a Probestab; *b* Stützgleitlager; *c* Maschinengestell; *d* Riemenscheibe; *e* Gleitlager für die Belastung; *f* Belastungsfedern; *g* Spindeln zum Spannen der Federn *f*; *h* Arme des Maschinengestells.

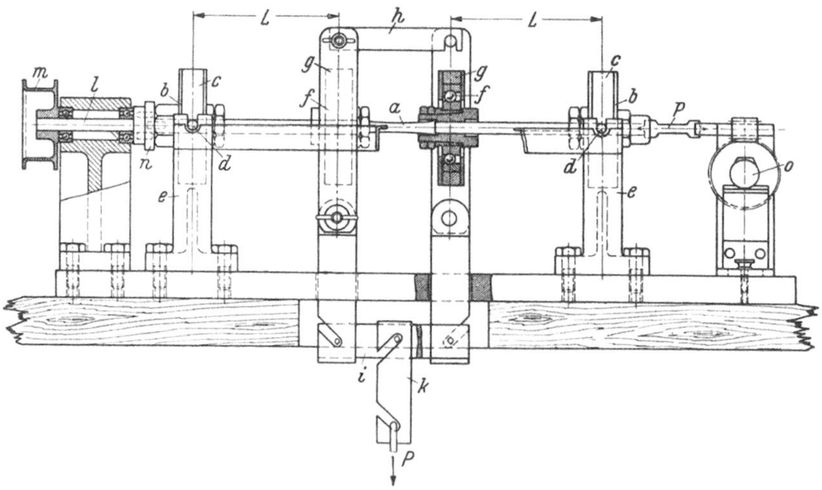

Abb. 116. Dauerbiegemaschine von SONDERICKER-FARMER.
a Probestab; *b* äußere Kugellager; *c* Gehäuse der äußeren Kugellager; *d* seitliche Zapfen der Gehäuse *c*; *e* Lagerböcke; *f* mittlere Kugellager; *g* Gehäuse der mittleren Kugellager; *h* Steg; *i* Querjoch; *k* Belastungsgehänge; *l* Vorgelegewelle; *m* Riemenscheibe; *n* kardanische Kupplung; *o* Zählwerk; *p* Kardanwelle zum Zählwerk; *L* Hebelarme der Belastung:

$$M_b = \frac{P \cdot L}{2}.$$

den oberen Enden durch einen Steg *h* miteinander verbunden. Ihre unteren Enden sind mit Schlitzen versehen, in welche die Schneiden des Querjoches *i* eingreifen, das in seiner Mitte das Gehänge *k* für die durch Gewichte erzeugte Belastung trägt. Der Antrieb erfolgt durch eine in einem besonderen Bock gelagerte Vorgelegewelle *l* mit Riemenscheibe über eine kardanisch bewegliche Kupplung *n*. Das Zählwerk *o* wird vom freien Probestabende durch eine

Kardanwelle *p* angetrieben, der Ausschaltkontakt durch Absinken des Belastungsgewichtes beim Bruch der Probe betätigt.

c) Dauerbiegemaschine von E. Lehr, Bauart Schenck.

In Europa am meisten verbreitet ist die in Abb. 117 dargestellte Schencksche Dauerbiegemaschine[1].

Der Probestab *a* besitzt in der Regel einen Schaftdurchmesser von 7,52 mm und eine Länge des zylindrischen Teiles von 75 mm. Er ist an die zylindrischen Stabköpfe (12 mm Dmr.) mit Hohlkehlen von 10 mm Halbmesser angeschlossen. Die Stabköpfe werden in den beiden Einspannwellen *b* durch geschlitzte außen kegelige Spannungspatronen *c* festgehalten, die durch die Rohre *d* mittels Überwurfmutter festgezogen werden. Auf jeder Einspannwelle sind zwei Pendelkugellager *e* angeordnet. Um zu vermeiden, daß im Probestab unkontrollierbare

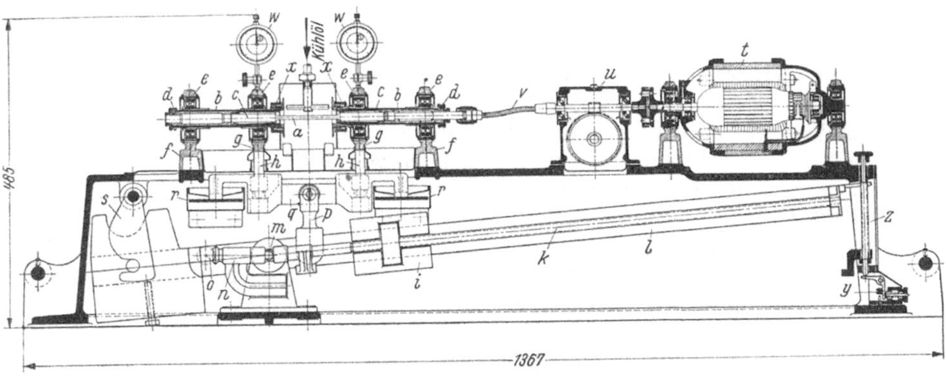

Abb. 117. Schencksche Dauerbiegemaschine.
a Probestab; *b* Einspannwellen; *c* geschlitzte Spannpatronen; *d* Rohre zum Festspannen der Patronen *c*; *e* Pendelkugellager; *f* äußere feste Lagergehäuse; *g* innere Lagergehäuse; *h* Zugstangen für die Belastung; *i* Laufgewicht; *k* Spindel zur Verschiebung des Laufgewichts; *l* Waagebalken; *m* Kardangelenk zur Spindel *l*; *n* Vorgelegewelle; *o* Kegelradantrieb; *p* Zugstange des Waagebalkens; *q* Querhaupt der Belastungseinrichtung; *r* Kolben der Öldämpfer; *s* Feststellvorrichtung; *t* Leistungswaage; *u* Schneckenvorgelege mit Zählwerk; *v* biegsame Welle mit längsverschieblicher Kupplung; *w* Meßuhren; *x* Messingschleifringe für die Temperaturmessung; *y* Ausschaltkontakt; *z* Spindel zum Ausschaltkontakt.

Längsspannungen entstehen, ist nur ein Lager auf der einen Einspannwelle festgespannt, die anderen drei Lager sitzen auf Büchsen, die sich auf den Einspannwellen in axialer Richtung verschieben können.

Die Außenringe der Kugellager sind fest in die zweigeteilten Lagergehäuse *f*, *g* eingespannt. Die beiden äußeren Lager *f* sind auf dem Maschinengehäuse befestigt. An den inneren Lagern *g*, deren Mittenabstand von den äußeren Lagern durch Lenker festgelegt ist, greifen die Zugstangen *h* der Belastung an. Diese wird durch ein Laufgewicht *i* erzeugt, das mittels Spindel *k* auf einem Waagebalken *l* verschoben wird. Der Antrieb der Spindel erfolgt mittels Kardangelenk *m* von einer Vorgelegewelle *n* aus, die ihrerseits von einem im Maschinengehäuse gelagerten Handrad über Kegelräder *o* angetrieben wird. Gleichzeitig wird von diesem Handrad die Zeigerspindel betätigt. Der Zeiger gibt auf der am Maschinengehäuse befestigten Teilung die Stellung des Laufgewichtes und damit die Größe des Biegemoments an. Die Teilung ist so gewählt, daß bei Verwendung normaler Probestäbe unmittelbar die Wechselbiegebeanspruchung in kg/mm² abgelesen werden kann.

[1] Lehr, E.: Die Abkürzungsverfahren zur Ermittlung der Schwingungsfestigkeit von Materialien. Diss. Stuttgart 1925.

Die Zugstange *p* des Waagebalkens führt zu der Mitte eines Querhaupts *q*, an dessen Enden die Zugstangen *h* für die mittleren Lager mit Kardangelenken angelenkt sind. Ferner sind an dem Querhaupt *q* die Kolben *r* der beiden Öldämpfer befestigt, deren Gehäuse im Maschinengestell sitzen. Sie dienen zur Beseitigung störender Schwingungen der mittleren Lager, die beim raschen Umlaufen des Probestabes leicht auftreten können.

Eine Feststellvorrichtung *s* gestattet den Waagebalken beim Ein- und Ausbau der Probestäbe in der Nullage festzuhalten.

Der Antrieb erfolgt entweder durch einen ortsfesten Gleichstrom- oder Drehstrommotor oder durch eine Leistungswaage *t*, mittels deren die vom Probestab verbrauchte Leistung bzw. das entsprechende Drehmoment gemessen werden kann. Diese Messung bildet die Grundlage des von E. LEHR angegebenen Verfahrens zur abgekürzten Bestimmung der Dauerbiegefestigkeit. Mit dem Motor ist ein Schneckenvorgelege *u* gekuppelt, das mit Untersetzung 1:100 das Zählwerk antreibt. Die Schneckenwelle ist durch eine biegsame Welle *v* und eine längsverschiebliche Kupplung mit der benachbarten Einspannwelle verbunden. Die Durchbiegung des aus dem Probestab und den Einspannwellen gebildeten „Trägers" an den Angriffsstellen der Belastung wird durch zwei Meßuhren *w* ermittelt, deren Taster auf die Gehäuse der mittleren Lager aufgreifen.

Schließlich ist eine Einrichtung zur Messung der Probestabtemperatur vorgesehen. Sie besteht aus einem Eisen-Konstantan-Thermoelement, das mit Hilfe eines zweigeteilten Ringes aus Messing oder Preßstoff in der Mitte des Stabes aufgeklemmt wird und mit umläuft. Die Enden der beiden Drähte des Elements sind zu Messingschleifringen *x* geführt, die an den Köpfen der Einspannwellen isoliert angeordnet sind. Der Strom wird hier durch Bürsten aus Messingdrahtgeflecht abgenommen und zum Ablesegalvanometer geführt.

Zum Abschalten der Maschine beim Bruch der Probe ist ein Kontakt *y* vorgesehen, der vom Ende des Waagebalkens *l* betätigt wird und den Schaltautomaten auslöst. Um zu erreichen, daß zur Ausschaltung eine nur geringe Absenkung des Waagebalkens erforderlich ist, wird der Anschlag, auf den das Ende des Waagebalkens schlägt, durch eine Spindel *z* in der Höhe verstellt. Die Spitze der Spindel drückt auf einen Winkelhebel, dessen zweiter Arm den Kontakt betätigt.

Da sich die Probestäbe vielfach bei den Dauerversuchen stark erwärmen, ist eine Kühlvorrichtung vorgesehen, die den Probestabschaft mit Öl, das durch eine besondere Umwälzpumpe gefördert wird, reichlich bespült.

d) Dauerbiegemaschinen für kleine Proben von E. LEHR, Bauart MAN.

Die Einspannung ist entweder für Probestücke mit zylindrischen Köpfen oder für Kurzstäbe mit kegeligen Köpfen eingerichtet, wie sie insbesondere für Proben, die quer zur Faser entnommen sind, in Frage kommen.

Abb. 118 zeigt den Gesamtaufbau der Maschinen. Abb. 119 die Einzelheiten der Einspannung für Kurzstäbe mit kegeligen Köpfen, Abb. 120 diejenige für Stäbe mit zylindrischen Köpfen.

Die Einspannwellen *b* sind in gußeisernen Gehäusen *c* gelagert, die um eine Querachse drehbar in Böcken *d* gelagert sind, welche in Führungen des Grundgestells der Maschine verschoben werden können.

Ferner ist eine kräftige Feststellvorrichtung *e* vorgesehen, um die Gehäuse beim Einspannen des Probestabes mit genau waagerechter Achse halten zu können. An dem der Maschinenmitte zugekehrten Ende der Gehäuse *c* greifen gabelförmige Zuggehänge *f* an, die an einem gemeinsamen Querhaupt *g* angelenkt sind. Durch Auswechseln dieses Querhauptes ist es möglich, Stäbe mit verschiedener Schaftlänge einzubauen und zu prüfen.

In der Mitte des Querhauptes *g* greift die Zugstange *h* eines Winkelhebels *i* an, der um eine im Maschinengehäuse gelagerte Achse drehbar ist, und an dessen zweitem Hebelarm der Kopf der geeichten Belastungsfeder *k* angelenkt ist. Der zweite Kopf dieser Feder ist auf einem Schlitten *l* befestigt, der durch eine Spindel *m* verschoben wird. An dem Schlitten *l* ist ein Zeiger *n* angebracht, der auf einer Teilung *o* spielt, auf der unmittelbar das eingestellte Biegemoment abgelesen wird. Die Teilung ist am einen Ende an einem Arm *p* angelenkt, der auf der Achse des Winkelhebels *i* befestigt ist. Das andere Ende wird durch einen gleich langen und zu dem Arm parallelen Lenker *q* geführt. Auf diese

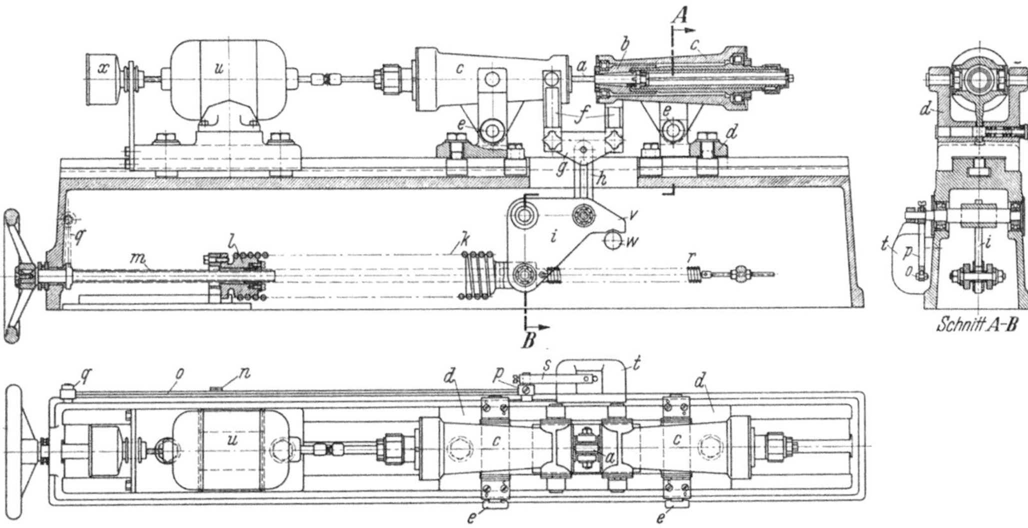

Abb. 118. Dauerbiegemaschine von E. Lehr, Bauart MAN, für Proben mit 7,5 mm Schaftdurchmesser. *a* Probestab; *b* Einspannwellen; *c* Lagergehäuse der Einspannwellen; *d* Lagerböcke für die Pendelachsen der Gehäuse *c*; *e* Feststellvorrichtung für die Gehäuse *c*; *f* Zuggehänge; *g* Querhaupt; *h* Zugstange; *i* Winkelhebel; *k* geeichte Belastungsfeder; *l* Schlitten für die Spannvorrichtung der Feder *k*; *m* Spindel; *n* Zeiger; *o* Maßstab mit Teilung zur Anzeige des Biegemoments; *p* Arm zur Führung des Maßstabes *o*; *q* Lenker; *r* Gegenfeder; *s* Hebel zum Ausschalter *t*; *t* Druckknopfschalter des Antriebsmotors; *u* Antriebsmotor; *v* Nase des Winkelhebels *i*; *w* Anschlag mit Gummi gepolstert; *x* Zählwerk 1:1000 untersetzt.

Weise wird erreicht, daß der Zeiger für alle Stellungen des Winkelhebels die Längenänderung zwischen den Einspannköpfen der Feder anzeigt, die der Federkraft verhältnisgleich ist. Um einen genau festgelegten Nullpunkt zu erhalten, wird die Meßfeder durch die Gegenfeder *r* vorgespannt.

Auf der Achse des Winkelhebels *i* ist schließlich ein Hebel *s* befestigt, der beim Bruch der Probe den Druckknopfschalter *t* des Antriebsmotors *u* betätigt und diesen stillsetzt. Dabei schlägt die Nase *v* des Winkelhebels auf einen mit Gummi gepolsterten Anschlag *w*. Als Antriebsmotor wird in der Regel ein Drehstromasynchronmotor mit $n = 3000$/min verwendet, mit dem das 1:1000 untersetzte Zählwerk *x* direkt gekuppelt ist.

Die Einzelheiten der Probestabeinspannung zeigen Abb. 119 und 120.

In beiden Fällen ist am vorderen Ende der rohrförmigen Einspannwelle *b* ein Futter mit einsatzgehärtetem Sitz für den Probestab aufgepreßt. Auf diesem Futter sitzt ein Zylinderrollenlager *d*, das sich in axialer Richtung frei bewegen kann. Das andere Ende der rechts angeordneten Einspannwelle wird von einem Rollenlager *e* mit Schultern aufgenommen, wodurch die Welle axial festgelegt ist. Das Ende der links liegenden Einspannwelle ist dagegen in einem schulterlosen Rollenlager gelagert, diese Welle also axial frei beweglich.

Der Probestabkopf wird durch eine Schraube *f* in seinen Kegelsitz gezogen, die am Kopfstück eines in der Einspannwelle steckenden Rohres *g* angeordnet ist. Das Kopfende dieses Rohres ist auf der Einspannwelle durch die auf seinen Endflansch gesetzte Überwurfmutter *h* so gehalten, daß es sich zwar drehen, aber nicht in axialer Richtung verschieben kann. Durch diese Maßnahme ist es möglich, durch Verdrehen des Rohres *g* im entgegengesetzten Sinn den Stabkopf beim Ausspannen des Probestabes aus dem Kegelsitz herauszudrücken.

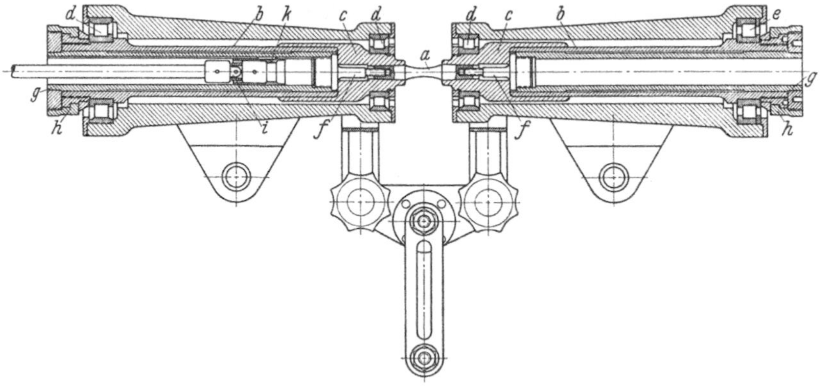

Abb. 119. Einspannwellen für Kurzstäbe mit kegeligen Köpfen zur Maschine Abb. 118.
a Probestab; *b* Einspannwellen; *c* Futter mit einsatzgehärtetem Sitz; *d* Zylinderrollenlager ohne Schultern; *e* Zylinderrollenlager mit Schultern; *f* Schraube zum Festspannen und Lösen des Einspannkopfes; *g* Rohr zur Einspannschraube *f*; *h* Überwurfmutter; *i* Kardangelenk der Antriebswelle; *k* Schieber mit Mitnehmer.

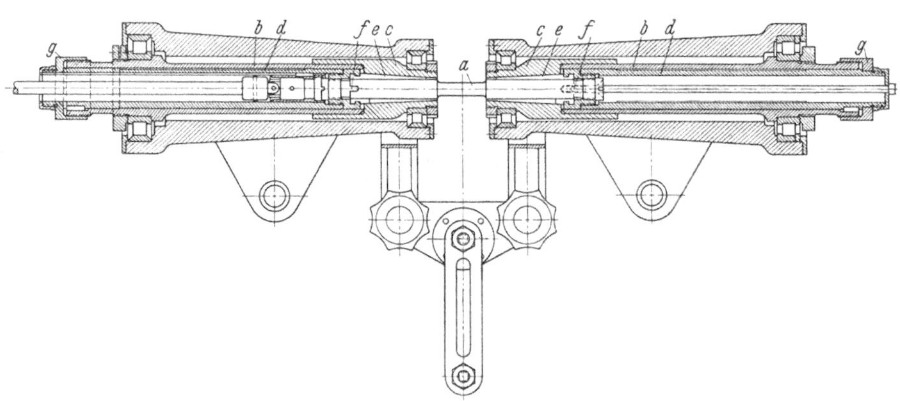

Abb. 120. Einspannwellen für Probestäbe mit zylindrischen Köpfen.
a Probestab; *b* Einspannwellen; *c* Futter mit einsatzgehärtetem Innenkegel; *d* Innenrohre; *e* mehrfach geschlitzte Spannpatronen; *f* Mitnehmer; *g* Überwurfmuttern.

Der Antrieb erfolgt durch ein Kardangelenk *i*, das einerseits am Ende der Kardanwelle des Motors, anderseits an einem Schieber *k* angreift, der in der Längsrichtung der Einspannwelle beweglich ist und diese mittels Nutkeil mitnimmt. Der Mittelpunkt des Kardangelenks ist so angeordnet, daß er in die Pendelachse des Lagergehäuses der Einspannwelle fällt.

Bei der Einspannung für Stäbe mit zylindrischen Köpfen (Abb. 120) sind die Einspannwellen *b* selbst und ihre Lagerung ebenso ausgebildet, wie bei Abb. 119. Sie erhalten jedoch andere Köpfe *c*, die eine nach innen erweiterte kegelige Bohrung besitzen. In diese wird durch das Innenrohr *d* die mehrfach geschlitzte Spannpatrone *e* eingedrückt, die den Stabkopf festklemmt. Dieser wird außerdem noch durch Mitnehmer *f*, die in Schlitze an seinen Enden eingreifen, gegen Verdrehung gesichert.

Die Spannpatronen *e* greifen mit ihren Köpfen hinter Bunde der Rohre *d*. Durch diese Anordnung werden sie zurückgezogen, wenn der Stab ausgebaut werden soll, wobei das Rohr *d* durch Zurückschrauben der Überwurfmutter *g* rückwärts bewegt wird.

e) Dauerbiegemaschine von SCHWINNING und DORGERLOH zur Prüfung von Drähten.

Abb. 121 zeigt eine Sonderprüfmaschine die von W. SCHWINNING und E. DORGERLOH[1] entwickelt wurde. Sie kann zur Ermittlung der Dauerbiegefestigkeit von Drähten benutzt werden, deren Durchmesser zwischen 1,8 und 5 mm liegen.

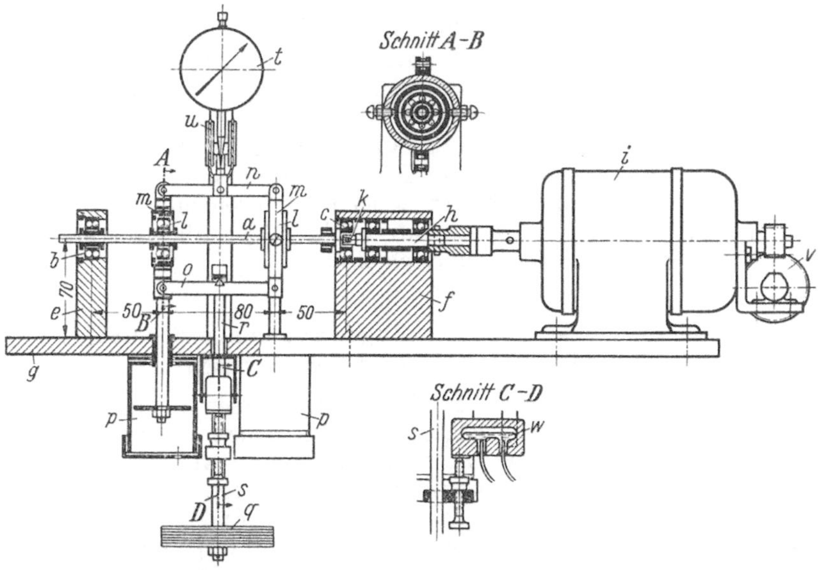

Abb. 121. Dauerbiegemaschine für Drähte mit 1,8 bis 5 mm Dmr. von W. SCHWINNING und E. DORGERLOH. *a* Probestab; *b, c* Stützkugellager; *e, f* Lagerböcke der Stützkugellager; *g* Grundplatte; *h* Antriebswelle; *i* Antriebsmotor; *k* Kardangelenk; *l* mittlere Pendelkugellager; *m* Gehäuse der mittleren Lager; *n* obere Kuppelstange; *o* untere Kuppelstange; *p* Öldämpfer; *q* Belastungsgewichte; *r* Schneidengehänge; *s* Zugstange; *t* Meßuhr zur Messung der mittleren Durchbiegung; *u* doppelarmiger Hebel zum Ausgleich des Eigengewichts der Lastlager mit Belastungsgehänge, am vorderen Ende dieses Hebels ist die Kuppelstange *n* mit Kettchen aufgehängt; die Abbildung zeigt die Stirnfläche des Hebels mit den Kettchen; *v* Zählwerk; *w* Quecksilberschaltröhrchen.

Der Probestab ist dabei ein gerade gezogener Draht von 200 mm Länge. Der Aufbau ist ähnlich wie bei der Maschine von SONDERICKER-FARMER. Der Probestab *a* wird an den Enden durch zwei Pendelkugellager *b, c* gestützt, deren Lagerböcke *e, f* mit der Grundplatte *g* der Maschine verschraubt sind. In dem rechts angeordneten Lagerbock *f* ist zugleich die Antriebswelle *h* untergebracht, die mit dem Motor *i* gekuppelt ist und die Drehung durch ein Kardangelenk *k* auf den Probestab überträgt. Die Gehäuse *m* der mittleren Kugellager *l*, an denen die Belastung angreift, sind miteinander durch zwei Kuppelstangen *n, o* gelenkig verbunden. Ferner sind sie zur Erzielung eines ruhigen Laufs mit Öldämpfern *p* ausgerüstet. Die Belastung wird durch Gewichte *q* hervorgebracht, die an einer in der Mitte der unteren Kuppelstange *o* mittels Schneidengehänge *r* angreifenden Zugstange *s* befestigt werden.

[1] SCHWINNING, W. u. E. DORGERLOH: Z. Metallkde. Bd. 23 (1931) S. 186.

Der glatt zylindrische Probestab muß in die Kugellager eingespannt werden. Zur Vermeidung der Kerbwirkung werden zwischen den stählernen Klemmbüchsen der Lager und dem Draht nachgiebige Beilagen aus Pertinax angeordnet. Hierdurch wird erreicht, daß der Bruch meist in der Strecke zwischen den mittleren Lagern und nur selten in den Lagerstellen auftritt. Um axiale Zugspannungen auszuschalten, ist nur die Spannbüchse eines Lagers auf der Antriebsseite fest mit dem Kugellagerinnenring verbunden. Die übrigen drei Klemmbüchsen sitzen mit Schiebesitz in den Lagerringen. Um zu erreichen, daß alle Lager gleichmäßig mitgenommen werden, sind die Lagerinnenringe durch kleine Schraubenfedern, die über den Probedraht gesteckt werden, miteinander gekuppelt.

Die Durchbiegung der Probe wird als Mittelwert der senkrechten Bewegung der Lastlager gemessen, indem der Taster einer Meßuhr *t* auf die Mitte der oberen Kuppelstange *n* aufgreift.

Zum Ausgleich des Eigengewichtes aller mit den Lastlagern verbundenen Teile ist die Mitte der oberen Kuppelstange *n* durch Kettchen am einen Ende eines am Maschinenbett gelagerten doppelarmigen Hebels *u* aufgehängt, an dessen anderem Ende ein Gegengewicht angreift.

Die Lastspielzahl wird durch ein Zählwerk *v* angezeigt, das an das freie Ende des Antriebsmotors angebaut ist. Beim Bruch des Probestabes wird die Maschine durch eine Vorrichtung ausgeschaltet, welche die Stromzuführung zum Motor mittels Quecksilberschaltröhrchen *w* unterbricht, sobald die Durchbiegung der Probe einen bestimmten Betrag überschreitet.

f) Dauerbiegemaschine mit Zugvorspannung für Drähte von WOERNLE, Bauart Losenhausen[1].

Abb. 122 zeigt schematisch die Anordnung dieser Sonderprüfmaschine, welche die Beanspruchung nachzuahmen sucht, denen die Drähte in einem Drahtseil unterworfen sind. Der zu prüfende Draht *a* wird über ein am Umfang mit einer Rille versehenes Segment *b* gelegt, dessen Halbmesser zwischen 125 und 500 mm gewählt werden kann. An beiden Enden wird der Draht in Zweibackenfuttern *c* festgespannt, die an je einer Einspannwelle angeordnet sind. Die links liegende Welle *d* ist in ihrem Lagergehäuse mit Hilfe von Längskugellagern in axialer Richtung unverschieblich gelagert. Die rechts angeordnete Welle *e* kann sich gegenüber ihrem Lagergehäuse in Richtung ihrer Längsachse verschieben. An ihrem Ende greift unter Zwischenschaltung eines in dem Lagergehäuse *k* geführten Schlittens mit Längskugellager *f* ein Stahlband *g* an, das über eine Umlenkrolle *h* läuft und an dessen Ende Gewichte *i* angehängt werden können, die zwischen 4 und 100 kg liegen. Durch diese Anordnung ist es möglich, auf den zu prüfenden Draht eine Zugvorspannung auszuüben.

Die Lagergehäuse *k* der Einspannwellen sind um waagerechte Achsen schwenkbar und können stets so eingestellt werden, daß die Achsen der Einspannwellen genau in die Richtung von Tangenten an das Segment *b* fallen. Dieses kann in der Höhenlage verstellt werden, damit auch bei verschiedenen Krümmungen immer die gleiche Drahtlänge aufliegt. Die beiden Einspannwellen werden unter Zwischenschaltung von Kardanwellen *m* durch Kegelradvorgelege *l* angetrieben, die an die gemeinsame Antriebswelle *n* angeschlossen sind. Somit laufen beide Einspannwellen stets genau mit der gleichen Drehzahl und eine zusätzliche Verdrehbeanspruchung des Probedrahtes ist ausgeschlossen. Die Drehzahl kann mit 1000, 2000 oder 3000/min gewählt werden.

---

[1] RICHTER, G.: Z. Metallkde. Bd. 29 (1937) S. 214.

Durch das Segment *b* wird dem ursprünglich geraden Draht *a* eine kreisbogenförmige elastische Linie aufgezwungen. Bleibt die Verformung vollständig im elastischen Bereich, so besteht zwischen der Biegewechselbeanspruchung σ_{Wb} in den Randfasern des Drahtes, der einen Durchmesser *d* und den Elastizitätsmodul *E* besitzt und dem Halbmesser *R* des Segments *b* die Beziehung:

$$\sigma_{Wb} = E \cdot \frac{d}{2R}.$$

Beim Dauerversuch muß die Rille des Segments, das in der Regel aus Gußeisen besteht, reichlich geschmiert werden, damit eine Beschädigung des Drahtes vermieden wird. Störend wirkt, daß die Oberfläche des Drahtes beim Umlaufen durch den Druck, mit dem er in der Rille des Segments anliegt, sozusagen „prägepoliert" und somit verfestigt wird, so daß bei der Dauerprüfung nicht mehr die Eigenschaften des Drahtes im Ausgangszustand erfaßt werden. Beim Bruch der Probe schaltet sich die Maschine selbsttätig aus, wobei der Ausschalter durch axiale Verschiebung der Welle *e* betätigt wird.

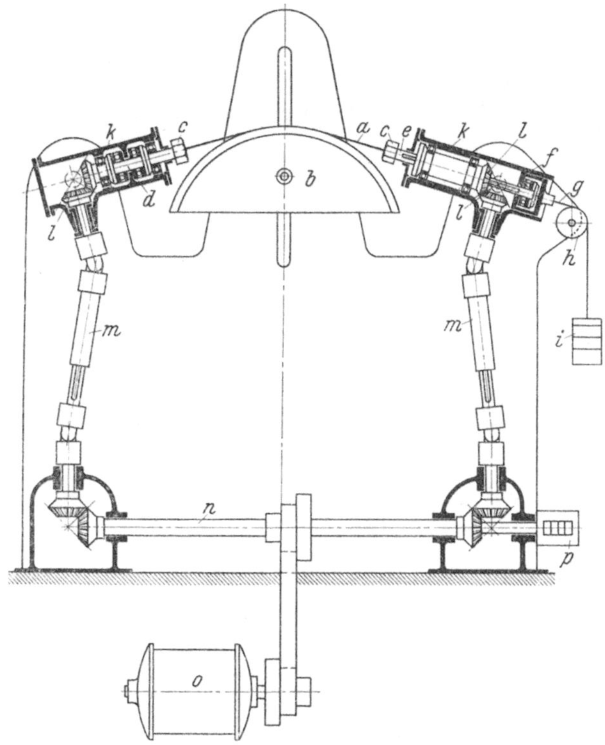

Abb. 122. Schema der Dauerbiegemaschine für Drähte von WOERNLE, Bauart Losenhausen.
a zu prüfender Draht; *b* Segment aus Gußeisen mit Rille am Umfang, in der Höhe verstellbar; *c* Zweibackenfutter der Einspannwellen; *d* unverschieblich gelagerte Einspannwelle; *e* verschieblich angeordnete Einspannwelle; *f* Schlitten mit Längskugellager; *g* Stahlband; *h* Umlenkrolle; *i* Belastungsgewichte; *k* Lagergehäuse der Einspannwellen; *l* Kegelradvorgelege der Einspannwellen; *m* Kardanwellen; *n* Antriebswelle; *o* Antriebsmotor; *p* Zählwerk.

g) Maschine von BOLLENRATH, Bauart Schumag[1].

Eine Dauerbiegemaschine mit umlaufendem Probestab, die mit einer Zusatzeinrichtung zur Erzeugung eines Wechseldrehmoments versehen ist, wurde nach Angaben von BOLLENRATH von der Firma Schumag entwickelt. Sie sollte dazu dienen, die Dauerfestigkeit bei Überlagerung von Biege- und Drehschwingungsbeanspruchung zu ermitteln. Die Konstruktion ist schematisch in Abb. 123 dargestellt. Die Anordnung zur Erzeugung der Dauerbiegebeanspruchung bietet keine Besonderheiten. Die Zusatzanordnung zur Erzeugung des Wechseldrehmoments besteht im wesentlichen aus einer elektromagnetischen Wirbelstrombremse *h*, deren Bremsscheibe *g* am einen Ende einer Welle *f* sitzt, die am anderen Ende eine Kurbel *l* trägt. Diese Welle ist in einem Schlitten *i* gelagert, der in senkrechter Richtung durch eine Spindel *k* verstellt werden kann. Die Kurbel *l* greift mit einer Gleitführung auf einen Arm *e* auf, der am Ende der benachbarten Einspannwelle *d* der Dauerbiegevorrichtung aufgesetzt ist. Wird die Bremswelle *f* so eingestellt, daß ihre Achse mit der Achse der Einspannwelle *d* zusammenfällt,

[1] OSCHATZ, H.: Z. VDI Bd. 80 (1936) S. 1433.

so wird durch die Bremse auf den Probestab lediglich ein zusätzliches Drehmoment ausgeübt, dessen Größe sich mit dem Drehwinkel nicht ändert. Wird dagegen die Achse der Bremswelle um einen Betrag H gegenüber der Einspannwelle verschoben, so wird auf den Probestab ein Drehmoment ausgeübt, das sich zwischen zwei Grenzwerten etwa mit dem Sinus des Drehwinkels ändert. Ist R die Länge des Kurbelarms der Bremswelle, H die Versetzung der Wellenachsen gegeneinander, M_{do} das Bremsmoment, so ist der Größenwert des auf den Probestab ausgeübten Drehmoments

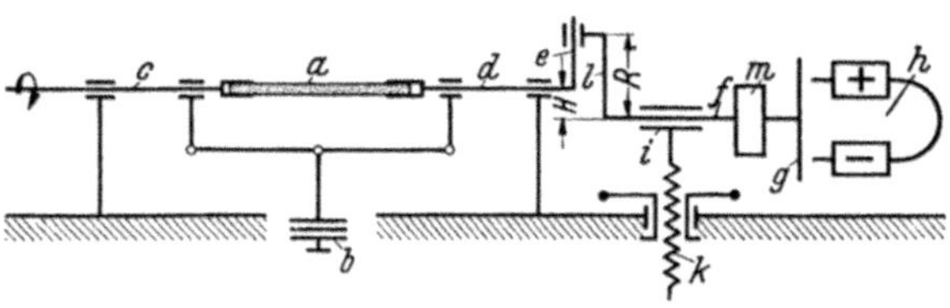

Abb. 123. Schema der Maschine für zusammengesetzte Biege- und Drehschwingungsbeanspruchung nach BOLLENRATH, Bauart Schumag. *a* Probestab; *b* Gewichtsbelastung der Vorrichtung für die Biegebeanspruchung; *c*, *d* Einspannwellen; *e* Arm an der Einspannwelle *d*; *f* Bremswelle; *g* Bremsscheibe; *h* Brems-Elektromagnet; *i* Schlitten mit Lagerung der Bremswelle; *k* Spindel zur Verstellung des Schlittens *i*; *l* Kurbel der Bremswelle *f*, Länge *R*; *m* Schwungrad.

$$M_{d\,\max} = M_{do} \cdot \frac{R+H}{R},$$

der Kleinstwert

$$M_{d\,\min} = M_{do} \cdot \frac{R-H}{R}.$$

Also ist der Scheitelwert des schwingenden Anteils des Drehmoments

$$M_{dA} = \frac{1}{2}\,(M_{d\,\max} - M_{d\,\min}) = M_{do} \cdot \frac{H}{R}.$$

Während das mittlere Drehmoment sich ergibt zu:

$$M_{dm} = \frac{1}{2}\,(M_{d\,\max} + M_{d\,\min}) = M_{do}.$$

Die Größe von M_{do} kann durch Regeln des Gleichstroms in den Wicklungen des Bremsmagneten h feinfühlig eingestellt werden.

h) Maschine von E. LEHR, Bauart MAN, zur Prüfung von Proben mit 20 bis 60 mm Schaftdurchmesser.

In Abb. 124 ist eine von E. LEHR entwickelte Dauerbiegemaschine dargestellt, auf der Probestäbe mit 20 bis 60 mm Schaftdurchmesser geprüft werden können. Der Probestab *a* läuft in 4 Pendelrollenlagern *b*, die in zwei muldenförmig ausgebildeten Schwingen *c* aufgenommen werden. Diese sind um je eine die Probestabachse senkrecht kreuzende feste Achse pendelnd gelagert. Die Lagerböcke *d*, die diese Achsen tragen, sind auf dem Maschinengestell befestigt. Das Eigengewicht der Schwingen *b*, *c* wird durch Federn *e* ausgeglichen, die einen Spannweg von etwa 300 mm haben, so daß eine Durchbiegung des Probestabes keinen merklichen Einfluß auf den Gewichtsausgleich ausübt. Die Zugstange *f* der Belastung greift in der Mitte eines Joches *g* an, dessen Enden durch Gehänge *h* mit den Schwingen *c* verbunden sind.

Die Belastung wird durch eine geeichte Feder *i* erzeugt. Diese greift am einen Ende eines doppelarmigen Hebels *k* an, mit dessen anderem Ende die Zugstange *f* gelenkig verbunden ist, während die Drehachse *l* durch Versetzen des Lagerbocks *m* in drei verschiedene Stellungen gebracht werden kann. Dementsprechend wird das Hebelverhältnis von 1:1 auf 1:2 oder auf 1:6 vermindert. Die an der Zugstange *f* angreifende Kraft, kann dabei bis zu einem Höchstwert von 1000, 2000, oder 6000 kg eingestellt werden.

Das auf den Probestab ausgeübte Biegemoment ergibt sich als Produkt des Hebelarms von der Pendelachse der Schwinge bis zum Angriffspunkt des Belastungsgehänges *h* (250 mm) und der Hälfte der jeweils in der Zugstange *f* übertragenen Kraft.

Die Gegenfeder *n* sorgt dafür, daß die geeichte Feder *i* bei Belastung Null noch unter Spannung bleibt, was zur genauen Einstellung des Nullpunktes erforderlich ist. Die Kraft der Belastungsfeder wird durch Messung der Längenänderung mittels der in der Federachse untergebrachten Meßstange *o* ermittelt, deren Verschiebung gegenüber der Einstellspindel durch eine Meßuhr *q* abgetastet wird, deren Gehäuse am Kopf der Spindel *p* befestigt ist und deren Taster bei der Messung durch die Fühlschraube *r* bis zur Berührung mit der Meßstange verschoben wird.

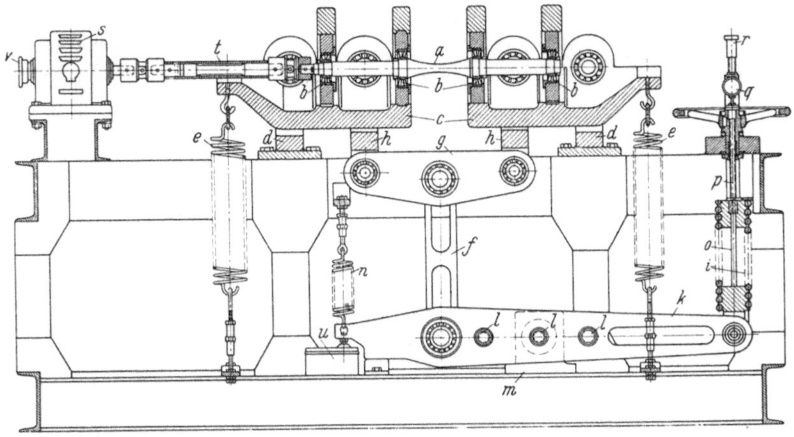

Abb. 124. Dauerbiegemaschine von E. LEHR, Bauart MAN, zur Prüfung von Stäben mit einem Schaftdurchmesser von 20 bis 60 mm.

a Probestab; *b* Pendelrollenlager; *c* Schwingen; *d* Lagerböcke für die Pendelachsen der Schwingen; *e* Federn zum Ausgleich des Eigengewichts der Schwingen; *f* Zugstange der Belastung; *g* Querjoch; *h* Belastungsgehänge; *i* geeichte Belastungsfeder; *k* doppelarmiger Belastungshebel; *l* Drehachsen des Hebels *k*; *m* Lagerbock des Hebels *k*; *n* Gegenfeder; *o* Meßstange der Feder *i*; *p* Verstellspindel für die Feder *i*, betätigt durch Mutter mit Handrad; *q* Meßuhr; *r* Fühlschraube; *s* Antriebsmotor; *t* Kardanwelle; *u* Druckknopfschalter; *v* Zählwerk.

Der Antriebsmotor *s* überträgt das Drehmoment durch eine Kardanwelle *t* auf den Probestab. Er wird beim Bruch der Probe durch einen Druckknopfschalter *u* stillgesetzt, der durch den Belastungshebel *k* betätigt wird. Das 1:1000 untersetzte Zählwerk *v* ist mit dem freien Ende des Motors direkt gekuppelt.

i) Maschine von E. LEHR, Bauart MAN, für Proben bis 200 mm Schaftdurchmesser.

Eine Dauerbiegemaschine, auf der Probestäbe mit Schaftdurchmessern bis zu 200 mm geprüft werden können, wurde nach der Konstruktion von E. LEHR, von der MAN gebaut. Abb. 125 zeigt den Gesamtaufbau der Maschine. Bei einem Schaftdurchmesser von 160 bis 200 mm werden Probestäbe verwendet, die gemäß Abb. 125 so ausgebildet sind, daß die Lagerstellen auf dem rd. 4 m langen Stab unmittelbar angeordnet sind.

Bei Untersuchung von Stäben mit Schaftdurchmessern bis 165 mm und bei der Prüfung von anderen Probekörpern, z. B. von Kurbelwellenkröpfungen, wird als umlaufender Teil die in Abb. 126 dargestellte Anordnung verwendet. Hierbei sind besondere Einspannwellen vorgesehen, auf denen die Lagerstellen angeordnet sind. Sie sind mit kegeligen Bohrungen versehen, in welchen die entsprechend ausgebildeten Stabköpfe befestigt werden.

Die vier Lager *b*, von denen der Probestab *a* aufgenommen wird, sind Gleitlager. Ihre Gehäuse *c* sind in Pendelrollenlagern *d* gehalten, derart, daß sie sich um die waagerechte Querachse leicht einstellen können, so daß Kantenpressungen der Lager vermieden werden. Die Pendelrollenlager *d* sind in zwei Schwingen *e* angeordnet, die aus je zwei miteinander verlaschten I-Trägern bestehen. Die Schwingen *e* sind in Pendelrollenlagern *f* um je eine waagerechte

Achse pendelnd in Böcken *g* gelagert, die auf dem Grundrahmen *h* der Maschine befestigt sind. Das Eigengewicht der Schwingen *e* einschließlich der Lagerung

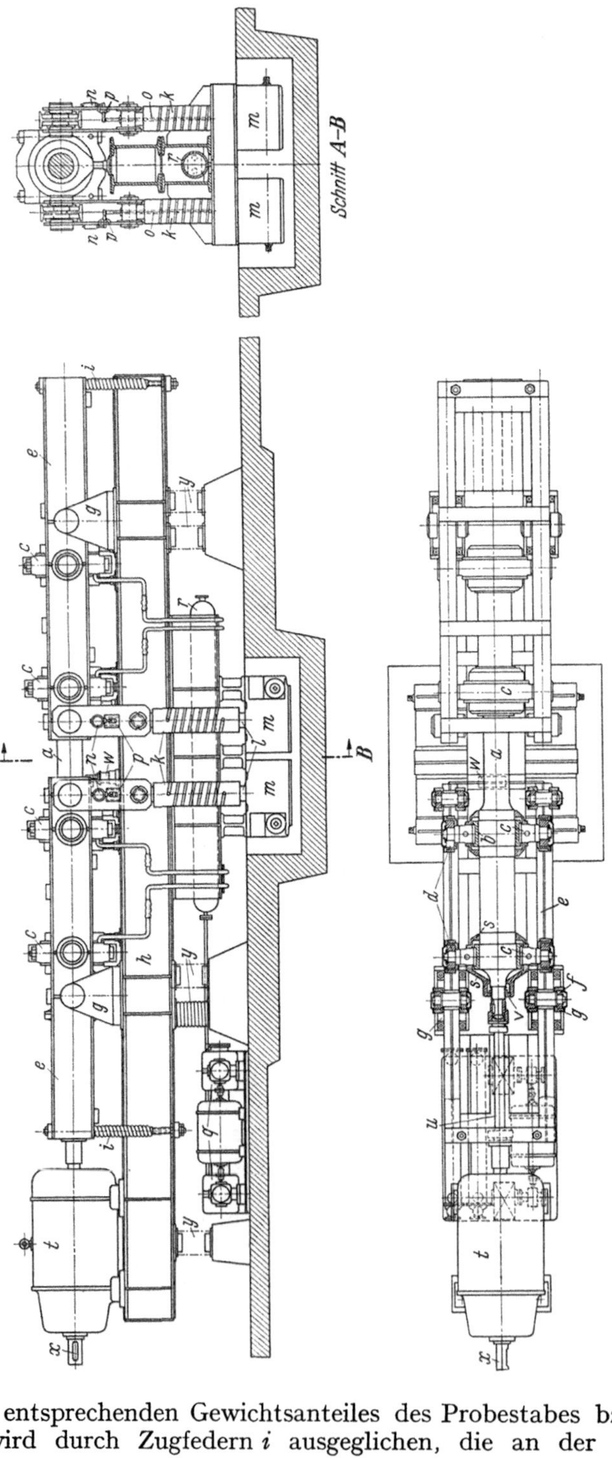

Abb. 125. Dauerbiegemaschine von E. LEHR, Bauart MAN, für Probestäbe mit einem Schaftdurchmesser bis 20 mm.

a Probestab; *b* Gleitlager; *c* Lagergehäuse; *d* Pendelrollenlager für die Schwenkachsen der Lagergehäuse *c*; *e* Schwingen; *f* Pendelrollenlager für die Drehgelenke der Schwingen *e*; *g* Lagerböcke für die Drehgelenke der Schwingen *e*; *h* Grundrahmen; *i* Zugfedern zum Gewichtsausgleich der Schwingen *e* mit den Lagern *c*; *k* geeichte Belastungsfedern; *l* Schraubspindeln zum Spannen der Federn *k*; *m* Schneckengetriebe zum Verstellen der Spindeln *l*; *n* Meßuhren zur Anzeige der Federdehnung; *o* Meßstäbe zur Anzeige der Federdehnung; *p* Zwischenhebel für die Meßuhren *n*; *q* Ölpumpe; *r* Windkessel; *s* Ölfangdeckel; *t* Antriebsmotor; *u* Kardanwelle; *v* Längskugellager zur Festlegung des Probestabes in Richtung seiner Längsachse; *w* Druckknopfschalter zur Betätigung des Schaltautomaten; *x* Zählwerk; *y* Federn zur Schwingungsisolierung der Maschine.

und des entsprechenden Gewichtsanteiles des Probestabes bzw. der Einspannwellen wird durch Zugfedern *i* ausgeglichen, die an der Verlängerung der

Schwingen *e* angreifen. Die Belastung wird durch vier geeichte Zugfedern *k* für je 15 t Höchstlast erzeugt, die an den nach der Mitte der Maschine zu liegenden Enden der Schwingen *e* angelenkt sind. Diese Federn werden durch Schraubspindeln *l* gespannt, die am unteren Ende der Federn *k* eingesetzt sind, und deren Muttern durch Schneckengetriebe *m* gedreht werden. Diese werden mittels Ratsche von Hand betätigt. Die der Federkraft verhältnisgleiche Verlängerung der Federn *k* wird von je einer Meßuhr *n* angezeigt, die durch einen in der Federachse angeordneten Meßstab *o* betätigt wird.

Sämtliche Lager erhalten Druckölschmierung durch eine Ölpumpe *q*, wobei die Zuleitungen an einen Windkessel *r* angeschlossen sind. Der Ölrücklauf erfolgt in den als Ölbehälter ausgebildeten Grundrahmen *h* der Maschine, wobei das Öl an den Lagerstellen durch Deckel *s* abgefangen wird, die gegen die Welle abgedichtet sind.

Zum Antrieb dient ein Drehstrommotor *t* mit $n = \text{rd. } 700/\text{min}$. Das Drehmoment wird durch eine Kardanwelle *u* übertragen. Zur Festlegung des Probestabes in Richtung seiner Achse ist in den Lagerdeckel des dem Antriebsmotor benachbarten Lagergehäuses ein doppelwirkendes Längskugellager *v* eingebaut.

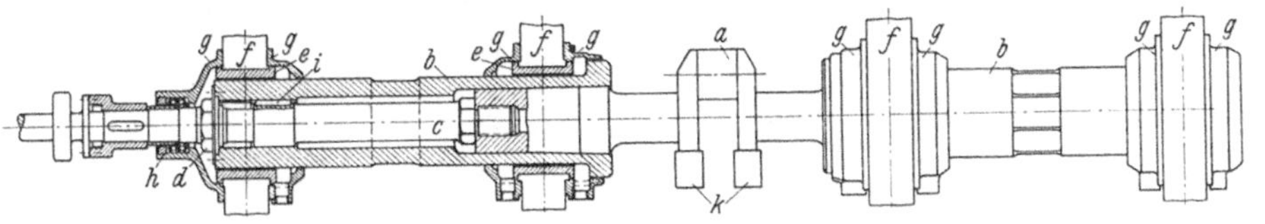

Abb. 126. Einspannwellen mit kegeligen Bohrungen und Kurbelwelle als Probekörper zur Dauerbiegemaschine Abb. 125. *a* Kurbelwellenkröpfung mit Gegengewichten; *b* Einspannwellen; *c* Einspannschraube; *d* Mutter zum Festziehen der Einspannschraube *c*; *e* Gleitlager; *f* Lagergehäuse; *g* Ölfangdeckel; *h* doppelwirkendes Längslager; *i* Gleitfeder zur Sicherung der Einspannschraube *c*; *k* Gegengewichte der Kurbelwelle.

Beim Bruch des Probestabes werden die Schwingen *e* von Gummipuffern aufgefangen. Gleichzeitig wird ein Druckknopfschalter *w* betätigt, der den Schaltautomaten des Antriebsmotors auslöst. Das 1 : 1000 untersetzte Zählwerk *x* ist mit dem Motor direkt gekuppelt. Die ganze Maschine ist zur Schwingungsisolierung auf Federn *y* aufgestellt.

Abb. 126 zeigt die Anordnung der Einspannwellen *b* mit einer als Probekörper eingebauten Kurbelwellenkröpfung *a*. Wie man hieraus ersieht, sind die Einspannwellen mit kegeligen Bohrungen versehen, in welche die entsprechend ausgebildeten Köpfe des Probestabes eingespannt werden. Zu diesem Zweck werden in diesen Köpfen die Einspannschrauben *c* befestigt, die durch Gleitfedern *i* in den Einspannwellen gegen Verdrehung gesichert sind. Durch Anziehen der Mutter *d* wird der Kopf des Prüfkörpers fest in die kegelige Bohrung der Einspannwelle gezogen. Zum Herausdrücken des kegeligen Einspannkopfes dient eine besondere Abdrückschraube, die in ein am Ende der Einspannwelle angeordnetes Gewinde eingeschraubt wird und mit einem in ihrer Bohrung angeordneten Bund auf die Einspannschraube *c* drückt. Die Wellen werden beim Ein- und Ausspannen der Probe an den etwa in ihrer Mitte angeordneten Schlüsselflächen festgehalten. Ihre Laufzapfen passen in die Gleitlager *e* der Prüfmaschine. Die Ölfangdeckel *g* sind ähnlich ausgebildet wie bei Benutzung eines durchgehenden Probestabes.

Die ganze Anordnung wird gegen Längsverschiebung durch ein auf der Antriebsseite angeordnetes doppeltwirkendes Längskugellager *h* gehalten, das auf der betreffenden Einspannschraube befestigt wird.

k) Dauerbiegemaschine der Deutschen Reichsbahn für naturgroße Eisenbahnradachsen.

Diese Maschine hat die Aufgabe, festzustellen, wie groß die Dauerbiegefestigkeit naturgroßer Eisenbahnradachsen ist, wenn diese entsprechend den im

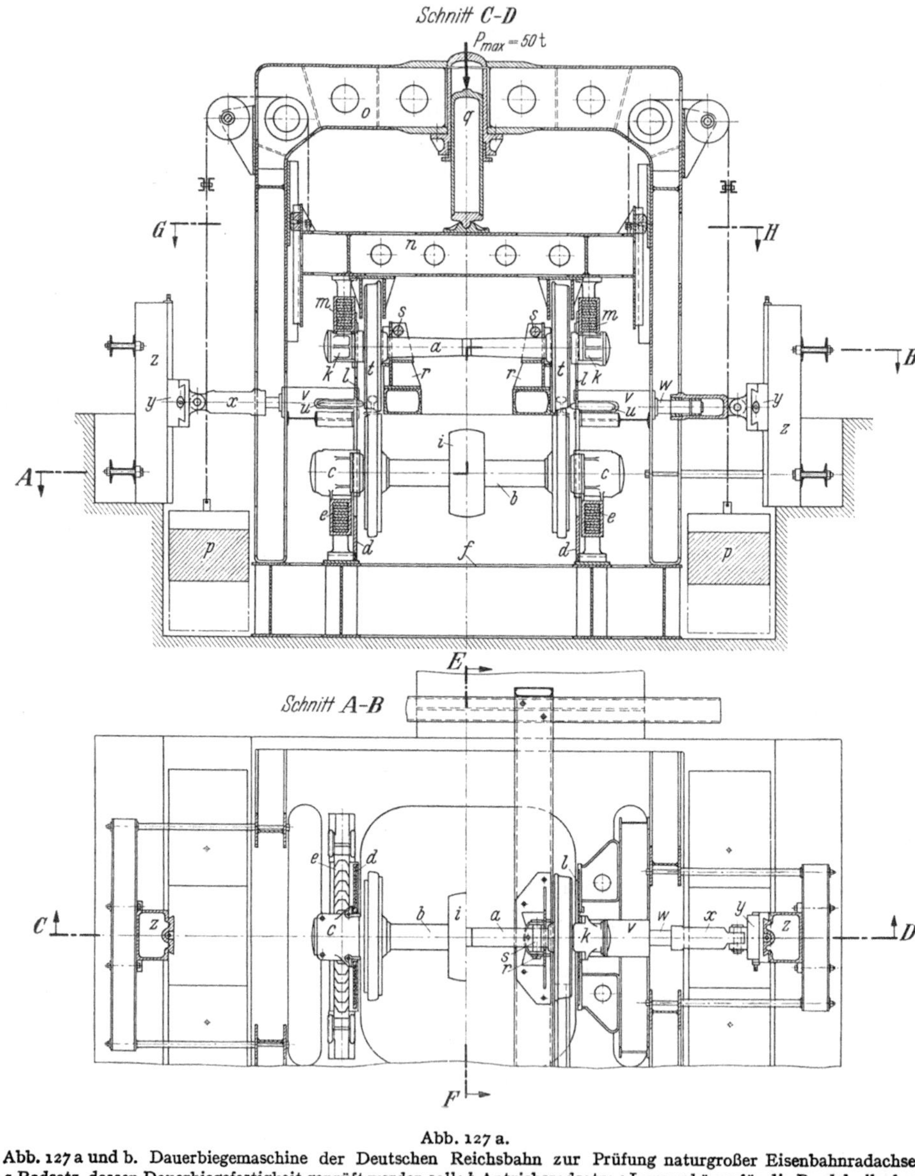

Abb. 127 a.

Abb. 127 a und b. Dauerbiegemaschine der Deutschen Reichsbahn zur Prüfung naturgroßer Eisenbahnradachsen. *a* Radsatz, dessen Dauerbiegefestigkeit geprüft werden soll; *b* Antriebsradsatz; *c* Lagergehäuse für die Pendelrollenlager des Antriebsradsatzes; *d* Achshalter für die Lagergehäuse *c*; *e* Blattfedern für die Lager des Antriebsradsatzes; *f* Grundrahmen der Maschine; *g* Antriebsriemen; *h* Antriebsmotor; *i* Riemenscheibe auf der Achse des Antriebsradsatzes; *k* Lagergehäuse des Prüfradsatzes; *l* Achshalter für die Lagergehäuse *k*; *m* geschichtete Blattfedern des Prüfradsatzes; *n* Belastungsrahmen; *o* Hauptrahmen der Prüfmaschine; *p* Gegengewichte zum Ausgleich des Eigengewichts des Belastungsrahmens *n*; *q* Drucktopf zur Erzeugung der Belastung; *r* Böcke zur Sicherung der Räder des Prüfradsatzes gegen Herausschleudern beim Eintritt des Bruches; *s* Verschlußbolzen der Böcke *r*; *t* Radkränze des Prüfradsatzes; *u* Rollen zur Übertragung des Seitendrucks; *v* Gabeln zur Lagerung der Rollen *u*; *w* Kolben der Preßtöpfe zur Erzeugung des Seitendrucks; *x* Zylinder der Preßtöpfe zur Erzeugung des Seitendrucks; *y* Schlitten zur Einstellung der Zylinder *x*; *z* Gleitbahnen zu den Schlitten *y*.

Betrieb wirkenden Kräften belastet werden. Abb. 127 zeigt den Aufbau dieser Maschine, die von der Firma Krupp, Essen, gebaut wurde. Der zu prüfende Radsatz *a* läuft auf einem im Unterteil der Maschine angeordneten zweiten Radsatz *b*, dessen Kränze einen dem Profil des Schienenkopfes entsprechenden Querschnitt besitzen. Ferner ist zur Geräuschdämpfung zwischen Radkranz

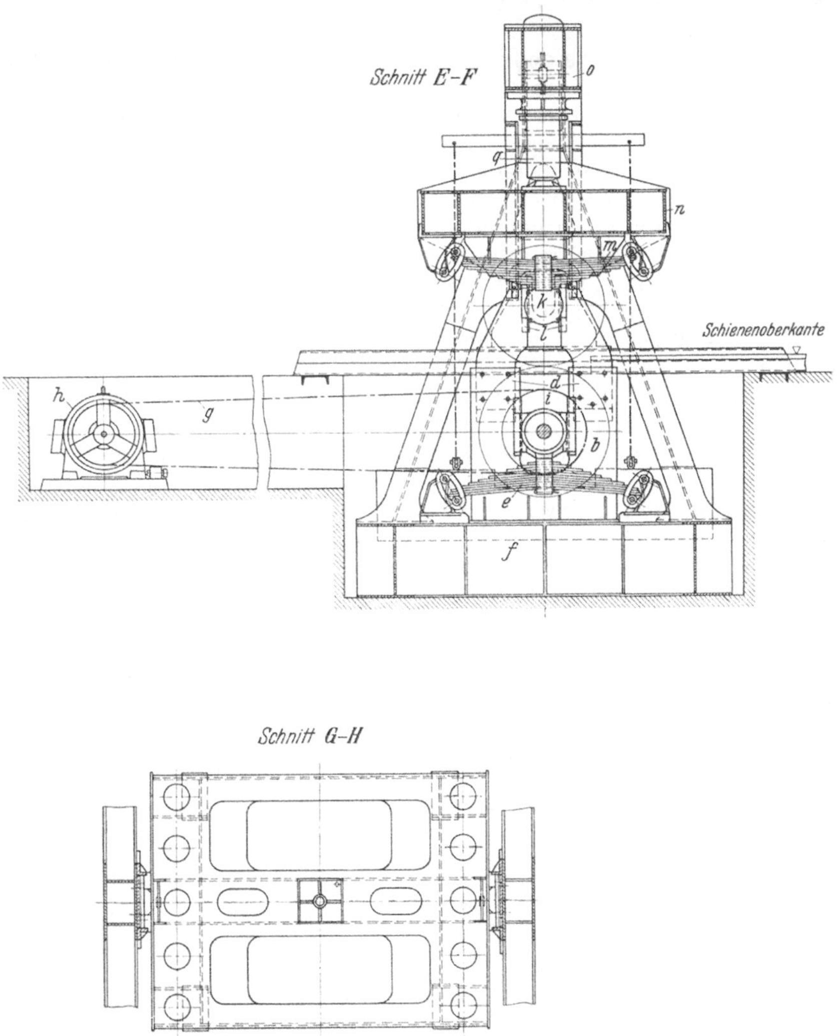

Abb. 127 b.

und Radstern eine Gummizwischenlage angeordnet. Der Antriebsradsatz *b* läuft in Pendelrollenlagern. Die Lagergehäuse *c* sind in Achshaltern *d* auf geschichteten Blattfedern *e* angeordnet, deren Gehänge am Grundrahmen *f* der Maschine befestigt sind[1]. Der Antrieb erfolgt mittels Riemen *g* von einem seitlich aufgestellten Elektromotor *h*. Die Riemenscheibe *i* ist in der Mitte des Antriebsradsatzes angeordnet.

[1] Beim Betrieb der Maschine zeigte sich, daß der Lauf ruhiger ist, wenn die Blattfedern *e* durch Einbau fester Unterlagen ausgeschaltet werden.

Der Prüfradsatz *a* läuft in geschlossenen Gleitlagern mit Druckölschmierung. Dabei wird das Drucköl von unten her, also auf der unbelasteten Seite zugeführt. Diese mit Palid ausgegossenen Lager ertragen, bezogen auf die Projektion des Lagerzapfens, Flächenpressungen bis zu 250 kg/cm² im Dauerbetrieb. Es war unmöglich die zur Prüfung erforderliche Belastung von 25 t je Lager bei Verwendung der im Eisenbahnbetrieb üblichen Halblagerschalen mit Dochtschmierung aufzubringen.

Die Lagergehäuse *k* werden in betriebsmäßiger Weise in Achshaltern *l* geführt und stützen sich auf geschichtete Blattfedern *m*. Ihre Gehänge sind in betriebsmäßiger Weise an dem Belastungsrahmen *n* befestigt. Dieser gleitet in Führungen des Maschinenrahmens *o*. Sein Eigengewicht wird durch Gegengewichte *p* ausgeglichen. Die Belastung erfolgt durch einen in den oberen Querbalken des Maschinengestells eingebauten Drucktopf *q*, der von einer Hochdruckpumpe gespeist wird. Durch einen besonderen Druckhalter wird der eingestellte Druck während des Dauerversuches selbsttätig gleichgehalten. Die Belastung kann bis zu 25 t je Achsschenkel insgesamt also 50 t betragen. Zur Sicherung der Prüfachse gegen Herausschleudern beim Bruch sind neben den Rädern des Prüfradsatzes Böcke *r* angeordnet, welche die Achse gabelförmig umfassen und nach Einbringen der Prüfachse durch Bolzen *s* geschlossen werden.

Die Maschine ist schließlich noch mit einer Belastungsvorrichtung versehen, die eine in Richtung der Achse wirkende Seitenkraft aufzubringen gestattet.

Ursprünglich war vorgesehen, den Seitendruck auf die Radachse zu übertragen, wobei sie sich am einen Spurkranz auf den Antriebsradsatz abstützen sollte. Diese Anordnung bewährte sich nicht. Es wurde daraufhin die in Abb. 127 eingetragene Anordnung gewählt. Dabei werden die Seitenkräfte durch die Rollen *u* beiderseits auf die Radkränze *t* des Prüfradsatzes übertragen. Die Rollen *u* sind mit Wälzlagern in Gabeln *v* gelagert, die an den Kolben *w* von Preßtöpfen sitzen und durch Führungen gegen Verdrehen gesichert sind. Die Zylinder *x* der Preßtöpfe stützen sich auf je einen Schlitten *y*, der seitlich und in der Höhe verstellbar ist und auf einer Führung *z* festgeklemmt wird, die mit dem Fundament fest verbunden ist.

l) Amerikanische Dauerbiegeversuche mit Eisenbahnradachsen.

Weitere Versuche zur Ermittlung der Dauerbiegefestigkeit von naturgroßen Achsen, die in Naben eingepreßt waren, wurden in Amerika durchgeführt[1].

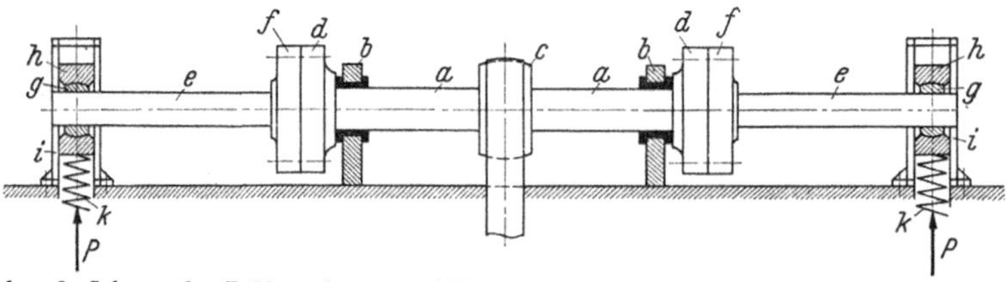

Abb. 128. Schema der Prüfanordnung von BUCKWALTER, HORGER und SANDERS zur Ermittlung der Dauerbiegefestigkeit von Eisenbahnachsen bis 295 mm Dmr.
a Antriebswelle; *b* Lager der Antriebswelle; *c* Riemenscheibe für den Antrieb; *d* Aufspannflanschen, an den Enden der Antriebswelle aufgeschrumpft; *e* zu prüfende Radachsen; *f* Naben, die auf die Radachsen *e* aufgepreßt sind; *g* Lastlager mit kugelig einstellbaren Schalen; *h* Gehäuse der Lastlager; *i* senkrechte Gleitführungen für die Gehäuse *h*; *k* Belastungsfedern.

Die Prüfanordnung, die in Abb. 128 schematisch dargestellt ist, bestand im wesentlichen aus einer in zwei Gleitlagern umlaufenden Welle, die mittels Riemen in Drehung versetzt wurde und an den beiden Enden große Flanschen

[1] BUCKWALTER, T. V., O. J. HORGER, W. C. SANDERS: Trans. A. S. M. E. Mai 1938, S. 335/345; Stahl u. Eisen Bd. 59 (1939) S. 1347.

trug. An diese wurden Naben angeflanscht, in welche die zu prüfenden Achsen eingepreßt waren. Am freien Ende jeder Prüfachse wurde ein Gleitlager mit allseitig einstellbaren Schalen aufgesetzt, dessen Gehäuse in senkrechten Führungen gehalten war und an dem die Belastung angriff, die durch Federn erzeugt wurde. Die Maschine arbeitete also grundsätzlich nach Belastungsanordnung 1. In dieser Weise wurde die Dauerbiegefestigkeit von Achsen mit Nabensitzen bei Durchmessern von 295, 150 bis 175 und 37,5 mm untersucht.

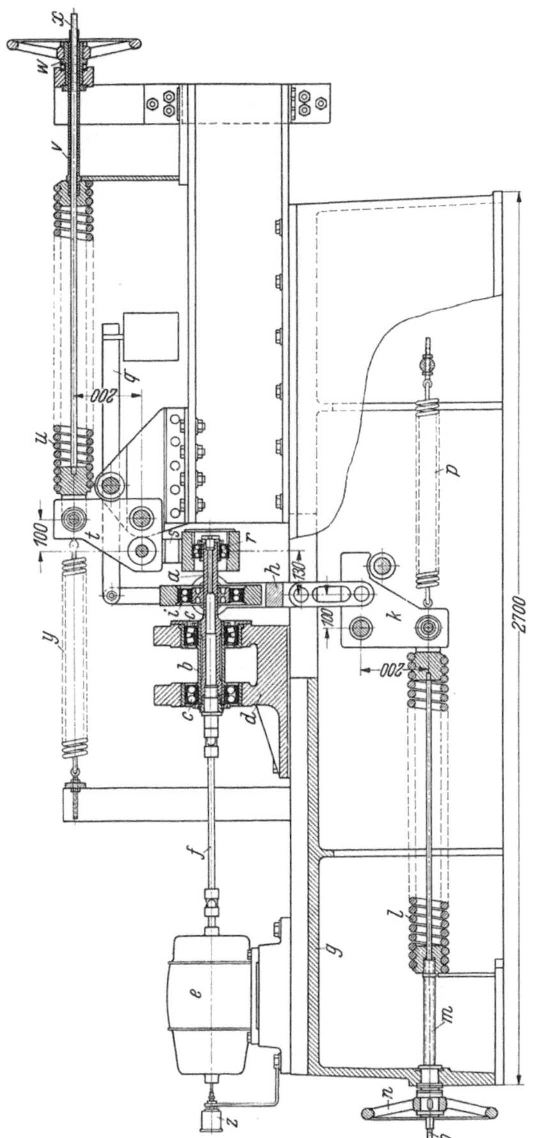

Abb. 129. Dauerbiegemaschine nach Belastungsanordnung 4 (E. Lehr).
a Probestab; *b* Einspannhülse; *c* Wälzlager der Einspannhülse *b*; *d* ortsfester Lagerbock; *e* Antriebsmotor; *f* Kardanwelle; *g* Grundgestell; *h* Belastungsgehänge *I*; *i* Kugellager mit Nabe für die Belastung *I*; *k* Winkelhebel *I*; *l* geeichte Belastungsfeder *I*; *m* Spindel zur Einstellung der Belastung *I*; *n* Mutter mit Handrad zur Spindel *m*; *o* Meßstange zur Belastungsfeder *l*; *p* Vorspannfeder *I*; *q* Hebel mit Gegengewicht zum Ausgleich des Eigengewichts des Gehänges *h*; *r* Kugellager für die Belastung *II*; *s* Belastungsgehänge *II*; *t* Winkelhebel *II*; *u* Belastungsfeder *II*; *v* Spindel zur Einstellung der Belastung *II*; *w* Mutter mit Handrad zur Spindel *v*; *x* Meßstange zur Belastungsfedern; *y* Vorspannfeder *II*; *z* Zähler.

6. Dauerbiegemaschine nach Belastungsanordnung 4.

Eine Prüfmaschine, deren Aufbau Belastungsanordnung 4 entspricht, wurde bisher nur in einem Fall ausgeführt. Ihre Konstruktion ist aus Abb. 129 zu ersehen. Den Anlaß gab die Aufgabe, Modelle von Hohlachsen zu prüfen. Die betriebsfertige Achse wird durch Hohlschmieden hergestellt, wobei der Durchmesser des Hohlraumes in der Mitte der Achse größer ist als an den Enden. Bei den zu prüfenden Modellen, deren Schaftdurchmesser 40 mm betrug, konnten die Hohlräume nur durch Ausbohren hergestellt werden. Deshalb wurde zur Prüfung eine Halbachse vorgesehen, die am einen Ende in zwei ortsfesten Lagern aufgenommen wurde. Auf das frei vorstehende Ende wurden zwei Pendelkugellager im Abstand von 130 mm aufgesetzt. An den Gehäusen dieser Kugellager war je eine Zugstange angelenkt, die zu dem einen Arm eines Winkelhebels führte, an dessen zweitem Arm die zur Erzeugung der Kraft dienende geeichte Belastungsfeder angelenkt war. Bei der Prüfung wurden die Federn stets so eingestellt, daß die an den Kugellagern angreifenden entgegengesetzt gerichteten Kräfte gleich groß waren, so daß auf den Prüfkörper ein reines Kräftepaar als Biegemoment ausgeübt wurde.

Alle weiteren Einzelheiten der Konstruktion sind aus Abb. 129 und dem zugehörigen Begleittext ersichtlich.

Da die ganze Anordnung umständlicher ist als die drei vorherbehandelten Belastungsanordnungen, wird sie nur in Sonderfällen in Betracht gezogen werden.

7. Dauerbiegemaschine nach Belastungsanordnung 5.

Bisher ist nur *eine* Dauerbiegemaschine bekannt geworden, die nach diesem Belastungsschema arbeitet. Sie wurde von THUM und BERGMANN angegeben und ist in Abb. 130 schematisch dargestellt[1].

Der Probestab *a* wird am einen Ende in eine Welle *b* eingespannt, die in zwei ortsfesten Lagern *c* umläuft und von dem Motor *d* mittels Keilriemen *e* in Drehung gesetzt wird. Das zweite Ende des Probestabes wird in eine Welle *f*

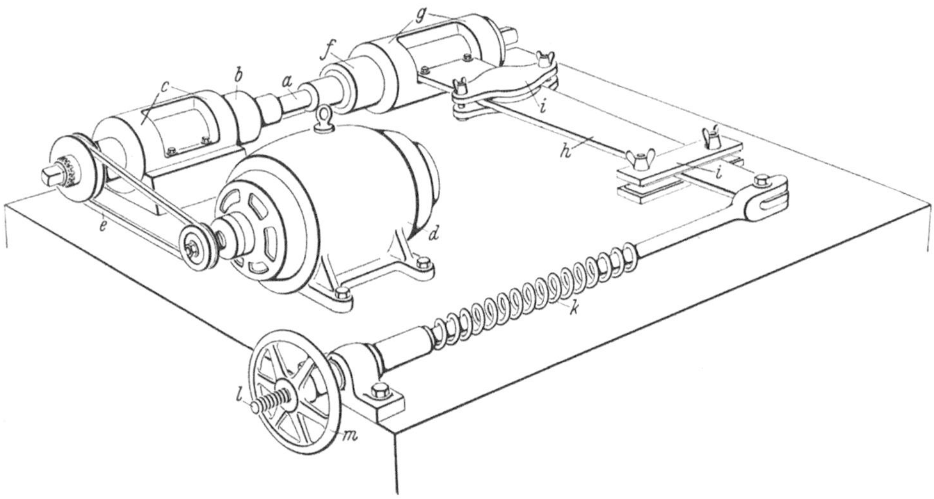

Abb. 130. Schema der Dauerbiegemaschine von THUM und BERGMANN für ein größtes Biegemoment von 350 mkg. *a* Probestab; *b* angetriebene Einspannwelle; *c* ortsfeste Lager; *d* Antriebsmotor; *e* Keilriemen; *f* Einspannwelle des Belastungshebels; *g* Lager der Einspannwelle *f*; *h* Belastungshebel; *i* Führungen des Belastungshebels; *k* geeichte Zugfeder; *l* Spindel zum Spannen der Zugfeder *k*; *m* Mutter mit Handrad zum Verschieben der Spindel *l*.

eingespannt, deren Lager *g* am Ende eines Hebels *h* sitzen, der durch die auf der Grundplatte der Maschine befestigten Führungen *i* gehalten wird. Am freien Ende des Hebels *h* ist eine geeichte Zugfeder *k* angelenkt, die mittels Spindel *l* und Mutter mit Handrad ***m*** gespannt wird. Da die Richtung der Federkraft parallel zur Achse des Probestabes ist, bleibt das Biegemoment über die ganze Länge des Probestabschaftes gleich groß. Die Federkraft erzeugt außerdem noch im Probestab eine Druckspannung, die jedoch vernachlässigbar klein ist. Die in Abb. 130 dargestellte Maschine ist für ein größtes Biegemoment von 350 mkg gebaut worden, eignet sich also zur Prüfung von Stäben mit etwa 40 mm Schaftdurchmesser.

E. Dauerbiegemaschinen mit schwingendem Probestab.

Die Dauerbiegemaschinen mit umlaufender Probe leisten ausgezeichnete Dienste bei der Klärung aller Fragen, welche die Dauerfestigkeit von Wellen

[1] THUM, A. u. G. BERGMANN: Z. VDI Bd. 81 (1937) S. 1013.

betreffen. Doch können damit keine Versuche zur Ermittlung der Biegewechselfestigkeit bei Vorhandensein einer Biegemittelspannung durchgeführt werden, wie sie zur Festlegung von Dauerfestigkeitsschaubildern erforderlich sind.

Zur Lösung dieser Aufgabe sind Dauerbiegeversuche an Flachproben, die hin- und hergebogen werden, notwendig. Außerdem dienen derartige Versuche zur Ermittlung der Dauerfestigkeit von Konstruktionsteilen, die einer schwingenden Biegebeanspruchung unterworfen sind, wie z. B. von Blechen, Blattfedern, Turbinenschaufeln.

In dem Abschnitt über Drehschwingungsmaschinen waren bereits Zusatzeinrichtungen zur Dauerbiegeprüfung von Flachproben beschrieben worden. Nachstehend sind die wichtigsten bisher bekanntgewordenen Bauformen von Dauerbiegemaschinen zusammengestellt, die ausschließlich zur Ermittlung der Biegewechselfestigkeit von Proben, die schwingend hin- und hergebogen werden, dienen. Die Einteilung der Bauformen konnte etwa nach den gleichen Gesichtspunkten erfolgen wie bei den Zug-Druckmaschinen und den Drehschwingungsmaschinen.

1. Krafterzeugung durch einen Kurbeltrieb.

a) Einfachste Anordnungen.

Die nächstliegende Anordnung besteht darin, daß die Flachprobe am einen Ende fest eingespannt ist, während das freie Ende durch die Pleuelstange eines Kurbelgetriebes zwangläufig hin- und herbewegt wird. Dabei kann die Größe der Wechselbeanspruchung durch Ändern des Kurbelhalbmessers eingestellt werden[1]. Abb. 131 zeigt als Beispiel für diese Anordnung die sehr einfache Maschine von ARNOLD. WIESENÄCKER[2] hat eine Maschine entwickelt, auf der gleichzeitig 12 Flachproben mit verschieden großer Einspannlänge geprüft werden können. Diese werden gleichzeitig durch Stoßstangen von einem Schwingtisch, der seinerseits durch einen Exzenter mit verstellbarem Hub bewegt wird, angetrieben. Die Enden der Proben haben also alle den gleichen Schwingungsausschlag. Auch diese Maschine, deren Gesamtanordnung Abb. 132 zeigt, besitzt keine Kraftmeßeinrichtung. Vielmehr muß die Größe der Beanspruchung aus dem Ausschlag des Schwingtisches, der Einspannlänge und der Dicke der Proben errechnet werden.

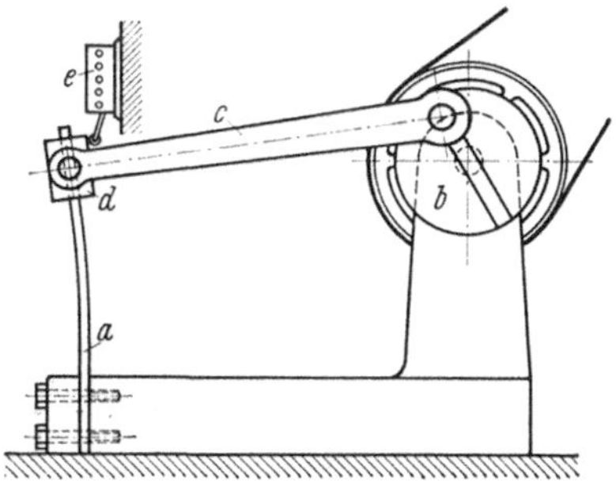

Abb. 131. Schwingbiegemaschine einfachster Art für Flachproben von J. O. ARNOLD.
a Probestab; *b* Kurbelscheibe mit radial verstellbarem Kurbelzapfen; *c* Pleuelstange; *d* Formstück mit Zapfen für den Pleuel am oberen Ende des Probestabes aufgeklemmt; *e* Zählwerk.

Eine Biegevorspannung kann durch Einsetzen von entsprechend bemessenen Unterlagplatten an den Einspannstellen der Proben erzielt werden.

Abb. 133 zeigt die Einzelheiten der Einspannung und die Ausschaltvorrichtung, die beim Bruch der Probe in Tätigkeit tritt und den zugehörigen Zähler abschaltet. (Als solche wurden Wattstundenzähler mit vorgeschalteten Glühlampen, deren Anzeige der ertragenen Lastspielzahl verhältnisgleich ist, verwendet.)

Es erscheint unzulänglich, die Größe der Wechselbeanspruchung lediglich auf Grund des Schwingweges des angetriebenen Probenendes zu berechnen.

[1] Siehe z. B. J. O. ARNOLD: Iron Steel Magazine 1904, S. 433; S. V. HUNNINGS: Iron Age 1914, II, S. 84; Huntingdon Engg. 1915, I. S. 334.

[2] WIESENÄCKER, H.: Z. VDI Bd. 73 (1929) S. 1367.

Deshalb wird bei allen Maschinen neuerer Bauart ein besonderer Kraftmesser vorgesehen, der das in der Probe wirkende Biegemoment anzeigt.

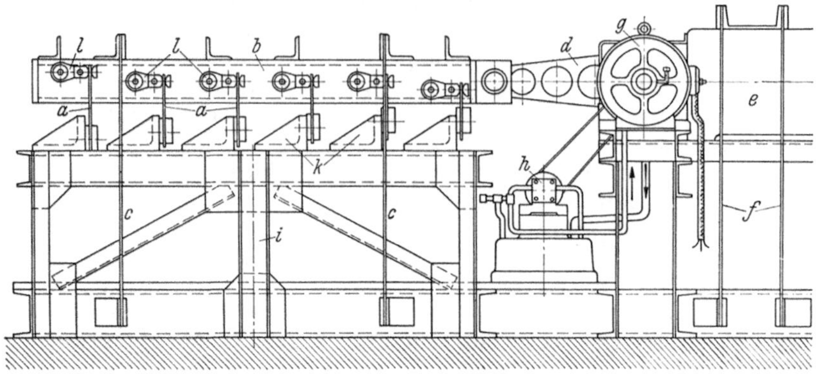

Abb. 132. Schwingbiegemaschine von WIESENÄCKER zur gleichzeitigen Prüfung von 12 Flachproben, Drehzahl $n = 1000$/min.
a Probestäbe; *b* Schwingtisch; *c* Lenkerfedern zur Parallelführung des Schwingtisches; *d* Pleuelstange des Antriebs; *e* Gegenmasse, an deren Stirnseite der Exzenter des Antriebs gelagert ist; *f* Lenkerfedern der Gegenmasse; *g* Antriebsmotor; *h* Druckölpumpe; *i* Grundgestell; *k* Einspannböcke für die Proben; *l* Stoßstangen zum Antrieb der oberen Probenenden.

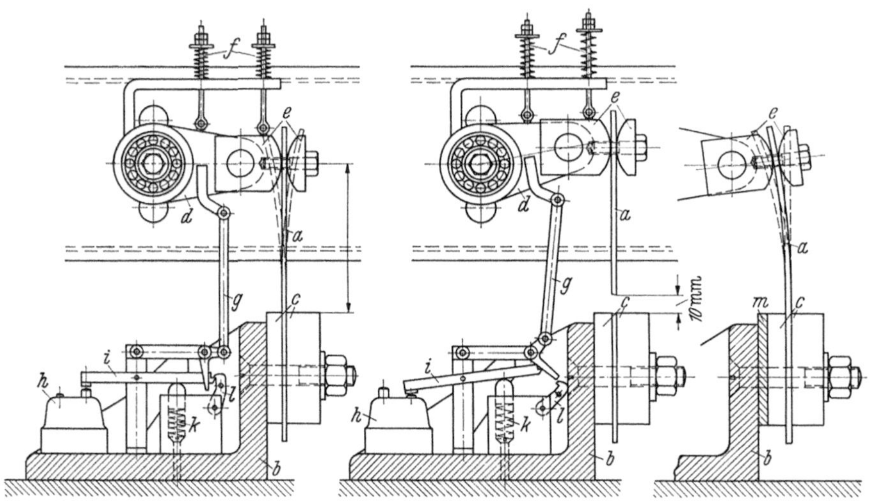

Betriebszustand Nach Bruch der Probe Vorgespannte Probe

Abb. 133. Einspannung des Probestabes und selbsttätige Ausschaltvorrichtung bei der Schwingbiegemaschine Abb. 132. *a* Probestab; *b* Einspannbock; *c* untere Einspannbacken; *d* Stoßstange mit Kugellager als Gelenk; *e* oberer Einspannkopf mit ballig ausgebildeten Klemmbacken am vorderen Ende der Stoßstange *d* gelenkig angeordnet; *f* Federn, deren Zugstangen an den Teilen *d* und *e* angreifen; *g* Ausklinkgestänge des Ausschalters; *h* Ausschalter; *i* Zwischenhebel; *k* Feder zum Zwischenhebel *i*; *l* Sperrklinke, die den Zwischenhebel *i* festhält; *m* Unterlage zur Erzeugung einer Vorspannung.

b) Die Maschine von H. F. MOORE.

Eine derartige Anordnung zeigt die in Abb. 134 dargestellte Maschine von H. F. MOORE[1], die in erster Linie zur Prüfung dünner Bleche bestimmt ist. Die Verstellung des Hubs erfolgt dadurch, daß der Kurbelzapfen *b* in einer radialen Nut des Kurbelflansches *c* verschoben wird. Die gegabelte Pleuelstange *d* greift an den seitlichen Zapfen eines Formstückes *e* an, das am freien Ende der Probe *a* aufgeklemmt wird. Der Kurbeltrieb läuft mit einer Drehzahl von $n = 1300$/min und ist in der üblichen Weise mit einem 1 : 100 untersetzten Zählwerk *f* versehen.

[1] MOORE u. KOMMERS: Fatigue of Metals, London 1927.

Zur Messung des Biegemoments dient eine Blattfeder *g*, deren Fuß im Maschinengestell *h* mittels Kegelsitz fest eingespannt ist, während der Probestab *a* an

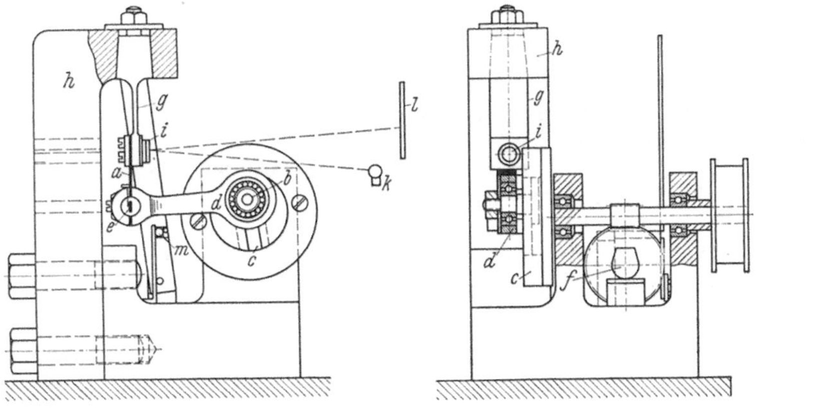

Abb. 134. Dauerbiegemaschine für Flachproben von H. F. MOORE.
a Probestab; *b* Kurbelzapfen; *c* Kurbelflansch; *d* Pleuelstange; *e* Formstück mit seitlichen Zapfen, am unteren Ende des Probestabes *a* aufgespannt; *f* Zählwerk 1:100 untersetzt; *g* Meßfeder; *h* Maschinengestell; *i* Meßspiegel; *k* Beleuchtungsvorrichtung; *l* Mattscheibe; *m* Ausschaltkontakt.

ihrem Kopfende befestigt wird. Als Maß für das im Probestab wirkende Biegemoment kann der Neigungswinkel benutzt werden, den der Kopf der Meßfeder *g* gegen die Ausgangslage bildet. Er wird durch einen am unteren Ende der Meßfeder befestigten Spiegel *i* gemessen. Auf diesen fällt von einer Beleuchtungsvorrichtung *k* ein Lichtstrahl, der auf einer Mattscheibe *l* ein Spaltbild entwirft, das sich bei der Schwingung zu einem Lichtband auseinanderzieht. Die Länge des Lichtbandes ist ein Maß für die Größe der Schwingungsbeanspruchung. Die Eichung erfolgt statisch, indem man an der Angriffsstelle des Pleuels Kräfte bekannter Größe anbringt, die senkrecht zur Probenachse wirken, den zugehörigen Ausschlag des Lichtzeigers abliest und das auf die Einspannstelle der Probe bezogene Biegemoment berechnet.

Der Ausschalter wird dadurch betätigt, daß beim Bruch des Probestabes der Kopf der Pleuelstange herabfällt und dabei einen Kontakt öffnet.

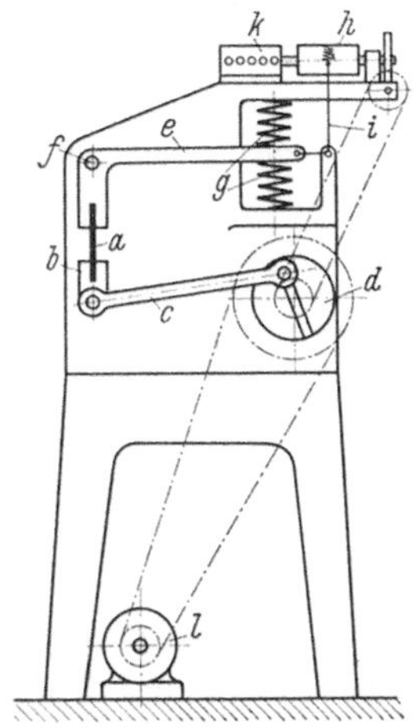

Abb. 135. Dauerbiegemaschine für Flachproben von UPTON-LEWIS.
a Probestab; *b* Antriebshebel; *c* Pleuelstange; *d* Kurbeltrieb mit verstellbarem Hub; *e* Winkelhebel für die Kraftmessung; *f* Achse des Winkelhebels *e*; *g* geeichte Schraubenfedern für die Kraftmessung; *h* Schreibtrommel; *i* Schreibhebel; *k* Zählwerk; *l* Antriebsmotor.

c) Die Maschine von UPTON-LEWIS.

Eine ähnliche Konstruktion zeigt die Maschine von UPTON-LEWIS [1], deren Aufbau in Abb. 135 schematisch dargestellt ist. Der Probestab *a*, der eine verhältnismäßig kleine freie Länge besitzt, wird auf der einen Seite in einen Hebel *b* eingespannt, an dessen Ende die Pleuelstange *c* des Kurbeltriebes *d* angreift. Die andere Seite der Probe wird am kurzen Arm eines Winkelhebels *e* festgespannt, der um eine im Maschinengestell gelagerte Achse *f* drehbar ist.

Am langen Arm des Winkelhebels *e* greifen zwei gegeneinandergespannte Schraubenfedern *g* an. Der Winkelweg des Hebels *e* ist dann ein Maß für das auf

[1] UPTON, G. B. u. G. W. LEWIS: Amer. Mach. 1912, S. 633. — MOORE, H. F. u. J. B. KOMMERS: Univ. Illinois Bull. Nr. 124 (1921).

die Probe ausgeübte Biegemoment. Er wird auf einer Schreibtrommel h durch einen Schreibhebel i, der am Ende des langen Winkelhebelarms angelenkt ist, vergrößert aufgezeichnet. Die Eichung erfolgt statisch in der Weise, daß im Angriffspunkt der Pleuelstange am Hebel b Kräfte bekannter Größe angebracht werden und der Weg des Schreibstifts in Abhängigkeit von dem in der Probe durch die betreffenden Kräfte erzeugten Biegemoment aufgetragen wird. Die Amplitude des Wechselbiegemoments läßt sich durch Ändern des Kurbelhalbmessers einregeln.

Eine Vorspannung kann dadurch erzeugt werden, daß man die Anfangsspannung der Federn g verschieden einstellt.

d) Die Flachbiegemaschine der Deutschen Versuchsanstalt für Luftfahrt.

Die Anordnungen Abb. 134 und 135 haben den grundsätzlichen Nachteil, daß die Beanspruchung in der freien Länge der Probe nicht gleichbleibt, sondern an der oberen Einspannstelle ihren Höchstwert erreicht. Außerdem ist die höchst beanspruchte Stelle der Probe noch durch die Kerbwirkung der Einspannkante gefährdet. Diese Nachteile sind bei den Flachbiegemaschinen der D.V.L. und der Firma Schenck vermieden.

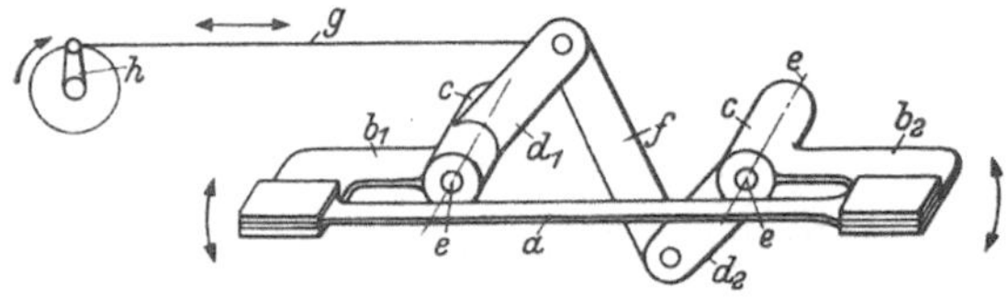

Abb. 136. Flachbiegemaschine der Deutschen Versuchsanstalt für Luftfahrt, ältere Anordnung (schematisch).
a Probestab; b_1, b_2 Einspannklauen; *c* Naben der Einspannklauen *b*; d_1, d_2 Koppelhebel, an den Naben *c* befestigt; *e* Achsen, auf denen die Naben *c* gelagert sind; *f* Kuppelstange; *g* Pleuelstange; *h* Kurbeltrieb mit verstellbarem Hub.

Die heute nicht mehr benutzte erste Anordnung der für die Prüfung von Blechen vorgesehenen Flachbiegemaschine der D.V.L. zeigt Abb. 136[1]. Der Probestab a wird an seinen Ende auf zwei Klauen b festgeklemmt. Diese sitzen an den Naben c, deren Achsen e—e im Maschinengestell drehbar gelagert sind. An den Naben c sind ferner Hebel d befestigt, die in der Nullage der Vorrichtung parallel zueinander stehen. Die Hebel d sind durch eine Kuppelstange f miteinander verbunden. Wird der Hebel d_1, durch die an ihm angreifende Pleuelstange g des Kurbelantriebs h in schwingende Bewegung versetzt, so drehen sich beide Naben jeweils um die gleichen Winkel aber in entgegengesetztem Sinn. Durch diese Winkel sind die beiden Tangenten an die elastische Linie des Probestabes in seinen beiden Einspannstellen festgelegt. Der Probestab wird sich dann so durchbiegen, daß seine elastische Linie mit großer Näherung einen Kreisbogen bildet. Dann herrscht aber über die ganze freie Länge des Probestabschaftes ein gleichbleibendes Biegemoment. Abb. 137 zeigt schematisch das Zustandekommen der elastischen Linie des Probestabes. Durch geometrische Untersuchungen wurde festgestellt, daß die Verhältnisse dann am günstigsten werden, wenn der Abstand der Einspannkanten von den Drehachsen e je gleich $1/6$ der freien Länge l des Probestabschaftes gemacht wird.

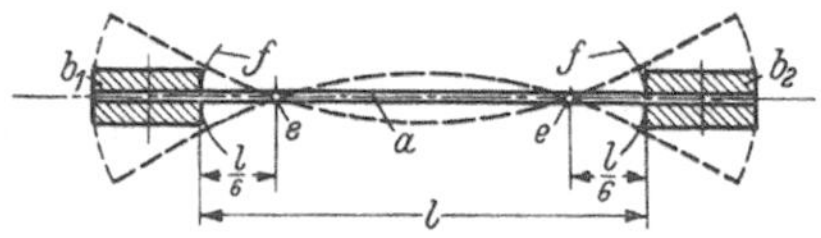

Abb. 137. Skizze zur Erläuterung des Zustandekommens der elastischen Linie beim Probestab der Flachbiegemaschine Abb. 136.
a Probestab; b_1, b_2 Einspannklauen; *e* Drehachsen der Einspannklauen; *l* freie Länge des Probestabes.

Diese Erstausführung der Maschine war nicht mit einem besonderen Kraftmesser ausgerüstet, vielmehr mußte die Größe der Wechselbeanspruchung aus dem Drehwinkel der Einspannköpfe berechnet werden.

In Abb. 138 ist schematisch die *neuere Anordnung* der D.V.L.-Flachbiegemaschine[2] dargestellt. An beiden Enden der Probe a sind bügelförmige Hebel b_1,

[1] FÖPPL-BECKER-v. HEYDEKAMPF: Dauerprüfung der Werkstoffe, Berlin 1929.
[2] MATTHAES, K.: Z. VDI Bd. 77 (1933) S. 27; DVL.-Jahrbuch 1931, S. 477.

b_2 aufgespannt, die gleiche Länge besitzen. Das Ende des Hebels b_1 wird durch einen Lenker *c* auf einer nahezu waagerechten Bahn geführt. Das Ende des Hebels b_2 ist am Kopfende einer im Maschinengestell eingespannten Blattfeder *d* angelenkt, die als Kraftmesser dient. An dem Gelenk zwischen dem Hebel b_1 und dem Lenker *c* greift die Pleuelstange *e* des antreibenden Kurbelgetriebes *f* an, dessen Hub entsprechend der einzustellenden Wechselbeanspruchung verändert werden kann.

Bei dieser Anordnung wirkt die beanspruchende Kraft parallel zur Längsachse des Probestabes. Infolgedessen ist das Biegemoment und damit die Biegebeanspruchung an allen Stellen des Probestabschaftes nahezu gleich groß.

Zur Ermittlung der Größe der durch den Kurbeltrieb aufgebrachten Kraft wird die ihr gleich große in dem Gelenk des Hebels b_2 wirkende Stützkraft gemessen. Sie verursacht eine der Stützkraft verhältnisgleiche Durchbiegung der Meßfeder *d*. Diese wird mit Hilfe eines an ihrem Kopfende befestigten Spiegels *g* gemessen, in dem sich ein Glühfaden spiegelt. Die Endlagen des Spiegelbildes werden durch ein Fernrohr mit Okularmikrometer abgelesen. Die Eichung erfolgt durch Belastung des freien Endes der Meßfeder *d* mit waagerecht wirkenden Kräften bekannter Größe.

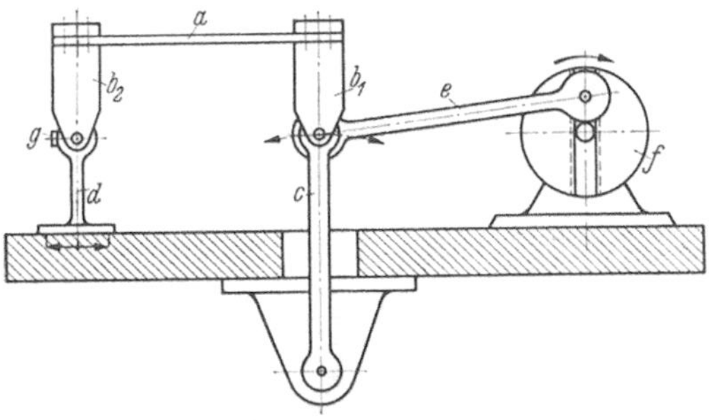

Abb. 138. Flachbiegemaschine der Deutschen Versuchsanstalt für Luftfahrt, neuere Anordnung (schematisch). *a* Probestab; b_1, b_2 bügelförmige Hebel, an den Enden der Probe aufgespannt; *c* Lenker; *d* Meßfeder; *e* Pleuelstange; *f* Kurbelgetriebe mit verstellbarem Hub; g Meßspiegel.

Beim Bruch des Probestabes schaltet sich die Maschine selbsttätig dadurch aus, daß der Hebel b_1 rückwärts umkippt und dabei einen Schalter auslöst. Eine statische Vorspannung kann durch Verschieben des Schlittens, in den das Fußende der Meßfeder *d* eingespannt ist, erzielt werden. Die Prüfung von Probestäben mit sehr verschiedenem Widerstandsmoment kann durch Verwendung verschieden langer Einspannhebel b_1, b_2 ermöglicht werden.

Die Maschine wird in zwei Größen hergestellt. Die kleinere ist für ein Biegemoment bis zu $\pm$ 150 cmkg entsprechend einer Kraft von $\pm$ 12,5 kg an der Meßfeder eingerichtet. Sie prüft Stahlproben von 1 bis 3 mm Dicke und Leichtmetallproben bis zu 6 mm Dicke. Die Drehzahl ist $n = 740$/min.

Bei der größeren Maschine lassen sich Kräfte an der Meßfeder bis zu $\pm$ 100 kg und Biegemomente bis zu $\pm$ 1600 cmkg aufbringen. Hier können Stahlproben bis 10 mm und Leichtmetallproben bis zu 16 mm Dicke geprüft werden. Ferner kann auf dieser Maschine die Untersuchung von Rohren und Profilen durchgeführt werden. Die Drehzahl ist $n = 500$/min.

e) Die Flachbiegemaschine von SCHENCK-ERLINGER.

Bei der Flachbiegemaschine von SCHENCK-ERLINGER wird grundsätzlich die gleiche Anordnung verwendet wie bei dem Zusatzgerät für Flachproben der auf S. 278 und 279 beschriebenen Drehschwingungsmaschinen. Abb. 139 zeigt schematisch die Anordnung, Abb. 140 eine Ansicht der Maschine. Das eine Ende der Probe *a* wird auf einem Hebel *b* befestigt, dessen Gelenkzapfen *c* sich in Kugellagern drehen, deren Lagerböcke *e* auf dem Maschinengehäuse *f* befestigt sind. Die Probe wird so eingespannt, daß die Mitte des Schaftes in der Längsrichtung und in Richtung der Dicke genau in die Pendelachse des Antriebshebels fällt. Das zweite Ende der Probe wird an dem Meßhebel *g* festgespannt, der durch senkrechte Blattfedern *h* gehalten ist und durch eine geeichte Zug-Druckfeder *i* abgestützt wird. Das bei der Prüfung in der Probe wirkende Biegemoment wird auf den Meßhebel *g* übertragen und bewirkt eine dem Biegemoment verhältnisgleiche Drehung um eine etwa in der Mitte der Stützblattfedern *h* liegende ideelle Achse. Die Endlagen des Winkelausschlags werden mit Hilfe von 2 Meßuhren *k* bestimmt, deren Taster durch Fühlschrauben so lange dem schwingenden Hebelende genähert werden, bis ein leichtes Zucken des Meßuhrzeigers die Berührung zwischen Hebel und Taster erkennen läßt. Die Eichung erfolgt statisch durch Anbringen einer Gewichtsbelastung am Ende des Antriebshebels *b*, nachdem vorher die Antriebspleuelstange *l* ausgebaut ist. Der Antrieb erfolgt mit $n = 1400/\text{min}$ durch einen Kurbeltrieb *m*, dessen Halbmesser nach dem Prinzip des Doppelexzenters bei ruhender Maschine zwischen 0 und 20 mm verstellt werden kann. Der Kurbelflansch sitzt unmittelbar am einen Ende der Ankerwelle des Antriebsmotors *n*, dessen anderes Wellenende mit einem 1 : 1000 untersetzten Zählwerk *o* gekuppelt ist. Der Motor *n* sitzt auf einem Schlitten *p*, der zwecks Einstellung einer statischen Vorspannung der Probe in senkrechter Richtung in einer Führung des Maschinengehäuses verschoben und festgeklemmt werden kann. Der größte Schwingwinkel des Antriebshebels *b* beträgt $\pm 12°$, das größte Wechselbiegemoment ± 150 cmkg. Darüber kann noch ein statisches Biegemoment bis zu 300 cmkg gelagert werden.

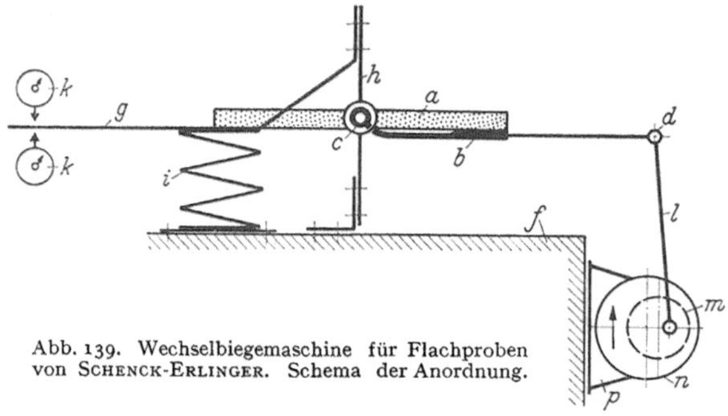

Abb. 139. Wechselbiegemaschine für Flachproben von SCHENCK-ERLINGER. Schema der Anordnung.

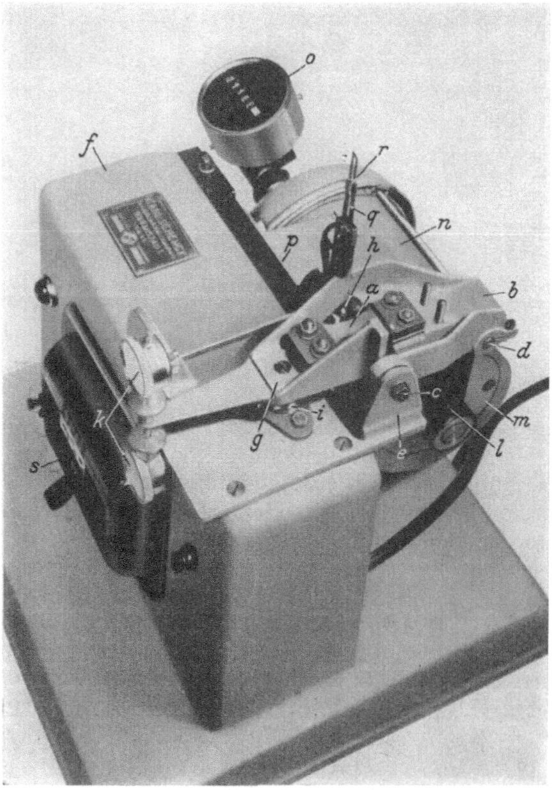

Abb. 140. Ansicht der Maschine.
a Probestab; *b* Antriebshebel; *c* Gelenkzapfen des Antriebshebels; *d* Gelenkzapfen der Pleuelstange; *e* Lagerböcke für die Stützkugellager der Gelenkzapfen *c*; *f* Maschinengehäuse; *g* Meßhebel; *h* Stützblattfedern des Meßhebels *g*; *i* geeichte Zug-Druckfeder für die Messung des Biegemoments; *k* Meßuhren zum Abtasten des Winkelausschlags, den der Meßhebel *g* ausführt; *l* Pleuelstange; *m* Kurbeltrieb mit verstellbarem Hub; *n* Antriebsmotor; *o* Zählwerk; *p* verschiebbarer Motorschlitten; *q* Blattfeder des Ausschaltkontakts; *r* Gleitstück des Ausschaltkontakts; *s* Schaltautomat.

Alle bewegten Teile sind aus Leichtmetall hergestellt, um die Massenkräfte möglichst gering zu halten. Das Maschinengehäuse ist auf Gummipuffern aufgestellt, damit keine Erschütterungen auf die Umgebung übertragen werden.

Zum selbsttätigen Ausschalten der Maschine beim Bruch der Probe ist auf dem Meßhebel *g* in der aus Abb. 140 ersichtlichen Weise eine Blattfeder *q* angebracht, auf der ein Kontaktstück *r* gleitet. Die Abstimmung ist so gewählt, daß das aus der Feder *q* und dem Kontaktstück *r* bestehende Schwingungssystem bei der Betriebsfrequenz der Maschine in Resonanz gerät; das Kontaktstück bleibt dann infolge der bei der Schwingung entstehenden Fliehkraft in der Schwebe. Beim Bruch der Probe läßt die Schwingung nach, das Kontaktstück gleitet auf der Feder *q* nach unten und schließt einen Kontakt, der den in das Maschinengehäuse eingebauten Schaltautomaten *s* des Motors auslöst.

f) Die Flachbiegemaschine von BRADLEY [1].

Auch diese Maschine erreicht eine über die freie Länge des Probestabes gleichbleibende Beanspruchung. Das dazu erforderliche Getriebe, das in Abb. 141 schematisch dargestellt ist, hat einen ziemlich verwickelten Aufbau. Grundsätzlich ist weiterhin zu bemerken, daß die Maschine keinen Kraftmesser zur unmittelbaren Messung des im Probestab wirkenden Biegemoments besitzt.

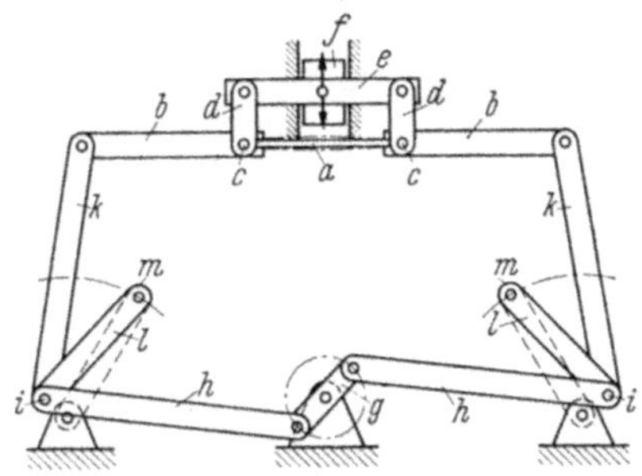

Abb. 141. Flachbiegemaschine des National-Physical-Laboratory von BRADLEY (schematisch). *a* Probestab; *b* Belastungshebel, an deren Enden der Probestab eingespannt ist; *c* Drehzapfen der Belastungshebel *b*; *d* Laschen zur Verbindung der Drehzapfen *c* mit den Enden des Querhaupts *e*; *e* Querhaupt; *f* Schlitten, in dessen Mitte das Querhaupt *e* gelagert ist; *g* Kurbelwelle mit zwei um 180° versetzten Kröpfungen; *h* Pleuelstangen; *i* gemeinsame Gelenkpunkte der Stangen *h*, *k* und *l*; *k* Stoßstangen; *l* Schwingen; *m* verstellbare Lagerstellen der Schwingen *l*.

Der Probestab *a* wird an seinen Enden in je einen Hebel *b* eingespannt. Diese Hebel sind seitlich von der Einspannstelle mit Zapfen *c* versehen, die durch Laschen *d* an den Enden des in seiner Mitte drehbar gelagerten Querhauptes *e* angelenkt sind. Die Lagerung des Querhauptes *e* sitzt auf einem Schlitten *f*, der in einer Führung des Maschinengestells senkrecht zur Probestabachse verstellt werden kann. Hierdurch kann dem Probestab eine Biegevorspannung erteilt werden. Die Aufhängung in den Laschen *d* schließt die Entstehung unerwünschter Spannungen in Richtung der Probestabachse aus.

Der Antrieb erfolgt durch die Kurbelwelle *g*, die zwei um 180° gegeneinander versetzte Kröpfungen besitzt. Die beiden Pleuelstangen *h* greifen an Gelenkpunkten *i* an, in denen die Stoßstangen *k* und die Schwingen *l* miteinander verbunden sind. Die Kröpfungen der Kurbelwelle besitzen einen unveränderlichen Hub. Die Beanspruchung in der Probe ist dem Schwingwinkel verhältnisgleich, mit dem sich die Hebel *b* um die Gelenkpunkte *c* bewegen. Die Größe dieses Winkels wird dadurch eingeregelt, daß die Lagerstellen *m*, um die sich die Schwingen *l* drehen, am Maschinengestell verschoben werden. Die Verschiebung erfolgt auf den in Abb. 141 eingetragenen Kreisbahnen. Wie man sich leicht klar macht, wird durch die Verschiebung der Lagerpunkte *m* die Steigung der Bahn, auf der sich die Gelenkpunkte *i* bewegen, gegenüber der Stoßstange *k* geändert. Da die Bewegung dieser Stoßstange *k* in Richtung ihrer Längsachse der Projektion der Bewegung des Punktes *i* auf diese Achse entspricht, läßt sich diese Bewegung durch Änderung des Neigungswinkels der Bahn in weiten Grenzen verändern. Sie ist am kleinsten, wenn die Mittellinien der Schwingen *l* und der Stoßstangen *k* zusammenfallen, am größten, wenn die Lager *m* am weitesten nach innen verschoben sind, wobei die Mittellinien der Schwingen und der Stoßstangen *k* Winkel von etwa 60° einschließen. Die Größe der

[1] GOUGH, H. J.: The Fatigue of metals, London 1926.

Beanspruchung wird dadurch ermittelt, daß man die Schwingung der Probenmitte gegenüber dem Maschinengestell mißt. Die Eichung erfolgt statisch, indem man Gewichte von jeweils gleicher Größe an die Enden der beiden Hebel *b* anhängt. Vorher müssen natürlich die Stoßstangen *k* ausgebaut werden.

2. Krafterzeugung durch Umformung einer ruhenden Kraft in eine Wechselkraft.

Bisher ist nur *eine* Dauerbiegemaschine für Flachstäbe ausgeführt worden, die in diese Gruppe gehört. Diese von OTTITZKY [1] entwickelte Anordnung ist in Abb. 142 schematisch dargestellt. An sich könnte z. B. auch die auf S. 327 beschriebene Dauerbiegemaschine von DORGERLOH für diesen Zweck benutzt werden. Dies würde jedoch einen entsprechenden Umbau erfordern und ist bisher nicht versucht worden.

Der Probestab *a* wird mit seinem einen Ende in einem Bock *b* festgespannt, der auf einer Planscheibe *c* befestigt ist, die fliegend am Ende einer mit waagerechter Achse in Kugellagern umlaufenden Welle angeordnet ist. Die Wechsellast wird folgendermaßen hervorgebracht:

Das freie Ende des Probestabes wird zwischen zwei Spitzen oder Schneiden *d* gespannt; die zugehörigen Spannschrauben *e* sitzen in Böcken, die auf einem Schlitten *f* befestigt sind. Dieser ist in Gleitführungen *g* der Planscheibe *c* in Richtung eines Durchmessers beweglich. Auf dem Schlitten ist ein Zapfen *h* angeordnet, der ein Kugellager trägt. Der Schlitten wird so eingestellt, daß die Achse dieses Zapfens genau mit der Achse der Hauptwelle zusammenfällt, wenn die Probe unbeansprucht ist. Er muß ferner derart ausgewuchtet werden, daß sein Schwerpunkt in die Achse des Zapfens *h* fällt. Dann werden beim Umlaufen der Planscheibe an dem Schlitten keinerlei freie Fliehkräfte entstehen, die den Probestab zusätzlich belasten. Umgekehrt kann man aber auch an dem Schlitten durch ein entsprechend bemessenes Zusatzgewicht *i*, wie es in Abb. 142 gestrichelt angedeutet ist, eine Fliehkraft bestimmter Größe absichtlich erzeugen, um eine entsprechende Biegevorspannung in der Probe hervorzurufen. Gegebenenfalls kann die Vorspannung auch durch eine Feder *k* hervorgebracht werden, die in der aus Abb. 142 ersichtlichen Weise auf der Planscheibe angeordnet ist.

Der Außenring des auf dem Zapfen *h* angeordneten Kugellagers sitzt in dem Auge einer Zugstange *l*, an deren Ende die Belastungsfeder *m* angreift. Sie wird in der aus Abb. 142 ersichtlichen Weise durch eine Gewichtsbelastung gespannt. Das untere Ende der Feder ist an einem Gleitstein *n* befestigt, an dem eine Spindel *o* sitzt. Auf dieser ist mittels Handrad *p* ein Gelenkbolzen *q* in der Höhe verstellbar, an dem ein einarmiger Waagebalken *r* angreift, dessen Ende in einem am Maschinengestell befestigten Gelenk *s* drehbar ist. Die Belastung *t* wird am Ende des Balkens *r* angehängt und der Gelenkbolzen *q* so eingestellt, daß der Waagebalken *r* waagerecht steht.

Der Waagebalken *r* dient lediglich zum Einstellen der Last in der Feder *m*. Beim Betrieb der Maschine, die mit einer Drehzahl von $n = 1500$ bis 1700/min erfolgt, wird der Gleitstein *n* festgeklemmt. Andernfalls würde die Gefahr bestehen, daß der Waagebalken in Schwingungen gerät, wodurch unzulässige Schwankungen in der Wechselbeanspruchung bedingt wären.

Die Wechselbelastung in der Probe kommt folgendermaßen zustande: Angenommen, die Längsachse des Schlittens *f* stehe zunächst senkrecht, dann wirkt die volle Zugkraft der Feder *m* nach unten und biegt die Probe *a* durch. Wird

[1] OTTITZKY, K.: Z. VDI Bd. 82 (1938) S. 501.

jetzt die Scheibe *c* gedreht; so wird gemäß Abb. 142 die Zugkraft in eine Komponente P_s senkrecht zur Führung des Schlittens *f* und eine zweite P_w, die parallel zur Führung wirkt, zerlegt. Lediglich letztere dient zur Biegebelastung des Probestabes. Sie ändert sich also mit dem Cosinus des Drehwinkels der Planscheibe *c*.

Beim Durchbiegen der Probe muß sich auch der Schlitten *f* hin- und herbewegen. Dadurch entstehen Massenkräfte, welche die Beanspruchung im Probestab wesentlich beeinflussen würden. Sie werden durch eine Blattfeder *u* ausgeglichen, deren Mitte am Schlitten *f* festgespannt ist, während ihre Enden zwischen Bolzen *v* in Böcken *w* abgestützt werden, die auf der Planscheibe *c* befestigt sind und zur Abstimmung der Federkonstanten in Richtung der Längsachse von *u* verschoben werden können. Die Steifigkeit der Feder *u* muß so abgeglichen werden, daß die Eigenschwingungszahl des aus ihr und der Masse des Schlittens *f* gebildeten Schwingungssystems gleich der Betriebsdrehzahl ist. Dann heben sich Federkräfte und Massenkräfte gerade auf, so daß eine zusätzliche Belastung des Probestabes vermieden wird.

Beim Bruch der Probe wird durch den Schlitten *f* ein Kontakt *x* geschlossen, dem der Strom über Schleifringe zugeführt wird und der den Schaltautomaten des Motors betätigt. Das Zählwerk ist mit der Hauptwelle direkt gekuppelt.

Die Maschine von OTTITZKY ist mit viel Überlegung durchgearbeitet und hat sehr brauchbare Ergebnisse geliefert. Nachteilig ist der immerhin recht verwickelte Aufbau und die nicht einfache Justierung und Bedienung, ferner die Tatsache, daß die Probe umläuft und während der Prüfung nicht unmittelbar beobachtet werden kann.

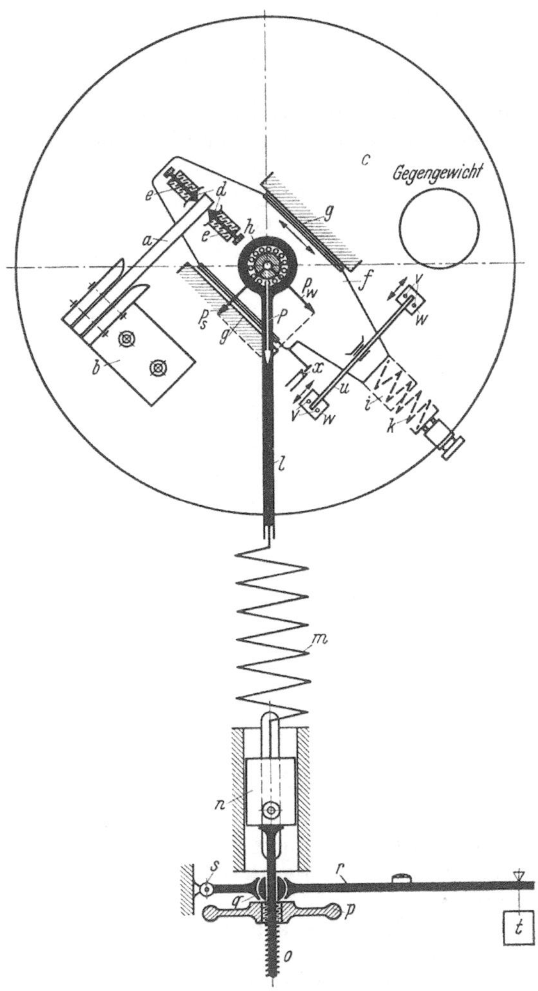

Abb. 142. Dauerbiegemaschine von OTTITZKY (schematisch). *a* Probestab; *b* Einspannbock; *c* Planscheibe; *d* Spitzen oder Schneiden zur Übertragung der Wechsellast auf das Ende des Probestabes; *e* Spannschrauben; *f* Schlitten für den Lastangriff; *g* Gleitführungen für den Schlitten *f*; *h* Zapfen des Schlittens *f* mit Kugellager; *i* Zusatzmasse zur Erzeugung einer freien Fliehkraft am Schlitten; *k* Feder zur Bewirkung einer Biegevorspannung in der Probe; *l* Zugstange der Belastung; *m* Belastungsfeder; *n* Gleitstein, der nach dem Einstellen der Last festgeklemmt wird; *o* Spindel; *p* Handrad; *q* Gelenkbolzen; *r* einarmiger Waagebalken; *s* ortsfestes Drehgelenk des Waagebalkens *r*; *t* Belastungsgewicht; *u* Blattfeder zum Ausgleich der Massenkräfte des Schlittens *f*; *v* Bolzen zur Lagerung der Blattfeder *u*; *w* Böckchen zum Halten der Bolzen *v*; *x* Ausschaltkontakt.

3. Krafterzeugung durch die Massenkräfte schwingend bewegter Massen und durch Fliehkräfte.

a) Schwingbiegemaschine des National-Physical-Laboratory von HANKINS.

Eine zwar sehr einfache aber auch recht unvollkommene Dauerbiegemaschine für Flachproben, welche die Beanspruchung durch Fliehkräfte hervorbringt, ist in Abb. 143 dargestellt. Sie wurde vom National-Physical-Laboratory entwickelt und diente in erster Linie zur Ermittlung der Dauerfestigkeit von Blattfedern[1]. Der Probestab *a*, z. B. ein Federblatt im betriebsmäßigen Zustand, wird am einen Ende fest eingespannt. Auf das freie Ende wird ein Lagerbock *b* aufgeklemmt, der in Gleitlagern eine Achse mit zwei kleinen Schwungrädern *c* aufnimmt. Diese tragen Wuchtmassen *d* von gleicher Größe, die in der gleichen Radialschnittebene angeordnet sind. Die Achse wird über eine biegsame Welle *e* von einem Gleichstrom-Regelmotor angetrieben. Die Schwingungsweite des Probenendes, die für die Berechnung der Beanspruchung maßgebend ist, wird durch feinfühliges Regeln der Drehzahl eingestellt (n = 1500 bis 2500/min). Zum Messen der Schwingungsweite dient ein an dem vorderen Ende des Probestabes befestigter Spiegel *f*, der einen Lichtzeiger auf einer Mattscheibe *g* abbildet; außerdem ist noch ein auf einer Teilung *h* spielender Zeiger *i* vorgesehen, dessen Ausschlag mittels Meßlupe beobachtet wird. Das Zählwerk ist mit dem Motor gekuppelt. Beim Bruch der Probe vergrößert sich der Schwingungsausschlag. Dabei wird der Schalter *k* durch den Doppelhebel *l* ausgelöst, der seinerseits durch die Stellschraube *m* getroffen wird.

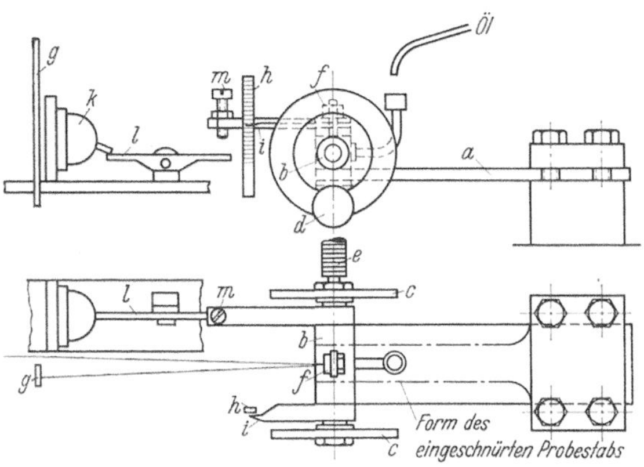

Abb. 143. Schwingbiegemaschine mit Fliehkraftantrieb des National-Physical-Laboratory (HANKINS).
a Probestab; *b* Lagerbock mit Gleitlagern; *c* Schwungräder; *d* Wuchtmassen; *e* biegsame Welle zum Antriebsmotor; *f* Meßspiegel; *g* Mattscheibe mit Teilung; *h* Maßstab; *i* Zeiger; *k* Schalter des Antriebsmotors; *l* Doppelhebel zum selbsttätigen Ausschalter; *m* Stellschraube.

Diese Maschine arbeitet weit unterhalb der Resonanz. Die Wechselbeanspruchung der Probe wird demgemäß unmittelbar durch die senkrecht zur Probenachse stehende Komponente der Fliehkraft hervorgebracht. Es ist keine Vorkehrung getroffen, um die Prüfungen auch bei einer Biegevorspannung durchführen zu können. Um zu vermeiden, daß der Dauerbruch in der Einspannstelle erfolgt, wobei die Dauerfestigkeit durch die Kerbwirkung der Einspannung stark beeinträchtigt wird, sind die Proben teilweise nach dem in Abb. 143 strichpunktiert eingetragenen Umriß eingeschnürt.

b) Schwingtisch-Maschine von SCHENCK.

Bei der Schwingtisch-Maschine von SCHENCK Abb. 144 wurde eine wenig naheliegende Anordnung gewählt. Der Schwingtisch *a* wird durch Lenkerfedern *b* gegenüber dem auf einem schwingungsisolierten Fundament befestigten Grundrahmen *c* derart geführt, daß er in einer waagerechten Ebene schwingt. Dabei erfolgt die Erregung der Schwingungen durch eine zweite Masse *d*, die eben-

[1] HANKINS, G. A.: National-Physical-Laboratory, Dept. of Scient. a Industr. Rersearch, Engg. Res. Spec. Rep. Nr. 5. — E. LEHR: Forschung Bd. 2 (1931) S. 287.

falls durch Lenkerfedern *e* gegen den Grundrahmen abgestützt ist. In ihr ist ein Drehstromasynchronmotor mit Kurzschlußläufer eingebaut. An beiden Enden seiner Welle sitzen Schwungräder *f* mit Wuchtmassen *g*, deren Größe in weiten Grenzen verstellt werden kann. Zwischen dem rahmenförmig ausgebildeten Schwingtisch *a* und der Masse *d* sind zwei gegeneinander vorgespannte Schraubenfedern *h* angeordnet. Somit ist ein Zweimassenschwingungssystem geschaffen.

Seine Eigenschwingungszahl liegt etwa 15% oberhalb der Betriebsdrehzahl. Die Erregung erfolgt durch die waagerechte Komponente der an den Wuchtmassen entstehenden Fliehkraft, deren senkrechte Komponente durch die Lenkerfedern *e* auf das Fundament übertragen wird und somit unwirksam bleibt. Da die Frequenz des Drehstromnetzes nur geringen Schwankungen unterliegt und demgemäß auch die Frequenz der Wuchtmassenerregung praktisch gleichbleibt, erfährt auch der Ausschlag des Schwingtisches nur geringfügige Schwankungen.

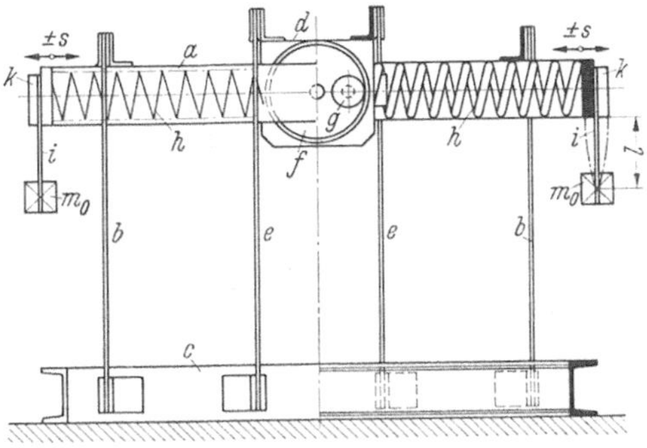

Abb. 144. Schwingtisch-Maschine von SCHENCK. *a* Schwingtisch; *b* Lenkerfedern zur Führung des Schwingtisches; *c* Grundrahmen; *d* Erregermasse mit eingebautem Drehstromasynchronmotor; *e* Lenkerfedern der Masse *d*; *f* Schwungräder; *g* Erregerwuchtmassen; *h* Hauptfedern; *i* Probestäbe; *k* Klemmplatten zum Einspannen der Probestabenden; *l* ideelle Länge der Proben; m_0 am Ende der Proben befestigte Massen.

Die Probestäbe *i* werden am einen Ende an dem Schwingtisch festgespannt; das andere Ende wird mit einer Masse m_0 belastet, die so abgestimmt wird, daß ihr Schwerpunkt bei der Schwingung angenähert in Ruhe bleibt, also den sog. Schwingungsknoten bildet. Dies wird erreicht, wenn m_0 so bemessen wird, daß die Eigenschwingungszahl des aus der Probe und m_0 gebildeten Schwingungssystems etwa halb so groß ist, wie die Betriebsschwingungszahl. Die Probe wird dann so beansprucht, als ob sie am einen Ende fest eingespannt wäre und der mit dem Schwingungsknoten zusammenfallende Punkt um einen dem Ausschlag des Schwingtisches gleichen Betrag hin- und hergebogen würde. Die Größe der Beanspruchung läßt sich durch entsprechende Wahl des Abstandes *l* vom Schwingungsknoten bis zur Einspannstelle regeln. Ist der Ausschlag *s* des Schwingtisches, der mittels Meßmikroskop ermittelt wird, und die ideelle Einspannlänge *l* der Probe bekannt, so kann man die Schwingungsbeanspruchung berechnen. Es ist

$$\sigma_{Wb} = 1{,}5\, E \cdot \frac{h}{l^2} \cdot s,$$

wobei *h* die Dicke der Probe bedeutet.

Die Maschine bietet die Möglichkeit, zahlreiche Proben mit verschieden gestaffelter Beanspruchung gleichzeitig zu prüfen. Nachteilig ist, daß die in den Proben wirkende Schwingungsbeanspruchung nicht gemessen wird, sondern nur berechnet werden kann und daß die höchste Beanspruchung in der Einspannstelle entsteht. Auch fehlt die Anordnung von Zählwerken, die für die einzelnen Proben die Lastspielzahl bis zum Bruch angeben. Diese Nachteile führten dazu, daß die Maschine wieder aufgegegeben wurde und heute nicht mehr benutzt wird.

c) Resonanzprüfanordnungen mit Einmassensystemen.

Kaum eine Beanspruchungsart eignet sich so gut zur Anwendung des Resonanzbetriebes wie die Biegeschwingungsprüfung. Abb. 145 zeigt als Beispiel eine einfache Anordnung, die von THUM und BERGMANN[1] angegeben ist. Der Probekörper *a* wird mit einem Flansch *b* auf dem Federkraftmesser *c* festgespannt, der seinerseits auf einem schwingungsisolierten Fundament *d* befestigt ist.

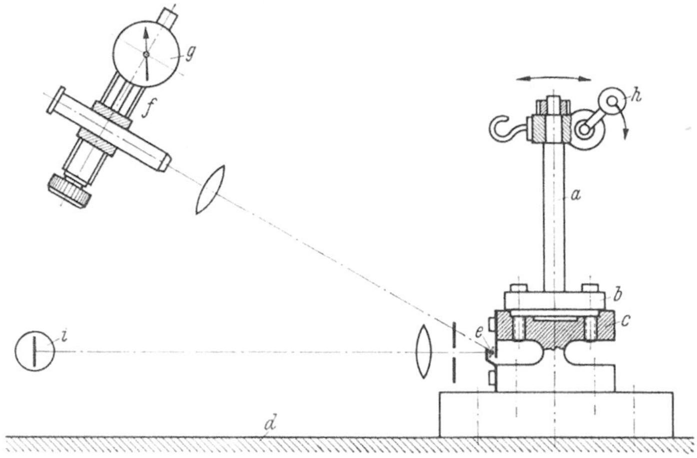

Abb. 145. In Resonanz arbeitende Schwingbiegeprüfanordnung einfachster Art von THUM und BERGMANN. *a* Probekörper; *b* Befestigungsflansch des Probekörpers; *c* Federkraftmesser; *d* schwingungsisoliertes Fundament; *e* Drehspiegel; *f* Meßmikroskop; *g* Meßuhr zur Ermittlung des Meßwegs am Mikroskop *f*; *h* Erregerwuchtmasse; *i* Lichtquelle.

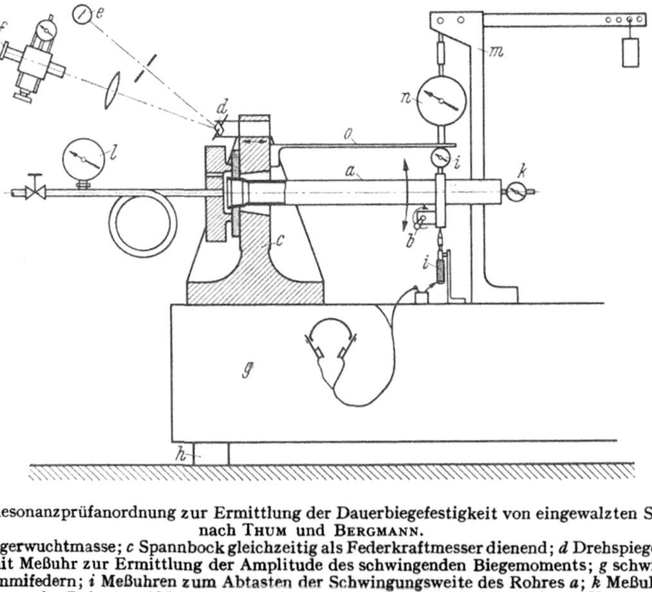

Abb. 146. Resonanzprüfanordnung zur Ermittlung der Dauerbiegefestigkeit von eingewalzten Siederohren nach THUM und BERGMANN. *a* Siederohr; *b* Erregerwuchtmasse; *c* Spannbock gleichzeitig als Federkraftmesser dienend; *d* Drehspiegel; *e* Lichtquelle; *f* Meßmikroskop mit Meßuhr zur Ermittlung der Amplitude des schwingenden Biegemoments; *g* schwingungsisoliertes Fundament; *h* Gummifedern; *i* Meßuhren zum Abtasten der Schwingungsweite des Rohres *a*; *k* Meßuhr zum Abtasten der Längsverschiebung des Rohres *a*; *l* Manometer zur Messung des Innendruckes im Rohr; *m* Vorrichtung zum Eichen des Federkraftmessers; *n* statischer Kraftmesser der Eichvorrichtung; *o* am Spannbock *c* befestigter federnder Hebel, an dem die Eichvorrichtung angreift.

Der Kraftmesser *c* besteht im wesentlichen aus einem Stahlklotz mit einer Einschnürstelle, die unter der Wirkung des Biegemoments federt. Die Relativbewegung der Flansche wird durch einen Drehspiegel *e* angezeigt. Er ist in bekannter Weise an einer dünnen Walze angeordnet, die zwischen zwei Flächen

[1] THUM, A. u. G. BERGMANN: Z. VDI Bd. 81 (1937) S. 1014.

abrollt. Die eine, starre Fläche ist an dem unteren Flansch befestigt, die zweite als Blattfeder ausgebildete Fläche mit dem oberen Flansch verbunden. Die Größe der Spiegeldrehung wird mit dem Meßmikroskop *f* ermittelt, dessen Verschiebung durch die Meßuhr *g* angezeigt wird.

Die Erregung erfolgt durch eine am oberen Ende der Probe gelagerte Wuchtmasse *h*, die von einem Gleichstromregelmotor über eine biegsame Welle angetrieben wird. Die Größe der Beanspruchung wird durch feinfühliges Regeln der Drehzahl eingestellt. Der Motor liegt an einer sehr genau geregelten Spannung, so daß die eingestellte Drehzahl auf etwa ± 0,5% gleichbleibt.

Abb. 146 zeigt eine entsprechende Anordnung zur Ermittlung der Biegewechselfestigkeit eingewalzter Siederohre. Hierbei dient der Spannbock *c* als Federkraftmesser. Die Eichung wird statisch durchgeführt. Abb. 146 zeigt die zu diesem Zweck angeordnete mit Gewichtsbelastung versehene Vorrichtung. Die Größe des Schwingungsausschlages am Rohrende wird mit Hilfe von Meßuhren abgetastet. Alle weiteren Einzelheiten gehen aus dem Text zu Abb. 146 hervor.

In Abb. 147 ist schematisch eine in Resonanz arbeitende Prüfvorrichtung der D.V.L. dargestellt, auf der ganze Bauteile einer Wechselbiegebeanspruchung unterworfen werden können [1].

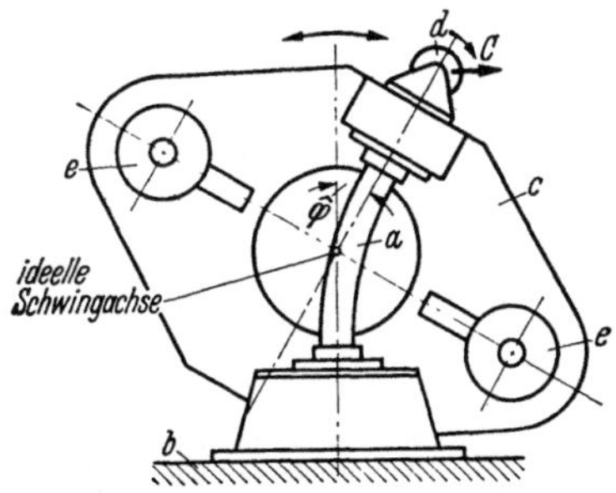

Abb. 147. Schema der Resonanzprüfvorrichtung der D.V.L. für schwingende Biegebeanspruchung. *a* Probekörper; *b* schwingungsisoliertes Fundament; *c* Querhaupt; *d* Erregerwuchtmasse; *e* verschiebbare Massen zur Regelung des Massenträgheitsmoments des Querhauptes *c*.

Der Probestab *a* ist an seinem Fußende auf einem schwingungsisolierten Fundament *b* festgespannt. Er dient als Feder eines einfachen Schwingungssystems, dessen Masse durch das am freien Ende des Probestabes befestigte Querhaupt *c* gebildet wird. Dieses ist so konstruiert, daß sein Schwerpunkt in die Mitte der freien Strecke des Probestabes fällt. Dann wird dieser so gebogen, daß seine elastische Linie mit großer Näherung einen Kreisbogen bildet; dabei erfährt der Probekörper ein Wechselbiegemoment, das in jedem Augenblick über die ganze Schaftlänge nahezu gleich groß ist.

Die Erregung erfolgt durch eine am Kopf des Querhauptes *c* gelagerte Wuchtmasse *d*, die von einem Gleichstromregelmotor mit feinfühlig regelbarer Drehzahl angetrieben wird.

Um die Eigenschwingungszahl des Systems regeln zu können, was namentlich bei Verwendung verschiedenartiger Probekörper notwendig ist, sind in dem Querhaupt zwei verschiebbare Massen *e* angeordnet, mit Hilfe deren das Massenträgheitsmoment des Querhauptes in gewissen Grenzen verändert werden kann.

Weitere Anwendungsbeispiele für Resonanzanordnungen zur Ermittlung der Biegeschwingungsfestigkeit von Konstruktionsteilen sind von S. Berg angegeben worden [2].

d) Resonanzprüfanordnungen mit Zweimassensystemen.

Bei diesen Anordnungen tritt die zweite Masse, die vielfach etwa gleiche Abmessungen besitzt wie die erste Masse, an die Stelle des meist schwingungsisolierten Fundaments. Das ganze System wird mit Hilfe von Federn oder Lenkern freibeweglich aufgehängt.

Abb. 148 und 149 zeigen Vorschläge von Thum und Bergmann [3] für Zweimassensysteme, die namentlich zur Untersuchung von Probekörpern mit großen Abmessungen in Betracht kommen.

[1] Nach Unterlagen, die von der D.V.L. zur Verfügung gestellt wurden.
[2] Berg, S.: Z. VDI Bd. 81 (1937) S. 483.
[3] Thum, A. u. G. Bergmann: Z. VDI. Bd. 81 (1937) S. 1014.

Bei dem in Abb. 148 skizzierten System ist der Probekörper *a* zwischen zwei Balken *b* und *c* eingespannt, welche die beiden trägen Massen des Systems bilden und an Bändern *d* derart aufgehängt sind, daß sie sich in einer waagerechten Ebene frei bewegen können. Ihre Gleichgewichtslage wird noch durch zwei gegeneinander gespannte Federn *e* gesichert.

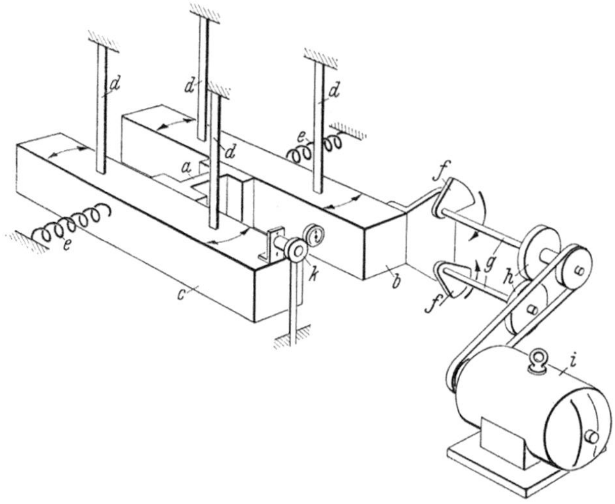

Abb. 148. Resonanzprüfanordnung mit einem frei aufgehängten Zweimassensystem nach THUM und BERGMANN (erster Vorschlag).
a Probekörper; *b*, *c* balkenförmige Massen; *d* Aufhängebänder für die Massen *b*, *c*; *e* Zugfedern zur Stabilisierung der Mittellage; *f* gegenläufige Wuchtmassen gleicher Größe; *g* Kardanwellen; *h* ortsfest aufgestelltes Zahnradgetriebe; *i* Antriebsmotor (Gleichstromregelmotor); *k* Meßmikroskop.

Die Erregung erfolgt durch zwei gegenläufige Wuchtmassen *f* gleicher Größe, die am Ende des Balkens *b* gelagert sind und über Kardanwellen *g* von einem ortsfest aufgestellten Zahnradgetriebe *h* aus in Drehung versetzt werden. Als Antriebsmotor *i* dient ein Gleichstromregelmotor. Der Schwingungsausschlag wird mittels Meßmikroskop *k* in üblicher Weise gemessen und hieraus die Biegewechselbeanspruchung berechnet.

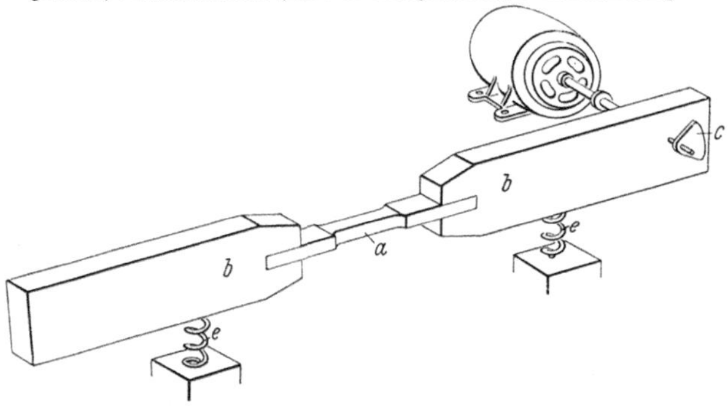

Abb. 149. Resonanzprüfanordnung mit einem federnd gestützten Zweimassensystem nach THUM und BERGMANN (zweiter Vorschlag).
a Probekörper; *b* balkenförmige träge Massen; *c* Erregerwuchtmasse; *e* Federn zur schwingungsisolierten Aufstellung des Systems.

Bei der in Abb. 149 schematisch dargestellten Anordnung werden die trägen Massen durch Balken *b* gebildet, deren Hauptausdehnung in die Längsachse des Probestabes *a* fällt.

Die Erregung erfolgt durch eine einfache Wuchtmasse *c*, die am Ende des einen Balkens angeordnet ist, wobei die senkrecht zur Balkenachse stehende Fliehkraftkomponente die Erregerkraft liefert. Die ganze Anordnung ist auf weichen Schraubenfedern *e* freibeweglich aufgestellt.

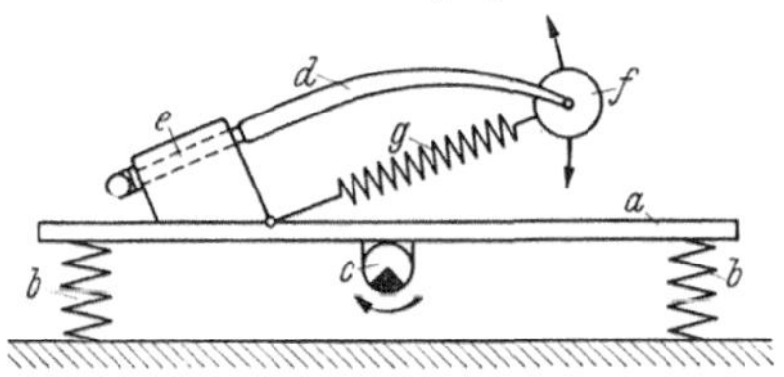

Abb. 150. „Schwingstand" von E. ERLINGER, schematisch.
a starrer Balken; *b* weiche Federn zur Schwingungsisolierung des Balkens *a*; *c* Erregerwuchtmasse; *d* Prüfkörper (Fahrradgabel); *e* Einspannbock; *f* Masse am Ende der Fahrradgabel befestigt; *g* Vorspannfeder.

Abb. 150 zeigt schließlich einen von ERLINGER entwickelten „Schwingstand[1]". Er besteht im wesentlichen aus einem starren Balken *a*, der zur Schwingungsisolierung an seinen Enden durch Federn *b* abgestützt ist und in dessen Mitte eine Wuchtmasse *c* gelagert ist, die von einem Regelmotor über eine biegsame Welle angetrieben wird. Auf diesem Balken werden die Prüfkörper in geeigneter Weise gelagert.

[1] ERLINGER, E.: Arch. Eisenhüttenwes. Bd. 12 (1938/39) S. 613.

Abb. 150 zeigt als Beispiel die Aufspannung einer Fahrradgabel *d*, die am einen Ende durch den Einspannbock *e* mit dem Balken *a* fest verbunden ist, während am freien Ende der Gabel eine Masse *f* befestigt ist. Die Feder *g* dient zur Erzielung einer Vorspannung. Das der Prüfung zugrunde liegende Zweimassensystem besteht dann aus der Fahrradgabel als Feder und der an ihrem Ende befestigten Masse *f* sowie der Masse des Balkens *a* als Massen.

e) Resonanzprüfung von Großkonstruktionen, erläutert am Beispiel der Schwingungsprüfung von naturgroßen Fachwerkträgern.

Im Stahlbau gestatten Dauerversuche an kleinen Probekörpern, wie sie z. B. auf Pulsatormaschinen durchgeführt werden können, noch kein endgültiges Urteil über die Dauerhaltbarkeit der naturgroßen Konstruktionen. Es müssen daher zur Ergänzung Biegeschwingungsversuche mit naturgroßen Vollwandträgern und Fachwerkträgern, ja mit vollständigen Brücken kleinerer Abmessungen durchgeführt werden. Zur Erzeugung der Erregerkräfte bei derartigen Versuchen werden Schwingungsmaschinen, System SPÄTH-LOSENHAUSEN, benutzt, die in verschiedenen Größen gebaut werden[1].

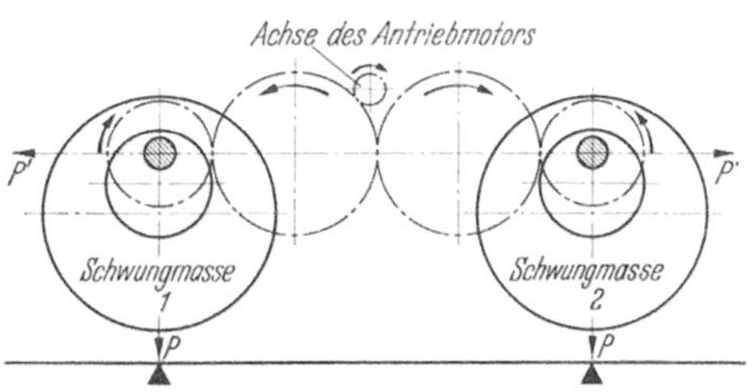

Abb. 151. Schema einer Schwingungsmaschine nach SPÄTH-LOSENHAUSEN.
An den mit gleicher Winkelgeschwindigkeit aber entgegengesetztem Drehsinn umlaufenden Schwungmassen heben sich die waagerechten Komponenten P' der Fliehkräfte gegenseitig auf; die senkrechten Komponenten ergeben eine im Takt der Drehzahl sinusförmig veränderliche Kraft.

Abb. 151 zeigt schematisch die Anordnung einer Maschine zur Erzeugung von sinusförmigen Kräften mit senkrechter Wirkungslinie. Die Konstruktion besteht im wesentlichen aus zwei Schwungmassen, deren Wellen in der aus Abb. 151 ersichtlichen Weise durch Zahnräder derart miteinander verbunden sind, daß sie mit gleicher Winkelgeschwindigkeit, aber in entgegengesetztem Drehsinn, umlaufen, wobei sie so eingestellt werden, daß ihre Schwerpunkte gleichzeitig die senkrechte Lage durchschreiten. Die Exzentrizität des Schwerpunktes der Schwungmassen kann nach dem Prinzip des Doppelexzenters zwischen Null und einem Größtwert beliebig eingestellt werden. Die Drehzahl des Antriebsmotors ist feinfühlig regelbar. Bei Maschinen großer Leistung wird die Steuerung zweckmäßig mit Hilfe eines besonderen Leonardsatzes vorgenommen. Bei Durchführung der Prüfung mit einer derartigen Maschine sind bekannt: die Amplitude der pulsierenden Erregerkraft, die Erregerfrequenz und die Leistung des Antriebsmotors.

Abb. 152. Ansicht einer Schwingungsmaschine von SPÄTH-LOSENHAUSEN. Sonderausführung für Versuche an Eisenbahnbrücken.

Abb. 152 zeigt die Ansicht einer Schwingungsmaschine, wie sie für Versuche an Eisenbahnbrücken benutzt wird.

[1] SPÄTH, W.: Z. VDI Bd. 75 (1931) S. 83.

Als Beispiele für die Durchführung der Versuche sind in Abb. 153 und 154 die Anordnungen wiedergegeben, die von der Deutschen Reichsbahn (R. BERNHARD) zur Ermittlung der Dauerfestigkeit genieteter und geschweißter Brückenträger benutzt wurden [1].

In beiden Fällen ist außer der großen Schwingungsmaschine (als Arbeitsmaschine bezeichnet), welche die zur Erzeugung des Dauerbruches notwendigen

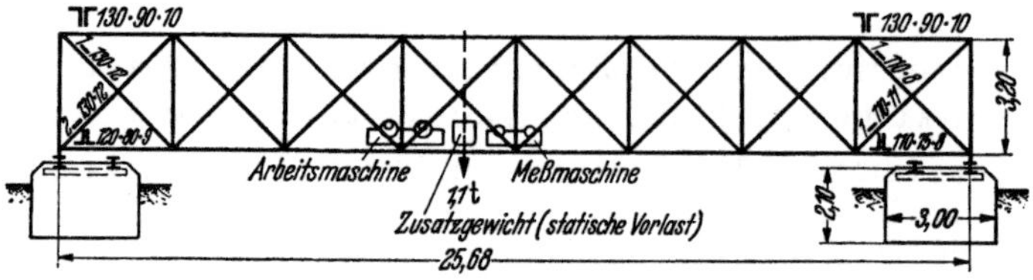

Abb. 153. Versuchsanordnung der Deutschen Reichsbahn (R. BERNHARD) zur Durchführung von Resonanz-Dauerbiegeversuchen mit einer genieteten Brücke (Maße in m).

Erregerkräfte hervorbringt, noch eine kleine Schwingungsmaschine (Meßmaschine) vorgesehen, mit Hilfe deren bei stillgesetzter „Arbeitsmaschine" Eigenfrequenz und Dämpfung der Brücke bestimmt werden können. Als Maß für die Gesamtbeanspruchung der Brücke diente der Schwingungsausschlag in der Mitte des Fachwerkträgers. Durch statische Berechnung kann der Zusammenhang zwischen diesem Ausschlag und den in den einzelnen Stäben des Fachwerkes wirkenden Kräften und Schwingungsbeanspruchungen ermittelt werden. Zur Kontrolle werden außerdem die Schwingungsbeanspruchungen an den höchstbeanspruchten Stellen mit Hilfe von dynamischen Dehnungsmessern gemessen. Ferner wird, wie bei allen Dauerversuchen, die Anzahl der Lastspiele gezählt.

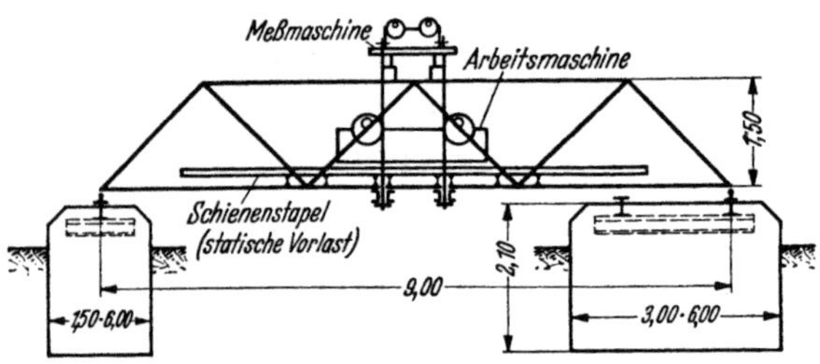

Abb. 154. Versuchsanordnung der Deutschen Reichsbahn (R. BERNHARD) zur Durchführung von Resonanz-Dauerbiegeversuchen mit geschweißten Fachwerkträgern (Maße in m).

Mit Rücksicht auf die Kosten wird man bei den Großversuchen nicht so vorgehen können, daß man regelrechte WÖHLER-Kurven aufnimmt, sondern man wird möglichst bereits an *einem* Probekörper ein Urteil über die Dauerfestigkeit gewinnen müssen. Zu diesem Zweck wird man zunächst einen Versuch mit einer Schwingungsbeanspruchung durchführen, welche die Versuchsanordnung bestimmt aushält und hierbei 2 oder besser 10 Millionen Lastspiele zurücklegen. Sodann wird man den Versuch mit einer um etwa 10% gesteigerten Beanspruchung wiederholen und mit dieser Staffelung fortfahren, bis der Bruch erfolgt. Man nimmt dabei eine gewisse Erhöhung der Dauerfestigkeit durch die sog. „Trainierwirkung" in Kauf, kann diese jedoch auf Grund von entsprechenden Versuchen an kleineren Probekörpern ziemlich gut abschätzen.

Beim Aufbau von Großversuchsanlagen, die dauernd im Betrieb sein sollen, ist die Aufstellung genügend schwerer schwingungsisolierter Fundamente dringend notwendig, da sonst die Umgebung des Aufstellungsortes durch heftige Erschütterungen belästigt wird. Die Eigenschwingungszahl der Fundamente auf ihrer Abfederung ist so zu wählen, daß sie höchstens $^1/_4$ der niedrigsten Arbeitsfrequenz, die in Betracht kommt, ist.

[1] BERNHARD, R.: Z. VDI Bd. 73 (1929) S. 1675.

Der zweckmäßige Aufbau des Großversuches muß von Fall zu Fall entschieden werden und erfordert sehr viel Umsicht und Erfahrung.

4. Krafterzeugung durch elektromagnetische Kräfte.

Dauerbiegemaschinen für Flachproben, bei denen die Wechselbeanspruchung durch elektromagnetische Kräfte erzeugt wird, sind wiederholt entwickelt worden. Sie arbeiten meist in Resonanz. Nachstehend sind die wichtigsten Ausführungsformen zusammengestellt. Ferner sei in diesem Zusammenhang auch auf die bereits in dem Abschnitt „Drehschwingungsmaschinen" erörterte Maschine der MAN hingewiesen, die für Dreh- und Biegeschwingungsbeanspruchung verwendbar ist.

a) Prüfeinrichtung von Nusbaumer.

Eine der ältesten Anordnungen wurde von E. Nusbaumer angegeben[1]. Gemäß Abb. 155 wird der Probestab *a* am einen Ende fest eingespannt, während das freie Ende einen Anker *b* aus geblättertem Eisen trägt. Dieser wird abwechselnd von zwei Elektromagneten *c* angezogen, die durch einen umlaufenden Unterbrecher 1800mal in der Minute abwechselnd ein- und ausgeschaltet werden. Der Abstand der Magnete *c* vom Anker *b* kann zwecks Regelung der Beanspruchung verändert werden. Bei gleichbleibendem Scheitelwert des Stromes in den Magneten arbeitet die Maschine mit gleichbleibender Kraftwirkung. Sie kann auch so betrieben werden, daß der Anker die Magnete bei jeder Schwingung berührt, dann wird der *Schwingungsausschlag* gleichgehalten. Um dabei ein „Ankleben" des Ankers zu vermeiden, werden die Magnete auf ihren Polflächen mit dünnen Zinn- oder Kupferblättchen überzogen. Diese Prüfeinrichtung arbeitet also *nicht* in Resonanz, sondern „zwangläufig".

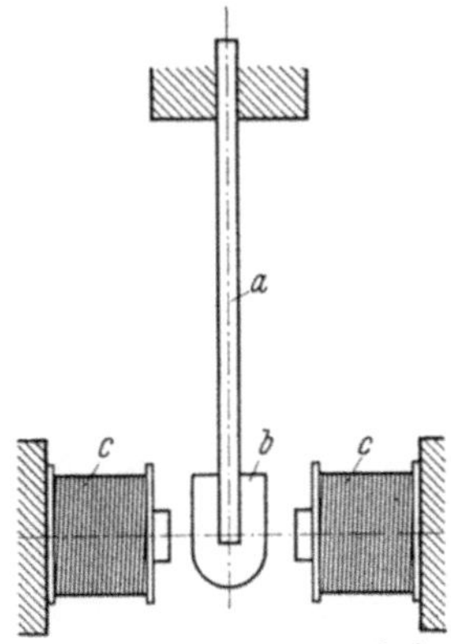

Abb. 155. Elektromagnetische Prüfeinrichtung für Biegeschwingungsfestigkeit von Nusbaumer (schematisch).
a Probestab; *b* Anker aus geblättertem Eisen; *c* Elektromagnete.

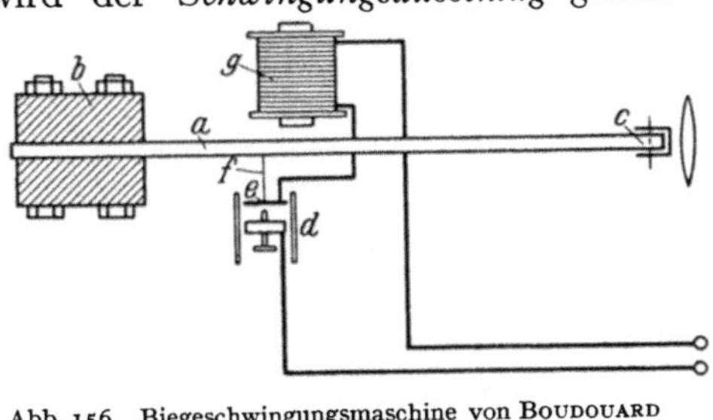

Abb. 156. Biegeschwingungsmaschine von Boudouard (schematisch).
a Probestab; *b* feste Einspannung des Probestabendes; *c* Spiegel zur Messung des Schwingungsausschlages am freien Ende der Probe; *d* Kontaktschraube; *e* Blattfeder (senkrecht zur Zeichenebene stehend); *f* Faden, der die Blattfeder *e* mit dem Probestab verbindet; *g* Elektromagnet.

b) Elektromagnetische Biegeschwingungsmaschine von Boudouard.

Die älteste in Resonanz arbeitende elektromagnetische Dauerbiegemaschine ist von Boudouard[2] benutzt worden. Sie arbeitet im wesentlichen nach dem Prinzip des Wagnerschen Hammers. Der Probestab *a* hat rechteckigen Querschnitt ($h = 0{,}5$; $b = 1{,}0$ cm) und eine freie Länge von 27 cm. Am einen Ende ist er in einen am Gestell der Maschine befestigten Bock *b* fest eingespannt. Am freien Ende der Probe ist ein Spiegel *c* befestigt, mit Hilfe dessen der Schwingungsausschlag dieses Endes in der bereits mehrfach beschriebenen Weise gemessen wird. Die Schwingungen werden durch den Elektromagneten *g* mit der Eigenschwingungszahl des Probestabes erregt, und zwar dadurch, daß der Elektromagnet

[1] Nusbaumer, E.: Rev. Métall 1914 S. 1133; Stahl u. Eisen Bd. 35 (1915) S. 910.
[2] Boudouard, O.: Bull. Soc. Enc. Ind. nat. Paris 1910 S. 545; Rev. Métall 1913 S. 70; Stahl u. Eisen Bd. 32 (1912) S. 1757.

durch die Kontaktvorrichtung *d* ein- und ausgeschaltet wird, die ähnlich wie beim WAGNERschen Hammer durch den Probestab selbst gesteuert wird. Zu diesem Zweck wird eine Blattfeder *e*, deren Achse senkrecht zur Bildfläche steht, durch einen Faden *f* mit dem schwingenden Probestab *a* verbunden. Sie ist an das eine Ende der Wicklung des Elektromagneten *g* geschaltet und macht mit der Stellschraube *d* im Rhythmus der Schwingungen Kontakt.

Die Eigenschwingungszahl der Anordnung (gleichzeitig auch die Betriebsschwingungszahl) ist mit 1800/min angegeben.

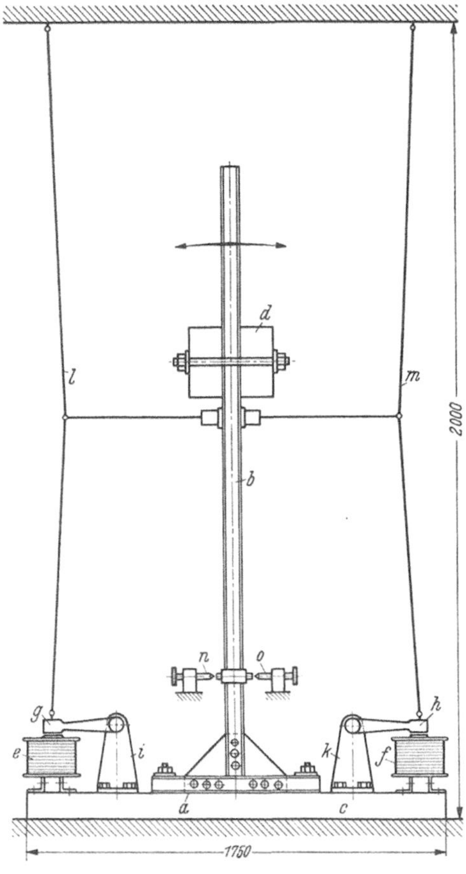

Abb. 157. Elektromagnetische Biegeschwingungsprüfmaschine für Knotenverbindungen aus Leichtmetall von W. MÜLLER.
a Durchlaufender Träger der Knotenverbindung; *b* angenieteter Träger; *c* Grundplatte; *d* Abstimm-Masse; *e*, *f* Elektromagnete; *g*, *h* Anker der Elektromagnete mit Hebeln; *i*, *k* Lagerböcke für die Hebel der Anker *g* und *h*; *l*, *m* Spanndrähte; *n*, *o* Kontaktschrauben.

c) Schwingungsprüfmaschine von W. MÜLLER.

Eine Schwingungsprüfmaschine zur Ermittlung der Dauerfestigkeit von genieteten Knotenverbindungen aus Leichtmetall, die im Prinzip eine gewisse Ähnlichkeit mit der Anordnung von BOUDOUARD aufweist, hat W. MÜLLER bei der Aluminiumindustrie A.G., Neuhausen, entwickelt[1]. Abb. 157 zeigt schematisch die Anordnung. Die Knotenverbindung wird mit dem durchlaufenden Träger *a* an der Grundplatte *c* festgeschraubt. Der angenietete Träger *b* trägt eine Masse *d*, mit der er ein Schwingungssystem bildet. Die Schwingungen werden durch zwei Elektromagnete *e* und *f* erregt, die ebenfalls mit der Grundplatte verschraubt sind. Ihre Anker *g* und *h* sitzen an den Enden von Hebeln, die mit waagerechter Drehachse in den Böcken *i* und *k* gelagert sind. An den Ankern greifen Drähte *l* und *m* an, die an dem oberen Querbalken des Maschinenrahmens befestigt sind. Etwa zwischen der Mitte dieser Drähte und dem Träger *b* sind Verbindungsdrähte ausgespannt. Zieht z. B. der Magnet *e* seinen Anker *g* an, so sucht dieser den Draht *l* straff zu ziehen, wobei der Träger *b* durch den Verbindungsdraht nach links gezogen wird. Dabei wird der Kontakt *n* geschlossen, der den zweiten Magneten *f* einschaltet. Dieser zieht das System nach der entgegengesetzten Richtung, der Kontakt *n* öffnet und das System schwingt vermöge der kinetischen Energie seiner Masse weiter bis der Kontakt *o* geschlossen wird, der wieder den ersten Magneten einschaltet, woraufhin sich das Spiel wiederholt. Das System wird also wie beim WAGNERschen Hammer in seiner Eigenschwingungszahl erregt. Die Schwingungsweite und damit der Spannungsausschlag der Wechsel-

[1] MÜLLER, W.: Metallwirtsch. Bd. 82 (1939) S. 885. — Schweizer Arch. angew. Wiss. Techn. Bd. 3 (1937) Heft 10 S. 276.

beanspruchung läßt sich durch Einstellen der Kontakte *n* und *o* feinfühlig regeln. Die Steuerung erfolgt indirekt durch Zu- und Abschalten einer Spannung an die Gitter von Stromrichterröhren, die mit Quecksilberdampf gefüllt sind. Die Maschine arbeitet mit einer Frequenz von 9 bis 11 Hz. Die Anzahl der Lastspiele wird durch einen Synchronmotor gezählt, der durch die Stromimpulse in Drehung versetzt wird und ein Zählwerk antreibt.

d) Elektromagnetische Biegeschwingungsmaschine der MAN.

Abb. 158 zeigt eine von der MAN hergestellte Biegeschwingungsmaschine für Flachproben und Konstruktionsteile wie z. B. Dampfturbinenschaufeln, die ebenfalls nach dem Prinzip des WAGNERschen Hammers arbeitet. Es können Proben bis zu 15 mm Dicke geprüft werden. Der Probestab *a* wird mit seinem unteren Ende in dem massigen Grundgestell *b* durch eine Keileinspannung *c* befestigt. Am freien oberen Ende wird der Anker *e* angebracht, der abwechselnd durch die Elektromagnete *f* und *g* angezogen wird. Diese sind in dem Querhaupt *h* der Maschine angeordnet, das in senkrechter Richtung mittels Spindel *i* und Handrad *k* verstellt werden kann, so daß die Magnete dem Probestab in beliebiger Höhe gegenübergestellt werden können.

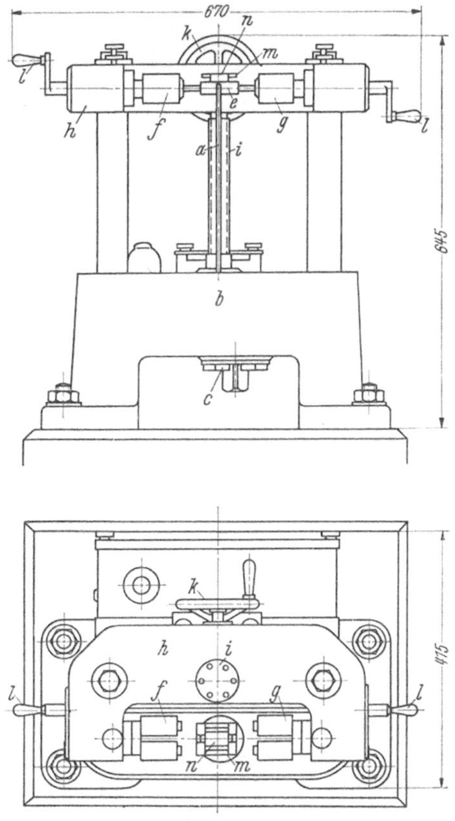

Abb. 158. Elektromagnetische Biegeschwingungsmaschine für Flachproben, Bauart MAN. *a* Probestab; *b* Grundgestell; *c* Keileinspannung; *e* Anker; *f*, *g* Elektromagnete; *h* Querhaupt in der Höhe verstellbar; *i* Spindel zur Verstellung des Querhauptes *h*; *k* Handrad zur Spindel *i*; *l* Handkurbeln zur Querverstellung der Magnete *f*, *g*; *m* federnder Kontakt; *n* Meßtrapez.

Die Halter der Magnete lassen sich mittels der Handkurbeln *l* in waagerechter Richtung verschieben. Hierdurch kann die Schwingungsweite und damit die Beanspruchung in weiten Grenzen geregelt werden. Die Magnete werden mit Gleichstrom beschickt und durch einen am Anker *e* angeordneten federnden Kontakt *m* im Rhythmus der Schwingungen ein- und ausgeschaltet. Die Anzahl der bis zum Bruch ertragenen Lastspiele wird durch ein elektrisches Zählwerk angezeigt, das einen Zählbereich bis zu 100 Millionen aufweist.

Die Größe des Schwingungsausschlages wird durch ein Meßtrapez beobachtet, das ähnlich wie bei der Drehschwingungsmaschine von FÖPPL-BUSEMANN ausgebildet ist. Abb. 159a zeigt das Meßtrapez in Ruhe: rechts davon ist der federnde Steuerkontakt sichtbar. In Abb. 159b ist wiedergegeben, wie das Meßtrapez dem Beobachter bei schwingendem Probestab und einem Ausschlag von 8 mm erscheint. Der scheinbare Schnittpunkt, den die rechte Kante der am linken Rand befindlichen weißen Fläche mit der rechten Kante des schrägen weißen Striches bildet, kennzeichnet scharf den Ausschlag von 8 mm. Beim Bruch des Stabes steigt die Stromstärke an, wodurch ein Höchststromausschalter betätigt wird, der den Erregerstrom der Magnete und das Zählwerk ausschaltet.

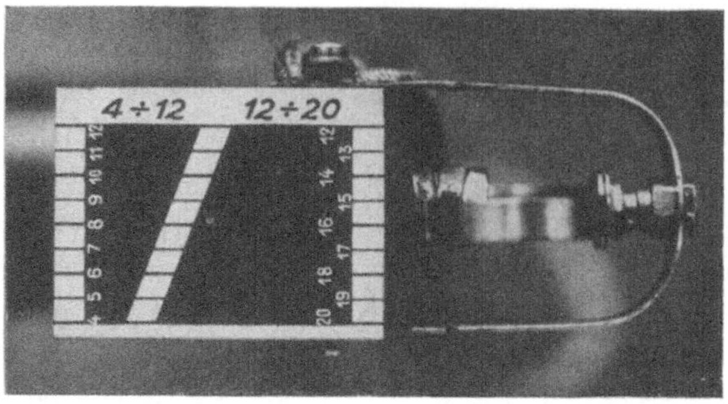

a

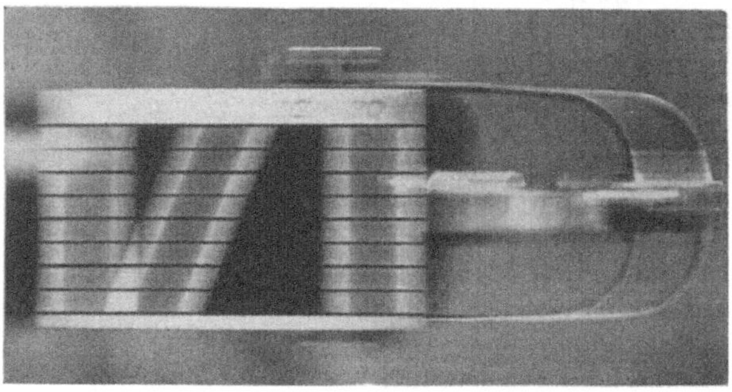

b

Abb. 159 a und b. Meßtrapez am Anker der Maschine Abb. 158.
a Ansicht bei ruhendem Anker, rechts ist der federnde Steuerkontakt sichtbar; b Ansicht des Meßtrapezes bei schwingendem Probestab und einem Ausschlag von 8 mm.

e) Biegeschwingungsanlage mit Röhrengenerator von W. Hort[1].

Eine weitere mit der Eigenschwingungszahl des Probestabes arbeitende Anordnung wurde von W. Hort entwickelt.

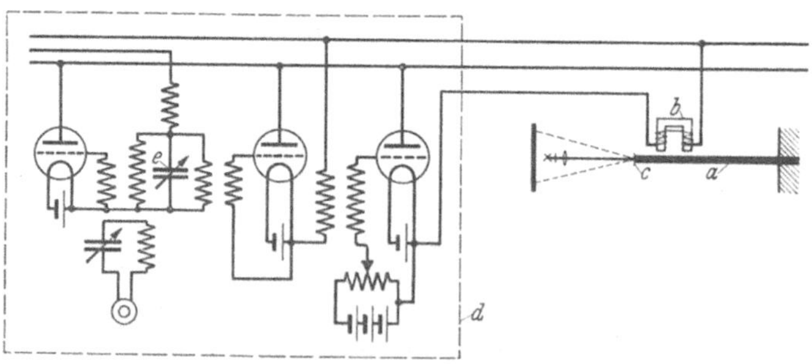

Abb. 160. Biegeschwingungsanlage mit Röhrengenerator von W. Hort.
a Probestab; *b* Elektromagnet; *c* Meßspiegel; *d* Schwingungskreis des Röhrengenerators; *e* Drehkondensator.

Sie vermeidet die Anwendung von Kontakten und ermöglicht den Resonanzbetrieb durch eine Rückkopplungsschaltung mit Elektronenröhren. Die Einzelheiten der Anordnung gehen aus Abb. 160 hervor. Der Probestab *a* ist am einen Ende fest eingespannt und wird durch den Elektromagneten *b* erregt. Die Größe

[1] Hort, W.: Z. techn. Phy. Bd. 5 (1924) S. 433; Maschinenbau Betrieb Bd. 18 (1923/24) S. 1038.

des Schwingungsausschlages wird in der üblichen Weise mittels Lichtzeiger durch einen am Kopfende des Probestabes befestigten Spiegel *c* gemessen.

Die elektrische Schaltung stellt im wesentlichen einen Röhrengenerator mit einem selbsterregten Schwingungskreis dar, der induktiv rückgekoppelt ist und zwei Verstärkerstufen besitzt. Durch Einstellen des im Schwingungskreis liegenden Drehkondensators wird die Frequenz des Röhrengenerators so eingeregelt, daß der Probestab in Resonanz schwingt. Da die eingestellte Frequenz des Röhrengenerators sehr genau gleich bleibt, kann mit dieser Anordnung ein Dauerbetrieb mit genügend gleichbleibendem Schwingungsausschlag erzielt werden. Allerdings muß dabei auch für gleichbleibende Anodenspannung gesorgt sein.

f) Biegeschwingungsmaschine des Wöhler-Instituts Braunschweig (Föppl-v. Heydekampf).

Eine weitere elektromagnetische Resonanzmaschine für Flachbiegeproben wurde von O. Föppl und G. v. Heydekampf entwickelt[1]. Abb. 161 und 162 zeigen schematisch die Anordnung. Die beiden Probestäbe *a* sind am unteren Ende in den Maschinenrahmen fest eingespannt und am oberen Ende mit der Schwungmasse *b* verschraubt. Die Probestäbe *a* und die Schwungmasse *b* sind in Abb. 161 schraffiert, damit sie deutlich hervortreten. Außerdem sind parallel zu den Probestäben noch zwei Hilfsblattfedern *c* angeordnet. Die Schwungmasse trägt an ihren Enden Polschuhe *d*, die mit je zwei Elektromagneten *e* zusammenarbeiten. Diese werden abwechselnd im Takte der Eigenschwingung des Systems durch einen von der Schwungmasse betätigten Spezialschalter (s. Abb. 163) ein und ausgeschaltet. Die Schwungmasse *b* ist so ausgebildet, daß ihr Schwerpunkt *S* in die obere Einspannkante der Probestäbe fällt. Er erfährt also bei der Schwingung eine seitliche Verschiebung um den Betrag $\pm f$ (s. Abb. 162). Gleichzeitig neigt sich die Mittelebene der Schwungmasse entsprechend der elastischen Linie der Probestäbe um den Winkel φ gegen die Vertikale. Die Gesamtbewegung ist eine Drehung um eine in halber Höhe der Probestäbe liegende Achse *g*. Die Polschuhe der Magnete sind so angeordnet, daß ihre Mantelfläche auf einem zu dieser Achse konzentrischen Kreiszylinder liegt. Zur Erzeugung der im Schwerpunkt wirkenden Beschleunigungskraft dienen die beiden Hilfsblattfedern *c*, die am unteren Ende im Maschinengestell fest eingespannt und am oberen Ende mit der Schwungmasse *b* gelenkig verbunden sind, wobei die Gelenkachse durch den Schwerpunkt *S* geht. Die Hilfsfedern *c* können also lediglich eine durch den Schwerpunkt gehende Einzelkraft auf die Schwungmasse übertragen. Sie müssen so

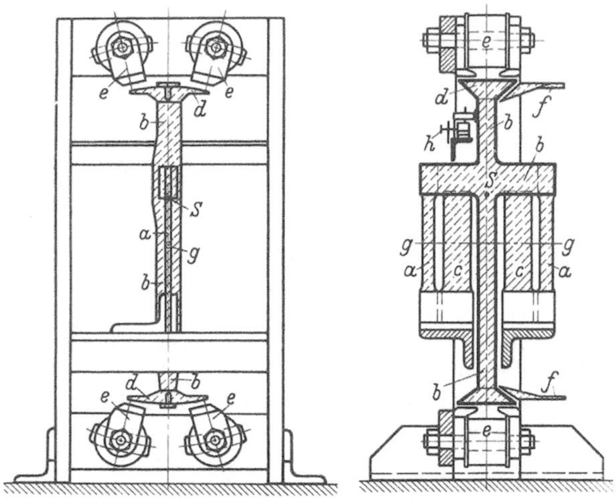

Abb. 161. Biegeschwingungsprüfmaschine des Wöhler-Instituts Braunschweig (Föppl-v. Heydekampf).
a Probestäbe; *b* Schwungmasse; *c* Hilfsblattfedern; *d* Polschuhe der Schwungmasse; *e* Elektromagnete; *f* Meßtrapeze zur Beobachtung des Schwingungsausschlages; *g* Achse der Schwingbewegung; *h* Reibschalter; *S* Schwerpunkt der Schwungmasse *b*.

[1] G. v. Heydekampf: Dissertation T.H. Braunschweig 1929; s. a. Metallwirtsch. Bd. 9 (1930) S. 321.

bemessen werden, daß die von ihnen ausgeübte Rückstellkraft gerade die bei der vorliegenden Eigen-Schwingungszahl erforderliche Schwerpunktsbeschleunigung hervorruft.

Dann werden die Probestäbe lediglich durch das zur Drehbewegung der Schwungmasse erforderliche Moment belastet, erfahren also eine über ihre ganze Länge gleichbleibende Beanspruchung. Diese Voraussetzung wird nicht mehr erfüllt, wenn die Hilfsfedern c zu stark oder zu schwach bemessen werden.

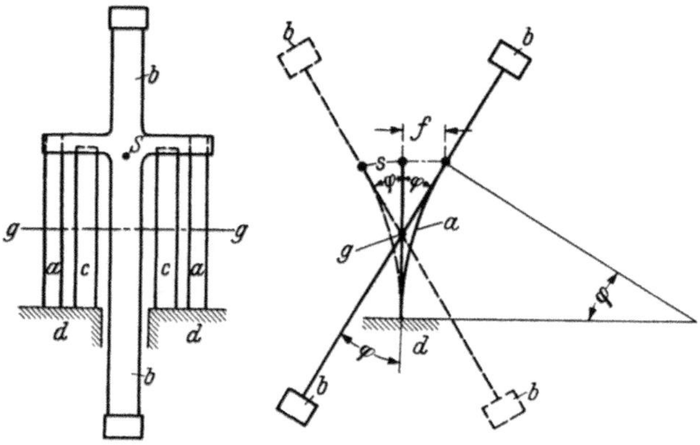

Abb. 162. Schema zur Erläuterung der Wirkungsweise der Prüfmaschine Abb. 161.
a Probestäbe; b Schwungmasse; c Hilfsblattfedern; d Grundgestell; S Schwerpunkt der Schwungmasse; g Achse der Schwingbewegung.

Die Größe der im Probestab auftretenden Wechselbeanspruchung ist dem Drehwinkel φ der Schwungmasse b verhältnisgleich. Dieser wird durch Beobachten des Schwingungsausschlags mit einer Ablesevorrichtung f, die ähnlich wie bei der Drehschwingungsmaschine von FÖPPL-BUSEMANN ausgebildet ist, ermittelt.

Die Größe des Schwingungsausschlags wird durch Ändern des die Magnete durchfließenden Stromes mittels Schiebewiderstand eingestellt.

Abb. 163 zeigt die Konstruktion des „Reibschalters", der die Magnetpaare im Takt der Eigenschwingung abwechselnd ein- und ausschaltet.

Der Kontakthebel b ist um die Achse a drehbar und wird von der Schwungmasse m durch Reibung an einer Fiberfläche e mitgenommen. Er macht je nach der Bewegungsrichtung abwechselnd mit den Stellschrauben c und d Kontakt, die je mit der Wicklung eines Magnetpaares verbunden sind.

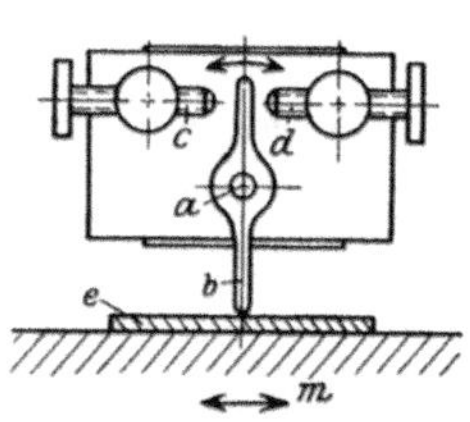

Abb. 163. „Reibschalter" zur Steuerung der Maschine Abb. 161.
a Achse des Kontakthebels; b Kontakthebel; c, d Kontaktschrauben; e Fiberfläche an der Schwungmasse m der Maschine befestigt.

Die Umschaltung erfolgt in den Endlagen der Schwingung, da dann die Reibkraft ihre Richtung umkehrt und den Kontakthebel entsprechend umlegt.

Die mit konstanter Frequenz erfolgenden Stromstöße dienen gleichzeitig zum Antrieb eines kleinen zweipoligen Synchronmotors, dessen Drehzahl der Eigenschwingungszahl des Systems entspricht, und der ein Zählwerk antreibt, das die Anzahl der ertragenen Lastspiele angibt.

Beim Bruch der Probe schaltet sich die Maschine durch den infolge Änderung der Kontaktdauer entsprechend der erniedrigten Eigenschwingungszahl entstehenden Stromanstieg selbsttätig aus.

F. Prüfmaschinen zur Ermittlung der Dauerfestigkeit von Federn.

Die Ermittlung der Dauerfestigkeit kommt im wesentlichen für zwei Gruppen von Federn in Betracht, nämlich Ventilfedern verschiedener Größe und geschichtete Blattfedern für Fahrzeuge. Die heute in Gebrauch befindlichen Schwingungsprüfmaschinen für Federn sind sämtlich mit zwangläufigem Antrieb versehen. Andere Anordnungen, die z. B. unter Ausnutzung der Resonanz arbeiten, haben sich nicht durchsetzen können. Als Beispiel hierfür ist die Blattfeder-Dauerprüfmaschine des National-Physical-Laboratory beschrieben. Unter den Bauarten mit zwangläufigem Antrieb wurden für Schraubenfedern die Maschinen von AMSLER und von SCHENCK, für Blattfedern die Maschinen von Mohr u. Federhaff und von Losenhausen als kennzeichnend ausgewählt.

a) Federprüfmaschine von AMSLER.

Die wesentlichsten Einzelheiten der Konstruktion sind aus Abb. 164 zu ersehen. Der zwangläufige Antrieb ist im unteren Teil des Maschinengestells gelagert. Er besteht im wesentlichen aus einer in Wälzlagern umlaufenden Welle *a*, die von dem Motor *b* durch einen Riemen mit $n = 1\,000$, 1500 oder 2000/min angetrieben wird und an ihren beiden Enden Schwungräder und Kurbelflansche trägt. In diesen können die Kurbelzapfen bei ruhender Welle in radialer Richtung verschoben werden, derart, daß der Hub zwischen 0 und 100 mm stetig einstellbar ist. Die Pleuelstange jedes Kurbeltriebs bewegt einen Stößel *c*, der in Kugellagern in senkrechter Bahn gerade geführt ist. Am oberen Ende dieses Stößels wird bei der Prüfung von Druckfedern ein Teller *d*, beim Prüfen von Zugfedern ein gabelförmiges Endstück befestigt, in das die Öse der Zugfeder eingehängt wird.

Abb. 164. Dauerprüfmaschine für Schraubenfedern von AMSLER.
a Hauptwelle, an deren beiden Enden Kurbeltriebe mit verstellbarem Hub angeordnet sind; *b* Antriebsmotor; *c* Stößel, in Kugellagern geführt; *d* Teller zur Aufnahme von Druckfedern; *e* Spindel zum Einstellen der Vorspannung; *f* Schlitten zur Führung der Spindeln *e*; *g* Spindelmuttern; *h* Handkurbeln.

Zur Abstützung des zweiten Federendes dienen ein Teller oder eine Gabel, die am Ende der Spindeln *e* befestigt werden. Diese sind in Schlitten *f* gelagert, die zur Grobeinstellung in den seitlich am Gestell angeordneten Führungen verschoben und festgespannt werden können, während die Feineinstellung durch Drehen der Spindelmuttern *g* mittels Kurbel *h* und Kegelradvorgelege erfolgt. Bei Bruch der Feder wird das gehörige Zählwerk, das durch eine Schnur von der Hauptwelle angetrieben wird, selbsttätig stillgesetzt, während die Maschine weiterläuft. Die größte zulässige Federkraft beträgt 200 kg je Feder. Durch Einbau einer Zusatzvorrichtung können auch Federblätter und geschichtete Blattfedern kleiner Abmessungen geprüft werden.

Eine Prüfmaschine ähnlicher Konstruktion wird von Mohr u. Federhaff gebaut, und zwar in zwei Größen für 100 und 500 kg Höchstlast je Stößel bei ebenfalls 100 mm größtem Hub.

b) Ventilfederprüfmaschine von SCHENCK.

Diese Maschine ist in Abb. 165 schematisch und in Abb. 166 in Ansicht dargestellt. Sie bietet grundsätzlich zwei Prüfmöglichkeiten. Einerseits können Ventilfedern mit verschieden gestaffelter Schwingungsbeanspruchung zwecks Aufnahme einer WÖHLER-Kurve geprüft werden, wobei die bei einem bestimmten Stößelhub bis zum Bruch ertragene Anzahl von Lastspielen selbsttätig gezählt wird. Anderseits kann die Maschine zur Güteauswahl der Federn vor dem Einbau in den Motor benutzt werden. Dabei unterwirft man die Federn alle der gleichen Schwingungsbeanspruchung, die zweckmäßig z. B. 10% höher gewählt wird als die betriebsmäßige Beanspruchung und läßt sie damit eine bestimmte Anzahl von Lastspielen mindestens 10 Millionen zurücklegen. Alle Federn, deren Dauerfestigkeit unter der bei der Prüfung eingestellten Schwingungsbeanspruchung liegt, gehen dann vorzeitig zu Bruch. Die übrigen Federn werden mit größter Wahrscheinlichkeit im Dauerbetrieb des Motors standgehalten. Es können gleichzeitig 48 Federn geprüft werden.

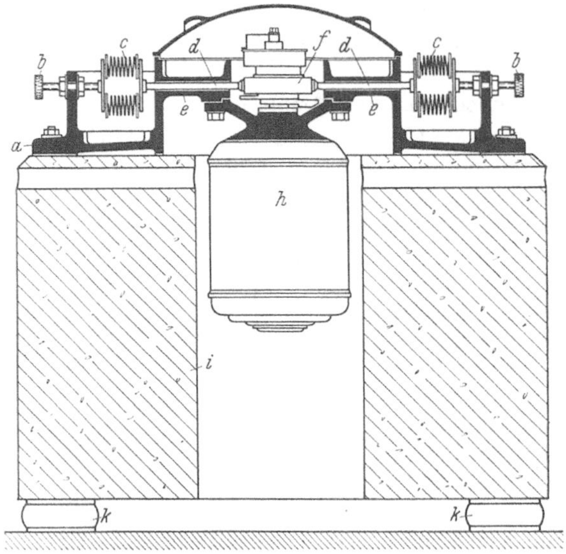

Abb. 165. Ventilfederprüfmaschine von SCHENCK. Schematischer Längsschnitt. (Erläuterung s. Abb. 166.)

Über die Konstruktion ist folgendes zu sagen. Die

Abb. 166. Draufsicht bei abgenommenem Schutzdeckel.
a Grundplatte; *b* Schrauben zum Einstellen der Federvorspannung; *c* zu prüfende Federn; *d* Stößel des Schwingantriebs; *e* Gleitführungen der Stößel; *f* Antriebsexzenter mit verstellbarem Hub; *g* Teilung zur Einstellung des Hubs; *h* Antriebsmotor; *i* schwingungsisoliertes Fundament; *k* Gummifedern.

kreisrunde gußeiserne Grundplatte *a* trägt in sternförmiger Anordnung die 12 Prüfstellen für die Federn. An jeder Stelle ist eine Schraube *b* angebracht, die in radialer Richtung um meßbare Beträge verstellt werden kann und an ihrem nach innen zu liegenden Ende den Teller für die Aufnahme der Federn trägt. Die Verstellung ermöglicht die Berücksichtigung verschiedener Federlängen und die Einstellung einer Vorspannung.

Die 12 Stößel *d*, die zum Antrieb dienen, sind in Gleitführungen *e* des Innenrings der Maschine gelagert. Sie tragen an ihren Enden ebenfalls Teller zur Aufnahme der zu prüfenden Federn.

Der Antrieb erfolgt durch einen Exzenter *f* der gleichzeitig sämtliche Stößel in sinusförmige Bewegung setzt und dessen Halbmesser nach einer Teilung zwischen Null und 12 mm beliebig eingestellt werden kann. Der mit der Exzenterwelle direkt gekuppelte Antriebsmotor *h* hängt nach unten in das schwingungsisolierte Fundament *i* und läuft mit einer Drehzahl von $n = 1500$/min.

Bei der Aufnahme von WÖHLER-Kurven wird je Stößel *eine* Feder eingebaut. Zur Zählung der Lastspiele bis zum Bruch ist für jeden Stößel ein elektromagnetisches Zählwerk vorgesehen, das durch Kontakte geschaltet wird, die am Ende der Vorspannspindeln *b* untergebracht sind und das beim Bruch der Feder selbsttätig stillgesetzt wird.

Bei Durchführung der Güteprüfung werden besondere Zwischenflansche eingebaut, welche die Prüfung von 4 Federn je Stößel ermöglichen. Dabei werden die Zählwerke außer Betrieb gesetzt. Es können Federn bis zu 60 mm Außendurchmesser geprüft werden. Die freie Einspannlänge beträgt bei Prüfung *einer* Feder je Stößel 100 mm, bei 4 Federn je Stößel 85 mm. Die höchste Prüfkraft je Stößel ist 110 kg.

Die Maschine ist mit einer Ölpumpe ausgerüstet, die sämtliche Lagerstellen und die Gleitführungen der Stößel mit Schmieröl versorgt. Gegebenenfalls können Sicherungen gegen das Herausspringen und Ausbiegen der Federn eingebaut werden.

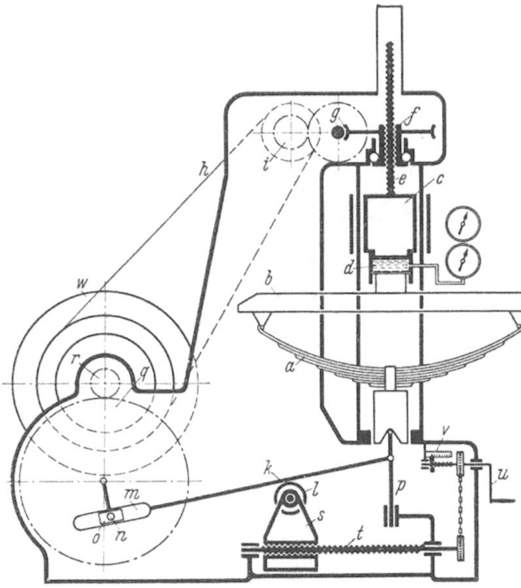

Abb. 167. Schema der statisch-dynamischen Federprüfmaschine von Mohr u. Federhaff.
a zu prüfende Feder; *b* Tisch mit Aufhängevorrichtung für die Feder; *c* Schlitten; *d* hydraulische Kraftmeßdose; *e* Antriebsspindel zum Schlitten *c*; *f* Spindelmutter; *g* Schneckenvorgelege zur Spindelmutter; *h* Riemenvorgelege; *i* ausrückbare Kupplung; *k* Schwinghebel; *l* Auflager zum Schwinghebel; *m* Gleitführung am Schwinghebel *k*; *n* Kurbelzapfen; *o* Gleitstein des Kurbelzapfens *n*; *p* Stößel; *q* Stirnrad mit Pfeilverzahnung; *r* Ritzelwelle zum Stirnrad *g*; *s* Lagerbock zur Auflagerrolle *l*; *t* Spindel zur Verschiebung des Lagerbocks *s*; *u* Handkurbel zur Betätigung der Spindel *t*; *v* Teilung zur Anzeige des eingestellten Hubs; *w* Schwungscheibe.

c) Statisch-dynamische Federprüfmaschine von Mohr u. Federhaff[1].

Diese Maschine, deren Aufbau schematisch in Abb. 167 dargestellt ist, dient in erster Linie zur Prüfung geschichteter Blattfedern. Natürlich kann auch die Prüfung von starken Schraubenfedern und von Pufferfedern damit durchgeführt werden. Sie ist nicht als Dauerprüfmaschine gebaut, sondern wurde in erster Linie zur Durchführung von Federprüfungen nach den Vorschriften der Deutschen Reichsbahn entwickelt. Danach soll die Feder bei der Prüfung etwa während einer Minute 60mal mit einem bestimmten Hub belastet und wieder entlastet

[1] Nach Unterlagen der Fa. Mohr u. Federhaff, Mannheim.

werden. Die Maschine wird für 3, 5, 15 und 25 t Höchstlast gebaut. Die Feder *a* wird in ähnlicher Weise wie im Fahrzeug unter einem Tisch *b* gelagert, der sich auf die in dem Schlitten *c* angeordnete hydraulische Meßdose *d* stützt. Dabei wird sein Eigengewicht durch Zugfedern aufgenommen, die einerseits am Schlitten andererseits am Tisch *b* angreifen. Durch Verschieben des Schlittens *c* mit Hilfe der Spindel *e* wird der zu prüfenden Feder eine statische Vorspannung erteilt. Dabei wird die im Kopfteil des Maschinengestells gelagerte Spindelmutter *f* durch das Schneckenvorgelege *g* angetrieben. Dieses steht mit dem Hauptantrieb durch ein Riemenvorgelege *h* und eine ausrückbare Kupplung *i* in Verbindung.

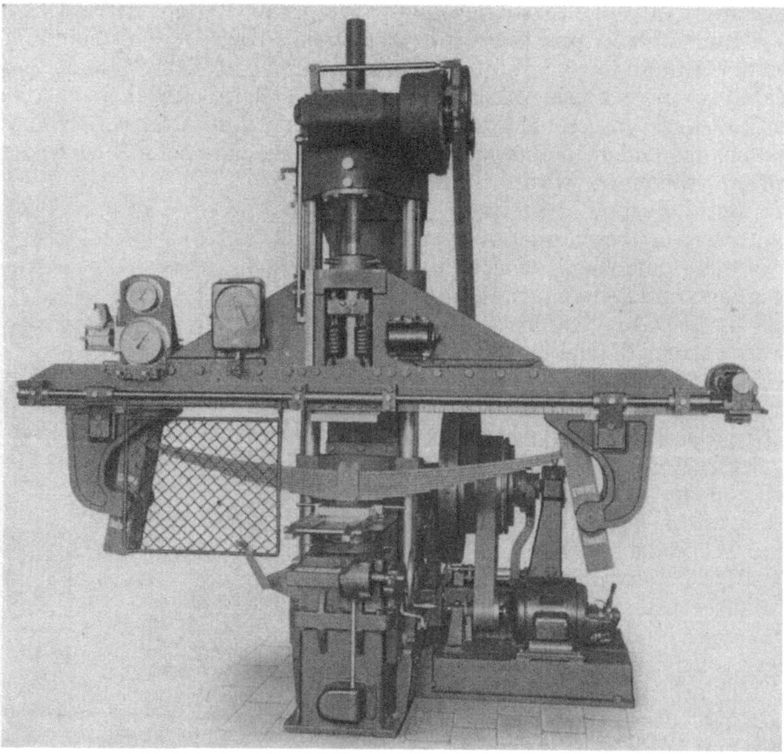

Abb. 168. Ansicht der statisch-dynamischen Federprüfmaschine von Mohr u. Federhaff für 25 t Höchstlast. Diese Maschine wird auch mit Druckölantrieb für die statische Belastung ausgeführt.

Der *Schwingantrieb* ist im Unterteil des Maschinengestells untergebracht. Er besteht im wesentlichen aus dem Schwinghebel *k*, der sich auf das verstellbare Auflager *l* stützt und dessen eines Ende nach Art einer Kurbelschleife mit einer Gleitführung *m* versehen ist, in die ein auf dem Kurbelzapfen *n* angeordneter Gleitstein *o* eingreift. Am anderen Ende des Schwinghebels *k* greift der Stößel *p* an, der in einer senkrechten Gleitführung arbeitet. Die „Kurbelwelle" besteht im wesentlichen aus zwei Stirnrädern mit Pfeilverzahnung *q*, zwischen denen der Kurbelzapfen angeordnet ist und die durch die Ritzelwelle *r* angetrieben werden. Diese steht mit dem Hauptantrieb durch eine ausrückbare Kupplung in Verbindung. Zur Regelung des Stößelhubs wird das Auflager *l* des Schwinghebels *k* verschoben. Dies geschieht in der Weise, daß der Bock *s*, in dem die Stützrolle *l* gelagert ist, mit Hilfe der Spindel *t* längs einer im Grundgestell der Maschine angeordneten Führung verstellt wird. Diese Verschiebung kann vorgenommen werden, während die Maschine mit einer Hubfrequenz von 60/min arbeitet und erfolgt durch Betätigen der Handkurbel *u*. Die Größe des Hubs kann an der Teilung *v* abgelesen werden und ist stetig zwischen 5 und 150 mm veränderlich. Die Anzahl der Lastspiele wird durch einen Zähler angezeigt. Abb. 168 zeigt eine Ansicht der Prüfmaschine für 25 t Höchstlast, die insbesondere zum Prüfen von Eisenbahntragfedern eingerichtet ist.

d) Statisch-dynamische Federprüfmaschine des Losenhausenwerks.

Die in Abb. 169 schematisch, in Abb. 170 in Frontansicht und in Abb. 171 im Hauptlängs- und Querschnitt dargestellte Maschine dient zur Lösung der gleichen Aufgabe wie die vorstehend beschriebene Maschine von Mohr u. Federhaff. Der Tisch *a*, auf dem die Feder mit dem Bund nach oben in Rollenböcken oder in Pendelbockaufhängung gelagert wird, ist mit Zugstangen *b* an einem Querhaupt *c* aufgehängt, das sich auf die hydraulische Kraftmeßdose *d* stützt. Diese ist im Oberteil des Maschinengestells angeordnet.

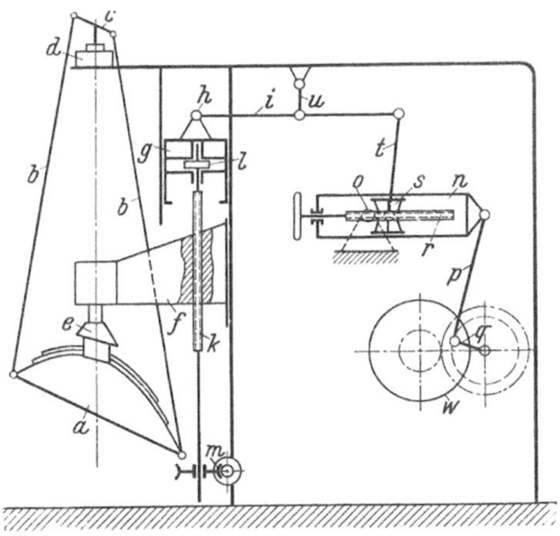

Abb. 169. Statisch-dynamische Federprüfmaschine von LOSENHAUSEN. Schema der Anordnung. (Erläuterung s. Abb. 170.)

Auf den Federbund drückt der Teller *e*. Er ist an einem Kragarm des Schlittens *f* befestigt, der in starken senkrechten Führungen an der Vorderfläche des Maschinengestells gleitet. Über ihm ist ein Kreuzkopf *g* angeordnet, an dem mit einem starken Gelenk *h* die Antriebsschwinge *i* angreift und der ebenfalls in kräftigen Führungen des Maschinengestells abgestützt ist. In dem Kreuzkopf *g* ist ferner das obere Ende der Vorspannspindel *k* mittels Druckkugellager *l* gelagert. Diese Spindel wird von einem im Gestellunterteil der Maschine angeordneten Schneckenvorgelege *m* in Drehung versetzt. Dieses wird von dem Hauptantriebsmotor über ein Wendegetriebe und eine ausrückbare Kupplung betätigt. Dabei wird der Schlitten *f* nach unten verschoben und die zu prüfende Feder statisch vorbelastet. Bei der Schwingbelastung wird der Schlitten *f* mit dem Kreuzkopf *g* und der Vorspannspindel *k*, die ein Ganzes bilden, sinusförmig auf und abbewegt. Dabei gleitet das untere Ende der Spindel, das mit Längsnuten versehen ist, in der mit entsprechenden Zähnen versehenen Nabe des Schneckenrades auf und ab.

Der Schwingantrieb ist nach dem Prinzip der Kulissensteuerung ausgebildet und gestattet eine Verstellung des Schwinghubs zwischen Null und 200 mm während die Maschine mit voller Drehzahl arbeitet. Die Kulisse *n* ist im wesentlichen ein Hebel, der um die im Maschinengehäuse feste Drehachse *o* pendelnd gelagert ist. Am Ende dieses Hebels greift die Pleuelstange *p* an, die von der Kurbelwelle *q* mit festem Hub angetrieben und demgemäß mit bestimmtem Winkelausschlag pendelnd bewegt wird.

In der Kulisse *n* ist eine Spindel *r* gelagert, die den Kulissenstein *s* verschiebt. Die Verschiebung kann über ein besonderes Getriebe von einem am Maschinengestell fest gelagerten Handrad aus vorgenommen werden, während die Kulisse schwingt, die Maschine also mit voller Drehzahl arbeitet. Der Kulissenstein *s* trägt seitlich Zapfen, an denen die Stoßstangen *t* angreifen, die am Ende der

Schwinge *i* gelagert sind. Die Mitte der Schwinge ist mittels der Pendelstütze *u* drehbar gegen das Maschinengehäuse abgestützt. Der Drehwinkel der Antriebsschwinge *i* und damit auch der Hub des Schlittens *f* ist durch die Stellung

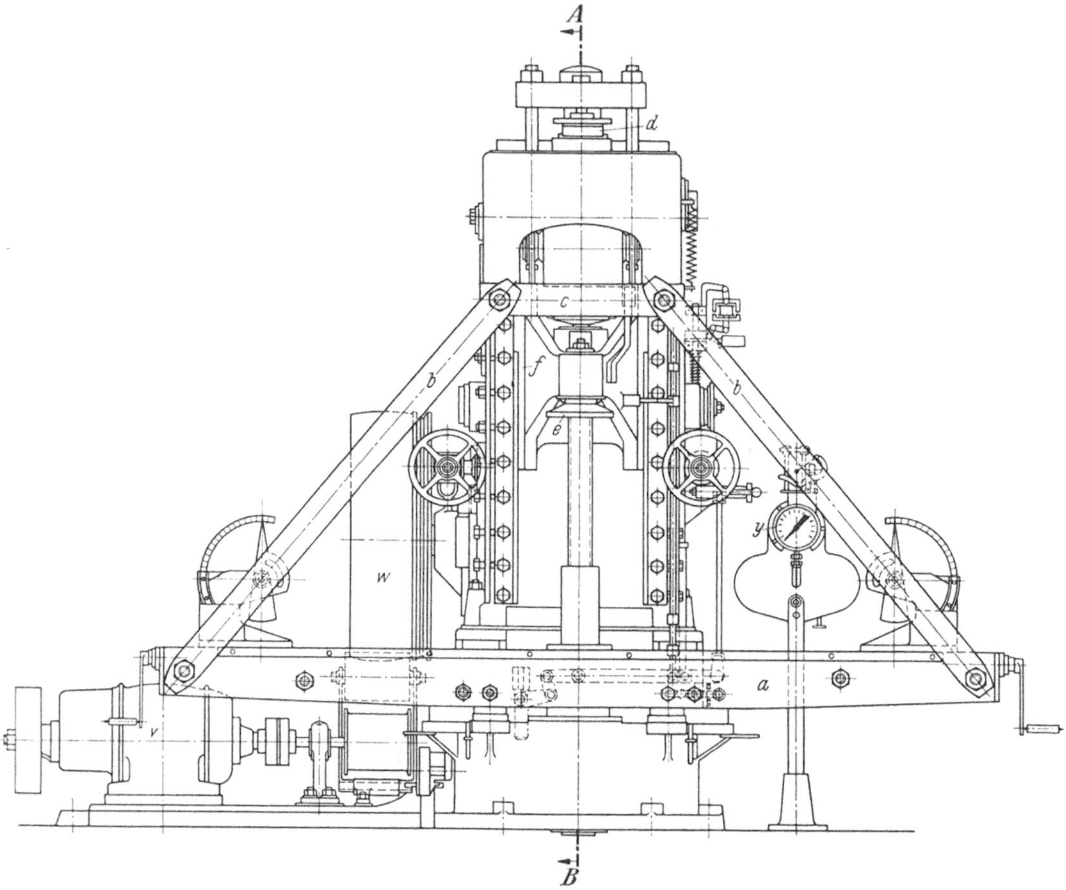

Abb. 170. Statisch-dynamische Federprüfmaschine von LOSENHAUSEN. Frontansicht.

a Tisch zur Lagerung der Feder; *b* Zugstangen; *c* Querhaupt der Tischaufhängung; *d* hydraulische Kraftmeßdose; *e* Druckteller; *f* Schlitten; *g* Kreuzkopf des Schwingantriebes; *h* Kreuzkopfgelenk der Schwinge *i*; *i* Antriebsschwinge; *k* Vorspannspindel; *l* Druckkugellager der Spindel *k*; *m* Schneckenvorgelege zum Antrieb der Spindel *k*; *n* Kulisse; *o* feste Drehachse der Kulisse *n*; *p* Pleuelstange; *q* Kurbelwelle mit festem Hub; *r* Spindel zur Verschiebung des Kulissensteins *s*; *s* Kulissenstein; *t* Stoßstangen am Kulissenstein *s* angelenkt; *u* Pendelstütze der Antriebsschwinge *i*; *v* Hauptmotor; *w* große Riemenscheibe gleichzeitig Schwungrad; *x* Federkupplung zum Schwingenantrieb; *y* Manometer zur hydraulischen Meßdose *d*.

des Kulissensteines gegeben. Er wird zu Null, wenn der Kulissenstein soweit verschoben wird, daß die Achse seiner Zapfen mit der Pendelachse der Kulisse *n* zusammenfällt.

Die Kurbelwelle *q* wird durch ein Stirnradvorgelege in Drehung versetzt. Dieses erhält seinen Antrieb von dem Hauptmotor *v* über ein Riemenvorgelege, dessen große Scheibe *w* gleichzeitig als Schwungrad dient. Zum Ein- und Ausschalten der Ritzelwelle dient eine Federkupplung *x*, so daß der Hauptantrieb dauernd laufen kann. Ferner ist eine Bremsvorrichtung vorgesehen. Das dynamische Hubwerk arbeitet mit 60 Hüben in der Minute.

Die Maschine wird für Höchstlasten von 20 und 30 t ausgeführt. Sie stellt zweifellos eine sehr gut durchgearbeitete Lösung dar. Der ziemlich verwickelte Aufbau macht die Ausführung jedoch schwer und teuer.

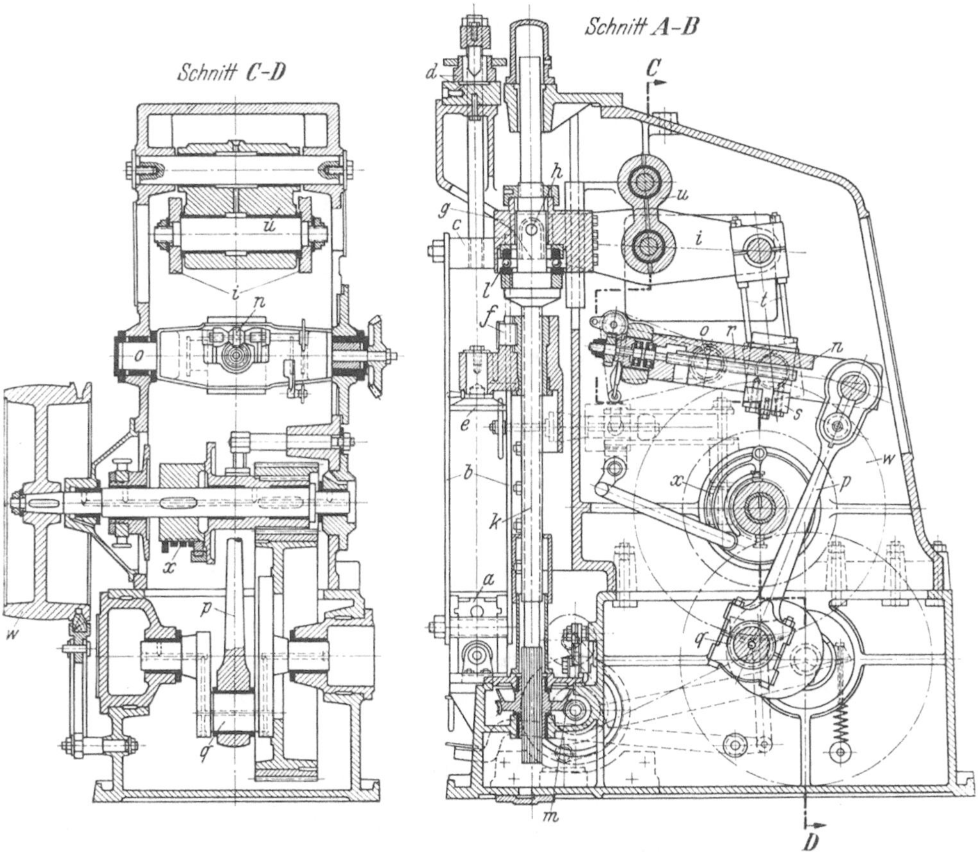

Abb. 171. Statisch-dynamische Federprüfmaschine von LOSENHAUSEN. Längs- und Querschnitt. (Erläuterung s. Abb. 170.)

e) Federprüfmaschine für Dauerversuche an ganzen Automobil-Blattfedern des National-Physical-Laboratory[1].

Die Anordnung dieser Prüfmaschine geht aus Abb. 172 hervor. Die zu prüfende Feder *a* wird in betriebsmäßiger Weise in Gehängen gelagert, die auf zwei ortsfesten Böcken *b* befestigt sind. An den Federbund wird ein Gewicht *c* angehängt, das gleich der betriebsmäßigen Belastung der Feder ist. Das so entstehende Schwingungssystem, dessen Eigenschwingungszahl etwa der betriebsmäßigen Eigenschwingungszahl des Fahrzeugs gleichkommt (rd. 150/min), wird durch eine Federerregung auf die der gewählten Beanspruchung entsprechende Amplitude aufgeschaukelt. Zu diesem Zweck ist eine Schraubenfeder *d* vorgesehen, die am einen Ende mit dem Federbund, am anderen Ende mit einem Lenkergetriebe *e* verbunden ist, das eine sinusförmige Bewegung ausführt. Zur Betätigung des Lenkersystems wurde der Kurbeltrieb einer Stoßmaschine benutzt, dessen Hub in weiten Grenzen regelbar war. Der Antrieb erfolgte durch

[1] BATSON, R. G. u. J. BRADLEY: National-Physical-Laboratory Dept. of Scient. a. Industr. Research. Engg. Res. — LEHR, E.: Forschung Bd. 2 (1931) Heft 8 S. 287.

einen Gleichstrom-Regelmotor. Um die Amplitude während der Dauerprüfung genau gleich zu halten, wurde ein besonderer hydraulisch gesteuerter Kontaktapparat verwendet, der die Drehzahl des Motors verlangsamte, wenn der Ausschlag zu groß war, und steigerte, wenn er zu klein wurde. Der Betriebspunkt der Maschine lag etwa 5 bis 10 % unterhalb der Resonanz. Die Genauigkeit, mit der der Ausschlag konstant gehalten wurde, betrug rd. $\pm 5\%$.

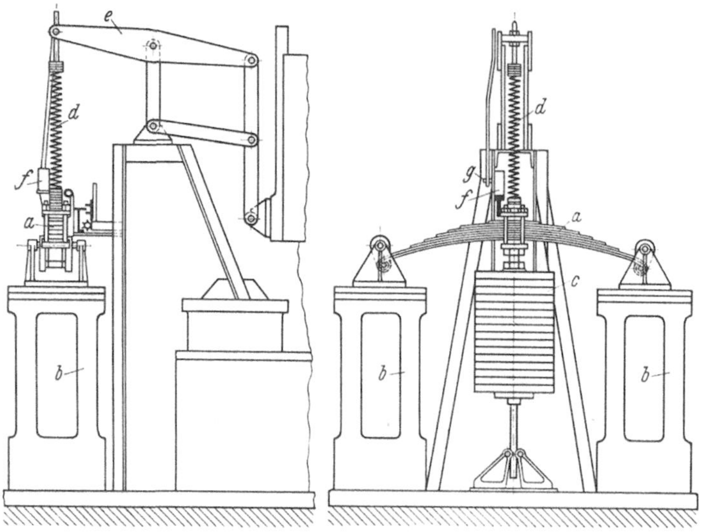

Abb. 172. Resonanzprüfvorrichtung für Dauerversuche an betriebsfertigen Automobil-Tragfedern des National-Physical-Laboratory.
a zu prüfende Feder; *b* ortsfest aufgestellte Lagerböcke; *c* Belastungsgewicht, am Federbund befestigt; *d* Erregerfeder; *e* schwingendes Lenkergetriebe für den Antrieb des oberen Endes der Erregerfeder; *f* Indiziergerät; *g* Schreibstift des Indiziergerätes.

Ein in der Maschine eingebautes Indiziergerät *f* gestattet, die bei der Schwingung von der Feder aufgenommene Arbeit zu messen. Auf dem Federbund ist eine Indiziertrommel mit senkrechter Welle gelagert. Sie wird durch einen Seilzug, dessen Ende über eine Rolle senkrecht nach unten geführt und auf der Grundplatte befestigt ist, derart bestätigt, daß die Drehung dem Schwingweg der Feder proportional ist. In Richtung der Mantellinie der Trommel arbeitet ein Schreibstift *g*, der die Relativverschiebung, welche die Enden der Erregerfeder *d* beim Arbeiten der Maschine erfahren, aufzeichnet. Das entstandene Schaubild stellt als Kraftweg-Diagramm die je Hub von der Feder verbrauchte Arbeit dar.

G. Voraussichtliche Weiterentwicklung der Schwingungsprüfmaschinen.

Die gegebene Darstellung dürfte einen ziemlich vollständigen Überblick über die bisher ausgearbeiteten Bauformen der Dauerprüfmaschinen vermittelt haben. Durch die gewählte Gliederung der zunächst verwirrend erscheinenden Vielgestaltigkeit gelang es, zu zeigen, daß doch nur eine begrenzte Anzahl grundsätzlich verschiedener Konstruktionsgedanken vorliegt, die in verschiedenen Abwandlungen erscheinen. Voraussichtlich ist die Entwicklung der Dauerprüfmaschinen für kleine Probestäbe heute ziemlich abgeschlossen. Die weitere Entwicklung auf diesem Gebiet wird wohl in der nächsten Zeit zu einer Vereinheitlichung der Probestababmessungen, der Prüfverfahren und schließlich zu einer

Normung führen. Inzwischen hat sich aber die Forschungsarbeit vor allem der Ermittlung der Dauerfestigkeit naturgroßer Konstruktionsteile zugewandt. Eine ganze Reihe von Prüfmaschinen dieser Art arbeiten bereits seit einigen Jahren. Weitere Prüfanlagen, mit denen die Dauerprüfung von Maschinenteilen größter Abmessungen durchgeführt werden kann, sind im Aufbau begriffen. Einige Ausschnitte aus dieser Entwicklung, die erst im Anfang steht, wurden bereits gegeben [1]. Sie geht Hand in Hand mit der in Kapitel VI beschriebenen Dehnungsmeßtechnik. Demgegenüber wird in der nächsten Zeit die Ermittlung der Dauerfestigkeit an Probestäben mehr in den Hintergrund treten, wenn auch nicht übersehen werden darf, daß auch hier noch umfangreiche Aufgaben zu bewältigen sind. Die bisher hier geleistete Arbeit war jedenfalls die Voraussetzung dafür, daß man sich an die Schwingungsprüfung ganzer Konstruktionsteile überhaupt heranwagen konnte und hat die Bahn für die weitere Forschung frei gemacht. Als Arbeitsfeld bleiben auch weiterhin z. B. die Prüfung und Kontrolle der Dauerfestigkeit des Werkstoffes unter genormten Bedingungen, die endgültige und genügend vollständige Festlegung der Kerbwirkungszahlen der verschiedenen Formelemente, die Ermittlung der Dauerfestigkeit bei hohen Temperaturen. Vielleicht wird es auch in absehbarer Zeit gelingen, brauchbare Modellregeln aufzustellen, die es ermöglichen, aus der Prüfung von verhältnismäßig kleinen Modellen sichere Rückschlüsse auf die Dauerfestigkeit der naturgroßen Bauteile zu ziehen. Bevor dies möglich ist, muß aber der Einfluß der Größe des Bauteiles auf die Dauerfestigkeit endgültig geklärt sein. Diese für die Nutzanwendung der Dauerfestigkeitsprüfung vielleicht entscheidendste Pionierarbeit, die nur mit einem sehr großen Aufwand bewältigt werden kann, ist bereits in Angriff genommen und wird in den nächsten Jahren durchgeführt werden. Ihr Ergebnis wird für die weitere Entwicklung der Dauerfestigkeitsforschung und damit auch für die weitere Gestaltung der Dauerfestigkeitsprüfmaschinen richtunggebend sein.

[1] Siehe z. B. die Maschinen Abb. 54, 125 und 127.

V. Sondereinrichtungen.

Von **Anton Eichinger**, Zürich-Düsseldorf.

A. Einrichtungen zur Prüfung von Federn[1].

Für Federprüfungen werden meist Sondereinrichtungen benutzt, die der besonderen Eigenart der Federn in höherem Maße als die üblichen Festigkeitsprüfmaschinen Rechnung tragen. Da es sich hierbei in der Regel um relativ große Bewegungen bei kleinen Kräften handelt, müssen die Federprüfgeräte so gebaut werden, daß die Kraftmessung von der Reibung im Krafterzeuger bzw. Antrieb völlig unabhängig ist.

Diesen Anforderungen entspricht am ehesten der mechanische Antrieb mit Schraubenspindeln und als Schnecken- bzw. Zahnräder ausgebildeten Muttern für kleinere bzw. mit hydraulischer Krafterzeugung für größere Belastungen an einem Federende und die davon völlig getrennte Kraftmessung an dem anderen Federende mit Hilfe einer Hebel-, Laufgewichts-, Neigungs- oder Federwaage für kleinere bzw. hydraulischer Meßdose mit Stahlrohrfedermanometer für größere Federn. Letztere Art der Kraftmessung kommt auch für dynamische Prüfgeräte in Betracht, da sie schnell der Kraftänderung (Rückschlagventil) zu folgen vermag.

Wird eine Schraubenfeder auf Druck in ihrer Achse so belastet, daß sich deren Ende frei drehen kann, so neigt sich dieses stets etwas infolge der Unsymmetrie der Endwindungen. Diesem Umstand tragen jedoch die Federprüfmaschinen meistens keine Rechnung, indem die Druckplatten bei der Federbelastung parallel geführt sind. In der Regel arbeiten auch im Betrieb mehrere Federn zusammen, so daß die Drehung der Federendfläche nicht frei ist. Es können aber Fälle vorkommen, wo sich unsachgemäß ausgeführte Steigung und Endwindungen — bei einzeln verwendeten Federn — unangenehm auswirken, was bei der Prüfung beachtet werden muß.

1. Statische Federprüfgeräte.

Jede einwandfrei arbeitende Zug-, Druck-, Biege- und Verdrehungs-Prüfmaschine kann auch für nur gelegentlich auszuführende Federprüfungen verwendet werden, wenn sie nicht allein — wie üblich — bei sehr geringem Hub, sondern bei Belastung und Entlastung und einem dem Federweg entsprechend großem Hub geeicht worden ist. Für Massenprüfungen dagegen werden dem jeweiligen Verwendungszweck angepaßte Geräte hergestellt, welche entweder für rasche Erzeugung der vorgeschriebenen Belastung mit selbsttätiger Angabe des Federweges oder zur schnellen Einstellung der geforderten Längenänderung mit Anzeige der dabei vorhandenen Federkraft ausgebildet sind.

a) Prüfgeräte für Zug- und Druckschraubenfedern.

Für den Fall, daß für eine bestimmte Belastung der Federweg ermittelt werden soll, sind beispielsweise die in Abb. 1 bis 3 dargestellten Federprüfgeräte geeignet. Das Eigengewicht der zu prüfenden Feder kann durch Verstellen

[1] Über die Verfahren zur Prüfung von Federn vgl. Bd. II, Abschn. VI, C, 7.

eines Laufgewichtes ausgeglichen werden, was bei der fortlaufenden Prüfung einer großen Anzahl gleicher Federn unverändert eingestellt bleibt. Bei dem Gerät zur Prüfung schwacher Federn in Abb. 1 hängen an einem Ende des Waagbalkens die untere Druckplatte und der obere Zughaken, am anderen Ende — Übersetzungsverhältnis 1 : 1 — die Belastungsgewichte. Das mittlere Spannstück, welches auch die Meßmarke mit dem Nonius für die Längenangabe trägt, wird mit Hilfe eines Zahnstangengetriebes mit Handrad so lange verschoben, bis der Zeiger zum Einspielen gebracht ist.

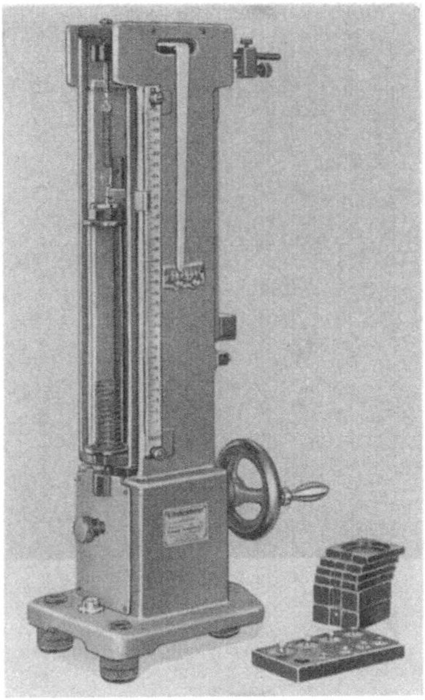

Abb. 1. Federprüfgerät „Elasticometer" von Reicherter, bis 2 kg Belastungsbereich.

Bei der Federprüfmaschine in Abb. 2 muß die Spindel, je nachdem, ob Zug- oder Druckkraft erzeugt werden soll, unter den oberen Zughaken bzw. die Druckplatte geschoben werden, wodurch auch der Angriffspunkt auf dem Belastungshebel nach bzw. vor dessen Drehpunkt verlegt wird.

Die Federprüfmaschine in Abb. 3 weist zwei getrennte Säulenpaare auf, von welchen das vordere zur Aufnahme der Federn dient, die hinteren Säulen dagegen als Führung für das mittlere Spannstück so angeordnet sind, daß dasselbe durch eine in der Mitte zwischen dem hinteren Säulenpaar sich befindende Gewindespindel bewegt werden kann. Die größeren Maschinen werden für elektrischen Betrieb mit Wendegetriebe oder Reibungsvorgelege für stufenlose Regelung der Prüfgeschwindigkeit von 100 bis 400 mm/min eingerichtet. Der nach Art einer Brückenwaage arbeitende Kraftmesser wird je nach Zweck mit Laufgewichts- oder Neigungswaage ausgerüstet, letztere für zwei Meßbereiche.

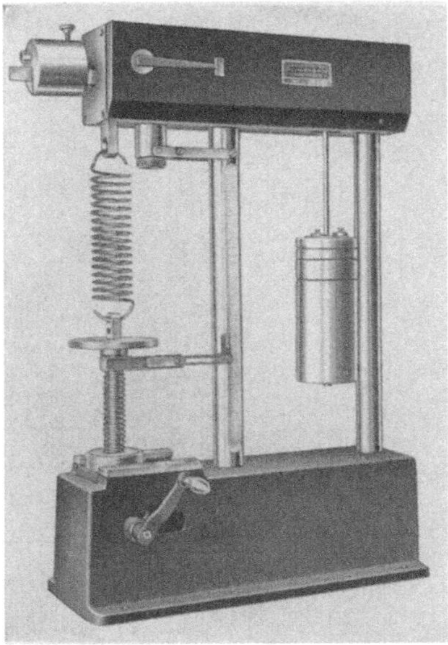

a

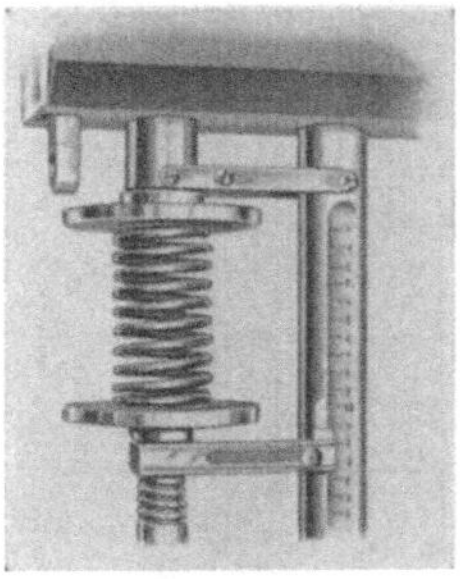

b

Abb. 2 a und b. Federprüfmaschine der Gesellschaft für Feinmechanik für 150 kg Zug- und Druckkraft.

Dagegen zeigt die Federprüfmaschine gem. Abb. 4 selbsttätig an, ob bei einer bestimmten Federlänge die von der Feder ausgeübte Kraft innerhalb der

Abb. 3. Federprüfmaschine von Mohr u. Federhaff für 1000 bis 6000 kg größter Zug- und Druckkraft.

Abb. 4. Federprüfmaschine von Olsen für 4,5 bis 22,7 kg (10 bis 50 Pfd. Belastung).

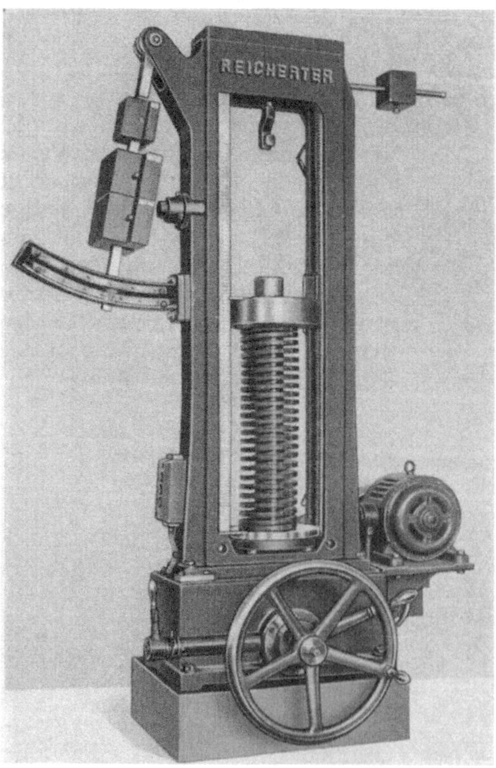

Abb. 5. Federprüfmaschine von Reicherter für 500 bis 3000 kg Belastung.

Abb. 6. Federprüfmaschine „FP-Testor" von Hessenmüller u. Wolpert für Zug- und Druckversuche bis 3000 kg.

eingestellten zulässigen Grenzen sich befindet (weißes Licht oben), zu groß (rot) oder zu klein (grün) ist. Der Waagbalken mit Laufgewicht ist oben in der Mitte gestützt und trägt die Waagschale an dem einen, hingegen die Spannstücke für Zug- und Druckfedern an dem anderen Ende.

Für beide Prüfarten eignen sich die Federprüfmaschinen Abb. 5 bis 7. Die Federprüfmaschine in Abb. 5 besitzt zwei im Ständer untergebrachte Gewindespindeln, mittels derer das mit großer Bohrung — für das Durchtreten der Prüfdorne bei schlanken Druckfedern — versehene mittlere Spannstück je nach Einstellung der links seitlich am Maschinenständer angebrachten Druckknopfsteuerung hinauf- oder hinunterbewegt wird. Bei Arbeiten mit dem Motor macht das Spannstück 14 mm Weg je Sekunde und bei Handantrieb 2,8 mm je Handradumdrehung. Das Schalten der Gänge geschieht mit Hilfe des links unten angeordneten kleinen Ballengriffes. Die Kraftmessung erfolgt durch einen Waagbalken, an dem der obere Zughaken und die untere Druckplatte angehängt sind und durch einen Gewichtspendel mit mehreren Laststufen, der mit dem Waagbalken durch ein Zugband verbunden ist. Der Maßstab steht auf der unteren Druckplatte auf, so daß er die Bewegungen der unteren Druckplatte bzw. des oberen Zughakens mitmacht. Demzufolge zeigt der am Spannstück befestigte Zeiger den Druckplatten- bzw. Zughakenabstand unter Ausschaltung der Formänderungen im Maschinengestell an.

Abb. 7. Federprüfmaschine von Mohr u. Federhaff für 6000 bis 10000 kg größte Druckkraft.

An Stelle der Gewichtsbelastung weist die Federprüfmaschine (Abb. 6), eine Federwaage mit verstellbarem Meßbereich auf. Mit Hilfe des mit einer Reibungsbremse — für Dauerbelastung — verbundenen Handhebels, der über einen Zwischenhebel und einen Lenker mit dem Belastungsorgan verbunden ist, kann durch Veränderung des Angriffspunktes bei großer Kraft mit kleiner Hubgeschwindigkeit und umgekehrt gearbeitet werden.

Für die Prüfung von Schraubenfedern, welche besonders große Prüfhöhen, Hübe und Druckkräfte erfordern, ist die hydraulische Federprüfmaschine in Abb. 7 entwickelt worden. Als Druckerzeuger dient eine Regelpumpe. Die Maschine ist mit selbsttätiger Kraftmessung durch Neigungswaage für Meßbereiche von $^1/_1$ und $^1/_5$ der Vollast, sowie neben einer Skala mit einem Schreibgerät, das die Formänderung der Feder in Abhängigkeit von der Belastung aufzeichnet, ausgerüstet. Für verschiedene Prüfhöhen sind Aufsatzstücke vorhanden.

b) Prüfgeräte für Blattfedern.

Zu den bisher angeführten Vorrichtungen tritt hier der Biegetisch mit der Auflagevorrichtung für die Enden der Blattfeder in Form von Rollwagen oder

Laschenböcken (auch Pendelbockaufhängung genannt) mit ablesbarer Neigung der Gehänge (Abb. 8)[1].

Die Blattfederprüfmaschine Abb. 9 mit Neigungswaage und Schaubildzeichner sowie hydraulischem Antrieb durch eine Regelpumpe weist eine besondere Zwinge mit Handrad zum Festspannen der Blattfedern auf, was bei Federn, die ohne Bund geprüft werden müssen, notwendig wird.

Die Maschine für die Prüfung von Blattfedern und Drehgestell-Wiegenfedersätzen (Abb. 10) weist hydraulischen Antrieb durch eine Regelpumpe mit einem Druckzylinder und eingeschliffenen Kolben als Krafterzeuger auf. Für die Prüfung von Blattfedern ist ein Biegetisch mit zwei Rollwagen oben angebaut, wobei der Gesamtdruck von einem Präzisionsmanometer angegeben wird. Dagegen werden die Einzelkräfte der Wiegenfedern mit 4 verstellbaren Meßdosen und Manometern bis je 5000 kg Druckkraft gemessen. Außerdem ist noch eine Meßeinrichtung für Federlänge, Pfeil- und Einbauhöhe sowie ein Krontrollmanometer vorhanden.

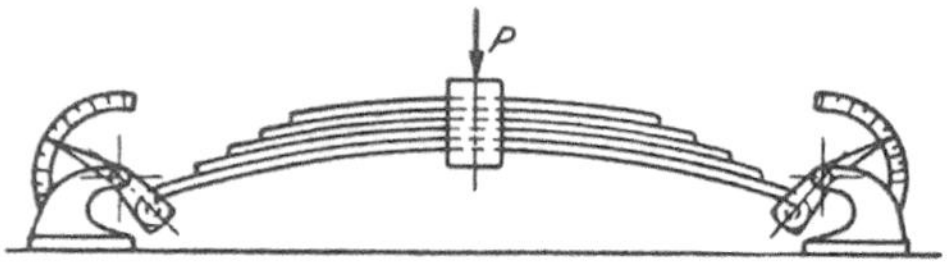

Abb. 8. Pendelbockaufhängung mit Streckwinkelanzeige.

Abb. 9. Blattfederprüfmaschine von Mohr u. Federhaff für 1000 kg Höchstlast.

c) Prüfgeräte für Torsions- und Spiralfedern.

Die rechnerische Vorausbestimmung des Verhaltens derartiger Federn stößt hauptsächlich deshalb auf Schwierigkeiten, weil sie im Betrieb in der Regel auf Wellen, Naben oder Dornen sitzen oder auch in Federgehäuse eingebaut sind. Zwischen den genannten Teilen und bisweilen auch zwischen den Federwindungen selbst entstehen Reibungskräfte, die rechnerisch nicht zu erfassen sind.

Diese Forderung war für die Entwicklung der Federprüfmaschine in Abb. 11 maßgebend. Sie besteht aus einem Bett mit erhöhtem Support für die Laufgewichtswaage, welche für links- wie rechtsdrehende Momente eingestellt werden kann und einer Führung mit Zahnstange zum Verfahren des Getriebekastens. Zwischen der Probe und der Antriebskurbel bzw. dem Antriebshandrad ist ein Getriebe mit zwei Gängen eingeschaltet. Bei 1 Umdrehung der Antriebskurbel wird die Probe um 90°, hingegen bei 1 Umdrehung des Handrades um 15° verdreht, was von der Zählvorrichtung und Gradteilung angegeben wird. Am inneren Ende der Antriebswelle werden mittels Konus und Überwurfsmutter die Prüfdorne oder Prüfgehäuse angeschlossen (Abb. 11b).

[1] GERBER, G.: Z. VDI Bd. 71 (1927) S. 1523.

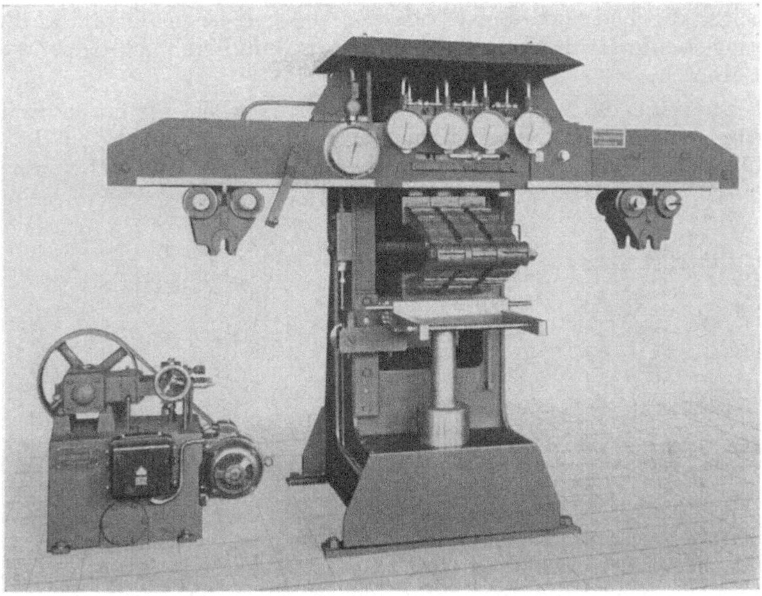

Abb. 10. Federprüfmaschine für Blattfedern und Wiegenfedersätze von Mohr u. Federhaff bis 15 t Gesamtdruckkraft

a

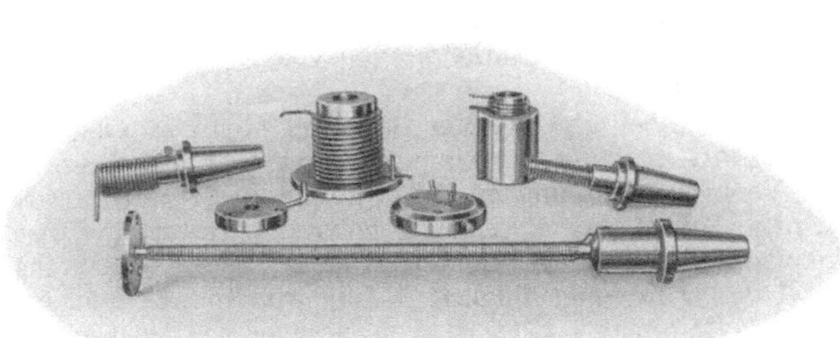

b

Abb. 11 a und b. Federprüfmaschine „Torsiometer" von Reicherter für 10 bis 1000 kg · cm Drehmoment, bis 200 mm Federlänge und Federdurchmesser 360 mm.

d) Prüfgeräte für gleichzeitige Längs- und Querbelastung der Federn.

Arbeitet die Feder im Betrieb derart, daß sie neben lotrechter Belastung auch waagerechte Kräfte aufzunehmen hat, so muß sie auch dementsprechend geprüft werden.

Abb. 12 zeigt die Versuchsanordnung für parallel geführte Endflächen, was beim gemeinsamen Arbeiten mehrerer Federn in der Regel der Fall ist und Abb. 13 die Versuchsanordnung mit frei drehbarer Endfläche entsprechend

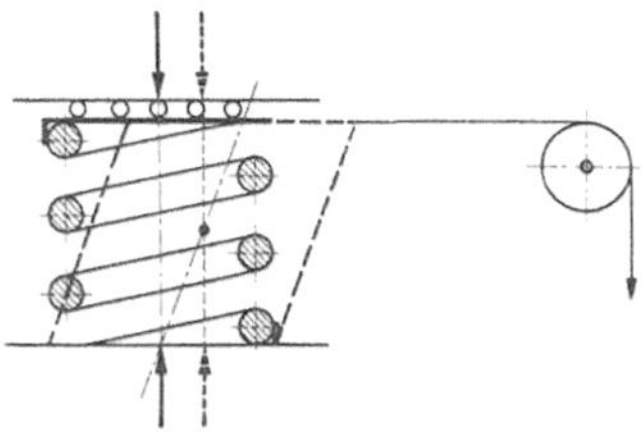

Abb 12. Prüfgerät für gleichzeitige Längs- und Querbelastung von Federn bei parallel geführten Endflächen.

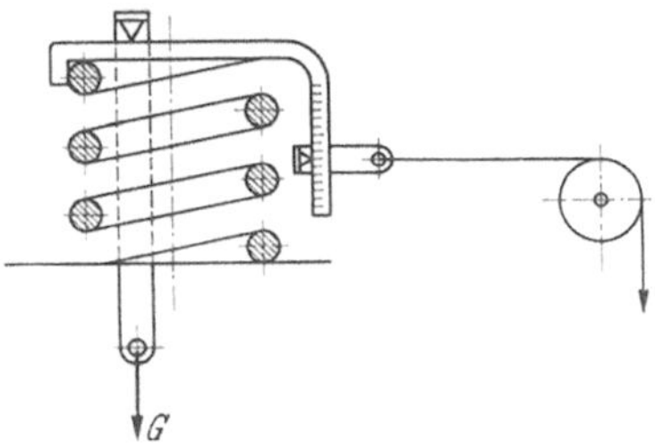

Abb. 13. Wie Abb. 12 jedoch mit frei drehbarer Endfläche.

der Arbeitsweise einer einzelnen Feder. Je nach dem Verwendungszweck können unter Beachtung der erwähnten Gesichtspunkte passende Prüfgeräte entwickelt werden. Maßgebend kann aber dafür ausschließlich die Arbeitsweise der Feder im Betrieb sein.

2. Dynamische Federprüfgeräte.

Bezüglich der Einrichtungen zur dynamischen Prüfung der Federn wird auf Abschn. IV F verwiesen. Wegen der großen Federwege wird bei den zur Federprüfung entwickelten Sondereinrichtungen mechanische Krafterzeugung bevorzugt, wobei die Vorrichtungen zur Kraftmessung von dem Krafterzeuger getrennt angeordnet sind. Häufig beschränkt man sich auch auf die Einstellung des Federhubes ohne Kraftmessung und ermittelt die bis zum Bruch ausgehaltene Anzahl Wechsel. So weisen die Dauerprüfmaschinen für Schrauben- und Blattfedern von Mohr u. Federhaff und von Losenhausen besondere Vorrichtungen zur Kraftmessung auf, während die Ventilfederprüfmaschinen von Reicherter und von Schenck auf die Kraftmessung verzichten. Über Einrichtungen zur stroboskopischen Messung der Zeitwegkurve einer beliebigen Stelle der Ventilfeder sowie zum Sichtbarmachen der Ventilerhebungskurve berichtet E. LEHR[1].

Neben diesen dynamischen Federprüfmaschinen mit schwingender Belastung werden Fallwerke verwendet, die mit selbsttätiger Steuerung für Dauerversuche ausgerüstet sind. Derartige Fallwerke werden von Mohr u. Federhaff und von Losenhausen hergestellt.

Für Dauerversuche bei schwingender Belastung eignet sich auch die von der Losenhausenwerk-AG. gebaute Schwingungsmaschine nach SPÄTH in Verbindung mit der Versuchsanordnung in Abb. 13. Die Feder mit den Belastungsgewichten wird in Schwingungen versetzt, wobei der Ausschlag durch Veränderung der Frequenz beliebig eingestellt werden kann. Sie eignet sich insbesondere zur Ermittlung der Dämpfungsfähigkeit — ungewollten oder beabsichtigten — von Federn und Dämpfern. Dies ist von besonderer Bedeutung bei Blatt- und Spiralfedern wegen der Reibung zwischen den einzelnen Blättern bzw.

[1] LEHR, E.: Z. VDI Bd. 77 (1933) S. 457.

Windungen. Das dynamische Verhalten der Federn kann aus diesem Grunde — je nach Amplitude — beträchtlich von der Berechnung abweichen und muß durch direkten Versuch ermittelt werden.

B. Geräte zur Härteprüfung[1].

Bei der Härteprüfung wird der Widerstand, den der Werkstoff dem Eindringen eines sehr harten Prüfkörpers entgegensetzt, bestimmt. Je nachdem, ob der Prüfkörper langsam belastet wird, oder durch die Wucht einer bewegten Masse beim Auftreffen auf das Werkstück wirkt, unterscheidet man nach statischen und dynamischen Härteprüfverfahren. Bei einer anderen Art der Härteprüfung wird der Prüfkörper unter ruhender Last in Richtung der Werkstückoberfläche bewegt.

Der großen Zahl der Prüfverfahren entspricht die Vielartigkeit der Härteprüfgeräte. Die Entwicklung geht bei diesen Geräten in der Richtung, die Prüfung so einfach wie möglich zu gestalten und die Prüfzeit weitgehend zu verkürzen, weil es sich hierbei um Massenprüfungen handelt.

1. Statische Härteprüfgeräte.

Um der Anforderung der ruhenden Belastung zu entsprechen, muß die Belastungsgeschwindigkeit so gering sein, daß sie keinen merkbaren Einfluß auf das Versuchsergebnis ausübt. Da aber die Belastung eine bestimmte Zeitlang konstant gehalten wird, arbeiten viele statische Härteprüfgeräte mit Gewichtsbelastung und Hebelübersetzung, wobei die neueren Geräte mit Bezug auf Belastungsgeschwindigkeit, Belastungsdauer und Entlastung zum Teil völlig selbsttätig arbeiten. Das Gestell ist oft der leichten Zugänglichkeit wegen C-förmig ausgebildet, was bei den hier vorkommenden relativ niedrigen Belastungen keine Schwierigkeiten bereitet.

Um von dem Eigengewicht sowie exzentrischer Lagerung des Werkstückes unabhängig zu sein bzw. das Eigengewicht des Probestückes nicht vor jedem Versuch erst ausgleichen zu müssen, ist die Vorrichtung zur Kraftmessung bei allen eigentlichen Härteprüfgeräten über der oberen Druckplatte angeordnet.

Die Form der unteren Druckplatte richtet sich nach der Probeform. Sehr vorteilhaft ist ein von der Krafterzeugung unabhängiges Festklemmen der Probe. Die Handhabung ist dabei am leichtesten, wenn dies gleichzeitig und selbsttätig mit der Heranbewegung an den Eindringkörper geschieht. Durch das Festklemmen wird auch gleichzeitig das Spiel weitgehendst unterdrückt, was insbesondere bei der Eindringtiefenmessung von Bedeutung werden kann.

a) Kugeldruckpressen.

Bei den einfachen Kugeldruckpressen ist auf besondere Vorrichtungen zur Ausmessung des durch den Prüfkörper erzeugten Eindrucks verzichtet. Der Durchmesser des Eindrucks muß hier nachträglich mit Hilfe einer Meßlupe bzw. Mikroskops ermittelt werden.

Die ältesten jetzt noch verwendeten Kugeldruckpressen: die Brinellpresse[2] und der Härteprüfer Bauart MARTENS[3] weisen hydraulische Krafterzeugung auf.

Die in Abb. 14 dargestellte Brinellpresse mit C-förmigem Gestell *1* weist einen gewichtsbelasteten Flüssigkeitskolben — der den Preßstempel *8* mit der

---

[1] Über Härteprüfverfahren vgl. Bd. II, Abschn. V.

[2] WAWRZINIOK, O.: Handbuch des Materialprüfungswesens, S. 200. Berlin: Julius Springer 1923.

[3] MARTENS-HEYN: Handbuch der Materialienkunde für Maschinenbau. Zweiter Teil, Hälfte A, S. 404. Berlin: Julius Springer 1912. — P. W. DÖHMER: Die BRINELLsche Kugeldruckprobe. Berlin: Julius Springer 1925. — W. SPÄTH: Physik und Technik der Härte und Weiche. Berlin: Julius Springer 1939.

Kugel *7* trägt — auf, wobei das Öl aus dem Behälter mit Hilfe einer Handpumpe *13* in den Zylinder *9* gepreßt und der Druck einerseits am Manometer *16*, andererseits an der eigentlich maßgebenden Gewichtsbelastung *15* kontrolliert wird. Ist nämlich der den Gewichten entsprechende Druck erreicht, so hebt sich die Kontrollvorrichtung, von wo an die Last unverändert bleibt.

Der Härteprüfer, Bauart Martens (Abb. 15), erlaubt neben der Erzeugung des Eindrucks auch die Eindrucktiefe zu bestimmen. Die Kraft wird vom Flüssigkeitsdruck (Wasserleitung), der auf dem Manometer abzulesen ist, erzeugt, der auf die Membrane *b*—*c* und darüber auf den Kolben *f* mit 500 cm^2 Fläche bzw. die untere Druckplatte *l* wirkt. Die Messung der Eindrucktiefe erfolgt mittels eines Glasröhrchens *r*, welches mit Quecksilber gefüllt ist und mit dem Raum *q* oberhalb des von den Stahlstäbchen *o* bewegten Kolbens m_2 in Verbindung steht. Ein Stellkölbchen gestattet den Quecksilberspiegel in die Nullstellung zu bringen.

Der Kugeldruckapparat (Abb. 16) ist ebenfalls eine hydraulische Presse mit im Preßzylinder *d* genau eingeschliffenem Kolben *c*, mit welchem der Preßstempel *b* fest verbunden ist. Die Feder *g* drückt den Kolben in unbelastetem Zustand nach oben. Die von Hand oder Motor betätigte Zahnradpumpe *H* schöpft das Öl aus dem Behälter *f* und preßt es in den Zylinder, sobald das Ventil *k* durch Herabdrücken des Hebens *L* den Kreis schließt. Ist der am Manometer *M* angezeigte und vorher am Ventil *j* eingestellte gewünschte Druck erreicht, so öffnet sich das letztere Ventil, so daß das Öl von der Druckpumpe, welche ununterbrochen arbeitet, wieder in den Behälter zurückgelangt. Soll entlastet werden, so wird der Hebel *L* gehoben, wodurch das Ventil *k* geöffnet ist und das Öl aus dem Preßzylinder in den Behälter zurückfließen kann.

Abb. 14. Brinellpresse für 3000 kg, Bauart Alpha.

Die nun folgenden Geräte in Abb. 17 bis 24 sind mit mechanischer Krafterzeugung durch Spindeln und als Schneckenräder ausgebildeten Muttern sowie mit einer Kraftmessung durch hydraulische Meßdosen bzw. Deformationskraftmesser ausgerüstet.

Die Kugeldruckprüfmaschine (Abb. 17)[1] mit verstellbarem unterem Drucktisch und einer Handkurbel für zwei Geschwindigkeiten einstellbar, besitzt als Kraftanzeige eine hydraulische Meßdose *c*, deren Flüssigkeitsdruck vom Manometer angegeben wird. Sie ist auch mit einem Eindrucktiefenmesser *b* ausgerüstet.

Die Kugeldruckschnellpresse (Abb. 18[1]) gestattet die Versuchsdauer auf das Mindestmaß herabzusetzen. Der Handhebel *b* der über ein Gestänge- und Hebelsystem die untere Spindel zu heben gestattet, wird solange heruntergedrückt, bis das mit der Meßdose *c* in Verbindung stehende Manometer den

[1] Deutsch, W. u. G. Fiek: Z. VDI Bd. 72 (1928) S. 1543.

gewünschten Druck anzeigt, worauf er wieder zurückgelegt wird. Die Maschine kann mit einem Tiefenmesser *d* ausgerüstet werden.

Die ortbeweglichen Kugeldruckprüfapparate (Abb. 19[1]) besitzen eine hohle Gewindespindel mit einer als Schneckenrad ausgebildeten Mutter. In der Spindelbohrung befindet sich der Druckstempel, welcher einerseits die Kugel trägt, hingegen am anderen Ende gegen die hydraulische Meßdose *b* drückt. Je

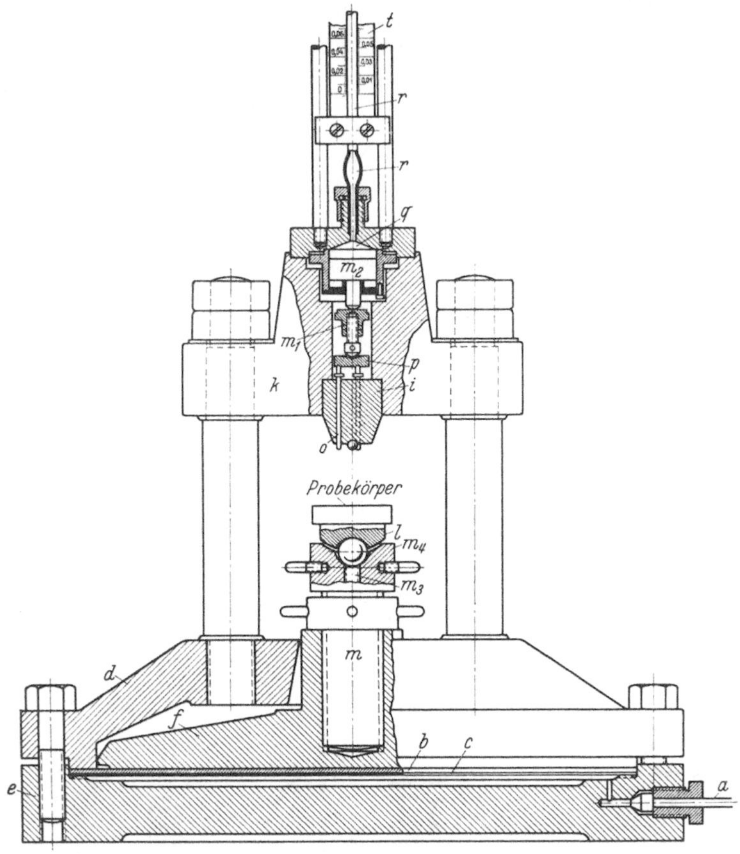

Abb. 15. 3000-kg-Härteprüfer, Bauart MARTENS, von Schopper.

nach dem Verwendungszweck sind verschiedene auswechselbare Spannvorrichtungen entwickelt worden, und zwar für Radreifen, für Schienen im Geleise und für beliebig große zylindrische Werkstücke.

Demgegenüber nützen die Prüfgeräte in Abb. 20 bis 24 die elastische Formänderung einer Feder oder eines Maschinenteiles zur Kraftmessung aus.

Der Härteprüfer (Abb. 20) besitzt einen auf den Druckstempel wirkenden starken Federkörper, der schon nahezu bis an die gewünschte Druckgrenze vorgespannt ist, so daß durch wenige Kurbelbewegungen der kleine Weg zurückgelegt wird. Sobald die gewünschte Last erreicht ist, verhindert ein Sperrzahn das Weiterdrehen der Kurbel, gestattet aber deren Zurückdrehen zum Zweck der Entlastung. Zur raschen Höheneinstellung des Prüfstempels dient das oben am Maschinenständer sichtbare Handrad.

[1] Vgl. Fußnote 1, S. 378.

Die Kugeldruckmaschine in Abb. 21 dient zur Prüfung großer Werkstücke von beliebiger Gestalt. Dazu sind die Spindeln schwenkbar gemacht. Das

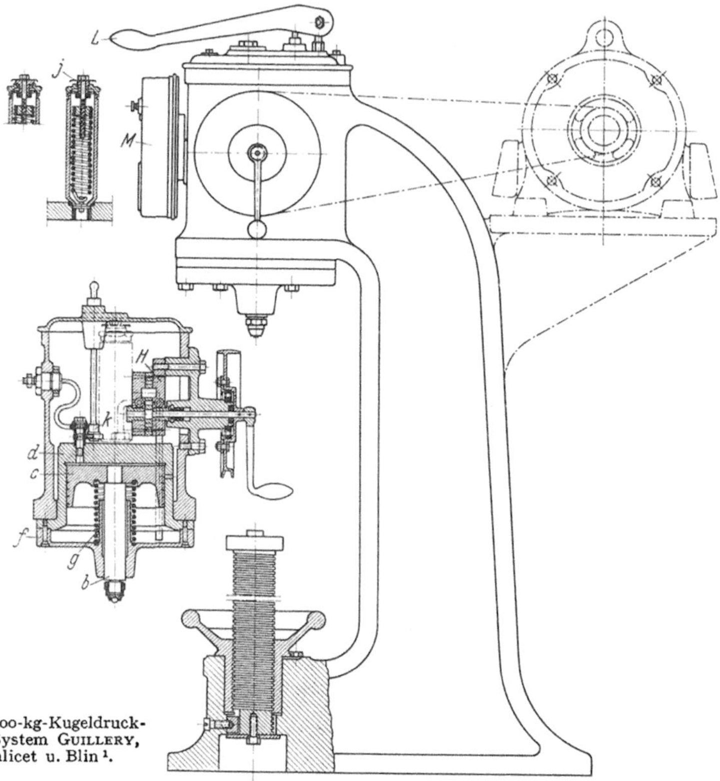

Abb. 16. 3000-kg-Kugeldruckapparat, System Guillery, von Malicet u. Blin [1].

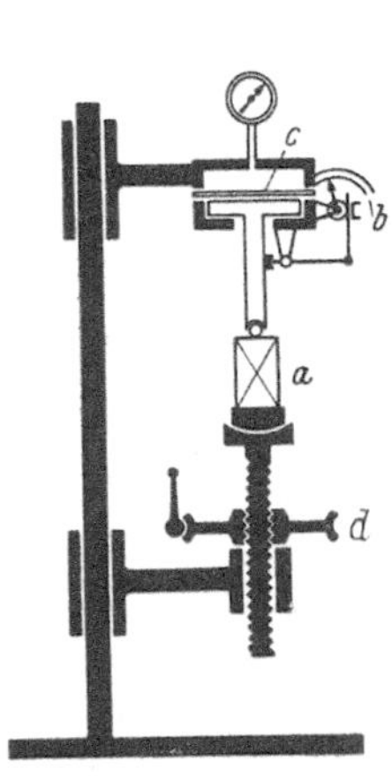

Abb. 17. Normale Kugeldruckprüfmaschine von Losenhausen für 750, 1000 oder 3000 kg.

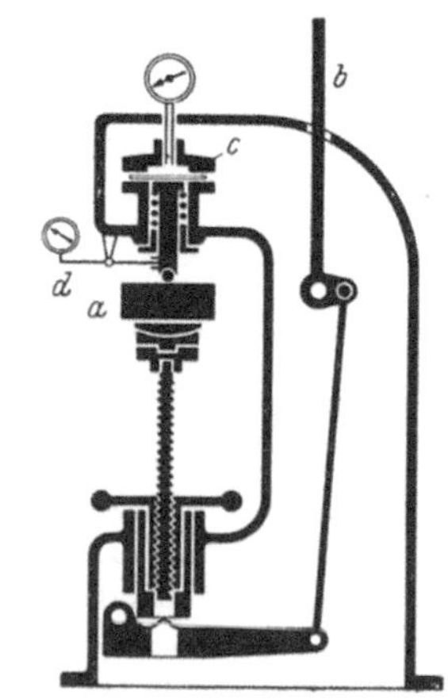

Abb. 18. Kugeldruck-Schnellpresse von Losenhausen bis 3000 kg.

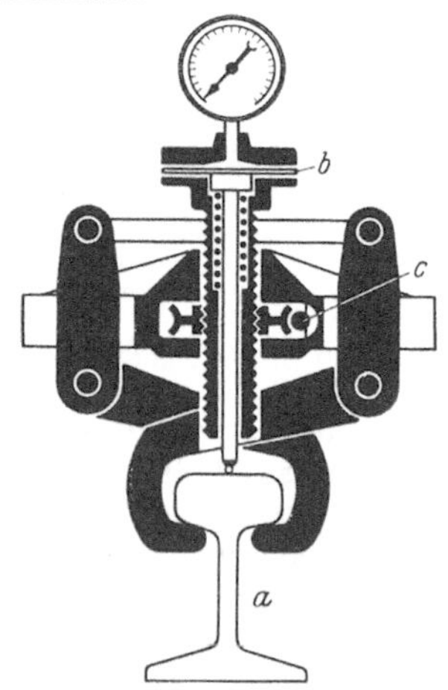

Abb. 19. Kugeldruckprüfapparat für Schienen im Geleise von Losenhausen. *a* Probe, *b* Meßdose, *c* Antrieb.

Querhaupt wird durch eine Schneckenwelle rasch bzw. bei zwischengeschalteter Zahnradübersetzung langsam — letzteres beim Druckerzeugen — bewegt.

[1] R. Guillery: Rev. Métall. Bd. 28 (1931) S. 261; Bd. 32 (1935) S. 49. — M. Eugène: Rev. Métall. Bd. 31 (1934) S. 507.

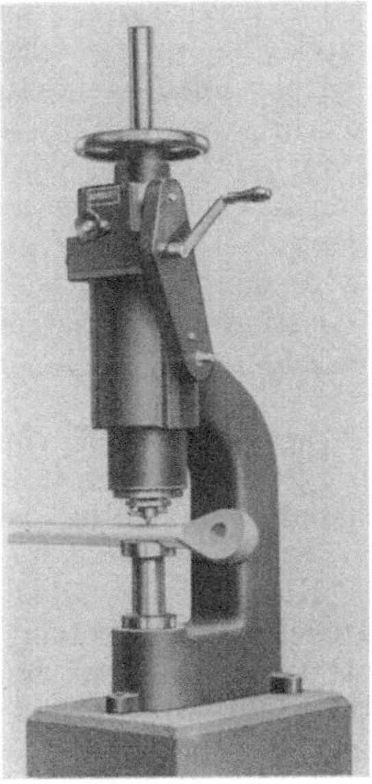

Abb. 20. Härteprüfer von Amsler für 500 und 3000 kg mit selbsttätiger Druckbegrenzung.

Abb. 21. 5000-kg-Kugeldruckmaschine von Amsler.

Abb. 23. Brinellprüfzwinge von Mohr u. Federhaff. *a* Probe, *b* Kraftanzeiger, *c* Antrieb.

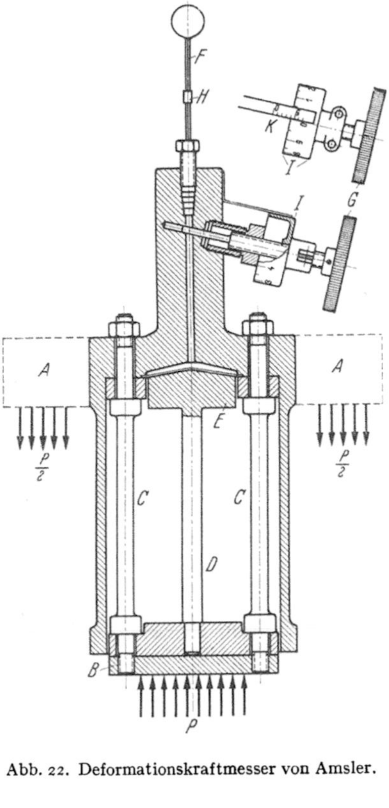

Abb. 22. Deformationskraftmesser von Amsler.

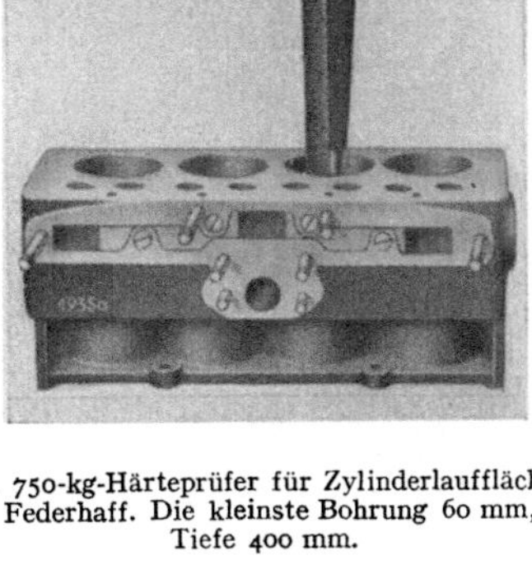

Abb. 24. 750-kg-Härteprüfer für Zylinderlaufflächen von Mohr u. Federhaff. Die kleinste Bohrung 60 mm, größte Tiefe 400 mm.

Die Kraft wird vom Deformationskraftmesser (Abb. 22) angegeben, der die Verkürzung der gedrückten Säulen C über die Stange D und Kolben E auf die Gummihaut überträgt, wodurch das darüberliegende Quecksilber in das Glasröhrchen verdrängt und dessen Menge durch die Mikrometerschraube G gemessen wird. Diese Ablesevorrichtung ist unabhängig von der Weite des Glasröhrchens, weil die Quecksilbersäule stets auf denselben Punkt H gebracht wird, so daß man ein zerbrochenes Glasröhrchen ersetzen kann, ohne eine Eichung vornehmen zu müssen.

Abb. 25. Härteprüfmaschine mit Tiefenmessung für 3000 kg von Losenhausen.

Bei der tragbaren Brinellprüfzwinge (Abb. 23[1]) wird die Kraft an der elastischen Formänderung des ausgesparten Rahmens bei b gemessen. Ein Kurbelantrieb c, der auf einen Hebel mit Übersetzung wirkt, gestattet eine langsame und stoßfreie Belastung des Druckstempels bzw. der Prüfkugel.

Beim Härteprüfer für Zylinderlaufflächen[2] (Abb. 24) wird die Prüflast durch eine kleine Spindel mit Handrädchen unter Vermittlung eines Zwischenhebels aufgezogen und durch die elastische Formänderung eines Stahlkörpers

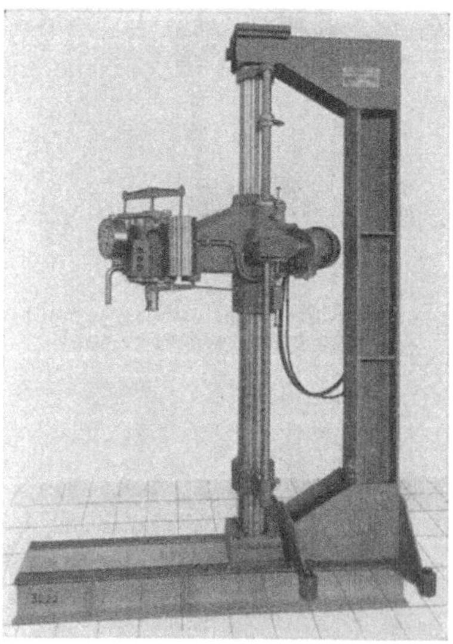

Abb. 26.

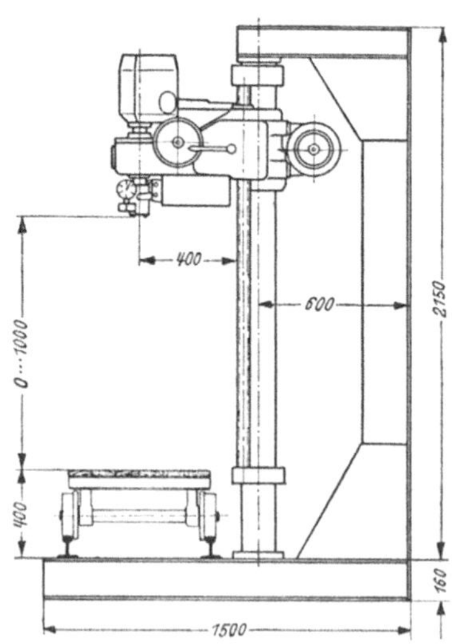

Abb. 27.

Abb. 26 und 27. Säulen-Brinellpressen für 3000 kg von Mohr u. Federhaff.

gemessen. Ein Tiefenmesser erspart das umständliche Ausmessen des Eindruckdurchmessers mit dem Winkelmikroskop.

Eine große Reihe neuerer Kugeldruckprüfmaschinen besitzen Gewichtsbelastung mit Hebelübersetzung. Wichtig ist dabei, daß die Belastung stoßfrei

[1] Vgl. Fußnote 1, S. 378. [2] RÖMMELT: Z. VDI Bd. 74 (1930) S. 272.

erfolgt, was in diesem Falle nur eine selbsttätige Lastaufbringung mit Sicherheit verbürgen kann. Da ein großer Teil von diesen sowohl für die Ermittlung der Härte nach BRINELL als auch der Vorlasthärte und Pyramidenhärte eingerichtet sind, werden sie dort aufgeführt.

Zur Prüfung großer sperriger Stücke sind ortsfeste Säulen-Brinellpressen[1] (Abb. 25 bis 27) entwickelt worden, deren die Belastungs- und evtl. Eindrucktiefenmeßeinrichtung enthaltender oberer Ausleger durch einen Motor verstellbar ist. Nach dem Einlegen des Prüfstückes wird der Motor in Tätigkeit gesetzt, worauf das Getriebe selbsttätig stillgesetzt wird, sobald der Ausleger mit dem Prüfstück in Berührung kommt. Nun ist von Hand die Prüflast aufzuziehen und ebenso wieder abzuheben. Beim Entlasten wird der Motor selbsttätig

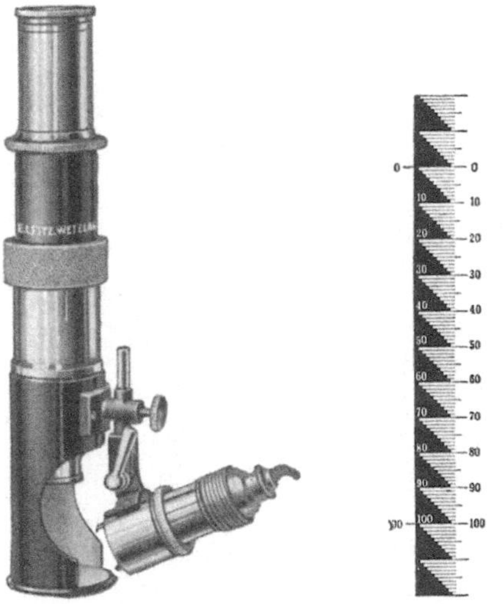

a b

Abb. 28 a und b. Meßmikroskop von Leitz.

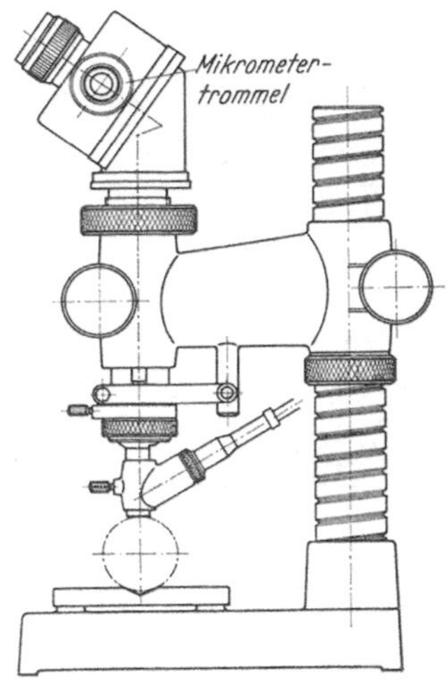

Abb. 29. Meßmikroskop von Zeiß.

angestellt und bewegt das Querhaupt bis zum Endanschlag. Für ganz große Werkstücke, welche am Transportmittel belassen werden können, ist die Maschine im Profileisenrahmen schwenkbar gelagert (Abb. 27).

Das Ausmessen des Eindruckdurchmessers geschieht mit Hilfe von Lupen und Meßmikroskopen, welche entweder eine $^1/_{10}$-mm-Einteilung aufweisen und der Nullpunkt durch Verschieben des ganzen Fernrohrs von Hand eingestellt werden muß (Abb. 28), oder einen Schlitten für die Verschiebung des Fernrohrs mit $^1/_{100}$-mm-Einteilung auf der Trommel bzw. sogar ein Okular-Schraubenmikrometer mit einer mittels Feinmeßschraube (Mikrometertrommel) bewegten Strichplatte besitzen (Abb. 29).

Um die Augen weniger zu ermüden, ist nach den Angaben von R. SCHUMANN von Busch ein Universalprojektor entwickelt worden[2], der das Bild des Kugeleindruckes auf eine Mattscheibe mit $^1/_{10}$-mm-Kreuzteilung wirft (Abb. 30).

Alle angeführten Kugeldruckprüfgeräte sind mit den vorgeschriebenen Kugeln aus gehärtetem Stahl (für hohe Temperaturen aus geeignetem Sondermaterial) versehen, und zwar mit einem Durchmesser von 10, 5 und 2,5 mm, wobei Belastungen von höchstens 3000 kg angewendet werden — ausgenommen die sog. Kugeleindruckprobe bei der Schienenprüfung mit Kugeldurchmesser 19 mm bei 50000 kg Belastung, wozu jedoch gewöhnliche Pressen benützt werden.

---

[1] Vgl. Fußnote 2, S. 382. [2] DÖHMER: Z. VDI Bd. 73 (1929) S. 764.

Eine Sonderstellung unter den Kugeldruckapparaten nimmt der Härteanzeiger *Monotron* (Abb. 31) ein, dessen Eindringkörper aus Diamant nach einer Kugelfläche mit $^3/_4$ mm Dmr. abgerundet ist, welcher stets bis zu einer Gesamttiefe — und zwar unter der Belastung gemessen — von $^9/_{5000}$ Zoll eingedrückt wird. Es werden aber auch Eindringkörper mit $^1/_{16}$ Zoll = 1,59 mm Dmr. und mit 2,5 mm Dmr. aus Wolframkarbid verwendet. Ist die erwähnte, von der unteren Meßuhr angegebene Eindrucktiefe — wobei ein Ausgleich für die elastische Verformung des Maschinenrahmens vorhanden ist — erreicht, so kann der Eindringwiderstand bzw. direkt die Härte in kg/mm² auf der oberen Meßuhr abgelesen werden.

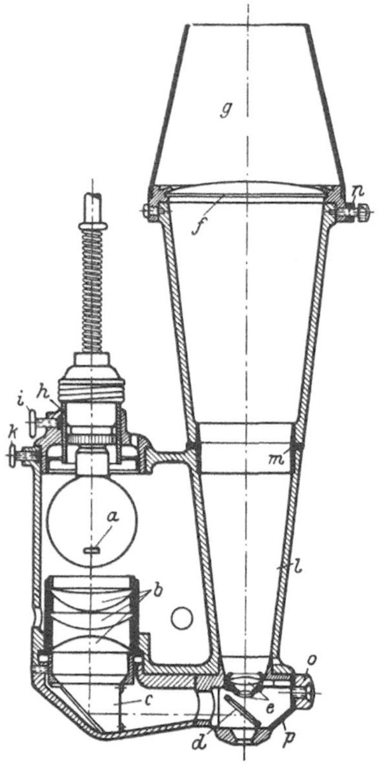

Abb. 30. Busch-Schumann-Projektor. *a* Glühlampe, *b* Sammellinsen, *c* Prisma, *d* spiegelndes Glasplättchen, *e* Objektiv, *f* Mattscheibe mit Kreuzteilung, *g* Lichtschutzhaube.

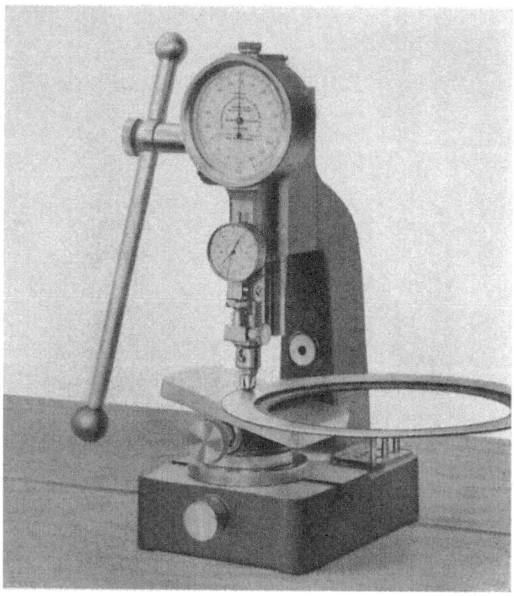

Abb. 31. Härteanzeiger Monotron von Shore.

b) Vorlasthärteprüfer.

Bei diesen Geräten wird gegenwärtig als Eindringkörper entweder eine Stahlkugel oder ein Diamantkegel mit in der Regel abgerundeter Spitze verwendet. P. Ludwik[1] schlug 1907, um ähnliche Eindrücke zu erhalten, einen rechtwinklig zugespitzten Kreiskegel aus gehärtetem Stahl vor. Wie aber E. Meyer[2] zeigte, wurde dieser Zweck nicht voll erreicht, weil sich die Spitze des Stahlstempels bei harten Proben bleibend verformt hatte. Aus diesem Grunde wird bei den gegenwärtigen Vorlasthärteprüfern neben der Stahlkugel ein Diamantkegel verwendet, dessen Winkel von 90 auf 120° erhöht wurde. Bei dem Rockwellhärteprüfer ist die Spitze sogar abgerundet. Die Härtebestimmung beruht gemäß dem Vorschlag von Martens und Heyn auf der Messung der Eindringtiefe bei einer bestimmten Vorlast, und zwar nach dem Abheben der größeren Zusatzlast.

---

[1] Ludwik, P.: Die Kegelprobe. Berlin: Julius Springer 1908. — Z. Metallkde. Bd. 14 (1922) S. 101. [2] Meyer, E.: Z. VDI Bd. 52 (1908) S. 645, 740, 835.

Der Rockwellhärteprüfer (Abb. 32) benützt eine Vorlast von 10 kg und eine Zusatzlast durch Gewichte mit Hebelübersetzung von 90 kg im Falle der Verwendung einer Stahlkugel $^{1}/_{16}$ Zoll = 1,59 mm Dmr. — B-Skala — bzw. 140 kg, wenn der Diamantkegel mit einem Öffnungswinkel von 120° und einer Abrundung von 0,2 mm Radius auf der Spitze — C-Skala — benützt wird. Neuerdings gelangt der Super-Rockwell in den Gebrauch, welcher sich einzig durch genauer geschliffenen Diamantkegel — N-Brale

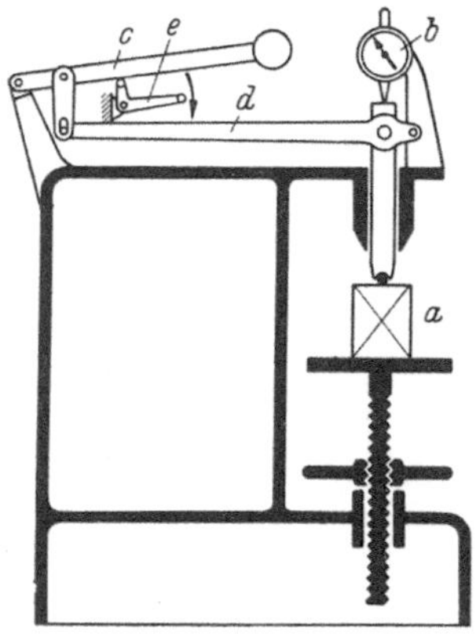

Abb. 32. Rockwellhärteprüfer von Wilson.

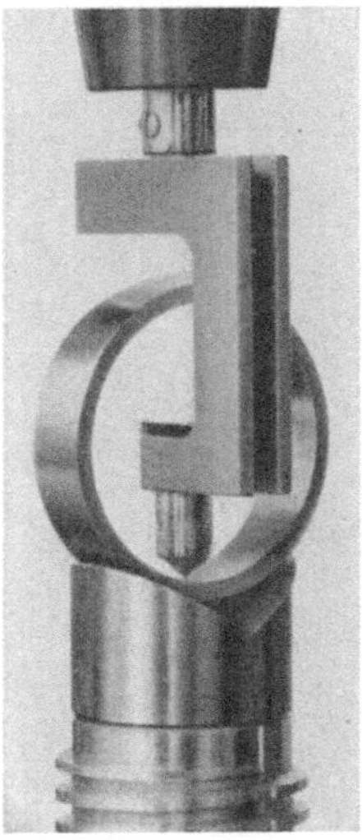

Abb. 33. Diamanthalter zur Prüfung von Ringen.

bezeichnet — auszeichnet, jedoch eine Vorlast von nur 3 kg und Zusatzlasten von 12, 27 und 42 kg — 15, 30 und 45 N-Skala — besitzt. Außerdem entspricht ein Teilstrich auf dem drehbaren Zifferblatt — welches 100 gleiche Teile am Umfang aufweist — beim Rockwellhärteprüfer $^{2}/_{1000}$ mm, hingegen beim Super-Rockwell je $^{1}/_{1000}$ mm. Die Vorlast ent-

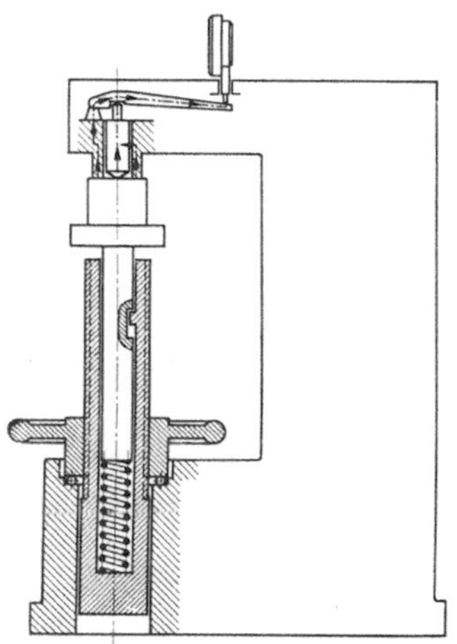

Abb. 34. Originaleinspannung Reicherter.

Abb. 35. Prüfung eines Zahnrades in der Härteprüfmaschine „Briro" von Reicherter.

spricht bei der Konstruktion gemäß Abb. 32 dem Gewicht und der Belastung des Druckstempels herrührend vom Hebel *d* — ohne die Hauptlast, welche erst durch Freigabe des Sperrhebels *e* über den Hebel *c* wirksam wird. Eine einstellbare Ölbremse stellt die gewünschte Belastungsgeschwindigkeit sicher. Für besondere Probenformen sind geeignete Diamanthalter entwickelt worden (Abb. 33).

Das Prüfgerät in Abb. 34 für die Bestimmung der Härte nach Brinell und nach Rockwell, welches ebenfalls eine Krafterzeugung durch Gewichtshebel aufweist, zeichnet sich durch eine Einspannung des Probekörpers aus. In der Spindel ist eine Druckfeder eingebaut, so daß der gesamte Prüfdruck von dieser getragen und andererseits das Prüfstück noch gegen einen Meßanschlag am oberen Maschinenkopf gedrückt wird (Federdruck 320 kg für eine Prüflast bis 187,5 kg). Damit wäre etwaiges Spiel in der Spindelmutter sowie deren Lager ausgeschaltet, was bei genauer Tiefenmessung wichtig ist. Auf diese Art können große Stücke exzentrisch in die Maschine eingebaut werden, wie das Gerät in Abb. 35, bei welchem die Kraft der Einspannfeder 3800 kg beträgt, wenn mit 3000 kg Prüfdruck gearbeitet wird, zeigt.

Abb. 36. Härteprüfmaschine für sperrige Proben von Reicherter.

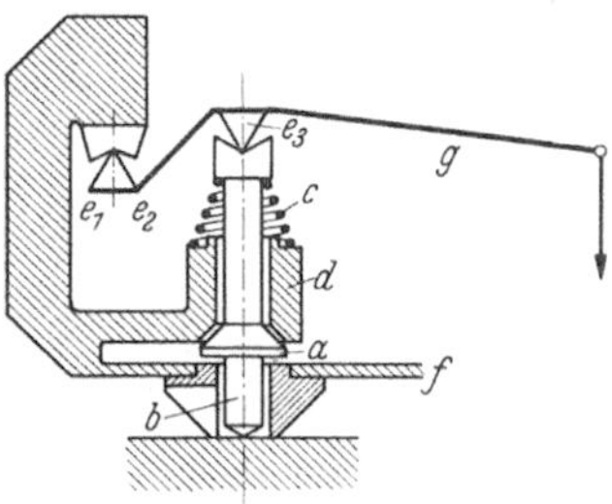

Abb. 37. Einspannvorrichtung des Schopper-Härteprüfers.

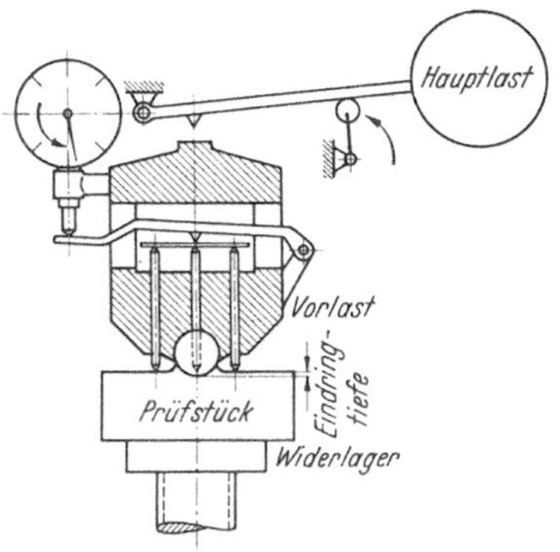

Abb. 38. Tiefenmesser mit kleiner Vorlast von Mohr u. Federhaff.

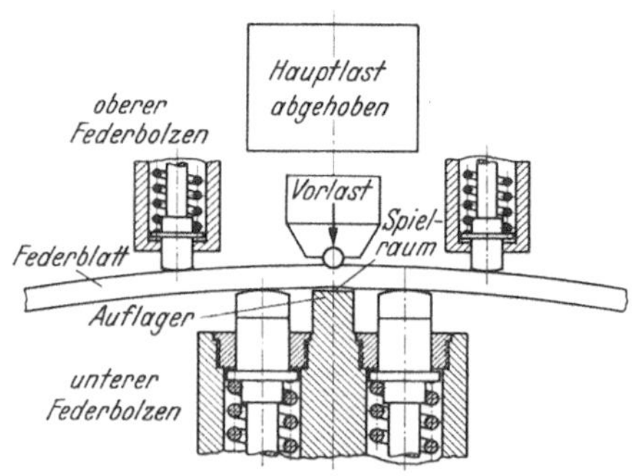

Abb. 39. Sonderhaltevorrichtung von Losenhausen.

Abb. 36 zeigt noch eine für besonders schwere und sperrige Stücke sich eignende, ebenfalls mit der erwähnten Einspannung der Probe versehene Härteprüfmaschine.

Abb. 37 stellt die Einspannvorrichtung der Schopperhärteprüfer dar, welche eine Krafterzeugung durch gewichtsbelastete Hebel besitzen. Während dem Einspannen des Prüfstückes durch die Spannbüchse *f* drückt die Feder *c* (bei abgehobenem Hebel *g*) den Konus *a* am Druckstempel *b* gegen eine Büchse *d* mit konischem Sitz, in welcher der Druckstempel mit großem Spiel gleitet, so daß die Prüfspitze außer Berührung mit dem Prüfstück ist. Durch das Herablassen des Hebels *g* wird die Vorlast und durch einen weiteren belasteten Hebel die Hauptlast aufgebracht.

Abb. 38 zeigt die Bauart und Wirkungsweise des Tiefenmessers der Kugeldruckschnellpressen von Mohr u. Federhaff, und zwar am Ende des Versuchs.

Eine Sonderhaltevorrichtung für Blattfedern u. dgl. ist in Abb. 39 zu sehen. Die Probe wird durch zwei am Unterteil der Maschine

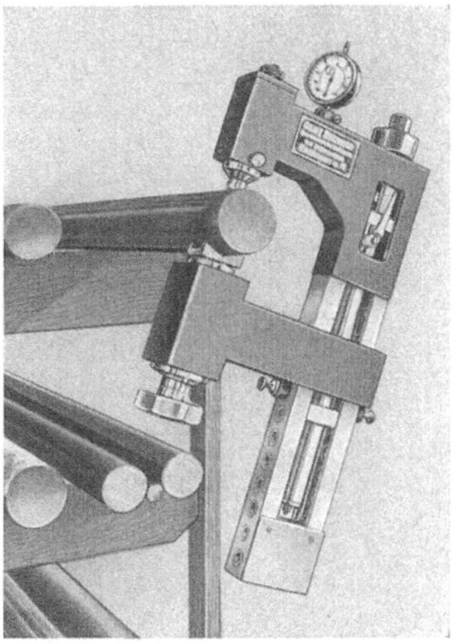

Abb. 40. Der tragbare Härteprüfer von Reicherter.

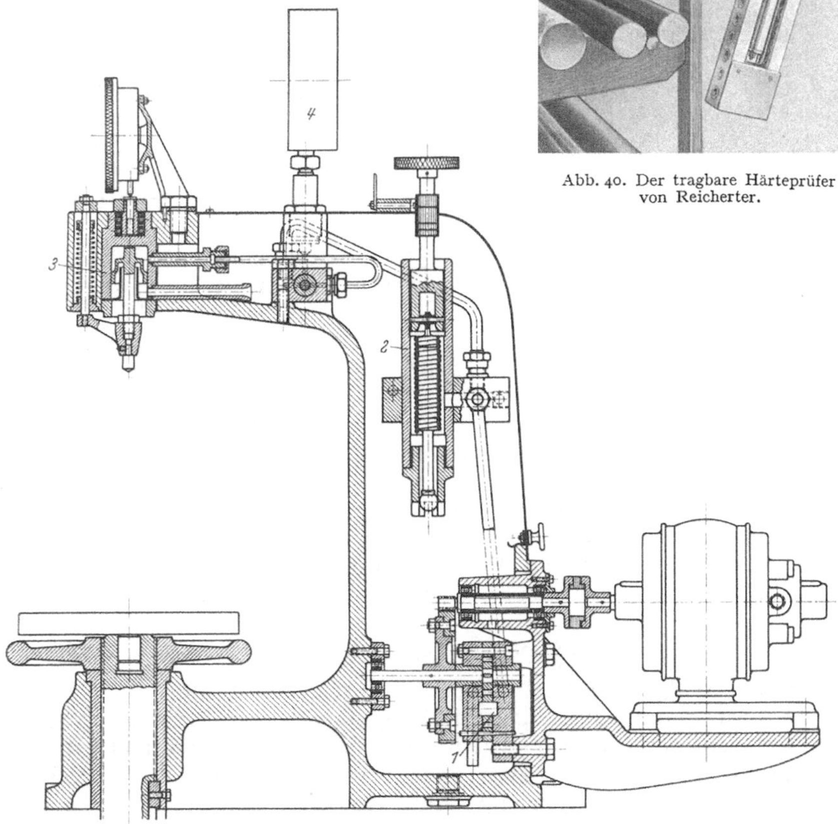

Abb. 41. Rockwellhärteprüfgerät, System GUILLERY, von Malicet u. Blin.

angebrachte Federbolzen mit einem bestimmten Spielraum über dem Auflager unter Vorlast festgehalten. Beim Aufbringen der Prüflast geben diese Federbolzen nach und treten zurück und bringen nach Abheben der Hauptlast die Probe in ihre alte Lage zurück. Auf diese Weise wird vermieden, daß Eindrücke auf der Unterseite der Probe (z. B. verzunderte Oberfläche) zu Fehlmessungen in der Eindrucktiefe führen.

Der tragbare Härteprüfer (Abb. 40) ist ebenfalls mit der in Abb. 34 beschriebenen Einspannvorrichtung und dem Eindringtiefenmesser ausgerüstet, so daß das Eigengewicht des Härteprüfers in der abgebildeten Lage ohne Einfluß auf das Versuchsergebnis ist. Durch das Festklemmen des Prüfstückes wird die Vorlast automatisch wirksam, hingegen wird durch das Drehen am Rändelgriff hinter der Meßuhr die Prüflast aufgebracht, indem die in dem Rohr darunter sich befindende Feder gespannt wird, die wieder auf den Belastungshebel und den Druckstempel im Oberteil des Gerätes wirkt.

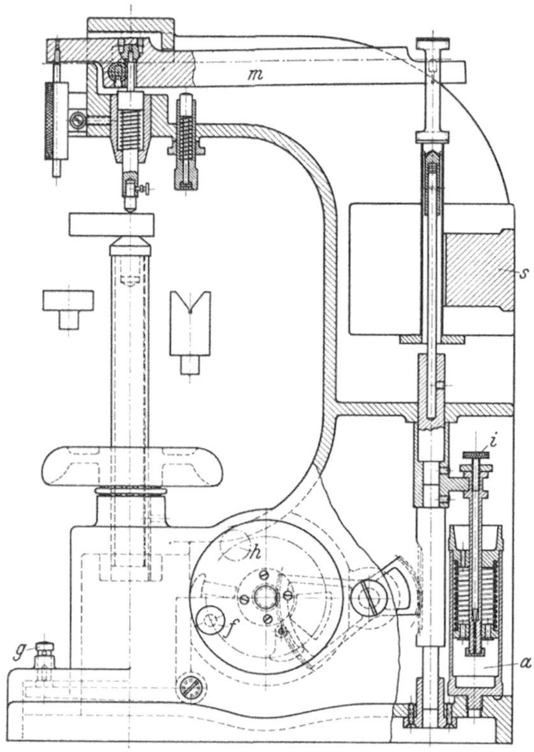

Abb. 42. Das Durometer, Bauart Alpha.

Abb. 41 stellt das hydraulisch angetriebene Rockwellhärteprüfgerät System GUILLERY dar[1]. Die Zahnradpumpe *1* drückt das Öl in den verstellbaren Druckregler *2*, welcher mit dem Druckzylinder *3* in Verbindung steht. Ein Kontrollmanometer *4* dient zur Sicherstellung der richtigen Arbeitsweise der Maschine.

Das Gerät in Abb. 42 nimmt eine Sonderstellung ein. Es besitzt einen Diamantkegel, der sich von demjenigen des Rockwellhärteprüfers darin unterscheidet, daß die Spitze nicht abgerundet ist. Die durch die Schraube *i* regulierbare Ölbremse *a* gewährleistet ein langsames Aufbringen der Last *s* auf den Hebel *m*. Die Auslösung befindet sich bei *g*. Nach vollendetem Versuch wird das Gewicht durch Drehen der Handkurbel von *h* nach *f* wieder hochgezogen.

c) Pyramidenhärteprüfer.

Bei diesen Prüfgeräten sind besondere Einrichtungen vorgesehen, welche die sofortige Ausmessung der Eindruckfläche gestattet. An Stelle des Kegels wird in der Vickershärteprüfmaschine (Abb. 43) eine Vierkantpyramide mit einem Flächenwinkel von 136°, und zwar ohne Abrundung an der Spitze, verwendet. Die Belastung 1 bis 120 kg erfolgt durch Gewichte, welche über den Hebel *L* auf den Druckstempel *Tr* und damit auf die Prüfspitze *D* wirkt. Die Kurvenscheibe *C* wird vom Gewicht *W* in Drehung versetzt, wobei sich der Plunger *Pl* der Form des Randes der Kurvenscheibe entsprechend senkt. Eine Ölbremse sichert die gewünschte Belastungsgeschwindigkeit. Die Kurvenscheibe dreht sich weiter und hebt nach einer von der Einstellung der Ölbremse abhängigen Belastungsdauer den Plunger *Pl* und damit den Hebel *L* wieder ab. Durch Niederdrücken des Fußhebels wird das Gewicht *W* gehoben und die Kurvenscheibe wieder in ihre Anfangslage gebracht. Dort wird die Kurvenscheibe

[1] GUILLERY, R.: Rev. Métall. Bd. 30 (1933) S. 287. — POMEY, J. u. P. VOULET: Rev. Métall. Bd. 26 (1929) S. 238.

von einer Arretiervorrichtung, deren Auslösung durch den Griff *Sh* erfolgt, festgehalten. Ein an der Maschine schwenkbar angeordnetes Meßmikroskop mit Mikrookular erlaubt — ohne das Prüfstück seitlich verschieben zu müssen — die Diagonalen des Eindrucks auf tausendstel Millimeter auszumessen.

Der Härteprüfer (Abb. 44) ist für Versuche nach der von SMITH und SANDLAND angegebenen Vickersmethode sowie für Kugeldruckversuche mit 1, 2 und 2,5 mm Kugeldurchmesser eingerichtet, bei einer Prüflast von 1,5 bis 62,5 kg. Die Last wird direkt ohne Hebelübersetzung aufgebracht, wodurch Schneiden in Wegfall kommen. Die Last wird stoßfrei mittels eines Ölkataraktes sowie

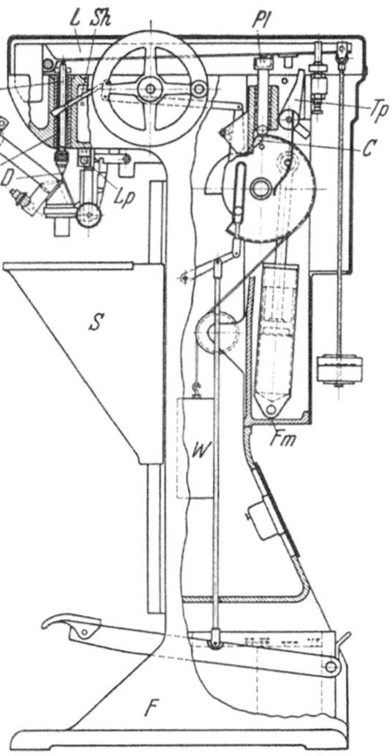

Abb. 43. Vickershärteprüfmaschine.

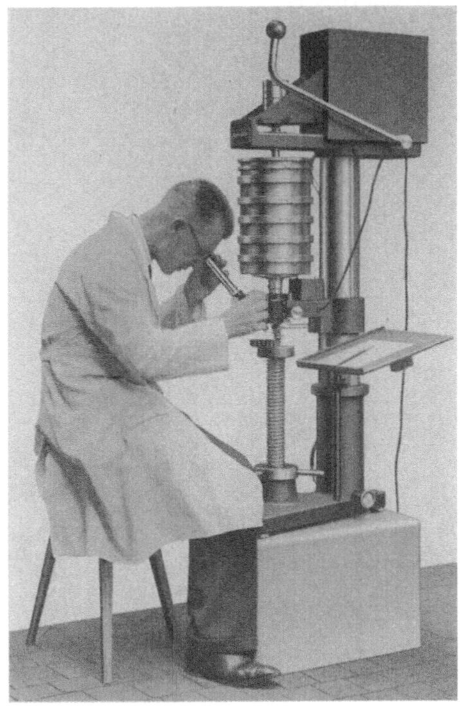
Abb. 44. Amslerhärteprüfer.

durch Zwischenschaltung von Federn zwischen Prüfstempel und Belastungsgewicht mit gleichförmiger Geschwindigkeit aufgesetzt und nachdem sie eine bestimmte Zeit auf den Prüfstempel eingewirkt hat, automatisch wieder abgehoben. Dies geschieht, indem die die Gewichte tragende Stange oben auf einem Übertragungshebel hängt, der sich mittels Kugellager auf einer Kurvenscheibe abstützt. Diese Kurvenscheibe wird durch ein Antriebsgewicht, welches als Kolben mit Ventilen ausgebildet ist und in der mit Öl gefüllten, als Kataraktzylinder dienenden Stehsäule gleitet, in Drehung versetzt und in ihrer Anfangs- und Endlage durch Klinken blockiert. Das am Maschinenständer angebaute Mikroskop kann zwischen zwei Anschlägen 90° um die Achse der Belastungsvorrichtung gedreht werden, um beide Diagonalen des Eindrucks auszumessen, und zwar ohne das Probestück wegen des Einschwenkens des Mikroskops erst herabsetzen zu müssen. Die Auslösung der Belastungsvorrichtung geschieht durch leichten Druck nach oben auf den Steuerhebel. Nach dem Versuch wird derselbe nach unten gezogen.

Um die Augen bei Massenprüfungen weniger zu ermüden, sind Prüfgeräte mit eingebautem Projektionsmikroskop entwickelt worden.

Die Härteprüfmaschine „Briviskop" in Abb. 45, welche für Härtebestimmungen nach BRINELL und nach VICKERS eingerichtet ist, wird in drei Größen gebaut, und zwar: 0,977 bis 187,5 kg, 1,953 bis 250 kg und 50 bis 3000 kg[1]. Die Prüflast ist einfach durch den Schieber zwischen zwei Bogenskalen einstellbar, was dadurch ermöglicht wird, daß die Belastung nicht durch Gewichte, sondern mit Hilfe einer vorgespannten Feder erfolgt. Die Belastungsgeschwindigkeit kann man beliebig einstellen, was durch eine Ölbremse bewirkt und von einem bewegten Zeiger angegeben wird. Das Prüfstück ist durch eine regelbare Einspannkraft gehalten, so daß auch stark ausladende Stücke festgeklemmt werden können. Erst dann wird der Eindringkörper auf das Prüfstück gesetzt. Zum Entlasten wird die an der Ölbremse angeordnete Kurbel (auf der linken Seite) zurückgezogen, wodurch gleichzeitig der Eindringkörper abgehoben und ausgeschwenkt wird, worauf das Eindruckbild selbsttätig auf der Mattscheibe erscheint. Das Ausmessen des Eindruckes geschieht mit Hilfe der $^1/_{10}$-mm-Einteilung und $^1/_{100}$-mm-Maßstäbchen auf der um 90° drehbaren Mattscheibe und die tausendstel Millimeter mittels der Teiltrommel der Feinmeßschraube. Für Massenprüfungen wird eine Toleranzscheibe mit drei Strichen, welche die zulässigen Grenzen anzeigen, verwendet. Außer der Diamantpyramide werden auch Kugeln von 0,625; 1,25; 2,5; 5 und 10 mm gebraucht.

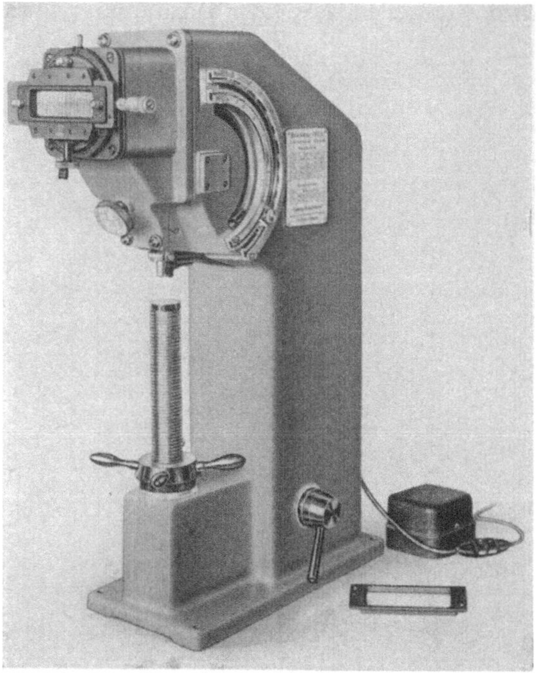

Abb. 45. Die Härteprüfmaschine „Briviskop" von Reicherter, mit eingebauter Projektionseinrichtung von Zeiß.

Abb. 46. Der Härteprüfer „Dia Testor" von Hessenmüller u. Wolpert, Bauart Poldihütte mit eingebauter Optik von Zeiß.

Der Härteprüfer in Abb. 46 wird in drei Größen gebaut: 0,5 bis 40 kg, 1 bis 187,5 kg und 120 bis 3000 kg. Die Belastungsstufen werden durch Einstecken zweier Bolzen in die jeweils bezeichneten Bohrungen eingestellt, so daß das Abnehmen bzw. Auflegen von Gewichten in Wegfall kommt. Bei den mit Motor ausgerüsteten Modellen muß der Prüfkörper nur bis zum Anschlag

[1] Masch.-Bau Betrieb Bd. 19 (1940) S. 60.

geführt werden, wodurch dieser unverrückbar von der Einspannvorrichtung — selbst bei überhängenden Teilen — festgehalten wird, worauf der Motor einzuschalten ist. Das Senken und Heben der Last, wie auch das Ausschalten des Motors geht automatisch in der jeweils gewünschten Prüfzeit von 5, 10 bis 60 s vor sich. Die den Eindringkörper tragende Druckspindel ist als Hohlkörper ausgebildet und ermöglicht so die sofortige Projektion des Eindrucks auf die Mattscheibe, welcher mit Hilfe des außen angebrachten Maßstabes ausgemessen werden kann.

Bei dem neuen Mikrohärteprüfer Zeiß D 30 nach HANEMANN (Abb. 47[1]) wird eine Diamantpyramide von 0,8 mm Dmr. auf die Frontlinse des Objektivs gesetzt, so daß mit demselben Objektiv beobachtet und der Härteeindruck erzeugt werden kann. Die Eindruckkraft zwischen 0,2 und 100 g, als deren Maß die Hubgröße der Scheibenringfedern dient, wird mit Hilfe eines auf die hintere Objektivlinse aufgesetzten Hilfsobjektivs abgelesen.

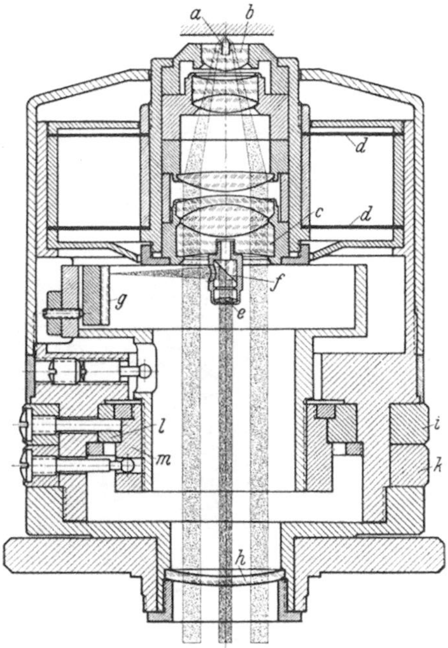

Abb. 47. Schnitt und Strahlengang des Mikrohärteprüfers Zeiß D 30 nach HANEMANN. *a* Prüfdiamant; *b* Frontlinse; *c* Hinterlinse; *d* Scheibenringfedern; *e* Hilfsobjektiv; *f* Spiegel; *g* Lastanzeigeskala; *h* Korrektionslinse; *i*, *k* Rändelringe; *l* Exzenter der Scharfeinstellung; *m* Mutter der Nullpunkteinstellung.

d) Ritz- und Wälzhärteprüfer.

Bei den Prüfgeräten dieser Art wird der Prüfkörper unter einem bestimmten Anpreßdruck auf der Probenoberfläche seitlich verschoben oder abgewälzt.

Der Ritzhärteprüfer nach MARTENS[2] in Abb. 48 besteht aus einem Schlitten zur Aufnahme der Probe mit einem Kugelgelenk zur Waagrechtstellung der Prüffläche und einer an einem gewichtsbelasteten Hebel befestigten konischen Diamantprüfspitze (Kegelwinkel 90°). Die Strichbreite wird mit Hilfe eines Meßmikroskops festgestellt.

Das Ritzhärteprüfgerät „Microcharacter" (Abb. 49) besteht aus einem Tisch mit Schlitten zur Aufnahme der Probe, dem Ritzgerät (rechts ausgeschwenkt) bestehend aus dem schwenkbaren Tragarm mit dem den Diamant tragenden Hebel und aus dem Meßmikroskop zur Bestimmung der Ritzbreite. Der Diamant hat eine Spitze in Form der Würfelecke und steht mit der Würfeldiagonale senkrecht auf der Prüffläche, eine Würfelkante in der lotrechten Ebene der Bewegungsrichtung. Der Hebel ist in unbelastetem Zustand ausgeglichen. Das Gewicht wird über der Diamantspitze aufgelegt, normal 3 g und 9 g. Der Diamant selber ist nicht unmittelbar am Hebel befestigt, sondern auf einer Feder, um Stöße beim Ritzen verschieden harter Bestandteile der Prüffläche zu vermeiden.

[1] HANEMANN, H. u. E. O. BERNHARDT: Ein Mikrohärteprüfer. Z. Metallkde. Bd. 32 (1940) S. 35/38. — Siehe auch: Z. VDI Bd. 82 (1938) S. 299.

[2] WAWRZINIOK, O.: Handbuch des Materialprüfungswesens, S. 213. Berlin: Julius Springer 1923. — Einfluß der Form der Prüfspitze s. E. FRANKE: Krupp Mh. Bd. 8 (1927) S. 179. — E. FRANKE: Härteprüfverfahren, in GMELINS Handbuch der anorganischen Chemie. System Nr. 59. Eisen — Teil C — Lief. 1. — Berlin: Verlag Chemie 1937.

Bei dem von HAUTTMANN in Vorschlag gebrachten Gerät (Abb. 50) wird ein kugelförmiger Prüfkörper verwendet, der unter entsprechendem Anpreßdruck über die zu prüfende Fläche rollt[1].

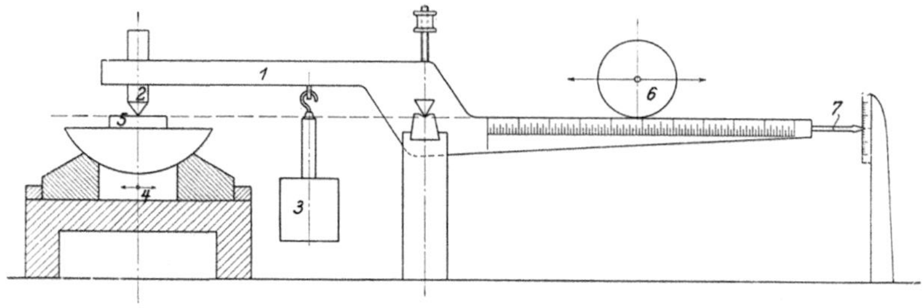

Abb. 48. Ritzhärteprüfer nach MARTENS.

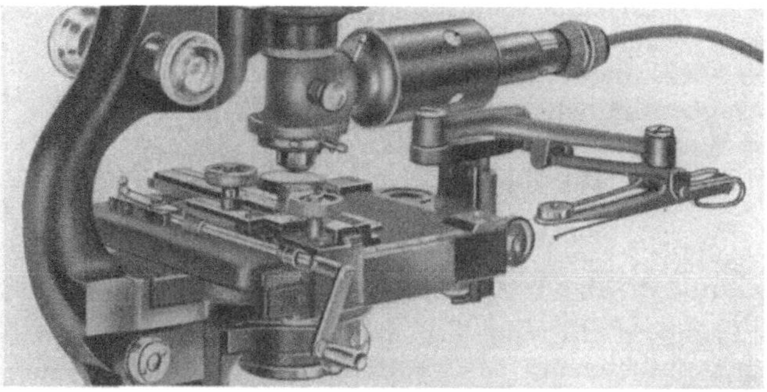

Abb. 49. Ritzhärteprüfer „Microcharacter" von Spencer Lens Company.

Abb. 50. Rollhärteprüfer „Rolldur", Bauart HAUTTMANN-LOSENHAUSEN

Auch beim Pendelhärteprüfer nach HERBERT[2] dient eine in einem besonderen Kugelhalter in der Mitte des bügelförmigen Gußkörpers befestigte Kugel (1 mm

[1] HAUTTMANN, H.: Z. VDI Bd. 82 (1938) S. 52. — Zwangl. Mitt. dtsch.-öst. Verb. Mat.-Prüf.-Techn. 1938, Nr. 30, S. 444. — Stahl u. Eisen Bd. 57 (1937) S. 1284.
[2] POMP, A.: Z. VDI Bd. 71 (1927) S. 431. — POMP, A. u. H. SCHWEINITZ: Mitt. K.-Wilh.-Inst. Eisenforschg. Bd. 8 (1926) S. 79.

Dmr.) aus Stahl oder Rubin, als Prüfkörper (Abb. 51). Form und Massenverteilung sind so gewählt, daß der Schwerpunkt des Gerätes mit dem Mittelpunkt der tragenden Kugel zusammenfällt. Durch sechs Stellschrauben und einen zylindrischen Körper von bestimmtem Gewicht läßt sich der Schwerpunkt um genau meßbare Strecken verschieben. Eine Luftblase in der mit Spiritus gefüllten gekrümmten Glasröhre mit einer Maßteilung von 0 bis 100 sowie eine Stoppuhr dienen zur Verfolgung der Pendelbewegung. Eine Auslösevorrichtung — für das Pendel und die Stoppuhr gleichzeitig — macht das Berühren des Pendels von Hand überflüssig und stellt die Reproduzierbarkeit der Ergebnisse sicher. Zum genauen Waagrechtstellen der Prüffläche dienen besondere Einspannvorrichtungen für komplizierte Werkstücke am besten ein Schraubstock auf einem Kugelgelenk.

Abb. 51. Pendelhärteprüfer nach HERBERT.

2. Dynamische Härteprüfgeräte.

Um der für viele Zwecke zu umständlichen Benützung einer statischen Kugeldruckpresse aus dem Wege zu gehen, sowie für Versuche bei hohen Temperaturen sind verschiedene, die Wucht einer Masse ausnützende Geräte entwickelt worden, welche bei der Materialkontrolle zum Teil gut zu gebrauchen sind, wenn auch die Ergebnisse nicht gleich zuverlässig und nicht von gleichem Wert für die Beurteilung des Materials sind wie die mit statischen Härteprüfgeräten gewonnenen Härtewerte.

Gemessen werden bei der dynamischen Härteprüfung verschiedene Größen. Bei einer Gruppe wird der von einem Fallgewicht oder von einem Schlag herrührende Eindruck ermittelt (Fall- und Schlaghärteprüfer), bei anderen die Rücksprunghöhe eines Fallhammers (Rücksprunghärte). Selbstredend muß dabei die Masse der Probe im Vergleich zu derjenigen des Hammers sehr groß sein, andernfalls muß sie gegen eine solche abgestützt sein, und zwar so, daß keine spürbaren Energieverluste durch die Lagerung entstehen.

a) Schlaghärteprüfer.

Der Kugelschlaghärteprüfer zur Bestimmung der Härte von Lager- und Weichmetallen (Abb. 52) verwendet eine 5-mm-Kugel, die durch das Auslösen einer gespannten Feder mit einer immer gleichen Schlagarbeit in die Probe eingetrieben wird. Der Apparat hat oben einen Exzenterhebel zum Spannen der Schlagfeder. Die Auslösung geschieht durch Drehen eines Ringes mit Griff. Zum Ausmessen der Eindringtiefe dient das mit einer Fühlratsche versehene Mikrometer.

Der dem Schlaghärteprüfer Bauart GRAVEN[1] ähnliche Schlaghärteprüfer nach BAUMANN-STEINRÜCK[2] (Abb. 53) besteht aus einem Gehäuse, in welchem neben dem die Kugel tragenden Schlagbolzen *b* die Spannvorrichtung — welche eine gegen den Schlagkörper (Hammer *c*) drückende Schlagfeder *d* aufweist — und die Auslösevorrichtung untergebracht sind. Beim Zusammendrücken der Feder durch Drücken auf das Gehäuse gelangen die Klinken in eine konische Bohrung und geben den Hammer allmählich frei.

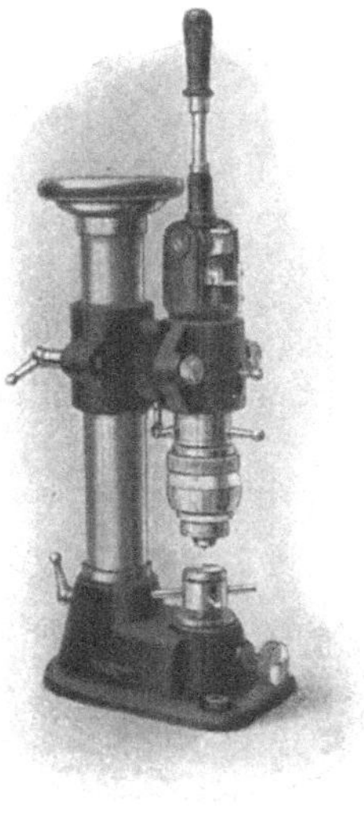

Abb. 52. Schopper-Kugelschlaghärteprüfer

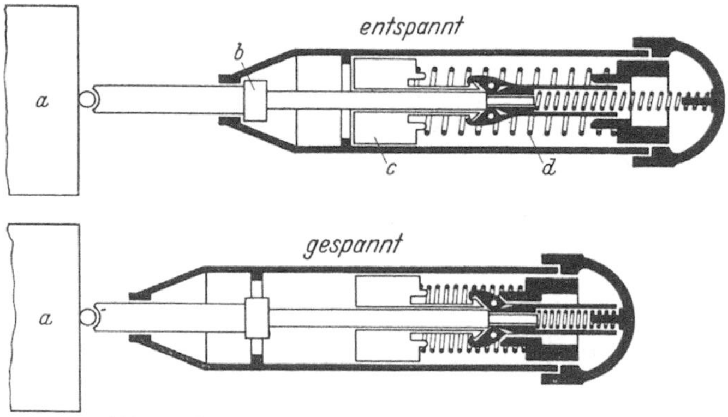

Abb. 53. Schlaghärteprüfer nach BAUMANN-STEINRÜCK.

Bei dem Poldi-Härteprüfer[3] (Abb. 54) wird eine 10-mm-Kugel *f*, welche sich zwischen dem Probestück und einem Vergleichsstab *e* von bekannter Härte befindet, durch einen Schlag mit dem Hammer auf den Schlagbolzen *g* in beide Metalle eingedrückt. Die im Gehäuse *a* sich befindende Feder *i* drückt den Schlagbolzen gegen den Vergleichsstab und damit gegen die Kugel, so daß diese stets in Berührung bleiben.

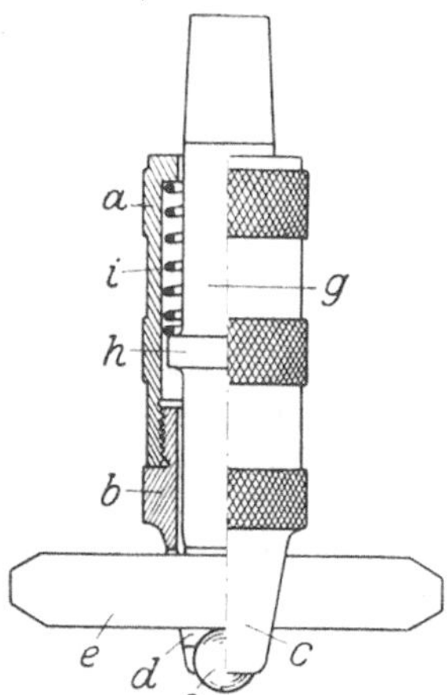

Abb. 54. Poldi-Härteprüfer.

Der Apparat System TURPIN von H. MORIN verwendet Vergleichswürfel, die in das Gehäuse gesteckt werden.

Die beiden letzten Apparate eignen sich zur Härteprüfung an sehr schwer zugänglichen Teilen.

b) Fallhärteprüfer.

Der Apparat System GUILLERY in Abb. 55 besteht aus dem Rohr *T*, in welchem der Fallbär mit einer 5-mm-Kugel sich befindet. Innerhalb der Fallbärmasse ist eine Feder *D* eingebaut, welche in zusammengedrücktem Zustand einerseits gegen die Masse, andererseits gegen den Kugelhalter *P* drückt. Schlägt der Bär gegen das Werkstück, so steigt der Druck an der Schlagstelle, bis er der Federvorspannung entspricht, von wo an der Kugelhalter in seiner Führung gleitet bis zum Aufliegen der Stirnfläche des Fallbärs am Werkstück, wodurch die überschüssige Energie verbraucht wird.

[1] WAWRZINIOK, O.: Handbuch des Materialprüfungswesens, S. 210. Berlin: Julius Springer 1923. — SCHWARZ, M. v.: Z. Metallkde. Bd. 13 (1921) S. 429.

[2] DEUTSCH, W. u. G. FIEK: Z. VDI Bd. 72 (1928) S. 1544.

[3] WAWRZINIOK, O.: Handbuch S. 209.

In diesem Augenblick prallt die Masse zurück, wobei der Stift *N* mit der konischen Verlängerung und der Griff *H* herabsinkt — was dadurch ermöglicht wird, daß die Arretierung *L* beim Schlag frei wird und den Durchgang von *N* erlaubt, worauf der Fallbär durch den Druck des Keils auf die Rollen *G* im Rohr festgeklemmt hängen bleibt. Um den Apparat wieder versuchsbereit zu machen, kehrt man ihn um, wodurch die Masse zum Festhalten durch die Klinke *C* in die Rille *E* gebracht wird. Es muß aber noch der Stift *N* durch Herausziehen des Griffes *H* (nach Vierteldrehung) die Rollen *G* wieder freigeben.

Der dem Apparat für Kugelschlagproben nach

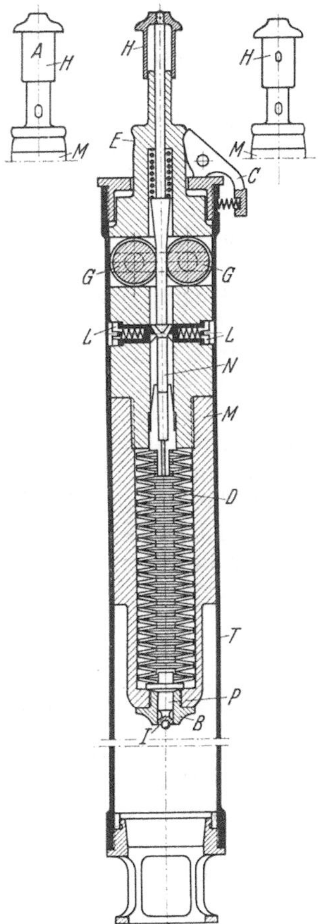

Abb. 55. Fallhärte-Apparat, System Guillery, von Malicet u. Blin.

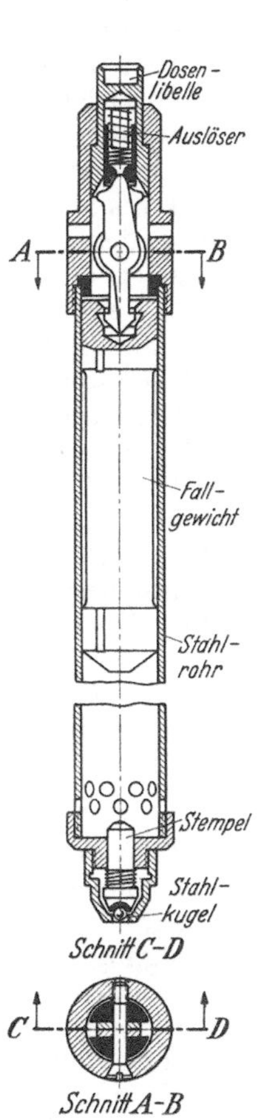

Abb. 56. Fallhärteprüfer Bauart v. Schwarz, von Schuchardt u. Schütte.

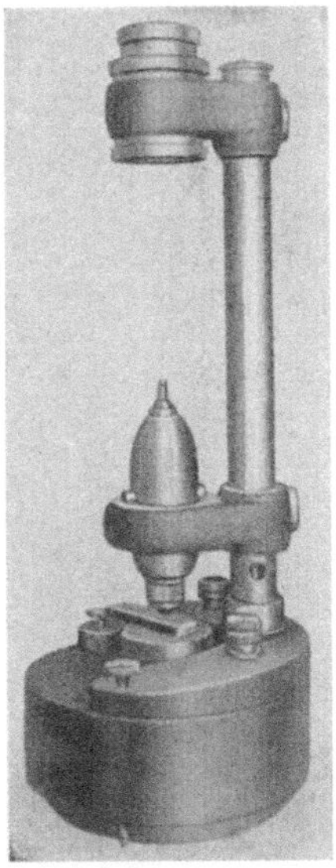

Abb. 57. Fallhärteprüfer nach Wüst und Bardenheuer von Losenhausen.

Brinell[1] ähnliche Fallhärteprüfer Bauart v. Schwarz[2] in Abb. 56, weist in einem Stahlrohr ein Fallgewicht von 1 bzw. $^1/_4$ kg bei 0,5 m Fallhöhe mit Auslöser und einen Stempel mit einer Kugel von $^1/_4$ Zoll = 6,35 mm Dmr. auf.

Der Fallhärteprüfer nach Wüst und Bardenheuer[3] besitzt ein Fallgewicht von 1,5 kg, das unten eine 5-mm-Kugel trägt (Abb. 57). Die Fallhöhe von 200 mm wird mit Hilfe der Stellschraube genau eingestellt. Beim Rückprall

[1] Brinell: Brüsseler Kongreß des IVMT 1906, Ber. 27d.

[2] Schwarz, M. v.: VDI-Nachr. 23. Febr. 1927. — Schmidmer, E. L.: Forsch.-Arb. über Metallkde. u. Röntgenmetallographie, Folge 5 (1933). München u. Leipzig: F. u. J. Voglrieder.

[3] Wüst, F. u. P. Bardenheuer: Mitt. K.-Wilh.-Inst. Eisenforschg. Bd. 1 (1920) S. 1. — Deutsch, W. u. G. Fiek: Z. VDI Bd. 72 (1928) S. 1544. — Franke, E.: Krupp Mh. Bd. 8 (1927) S. 179.

schnellen die vor dem Versuch in den Fallkörper eingedrückten Fangbolzen hervor und werden im Ausleger festgehalten.

Die Kugelregenhärteprüfmaschine nach HERBERT (Abb. 58) dient zur Prüfung gehärteter Werkstücke auf Gleichmäßigkeit und zur Oberflächenkalthärtung von Werkstücken. Den Unterteil bildet eine mit Gummi ausgekleidete Kammer, in welche die Probekörper eingelegt werden. An die Kammer schließt sich ein kaminartiges Fallrohr an, durch das 3-mm-Stahlkugeln — etwa 500000 in der Minute — herunterfallen. Nach dem Fall werden die Kugeln, die sich an der hinteren Kammerwand sammeln, mittels eines Gummischeibenelevators in den über dem Fallrohr angeordneten Behälter zurückgebracht, aus dem sie durch besondere Kanäle wieder in das Fallrohr gelangen. In letzterem werden sie zuerst von einer in der Höhe — bis 4 m Fallhöhe — einstellbaren Vorrichtung aufgefangen, von der aus nunmehr der freie Fall der Kugeln beginnt. Die Werkstücke werden durch die vordere Kammertür eingebracht und auf einen in der Kammer angeordneten Arbeitstisch gelegt bzw. befestigt. Durch besondere Vorrichtung kann derselbe automatisch hin- und herbewegt werden. Zylindrische Stücke werden gedreht, indem sie auf zwei in gleichem Sinn umlaufende Wellen aufgelegt werden. Auch die Behandlung von Bohrungen ist möglich, indem ein harter Konus in das Innere der senkrecht gestellten Probe gelegt wird, von welchem die Kugeln waagrecht gegen die Innenfläche der Bohrung abprallen.

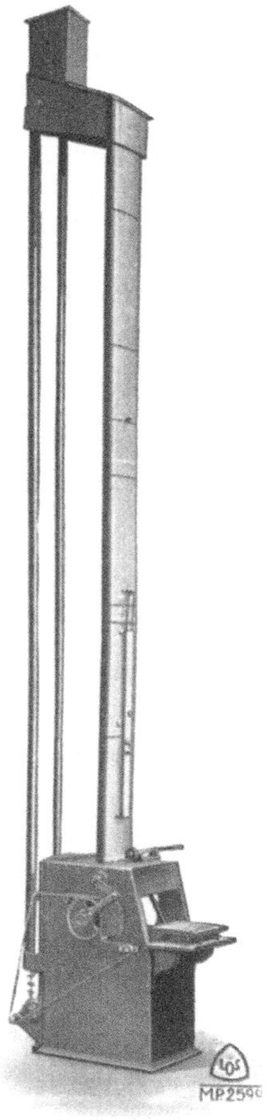

Abb. 58. „Kugelregen"-Härteprüfer und Härtemaschine nach HERBERT von Losenhausen.

c) Rückprallhärteprüfer.

An Stelle der Eindruckfläche wird hier die Rücksprunghöhe eines kleinen Hammers als Maßstab für die Härte benutzt, welcher unter der Wirkung der Erdbeschleunigung allein stets aus gleicher Höhe auf die Prüffläche frei fällt.

Der Shore-Skleroskop in Abb. 59 verwendet einen zylindrischen Hammer *G* von etwa $^3/_4$ Zoll Länge, $^1/_4$ Zoll Dmr. und etwa $^1/_{12}$ Unze Gewicht. Die Fallhöhe ist 10 Zoll. Auf der unteren Stirnfläche des Fallbärs ist ein mit 0,01 Zoll Radius abgerundeter Diamant in den Hammer eingelassen, wobei für sattes Aufliegen gesorgt wird. Ein Teilstrich der Skala auf dem Glasrohr entspricht 1,65 mm (0,065 Zoll). Der Fallhammer wird mit Hilfe einer Luftpumpe *A* heraufgesogen und in der obersten Stellung festgehalten, wozu er in der oberen Stirnfläche eine Bohrung mit Nut aufweist, in welche die Nocken des zangenförmig ausgebildeten Greifers *H* hineinreichen. Durch erneute Betätigung der Gummiballvorrichtung an der Luftpumpe *A* wird der Hammer freigegeben und fällt innerhalb des Glasrohrs lotrecht auf die Prüffläche herab. Ein Senkel gestattet das Gerät lotrecht zu stellen.

Bei kleinen Proben wird ein Amboßständer verwendet, dagegen bei großen kann das Fallrohr direkt aufgesetzt werden. Man beachte aber, daß das Gerät nur bei genau waagrecht gestellter Prüffläche richtige Werte angibt.

Um die Rücksprunghöhe während der Bewegung des Hammers nicht verfolgen zu müssen, hat die gleiche Firma das selbstanzeigende Skleroskop (Sklerograph) entwickelt (Abb. 60). Der Fallhammer ist hier bedeutend größer, hingegen die Fallhöhe nur 19 mm. Durch Drehen eines kleinen Handrades *B* um etwa 90° wird der Hammer *F* in seine Hochlage gebracht und durch Anschlag

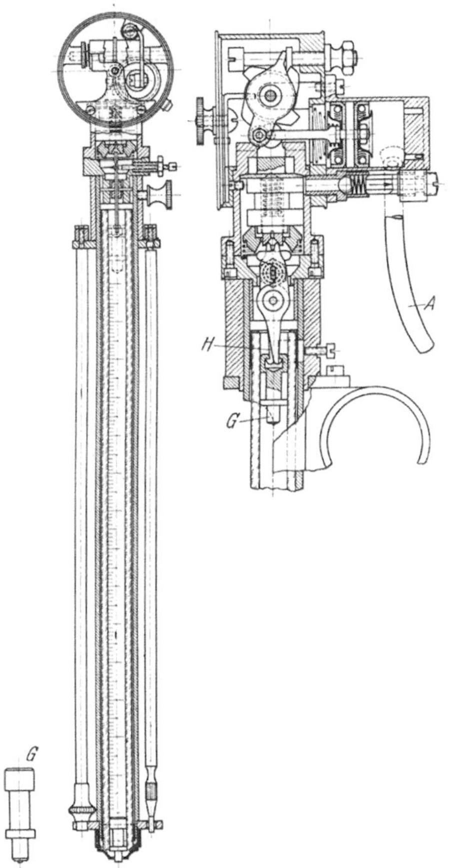

Abb. 59. Shore-Skleroskop.

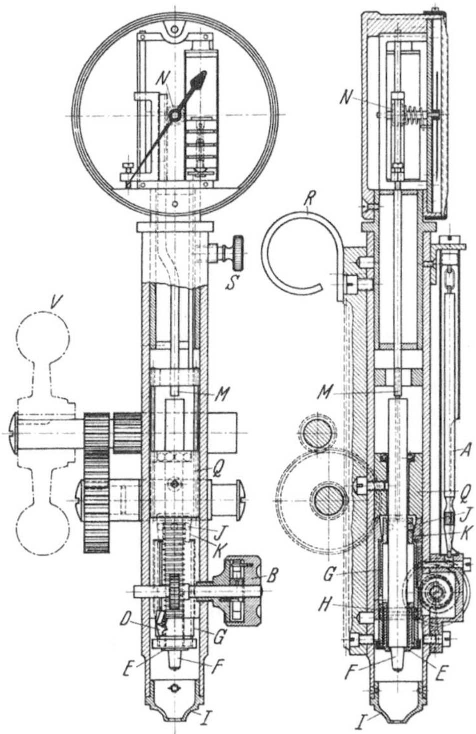

Abb. 60. Selbstanzeigendes Shore-Skleroskop von Schütte.

ausgelöst. Beim Rückprall stößt der Fallhammer gegen eine Zahnstange, die einen gebremsten Zeiger dreht, so daß die Rücksprunghöhe bequem nach beliebig langer Zeit noch abgelesen werden kann. Das Büchsensystem *K, G, E,* dient zum Festhalten des Hammers nach erfolgtem Rücksprung. Büchse *E* wird durch Haken *D* in Fallhöhe gehalten und trägt den Hammer. Nach Lösen der Haken *D* fallen Büchse *E* und Hammer *F*. Der Kugelhalter *G* wird durch zwei Blattfedern *H* in der kegeligen Büchse *K* gehalten. Beim Aufprall des Hammers *F* ist der Fall der Leitbüchse *E* noch nicht zu Ende, sie fällt etwas weiter und zieht mit dem oberen Flansch den Kugelkäfig *G* etwas nach unten. Hierdurch kommen die Kugeln im Kegel *K* in dem Augenblick mit dem Hammer in Berührung, wo sich die Fallbewegung in die Rücksprungbewegung umkehrt. Der Hammer kann ungehindert zurückprallen, wird aber im höchsten Punkt durch den von den Kugeln und der Kegelbüchse *K* nunmehr ausgeübten Klemmdruck sicher gehalten. Durch den gerändelten Knopf *B*, das Ritzel und die Zahnstange wird die Hammerführung mit festgeklemmtem Hammer bis zum feststehenden Anschlag *Q* gehoben. Hierbei hebt der Hammer *F* die Stange *M*, deren gezahnter Teil durch Ritzel N den Zeiger bis zur betreffenden Härtezahl dreht. Durch die Aufwärtsbewegung des Büchsensystems K, G, E wird auch die Leitbüchse E gehoben und durch die Haken wieder festgehalten.

Der Härteprüfer Duroskop, Bauart v. LEESEN (Abb. 61), verwendet einen Pendelhammer, der mit der Kugelkalotte des Hammers gegen das Werkstück aufschlägt und beim Rückprall einen Schleppzeiger mitnimmt, so daß die Härte nachträglich abgelesen werden kann.

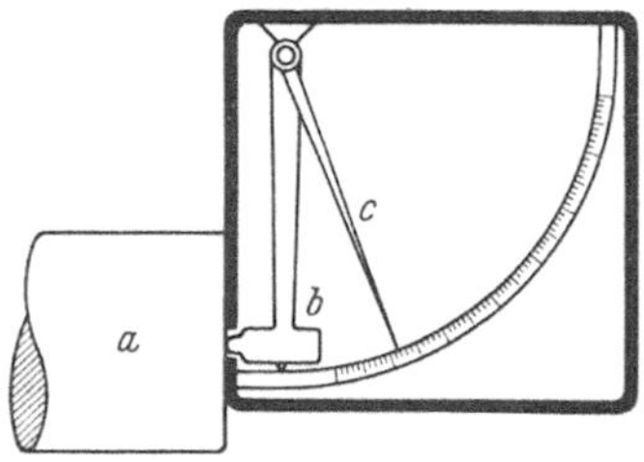

Abb. 61. Härteprüfer „Duroskop", Bauart v. LEESEN. *a* Probe; *b* Pendelhammer; *c* Schleppzeiger.

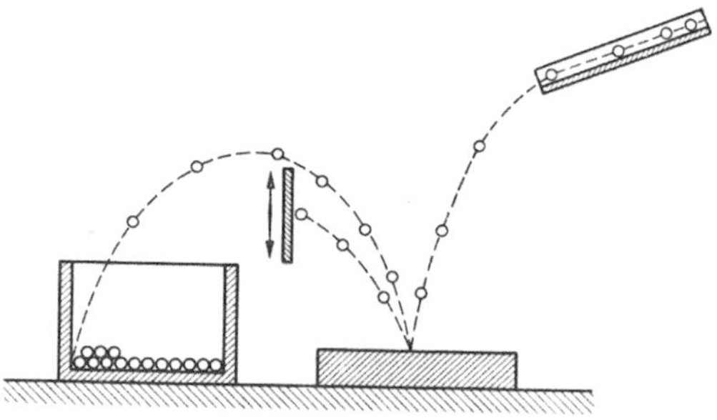

Abb. 62. Apparat von PEITZ zur Prüfung von Kugeln.

Der in Abb. 62 dargestellte Apparat von E. PEITZ[1], wurde zur vergleichenden Untersuchung über die Elastizität und Härte von Stahlkugeln entwickelt. Die zu weichen Kugeln werden durch eine zwischengelegte Wand von bestimmter Höhe ausgeschieden.

C. Geräte zur technologischen Prüfung der Werkstoffe.

Bei den technologischen Prüfverfahren werden die Beanspruchungen nachgeahmt, die die Werkstoffe bei der Verarbeitung durch die einzelnen Formgebungsverfahren erfahren. Es wird hierbei entweder das Formänderungsvermögen bestimmt, entsprechend der Bearbeitung durch spanlose Formgebung (Falt-, Aufweit-, Tiefzieh-, Keilzug-, Hin- und Herbiege-, Verwindeversuche) oder es wird das Verhalten der Werkstoffe bei der Abtrennung einzelner Stücke und bei der Zerspanung geprüft (Scher-, Stanz-, Keildruck-, Zerspanungsversuche). Im ersten Fall wird meist auf eine Kraftmessung, in letzterem Fall hingegen auf die Formänderungsmessung verzichtet. Bei Geräten mit Kraftmessung muß jedoch die Formänderungsgeschwindigkeit beachtet werden, unter Umständen durch selbsttätige Regelung der Belastungs- bzw. Formänderungsgeschwindigkeit.

1. Geräte zur Prüfung der Bearbeitbarkeit der Werkstoffe durch spanlose Formgebung[2].

a) Einrichtungen für Faltversuche.

Nach DIN 1605, Blatt 4, soll die lichte Weite zwischen den Auflagerrollen etwa $(D + 3\,a)$ sein, der Rundungshalbmesser der Auflage 25 mm für $a < 12$ mm, 50 mm für $a > 12$ mm. Die Probenbreite beträgt 30 bis 50 mm. Die Außenseite der Probe an der Biegestelle muß bei der Ausführung des Versuchs frei sichtbar liegen.

[1] MARTENS, A.: Materialienkunde für den Maschinenbau, I. Teil, S. 267. Berlin: Julius Springer 1898.

[2] Über die entsprechenden technologischen Prüfverfahren vgl. Bd. II, Abschn. VI.

Die in Abb. 63 dargestellte Faltmaschine[1] ist von einer besonderen Kraftquelle völlig unabhängig, und zwar erfolgt das Einstellen der lichten Weite durch die Spindeln und Zahnradhandantrieb, dagegen das Falten der Probe *a* durch den Dorn *b* mit Hilfe des Harnrades *c*.

Die Faltbiegemaschine (Abb. 64) weist hydraulischen Antrieb mit unten angeordnetem Kolben auf.

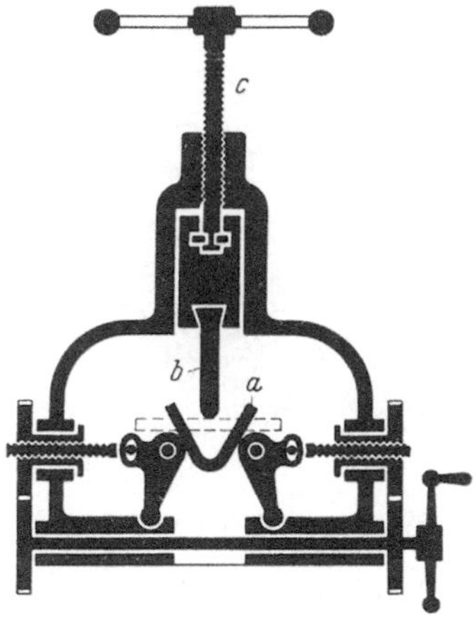

Abb. 63. Faltmaschine mit Handantrieb.

Abb. 64. Faltbiegemaschine der MAN.

Der Auflagerabstand wird mittels der Handkurbel eingestellt. Der gewünschte Druckstempel sowie eine Druckplatte können rasch versuchsbereit gemacht werden.

Die Faltmaschine Abb. 65 ist mit einer Biegevorrichtung für Schweißproben nach DIN 4100 und DIN Vornorm A 121 versehen, mit Biegewalzen von 50 und 100 mm Dmr. und Biegestempeln von 10, 15, 20, 30 und 40 mm Dmr.

Während in der Gegenwart die Probe in der Regel auf zwei Stützen frei gelagert und in der Mitte mit einer Einzellast gebogen wird, herrschte früher die einseitige Einspannung mit Belastung des anderen freien Endes vor. Abb. 66 zeigt schematisch den von BAUSCHINGER konstruierten Biegeapparat[2], welcher gegenwärtig insbesondere für die Prüfung geschweißter Stäbe wieder geeignet erscheint. Es sollte hier konstante Krümmung — trotz heterogenen Materials — durch die Biegung von Anfang an um einen Dorn von bestimmtem Durchmesser erzielt werden. Die Probe wird zwischen die

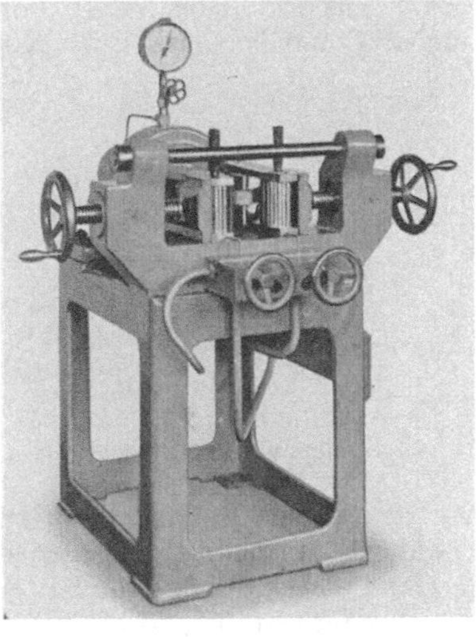

Abb. 65. Biege- und Faltmaschine von Mohr u. Federhaff.

[1] DEUTSCH, W. u. G. FIEK: Z. VDI Bd. 72 (1928) S. 1546.

[2] MARTENS, A.: Handbuch der Materialienkunde für den Maschinenbau, Erster Teil, S. 254. Berlin: Julius Springer 1898.

Backen A und B geklemmt und durch die an einem Hebel befestigte Rolle R um die nach dem Halbmesser r abgerundete Kante von A gebogen.

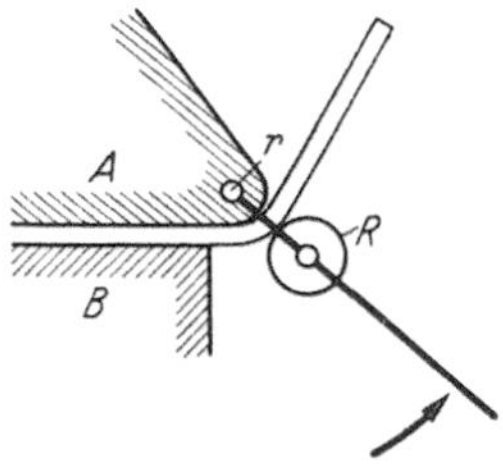

Abb. 66. Biegeapparat nach Bauschinger.

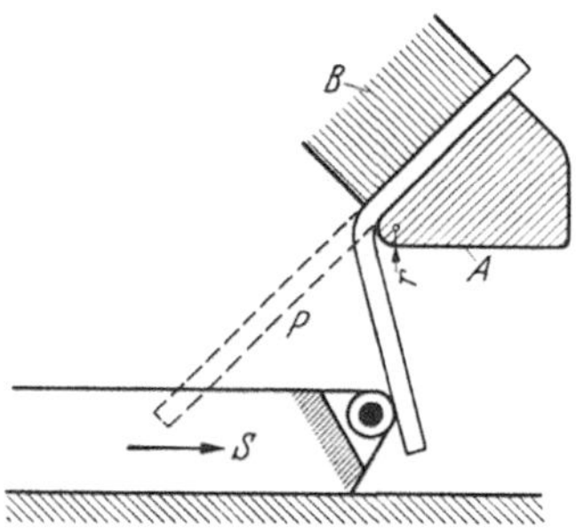

Abb. 67. Biegeapparat von Mohr u. Federhaff.

Abb. 68. Kaltbiegemaschine von Olsen.

Bei einem anderen Biegeapparat[1] (Abb. 67) wird die Probe ebenfalls zwischen zwei Backen A und B eingeklemmt und dann durch den Schieber S, der vorn mit einer Rolle versehen ist, um die nach dem Halbmesser r abgerundete Vorderkante von A gebogen.

Auf ähnlichem Prinzip ist die Kaltbiegemaschine (Abb. 68 und 69) gebaut. Der Mitnehmer wird um den Mittelpunkt des Dorns von $^1/_2$ bis 2 Zoll Dmr. gedreht, so daß ein Falten um 180° möglich ist. Eine Skala erlaubt den Biegewinkel vor dem Bruch festzustellen. Die Dorne haben nur an der Druckstelle die erwähnte Abrundung, dagegen ist die Rückseite verstärkt.

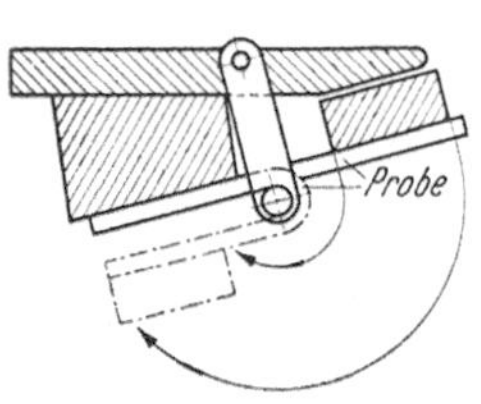

Abb. 69. Schema der Kaltbiegemaschine.

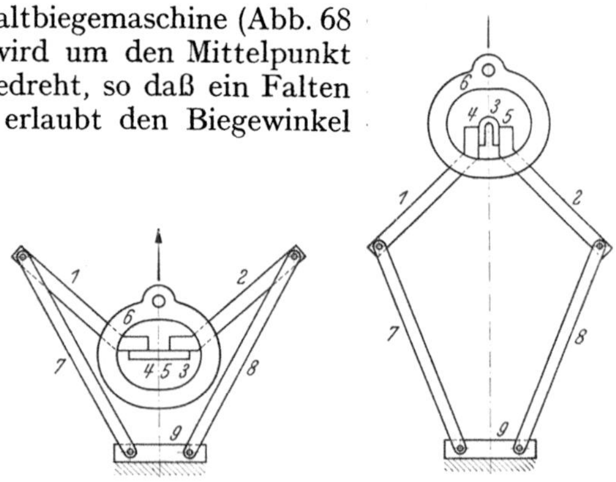

Abb. 70. Biegevorrichtung ohne Dorn nach Block-Ellinghaus.

Sind die Materialeigenschaften nicht über die ganze Länge der Proben gleich (geschweißte Stäbe), so arbeiten die Prüfgeräte mit Querkraft infolge des veränderlichen Biegungsmomentes nicht einwandfrei. Wird demgegenüber ein konstantes Biegungsmoment aufgebracht bzw. die Probe frei gebogen, so können daraus in solchen Fällen wertvolle Schlüsse gezogen werden.

[1] Vgl. Fußnote 2, S. 399.

In der Freibiegevorrichtung[1] (Abb. 70) wird der Probestab *3* an die zwei Hebelarme *1* und *2* befestigt und dann durch Zug in angegebener Richtung frei (bis zu 180°) gebogen.

In der Biegefestigkeitsmaschine (Abb. 71 und 72) wird der Probestab in zwei Einspannköpfen durch Klemmbacken gefaßt. Der eine davon ist durch ein System von Hebeln mit der Meßvorrichtung verbunden, der andere dagegen ist drehbar gelagert und mit der Antriebsvorrichtung, die aus einer Kurbel mit Zahnradübersetzung und Schneckenantrieb besteht, verbunden.

Abb. 71. Biegefestigkeitsmaschine von Amsler.

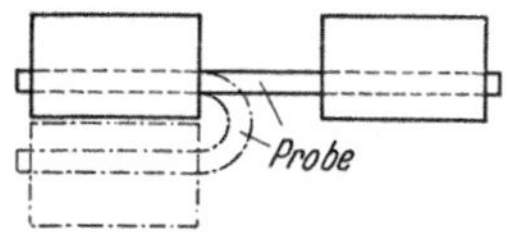

Abb. 72. Schema der Biegefestigkeitsmaschine.

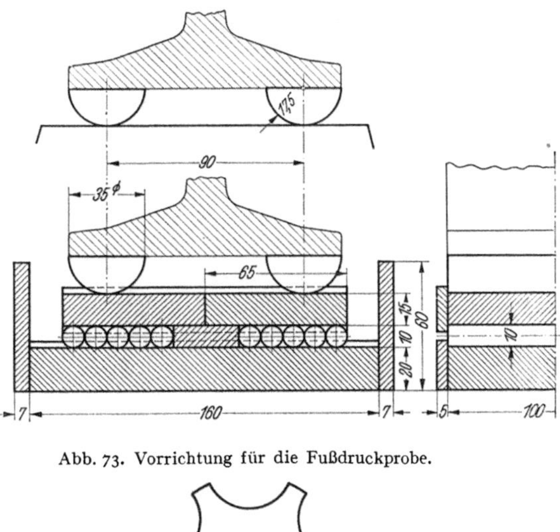

Abb. 73. Vorrichtung für die Fußdruckprobe.

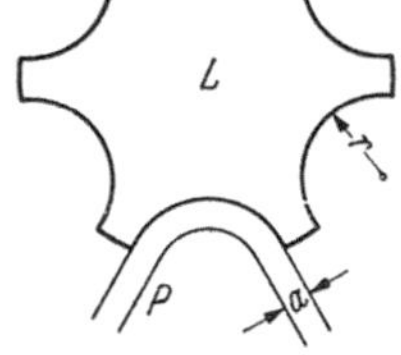

Abb. 74. Lehre zur Ermittlung des Außenhalbmessers.

Um die auf den Auflagern sonst entstehende Längskraft auszuschalten, wurde für die von der EMPA Zürich eingeführte Fußdruckprobe von dem Unterausschuß des Deutschen Schienenausschusses die Vorrichtung Abb. 73 entwickelt, welche jedoch nur für relativ geringe Durchbiegungen Anwendung finden kann[2].

Zum Ermitteln des Außenhalbmessers am Ende des Versuchs dienen verschiedene Lehren zum Anlegen, wie z. B. die in Abb. 74.

b) Geräte für Aufweit- und Bördelversuche.

Um die auf andere Weise schwer erfaßbare Formänderungsfähigkeit von Röhren in der Querrichtung zu ermitteln, wird nach DIN 1629/21 bei Röhren

[1] BLOCK, E. u. H. ELLINGHAUS: Z. Elektroschweißung, Heft 7 (1933).
[2] II. int. Schienentagg., Zürich 1932.

bis zu einem Außendurchmesser von 140 mm und einer Wandstärke bis zu 8 mm ein eingefetteter, verjüngter Dorn mit zylindrischer Fortsetzung von vorgeschriebenem Durchmesser in das Rohr eingetrieben (Abb. 75).

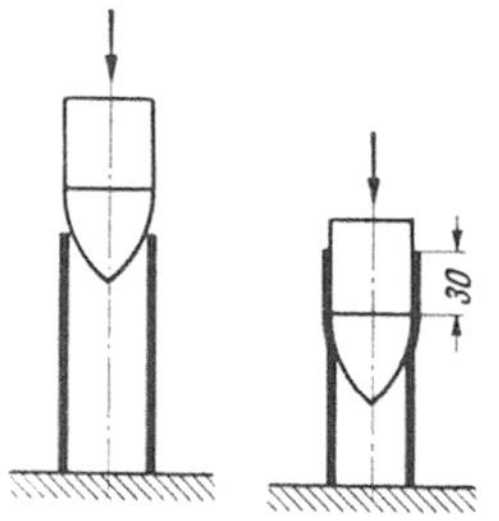

Abb. 75. Aufweitprobe.

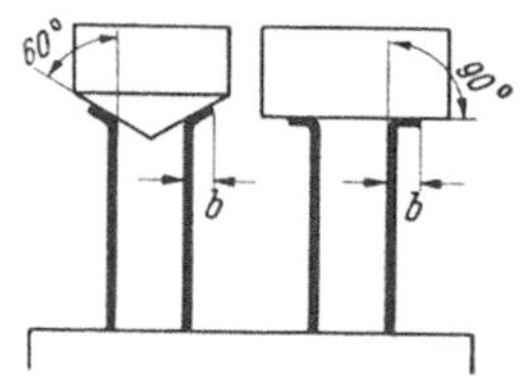

Abb. 76. Bördelprobe.

Bei der Bördelprobe wird nach DIN 1629/22 (Abb. 76) das Rohrende mit passenden Bördelwerkzeugen kalt um 60 oder 90° umgebördelt. Die Breite des Bördels ist vorgeschrieben.

Das OWENS-Prüfgerät (Abb. 77) dient zur Ermittlung der Festigkeit und Zähigkeit von Schweißungen. Aus der Schweißnaht wird an der zu kontrollierenden Stelle mit Hilfe eines Hohlbohrers ein Ring entnommen ($d_ä = 1^1/_8$ Zoll, $d_i = {}^5/_8$ Zoll bei maximaler Dicke von ${}^1/_2$ Zoll) und dem Ringaufweitversuch unterzogen. Eine Meßuhr gestattet die Aufweitung des Ringes während des Versuchs in Abhängigkeit von der Belastung festzustellen. Das Gerät kann in jede passende Presse eingebaut werden.

a

b

Abb. 77 a und b. OWENS-Prüfgerät für Schweißungen von Olsen.

c) Einrichtungen für Tiefungs- und Tiefziehversuche.

Für die Prüfung von Blechen und Bändern für Tiefziehzwecke wird der Apparat von ERICHSEN gemäß Abb. 78 benutzt. Das Versuchsblech *A* kann entweder in Form von Rondellen, Rechtecken oder Blechstreifen verwendet werden. Dasselbe wird zwischen der Matrize *B*, deren Bohrung 27 mm Dmr. und 55 mm Außendurchmesser aufweist, und dem Faltenhalter *C* mit einem vorgeschriebenen an der Skala *D* ablesbarem Spiel gehalten. Die Kanten des Faltenhalters und der Matrize müssen eine Abrundung von 0,75 mm Radius aufweisen. Durch den Bolzen *M* kann der Faltenhalter *C* und der leicht eingefettete Stempel *L* beim Einbau der Probe gekoppelt werden. Weil dieser Stempel während des Versuchs durch das Handrad *G* gedreht wird, die Prüfkugel 20 mm Dmr., *T* dagegen die Drehung nicht mitmachen darf, ist der Kugelhalter mit einem Längslager versehen. Die kleineren Geräte werden für Bleche bis 2 mm Dicke und 6 t Höchstlast, hingegen die größeren für Bleche bis 6 mm

Dicke und 24 t Höchstlast gebaut und können mit Kraftmessern für den Stößel-, Faltenhalter- und Gesamtdruck ausgerüstet werden.

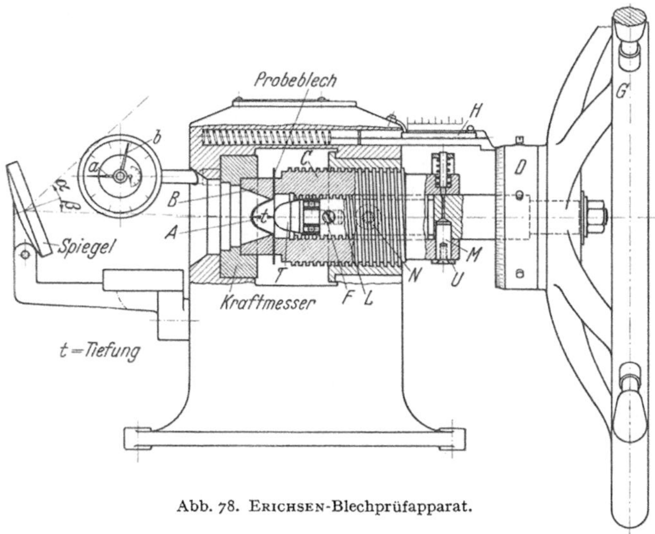

Abb. 78. ERICHSEN-Blechprüfapparat.

Die Zusatzapparatur (Abb. 79) dient zur Ausführung der Tiefzieh-Lochaufweitungsprobe nach SIEBEL und POMP[1], links das Normalwerkzeug, rechts für schmale Bänder. Um einerseits die Entstehung von Ziehfalten und anderseits ein vorzeitiges Einreißen zu verhindern, ist das Gerät mit einem Kraftmesser für den Faltenhalterdruck ausgerüstet.

Um über die Tiefziehfähigkeit eines Werkstoffes Aufschluß zu erhalten, wurde von der AEG ein Gerät für Ziehversuche mit kleinen Probekörpern entwickelt[2] (Abb. 80), welches aus dem Einheitsziehstempel einerseits und dem Faltenhalter mit der unteren Spannplatte, zwischen welchen die Blechprobe mit dem Einlagering eingeklemmt wird, anderseits besteht.

Beim Tiefzieh-Näpfchenversuch nach ERICHSEN (Abb. 81) wird ein Blechrondell von 55, 66 oder

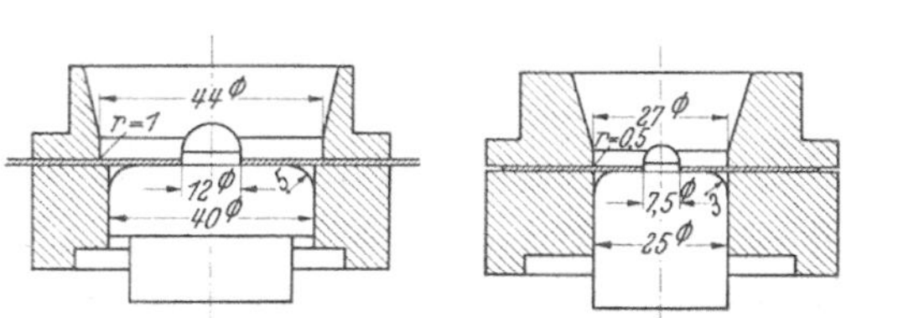

Abb. 79. Tiefzieh-Lochaufweitungs-Zusatzapparatur nach SIEBEL und POMP.

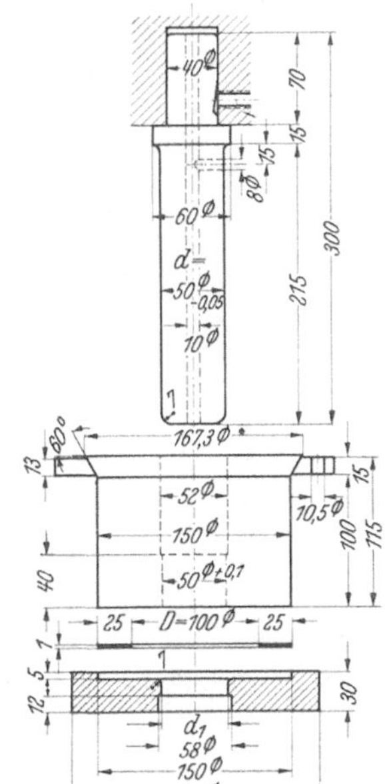

Abb. 80. Das Gerät für Ziehversuche von der AEG.

70 mm Dmr. bei einem genau meßbaren Faltenhaltervordruck zu einem Näpfchen gezogen. Links ist der Vorzug, rechts der Nachzug abgebildet.

[1] SIEBEL, E. u. A. POMP: Mitt. K.-Wilh.-Inst. Eisenforschg. Bd. 12 (1930) S. 115.

[2] AEG-Mitt. 1927, S. 419; 1929, S. 485. — POMP, A. u. A. KRISCH: Mitt. K.-Wilh.-Inst. Eisenforschg. Bd. 22 (1940) S. 20.

Abb. 82 zeigt die Tiefziehmaschine System GUILLERY[1]. Der Stempel mit dem Kugelhalter ist vom Kolben getragen, auf welchen der in der Ölpumpe von Hand erzeugte Flüssigkeitsdruck wirkt. Der Öldruck wird von einem Manometer *e*

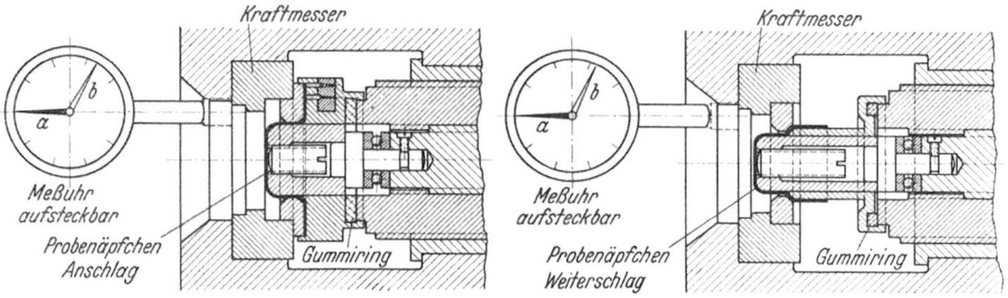

Abb. 81. Tiefzieh-Näpfchenversuch nach ERICHSEN.

angezeigt, hingegen die Stempelbewegung über ein Zahnrädchen auf eine Meßuhr *d* übertragen.

Die OLSEN-Tiefungsprüfmaschine (Abb. 83) ist mit Motorantrieb und Schaubildgerät ausgerüstet. Die Krafterzeugung ist hydraulisch. Der Versuch kann bei jeder im voraus einstellbaren Größe der Tiefung selbsttätig angehalten werden.

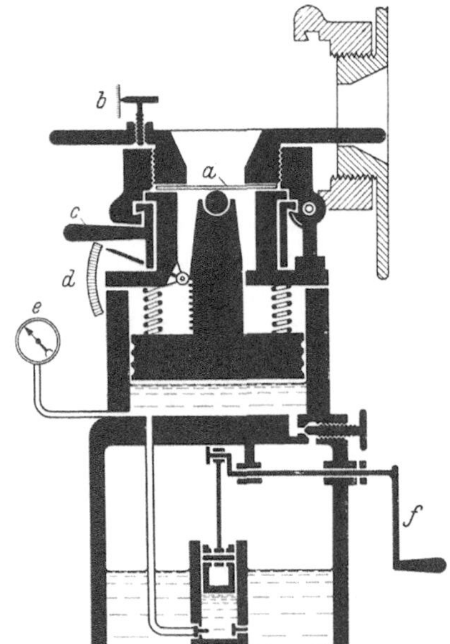

Abb. 82. Tiefziehmaschine, System GUILLERY, von Malicet u. Blin.
a Probe, *b* Blechdickenmesser, *c* Bajonettverschluß.

Abb. 83. OLSEN-Tiefungsprüfmaschine.

Auch bei dem Universaltiefungsapparat, Bauart Amsler (Abb. 84), erfolgt die Krafterzeugung hydraulisch. Der Faltenhalter und Matrize sind auswechselbar, so daß Versuche nach beliebigen Vorschriften ausgeführt werden können. Die Probenaußenfläche ist oben sichtbar. Die obere Skala gestattet die Blechdicke zu ermitteln und beliebiges Spiel zwischen Blech und Faltenhalter einzustellen, wogegen die Skala in der Zylindermitte die Stellung des Druckstempels anzeigt.

[1] DEUTSCH, W. u. G. FIEK: Z. VDI Bd. 72 (1928) S. 1545.

Bei Metallen, deren Formänderungsfähigkeit von der Geschwindigkeit stärker abhängig ist, muß die letztere stets gleich sein. Abb. 85 zeigt den OLSEN-WILLIAMS-Tiefungsprüfer, dessen Stempel mit einer bestimmten Geschwindigkeit von einem Motor bewegt wird. Ein Diagrammapparat gestattet die gewünschten Punkte zu entnehmen, wobei als Kraftmesser eine Feder dient.

Bei allen bisher erwähnten Tiefziehgeräten wurde eine Kugel oder ein abgerundeter Ziehstempel in das Blech eingedrückt. An deren Stelle wirkt bei dem Blechprüfer Bauart LUFFT-DIETRICH (Abb. 86) ein Flüssigkeitsdruck unmittelbar auf die als Membran

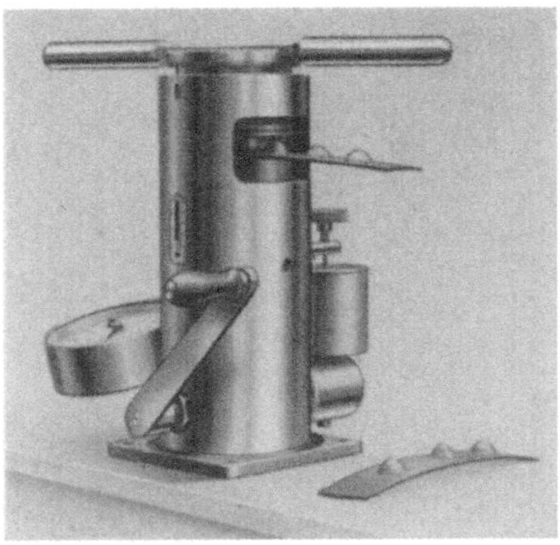

Abb. 84. Universal-Tiefungsapparat, Bauart Amsler.

Abb. 85. OLSEN-WILLIAMS dynamischer Tiefungsprüfer.

Abb. 86. Blechprüfer Bauart LUFFT-DIETRICH, von Mohr u. Federhaff.

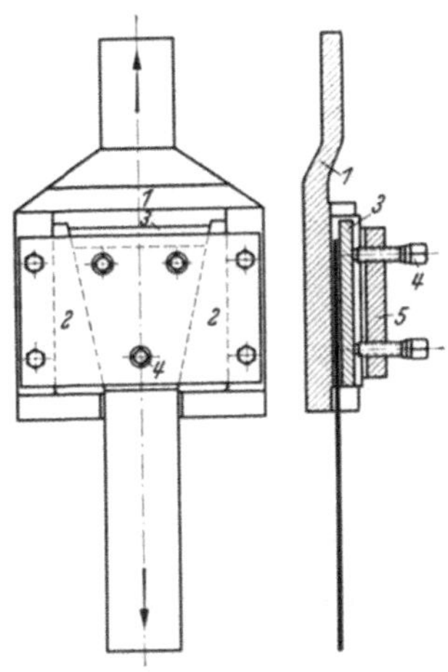

Abb. 87. Keilzug-Tiefungsprüfgerät nach SACHS von Reicherter.

eingespannte Blechprobe[1]. Das Gerät besitzt zwei Matrizen von 28 und 40 mm Dmr. mit Spindelpreßpumpe und zwei Manometern für 200 bzw. 1000 Atm. Höchstdruck, sowie ein Schreibgerät zum Aufzeichnen der Tiefung in Abhängigkeit vom Druck (Berstdruckprüfung).

[1] JOVIGNOT, CH.: Rev. Métall. Bd. 27 (1930) S. 443. — BASTIEN, P.: Rev. Métall Bd. 34 (1937) S. 339.

Um die Formänderung bei dem Ziehen eines Hohlzylinders wie in Abb. 80 und 81 nachzuahmen, wurde von SACHS das Keilzugtiefungsverfahren entwickelt (Abb. 87)[1]. Die keilförmige Probe wird in die aus der Grundplatte *1* und den Seitenkeilen *2* gebildete Ziehdüse eingelegt und durch den Spannkeil *3* verschlossen. Der Spannkeil wird mit den im Deckel *5* des Gerätes gelagerten Spannschrauben *4* festgemacht.

d) Einrichtungen für die Hin- und Herbiegeproben.

Das Gerät zur Prüfung von Drähten und Bändern durch die Hin- und Herbiegeprobe muß sehr genau umschriebene Versuchsbedingungen aufweisen,

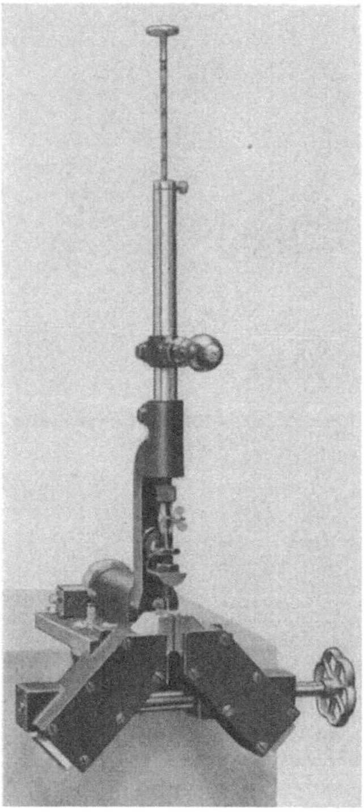

Abb. 88.

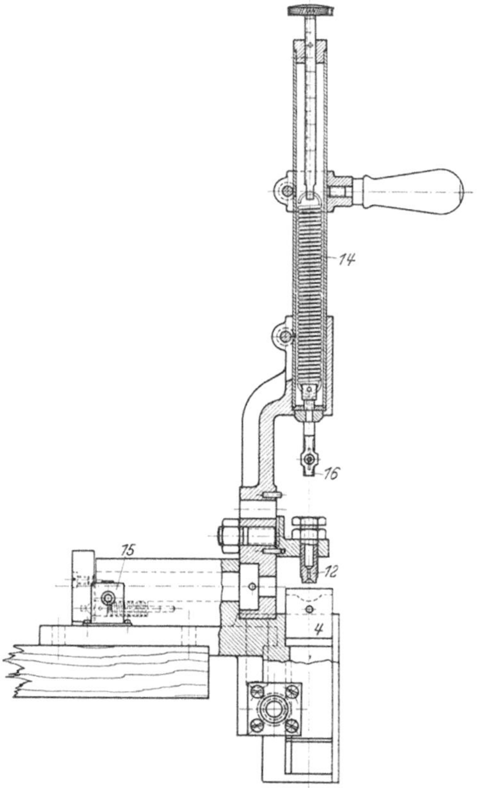

Abb. 89.

Abb. 88 und 89. Selbstzentrierender Umschlagapparat, Bauart AMSLER.

wenn vergleichbare Ergebnisse erzielt werden sollen. Es werden daher laut DIN DVM 1211/3 in Abhängigkeit von der Drahtstärke *s* folgende Größen festgelegt:

Durchmesser der Biegezylinder;

Einspannlänge des Drahtes (25 mm mindestens);

Vorstehen der Futterstücke um 0,1 mm gegen die Biegezylinder;

Abstand der Mitte der Biegezylinder von dem Drahteinspannquerschnitt, 1,5 mm bei 5 mm Biegezylinder, bei den übrigen 3 mm;

Abstand des Hebeldrehpunktes von der Oberkante der Biegezylinder, und zuletzt

[1] SACHS, G.: Z. Metallwirtsch. Bd. 9 (1930) S. 213. — KAYSELER, H., H. LASSEK, W. PÜNGEL u. E. H. SCHULZ: Stahl u. Eisen Bd. 54 (1934) S. 993. — KAYSELER, H. u. W. PÜNGEL: Mitt. Kohle- u. Eisenforschg. Bd. 2 (1939) S. 141.

Abstand der Mitnehmerunterkante mit vorgeschriebenen Bohrungen von dem Hebeldrehpunkt.

Für Drähte bis 1,2 mm Dmr. empfehlen sich Einrichtungen, die eine geringe Anspannung der Drähte ermöglichen.

Die Abb. 88 und 89 zeigen den von der Firma Amsler gebauten selbstzentrierenden Umschlagapparat mit dem auf Zug vorgespannten Mitnehmer *16*

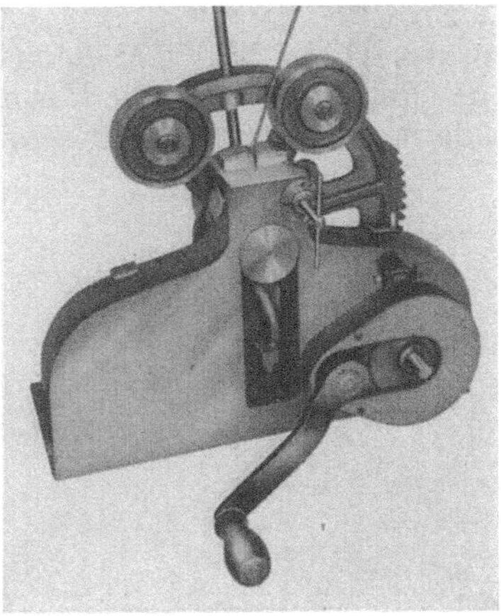

Abb. 90. WARNER-Umschlagprüfmaschine von Olsen.

Abb. 91. MIT-Falzapparat von Olsen.

für dünne Drähte. Damit nämlich der Umschlagwinkel des Drahtes stets 180° beträgt, muß der Draht bei sehr geringen Dicken — weil der Abstand der Mitnehmerunterkante von dem Hebeldrehpunkt nicht entsprechend klein gemacht werden kann — auf Zug vorgespannt werden. Zu diesem Zweck ist der Hebel als Rohr ausgebildet, in welchem sich die Spannfeder *14* befindet, die mit Hilfe eines eingeteilten Stängchens und Schraube beliebig gespannt werden kann. Dadurch, daß die Backen *4* in zwei Backenhaltern befestigt sind, die in einem Winkel von 90° zueinander stehen und zum Einspannen des Drahtes symmetrisch gleichzeitig verschoben werden, wird erreicht, daß der Drehpunkt des Umschlaghebels stets in der neutralen Faser des Drahtes liegt. Ein Zählwerk *15* gibt die Zahl der Hin- und Herbiegungen um 90° oder um 180° an.

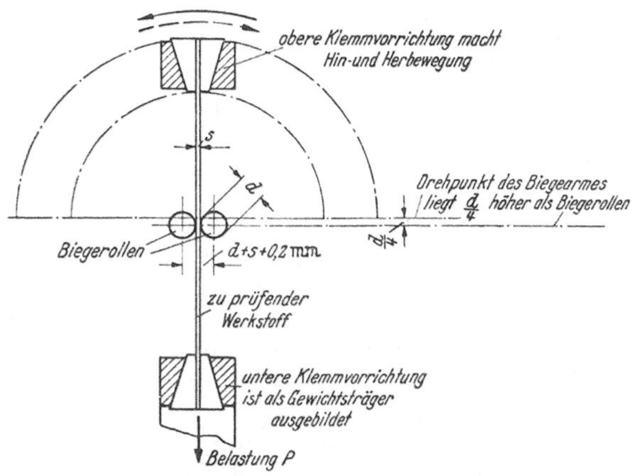

Abb. 92. Versuchsanordnung von Buschmann.

Die WARNER-Umschlagprüfmaschine (Abb. 90) weist einen Mitnehmer in Form zweier Rollen auf. Die Bewegung wird ausgeführt entweder direkt am Handgriff oben oder bei dicken Drähten mit Hilfe der Handkurbel unten.

Der MIT-Falzapparat (Abb. 91) wird außer in der Papierprüfung auch für dünne Bleche und Metallbänder verwendet. Der Streifen wird zwischen zwei keilförmige Backen eingespannt, welche nach vorgeschriebenen Radien abgerundet sind und durch einen Motor um einen bestimmten Winkel hin- und hergedreht werden. Der Streifen ist mit gewünschter Last auf Zug vorgespannt.

Die Versuchsanordnung für das Biegezugverfahren nach BUSCHMANN[1] (Abb. 92) weist eine Vorspannung durch Gewichte auf. Der Drehpunkt des Biegearmes liegt D/4 oberhalb des Biegezylindermittelpunktes. Die Biegezylinder stehen von der Drahtoberfläche um 0,1 mm zurück.

Bei den bisher erwähnten Geräten wurde der Draht hin- und hergebogen ohne Rücksicht darauf, ob dies durch federnde oder durch bildsame Formänderung zustande kam. Um die elastische von der plastischen Formänderung zu

Abb. 93. OLSEN-Steifigkeitsprüfer nach TOUR-MARSHALL.

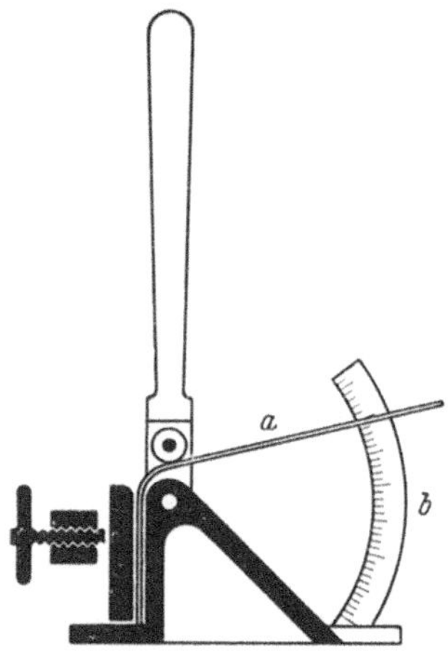

Abb. 94. Rückfederungsprüfer.

trennen, ist der Steifigkeitsprüfer (Abb. 93) nach TOUR-MARSHALL entwickelt worden. Der Draht wird an das drehbare Wellenende in Backen mit vorgeschriebenen Abrundungsradien eingespannt. Die Welle mit dem Draht und einem Zeiger Z rechts kann mit Hilfe der Handkurbel hinten gedreht werden. Das Zifferblatt ist als ein freier Pendel, welcher unabhängig von der genannten Welle ist und unten ein Gewicht G trägt, ausgebildet. Der Draht drückt beim Drehen der Welle gegen einen Stift am Zifferblatt und nimmt es so lange mit, bis das Biegungsmoment im Drahteinspannquerschnitt (bis 60 Zoll·Unze) und das Pendelmoment im Gleichgewicht sind, welches an der Skala unten links abgelesen werden kann. Die relative Verdrehung der Welle gegenüber dem Zifferblatt kann an der Skala oben rechts abgelesen werden und gibt den Biegewinkel an. Ein Vibrator ist angebracht, um die Reibung während des Versuchs auf das Mindestmaß herabzusetzen.

Abb. 94 zeigt eine Einrichtung zur Messung der elastischen Rückfederung[2]. Der Draht oder Streifen a wird um den vorgeschriebenen Dorn und um einen bestimmten Winkel (um 45, 90, 135 oder um 180° bei gewissen Geräten) gebogen und nach dem Zurückdrehen des Hebels die Rückfederung an der Skala b abgelesen.

---

[1] BUSCHMANN, E.: Z. Metallkde. Bd. 26 (1934) S. 274. — MOHR, E.: Z. Metallkde. Bd. 30 (1938) S. 71. — Metallwirtsch. Bd. 17 (1938) S. 535 u. Bd. 18 (1939) S. 405. — Z. VDI Bd. 84 (1940) S. 49.

[2] DEUTSCH, W. u. G. FIEK: Z. VDI Bd. 72 (1928) S. 1545.

Beim Federblechprüfgerät, Bauart Siemens u. Halske[1] (Abb. 95), werden Blechstreifen *a* einseitig eingespannt und das freie Ende durch einen verstellbaren Exzenterantrieb (exzentrisch gelagerter Kegel *b*, *c*) wiederholt um ein einstellbares Maß durchgebogen. Nach 50 Umdrehungen wird der Apparat selbsttätig stillgesetzt, worauf die bleibende Durchbiegung an der Skala *d* abgelesen werden kann.

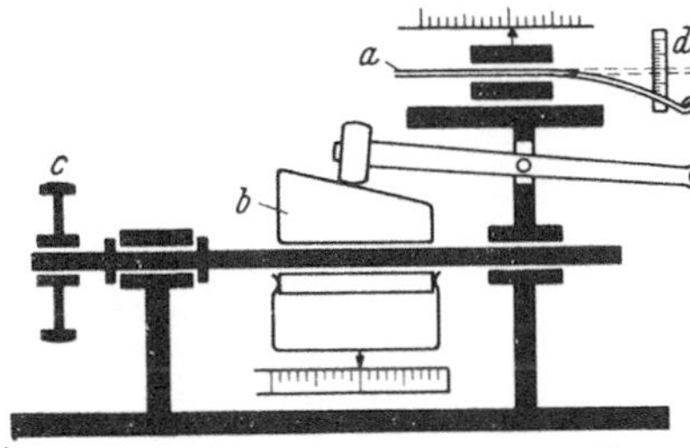

Abb. 95. Federblechprüfgerät, Bauart Siemens u. Halske.

e) Einrichtungen für Verwindeversuche.

Beim Verwindeversuch wird ein Drahtstück von bestimmter freier Länge an den Enden eingespannt und verdreht[2]. Damit beim Verwinden kein Bruch an der Einspannstelle erfolgt, ist eine Mindestklemmlänge und eine leichte Aufrauhung der Klemmbacken bei möglichst gleichmäßig verteiltem Klemmdruck erforderlich.

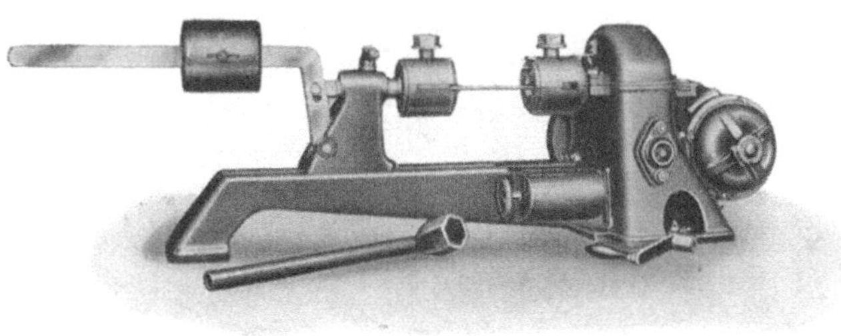
Abb. 96. Drahtverwindungsapparat von Losenhausen.

Abb. 96 zeigt eine Verdrehungsprüfmaschine, mit welcher nur die Anzahl der Verwindungen bis zum Bruch bestimmt werden kann. Da sie aber mit einem Motor ausgerüstet ist, ist man vom Beobachter völlig unabhängig. Dadurch kommen alle Schwingungen, welche in den Drehmomentmessern jeder Art — insbesondere Gewichts-

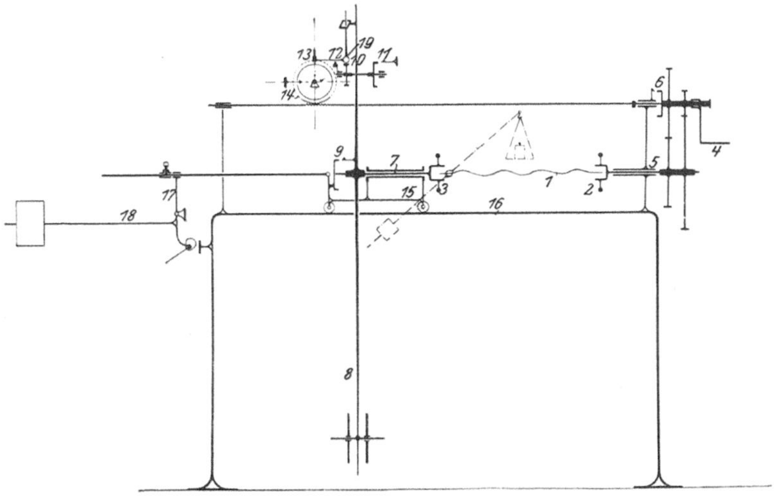

Abb. 97. 6-mkg-Torsionsmaschine von Amsler (horizontale Stange *19* auf zwei hintereinander angeordneten Rollen *10* gelagert, mit Schreibstift *13*).

pendel — bei irgendeiner Unstetigkeit möglich sind, in Wegfall, so daß bei massenweisen Abnahmeversuchen — wenn nur die Verwindungszahl

[1] Vgl. Fußnote 2, S. 408. [2] GUILLERY, R.: Rev. Métall. Bd. 29 (1932) S. 52.

verbindlich ist — diese Geräte die zuverlässigsten Vergleichsergebnisse liefern. Das Drehmoment bleibt nämlich bei Verwindeversuchen längere Zeit vor dem

Abb. 98. Verdrehungsfestigkeitsprüfer von Schopper.

Abb. 99. Olsen-Drahtverwindungsprüfer (bis 500 Zoll-Pfund).

Bruch nahezu unverändert, so daß die geringste Unstetigkeit in der Drehbewegung Schwingungen im Drehmomentmesser auslösen kann, wodurch ein vorzeitiger Bruch herbeigeführt wird.

Die Torsionsmaschine (Abb. 97) mit Schaubildzeichner besitzt keilförmige Backen, welche beim Einschrauben des Spannstückes in das Spannfutter *2* bzw. *3* durch den Druck auf die innere Stirnfläche zum Festsitzen gebracht werden. Das Drehmoment wird durch den Pendelausschlag *8*, *9*, *10*, *11*, *12*, *13*, *19* gemessen, hingegen überträgt sich die Verdrehung auf die Trommel *14* des Schaubildgerätes über eine Welle von der Antriebsseite *4*, *5*, *6* her. Die Meßvorrichtung ist auf einem in der Längsrichtung verschiebbaren Rollwagen *15* montiert. Nachdem der Draht *1* eingespannt worden ist, kann man ihn durch Gewichte mit Hebelübersetzung *17*, *18* auf Zug vorspannen.

Der Verdrehungsfestigkeitsprüfer (Abb. 98) besitzt die Zugvorspannungsvorrichtung auf der Antriebsseite. Das Drehmoment wird durch den Pendelausschlag am äußeren Zifferblatt abgelesen bzw. auf die Trommel mittels einer Schnur übertragen. Die Verwindung kann am inneren Zifferblatt abgelesen werden bzw. sie wird auf die Trommel als Ordinate aufgezeichnet.

Der Drahtverwindungsprüfer (Abb. 99) mißt das Drehmoment mit Hilfe eines Hebels und einer Federwaage. Die Längsbelastung erfolgt durch Gewichte über Umlenkrollen. Ganze Umdrehungen werden am Zählwerk, Teile davon an der Umfangsteilung des Spannfutters abgelesen.

2. Geräte für Bearbeitungsprüfungen mit schneidenden und spanabhebenden Werkzeugen[1].

a) Scher- und Stanzprüfvorrichtungen.

Der Scherversuch mit Ermittlung der Scherkraft allein wird als einfache Materialkontrolle verwendet. Mehr Aufschluß liefern jedoch Versuche, bei welchen der Kraft-Wegverlauf bestimmt wird.

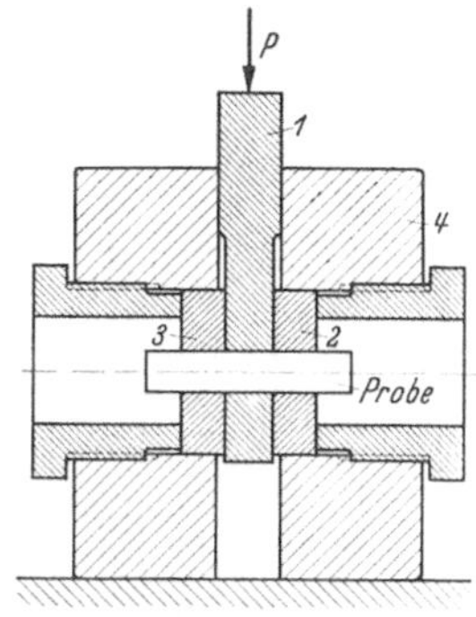

Abb. 100. Zweischnittige Scherprüfvorrichtung.

Die zweischnittige Scherprüfvorrichtung[2] (Abb. 100) weist drei harte Scheiben *1*, *2* und *3* mit einer passenden Bohrung für die Aufnahme der Probe auf. Mit Hilfe der Schrauben mit großer Zentralbohrung wird die Stellung der Scheiben *2* und *3* im Gehäuse *4* gesichert.

Der Scherapparat System GUILLERY (Abb. 101) wird bei der Gußeisenprüfung verwendet. Die Probe 5 × 5 mm oder 5,64 mm Dmr. wird mit Hilfe der Schrauben *d* in den zwei aneinander zu verschiebenden Teilen *a* und *c* festgemacht und einschnittig abgeschert. Zwischen den Teilen *b* und *c* sind zwei senkrechte Kugelreihen als Führung angeordnet.

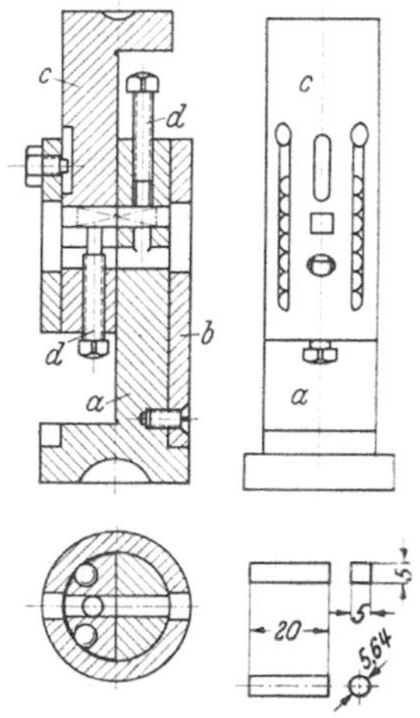

Abb. 101. Scherapparat, System GUILLERY, von Malicet u. Blin.

a

b

Abb. 102 a und b. Blechschere für lange Schnitte. a Schneidvorgang; b Messerkopf.

Für besonders lange Schnitte ist der Schneidevorgang mit feststehendem Untermesser und abrollendem kreisrundem Obermesser in Abb. 102 dargestellt[3].

---

[1] Über Verfahren zur Prüfung der Zerspanbarkeit vgl. Bd. II, Abschn. VII, C.
[2] FIEK, G.: Werkstoff-Handbuch Nichteisenmetalle, Blatt B 6 (1938).
[3] HAS, L.: Z. VDI Bd. 81 (1937) S. 846.

Von diesem Verfahren wurde jedoch bis jetzt bei der Prüfung der Werkstoffe kein Gebrauch gemacht.

Von den Geräten für Lochungs- oder Stanzversuche sei die dem MARTENSschen Apparat ähnliche von WAWRZINIOK konstruierte Vorrichtung in Abb. 103 erwähnt[1]. Die Probe *3* wird zwischen die Matrize *2* und die Schraube *4*, welche mit einer Bohrung für den Durchgang des Stempels *5* versehen ist, festgeklemmt. Sowohl der Stempel als die Bohrung der Matrize sind konisch ausgeführt. Zu den Stempeln mit 10, 15, 20, 25 und 30 mm Dmr. gehören Matrizen mit 0,5 mm größerer Weite.

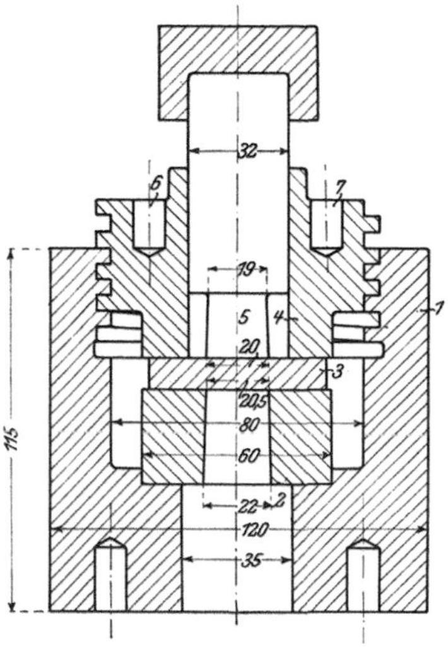

Abb. 103. Vorrichtung für Stanzversuche nach WAWRZINIOK.

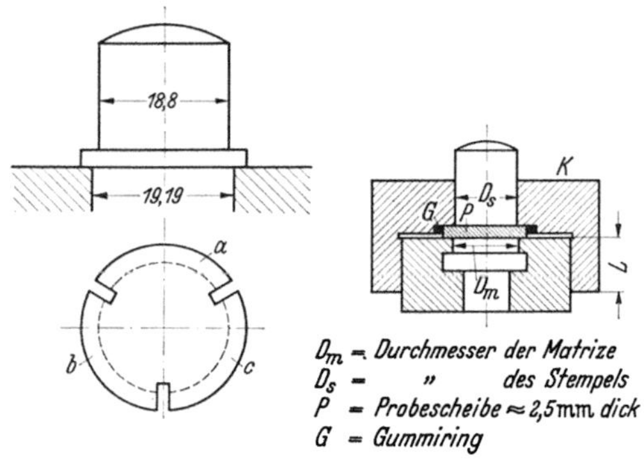

a b

Abb. 104 a und b. Stanzgerät nach RUDELOFF.

Stanzgeräte wurden für die Prüfung von Gußeisen in Vorschlag gebracht, z. B. die Vorrichtungen nach RUDELOFF[2] (Abb. 104a) (1926) für Proben mit drei radialen Einschnitten und b mit einigen Abänderungsvorschlägen (1929).

b) Keildruckprüfgerät.

Das von LUDWIK und KRYSTOF[3] entwickelte Prüfgerät (Abb. 105) besteht aus zwei Keilen (Keilwinkel 90°), welche in einem gemeinsamen Rohr geführt sind. Zwischen die Keile mit parallelgestellten Schneiden wird die zylindrische Probe gesteckt und in einer Presse durchgedrückt.

c) Zerspanungsprüfgeräte.

Das in Abb. 106 dargestellte Pendelgerät von LEYENSETTER[4] besteht aus einem Pendel, welches an einem gestütztem waagerechten Arm hängt und an dessen unterem Ende der zu prüfende Drehstahl befestigt ist. Der Rückdruckweg wird mit Hilfe einer Meßuhr ermittelt.

Bei dem von KRYSTOF[5] entwickelten Zerspanungsprüfer Abb. 107 wird der bei der Spanbildung auftretende Schnittdruck in einer geeigneten Prüfmaschine bestimmt und die Zerspanungseigenschaften des Werkstoffs nach der Spanbildung und dem Aussehen der Schnittfläche beurteilt.

---

[1] WAWRZINIOK, O.: Handbuch des Materialprüfungswesens, S. 147. Berlin: Julius Springer 1923.

[2] PIWOWARSKY, E.: Kongreß des IVMT, Zürich 1931, Bd. I, S. 27. — RUDELOFF, H.: Gießerei Bd. 16 (1929) S. 218.

[3] LUDWIK, P. u. KRYSTOF: Gießerei Bd. 21 (1934) S. 432.

[4] LEYENSETTER, W.: Mitt. Forsch.-Anst. Gutehoffn. Bd. 1 (1932) S. 248. — KREKELER, K.: Werkstattbücher, Heft 61, S. 59. Berlin: Julius Springer 1936.

[5] KRYSTOF, J.: Technologische Mechanik der Zerspanung. Berichte über betriebswiss. Arb. Bd. 12. Berlin 1939.

d) Geräte zur Prüfung der Schneidhaltigkeit.

Zur Bestimmung der Standzeit (Lebensdauer) des Werkzeugs bis es wegen Abstumpfung erneuert werden muß, eignet sich jede hochleistungsfähige Dreh-

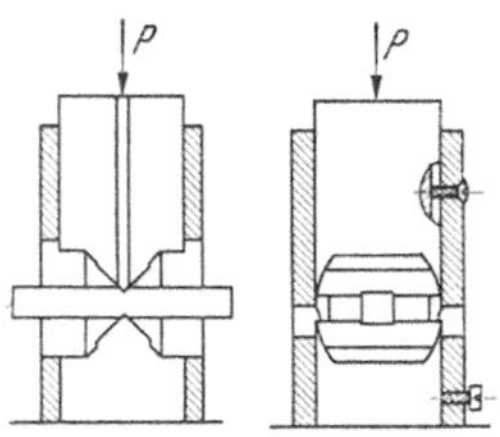

Abb. 105. Keildruckprüfgerät nach LUDWIK und KRYSTOF.

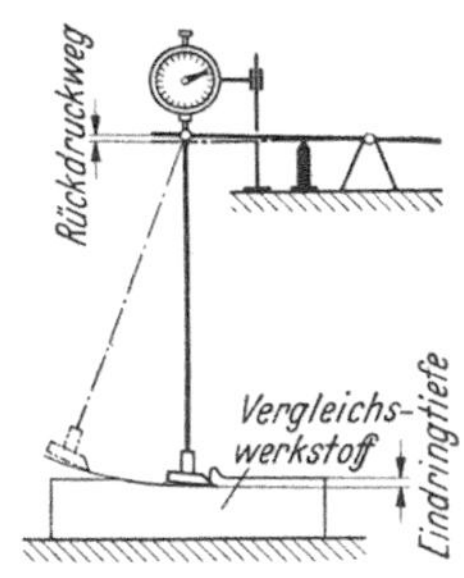

Abb. 106. LEYENSETTER-Pendelgerät.

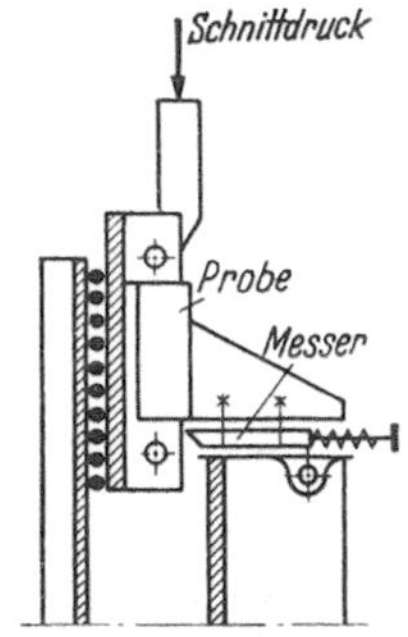

Abb. 107. Zerspanungsprüfer nach KRYSTOF.

bank, Hobelbank, Bohrmaschine, Säge usw. Eine besondere Einrichtung ist dabei nicht immer notwendig.

Die automatische Sägeblätterprüfmaschine nach HERBERT (Abb. 108) ist für die Prüfung von Sägeblättern bis 14 Zoll Länge mit 6 Zoll Hub bei 6 Zoll Werkstückdicke eingerichtet, wobei ein Schaubildgerät die Anzahl Hübe aufzeichnet und eine Vorrichtung nach erfolgtem Durchsägen das Sägejoch hebt, das Werkstück nachstellt und von neuem zum Sägen ansetzt.

Abb. 108. Automatische Sägeblattprüfmaschine nach HERBERT von Olsen.

Bei der Feilenprüfmaschine (Abb. 109) wird die Feile *a* in den Schlitten *b* eingespannt, der über die Kurbelscheibe 1, den Schneckentrieb und die Reibscheibe *c* vom Motor *d* bewegt wird. Die Reibungskupplung gestattet die minutliche Hubzahl zu ändern. Der Werkstoff *o* wird in den bis 5 kg wiegenden Gewichtsfuß eingespannt. Durch den Mechanismus *2* bis *4* kann erreicht werden, daß die Feile nur während der Vorwärtsbewegung arbeitet.

Die Feilenprüfmaschine nach SLATTENSCHEK (Abb. 110) weist eine Trennung der Schnittbewegung vom Vorschub der Feilen auf, indem der Werkstoff als eine umlaufende Scheibe ausgebildet und gegen die Feile gepreßt wird, wobei die letztere die langsame Zustellbewegung hin und her ausführt. Um das störende Blankfeilen zu vermeiden, ist die Vorschubrichtung etwas gegen die Scheibenebene geneigt, so daß jeder Feilenzahn ständig mit anderen Stellen des Werkstücks in Eingriff kommt. Ein senkrecht geführter Schlitten (auf der Rückwand der Maschine) trägt beiderseits eine Feile und wird durch ein Wendegetriebe mit gleichbleibender Geschwindigkeit 0,4 m/min bis zu 250 mm Hub auf- und niederbewegt. Beiderseits des Schlittens ist am Maschinenständer je ein schwenkbarer Rahmen gelagert, in welchem die Welle mit der Prüfscheibe aus dem Versuchsmaterial läuft und durch Gewichte gegen die Feile gepreßt wird. Der Antrieb dieser Prüfscheibe ist selbsttätig so geregelt, daß deren Umfangsgeschwindigkeit unabhängig von der Durchmesserabnahme 30 m/min gleich bleibt. Das Schaubildgerät zeichnet die durch die Prüfscheibe aufgenommene Arbeit und die zerspante Menge — letzteres mit Hilfe der Waage rechts unten — in Abhängigkeit von dem zurückgelegten Feilenweg auf.

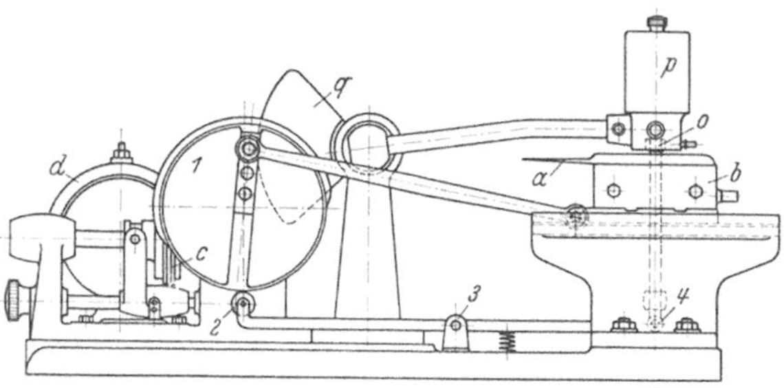

Abb. 109. Feilenprüfmaschine von Losenhausen.

Zur Prüfung von Stahlwaren kann eine Maschine verwendet werden[1], welche nach gleichem Prinzip gebaut ist, wie die in Abb. 109 wiedergegebene Feilenprüfmaschine. An Stelle der Feile wird das zu prüfende Messer mit der Schneide nach oben eingespannt. Das bearbeitete Werkstück wird durch einen Stoß

Abb. 110. Feilenprüfmaschine, Bauart Slattenschek-Mohr u. Federhaff in Zwillingsanordnung.

Abb. 111. Honda-Schärfeprüfer von Olsen.

aus 24 Papierstreifen von 180 mm Länge und 9,5 mm Breite gebildet, von welchen bei jedem Versuch 15 Streifen mit einer Gesamtdicke von 5,6 mm durchschnitten werden. Der 16. Streifen ist schwarz gefärbt. Die überzähligen Streifen dienen zum Schutz der Schneide. Um ein Klemmen des Messers zu vermeiden, ist der Messerhalter um 5° geneigt. An Stelle von Papier können Versuche auch mit Holz, Filz, Gummi usw. ausgeführt werden. Der Hub kann zwischen 0 bis 150 mm, 15 bis 60 je Minute bei 1000 bis 5000 g eingestellt werden.

Bei dem Honda-Schärfeprüfer (Abb. 111) wird ein Stoß aus schmalen Papierstreifen 1 Zoll dick über der zu prüfenden (ruhenden) Schneide bewegt. Die Belastung beträgt 20 bis 1750 g. Die Maschine wird von Hand betätigt.

[1] Zwangl. Mitt. des DVM u. ÖVM, Nr. 12 (Juni 1928) S. 149.

e) Schneidentemperaturmeßgeräte.

Die Reibung zwischen dem Werkzeug und dem Werkstück wird um so stärker, je größer der Zerspanungswiderstand des Werkstückes — neben anderen Einflüssen — ist. Es liegt deshalb nahe, die von der Reibung herrührende Erwärmung der Werkzeugschneide als Maß der Zerspanbarkeit zu wählen[1].

Nach dem Verfahren von GOTTWEIN-HERBERT[2] wird Werkzeug und Werkstück als ein Thermoelement aufgefaßt und der Thermostrom mittels eines Millivoltmeters gemessen. Man muß jedoch für jeden Werkstoff zuerst eine Eichkurve festlegen, was nachteilig ist.

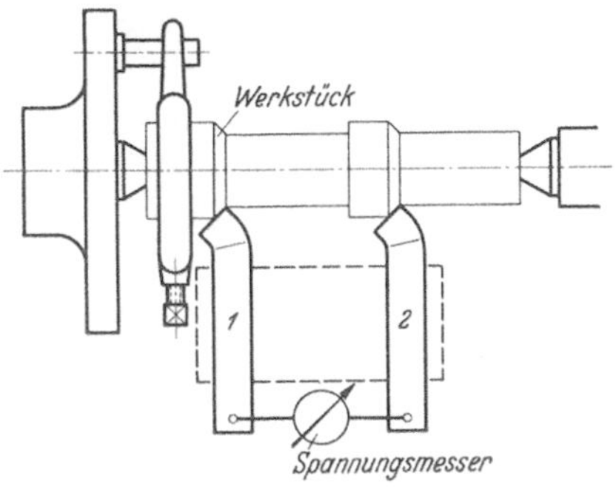

Abb. 112. Zweistahlverfahren nach GOTTWEIN-REICHEL.

Dies wird beim Zweistahlverfahren nach GOTTWEIN-REICHEL[3] (Abb. 112) vermieden, indem zwei gegeneinander versetzte Drehmeißel von gleicher Form, jedoch aus verschiedenen Werkzeugstählen verwendet werden, so daß das Werkstück lediglich als Lötstelle wirkt. Die Spanquerschnitte müssen so gewählt werden, daß an beiden Schnittstellen die gleiche Wärmemenge entsteht.

Abb. 113. Temperaturfeldmeßgerät nach SCHWERD-MACKENSEN von Zeiß.

a Thermoelement; *b* Hohlspiegel; *c* Fernrohr mit Fadenkreuz zum Einstellen; *d* Mikrometerschrauben zum Feineinstellen.

Beide erwähnte Verfahren geben jedoch nur die mittlere Temperatur der Berührungsstelle zwischen Werkzeug und Werkstück an. Für die Schneidhaltigkeit ist aber die Höchsttemperatur sowie deren Stelle maßgebend. Aus diesem Grunde ist auf Veranlassung von SCHWERD[4] von der Firma Zeiß, Jena, ein Hohlspiegelgerät entwickelt worden, bei welchem Wärmestrahlen aus dem Gebiet des ablaufenden Spans auf ein Thermoelement gelenkt werden von einer Fläche von z. B. 0,2 mm Dmr. Dieses Thermoelement ist oberhalb der Stelle des Spanablaufs, also in gleicher Entfernung vom Hohlspiegel angebracht und empfängt daher nur die Wärmestrahlen, welche vom Span her von einer gleich kleinen Fläche von 0,2 mm Dmr. ankommen (Abb. 113 u. 114).

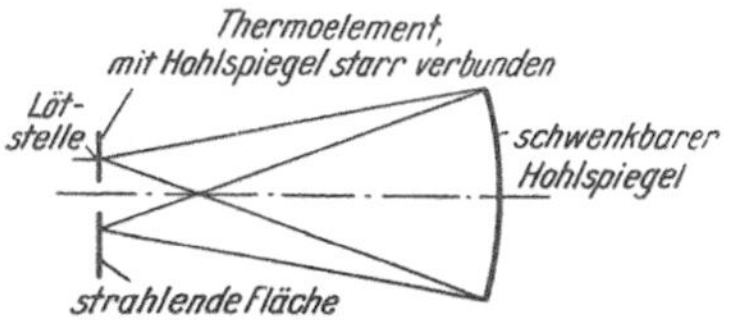

Abb. 114. Strahlengang des Gerätes in Abb. 113.

[1] SCHALLBROCH, H. u. H. SCHAUMANN: Die Schnitt-Temperatur beim Drehvorgang und ihre Anwendung als Zerspanbarkeitskennziffer. Z. VDI Bd. 81 (1937) S. 325. — Siehe auch G. KRITZLER: Gießerei Bd. 25 (1938) S. 2.

[2] GOTTWEIN, K.: Masch.-Bau Betrieb Bd. 4 (1925) S. 1129. — HERBERT, E. G.: Inst. Mech. Engng. Prod. Meetings 1926, S. 289.

[3] KREKELER, K.: Werkstattbücher Heft 61, S. 59. Berlin: Julius Springer 1936.

[4] SCHWERD, F.: Z. VDI Bd. 77 (1933) S. 211. — KRAEMER, G.: Diss. Techn. Hochsch. Hannover 1937.

Da jedoch mit dem vorstehend gekennzeichneten Gerät bei Schwingungen des Werkzeuges ein konstanter Abstand der Meßfläche von der Standschneide

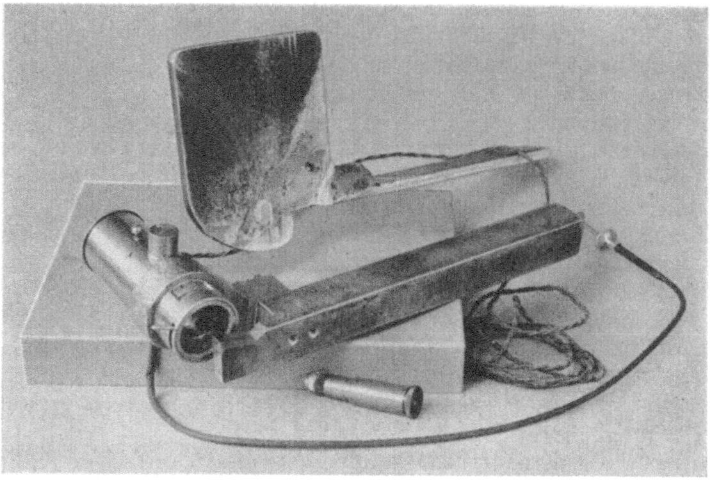

Abb. 115. Flußspatlinsen-Meßgerät von Schwerd-Hase.

nicht festgehalten werden kann, wurde von Schwerd mit Unterstützung von Hase eine Apparatur entwickelt, welche direkt am Drehstahl angebracht, dessen Schwingungen mitmacht (Abb. 115 u. 116).

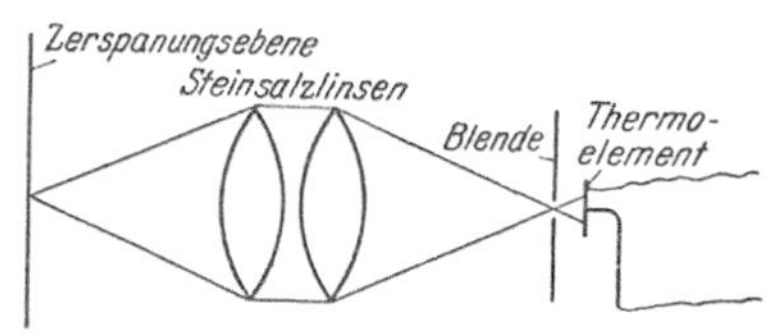

Abb. 116. Strahlengang des Gerätes in Abb. 115.

Nach dem gleichen Grundgedanken wie bei der Hohlspiegelapparatur wird auch hier die Temperatur einer Fläche im Gebiet des Spanablaufs gemessen, die nicht größer ist als 0,2 mm im Dmr. Der Unterschied besteht darin, daß der Hohlspiegel durch eine Flußspatlinse (anfänglich Salzlinse) ersetzt wurde. Mit Hilfe eines eingeschobenen unter 45° geneigten Planglases kann die Lage der auf das Thermoelement wirkenden Fläche festgestellt werden. Die Einstellung erfolgt durch exzentrische Verdrehung der Flußspatlinse.

Abb. 117. Eichanordnung des Gerätes in Abb. 115.
a Schleifengalvanometer; a_1 Akkumulator zum Beleuchten der Schleife; *b* Tubus; *c* Salzlinsen- bzw. Flußspatlinsen-Meßeinrichtung; d_1 bis d_5 Lindecksche Schaltung zum Messen der Temperatur des Eichstabes mit Hilfe des Platin-Platinrhodium-Elementes; *e* Bogenlampe zum Beleuchten mit parallelem Licht; *f* Exsikkator zum Aufbewahren der Salzlinsen; *g* Glaszelle, mit Wasser gefüllt zum Schutz der Salzlinsen gegen die Strahlen der Bogenlampe.

Die Eichung des Gerätes Abb. 117 erfolgt unter Zuhilfenahme eines Stäbchens aus dem gleichen Werkstoff und von der gleichen Oberflächenbeschaffenheit wie die Meßfläche am ablaufenden Span. Dieses Stäbchen wird auf irgendeine Weise auf eine Temperatur erwärmt, wie sie bei ablaufendem Span vorkommt. In dem Stäbchen ist ein Thermoelement mit bekannter Temperaturangabe eingelassen, mit dessen Anzeige die Ablesung an dem Schleifengalvanometer zum Flußspatlinsengerät verglichen wird.

f) Schnittdruckmeßgeräte.

Um die Standzeitversuche zu vermeiden und ebenso die schwierigeren Temperaturen- bzw. Temperaturfeldmessungen zu umgehen, wurde versucht, den Schnittdruck als Bearbeitungswiderstand zu betrachten, der bei geeigneter Einrichtung sehr rasch und bequem ermittelt werden kann. Die Aufgabe ist dabei, die auf die Schneide wirkende Kraft und deren Richtung zu ermitteln.

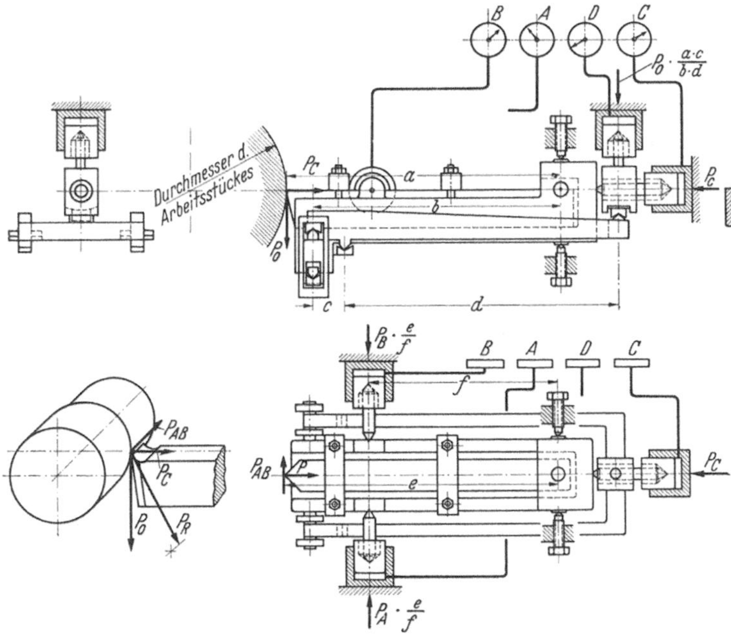

Abb. 118. Dreikomponentenmeßsupport von SCHLESINGER.

In der Regel wird die Kraft bzw. das Moment zerlegt und entweder alle drei aufeinander winkelrecht stehenden Komponenten oder auch nur die wichtigsten davon ermittelt.

Der Dreikomponentenmeßsupport von SCHLESINGER (Abb. 118) besitzt vier hydraulische Meßdosen und einen Schaulinienzeichner. Die Meßdosen *A* und *B* zeigen den Vorschubdruck an, der Rückdruck wird auf die Meßdose *C*, hingegen der Vertikaldruck über ein Hebelsystem auf die Meßdose *D* übertragen.

Der Dreikomponentenmeßsupport (Abb. 119) stellt eine Vereinfachung durch Vermeidung des Hebelsystems dar. Die waagerechte Drehachse ist nach vorne über eine Kugelreihe verlegt, so daß der Stahlhalter den Hebel für die Vertikaldruckübertragung selber darstellt. Die Schneiden — bis auf die Pendelschneide — sind durch Kugelbolzen ersetzt.

Der Meßsupport (Abb. 120) weist ein möglichst gedrängtes Zusammenbauen der Meßdosen auf. Die Wiege *i* überträgt den Vertikaldruck über die Kugeln *n* auf die Meßdose *V* und den Rückdruck auf die Meßdose *R*. Dagegen wird der

Vorschubdruck vom Stahlhalter *g*, welcher um den in Kugeln gelagerten vertikalen Zapfen *b* und das Tonnenlager *d* drehbar ist, auf die Meßdose *A* übertragen. Der Support hat bei eingehenden Laboratoriumsversuchen — infolge

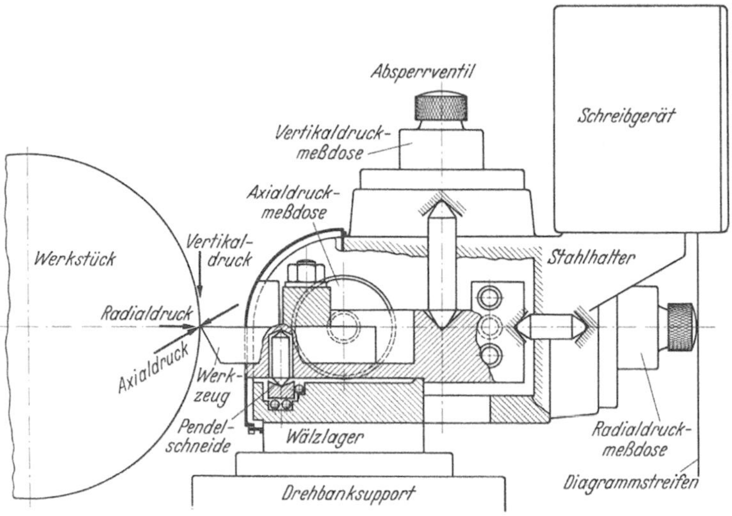

Abb. 119. 2,5-t-Dreikomponentenmeßsupport Losenhausen.

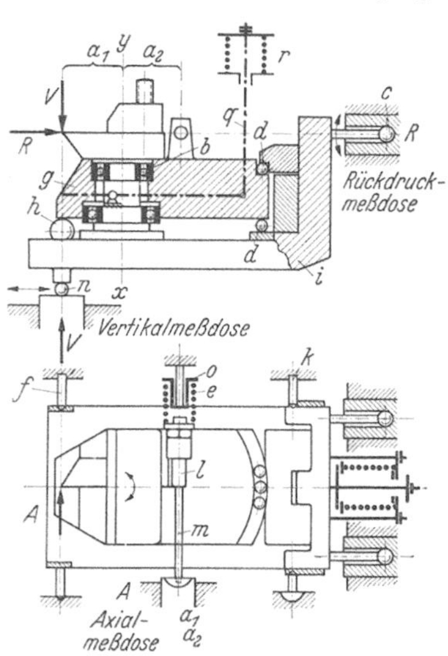

Abb. 120. 12-t-Meßsupport Losenhausen.

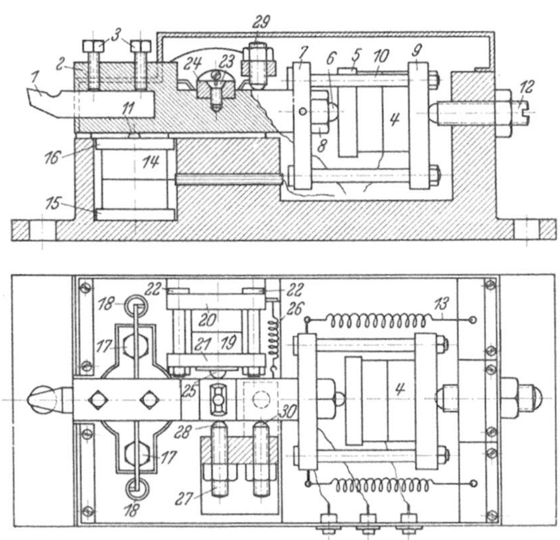

Abb. 121. Einhebelmeßsupport von Okochi und Okoshi.

der stabilen Lagerung des Übertragungsmechanismus — eine gute Anzeigegenauigkeit und ruhiges Arbeiten gezeigt[1].

Die Meßsupporte von Okochi und Okoshi[1] (Abb. 121 bis 123) sind ebenfalls möglichst gedrängt gebaut. Die Meßdosen sind piezoelektrisch. Der Einhebelsystemmeßsupport (Abb. 121) hat Kugeln als Abstützorgane, wobei die Weiterleitung des Hauptschnittdruckes durch den als Hebel ausgebildeten Meißel-

[1] Wallichs, A. u. H. Schöpke: Berichte des Laboratoriums für Werkzeugmaschinen an der T. H. Aachen, Ber. 22 (1931).

halter selbst auf das Meßinstrument erfolgt. Die drei Meßdosen *4*, *14* und *19* erlauben die Ermittlung der drei Komponenten des Schnittdruckes.

Abb. 122 stellt den Meßsupport mit Zapfenlagerung und den Meßdosen *4*, *12* und *19* dar. Abb. 123 zeigt dagegen den Meßsupport mit Kugellagerung und Meßdosen *1*, *2* und *3*.

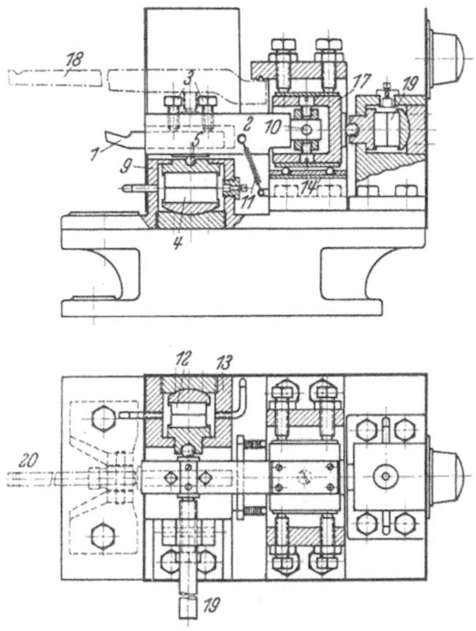

Abb. 122. Meßsupport mit Zapfenlagerung von OKOCHI und OKOSHI.

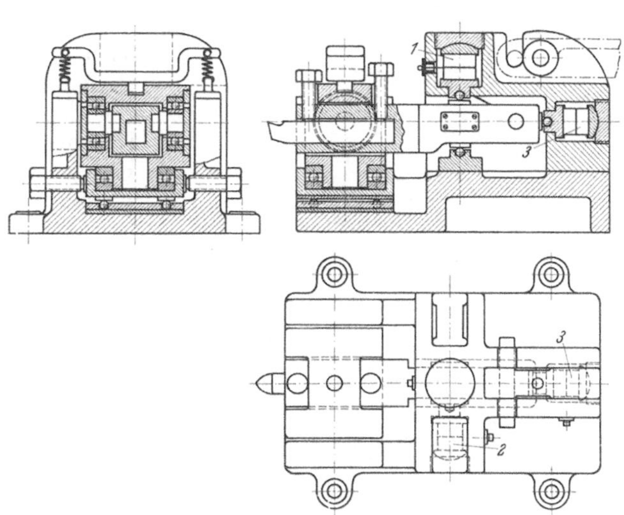

Abb. 123. Meßsupport mit Kugellagerung von OKOCHI und OKOSHI.

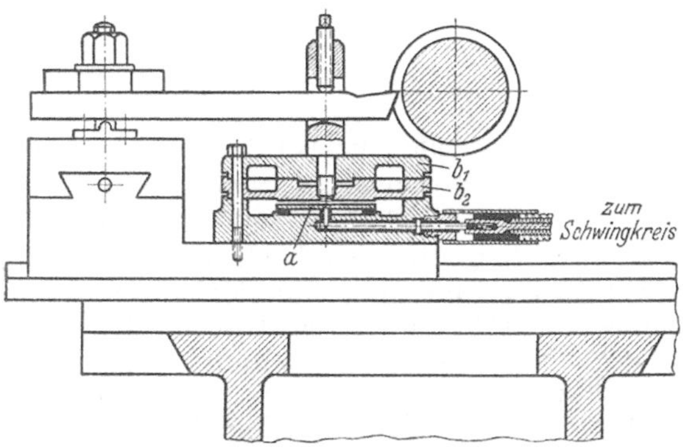

Abb. 124. Kondensatormeßdose nach GERDIEN und MAUKSCH. *a* Kondensatorplatte, b_1 und b_2 Federplatten.

Um die Bewegung noch weiter herabzusetzen, sind die Meßdosen beim 12-t-Support und beim Gerät von OKOCHI und OKOSHI mit Hilfe von Federn (bei jenen von SCHLESINGER und NICOLSON durch Schrauben) vorgespannt, so daß der Support bei Schnittbeginn kraftschlüssig ist.

Als Kraftmesser werden, wie erwähnt, Meßdosen verwendet. Wesentlich ist dabei, daß deren Zusammendrückung möglichst klein bleibt, andernfalls eine Bewegung der Schneide und Änderung des Spanquerschnittes erfolgt und bei rascher Kraftänderung Schwingungen sowie Trägheitskräfte stark störend hinzukommen können.

Die für derartige Messungen benutzte hydraulische Meßdose[1] ist in Abschn. I A 4c eingehend geschildert.

Andere elektrische Meßdosen sind von SACHSENBERG und OSENBERG sowie von GERDIEN und MAUKSCH auf dem Prinzip des Kondensators ausprobiert worden, welche die Eigenschaft des elektrischen Schwingungskreises, daß sich dessen Resonanz ändert, wenn der Kondensator seine Kapazität vergrößert oder verkleinert, ausnützen. Die eine Belegung des Kondensators wird von SACHSENBERG und OSENBERG isoliert auf dem Drehmeißel aufgelegt, während die Gegenplatte an einem festen Bügel am Meißelhalter befestigt ist. Durch die infolge der Kraftwirkung am Drehmeißel bewirkte Durchbiegung des Stahles nähern sich die Kondensatorplatten, was dann elektrisch gemessen werden kann[2].

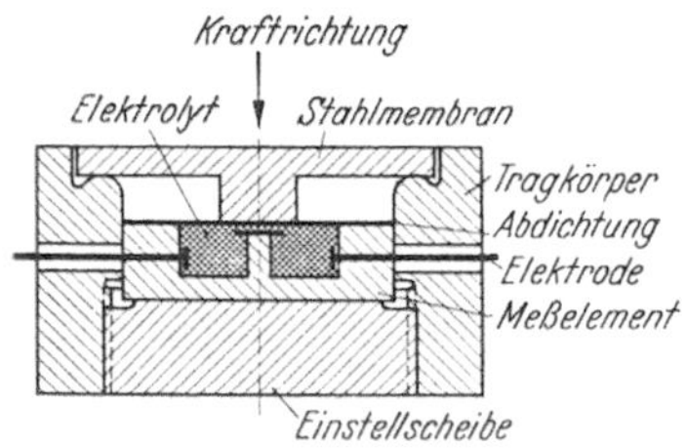

Abb. 125.

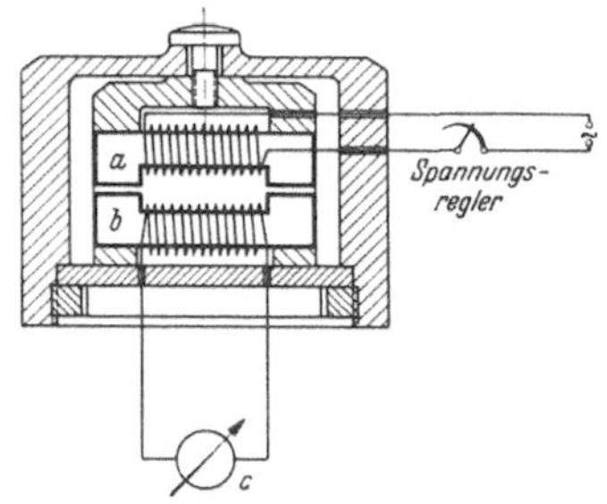

Abb. 126.

Abb. 125 und 126. Elektrische Meßdosen nach WALLICHS und OPITZ.

Abb. 127. Dreikomponenten-Meßstahlhalter nach WALLICHS und OPITZ von Schieß.

GERDIEN und MAUKSCH[3] wenden dieses Prinzip an, jedoch in Form von neuen Kondensatormeßdosen, die dann auch an Stelle der hydraulischen oder piezoelektrischen Meßdosen eingebaut werden können (Abb. 124).

Es sei erwähnt, daß Meßgeräte verschiedenster Bauart ausgeprobt worden sind, wie: Pneumatische Dose mit Biegestab, Meßbügel mit Glasritzschreibgerät der D.V.L. Adlershof, Gerät zur lichtelektrischen Kräftesummierung, Kurzzeitschreibgerät[2] sowie elektrische Meßdosen mit vorgeschalteter Verstärkereinrichtung: Piezoelektrische, Kondensator- und magnetoelastische Meßdose und ohne Verstärker: Kohlensäulen- und Induktionsmeßdose[4].

Die Meßdosen mit einer Säule aus Kohlescheiben scheiden infolge großen Platzbedarfs des Druckaufnahmeorgans praktisch aus[4].

---

[1] WAWRZINIOK, O.: Handbuch des Materialprüfungswesens, S. 629. Berlin: Julius Springer 1923. — PLAGENS, H.: Werkstoff-Handbuch Nichteisenmetalle, Blatt B 15 (1938).

[2] SACHSENBERG, E., W. OSENBERG u. O. GRUNER: Z. VDI Bd. 71 (1927) S. 1609; Bd. 72 (1928) S. 469; Bd. 76 (1932) S. 262. — LUEG, W. u. A. POMP: Mitt. K.-Wilh.-Inst. Eisenforschg. Bd. 17 (1935) S. 213.

[3] MAUKSCH, W.: Wiss. Veröff. Siemens-Konz. Heft 2 (1929) S. 130.

[4] WALLICHS, A. u. H. OPITZ: Techn. Zbl. prakt. Metallbearb. Jg. 44 (1934) S. 171. — LUEG, W.: Stahl u. Eisen Bd. 56 (1936) S. 766. — OPITZ, H.: Z. VDI Bd. 81 (1937) S. 57. — Werkzeugmaschinen der spanabhebenden Formung. Z. VDI Bd. 82 (1938) S. 218. — SCHALLBROCH, H. u. H. SCHAUMANN: Schnittkraftmesser mit Induktionsmeßdose von Siemens u. Halske, Berlin. Masch.-Bau Betrieb Bd. 19 (1940) S. 235.

Die angeführten Kondensatormeßdosen haben den Nachteil komplizierter Meßapparatur: Schwingungskreis, Verstärker, Anzeigegerät und sind empfindlich auf benachbarte Stromleitungen[1].

Abb. 128. Versuchsdrehbank.

Im Laboratorium für Werkzeugmaschinen der Technischen Hochschule in Aachen wurde aus diesem Grunde eine Meßdose[1] entwickelt, welche die erwähnten Nachteile zu vermeiden sucht. Sie besitzt geringe Bauhöhe, kleinste Meßwege und einfache von äußeren Umständen unbeeinflußbare Meßapparate. Das

Abb. 129. Anordnung der Meßdosen zur Bestimmung der Sägekräfte von Schieß-Defries.

Verfahren beruht darauf, durch die elastische Durchbiegung der Stahlmembran (Abb. 125) den Leitungsquerschnitt einer Widerstandsflüssigkeit und damit den OHMschen Widerstand des Stromkreises zu ändern, was mit einfachen Geräten gemessen werden kann. Die Kraft wird über eine Druckscheibe auf die Stahlmembrane übertragen, die sich auf den ringförmigen Tragkörper stützt, in dem sich das eigentliche Meßelement aus einem nichtleitenden Werkstoff befindet und welches zwei, mit einer Widerstandsflüssigkeit gefüllte Hohlräume, in die

[1] Vgl. Fußnote 4, S. 420.

die Elektroden einmünden, besitzt. Der mit der Flüssigkeit gefüllte Spalt zwischen der Scheidewand und Gummimembran darüber wird durch die elastische Verformung der Stahlmembran verändert, was elektrisch durch eine Schaltung nach dem Prinzip der WHEATSTONschen Brücke, mit Anschluß an das Wechselstromnetz (Lichtleitung) unter Zwischenschaltung eines Transformators, gemessen werden kann. In neuerer Zeit wird an Stelle dieser Meßdose die elektrische Induktionsmeßdose Abb. 126 verwendet, in welcher die Primärspule *a* und die Sekundärspule *b* mit dem Luftspalt zwischen ihren Eisenkörpern wie ein Transformator wirken. Im Sekundärkreis liegt bei *c* ein Milliamperemeter.

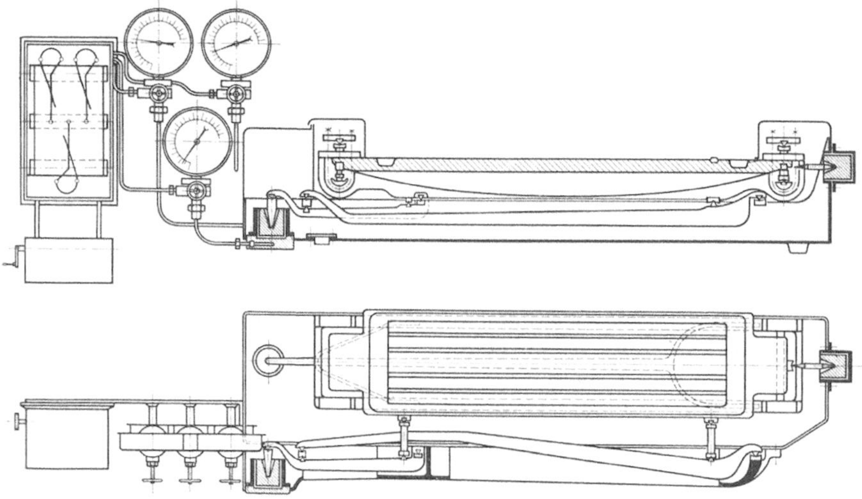

Abb. 130. Schnittkraftmesser für Fräser mit üblichen Meßdosen.

Mit Hilfe dieser Meßdose wurde ein Dreikomponentenmeßstahlhalter in vier Größen bis 16 t Schnittdruck entwickelt (Abb. 127). Zur Beobachtung sehr schnell verlaufender Vorgänge kann ein geeigneter Oszillograph, der die Anfertigung von Oszillogrammen im Betrieb gestattet, verwendet werden.

Abb. 128 zeigt eine Versuchsdrehbank mit Schnittdruckmeßeinrichtung und selbsttätiger Abschaltung bei Überschreitung des zulässigen Schnittdruckes (letzteres ebenfalls durch die Meßdose), bei der die Meßgeräte zur Bestimmung der Leistungsaufnahme des Motors, der Drehzahl, der drei Teilschnittdrücke und des an der Hauptspindel abgegebenen Drehmomentes in einem Schaltpult eingebaut sind[1].

Abb. 129 zeigt die Anordnung derselben Meßdose zur Bestimmung der Sägekräfte einer Hubsäge.

Zuletzt ist die Anordnung der üblichen Meßdosen bei einem Schnittkraftmesser für Fräser[2] in Abb. 130 zu sehen.

g) Meßeinrichtungen für Bohrversuche.

Bei Bohrversuchen wird der Bohrdruck und das Drehmoment, und zwar in der Regel an dem das Werkstück tragendem Bohrtisch gemessen[3]. Abb. 131 zeigt einen Versuchsbohrtisch, welcher von einem reibungslos beweglichen Kolben getragen ist. Die Kraftmessung erfolgt auf hydraulischem Wege, wobei der Bohrdruck von dem einen Indikator, hingegen der Druck in den zwei horizontal

[1] Vgl. Fußnote 4, S. 420.
[2] PLAGENS, H.: Werkstoff-Handbuch Nichteisenmetalle, Blatt B 15 (1938).
[3] KESSNER, A.: Forsch. Ing.-Wes. Heft 208 (1918).

gegenüberliegend angeordneten und untereinander in Verbindung stehenden Druckzylindern von dem anderen Indikator aufgezeichnet wird.

Abb. 132 stellt einen Bohrtisch mit Schaubildgerät und Zeitschreiber dar. Die Kräfte werden von hydraulischen Meßdosen auf das Schreibgerät mit Präzisionsstahlrohrfedern übertragen.

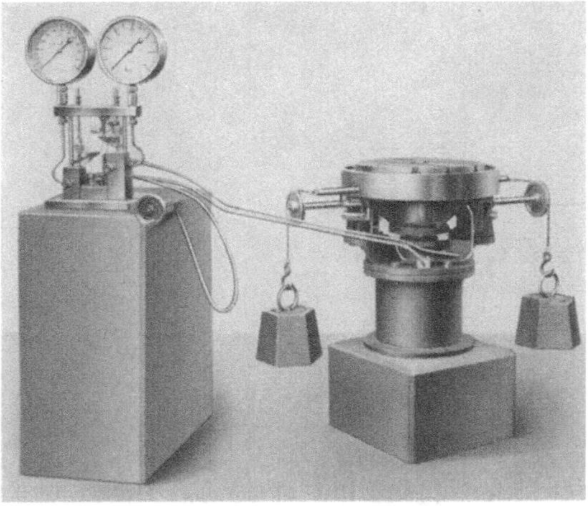

Abb. 131. Bohrtisch von Amsler bis 5 t/100 mkg mit Eichvorrichtung.

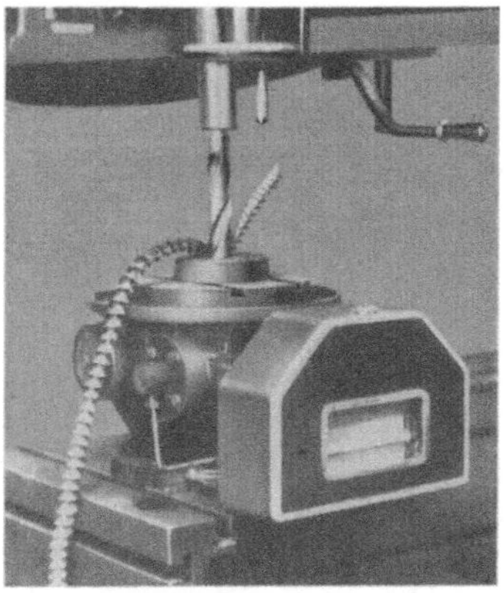

Abb. 132. Versuchsbohrtisch von Losenhausen bis 10 t/250 mkg.

Um die Verformung des Meßgerätes kleiner zu gestalten, werden am Meßtisch der Bohrmaschine, bei welcher Wälzlager verwendet werden, die Kräfte durch elektrische Meßdosen ermittelt.

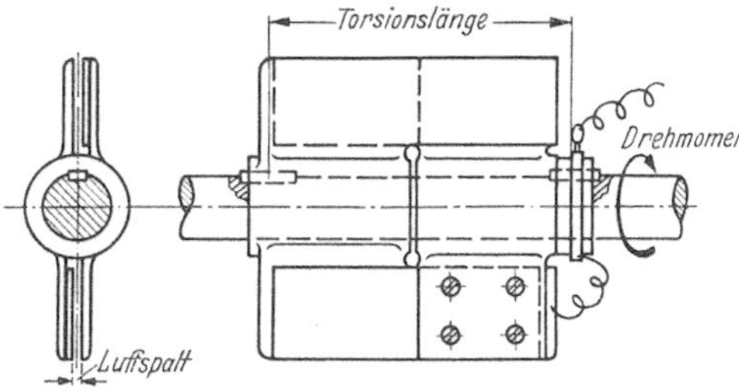

Abb. 133. Drehkraftmesser nach GERDIEN und MAUKSCH.

An Stelle der geschilderten Schnittdruckmessungen kann auch das Drehmoment der Arbeitsspindel direkt gemessen werden.

Beim Drehkraftmesser nach GERDIEN und MAUKSCH[1] (Abb. 133) werden an zwei nur in geringem Abstand voneinander liegenden Querschnitten einer durchgehenden Welle Büchsen befestigt, an denen Arme mit axial gerichteten Flügeln angebracht sind. Die mit etwa 0,5 mm Zwischenraum gegenüberstehenden Platten, von denen immer eine isoliert ist, bilden die dem schwankenden Drehmoment der Welle verhältnisgleich sich ändernde Kapazität, die die Schwingkreise steuert.

Der Amslersche Torsionskraftmesser mit stroboskopischer Ablesevorrichtung (Abb. 134[2]), welcher an die treibende Welle einerseits und die getriebene Welle anderseits mittels der Flanschen D und L angeschlossen ist, besteht im Prinzip aus dem federnden Stab G, welcher das gesamte Drehmoment aufnimmt und dessen elastische Verdrehung als Maß für die Größe des Drehmomentes mit Hilfe der Scheiben M, N und O ermittelt wird. In der Scheibe O bei P ist nur ein feiner radialer Schlitz, in der Scheibe N bei T dagegen noch ein Fenster dazu und am Rand der Scheibe M ein durchsichtiges Zifferblatt aus Zelluloid U

---

[1] MAUKSCH, W.: Z. VDI Bd. 74 (1930) S. 243.

[2] Siehe auch die Lagerprüfmaschine mit Torsionsdynamometer von HEIDEBROEK: VDI-Sonderheft 2, Kunst- und Preßstoffe. Berlin 1937.

angeordnet. Der Beobachter bei Q liest die relative Verdrehung der Scheibe M gegenüber der Verbindungslinie der feinen Schlitze P und T auf der Teilung U ab.

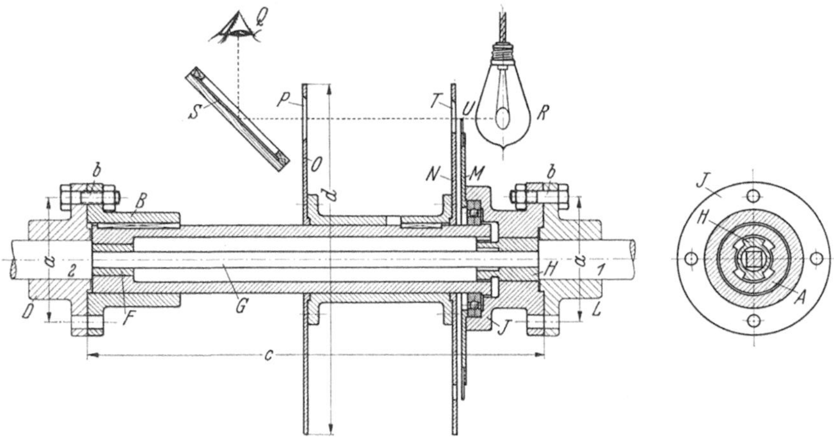

Abb. 134. Amslers Torsionskraftmesser.

Auf ähnlicher Grundlage ist der Bohrsupport mit optischer Aufzeichnung nach Pahlitzsch[1] aufgebaut, dessen Arbeitsweise aus Abb. 135 hervorgeht. Bei der Meßanordnung (Abb. 136) wird der Bohrdruck durch Gewichte erzeugt. Die Wellen des Stahlhalters als auch des Bohrtisches sind als Kolben ausgebildet, so daß die Axialdrücke an den Manometern abgelesen werden können. Das Zylindergehäuse ist mit dem Pendel verbunden, welcher das Drehmoment, das der Bohrtisch durch einen Mitnehmer auf den Zylinder überträgt, angibt. Das Schaubildgerät zeichnet die Abhängigkeit des Drehmomentes sowie der Eindringtiefe von der Zeit auf.

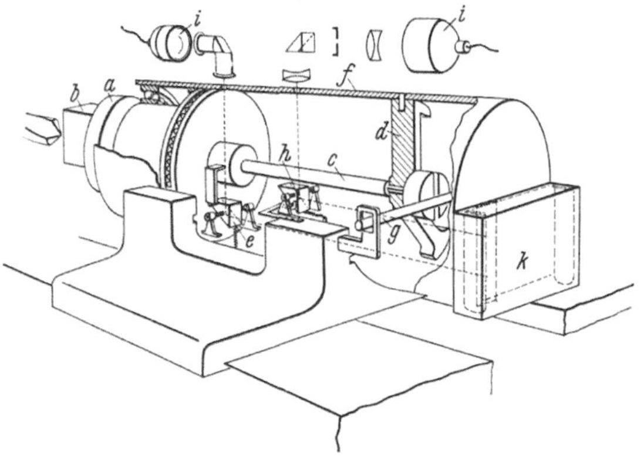

Abb. 135. Bohrsupport mit optischer Aufzeichnung nach Pahlitzsch. *a* Aufspannvorrichtung; *b* Versuchswerkstoff; *c* Torsionsstab; *d* Querwand im Supportgehäuse; *e* Prisma, das die Verdrehung des Stabes *c* anzeigt; *f* Supportgehäuse; *g* Biegestab zur Aufnahme des Bohrdrucks; *h* Prisma, das die Durchbiegung des Biegestabes *g* anzeigt; *i* Beleuchtungseinrichtungen; *k* photographische Kassette.

Im Falle der Verwendung von Schrägzahnrädern zwischen der Vorgelegewelle und der Hauptspindel, welche Wälzlager aufweisen müssen, kann die Messung des Drehmomentes auf die Bestimmung des Axialdruckes mit Hilfe einer Druckmeßdose zurückgeführt werden[2].

h) Geräte zur Prüfung der Oberflächenbeschaffenheit.

Für die Bearbeitbarkeit eines Werkstoffes ist die erreichbare Oberflächengüte in Abhängigkeit von der Schnittgeschwindigkeit ebenfalls oft von Bedeutung. Um diese Oberflächengüte zu beurteilen sind verschiedene Verfahren entwickelt worden, und zwar optische, elektrische und das Tastverfahren.

[1] Sachsenberg, E. u. W. Osenberg: Z. VDI Bd. 76 (1932) S. 265.

[2] Opitz, H.: Z. VDI Bd. 81 (1937) S. 59.

Das in Abb. 137 auf Anregung des AWF entwickelte Oberflächenvergleichsmikroskop[1] gestattet durch die Verbindung von zwei Mikroskopen in einem

Abb. 136. Meßanordnung von OLSEN für Bohrversuche.

Okular gleichzeitig zwei Oberflächen — die Prüffläche und die Musterfläche — zu beobachten und zu photographieren.

Abb. 138 zeigt schematisch das Rasterprüfverfahren nach REICHEL[1], bei welchem auf dem schrägstehenden Werkstück ein Rastermuster abgebildet wird, das auf einen parallel zur Prüffläche stehenden Schirm zurückstrahlt. Das zurückgeworfene Rasterbild, das bei rauheren Oberflächen unklarer, bei glanzloseren grauer erscheint, kann photographisch aufgenommen werden.

SCHMALTZ mißt die Stärke des zurückgestrahlten Lichtes durch Aufstellung einer Intensitätskurve in Abhängigkeit von der Winkelabweichung von der

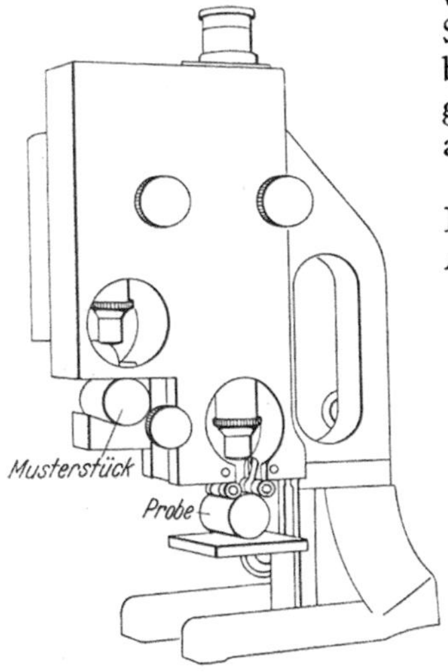

Abb. 137. Oberflächenvergleichsmikroskop von Busch.

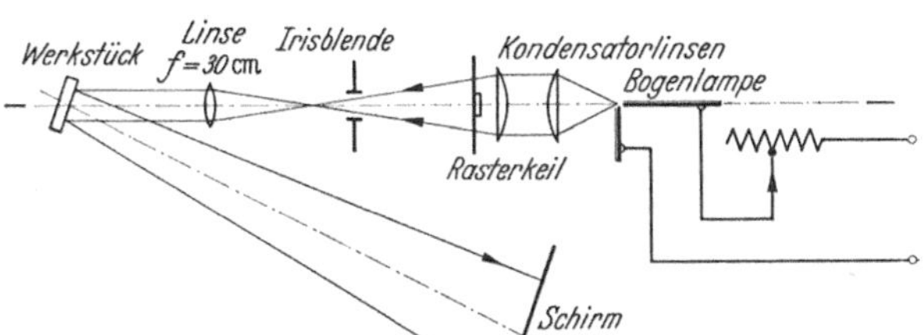

Abb. 138. Das Rasterprüfverfahren nach REICHEL.

regulären Reflexion[2]. Die Prüfflächen müssen jedoch vollkommen öl- und staubfrei sein. Ein solcher Streuglanzmesser ist beispielsweise in Abb. 139[1] dargestellt.

[1] DEPIEREUX, G.: Techn. Zbl. prakt. Metallbearb. Jg. 47 (1937) Nr. 5/8.

[2] SCHMALTZ, G.: Technische Oberflächenkunde. Berlin: Julius Springer 1936. — R. S. HUNTER: Res. Pap. 958. J. Res. nat. Bur. Stand. Bd. 18 (1937).

Die automatische Sortiereinrichtung gemäß Abb. 140, welche von dem Forschungsinstitut der Vereinigten Stahlwerke und von STARK[1] entwickelt wurde, ist mit einer lichtelektrischen Selenzelle ausgerüstet, auf welche das

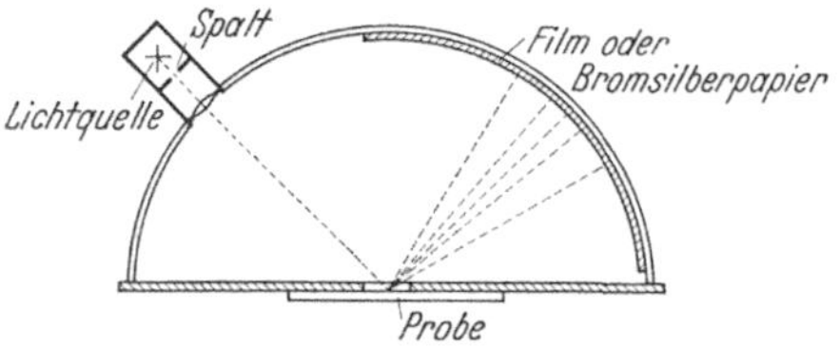

Abb. 139. Streuglanzmesser, Bauart KEMPF-FLÜGGE.

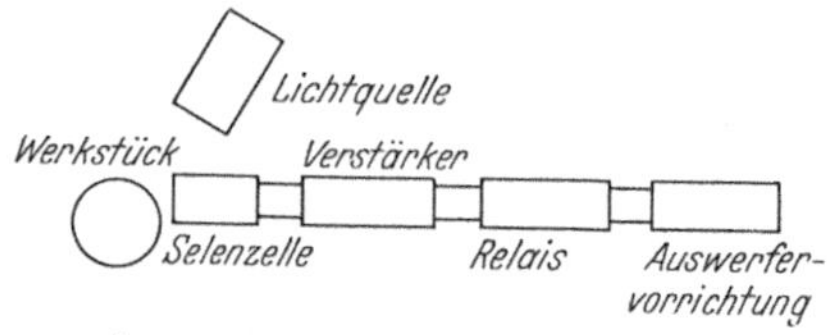

Abb. 140. Automatische Sortiereinrichtung mit Selenzelle.

zerstreute Licht tritt und über den Verstärker den Ausschlag eines Meßinstrumentes bewirkt. Sobald eine bestimmte Lichtintensität unterschritten wird, wird das Werkstück durch eine Auswerfvorrichtung ausgeschieden.

Bei der Werkstattausführung des Gerätes für das Lichtschnittverfahren nach SCHMALTZ (Abb. 141) wird auf der Prüffläche O durch ein Beleuchtungssystem TT ein Lichtspalt abgebildet und das Lichtband seitlich durch das Mikroskop MM unter entsprechender Vergrößerung betrachtet[1].

Gegenwärtig entwickelt die Firma Zeiß ein Prüfgerät auf der Grundlage der Spiegelungserscheinungen

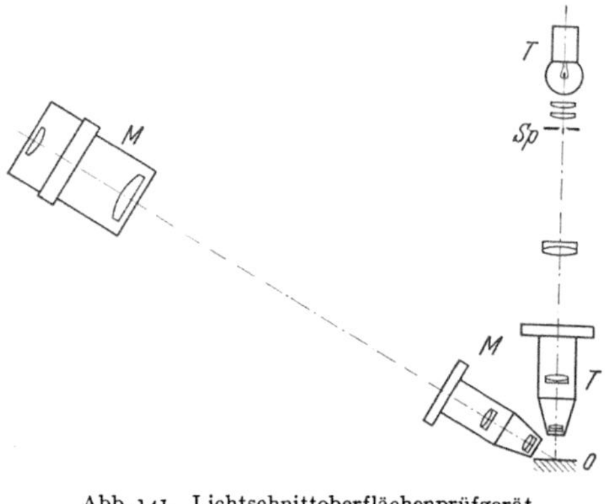

Abb. 141. Lichtschnittoberflächenprüfgerät nach SCHMALTZ von Zeiß.

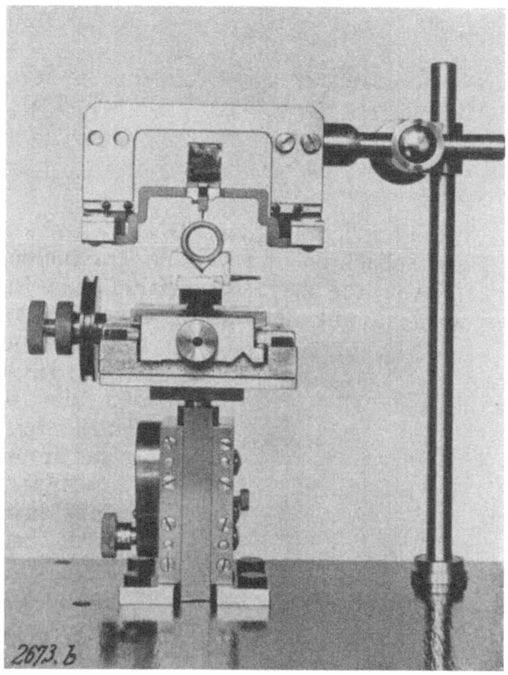

Abb. 142. Plantasteinrichtung.

für Abweichungen der Oberfläche unterhalb 2 μ. Durch Auflegen einer Planglasplatte, die unter geringem Winkel zur Prüffläche steht, werden durch Interferenz Streifen verschiedener Lichtstärke sichtbar. Bei Abweichungen von der ebenen Form verlaufen die Streifen nicht geradlinig und parallel, da der Luftkeil zwischen Planglas und Prüffläche geändert wird, woraus die Abweichung zahlenmäßig zu bestimmen ist. Die feinsten Abweichungen können mit Hilfe eines Mikrointerferometers ausgemessen werden.

Von den elektrischen Prüfgeräten sei nur dasjenige von PERTHEN[1] erwähnt, welches die mittlere Rauhigkeitshöhe einer Prüffläche durch die Kapazitätsänderung eines Kondensators, die direkt in μ angegeben wird, mißt.

[1] Vgl. Fußnote 1, S. 425. — Siehe auch: Oberflächenprüfgerät auf Grundlage der gestörten Totalreflexion nach MECHAU-DREYHAUPT von Zeiß. Werkstattstechnik Bd. 33 (1939) S. 321 u. Masch.-Bau Betrieb Bd. 19 (1940) S. 60.

Das Verfahren NICOLAU zur pneumatischen Integration der Oberflächenrauhigkeiten besteht darin, daß die Ausströmungsgeschwindigkeit der zwischen einem Taster und der Oberfläche entweichenden Luft gemessen wird[1].

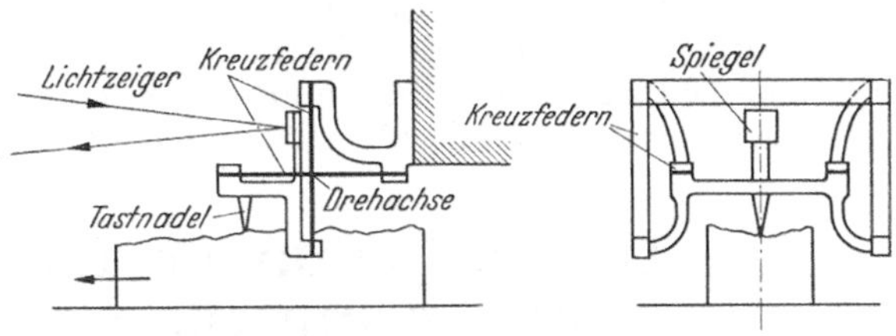

Abb. 143. Kreuzfedergelenk mit der Abtastnadel und Spiegel.

Für viele Zwecke der Technik dürfte das Tastprüfverfahren geeignet sein, welches zuerst von SCHMALTZ angegeben worden ist. Eine Tastnadel, deren Druck bei neueren Geräten bloß 0,5 g beträgt, überträgt die Unebenheiten der Werkstückoberfläche auf einen Übersetzungsmechanismus, so daß man in beliebigen Maßstäben für die Längs- und Höhenachse die Profilkurve aufgezeichnet erhält (Abb. 142 und 143). Um die Taststiftbewegung festzustellen, wurden verschiedene Verfahren versucht. HARRISON und SCHNECKENBURGER[2] versuchten diese durch eine elektromagnetische Grammophonschalldose darzustellen. Über einen Verstärker wird die Bewegung in einem Lautsprecher als Tonänderung hörbar oder mit einem Oszillographen als Stromstoß aufgezeichnet.

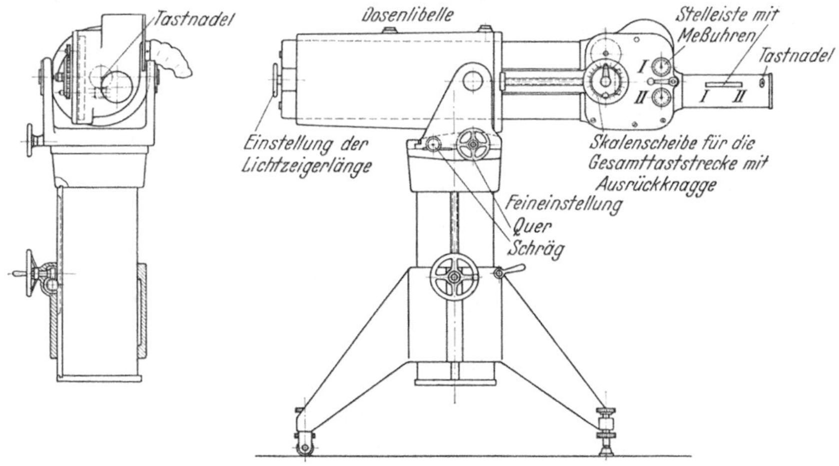

Abb. 144. Tastprüfgerät von Reindl u. Nieberding, Berlin.

Eine andere Ausführung mit elektrischer Übertragung ändert die Entfernung von zwei Kondensatorplatten[2].

Die optische Übertragung der Tastspitzenbewegung nach SCHMALTZ, verbessert von BERNDT und KIESEWETTER, so wie sie im Laboratorium für Werkzeugmaschinen und Betriebslehre an der Technischen Hochschule Aachen entwickelt wurde, ist in Abb. 142 und 143 dargestellt[2]. Die Übertragung erfolgt durch einen Lichtzeiger mit dem Spiegel, welcher auf einem Kreuzfedergelenk drehbar angeordnet ist, wobei die Vergrößerung in den beiden Hauptrichtungen verschieden sein kann (Höhen 50- bis 2500fach, Längsvergrößerung 5- bis 200fach).

Um in beliebiger Lage und an beliebigen Werkstücken die Prüfung durchführen zu können, ist dann das in Abb. 144 dargestellte Gerät entstanden. Hier

[1] NICOLAU, P. u. F. STREIFF: Schweiz. Arch. angew. Wiss. Techn. Bd. 5 (1939) S. 277. Siehe auch: KRATZ, E.: Z. VDI Bd. 78 (1934) S. 202.

[2] Vgl. Fußnote 1, S. 425.

steht das Werkstück still. Lichtquelle, Tastnadel und Aufnahmegerät sind in einem rohrförmigen Gebilde vereinigt, so daß die Abtastung auch im hellen Licht vorgenommen werden kann. Es lassen sich damit auch Bohrungen von 100 mm Dmr. aufwärts prüfen.

Zuletzt werden mit dem Tetameter[1] die Kräfte gemessen, die nötig sind, um eine Stahlkugel von bestimmtem Durchmesser nach einer gegebenen Vorbelastung um 1 μ in die Oberfläche einzudrücken.

D. Einrichtungen für Verschleiß- und Abnutzungsprüfungen[2].

Bei der Verschleiß- und Abnutzungsprüfung der Metalle werden die Ergebnisse durch das Aufrauhen oder auch Glätten und die chemischen Veränderungen der geriebenen Oberflächen einerseits, durch die Reibungsverhältnisse: Lage, Größe, Form, Belastung, Bewegungszustand der Proben anderseits stark beeinflußt. Es besteht daher eine weitgehende Abhängigkeit der Prüfergebnisse von der Bauart der Versuchseinrichtung. Aus diesem Grunde hat es sich als äußerst schwierig erwiesen, für bestimmte Zwecke geeignete Abnutzungsprüfmaschinen, z. B. für die Schienenprüfung, zu entwickeln.

Beim Entwurf derartiger Maschinen muß besonderes Augenmerk der Entstehung und damit der unter Umständen notwendig werdenden Entfernung des je nach der Teilchengröße mehr oder weniger oxydierten Abriebs geschenkt werden, was insbesondere in der Luft — nicht in Flüssigkeiten — von Einfluß ist. Der Verschleißstaub kann sonst leicht an den Prüfflächen haften bleiben und damit die Versuchsergebnisse in unkontrollierbarer Weise beeinflussen. Im Betrieb bleiben demgegenüber die Reibungsflächen unter der Wirkung der Flüssigkeiten sowie der auftretenden Zentrifugalkräfte und Erschütterungen meist blank, während in den Abnützungsprüfmaschinen diese Wirkungen in der Regel fehlen. Weiterhin spielt die Wärmeleitung der Probekörper und der anschließenden Maschinenteile bei der Verschleißprüfung eine Rolle; ebenso die Steifigkeit der Einspann-, Belastungs- und Kraft- bzw. Drehmomentmeßvorrichtung. Je nach dem ob unter, in oder über der Resonanzlage gearbeitet wird, können sich Schwingungen einstellen, welche den Verschleiß verstärken oder auch vermindern (Riffelbildung).

Soll daher die Prüfmaschine die Verschleißfestigkeit eines Metalls für einen ganz bestimmten Zweck richtig angeben, so müssen die Reibungsflächen der Proben unbedingt denjenigen aus dem Betrieb gleichkommen. Da aber das Verschleißverhalten der Werkstoffe bei vorwiegend rollender — mit Schlupf — und bei gleitender Reibung ein ganz verschiedenartiges ist, sind für diese zwei hauptsächlichsten Versuchsarten besondere Maschinen entwickelt worden.

Die Maschinen sollten es ermöglichen, Versuche mit Proben verschiedener Größe und Form bei gewünschter Belastung, Temperatur, Roll- bzw. Gleitgeschwindigkeit und in beliebigen Medien (Gas, Dampf, Wasser, Öl usw.) auszuführen.

Die Belastung wird mit Hilfe von Federn oder Gewichtshebeln erzeugt. Dagegen erfolgt die Drehmomentmessung mittels Zahndruckwaage, Pendelwaage, Drehwaage, Spiralfeder, Torsionskraftmesser mit stroboskopischer Ablesevorrichtung usw. Es sei aber darauf hingewiesen, daß all diese Drehmomentmesser nur einen sich über mehr oder weniger Schwingungen erstreckenden Ausgleichswert liefern, da sie zu träge sind, um den äußerst raschen Schwankungen der Reibungskraft folgen zu können.

---

[1] TÖRNEBOHM, H.: Schweiz. Arch. angew. Wiss. Techn. Bd. 5 (1939) S. 309.
[2] Über Verschleißprüfverfahren vgl. Bd. II, Abschn. VII, A.

1. Prüfmaschinen für rollende Reibung mit Schlupf.

Die von der Firma Amsler entwickelte Abnützungsmaschine für Metalle (Abb. 145) weist zwei 10 mm dicke Probescheiben *a* und *b* von 30 bis 50 mm Dmr. auf (in der Regel 40 mm), welche fliegend auf den Enden der Wellen *c* und *d* befestigt sind und verschiedenen Umlaufsinn sowie Umdrehungszahlen aufweisen, so daß bei gleichem Scheibendurchmesser ein Schlupf (in der Regel 10%) entsteht. Die untere Welle *d* ($n = 200$ je min) lagert in drei Kugellagern, während die obere Welle *c* ($n = 180$ je min) in einem Träger *e*, welcher um die Achse *f* schwingen kann und durch die Feder *g* abwärts (25 bis 200 kg) drückt, läuft. Die Welle *d* wird nicht direkt ange-

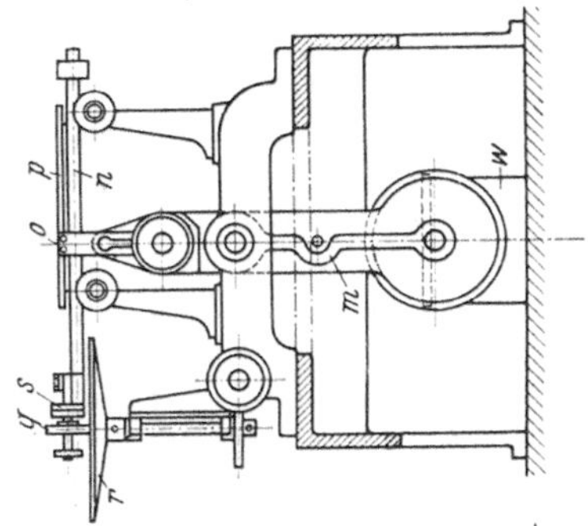

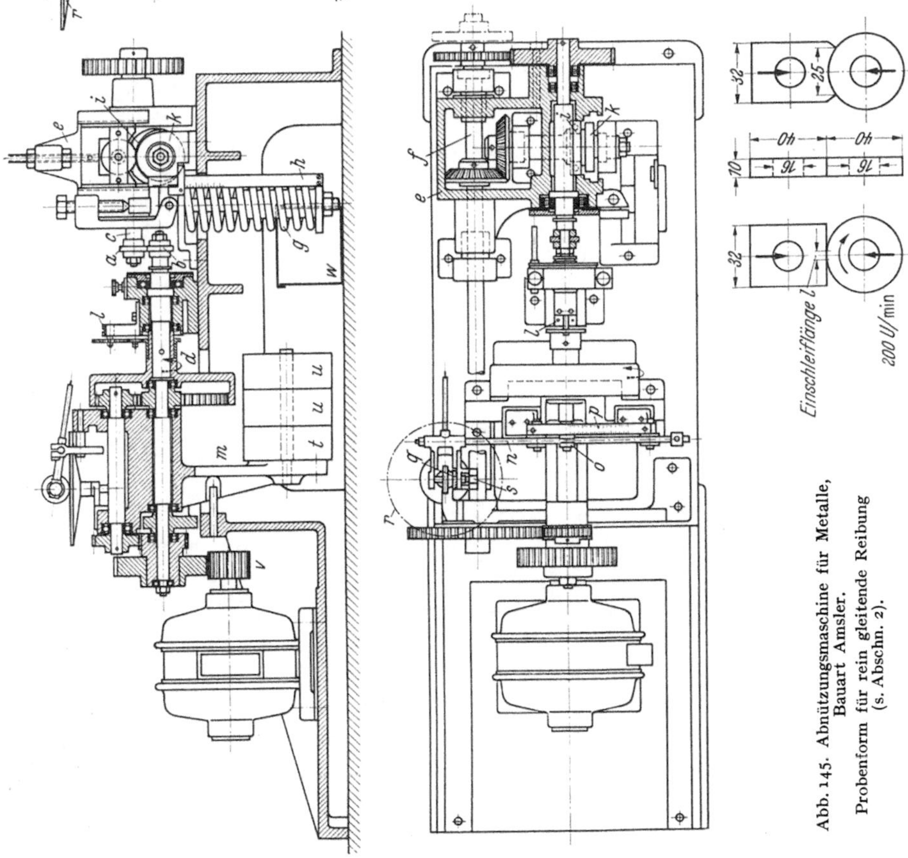

Abb. 145. Abnützungsmaschine für Metalle, Bauart Amsler.
Probenform für rein gleitende Reibung (s. Abschn. 2).

trieben, sondern über eine Zahndruckwaage mit dem Pendel *m*. Durch den Pendelausschlag wird das Drehmoment über die Stange *n* auf der Skala *p* angezeigt. Ein damit verbundener Integrator *q*, *r*, *s* gibt die Reibungsarbeit direkt an. Durch Zusatzgewichte *t*, *u*, *w* kann der Dynamometermeßbereich von 10 bis 150 cmkg eingestellt werden. Ein Zähler *l* gibt die Anzahl der Umdrehungen an. Durch eine Vorrichtung *k* und *i* kann der Träger *e* während eines

Teils der Umdrehung abgehoben werden — ebenso kann eine Hin- und Herbewegung bis ± 5 mm ausgeführt werden.

Die Abnützungsmaschine (Abb. 146 und 147) verwendet zwei Scheiben mit ohne oder Schlupf bei 250 und 500 Umdrehungen der direkt angetriebenen unteren Prüfwelle. Der Schwingrahmen mit der oberen Prüfwelle wird durch einen Zwischenhebel mit Gehänge und Stufengewichten von 25 bis 200 kg belastet. Zum bequemen Ein- und Ausbau der Scheiben (40/10 mm Dmr.), die beide fliegend auf den Wellenenden sitzen, wird der Lasthebel durch einen Exzenter angehoben, der Schwingrahmen losgekuppelt und hochgeklappt. Schwingungen sollten dadurch vermieden werden, daß am Lasthebel ein Öldämpfer angreift[1].

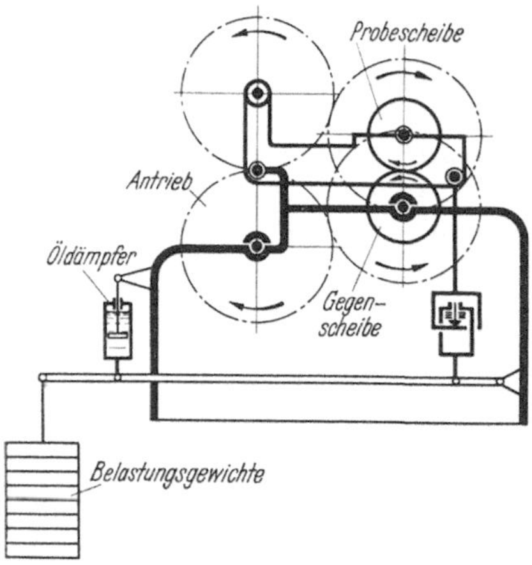

Abb. 146. Abnützungsprüfmaschine von Mohr u. Federhaff.

Die S.A.E.-Maschine (Abb. 148)[2] weist zwei ringförmige Proben 1,97 Zoll Dmr. von bestimmter Oberflächengüte auf, von welchen die untere in Öl taucht. Der Schlupf kann entsprechend dem Verhältnis der Umdrehungszahlen der Scheiben von 3,4/1—10,4/1—14,6/1—20,7/1 eingestellt werden. Bei gleichbleibender Geschwindigkeit wird die Belastung allmählich von Null bis zum Anfressen der Scheiben gesteigert. Gemäß Vorschlag der General Motors Corporation soll die obere Umdrehungszahl 750 min, Verhältnis der Umdrehungen 14,6/1, Belastungszunahme 8,35 Pfund/s bis zur Höchstlast von 600 Pfund betragen.

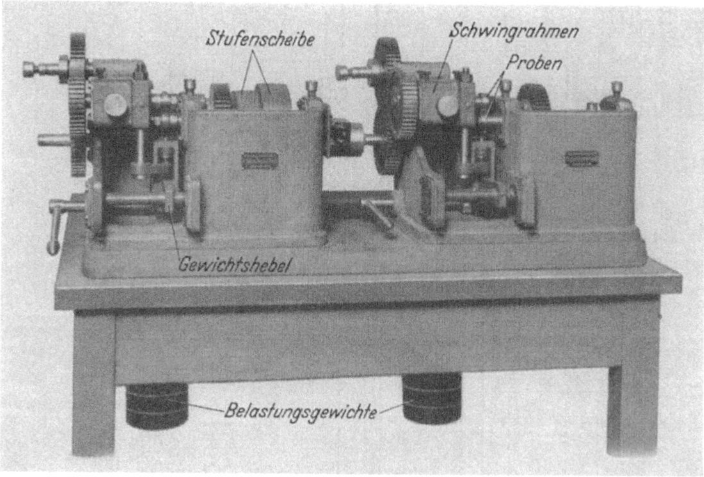

Abb. 147. Abnützungsprüfmaschine, Bauart Mohr u. Federhaff, in Zwillingsanordnung.

[1] KÜHNEL, R.: Werkstoff-Handbuch Nichteisenmetalle, Blatt B 14 (1938).

[2] S. A. E. Journal 1936; siehe auch MINNE, Dr. J. L. VAN DER: Proceedings of the general discussion on lubrication and lubricants, 13th—15th Oct. 1937. The Institution of Mechanical Engineers, London, Bd. 2, S. 429.

Die Norris-Abnützungsprüfmaschine (Abb. 149) verwendet eine zylindrische Probe 1 Zoll Dmr. welche zwischen drei Rollen rotiert. Die unteren zwei die Probe tragenden Rollen sind mit verschiedenen Geschwindigkeiten angetrieben und erzeugen einen Schlupf auf der Probe. Die Belastung erfolgt über die dritte, oberhalb der Probe angeordnete frei mitlaufende Rolle. Alle Wellen besitzen Kugellager. Die Probe selbst weist 1000 Umdrehungen in der Minute auf.

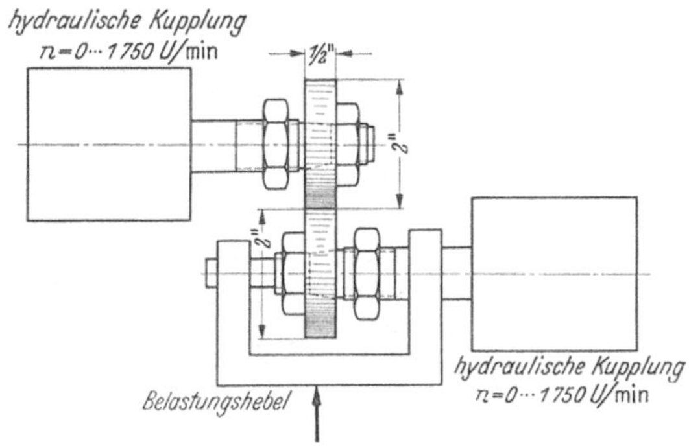

Abb. 148. S. A. E.-Maschine.

Abb. 149. Norris-Abnützungsprüfmaschine von OLSEN.

Die von SAITO benützte Prüfeinrichtung[1] für rollende Reibung mit Schlupf (Radreif und Schiene), unter Anwendung eines zusätzlichen weichen Materials

Abb. 150. Gaszelle nach FINK in der Amslermaschine.

zum Zweck der Verhinderung des Verschleißes durch Bildung einer Schutzschicht, ahmt den Reibungsvorgang zwischen Spurkranz und der Schienenflanke nach.

Die Gaszelle nach FINK[2] für Abnützungsversuche in anderen Gasatmosphären — die Maschine ist dieselbe wie in Abb. 145 — besteht aus zweiteiligem

[1] Vorbericht IVMT, Kongreß London 1937, Gruppe A, S. 154.

[2] FINK, M.: Neue Ergebnisse auf dem Gebiet der Verschleißforschung. Org. Fortschr. Eisenbahnw. Heft 20 (1929).

Gehäuse aus Gummi in welchem die Proben *a* und *b* eingeschlossen sind. Die beiden Hälften der Zelle sind unmittelbar an die Lagerkörper der Maschine angeflanscht, während die Mittelflansche durch zwei eiserne Ringe gasdicht zusammengepreßt werden.

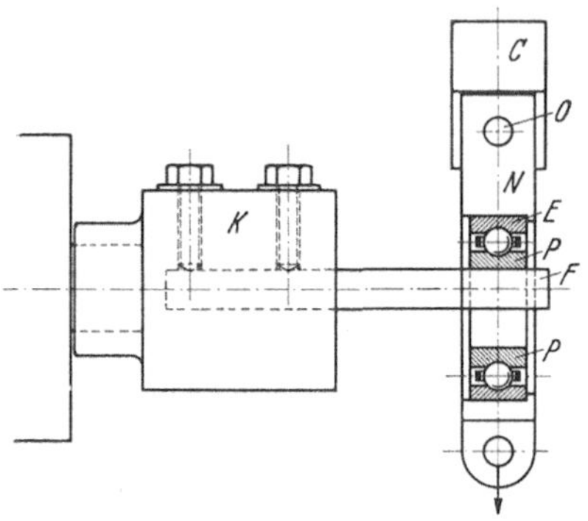

Abb. 151. Prüfeinrichtung von Saniter.

Die Prüfeinrichtung von Saniter[1] weist einen zylindrischen Probekörper *F* auf der den Ring *P* eines belasteten Kugellagers treibt, während der äußere Ring *E* im Belastungsrahmen *N* festgehalten ist (Abb. 151).

2. Prüfmaschinen für gleitende Reibung.

Die zur Prüfung des Werkstoffverhaltens bei gleitender Reibung entwickelten Maschinen arbeiten entweder mit einer umlaufenden Scheibe, gegen deren Umfang die ruhende Probe gepreßt wird — ähnlich einem gebremsten Rad —, oder es finden ringförmige Probekörper Verwendung, die mit den Stirnflächen aufeinander gleiten.

a) Maschinen mit gebremsten Scheiben.

Die in Abb. 145 dargestellte Abnützungsmaschine kann auch zu Versuchen bei gleitender Reibung benutzt werden. In diesem Fall wird an Stelle der oberen umlaufenden Scheibe eine feststehende Probe eingebaut.

Die Derihonsche Abnützungsmühle[1] (Abb. 152) weist eine unten in Öl tauchende mit etwa 3200 Umdrehungen in der Minute umlaufende polierte Scheibe *O* von 320 mm Dmr. auf, welche sich im Gehäuse *R* — das auch die Lager aufnimmt — befindet. Die Belastung der Probe *V* erfolgt durch die Gewichte *P* über einen mit dem Dämpfer *T* versehenen Hebel, dessen Schneiden bei *A*, *B*, *C* zu sehen sind und den Bügel *G*, welcher außerdem an seinem oberen Ende am Ausgleichsschwunghebel (seine Schneiden sind bei *D*, *E*, *F*) aufliegt. Die Stellschraube *H* im Support *M* befindet sich zwischen den gabelförmigen Armen des Hebelteils *DE*. Der Gewichtshebel senkt sich verhältnisgleich der Abnutzung, was mittels der Mikrometerschraube *K* und Stellschraube *L* gemessen wird.

Die Maschine für Abnützungsversuche nach Brinell (Abb. 153) verwendet eine rotierende Scheibe — 20 Umdrehungen in der Minute — mit waagerechter Achse, gegen deren Umfang das zu prüfende Material mit Hilfe des von einem belasteten Stahlband gezogenen und auf Kugeln gelagerten Schlittens gedrückt wird. Mittels der Handkurbel wird der Schlitten beim Einsetzen einer neuen Probe von der Abnützungsscheibe weggeschoben. Sand von ganz bestimmter Beschaffenheit wird aus dem Behälter durch die Ventile zugeführt. Der gewünschte Schleifweg kann eingestellt werden, so daß nach Erreichung desselben die Maschine selbsttätig stillgelegt wird.

In der Abnützungsprüfmaschine Bauart Spindel[2] (Abb. 154) wird die Probe gegen den Umfang einer kreisrunden Prüfscheibe *i* von etwa 320 mm Dmr. und 1 mm Dicke mit einem Druck von gewöhnlich 5 kg gepreßt. Der Drehpunkt des Belastungshebels *e* kann im Rahmen *a* verstellt werden und ist am anderen Ende mit Gewichten a_1 belastet. Der Rahmen mit dem Pendel *u* ist auf der

[1] IVMT, Kongreß New-York 1912, Ber. III 1, S. 5; Ber. III 4, S. 13.
[2] Org. Forschr. Eisenbahnw. Heft 2 (1928). — Spindel, M.: IVMT, Kongreß Amsterdam 1927, S. 164.

Achse b — unabhängig von der Prüfscheibe i — drehbar gelagert. Entsteht in der Prüffläche eine Reibungskraft, so wirkt der Rahmen auf die Pendelwaage k,

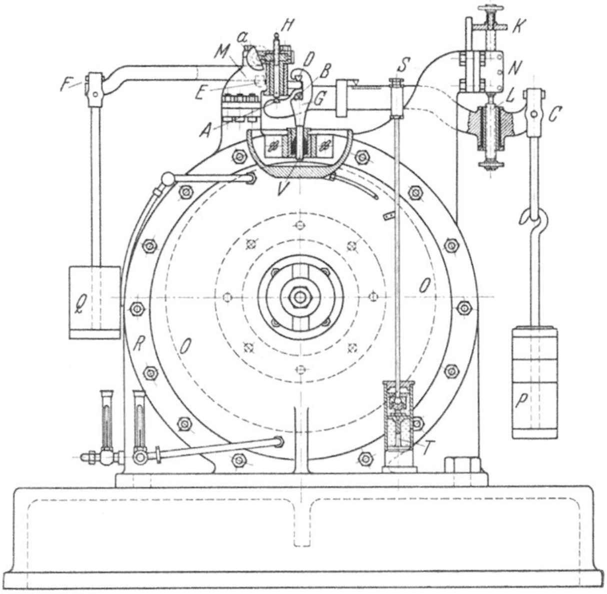

Abb. 152. Die DERIHONsche Abnützungsmühle.

Abb. 153. Maschine für Abnützungsversuche nach BRINELL, Bauart Alpha.

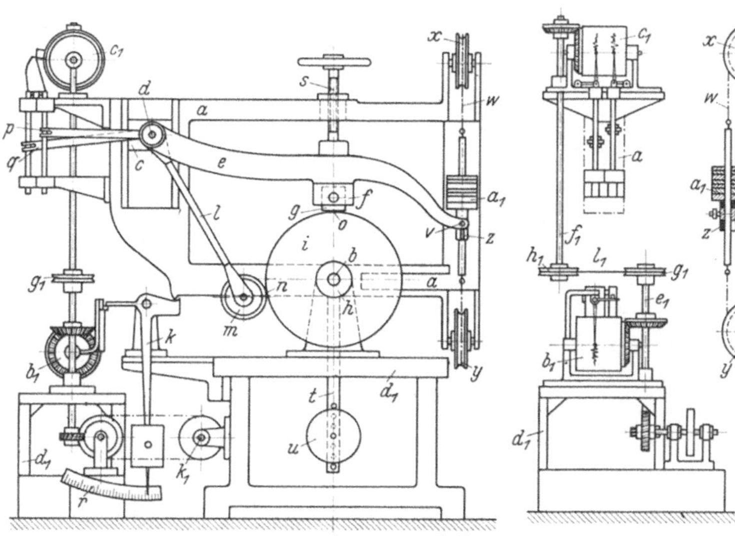

Abb. 154. Abnützungsprüfmaschine, Bauart SPINDEL von der MAN.

deren Ausschlag auf der Trommel b_1 aufgezeichnet wird. Die Verminderung des Scheibendurchmessers i (mit Hilfe der Rolle m) und die Einschleiftiefe werden auf der Trommel c_1 festgehalten. Die Schraube s verwendet man für Werkzeugproben — sonst wird sie hochgeschraubt.

Die Abnützungsprüfmaschine (Abb. 155) weist oben eine Scheibe aus Widia (Karbid-Wolfram) von 30 mm Dmr. und 2,5 mm Dicke bei 675 Umdrehungen in der Minute auf, welche mit 0,5% Lösung von Kaliumchromat (K_2CrO_4) in destilliertem Wasser gekühlt wird[1]. Die Prüfscheibe *1* ist durch Gewichte *6* mit Hebelübersetzung *4* — Drehpunkt *5* — belastet (15 kg). Die Einschleiftiefe gibt die Meßuhr *12* an. Das Prüfstück *11* wird in einen Universalschraubstock eingespannt, welcher nach allen Seiten in einem Kugelgelenk gedreht werden kann. Die Größe des entstandenen Einschliffes wird nach Beendigung des Versuchs durch Herablassen des Schraubstockes und Einschwenken des Meßmikroskops ermittelt.

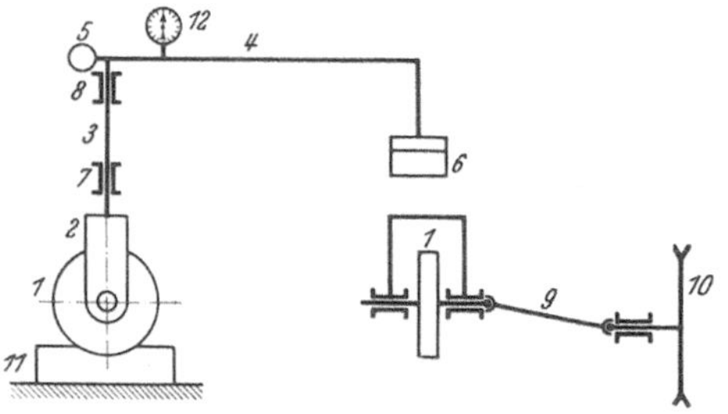

Abb. 155. Abnützungsprüfmaschine Škoda-Sawin.

In der Schleifscheibenprüfmaschine (Abb. 156) ist der zu prüfende Schleifstein für Metallbearbeitung von 8 bis 18 Zoll Dmr. mit regelbarer Umfangsgeschwindigkeit bis 5000 Fuß in der Minute gegen das zu schleifende Werkstück,

Abb. 156. OLSEN-Schleifscheibenprüfmaschine.

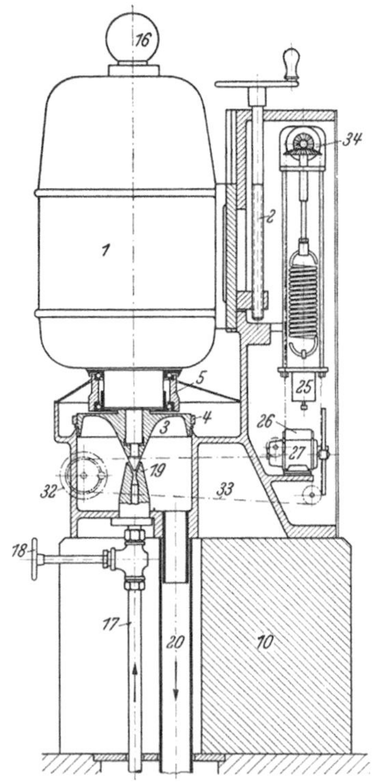

Abb. 157. Maschine für Abnützungsversuche bei hohen Gleitgeschwindigkeiten von Amsler.

das von einer lotrechten Spindel zwischen zwei Grenzkontakten bewegt wird, gepreßt. Der Einspannkopf kann durch den hydraulischen Kolben belastet werden, in den Umkehrlagen wird jedoch die Belastung abgehoben.

In der Maschine für Abnützungsversuche bei hohen Gleitgeschwindigkeiten (Abb. 157) liefert der Motor *1* (20 PS) Drehzahlen vierstufig bis 3000 in der Minute — Tourenzähler *16* —, entsprechend einer Umfangsgeschwindigkeit

[1] Génie civ. Bd. 114 (1939) S. 35. — MENGHI, S.: Metallurg. ital. Bd. 32 (1940) S. 253.

des Radreifens *4* von 45 m/s. Die zwei diametral angeordneten Probekörper mit einer Reibungsfläche 2×4 cm können mit höchstens 160 kg durch Öldruckzylinder angepreßt werden. Sie sind in Balancier *5* (im Durchmesser ⊥ zur Bildebene) gelagert, der durch das Reibungsmoment gedreht wird und das Drehmoment auf zwei hydraulische Meßzylinder mit Manometer überträgt. Der Druckhalter *25* mit Ölpumpe *26* und einem Motor *27* dient dazu, die Anpressung der Probekörper konstant zu halten. Die Kühlung der Bremsscheibe *3* erfolgt durch Leitungswasser aus *17* bis *19* mit Abfluß bei *20*.

Es sei noch darauf hingewiesen, daß neuerdings mehrere ähnliche dem jeweiligen Verwendungszweck angepaßte Prüfgeräte entwickelt wurden, worüber K. Dies[1] und C. Englisch[2] (Verschleißprüfvorrichtung nach A. Teves) berichtet haben.

b) Maschinen mit Stirnflächenreibung.

Ähnlich der Dorrymaschine[3], wie sie in Frankreich zur Prüfung der natürlichen Steine verwendet wird, ist das Prüfgerät von Suzuki[4] (Abb. 158). Zwei lotrecht gestellte hohle Zylinder 19,6/16,0 mm Dmr. werden mit ihren Stirnseiten aufeinandergepreßt, wobei der obere angetrieben, hingegen der untere in die Drehwaage eingespannt ist. Der Druck beträgt normalerweise 14 kg/cm², die Umfangsgeschwindigkeit 27,2 cm/s. Ein Schaubildgerät zeichnet den Verlauf des Drehmomentes in Abhängigkeit von dem Reibungsweg auf.

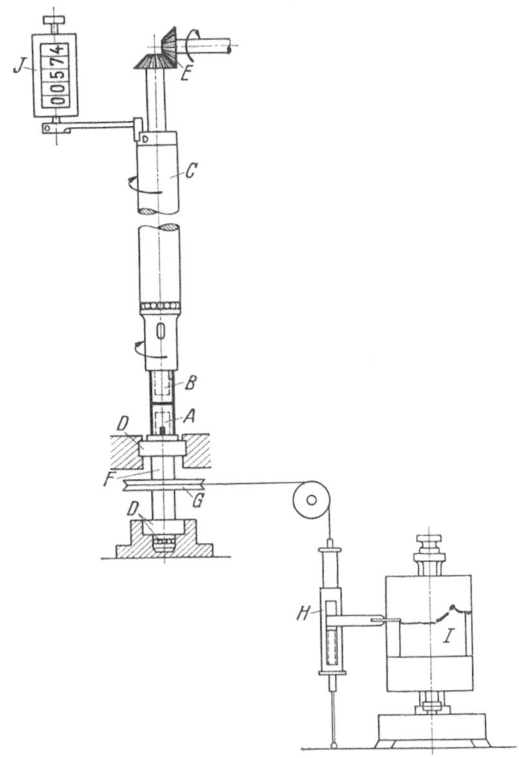

Abb. 158. Abnützungsprüfgerät nach Suzuki.

Die Abnützungsprüfmaschine nach Zaitzeff[5] (Abb. 159) verwendet Prüfringe und Proben verschiedenen Querschnitts, wobei der oben angeordnete Prüfring aus verschleißfestem Stahl mit 12% Mn und 1% C besteht. Der Antrieb erfolgt über die Rollen *20*, Welle *19* sowie Zahnräder *18* bis *8* auf den unteren Einspannkopf, welcher die Probekörper — in diesem Fall drei gleichmäßig am Umfang verteilte, lotrecht gestellte, kreisrunde Zylinder — bei *1*, Detail siehe Abb. 159b, trägt. Der obere Gegenring ist einerseits mit dem Dynamometer *10, 11, 12* und dem Schaubildgerät *13* in Verbindung, anderseits trägt er den Druckstempel und Belastung *3*. Das Senken der Gewichte infolge fortschreitender Abnützung wird auf der Trommel *5* vom Zeiger *4* aufgezeichnet. Der Behälter *22* dient zur Ölzufuhr, wenn Versuche mit Schmierung ausgeführt werden.

---

[1] Z. VDI Bd. 83 (1939) S. 307.

[2] Reibung und Verschleiß, Vorträge der VDI-Verschleißtagung Stuttgart 1938. VDI-Verlag. Berlin 1939.

[3] Goldbeck, A. T. u. F. M. Jacksen: Kongreß des IVMT New York 1912, Ber. XIX 5.

[4] Suzuki, M.: 2. int. Schienentagg., Zürich 1932, S. 167.

[5] Zaitzeff, A. K.: Erste Mitteilungen des NIVM, Gruppe D, S. 119. Zürich 1930.

Die Prüfmaschine in Abb. 160a und b („Modell B")[1] besitzt als reibende Körper einen unteren ruhenden geschliffenen Ring *9* mit zwei konzentrischen Schienen aus gehärtetem Stahl, auf welchen die drei knopfartigen Bronzeplättchen *1* mit einer Randschiene bei ebenen Berührungsflächen eine Doppelbewegung, nämlich um den Mittelpunkt der unteren Scheibe durch das Getriebe *8* über das obere Zahnrad *7* (bis 200/min) und ihre eigenen Achsen über das untere Zahnrad *7* und die Spindeln *2* (bis/3000 min) im Spindelkopf *3* ausführen. Das

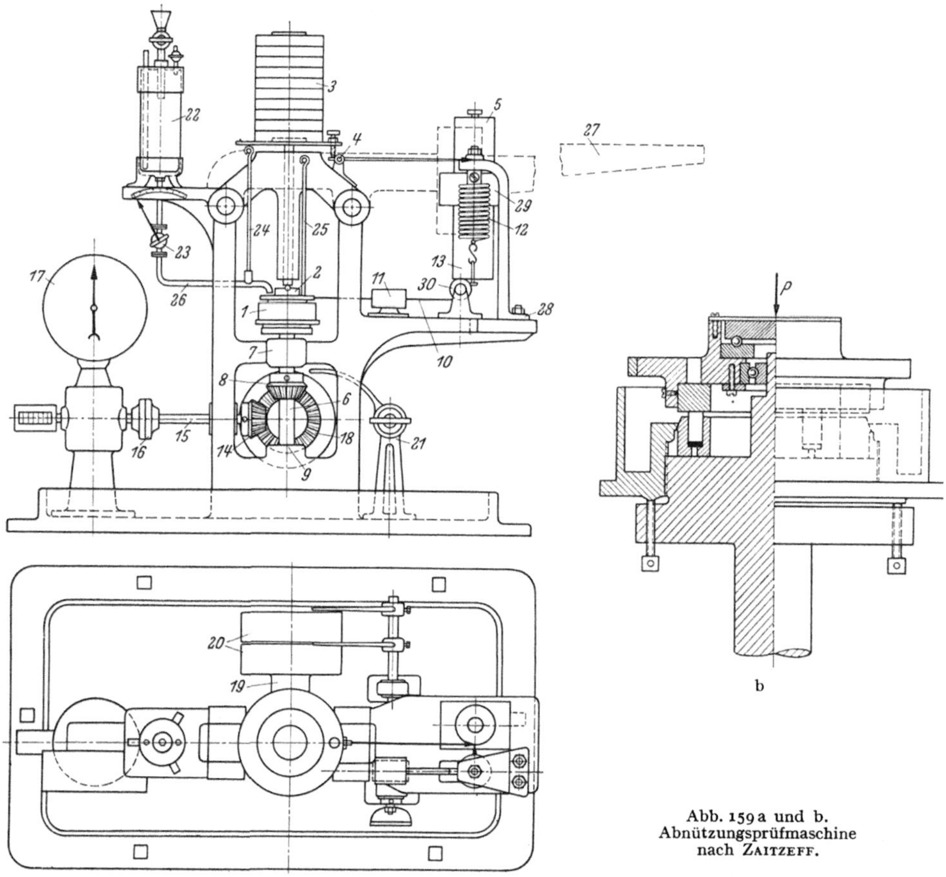

a b

Abb. 159a und b. Abnützungsprüfmaschine nach ZAITZEFF.

Reibungsmoment wird durch die Verdrehung des Drahtes *11* gemessen, wobei die Schwingungen über die Verbindung *15* vom Dämpfer *14* abgeschwächt sind. Das Schmieröl wird durch das Rohr *19* zugeführt und mittels der elektrischen Heizplatte *18* auf beliebiger Temperatur (bis 175° F) gehalten. Die Belastung bis 41 Pfund Höchstlast erfolgt durch Gewichte, wobei die spezifische Pressung 750 Pfund auf □-Zoll erreicht.

Die Verschleißmaschine SIEBEL-KEHL[2] (Abb. 161) kann für Versuche in trocknem Zustand der Prüfkörper, im Ölbad ohne, oder mit Schleifmittelzusatz verwendet werden. Die untere, z. B. als eine Anzahl von Ringausschnitten

[1] NEELY, G. L.: Proceedings of the general discussion on lubrication and lubricants, 13th—15th Oct. 1937. The Institution of Mechanical Engineers, London, Bd. 2, S. 378.

[2] VAHL, B. u. E. SIEBEL: Arch. Eisenhüttenw. 9 (1935/36) S. 563.

ausgebildete Probe ist in einem Halter befestigt und durch einen Gewichtshebel gegen die obere ringförmige Probe 28/20 mm Dmr. gedrückt. Das an der unteren Probe wirkende Drehmoment wird durch eine Federwaage gemessen. Die obere Probe läuft mit 2000 bzw. 4000 Umdrehungen in der Minute, was 2,5 bzw. 5 m/s Umfangsgeschwindigkeit entspricht. Durch die Wahl anderer Riemenscheiben können im Bedarfsfalle andere Gleitgeschwindigkeiten eingestellt werden. Ein in die untere Probe eingeführtes Thermoelement gestattet deren Temperatur zu ermitteln, wobei — falls keine Erwärmung erwünscht ist — von unten Preßluft zugeführt werden kann, die durch die Schlitze in den Proben nach außen tritt. Öl wird aus dem Behälter durch die obere Hohlspindel den Proben zugeführt.

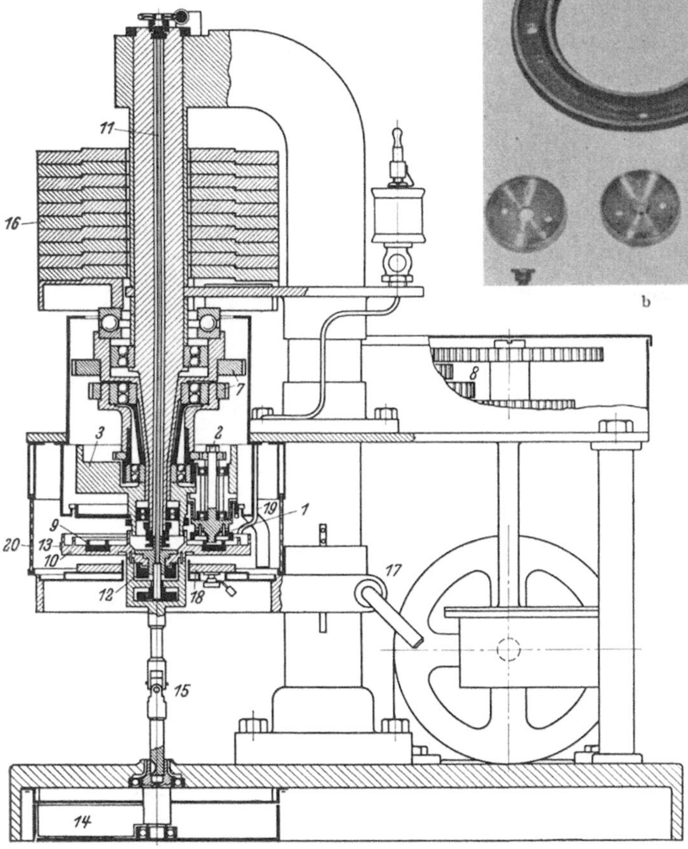

a

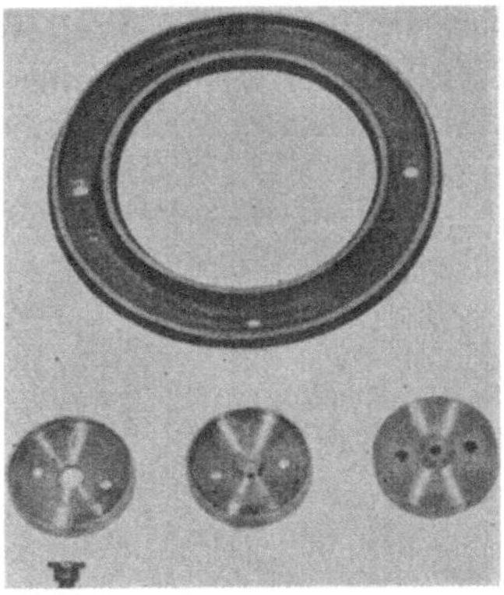

b

Abb. 160a und b. a Prüfmaschine der Standard Oil Company of California „Modell B". b Unterer Prüfring und die drei oberen knopfartigen Plättchen.

In der Ansoniareibungsprüfmaschine (Abb. 162) werden zwei Ringe 6 Zoll/4 Zoll Dmr. in einem Ölkasten mit ihren Stirnflächen aufeinandergepreßt, wobei das Drehmoment ebenfalls ermittelt wird. Die Belastung mit Hilfe eines Federkraftmessers und durch Hebelübersetzung kann bis 5000 Pfund, die Umdrehungszahl bis 500 je Minute ausgeführt werden.

Die abgeänderte Reibungsprüfmaschine nach WELLS 1929 (Öle für hohe Pressungen) ist in Abb. 163[1] zu sehen. Zwei Ringe o. dgl. laufen in Öl aufeinander, von welchen der untere vom Motor angetrieben ist, während das Drehmoment am oberen gemessen wird. Je nach der Probenform kann die spezifische Pressung zwischen 130 und 80000 Pfund/□-Zoll erzeugt werden, letzteres, wenn der obere Prüfring durch drei Kugeln ersetzt wird.

Bei der etwas von den bisher angeführten abweichenden Prüfart nach ROBIN[2] wird eine zylindrische Probe 15 mm Dmr. mit der Endfläche gegen das

Abb. 161. Verschleißmaschine Bauart SIEBEL-KEHL, von Mohr u. Federhaff.

Schmirgelpapier unter 1 kg/cm² Belastung gepreßt und mit 70 Umdrehungen in der Minute in einer kreisförmigen Bahn von 150 mm Dmr. geführt.

Der Vierkugelprüfer in Abb. 164[3] besteht aus drei aneinandergepreßten Stahlkugeln $^1/_2$ Zoll Dmr., die sich nicht bewegen können und einer oberen, welche mit 1500/min unter Last in Öl läuft. Ermittelt wird der Reibungskoeffizient und Gewichtsverlust.

In neuerer Zeit sind verschiedene ähnliche Geräte im Schrifttum bekannt geworden, so die Versuchseinrichtungen von H. DONANDT (Gleitfangvorrich-

[1] SOUTHCOMBE, JAMES E., JUSTIN H. WELLS u. JOHN H. WATERS: Proceedings of the general discussion on lubrication and lubricants, 13th—15th Oct. 1937. The Institution of Mechanical Engineers, London. Bd. 2, S. 400.

[2] ROBIN, F.: Kongreß des IVMT, New York 1912, Ber. III 6.

[3] BOERLAGE 1933; VAN DIJCK u. BLOK 1937; VAN DER MINNE, Dr. J. L.: Proceedings of the general discussion on lubrication and lubricants. 13th—15th Oct. 1937. The Institution of Mechanical Engineers, London. Bd. 2, S. 429.

tung)[1], K. SPORKERT[1], die Verschleißprüfvorrichtung für Kolbenringe nach E. SIEBEL[2] und viele andere[3].

Zuletzt sei darauf hingewiesen, daß man oft infolge aller erwähnten Schwierigkeiten bei der Ermittlung des Verschleißwiderstandes eines Materials für einen

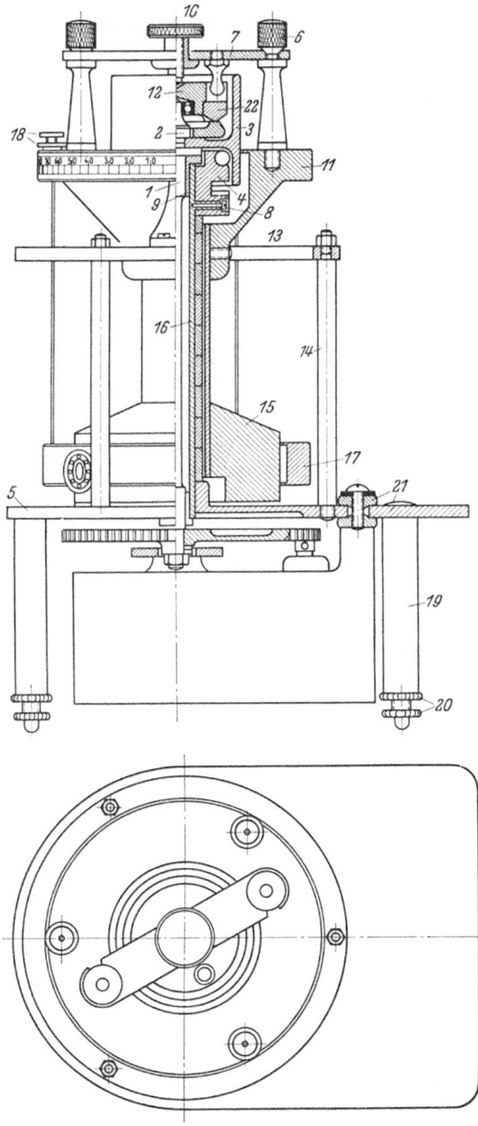

Abb. 162. Ansonia-Reibungsprüfmaschine von Olsen.

Abb. 163. Abgeänderte Reibungsprüfmaschine nach WELLS.
1 Lotrechte Antriebsspindel; *2* Zentrierstift für den unteren Prüfring; *3* Ölbehälter; *4* Heizkörper; *9* Bronzebüchse; *10* Stützschraube; *11* Kopf mit Teilung am Umfang; *12* Halter für den oberen Prüfring; *13* Ringträger für den Zeiger; *15* Belastungsgewicht; *17* Aluminiumring für die Messung des Drehmoments; *18* Justierschrauben für die Aufhängung; *21* Dämpfungszwischenlagen aus Gummi; *22* oberer Prüfkörper.

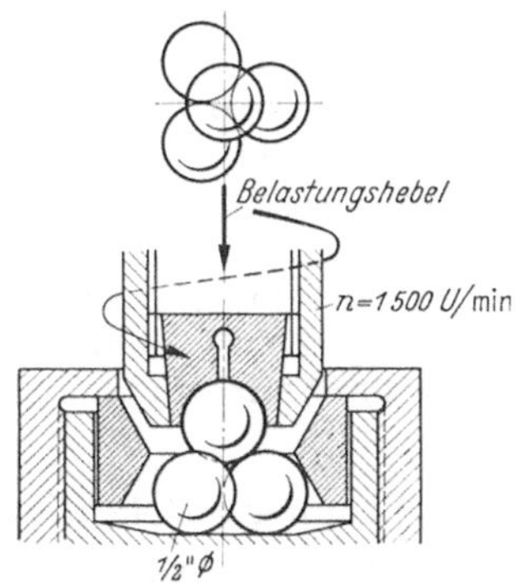

Abb. 163.

Abb. 164. Der Vierkugelprüfer.

bestimmten Verwendungszweck sich dazu entschlossen hat, systematische Beobachtungen auf lange Dauer im Betrieb selbst zu machen, z. B. Gotthard-

[1] Reibung und Verschleiß, Vorträge der VDI-Verschleißtagung Stuttgart 1938. VDI-Verlag. Berlin 1939. — [2] Siehe Reibung und Verschleiß, S. 124.

[3] TOMLINSON, G. A., P. L. THORPE u. H. J. GOUGH: J. & Proc. Instn. mech. Engrs., London Bd. 141 (1939) Nr. 3, Proc. S. 223. — Stahl u. Eisen Bd. 59 (1939) S. 901. — BOWDEN, F. P., L. LEBEN u. D. TABOR: The Engineer Lond., Bd. 168 (1939) S. 214. Siehe auch NIEBERDING: Abnutzung von Metallen. VDI-Verlag. Berlin 1930. — R. HOLM: Wiss. Veröff. Siemens-Werk.

strecke der Schweizerischen Bundesbahnen oder den Betrieb nachahmende Versuchsanlagen in Naturgröße bzw. bei mäßiger Verkleinerung zu bauen, wie die Japanischen Staatsbahnen[1] und die Budapester Lokalbahnen AG.[2].

E. Einrichtungen für die Lagerprüfung[3].

Während bei der Verschleißprüfung die Gewichtsabnahme der sich reibenden Probekörper die Hauptrolle gespielt hat, wird das Hauptgewicht bei der Lagerprüfung auf den Reibungswiderstand bzw. Gleiteigenschaften der verwendeten Materialien in Abhängigkeit von der Gleitgeschwindigkeit sowie Anpreßdruck gelegt. Dabei kann es sich um verschiedene Teilaufgaben handeln, wie:

Prüfung des Schmiermittels für ein bestimmtes Lager;
Prüfung des Lagermetalls und
Prüfung der Lagerkonstruktion,

wozu Sondereinrichtungen geschaffen worden sind[4]. Naturgemäß werden hier nur solche Prüfgeräte behandelt, welche in Verbindung mit einem Lagerzapfen arbeiten. Ermittelt wird das Reibungsmoment, die Temperatur (des Lagers, des Zapfens, des Schmiermittels), der Lagerspalt und die Veränderung der Reibungsflächen.

Von großem Einfluß auf das Ergebnis ist besonders der Umstand, wie der Zapfen geführt ist, d. h. ob sich der Zapfen in der Lagerschale nach dem SELLERS-Prinzip frei einstellen kann oder aber zwangsweise geführt ist. Etwaiges Kanten auch als Folge der Wellenverbiegung ist in diesem Zusammenhang zu erwähnen.

Die Umfangsgeschwindigkeit soll — wenn möglich stufenlos — während des Versuchs geändert werden können.

1. Schmiermittelprüfgeräte.

Um die Schmiermittel selbst zu prüfen sind — neben der Bestimmung der Viskosität nach ENGLER — Geräte entwickelt worden, welche die Vorgänge in Lagern mit Bezug auf Belastung, Gleitgeschwindigkeit und die Wechselwirkung zwischen Schmiermittel und Lager (Lagermetall, Zapfenwerkstoff sowie deren Oberflächenbeschaffenheit) besser zu erfassen gestatten. Die Versuchsbedingungen müssen aber genau definiert und die Ergebnisse reproduzierbar sein. Zu dem Zweck müssen entweder vor jedem Versuch neue aufeinandergleitende Prüfstücke eingebaut werden, oder aber die Gleitflächen müssen auf die Regeloberflächenbeschaffenheit neu bearbeitet werden. Andernfalls kann man das Verhalten des Schmiermittels während der Einlaufzeit (Glättung) des Lagers insbesondere beim Anlaufen (halbflüssige Reibung) nicht verfolgen, sondern lediglich im Endzustand.

a) Schmiermittelprüfmaschinen mit waagerechtem Lagerzapfen.

Die Methode nach DETTMAR[5] (Abb. 165) beruht auf einem mit dem PETROFFschen verwandten Prinzip: Zwei Schwungräder, welche an den Enden einer Achse befestigt sind, die ihrerseits auf einer mit Ringschmierung versehenen,

---

[1] ARAKI, H. u. S. SAITO: 2. int. Schienentagg., Zürich 1932, S. 121.
[2] SZEMERE, J.: 3. int. Schienentagg., Budapest 1935, S. 141.
[3] Über die Prüfung von Lagerwerkstoffen vgl. Bd. II, Abschn. VII, B.
[4] KÜHNEL, R.: Werkstoffe für Gleitlager. Berlin: Julius Springer 1939. Bearbeitet von H. BERCHTENBREITER, W. BUNGARDT, E. VOM ENDE, FRHR. F. K. v. GÖLER, R. KÜHNEL, H. MANN, H. v. SELZAM, R. STROHAUER, A. THUM, R. WEBER.
[5] FEA, L.: IVMT, Kongreß New York 1912, Ber. XXI, 2.

mit einer bestimmten Probeölmenge ausgestatteten Lagerschale aufruht, werden mittels eines Motors in rasche Drehung versetzt. Sobald 1200 Umdrehungen in der Minute erreicht sind, stellt man den Motor ab und mißt die bis zum Stillstand erforderliche Zeitdauer.

Abb. 165. DETTMAR-Apparat.

Abb. 166. GOODMANN-Maschine.

Abb. 167.

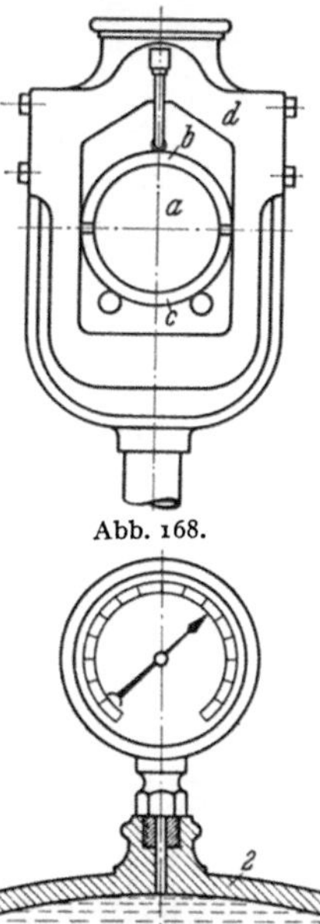

Abb. 168.

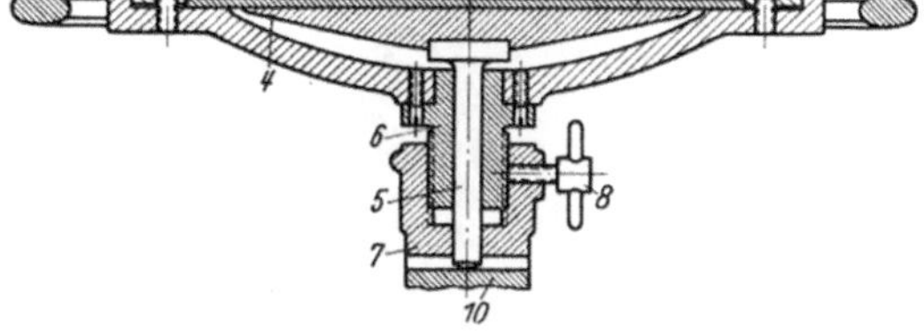

Abb. 169.

Abb. 167 bis 169. Lager- und Ölprüfmaschine nach MARTENS. Bauart: Deutsche Waffen- und Munitionsfabrik, Karlsruhe. Abb. 167. Ansicht der Maschine. Abb. 168. Gehäuse zur Aufnahme der beiden Schalenhälften. Abb. 169. Meßdose.

Die GOODMANN-Maschine[1] zur Bestimmung des Reibungskoeffizienten (Abb. 166) besteht aus einer vom Motor getriebenen Achse, die auf vier Rädern

[1] Vgl. Fußnote 4, S. 440.

von großem Durchmesser ruht und ein Lager aus Weißmetall mit bestimmter Menge Versuchsöl trägt. Die durch einen Momentpräzisionszähler feststellbare Umdrehungszahl des Motors kann innerhalb sehr weiter Grenzen

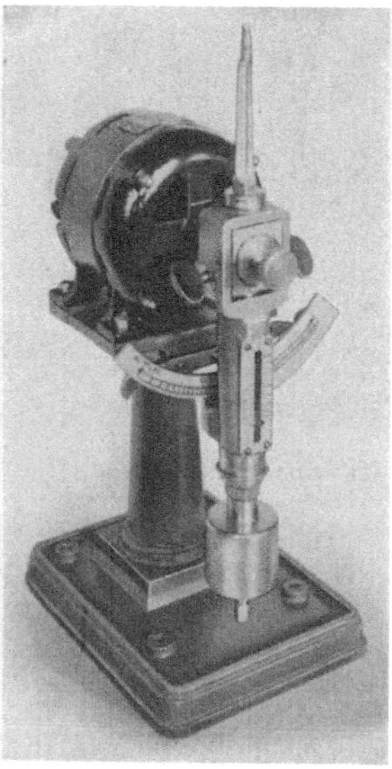

Abb. 170. THURSTON-Ölprüfmaschine von Olsen.

Abb. 171. Die OLSEN-Ölprüfmaschine.

eingestellt werden. Der Lagerdruck ist mit Hilfe eines belasteten Bügels regulierbar, welcher durch eine Parallelogrammtransmission auf die Lagerschale drückt. Das Reibungsmoment wird durch ein auf einem Hebel sitzendes Laufgewicht ausgeglichen.

Abb. 172. CORNELL-Ölprüfmaschine von Olsen.

Abb. 167 zeigt die Lager- und Ölprüfmaschine nach MARTENS[1]. Sie besteht aus dem mehrstufig angetriebenen Lagerzapfen *a* mit den zwei gleichmäßig angedrückten Schalenhälften *b* und *c* (Abb. 168). Der auf dem Lagergehäuse *d* hängende Pendel *e* mit Gewichten *f* zeigt das Reibungsmoment an. Zusätzlicher Druck auf die Lagerschalen bis 2500 kg wird nach dem Vorgange von NAPOLI[2] mit Hilfe einer Meßdose (Abb. 169) ausgeübt, welche in den Druckkopf der Maschine eingeschraubt (Schraube *6*) ist. Dabei drückt der lose geführte Stempel *5* auf die Lagerschale einerseits und auf den Teller *4*, sowie von hier aus auf die durch die Gummischeibe *3* abgeschlossene Flüssigkeit anderseits, was der Manometer *k* anzeigt. Die Temperatur der Lagersegmente wird mittels der Thermometer *h* gemessen.

[1] CZOCHRALSKI-WELTER: Lagermetalle. Berlin: Julius Springer 1924.

[2] MARTENS, A.: Materialienkunde für den Maschinenbau, Bd. 1, S. 380. Berlin: Julius Springer 1898.

Die THURSTON-Ölprüfmaschine (Abb. 170) — ähnlich die Ölprüfmaschine der Firma Rudolph Barthel, Chemnitz[1], und diejenige von Mohr u. Federhaff — benützt einen Lagerzapfen $1^5/_{16}$ Zoll Dmr. bei $1^1/_2$ Zoll Länge und ein Normallager mit bestimmter Ölmenge. Die Lagerschalen können durch die seitlichen Flügelschrauben geöffnet und geschlossen werden. Die Belastung wird erzeugt durch Anziehen der Schraube unten am Pendel. Die Schraube überträgt den

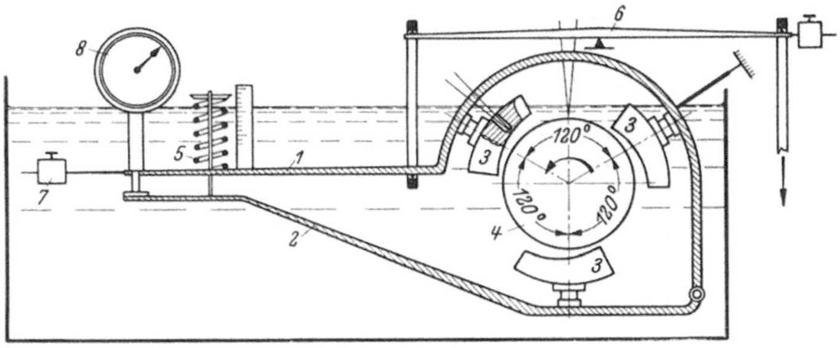

Abb. 173. Lagerprüfmaschine der Universität Göttingen.

Druck (5 bis 15 kg) mittels einer Feder auf den Zapfen, was an der Skala am Pendel abgelesen werden kann. Der Pendelausschlag zeigt das Reibungsmoment und das Thermometer in der oberen Lagerschale die Erwärmung bei etwa 1150 oder 1725 Umdrehungen in der Minute des Lagerzapfens an.

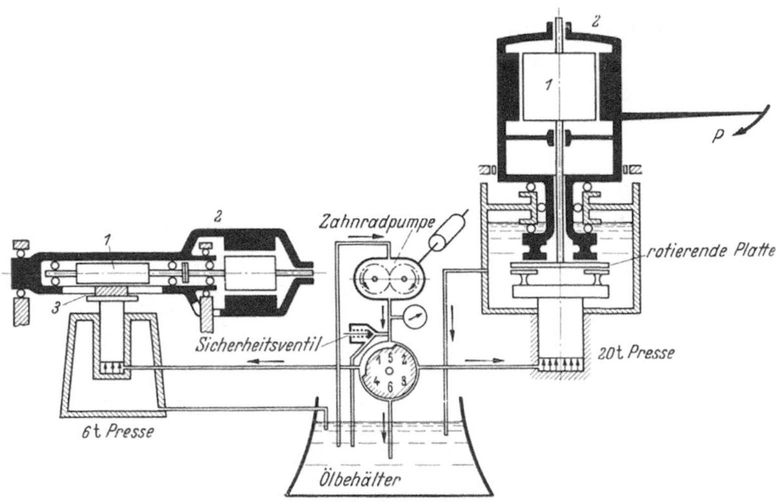

Abb. 174. Reibungs-Prüfgerät der École Nationale des Arts et Métiers, Châlons-sur-Marne (Frankreich).

Die OLSEN-Ölprüfmaschine (Abb. 171) besitzt einen Lagerzapfen 3 Zoll Dmr. bei 6 Zoll Länge, mit einer Höchstlast von 6000 Pfund. Die Belastungsvorrichtung ist als eine Zange ausgebildet mit dem Drehpunkt der Zangenarme in der Nähe des Versuchslagers. Durch das Handrad am rechten Ende wird eine von der unteren Federwaage angezeigte Druckkraft auf die Lagerschalen ausgeübt. Das Reibungsmoment wird dagegen von der oberen Federwaage — die einer Drehung der ganzen Belastungsvorrichtung um die Lagerzapfenachse im Wege steht — angegeben.

[1] DEMUTH, W.: Die Materialprüfung der Isolierstoffe der Elektrotechnik. Berlin: Julius Springer 1923.

Ähnlich arbeitet die CORNELL-Ölprüfmaschine (Abb. 172), deren Federwaage zur Messung der Lagerbelastung sowie das Antriebsrad in der Abbildung gut sichtbar sind. Die Achse des Antriebsrades und Lagerzapfens liegt aber hier in der Zangenebene, so daß das Reibungsmoment mit Hilfe der winkelrecht zu

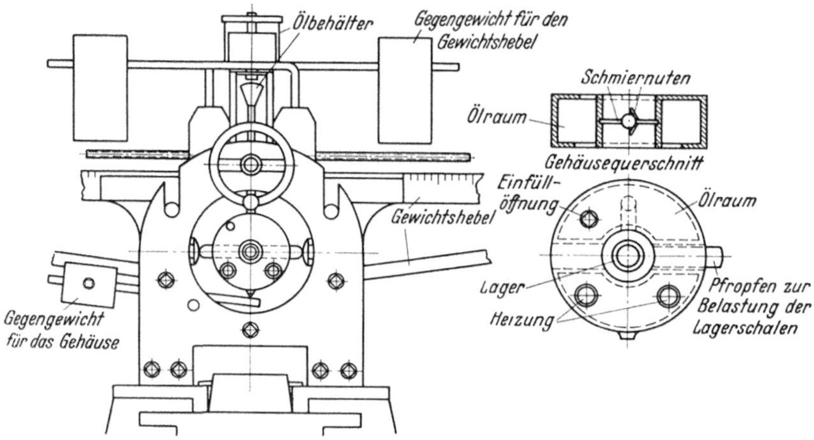

Abb. 175. MOORE-CARVIN-Reibungsmaschine.

dieser angeordneten Laufgewichtswaage gemessen wird. Der mit 250 und 500 Umdrehungen in der Minute getriebene Lagerzapfen weist einen Durchmesser von $3^3/_4$ Zoll bei $3^1/_2$ Zoll Länge auf. Die Lagerschale ist 2 Zoll breit, so daß eine Projektion von 7 Quadratzoll entsteht, aufwelche eine Belastung bis 5000 Pfund aufgebracht werden kann. Der Lagerzapfen wird bei beiden Maschinen in Abb. 171 und 172 in seiner Längsrichtung hin- und herbewegt, um gleichmäßige Abnützung sowie Verteilung des Schmiermittels sicherzustellen.

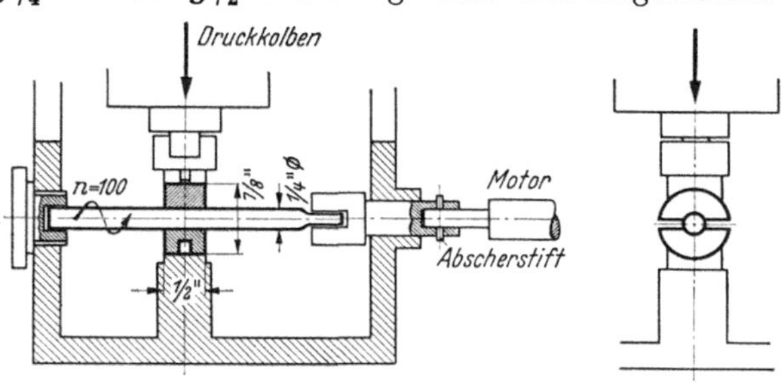

Abb. 176. FLOYD-Prüfer.

Die Lagerprüfmaschine (Abb. 173) wurde gebaut, um die Theorie der Lagerschmierung zu überprüfen[1]. Mit Hilfe der Hebel *1* und *2*, welche eine Zange bilden, werden die drei auf Kugeln gelagerten Bronzeschalen *3* auf einen polierten Lagerzapfen *4* mit Hilfe der Meßfelder *5* gedrückt. Die Vorrichtung hängt auf einem Ende des Waagbalkens *6*, dessen anderes Ende die Waagschale trägt, auf welche auch die Zusatzgewichte zur Bestimmung des Reibungsmomentes gelegt werden. Die radiale Verschiebung der 60 mm (in axialer Richtung) breiten und 20 mm langen Lagerschalen wird auf dem Zifferblatt *8* abgelesen.

Das Reibungsprüfgerät (Abb. 174)[2] besteht aus zwei Teilen: Links ist ein waagerechter Lagerzapfen *1* angeordnet, welcher mit dem Rotor des Motors direkt verbunden ist, wogegen das Reibungsmoment am drehbar gelagerten Stator *2* ermittelt wird. Das Versuchslager *3* wird mittels der hydraulischen Presse (bis 6 t) gegen den Lagerzapfen gedrückt bei einer Umdrehungszahl bis

[1] PRANDTL, L.: Proceedings of the general discussion on lubrication and lubricants, 13th—15th Oct. 1937. The Institution of Mechanical. Engineers, London. Bd. 1, S. 241.

[2] TENOT, A.: „Proceedings" (s. Anmerkung 1), Bd. 1, S. 317.

2000/min (22 PS). Rechts ist eine kreisrunde Platte auf einer lotrechten mit dem Rotor des Motors verbundenen Achse befestigt, welche unter Belastung (bis 20 t) in Öl läuft (bis 2000/min, 25 PS). Das Gleichgewicht des drehbar gelagerten Stators wird durch den Gewichtshebel bei P hergestellt. Die Zahnradpumpe fördert das Öl in die beiden Preßzylinder.

Die MOORE-CARVIN-Reibungsmaschine (Abb. 175)[1] besteht in der Hauptsache aus einem $^1/_2$-PS-Motor mit einem polierten Lagerzapfen aus hartem Kohlenstoffstahl 1,668 Zoll Dmr. Darüber ist eine Stahlbüchse mit 1,678 Zoll Dmr. in einem hohlen Gehäuse gestülpt, welches mit Gegengewicht ausgeglichen ist, so daß es frei schwebt. Die zwei Bronzelagerschalen, welche genau dem Lagerzapfen angepaßt sind, weisen eine projizierte Fläche von je 0,5 □-Zoll auf und

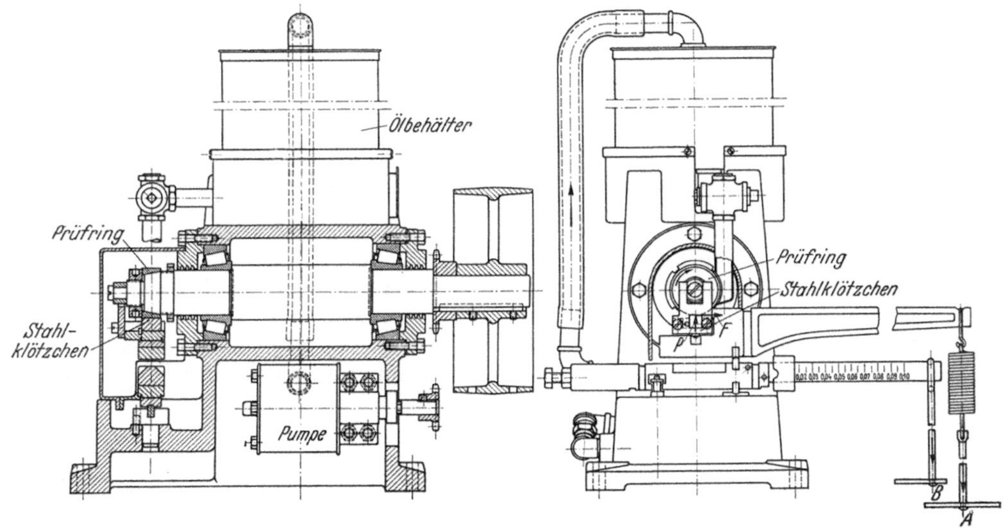

Abb. 177. TIMKEN-Schmiermittelprüfmaschine.

sind mit bis zu 5000 Pfund je □-Zoll belastet, nachdem sie vor dem Versuch eingelaufen wurden. Das Gehäuse ist mit Öl gefüllt, welches mittels einer Heizvorrichtung und Potentiometers auf gewünschter Temperatur gehalten werden kann.

Der FLOYD-Prüfer (Abb. 176)[2] weist eine Stahlwelle $^1/_4$ Zoll Dmr. auf, welche zwischen zwei Stahllagerschalen mit 100/min unter Last in Öl läuft. Die Last wird alle 10 s um 25 Pfund bis 200 Pfund erhöht und bleibt von da an während 5 min gleich. Der Versuch wird bei 200° F wiederholt und die Last in voran beschriebener Weise bis 325 Pfund gesteigert. Bei gutem Schmieröl darf der Stift zwischen der Antriebswelle und Prüfwelle nicht abgeschert werden.

Die zwei nun folgenden Prüfmaschinen weisen an Stelle von Lagerschalen Gleitstücke (Metallklötzchen) auf.

Die TIMKEN-Schmiermittelprüfmaschine (Abb. 177) verwendet einen auf die Prüfachse aufgesetzten Lagerring von etwa 50 mm Dmr. und als Gegenstück ein Stahlklötzchen $^1/_2 \times {}^1/_2 \times {}^3/_4$ Zoll gehärtet auf etwa 60 C-Rockwell und geschliffen. Das zu prüfende Schmieröl, welches mit Hilfe einer elektrisch geheizten Platte unterhalb des Behälters bis auf 210° F oder mehr erwärmt werden kann, wird durch eine Pumpe umgewälzt. Normale Umfangsgeschwindigkeit des

[1] BURWELL, A. W. u. J. A. CAMELFORD: Proceedings of the general discussion on lubrication and lubricants, 13th—15th Oct. 1937. The Institution of Mechanical Engineers, London, Bd. 2, S. 261.

[2] VAN DER MINNE, Dr. J. L.: „Proceedings" (s. Anmerkung 1), Bd. 2, S. 429.

Lagerringes beträgt gewöhnlich 200 oder 400 Fuß in der Minute. Für jeden Versuch müssen neue Gleitflächen angewendet werden. Der Prüfdruck P wird über den bei A belasteten oberen Hebel erzeugt, dagegen die Reibungskraft F mit Hilfe des durch die Gewichte bei B ausgeglichenen unteren Hebels gemessen.

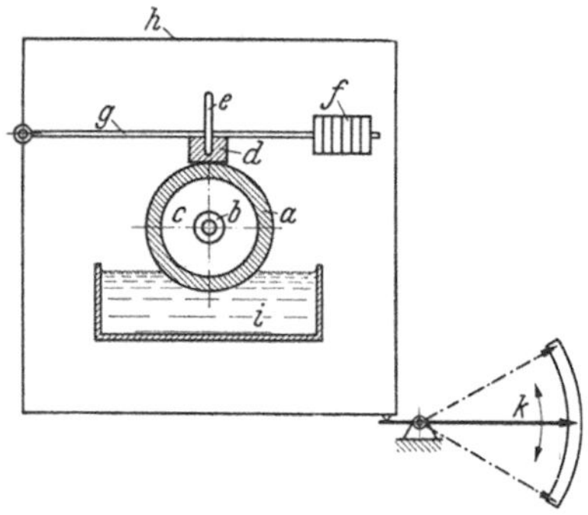

Abb. 178.

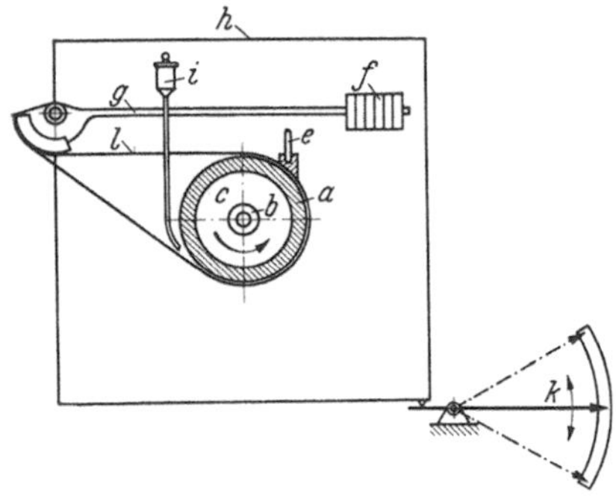

Abb. 179.

Abb. 178 und 179. Ölprüfvorgang mit Gleitstück und Gleitband nach Spindel. *a* Umlaufende Hohltrommel; *c* Heizraum zur Erwärmung der Trommel; *d* Gleitstück (Lagermetallklötzchen); *e* Thermometer; *h* Pendelrahmen; *i* Ölbehälter; *k* Schreibgerät zur Messung der Reibungskraft; *l* Gleitband.

Die Ölprüfmaschine Bauart Spindel ist gleich gebaut wie die Abnützungsmaschine in Abb. 154. Die Abb. 178 und 179 zeigen schematisch die zwei Ölprüfvorgänge: mit Gleitstück und mit Gleitband. Die Schmierfähigkeit des Öls wird geprüft bei verschiedenen Flächenbelastungen von 0,5 bis 150 kg/cm² und Gleitgeschwindigkeiten bis 100 m/min sowie Temperaturen bis 250° C.

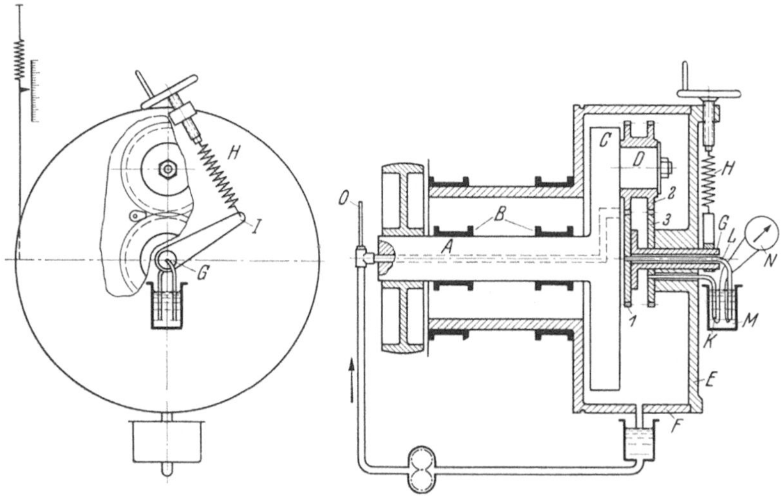

Abb. 180. Planetrad-Prüfmaschine.

In Abb. 180 ist eine Planetradprüfmaschine dargestellt[1]. Ein Planetzahnrad *2* dreht sich um den Kurbelzapfen D, welcher auf dem Flansch C der Welle A befestigt ist. In dieses Zahnrad greifen zwei ruhende schmale Zahnräder *1* und *3* ein, von welchen *3* mit dem Gehäuse E bis F verbunden ist, hingegen *1* auf einem Drehzapfen G sitzt. Durch Ausübung eines Drehmomentes auf diesen Drehzapfen mit Hilfe der Meßfeder H über den Hebel J kann beliebige Last auf

[1] Blok, H.: Proceedings of the general discussion on lubrication and lubricants, 13th to 15th Oct. 1937. The Institution of Mechanical Engineers, London. Bd. 2, S. 14.

die Radzähne *1* und *2* (und dadurch auch *3*) übertragen werden bei einer spezifischen Pressung in der Berührungszelle bis 10000 kg/cm². Das Schmieröl wird durch die Bohrung in der Welle *A* zu den Zahnrädern geleitet. Das Reibungsmoment kann ermittelt werden, indem das Gehäuse drehbar gelagert ist und durch eine zweite Meßfeder in Ruhe gehalten wird. Um die Temperatur der Berührungsstellen der Zähne zu ermitteln, sind die Zahnräder *1* und *2* aus gleichem Stahl, hingegen *3* aus einem anderen ausgeführt, wobei *1* von dem Drehzapfen *G* als auch *3* vom Gehäuse *E* isoliert sind, die durch Stäbe *K* und *L* aus gleichem Material wie sie selbst (*K* aus *3* und *L* aus *1*) mit der kalten Lötstelle *M* des Thermoelements (bis 300° C) und von da aus mit dem Millivoltmeter *N* verbunden sind.

b) Schmiermittelprüfmaschinen mit lotrechtem Lagerzapfen.

Die Grenze der hier interessierenden Prüfgeräte dürfte das HAYES-LEWIS-Viskosimeter (Abb. 181) bilden, bei welchem der Lagerzapfen durch einen hohlen Zylinder ersetzt ist, der ruhend an einer Torsionswaage aufgehängt, in eine rotierende Flüssigkeit — deren Viskosität man zu bestimmen wünscht — taucht. Ein Schaubildgerät zeichnet die Viskosität in Abhängigkeit von der Temperatur auf.

Abb. 181. HAYES-LEWIS-Viskositätsmesser von Olsen.

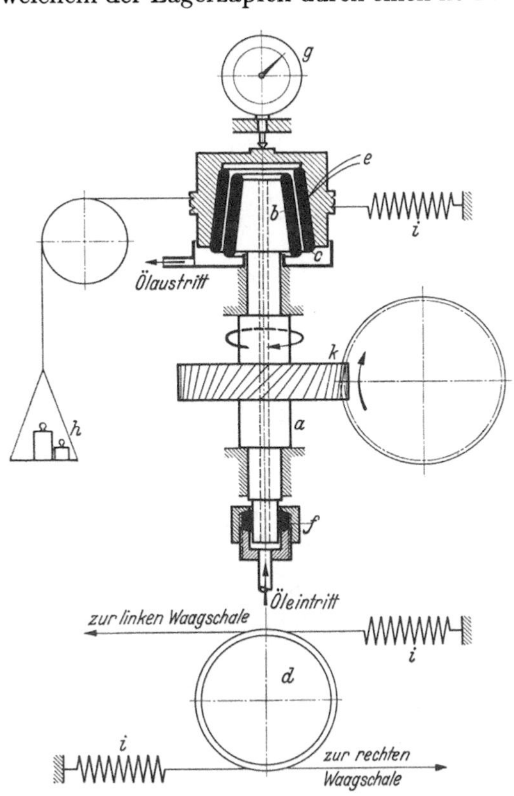

Abb. 182. Ölprüfmaschine nach PRANDTL.

Eine Sonderstellung nehmen die Ölprüfmaschinen mit senkrecht angeordnetem kegelförmigen Laufzapfen und Lager ein, welche eine sehr große spezifische Pressung in einfacher Weise ermöglichen und ebenso den Lagerspalt leicht ermitteln lassen.

Die von PRANDTL angegebene Ölprüfmaschine[1] (Abb. 182) gestattet ein Schergefälle (Umfangsgeschwindigkeit dividiert durch die Schmierspaltweite)

[1] KYROPOULOS, S.: Z. VDI Bd. 77 (1933) S. 29.

bis 55000/s herzustellen. Sie besteht aus einem umlaufenden inneren und einem ruhenden äußeren Kegel. Das vom Öl übertragene Drehmoment wird mittels der Gewichte *h* gemessen. Die Spaltweite wird mit einem Hebel eingestellt, der von oben gegen den Außenkegel drückt und dem Öldruck das Gleichgewicht hält.

Ähnlich arbeitet die Ölprüfmaschine nach HAAKE[1] (Abb. 183). Die Lagerpressung kann von 1,85 bis 20 kg/cm² und der Lagerspalt bis auf 0,001 mm

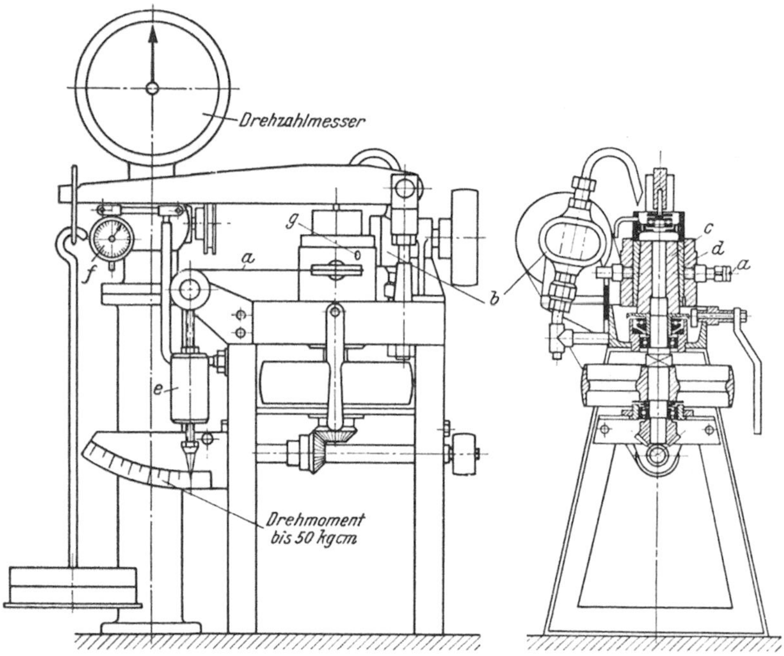

Abb. 183. Ölprüfmaschine nach HAAKE.

hinunter einwandfrei hergestellt werden. Der kegelförmige im Einsatz gehärtete und geschliffene Zapfen *c* hat 60/52 mm Dmr. bei 90 mm Länge und ist mit drei Schmiernuten parallel zur Achse versehen. Die Lagerschale *d* aus harter Carobronze ist mit Widiahartmetall ausgedreht und durch Schaben nachbearbeitet. Eine Zahnradpumpe *b* bewirkt den Umlauf des Öls, das ohne Druck von oben zwischen Zapfen und Schale eintritt. Die Lagerschale wird durch einen Hebel — welcher zugleich zum Messen der Ölschicht dient — belastet und von einem am Halbmesser von 100 mm angreifendem Draht *a*, welcher zum Pendel *e* führt, gegen Drehung gehalten.

2. Lagermetallprüfgeräte.

Die Prüfmaschine Bauart SCHWARZ[2] (Abb. 184 und 185) gestattet schnell und einfach für bestimmte Zwecke ausreichende Vergleichs- bzw. Kontrollversuche mit Lagermetallen bei 1 oder 2 cm² Reibungsfläche der Probekörper, und zwar auf einem in Öl rotierenden polierten Stahlring auszuführen. Die Gleitgeschwindigkeit ist in 6 Stufen von 1 bis 10 m/s einstellbar bei einem Anpressungsdruck von 10 bis 200 kg. Die Temperatur wird mit einem in die Probe

[1] HAAKE, H.: Z. VDI Bd. 77 (1933) S. 381.
[2] SCHWARZ, M. v. u. E. FLEISCHMANN: Z. VDI Bd. 72 (1928) S. 1098.

eingeführten Thermometer, hingegen das Reibungsmoment durch eine Pendelwaage mit Schwingungsdämpfer gemessen. Um ein rasches Eintreten des Beharrungszustandes zu erreichen ist der Probekörper *b* und Laufring *c* durch den Körper *d* isoliert, so daß sich nur geringe Massen an der Erwärmung beteiligen.

Abb. 184. Lagermetallprüfmaschine, Bauart v. Schwarz-Mohr u. Federhaff.

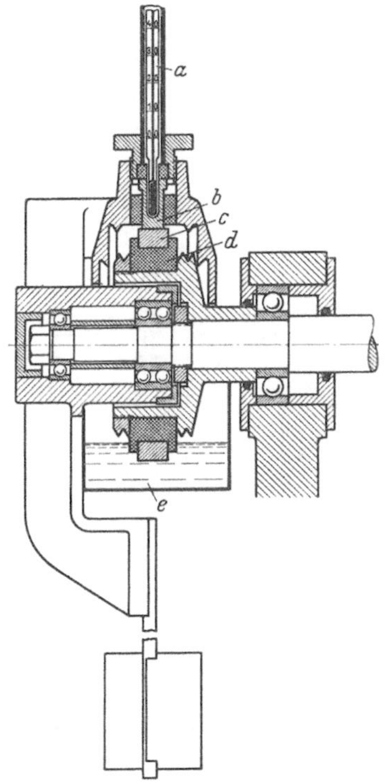

Abb. 185. Probekörper und Schnitt durch den Pendelkopf der Maschine in Abb. 184.

Zur Bestimmung der Dauerschlagfestigkeit von Lagermetallen sind auch Dauerschlagdruckversuche in Vorschlag gebracht worden[1].

3. Lagerprüfmaschinen.

Bei diesen Prüfmaschinen wird das Zusammenwirken des Schmiermittels, Lagermetalls und Lagerform auf längere Dauer verfolgt. In diesem Fall muß aber die Lagerprüfung dem Betrieb möglichst angepaßt werden.

a) Lagerprüfmaschinen mit statischer Lastwirkung.

Die Reibungsprüfmaschine[2] (Abb. 186) besteht aus einer in zwei Kugellagern *b* und *b'* gelagerten Welle *a* mit der Schwungmasse *f*, die von dem Motor *c* mittels ausrückbarer Kupplung *d* angetrieben wird und dem Versuchslager *e*. Dieses kann durch die Meßdose, die unter hoher Ölpressung steht, an die Welle gedrückt werden.

[1] Thum, A. u. R. Strohauer: Z. VDI Bd. 81 (1937) S. 1245.
[2] Czochralski-Welter: Lagermetalle. Berlin: Julius Springer 1924.

Ähnlich arbeitet die Lagerprüfmaschine in Abb. 187, wie sie von KARELITZ und ELLIS[1] verwendet wurde. Der Laufring weist 5 Zoll Dmr. bei 2 Zoll Länge auf, die Höchstbelastung beträgt 5000 Pfund. Ein LEONARD-Umformer gestattet die Geschwindigkeit in sehr weiten Grenzen zu verändern. Die Belastung gibt ein Federdynamometer, hingegen die Lagertemperatur ein bis nahe an die Gleitfläche eingeführtes Thermoelement an. Man begnügt sich mit der Leistungsmessung am Motor selber, wodurch aber die Reibungsarbeit der zwei Stütz-Rollenlager mitgemessen wird[2].

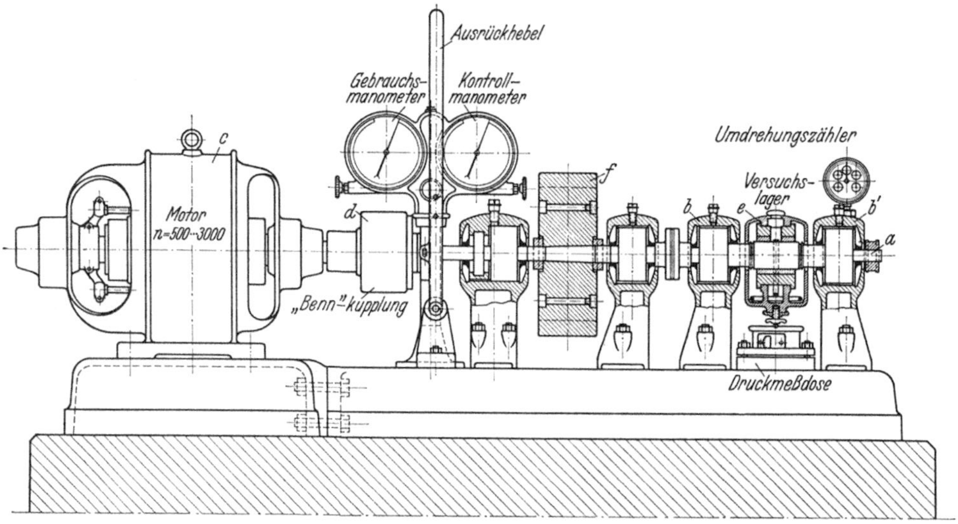

Abb. 186. Reibungsprüfmaschine, Bauart Mohr u. Federhaff.

Der Prüfstand für Lagermetalle, wie er zuerst von KAMMERER und WELTER benutzt wurde, ist in Abb. 188 dargestellt[3]. Das Laufgewicht *o* wirkt über die Hebelübersetzung h^1, k^1, *h* auf den Rahmen *g*, der den Lagerkörper *k* mit dem Versuchslager *f* trägt. Der Lagerzapfen *e* ragt frei vor und ist direkt mit der Motorachse gekuppelt. Ein in die Zapfenbohrung *l* eingeführtes, mit der Welle umlaufendes Thermometer *p*, das bis zur Mitte des Versuchslagers reicht und durch eine federnde Kupferhülse direkt mit der Innenwandung des Zapfens in Berührung steht, kann durch Anlegen einer Hilfsskala ohne Stillsetzung der Welle abgelesen werden.

Die große OLSEN-GALENA-Ölprüfmaschine (Abb. 189) besitzt einen frei vorkragenden Lagerzapfen von $4^1/_2$ Zoll Dmr. und 8 Zoll Länge (oder 5 Zoll Dmr. und 9 Zoll Länge) und wird für die Prüfung von Eisenbahnwagenlagern und Ölen verwendet[4]. Die Belastung bis 20000 Pfund wird von der Federwaage rechts oben, dagegen das Reibungsmoment von der Laufgewichtswaage angegeben. Ein Schaubildgerät zeichnet das Reibungsmoment in Abhängigkeit von dem Gleitweg auf. Der Lagerzapfen wird während 100 Umdrehungen um $^1/_4$ Zoll in seiner Längsrichtung hin und herbewegt, um beste Schmierung zu gewährleisten.

[1] KARELITZ, G. B. u. O. W. ELLIS: Research Laboratory, Westinghouse Elec. & Mfg. Co., East Pittsburgh, Pa., Ber. 23.

[2] Die Lagerprüfmaschine Bauart Bamag stellt den Versuch dar, die Reibung der Stützlager auszuschalten. Siehe: H. HERTTRICH: Masch.-Bau Betrieb Bd. 8 (1929) S. 120.

[3] Vgl. Fußnote 2, S. 449.

[4] Siehe auch das Rollwerk des Reichsbahnversuchsamtes Göttingen zur Prüfung von Radsätzen mit aufgesetzten Lagern. — GARBERS: Org. Fortschr. Eisenbahnw. Bd. 91 (1936) Nr. 14. — KÜHNEL, R.: Werkstoffe für Gleitlager. Berlin: Julius Springer 1939, S. 101.

Die Belastungsvorrichtung und das Wiegesystem (als hochempfindliche Waage von SCHENCK) der Lagerprüfmaschine, die mit Hilfe der Deutschen Gemeinschaft zur Erhaltung und Förderung der Forschung hergestellt wurde, ist in Abb. 190 schematisch dargestellt[1]. Die Versuchswelle weist 220 mm Dmr. bei 300 mm Länge auf. Die Belastung beträgt höchstens 7000 kg bei max. 3000 Umdrehungen in der Minute. Die Schmierschichtdicke wird gemessen, indem Lager und Welle die beiden Beläge eines Kondensators darstellen und zwei

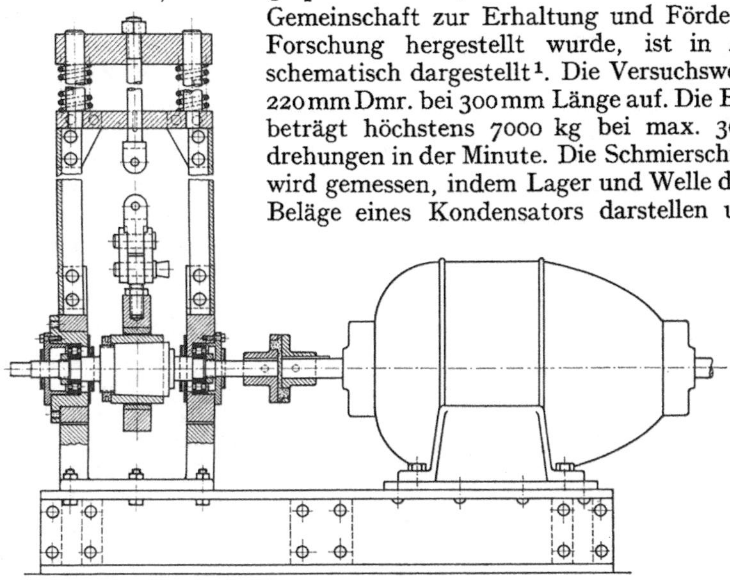

Abb. 187. Westinghouse-Lagerprüfmaschine.

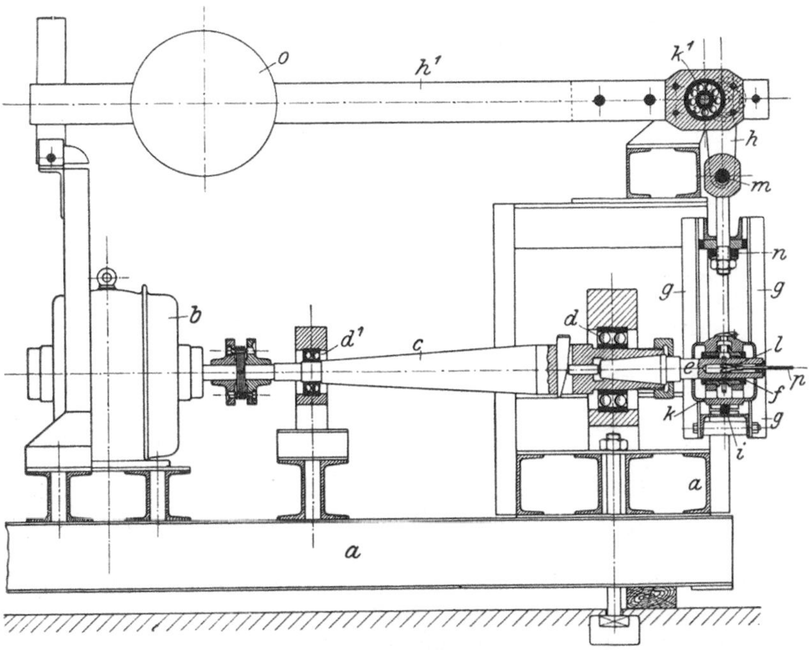

Abb. 188. Prüfstand für Lagermetalle nach KAMMERER und WELTER.

hochfrequente miteinander gekoppelte Schwingungskreise auf gleiche Wellenlänge abgestimmt werden. In dem einen Schwingungskreis liegt eine geeichte

[1] HEIDEBROEK, E.: Z. VDI Bd. 74 (1930) S. 1259. Siehe auch die Reibungswaagen des National Physical Laboratory, Teddington, der Rhenania-Ossag (Duffing) und des Reichsbahnversuchsamtes Göttingen in R. KÜHNEL: Werkstoffe für Gleitlager, S. 93/94. — G. DUFFING: Z. VDI Bd. 72 (1928) S. 495.

veränderliche Kapazität, die zu der unbekannten Lagerkapazität parallel geschaltet ist. Durch Verstimmen des einen Kreises treten Schwebungen auf, die im Telephon hörbar gemacht werden und hiermit die Lage des Zapfens im Lager angeben. Sodann kann die Temperatur des Lagers und die Druckverteilung sowohl an verschiedenen Stellen am Umfang als auch in axialer Richtung gemessen werden. Eine Rückkühlanlage gestattet das Öl auf die gewünschte Eintrittstemperatur von 25 bis 65° C zu bringen. Öleintrittsdruck 0,5 und 1,0 at.

Abb. 189. Galena-Ölprüfmaschine von Olsen.

Die 10-t- und 15-t-Lagerreibungswaage (Abb. 191) besteht aus einem Unterbau, in welchem die Hebel und die Hubvorrichtung untergebracht sind. Auf der Keilfeststellvorrichtung *K* sitzt der Lagereinspannrahmen *b*. Die Laufgewichtswaage *gi* zur Messung der Belastung und die Leuchtbild-Auswiegevorrichtung *kl* zur Anzeige des Reibungsmomentes sind seitlich auf dem Unterbau angeordnet. Der Lagerzapfen kragt frei vor und trägt das Versuchslager, wobei der Schwerpunkt des Rahmens *b* samt Lager in der Wellenachse sich befindet.

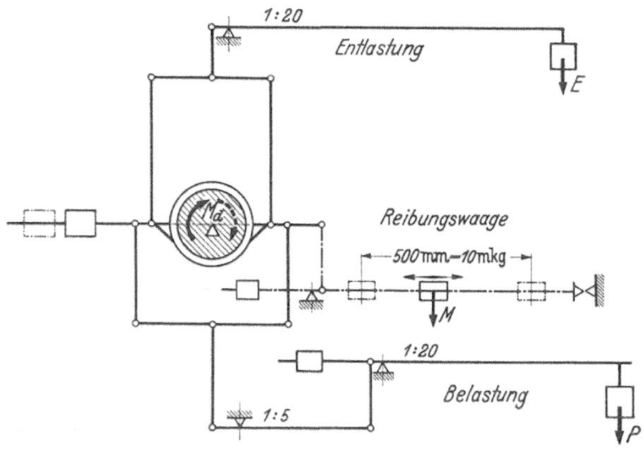

Abb. 190. Lagerprüfmaschine nach Heidebroek mit Wiegesystem von Schenck.

Die Lagerprüfmaschine nach Kammerer (Abb. 192) besitzt eine Versuchswelle von 65 mm Dmr., die beiderseits in wassergekühlten Spezialwälzlagern in dem aus einem Stück gegossenen Maschinenrahmen abgestützt ist. Das Versuchslager ist dagegen als Ringschmierlager ausgebildet, dessen Laufbüchse sowohl geschlossen, als auch geteilt sein kann. Das portalförmige Gestell trägt in seiner Mitte den Belastungshebel mit Übersetzung 1 : 50. Von dem Lastangriffspunkt aus wird die Last bis zu 10000 kg über einen zweiarmig gleichschenkligen Hebel durch zwei Gehänge auf das ebenfalls als zweiarmig gleichschenkliger Hebel ausgebildete Leichtmetall-Lagergehäuse übertragen. Da sich der Drehpunkt dieses Hebels (Lagergehäuse) in der Wellenmitte befindet, reagiert dieses Hebelsystem nur auf die im Versuchslager auftretenden Reibungsmomente, die dann mit Hilfe einer entsprechend dem zu erwartenden Drehmoment vorgespannten Meßfeder durch ein Schaubildgerät aufgezeichnet werden. Die kurze Versuchswelle weist Kegelenden zum Anschluß an die Antriebs- und Gegenwelle durch Kegelhülsen und Überwurfmuttern auf. Die hohle Versuchswelle kann durch eine eingesetzte Heizpatrone auf beliebiger Temperatur mittels eines Temperaturreglers konstant gehalten werden. Der etwa 10-PS-Motor kann von

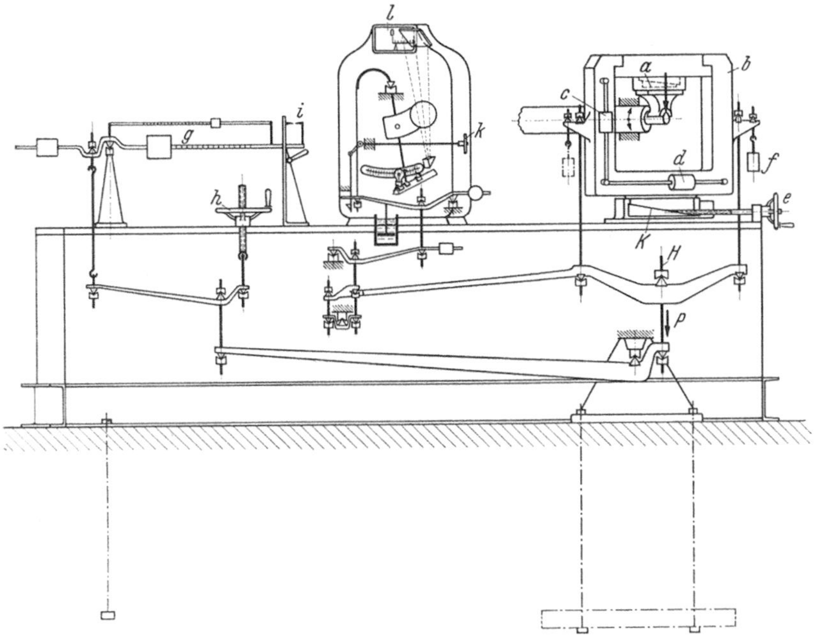

Abb. 191. Lagerreibungswaage von Schenck.

Abb. 192. Lagerprüfmaschine nach KAMMERER von MAN.

150 bis 3000 Umdrehungen in der Minute stufenlos geregelt werden. Eine Quecksilberkipppröhre stellt die Maschine ab, sobald das Drehmoment eine bestimmte, beliebig einstellbare Grenze, überschritten hat.

Die Lagerprüfmaschine nach LEHR[1] (Abb. 193 bis 195) besitzt einen 20-kW-Gleichstromnebenschlußmotor *a* mit einem Leonardsatz für stufenlose Regelung

[1] LEHR, E.: Lagerprüfmaschine für Gleitlager aus Preßstoffen, Kunst und Preßstoffe, Heft 1. Berlin: VDI-Verlag 1937.

der Drehzahl von 100 bis 2500 Umdrehungen in der Minute. Das Getriebe *b* ist 1 : 2 übersetzt, so daß Drehzahlen bis 5000 gefahren werden können. Die Prüfwelle *d* läuft in zwei Gleitlagern *f* und *g* (nicht Pendelrollenlager wie ge-

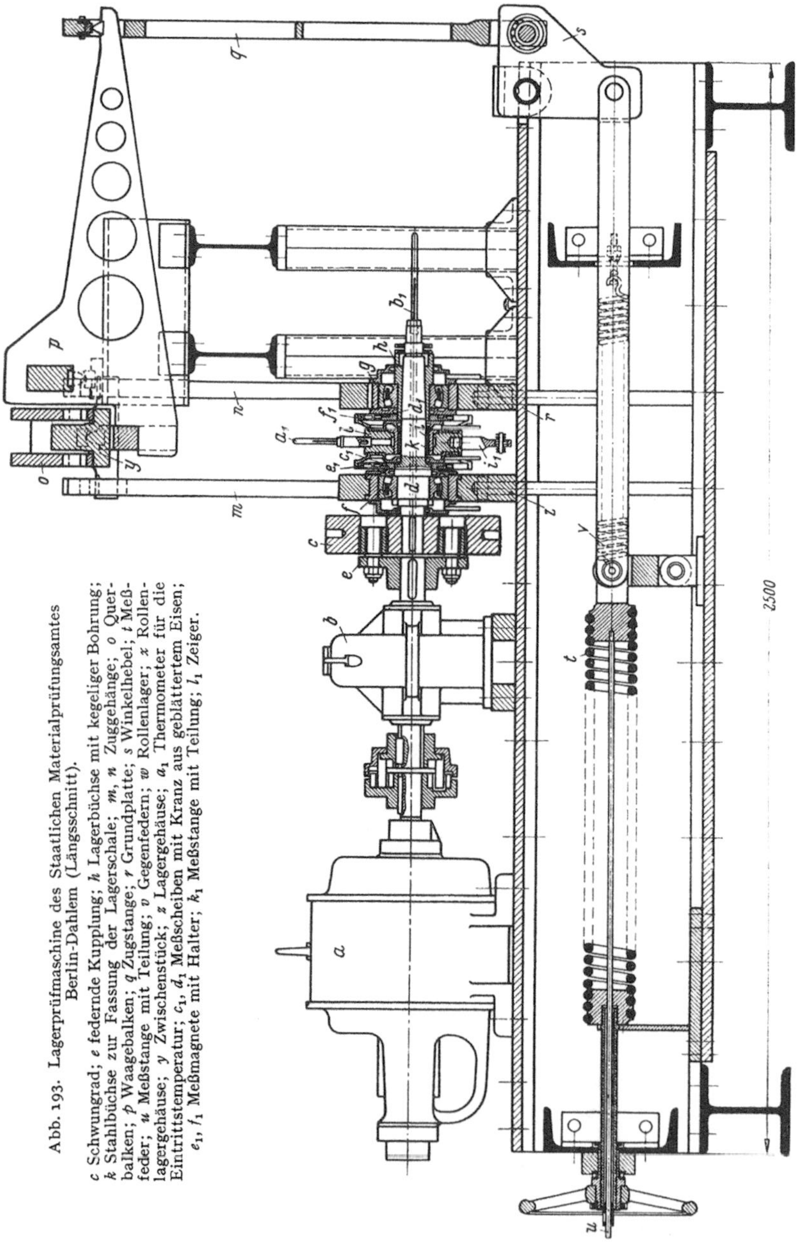

Abb. 193. Lagerprüfmaschine des Staatlichen Materialprüfungsamtes Berlin-Dahlem (Längsschnitt).

c Schwungrad; *e* federnde Kupplung; *h* Lagerbüchse mit kegeliger Bohrung; *k* Stahlbüchse zur Fassung der Lagerschale; *m*, *n* Zuggehänge; *o* Querbalken; *p* Waagebalken; *q* Zugstange; *r* Grundplatte; *s* Winkelhebel; *t* Meßfeder; *u* Meßstange mit Teilung; *v* Gegenfedern; *w* Rollenlager; *x* Rollenlagergehäuse; *y* Zwischenstück; *z* Lagergehäuse; a_1 Thermometer für die Eintrittstemperatur; c_1, d_1 Meßscheiben mit Kranz aus geblättertem Eisen; e_1, f_1 Meßmagnete mit Halter; k_1 Meßstange mit Teilung; l_1 Zeiger.

zeichnet), die sich nach dem Seller-Prinzip einstellen können und Druckölschmierung erhalten[1]. Die zu untersuchende Lagerschale *i* ist in das Querhaupt *l* eingesetzt, in welche unten sechs Bohrungen von 2 mm Dmr. bis zur Mitte der

[1] Schriftliche Mitteilung.

Wanddicke führen, so daß die Temperatur mittels Thermoelementen ermittelt werden kann. Das Schmiermittel wird von einer Zahnradpumpe aus einem mit Kühler oder Heizvorrichtung und Filter versehenen Behälter durch einen Windkessel sowie Mengenmesser in das Lager gefördert. Die Ein- und Austritttemperatur des Öls wird mit Thermometern gemessen. Die Temperatur des Zapfens wird durch ein in die Längsbohrung eingesetztes Thermometer b_1, welches mit der Zapfeninnenwand durch eine Packung aus Aluminiumfolie leitend verbunden ist, gemessen, was während der Drehung infolge einer Stroboskopwirkung möglich ist. Die Belastungsvorrichtung gestattet den Lagerzapfen von 60 mm Dmr. bei 60 mm Länge mit 12,5 t entsprechend 350 kg/cm² zu belasten. Das Reibungsmoment wird mit Hilfe der Rückstellkraft der Meßfedern g_1 und h_1, die am Arm i_1 angreifen, bestimmt. Mit Hilfe der in Abb. 194 links angedeuteten Vorrichtung mit

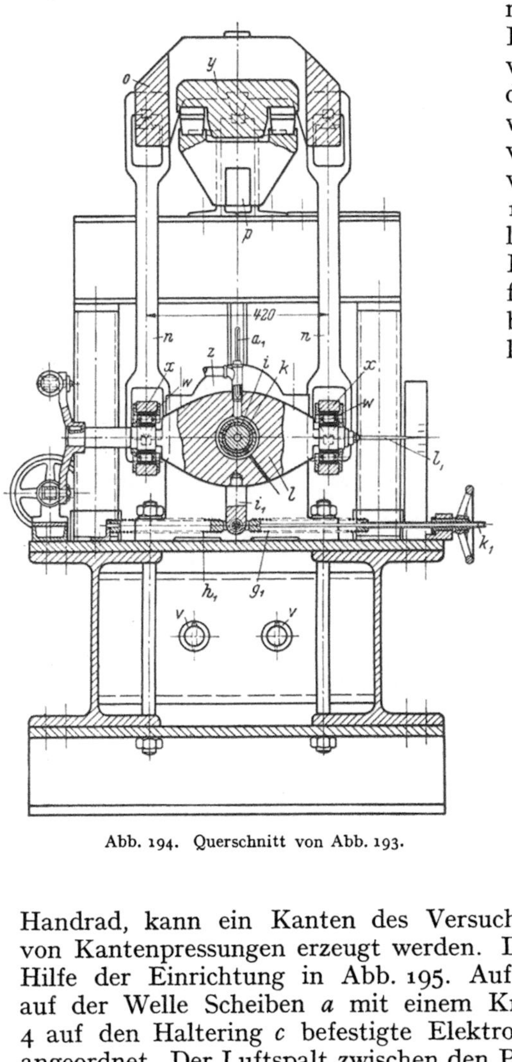

Abb. 194. Querschnitt von Abb. 193.

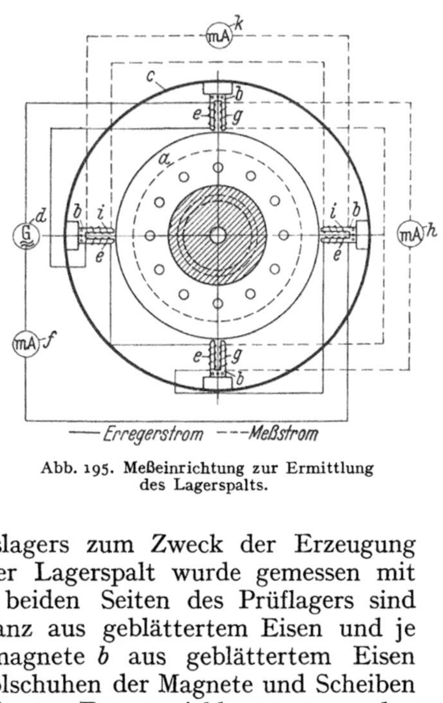

Abb. 195. Meßeinrichtung zur Ermittlung des Lagerspalts.

Handrad, kann ein Kanten des Versuchslagers zum Zweck der Erzeugung von Kantenpressungen erzeugt werden. Der Lagerspalt wurde gemessen mit Hilfe der Einrichtung in Abb. 195. Auf beiden Seiten des Prüflagers sind auf der Welle Scheiben *a* mit einem Kranz aus geblättertem Eisen und je 4 auf den Haltering *c* befestigte Elektromagnete *b* aus geblättertem Eisen angeordnet. Der Luftspalt zwischen den Polschuhen der Magnete und Scheiben beträgt 0,2 mm. Die hintereinandergeschalteten Erregerwicklungen *e* werden vom Einphasenwechselstrom (10000 Hz) durchflossen. Die Meßwicklungen *g* bzw. *i* werden gegeneinandergeschaltet und über einen Wechselstrommesser geschlossen. Ist der Luftspalt der Magnete gleich groß, so heben sich die Spannungen in den Meßwicklungen auf. Verschiebungen bewirken bei *h* und *k* eine entsprechende Anzeige, wodurch 1 μ unschwer gemessen werden kann.

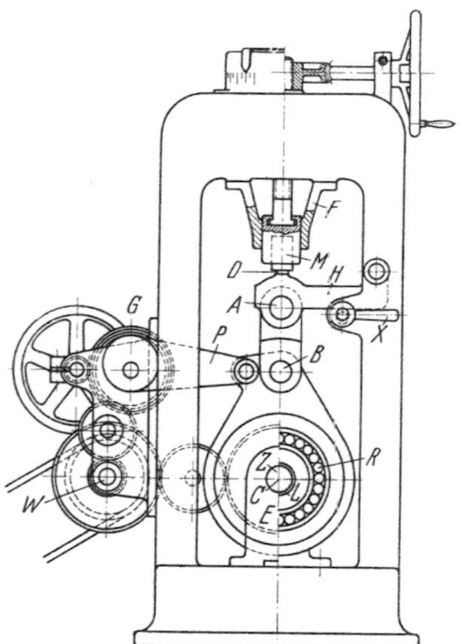

Abb. 196.

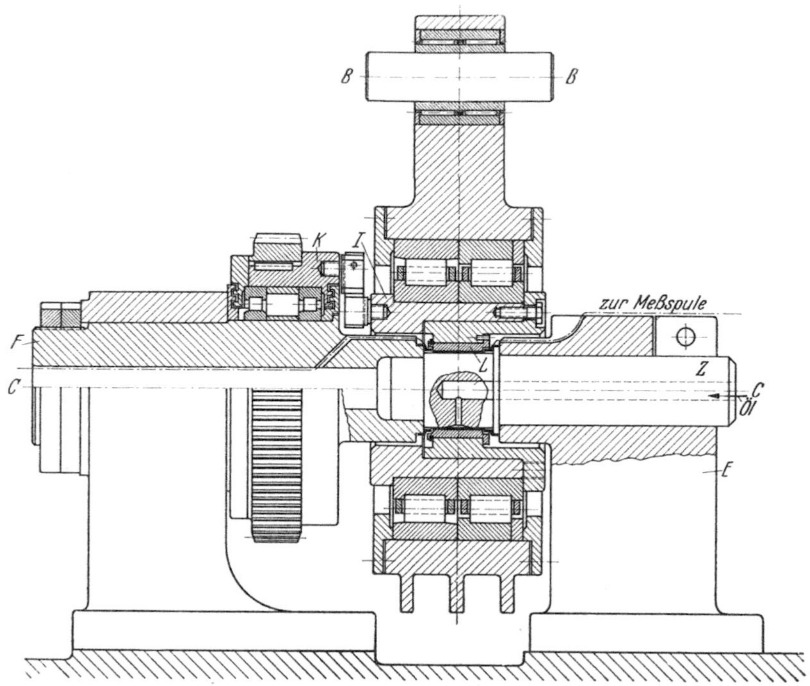

Abb. 197.

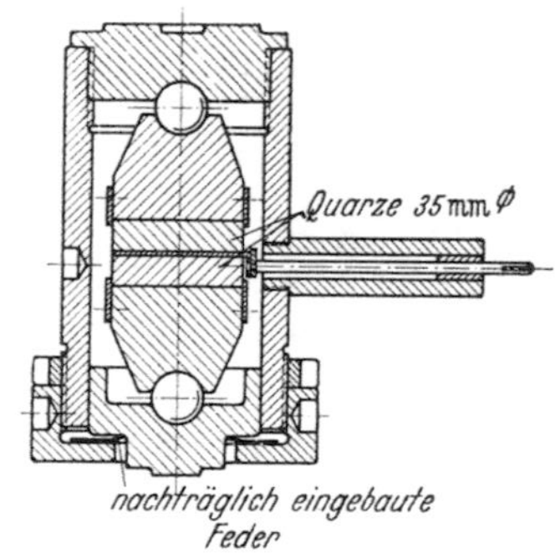

Abb. 198.

Abb. 196 bis 198. Lagerprüfmaschine mit dynamischer Belastung, nach Entwürfen der Deutschen Versuchsanstalt für Luftfahrt von L. Schuler gebaut. Abb. 196 Aufbau der Maschine. Abb. 197 Längsschnitt durch das Versuchslager. Abb. 198. Druckmeßdose.

b) Lagerprüfmaschinen mit dynamischer Lastwirkung.

Die in Abb. 196 bis 198 dargestellte Lagerprüfmaschine der DVL[1] erlaubt neben einer ruhenden Last eine im Rhythmus mit der Drehzahl des Prüflagers sich wiederholende pulsierende Lagerbelastung auszuführen. Die Höchstbelastung beträgt 10 t, Umdrehungszahl bis 2200 in der Minute durch stufenlos regelbaren 4-kW-Gleichstrommotor mit Leonardumformer. Das rotierende Prüflager *L* auf dem ruhenden Lagerzapfen *Z*[2] wird von der Welle *W* aus angetrieben, und zwar über das Antriebszahnrad *K* und Mitnehmerhülse *J*, auf welcher das Rollenlager *R* sitzt. Die Belastung erfolgt durch die Betätigung des Handrades ganz oben, wodurch eine Spindel die Meßdose *M* mit Druckstück *D* nach unten bewegt und so über den Lenker *H*, den oberen Gelenkhebel *A* bis *B* und unteren Gelenkhebel *B* bis *C*

Abb. 199.

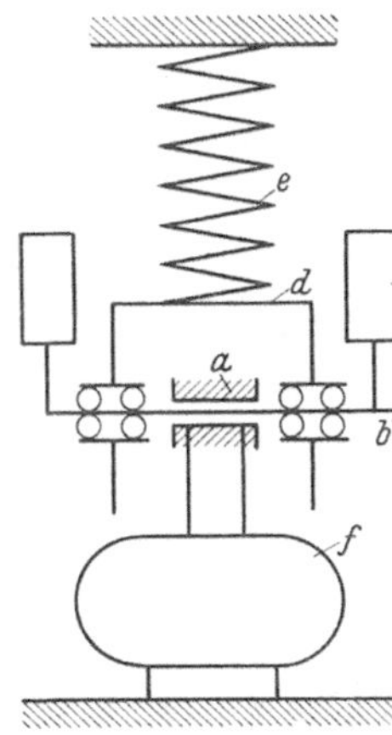

Abb. 200.

Abb. 199 und 200. Prüfmaschine für schwingende Dauerbeanspruchung von Lagern. Abb. 199. Ansicht der Maschine bei ausgebautem Prüflager. Abb. 200. Aufbau der Maschine.

schließlich auf das Versuchslager Druck ausgeübt wird. Die Druckmeßdose (Abb. 198) besteht aus Quarzplättchen 35 mm Dmr. mit schwacher Federvorspannung, welche eine elektrische Aufladung unter der Einwirkung von Druckkräften liefern (piezoelektrische Druckmessung). Über eine galvanische Verkupferung werden die Ladungen durch das bernsteinisolierte Anschlußstück nach außen über ein abgeschirmtes Kabel zum Kathodenstrahloszillographen mit Braunscher Röhre (Bauart Nier, Dresden) geleitet. Die Lastwechsel werden über die Pleuelstange *P* von der gemeinsamen Antriebswelle *W* aus erzeugt, und zwar wird während einer Umdrehung des Versuchslagers das Kniegelenk von der einen zur anderen Außenlage geführt und bei der nächsten Umdrehung wieder zurückgeführt. Die Ölzufuhr erfolgt durch die Bohrung in dem Lagerzapfen. Bei Lagerschäden stellt die Maschine selbsttätig ab. Die Eintrittstemperatur des Öls, welches beliebig vorgewärmt werden kann,

---

[1] Heyer, H. O.: Lagermetallprüfmaschine mit dynamischer Belastung. Luftf.-Forsch. Heft 14 (1937) S. 14.

[2] Dieselbe Anordnung weist der Lagerprüfstand der Firma Junkers für Grund- und Pleuellager von Flugmotoren. — Siehe Steudel: Luftf.-Forschg. Bd. 13 (1936) Nr. 2. — Wiechel: Autom.-techn. Z. Bd. 40 (1937) Nr. 9.

wird durch ein im Zapfeninneren gelegenes Kupfer-Konstantan-Thermoelement bestimmt. An der Stelle, wo das Öl in axialer Richtung aus dem Lager herausgedrückt wird, sind ebenfalls zwei Thermoelemente vor dem Lagerspalt angebracht. Die Umfangsgeschwindigkeit wird mit Wirbelstromdrehzahlmessern bestimmt.

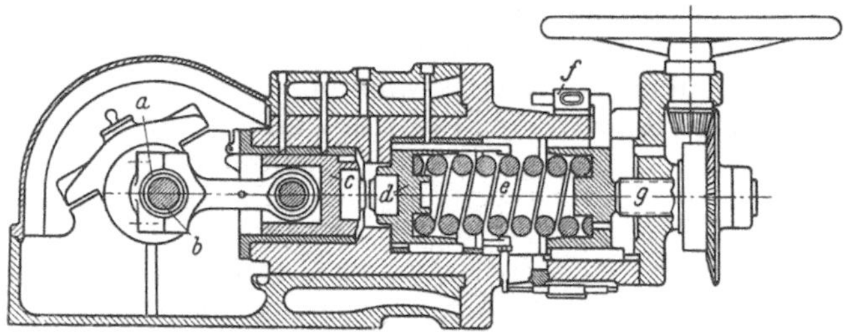

Abb. 201. Prüfmaschine für Dauerschlagdruckversuche an Pleuellagern. *f* Schublehre zum Messen der Federspannung; *g* Spindel zum Vorspannen der Feder.

Die Abb. 199 und 200 zeigen eine Prüfmaschine, mit der betriebsfertige Lager bei schwingender Belastung im Dauerbetrieb untersucht werden[1]. Das geteilte Prüflager *a* sitzt auf einer in Wälzlagern laufenden Welle *b*, auf welche die Schwinger *c* befestigt sind, und zwar so, daß jegliche Kantenpressung vermieden wird. Das Gehäuse *d* ist mittels zweier Blattfedern frei nach oben und unten beweglich aufgehängt und wird durch die Druckfeder *e* vorgespannt. Das Dynamometer *f* gibt die Möglichkeit, die Lastgrenzen durch die Breite des schwingenden Lichtbandes abzulesen. Die Maschine arbeitet mit Drehzahlen bis zu 2500 U/min und Flächendrücken bis zu 250 kg/cm² bei Prüflagern von 40 mm Bohrung und 35 mm Breite. Die Schmierung erfolgt durch Drucköl, das dem Lager durch eine Längsnut in der entlasteten Deckelschale zugeführt wird. Die Lagerschalen besitzen seitlich angebrachte Öltaschen. Die Temperatur wird durch Thermoelemente 1 mm unter der Lauffläche der Druckschale, hingegen die Zapfentemperatur durch ein eingebautes Thermometer gemessen. Durch elektrische Isolierung des Lagerkörpers vom Dynamometer kann das Prüflager gegen die Welle unter Spannung gesetzt werden, so daß bei Unterbrechung des Ölfilms ein eingeschaltetes Lämpchen aufleuchtet.

Abb. 202. OLSEN-Schwingungslagerprüfmaschine.

In der Prüfmaschine Abb. 201[1] wird das Pleuellager *a* von 40 mm Innendurchmesser und 25 mm Breite auf Dauerschlag beansprucht, indem bei 1000 U/min der Kurbelwelle *b* der Kolben mit dem Schlagstück *c* auf die Platte *d*, welche sich durch die Druckfeder *e* bis auf 3000 kg vorspannen läßt, schlägt. Die Kurbel ist 14 mm außenmittig, der Federhub beträgt 1 mm. Die Schmierung erfolgt von einer unabhängig von der Maschine arbeitenden Kolbenpumpe durch die Kurbelwelle. Die Temperatur des Prüflagers wird an zwei Stellen

[1] THUM, A. u. R. STROHAUER: Prüfung von Lagermetallen und Lagern. Z. VDI Bd. 81 (1937) S. 1245.

durch Thermoelemente 1 mm unter der Lauffläche gemessen. Ein weiteres Thermoelement ist im Kurbelzapfen eingebaut.

In der OLSEN-Schwingungslagerprüfmaschine (Abb. 202) wird die Welle um einen einstellbaren Winkel hin- und hergedreht, bis 250mal in der Minute, wobei das Lager durch eine vorgespannte Feder mit einer Last bis 2000 Pfund angepreßt werden kann.

Das abgeänderte Prüfgerät von THOMAS STANTON ist in Abb. 203 zu sehen[1]. Der Zapfen J von 1,5 Zoll Dmr. aus gehärtetem Stahlguß wird von Kugellagern B_1 und B_2 gestützt. Die Lagerschalen befinden sich im Gehäuse H, welches durch den Gewichtshebel L belastet ist. Der Ölbehälter O, welcher elektrische Heizung besitzt, ist auf der oszillierenden Welle J befestigt, so daß das Lager völlig in

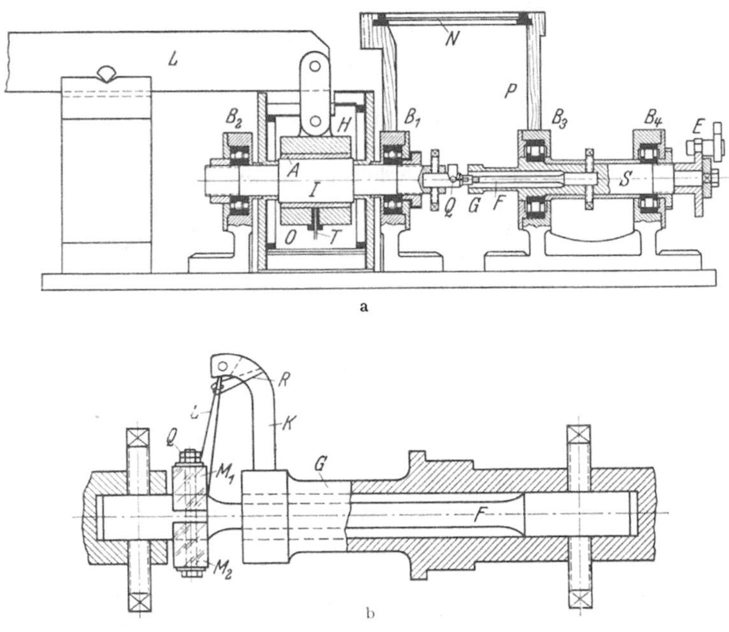

Abb. 203 a und b. a Abgeändertes Reibungsprüfgerät von THOMAS STANTON; b Meßstab.

Öl taucht. Der Lagerzapfen wird von der Welle S in den Rollenlagern B_3 und B_4 angetrieben, welche am rechten Ende einen Flansch mit einem Kurbelzapfen aufweist. Dieser Kurbelzapfen wird insgesamt um 30° hin- und herbewegt. Die Kamera P mit der Mattscheibe bzw. photographischen Platte bei N befindet sich über dem zwischen J und S eingefügtem Drehmomentmesser. Letzterer besteht aus dem Meßstab F, welcher einen um den Bolzen Q drehbaren Spiegel M_1 und den festen Spiegel M_2 trägt. Bei einer elastischen Verdrehung des Meßstabes F wird der Spiegel M_1 vom Hebel K über den Kragarm L um Q gedreht, was eine Ablenkung des Lichtstrahles auf der Mattscheibe in axialer Richtung zur Folge hat. Die Drehbewegung des Lagerzapfens J dagegen erzeugt eine Ablenkung des Lichtstrahls senkrecht zur Achse. Die Zusammensetzung dieser beiden Bewegungen ergibt die Abhängigkeit des Reibungsmomentes von der Lage des Zapfens während einer Hin- und Herbewegung. Der feste Spiegel M_2 ergibt eine auf die Achse senkrecht stehende Mittellinie.

[1] FOGG, A.: „Proceedings" (s. Anmerkung zu Abb. 148), Bd. 2, S. 302.

Es sei noch zum Schluß erwähnt, daß zum Teil auch bei anderen Lagerprüfmaschinen zusätzliche Vorrichtungen für dynamische Lastwirkung angebracht werden können, so z. B. bei der Lagerreibungswaage von SCHENCK und der Lagerprüfmaschine von AMSLER.

F. Einrichtungen zur Prüfung von Drahtseilen.

Die Prüfung der Drahtseile bei ruhender Belastung auf den in Abschn. I B geschilderten Prüfmaschinen gibt nicht immer in befriedigender Weise Aufschluß über die Eignung des Werkstoffs und der Machart eines Seiles für einen bestimmten Verwendungszweck. Aus diesem Grunde sind — ähnlich, wie bei anderen Bauteilen — Prüfmaschinen entwickelt worden, welche die Seile unter den im Betrieb ähnlichen Bedingungen zu untersuchen gestatten. Dabei ist grundsätzlich zu unterscheiden zwischen Seilen, welche in straff gespanntem Zustand nahezu ohne in ihrer Achse bewegt zu werden, lediglich ruhende oder fahrende, örtlich angreifende Lasten zu tragen haben (Seile für Hängebrücken und Tragseile für Schwebebahnen) einerseits und Seile, welche um Rollen bzw. Trommeln geleitet werden (Eisenbahn-Stellwerkseile, Flugzeug-Steuerseile, Förderseile, Zug-, Hilfs- und Spannseile für Schwebebahnen) andererseits.

Während bei den Seilen ersterer Art eine Vergrößerung der Spannkraft sich in weiten Grenzen als vorteilhaft erwies, weil die Summe aus der Zugspannung und Biegespannung im straff gespannten Seil geringer als im schlaffen Seil wird, muß die Machart bei der zweiten Seilart stets so sein, daß der Biegung um Rollen ein möglichst geringer Widerstand entgegengesetzt wird. Eine Erhöhung der Zugkraft erniedrigt unter sonst gleichen Bedingungen bei diesen um Rollen geführten Seilen stets deren Lebensdauer. Aus diesen Gründen sind für diese zwei so grundverschiedenen Verwendungszwecke entsprechende Prüfmaschinen entwickelt worden

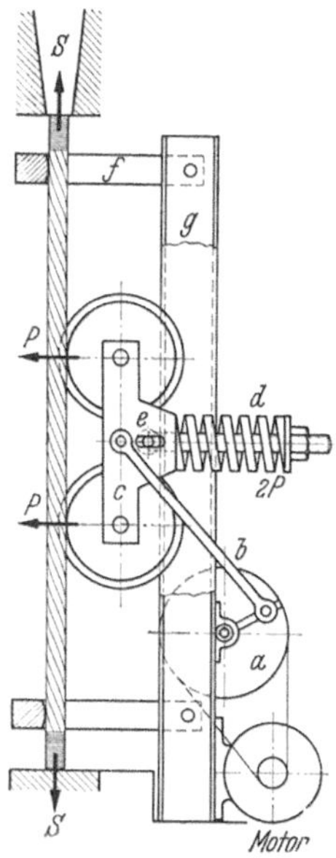

Abb. 204. Dauerprüfmaschine für Tragseile von AMSLER.

1. Versuchseinrichtung für querbelastete Seile.

Von den Maschinen zur Dauerprüfung von Tragseilen ist jene von AMSLER in Abb. 204 zu nennen, bei welcher das Seil mit einer ruhenden oder schwach pulsierenden Längszugkraft S gespannt ist und ein durch die Feder d gegen das Seil gedrücktes Zweiradgestell c mit Hilfe der Schubstange b und Kurbelscheibe a hin- und herbewegt wird. Die Stützrollen e wälzen auf den nahe den Einspannenden mittels der Laschen f auf dem Seil gelagerten Trägern g ab. Naturgemäß ist bei so kurzen Seilen darauf zu achten, daß dieselben bis zum Einbau nicht zurückgedreht werden und einzelne Drähte nicht aus dem Verband heraustreten, weil sich dies bei der Dauerprüfung besonders ungünstig auswirken kann. Die mit dieser Einrichtung in der Eidg. Materialprüfungsanstalt Zürich ausgeführten eingehenden Versuche zeigten, daß die ersten Drahtbrüche stets an den Umkehrstellen der Tragrollen auftraten, wodurch die Zweckmäßigkeit der bekannten Gepflogenheit, die Tragseile nach bestimmter Zeit zu verschieben, so daß die besonders gefährdeten Stellen außerhalb des Bereichs der Sützen und Haltestellen gelangen, erwiesen ist.

2. Versuchseinrichtungen für um Rollen geleitete Seile.

Die in Abb. 205 wiedergegebene, von Woernle[1] entworfene Dauerprüfmaschine für Drahtseile des Instituts für Fördertechnik an der Technischen Hochschule Stuttgart ermöglicht die Prüfung von Seilen mit einer Zugbelastung bis zu 5000 kg bei Versuchsscheibendurchmessern von 300 bis 1200 mm und einem Seildurchmesser bis zu 26 mm. Die gußeisernen Versuchsscheiben *c* sind der Treib- und Spannscheibe *a* und *b* vorgelagert. Die Dreifachanordnung der Versuchsscheiben ermöglicht die Durchführung von

Abb. 205. Dauerprüfmaschine für Drahtseile.

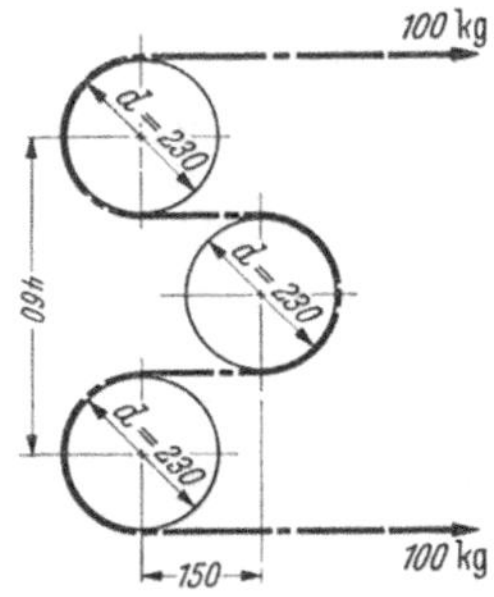

Abb. 206. Anordnung der Dauerprüfeinrichtung für Eisenbahn-Stellwerkseile.

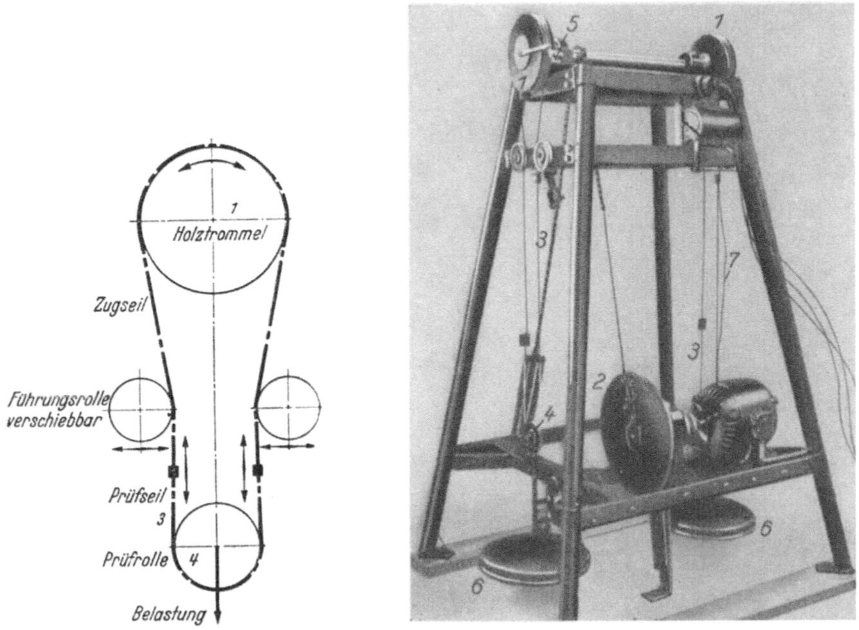

a b

Abb. 207 a und b. Dauerprüfeinrichtung für Flugzeugsteuerseile.

---

[1] Woernle, R.: Ein Beitrag zur Klärung der Drahtseilfrage. Festschrift T. H. Stuttgart. Berlin: Julius Springer 1929. — Z. VDI. Bd. 73 (1929) S. 417.

Dauerversuchen mit Biegung des Seiles im gleichen Sinne (krumm — gerad — krumm) oder mit Gegenbiegung, sog. S-Biegung (krumm — gerad — entgegengesetzt krumm). Die Spielzahl der Maschine ist zwischen 22 und 44/min regelbar.

In ähnlicher Weise werden die Eisenbahnstellwerkseile geprüft, wofür die Deutsche Reichsbahn in ihren Lieferbedingungen einen Dauerversuch gemäß Abb. 206 als Abnahmevorschrift aufgenommen hat [1]. Seile von 4, 5 und 6 mm Dmr. werden ungeschmiert unter 100 kg Belastung um 3 Rollen von 230 mm Dmr. hin- und hergezogen.

Die in Abb. 207a und b dargestellte Dauerprüfeinrichtung für Flugzeugsteuerseile Bauart DVL[1] weist 2 Holztrommeln *1* auf, welche durch eine Exzenterscheibe *2* in pendelnde Bewegung versetzt wird. Über die Trommeln sind Zugseile gelegt, zwischen deren unteren Enden die beiden gleichzeitig zu prüfenden Steuerseile *3* festgeklemmt sind. Sie laufen über die Seilrollen *4*, welche mit Gewichten belastet sind. Die Maschine läuft mit 80 bis 100 Hin- und Herbiegungen in der Minute, deren Anzahl bis zum Bruch des Seiles von dem Zähler *5* angezeigt wird. Der Umschlingungswinkel kann durch eine Zusatzeinrichtung zwischen 60 und 180° verändert werden.

Je nach Verwendungszweck müssen von Fall zu Fall entsprechende Einrichtungen entwickelt werden (z. B. für Freileitungskabel), weil eine Übertragung der Ergebnisse nur dann statthaft erscheint, wenn die Art der Beanspruchung dieselbe ist.

---

[1] Abraham, M.: Drähte, Litzen und Seile im Flugzeugbau. Jahresbericht 1930 der Stoff-Abteilung der DVL, Berlin-Adlershof, S. 347—410.

VI. Meßverfahren und Meßeinrichtungen für Dehnungsmessungen.

Von **Ernst Lehr**, Augsburg.

A. Aufgabe und Gliederung der Meßverfahren und Meßgeräte.

Die planmäßige Erforschung der mechanischen Werkstoffeigenschaften wurde erst möglich, nachdem es gelungen war, die Formänderungen genau zu messen und die Gesetzmäßigkeiten festzustellen, die zwischen den Formänderungen und den sie bewirkenden äußeren Kräften bestehen.

Darüber hinaus fällt den Dehnungsmessungen die Aufgabe zu, die Spannungsverteilung in Konstruktionsteilen zu ermitteln. Hierdurch gelingt es, sichere Grundlagen für die Festigkeitsberechnungen zu gewinnen. In neuester Zeit ist als weiterer Aufgabenbereich die Durchführung dynamischer Dehnungsmessungen hinzugekommen. Hierbei sind Größe und Verlauf der im Betriebszustand an den Konstruktionsteilen wirkenden Kräfte und Beanspruchungen aufzuzeichnen. Es ergeben sich somit 3 Teilgebiete der Dehnungsmeßtechnik. Bevor auf die Beschreibung der Geräte selbst eingegangen wird, erscheint es zweckmäßig, die besonderen Anforderungen dieser Teilgebiete kurz zu besprechen.

1. Messungen bei der Werkstoffprüfung.

Im einfachsten Fall werden die Längsdehnungen einer Meßstrecke ermittelt, die auf einem in seiner Längsrichtung durch eine Zugkraft beanspruchten Stab angeordnet ist. Trägt man diese Dehnung in Abhängigkeit von der Zugkraft auf, so ergibt sich das bekannte Schaubild des Zerreißversuchs, aus dem die Proportionalitätsgrenze, die Elastizitätsgrenzen, die Streckgrenze und die Bruchlast entnommen werden.

Während zur Ermittlung der E-Grenzen Feinmeßgeräte mit starker Vergrößerung der Meßanzeige notwendig sind, genügen zur Ermittlung der Streckgrenze[1] Geräte mit geringer Vergrößerung. Der Verlauf der Last-Dehnungskurve im Gebiet der plastischen Dehnung bis zum Bruch des Probestabs kann mit besonderen Vorrichtungen selbsttätig aufgezeichnet werden. Auch zur Messung der Bruchdehnung sind Sondergeräte entwickelt worden.

Für die Durchführung von Druckversuchen kommen grundsätzlich die gleichen Meßanordnungen in Betracht. Bei Biege- und Knickversuchen sind Längenmeßgeräte erforderlich (Meßuhren), die größere Wege mit einer Genauigkeit von 0,01 mm zu messen gestatten. Weitere Sondergeräte sind für die Messung der Formänderungen bei Verdrehungsversuchen ausgearbeitet worden.

Während die Messung der Längsdehnung an Zerreißstäben ganz allgemein die Grundlage der mechanischen Werkstoffprüfung bildet, sind Feinmeßgeräte zur Ermittlung der Querdehnung erst in den letzten Jahren entwickelt worden.

---

[1] Diese entspricht der Spannung, die zur Erzielung einer bleibenden Dehnung von 0,2% erforderlich ist.

Sie haben die genaue Ermittlung der Querdehnungszahl und bei neueren Untersuchungen auch die Erforschung des mehrachsigen Spannungszustandes in Kerben ermöglicht.

Mit der Erforschung der Dauerstandfestigkeit wurden auch die entsprechenden Dehnungsmeßgeräte zu hoher Vollkommenheit entwickelt. Sie haben die Aufgabe, den zeitlichen Verlauf, den die Dehnung des Probestabes bei gleichbleibender Kraft zeigt, selbsttätig mit starker Vergrößerung aufzuzeichnen (s. Bd. II, Abschn. IV A, S. 264—269).

Die Erforschung der Werkstoffeigenschaften bei hoher Zerreißgeschwindigkeit stellte die Aufgabe, Kraft- und Dehnungsmessungen während des Schlagversuchs durchzuführen und womöglich das Kraft-Dehnungs-Schaubild aufzuzeichnen. Da sich dieser Vorgang in Bruchteilen einer Sekunde abspielt, bietet die Lösung dieser Aufgabe große Schwierigkeiten. Trotzdem liegen einige recht beachtliche Lösungen vor (s. Bd. I, Abschn. III C).

2. Meßgeräte zur Ermittlung der Spannungsverteilung in Konstruktionsteilen. (Statische Dehnungsmessungen.)

Das Gebiet der Feindehnungsmessungen reicht jedoch weit über den Bereich der Werkstoffprüfung im engeren Sinne hinaus. Denn es bildet eine der wichtigsten Grundlagen zur Beherrschung der schwierigen Festigkeitsprobleme, wie sie besonders im Maschinenbau vorliegen. Die Entwicklung der letzten Jahre hat hier große Fortschritte gebracht.

Die Forderung, den Werkstoff möglichst weitgehend auszunutzen, gilt heute allgemein. Besonders große Bedeutung kommt der Erfüllung dieser Aufgabe im Leichtmaschinenbau zu, dessen wechselbeanspruchte Konstruktionsteile von Dauerbrüchen bedroht sind. Das gesteckte Ziel kann nur erreicht werden, wenn die Form der Konstruktionsteile so durchgebildet wird, daß bei der betriebsmäßigen Beanspruchung an allen Stellen nahezu gleich große Spannungen herrschen. Vor allem müssen Spannungsspitzen vermieden werden, wie sie durch Kerbwirkungen aller Art zustande kommen und die den 4- bis 6fachen Betrag der durchschnittlichen Spannung erreichen können.

Es ist bisher nicht gelungen, Berechnungsverfahren zu entwickeln, die imstande wären, diese Aufgabe auch nur angenähert zu lösen. Vielmehr ist eine Berechnung der wirklich auftretenden Beanspruchungen hinreichend genau nur in verhältnismäßig einfachen Fällen möglich. Die genaue Bestimmung der Spannungsverteilung in den betriebsfertigen Konstruktionsteilen kann daher nur durch Messung erfolgen.

Für die Messung der Spannungsverteilung stehen grundsätzlich 3 verschiedene Verfahren zur Verfügung, nämlich:

a) Das spannungsoptische Verfahren, bei dem die Untersuchungen an Modellen aus Glas, Zellhorn, Trolon, Bakelit und anderen durchsichtigen Stoffen durchgeführt werden.

b) Das Verfahren zur Messung der elastischen Änderung von Netzabständen des Kristallgitters senkrecht oder schräg zur Oberfläche mit Hilfe von Röntgenstrahlen.

c) Das Verfahren der Dehnungsmessungen, bei dem der Spannungszustand durch Messung der elastischen Längenänderung von Strecken auf der Oberfläche von Konstruktionsteilen bestimmt wird.

Das spannungsoptische Verfahren ist im wesentlichen auf die Untersuchung grundsätzlicher Fragen bei einfachsten Formen beschränkt und leistet besonders dem Theoretiker bei der Nachprüfung von Berechnungsverfahren zur Bestimmung der Spannungsverteilung z. B. in Hohlkehlen, Winkelecken, Bohrungen und anderen Formelementen gute Dienste. (Näheres s. Bd. I, Abschn. VII.)

Die Messung der Spannungen durch Röntgenstrahlen ist zur Zeit noch recht zeitraubend und kostspielig, so daß ihre Anwendung zunächst auf einzelne Forschungsaufgaben beschränkt bleibt. (Näheres s. Bd. I, VIII.)

Dagegen sind die Meßgeräte und Verfahren zur Durchführung von Dehnungsmessungen heute bereits soweit vervollkommnet, daß sie z. B. in den Versuchsanstalten der großen Maschinenfabriken zu laufenden Untersuchungen verwendet werden. Sie ermöglichen es, die Spannungsverteilung auch bei sehr verwickelt gestalteten Maschinenteilen zuverlässig und vollständig mit verhältnismäßig geringem Zeit- und Arbeitsaufwand zu bestimmen.

Das Meßverfahren besteht im wesentlichen darin, daß in einer genügenden Anzahl von Punkten auf der Oberfläche des Konstruktionsteils der Dehnungszustand ausgemessen wird, der sich ergibt, wenn die Belastung von einer unteren Grenze auf den in Betracht kommenden Höchstwert ansteigt. Aus dem Dehnungszustand kann dann nach den Grundgleichungen der Elastizitätstheorie der zugehörige Spannungszustand berechnet werden, wobei in jedem Meßpunkt Richtung und Größe der beiden Hauptspannungen anzugeben sind.

Die Messungen müssen mit besonderer Sorgfalt an den Stellen, wo Spannungsspitzen auftreten, also z. B. in Hohlkehlen, Winkelecken, in der Umgebung von Bohrungen, an Querschnittsübergängen und „Kerbstellen" aller Art durchgeführt werden. Hierfür sind Meßgeräte mit sehr kleiner Meßstrecke (1 bis 2 mm) und starker Vergrößerung ($V = 100000$ bis 500000) entwickelt worden, die sehr leicht und gedrängt gebaut sind.

Da zur vollständigen Ermittlung der Spannungsverteilung in *einem* Konstruktionsteil Untersuchungen in 500 bis 1000 Meßpunkten durchgeführt werden müssen, ist es besonders wichtig, daß die Dehnungsmeßgeräte rasch angesetzt und bequem bedient werden können. Außerdem ist die Anfertigung zahlreicher Sonderaufspannvorrichtungen notwendig, deren richtige Ausbildung viel Erfahrung erfordert.

Die Belastung muß in der Regel in der Weise erfolgen, daß Lastangriff und Größe der Last den ungünstigsten Belastungsverhältnissen des Betriebs entsprechen. In jedem Fall müssen übersichtliche Belastungsverhältnisse gewählt werden. Die Durchführung der Belastung an der zusammengebauten Maschine wird schon wegen der schlechten Zugänglichkeit der Teile nur in Ausnahmefällen erfolgen. In der Regel werden die Messungen auf einer Zerreißmaschine oder einer Verdrehungsmaschine durchzuführen sein. In anderen Fällen, z. B. bei der Untersuchung von Gehäusen, werden Sonderbelastungsvorrichtungen verwendet.

Nachstehend ist eine Zusammenstellung der wichtigsten, heute verfügbaren Meßgeräte gegeben. Gleichzeitig wurden die nicht mehr gebräuchlichen Geräte, soweit sie für die Entwicklung der Meßanordnungen von Wert sind oder weitere Anregungen geben können, einer kurzen Betrachtung unterzogen. Vorangestellt wurde eine kurze Beschreibung der wichtigsten Meß- und Auswertverfahren, da diese für das Verständnis der Meßgeräte unerläßlich ist.

Die statischen Dehnungsmeßgeräte gestatten lediglich die Messung der *Längenänderung* der Meßstrecke, die unter Wirkung der äußeren Kräfte zustande kommt. Diese Messung kann nur ausgeführt werden, während das Gerät aufgespannt ist. Ferner ist erforderlich, daß die Beanspruchung im elastischen Bereich bleibt.

Über das Zustandekommen von Spannungszuständen, die nicht durch einstellbare äußere Kräfte bedingt sind, vermag dieses Meßverfahren keinen Aufschluß zu geben. Z. B. kann nicht gemessen werden, wie groß die in einem Brückenstab unter Wirkung des Eigengewichts der Brücke entstehenden Spannungen sind. Für den Fall, daß innere Spannungen gemessen werden sollen, die durch einen technologischen Arbeitsvorgang entstehen, zu dessen Beginn das Werkstück in spannungsfreiem Zustand vorlag (z. B. Schrumpfspannungen an Verbindungen der verschiedensten Art, Schweißspannungen, Spannungen, die durch das Einwalzen von Rohren entstehen) wird das *Setzdehnungsmeßverfahren* verwendet. Dabei werden an den Enden der Meßstrecken vor Beginn des Arbeitsvorganges kleine Stahlkugeln eingedrückt und ihre Entfernung vor und nach dem Arbeitsvorgang mit Hilfe eines Setzdehnungsmessers ermittelt. Auf Grund dieser Messungen kann die Änderung des Spannungszustandes durch den Arbeitsvorgang festgestellt werden, ohne daß die Bearbeitung durch die Messungen gestört wird. Auch kann das Setzdehnungsmeßverfahren benutzt werden, um innere Spannungen, die durch die Herstellung bedingt sind, zu ermitteln. So wurden z. B. die durch die hüttentechnische Verarbeitung bedingten inneren Spannungen in dem Schmiedestück für eine Turbinentrommel festgestellt. Dabei muß allerdings das betreffende Werkstück zerlegt werden [1].

Im wesentlichen besteht also die Aufgabe der statischen Dehnungsmessungen darin, den Spannungszustand, der in dem Konstruktionsteil unter Wirkung der betriebsmäßigen Höchstlast zustande kommt, möglichst vollständig zu bestimmen, wobei besonders Größe und Lage der Spannungsspitzen festgelegt werden muß. Auf Grund dieser Feststellungen kann dann die Form des Bauteils so abgeändert werden, daß die Spannungsspitzen weitgehend herabgesetzt oder ganz zum Verschwinden gebracht werden. Diese Messungen dienen also zur planmäßigen Verbesserung der Formgebung mit dem Ziel, Konstruktionsteile herzustellen, die im Betrieb überall nahezu gleich hoch beansprucht sind, also ihre Aufgabe mit einem Mindestmaß an Gewicht und unter denkbar bester Ausnutzung des Werkstoffs lösen. Die Durchführung derartiger Messungen ist heute bereits für den Leichtbau unentbehrlich.

3. Messung der Größe und des Verlaufes der im Betrieb wirkenden Kräfte und Spannungen durch dynamische Dehnungsmessungen.

Eine ganz andere Aufgabe fällt den *dynamischen Dehnungsmessungen* zu. Sie sollen die Frage beantworten, wie groß die im Betrieb auf die Konstruktionsteile wirkenden Kräfte sind und welchen Verlauf sie nehmen. Man findet noch vielfach die Ansicht vertreten, es sei notwendig oder doch erstrebenswert, die dynamischen Dehnungsmessungen an der höchstbeanspruchten Stelle des betreffenden Konstruktionsteiles vornehmen. Diese Ansicht erweist sich bei näherer Betrachtung als unzutreffend.

Man geht zweckmäßig von der Vorstellung aus, daß der Konstruktionsteil, an dem die dynamischen Dehnungsmessungen vorgenommen werden sollen, ein *Federkraftmesser* ist, denn die Messungen sollen ja nicht Aufschluß über die Spannungs*verteilung* in dem betreffenden Konstruktionsteil, sondern über Größe und Verlauf der betriebsmäßigen *Kräfte* geben. Als Meßstrecke wird man sich daher ein glattes Stück des Bauteils, das eine möglichst gleichmäßige und übersichtliche Spannungsverteilung aufweist, aussuchen (z. B. den Schaft bei einer Pleuelstange, den glatt zylindrischen Teil einer Eisenbahnradachse, die Seitenfläche einer Kurbelwange oder die Bohrung des Kurbelzapfens bei einer Kurbelwelle). In der Regel wird es dann auch möglich sein, eine einfache Beziehung zwischen den Spannungen im Meßquerschnitt und den auf den Konstruktionsteil wirkenden äußeren Kräften anzugeben. Grundsätzlich wird man den Meß-

[1] Eine zerstörungsfreie Messung der inneren Spannungen ist nur mit Hilfe von Röntgenstrahlen möglich. Allerdings vermag auch dieses Verfahren nur die Oberfläche des Werkstückes zu erfassen.

querschnitt mindestens mit vier Geräten besetzen, damit außer den Normalspannungen auch etwaige Biegespannungen angegeben werden können.

Hat man auf Grund derartiger Messungen die Größe der betriebsmäßigen Kräfte festgestellt, so ist es ohne weiteres möglich, die unter Wirkung dieser Kräfte entstehende Spannungsverteilung durch *statische Dehnungsmessungen* zu ermitteln und hieraus die höchstbeanspruchte Stelle und die dort während des Betriebes auftretende Höchstspannung zu finden. Dabei kann im allgemeinen angenommen werden, daß das *Verhältnis* der in einem Bauteil wirkenden Spannungen bei allen Belastungsstufen gleich bleibt, so daß, wenn die Spannungsverteilung durch statische Dehnungsmessungen für *eine* Laststufe festgelegt ist, aus der mittels der dynamischen Dehnungsmessungen ermittelten Spannung in der glatten Meßstrecke jederzeit auf die Größe der Spannung an einer beliebigen Stelle des Bauteils geschlossen werden kann.

Dynamische Dehnungsmessungen an rasch bewegten Maschinenteilen können nur mit Hilfe elektrischer Meßverfahren durchgeführt werden. Hierbei bietet die Stromzuführung vielfach beträchtliche Schwierigkeiten. Doch ist diese Aufgabe heute bereits in einer ganzen Anzahl schwieriger Fälle erfolgreich gelöst worden.

Weit einfacher ist die Durchführung dynamischer Dehnungsmessungen an Brücken, Maschinengehäusen, Flugzeugflügeln, Baugliedern von Schiffen und ähnlichen Großbauteilen. Hierfür sind neben den elektrischen auch optisch und mechanisch aufzeichnende Meßgeräte mit Erfolg verwendet worden.

Die Auswertung der dynamischen Dehnungsmessungen macht keine besonderen Schwierigkeiten, wenn ein periodischer Kraftverlauf vorliegt derart, daß sich z. B. wie bei Motoren, der Verlauf bei jeder oder jeder zweiten Umdrehung der Maschinenwelle wiederholt.

In vielen anderen Fällen ist aber der Kraftverlauf unregelmäßig und von Zufälligkeiten abhängig, z. B. bei den Fahrgestellen von Schienen- und Straßenfahrzeugen, bei Schiffen, Flugzeugflügeln oder landwirtschaftlichen Maschinen. In diesen Fällen muß die Auswertung der Messungen nach den Gesetzmäßigkeiten der Großzahlforschung erfolgen [1]. Hierzu ist die Aufnahme und Auswertung umfangreicher Messungen unter den verschiedensten Bedingungen notwendig. Als Ergebnis wird eine Häufigkeitskurve aufgestellt, aus der insbesondere die größte überhaupt auftretende Spannung und die Beanspruchung, der die größte Häufigkeit zukommt, hervorgehen.

B. Meßgeräte für die Werkstoffprüfung.

1. Die bei Durchführung des Zugversuchs benötigten Meßgeräte.

a) Vorbereitende Messungen.

Der Stabquerschnitt ist an einer genügenden Anzahl von Stellen genau zu messen. Hierzu genügen Messungen mittels eines Präzisionsmikrometers üblicher Ausführung mit einer Genauigkeit von 0,01 mm. Abb. 1 zeigt als Beispiel ein Zeißmikrometer. Zur Messung der Bruchdehnung sind vor Beginn des Versuchs auf dem Stabschaft 20 Teilstriche einzuritzen. Nach den für Rundstäbe geltenden Normen ist der Abstand der Teilstriche gleich dem Halbmesser des Stabschaftes zu wählen. Außerdem ist ein in einer Mantellinie verlaufender Strich anzubringen, auf dem die Längenänderungen zu messen sind.

[1] Vgl. z. B. W. Kloth u. Th. Stroppel: Z. VDI Bd. 80 (1936) S. 85.

Das Aufbringen der Teilstriche von Hand ist zeitraubend und ungenau und daher zu vermeiden. Das Anreißen geschieht vielmehr zweckmäßig entweder mit einer Ratsche, wie sie in Abb. 2 abgebildet ist oder auf einer Teilmaschine. Abb. 3 zeigt als Beispiel die von AMSLER (Schaffhausen) hergestellte Teilmaschine. Bei spröden Stoffen darf die Teilung nicht eingeritzt werden, sondern ist mit Bleistift oder Tusche aufzubringen.

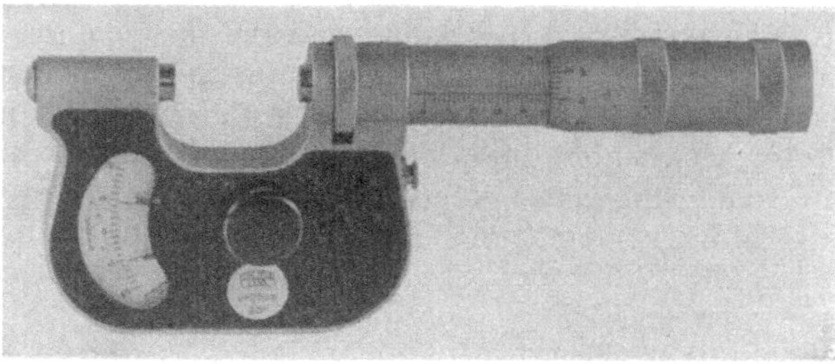

Abb. 1. Zeißmikrometer für Stabdurchmesser bis 25 mm Dmr.

Die Teilmaschinen arbeiten folgendermaßen: Der Probestab wird auf einem Schlitten befestigt, der von einem durch Handkurbel betätigten Schaltwerk schrittweise vorwärts bewegt wird. Entsprechend den Normstabdurchmessern von 20 bzw. 10 mm sind in der Regel Schaltschritte von 10 und 5 mm vorgesehen. Während der Schlitten zwischen zwei Schaltschritten stehenbleibt, wird die Teilmarke von einem Stichel eingeritzt, dessen Bewegung ebenfalls durch die Handkurbel angetrieben wird. Dabei können Länge und Tiefe der Marke eingestellt werden. Der Stichel wird durch ein Gewicht aufgedrückt und beim Weiterschalten abgehoben.

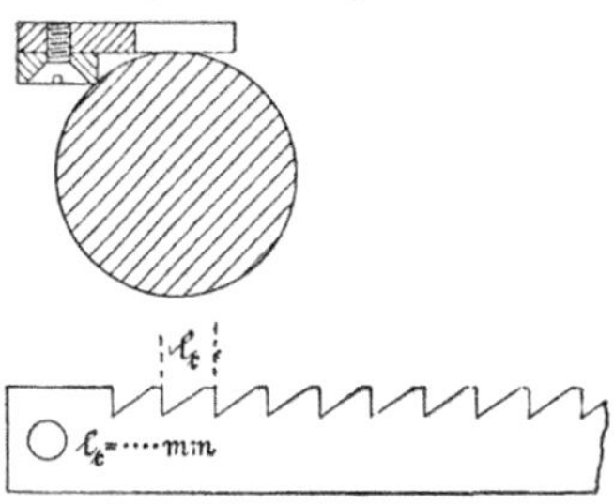

Abb. 2. Ratsche (Anlegeschablone) zum Aufbringen der Teilung auf Zerreißstäbe.

Für die Anbringung von Ringmarken auf Rundstäben ist eine Sondervorrichtung vorgesehen, die beim Stillstand des Schlittens nach jedem Schaltschritt den Stab bei stillstehendem Stichel einmal umdreht.

b) Geräte zur Grobmessung der Längsdehnungen.

Bei Ausführung des Zerreißversuchs ohne Feinmessung kommt es darauf an, Streckgrenze, Bruchlast, Dehnung und Einschnürung zu bestimmen. Dabei ist als Streckgrenze diejenige Beanspruchung festzustellen, bei der eine bleibende Dehnung von 0,2% auftritt. Zur Ausführung dieser Messungen dienen folgende Meßgeräte:

Anlegemaßstäbe.

Das einfachste Meßgerät, das in vielen Fällen ausreicht, ist der Anlegemaßstab. Er besteht gemäß Abb. 4 aus einem Streifen aus Messing oder Stahl, dessen Länge der Meßstrecke entspricht und der am einen Ende eine Schneide *a*, am anderen eine Teilung *b* trägt. Die Schneide wird mittels einer federnden Klammer *c* am einen Ende der Meßstrecke festgespannt, an ihrem anderen Ende wird auf dem Prüfstab eine Marke *d* angebracht, die mit der Teilung des Maßstabes zusammenarbeitet. Diese ist entweder in mm oder in % der Meßstrecke geteilt. Die Ablesegenauigkeit beträgt 0,1 mm. Bei einem Probestab von 20 mm Durchmesser ist die Meßlänge z. B. 200 mm. Eine Dehnung von 0,2% entspricht also einer Verschiebung von 0,4 mm. Dieser Betrag läßt sich leicht und sicher ablesen, so daß diese Anordnung bei einiger Übung zur angenäherten Beobachtung der Streckgrenze auch dann, wenn sie nicht scharf ausgeprägt ist, ausreicht. Im allgemeinen läßt sich bei Benutzung dieses Beobachtungsverfahrens ein einwandfreieres Schaubild des Zerreißversuchs aufzeichnen, als wenn man einen Schaubildzeichner üblicher Bauart verwendet.

Bei Probestäben großer Abmessungen, z. B. Flachstäben mit 1 m Meßlänge oder bei Messungen an langen Drähten, Seilen, Riemen u. dgl. lassen sich mit derartigen Anlegemaßstäben sehr wohl auch die Formänderungen im elastischen Bereich mit ausreichender Genauigkeit beobachten.

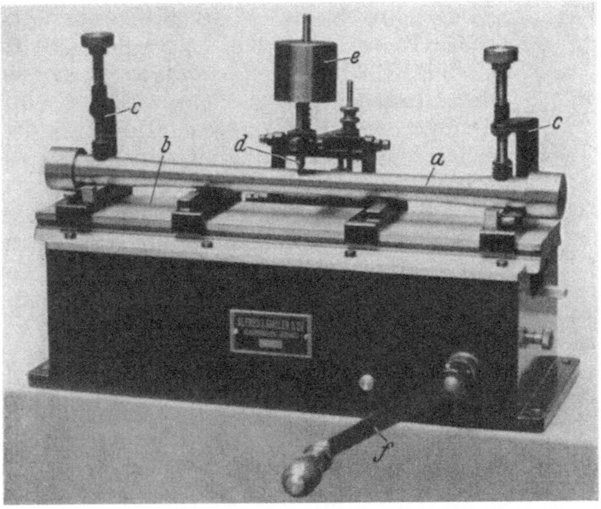

Abb. 3. Teilmaschine von AMSLER zum Aufbringen einer Teilung auf Rund- oder Flachstäbe.

a Probestab; *b* Schlitten größter Hub 350 mm; *c* Schraubzwingen zum Befestigen des Probestabes *a* auf dem Schlitten *b*; *d* Stichel; *e* Belastungsgewicht zum Andrücken des Stichels *d*; *f* Handkurbel.

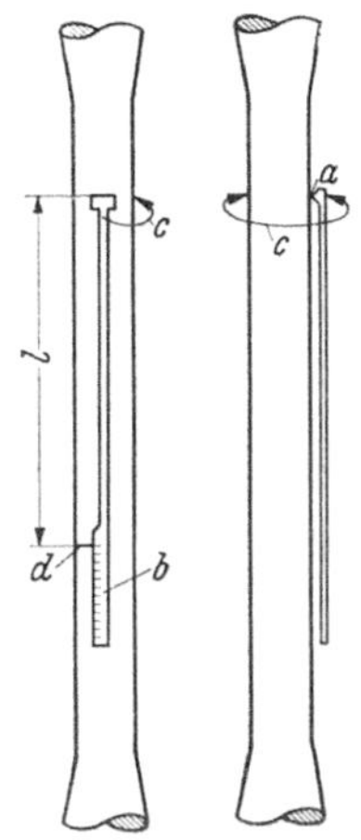

Abb. 4. Anlegemaßstab (schematisch)

a Schneide; *b* Teilung; *c* federnde Aufspannklammer; *d* Marke auf dem Probestab; *l* Meßstrecke.

An Stelle der Anlegemaßstäbe werden bei großen Probekörpern auch Schleppmaßstäbe verwendet. Hierbei wird am einen Ende der Meßstrecke mittels Schneide und federnder Klammer ein Lineal mit Teilung befestigt, auf dem ein Schieber gleitet. Dieser ist an einer Stoßstange angelenkt, deren Ende ebenfalls mittels einer Schneide in das zweite Ende der Meßstrecke eingesetzt wird.

Der Dehnungsmesser von MARTENS-KENNEDY.

Zur genauen Feststellung der Streckgrenze ist der in Abb. 5 und 6 dargestellte Dehnungsmesser von MARTENS-KENNEDY entwickelt worden. Er besitzt 25fache oder 50fache Vergrößerung, so daß Längenänderungen von $^1/_{250}$ oder $^1/_{500}$ mm sicher beobachtet werden können.

Das Gerät besteht im wesentlichen aus zwei Stahlschienen, die am einen Ende mit einer Schneide, am anderen mit einer Kerbe versehen sind und durch eine federnde Klemme auf zwei gegenüberliegenden Mantellinien gegen den Stab gedrückt werden. Zwischen dem Probestab und den Kerben der Stahlschienen werden „Doppelschneiden" eingesetzt, die je einen Zeiger tragen. Der Zeigerausschlag wird auf Bogenteilungen abgelesen, die an den Meßfedern befestigt sind.

Bei Längenänderung der Meßstrecke drehen sich die Doppelschneiden um die Kerben als Drehachse und es ergibt sich ein Zeigerausschlag, der im Verhältnis $\frac{\text{Zeigerlänge } h}{\text{Schneidenhöhe } e}$ vergrößert ist.

Bei der in Abb. 6 dargestellten neueren Ausführung ist der Handlichkeit halber die Anordnung der losen Doppelschneiden vermieden und am gabelförmigen Ende der Meßfeder die Achse eines Winkelhebels in Spitzen gelagert. Der kurze Schenkel des Hebels ist mit einer Spitze versehen, die gegen den Stab gedrückt wird. Der lange Schenkel ist als Zeiger ausgebildet. Im übrigen ist die Arbeitsweise die gleiche. Vorteilhaft ist die geschlossene Form des Gerätes, nachteilig die Tatsache, daß die Spitze sich leichter abnützt als die Doppelschneide, wodurch sich die Übersetzung ändern kann, so daß öfteres Nacheichen empfehlenswert ist.

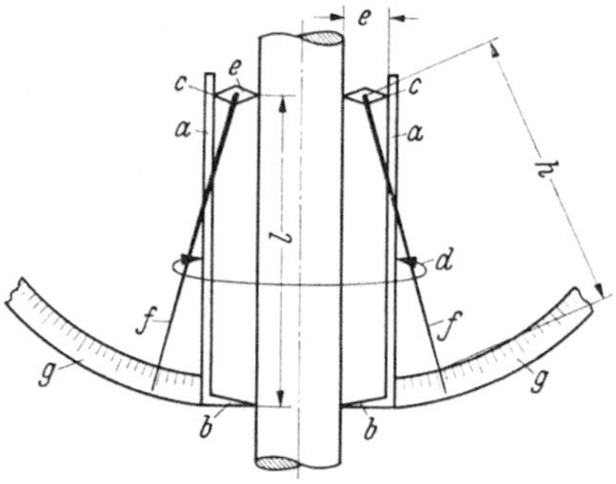

Abb. 5. Schema der älteren Bauart des Dehnungsmessers von MARTENS-KENNEDY. *a* Stahlschienen; *b* feste Schneiden; *c* Kerben in den Stahlschienen *a*; *d* federnde Klemme; *e* Doppelschneiden, Höhe *e* mm; *f* Zeiger, Länge *h* mm; *g* Bogenteilungen an den Stahlschienen *a* befestigt; *l* Meßstrecke.

Mit diesem Gerät kann die Streckgrenze leicht genau bestimmt werden. Hat man z. B. 100 mm Meßlänge und 50fache Vergrößerung, so entspricht einer bleibenden Dehnung von 0,2% ein Zeigerausschlag von 10 mm. Zur Feststellung der Streckgrenze wäre also bei stufenweise gesteigerter Belastung und Entlastung die Last so lange zu erhöhen, bis nach dem Entlasten ein Zeigerausschlag von 10 mm verbleibt.

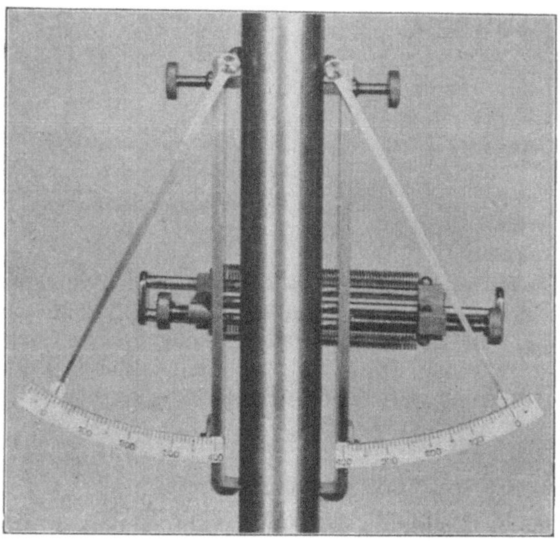

Abb. 6. Dehnungsmesser von MARTENS-KENNEDY, neuere Bauart.

Verwendung von Meßuhren.

Ein anderes, für Dehnungsmessungen vielseitig verwendbares Meßgerät sind die Meßuhren. Die handelsübliche Meßuhr besitzt 10 mm Hub und ein hundertteiliges Zifferblatt von rd. 60 mm Durchmesser. Eine Umdrehung des Zeigers entspricht 1 mm, ein Teilstrich $^1/_{100}$ mm. Es werden auch Meßuhren mit 40 oder 120 mm Zifferblattdurchmesser geliefert. Neuerdings werden Meßuhren hergestellt, bei welchen 1 Teilstrich $^1/_{1000}$ mm entspricht.

Eine Sonderausführung für die Zwecke der Werkstoffprüfung ist die in Abb. 7 dargestellte *Leuneruhr*. In einem Gehäuse mit Kreisteilung ist ein Schieber angebracht, der durch Federspannung gegen die Meßstelle gezogen wird. Er trägt eine sehr fein geteilte Zahnstange, mit der ein Zahntrieb in Eingriff steht, an dem der Zeiger befestigt ist. Die Verzahnung ist mit größter Genauigkeit nach dem Abwälzverfahren hergestellt. Zur Verhinderung des toten Ganges der Zähne ist der Zahntrieb nicht in Spitzen gelagert, sondern trägt in seiner Mitte eine zapfenartige Eindrehung, in die ein am Ende einer Blattfeder sitzendes Halblager eingreift, welches das Ritzel gegen die Zahnstange drückt. Der Hub des Schiebers beträgt 50 mm, die Grobanzeige erfolgt durch einen auf der Zahnstange sitzenden Maßstab. Einem vollen Umlauf des Zeigers entsprechen

4 mm Weg. Eine besondere, federnde Schutzvorrichtung sorgt dafür, daß die Zahnstange beim Überschreiten des Größthubs selbsttätig ausgeschaltet wird, während die Stoßstange weitergleiten kann.

Abb. 8 zeigt ein Schema für die Verwendung von Meßuhren bei der Messung der Längsdehnung eines Probestabes. An den Enden der Meßstrecke sind ringförmige Klemmen aufgesetzt, die mit 4 Spitzschrauben befestigt werden. An dem einen Ring sind die Gehäuse von 2 oder besser 4 Meßuhren befestigt, während am anderen Ring die Taster angelenkt sind oder auch nur durch den Federdruck der Meßuhren angedrückt werden.

Abb. 7. Leuneruhr.
a Gehäuse mit Kreisteilung, *b* Schieber, *c* Federn zum Aufdrücken des Schiebers gegen die Meßfläche; *d* Zahnstange; *e* Zahntrieb mit Zeiger; *f* Blattfeder mit Halblager für den Zahntrieb am Ende; *g* Maßstab für die Grobanzeige; *h* selbsttätige Ausschaltvorrichtung, die beim Überschreiten des Meßbereiches in Tätigkeit tritt.

Weitere Anordnung ergeben sich beim Biege- oder Knickversuch und in den verschiedensten anderen Fällen sinngemäß.

Aus Abb. 9 und 10 ist die Anordnung des von Amsler entwickelten Dehnungsmessers zu ersehen, bei dem ebenfalls eine Meßuhr als Anzeigegerät dient. Zwei ineinander gleitende Rohre, die je nach der gewünschten Meßlänge ausgewechselt werden können, sind an ihren Enden mit je einer federnden Klemme versehen. Diese Klemmen werden mit Schneiden an den beiden Enden der Meßstrecke aufgesetzt. Das Gehäuse der Meßuhr ist am äußeren Rohr befestigt, während der Meßtaster von einem Ansatz des inneren Rohres betätigt wird.

Abb. 9 zeigt das Gerät an einen Flachstab angesetzt bei einer Meßlänge von 200 mm während in Abb. 10 die Meßanordnung mit 56 mm Meßstrecke an einen Draht angebaut ist. Dabei wurde das Eigengewicht des Gerätes durch ein Gegengewicht ausgeglichen, das an einem über Rollen geführten Schnurzug hängt, damit unerwünschte Zusatzbeanspruchungen des Drahtes durch das Eigengewicht der Meßordnung vermieden werden.

Die Meßgenauigkeit reicht zur Bestimmung der E-Grenze aus. Sehr bequem und genau kann die Streckgrenze gemessen werden. Bei Stahl und einer Meßlänge von 100 mm entspricht z. B. die zur Ermittlung der Streckgrenze erforderliche bleibende Dehnung von 0,2% einem Zeigerausschlag von 20 Teilstrichen.

Die von der Firma Huggenberger, Zürich, entwickelten „Deflektometer" verwenden Meßuhren in einer Anordnung, die auf die besonderen Verhältnisse der Werkstoffprüfung zugeschnitten ist und vielseitige Verwendung gestattet. Abb. 11a zeigt die mit einer Schraubzwinge ausgerüstete Meßanordnung. Wie hieraus zu ersehen, ist die Meßuhr *a* mit seitlich am Gehäuse angeordneten

Zapfen *b* schwenkbar in einer Gabel *c* befestigt, die ihrerseits auf einem in beliebiger Lage feststellbaren Kugelgelenk *d* sitzt. An Stelle der Schraubzwinge

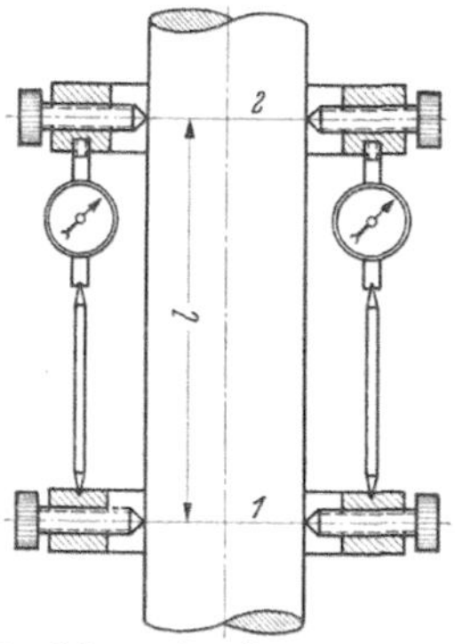

Abb. 8. Schema für die Verwendung von Meßuhren zur Messung der Längsdehnung eines Probestabes. *1, 2* Endquerschnitte der Meßstrecke *l*.

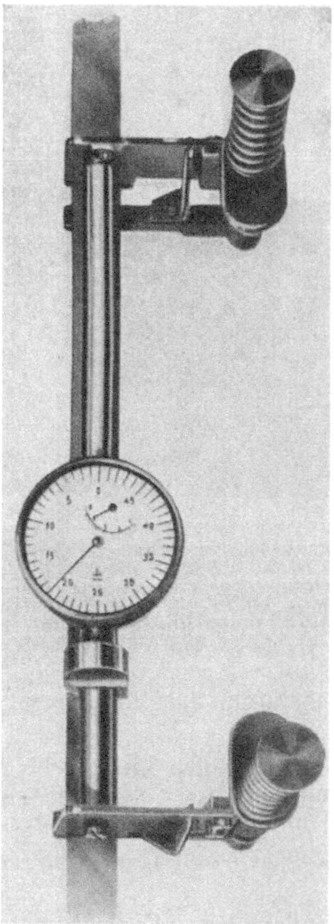

Abb. 9. Meßuhrdehnungsmesser von AMSLER, angesetzt an einen Flachstab bei 200 mm Meßlänge.

Abb. 10. Meßuhrdehnungsmesser von AMSLER mit Vorrichtung zum Ausgleich des Eigengewichts, angesetzt an einen Draht bei 56 mm Meßlänge.

kann ein tellerförmiger Fuß nach Abb. 11b oder eine Vorgelegestange nach Abb. 11c angeordnet werden. Abb. 11c zeigt ferner den für das Gerät besonders

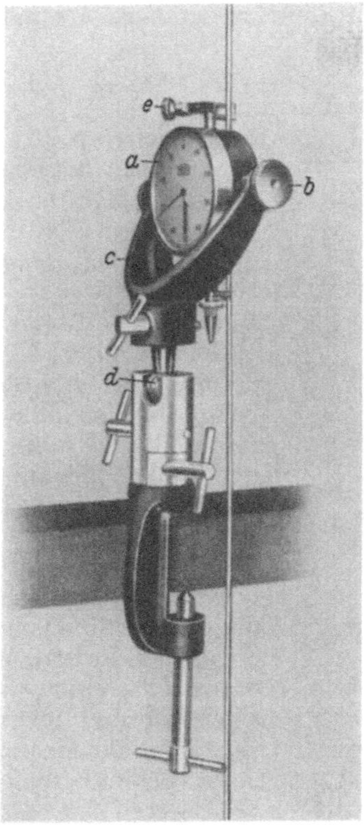

Abb. 11a. Anordnung auf einer Schraubzwinge.

geschaffenen Aufspanntisch mit Stativ. An dem Kugelgelenk können Vorgelegestangen *g* verschiedener Länge angesetzt werden.

Auf diese Weise ist eine Halterung geschaffen, die allen Verhältnissen leicht angepaßt werden kann.

Die Meßuhren werden für 10, 20 und 50 mm Hub geliefert. Sie sind mit einer besonderen aus Abb. 11a ersichtlichen Klemmvorrichtung *e* versehen, die eine Befestigung des Tasters an einem Spanndraht ermöglicht, falls ein solcher z. B. bei Durchbiegungsmessungen mit herangezogen wird.

Es sei noch kurz auf die *Vorläufer der Meßuhren* eingegangen, die von entwicklungsgeschichtlichem Interesse sind. Als älteste Konstruktion kann der „*Rollenapparat von* BAUSCHINGER" gelten, der in Abb. 12 dargestellt ist.

Am einen Ende der Probe ist eine Zwinge befestigt, auf deren Halter *a* das Gestell *b* des Gerätes festgeklemmt wird. In dem Gestell ist zwischen Spitzen *c* drehbar eine Achse mit Zeiger *d* gelagert, die eine Hartgummirolle *e* trägt. Der Zeiger spielt auf einer am Gestell befestigten Bogenteilung *f*. Die Längenänderung der Meßstrecke wird durch eine Stange *g* auf die Hartgummirolle *e* übertragen, die am einen Ende der Meßstrecke mit einer Schneide festgeklemmt wird und am anderen

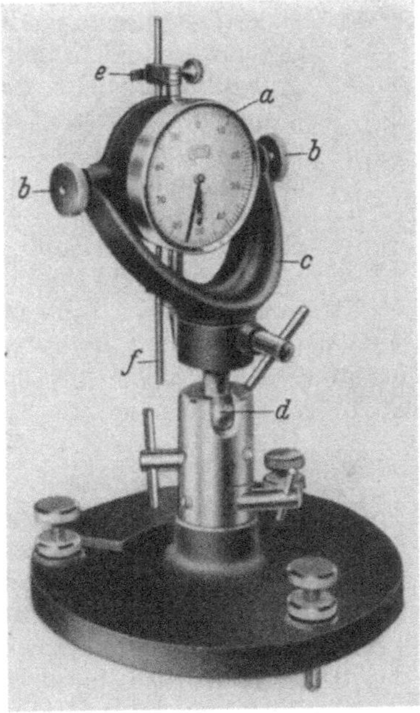

Abb. 11b. Anordnung auf einem Tellerfuß mit Einstellschrauben.

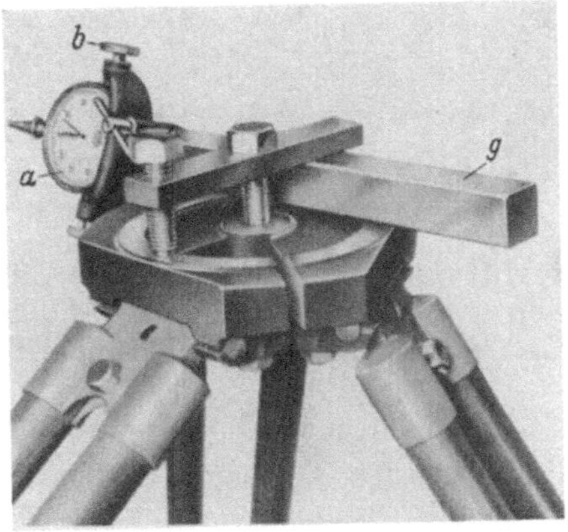

Abb. 11c. Anordnung mit Vorgelegestange auf einem Dreibeinstativ mit Aufspanntisch.

Abb. 11a bis c. Deflektometer von HUGGENBERGER.
a Meßuhr; *b* am Gehäuse der Meßuhr seitlich angeordnete Zapfen; *c* Gabel; *d* Kugelgelenk; *e* Klemmvorrichtung zur Befestigung des Tasters an einem Spanndraht, *f* Taststift in der Klemmvorrichtung *e* befestigt; *g* Vorgelegestange.

Ende eine federnde Reibfläche *h* trägt, die auf die Hartgummirolle *e* aufgreift. Diese Übertragung ist nicht sehr genau.

Ähnlich arbeitet der in Abb. 13 dargestellte „*Tellerapparat von* MARTENS“. Er besteht im wesentlichen aus einem Gehäuse *a* mit Kreisteilung *b*, auf der ein Zeiger *c* spielt. Dieser ist auf einer im Gehäuse in Spitzen gelagerten Achse *d* befestigt, die ein Hartgummiröllchen *e* trägt. Das Gehäuse *a* ist am einen Ende der Meßstrecke aufgeklemmt. Die Längenänderung wird entweder wie beim BAUSCHINGER-Apparat durch eine Stoßstange *f* mit Reibfläche am Ende oder durch einen Schnurzug übertragen.

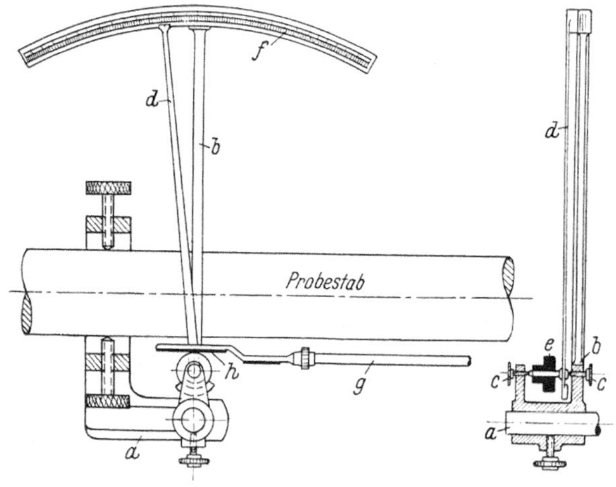

Abb. 12. Rollenapparat von BAUSCHINGER.
a Halter mit Klemme an einem Ende der Meßstrecke auf dem Probestab befestigt; *b* Gestell; *c* Spitzenlager der Zeigerachse; *d* Achse mit Zeiger; *e* Hartgummirolle; *f* Bogenteilung, am Gestell *b* befestigt; *g* Stoßstange, am zweiten Ende der Meßstrecke mit einer Schneide aufgeklemmt; *h* Reibfläche an der Stoßstange *g*.

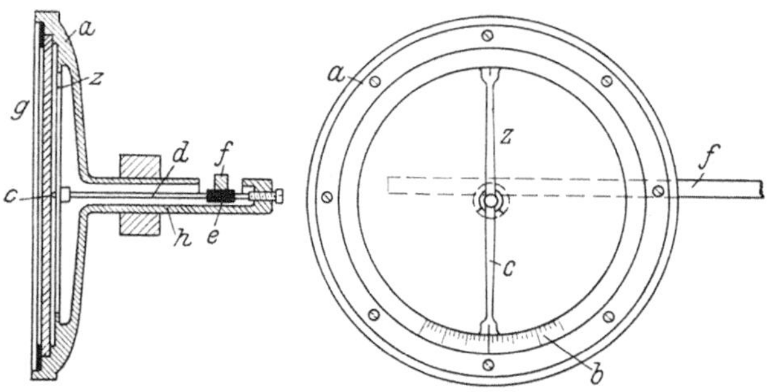

Abb. 13. Tellerapparat von MARTENS.
a Gehäuse; *b* Kreisteilung; *c* Zeiger; *d* in Spitzen gelagerte Achse; *e* Hartgummiröllchen; *f* Stoßstange mit Reibfläche.

Ein weiteres, auf ähnlicher Grundlage arbeitendes Gerät wurde von BACH entwickelt. Es ist in Abb. 14 dargestellt, und zwar in einer Anordnung zur Messung der Längenänderungen an einem Betonkörper. Das Gestell *a* des Gerätes, das die Bogenteilung *b* trägt, ist an der oberen Klemme *c* befestigt, während die Stoßstange *d* an der unteren Klemme *e* angelenkt ist. Die Stoßstange *d* überträgt ihre Bewegung über Federgelenk *f* auf einen in Spitzen gelagerten Hebel *g* mit Segment *h* am Ende, das mit der auf der Zeigerachse angeordneten Rolle *i* in Eingriff steht. Zur Sicherung des Eingriffs ist an dem Segment *h* des doppelarmigen Hebels *g* ein dünnes Metallband befestigt, das die Rolle *i* mitnimmt. Das Gerät erreicht eine 300fache Übersetzung.

Schaubildzeichner.

Die meisten Zerreißmaschinen sind mit Schaubildzeichnern ausgerüstet, welche die Dehnung in Abhängigkeit von der Last selbsttätig aufzeichnen. Dabei ist der Drehwinkel der Schreibtrommel der Dehnung des Probestabes verhältnisgleich. Diese wird meist durch einen über Rollen geführten Schnurzug übertragen. Der Weg des Schreibstiftes entspricht der von der Zerreißmaschine aufgebrachten Belastung. Dabei ist der Antrieb des Schreibstiftes je nach der Bauart der Prüfmaschine verschieden. Die Einzelheiten seien an 3 Beispielen erläutert:

Abb. 15 zeigt eine der gebräuchlichsten Anordnungen, die bei Zerreißmaschinen mit Pendelmanometer vorgesehen wird. An den Enden der Meßstrecke des Probestabschaftes werden zwei Klemmen *a* und *b* durch Spitzschrauben befestigt. Die untere Klemme *b* trägt eine Rolle, über die ein an der oberen Klemme *a* befestigter Faden läuft. Dieser wird senkrecht zum Prüfstab zu einer weiteren am Gestell des Pendelmanometers befestigten Rolle *c* geführt und hier in die Ebene der an der Schreibtrommel *d* befestigten Schnurscheibe *e* umgelenkt. Der Faden umschlingt die Schnurscheibe und wird durch ein Gewicht *f* gespannt.

Der Schreibstift *g* sitzt etwa in der Mitte einer auf Rollen gelagerten Stange, auf deren einer Hälfte ein feingängiges Gewinde aufgeschnitten ist. Das linke Ende der Stange trägt eine kugelig abgerundete Spitze *o*. Diese wird gegen einen Anschlag an der Pendelstange *p* des Pendelmanometers gedrückt, und zwar durch folgende Anordnung. Das Gewinde *i* der Stange *h* greift in die nach Art eines Schneckenrades verzahnte Führungsrolle *l* ein, mit der die Schnurscheibe *m* verbunden ist. Auf diese wird durch das an einem Faden hängende Gewicht *n* ein Drehmoment ausgeübt, das den Anpreßdruck bewirkt. Der Weg des Schreibstiftes ist der Last proportional.

Abb. 16 zeigt die Ausbildung des Schaubildzeichners bei einer Zerreißmaschine mit Kraftanzeige durch eine Meßdose *a*. Diese steht durch das Rohr *b* mit dem Zylinder der Prüfmaschine in Verbindung. Die Drehung der Schreibtrommel *c* wird in ähnlicher Weise wie bei der Anordnung in Abb. 15 durch einen Schnurzug *d* bewirkt. Der Schreibhebel *f* ist um eine Schneide *g* drehbar, die sich in eine ortsfeste Pfanne stützt. Die Bewegung des Kolbens *i* der Meßdose überträgt sich auf ein Gehänge *k*, dessen Pfanne in die Schneide *g* des Schreibhebels *f* eingreift.

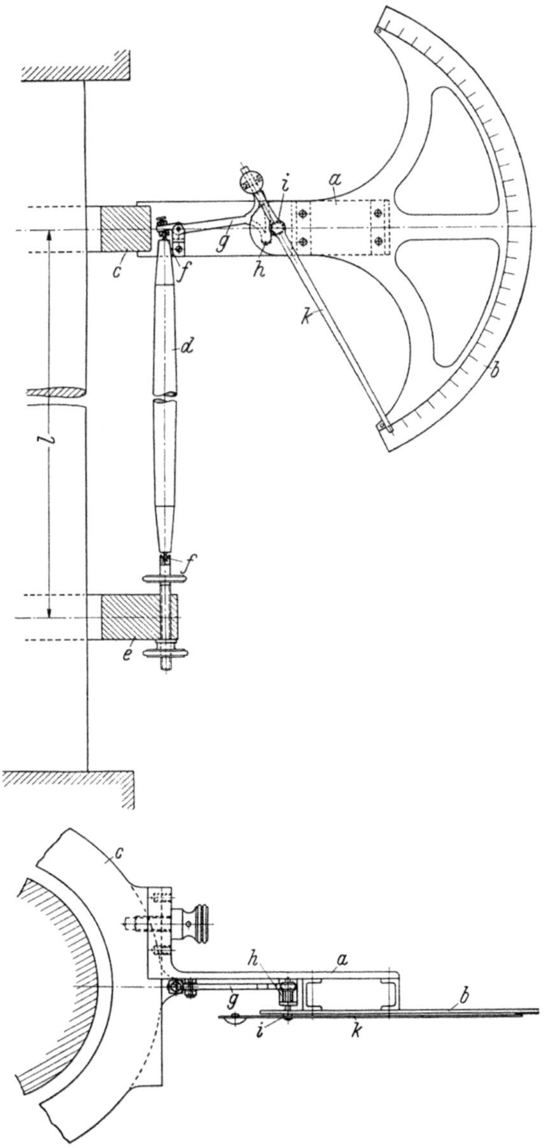

Abb. 14. Dehnungsmesser von BACH.
a Gestell; *b* Bogenteilung; *c* obere Klemme; *d* Stoßstange; *e* untere Klemme; *f* Federgelenke der Stoßstange; *g* in Spitzen gelagerter Zwischenhebel; *h* Segment des Zwischenhebels; *i* Zeigerachse mit Rolle; *k* Zeiger; *l* Meßstrecke.

Die kraftschlüssige Verbindung zwischen Schneiden und Pfannen wird durch die Feder *l*, die über ein Gehänge *m* am Schreibhebel angreift, bewirkt.

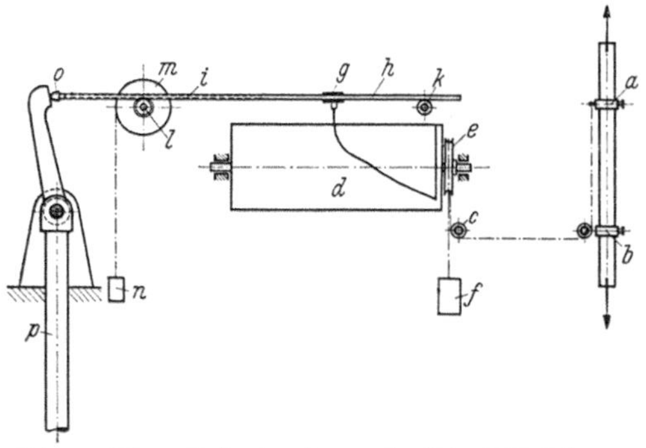

Abb. 15. Schematische Anordnung des Schaubildzeichners bei einer Zerreißmaschine mit Pendelmanometer.
a am oberen Ende der Meßstrecke des Probestabes befestigte Klemme, an der der Faden befestigt wird; *b* am unteren Ende der Meßstrecke des Probestabes befestigte Klemme mit Umlenkrolle für den Faden; *c* Umlenkrolle für den Faden, die am Bock des Pendelmanometers befestigt ist; *d* Schreibtrommel; *e* an der Schreibtrommel befestigte Schnurscheibe; *f* Spanngewicht für den Faden; *g* Schreibstift; *h* Antriebsstange für den Schreibstift; *i* feingängiges Gewinde auf der Antriebsstange *h*; *k* glatte Führungsrolle; *l* mit zum Gewinde der Antriebsstange passender Verzahnung versehene Führungsrolle; *m* Schnurscheibe, mit der Führungsrolle *l* fest verbunden; *n* Spanngewicht mit Faden zur Schnurscheibe *m*; *o* kugelige Spitze am Ende der Antriebsstange; *p* Pendelstange des Pendelmanometers.

Bei Maschinen mit Laufgewichtswaage wird der Schreibstift durch eine Spindel verschoben, die über ein Vorgelege von der zur Verschiebung des Laufgewichts dienenden Spindel angetrieben ist.

Die Firma Amsler, Schaffhausen, hat eine Vorrichtung ausgearbeitet, bei der die Dehnungen des Probestabes mit 50- oder 100facher Vergrößerung auf dem Schaubildzeichner aufgezeichnet werden. Die Einzelheiten der Anordnung sind aus Abb. 17 zu ersehen.

Zwei Klemmen *a* und *b* werden an den Enden der Meßstrecke des Probestabes aufgespannt und sind mit Rohren *c* verbunden, die genau ineinanderpassen und sich gegenseitig führen. Die Meßstrecke beträgt in der Regel 200 mm. Das Eigengewicht der Klemmen wird durch die Gegengewichte *d* und *e* ausgeglichen, die an über Rollen geführten Schnurzügen hängen. An dem mit der oberen Klemme *a*

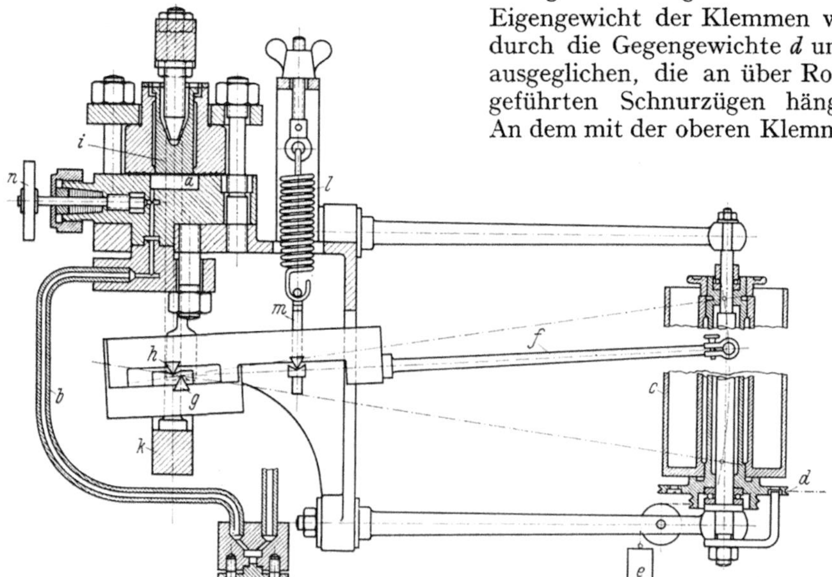

Abb. 16. Schaubildzeichner einer Zerreißmaschine mit Kraftanzeige durch eine Meßdose.
a Meßdose; *b* Verbindungsleitung zwischen Prüfmaschinenzylinder und Meßdose; *c* Schreibtrommel; *d* Schnurzug zur Übertragung der Dehnung in der Meßstrecke des Probestabes auf die Schreibtrommel; *e* Gewicht zum Spannen des Schnurzuges *d*; *f* Schreibhebel; *g* Schneide am Schreibhebel, die sich in eine ortsfeste Pfanne stützt; *h* Schneide am Schreibhebel, an der das Gehänge *k* des Kolbens *i* der Meßdose angreift; *i* Kolben der Meßdose; *k* Gehänge zum Kolben *i* der Meßdose; *l* Vorspannfeder; *m* Gehänge zur Vorspannfeder; *n* Ventil zur Meßdose.

verbundenen Rohr ist eine Mikrometerschraube *f* gelagert, die eine Trommel *g* trägt. Um diese ist ein Faden *h* geschlungen, der über eine am Gestell des

Pendelmanometers befestigte Rolle läuft und durch ein Gewicht gespannt wird. Die Spitze der Mikrometerschraube berührt eine Anschlagfläche *i*, die mit der unteren Klemme *b* verbunden ist. Dehnt sich der Probestab, so kommt zunächst die Spitze der Mikrometerschraube mit der Anschlagfläche *i* außer Eingriff, der Fadenzug *h* dreht dann die Trommel *g* so lange, bis der Eingriff wiederhergestellt ist. Der zweite Teil *k* des Fadens ist über Umlenkrollen auf die Antriebsschnurscheibe der Schreibtrommel geführt und wird durch ein weiteres kleineres Gewicht gespannt. Somit wird die Bewegung der Mikrometerschraube in eine entsprechende Drehung der Schreibtrommel verwandelt.

Die Abmessungen sind so abgeglichen, daß der Weg der Schreibtrommel auf dem Papier des Schaubildzeichners gemessen 50- oder 100mal so groß ist, wie die Dehnung des Probestabes. Da die Bewegung der Mikrometerschraube den Dehnungen des Probestabes unmittelbar folgt, entsteht auf dem Schaubildzeichner eine stetige Kurve. Um die Anordnung auch für große bleibende Dehnungen bis zum Bruch des Probestabes benutzen zu können, wird nach einer Dehnung von 3 oder 6 mm die Mikrometerschraube festgesetzt, so daß jetzt die Vorrichtung wie eine gewöhnliche Dehnungsklemme wirkt und die Dehnung von jetzt ab in einfacher oder doppelter Größe auf dem Schaubildzeichner aufgetragen wird.

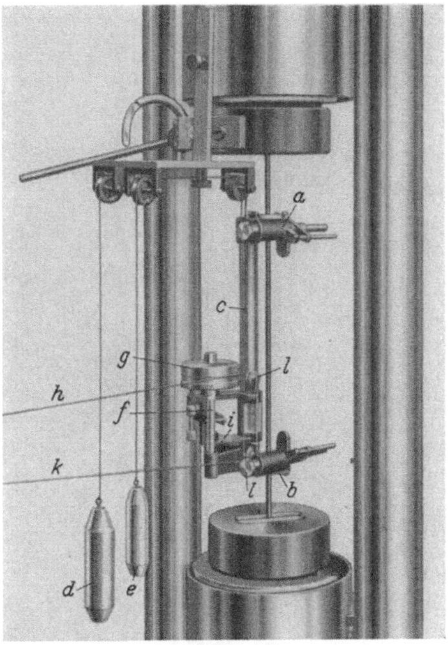

Abb. 17. Vorrichtung der Fa. Amsler, Schaffhausen, zur 50- oder 100fach vergrößerten Übertragung der Dehnungen des Probestabes auf den Schaubildzeichner.

a am oberen Ende der Meßstrecke des Probestabes befestigte Klemme; *b* am unteren Ende der Meßstrecke des Probestabes befestigte Klemme; *c* Führungsrohre der Klemmen *a* und *b*; *d*, *e* Gegengewichte mit über Rollen laufenden Schnurzügen zum Ausgleich des Eigengewichtes der Klemmen *a* und *b*; *f* Mikrometerschraube am Rohr der Klemme *a* gelagert; *g* auf der Spindel der Mikrometerschraube *f* befestigte Trommel; *h* Faden mit Spanngewicht durch das ein Drehmoment auf die Trommel *g* ausgeübt wird; *i* Anschlagfläche für die Spitze der Mikrometerspindel an der Klemme *b* befestigt; *k* zweiter Teil des Fadens *h*, der über Umlenkrollen zur Antriebsrolle der Schreibtrommel geführt ist und durch ein kleineres Gewicht gespannt wird.

Die Anordnung gestattet eine ziemlich genaue Bestimmung der *E*-Grenzen und der Proportionalitätsgrenze ohne weitere Feinmessungen.

Die Genauigkeit der Schaubildzeichner ist im allgemeinen wesentlich geringer wie die der Zeigergeräte. Sie dienen hauptsächlich dazu, einen raschen Überblick über den Verlauf des Versuchs zu geben, während die genauen Werte durch Ablesen festgestellt werden müssen.

Der halbautomatische Tensograph von HUGGENBERGER.

Neuerdings ist von HUGGENBERGER, Zürich, ein als „Tensograph" bezeichnetes Gerät ausgearbeitet worden, mit Hilfe dessen das Lastdehnungsschaubild mit sehr großer Genauigkeit und starker Vergrößerung der Dehnungen ($V =$ 250, 500 oder 1000) auf der üblichen Schreibtrommel der Zerreißmaschinen aufgezeichnet werden kann. Hierdurch werden die bisherigen Nachteile der Schaubildzeichner beseitigt. Abb. 18 zeigt die Gesamtanordnung in einer Zerreißmaschine mit Pendelmanometer. Das Gerät besteht im wesentlichen aus dem

Geber *a*, der an den Probestab angesetzt wird und dessen Einzelheiten aus Abb. 19 ersichtlich sind, sowie dem Empfänger *b*, der zum Antrieb der Schreibtrommel *c* dient und an diese angebaut ist. Seine Einzelheiten sind aus Abb. 20 ersichtlich.

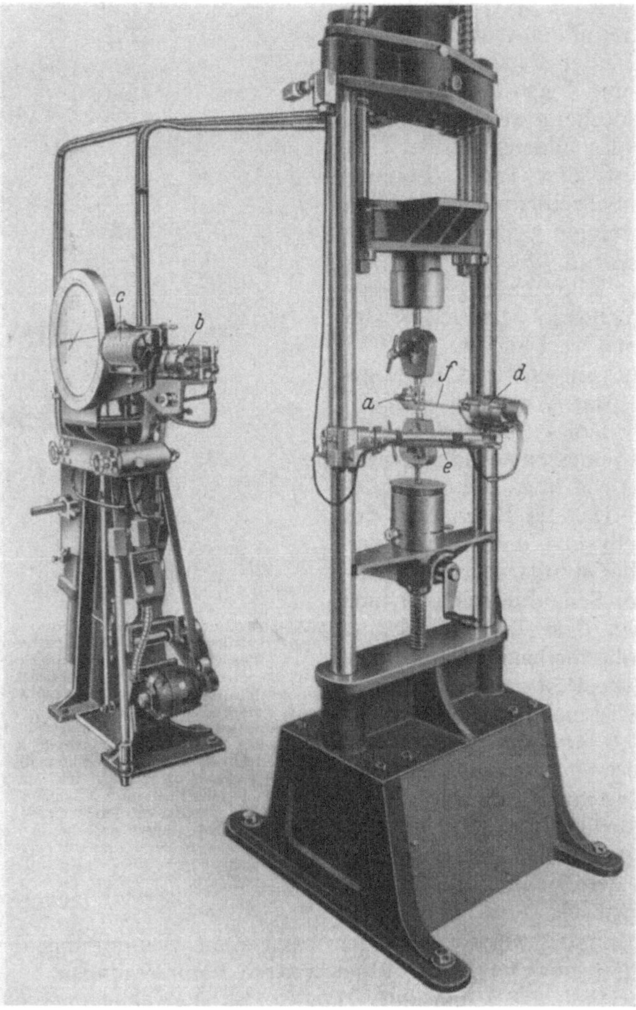

Abb. 18. Anordnung des Tensographen von HUGGENBERGER in einer Zerreißmaschine mit Pendelmanometer.
a Geber, an den Probestab angesetzt; *b* Empfänger, an die normale Schreibtrommel angebaut; *c* Schreibtrommel; *d* Synchromotor des Gebers; *e* Stativ zum Synchronmotor *d*; *f* Gelenkwelle zwischen Synchronmotor und Geber.

Zum Geber gehört noch der Synchronmotor *d*, der auf einem an einer Säule der Zerreißmaschine festgeklemmten Stativ *e* angeordnet ist und mit dem Geber *a* durch die Gelenkwelle *f* gekuppelt wird. Geber und Empfänger sind durch elektrische Übertragungsorgane miteinander verbunden.

Über die Einzelheiten ist folgendes zu sagen. Das in Abb. 19 dargestellte Dehnungsabtastgerät besteht aus dem Gehäuse *b*, das am oberen Ende mit einer federnden Klemme *c* an den Schaft des Probestabes *a* angesetzt wird. In diesem Gehäuse ist der als Winkelhebel ausgebildete Meßhebel *d* gelagert. Sein kurzer Arm steht senkrecht zum Probestab *a* und ist mit einer Schneide *e* versehen, die gegen den Probestab gedrückt wird, wobei die Blattfeder *f* als Widerlager dient.

Der Angriffspunkt der Schneide *e* bildet das eine Ende der Meßstrecke, an deren zweitem Ende die feste Schneide *g* des Gehäuses *b* eingesetzt ist. Die Meßlänge beträgt in der Regel 50 mm.

Am Ende des langen Arms des Winkelhebels *d* ist ein Kontakt *h* angeordnet, der mit dem Ende einer Mikrometerspindel *i* zusammenarbeitet, deren Mutter in dem Gehäuse *b* befestigt ist und die von dem besonders ausgebildeten Synchronmotor *k* durch die Gelenkwelle *l* in Drehung versetzt wird.

Abb. 19. Geber zum Tensographen von HUGGENBERGER.

a Probestab; *b* Gehäuse; *c* federnde Klemme zum Festklemmen des oberen Gehäuseendes auf dem Probestab; *d* Meßhebel als Winkelhebel ausgebildet; *e* Schneide des Meßhebels; *f* Blattfeder mit Druckstück als Widerlager zur Schneide *e* dienend; *g* feste Schneide, am oberen Ende des Gehäuses *b* befestigt; *h* Kontakt am Ende des Meßhebels; *i* Mikrometerspindel; *k* Spezial-Synchronmotor; *l* Gelenkwelle zwischen Synchronmotor *k* und Mikrometerspindel *i*; *m* Stativ zum Synchronmotor *k*.

Der Empfänger Abb. 20 hat die Aufgabe, die Schreibtrommel nach Maßgabe der Dehnung der Meßstrecke zu verdrehen. Zu diesem Zweck wird auf die Schreibtrommel ein Stirnrad gesetzt, in das die Ritzel *a* und *b* des Empfängers wahlweise je nach der gewünschten Vergrößerung zum Eingriff gebracht werden. Die Schaltung erfolgt dabei durch den Hebel *c*. Die Antriebskraft wird durch den Hilfsmotor *d* geliefert, der über den Stecker *e* an das Netz angeschlossen wird. Er treibt über ein Schneckenvorgelege *f* und ein Stirnradvorgelege *g* mit verstellbarer Übersetzung ein Kegelradgetriebe *h* an. Seine Welle trägt eine Schnecke *i*. Diese greift in das auf der Ankerwelle des Synchronmotors *l* aufgekeilte Schneckenrad *k* ein. Der Synchronmotor *l* ist durch ein Kabel mit dem Synchronmotor des Gebers verbunden. Das Vorgelege *g* ist so gebaut, daß es durch Einschalten eines Elektromagneten mit dem Antriebsmotor gekuppelt und beim Ausschalten des Stromes wieder entkuppelt wird.

Die Arbeitsweise spielt sich folgendermaßen ab. Die Dehnung der Meßstrecke öffnet den Kontakt zwischen dem Winkelhebel und der Mikrometerspindel des Gebers. Dadurch wird ein hochempfindliches Relais ausgelöst, das den Elektromagneten des Zwischengetriebes am Empfänger einschaltet. Demgemäß wird die Schreibtrommel und gleichzeitig der Anker des Synchronmotors im Empfänger gedreht. Gleichzeitig wird aber auch durch die elektrische Verbindung eine entsprechende Drehung des Ankers im Synchromotor des Gebers bewirkt. Dieser verdreht über die Gelenkwelle die Mikrometerspindel, und zwar so lange bis der Kontakt wieder geschlossen ist.

In diesem Augenblick wird der Elektromagnet des Zwischengetriebes im Empfänger wieder abgeschaltet und alle Bewegungen ruhen, bis eine weitere Dehnungszunahme der Meßstrecke den Kontakt wiederum öffnet, worauf das Spiel von neuem beginnt. Der ganze Steuervorgang vollzieht sich im Bruchteil einer Sekunde, so daß auf der Schreibtrommel ein glatter Linienzug entsteht.

Abb. 20. Empfänger des Tensographen von HUGGENBERGER, zum Antrieb der Schreibtrommel dienend.

a, *b* Ritzel, die wahlweise mit dem Antriebsstirnrad der Schreibtrommel in Eingriff gebracht werden; *c* Schalthebel zu den Ritzeln *a* und *b*; *d* Hilfsmotor; *e* Stecker für den Netzanschluß des Hilfsmotors; *f* Schneckenvorgelege; *g* Stirnradvorgelege mit verstellbarer Übersetzung und elektromagnetisch betätigter Kupplung; *h* Kegelradgetriebe; *i* Schnecke auf der Welle des Kegelradgetriebes; *k* Schneckenrad auf der Ankerwelle des Synchronmotors *l* befestigt; *l* Spezialsynchronmotor; *m*, *n* Schalter zum Einstellen des Empfängers für Zug- oder Druckversuche; *o* Signallampen.

Durch Betätigen der Schalter *m* und *n* (Abb. 20) kann das Gerät wahlweise für Zugversuche oder Druckversuche verwendet werden.

Bei einer Sonderbauart bildet das Gerät selbsttätig den Mittelwert der Dehnung zweier einander diametral gegenüberliegenden Fasern, so daß die reine Längsdehnung unter Ausschaltung etwaiger Verbiegungen aufgezeichnet wird. Eine weitere Sonderbauart gestattet die Aufnahme des Schaubildes durch den Bruchvorgang hindurch.

c) Geräte zur Feinmessung der Längsdehnungen.

Der Abbe-Komparator von ZEISS.

Für alle Längenmessungen, die mit größter Genauigkeit ausgeführt werden sollen, ist der in Abb. 21 dargestellte Abbe-Komparator der Fa. Carl Zeiß in Jena ein unentbehrliches Hilfsmittel. Für die Zwecke der Werkstoffprüfung kommt in erster Linie das Modell B in Betracht, das eine Meßlänge von 200 mm besitzt. Bei diesem Gerät wird die zu messende Strecke unmittelbar mit einem Präzisionsmaßstab verglichen. Dabei sind Maßstab und Meßstrecke in einer Richtung hintereinander auf dem verschiebbaren Tisch des Komparators angeordnet. Diese Maßnahme hat den besonderen Vorteil, daß kleine Abweichungen in der Geradführung des Tisches nur einen sehr geringen Einfluß auf die Meßgenauigkeit haben, da die gegenseitige Lage von Objekt und Maßstab während der Messung unveränderlich ist.

Der Tisch *a* des Komparators ist eine Platte aus Sonderstahl, der die gleiche Wärmedehnung wie Glas besitzt. Er hat bei Modell B eine Länge von 520 mm und eine Breite von 195 mm. Auf der linken Seite ist der 200 mm lange Glasmaßstab *b* befestigt, der von unten her durch einen Schlitz des Tisches beleuchtet wird und durch eine dicke Glasplatte abgedeckt ist. Die Teilung ist mit der höchsten erreichbaren Genauigkeit ausgeführt. Der Fehler in der Lage jedes einzelnen Teilstriches ist geringer als $^1/_{1000}$ mm.

Das Meßobjekt *c* wird auf der rechten Seite des Tisches befestigt und durch die Tischklemmen *d* oder eine an ihre Stelle gesetzte Sonderspannvorrichtung festgehalten. Es sind besondere Feinstellvorrichtungen zur Verschiebung des Meßobjekts senkrecht zur Längsrichtung des Tisches und zum Schwenken des

Objekts um eine senkrecht zur Tischebene stehende Achse vorgesehen. Über dem Objekt ist das Beobachtungsmikroskop *e*, über dem Glasmaßstab das

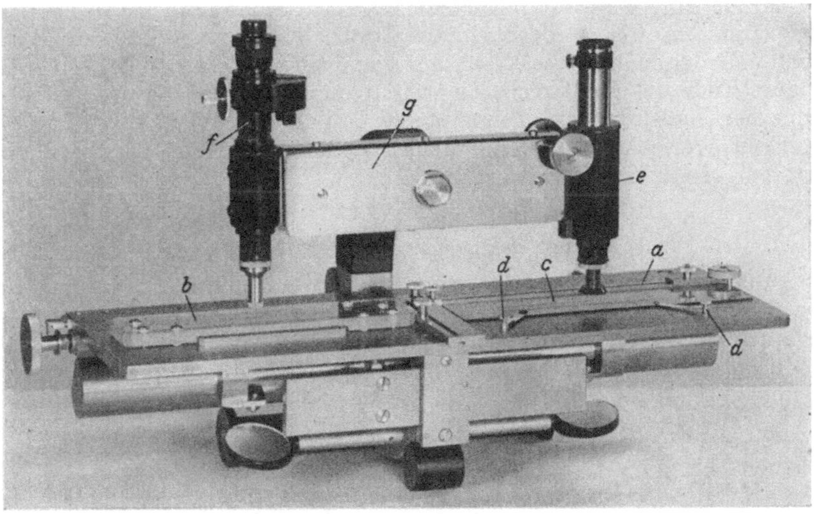

Abb. 21. ABBE-Komparator, Modell B, Meßlänge 200 mm, der Fa. Carl Zeiß, Jena.
a Meßtisch aus Sonderstahl, dessen Wärmedehnung gleich derjenigen von Glas ist; *b* Glasmaßstab; *c* Meßobjekt; *d* federnde Tischklemmen; *e* Beobachtungsmikroskop; *f* Spiralmeßmikroskop; *g* Querträger mit Wärmestrahlungsschutz, an dem die Mikroskope *e* und *f* befestigt sind.

Spezialmeßmikroskop *f* angeordnet. Beide Mikroskope werden von einem kräftigen Träger *g* gehalten, der an dem Grundgestell des Geräts befestigt ist und aus dem gleichen Sonderstahl besteht wie die Tischplatte. Er ist zum Schutz gegen die Körperwärme des Beobachters mit einem Wärmestrahlungsschutz umgeben.

Das Beobachtungsmikroskop *e* besitzt in der Regel 30- bis 40fache Vergrößerung. An seiner Stelle kann auch ein Binokularmikroskop mit 4- bis 30facher Vergrößerung angeordnet werden. Bei der Messung ist jeweils die Meßmarke des Objekts scharf auf das Fadenkreuz dieses Mikroskops einzustellen. Dabei erfolgt die Grobeinstellung des in Kugellagern leicht beweglichen Tisches von Hand, die Feineinstellung nach Festklemmen des Tisches mit einer Triebschraube.

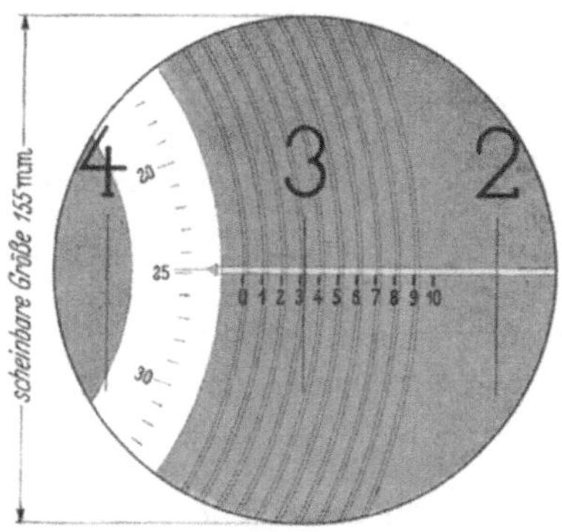

Abb. 22. Gesichtsfeld des Spiralmikroskops bei dem ABBE-Komparator Abb. 21.
Die großen Zahlen mit den senkrechten Teilstrichen gehören zur Teilung des Glasmaßstabs. Die Doppelspirale und die Kreisteilung befinden sich auf der drehbaren Strichplatte, der Zeiger für die Kreisteilung und die weißen Zahlen 0 bis 10 auf der darüberliegenden festen Strichplatte. Als Meßbeispiel eingestellt ist der Wert 3,3248 mm.

Der Glasmaßstab *b* wird mittels des Spezialmeßmikroskops *f* auf $^1/_{1000}$ mm genau abgelesen. Dabei dient als Einstellorgan eine als feiner Doppelstrich ausgeführte archimedische Spirale, die auf einer ebenen Glasplatte angebracht ist. Diese ist um eine zur optischen Achse des Mikroskops parallele Achse drehbar, wobei die Drehung an einer auf der Glasplatte selbst angeordneten Teilung abgelesen wird. Abb. 22 zeigt das Gesichtsfeld dieses „Spiralmikroskops" mit einem Meßbeispiel, das auf den Wert 3,3248 mm eingestellt ist. Die großen Zahlen mit den senkrechten Teilstrichen gehören zu der abzulesenden Teilung des Glasmaßstabs. Der Zeiger für die Ablesung der nach Tausendtsel Millimeter bezifferten Kreisteilung und die der Spirale zugeordneten weißen Zahlen 0 bis 10 sind auf einer festen Strichplatte angeordnet.

Bei der Messung wird durch Verschieben des Tisches zunächst das eine Ende der Meßstrecke mit dem Fadenkreuz des Beobachtungsmikroskops zur Deckung gebracht und der zugehörige Wert auf dem Glasmaßstab abgelesen, sodann das andere Ende der Meßstrecke eingestellt und die Ablesung wiederholt. Die Differenz der Maßstabablesungen gibt die gesuchte Strecke.

In dieser Weise kann z. B. auch die Bruchdehnung von wenig dehnbaren Werkstoffen genau ermittelt werden.

Der Spiegeldehnungsmesser von MARTENS.

Zur genauen Messung der Längenänderungen der Meßstrecke in dem Gebiet bis zur Streckgrenze wird in der Regel der allgemein bekannte MARTENSsche Spiegelapparat benutzt. Die Anordnung ist dabei meist so gewählt, daß ein Teilstrich der beobachteten Teilung 0,001 oder 0,002 mm Längenänderung der

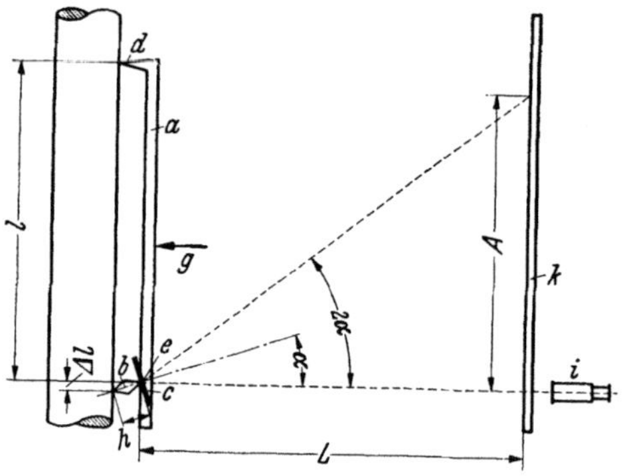

Abb. 23. Schema der Anordnung beim Spiegeldehnungsmesser von MARTENS.

a Meßschiene; *b* Doppelschneide (Stahlprisma); *c* Drehspiegel an der Doppelschneide *b* befestigt; *d* feste Schneide an der Meßschiene; *e* Pfanne in der Meßschiene; *g* Spannklammer; *h* Höhe der Doppelschneide; *i* Ablesefernrohr; *k* Ablesemaßstab; *l* Meßstrecke.

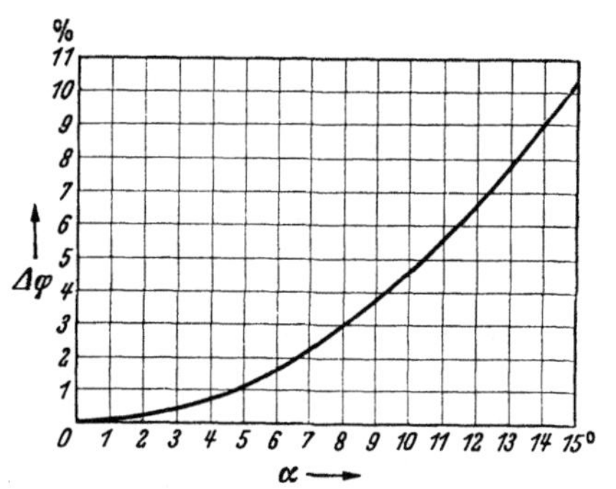

Abb. 24. Prozentualer Fehler $\Delta\varphi$, der bei Berechnung des Vergrößerungsverhältnisses nach der einfachen Formel (3) begangen wird, dargestellt in Abhängigkeit vom Drehspiegelwinkel α.

Meßstrecke entspricht. Neuerdings findet in steigendem Maß der rein mechanisch anzeigende HUGGENBERGER-Tensometer Verwendung, der rd. 1000fache oder 2000fache Vergrößerung besitzt und bequemer zu handhaben ist (Beschreibung s. S. 501).

Abb. 23 zeigt schematisch die Anordnung des MARTENSschen Gerätes. Es besteht im wesentlichen aus der Meßschiene *a* und der Doppelschneide *b* mit dem Drehspiegel *c*. Das eine Ende der Meßschiene ist hakenförmig umgebogen und zu einer Schneide *d* zugeschärft, die in das eine Ende der Meßstrecke eingesetzt wird. Am anderen Ende der Meßschiene ist eine Pfanne eingearbeitet. In diese stützt sich die eine Schneide des Stahlprismas *b*, das rhombischen Querschnitt besitzt. Seine zweite Schneide greift in das entsprechende Ende der Meßstrecke ein. An einer Verlängerung der „Doppelschneide" *b* ist der Drehspiegel *c* befestigt. Bei der Messung wird die Meßschiene *a* durch eine federnde Klammer *g* gegen den Probestab gedrückt. Um bei Auswertung des Meßergebnisses Biegebeanspruchungen des Probestabes ausschalten zu können, werden stets zwei Spiegelgeräte benutzt, die an diametral gegenüberliegenden Mantellinien angesetzt werden.

Bei einer Längenänderung der Meßstrecke dreht sich die Doppelschneide *b* mit dem daran sitzenden Drehspiegel *c*. Die Messung des Betrages dieser Drehung erfolgt dadurch, daß das Bild eines ortsfest aufgestellten und gut beleuchteten Maßstabs *k* über den Drehspiegel *c* mittels Fernrohr *i* abgelesen wird.

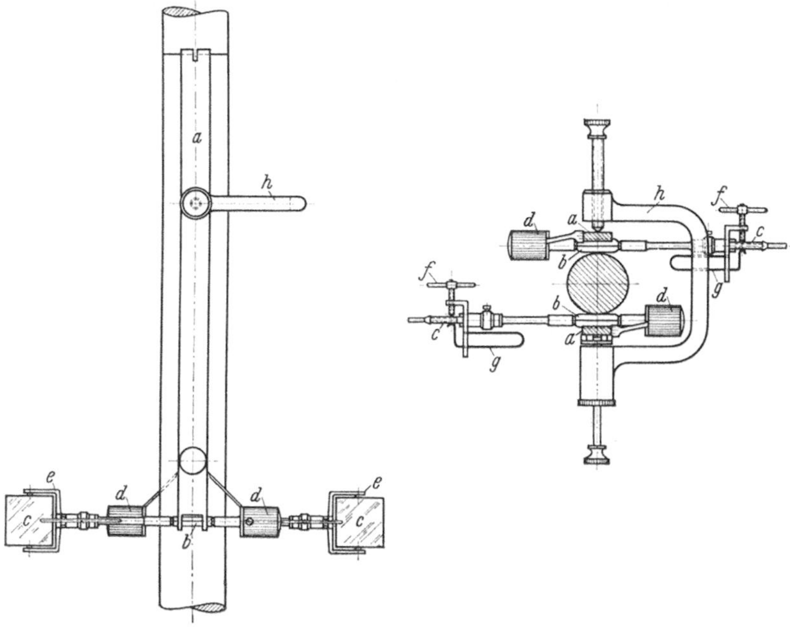

Abb. 25. Ausführung des MARTENSschen Spiegelgerätes.
a Meßschienen; *b* Doppelschneiden; *c* Drehspiegel; *d* Griffe an den Doppelschneiden; *e* Drehspiegelgabeln; *f* Fühlschrauben zum Einstellen der Drehspiegel; *g* Federdrähte zum Andrücken der Drehspiegel gegen die Fühlschrauben *f*; *h* federnder Spannbügel.

Hat die Doppelschneide *b* die Höhe *h*, so dreht sie sich und mit ihr der Drehspiegel *c* bei einer Längenänderung Δl der Meßstrecke um den Winkel α, wobei $\sin\alpha = \frac{\Delta l}{h}$. Ist L der Abstand des Maßstabs vom Spiegel, so ergibt sich nach dem Reflexionsgesetz eine Verschiebung des Maßstabbildes um

$$\Delta a = L \cdot \mathrm{tg}\, 2\alpha\,. \tag{1}$$

Das Übersetzungsverhältnis ist also:

$$\varphi = \frac{\Delta l}{\Delta a} = \frac{h \cdot \sin\alpha}{L \cdot \mathrm{tg}\, 2\alpha}\,. \tag{2}$$

Ist α, wie dies in der Regel zutrifft, ein kleiner Winkel, so kann mit genügender Näherung $\sin\alpha = \alpha$ und $\mathrm{tg}\, 2\alpha = 2\alpha$ gesetzt werden. Dann wird:

$$\varphi = \text{angenähert } \frac{h}{2L}\,. \tag{3}$$

Ist z. B. $h = 4$ mm und $L = 1000$ mm, so ist $\varphi = 500$. Diese Formel kann bis zu einem Drehwinkel von $\alpha = \pm 2°$ benutzt werden. Darüber hinaus ist die genaue Formel (2) zu verwenden oder eine Fehlerberichtigung vorzunehmen. Abb. 24 zeigt den Fehler in % in Abhängigkeit vom Winkel α. Bei Benutzung dieser Kurve ist zu beachten, daß die *wahren Werte* der Dehnung um den betreffenden Fehler *kleiner* sind als die nach der einfachen Formel (3) berechneten Beträge.

Man kann den Maßstab auf 0,1 Teilstriche genau ablesen. Bei $l = 100$ mm Meßlänge entspricht einem Zehntel Teilstrich eine spezifische Dehnung von

$$\varepsilon = \frac{\Delta l}{l} = \frac{0{,}1}{500 \cdot 100} = 2 \cdot 10^{-6}.$$

Handelt es sich um eine rein elastische Dehnung und besteht der Probestab aus Stahl mit einem E-Modul von $E = 2{,}1 \cdot 10^6$ kg/cm², so entspricht diese

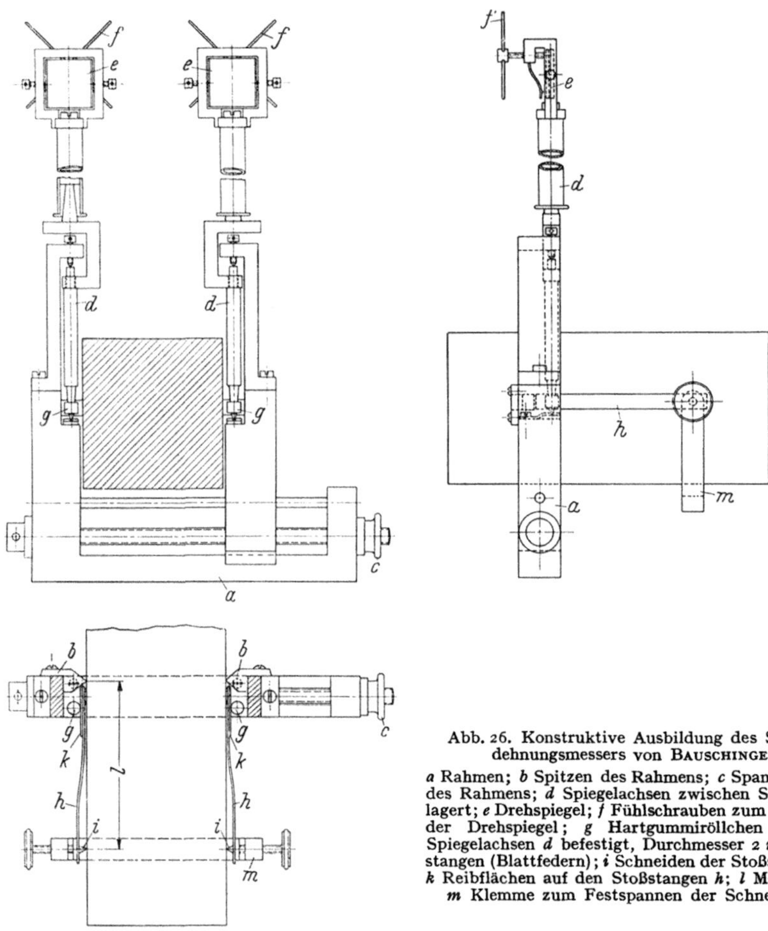

Abb. 26. Konstruktive Ausbildung des Spiegeldehnungsmessers von BAUSCHINGER.

a Rahmen; *b* Spitzen des Rahmens; *c* Spannschraube des Rahmens; *d* Spiegelachsen zwischen Spitzen gelagert; *e* Drehspiegel; *f* Fühlschrauben zum Einstellen der Drehspiegel; *g* Hartgummiröllchen auf den Spiegelachsen *d* befestigt, Durchmesser $2r$; *h* Stoßstangen (Blattfedern); *i* Schneiden der Stoßstangen *h*; *k* Reibflächen auf den Stoßstangen *h*; *l* Meßstrecke; *m* Klemme zum Festspannen der Schneiden *i*.

Dehnung einer Spannungsänderung von $\Delta\sigma = \varepsilon \cdot E = 4{,}2$ kg/cm². Eine derartige Meßgenauigkeit dürfte in der Regel ausreichen. Gegebenenfalls kann der Fernrohrabstand entsprechend vergrößert werden.

Aus Abb. 25 ist die konstruktive Ausbildung des Geräts zu ersehen.

Bezüglich der praktischen Handhabung des MARTENSschen Spiegeldehnungsmessers vgl. die Ausführungen in Bd. I, II, C 2.

Wegen Anwendung des Gerätes bei Dauerstandversuchen sei auf Bd. II, IV verwiesen.

Der Spiegeldehnungsmesser von BAUSCHINGER.

Als Vorläufer des MARTENSschen Spiegelapparates ist der BAUSCHINGERsche Spiegeldehnungsmesser zu bezeichnen. Abb. 26 zeigt die Ausführung des Geräts, Abb. 27 das Schema der Anordnung. Am einen Ende der Meßstrecke wird mit zwei Körnerspitzen *b* ein Rahmen *a* festgespannt, dessen Konstruktion aus Abb. 26 ersichtlich ist. In ihm sind in Spitzen zwei Achsen *d* gelagert, die an ihren Enden Drehspiegel *e* tragen. Auf der dem Probestab zugekehrten Seite der Achsen *d* sind Hartgummirollen *g* befestigt. Diese stehen mit Reibflächen *k* in Berührung, die an den Enden von zwei Blattfedern *h* („Stoßstangen") befestigt sind, deren andere Enden Schneiden *i* tragen; diese werden in der aus Abb. 26 ersichtlichen Weise mittels einer Klemme *m* an dem anderen

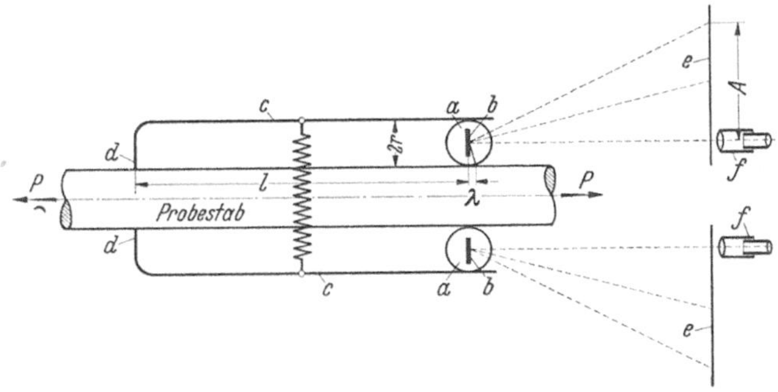

Abb. 27. Schema des Spiegeldehnungsmessers von BAUSCHINGER.
a Hartgummirollen auf den Spiegelachsen befestigt, Durchmesser $2r$; *b* Drehspiegel; *c* Stoßstangen; *d* Schneiden der Stoßstangen; *e* Ablesemaßstäbe; *f* Ablesefernrohre; *l* Meßstrecke.

Ende der Meßstrecke festgespannt. Die Federn *h* müssen so gebogen sein, daß die zwischen der Reibfläche *k* der „Stoßstange" und der Rolle vorhandene Reibung groß genug ist, um die Rolle *g* ohne Schlupf zu drehen. Die Beobachtung der Spiegeldrehung erfolgt ebenso wie beim MARTENS-Gerät mit Maßstab und Fernrohr. Die Anordnung ist aus der schematischen Abb. 27 ersichtlich.

Der Spiegeldehnungsmesser von BAUSCHINGER vermag bei weitem nicht die Genauigkeit des MARTENS-Apparates zu erreichen. Auch besteht Gefahr, daß sich die Hartgummirollen abnutzen oder unrund werden. Er ist heute wohl nur noch von geschichtlicher Bedeutung.

Der Spiegelapparat von HARTIG-LEUNER[1].

Dieses Gerät, das in Abb. 28 dargestellt ist, wurde entwickelt, um zu erreichen, daß die mittleren Dehnungen unmittelbar mit *einem* Fernrohr abgelesen werden können. An den Enden der Meßstrecke werden zwei federnde Klemmen *a* und *b* mit je zwei Spitzschrauben eingesetzt. Sie werden durch eine teleskopartig ausziehbare Führungsstange *c* mit Millimeterteilung verbunden, an der die beabsichtigte Meßlänge eingestellt werden kann. An der oberen Klemme *a* sind zwei feine Stahlbänder *d* befestigt. Diese führen zu den kleinen Rollen *f*, die auf den an der Klemme *b* zwischen Spitzen drehbaren Achsen *e* befestigt sind. Eine Längenänderung der Meßstrecke bewirkt eine entsprechende Drehung dieser Rollen. Auf den Achsen *f* sitzen zwei weitere größere Rollen *g*, die durch Stahlbänder *h* mit einem gleicharmigen Hebel *i* verbunden sind, in dessen Mitte ein weiteres Stahlbändchen *k* angreift, das zu der weiteren Rolle *l* führt. Diese sitzt auf einer Achse *m*, die den Drehspiegel *n* trägt und in Spitzen ebenfalls an der Klemme *b* gelagert ist. Um die Stahlbänder unter Spannung zu halten, ist auf der Drehspiegelachse *m* eine weitere Rolle *o* aufgesetzt, an der ein Stahlband *p* angreift, das durch eine Schraubenfeder *q* gespannt wird.

[1] Nach O. WAWRZINIOK: Handbuch des Materialprüfungswesens für Maschinen- und Bauingenieure. Berlin 1923.

Durch diese Anordnung sollte erreicht werden, daß die Drehung des Spiegels *n* der mittleren Dehnung der Meßstrecke verhältnisgleich ist. Die Konstruktion hat sich jedoch *nicht* bewährt. Sie ist viel zu umständlich und besitzt zahlreiche Fehlerquellen, die das MARTENS-Gerät nicht aufweist. Es sei nur auf das unvermeidliche Spiel in den Spitzenlagern der Achsen und auf den Umstand hingewiesen, daß das Meßergebnis durch die bei Temperaturschwankungen in den Stahlbändchen auftretenden Längenänderungen stark beeinflußt wird. Der Apparat ist daher für genaue Messungen ungeeignet. Jedoch kann er bei Vorführungsversuchen gute Dienste leisten, wobei durch den Spiegel ein Lichtzeiger, der auf eine durchsichtige Skala fällt, gesteuert wird[1].

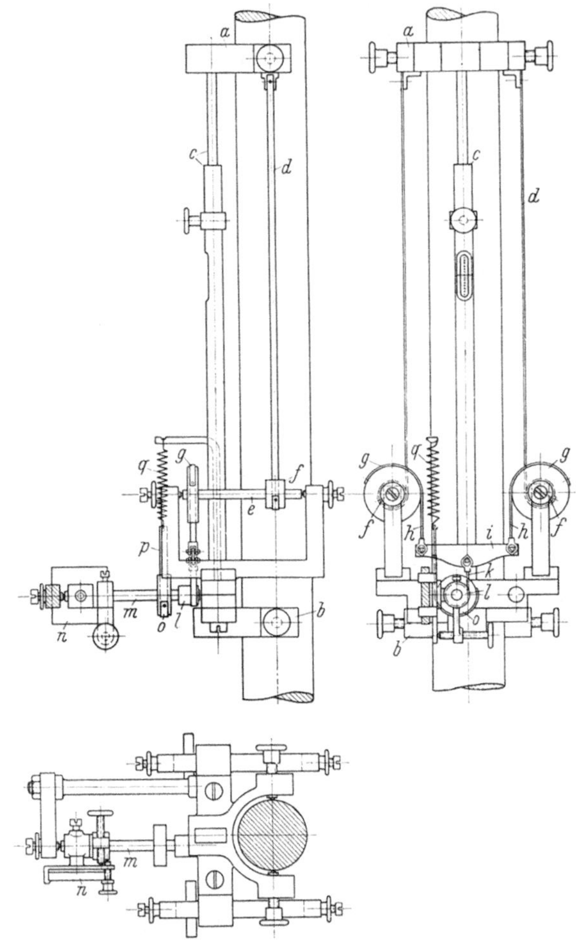

Abb. 28. Spiegeldehnungsmesser von HARTIG-LEUNER.
a, *b* federnde Klemmen an den Enden der Meßstrecke aufgesetzt; *c* teleskopartig ausziehbare Führungsstange; *d* Stahlbänder; *e* Achsen, die zwischen Spitzen an der Klemme *b* gelagert sind; *f* kleine Rollen auf den Achsen *e*, an denen die Bänder *d* angreifen; *g* große Rollen auf den Achsen *e*, an denen die Bänder *h* angreifen; *h* Stahlbänder; *i* gleicharmiger Hebel; *k* Stahlband zur Rolle *l*; *l* Rolle auf der Drehspiegelachse *m*; *m* Drehspiegelachse; *n* Drehspiegel; *o* Spannrolle, auf der Drehspiegelachse befestigt; *p* Stahlband der Spannrolle *o*; *q* Vorspannfeder.

Dehnungsmessungen nach dem Interferenzverfahren nach GRÜNEISEN[2].

Dieses Verfahren ist wertvoll, wenn es sich um die Messung elastischer Dehnungen aus solchen Werkstoffen handelt, die nur geringe Beanspruchungen ertragen und infolgedessen mit den üblichen Anordnungen nicht geprüft werden können. Der Aufbau des Meßgerätes geht von folgender Erscheinung aus:

Wenn einfarbiges Licht in parallelem Strahlenbündel durch zwei planparallele, einseitig schwach versilberte Glasplatten hindurchgeht, die durch eine Luftschicht getrennt sind und fast parallel zueinander stehen, so entsteht als Interferenzerscheinung ein System von hellen und dunklen Ringen (HEIDINGERsche Ringe). Sie kommen dadurch zustande, daß die direkt durchfallenden Lichtstrahlen mit den an den Glasflächen zurückgeworfenen Strahlen zur Interferenz kommen.

[1] Ein weiterer Dehnungsmesser, der nach dem Prinzip der bandgeführten Differentialrolle arbeitet, wurde von J. PIRKL angegeben [Z. VDI Bd. 79 (1935) S. 923]. Es ist jedoch bisher nicht gelungen, auf dieser Grundlage ein brauchbares und hinreichend genaues Meßgerät zu entwickeln. Deshalb erübrigt es sich, auf diese Anordnung näher einzugehen.

[2] GRÜNEISEN, H.: Annalen der Physik 1908.

Wird die Entfernung der Platten nur um wenige μ geändert, so beobachtet man im Blickfeld, daß die Ringe wandern und je nach der Bewegungsrichtung in der Mitte oder am Rande neue Ringe hervorquellen. Dabei ist zur Verschiebung um eine Ringbreite eine Entfernungsänderung der Platten von einer halben Wellenlänge des verwendeten Lichts erforderlich. Zählt man also bei einer Verschiebung der Platten die Anzahl der Ringe, die an einer Marke im Blickfeld vorüberwandern, so hat man ein Maß für die Entfernungsänderung. Da auch Bruchteile einer Ringbreitenverschiebung leicht gemessen werden können, hat man mit diesem Beobachtungsverfahren ein Mittel an der Hand, um Längenänderungen von etwa 0,1 μ noch sicher zu messen.

Abb. 29 zeigt schematisch die Meßanordnung. Die planparallelen, einseitig schwach versilberten Glasplatten *c* sitzen beiderseits des Stabes an bügelförmigen Trägern *b*, die mit Hilfe von Klemmen an den beiden Enden der Meßstrecke befestigt werden. Zwischen den Glasplatten verbleibt eine Luftschicht von 2 bis 3 mm Dicke. Als Lichtquelle dient eine Quecksilberdampflampe *d*. Das von ihr kommende Licht wird nach Durchgang durch eine Blende *e* von der Linse *f*, zu einem parallelen Strahlenbündel gesammelt und durch ein Prisma *g* nach den Glasplatten *c* umgelenkt. Nach Durchtritt durch diese wird es von dem Prisma *h* wieder rechtwinklig umgelenkt, durchtritt ein weiteres Prisma *i*, an dem es spektral zerlegt wird, und gelangt in das Beobachtungsfernrohr *k*, wo die Ringe erscheinen.

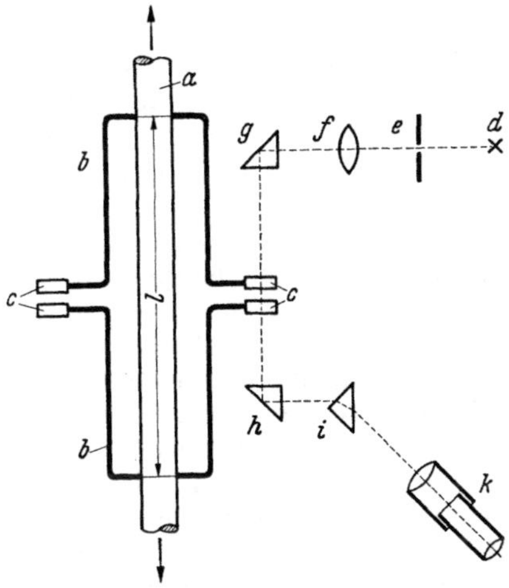

Abb. 29. Schema des Interferenzdehnungsmessers von GRÜNEISEN.
a Probestab; *b* bügelförmige Träger, die an den Enden der Meßstrecke befestigt sind; *c* planparallele schwach versilberte Glasplatten, an den Trägern *b* befestigt; *d* Quecksilberdampflampe; *e* Blende; *f* Linse; *g*, *h* spiegelnde Prismen; *i* Prisma zur spektralen Zerlegung des Lichtes; *k* Beobachtungsfernrohr.

Auf der anderen Seite des Stabes ist die gleiche Anordnung anzubringen, damit etwaige Biegungen des Stabes beobachtet und bei der Auswertung ausgeschaltet werden können. Man kann das Prisma zur spektralen Zerlegung auch weglassen, wenn man der Lichtquelle ein Farbfilter (z. B. Grünfilter) vorschaltet.

Unter Zugrundelegung des gleichen Arbeitsprinzips hat GRÜNEISEN ein Gerät zur Messung der elastischen Querkontraktion ausgearbeitet und damit zahlreiche Messungen durchgeführt. Das Gerät ist nachstehend beschrieben.

Die Beobachtung der HEIDINGERschen Ringe erfordert angestrengte Aufmerksamkeit und ist ermüdend. Das Verfahren ist deshalb für lang ausgedehnte Messungen wenig geeignet und bisher wenig benutzt worden.

2. Querdehnungsmesser.

Querdehnungsmesser dienen zur Ermittlung der Längenänderungen, die an Zugstäben senkrecht zur Kraftrichtung auftreten. Bei Verwendung von Probestäben mit kreisförmigem Querschnitt ist also z. B. die Änderung des Durchmessers in Abhängigkeit von der Zugkraft festzustellen. Die Lösung dieser Aufgabe ist wesentlich schwieriger als die genaue Messung von Längsdehnungen, denn einerseits ist die Meßstrecke wesentlich kleiner, andererseits beträgt die spezifische Querdehnung bei Probestäben aus Metall nur etwa $^1/_3$ der spezifischen Längsdehnung. Will man gleiche Genauigkeit erzielen, wie bei Messung de-

Längsdehnungen, so muß eine 30- bis 50mal so große Übersetzung erreicht werden.

Das nächstliegende Ziel besteht darin, durch Querdehnungsmessungen die Querdehnungszahl (POISSONsche Konstante) zu bestimmen. Die Geräte von GRÜNEISEN (HANEMANN) und SIEGLERSCHMIDT lösen diese Aufgabe. Darüber hinaus wird von KUNTZE mit Hilfe seines Querdehnungsmessers, der im Grunde von Kerben sich ergebende dreiachsige Spannungszustand ermittelt. Konstruktion und Wirkungsweise der genannten Geräte sind nachstehend beschrieben.

a) Der Querdehnungsmesser von GRÜNEISEN[1].

Das Gerät wurde zu dem besonderen Zweck gebaut, die Querzusammenziehung (d. h. die Durchmesseränderung) von Zugstäben mit kreisrundem Querschnitt zu messen und hieraus die Querdehnungszahl (POISSONsche Konstante) der verschiedensten Werkstoffe zu bestimmen.

Abb. 30 zeigt eine Konstruktionszeichnung, Abb. 31 eine Ansicht, aus der die Anordnung am Zugstab ersichtlich ist. Der Halter *a* ist im wesentlichen ein würfelförmiger Körper aus Aluminium, der längs durchbohrt ist und an dem beiderseits Arme *b* befestigt sind. Das ganze Gerät ist, wie aus Abb. 31 zu ersehen, an Kettchen *c* aufgehängt, so daß das Eigengewicht ausgeglichen ist und nicht die Meßtaster belastet. Damit es der Längenänderung des Stabs bei der Beanspruchung leicht folgen kann und die Meßtaster sich gegenüber dem Stab nicht verschieben, hängen die Kettchen am kurzen Ende eines zweiarmigen Hebels *d*, der mit einem Gegengewicht *e* entsprechender Größe versehen ist, das dem Eigengewicht des Geräts die Waage hält. Die Achse des Hebels *d* ist an einer Klemme *f* gelagert, die auf dem Zugstab festgeklemmt wird.

Die Meßanzeige kommt folgendermaßen zustande: Der Halter *a* wird beim Ausrichten durch zwei an seinen Enden sitzende Reiter *g* in die richtige Lage zum Zugstab gebracht, dabei legt sich der gehärtete, abgefederte Taster *h* mit entsprechendem Druck an. Die Federung wird durch zwei Blattfedern *i* aus Messing bewirkt, die an den Enden des Tasters einerseits und am Halter *a* andererseits befestigt sind. Form und Anordnung gehen aus dem Längsschnitt *A*—*B* in Abb. 30 hervor. Als Gegentaster wird die Fühlschraube *k* derart herangestellt, daß die Reiter *g* gerade vom Zugstab abgehoben werden. Sodann wird die Schraube *k* durch die Gegenmutter *l* festgestellt. Die Bewegung, die der Taster *h* bei einer Durchmesseränderung des Zugstabs erfährt, wird in eine Drehung des Meßhebels *m* umgewandelt. Dieser ist mit den beiden aufgeklemmten Achsen *n* versehen, die an den Enden Spitzen tragen. Diese werden abwechselnd benutzt und laufen in Achatpfannen *o*, die in Stellschrauben *p* sitzen. Der Meßhebel trägt ferner in seiner Mitte eine Spitze *q*, die gegen den Taster *h* durch ein Gummibändchen angedrückt wird, das um den Meßhebel und den Arm *b* geschlungen ist. An den Enden der Arme *b* und denen des Meßhebels sitzen planparallele einseitig schwach versilberte Glasplatten, die einander in geringem Abstand gegenüberstehen. Die Platten *r* am Meßhebel *m* sind fest. Diejenigen *s* an den Armen *b* einstellbar. Werden die Platten parallel zueinander eingestellt, so erscheinen die HEIDINGERschen Interferenzringe. Ändern die Platten ihre Entfernung, so wandern die Ringe, und zwar bei einer Entfernungsänderung von einer halben Lichtwellenlänge um eine Ringbreite. Zur besseren Beobachtung sind zwischen den Platten noch Blenden *t* mit 5 mm Bohrung angeordnet. Als Lichtquelle dient eine Quecksilberdampflampe mit vorgeschaltetem Spalt und Linse. Das Lichtbündel tritt senkrecht durch die Platten, wird dann durch ein geradsichtiges Prisma geleitet, welches das Licht spektral zerlegt und hinter

[1] GRÜNEISEN, H.: Z. Instrumentenkde. Bd. 28 (1908) S. 89—100.

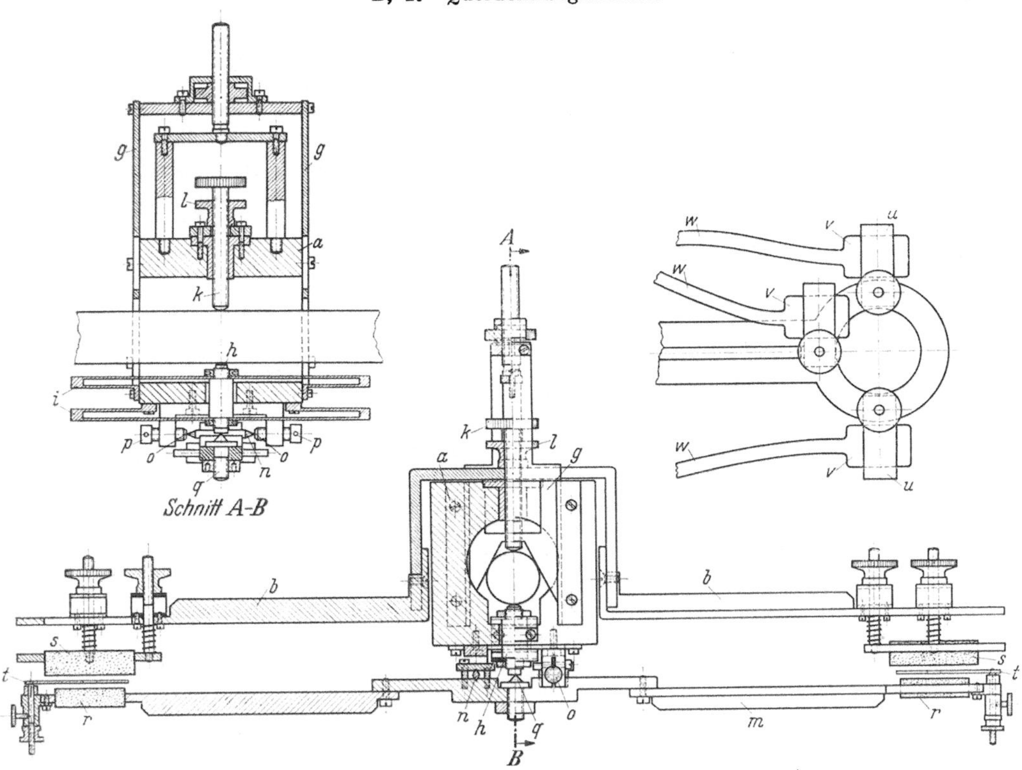

Abb. 30.

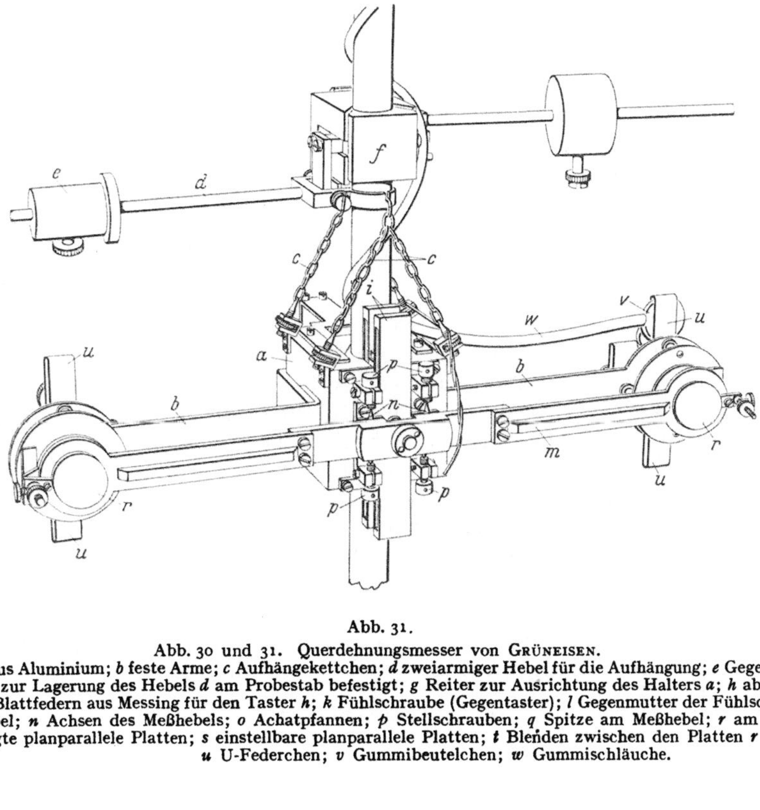

Abb. 31.

Abb. 30 und 31. Querdehnungsmesser von GRÜNEISEN.

a Halter aus Aluminium; *b* feste Arme; *c* Aufhängekettchen; *d* zweiarmiger Hebel für die Aufhängung; *e* Gegengewicht; *f* Klemme zur Lagerung des Hebels *d* am Probestab befestigt; *g* Reiter zur Ausrichtung des Halters *a*; *h* abgefederter Taster; *i* Blattfedern aus Messing für den Taster *h*; *k* Fühlschraube (Gegentaster); *l* Gegenmutter der Fühlschraube *k*; *m* Meßhebel; *n* Achsen des Meßhebels; *o* Achatpfannen; *p* Stellschrauben; *q* Spitze am Meßhebel; *r* am Meßhebel befestigte planparallele Platten; *s* einstellbare planparallele Platten; *t* Blenden zwischen den Platten *r* und *s*; *u* U-Federchen; *v* Gummibeutelchen; *w* Gummischläuche.

dem alle Strahlen bis auf die grünen ($\lambda = 0{,}546\,\mu$) abgeblendet werden. Die Beobachtung erfolgt durch ein Fernrohr. Zum Schutz gegen Temperatureinflüsse ist über den Apparat ein Kasten mit Glasfenstern geschoben. Die Messung erfolgt zweckmäßig in der Art, daß die Zugkraft festgestellt wird, die nötig ist, um eine Verschiebung der Ringe um eine Streifenbreite oder eine ganze Anzahl vom Streifenbreiten zu bewirken. Die Bewegung der Platten an den Enden des Meßhebels ist 10- bis 12mal so groß, wie die Bewegung des Taststifts *h*. Eine Streifenbreite entspricht also einer Durchmesseränderung des Zugstabs von rd. $2{,}5 \cdot 10^{-5}$ mm.

Zum Feinjustieren der Gegenplatten an den Armen *b* diente folgende Anordnung. Zwischen Halter und Platten wurden an 3 um 90° gegeneinander versetzten Stellen *U*-Federchen *u* angeordnet, zwischen die Gummibeutelchen *v* eingeschoben waren. Diese standen durch dünne Schläuche und anschließende Glasröhren mit kleinen Wasserbehältern in Verbindung, die zwecks Änderung des Druckes um insgesamt 140 cm in der Höhe verstellt werden konnten. Hierdurch war es möglich, die erforderliche äußerst feinfühlige Verstellung zu bewerkstelligen, ohne das Meßgerät zu erschüttern.

Mit diesem sinnreichen Gerät konnte GRÜNEISEN die Querdehnungszahl der verschiedensten Metalle sehr genau bestimmen.

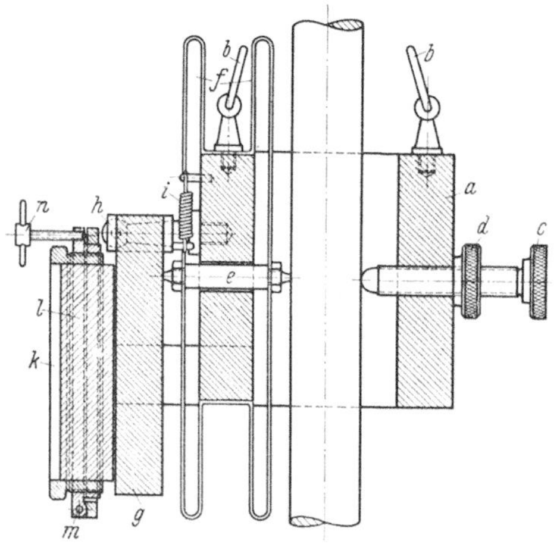

Abb. 32. Querdehnungsmesser von HANEMANN. *a* Halter aus Leichtmetall; *b* Aufhängekettchen; *c* Fühlschraube; *d* Gegenmutter zum Sichern der Fühlschraube; *e* Taststift; *f* Führungsblattfedern des Tasters *e*; *g* Stahlspiegel; *h* Drehachse des Stahlspiegels *g*; *i* Schraubenfeder zum Andrücken des Stahlspiegels *g* an den Taster *e*; *k* Kreuztisch; *l* planparallele, einseitig schwach versilberte Glasplatte; *m* Drehgelenk der Fassung für die Glasplatte *l*; *n* Mikrometerschraube zur Einstellung des Neigungswinkels der Glasplatte *l*.

b) Der Querdehnungsmesser von H. HANEMANN[1].

Dieses Gerät arbeitet nach dem gleichen Meßverfahren wie der Querdehnungsmesser von GRÜNEISEN. Lediglich die Anordnung der Meßplatten ist anders durchgebildet.

Die Einzelheiten der Konstruktion sind aus Abb. 32 zu ersehen. Der Halter wird wieder durch einen der Länge nach durchbohrten würfelförmigen Aluminiumkörper *a* gebildet, der in Kettchen *b* aufgehängt ist. Auch der durch die Messingfedern *f* geführte Taststift *e* und die Fühlschraube *c* mit Gegenmutter *d* sind etwa ebenso angeordnet wie bei GRÜNEISEN. Die Anzeige wird durch einen Stahlspiegel *g* bewirkt, der am Halter *a* in dem Scharnier *h* gelagert ist und durch die Feder *i* gegen den Taststift *e* gedrückt wird. Bei einer Durchmesseränderung des Probestabs dreht sich also der Stahlspiegel *g*. Vor ihm ist in einem Kreuztisch *k* eine planparallele, schwach versilberte Glasplatte *l* angeordnet. Sie kann mit Hilfe der feingängigen Mikrometerschraube *n* um die Achse *m* geschwenkt werden, die parallel zur Achse *h* des Stahlspiegels *g* ist.

Die Eichung kann in der Weise durchgeführt werden, daß man die Fühlschraube *c*, deren Steigung genau bekannt ist, um meßbare Winkel dreht und die zugehörige Verschiebung der Interferenzringe beobachtet. Zur genauen Messung des Drehwinkels der Fühlschraube wurde auf ihrem Kopf ein Spiegel angebracht, dessen Drehung mit Maßstab und Fernrohr beobachtet werden konnte.

[1] HANEMANN, H. u. R. SAMADA: Arch. Eisenhüttenw. 4. Jg. (1931) Heft 7, S. 353—356.

Durch die Drehung der Fühlschraube *c* wird der Halter *a* gegenüber dem Probestab verschoben, wobei der Taststift *e* eine entsprechende Drehung des Stahlspiegels *g* bewirkt in gleicher Weise, als wenn sich der Durchmesser des Probestabs um einen Betrag geändert hätte, der gleich dem Vorschub der Fühlschraube *c* in Richtung ihrer Längsachse ist. Diese Eichung ist einfach und sinnfällig. Die Genauigkeit hängt von der Sorgfalt ab, mit der das Gewinde der Fühlschraube *c* hergestellt ist.

Zur Beleuchtung wurde Heliumlicht verwendet. Der Strahlengang ist ähnlich wie bei GRÜNEISEN.

c) Der Querdehnungsmesser von H. SIEGLERSCHMIDT[1].

Das Meßprinzip des Querdehnungsmessers von H. SIEGLERSCHMIDT ist in Abb. 33 dargestellt. Er besteht im wesentlichen aus dem Rahmen *a* und dem Kipphebel *b*, an dem der Spiegel *c* befestigt ist. Der Rahmen *a* greift mit zwei Armen *d* gabelförmig um den Probestab herum. An den Enden der Arme sind Pfannen *e* angeordnet, die in die beiden seitlichen, in eine Linie fallenden Schneiden *f* des Kipphebels eingreifen.

Die mittlere Schneide *g* des Kipphebels stützt sich auf den Probestab und hat gegenüber den seitlichen Schneiden einen Abstand $H = 1$ mm. Der Rahmen stützt

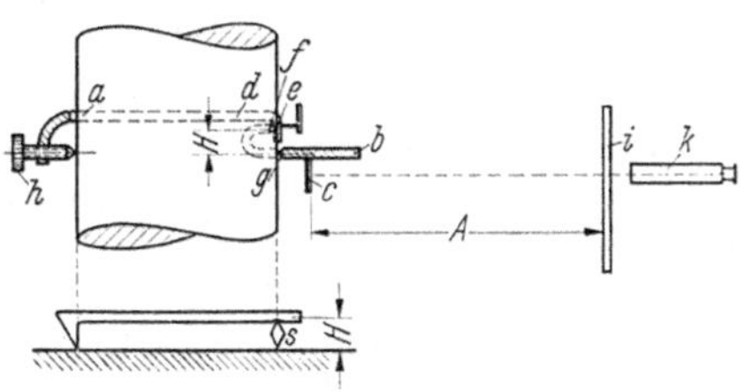

Abb. 33. Schema des Querdehnungsmessers von SIEGLERSCHMIDT.

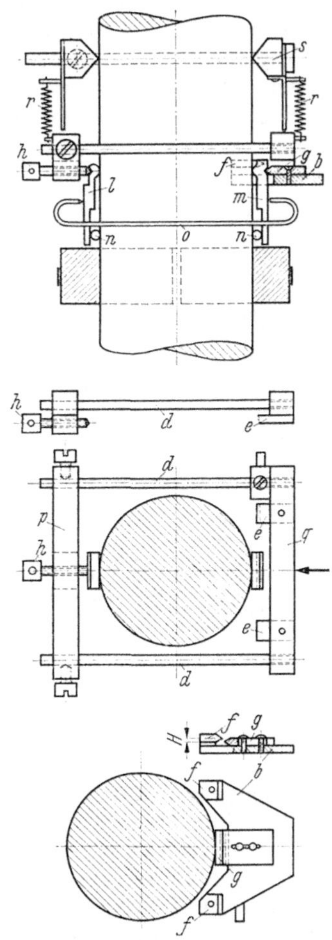

Abb. 34. Konstruktiver Aufbau des Querdehnungsmessers von SIEGLERSCHMIDT.

a Rahmen; *b* Kipphebel; *c* Drehspiegel am Kipphebel *b* befestigt, *d* Arme des Rahmens *a*; *e* Pfannen an den Enden der Arme *d*; *f* seitliche Schneiden des Kipphebels; *g* mittlere Schneide des Kipphebels; *h* Spitzschraube des Rahmens; *i* Ablesemaßstab; *k* Ablesefernrohr.

sich mit der Spitzschraube *h* gegen den Probestab. Die kraftschlüssige Verbindung der Teile untereinander und mit dem Probestab wird durch das Eigengewicht des Kipphebels *b* bewirkt. Bei einer Querdehnung des Stabs dreht sich der Kipphebel *b* und mit ihm der Spiegel *c*, der wie beim MARTENS-Gerät mit Fernrohr *k* und Maßstab *i* beobachtet wird. Um räumliche Bewegungen des Probestabes ausschalten zu können, ist ferner am Rahmen *a* noch ein Festspiegel angeordnet, der ebenfalls mittels Fernrohr und Maßstab abgelesen wird.

In Abb. 33 unten ist sinnbildlich ein MARTENSsches Spiegelgerät angedeutet, auf das der Querdehnungsmesser von SIEGLERSCHMIDT zurückgeführt werden

[1] SIEGLERSCHMIDT, H.: Meßtechn. Bd. 5 (1929) S. 8—13.

kann. Es besitzt eine Meßlänge gleich dem Probestabdurchmesser und eine Höhe H der Doppelschneide, die gleich dem Abstand der mittleren Schneide g des Kipphebels b von den seitlichen Schneiden f, also gleich 1 mm ist.

Abb. 34 zeigt die konstruktive Ausführung des Geräts. Spitzschraube h des Rahmens und Mittelschneide g des Kipphebels sind nicht direkt auf den Probestab gesetzt, da sich bei Vorversuchen zeigte, daß sich diese Spitzen in den Stab eindrückten, wodurch Meßfehler entstanden. Vielmehr sind Zwischenstücke l und m angeordnet, die mit abgerundeten Enden auf dem Stab aufliegen und an den anderen Enden durch zwischengelegte Rollen n abgestützt werden. Sie sind durch eine federnde Klammer o mit dem Stab kraftschlüssig verbunden. Der Rahmen a ist so eingerichtet, daß er für Stabdurchmesser von 10 bis 40 mm benutzt werden kann. Er besteht aus zwei Aluminiumtraversen p und q, die durch Stahldrähte d miteinander verbunden sind und auf diesen in beliebiger Lage festgeklemmt werden können. In der Mitte der einen Traverse p ist die Spitzschraube h angeordnet, während die andere Traverse q die beiden Pfannen e trägt. Das Eigengewicht des Rahmens wird durch Federn r aufgenommen, die an einem oberhalb des Rahmens am Stab aufgespannten Klemmring s befestigt sind.

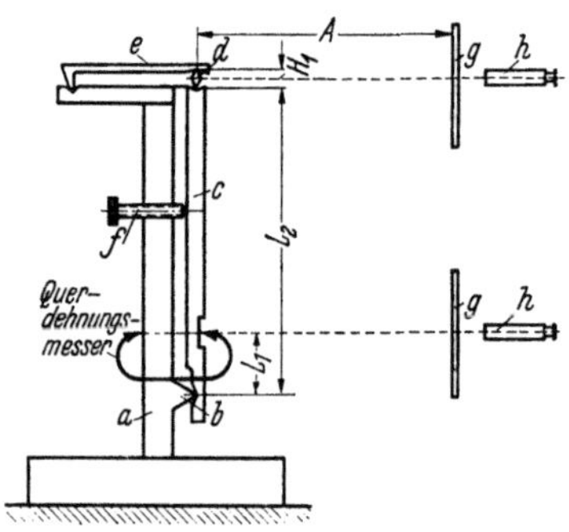

Abb. 35. Eichgerät für den Querdehnungsmesser von H. SIEGLERSCHMIDT.
a Grundgestell; b feste Schneide; c Hebel; d Doppelschneide des Kontrolldehnungsmessers; e Meßschiene des Kontrolldehnungsmessers; f Stellschraube; g Ablesemaßstäbe; h Ablesefernrohre.

Der Kipphebel b besteht im wesentlichen aus einem Blech, das die Schneiden f und g trägt, und zwar sind die beiden äußeren Schneiden f aufgenietet, während die mittlere Schneide g festgeschraubt und in Schlitzen verschiebbar ist, damit die drei Schneiden genau in eine Linie ausgerichtet werden können.

SIEGLERSCHMIDT hat noch ein Eichgerät gebaut, das in Abb. 35 schematisch dargestellt ist. An einer auf einem Fuß befestigten Stange a ist in einer Schneide b ein Hebel c gelagert. Im Abstand L_1 von der Schneide wird auf Hebel c und Stange a der Querdehnungsmesser aufgesetzt. Am oberen Ende des Hebels c ist die Doppelschneide d eines MARTENSschen Dehnungsmessers angeordnet, dessen Meßschiene e sich auf einen mit der Stange a fest verbundenen Querarm stützt. Der Hebel c wird bei der Eichung mittels der Stellschraube f verstellt. Dabei wird die Bewegung des Endes mit dem MARTENS-Gerät d, e gemessen und hieraus die Bewegung an der Aufspannstelle des Querdehnungsmessers errechnet. Das Gerät arbeitete bei einem Maßstababstand von rd. 2 m mit einer etwa 4000fachen Vergrößerung.

d) Der Querdehnungsmesser von KUNTZE[1].

Dieses Gerät wurde besonders zur Messung der elastischen Querdehnung in Kerben entwickelt. Hier ist die an sich schon geringe Querdehnung des Werkstoffes noch stark behindert, so daß die Meßanordnung eine besonders starke Vergrößerung besitzen muß.

Der Apparat ist in Abb. 36 abgebildet. Der Rahmen besteht aus den beiden Führungsstangen a aus Invarstahl, die durch zwei feste Stege b und c verbunden sind und auf denen ein Querjoch d verschoben und in seiner jeweiligen Lage durch Schrauben festgeklemmt werden kann. Durch die Anordnung dieses Querjoches kann der Rahmen verschiedenen Probestabdurchmessern angepaßt

[1] KRISCH, A.: Meßtechn. Bd. 10 (1934) S. 181—184.

werden. In dem Joch *d* führt sich der Schieber *e* mit der festen Schneide, die in die Kerbe des Probestabes eingesetzt wird. Die bewegliche Schneide *f* ist mit dem Bolzen *g* verbunden, der die Meßbewegung auf den Drehspiegel *h* überträgt, und durch die beiden bügelförmigen Blattfedern *i*, die an dem vorderen Steg *b* des Rahmens befestigt sind, geführt wird. Die Blattfedern *i* dienen gleichzeitig dazu, die Schneiden *e* und *f* mit dem nötigen Anpreßdruck in die Kerbe zu drücken. Zu diesem Zweck wird beim Ansetzen des Gerätes der Schieber *e* mittels der Schraube *k* derart gegen den Stab herangeschoben, daß die Blattfedern *i* um etwa 0,2 mm zusammengedrückt werden. Durch die so erzielte Anpreßkraft wird der ganze Apparat getragen und die Kraft hervorgebracht, welche die Schneide *f* der Querzusammenziehung des Stabes folgen läßt.

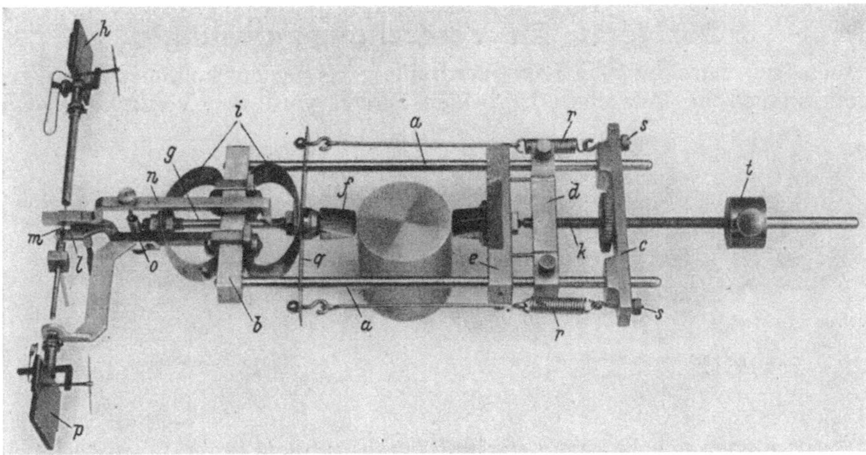

Abb. 36. Querdehnungsmesser von W. KUNTZE.

a Führungsstangen aus Invarstahl; *b*, *c* feste Stege des Rahmens; *d* verschiebbares Querjoch; *e* Schieber mit der festen Schneide; *f* bewegliche Schneide; *g* Meßbolzen; *h* Drehspiegel; *i* bügelförmige Blattfedern zur Führung des Meßbolzens *g*; *k* Schraube zum Andrücken der festen Schneide *e*; *l* Kragarm des Rahmens an Steg *b* befestigt; *m* Doppelschneide, die den Drehspiegel *h* trägt; *n* Meßschiene; *o* Schraubenfeder zum Andrücken der Meßschiene; *p* Festspiegel; *q* Zusatzblattfeder; *r* Schraubenfeder zur Erteilung einer zusätzlichen Spannung der Schneide *f*; *s* Schraubenbolzen mit Muttern zum Spannen der Federn *r*; *t* Gegengewicht.

Am vorderen Ende des Bügels ist ein mit dem Steg *b* fest verbundener Kragarm *l* angeordnet. Er dient als fester Stützpunkt für die den Drehspiegel *k* tragende Doppelschneide *m*. Diese ist zwischen den Kragarm *l* und eine Meßschiene *n* gesetzt, die ihrerseits auf den Bolzen *g* aufgreift, wo eine Kerbe ihrem schneidenförmigen Ende einen sicheren Sitz gewährleistet. Dabei wird die Meßschiene *n* durch die Schraubenfeder *o* angepreßt.

An den Kragarm *l* ist noch ein Festspiegel *p* angebracht, um Bewegungen des Bügels feststellen und bei der Auswertung ausschalten zu können.

Da der Anpreßdruck der Schneiden *e* und *f* entsprechend der Härte des geprüften Werkstoffes von Fall zu Fall anders gewählt werden muß, der Spannweg der Federn *i* aber mit 0,2 mm festgelegt ist, wurde noch eine verstellbare Zusatzfederung vorgesehen. Sie besteht aus der Blattfeder *q* und den beiden Schraubenfedern *r*, deren Enden mittels der Schrauben *s* beim Ansetzen des Gerätes gespannt werden. Das Gegengewicht *t* wird so eingestellt, daß der Rahmen des Gerätes genau waagerecht steht und bezüglich der Probestabmitte im Gleichgewicht ist.

Neuerdings wird an Stelle der Doppelschneide *m* eine Walze von 0,75 mm Dmr. verwendet, die zwischen einer ebenen Fläche am Kragarm *l* und einer dazu parallelen Fläche am vorderen Ende der Meßschiene *n* rollt. Dabei wird die Meßschiene *n* mit dem Bolzen *g* fest verbunden.

Die Andrückkörper *e* und *f* sind auswechselbar und werden der Form der Kerben von Fall zu Fall angepaßt.

Die Drehungen des Meßspiegels werden wie beim MARTENS-Gerät mittels Fernrohr und Maßstab beobachtet. Dabei besitzt der Maßstab einen Abstand von 10 m vom Spiegel, das Fernrohr 100fache Vergrößerung; das Übersetzungsverhältnis ist bei Benutzung einer Walze von 0,75 mm Dmr. 1 : 26700.

Ein besonderer Vorzug des Gerätes ist seine geringe Bauhöhe. Hinsichtlich der Fehlerquellen und ihrer Berücksichtigung bei Ausführung der Messungen sei auf die Originalarbeit verwiesen.

3. Meßgeräte für Verdrehungsmessungen.

Auch bei Durchführung von Verdrehungsversuchen kommen Grob- und Feinmessungen in Betracht. In beiden Fällen wird der Verdrehungswinkel

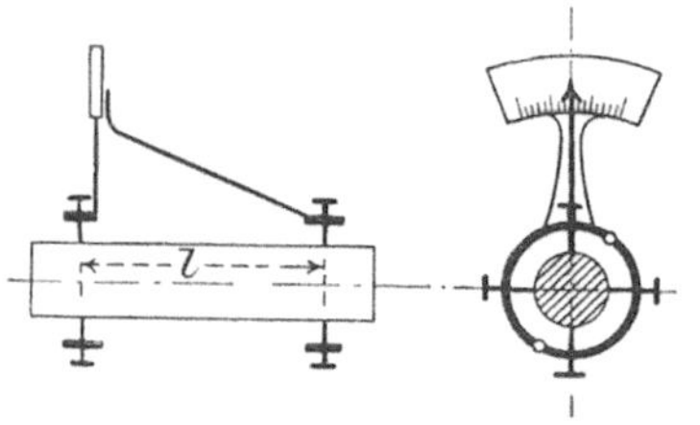

Abb. 37. Vorrichtung zur Grobmessung der Verdrehung zwischen zwei im Abstand *l* liegenden Querschnitten einer Welle.

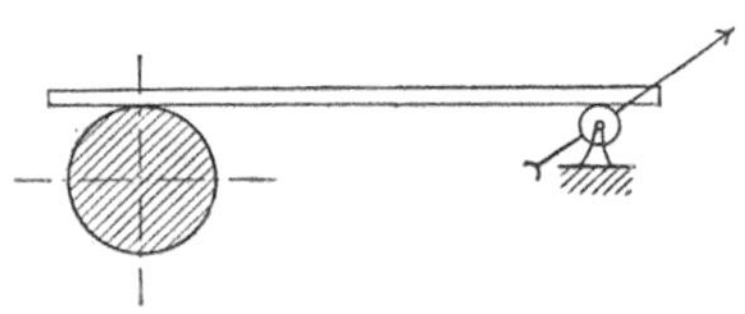

Abb. 38. Anordnung zur Grobmessung der Verdrehung mittels eines BAUSCHINGERschen Rollenapparates.

gemessen, um den sich die Endquerschnitte eines auf dem Probestab abgegrenzten Stückes von der Länge *l* gegeneinander verdrehen. Abb. 37 zeigt eine gebräuchliche Meßanordnung für Grobmessungen.

In dem einen Endquerschnitt wird mit 3 oder 4 Spitzschrauben ein zweigeteilter Ring aufgeklemmt, der eine Skala mit einer Gradteilung trägt. Im zweiten Meßquerschnitt ist ebenfalls ein zweigeteilter Ring aufgeklemmt, an dem ein Zeiger befestigt ist, der auf der Gradteilung spielt und zweckmäßig mit einem Nonius versehen wird.

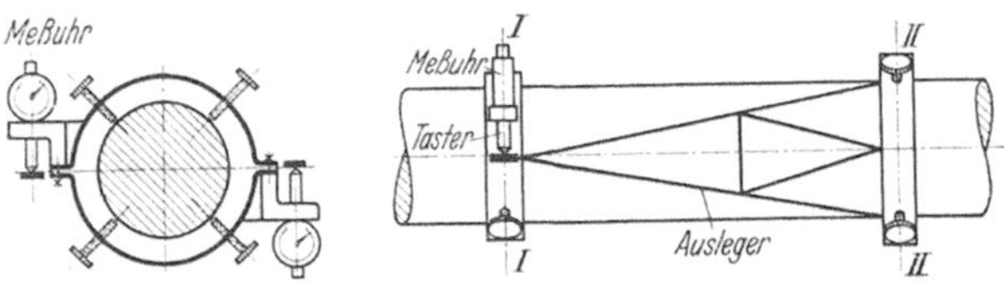

Abb. 39. Vorrichtung zur Messung der Relativ-Verdrehung der Querschnitte *I—I* und *II—II* mit Hilfe von Meßuhren.

Man kann auch, wie in Abb. 38 schematisch dargestellt, einen BAUSCHINGERschen Rollenapparat benutzen, wobei die Verdrehung des Probestabschaftes durch ein Lineal übertragen wird, das einerseits auf den Stabschaft, andererseits auf der Hartgummirolle aufliegt und durch eine Feder angedrückt wird. In diesem Fall erreicht man eine Vergrößerung der Winkelausschläge im Verhältnis der Durchmesser von Welle und Hartgummirolle.

Es ist wohl am bequemsten, die Ablesung mit Hilfe von Meßuhren vorzunehmen. Ein Beispiel hierfür gibt die in Abb. 39 dargestellte Anordnung. Im Meßquerschnitt *I—I* wird mit Hilfe von 4 Spitzschrauben ein zweigeteilter Halter aufgeklemmt, an dem diametral gegenüber die Gehäuse von 2 Meßuhren befestigt sind. An einem ähnlich ausgebildeten, im Meßquerschnitt *II—II* aufgeklemmten Halter sind zwei gut versteifte Ausleger befestigt, deren Enden in Richtung des Radius ausgerichtete Flächen tragen, auf welche die Taster der Meßuhren aufgreifen.

Für die Durchführung von Messungen im elastischen Bereich kommt in erster Linie die in Abb. 40 dargestellte Meßanordnung in Betracht[1].

In den Endquerschnitten des Prüfstabschaftes werden Spiegelhalter aufgeklemmt, deren Konstruktion aus Abb. 41 zu ersehen ist. Die Verdrehung der Spiegel wird mit Hilfe von Fernrohren an einem Maßstab abgelesen, der kreisbogenförmig gekrümmt ist, wobei die Krümmungsachse mit der Stabachse zusammenfällt. Maßstab und Fernrohre sind, wie Abb. 40 zeigt, dabei so auszurichten, daß die Spiegelnormalen senkrecht zur Stabachse stehen.

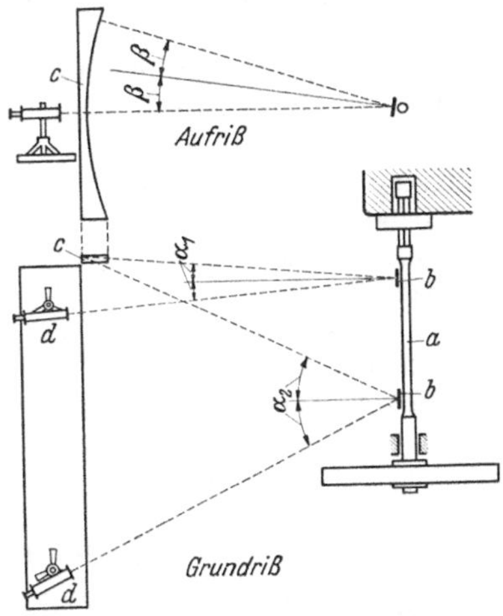

Abb. 40. Messung der Relativverdrehung zwischen zwei Querschnitten einer Welle mit Hilfe von Spiegeln, die in den Meßquerschnitten aufgeklemmt sind und mittels Maßstab und Fernrohr beobachtet werden.
a Probestab; *b* aufgeklemmte Drehspiegel nach Abb. 41; *c* gemeinsamer Ablesemaßstab konzentrisch zur Probestabachse gekrümmt; *d* Ablesefernrohre.

Abb. 42 zeigt schließlich eine von Bauschinger angegebene Anordnung, die für große Probekörper zweckmäßig ist. Dabei werden in den Meßquerschnitten zweigeteilte Ringe aufgesetzt, an denen Fernrohre befestigt sind. Die Verdrehung wird an geraden oder kreisbogenförmig gekrümmten

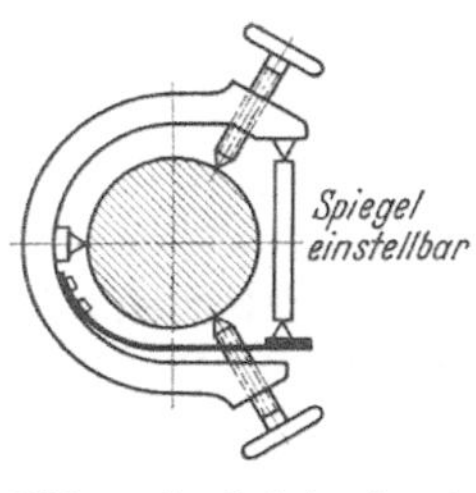

Abb. 41. Ausbildung der bei der Anordnung Abb. 40 benutzten Spiegelhalter.

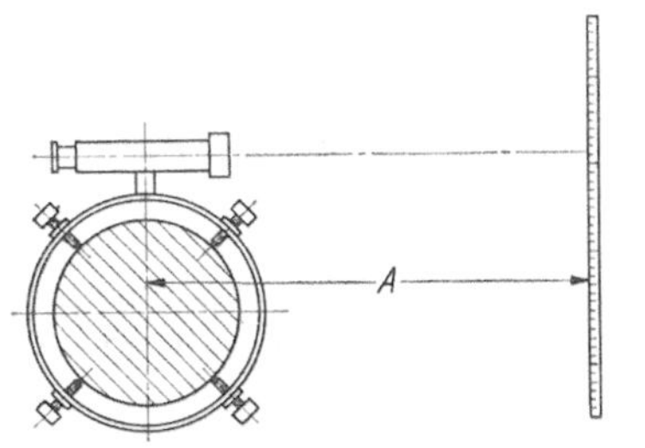

Abb. 42. Messung der Verdrehung nach Bauschinger mit Hilfe von Fernrohren, deren Halter in den Meßquerschnitten aufgeklemmt sind.

Maßstäben abgelesen, die im Abstand A von der Stabachse angebracht sind. Die bei Anordnung gerader Maßstäbe zwischen Drehwinkel α und Maßstabablesung a geltenden Beziehungen sind analog wie beim Martensschen Spiegelgerät.

C. Geräte und Verfahren für statische Dehnungsmessungen zur Ermittlung der Spannungsverteilung in Konstruktionsteilen[2].

1. Meß- und Auswertungsverfahren.

Bei den statischen Dehnungsmessungen besteht die Aufgabe im engeren Sinn darin, Richtung und Größe der beiden Hauptdehnungen ε_I und ε_{II} in den

[1] Föppl, O., E. Becker, G. v. Heydekampf: Die Dauerprüfung der Werkstoffe. Berlin 1929.

[2] Zusammenfassende Arbeiten: Lehr, E.: Maschinenbau Bd. 10 (1931) S. 711—725. — Lehr, E.: Spannungsverteilung in Konstruktionselementen. Berlin: VDI-Verlag 1934. — Lehr, E.: Ergebnisse der Technischen Röntgenkunde, Bd. VI, S. 43—73. Leipzig: Akademische Verlagsges. m. b. H. 1938. — Rötscher, F. u. R. Jaschke: Dehnungsmessungen und ihre Auswertung. Berlin: Julius Springer 1939.

einzelnen Meßpunkten zu ermitteln. Zu diesem Zweck müssen in jedem Meßpunkt mindestens 3 Dehnungsmessungen in verschiedenen Richtungen durchgeführt werden, wenn nicht wie beim „Dehnungslinienverfahren" die Richtung *einer* Hauptdehnung durch andere Mittel festgelegt ist, so daß die beiden Hauptdehnungen *unmittelbar* gemessen werden können.

An sich können die Richtungen für das dreimalige Ansetzen des Dehnungsmeßgerätes beliebig gewählt werden. Für die Auswertung ist jedoch am vorteilhaftesten, wenn man für die erste Messung eine Grundrichtung wählt, die meist konstruktiv bedingt sein wird und die Richtungen für die beiden anderen Messungen symmetrisch dazu unter den Winkeln $+\alpha$ und $-\alpha$ legt.

Dabei kommen für α in der Regel nur die Winkel $\pm 45°$ und $\pm 60°$ in Betracht.

Es empfiehlt sich, außerdem zur Kontrolle noch eine vierte Messung mit $\alpha = 90°$ durchzuführen.

Die gemessenen Dehnungen werden dann mit ε_0, $\varepsilon_{+\alpha}$, $\varepsilon_{-\alpha}$ und ε_{90} bezeichnet. Bei der Auswertung ergeben sich die Hauptdehnungen ε_I und ε_{II}, sowie der Winkel φ_0, den ε_I mit ε_0 bildet.

a) Rechnerische Auswertung.

Von F. RÖTSCHER und R. JASCHKE[1] sind zur Berechnung von ε_I, ε_{II} und φ_0 folgende Formeln entwickelt worden:

Für $\alpha = \pm 45°$:

$$\varepsilon_I,\ \varepsilon_{II} = \frac{\varepsilon_{45} + \varepsilon_{-45}}{2} \pm \frac{1}{2}\sqrt{(2\,\varepsilon_0 - \varepsilon_{-45} - \varepsilon_{45})^2 + (\varepsilon_{-45} - \varepsilon_{45})^2}\,, \tag{4}$$

$$\operatorname{tg} 2\,\varphi_0 = \frac{\varepsilon_{-45} - \varepsilon_{45}}{2\,\varepsilon_0 - \varepsilon_{-45} - \varepsilon_{45}}\,. \tag{5}$$

Zwischen den Dehnungen ε_0, ε_{45} und ε_{-45} sowie der Kontrollmessung unter $\alpha = 90°$ ergibt sich die Beziehung

$$\varepsilon_{90} + \varepsilon_0 = \varepsilon_{45} + \varepsilon_{-45}\,, \tag{6}$$

d. h. die Summe der Dehungen, deren Richtungen senkrecht zueinander stehen, muß stets gleich groß sein. Hierdurch ergibt sich eine einfache und übersichtliche Kontrollmöglichkeit.

Für $\alpha = \pm 60°$:

$$\varepsilon_I,\ \varepsilon_{II} = \frac{1}{3}(\varepsilon_{60} + \varepsilon_{-60} + \varepsilon_0) \pm \frac{1}{3}\sqrt{(2\,\varepsilon_0 - \varepsilon_{-60} - \varepsilon_{60})^2 + 3\,(\varepsilon_{-60} - \varepsilon_{60})^2}\,, \tag{7}$$

$$\operatorname{tg} 2\,\varphi_0 = 1{,}732\,\frac{\varepsilon_{-60} - \varepsilon_{60}}{2\,\varepsilon_{60} - \varepsilon_{-60} - \varepsilon_{60}}\,. \tag{8}$$

Ferner gilt für die Kontrollmessung unter $\alpha = 90°$:

$$\varepsilon_{90} = \frac{1}{3}(2\,\varepsilon_{60} + \varepsilon_{-60} - \varepsilon_0)\,. \tag{9}$$

Die *Berechnung der Hauptspannungen* σ_I und σ_{II} erfolgt nach Ermittlung von ε_I und ε_{II} an Hand der Grundgleichungen der Elastizitätstheorie:

$$\sigma_I = \frac{E}{1-\nu^2}(\varepsilon_I + \nu\,\varepsilon_{II})\,,\quad \sigma_{II} = \frac{E}{1-\nu_2}(\varepsilon_{II} + \nu\,\varepsilon_I)\,, \tag{10}$$

wobei ν die POISSONsche Konstante bedeutet

$$\left(\text{für Stahl ist } \nu = 0{,}3;\ \frac{E}{(1-\nu^2)} = 2{,}31 \cdot 10^6\right).$$

[1] Vgl. Fußnote 2, S. 495.

b) Zeichnerische Auswertung mit Hilfe des Dehnungskreises nach F. RÖTSCHER und R. JASCHKE.

Für $\alpha = \pm 45°$:

Vom Ursprung O eines rechtwinkeligen Koordinatenkreuzes trägt man gemäß Abb. 43 die gemessenen Dehnungen auf der Abszissenachse auf, und zwar nach rechts, wenn eine Verlängerung, nach links, wenn eine Verkürzung der Meßstrecke beobachtet wurde. Man erhält dann

$$\varepsilon_0 = \overline{OA}; \quad \varepsilon_{45} = \overline{OB}; \quad \varepsilon_{-45} = \overline{OC}.$$

Nunmehr halbiert man die Strecke $\overline{BC}$ und erhält damit den Mittelpunkt M des Dehnungskreises. Ferner trägt man in A die Strecke $\overline{BM}$ als Lot auf und zieht den Dehnungskreis um M derart, daß er durch den Endpunkt F dieses Lotes geht. Der Kreis schneidet die Abszissenachse in den Punkten E und D, dann ist: $\varepsilon_I = \overline{OD}$; $\varepsilon_{II} = \overline{OE}$.

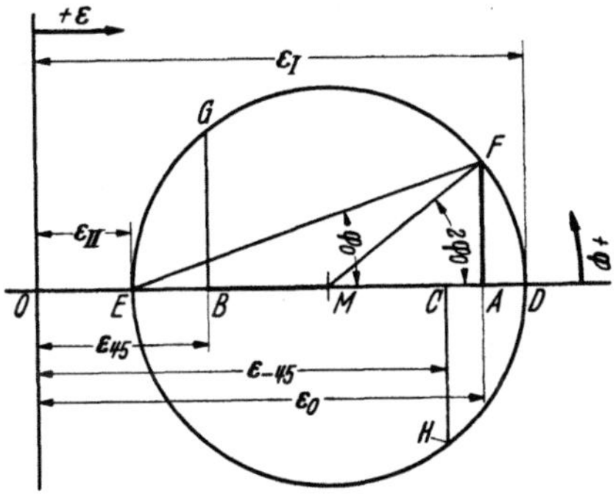

Abb. 43. Zeichnerische Ermittlung der beiden Hauptdehnungen ε_I, ε_{II} und des Richtungswinkels φ_0 aus den Messungen ε_0, ε_{45} und ε_{-45} mit Hilfe des Dehnungskreises.

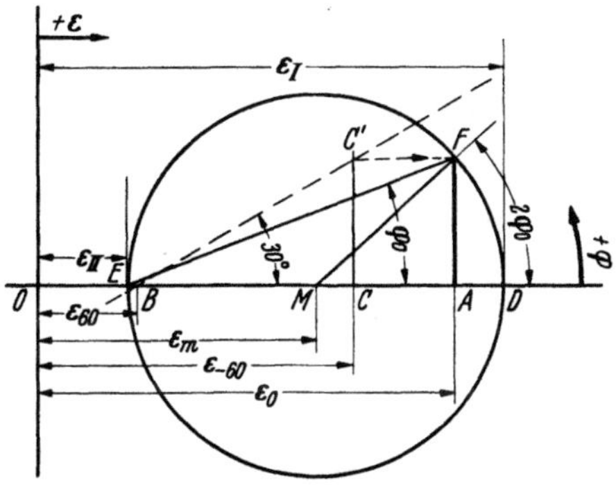

Abb. 44. Zeichnerische Ermittlung der beiden Hauptdehnungen ε_I, ε_{II} und des Richtungswinkels φ_0 aus den Messungen ε_0, ε_{60} und ε_{-60} mit Hilfe des Dehnungskreises.

Den Winkel φ_0 erhält man, wenn man die Punkte E und F verbindet als Winkel zwischen dieser Geraden und der Abszissenachse. Der Winkel $\overline{DMF}$ ist $2\varphi_0$.

Für $\alpha = \pm 60°$:

Wieder trägt man, wie in Abb. 44 gezeigt ist, sinngemäß die gemessenen Dehnungen vom Ursprung O des Koordinatensystems aus auf der Abszissenachse ab.

Man erhält dann:

$$\varepsilon_0 = \overline{OA}; \quad \varepsilon_{60} = \overline{OB}; \quad \varepsilon_{-60} = \overline{OC}.$$

Ferner errechnet man:

$$\varepsilon_m = \frac{1}{3}(\varepsilon_0 + \varepsilon_{60} + \varepsilon_{-60})$$

und trägt $\varepsilon_m = \overline{OM}$ auf. Man erhält dann in M den Mittelpunkt des Dehnungskreises.

Nun errichtet man in A und C Lote, trägt in B einen Winkel von 30° an, dessen freier Schenkel das in C errichtete Lot im Punkt C' schneidet und macht das Lot AF gleich CC'. Sodann zieht man den Dehnungskreis um M derart, daß er durch F geht. Er schneidet die Abszissenachse in den Punkten E und D. Dann ist gemäß Abb. 44

$$\varepsilon_I = \overline{OD}; \quad \varepsilon_{II} = \overline{OE}.$$

Wieder erhält man φ_0 als Winkel $\overline{DEF}$ und $2\varphi_0$ als Winkel $\overline{DMF}$.

Im allgemeinen wird man der zeichnerischen Auswertung den Vorzug geben, da sie schneller vonstatten geht, anschaulich ist und Fehler weitgehend ausschließt. Die Genauigkeit ist bei sorgfältiger Zeichnung stets ausreichend (± 1%). Bei allen wichtigen Punkten empfiehlt sich die Durchführung der 90°-Kontrollmessung und der Prüfung nach den Gl. (6) und (9). Das früher viel angewandte Verfahren der „Dehnungsellipse" kann im Hinblick auf die elegantere und genauere Auswertung mit Hilfe des Dehnungskreises als überholt gelten.

c) Das Dehnungslinienverfahren[1].

Der zu untersuchende Teil wird mit einem dünnen Überzug aus einem geeigneten Harz oder Lack versehen. Im einfachsten Fall wird Kolophonium verwendet. Die Oberfläche des Teiles ist zunächst metallisch blank zu machen, mindestens gut zu schlichten, und sodann mit Benzin zu entfetten. Wird der Teil mit der Lötlampe oder in einem Anlaßofen auf etwa 150° erwärmt, so läßt sich der gewünschte Überzug durch Bestreichen mit einem Kolophoniumklotz aufbringen. Der Kolophoniumüberzug ist schließlich durch Nachwärmen mit der Flamme der Lötlampe gleichmäßig zu verteilen, so daß eine Schicht von 0,2 bis 0,3 mm Dicke entsteht. Diese Arbeit erfordert Übung und Geschick. (Das Gesicht ist dabei mit einer Maske gegen die scharfen Kolophoniumdämpfe zu schützen, die namentlich die Augen angreifen.) Der mit dem Überzug versehene Teil ist in einen gut wärmeisolierten Kasten zu bringen, wo er sich langsam und gleichmäßig abkühlen muß, oder bei großen Teilen, die beim Aufbringen des Überzuges in der Prüfmaschine eingebaut bleiben, durch eine Verkleidung zu schützen.

Wird das so vorbereitete Stück auf einer Zerreißmaschine beansprucht, so springt der Überzug in Richtung derjenigen Hauptspannungslinien, die senkrecht zu den größten Zugspannungen liegen. Die Sprünge erscheinen zunächst an den höchstbeanspruchten Stellen. Diese müssen dann bei der Messung besonders eingehend untersucht werden. Bei weiterer Steigerung der Belastung treten neue Linien hinzu, bis schließlich der ganze Teil von ihnen überzogen ist. Wird für den Überzug Kolophonium verwendet, so erzielt man nur dann gute Ergebnisse, wenn die Raumtemperatur bei den Versuchen unter 10° liegt. Bei höherer Außentemperatur kann man die erforderliche Temperaturerniedrigung etwa durch Verwendung von Kohlensäureschnee schaffen.

Einen Überzug, der bei 20° noch gut arbeitet, erhält man, wenn man eine Masse aus $^1/_3$ Dammarharz und $^2/_3$ Kolophonium verwendet, die unter gutem Mischen beider Bestandteile erschmolzen wird.

Ein anderes Verfahren für das Aufbringen des Überzuges besteht darin, daß man das Kolophonium in Benzol zu einem zähflüssigen „Lack" auflöst, den zu untersuchenden Konstruktionsteil damit „anstreicht" und dann in einem Ofen bei etwa 100° so lange trocknet, bis alles Benzol verflüchtigt ist. Auch bei diesem Verfahren muß der Konstruktionsteil nach dem Trocknen ganz langsam erkalten, da sonst der Überzug schon vor Aufbringen der Belastung springt.

Die Anwendung des Dehnungslinienverfahrens hat den Vorteil, daß die Stellen gekennzeichnet werden, an denen die höchsten Spannungen auftreten, so daß man die Messungen in erster Linie auf diese Stellen beschränken kann, und daß in allen Meßpunkten die Richtung der beiden Hauptdehnungen durch die Dehnungslinien festgelegt ist, so daß der Dehnungsmesser lediglich in diesen beiden zueinander senkrechten Richtungen angesetzt zu werden braucht. Hierdurch

[1] Siehe O. Dietrich u. E. Lehr: Z. VDI Bd. 76 (1932) Heft 41, S. 973. Das Verfahren ist der Maybach-Motoren-G. m. b. H. durch DRP. 534158 geschützt.

wird die Meßzeit gegenüber den unter a und b genannten Verfahren etwa um 30% herabgesetzt. Dagegen liefert das Dehnungslinienverfahren allein kein Maß für die Größe der Spannungen selbst. Diese müssen vielmehr durch Messungen mit Dehnungsmeßgeräten ermittelt werden.

d) Das Differentialmeßverfahren von Rühl-Fischer[1].

Ein besonderes Verfahren ist zur *genauen* Bestimmung der Spannungsverteilung in der Umgebung von Kerben, insbesondere im Kerbgrund und seiner unmittelbaren Umgebung, ausgearbeitet worden. Es besteht darin, daß nacheinander die Dehnungen von verschieden langen Meßstrecken, die alle von einem Festpunkt ausgehen und in dieselbe Richtung fallen, gemessen werden. Diese Richtung wird vorzugsweise so gelegt, daß sie den Kerbscheitel tangiert. Trägt man die gemessenen Dehnungen jeweils senkrecht zum freien Endpunkt der Meßstrecke auf, so erhält man die sog. „Verschiebungskurve". Die spezifische Dehnung ε entspricht nun in jedem Punkt der Meßlinie dem Differentialquotienten der Verschiebungskurve, der zeichnerisch durch Bestimmung des Neigungswinkels der Tangente in dem betreffenden Punkt ermittelt wird. Bei Anwendung dieses Verfahrens erhält man in jedem Punkt, insbesondere auch im Kerbscheitel den *wahren* Wert der spezifischen Dehnung. Ihre genaue Ermittlung ist bei scharfen Kerben auch mit Hilfe von Dehnungsmeßgeräten mit sehr kleiner Meßstrecke (z. B. 0,5 mm) nicht möglich. Vielmehr müssen auch bei kleinstmöglicher Meßstrecke noch gewisse Fehler in Kauf genommen werden, die durch den unstetigen Verlauf der Dehnung innerhalb der Meßstrecke bedingt sind. Ein besonderer Vorteil des Differentialmeßverfahrens besteht schließlich darin, daß dabei Geräte mit verhältnismäßig großer Meßstrecke, die bequem bedienbar sind, z. B. das Gerät Abb. 49, verwendet werden können. Die Einzelheiten des Verfahrens sind im Zusammenhang mit der Beschreibung der Spiegeldehnungsmesser von Fischer und Rühl auf S. 515—517 dargelegt.

2. Statische Dehnungsmeßgeräte.

Die statischen Dehnungsmeßgeräte, die zur Messung der *Spannungsverteilung* in Konstruktionsteilen benutzt werden, lassen sich nach der Art ihrer Anzeige in drei Gruppen einteilen, nämlich:

1. Zeigergeräte, bei denen die Anzeige auf mechanischem Weg durch einen entsprechend übersetzten Zeiger, der auf einer Teilung spielt, hervorgebracht wird.

2. Drehspiegelgeräte, bei denen die Drehung eines Spiegels die Anzeige bewirkt, und zwar entweder in der Weise, daß durch den Spiegel ein Lichtzeiger gesteuert wird, der auf einer durchsichtigen Teilung erscheint, oder daß ein Maßstab mittels Fernrohr über den Drehspiegel abgelesen wird.

3. Elektrische Geräte, bei denen die Längenänderung durch verschiedenartige Hilfsmittel in die Änderung eines elektrischen Stromes (Anzeige durch einen hochempfindlichen Strommesser oder ein Kreuzspulgerät) umgewandelt wird.

In der nachstehenden Zusammenstellung sind im wesentlichen nur die Geräte neuerer Konstruktion berücksichtigt. Ältere Geräte wurden soweit beschrieben, als sie zum Verständnis der Entwicklungsgeschichte von Bedeutung sind.

---

[1] Rühl, D.: VDI-Forsch.-Heft Bd. 221 (1920). — Fischer, G.: Versuche über die Wirkung von Kerben an elastisch beanspruchten Biegestäben. Berlin: VDI-Verlag 1932.

a) Zeigergeräte.

Geräte für normale Meßaufgaben.

Das älteste Zeigergerät mit großer Übersetzung ist der in Abb. 45 dargestellte Dehnungsmesser von MESNAGER. Er erreichte bei 50 mm Meßstrecke eine 2000fache Vergrößerung. Bemerkenswert ist die Anordnung der Blattfederkreuzgelenke, die jedes Spiel ausschließen, also eine zuverlässige Messung verbürgen. In das eine Ende der Meßstrecke wird die am Gestell a angearbeitete Körnerspitze, in das zweite Ende die Spitze des ersten Hebels b eingesetzt. Von seinem oberen Ende wird die Bewegung durch eine Stoßstange c mit Blattfedergelenken auf den in einem Kreuzfedergelenk drehbaren Zwischenhebel d und von diesem über ein Federband auf den Zeigerhebel e übertragen, der auf einer Spiegelskala f spielt.

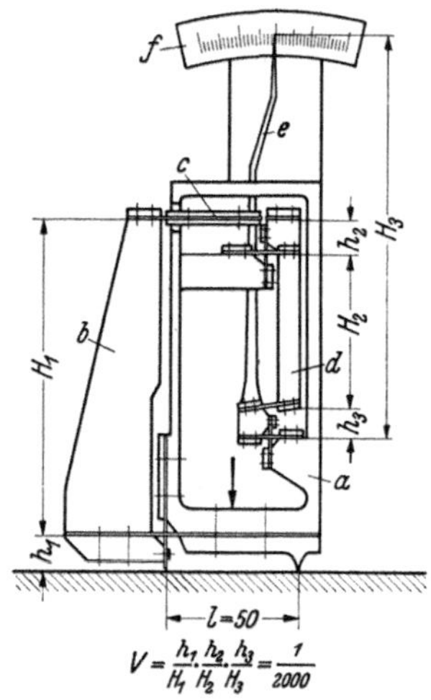

Abb. 45. Zeigerdehnungsmesser von MESNAGER.
a Gestell; b erster Hebel, Arme h_1 und H_1; c Stoßstange; d Zwischenhebel, Arme h_2 und H_2; e Zeigerhebel, Arme h_3 und H_3; f Spiegelskala.

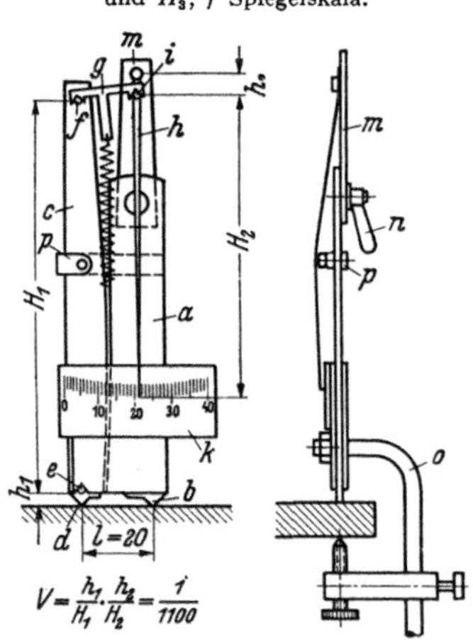

Abb. 46. Zeigerdehnungsmesser von OKHUIZEN.
a Gehäuse; b am Gehäuse sitzende feste Schneide; c Haupthebel, Arme h_1 und H_1; d Schneide am Hebel c; e unterer Querstift; f oberer Querstift; g Bügel; h Zeigerhebel, Arme h_2 und H_2; i Querstift am Zeigerhebel; k Spiegelskala; l Meßstrecke; m schwenkbare Platte mit der Lagerung des Hebels h; n Knebel zum Feststellen der Platte m; o schraubenzwingenartiger Bügel; p Feststellvorrichtung.

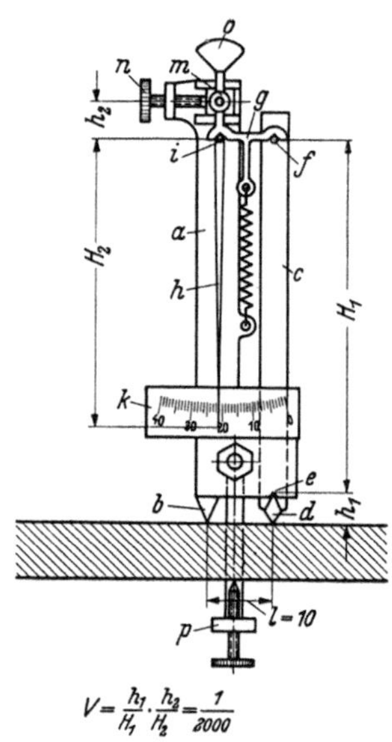

Abb. 47. HUGGENBERGER-Tensometer, Form A.
a Gehäuse; b feste Schneide; c Haupthebel, Arme h_1 und H_1; d Doppelschneide am Haupthebel; e Pfanne am Gehäuse; f Querstift am oberen Ende des Haupthebels; g Bügel; h Zeigerhebel, Arme h_2 und H_2; i Querstift am Zeigerhebel; k Spiegelskala; l Meßstrecke; m Schlitten der Zeigerlagerung; n Fühlschraube zur Einstellung des Schlittens m; o Gegengewicht des Zeigerhebels; p schraubzwingenartige Aufspannklemme.

Einen weiteren wesentlichen Fortschritt brachte der *Dehnungsmesser von* OKHUIZEN, der bei 20 mm Meßstrecke eine 1100fache Vergrößerung erreichte. Abb. 46 zeigt die Einzelheiten der Konstruktion. Das Gerät besteht im wesentlichen aus einem plattenförmigen Gehäuse a, das mit einer daran befestigten Schneide b in das eine Ende der Meßstrecke eingreift. In das zweite Ende wird die Schneide *d* des Hebels *c* eingesetzt, der sich mit einem Querstift *e* in eine Kimme des Gehäuses stützt. Am oberen Ende ist ein zweiter Querstift *f* eingesetzt, in den ein unter Federspannung stehender Bügel *g* mit seiner ersten Pfanne eingreift, während die am anderen Ende sitzende zweite Pfanne den Querstift *i* des Zeigerhebels *h* erfaßt. Der Bügel *g* überträgt nach Art einer Stoßstange die Bewegungen des Hebels *c* auf den Zeigerhebel *h*, der am oberen Ende in Spitzen gelagert ist und auf einer Spiegelskala *k* spielt. Zur Einstellung

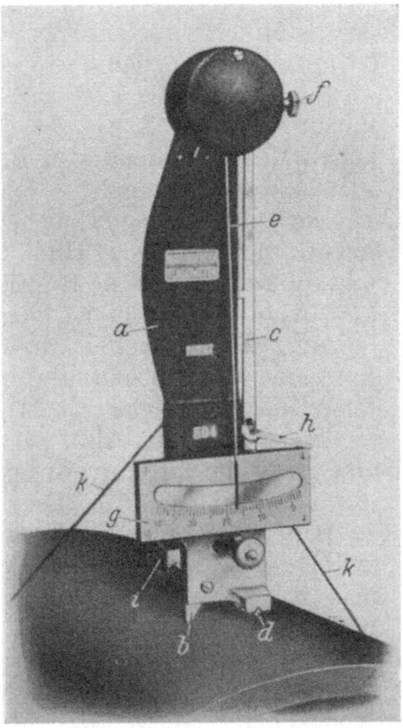

Abb. 48. HUGGENBERGER-Tensometer Form B, Meßstrecke durch Umdrehen der Schneide *b* wahlweise auf 10 oder 20 mm einstellbar, V rd. 1200. Aufspannung mittels Spanndraht *k* unter Zuhilfenahme einer Auslegerstütze *i* als Beispiel für die Aufspannung auf Bauteilen großer Abmessungen, z. B. einer Kesseltrommel.
a Gehäuse; *b* feste Schneide, die in zwei Stellungen eingesetzt werden kann zur Erzielung einer Meßstrecke von 10 oder 20 mm; *c* Haupthebel; *d* Doppelschneide am Haupthebel; *e* Zeigerhebel; *f* Fühlschraube zur Nullpunktsregelung des Zeigerhebels; *g* Spiegelskala; *h* Feststellvorrichtung; *i* Auslegerstütze; *k* Spanndraht.

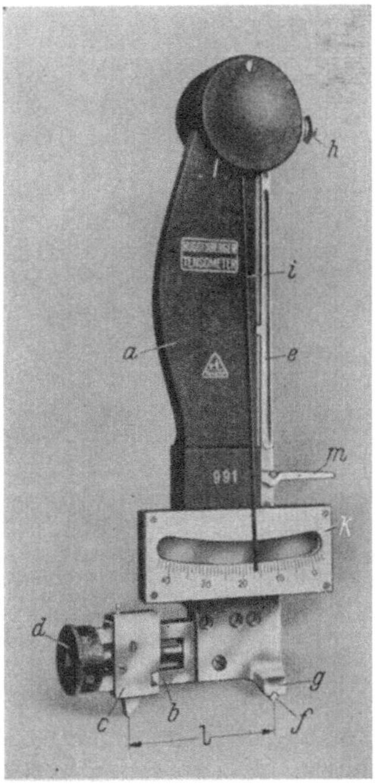

Abb. 49. HUGGENBERGER-Tensometer Form X mit verstellbarer Meßstrecke zur Ausführung des Verfahrens von RÜHL-FISCHER.
a Gehäuse; *b* Schlittenführung; *c* Schlitten mit fester Schneide verstellbar; *d* Einstelltrommel der Mikrometerschraube zur Verschiebung des Schlittens *c*; *e* Haupthebel; *f* Doppelschneide am Haupthebel; *g* Pfanne am Gehäuse; *h* Fühlschraube zur Nullpunktsregelung des Zeigerhebels; *i* Zeigerhebel; *k* Spiegelskala am Gehäuse *a* befestigt; *l* Meßstrecke; *m* Feststellvorrichtung für den Zeigerhebel.

der Nullage kann die Platte *m* an welcher der Zeigerhebel *h* gelagert ist, gegenüber dem Gehäuse *a* geschwenkt werden. Das Gerät wird mit einem schraubzwingenartigen Bügel *o* aufgespannt, der in eine Bohrung des Gehäuses eingreift.

Das heute am meisten benutzte und weitgehend vervollkommnete Zeigergerät für Meßstrecken bis herab auf 10 mm ist der HUGGENBERGER-*Tensometer* (Abb. 47). Er zeigt grundsätzlich denselben Aufbau, wie der OKHUIZEN-Dehnungsmesser, jedoch eine Reihe konstruktiver Verbesserungen. Der Haupthebel *c* ist in einer sorgfältig geschliffenen Pfanne des Gehäuses mit Querschneiden *d* gelagert, so daß ein spielfreies Arbeiten gewährleistet ist. Der Zeigerhebel *h* ist durch ein Gegengewicht *o* ausgewuchtet und in einem am Gehäuse geführten Schlitten *m* gelagert, der zwecks Einregelung des Nullpunktes mit einer Fühlschraube *n* verschoben werden kann. Das Gerät wird in verschiedenen Ausführungsformen gebaut, von denen hauptsächlich folgende in Betracht kommen. Abb. 47 zeigt die Form A, die 10 mm Meßstrecke und rd. 2000fache Vergrößerung besitzt, Abb. 48 die Form B, die wahlweise mit 10 und 20 mm Meßstrecke verwendet werden kann und rd. 1200fache Vergrößerung aufweist.

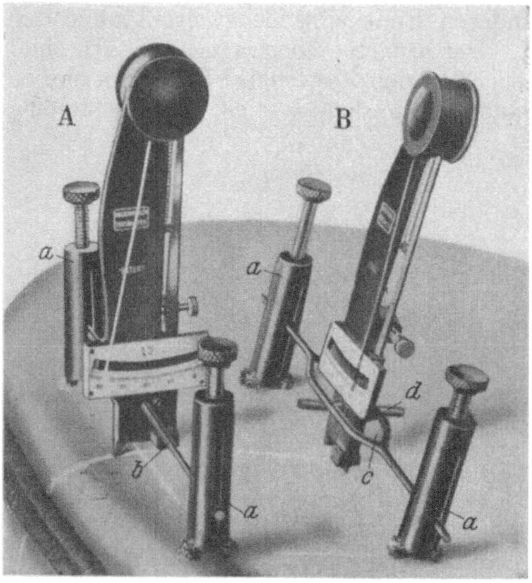

Abb. 50. Aufspannung des Huggenberger-Tensometers mit Hilfe von weich aufgelöteten Spannböckchen *a*.
Anordnung A: Aufspannung mit Hilfe einer durch die Bohrung im Gehäuse des Dehnungsmessers gesteckten geraden Nadel *b*; die Meßstrecke steht senkrecht auf der Verbindungslinie der beiden Spannböckchen.
Anordnung B: Aufspannung mit Hilfe einer Ösennadel *c* und eines kurzen Querstifts *d*, der durch die Bohrung im Gehäuse des Dehnungsmessers gesteckt ist. Die Meßstrecke fällt in die Richtung der Verbindungslinie der beiden Spannböckchen.

Abb. 49 zeigt eine Sonderausführung mit 2000facher Vergrößerung, bei der die Meßstrecke zwischen 10 und 15 mm durch eine Mikrometerschraube auf 0,01 mm genau beliebig eingestellt werden kann, was z. B. zur Ausführung des auf S. 515 beschriebenen Meßverfahrens von Rühl-Fischer notwendig ist.

Die Aufspannung erfolgt, wenn irgend möglich, mit Hilfe eines schraubzwingenartigen Bügels gemäß Abb. 47. Dabei ist die Anordnung so zu treffen, daß die Spitze der Klemmschraube in die Mittelsenkrechte der Meßstrecke zu liegen kommt. Abb. 48 zeigt eine Aufspannung mittels Spanndraht, wobei eine Auslegerstütze zu Hilfe genommen werden muß, um eine einwandfreie Standsicherheit zu erreichen, Abb. 50 eine Spannvorrichtung, wie sie vorwiegend bei großen Konstruktionsteilen in Betracht kommt, bei denen die Verwendung von Spannbügeln nicht möglich ist. Dabei werden zylindrische Messingböckchen *a* verwendet, die mit einem Längsschlitz versehen sind und an ihrer oberen Stirnfläche eine Stellschraube tragen. Sie werden mit ihrer Grundfläche auf den Konstruktionsteil beiderseits der Meßstelle je etwa im Abstand von 30 bis 40 mm weich aufgelötet. Die Aufspannung kann entweder gemäß Abb. 50 Anordnung A derart erfolgen, daß die Meßstrecke senkrecht zur Verbindungslinie der Spannböckchen steht, oder gemäß Anordnung B derart, daß die Meßstrecke in diese Verbindungslinie fällt.

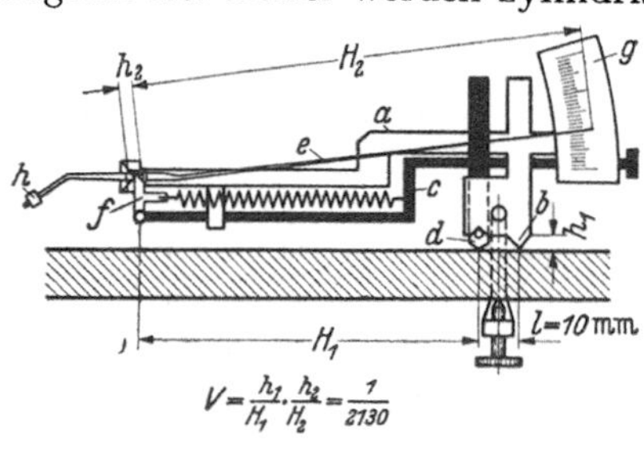

Abb. 51. Zeigerdehnungsmesser von Böttcher. *a* Grundgestell; *b* feste Schneide; *c* Haupthebel ausgewuchtet, Arme h_1 und H_1; *d* bewegliche Schneide am Haupthebel; *e* Zeigerhebel, Arme h_2 und H_2; *f* Bügel; *g* Spiegelskala; *h* Gegengewicht des Zeigerhebels *e*; *l* Meßstrecke.

Im ersten Fall wird durch die Bohrung im Gehäuse des Tensometers eine gerade Stahlnadel *b* von etwa 3 mm Dmr. gesteckt, deren Enden in die Schlitze der beiden Spannböckchen hereinragen und hier durch die Stellschrauben derart heruntergedrückt werden, daß eine feste Aufspannung des Gerätes zustande kommt. Im zweiten Fall wird sinngemäß eine Nadel *c* verwendet, die in ihrer Mitte eine Öse besitzt, welche den Tensometer umfaßt. Durch die Bohrung im Gehäuse des Tensometers wird jetzt eine kurze Nadel *d* gesteckt, die beiderseits von den Wangen der Ösennadel heruntergedrückt wird.

In anderen Fällen kann ein Magnet verwendet werden, an dem eine Blattfeder befestigt wird, deren Ende mit einem Stift in die Aufspannbohrung eingreift.

Ein Sondermeßgerät, das grundsätzlich genau so wie der HUGGENBERGER-Tensometer arbeitet, aber infolge seiner liegenden Bauart weniger Bauhöhe beansprucht, wurde von BÖTTCHER ausgearbeitet[1]. Abb. 51 zeigt die Anordnung. Das Gerät besitzt eine Meßstrecke von 10 mm und 2130fache Vergrößerung. Der schwarz eingezeichnete Haupthebel *c* ist abgekröpft und zwecks Auswuchtung mit einem Gegengewicht versehen.

Ein weiteres in Abb. 52 dargestelltes Zeigergerät liegender Bauart wurde von E. SIEBEL bei Messung der Spannungsverteilung in gewölbten Kesselböden verwendet[2]. Die Meßstrecke konnte dabei wahlweise auf 20, 30, 50 und 70 mm eingestellt werden. Die feste Spitze ist in Form einer Spitzschraube *b* in dem als Grundgestell dienenden Lineal *a* befestigt. Der erste Hebel *c* stützt sich mittels der Doppelschneide *d* einerseits in das zweite Ende der Meßstrecke, andererseits in eine Kimme *e* des Lineals *a*. Das Ende dieses Hebels ist mit einem Nonius versehen und spielt auf einer mit dem Lineal *a* fest verbundenen Teilung *f*. Hier wird die Längenänderung der Meßstrecke 17fach vergrößert angezeigt. Der zweite Hebel *g* ist in dem am Grundgestell *a* festen Drehpunkt *h* gelagert und greift mit einem Stift *i* in den Schlitz *k* des ersten Hebels *c* ein. Das Hebelende, das ebenfalls mit Nonius versehen ist, spielt auf der mit dem Lineal *a* fest verbundenen zweiten Teilung *m*. Es zeigt die Längenänderung der Meßstrecke mit 110facher Vergrößerung an. Die Aufspannung erfolgt mit einer am Meßobjekt befestigten Vorrichtung, die mit einem federnden Stift jeweils in der Mitte der Meßstrecke das Lineal *a* andrückt.

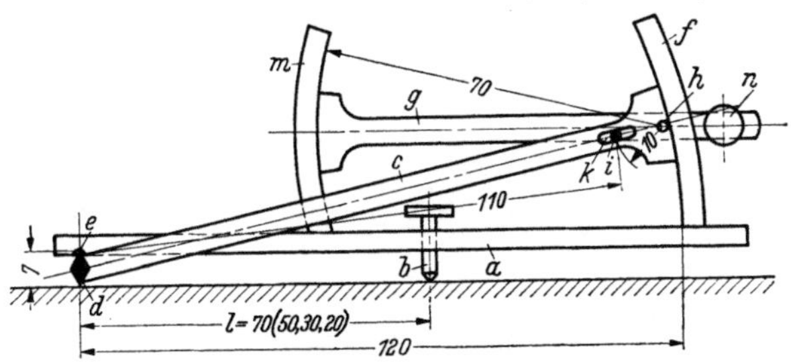

Abb. 52. Zeigerdehnungsmesser liegender Bauart von E. SIEBEL, Meßstrecke 20, 30, 50 und 70 mm.
a Lineal (Grundgestell); *b* Spitzschraube als feste Spitze dienend; *c* erster Hebel am Ende mit Nonius versehen; *d* Doppelschneide am Hebel *c* befestigt; *e* Kimme zur Doppelschneide *d* im Lineal *a*; *f* Teilung zum ersten Hebel *c*, V = 17; *g* zweiter Hebel am Ende mit Nonius versehen; *h* Drehachse des Hebels *g*; *i* Mitnehmerstift des Hebels *g*; *k* Schlitz für den Mitnehmerstift *i* im Hebel *c*; *l* Meßstrecke; *m* Teilung zum Hebel *g*, V ges. = 110; *n* Gegengewicht des Hebels *g*.

Ein Zeigergerät mit 5 mm Meßstrecke und 2500facher Vergrößerung wurde von H. GRANACHER ausgearbeitet. Abb. 53 zeigt eine Ansicht des Gerätes. In diesem Fall kann die erforderliche Genauigkeit nicht mehr wie bei den Tensometern dadurch erreicht werden, daß eine an dem Haupthebel befestigte Doppelschneide in eine Pfanne am Gestell eingreift. Vielmehr wurde hier die bei dem elektrischen Feindehnungsmesser von E. LEHR erstmalig angegebene Anordnung übernommen, die aus Abb. 81 deutlich zu ersehen ist. Dabei sind auf beiden Seiten des Haupthebels Schneiden angeordnet, die auf eine gehärtete ebene Fläche des Grundgestells aufgesetzt werden und so geschliffen sind, daß sie genau in eine Gerade fallen. Sie sichern das Drehgelenk gegen Verschiebungen in Richtung senkrecht zur Meßstrecke. Parallel zur Meßstrecke wird das Drehgelenk durch ein Federband von 0,03 mm Stärke festgelegt, das einerseits auf dem Grundgestell, anderseits am Haupthebel festgespannt wird, wobei eine freitragende Gelenkstelle von 0,2 mm Länge verbleibt, deren Mitte genau in

[1] BÖTTCHER, K.: VDI-Forsch.-Heft Bd. 337 (1930).

[2] SIEBEL, E.: Mitt. K.-Wilh.-Inst. Eisenforschg. Bd. 7 (1926), Lieferung 10, Abhandlung 59.

die Schneidenlinie fällt. Durch diese Anordnung wird auch erreicht, daß das Übersetzungsverhältnis von der Aufspannkraft vollständig unabhängig gleich bleibt und eine kleine Aufspannkraft ausreicht.

Am Kopfende des Haupthebels ist ein Federband angeordnet, das den Ausschlag auf den in Spitzen gelagerten Zeigerhebel überträgt. Schließlich ist eine Nullpunktsregelung und eine Feststellvorrichtung für den Zeigerhebel vorgesehen. Durch die Wahl der Federbandgelenke ist spielfreies Arbeiten und größte Genauigkeit gewährleistet. Die Aufspannung des Gerätes erfolgt in ähnlicher Weise wie beim HUGGENBERGER-Tensometer.

Zeigergeräte kleinster Abmessungen sind die von O. DIETRICH entwickelten Dehnungsmesser, bei denen die Anzeige mittels Mikroskop abgelesen wird. Abb. 54 zeigt die ältere, Abb. 55 die neuere Ausführungsform.

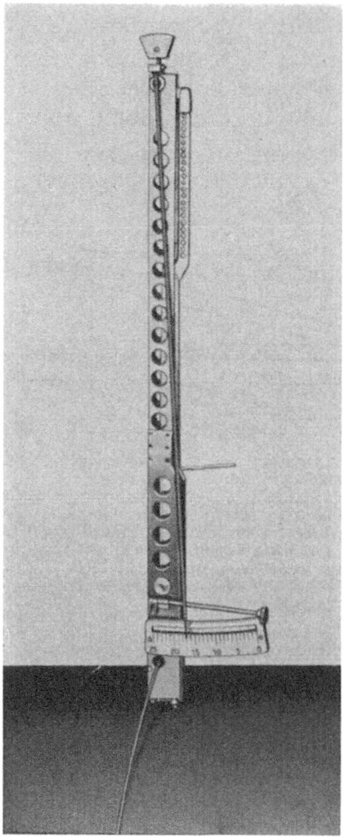

Abb. 53.

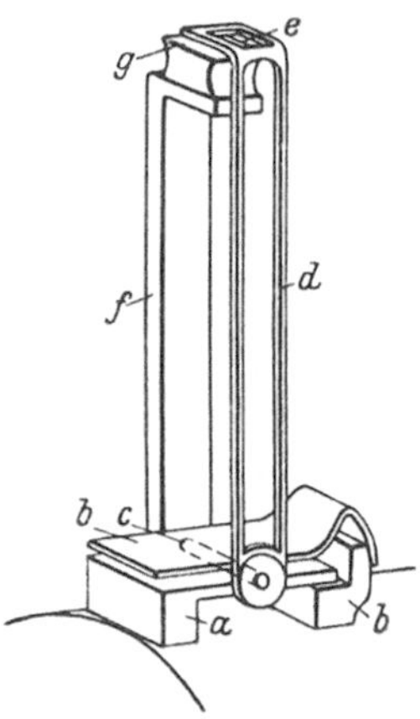

Abb. 54.

Abb. 53. Zeigerdehnungsmesser mit 5 mm Meßstrecke von H. GRANACHER.

Abb. 54. Zeigerdehnungsmesser von DIETRICH, ältere Ausführungsform.
a Meßfüßchen mit starrer Abrollfläche, am einen Ende der Meßstrecke weich aufgelötet; *b* Meßfüßchen mit federnder Abrollfläche am zweiten Ende der Meßstrecke weich aufgelötet; *c* Walze von 1 mm Dmr., die zwischen den Flächen von *a* und *b* abrollt; *d* an der Walze befestigter Zeiger mit Fenster; *e* Kokonfaden; *f* winkelförmiger Halter am Meßfüßchen *a* befestigt; *g* spiegelndes Metallplättchen mit Feinteilung, 1 mm = 100 Teile.

Bei der älteren Anordnung wird das Gerät mit Füßchen befestigt, die an den Enden der Meßstrecke weich aufgelötet oder aufgekittet werden, so daß keine Aufspannvorrichtungen nötig sind. Um dabei die richtige Lage zu sichern, werden die Füßchen in eine Lehre gesetzt. Bei der neuen Form (Abb. 55) ist das Gerät mit drei Spitzen ausgerüstet, von denen zwei in die Enden der Meßstrecke gesetzt werden, während die dritte zur Abstützung des Grundgestells dient.

Die Anzeige der Längenänderung der Meßstrecke erfolgt bei beiden Geräten nach einem neuen Prinzip. Eine Walze von etwa 1 mm Dmr. rollt zwischen zwei Flächen ab. Die erste Fläche ist auf dem mit dem einen Ende der Meßstrecke verbundenen Füßchen angeordnet, die zweite besteht aus einer Blattfeder, die an dem zweiten Füßchen befestigt ist. Die Blattfeder wird derart gespannt, daß zwischen der Walze und den Flächen eine Reibung von solcher Größe zustande kommt, daß bei Verschiebung der Flächen die Walze abrollt ohne zu gleiten. Die Drehung der Walze wird durch einen an ihr befestigten Zeiger gemessen, der am oberen Ende ein Fenster trägt, in dem ein Kokonfaden gespannt ist. Dieser spielt auf einer auf spiegelndem Metall eingeritzten Teilung, bei der 1 mm in 100 Teile geteilt ist (Objektmikrometer) und die am Meßfüßchen *a* befestigt wird.

Die Anzeige wird durch ein Mikroskop mit etwa 200facher Vergrößerung abgelesen. Die Verschiebung des Kokonfadens ist etwa 30mal so groß wie die Dehnung der Meßstrecke; ein Teilstrich entspricht also einer Dehnung von rd. $^1/_{3000}$ mm.

Bei dem neuen Gerät sind die mit Spitzen versehenen Füßchen an ihren oberen Enden durch ein Blattfedergelenk miteinander verbunden. Die Aufspannung der Füßchen erfolgt durch ein dünnes Federband, das um einen Ansatz des Grundgestells geschlungen ist und dessen beide Enden durch die Klemmschuhe des Federbandgelenks in der aus Abb. 55 ersichtlichen Weise befestigt werden. Das Grundgestell wird durch einen Stift mit kegeligen Enden angedrückt, der in eine Pfanne eingreift, die etwa im Schwerpunkt des durch die drei Spitzen gebildeten Dreiecks angeordnet ist. Auf das obere Ende des Stiftes drückt eine Blattfeder, die an einer Spannvorrichtung befestigt ist.

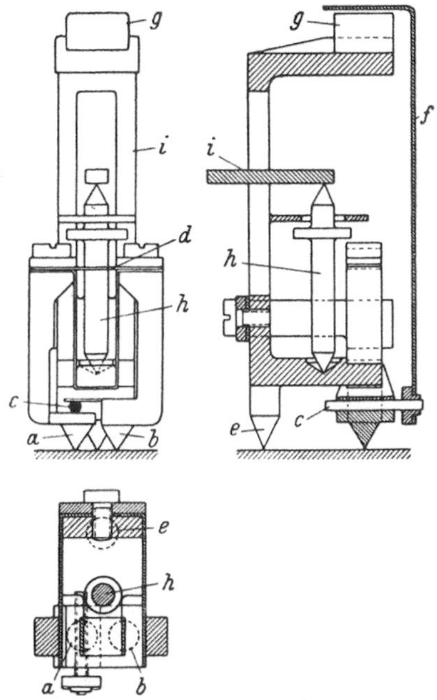

Abb. 55. Zeigerdehnungsmesser von DIETRICH, neue Bauart (Dreispitzengerät). *a* und *b* Spitzen, die in die Enden der Meßstrecke eingesetzt werden; *c* Walze von 1 mm Dmr., die zwischen fester und federnder Fläche abrollt; *d* Federgelenk; *e* Spitze zum Abstützen des Gestells; *f* Zeiger an *c* befestigt mit Fenster, in dem ein Kokonfaden gespannt ist; *g* spiegelndes Metallplättchen mit Feinteilung, 1 mm = 100 Teile; *h* Aufspannstift; *i* Blattfeder zum Andrücken des Aufspannstiftes.

Biegeverzerrungsmesser.

Soll die Spannungsverteilung in einem plattenförmigen Bauteil, z. B. einer Behälterwand, gemessen werden, die nur von einer Seite zugänglich ist, so muß eine Meßanordnung zur Verfügung stehen, mit Hilfe deren festgestellt werden kann, ob an der Meßstelle eine Biegebeanspruchung herrscht und wie groß diese ist. Dabei muß, wie dies in der Festigkeitslehre allgemein geschieht, angenommen werden, daß durch die Biegung im Querschnitt eine geradlinige Spannungsverteilung hervorgebracht wird.

Zur Durchführung dieser Messungen wurde von HUGGENBERGER ein besonderes Meßgerät, der *Biegeverzerrungsmesser*, entwickelt. Seine Anordnung ist in Abb. 56 schematisch dargestellt. Es besitzt zwei mit Längsbohrungen versehene Schenkel. Diese werden auf zwei Stifte gesetzt, die an den Enden der Meßstrecke nach einer Lehre weich aufgelötet werden und in spannungslosem Zustand der Platte möglichst genau parallel zueinander stehen sollen. Erfährt die Platte eine Biegebeanspruchung, so neigen sich die durch die Enden der Meßstrecke gehenden Querschnitte um einen bestimmten Winkel γ zueinander. Um den gleichen Winkel werden die Stifte ihre gegenseitige Lage ändern. Außerdem verschieben sich aber noch ihre Fußpunkte um den Betrag λ_1. Dementsprechend verschieben sich auch die Schenkel des Meßgerätes, die auf den Stiften festgeklemmt sind und deren Bewegung mitmachen. Diese Verschiebung wird stark vergrößert als Zeigerausschlag sichtbar.

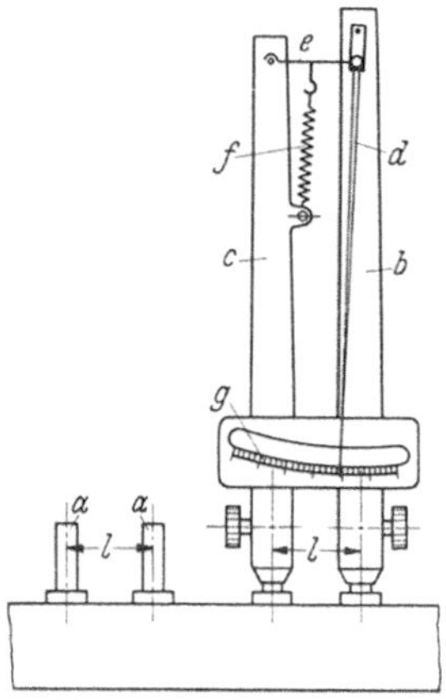

Abb. 56.

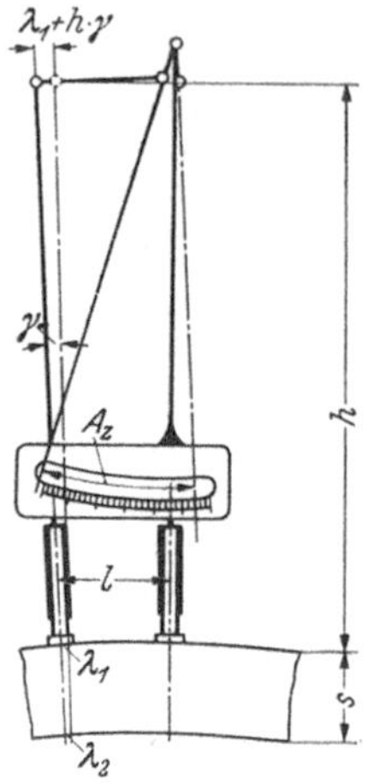

Abb. 57.

Abb. 56. Biegeverzerrungsmesser von HUGGENBERGER.
a Stifte, die an den Enden der Meßstrecke nach einer Lehre weich aufgelötet sind; *b*, *c* Schenkel mit Längsbohrung, die auf den Stiften *a* festgeklemmt werden; *d* Zeigerhebel; *e* Brücke; *f* Feder zur kraftschlüssigen Verbindung der Brücke *e* mit den Querstiften, in die sie eingreift; *g* Bogenteilung an *b* befestigt.

Abb. 57. Skizze zur Ermittlung der Beziehungen zwischen dem Zeigerausschlag A_z des Biegeverzerrungsmessers, den Dehnungen λ_1 und λ_2 und dem Winkel γ.

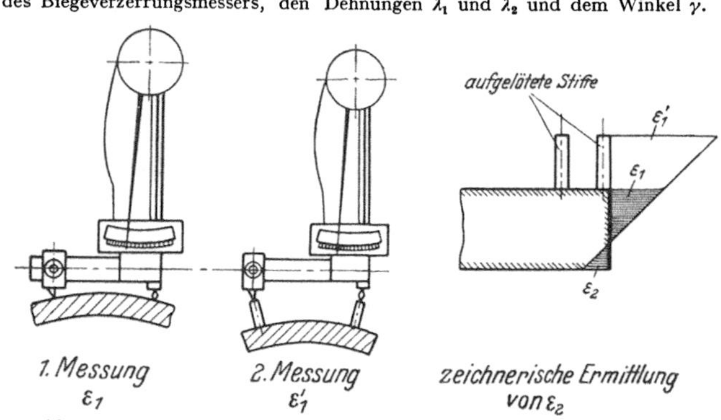

Abb. 58. Schema zur Ermittlung der Biegespannungen in einer Platte (z. B. Kesselwand) durch zweimalige Messung mit dem Tensometer.

Die geometrischen Beziehungen, die sich dabei ergeben, sind aus Abb. 57 zu entnehmen.

Die Platte, deren Spannungszustand gemessen werden soll, besitze die Dicke s. Sie dehne sich in der oberen Faser um den Betrag λ_1. Die Dehnung λ_2 auf der unteren nicht zugänglichen Seite soll mit Hilfe des Biegeverzerrungsmessers ermittelt werden. Bei der Messung neigen sich die in den Endpunkten der Meßstrecke errichteten Lote um den Winkel γ gegeneinander. Dementsprechend bilden auch die beiden Schenkel des Biegeverzerrungsmessers die parallel waren, wenn die Platte unbeansprucht war, nach Aufbringen der Beanspruchung den Winkel γ miteinander. Außerdem wandern aber auch die Endpunkte der Meßstrecke um den Betrag λ_1 auseinander. Demzufolge ergibt sich, wenn φ_z das Übersetzungsverhältnis des Zeigers ist, für den Zeigerausschlag die Beziehung

$$A_z = \varphi_z \cdot [\lambda_1 + h \cdot \gamma]. \qquad (11)^1$$

[1] Beweis:

1. Angenommen die beiden Schenkel verschieben sich parallel zueinander um λ_1; dann ergibt sich ein Zeigerausschlag $A_1 = \lambda_1 \cdot \varphi_z$.

2. Ist umgekehrt $\lambda_1 = 0$ und der Schenkel c (Länge h) dreht sich gegen den Schenkel b, der ruhend angenommen sei, lediglich um den Winkel γ, so legt der Angriffspunkt des Bügels am Schenkel c den Weg $h \cdot \gamma$ zurück und der Zeiger macht einen Ausschlag von

$$A_2 = h \cdot \gamma \cdot \varphi_z. \qquad (12)$$

Der Gesamtausschlag A_z entspricht der Summe von A_1 und A_2, also

$$A_z = \lambda_1 \cdot \varphi_z + h \cdot \gamma \cdot \varphi_z. \qquad (13)$$

Nun besteht zwischen λ_1, λ_2 und γ die einfache Beziehung:

$$\lambda_2 = \lambda_1 - s \cdot \gamma. \tag{14}$$

Ferner folgt aus Gleichung (11) für γ:

$$\gamma = \frac{A_z}{\varphi_z \cdot h} - \frac{\lambda_1}{h}.$$

Somit wird:

$$\lambda_2 = \lambda_1 + \frac{\lambda_1 \cdot s}{h} - \frac{s \cdot A_z}{\varphi_z \cdot h} = \frac{\lambda_1 (h + s) \varphi_z - s \cdot A_z}{\varphi_z \cdot h}. \tag{15}$$

Eine andere Meßanordnung zeigt Abb. 58. Dabei werden mit dem Tensometer zwei Messungen durchgeführt. Zunächst wird die Dehnung ε_1 der auf der zugänglichen Seite der Platte angeordneten Meßstrecke ermittelt. Sodann werden in den Enden der Meßstrecke Stifte von z. B. 5 mm Dmr. und 10 oder 20 mm Länge weich aufgelötet und die Dehnung ε_1' gemessen, die sich ergibt, wenn der Dehnungsmesser auf die Stifte gesetzt wird. Die Dehnung ε_2 auf der Innenseite der Platte kann dann nach dem in Abb. 58 dargestellten Schema leicht zeichnerisch ermittelt werden.

Eine etwas andere Vorrichtung, die dem gleichen Zweck dient, hat E. SIEBEL bei Messung der Spannungsverteilung in Rohren benutzt[1]. Dabei werden wie Abb. 59 zeigt, an der Meßstelle zwei Aufsätze a_1 und a_2 aufgespannt, die am Fußende durch ein dünnes Federband b in unveränderlichem Abstand voneinander gehalten werden. Jeder Aufsatz ist auf dem zu untersuchenden Stück mit Hilfe von 3 Stützwarzen gelagert. Auf die oberen Stirnflächen der Aufsätze werden in der aus Abb. 59 ersichtlichen Weise die Meßschneiden eines HUGGENBERGER-Tensometers d mit 20 mm Meßstrecke gesetzt und das Ganze mit dem Spannbügel des Tensometers festgespannt. Verkrümmt sich das Werkstück infolge der in ihm wirkenden Biegung, so ändert sich der Winkel, den die Achsen der Aufsätze a_1, a_2 miteinander bilden und der Tensometer zeigt eine Längenänderung Δl an. Ist c die Höhe der Aufsätze, gemessen vom Federband bis zur Unterkante der Tensometerschneiden, so ist der Schrägstellungswinkel: $\gamma = \frac{\Delta l}{c}$.

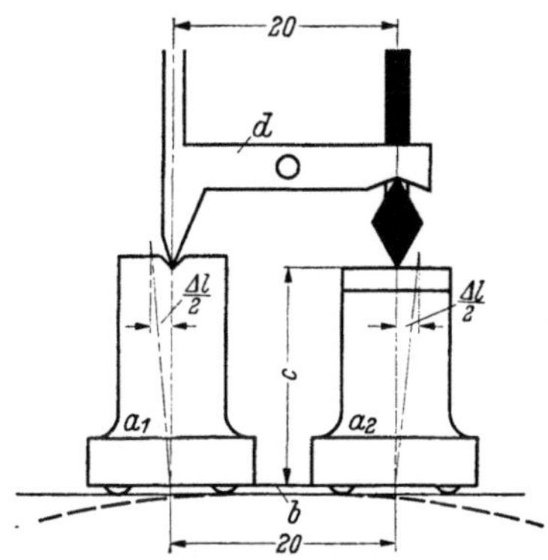

Abb. 59. Vorrichtung von E. SIEBEL zur Messung der Verkrümmung eines Konstruktionsteils und zur Ermittlung der in ihm wirkenden Biegebeanspruchung.
a_1, a_2 Aufsätze mit je 3 Stützwarzen; b Federband zur gelenkigen Verbindung der Meßaufsätze a_1, a_2; c Höhe der Meßaufsätze; Δl Dehnung auf der Oberfläche der Meßaufsätze gemessen; d HUGGENBERGER-Tensometer mit 20 mm Meßstrecke.

Hieraus kann dann die in dem Konstruktionsteil wirkende Biegespannung berechnet werden.

Setzdehnungsmesser.

Setzdehnungsmesser sind, wie bereits erwähnt, dann erforderlich, wenn bei Messung der Längenänderung von Meßstrecken das Gerät wiederholt abgenommen und wieder aufgesetzt werden muß.

Abb. 60 und 61 zeigen den Setzdehnungsmesser von PFENDER[2]. Er besitzt eine Meßlänge von 20 mm und 500fache Vergrößerung. Die Enden der Meßstrecke werden mittels eines Doppelkörners g vorgekörnt. Dann werden in die Körnereindrücke mittels eines Döppers gehärtete Stahlkugeln von $^1/_{16}''$ Dmr.

[1] SIEBEL, E.: Mitt. K.-Wilh.-Inst. Eisenforschg. Bd. 9 (1928), Lieferung 20, Abhandlung 93.
[2] SIEBEL, E. und M. PFENDER: Arch. Eisenhüttenw. Bd. 7 (1933/34) S. 407.

derart eingestemmt, daß sie sicher festgehalten sind und nahezu halbkugelig aus der Meßfläche hervorragen. Auf diese Kugeln setzen sich die Schenkel *a*

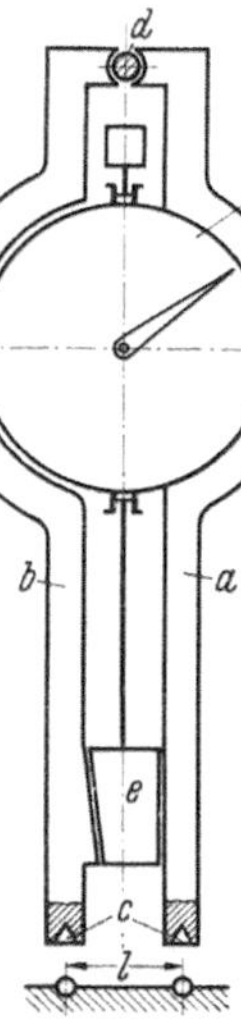

Abb. 60.

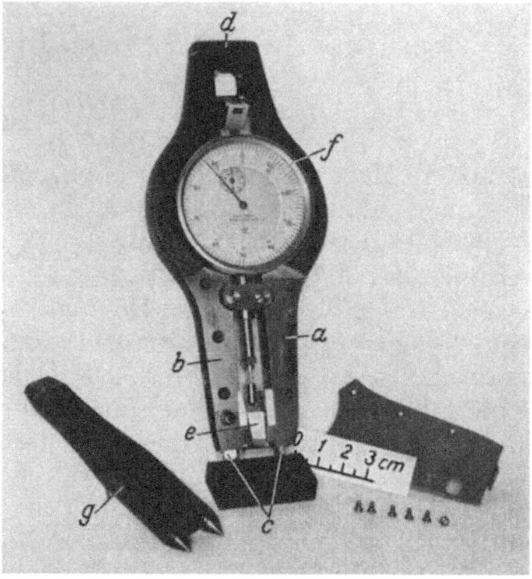

Abb. 61.

Abb. 60 und 61. Setzdehnungsmesser von PFENDER.
a fester Schenkel, das Gehäuse bildend; *b* beweglicher Schenkel; *c* kegelige Vertiefungen in den Fußflächen der Schenkel; *d* Gelenk des beweglichen Schenkels; *e* Meßkeil; *f* Meßuhr, am Schenkel *a* befestigt; *g* Doppelkörner.

und *b* des Setzdehnungsmessers mit kegeligen Vertiefungen *c*. Der eine Schenkel *a* bildet das Gehäuse des Gerätes, der andere *b* ist um das Gelenk *d* beweglich. An dem Schenkel *a* ist der Meßkeil *e* geführt, der durch Federdruck so lange verschoben wird, bis er an der entsprechenden Paßfläche des Hebels *b*

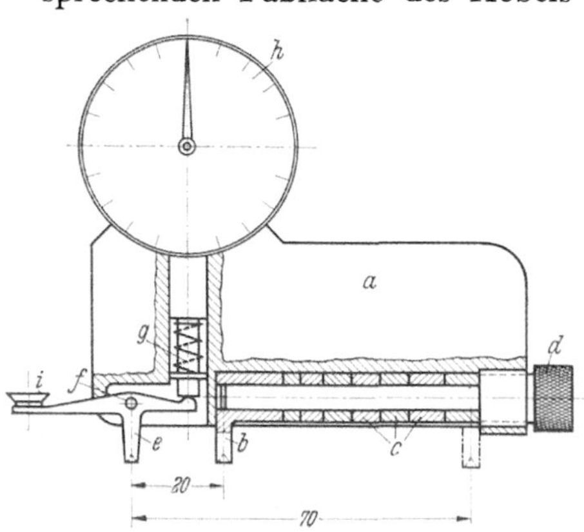

Abb. 62.

Abb. 63.

Abb. 62 und 63. Setzdehnungsmesser von Mahr, Eßlingen, für Meßlängen von 20 bis 70 mm.
a Gehäuse; *b* fester Fuß; *c* austauschbare Ringe zur Verstellung des festen Fußes; *d* Rändelschraube; *e* Winkelhebel; *f* Achse des Winkelhebels *f*; *g* Taster der Meßuhr; *h* Meßuhr; *i* Taste.

anliegt. Der Weg des Meßkeiles wird mit Hilfe der am Schenkel *a* gelagerten Meßuhr *f* mit einer Genauigkeit von $^1/_{100}$ mm gemessen und bildet ein direktes Maß für die Längenänderung der Meßstrecke. Beim Aufsetzen des Gerätes wird der Meßkeil durch einen am Taster der Meßuhr angreifenden Mechanismus abgehoben und dann nach Einspielen des Gerätes auf die Meßflächen abgelassen. Durch gleichmäßig auf beide Schenkel verteilten Druck und leichtes Hin- und Herkippen des Gerätes auf den Kugeln wird die genaue Einstellung erreicht.

MAHR hat einen weiteren Setzdehnungsmesser für Meßlängen von 20 bis 70 mm entwickelt, der in Abb. 62 und 63 dargestellt ist. Der feste Fuß *b* ist am Gehäuse *a* durch Austausch der Ringe *c* verstellbar. Die jeweils eingestellte Meßlänge wird durch Anziehen der Rändelschraube *d* gesichert. Der bewegliche Fuß ist als Winkelhebel *e* ausgebildet, der auf der Achse *f* im Gehäuse gelagert ist. Auf den zweiten Arm des Winkelhebels greift der Taster *g* der Meßuhr *h* auf, die im Gehäuse befestigt ist und die Längenänderung der Meßstrecke mit 1000facher Vergrößerung anzeigt. Beim Aufsetzen des Gerätes auf die Meßstrecke läßt man die kegelige Sitzfläche im Fuß des Winkelhebels *e* mittels der Taste *i* einspielen.

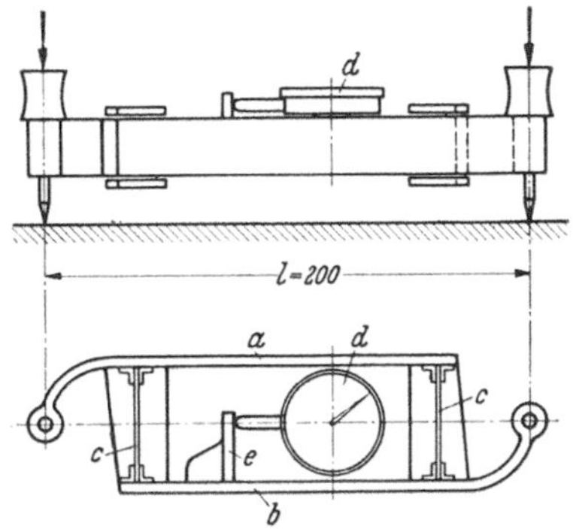

Abb. 64. Setzdehnungsmesser von WHITTEMORE-HUGGENBERGER, V=1000.
a und *b* Schenkel; *c* Federbänder; *d* Meßuhr, an Schenkel *a* befestigt; *e* Anschlag an Schenkel *b*.

Ein Setzdehnungsmesser für große Meßstrecken von z. B. $l = 200$ mm, wie er besonders für Aufgaben des Bau-Ingenieurs benötigt wird, ist von WHITTEMORE-HUGGENBERGER ausgearbeitet worden. Abb. 64 zeigt die Anordnung. Die mit Spitzen und Griffen versehenen Schenkel *a* und *b* sind durch Blattfedern *c* gegeneinander parallel verschiebbar geführt. Am Schenkel *a* ist die Meßuhr *d* mit 1000facher Vergrößerung des Tasterweges befestigt. Der Taster steht mit einem am Schenkel *b* befestigten Anschlage in Eingriff.

b) Drehspiegelgeräte.

Geräte mit Fernrohrablesung und einfacher Übersetzung.

Als Vorbild der Drehspiegelgeräte ist der bekannte MARTENSsche Spiegelapparat (Abb. 23) zu betrachten. Für die Zwecke der Spannungsverteilungsmessung ist die mit 50 bis 200 mm vorgesehene Meßstrecke jedoch zu groß. Auch die bei Probestäben bewährte Art der Aufspannung ist für diesen Zweck ungeeignet.

Der von MATHAR entwickelte Spiegeldehnungsmesser (Abb. 65) ist in enger Anlehnung an das MARTENSsche Gerät entstanden[1]. Er besitzt eine Meßstrecke von nur 8 mm. An Stelle der Schneiden sind an der Meßschiene und am Stahlprisma Spitzen angeordnet, die in die Enden der Meßstrecke eingesetzt werden. Die Aufspannung erfolgt durch eine abgefederte Schneide, die in eine in der Mitte der Meßschiene eingearbeitete Kimme eingreift. Diese Schneide sitzt an einem Bolzen, der in der an der Meßstelle befestigten Aufspannklammer geführt ist. Durch diese Anordnung ist das Gerät, das nur auf zwei Spitzen steht, gegen Kippen gesichert. Die Drehung des Meßspiegels wird wie bei MARTENS mittels Maßstab und Fernrohr beobachtet. MATHAR wählte einen Maßstababstand von 6200 mm und erzielte damit eine 2760fache Vergrößerung. Auf der Meßschiene ist der sog. Festspiegel angeordnet, mit Hilfe dessen Winkelbewegungen, die das Gerät als Ganzes ausführt, gemessen werden, so daß man die für die Längenänderung der Meßstrecke maßgebende Relativverdrehung des Drehspiegels gegenüber der Meßschiene berechnen kann.

[1] MATHAR, I.: VDI-Forsch.-Heft Bd. 306 (1928).

Einen ähnlichen Aufbau zeigt das in Abb. 66 dargestellte Meßgerät von BÜCKEN[1]. Das Hauptaugenmerk ist dabei auf eine einwandfreie Aufspannung gerichtet. BÜCKEN stellte beim Arbeiten mit dem MARTENSschen Dehnungsmesser fest, daß Änderungen des auf Mitte Meßschiene ausgeübten Aufspanndruckes, die während der Messung erfolgen, eine sehr wesentliche Fälschung des Meßergebnisses bewirken können. Denn die vom Anpreßdruck abhängige Durchbiegung der Meßschiene bewirkt eine Drehung des Stahlprismas, an dem der Drehspiegel befestigt ist, die eine nicht vorhandene Längenänderung der Meßstrecke vortäuscht.

BÜCKEN ordnete daher eine besondere Aufspannschiene an, die durch eine z. B. mittels Magnetfutter befestigte federnde Spannklammer angedrückt wird

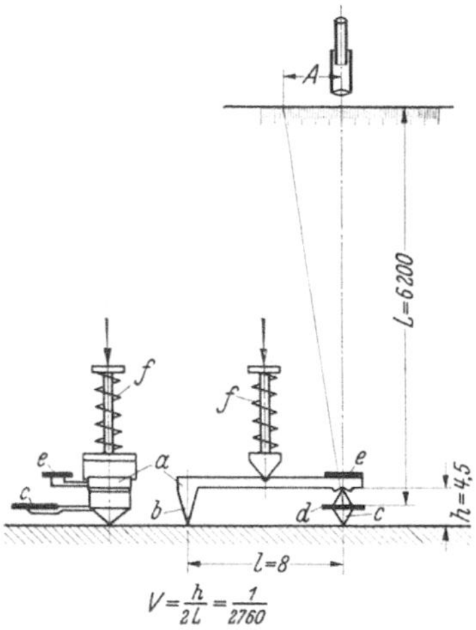

Abb. 65.

Abb. 65. Spiegeldehnungsmesser von MATHAR.
a Meßschiene; *b* feste Spitze, mit *a* verbunden; *c* Stahlprisma, das mit einer Schneide in die Kimme der Meßschiene und mit einer Spitze in das Ende der Meßstrecke eingreift; *d* Drehspiegel, an *c* befestigt; *e* Festspiegel; *f* abgefederte Aufspannschneide; Meßstrecke.

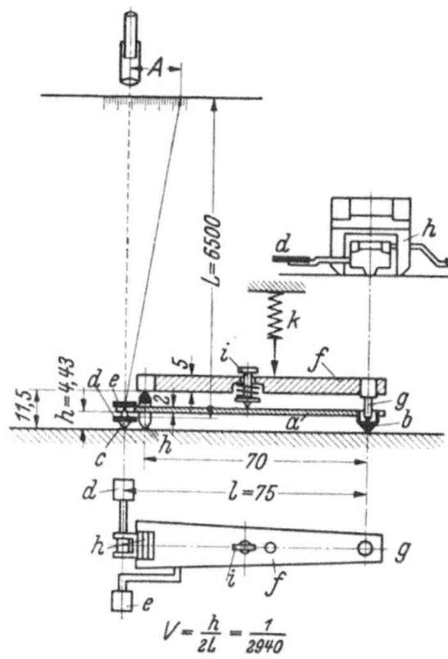

Abb. 66.

Abb. 66. Spiegeldehnungsmesser von BÜCKEN.
a Meßschiene; *b* feste Spitze, mit *a* verbunden; *c* Stahlprisma, das mit einer Schneide in die Kimme der Meßschiene und mit einer Spitze in das Ende der Meßstrecke eingreift; *d* Drehspiegel, an *c* befestigt; *e* Festspiegel; *f* Aufspannschiene; *g* feste Spitze der Aufspannschiene; *h* portalartige Doppelschneide zur Abstützung von *f*; *i* abgefederte Schneide mit Führungsstiel zum Andrücken der Meßschiene; *k* federnde Spannklammer zum Andrücken der Aufspannschiene; *l* Meßstrecke.

und ihrerseits das Meßgerät festhält. Die Aufspannschiene stützt sich wie aus Abb. 66 zu ersehen, am einen Ende mit einer Spitze in eine in der Meßschiene über deren fester Spitze angebrachte Pfanne. Am anderen Ende ruht sie mit einer Kimme auf einer „Doppelscheide“, die portalförmig über das vordere Ende des Meßgerätes gestellt ist. Die Meßschiene wird durch eine in der Mitte der Aufspannschiene angeordnete Feder angedrückt. Der Druck wird auf eine Schneide übertragen, die in eine Kimme der Meßschiene eingreift und an einem „Stiel“ befestigt ist, der sich in der Aufspannschiene führt. Das Gerät von BÜCKEN besaß eine Meßstrecke von 75 mm. Der Abstand des Maßstabes war mit 6500 mm gewählt, wobei eine 2940fache Vergrößerung zustande kam.

Geräte mit Fernrohrablesung und doppelter Übersetzung.

Der große Abstand des Maßstabes, der bei den Geräten von MATHAR und BÜCKEN gewählt werden muß, um eine ausreichende Vergrößerung zu erzielen,

[1] BÜCKEN, H.: Z. VDI Bd. 74 (1930) S. 924.

macht die Messungen sehr umständlich. Eine grundsätzlich andere Anordnung, die diesen Nachteil vermeidet und die Wahl kleinster Meßstrecken und sehr starker Vergrößerungen ermöglicht, wurde von PREUSS[1] angegeben. Das von ihm entwickelte Gerät, das für Meßstrecken von 0,7 und 3,3 mm gebaut wurde, ist in Abb. 67 dargestellt. In die Enden der Meßstrecke greifen die aus gehärtetem Stahl bestehenden Doppelschneiden *a* und *b* ein. Sie sind an den Hebeln *c* und *d* befestigt, die durch zwei Blattfedern *e* derart verbunden sind, daß sie um eine in der Mitte zwischen den oberen Schneidenkanten liegende Achse gegeneinander kippen können.

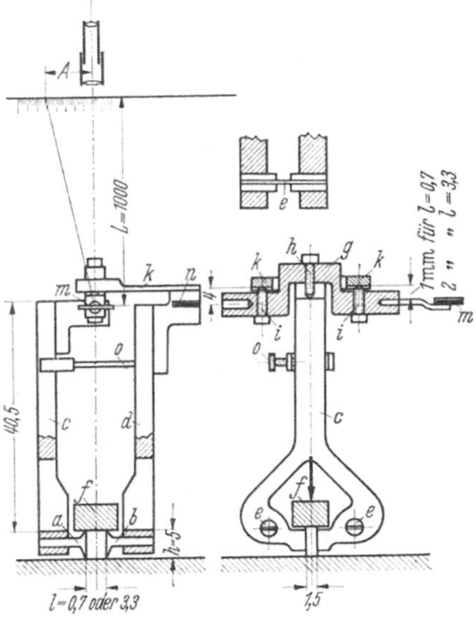

Abb. 67. Spiegeldehnungsmesser von PREUSS. *a* und *b* Doppelschneiden; *c* und *d* Meßhebel; *e* Blattfedern, mit Haltestücken in die Hebel *c* und *d* eingesetzt, bilden das Drehgelenk dieser Hebel gegeneinander; *f* Aluminiumklotz durch Spannklammer angedrückt; *g* Meßbügel; *h* mittlere Spitzschraube des Meßbügels; *i* äußere Spitzschrauben des Meßbügels; *k* 2 Blattfedern, an Hebel *d* befestigt; *l* Meßstrecke; *m* Drehspiegel, am Bügel *g* befestigt; *n* Festspiegel, am Hebel *d* befestigt; *o* Gabel mit Feststellschraube.

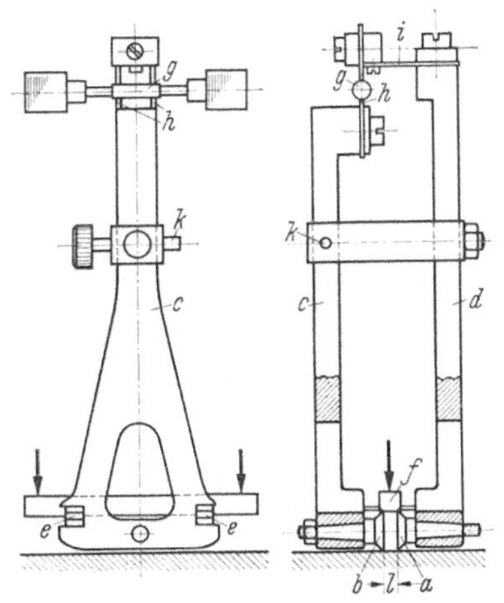

Abb. 68. Nachbau des PREUSSschen Dehnungsmessers durch S. BERG. *a* und *b* Doppelschneiden; *c* und *d* Meßhebel; *e* Blattfedern, mit Haltestücken in die Hebel *c* und *d* eingesetzt, bilden das Drehgelenk dieser Hebel; *f* Aluminiumklotz durch Spannklammern angedrückt; *g* Spiegelachse mit 2 Drehspiegeln; *h* Blattfedern, welche das Drehgelenk der Spiegelachse *g* bilden; *i* Federband, am Hebel *d* befestigt, dient als „Stoßstange" zur Betätigung der Spiegelachse *g*; *k* Gabel mit Feststellschraube; *l* Meßstrecke von 1,5 mm Länge.

Die Doppelschneiden *a* und *b* werden durch einen Aluminiumklotz *f* angedrückt, der an einer federnden Klammer sitzt. Bei Dehnung der Meßstrecke drehen sich die Doppelschneiden um ihre Berührungsstellen mit dem Aluminiumklotz. Dadurch werden die Hebel *c* und *d* gegeneinander gedreht, wobei das durch die Federn *e* gebildete Federgelenk als Drehachse dient. Dabei bewegen sich die oberen Enden der Hebel etwa um den 8fachen Betrag der Längenänderung der Meßstrecke gegeneinander. Diese Bewegung bewirkt die Drehung eines Bügels *g*, der, wie aus Abb. 67 ersichtlich, die Form einer Kröpfung hat. In dem Bügel sind drei Spitzschrauben *h* und *i* befestigt, die sich genau justieren lassen. Die mittlere Spitzschraube *h* greift in eine entsprechende am Hebel *c* angeordnete Pfanne. Die Pfannen für die beiden äußeren Spitzschrauben *i* sitzen an den Enden von Blattfedern *k*, die mit dem Hebel *d* verschraubt sind und unter Vorspannung auf den Spitzschrauben aufliegen. Der Abstand der Verbindungsgeraden der seitlichen Spitzen von der mittleren Spitze *h* betrug 1 bzw. 2 mm und wurde genau abgeglichen.

An dem Bügel *g* ist seitlich der Drehspiegel *m* befestigt. Außerdem ist ein Festspiegel *n* zur Beobachtung der Drehungen des Gerätes selbst vorgesehen.

[1] PREUSS: VDI-Forsch.-Heft Bd. 126 (1912).

Schließlich ist eine Gabel *o* mit Feststellschraube angebracht, die dazu dient, die beiden Hebel *c* und *d* beim Aufspannen des Gerätes gegeneinander festzustellen.

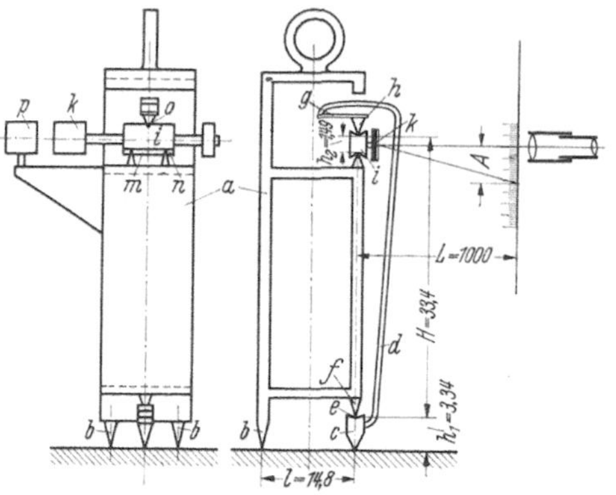

Abb. 69. Spiegeldehnungsmesser von GEIGER. *a* Gestell; *b* zwei feste Spitzen; *c* bewegliche Spitze; *d* Haupthebel; *e* Pfanne der beweglichen Spitze; *f* Schneide am Grundgestell *a*; *g* Feder; *h* Spitze am Ende der Feder *g*; *i* Paßstück mit drei Pfannen; *k* Meßspiegel; *l* Meßstrecke; *m* und *n* untere Pfannen des Paßstückes *i*; *o* obere Pfanne des Paßstückes *i*; *p* Festspiegel.

Durch Anordnen der doppelten Hebelübersetzung gelingt es, bei dem PREUSSschen Gerät mit einem Maßstababstand von nur 1 m beim Gerät mit 0,7 mm Meßstrecke eine 16000fache Vergrößerung, bei demjenigen mit 3,3 mm Meßstrecke eine 8000fache Vergrößerung zu erzielen.

Später hat BERG[1] das PREUSSsche Gerät nachgebaut. Abb. 68 zeigt die Ausführung für 1,5 mm Meßstrecke. Ein Unterschied gegenüber dem PREUSSschen Gerät besteht im wesentlichen insofern, als an dem Hebel *i* statt der Spitzen Blattfedergelenke angeordnet wurden, die jedes Spiel ausschließen.

Ebenfalls mit doppelter Hebelübersetzung arbeiten die Meßgeräte von **GEIGER und FINDEISEN.**

Beim Dehnungsmesser von GEIGER[2] (Abb. 69), der für eine Meßstrecke von 14,8 mm gebaut ist, wird das Grundgestell *a* mit zwei festen Spitzen *b* in das eine Ende der Meßstrecke gesetzt. In das andere Ende greift die Spitze *c* des Haupthebels *d* ein, auf deren Kopf eine Pfanne *e* angeordnet ist, in die sich eine Schneide *f* des Grundgestells stützt. Die Bewegung des Haupthebels *d* wird in der aus Abb. 69 ersichtlichen Weise auf den Spiegelhebel *i* übertragen. Dieser besteht im wesentlichen aus einem mit drei Pfannen *m*, *n* und *o* versehenen Paßstück *i*. Die beiden Pfannen *m* und *n* auf der Unterseite ruhen in zwei am Grundgestell befestigten Spitzen. In die obere Pfanne *o* greift eine Spitze *h* ein, die am Ende einer am Kopf des Haupthebels befestigten Blattfeder *g* sitzt. Sie bewirkt bei Dehnung der Meßstrecke eine Drehung des Paßstückes *i* und damit des Meßspiegels *k*. Schließlich ist noch ein Festspiegel *p* vorgesehen.

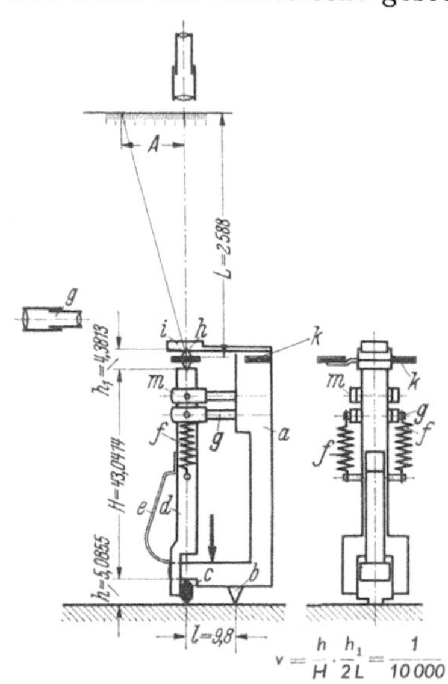

Abb. 70. Spiegeldehnungsmesser von FINDEISEN. *a* Gestell; *b* feste Schneide; *c* bewegliche Doppelschneide; *d* Haupthebel; *e* Halteblattfeder des Haupthebels; *f* Spannfedern des Haupthebels; *g* Halter der Spannfedern *f*; *h* Doppelschneide mit Drehspiegel; *i* Blattfeder mit Kimme, in welche die Doppelschneide *h* eingreift; *k* Festspiegel; *l* Meßstrecke; *m* Feststellgabel mit Stift.

Das Gerät erreicht bei 1 m Abstand des Ablesemaßstabes eine 13400fache Vergrößerung. Zur Aufspannung dienen federnde Schraubzwingen oder Gummibänder.

Das Gerät von FINDEISEN[3] (Abb. 70) besitzt im wesentlichen denselben Aufbau wie der GEIGERsche Dehnungsmesser, lediglich die Ausführungsform ist anders. Das Grundgestell *a* wird mit einer festen Schneide *b* in

[1] BERG, S.: VDI-Forsch.-Heft Bd. 331 (1930).
[2] GEIGER, J.: Z. VDI, Erg.-Heft „Technische Mechanik" Bd. 69 (1925) S. 65.
[3] FINDEISEN: VDI-Forsch.-Heft Bd. 229 (1930).

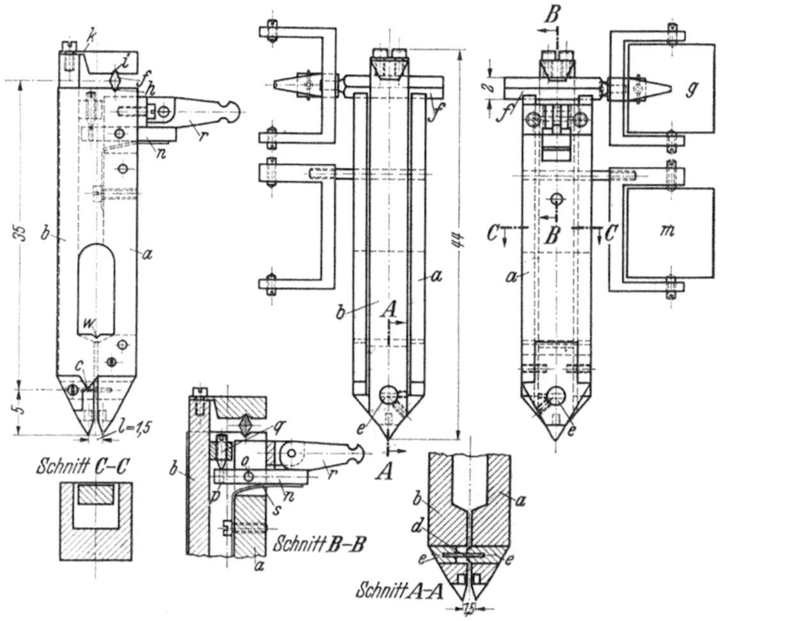

Abb. 71

Abb. 72.

Abb. 71 und 72. Spiegeldehnungsmesser der Junkers-Motorenwerke.
a Gestell; *b* Meßhebel in einer Längsnut des Gestells angeordnet; *c* Schneiden am Gestell zur Abstützung des Meßhebels; *d* Federband zur Halterung des Meßhebelgelenkes in Richtung der Meßstrecke; *e* zylindrische Butzen zur Fassung des Federbandes *d*; *f* Doppelschneide; *g* Drehspiegel; *h* Pfanne für die Doppelschneide, auf der Oberseite des Gestells eingearbeitet; *i* Pfanne mit Blattfedergelenk *k*, am oberen Ende des Meßhebels *b* befestigt; *l* Meßstrecke; *m* Festspiegel; *n* zweiarmiger Hebel der Feststellvorrichtung; *o* Drehgelenk des Hebels *n*; *p* Bohrung am Ende des Hebels *n*; *q* Spitzschraube am Meßhebel; *r* Exzenterhebel; *s* Blattfeder; *t* Klammer der Aufspannvorrichtung; *u* schwenkbarer Bügel der Aufspannvorrichtung; *v* Druckstütze; *w* Pfanne im Gestell, in welche die Druckstütze *v* eingreift; *x* Rändelschraube zum Anspannen der Druckstütze.

das eine Ende der Meßstrecke eingesetzt. Am anderen Ende ist eine Doppelschneide *c* angeordnet, die durch zwei zwischen Haupthebel *d* und Grundgestell *a* gespannte Federn *f* in eine Pfanne des Grundgestells gezogen wird. Die Unterseite der Doppelschneide *c* wird in das zweite Ende der Meßstrecke eingesetzt.

Am Kopf des Haupthebels ist eine Kimme angeordnet. In diese wird die den Drehspiegel tragende Doppelschneide *h* gesetzt, deren andere Seite sich in eine Kimme stützt, die am Ende einer mit dem Grundgestell verschraubten Blattfeder *i* eingearbeitet ist, die mit Vorspannung aufliegt. Eine Feststellgabel *m* sichert den Haupthebel beim Auf- und Abbau des Gerätes, das bei einem Maßstababstand von 2,588 m und einer Meßstrecke von $l = 9{,}8$ mm eine 10000fache Vergrößerung erreicht.

Eine weitere Ausführungsform des PREUSSschen Dehnungsmessers ist in neuester Zeit von den *Junkers-Motorenwerken*[1] entwickelt worden. Er ist so gedrängt gebaut, daß er auch in Hohlkehlen angesetzt werden kann, was bei den übrigen Ausführungsformen der PREUSSschen Anordnung nicht möglich ist. Abb. 71 zeigt die Konstruktion, Abb. 72 die Aufspannung des Gerätes in der Hohlkehle einer Kurbelwelle. Die Meßstrecke beträgt 1,5 mm. In ihre Enden werden Spitzen eingesetzt, von denen die eine am Gestell *a* des Gerätes, die andere an dem Meßhebel *b* angearbeitet ist. Dieser besitzt ein Drehgelenk, das ähnlich wie bei dem Dehnungsmesser von E. LEHR (Abb. 81) ausgebildet ist. Die Stützung in senkrechter Richtung wird durch zwei Schneiden *c* bewirkt, die an dem Gestell angearbeitet sind, die Stützung in waagerechter Richtung durch ein Federband *d*, das beiderseits in zylindrische Butzen *e* eingelötet ist. Von diesen wird einer im Gestell, der andere im Meßhebel *b* in der aus Schnitt *A*—*A* ersichtlichen Weise befestigt. Die Doppelschneide *f*, die den Drehspiegel *g* trägt, besitzt eine Höhe von 2 mm. Sie stützt sich in eine am oberen Ende des Gestells eingearbeitete Pfanne *h* und wird durch eine zweite Pfanne *i* betätigt, die an einer an dem oberen Ende des Meßhebels befestigten Blattfeder *k* sitzt. Zur Messung und Berücksichtigung von Richtungsänderungen, die das Gestell erfährt, ist an diesem ein Festspiegel *m* angebracht. Beide Spiegel sind in ihren Fassungen schwenkbar, um sie leicht auf die Ablesefernrohre einstellen zu können.

Das Gerät ist mit einer Feststellvorrichtung versehen, die notwendig ist, damit beim Aufspannen die Lage des Meßhebels gegenüber dem Gestell gesichert ist. Diese Vorrichtung besteht im wesentlichen aus dem zweiarmigen Hebel *n*, der in dem Gestell um den Stift *o* drehbar gelagert ist und der mittels der an seinem einen Ende angeordneten Bohrung *p* in die am Meßhebel befestigte Spitzschraube *q* eingreift, wenn das andere Ende durch den Exzenterhebel *r* heruntergedrückt wird. Eine Blattfeder *s* stellt eine kraftschlüssige Verbindung zwischen dem Hebel *n* und dem Exzenterhebel *r* her. Bei Freigabe der Feststellung wird Hebel *r* hochgeklappt.

Die Aufspannvorrichtung ist aus Abb. 72 zu ersehen. An einer auf dem Kurbelzapfen, an dem die Dehnung gemessen werden soll, festgeklemmten Klammer *t* ist ein schwenkbarer Bügel *u* angelenkt, dessen Mittelteil aus einer Blattfeder besteht. Eine Druckstütze *v* greift mit einem seitlichen Ansatz in die in einem Fenster des Gestells eingearbeitete Pfanne *w* und wird mittels der an ihrem oberen Ende angeordneten Rändelschraube *x*, die sich gegen die Blattfeder des Bügels *u* stützt, festgespannt.

Zur Ablesung der beiden Spiegel dienen zwei an einem allseitig schwenkbaren Stativ dicht übereinander angeordnete Fernrohre mit 27facher Vergrößerung. Die Maßstäbe sind in einem Abstand von 1500 mm angeordnet. Dabei ergibt sich insgesamt eine rd. 10000fache Vergrößerung.

---

[1] Nach Unterlagen, die von den Junkers-Motorenwerken, Dessau, zur Verfügung gestellt wurden.

Meßgeräte zur Durchführung des Differentialmeßverfahrens von RÜHL-FISCHER.

Zur Durchführung des „Differentialmeßverfahrens“ (vgl. S. 499) wurden optische Geräte von FISCHER[1] und RÜHL[2] entwickelt.

FISCHER benutzte bei seinen Messungen den in Abb. 73 dargestellten Spiegeldehnungsmesser, dessen Hauptkennzeichen darin besteht, daß die Meßlänge in weiten Grenzen stetig verändert werden kann. Die Bauart entspricht im übrigen in den Grundzügen derjenigen des MARTENSschen Spiegeldehnungsmessers. Um ein möglichst genaues Abgreifen der Meßstrecke zu erreichen, wird das Meßgerät mit zwei Spitzen (nicht mit Schneiden) in die Enden der Meßstrecke eingesetzt. Dabei wird es gegen Umkippen durch die als federnde Klammer ausgebildete Aufspannvorrichtung gehalten.

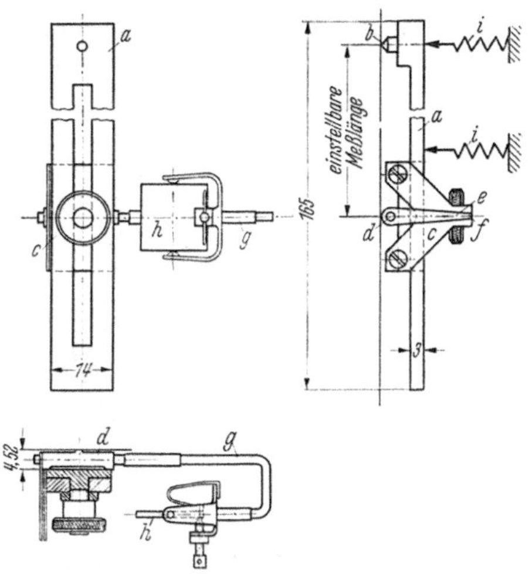

Abb. 73. Spiegeldehnungsmesser von FISCHER mit stetig verstellbarer Meßlänge.
a Meßlineal; *b* feste Spitze des Meßlineals; *c* Schieber; *d* Doppelschneide; *e* Zeiger, an der Doppelschneide *d* befestigt; *f* Marke am Schieber; *g* Bügel, an der Doppelschneide *d* befestigt; *h* Drehspiegel; *i* federnde Aufspannklammern.

Das Gerät besteht im wesentlichen aus dem Meßlineal *a*, das am einen Ende mit der festen Spitze *b* versehen ist, und dem auf *a* verstellbaren Schieber *c*. Dieser trägt auf seiner Unterseite eine Schneidenkimme, in welche die Doppelschneide *d* eingreift, die mit einer Spitze in das zweite Ende der Meßstrecke eingesetzt wird. An der Doppelschneide *d* ist ein Zeiger *e* befestigt, der auf eine Marke *f* am Schieber einspielt, wenn die Schneide senkrecht steht. Hierauf ist beim Aufspannen des Gerätes besonders zu achten. Ferner trägt die Schneide einen Bügel *g* mit dem Drehspiegel *h*, dessen Verdrehung ein Maß für die Längenänderung bildet und die in der üblichen Weise mittels Fernrohr und Skala abgelesen wird. Die Meßlänge kann zwischen 25 und 130 mm stetig verändert werden. Sie wird mit Hilfe eines Präzisionsmaßstabes eingestellt. Bei einer mittleren Schneidehöhe von 4,52 mm und einem Skalenabstand von 5,65 m erzielt das Gerät eine 2500fache Übersetzung, so daß die Dehnungen mit ausreichender Genauigkeit erfaßt werden können. Bei den Messungen wird die Spitze *b* fest eingesetzt, während die Spitze an der Doppelschneide *d* nacheinander eine große Anzahl von Meßpunkten abtastet, die auf der Meßlinie verteilt sind. Dabei müssen die Meßpunkte z. B. bei Messung der Spannungsverteilung in einer Kerbe insbesondere in der Nähe des Kerbgrundes dicht aneinander gewählt werden.

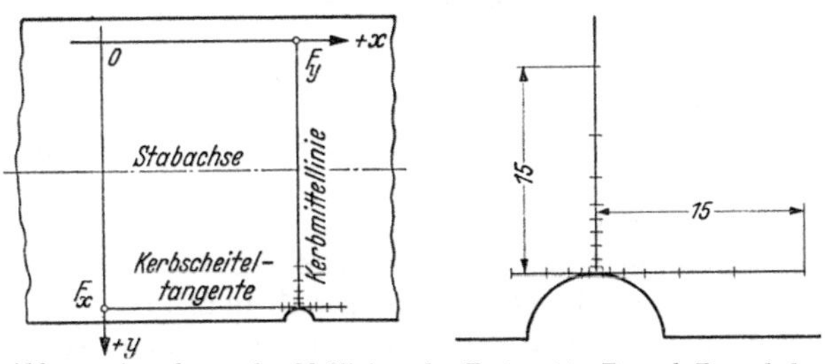

Abb. 74. Anordnung der Meßlinien, der Festpunkte F_x und F_y und der Meßpunkte bei Untersuchung der Spannungsverteilung in der Umgebung einer Halbkreiskerbe nach dem Differentialmeßverfahren.

[1] FISCHER, G.: Kerbwirkung an Biegestäben. Berlin. VDI-Verlag 1932.
[2] RÜHL: VDI-Forsch.-Heft 221 (1920).

Um ein vollständiges Bild von der Spannungsverteilung zu gewinnen, mißt FISCHER auf zwei zueinander senkrecht stehenden Meßlinien, von denen, wie Abb. 74 zeigt, die eine mit der Kerbmittellinie zusammenfällt, während die zweite als Kerbscheiteltangente angeordnet wird. Gemessen wird jedesmal die genaue Länge der Meßstrecke von dem zugehörigen Festpunkt F_x bzw. F_y aus und die zugehörige Dehnung, wobei bei sämtlichen Messungen natürlich stets genau die gleiche Belastung aufgebracht werden muß.

Bei der Auswertung werden gemäß Abb. 75 die Längenänderungen λ bzw. ξ der Meßstrecke als Ordinaten über den zugehörigen Punkten der Meßlinie zu der „Verschiebungskurve" aufgetragen. Es läßt sich leicht nachweisen, daß an jeder Stelle der Meßlinie die für die Ermittlung der Spannungsverteilung maßgebende spezifische Dehnung der Steigung der Verschiebungskurve $\varepsilon = f(x)$ proportional ist. Man braucht also, um die Größe der spezifischen Dehnung ε_x an einer bestimmten Stelle der Meßlinie zu erhalten, lediglich an dieser Stelle die Tangente an die „Verschiebungskurve" anzulegen und die trigonometrische Tangente des Winkels α zu bestimmen, den sie mit der Abszissenachse bildet. Dann ist $\varepsilon_x = \operatorname{tg}\alpha = \frac{d\xi}{dx}$. Mathematisch ausgedrückt bedeutet dies, daß die Dehnungskurve entsteht, wenn man die Verschiebungskurve differenziert. In Abb. 75 ist die Durchführung des Verfahrens für ein Zahlenbeispiel gezeigt. Mit besonderer Sorgfalt muß dabei die zum Kerbscheitel gehörige Tangente an die Verschiebungskurve gezogen werden. FISCHER hat hierfür noch besondere zeichnerische Hilfsmittel ausgearbeitet; wegen Einzelheiten sei auf die Originalarbeit verwiesen.

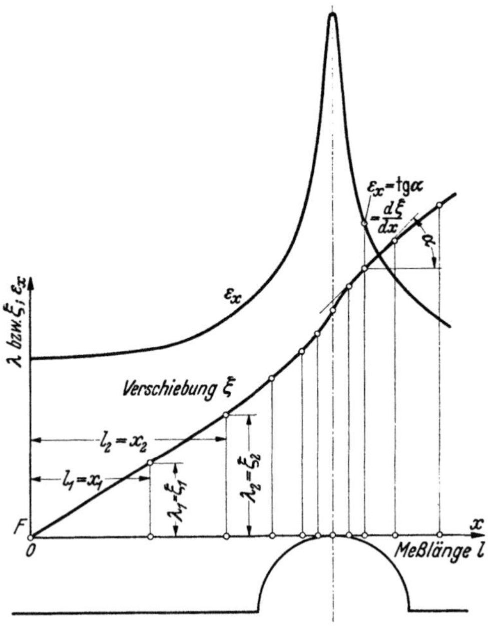

Abb. 75. Bestimmung der spezifischen Dehnung ε_x längs der Meßlinie an Hand der Verschiebungskurve λ bzw. $\xi = f(x)$.

Der Vorzug des von FISCHER und RÜHL angegebenen Differentialmeßverfahrens gegenüber früheren Meßmethoden zur Bestimmung der Spannungen im Kerbscheitel besteht darin, daß man aus dem stetigen Verlauf der Verschiebungskurve mit großer Genauigkeit auch auf die Spannungsverteilung an solchen Stellen der Meßlinie schließen kann, die für die Spitze des Dehnungsmessers nicht erreichbar sind.

Bei dem Gerät von RÜHL (Abb. 76) kann die Meßstrecke zwischen 25 und 200 mm stetig verändert werden. Das Gestell *a* ist an einem Lineal *b* befestigt, auf dem ein mit einer festen Körnerspitze *d* versehener Schieber *c* in beliebiger Lage festgeklemmt werden kann. Die Körnerspitze des Schiebers wird in das eine Ende der Meßstrecke eingesetzt. In ihr anderes Ende greift die portalförmig ausgesparte Schneide *e* des Meßhebels *f* ein. Dieser ist als Rahmen ausgebildet, der am unteren Ende durch die Schneide geschlossen ist und um das am Ende des Lineals befestigte Gestell herumgreift. Der Kopf der Schneide ist ballig ausgebildet, wobei der Krümmungsmittelpunkt in die Schneide fällt.

Auf ihn stützt sich das vordere Ende des Lineals. Bei Längenänderungen der Meßstrecke wälzt sich der ballige Kopf der Schneide *e* auf dem Lineal *b* ab. Am oberen Ende des Meßhebels ist mittels Spitzenlagerung ein leichter Rahmen *g*, dessen Form aus Abb. 76 zu ersehen ist, gelagert. Er besitzt im mittleren Teil einen Zapfen *i* von kreisrundem Querschnitt, um den ein dünner Stahldraht *k* geschlungen ist. Dieser wird zwischen den Armen *m* des Gestells *a* scharf gespannt. An dem Rahmen *g* ist der Drehspiegel *n* befestigt. Bei Dehnungen der Meßstrecke dreht sich der Meßhebel *f*; dabei verschiebt sich sein Kopfende mit dem Rahmen *g*. Demgemäß muß sich der Zapfen *i* auf dem gespannten Stahldraht *k* abwälzen, wodurch der Rahmen *g* und mit ihm der Drehspiegel *n* gedreht werden. Beim Aufbau und Abnehmen des Gerätes wird der Meßhebel *f* durch Stellschrauben *p* gegen das Gestell *a* festgeklemmt, so daß eine Beschädigung des Spanndrahtes vermieden wird.

Das Gerät erreichte bei einem Maßstababstand von 4130 mm eine 35770fache Vergrößerung.

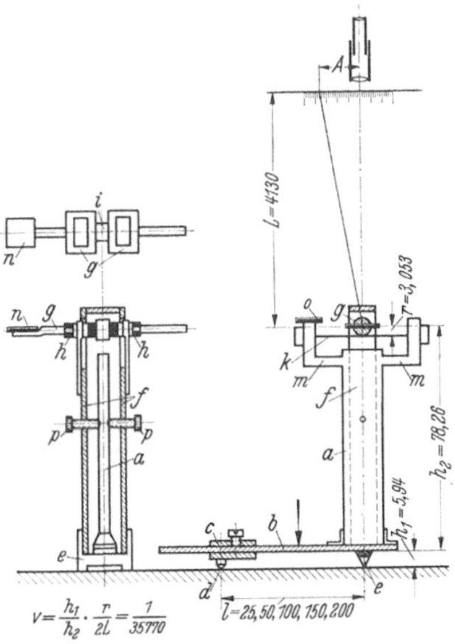

Abb. 76. Spiegeldehnungsmesser von RÜHL. *a* Gestell; *b* Lineal; *c* Schieber, mit fester Spitze *d*; *e* bewegliche Schneide, portalförmig ausgespart; *f* Meßhebel; *g* Rahmen; *h* Lagerpfannen, auf denen der Rahmen *g* am oberen Ende des Meßhebels in Spitzschrauben gelagert ist; *i* Mittelzapfen des Rahmens, um den der Stahldraht *k* geschlungen ist; *k* Stahldraht; *l* Meßstrecke; *m* Arme des Gestells *a*; *n* Drehspiegel; *o* Festspiegel; *p* Feststellschrauben.

Gerät mit Lichtzeiger und Schirmablesung.

Ein Gerät, das mit Lichtzeiger arbeitet, ist der Spiegeldehnungsmesser von S. BERG[1]. Er besitzt den Vorzug, daß er sehr geringe Abmessungen hat und deshalb auch an schwer zugänglichen Stellen angesetzt werden kann.

Die Einzelheiten der Konstruktion sind aus der Abb. 77 zu ersehen. Das Grundgestell *a* wird mit zwei festen Spitzen *b* in das eine Ende der Meßstrecke eingesetzt. In das andere Ende greift die Spitze des Meßhebels *c* ein, der in dem

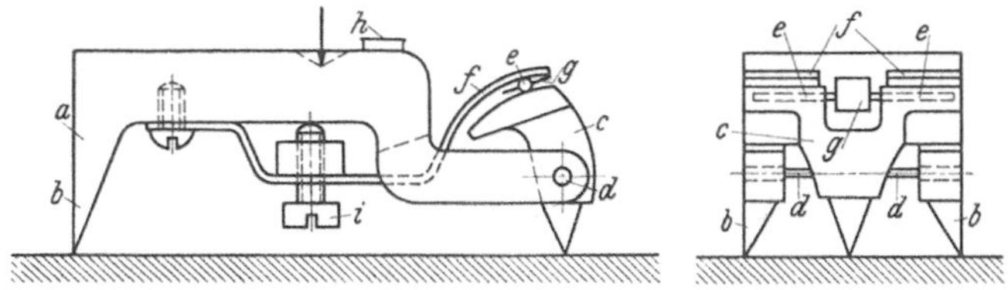

Abb. 77. Spiegeldehnungsmesser von S. BERG.
a Grundgestell; *b* feste Spitzen; *c* Meßhebel; *d* Stahldraht, der als federndes Drehgelenk des Meßhebels *c* dient; *e* Walze; *f* gabelförmige Blattfeder; *g* Meßspiegel; *h* Festspiegel; *i* Stellschraube zum Spannen der Blattfeder *f*.

Grundgestell drehbar gelagert ist. Als spielfreies elastisches Gelenk dient ein Stahldraht *d* (neuerdings eine Blattfeder), der an seinen beiden Enden in dem vorderen, gabelförmigen Ende des Grundgestells *a* eingelötet und in dessen Mitte der Meßhebel *c* befestigt ist. Dieser besitzt an seinem oberen Ende eine Zylinderfläche, deren Achse mit der Achse des Federdrahtes *d* zusammenfällt. Auf diese Fläche wird ähnlich wie bei dem Gerät von DIETRICH eine dünne Walze *e* von etwa 0,5 mm Dmr. durch eine am Gestell befestigte gabelförmige

[1] BERG, S.: Z. VDI Bd. 81 (1937) S. 295.

Blattfeder *f* aufgedrückt. In der Mitte dieser Walze ist ein Spiegel *g* von etwa 1 mm² Fläche angeordnet. Bei Längenänderungen der Meßstrecke dreht sich der Hebel. Dementsprechend verschiebt sich die Zylinderfläche, auf welche die Walze *e* gedrückt ist, relativ zu der Blattfeder. Dabei rollt die Walze *e* auf dieser Fläche ab, wobei der Spiegel *g* eine Drehung erfährt.

Abb. 78. Beleuchtungseinrichtung für den Spiegeldehnungsmesser von S. Berg. *a* Bogenlampe; *b* verschiebbarer Ausleger; *c* verstellbares Linsensystem; *d* Umlenkspiegel; *e* schwenk- und verschiebbarer Arm für den äußeren Umlenkspiegel.

Auf den Spiegel wird von einer Bogenlampe mit vorgeschalteter Spaltblende über eine Linse *c* ein Lichtstrahl geworfen, der auf einen durchscheinenden Schirm mit Teilung zurückfällt. Bei Dehnung der Meßstrecke wandert der Lichtzeiger um einen entsprechenden Betrag. Eine etwaige Drehung des Gerätes wird durch einen auf dem Gestell befestigten Spiegel *h* angezeigt, der in gleicher Weise beleuchtet ist. Abb. 78 zeigt die Bogenlampe mit dem zugehörigen Stativ. Am vorderen Ende des Auslegers *b* sind zwei Umlenkspiegel *d* angeordnet, die beliebig geschwenkt werden können, und mit deren Hilfe der Lichtstrahl leicht auf das in beliebiger Lage aufgespannte Gerät eingestellt werden kann. Der zweite Umlenkspiegel dient dazu, den vom Drehspiegel zurückgeworfenen Lichtstrahl auf den Schirm einzustellen.

Abb. 79. Beispiel einer Aufspannvorrichtung für den Spiegeldehnungsmesser von S. Berg.

Abb. 79 zeigt eine handliche Aufspannvorrichtung. Sie besteht im wesentlichen aus einer kleinen Traverse, deren Mitte in eine Pfanne auf der Oberseite des Grundgestells gesetzt wird. An den Enden der Traverse sind Haken angeordnet, in die ein Gummiband oder eine Feder eingehängt wird, die um den Konstruktionsteil geschlungen ist.

Das Gerät wird für Meßstrecken von 5 bis 20 mm Länge ausgeführt. Bei einem Schirmabstand von etwa 1,5 m läßt sich damit eine 7000- bis 10000fache Vergrößerung erreichen.

Schubmesser.

Der Spannungszustand in einem auf Schub beanspruchten Konstruktionsteil, z. B. einer auf Verdrehung beanspruchten Welle kann an sich ohne weiteres als zweiachsiger Spannungszustand mit einem normalen Dehnungsmesser ermittelt werden. Doch ist es auch von Interesse, die Schubspannungen durch Messung des Schiebungswinkels direkt zu ermitteln. Bisher sind für die Lösung dieser Aufgabe nur zwei Meßgeräte entwickelt worden, nämlich der Spiegelschubmesser von HUBER, der nachstehend beschrieben ist und der elektrische Schubmesser von E. LEHR, dessen Einzelheiten aus Abb. 83 auf S. 522 zu ersehen sind.

Bei diesen Geräten kommt es darauf an, die Winkeländerung zu messen, die zwei auf der Oberfläche des Konstruktionsteiles liegende und senkrecht zueinander angeordnete Meßstrecken erfahren, wenn eine Schubbeanspruchung aufgebracht wird. Diese Meßstrecken müssen unter 45° gegenüber den Richtungen der dem Schubspannungszustand zugeordneten Hauptspannungen geneigt sein. Bei Messungen auf Wellen, die lediglich eine Drehbeanspruchung erfahren, liegt z. B. die eine Meßstrecke in Richtung der Wellenachse, die andere in Richtung des Wellenumfanges.

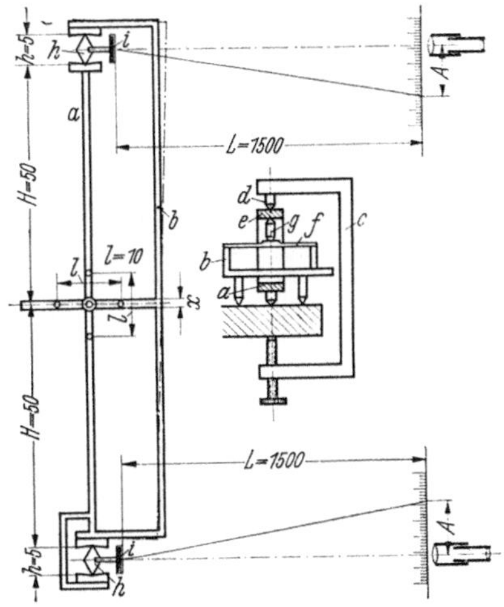

Abb. 80. Schubmesser von HUBER. *a* und *b* Meßlineale mit je 2 Spitzen; *c* Schraubzwinge; *d* Druckspitze der Schraubzwinge; *e* U-förmiger Aufsatz, auf Lineal *a* befestigt; *f* Blattfeder, auf Lineal *b* aufgeklemmt; *g* Druckspitze der Blattfeder *f*; *h* Stahlprismen (Doppelschneiden); *i* Drehspiegel; *l* sich senkrecht kreuzende Meßstrecken von je 10 mm Länge.

Der in Abb. 80 dargestellte Schubmesser von HUBER[1] besteht im wesentlichen aus 2 Linealen *a* und *b*, die kreuzweise übereinandergreifen und in ihrer Mitte je 2 im Abstand von 1 cm angeordnete Spitzen tragen. Sie werden mit Hilfe einer Schraubzwinge *c* in der aus Abb. 80 ersichtlichen Anordnung aufgespannt. Dabei greift die Spitze *d* der Schraubzwinge auf einen U-förmigen Aufsatz *e*, der auf Lineal *a* befestigt ist und Lineal *b* überbrückt. Die Spannung wird auf Lineal *b* durch eine Blattfeder *f* übertragen, die auf zwei an diesem Lineal angebrachte Stutzen aufgeklemmt ist und sich mit einer Spitze *g* gegen den Aufsatz *e* stützt. An dem Lineal *b* sind in der aus Abb. 80 ersichtlichen Anordnung zwei Arme angebracht, die zu den Enden von Lineal *a* geführt sind. Zwischen diesen und Lineal *a* sind zwei Stahlprismen *h* angeordnet, die Drehspiegel *i* tragen. Führen die beiden durch die Spitzenpaare abgegrenzten Meßstrecken, die ursprünglich senkrecht zueinander standen, eine Winkeländerung gegeneinander aus, so werden die Doppelschneiden *h* entsprechend verdreht. Die Messung dieser Verdrehung wird in der üblichen Weise mit Fernrohr und Maßstab vorgenommen. Der Zusammenhang zwischen der Ablesung und dem Schiebungswinkel bzw. der Schubspannung wird zweckmäßig unmittelbar durch Eichung festgestellt etwa derart, daß das Gerät auf einem auf Zug beanspruchten Flachstab unter 45° zur Kraftrichtung aufgesetzt wird.

c) Elektrische Geräte für statische Dehnungsmessungen.

Den elektrischen Dehnungsmessern, die erst in neuester Zeit zu brauchbaren Geräten entwickelt wurden, kommt heute die größte Bedeutung zu. Erst hierbei war es möglich, die Geräte so klein und leicht zu gestalten und die Meßstrecke so klein zu machen, daß man auch bei beliebig verwickelten Maschinenteilen

[1] HUBER, K.: Z. VDI Bd. 67 (1923) S. 923.

die Spannungsverteilung ausmessen kann. Diese Geräte haben ferner den großen Vorzug, daß die Ablesung der Anzeige an einem elektrischen Zeigergerät in bequemster Weise erfolgt und das auf die Dauer doch recht anstrengende Beobachten mittels Mikroskop oder Fernrohr wegfällt. Außerdem kann die Vergrößerung nahezu beliebig groß gemacht und leicht verändert werden.

Der Feindehnungsmesser von E. LEHR mit Anzeige durch eine Sperrschichtphotozelle benutzt die Steuerung eines Lichtstromes durch eine Blende, die durch die Längenänderung der Meßstrecke verschoben wird. Abb. 81 zeigt den Aufbau und die konstruktiven Einzelheiten des Gerätes, das mit 1, 1,5 und 2 mm Meßstrecke hergestellt wird. In das eine Ende der Meßstrecke wird eine am Gestell feste Spitze eingesetzt. Die zweite Spitze sitzt am Ende des Hebels *I*. Entscheidend für die genaue Durchführung der Messungen ist das Drehgelenk dieses Hebels. Es wird einerseits durch zwei am Hebel angeordnete Stützschneiden gebildet, die in einer Linie liegen und auf eine ebene gehärtete Fläche auf der Unterseite des Gestells aufgreifen, anderseits durch ein Federband von 0,03 mm Stärke, das zwischen den Schneiden liegt, und durch zwei Klemmschuhe so gehalten ist, daß die Gelenkstelle genau in die Schneidenlinie fällt. Dieses Gelenk ist vollständig ohne Spiel und toten Gang und vermag Dehnungen von 10^{-6} mm noch einwandfrei anzuzeigen.

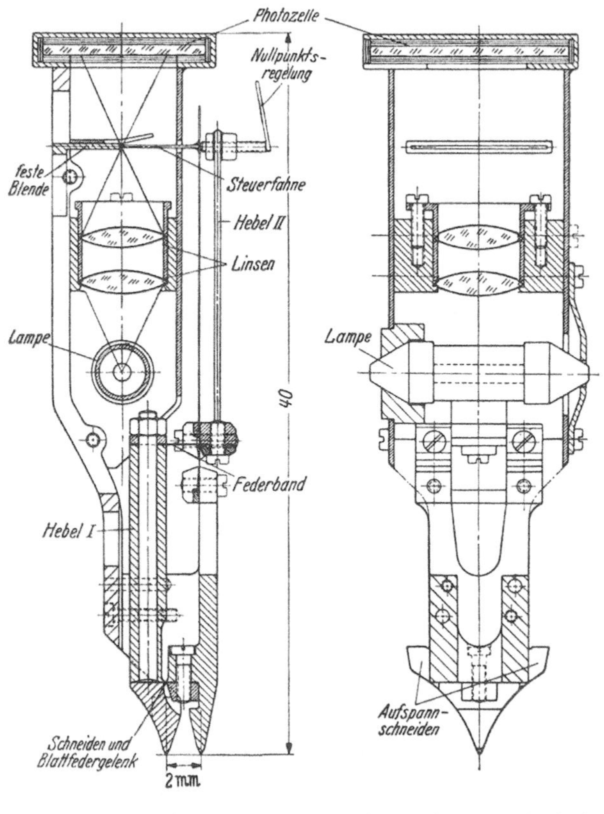

Abb. 81. Elektrischer Dehnungsmesser von E. LEHR mit Anzeige durch eine Sperrschichtphotozelle, Normalausführung für 2 mm Meßstrecke.

Die Bewegung des Hebels *I* wird durch ein an seinem oberen Ende festgeklemmtes Federband auf den Hebel *II* übertragen, der in einem Blattfedergelenk am Gestell drehbar gelagert ist. Am Ende des Hebels *II* sitzt die Steuerfahne, die mit einer am Gestell festen Blende zusammenarbeitet und die Breite des zwischen beiden Teilen entstandenen Spaltes steuert. Dabei ist die Änderung der Spaltbreite rund 50mal so groß wie die Dehnung der Meßstrecke.

Auf dem Spalt wird von einem Kondensor der Faden eines Lämpchens abgebildet. Die Intensität des Lichtstromes, der in keilförmigem Strahlenbündel durch den Spalt tritt, ist der Spaltbreite proportional. Er wird von einer Sperrschicht-Photozelle aufgenommen, deren Pole unmittelbar mit dem Licht-Zeigergalvanometer verbunden sind. Die Steuerfahne kann zwecks Regelung des Nullpunktes durch eine Spindel mit feinem Gewinde gegenüber dem Hebel *II* verschoben werden.

Es läßt sich durch diese Gesamtanordnung im Bedarfsfall erreichen, daß der Zeigerausschlag des Galvanometers 300000- bis 500000 mal so groß ist wie die Längenänderung der Meßstrecke. In der Regel genügt es, eine 50000fache Vergrößerung anzuwenden. Die Eichkurve ist einwandfrei gerade. Neuerdings ist die Möglichkeit geschaffen worden, bei jeder Aufspannung eine Kontrollkurve für die Eichung aufzunehmen. Dies geschieht in der Weise, daß vor den Lichtspalt eine im Gehäuse schwenkbar gelagerte Blende geklappt wird, die einen feinen Spalt trägt. Sodann wird der Heizstrom der Lampe geändert und die zugehörige Anzeige des Galvanometers abgelesen. Man erhält so eine Kurve, die

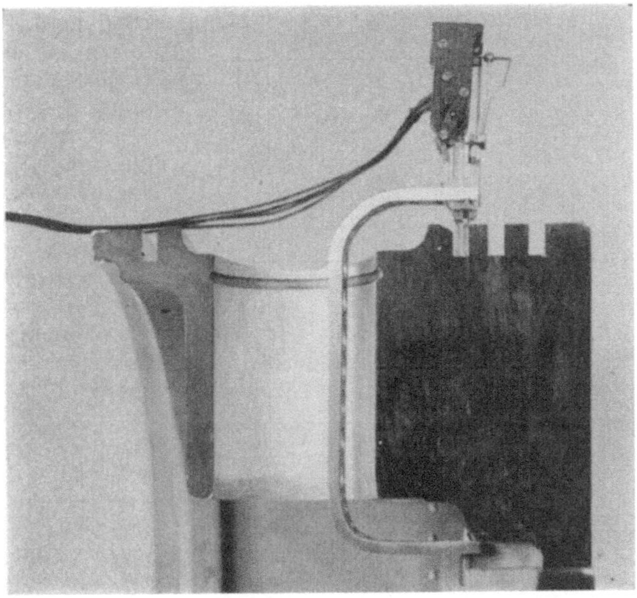

Abb. 82. Sonderausführung des Photozellendehnungsmessers von E. LEHR zur Messung von Spannungen in Kerben und Nuten. Meßstrecke 1,5 mm, Länge der Spitzen 7 mm. Das Bild zeigt das Grät aufgespannt in einer Kolbenringnut.

in einem auf beiden Achsen logarithmisch geteilten Koordinatensystem aufgetragen eine Gerade darstellt, deren Steigung ein Maß für die Eichkonstante liefert.

Abb. 82 zeigt eine Sonderausführung mit 1,5 mm Meßstrecke und 7 mm langen Spitzen, mit der z. B. die Spannungen im Grund von Kolbenringnuten und in kleinen Hohlkehlen gemessen wurden.

Zum Aufspannen des Gerätes dienen zwei Schneiden, die seitlich am Grundgestell angeordnet sind. Die Aufspannbügel sind mit entsprechenden Pfannen versehen. Bei der Aufspannung ist darauf zu achten, daß die Gegenspitze des Bügels in die Mittelsenkrechte der Meßstrecke fällt. Das Gerät kann auch durch einen federnden Bügel von oben her aufgespannt werden. Dabei stützt sich die Gegenspitze des Bügels in eine Pfanne, die mit Hilfe eines am Probekörper angeklemmten Universalstativs allseitig verstellt werden kann. Die Einstellung muß derart erfolgen, daß die Pfanne möglichst genau in die Mittelsenkrechte der Meßstrecke fällt. Die Meßstrecke wird mit einem Doppelkörner vorgekörnt, der genau auf die Spitzenentfernung des Gerätes abgestimmt ist.

Nach dem gleichen Prinzip arbeitet der elektrische Schubmesser von E. LEHR. Dieses Gerät wird zweckmäßig zur Messung der Spannungsverteilung in drehbeanspruchten Teilen benutzt, z. B. dann, wenn es sich darum handelt, die

Spannungsverteilung in der Hohlkehle einer abgesetzten Welle, die auf Verdrehung beansprucht ist, zu messen. Das Gerät, dessen Konstruktion in Abb. 83 dargestellt ist, mißt unmittelbar den Schiebungswinkel. Das Grundgestell besitzt zwei Spitzen, durch die der eine Schenkel des rechten Winkels festgelegt ist, dessen Änderung durch den Schub gemessen werden soll. An das Grundgestell ist mit Hilfe eines Federbandgelenkes ein Hebel angelenkt, der am einen Ende in 2 mm Abstand eine Spitze trägt, während am anderen Ende die Steuerfahne für die photoelektrische Meßeinrichtung unter Zwischenschaltung einer Nullpunktsregelung angeordnet ist. Im übrigen erfolgt die Anzeige ebenso, wie bei dem Dehnungsmesser Abb. 81. Das Gerät arbeitet in der Regel mit 150000facher Vergrößerung, wobei Änderungen der Schubspannung in der Größenanordnung von 10 kg/cm² noch bequem gemessen werden können.

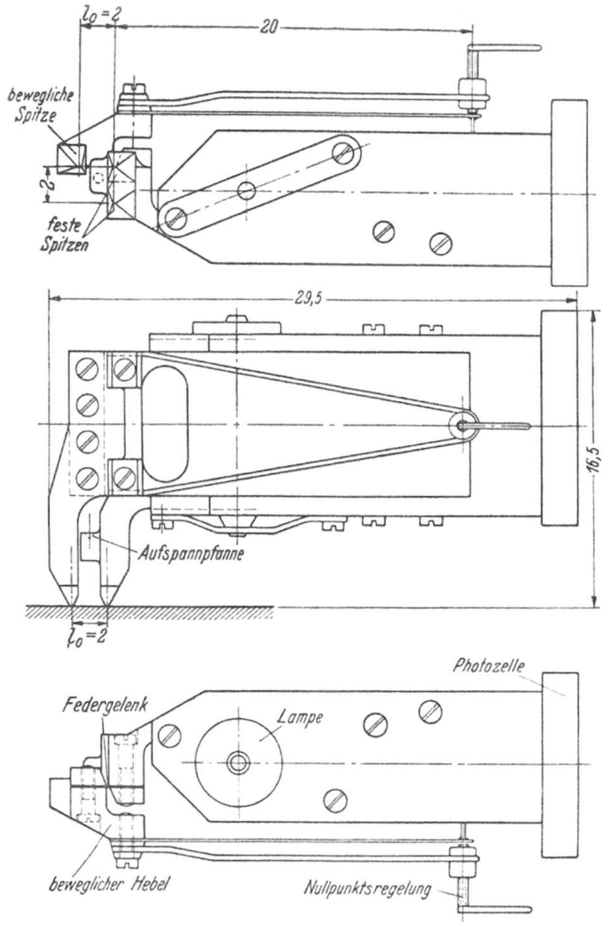

Abb. 83. Schubmesser von E. LEHR mit Anzeige durch eine Sperrschichtphotozelle und 2 mm Meßbasis.

Bei dem *induktiven* Dehnungsmesser von E. LEHR, dessen Konstruktion Abb. 84 zeigt, bewirkt die Dehnung der Meßstrecke, die Änderung des Luftspaltes eines geblätterten Elektromagneten. Der U-förmige Magnetkörper *b* ist in dem Gestell *a* befestigt und derart angeordnet, daß seine Längsachse senkrecht zur Meßstrecke steht. Er ist aus gebogenen Blechstreifen aufgebaut, die übereinander liegen derart, daß ihre Stirnseite dem Luftspalt zugekehrt ist. Der Magnetkörper trägt eine Primär- und eine Sekundärwicklung. Der Anker *c* ist an dem Meßhebel *d* befestigt. Dieser ist in einem nach denselben Grundsätzen wie bei dem Dehnungsmesser mit Photozelle konstruierten Gelenk am Gestell drehbar. Der Meßhebel kann durch eine besondere Vorrichtung festgestellt werden. Diese besteht im wesentlichen aus einer Blattfeder *f*, die am Gestell *a* eingespannt ist und unter einen in der Fassung des Ankers befestigten Stift *g* greift. Sie wird durch Umlegen des Exzenterhebels *h* heruntergedrückt und gibt dann den Meßhebel frei.

Um eine Nullpunktsregelung vornehmen zu können, ist der Anker am Ende einer Blattfeder *i* angeordnet, die am Meßhebel festgespannt ist. Die Blattfeder *i* drückt mit Vorspannung gegen eine Differentialschraube *k* mit feinem Gewinde mittels deren der Anker feinfühlig verstellt werden kann.

Das Gerät ist so eingerichtet, daß durch einfaches Auswechseln eines Fußstückes *m* die Meßstrecke zwischen 0,5 mm und 2 mm in Stufen von 0,5 mm beliebig eingestellt werden kann. An dem Fußstück, dessen Lage durch eine Paßleiste gesichert ist, die in eine Quernut des Gestellfußes eingreift, sind seitlich die Aufspannschneiden *n* angearbeitet. Hierdurch wird erreicht, daß diese Schneiden bei jeder Meßlänge genau in die Mittelsenkrechte der Meßstrecke fallen.

Abb. 85 zeigt das Schaltschema des Gerätes. Als Stromquelle dient ein kleiner Einphasenwechselstromgenerator, der bei $n = 3\,000$/min eine Frequenz von 5000 Hz liefert. Er wird durch einen an das vorhandene Netz anzuschließenden für Gleich- und Wechselstrom geeigneten Motor angetrieben. Die Erregung des Generators erfolgt zweckmäßig von einem Sammler aus, damit ein genau gleichbleibendes Magnetfeld zustande kommt.

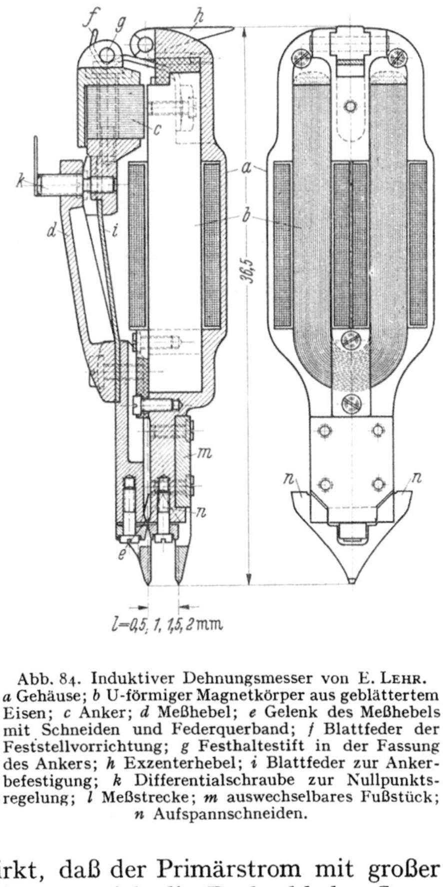

Abb. 84. Induktiver Dehnungsmesser von E. LEHR. *a* Gehäuse; *b* U-förmiger Magnetkörper aus geblättertem Eisen; *c* Anker; *d* Meßhebel; *e* Gelenk des Meßhebels mit Schneiden und Federquerband; *f* Blattfeder der Feststellvorrichtung; *g* Festhaltestift in der Fassung des Ankers; *h* Exzenterhebel; *i* Blattfeder zur Ankerbefestigung; *k* Differentialschraube zur Nullpunktsregelung; *l* Meßstrecke; *m* auswechselbares Fußstück; *n* Aufspannschneiden.

Der in das Meßgerät eingebaute Elektromagnet wird mit einem gleichen, im Schaltkasten angeordneten Magneten zusammengeschaltet, dessen Luftspalt auf 10^{-5} mm genau einstellbar ist. Die konstruktiven Einheiten dieses als „Vergleichsmagnet" bezeichneten Zusatzgeräts sind aus Abb. 86 ersichtlich.

Die Primärwicklungen beider Magnete sind hintereinandergeschaltet und werden unter Zwischenschaltung eines Eisenwasserstoffwiderstandes *c* an die Ausgangswicklung eines an den Generator angeschlossenen Anpassungsumspanners *b* gelegt. Die Sekundärwicklungen sind jede für sich über einen Trockengleichrichter in Grätzschaltung kurzgeschlossen. Die Gleichstromklemmen der Gleichrichter sind in der aus Abb. 85 ersichtlichen Weise miteinander verbunden. Das Anzeigegalvanometer *g* ist zwischen diese Leitungen geschaltet.

Der Eisenwasserstoffwiderstand *c* bewirkt, daß der Primärstrom mit großer Genauigkeit selbsttätig gleich bleibt, auch wenn sich die Drehzahl des Generators infolge von Spannungsschwankungen im Netz ändert.

Der Vergleichsmagnet ermöglicht es, das Meßgerät in jeder Aufspannung durch Aufnahme der „Gegeneichkurve" in wenigen Sekunden zu eichen und die Nullpunkteinstellung vorzunehmen, ohne daß das Meßgerät selbst berührt zu werden braucht. Die Anordnung ist so getroffen, daß der Luftspalt feinfühlig und in genau meßbarer Weise verstellt werden kann. Zu diesem Zweck ist wie aus Abb. 86 ersichtlich, der Anker *b* des Elektromagneten *a* an einer Membran *c* befestigt. Diese wird durch die Kraft einer Ringfeder *d*, die sich auf eine in Membranmitte angeordnete Spitze stützt, durchgebogen. Die obere Einspannung der Ringfeder sitzt an dem im Gehäuse *h* geführten Querhaupt der Schraubspindel *e*, die mittels der Differentialmutter *f* um meßbare Beträge verschoben wird. Die Betätigung erfolgt durch den Drehknopf *g*, an dessen Teilscheibe die

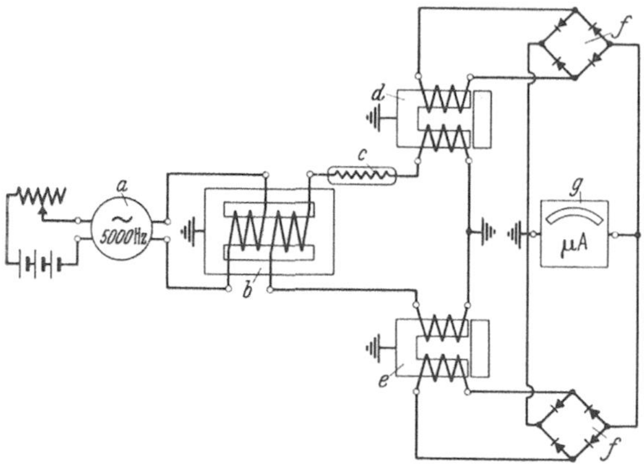

Abb. 85. Schaltschema zu dem induktiven Dehnungsmesser von E. LEHR.
a Einphasenwechselstromgenerator für 5000 Hz bei $n = 3000$/min. Antrieb durch Universalmotor für Gleich- und Wechselstrom; *b* Anpassungsübertrager; *c* Eisenwasserstoffwiderstand zur Gleichhaltung des Primärstroms; *d* Meßgerät; *e* Vergleichsmagnet; *f* Trockengleichrichter in Grätzschaltung; *g* Anzeigegalvanometer.

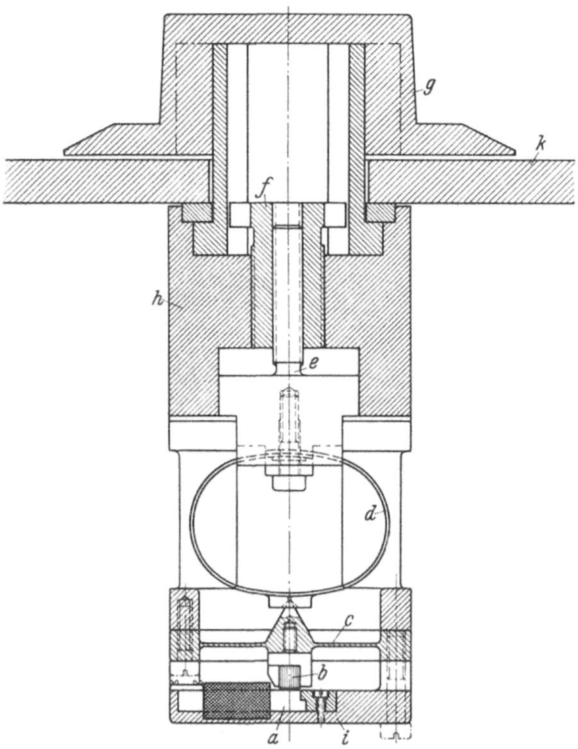

Abb. 86. Vergleichsmagnet zu dem induktiven Dehnungsmesser von E. LEHR.
a Elektromagnet; *b* Anker; *c* Membran; *d* Ringfeder; *e* Schraubspindel; *f* Differentialmutter; *g* Drehknopf mit Teilscheibe; *h* Gehäuse; *i* Halter für den Elektromagneten *a*; *k* Schalttafel.

Einstellung des Luftspalts nach einer einmal aufzunehmenden Eichkurve abgelesen wird. Sämtliche Meß-, Schalt- und Regelgeräte sind in einem Schaltkasten zusammengefaßt.

Mit diesem Dehnungsmesser läßt sich im Bedarfsfall leicht eine 10^6-fache Vergrößerung erzielen. Gewöhnlich begnügt man sich mit einer 10^5-fachen Übersetzung. Er ist noch etwas kleiner und handlicher als der Feindehnungsmesser mit Photozelle. Auch ist er Störeinflüssen weniger ausgesetzt. Für das Aufspannen gelten dieselben Gesichtspunkte wie bei dem Photozellengerät.

Der induktive Dehnungsmesser des M.P.A. Darmstadt, der in Abb. 87 dargestellt ist, wird für Meßstrecken von 0,5 bis 5 mm ausgeführt. Die Gesamthöhe beträgt 17 mm, das G ewicht 5,5 g. Die Anzeige wird dadurch bewirkt, daß sich bei Dehnungen der Meßstrecke die Induktivitäten der beiden in das Gerät eingebauten Drosselspulen L_1 und L_2 in entgegengesetztem Sinn ändern. Jede der Drosselspulen besteht aus einem topfartig ausgebildeten Eisenkern a_1, a_2 und einer in seinem Innern untergebrachten Wicklung b_1, b_2. Die beiden Topfmagnete sind mit der offenen Seite einander zugekehrt und werden durch 4 Befestigungsschrauben zusammengespannt, wobei zwischen den Außenrändern eine Membran *c* festgeklemmt wird. In ihrer Mitte greift eine Stoßstange *d* an, die mit dem Meßhebel *e* des Gerätes verschraubt ist. Der Meßhebel ist mit dem Gestell *f*, das die feste Spitze *g* trägt, aus einem Stück gearbeitet. Dabei dient als

Drehgelenk eine Einschnürung *h*. Die Aufspannung erfolgt durch einen Bügel der mit einer Schneide in die Bohrung *i* des Gestells eingreift und durch eine an einem allseitig einstellbaren Stativ befestigte Blattfeder angedrückt wird. Bei der Aufspannung ist die Vorrichtung so einzustellen, daß die Federkraft in der Mittelsenkrechten der Meßstrecke wirkt. Bei Längenänderungen der Meßstrecke wird die Membran *c* durchgebogen. Dabei wird der Luftspalt der einen Drossel kleiner, derjenige der gegenüberliegenden Drossel entsprechend größer. Wie das Schaltbild Abb. 88 zeigt, liegen die Drosselspulen L_1 und L_2 mit den weiteren Induktivitäten L_3 und L_4 in einer Art Brückenschaltung. Dabei bilden L_3 und L_4 die Primärwicklungen von zwei Anpassungsübertragern, deren Sekundärwicklungen über Trockengleichrichter in Grätzschaltung geschlossen sind. Die Gleichstromseiten der Gleichrichter sind gegeneinandergeschaltet und durch das Anzeigegalvanometer *G* überbrückt.

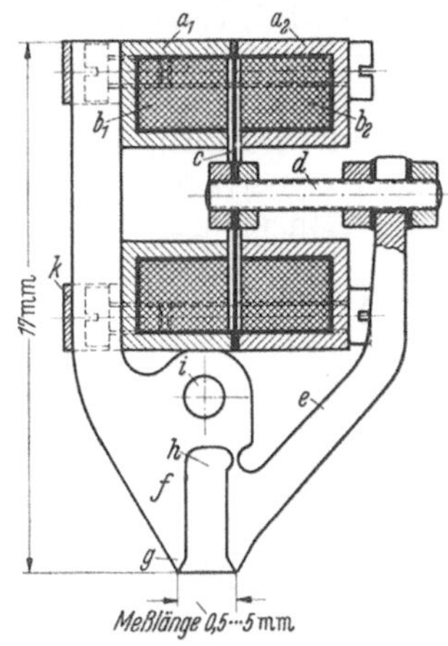

Abb. 87. Induktiver Dehnungsmesser des Materialprüfungsamtes Darmstadt. a_1, a_2 topfartig ausgebildete Magnetkerne; b_1, b_2 Wicklungen der Drosselspulen L_1, L_2; *c* Membran; *d* Stoßstange; *e* Meßhebel; *f* Gestell des Meßgerätes; *g* feste Spitze; *h* Einschnürung als Drehgelenk dienend; *i* Bohrung zum Aufspannen des Gerätes; *k* Befestigungsbügel.

Die beiden Stromzweige, in denen die Drosseln L_1 und L_2 liegen, sind an einen Tonfrequenzgenerator angeschlossen, der durch einen Synchronmotor angetrieben wird. Bei Längenänderungen der Meßstrecke ändert sich der induktive Widerstand in den beiden Stromzweigen in entgegengesetztem Sinn. Dadurch entsteht eine Differenz der Ströme in beiden Zweigen, die sich auf die Gleichstromseite überträgt und einen entsprechenden Ausschlag des Galvanometers hervorruft. Um das Galvanometer nach Aufspannen des Meßgerätes auf Null bringen zu können, ist die

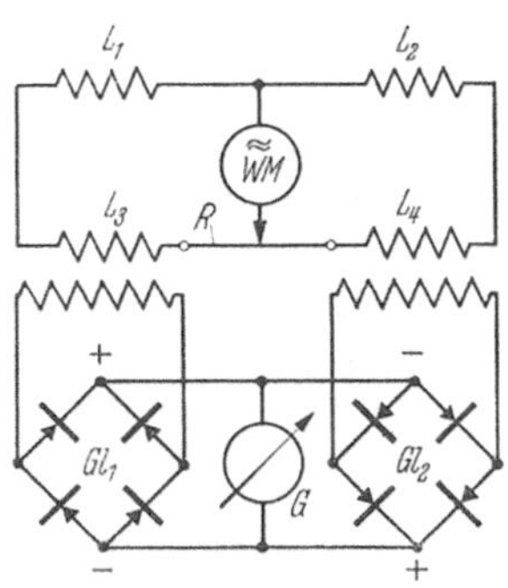

Abb. 88. Schaltbild des induktiven Dehnungsmessers des Materialprüfungsamtes Darmstadt.
L_1, L_2 Drosselspulen des Gebers; L_3, L_4 Primärwicklungen der Anpassungsüberträger; *WM* Einphasentonfrequenz-Generator mit Antrieb durch Synchronmotor; *R* Schleifdraht; Gl_1, Gl_2 Trockengleichrichter in Grätzschaltung; *G* Galvanometer.

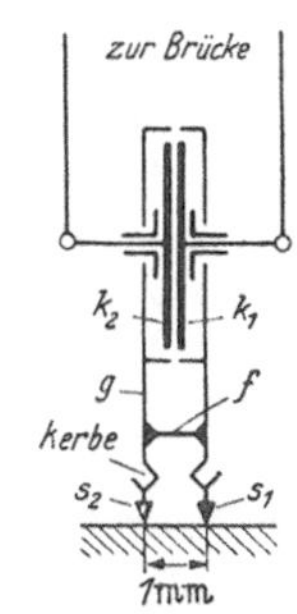

Abb. 89. Geber des kapazitiven Dehnungsmessers der Deutschen Versuchsanstalt für Luftfahrt.
k_1, k_2 Belege des Kondensators; *f* Federgelenk; *g* Gehäuse, gleichzeitig Abschirmung; s_1, s_2 Spitzen.

eine Klemme des Tonfrequenzgenerators an den Schleifdraht *R* der Brückenschaltung angeschlossen. Durch Verschieben des Schleifkontaktes können die Widerstände in beiden Stromzweigen gleich gemacht werden. Mit dieser Anordnung wurde eine 300000fache Vergrößerung erreicht.

Ein Gerät, das die *Kapazitätsänderung eines Kondensators* zur Anzeige benutzt, ist von der Deutschen Versuchsanstalt für Luftfahrt entwickelt worden.

Abb. 89 zeigt die Konstruktion des Gebers. Die Meßstrecke beträgt 1 mm. Das Gestell ist oberhalb der Spitzen mit einem „Federgelenk", das durch zwei dicht nebeneinander angeordnete Bohrungen mit anschließenden Schlitzen gebildet wird, versehen, so daß die beiden Hälften des Gestells als Hebel wirken, die sich um dieses Gelenk drehen. An den Enden dieser Hebel sind die Platten des Meßkondensators, die etwa 15 mm Dmr. besitzen, isoliert angeordnet. Die Änderung des Luftspaltes zwischen beiden Platten, die nur wenige hundertstel Millimeter beträgt, und damit die Änderung der Kapazität des Meßkondensators ist der Längenänderung der Meßstrecke proportional. Das Gerät wird mit Hilfe eines Bügels aufgespannt, an dessen Enden Spitzen angeordnet sind, die in Kerben oberhalb der Aufspannspitzen eingreifen.

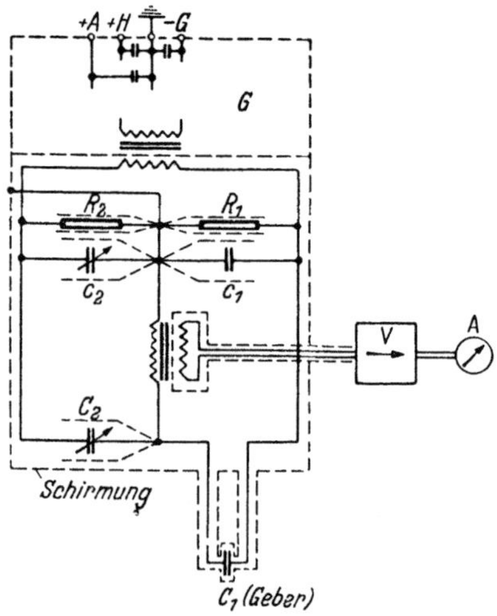

Abb. 90. Schaltbild des kapazitiven Dehnungsmessers der Deutschen Versuchsanstalt für Luftfahrt. *G* Röhrengenerator; *V* Verstärker.

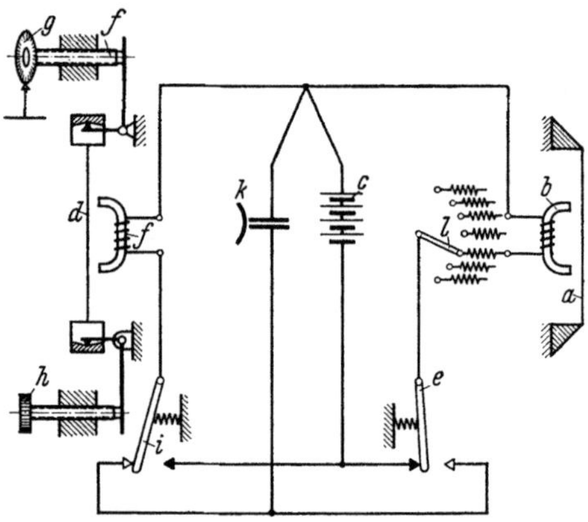

Abb. 91. Schema des Stahlsaitendehnungsmessers nach MAIHAK-SCHÄFER. *a* Stahlsaite; *b* Dauermagnet; *c* Akkumulatorenbatterie; *d* Vergleichssaite; *e* Taste 1; *f* Meßschraube; *g* Teilschraube; *h* Stimmschraube; *i* Taste 2; *k* Kopfhörer; *l* Kurbelumschalter.

In Abb. 90 ist das Schaltschema angegeben. Es stellt im wesentlichen eine Wechselstrombrücke dar, deren einer Zweig durch den Geberkondensator gebildet wird. Als Anzeigegerät dient ein Wechselstrom-Milliamperemeter, das unter Zwischenschaltung eines Transformators und eines Verstärkers in den Ausgleichsstromzweig der Brücke geschaltet ist. Die Brücke wird mit einem hochfrequenten Wechselstrom beschickt, der einem Röhrengenerator entnommen wird. Alle Teile und Leitungen der Schaltung sind sorgfältig abgeschirmt. Dieses Gerät hat sich nicht bewährt und ist heute von der DVL wieder aufgegeben.

Der *Stahlsaitendehnungsmesser* von MAIHAK-SCHÄFER geht von der Tatsache aus, daß eine Stahlsaite, deren Enden mit den Endpunkten der Meßstrecke fest verbunden sind, ihre Eigenschwingungszahl ändert, wenn die Meßstrecke Dehnungen erfährt.

Die in Abb. 91 schematisch dargestellte Anordnung ist folgende: An der Meßstrecke wird ein Rahmen befestigt, der am einen Ende die feste Schneide, am anderen Ende nach Art eines Hebels angelenkt, die bewegliche Schneide trägt. Beide Schneiden werden an den Enden der Meßstrecke mit Schraubzwingen festgespannt. Die Stahlsaite *a* ist zwischen fester und beweglicher Schneide ausgespannt. Nach dem Befestigen des Rahmens wird die Saite durch Anspannen ihres einen Endes mittels einer feingängigen Schraubspindel auf einen Normalton, d. h. auf eine festgelegte Eigenschwingungszahl abgestimmt.

In dem Rahmen ist ein Dauermagnet *b* befestigt, dessen Pole der Stahlsaite mit geringem Luftspalt gegenüberstehen und der eine Wicklung trägt. Zu

Beginn jeder Messung wird von einer Akkumulatorenbatterie *c* aus durch kurzes Schließen einer am Beobachtungsstand befindlichen Taste *e* ein kurzer Stromstoß durch die Spule geleitet, der bewirkt, daß die Saite von dem Magneten angezupft wird. Die Schwingung der Saite induziert nunmehr in der Spule des Dauermagneten einen im Takt der Schwingung pulsierenden Wechselstrom, der zur Meßstelle geleitet wird. Hier befindet sich eine Vergleichssaite *d*, deren Spannung durch ein aus einem durch Mikrometerschraube *f* betätigten Winkelhebel bestehendes Spannwerk nach einer Teilscheibe *g* in genau meßbarer Weise eingestellt werden kann. Diese Saite wird bei der Messung durch Schließen einer zweiten Taste *i* in gleicher Weise wie die Meßsaite angezupft und der von ihr erzeugte Wechselstrom zusammen mit dem von der Meßstelle kommenden in einen Kopfhörer *k* geleitet. Solange die Eigenschwingungen beider Saiten verschieden sind, hört man Schwebungen. Man ändert dann die Spannung der Vergleichssaite so lange, bis die Schwebungen verschwinden und beim Anschlagen ein reiner Ton hörbar wird. Nunmehr liest man die an der Teilscheibe *g* des Spannmechanismus der Vergleichssaite eingestellte Zahl ab. Um die zu dieser Einstellung gehörige Längenänderung der Meßstrecke zu ermitteln, braucht man nur die gefundenen Zahlenangaben mit der Eichkonstanten der betreffenden Meßsaite, die durch unmittelbare versuchsmäßige Eichung (am besten auf einer Zerreißmaschine) ermittelt wird, zu multiplizieren. Vor Beginn der Messung muß die Vergleichssaite mittels der auf einen zweiten Winkelhebel wirkenden Stimmschraube *h* auf den Normalton abgestimmt werden.

Das Gerät bietet die Möglichkeit, von einer zentralen Stelle aus 10 oder noch mehr verschiedene Meßstellen nacheinander zu beobachten, indem man die Stromkreise der verschiedenen Meßsaiten mittels Kurbelumschalter *l* nacheinander einschaltet. Die Einstellung geht schnell und handlich (in 5 s) vonstatten. Allerdings ist Voraussetzung, daß es sich lediglich um die Messung statischer Spannungen handelt, die längere Zeit konstant bleiben.

Besonders wertvoll ist diese Anordnung, wenn z. B. bei Ingenieurbauten die Änderung von Spannungen an unzugänglichen Stellen während längerer Zeiträume beobachtet werden soll. So wurden derartige Meßsaiten, die in dicht abschließende Kapseln eingebaut waren, z. B. benutzt, um die Änderung der Spannungen in Talsperrenmauern zu verfolgen. Für die Zwecke des Maschinenbaues kommt das Gerät wohl kaum in Betracht. Zur Messung der Spannungsverteilung ist es zu unhandlich; auch ist die benötigte Meßstrecke dafür zu groß.

D. Geräte zur Durchführung dynamischer Dehnungsmessungen.

Den dynamischen Dehnungsmessern fällt die Aufgabe zu, den zeitlichen Verlauf der Dehnungen einer Meßstrecke in genügendem Maß vergrößert *verzerrungsfrei* aufzuzeichnen. Die Vergrößerung muß in der Regel so gewählt werden, daß an Hand der Aufzeichnungen noch Beanspruchungsänderungen von 10 kg/cm² einwandfrei nachgewiesen werden können.

Dem Schwierigkeitsgrad nach lassen sich im wesentlichen zwei Gruppen von Meßaufgaben unterscheiden. Die *erste*, leichtere, umfaßt Messungen an Großbauteilen z. B. Brücken, Gestellen von Fahrzeugen, Flugzeugflügeln, Maschinengehäusen, Bauteilen von Schiffen. In diesen Fällen kann die Länge der Meßstrecke 100 oder 200 mm betragen, auch können Geräte mit größerem Gewicht und größeren Abmessungen in Betracht gezogen werden. Die Meßstrecke ist meist gut zugänglich. Die Aufspannung macht in der Regel keine besonderen Schwierigkeiten. Es können mechanisch oder optisch aufzeichnende Geräte verwendet werden, obwohl auch hier elektrische Geräte am vorteilhaftesten sind.

Die *zweite*, schwierigere Gruppe umfaßt im wesentlichen Messungen an rasch bewegten Maschinenteilen z. B. an Pleuelstangen, Kolbenstangen und Kreuzköpfen von Lokomotiven und Dieselmotoren, an Pleuelstangen von Kraftwagen- und Flugzeugmotoren, an Kurbelwellen, Eisenbahnradachsen, Luftschraubenflügeln, sowie an schwer zugänglichen Teilen von Fahrzeugen z. B. der Hinterachse oder den Achsschenkeln eines Kraftwagens. In diesen Fällen muß die Meßlänge möglichst klein sein. Sie wird bei kleinen Bauteilen etwa 10 bis 20 mm bei größeren Teilen bis zu 50 mm betragen. Die Geräte müssen so leicht und klein wie möglich ausgeführt werden, da meist nur wenig Platz zur Verfügung steht. Eine betriebssichere Befestigung ist meist recht schwierig.

In diesem Fall kommen nur elektrische Geräte in Betracht, bei denen die Aufzeichnung mit Hilfe eines getrennt aufgestellten Oszillographen erfolgt. Die betriebssichere Stromzuführung zu den raschbewegten Teilen über mitschwingende Leitungen oder über Schleifringe erfordert eine jedem Einzelfall angepaßte, sorgfältig durchgearbeitete Lösung und viel mühsame Entwicklungsarbeit.

Nachstehend sind die wesentlichsten für beide Aufgabengruppen bisher entwickelten Geräte zusammengestellt.

1. Dynamische Dehnungsschreiber für Großbauteile und ruhende Maschinenteile.

a) Geräte mit Tintenschreibwerk.

Bei Aufzeichnung der Dehnungen auf einem Papierfilm ist zur Erzielung einer Meßgenauigkeit von 10 kg/cm² bei Bauteilen aus Stahl und einer Meßstrecke von 200 mm Länge eine 100- bis 200fache Vergrößerung erforderlich. Beim Bau entsprechender Geräte besteht die Hauptschwierigkeit darin, daß die Übertragungshebel eine genügend hohe Eigenfrequenz haben müssen und die Gelenke vollkommen spielfrei sein sollen. Es ist grundsätzlich zu fordern, daß die Eigenfrequenz des gesamten Übersetzungsmechanismus im betriebsfertig aufgespannten Zustand des Gerätes wenigstens 4mal so hoch liegt, wie die höchste zu messende Frequenz. Für Messungen an Brücken wird z. B. von der Deutschen Reichsbahn eine Eigenfrequenz von mindestens 1200 Hz gefordert.

Auch das Gehäuse des Gerätes muß dieser Bedingung genügen, da sonst durch seine Eigenschwingungen Verzerrungen in das Schreibwerk eingeleitet werden können.

Der Dehnungsschreiber von FRÄNKEL[1].

Dieses Gerät sei kurz erwähnt, da es den ersten Versuch darstellt, einen dynamischen Dehnungsschreiber für Brückenmessungen zu schaffen. Die Anordnung ist in Abb. 92 schematisch dargestellt. Das Gehäuse *a* des Gerätes wird am einen Ende der Meßstrecke mit einer Körnerspitze *b* eingesetzt und außerdem noch durch zwei Warzen *c* abgestützt. Die Aufspannung erfolgt durch eine Schraubzwinge. Am anderen Ende der Meßstrecke wird die Spitze eines Halters *d* eingesetzt, der ebenfalls durch zwei Warzen abgestützt und durch eine Schraubzwinge befestigt wird. Die Dehnungsänderungen werden durch eine Stoßstange *e* übertragen, die an dem Halter *d* mittels Kugelgelenk *f* angreift, und über ein weiteres Kugelgelenk *g* einen Schieber *h* antreibt, der in dem Gehäuse geführt ist und über ein Stahlband den Zwischenhebel *i* betätigt. Dieser überträgt die Bewegung 10fach vergrößert wieder über ein Stahlband auf das Segment *k*. Von diesem wird durch zwei gegeneinander gespannte Stahlbänder *o* die in Gleitführungen des Gehäuses spielende Schreibstange *m* mit dem Schreibstift *n*

[1] FRÄNKEL, W.: Dtsch. Bauztg. Bd. 27 (1893) S. 576.

betätigt. Die Aufzeichnung erfolgt mittelt Tintenschreiber auf ein durch Uhrwerk bewegtes Papierband *p*. Insgesamt wird eine 150fache Vergrößerung erreicht.

Das Gerät besitzt infolge der großen Massen des Hebelwerkes eine sehr niedrige Eigenfrequenz und konnte nur zum Aufzeichnen sehr langsam verlaufender Dehnungen verwendet werden. Auch die Stoßstangenübertragung ist nachteilig, da sie sich nicht spielfrei herstellen läßt. Das Gerät mißt die Dehnungen in einer ideellen Faser, die mit der Achse der Stoßstange zusammenfällt. Den heute zu stellenden Anforderungen genügt dieser Dehnungsschreiber bei weitem nicht. Er ist jedoch von entwicklungsgeschichtlichem Interesse.

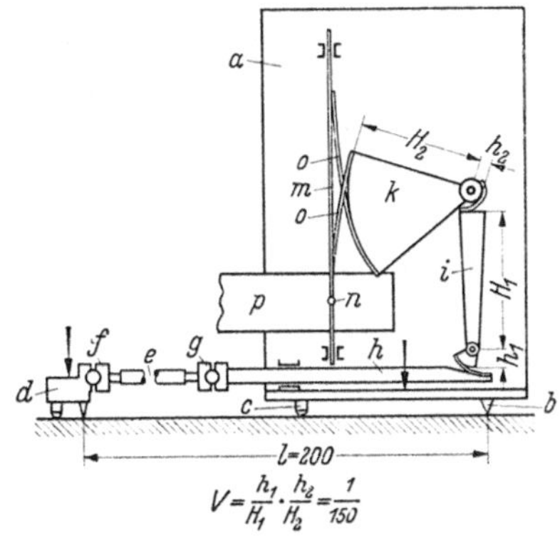

Abb. 92. Dehnungsschreiber von FRÄNKEL.
a Gehäuse; *b* feste Körnerspitze am Gehäuse *c* Stützwarzen des Gehäuses; *d* Halter mit Spitze und Stützwarzen; *e* Stoßstange; *f*, *g* Kugelgelenke; *h* Schieber; *i* Zwischenhebel; *k* Segment; *l* Meßstrecke; *m* Schreibstange; *n* Schreibstift; *o* Stahlbänder zur Verbindung des Segmentes *k* mit der Schreibstange *m*; *p* durch Uhrwerk bewegtes Papierband.

Der Dehnungsschreiber von GEIGER[1].

Dieses Gerät ist ebenfalls in erster Linie für die Aufgaben des Brückenbaues entwickelt worden. Es zeichnet die Dehnungen der 200 bis 500 mm langen Meßstrecke mit 50- bis 250facher Vergrößerung auf. Abb. 93 zeigt die Anordnung. Am einen Ende der Meßstrecke wird das Aufzeichengerät *a*, dessen Fuß mit einer Körnerspitze *b* und zwei Stützwarzen versehen ist, mit einer Schraubzwinge befestigt. Am zweiten Ende der Meßstrecke wird ebenfalls mittels Schraubzwinge der Halter *c*, der die Spitze *d* trägt, aufgeklemmt. Die Dehnung wird durch eine in ihrer Länge verstellbare Stoßstange *e* übertragen, die an dem Halter *c* und an dem ersten Winkelhebel *f* mittels Kugelgelenken angreift. Das Gerät mißt also ähnlich wie der Dehnungsschreiber von FRÄNKEL nicht die Dehnung der Meßstrecke selbst, sondern die Längenänderung einer etwa 20 mm höher liegenden ideellen Faser, die mit der Stoßstangenachse zusammenfällt.

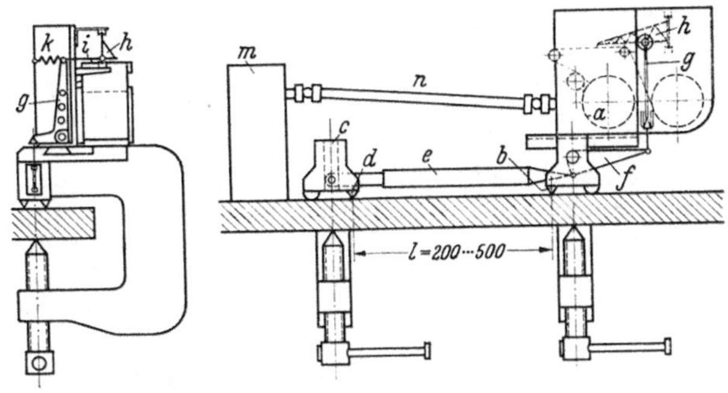

Abb. 93. Dehnungsschreiber von GEIGER.
a Schreibgerät; *b* feste Körnerspitze am Gehäuse des Schreibgerätes; *c* Halter für die Stoßstange; *d* Körnerspitze des Halters *c*; *e* Stoßstange; *f* erster Winkelhebel; *g* zweiter Winkelhebel; *h* Schreibhebel; *i* Übertragungsstange zwischen Winkelhebel *g* und Schreibhebel *h*; *k* Feder; *l* Meßstrecke; *m* Uhrwerk; *n* Gelenkwelle.

Die Vergrößerung wird durch die in Spitzen gelagerten Winkelhebel *f* und *g*, die je eine 5fache Übersetzung aufweisen, und den Schreibhebel *h* bewirkt, dessen Übersetzung durch verschiedenen Angriff der Übertragungsstange *i* zwischen 2 und 10 verändert werden kann. Die Feder *k* bewirkt dabei eine spielfreie kraftschlüssige Verbindung aller Glieder. Der Schreibhebel ist als Gitterhebel ausgebildet und sehr leicht bei größter Steifigkeit. Nach Angaben des Herstellers

[1] GEIGER, J.: Z. VDI Bd. 68 (1924) S. 265; Masch.-Bau Betrieb Bd. 3 (1924) S. 1020; Bautechn. Bd. 7 (1929) S. 840.

soll die Aufzeichnung von Schwingungen mit 300 Hz noch einwandfrei möglich sein. Das Gerät schreibt mit Tinte auf ein durch Uhrwerk bewegtes Papierband[1]. Dabei ist das Uhrwerk *m* getrennt aufgestellt und durch eine Gelenkwelle *n* mit dem Schreibwerk verbunden.

Der Dehnungsschreiber von MEYER, *Bauart Trüb-Täuber*[2].

Das in Abb. 94 dargestellte Gerät ist für eine Meßstrecke von 200 mm bestimmt und zeichnet die Dehnungen in 100facher Vergrößerung auf berußtes Papier auf. Auch dieses Gerät ist ziemlich schwer und in erster Linie für Messungen an Brücken gedacht.

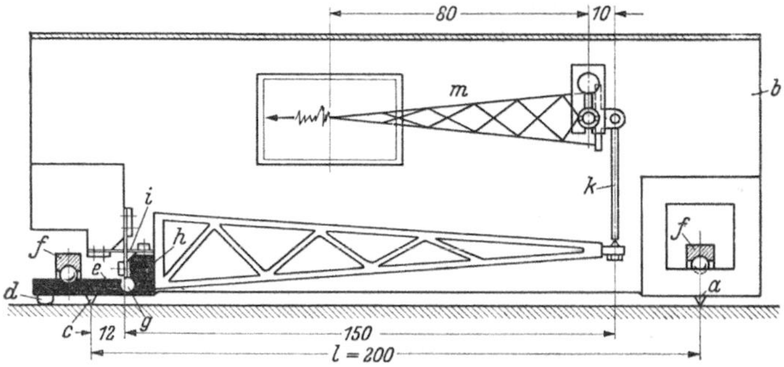

Abb. 94. Dehnungsschreiber von MEYER, Bauart Trüb-Täuber.
a feste Meßspitzen, am Gehäuse befestigt; *b* Gehäuse; *c* bewegliche Meßschneide; *d* Stütznocken; *e* Stoßstange; *f* Schraubzwingen zum Festspannen des Gerätes auf der Meßstrecke; *g* Federgelenk; *h* Winkelhebel; *i* Federbandkreuzgelenk des Winkelhebels; *k* Übertragungsstange; *l* Meßstrecke; *m* Schreibhebel.

Die beiden festen Meßspitzen *a* sind unmittelbar am Gehäuse *b* befestigt. Die bewegliche Schneide *c* sitzt an der noch durch einen Nocken *d* abgestützten Stoßstange *e*. Diese und das Gehäuse werden durch je eine Schraubzwinge *f* festgespannt. Die Stoßstange *e* überträgt ihre Bewegungen über ein aus dem Vollen herausgearbeitetes Federgelenk *g* auf den Winkelhebel *h*, der sich spielfrei in dem Federbandkreuzgelenk *i* dreht und als Gitterträger so steif und leicht wie möglich ausgebildet ist. Die Bewegung wird dann durch die Übertragungsstange *k* auf den ebenfalls als Gitterträger ausgebildeten Schreibhebel *m* übertragen. Seine Achse ist spielfrei in Achatpfannen gelagert. Die Übertragungsstange *k* besteht im wesentlichen aus einem 1 mm starken Stahldraht, der an der Anschlußstelle am Winkelhebel *h* durch seitliche Auskehlung zu einem spielfreien Federgelenk eingeschnürt ist, während die Anschlußstelle am Schreibhebel als Gelenk ausgebildet ist. Auf den Film zeichnen ferner eine Zeitmarkierung und eine weitere Markierung, die z. B. bei Brückenmessungen als Gleismarkierung des über die Brücke rollenden Zuges benötigt wird.

Das Laufwerk für das berußte Papier wird von einem getrennt aufgestellten Uhrwerk oder Motor über eine Gelenkwelle oder eine biegsame Welle angetrieben. Nach Angaben der Herstellerin werden Schwingungen mit Frequenzen bis zu 200 Hz noch einwandfrei aufgezeichnet.

Hervorzuheben ist noch, daß das Gerät die Dehnungen in der Meßstrecke selbst, nicht etwa in einer ideellen Faser mißt.

b) Geräte mit Ritzschreibwerk.

Die Anordnung einer mehrfachen Hebelübersetzung und eines Papierschreibwerkes beansprucht in jedem Fall ziemlich viel Platz, und bedingt recht schwere

[1] Neuerdings mit Metallstift auf rotes, mit einer dünnen Deckschicht überzogenes Papier.
[2] Nach Unterlagen der Herstellerfirma.

Geräte. Diese Nachteile werden vermieden, wenn die Dehnungen mit schwacher Vergrößerung oder auch in natürlicher Größe auf Zelluloid, Glas oder auch in eine polierte Metalloberfläche eingeritzt werden und die erforderliche starke Vergrößerung erst bei der Auswertung unter dem Meßmikroskop vorgenommen wird.

Der Dehnungsschreiber der Cambridge and Paul Instrument Company.

Das erste nach diesem Grundsatz gebaute noch verhältnismäßig schwere Gerät ist der Dehnungsschreiber der *Cambridge and Paul Instrument Company*[1]. Die wesentlichsten Einzelheiten des Aufbaues sind aus Abb. 95 zu ersehen. Die Dehnungen werden 15fach vergrößert von der Stahlspitze *b* des Schreibhebels

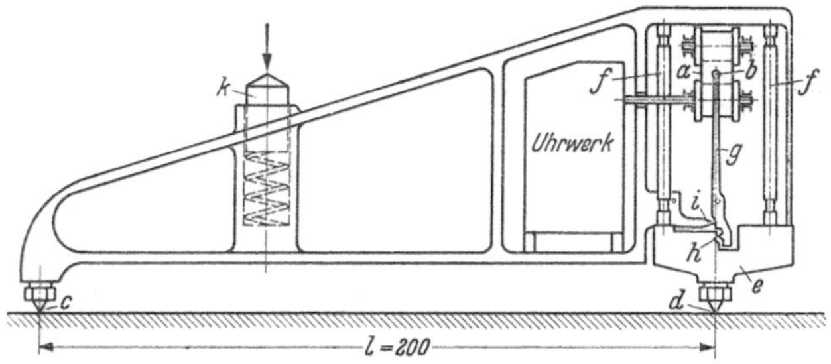

Abb. 95. Schema des Dehnungsschreibers der Cambridge and Paul Instrument Company. *a* Zelluloidfilm; *b* Stahlspitze des Schreibhebels; *c* feste Meßspitzen; *d* bewegliche Meßspitze; *e* Schwinge; *f* Lenker; *g* Schreibhebel; *h* Schneide des Schreibhebels; *i* Schneide am Gehäuse befestigt; *k* gefederte Aufspannspitze; *l* Meßstrecke.

in einen Zelluloidfilm *a* eingeritzt, der durch ein Uhrwerk bewegt wird. Die Auswertung erfolgt unter einem Meßmikroskop in der Regel bei etwa 30facher Vergrößerung.

Der übrige Aufbau ist verhältnismäßig einfach. An dem Gehäuse sind zwei feste Spitzen *c* angeordnet, die in das eine Ende der 200 mm langen Meßstrecke eingesetzt werden. Die bewegliche Spitze *d*, die in das andere Ende der Meßstrecke eingreift, ist an einer Schwinge *e* befestigt, die durch zwei mit Federgelenken versehene Lenker *f* am Gehäuse parallel geführt ist. Der Schreibhebel *g* ist mit einer Schneide *h* in einer entsprechenden Pfanne der Schwinge *e* gelagert. Er wird in dieser Pfanne durch den Zug einer Feder (nicht gezeichnet) festgehalten. Die Dehnung äußert sich in einer Relativbewegung zwischen der Schwinge *e* und dem Gehäuse. Diese wird auf den Schreibhebel *g* durch eine am Gehäuse befestigte Schneide *i* übertragen, die sich auf eine ebene Fläche des Hebels stützt, mit der sie durch die bereits erwähnte Zugfeder in kraftschlüssige Verbindung gebracht wird. Die Aufspannung erfolgt durch eine im Schwerpunkt der Spitzen des Gerätes angreifende gefederte Spitze *k*, die durch eine Schraubzwinge angedrückt wird.

Dieses Gerät zeichnet sich durch einfache Bauart und hohe Eigenfrequenz des Schreibwerkes aus. Es werden die Dehnungen in der Meßstrecke selbst und nicht in einer ideellen Faser gemessen.

Der Dehnungsschreiber von AMSLER.

Ein weiteres Gerät, das ein Ritzschreibwerk benutzt, ist der von AMSLER entwickelte Dehnungsschreiber[2]. Hier ist eine möglichst gedrängte Bauart angestrebt. Auch wurde eine Meßstrecke von nur 20 mm gewählt. Abb. 96

[1] COLLIN: Engineering Bd. 115 (1923) S. 87.

[2] Nach Unterlagen der Firma Amsler, Schaffhausen; siehe auch E. LEHR: Masch.-Bau Betrieb Bd. 10 (1931) S. 711.

zeigt den Aufbau des Gerätes. Das Zelluloidband *a* wird durch ein Uhrwerk bewegt, dessen Hemmung durch einen Elektromagneten *b* von zentraler Stelle aus gesteuert werden kann. Hierdurch läßt sich eine genaue Geschwindigkeitsregelung und bei Parallelschaltung mehrerer Geräte ein genauer Synchronismus erreichen.

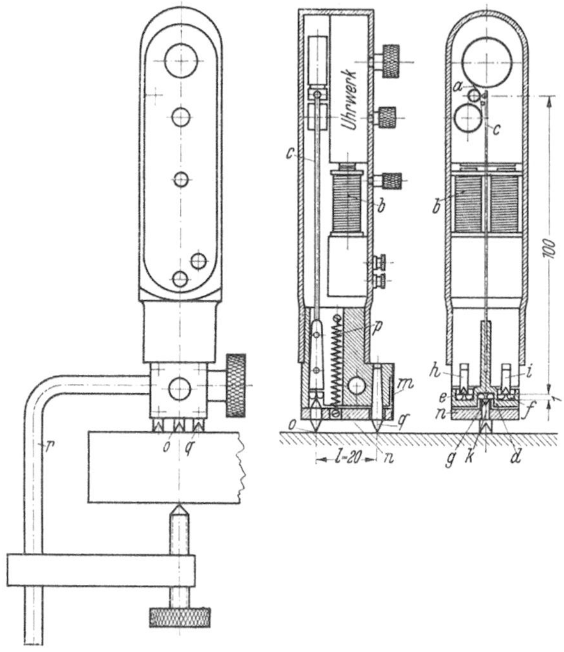

Abb. 96. Ritzdehnungsschreiber von AMSLER.
a Zelluloidband; *b* Elektromagnet zur Steuerung des Uhrwerkes; *c* Schreibhebel; *d* Fußstück des Schreibhebels; *e*, *f*, *g* Bohrungen im Fußstück *d*; *h*, *i* Schneiden, am Gehäuse befestigt; *k* Schneide, am Lenker *n* befestigt; *l* Meßstrecke; *m* Federband zur Abstützung des Lenkers *n*; *n* Lenker; *o* bewegliche Schneide, am Lenker *n* befestigt; *p* Zugfeder; *q* feste Schneiden am Gehäuse; *r* Schraubzwinge.

Der Schreibhebel *c* arbeitet mit 100facher Vergrößerung. Diese wird durch folgende Anordnung hervorgebracht. Das Fußstück *d* des Hebels besitzt 3 Bohrungen *e*, *f*, *g*, in die je drei kleine Stahlkugeln eingesetzt sind. In die beiden äußeren Kugelsätze greifen am Gehäuse befestigte Schneiden *h* und *i*. Hierdurch wird die feste Drehachse des Hebels gebildet. In den mittleren Kugelsatz greift eine Schneide *k* ein, die in dem mittels eines Federbands *m* am Gehäuse geführten Lenker *n* befestigt ist und nach unten in die Meßschneide *o* ausläuft, die in das eine Ende der Meßstrecke eingesetzt wird. Durch die Zugfeder *p* wird eine kraftschlüssige Verbindung zwischen Schneiden und Kugeln hergestellt. Das Gehäuse stützt sich mit zwei Schneiden *q* in das andere Ende der Meßstrecke. Die Aufspannung erfolgt mittels einer Schraubzwinge *r*, die in eine Querbohrung im Fuß des Gehäuses eingreift.

Dieses Gerät hat den Erwartungen nicht entsprochen. Die im Verhältnis zu der kurzen Meßstrecke sehr große Bauhöhe bedingt eine geringe Standsicherheit und fehlerhafte Anzeige bei Erschütterungen. Die Eigenschwingungszahl des Hebels ist infolge der großen Übersetzung niedrig, so daß einwandfreie Aufzeichnungen nur bis zu 25 Hz erzielt werden konnten[1].

Der Ritzdehnungsschreiber der Deutschen Versuchsanstalt für Luftfahrt[2].

Weite Verbreitung hat der *Ritzdehnungsschreiber der Deutschen Versuchsanstalt für Luftfahrt, Berlin-Adlershof*, gefunden. Er arbeitet teils mit Aufzeichnung der Dehnungen in natürlicher Größe, teils mit 10facher Übersetzung. Abb. 97 zeigt die wesentlichen Einzelheiten des Aufbaues: Die Meßstrecke beträgt 100 oder 200 mm. Das Gerät besteht im wesentlichen aus zwei mit Gleitsitz ineinander

[1] Das Gerät ist nicht weiterentwickelt worden, so daß ihm heute nur noch entwicklungsgeschichtliche Bedeutung zukommt. Die angegebenen Nachteile hätten sich wohl beseitigen lassen, wenn eine auf der Längsseite angeordnete Meßstrecke von z. B. 100 mm Länge gewählt und die Hebelübersetzung auf 1 : 20 herabgesetzt worden wäre.

[2] SEEWALD, F.: Masch.-Bau Betrieb Bd. 10 (1931) S. 725.

verschiebbaren Rohren *a* und *b*, von denen das äußere *b* an seinem Kopfende das Schreibgerät trägt. An beiden Rohren sind je zwei Spitzen c_1 bzw. c_2 befestigt, die durch Schraubzwingen oder Spannbänder auf den Bauteil, dessen Dehnungen gemessen werden sollen, fest aufgedrückt werden. Zur genauen Begrenzung der Meßlänge werden die Rohre in ihrer gegenseitigen Lage durch einen Stift *d* gesichert.

Mit dem vorderen pfannenartig ausgebildeten Ende des Innenrohres wird der Kugelkopf *e* am Halter *f* des Schreibdiamanten durch zwei kräftige Blattfedern *h* kraftschlüssig verbunden. Der Diamant *g* sitzt am Ende eines durch zwei lange Blattfedern parallel geführten Röhrchens *f* und zeichnet die Dehnung der Meßstrecke, die eine gleich große Relativbewegung der Rohre *a* und *b* bewirkt, in natürlicher Größe auf der Glastrommel *i* des Schreibwerkes auf. Außerdem ist

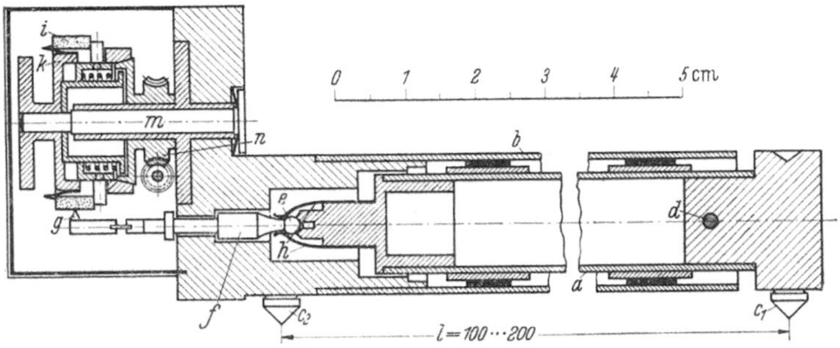

Abb. 97. Ritzdehnungsschreiber der Deutschen Versuchsanstalt für Luftfahrt.
a inneres Rohr; *b* äußeres Rohr; c_1 Meßspitzen am inneren Rohr; c_2 Meßspitzen am äußeren Rohr; *d* Sicherungsstift; *e* Kugelkopf; *f* Halter des Schreibdiamanten; *g* Schreibdiamant; *h* Blattfedern zum Festhalten des Kugelkopfes *e*; *i* Schreibzylinder (Glasrohr); *k* Trommel des Schreibwerkes; *l* Meßstrecke; *m* Dorn zur Lagerung der Trommel *k*; *n* Schneckengetriebe.

noch ein fest mit dem Gehäuse des Schreibwerkes verbundener Diamant vorgesehen, der die Bezugslinie schreibt und zur Zeitmarkierung durch einen kleinen Elektromagneten in gleichmäßigen Abständen seitlich um einen bestimmten Betrag ausgelenkt wird.

Der Schreibzylinder ist in der Regel ein poliertes Glasrohr von 25 mm Dmr., das in der aus Abb. 97 ersichtlichen Weise auf eine Trommel *k* aufgespannt wird, die auf dem im Gehäuse befestigten Dorn *m* gelagert ist. Die Trommel *k* wird durch zwei hintereinandergeschaltete Schneckengetriebe in Drehung versetzt, wobei das erste Getriebe außerhalb des Gehäuses angebracht und durch eine biegsame Welle mit dem Antriebsmotor verbunden ist. Das zweite Schneckengetriebe *n* ist mit einer Vorrichtung versehen, welche die Trommel selbsttätig kurz vor Ablauf einer Umdrehung abschaltet. Der Antrieb erfolgt durch einen kleinen Gleichstrommotor oder einen Synchronmotor. Er wird getrennt vom Gerät mit 4 Spitzen aufgespannt und ist mit einem dreistufigen Vorgelege ausgerüstet, dessen Übersetzung ins Langsame so gewählt ist, daß die Umlaufzeit des Zylinders wahlweise 1, 2 und 5 min beträgt.

Das Innenrohr *a* ist leicht auswechselbar. Es muß bei Messungen unter wechselnder Temperatur aus einem Werkstoff bestehen, der dieselbe Wärmedehnungszahl besitzt wie der Bauteil, an dem die Messungen vorgenommen werden.

Die Auswertung erfolgt in der Regel unter einem Meßmikroskop mit auffallendem Licht bei 100- bis 200facher Vergrößerung. Dabei ergeben sich Meßfehler von etwa $\pm 2\,\mu$. Dies entspricht bei einer Meßlänge von 200 mm und Stahl z. B. einer Meßgenauigkeit von ± 20 kg/cm², die in der Regel ausreicht. Für die Fälle, in denen eine höhere Meßgenauigkeit erwünscht ist, wird ein Schreibgerät mit 10facher mechanischer Übersetzung verwendet, das eine Eigenfrequenz von rd. 700 Hz besitzt. Die Anordnung ist aus Abb. 98 zu ersehen.

Die Stoßstange *b*, die wieder durch die Kupplungskugel *a* mit dem Innenrohr verbunden ist, wird durch die am Gehäuse des Schreibgerätes befestigte Blattfeder *c* geführt und greift mit ihrem Ende über ein Blattfedergelenk *d* an dem Zwischenhebel *e* an. Dieser ist mit einem Kreuzfedergelenk *f* am Gehäuse des Schreibgerätes gelagert. An seinem Ende ist eine Übertragungsstange *g* befestigt, die den ebenfalls in einem Kreuzfedergelenk *h* am Gehäuse drehbaren Schreibhebel *i* betätigt. Glasrohr und Trommelantrieb sind die gleichen wie bei dem normalen Gerät.

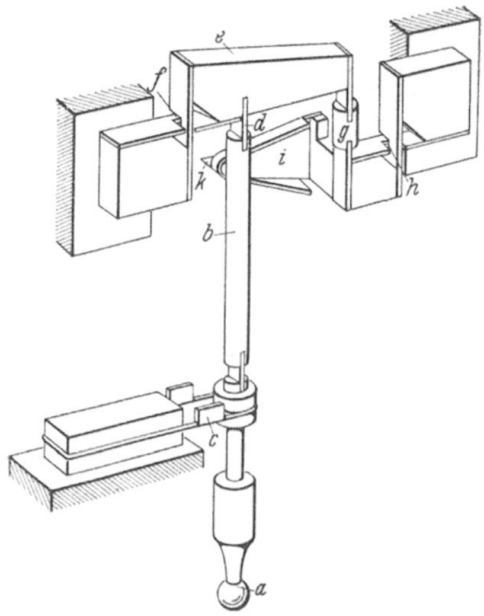

Abb. 98. Hebelsystem des Ritzdehnungsschreibers der Deutschen Versuchsanstalt für Luftfahrt für 10fach vergrößerte Aufzeichnungen.
a Kupplungskugel; *b* Stoßstange; *c* Führungsblattfeder; *d* Blattfedergelenk; *e* Zwischenhebel; *f* Kreuzfedergelenk; *g* Übertragungsstange; *h* Kreuzfedergelenk des Schreibhebels; *i* Schreibhebel; *k* Schreibdiamant.

Eine dritte Bauart des Schreibwerkes ist für Langzeitaufnahmen entwickelt worden. Sie wird benötigt, wenn statistische Untersuchungen durchgeführt werden sollen, also z. B. die Größe und Häufigkeit der Beanspruchungen zu ermitteln ist, die Flugzeugflügel durch Böen erfahren, wobei die Beobachtung jeweils über die ganze Flugreise zu erstrecken ist.

Das entsprechende Schreibgerät unterscheidet sich von der Normalausführung nur dadurch, daß die den Schreibzylinder tragende Trommel sich während der Drehung auch in Längsrichtung der Trommelachse, und zwar auf einer Gewindespindel mit 0,5 mm Steigung verschiebt, so daß die Mittellinie des Schriebs eine Schraubenlinie ist. Insgesamt stehen dabei 25 Trommelumdrehungen zur Verfügung. Dementsprechend ergibt sich bei normalem Antrieb eine Schreibdauer von 25, 50 oder 125 min. Durch Vorschalten eines Zwischengetriebes kann diese Zeit im Bedarfsfall noch auf das 12fache gesteigert werden, so daß dann eine Schreibdauer von 25 h verfügbar ist.

Der Ritzdehnungsschreiber mit direkter Aufzeichnung wurde auf dem Schütteltisch der Deutschen Reichsbahn bis zu einer Frequenz von 300 Hz untersucht, wobei sich keinerlei Fälschung der Aufzeichnungen feststellen ließ. Er hat sich in vielseitiger Anwendung auf den verschiedensten Gebieten bewährt und stellt heute zweifellos den bestentwickelten und zuverlässigsten dynamischen Dehnungsschreiber mit mechanischer Aufzeichnung dar.

c) Dehnungsschreiber mit Aufzeichnung auf lichtempfindlichem Papier.

Die Dehnungsschreiber, bei denen die Aufzeichnung durch einen Lichtzeiger auf lichtempfindlichem Papier stattfindet, haben gegenüber den Geräten mit mechanischem Schreibwerk den Vorzug, daß trotz starker Vergrößerung leicht die erforderliche hohe Eigenfrequenz erreicht werden kann, so daß verzerrungsfreie Aufzeichnungen bis zu den höchsten in Betracht kommenden Frequenzen erzielt werden. Im wesentlichen liegen heute 3 Ausführungsformen vor, die nachstehend beschrieben sind. Die nur noch wenig benutzten Dehnungsschreiber von FRAHM und von FEREDAY-PALMER zeigen den Nachteil, daß sie großes Gewicht sowie große Meßlänge haben und viel Platz beanspruchen. Bei dem in den letzten Jahren entwickelten Dehnungsschreiber von S. BERG ist der Geber sehr leicht und klein. Dieses Gerät hat jedoch den Nachteil, daß die Schreibtrommel getrennt aufgestellt wird und von Fall zu Fall ausgerichtet werden muß; auch besitzt es keinerlei Vorkehrungen für Fernbedienung. Deshalb eignet sich dieser Dehnungsmesser gut für Untersuchungen an Maschinengehäusen und ähnlichen Teilen; für Messungen im Brückenbau und Schiffbau kommt er jedoch kaum in Betracht.

Die Möglichkeiten für den Bau dynamischer Dehnungsschreiber mit optischer Aufzeichnung sind heute bei weitem noch nicht erschöpft. Erstrebenswert ist ein leichtes und kleines Gerät mit etwa 50 mm Meßstrecke, in das ein Schreibwerk mit Uhrwerkantrieb oder elektrischem Antrieb eingebaut ist. Dabei sollte zur Verringerung der Abmessungen und des Gewichtes von der Möglichkeit Gebrauch gemacht werden, daß ein Teil der Vergrößerung in die Auswertung verlegt wird, so daß es genügt, die Dehnungen mit 20- bis 50facher Vergrößerung aufzunehmen. Sie können dann bei der Auswertung photographisch z. B. 10- bis 20fach vergrößert werden. Die Aufnahme könnte z. B. auf einer mit einer lichtempfindlichen Schicht überzogenen oder mit einem lichtempfindlichen Film bespannten kleinen Glastrommel erfolgen, die nur mit verhältnismäßig geringer Geschwindigkeit umzulaufen braucht und einen Vorschub in Achsrichtung erhält, so daß die Mittellinie der Aufzeichnungen eine Schraubenlinie darstellt.

Der Dehnungsschreiber von FRAHM.

Das in Abb. 99 dargestellte Gerät besitzt ein kastenförmiges Gehäuse, das am einen Ende der Meßstrecke mit zwei festen Spitzen *a* eingesetzt wird und am

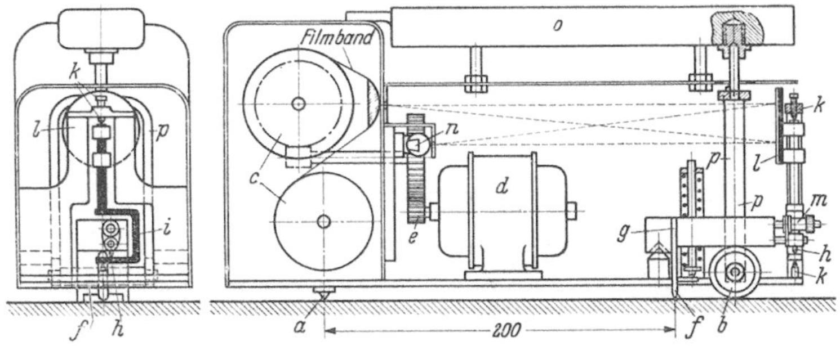

Abb. 99. Optischer Dehnungsschreiber von FRAHM.
a feste Spitzen; *b* Stützrolle; *c* Filmregistrierapparat; *d* Gleichstrommotor; *e* Zahnradübersetzung; *f* portalförmige Schneide; *g* Bügel; *h* Spitze zum Antrieb der Schwinge; *i* Schwinge; *k* Spitzenlagerung der Schwinge; *l* Hohlspiegel; *m* Nullpunktsregelung; *n* Glühlampe; *o* hölzerner Griff; *p* Druckbügel.

anderen Ende durch eine Rolle *b* unterstützt ist. In dem Gehäuse ist das Filmschreibwerk *c* eingebaut, das von einem kleinen Gleichstrommotor *d* mit regelbarer Geschwindigkeit unter Zwischenschaltung einer Zahnradübersetzung *e* angetrieben wird. In das zweite Ende der Meßstrecke wird unter Federdruck eine portalförmig ausgesparte Schneide *f* eingesetzt, die in der aus Abb. 99 ersichtlichen Weise an einem Bügel *g* befestigt ist. Dieser trägt am rechts liegenden Ende eine feine Spitze *h*, die durch den Federdruck kraftschlüssig in die Pfanne einer kurbelartig ausgebildeten Schwinge *i* eingreift. Diese ist mit senkrechter Achse zwischen Spitzen *k* gelagert und trägt einen Hohlspiegel *l*. Von diesem wird der Faden einer Glühlampe *n* auf den Film abgebildet. In der Schwinge *i* sind mehrere Pfannen in verschiedenen Abständen von der Achse angebracht, in welche die Spitze *h* wahlweise eingesetzt werden kann, so daß sich verschiedene Übersetzungen einstellen lassen. Schließlich ist eine Nullpunktregelung *m* vorgesehen, welche die Spitze *h* feinfühlig gegenüber dem Bügel *g* verschiebt und sich während des Betriebes einstellen läßt. Auch eine Zeitmarkierung ist angebracht. Die Aufspannung erfolgt in der Regel durch eine Schraubzwinge, die gegen den hölzernen Griff *o* gespannt wird. Am vorderen Ende wird der Druck durch einen U-förmigen Bügel *p*, der sich mit einer Spitze gegen den Griff stützt, auf die Stützrolle *b* übertragen. Gegebenenfalls kann das Gerät an dem Griff auch von Hand gegen die Meßstrecke gedrückt werden. Dieser Dehnungsschreiber wurde für die Bedürfnisse des Schiffbaues und des Schiffsmaschinenbaues entwickelt und hat sich dort bewährt.

Der Dehnungsschreiber von FEREDAY-PALMER.

Das in Abb. 100 in Grund- und Aufriß dargestellte Gerät besitzt ein zylindrisches Gehäuse von etwa 100 mm Dmr., das mit zwei festen Spitzen *a* in das eine Ende

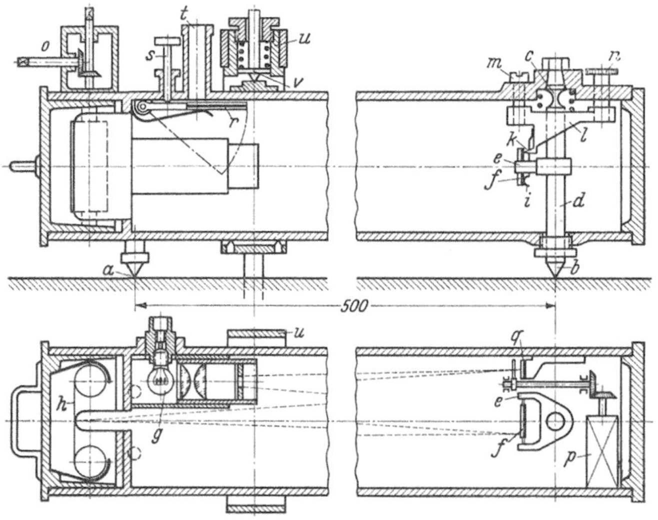

Abb. 100. Dehnungsschreiber von FEREDAY-PALMER.
a feste Spitzen; *b* bewegliche Meßspitze; *c* Federgelenk; *d* Bolzen; *e* Bügel; *f* Hohlspiegel; *g* Glühbirne; *h* Film; *i* Blattfeder zum Andrücken des Hohlspiegels *f*; *k* Schneide; *l* Paßstück; *m*, *n* Stellschrauben; *o* Kegelradvorgelege; *p* Uhrwerk; *q* rotierende Blende; *r* herunterklappbarer Spiegel; *s* Druckknopf; *t* Schauöffnung; *u* Aufspannbügel; *v* abgefederte Spitze des Aufspannbügels.

der 500 mm langen Meßstrecke eingesetzt wird. Die in das zweite Ende der Meßstrecke eingreifende bewegliche Spitze *b* bildet das Ende eines mittels Federgelenk gegen das Gehäuse abgestützten Bolzens *d*, der in einem Bügel *e* einen zwischen Spitzen drehbar gelagerten Hohlspiegel *f* trägt. Dieser bildet die durch eine Glühlampe *g* mit vorgeschaltetem Kondensor beleuchtete Spaltblende der Lichtquelle auf dem Film *h* ab, dem eine Schlitzblende vorgeschaltet ist. Bei Längenänderungen der Meßstrecke dreht sich der Bolzen *d* um das Federgelenk *c*. Hierdurch erfährt der Hohlspiegel *f*, der durch die Blattfeder *i* gegen die am Gehäuse feststehende Schneide *k* gedrückt wird, eine Verdrehung, die zu einer entsprechenden Auslenkung des Bildes auf dem Film *h* führt. Zwecks Änderung des Übersetzungsverhältnisses kann die Lage der Schneide *k* gegenüber der Drehachse des Hohlspiegels verschoben werden. Dies geschieht durch Verstellen des Paßstückes *l* mittels der Schrauben *m* und *n*. Dabei wird durch eine Schraubenfeder, die das Gelenk *c* umgibt, kraftschlüssige Verbindung hergestellt. Der Antrieb des Filmes erfolgt von einem gesondert aufgestellten Uhrwerk oder Elektromotor über eine biegsame Welle, die mit dem Kegelradvorgelege *o* gekuppelt ist.

Die Zeitmarkierung wird durch eine von dem Uhrwerk *p* angetriebene rotierende Blende *q* bewirkt.

Will man das Arbeiten des Lichtzeigers subjektiv beobachten, so klappt man durch Betätigen des Knopfes *s* den Spiegel *r* in den Strahlengang herunter, worauf der Lichtzeiger in der Schauöffnung *t* erscheint.

Die Aufspannung erfolgt durch einen um das Gerät herumgreifenden Bügel *u*, der eine abgefederte Spitze *v* trägt.

Das konstruktiv ausgezeichnet durchgearbeitete Gerät ist für Messungen an Brücken entwickelt worden. Nachteilig ist auch hier die ungewöhnlich große Meßstrecke und das beträchtliche Gewicht.

Die Verwendung des Spiegeldehnungsmessers von S. Berg *zu dynamischen Dehnungsmessungen.*

Der auf S. 517 beschriebene Spiegeldehnungsmesser von S. Berg kann nach Hinzufügen einer Aufnahmevorrichtung für die Durchführung von dynamischen Dehnungsmessungen an Maschinengehäusen oder im wesentlichen ruhenden Maschinenteilen benutzt werden. Dabei werden Geräte mit Meßlängen von 15 oder 20 mm verwendet. Die Masse der kleinen Walze, die den Drehspiegel trägt, ist so gering, daß das Gerät, wie Eichversuche auf dem Schütteltisch der Deutschen Reichsbahn bewiesen haben, bei einer Frequenz von 300 Hz und einer Amplitude von $\pm 30\,\mu$ noch einwandfrei arbeitet.

Zur Aufnahme der Aufzeichnungen ist eine besondere Trommelkasette entwickelt worden, die in Abb. 101 im Schnitt dargestellt ist. Sie wird auf einem allseitig einstellbaren Stativ befestigt.

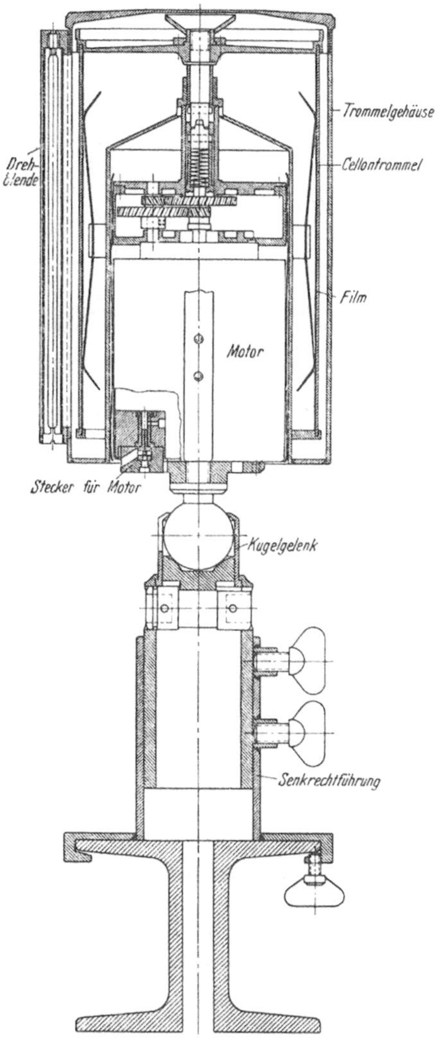

Abb. 101. Aufnahmegerät zu dem Drehspiegeldehnungsmesser von S. Berg.

Die Aufnahmetrommel besteht im wesentlichen aus einem Cellonrohr, das an einer Scheibe befestigt ist, die den Wellenstummel mit der Lagerung trägt. Das lichtempfindliche Papier wird innen in das Cellonrohr geschoben und durch Blattfedern angedrückt. Die Trommel ist von einem Blechgehäuse umschlossen, dessen innerer Mantel auf den Antrieb geschoben wird, während der äußere Mantel oben durch einen Deckel abgeschlossen ist, nach dessen Entfernung die Trommel zwecks Auswechslung des Filmes aus dem Gehäuse herausgenommen werden kann. Die Trommelwelle ist im Halsstück des inneren Gehäusemantels gelagert. Die Belichtung wird durch eine am äußeren Gehäusemantel angeordnete Drehblende, die von Hand betätigt wird, vorgenommen.

Der Antrieb erfolgt durch einen Elektromotor mit Stirnradvorgelege, der auf dem Kugelgelenk des Stativs befestigt ist. Über das zylindrisch abgedrehte Motorgehäuse wird der Innenmantel des Trommelgehäuses geschoben und durch Federn festgehalten. Die Mitnahme der Trommelwelle erfolgt durch eine federnde Kupplung.

Zum Auswechseln des Filmes kann die Trommel samt ihrem lichtdichten Gehäuse mit einem Griff abgenommen und in die Dunkelkammer gebracht werden.

Die Beleuchtungsvorrichtung ist die gleiche wie bei den statischen Dehnungsmessungen. Abb. 102 zeigt schematisch die Gesamtanordnung.

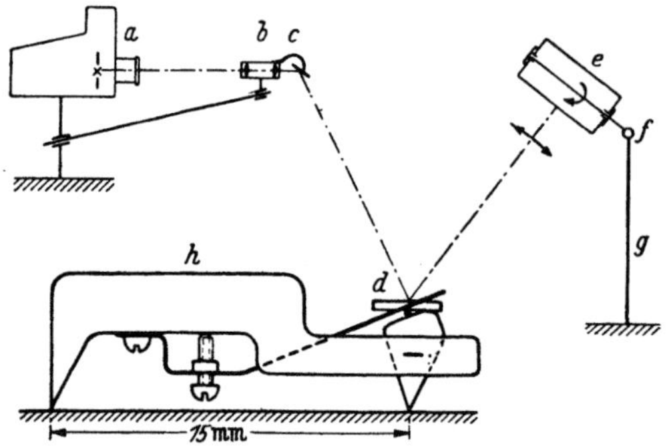

Abb. 102. Gesamtanordnung bei Durchführung dynamischer Dehnungsmessungen mit dem Spiegeldehnungsmesser von S. BERG. *a* Bogenlampe; *b* Linsensystem; *c* Umlenkspiegel; *d* Walze mit dem Schwingspiegel des Dehnungsmessers; *e* Aufnahmegerät; *f* Kugelgelenk; *g* Stativ; *h* Dehnungsmesser.

d) Elektrische Geräte.

Die elektrischen Geräte haben auch bei Durchführung dynamischer Dehnungsmessungen an Großbauteilen den wesentlichen Vorteil, daß die Aufzeichnungen zahlreicher Meßstellen nebeneinander erfolgen können. So hat z. B. die Deutsche Reichsbahn bei ihrem Brückenmeßwagen die Möglichkeit, 24 Meßstellen auf 3 Oszillographen mit je 8 Meßschleifen, deren Filmantriebe mechanisch miteinander gekuppelt werden können, aufzunehmen. Die Aufzeichnungen sind dann alle im gleichen Maßstab gehalten, so daß gleichzeitige Punkte aller Aufzeichnungen genau übereinanderliegen, wenn man die Filme nach Kontrollmarken richtig orientiert zusammenlegt.

Ferner ist gerade bei Messungen an Brücken und anderen Eisenkonstruktionen vorteilhaft, daß die Meßstellen nicht mehr begangen zu werden brauchen, wenn die Geräte angesetzt sind. Bei Geräten mit optischer Aufzeichnung müßte die oft recht unbequem zu erreichende Meßstelle jedesmal zur Auswechslung des Filmes aufgesucht werden.

Die Betriebssicherheit der elektrischen Geräte ist heute so vollkommen, daß in dieser Hinsicht keinerlei Bedenken mehr am Platze sind. Ihre großen Vorteile haben dazu geführt, daß z. B. die Deutsche Reichsbahn bei ihren Brückenmessungen ausschließlich elektrische Geräte benutzt. Es sind dies einerseits *Schleifdrahtverschiebungsmesser*, andererseits *Kohledruckdehnungsmesser*.

Schleifdrahtverschiebungsmesser.

Dieses zuerst von ELSÄSSER[1] angegebene Meßgerät ist überall da am Platz, wo verhältnismäßig große Dehnungswege zu messen sind, z. B. bei Messung der schwingenden Durchbiegungen von Brücken, die beim Hinüberfahren eines Zuges auftreten oder bei Messung der Relativbewegungen zwischen den Achsen und dem Wagenkasten eines D-Zugwagens oder Kraftwagens. Die Geräte werden in verschiedenen Ausführungsformen gebaut. Der Grundgedanke ist dabei stets der gleiche.

Ein Schleifdraht aus Widerstandsmaterial, z. B. Konstantan, wird gemäß Abb. 103 an seinen Enden mit zwei Zweigen R_3 und R_4 einer WHEATSTONEschen Brücke verbunden. An diesen Klemmen liegt gleichzeitig die Spannung einer

[1] ELSÄSSER: Z. VDI Bd. 68 (1924) S. 485.

Akkumulatorenbatterie. Auf den Schleifdraht greift ein Schleifkontakt auf, der den Draht in zwei Teilwiderstände zerlegt, welche die beiden weiteren Zweige R_1 und R_2 der Brückenschaltung bilden. Als „Brückengalvanometer" dient eine Oszillographenschleife O, deren eine Klemme an dem Schleifkontakt und deren zweite Klemme an der Verbindungsstelle der Widerstände R_3 und R_4 liegt. Der Schleifkontakt wird mit dem einen, das Gehäuse, in dem der Schleifdraht befestigt ist, mit dem anderen Ende der Meßstrecke verbunden. In der Nullage wird die Brückenschaltung durch Abgleichen der Widerstände R_3 und R_4 ins Gleichgewicht gebracht, so daß in der Meßschleife kein Strom fließt. Verschiebungen der Meßstrecke rufen dann verhältnisgleiche Ströme in der Meßschleife hervor.

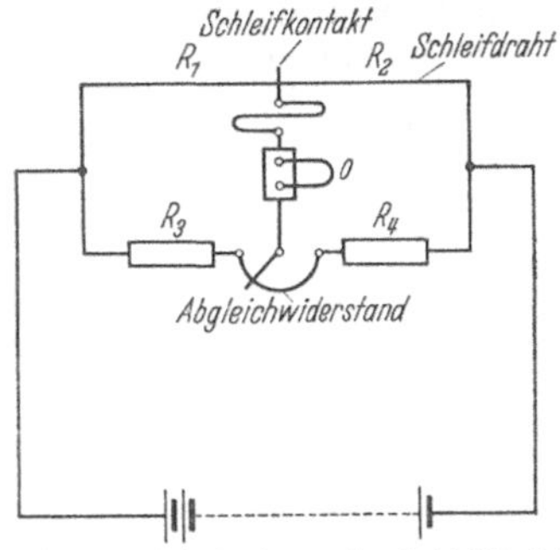

Abb. 103. Schaltschema des Schleifdrahtverschiebungsmessers.

Abb. 104 zeigt eine Ausführungsform des Schleifdrahtverschiebungsmessers, die heute bei den Brückenmessungen der Deutschen Reichsbahn verwendet wird[1]. Das zylindrische mit einem Cellonfenster versehene Gehäuse *b* ist an einer Schraubzwinge *a* befestigt, die an einem ortsfesten Punkt, in der Regel an einer neben der zu messenden Brücke liegenden zweiten Brücke festgespannt wird. Deckel *c* und Boden *d* des Gehäuses bestehen aus Isolierstoff. Der Schleifdraht *e* ist mit dem einen Ende an einer im Boden *d* eingesetzten Steckbuchse *i* befestigt und wird durch den Schleifkontakt *g* und über eine am Deckel *c* befestigte Rolle geführt. An seinem freien Ende greift eine Zugfeder *f* an, die an der zweiten Steckbuchse *i* eingehängt ist. Das Zuleitungskabel ist dreiadrig.

Der Schleifkontakt *g* besteht im wesentlichen aus einem mit einer Bohrung für den Schleifdraht versehenen Bronzeblech, das auf den beiden Führungsstangen *k* gleitet und an dem die Mitnehmerstange *h* befestigt ist, die an den Punkt, dessen Durchbiegungen gemessen werden sollen, angeschlossen wird. Der Strom zur Oszillographenschleife wird an den Führungsstangen *k* abgenommen.

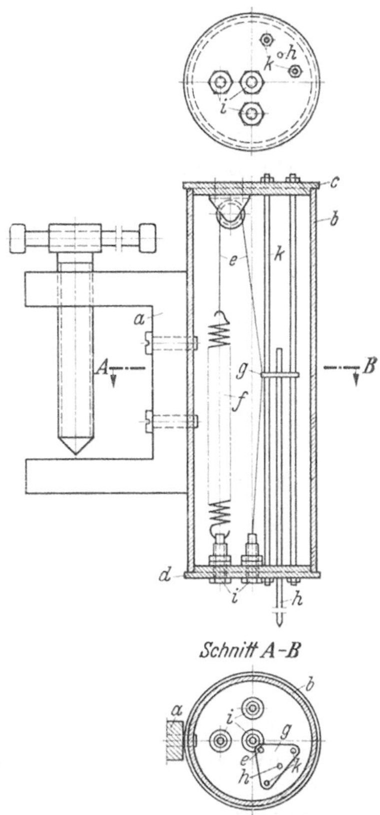

Abb. 104. Ausführungsform des Schleifdrahtverschiebungsmessers für die Brückenmessungen der Deutschen Reichsbahn.
a Befestigungszwinge; *b* Zylinderhülse mit Cellonfenster; *c* Deckel; *d* Boden; *e* Meßdraht; *f* Feder; *g* Schleifkontakt; *h* Mitnehmerstange; *i* drei Steckbuchsen; *k* Führungsstangen.

Eine andere Ausführungsform zeigen die rohrförmigen Verschiebungsmesser der Siemens u. Halske AG. und der Askaniawerke. Abb. 105 zeigt das Schaltschema des Siemens-Gerätes[2]. Hier befindet sich der gesamte Brückenkreis im Gerät selbst. In dem rohrförmigen Gehäuse sind 2 Schleifdrähte aus Konstantan

[1] KRABBE: Stahlbau Jg. 10 (1937) Heft 26.
[2] LEHR, E.: Masch.-Bau Betrieb Bd. 10 (1931) S. 711.

a, *b* und zwei Schleifdrähte *c*, *d* aus Bronze ausgespannt. Es sind zwei Schleifkontakte *e*, *f* vorhanden, die isoliert an einem Flansch der im Gehäuse gelagerten Stoßstange des Gerätes befestigt sind. Sie bestehen im wesentlichen aus dünnen Blechen, die mit Einschnitten für die Drähte versehen sind. Die Konstantandrähte sind, wie aus Abb. 105 ersichtlich, über Kreuz verbunden. Sie werden durch die Schleifkontakte in die 4 Zweige der Brückenschaltung unterteilt. Die Stromquelle ist an die Verbindungsstellen dieser Drähte gelegt. Die Drähte *b* und *c* dienen lediglich zur Stromabnahme an den Kontakten *e* und *f*. Sie sind mit der Meßschleife *s* verbunden.

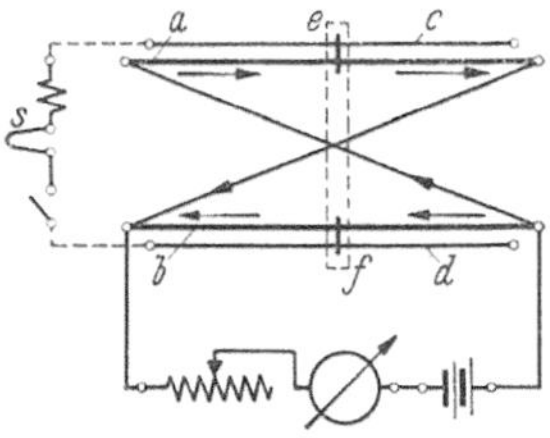

Abb. 105. Schaltschema des Schleifdrahtverschiebungsmessers von Siemens u. Halske. *a*, *b* Widerstände aus Konstantan; *c*, *d* Stromabnahmerdrähte; *e*, *f* Schleifkontakte; *s* Meßschleife des Oszillographen.

Bei dem Askania-Gerät sind zwei Widerstandsdrähte U-förmig hin- und zurückverlegt. Zwischen beiden Zweigen eines jeden Widerstandsdrahtes befindet sich auf gemeinsamem Schieber ein Kontaktstück, das die dadurch überbrückte Schleife des Drahtes kurzschließt. Die beiden Drähte sind so angeordnet, daß bei Verschiebung der Stoßstange mit dem Schieber die kurzgeschlossene Schleife bei dem einen Draht kürzer, bei dem anderen um ein entsprechendes Stück länger wird, und zwar derart, daß der gesamte im Brückenkreis verbleibende Widerstand beider Drähte eine gleichbleibende Summe

Abb. 106. Schleifdrahtverschiebungsmesser der Askania-Werke mit in Kreisform angeordnetem Widerstandsdraht und Übertragung der Bewegung durch einen Spanndraht auf eine unter starker Federspannung stehende Schnurrolle.

bildet. Durch diese Schaltung wird eine höhere Empfindlichkeit des Gerätes erreicht. Im Gerät selbst liegen wie bei der Anordnung Abb. 104 nur zwei Zweige der Brücke. Die beiden weiteren Zweige sind in Form von Doppelschiebewiderständen im Schaltkasten angeordnet.

Eine Stromzuführung zu dem Schieber ist nicht erforderlich, da dieser lediglich als Kurzschließer dient. Die am Schieber befestigte Stoßstange wird durch eine Feder gegen den bewegten Teil gedrückt. Das rohrförmige Gehäuse läßt sich leicht einspannen.

Abb. 106 zeigt eine weitere Ausführung des Verschiebungsmessers, der von den Askania-Werken hergestellt wird[1]. Hier wird die Verschiebung mittels eines

[1] Fortschr. Eisenbahnwes. Bd. 89 (1934) Heft 19.

Spanndrahtes, der auf eine unter Federspannung stehende Schnurscheibe aufläuft, auf das Meßgerät übertragen. Auf der Achse der Schnurscheibe sitzt ein Schleifbügel, der über einen kreisförmig und konzentrisch zur Achse angeordneten Widerstandsdraht schleift. Dieser Draht bildet in ähnlicher Weise wie bei Abb. 104 die beiden Zweige einer WHEATSTONEschen Brücke. Die Feder in der Schnurscheibe ist so stark bemessen, daß das Gerät noch bei sehr raschen Schwingungen mit Beschleunigungen bis zur 70fachen Fallbeschleunigung zu folgen vermag. Mit diesen Geräten können Bewegungen bis herab zu 0,1 mm noch einwandfrei gemessen werden.

Der Kohledruckdehnungsmesser.

Dieses Gerät wurde zuerst vom Bureau of Standards in Washington nach Angaben von PETERS und JOHNSTON hergestellt. In etwas abgeänderter Form benutzte es SIEMANN zu Dehnungsmessungen an Schiffen[1]. Seit etwa 10 Jahren

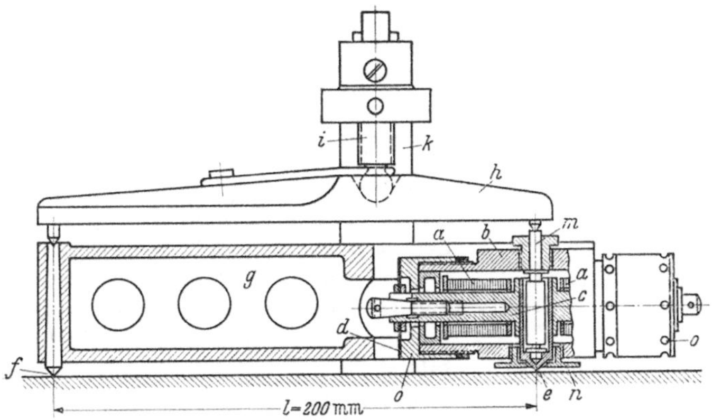

Abb. 107. Kohledruckdehnungsmesser der Deutschen Reichsbahn, ältere Bauform.
a Kohlekontaktsäulen; *b* zylindrisches Gehäuse; *c* Druckstück; *d* Membranen zur Geradführung des Druckstückes; *e* Meßspitze des Druckstückes; *f* feste Meßspitzen; *g* Rahmen; *h* Joch zum Aufspannen; *i* Druckschraube mit kugeligem Kopf; *k* schraubzwingenartiger Halter; *l* Meßstrecke; *m* Druckstütze; *n* Feststellmutter zur Meßspitze *e*; *o* Überwurfmuttern des Gehäuses *b* zum Einstellen der Vorspannung in den Kohlesäulen.

wurde der Kohledruckdehnungsmesser von der Deutschen Reichsbahn besonders von BERNHARD zu hoher Vollkommenheit entwickelt[2].

Abb. 107 zeigt den Aufbau der älteren, Abb. 108 den der neuen Bauform, Abb. 109 das Schaltschema. Der wesentlichste Teil sind die aus dünnen, plangeschliffenen, ringförmigen Kohleblättchen aufgebauten Kohlekontaktsäulen *a*. Bei der älteren Bauform sind diese in einem zylindrischen Gehäuse *b* gegen ein in der Mitte liegendes Druckstück *c* gespannt, das durch Membranen *d* geradegeführt ist und eine Spitze *e* trägt, die in das eine Ende der Meßstrecke eingesetzt wird. Mit dem zylindrischen Gehäuse *b* ist ein Rahmen *g* verbunden, an dessen Ende zwei feste Spitzen *f* angeordnet sind, die in das zweite Ende der Meßstrecke gesetzt werden. Die Aufspannung erfolgt mit Hilfe eines mit drei Spitzen versehenen Joches *h*, in das eine Druckschraube mit kugeligen Kopf *i* eingreift; diese ist in einen schraubzwingenartigen Halter *k* eingeschraubt, der an der Meßstelle festgeklemmt wird. Der Druck wird auf die Meßspitze *e* durch eine besondere Druckstütze *m* übertragen; zum Festlegen der Meßspitze *e* beim Aufsetzen des Gerätes ist eine Feststellmutter *n* angeordnet.

[1] SIEMANN: Z. VDI Bd. 70 (1926) S. 539 u. 635.
[2] BERNHARD: Bautechn. Bd. 6 (1928) S. 145. Beilage der „Stahlbau" Mechanische Schwingungen der Brücken. Berlin 1933.

Die Vorspannung der Kohlesäulen wird mit Hilfe der Überwurfmutter *o* eingestellt.

Bei der neuen Bauform ist das Gerät wesentlich leichter gehalten und in seinem Aufbau vereinfacht, auch wurde die Meßlänge von 200 auf 50 mm herabgesetzt. In Sonderfällen kann die Meßlänge sogar bis auf 20 mm vermindert werden.

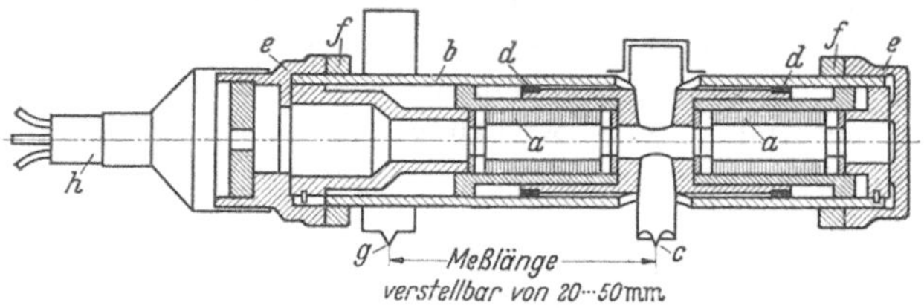

Abb. 108. Kohledruckdehnungsmesser der Deutschen Reichsbahn, neuere Bauform.
a Kohlekontaktsäulen; *b* zylindrisches Gehäuse; *c* Mittelstück mit beweglicher Spitze; *d* Gummiringe zur Halterung des Mittelstückes; *e* Überwurfmuttern; *f* Gegenmuttern; *g* Klemmring mit fester Spitze; *h* Kabelzuführung.

Das Mittelstück *c* ist hier durch Gummiringe *d* elastisch in dem zylindrischen Gehäuse *b* gehalten, das an seinen Enden Überwurfmuttern *e* trägt, die zur Änderung der Vorspannung verstellt und mit Gegenmuttern *f* gesichert werden können. Die feste Spitze ist an einem Ring *g* angearbeitet, der zur Verstellung der Meßlänge auf dem Gehäuse verschoben und in beliebiger Lage festgeklemmt werden kann. Die Aufspannung erfolgt ähnlich wie bei Abb. 107.

Die Wirkungsweise ist folgende: Erfährt die Meßstrecke eine Längenänderung, so verschiebt sich das Mittelstück *c* gegenüber dem Gehäuse um einen entsprechenden Betrag. Hierbei wird die eine Kohlensäule zusammengepreßt und erfährt eine Widerstandsverminderung, die zweite Säule verlängert (also entspannt), wobei ihr Widerstand steigt. Die beiden Säulen bilden nun nach dem Schaltschema Abb. 109 zwei Zweige einer WHEATSTONEschen Brücke. Die beiden anderen Zweige bestehen aus zwei Festwiderständen mit dazwischen angeordnetem Abgleichwiderstand. Die Meßanordnung wird durch eine Akkumulatorenbatterie gespeist; als Brückengalvanometer dient ein Oszillograph, der mit der gesamten Schaltung im Meßwagen untergebracht ist. Bei beiden Bauarten wird eine Meßgenauigkeit von 5 kg/cm² erreicht. Bis zu einer Frequenz von 300 Hz konnte kein Einfluß der Frequenz auf die Meßanzeige beobachtet werden. Wichtig für die Meßgenauigkeit ist, daß die Geräte vor Benutzung auf dem Schütteltisch genügend lange einer Schwingung ausgesetzt werden, wobei die ursprünglich vorhandene Hysterisisschleife in der Meßanzeige fast ganz verschwindet.

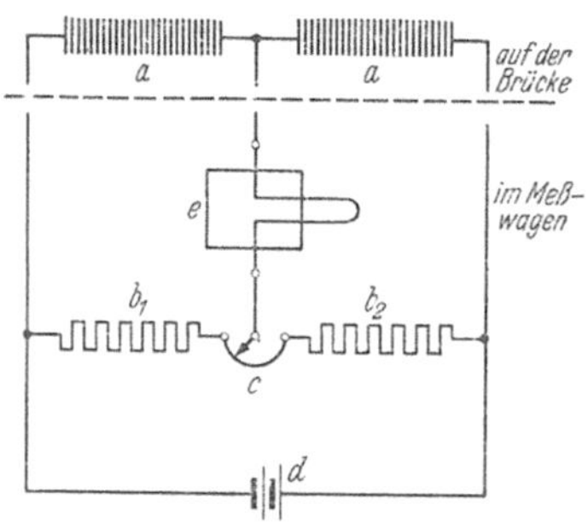

Abb. 109. Schaltschema des Kohledruckdehnungsmessers.
a Kohlekontaktsäulen; b_1, b_2 Festwiderstände; *c* Abgleichwiderstand; *d* Akkumulatorenbatterie; *e* Meßschleife des Oszillographen.

Kapazitive Geräte.

Auf die kapazitiven Geräte hat man ursprünglich große Hoffnungen gesetzt, da sie leicht außerordentlich große Empfindlichkeit erreichen lassen. Um so größer ist aber auch die Anfälligkeit für Störungen aller Art. Sie hat dazu geführt, daß derartige Geräte bisher nur bei sorgfältig aufgebauten und gegen äußere Einflüsse geschützten Laboratoriumsversuchen zufriedenstellend gearbeitet haben. Von den zahlreichen Schaltungen, die angegeben worden sind, seien hier nur als wichtigste die Schaltung bei dem sog. Kraftverlaufmesser von Siemens u. Halske und die Schaltung für das sog. „Prinzip der halben Resonanzkurve" herausgegriffen.

Bei allen kapazitiven Meßanordnungen wird ein kleiner Kondensator als Geber benutzt. Er besteht im wesentlichen aus zwei Metallplatten, die bei beschränkten Platzverhältnissen nur 4 bis 5 cm² groß zu sein brauchen und durch geeignete Zwischenstücke mit den beiden Enden der Meßstrecke verbunden sind. Die Platten stehen sich mit einem Luftspalt von meist weniger als 0,5 mm gegenüber. Erleidet die Meßstrecke Längenänderungen, so ändert sich der Luftspalt des Kondensators, wodurch Kapazitätsschwankungen hervorgerufen werden, die den Dehnungen verhältnisgleich sind. Dieser Aufbau des Meßkondensators ist allen Systemen gemeinsam. Ein Unterschied besteht nur in der Art, wie die Kapazitätsänderungen in Stromschwankungen umgesetzt werden.

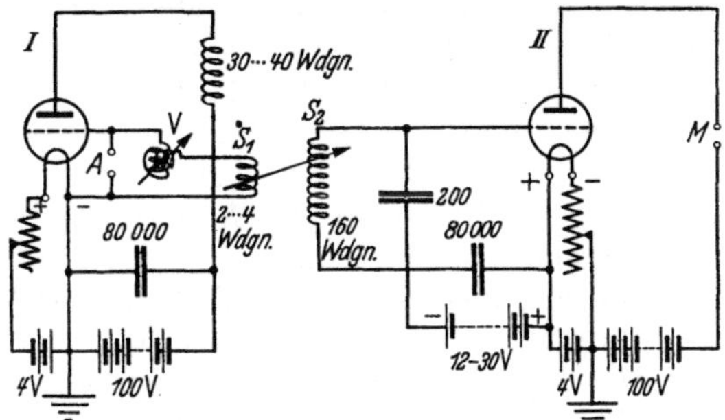

Abb. 110. Schaltschema für den kapazitiven dynamischen Dehnungsmesser von GERDIEN.

Abb. 110 zeigt das von GERDIEN[1] angegebene Schaltschema, das etwa nach der gleichen Schaltung aufgebaut ist, die RIEGGER[2] für das bekannte Kondensatormikrophon entwickelte.

Der an den Klemmen A anzuschließende Meßkondensator bildet den wesentlichsten Teil der Kapazität eines elektrischen Schwingungskreises, der in Selbsterregerschaltung an der Elektronenröhre I liegt, so daß er mit seiner Eigenschwingungszahl erregt wird. Die Frequenz dieses Schwingungskreises ändert sich, da die Selbstinduktion konstant bleibt, mit der Kapazität des Meßkondensators. Dieser Röhrenkreis ist mit einem zweiten elektrischen Schwingungskreis lose gekoppelt, der eine konstante Eigenfrequenz besitzt und so abgestimmt wird, daß bei der mittleren Stellung des Meßkondensators seine Eigenschwingungszahl nur wenig höher ist als die des Meßkreises. Dieser zweite Schwingungskreis wird dann nahezu in Resonanz erregt. Abb. 111 zeigt schematisch die zugehörige Resonanzkurve. Die mit ν_1 bezeichnete Ordinate gibt die Stromamplitude des Kreises II an, die zustande kommt, wenn der Meßkondensator sich in seiner Mittelstellung befindet. Bei Längenänderungen der Meßstrecke wird die Eigenfrequenz des Meßkreises erhöht oder erniedrigt. Wie man an Hand der Abb. 111 verfolgen kann, ändert sich dabei die Stromamplitude des sehr schwach gedämpften zweiten Schwingungskreises nach dem Gesetz der Resonanzkurve außerordentlich stark, so daß bereits kleine Änderungen der Eigenschwingungszahl sehr hohe Stromänderungen bedingen. Zur Aufzeichnung eines dem Strom im zweiten Schwingungskreis verhältnisgleichen Ausschlages durch den Oszillographen (dieser wird an die mit M bezeichneten Klemmen angeschlossen) wird vor diesen eine Elektronenröhre geschaltet, die gleichzeitig zur Gleichrichtung und zur Verstärkung des Stromes dient. Die weiteren Einzelheiten der Schaltung gehen aus Abb. 110 hervor.

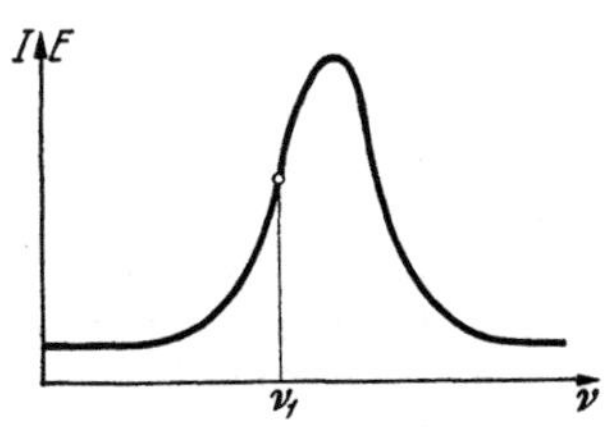

Abb. 111. Resonanzkurve des fest abgestimmten Schwingungskreises II der Schaltung nach Abb. 110.

Die Abhängigkeit zwischen dem Ausschlag auf dem Film des Oszillographen und den durch den Meßkondensator angezeigten Längenänderungen wird

[1] GERDIEN: Wiss. Veröff. Siemens-Konzern Bd. 8 (1929) S. 126.
[2] RIEGGER: Wiss. Veröff. Siemens-Konzern Bd. 3 (1924) S. 67.

zweckmäßig durch Versuch ermittelt. Sie ist nur in einem beschränkten Bereich angenähert geradlinig.

Mit dieser Meßanordnung lassen sich noch Längenänderungen von 10^{-6} mm nachweisen. Wichtig bei den Messungen ist, daß der Kapazitätsanteil, der auf die Verbindungsleitung zwischen Meßkondensator und Aufnahmegerät entfällt, möglichst klein gemacht wird. Man verwendet zweckmäßig ein zweiadriges, kapazitätsarmes Abschirmkabel, dessen Außenleiter geerdet ist und mit den metallischen Teilen der Haltevorrichtung des Meßkondensators in leitender Verbindung steht, so daß die ganze Meßanordnung gut abgeschirmt ist.

Der Kraftverlaufmesser von Siemens u. Halske[1].

Die GERDIENsche Schaltung ist trotz aller Vorsichtsmaßnahmen sehr anfällig für Störungen. Wesentlich betriebssicherer ist der SIEMENSsche Kraftverlaufmesser, der ursprünglich für Kraftmeßdosen mit kapazitivem oder nach dem Prinzip der Magnetostriktion arbeitendem Meßorgan entwickelt wurde, aber auch für dynamische Dehnungsmessungen verwendet werden kann. Abb. 112 zeigt das Schaltschema. Als Stromquelle für Anodenstrom und Heizstrom der Röhren dient ein für Netzanschluß mit 120 oder 220 V Wechselstrom eingerichteter Röhrengleichrichter.

Die Messungen werden in der Weise vorgenommen, daß der kapazitive Geber in eine Wechselstrombrücke eingegliedert wird, wobei er in Parallelschaltung mit einem Drehkondensator C_{12} den einen Brückenzweig bildet. Der Drehkondensator C_{12} dient dabei zur Einregelung des Nullpunktes. Als zweiter Brückenzweig ist eine Kapazität C_{11} vorgesehen; die beiden anderen Brückenzweige werden durch die OHMschen Widerstände R_{10} und R_{11} gebildet. An die Brücke wird eine Frequenz von 5000 Hz gelegt, die durch den links im Schaltschema dargestellten rückgekoppelten Röhrengenerator erzeugt wird, der durch einen Übertrager $Ü_4$ an die Meßbrücke angeschlossen ist. Als Meßwert wird die Spannung an den beiden weiteren Kreuzungspunkten der Meßbrücke abgenommen und einem Einrohrverstärker mit regelbarer Verstärkung zugeführt. Der Strom der an dem Übertrager $Ü_3$ dieses Verstärkers abgenommen wird, besitzt die Form einer amplitudenmodulierten Schwebung mit einer Trägerfrequenz von 5000 Hz. Die Hüllkurve dieser Schwebung entspricht den Kapazitätsänderungen des Meßkondensators und damit den Dehnungen der Meßstrecke. Da die Aufzeichnung des Oszillographen die Dehnungen der Meßstrecke verhältnisgleich abbilden soll, kommt es jetzt nur noch darauf an, aus den Schwebungen einen Strom abzuleiten, der in jedem Augenblick der Ordinate der Hüllkurve verhältnisgleich ist und in dem die Trägerschwingung nicht mehr in Erscheinung tritt. Dieses Ziel wird dadurch erreicht, daß zunächst hinter den Verstärker eine Gleichrichterbrücke geschaltet ist, die eine Sonderschaltung enthält, durch die eine Zunahme der Kapazität des Meßkondensators als positiver Ausschlag der Meßschleife, eine Abnahme der Kapazität des Meßkondensators als negativer Ausschlag der Meßschleife erscheint, so daß also z. B. eine sinusförmige Dehnung der Meßstrecke auch als entsprechende Sinuslinie vom Oszillographen abgebildet wird. Die phasenempfindliche Gleichrichterbrücke nach WALTER[2] besteht aus vier Trockengleichrichtern, den Widerständen R_5, R_6 und dem Übertrager $Ü_3$. Der Kunstgriff der Schaltung besteht darin, daß die Gleichrichter mit einer konstanten Wechselspannung, die dem Übertrager $Ü_4$ entnommen wird, vorgespannt werden, was zur Folge hat, daß der aus der Gleichrichterbrücke entnommene Strom bis zu den kleinsten Amplituden eine lineare Funktion der Kapazitätsänderungen ist. Hinter der Gleich-

[1] Nach Unterlagen der Firma Siemens u. Halske AG.
[2] WALTER: Z. techn. Phys. Bd. 13 (1932) S. 362.

richterbrücke ist eine Siebkette mit einer Grenzfrequenz von 3000 Hz angeordnet, die zur Beseitigung von restlichen Anteilen der Trägerschwingung dient, die

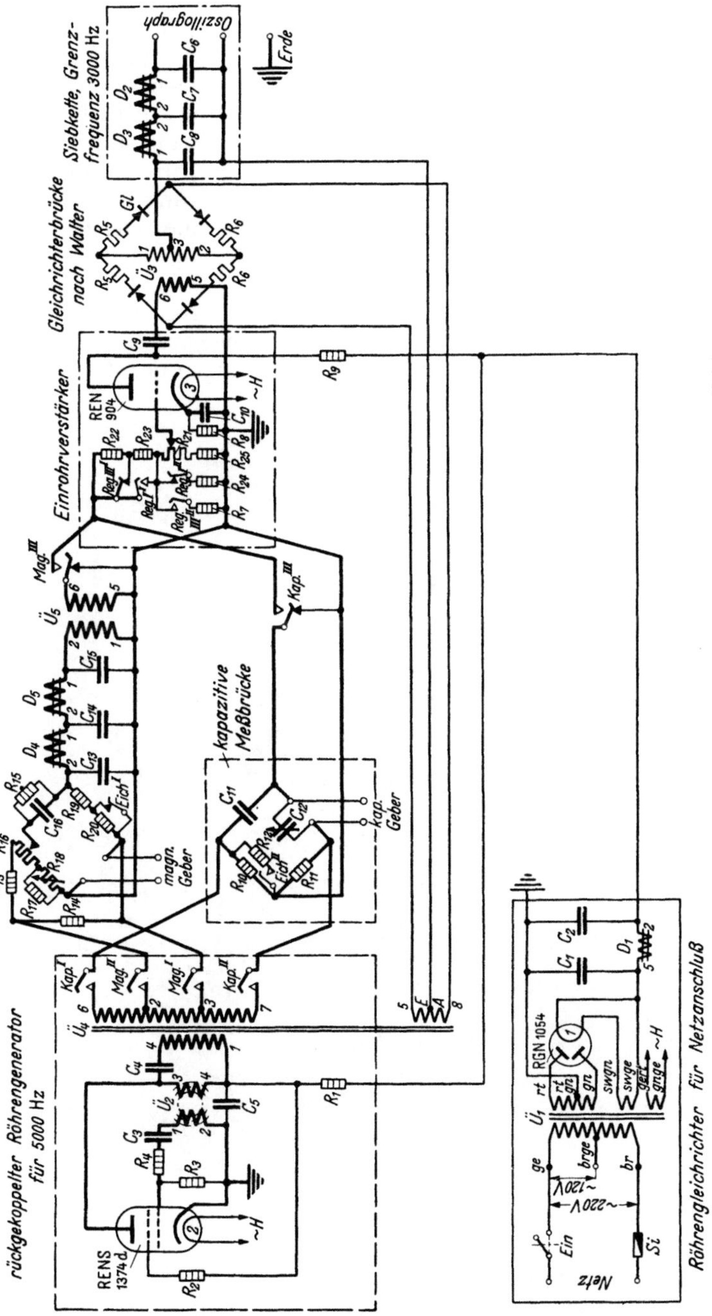

Abb. 112. Gesamtschaltbild des Kraftverlaufmessers von Siemens u. Halske.

infolge von Verschiedenheiten der Gleichrichter im Ausgangsstrom noch enthalten sind. Zur Eichung des Gerätes dient der Widerstand R_{12}, der durch Niederdrücken einer Taste zu dem Widerstand R_{10} der Meßbrücke parallel geschaltet wird und eine feste Verstimmung der Brücke bewirkt, welche dieselbe

Stromänderung im Oszillographen hervorruft, wie eine bestimmte Längenänderung der Meßstrecke von z. B. 1 μ. Das Übersetzungsverhältnis ist dann einfach gleich dem Quotienten aus der Auslenkung des Lichtstrahles auf dem Oszillographenfilm, den das Einschalten des Eichwiderstandes R_{12} hervorruft und der Längenänderung der Meßstrecke, die die gleiche Verstimmung der Meßbrücke hervorruft wie der Eichwiderstand. Auf die weiteren Einzelheiten der Schaltung braucht hier nicht näher eingegangen zu werden. Es sei jedoch noch erwähnt, daß der Einfluß von Änderungen der Zuleitungskapazität

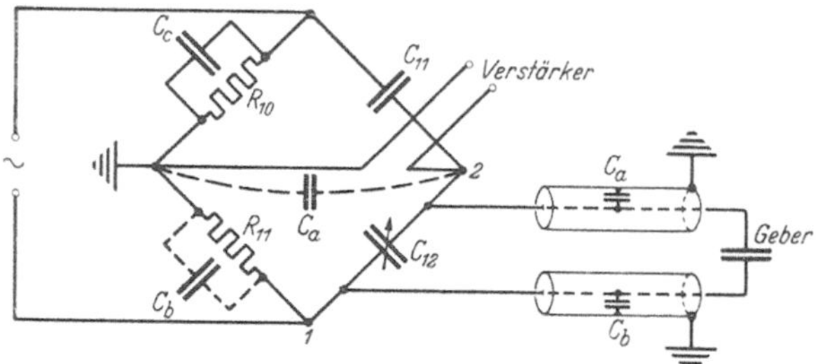

Abb. 113. Schaltbild der kapazitiven Meßbrücke mit angeschlossenem Geber zur Erklärung für die Kompensation der Leitungskapazität.

Abb. 114. Ansicht des Kraftverlaufmessers von Siemens u. Halske.

auf das Meßergebnis durch einen Kunstgriff weitgehend ausgeschaltet ist. Es wird dabei die Eigenschaft der Gleichrichterbrücke nach WALTER ausgenutzt, daß sie nicht auf Komponenten reagiert, die um 90° gegen die Spannung, mit der die Gleichrichter vorgespannt sind, phasenverschoben ist.

Jede der beiden Zuleitungen ist mit einer geerdeten Abschirmung umgeben, mit der sie die Kapazität C_a bzw. C_b bildet. Die Lage dieser Abschirmungskapazitäten in der Meßbrücke ist in Abb. 113 gestrichelt angedeutet, wobei zu beachten ist, daß der Verbindungspunkt der Widerstände R_{10} und R_{11} ebenfalls geerdet ist. Wie man erkennt, liegt C_b parallel zu R_{11}. Um das Brückengleichgewicht herzustellen, wird zu R_{10} eine Kapazität C_c parallel geschaltet, die von Fall zu Fall entsprechend der Zuleitung abzugleichen ist. Kleine Änderungen von C_b treten nicht in Erscheinung, da die von ihnen hervorgerufenen Spannungen am Brückenausgang um 90° gegen die durch Kapazitätsänderungen des Gebers hervorgerufenen verschoben sind und daher, wie erwähnt, in der Gleichrichterbrücke nicht beachtet werden. C_a stört das Brückengleichgewicht nicht und bewirkt lediglich eine Empfindlichkeitsverminderung, die sich aber kaum bemerkbar macht. Die Kapazität des Gebers allein beträgt normalerweise etwa 200 bis 250 pF; einschließlich der Zuleitungen bewegt sie sich je nach der Länge der Zuleitungen in der Größenordnung von etwa 800 bis 1000 pF.

Die Schaltung für den Magnetostriktionsgeber ist sinngemäß aufgebaut. Sie kann wahlweise eingeschaltet werden. Es erübrigt sich, in diesem Zusammenhang näher darauf einzugehen.

Abb. 114 zeigt eine Ansicht des in einem handlichen Kasten untergebrachten Gerätes.

2. Dynamische Dehnungsschreiber für rasch bewegte Maschinenteile.

Die Erzielung zuverlässiger Ergebnisse bei dynamischen Dehnungsmessungen an rasch bewegten Maschinenteilen stellt ungewöhnliche Anforderungen. Die bisher beschriebenen Meßgeräte sind hierfür ungeeignet. Grundsätzlich ist diese Aufgabe nur mit elektrischen Meßgeräten zu bewältigen. Als neue Forderungen treten nunmehr hinzu: Geringer Raumbedarf, kleinstes Gewicht und einwandfrei sichere Befestigung des Gebers, die jede Lockerung auch bei sehr großen Wechselbeschleunigungen ausschließt; ferner muß für eine betriebssichere Stromzuführung gesorgt werden, die entweder über eine Schwingenanordnung (z. B. bei Pleuelstangen) oder über Schleifringe (z. B. bei Kurbelwellen) erfolgt.

Es sollen im folgenden nur jene Meßgeräte angeführt werden, die sich in der Praxis bewährt haben und mit denen unter schwierigen Bedingungen erfolgreich Messungen durchgeführt worden sind.

a) Der Kohlestabdehnungsmesser von HAMILTON.

Als hinsichtlich Aufspannung und Bedienung einfachstes Gerät ist eine Meßanlage anzusprechen, die mit einem Kohlestäbchen als Geber arbeitet. Sie wurde vom National-Bureau of Standards entwickelt und bei der Hamilton-Gesellschaft erprobt und ausgebaut[1]. Das Gerät wurde in erster Linie dazu benutzt, um die dynamischen Beanspruchungen zu messen, die in den Flügeln von Luftschrauben während des Betriebes auftreten.

Das Kohlestäbchen wird an der Meßstelle aufgekittet. Zu diesem Zweck wird der Bauteil z. B. das Luftschraubenblatt zunächst in der Umgebung der Meßstelle auf etwas mehr als 150° mit einer Lötlampe erwärmt. Dann wird an dieser Stelle der in Amerika handelsübliche „DE-KOTHINSKY-Zement" und zwar die harte Qualität, die bei etwa 150° schmilzt, aufgestrichen. Dabei muß die Erwärmung so gehalten werden, daß der Zement leicht fließt. Nunmehr wird als Isolierschicht ein Blatt Papier auf den Zement gelegt und auf dieses Blatt nochmals eine Schicht Zement aufgebracht. Auf diese Schicht wird das Kohlestäbchen gelegt, und zwar derart, daß seine Längsachse in die Richtung

[1] CALDWELL, F. W.: Luftschrauben für Flugmotoren großer Leistung. Gesammelte Vorträge auf der Hauptversammlung der Lilienthal-Gesellschaft 1937.

der Meßstrecke fällt. Es wird in dieser Lage solange festgehalten bis der Konstruktionsteil erkaltet und der Zement erhärtet ist.

Die elektrischen Zuleitungen bestehen aus baumwollumsponnenen Kupferdrähten von 0,25 mm blankem Durchmesser, die an die mit Blei versehenen Enden des Kohlestäbchens angelötet werden. Sie sind an einen Streifen Papierisolation gekittet, der seinerseits mittels ,,Vulcalock-Kautschukkitt" an dem Luftschraubenblatt befestigt wird. Um die Drähte zu schützen, kittet man einen entsprechend bemessenen Streifen Papierisolation darüber und läßt die ganze Anordnung mindestens 5 bis 6 Stunden trocknen, bevor das Luftschraubenblatt in Betrieb genommen wird.

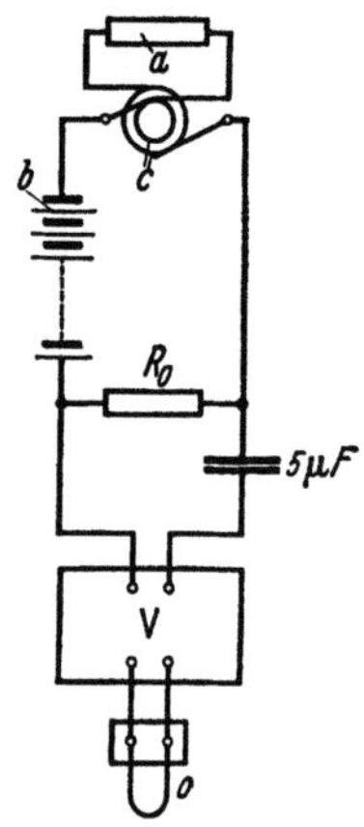

Abb. 115. Schaltschema des Kohlestabdehnungsmessers von HAMILTON. *a* Kohlestab; R_0 Widerstand von etwa 20000 Ω; *b* Akkumulatorenbatterie, Spannung 45 bis 90 V; *c* Schleifringe; *V* Hochfrequenzverstärker; *o* Meßschleife des Oszillographen.

Die Schaltung, die bei der Messung verwendet wird, ist aus Abb. 115 ersichtlich. Der Kohlestab ist mit einem Widerstand R_0 hintereinandergeschaltet, der möglichst genau gleich dem Widerstand des unbeanspruchten Kohlestabes ist. Die freien Enden des Widerstandes R_0 und des Kohlestabes *a* liegen an den Klemmen einer Akkumulatorenbatterie *b* mit 45 bis 90 V Spannung. Der Widerstand des Kohlestabes ist den Dehnungen und Stauchungen der Meßstrecke proportional. Dementsprechend werden auch die Stromänderungen in dem Batteriekreis und damit der Spannungsabfall an dem Widerstand R_0 den Dehnungen verhältnisgleich sein. Die Spannung an den Enden des Widerstandes R_0 wird unter Zwischenschaltung eines Kondensators von 5 μF den Eingangsklemmen eines Hochfrequenzverstärkers *V* zugeführt, an dessen Ausgangsklemmen die Oszillographenschleife *o* angeschlossen ist.

Bei Messungen an einer Luftschraube muß der Strom dem Kohlestab über Schleifringe *c* zugeführt werden. Da der Widerstand des Kohlestabes in der Größenanordnung von 20000 Ω liegt, spielt der Übergangswiderstand zwischen Schleifringen und Bürsten eine untergeordnete Rolle, so daß auch etwaige Schwankungen dieses Übergangswiderstandes keine Störungen verursachen. Als Werkstoff für die Schleifringe hat sich Messing, als Bürstenmaterial Kupferkohle bewährt.

Die Eichung wird statisch durchgeführt. Zu diesem Zweck wird der Dehnungsmesser auf einem Probestab befestigt, der möglichst aus gleichem Material bestehen soll, wie der Konstruktionsteil, an dem die Messungen durchgeführt werden. Die Befestigung des Kohlestabes auf diesem Probestab wird in gleicher Weise wie bei den Messungen vorgenommen. Die Belastung erfolgt auf einer Zerreißmaschine auf Zug oder durch Gewichtsbelastung des eingespannten Probestabes auf Biegung. Unmittelbar neben dem Kohlestäbchen wird ein HUGGENBERGER-Tensometer aufgespannt und die Anzeige auf dem Oszillographen in Abhängigkeit von der Anzeige des Tensometers, das die Dehnung der Meßstrecke eindeutig mißt, aufgetragen. Auf diese Weise wird eine Eichkurve erhalten, bei der alle Zwischenstufen ausgeschaltet und Fehlerquellen nach Möglichkeit vermieden sind. Die Eichung kann auch unmittelbar durch Belasten des Luftschraubenblattes mit betriebsfertig aufgebautem Gerät erfolgen, wobei neben das Kohlestäbchen wieder ein Tensometer zu setzen ist. Nach Angaben der Hamilton-Gesellschaft kann bei den dynamischen Messungen eine Genauigkeit von $\pm 2\%$ gegenüber der statischen Eichung angenommen werden. Die Abhängigkeit zwischen Dehnungen und Widerstandsänderungen soll bis herab auf 1 μ annähernd linear sein. Eine Frequenzabhängigkeit besteht. Die Empfindlichkeit soll z. B. um etwa 10% abnehmen, wenn man von 30 Hz auf 100 Hz übergeht.

Der durch die Zeitabhängigkeit bedingte Fehler soll für einen Tag bis $\pm 5\%$, für die Dauer von 40 Tagen rd. $\pm 9\%$ betragen, wenn dynamische Dehnungsmessungen durchgeführt werden. Auch eine Temperaturabhängigkeit ist vorhanden. Zur Anzeige der Dehnungen bei statischer Dauerbelastung ist das Gerät nicht geeignet, da die durch Zeitabhängigkeit bedingten Fehler zu groß sind. Bei den dynamischen Messungen wird man im Durchschnitt mit einem Fehler von $\pm 5\%$ gegenüber den durch die Eichung gegebenen Sollwerten rechnen müssen. Ein schwerwiegender Nachteil besteht darin, daß es nicht möglich ist, das Gerät im betriebsfertig aufgespannten Zustand und bei unbeanspruchtem Konstruktionsteil zu eichen.

b) Der induktive dynamische Dehnungsmesser der Deutschen Versuchsanstalt für Luftfahrt, Berlin-Adlershof[1].

Dieses Gerät, das besonders für die Bedürfnisse des Flugmotorenbaues entwickelt wurde, zeichnet sich besonders dadurch aus, daß der Geber sehr geringe Abmessungen hat (Gesamtlänge etwa 14 mm) und sehr leicht ist (Gewicht etwa 0,5 g). Abb. 116 läßt die konstruktiven Einzelheiten erkennen.

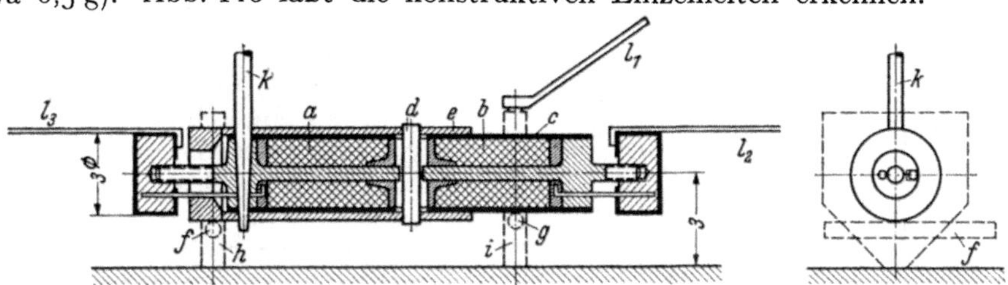

Abb. 116. Geber des dynamischen Dehnungsmessers der Deutschen Versuchsanstalt für Luftfahrt. *a*, *b* Spulen; *c* Eisenröhrchen; *d* Anker; *e* Bronzeröhrchen; *f*, *g* Tangentialkeile; *h*, *i* Halteböckchen; *k* Feststellstift; l_1, l_2 und l_3 Leitungen.

Zwei Spulen *a* und *b* sind in einem Eisenröhrchen *c* angeordnet und bilden mit dem Anker *d* die beiden Teilinduktivitäten L_1 und L_2 einer Drosselspule. Der Anker *d* ist an einem das Eisenröhrchen *c* mit geringem Spiel umschließenden Bronzeröhrchen *e* befestigt und kann sich in Schlitzen des Eisenröhrchens frei bewegen. Die Röhrchen *c* und *e* werden mit Hilfe von kleinen Tangentialkeilen *f* und *g* in 2 Böckchen *h* und *i* befestigt, die an den Enden der Meßstrecke aufgeschweißt oder aufgekittet werden.

Bei Dehnungen der Meßstrecke bewegt sich der Anker *d* relativ zu den Spulen *a* und *b*. Dabei wird der Luftspalt der einen Drosselspule verkleinert, derjenige der anderen Drosselspule entsprechend vergrößert. Demgemäß ändern sich auch die Induktivitäten der Drosselspulen in entgegengesetztem Sinn, und zwar jeweils umgekehrt proportional zu den Luftspaltänderungen.

Je ein Wicklungsende des 0,04 mm starken Spulendrahtes ist mit dem aus Bronze bestehenden Spulenkörper verlötet. Beide Spulenkörper stehen mit dem Röhrchen *c* in leitender Verbindung, von dessen Befestigungsböckchen *i* eine Leitung l_1 zur Schaltanlage führt. Die anderen Spulenenden sind je zu einem isolierten Metallring geführt. An diesen Ringen sind die Verbindungsleitungen l_2 und l_3 zum Verstärker befestigt. Ein gut eingeschliffener Paßstift *k* dient zur Festlegung des Ankers beim Aufspannen des Gerätes.

Das Schaltbild der elektrischen Meß- und Verstärkereinrichtung ist aus Abb. 117 ersichtlich. Diese Anlage besteht im wesentlichen aus einem Röhrensummer *S*, der eine Trägerfrequenz von 5000 Hz liefert und der Wechselstrombrücke mit angeschlossenem Verstärker und Gleichrichter.

[1] Ratzke, J.: Jb. Dtsch. Luftf.-Forschg. Bd. 2 (1937) S. 520.

Die Brückenschaltung enthält im einen Zweig die beiden Induktivitäten L_1 und L_2 des Gebers in Hintereinanderschaltung mit den OHMschen Widerständen R_1 und R_2 (je etwa 200 Ω). Der andere Zweig wird durch die beiden OHMschen Widerstände R_3 und R_4 (je 800 Ω) gebildet, die durch den einstellbaren Widerstand R_5 (etwa 100 Ω) genau auf das Verhältnis L_1 zu L_2 abgeglichen werden können.

Zum genauen Abgleichen der Phase in beiden Stromzweigen ist noch eine Kapazität C (Drehkondensator mit maximal 1000 cm) vorgesehen, die je nach Phasenlage mittels eines Umschalters wahlweise zu R_3 oder $R_4 + R_5$ parallel geschaltet werden kann. Für Eichzwecke ist noch ein Widerstand R_6 angeordnet, der bei Bedarf eingeschaltet werden kann. Die Brücke wird durch den Röhrensummer S mit einem Wechselstrom von 5000 Hz gespeist. An ihren beiden Knotenpunkten wird die Meßspannung abgegriffen und dem Verstärker V zugeführt, der mit Siebmitteln und Oberwellenfilter ausgerüstet ist. An die Ausgangsklemmen des Verstärkers V ist eine Gleichrichterbrücke G angeschlossen, an deren Gleichstromseite die Meßschleife des Oszillographen gelegt ist. Vor der Meßschleife ist noch ein Paßfilter angeordnet, der etwaige Reste der Trägerfrequenz beseitigt und eine Grenzfrequenz von 3000 Hz besitzt.

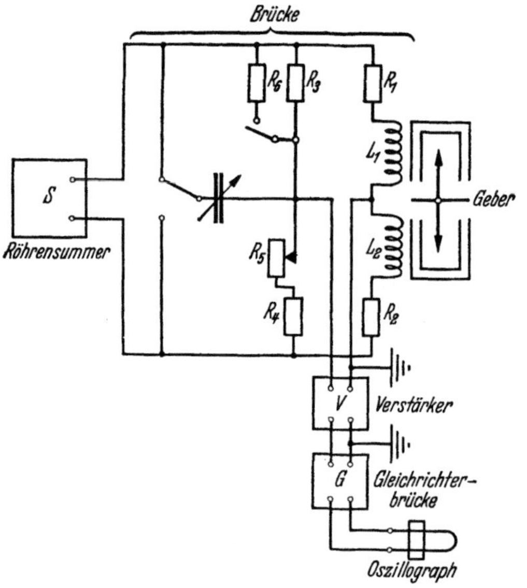

Abb. 117. Schaltschema des dynamischen Dehnungsmessers der Deutschen Versuchsanstalt für Luftfahrt. L_1 L_2 Induktivitäten des Gebers; R_1, R_2 OHMsche Widerstände mit je 200 Ω; R_3, R_4 OHMsche Widerstände mit je 800 Ω; R_5 Abgleichwiderstand etwa 100 Ω; C Drehkondensator; R_6 Eichwiderstand etwa 800000 Ω; S Röhrensummer für Netzanschluß; V Verstärker; G Gleichrichterbrücke.

Die Befestigung des Gebers geschieht in der Regel dadurch, daß die Böckchen h und i nach dem Punktschweißverfahren aufgeschweißt werden. Dabei wird die Schweißzeit je nach dem verwendeten Material auf einem Punktschweißgerät mit Kurzzeitsteuerung eingestellt. In anderen Fällen hat sich ein Aufkitten der Böckchen mit dem bereits erwähnten DE-KOTHINSKY-Zement oder einem handelsüblichen Metallkitt bewährt.

In jedem Fall ist bei der Befestigung darauf zu achten, daß ein Ecken des Gebers vermieden wird, da sonst Reibung zwischen dem Eisenröhrchen c und dem Bronzeröhrchen e auftritt, welche die Meßergebnisse fälscht. Bei Messungen an umlaufenden Teilen, z. B. Kurbelwellen, wurden mit gutem Erfolg Schleifringe aus sog. Silberstahl verwendet, von denen der Strom durch Federn aus Berylliumbronze abgenommen wurde. Zur Schmierung der Schleifringe wurde Petroleum verwendet, das entweder durch einen Filz, der damit getränkt war oder durch eine Pumpe im Kreislauf zugeführt wurde.

Bei einer zweiten Ausführung geschieht die Aufspannung mittels Schneidenrollen, die an den Enden der Röhrchen c und e befestigt sind und an den Endpunkten der Meßstrecke in den Bauteil eingedrückt werden. Zur Anpressung dient ein besonderes Spannstück, dessen Konstruktion aus Abb. 118 ersichtlich ist. Es besteht im wesentlichen aus einem kleinen Bolzen b in dessen Mitte eine Kugel *c* eingedrückt ist und der am einen Ende eine feste Stütze *d* trägt die auf die eine Schneidenrolle aufgreift, während am anderen Ende eine Pendelstütze *e* angeordnet ist, die eine freie Nachgiebigkeit in Richtung der Meßstrecke

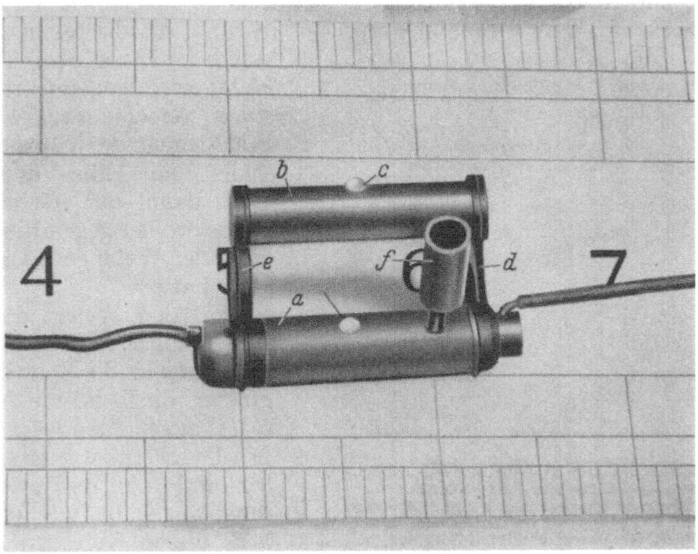

Abb. 118. Aufspannvorrichtung für den dynamischen Dehnungsmesser der Deutschen Versuchsanstalt für Luftfahrt bei Benutzung von Schneidenrollen.
a Geber; *b* Bolzen; *c* Kugel, in der Mitte des Bolzens eingedrückt; *d* feste Stütze; *e* Pendelstütze; *f* Sicherungsstift.

gestattet. Auf die Kugel des Stiftes greift die federnde Schraubzwinge auf, die zum Aufspannen dient.

Die Eichung wurde dadurch ausgeführt, daß der Geber auf eine von der D.V.L. entwickelte Eichvorrichtung gesetzt wurde, deren Hauptteil ein als „Keilfeder" ausgebildeter Biegebalken bildet. Gleichzeitig wurde als „Meßempfindlichkeit" der Ausschlag auf dem Film des Oszillographen ermittelt, der entsteht, wenn der Eichwiderstand R_6 eingeschaltet wird. Auf diese Weise hat man auch die Möglichkeit bei aufgespanntem Gerät das Vergrößerungsverhältnis der Schaltung nachzuprüfen.

Mit dem Gerät sind an Flugmotoren im Betrieb die verschiedensten Messungen durchgeführt worden. So zeigt z. B. Abb. 119 den Geber auf der Wange einer Flugmotorenkurbelwelle, wo er durch Punktschweißung befestigt ist. In einem anderen Fall wurden Messungen an der Wurzel einer Luftschraube durchgeführt, wobei das Gerät mit Schneidrollen aufgespannt und durch ein Spannband befestigt war.

Abb. 119. Dynamischer Dehnungsmesser (*a*) der Deutschen Versuchsanstalt für Luftfahrt an der Wange einer Kurbelwelle aufgespannt.

Von besonderer Bedeutung ist die Messung der Drehschwingungsbeanspruchungen in Wellen. Dabei wird der Geber unter 45° zur Wellenachse geneigt in der Bohrung der Hohlwelle aufgespannt. Hierfür wurde die in Abb. 120 dargestellte Einspannvorrichtung verwendet. Sie wird mit Hilfe von drei Spitzen in einer Ebene festgespannt, die man durch die Mitte der Meßstrecke senkrecht zur Achse der Bohrung gelegt denken möge. Dabei sitzen zwei Spitzen *a* fest an dem Kopfstück der Vorrichtung, die dritte an der Druckstütze *b*. Diese ist mit Hilfe des Exzenters *c* gegenüber dem Kopfstück verschiebbar, wodurch das Festspannen der Vorrichtung selbst erfolgt. Mit Hilfe des Exzenters *d* wird dann der Geber mit den Schneidrollen gegen die Innenwandung der Welle gedrückt und hier festgehalten.

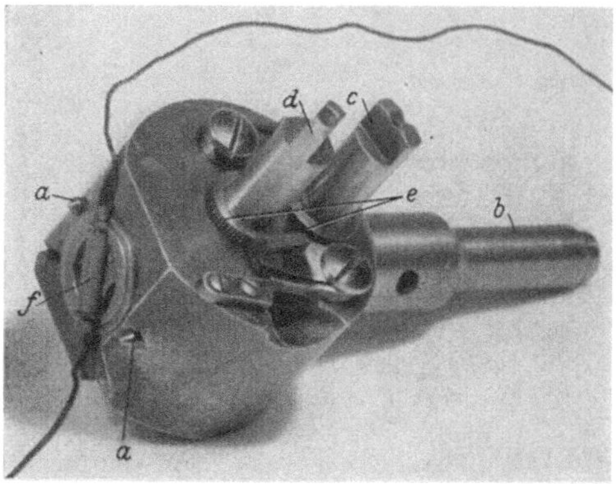

Abb. 120. Vorrichtung zum Aufspannen des dynamischen Dehnungsmessers der Deutschen Versuchsanstalt für Luftfahrt bei Schubspannungsmessungen in Hohlwellen. *a* feste Spitzen; *b* Druckstütze; *c* Exzenter zum Verschieben und Festspannen der Druckstütze *b*; *d* Exzenter zum Anziehen der Aufspannvorrichtung des Gebers; *e* Sperr-Räder mit Sperrklinken; *f* Dehnungsmesser.

Auf den Wellen der Exzenter sind feingezahnte Sperr-Räder *e* befestigt, in die Sperrklinken eingreifen, die beim Ausbau des Gerätes angehoben werden können. Die Druckstütze *b* ist auswechselbar und muß der jeweiligen Bohrung angepaßt werden. So kann z. B. die in Abb. 120 dargestellte Vorrichtung für Bohrungen von 40 bis 100 mm Dmr. verwendet werden.

Bei Durchführung einer derartigen Messung in dem mittelsten Kurbelzapfen eines 12-Zylinder-Reihenmotors wurde das Zuleitungskabel durch die Ölbohrungen der Welle geführt. Das Meßgerät arbeitete dabei in der mit Öl gefüllten Bohrung unter Öldruck und bei veränderlicher Temperatur einwandfrei. Die Schleifringe waren am Kurbelwellenende angeordnet.

c) Der induktive dynamische Dehnungsmesser von E. LEHR [1].

Aufbau und Wirkungsweise.

Dieses Gerät, das bisher in erster Linie bei Messungen an Dieselmotoren, Gleiskettenfahrzeugen und Eisenbahnmaschinen verwendet wurde, zeichnet sich durch größte Einfachheit in Schaltung und Handhabung aus. Das Gerät wurde auch bei Messungen an Pleuelstangen von Automobilmotoren, an Teilen des Fahrgestells und der Steuerung von Kraftwagen und bei Messung der Beanspruchungen in der Außenhaut von Schiffen verwendet. Es wurde in jahrelanger Entwicklungsarbeit und in stetem Kampf mit den praktischen Schwierigkeiten zu immer größerer Betriebssicherheit gebracht. Besonders wertvoll ist, daß bei dieser Meßanlage jede Verstärkung vermieden ist und als Stromquelle ein Motorgenerator dient, der auch unter „rauhen" Betriebsbedingungen einwandfrei arbeitet. Abb. 121 zeigt das Schaltschema. Der Geber, der auf die Meßstrecke gesetzt wird, besitzt ein Magnetsystem, das aus geblättertem Eisen aufgebaut ist. Die konstruktiven Einzelheiten der für Meßlängen von 50, 20 und 10 mm entwickelten Geräte sind aus den Abb. 123 bis 125 zu ersehen. Bei allen Bauarten ist der hufeisenförmige Magnetkörper mit dem einen, der Anker mit dem anderen Ende der Meßstrecke verbunden. Bei Längenänderungen der Meßstrecke ändert sich also der Luftspalt des Magnetsystems um einen entsprechenden Betrag. Der Magnetkörper trägt eine Primär- und eine Sekundärwicklung.

[1] LEHR, E.: Z. VDI Bd. 82 (1938) S. 541.

Im Schaltkasten ist ein zweiter genau gleicher Magnet angeordnet, der als „Vergleichsmagnet" bezeichnet wird und dessen Luftspalt nach einer Teilung mittels Mikrometerschraube und Hebelübersetzung neuerdings in noch einfacherer Weise mittels einer Differentialschraube auf $^{1}/_{10\,000}$ mm genau eingestellt werden kann. Die Einzelheiten der Konstruktion sind aus Abb. 129 und 130 zu ersehen.

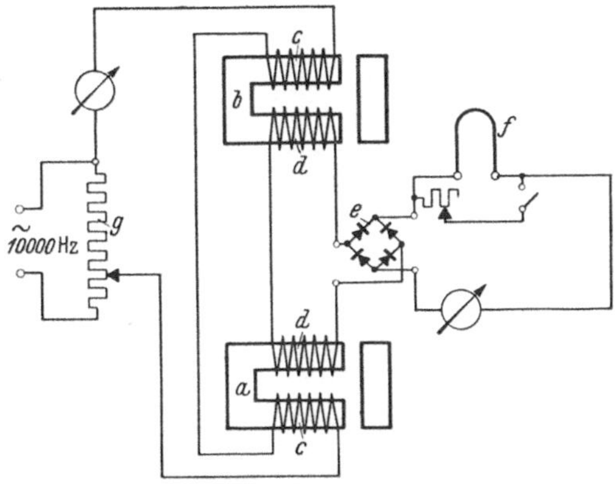

Abb. 121. Schaltbild der Meßordnung des dynamischen Dehnungsmessers von E. LEHR.
a Gebermagnet auf der Meßstrecke befestigt, Meßlänge 50, 20 oder 10 mm; *b* Vergleichsmagnet mit feinfühlig einstellbarem Luftspalt, im Schaltkasten angeordnet; *c* Primärwicklungen; *d* Sekundärwicklungen; *e* Trockengleichrichter in Grätzschaltung; *f* Oszillographenschleife; *g* Spannungsteiler zur Regelung des Primärstromes.

Wie aus dem Schaltschema hervorgeht, werden die Primärwicklungen von Geber und Vergleichsmagnet hintereinandergeschaltet. Sie sind an einen für die Meßanlage besonders entwickelten Einphasenwechselstromgenerator für 10000 Hz angeschlossen, der zum gleichzeitigen Anschluß von 4 Meßkreisen eingerichtet ist. Der Primärstrom kann durch einen als Spannungsteiler geschalteten Drehwiderstand oder durch eine mit den Wicklungen in Reihe geschaltete Drosselspule mit verstellbarem Luftspalt feinfühlig geregelt werden und wird durch einen

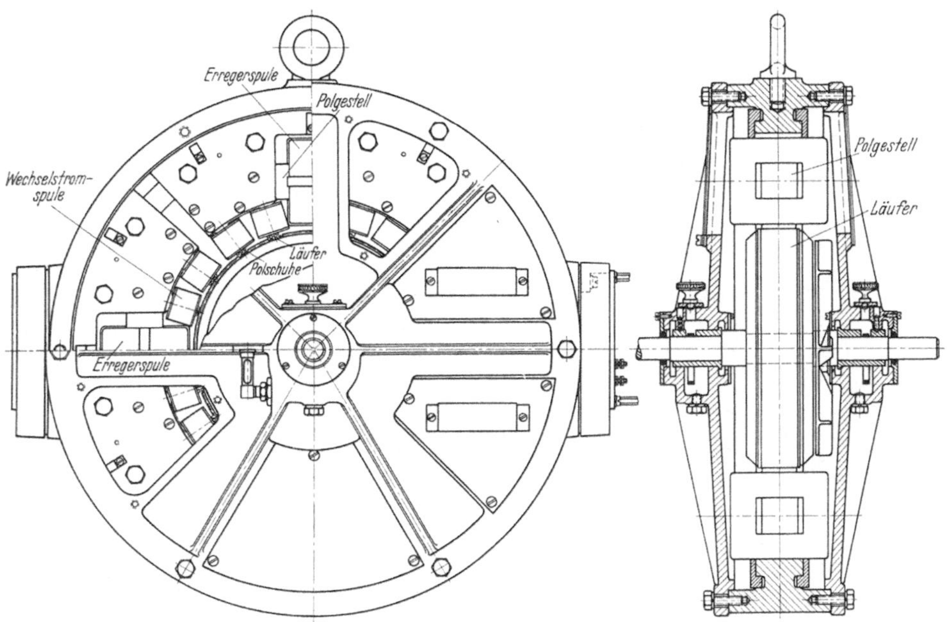

Abb. 122. Generator für 10000 Hz Wechselstrom zum Anschluß von 4 Meßkreisen.

Strommesser überwacht. Durch die Hintereinanderschaltung wird erreicht, daß die Ströme in den Primärwicklungen von Geber und Vergleichsmagnet in jedem Augenblick gleich groß und in Phase sind.

Die Sekundärwicklungen beider Magnete werden gegeneinandergeschaltet. Sind die Luftspalte gleich groß, so heben sich die Spannungen an beiden Wick-

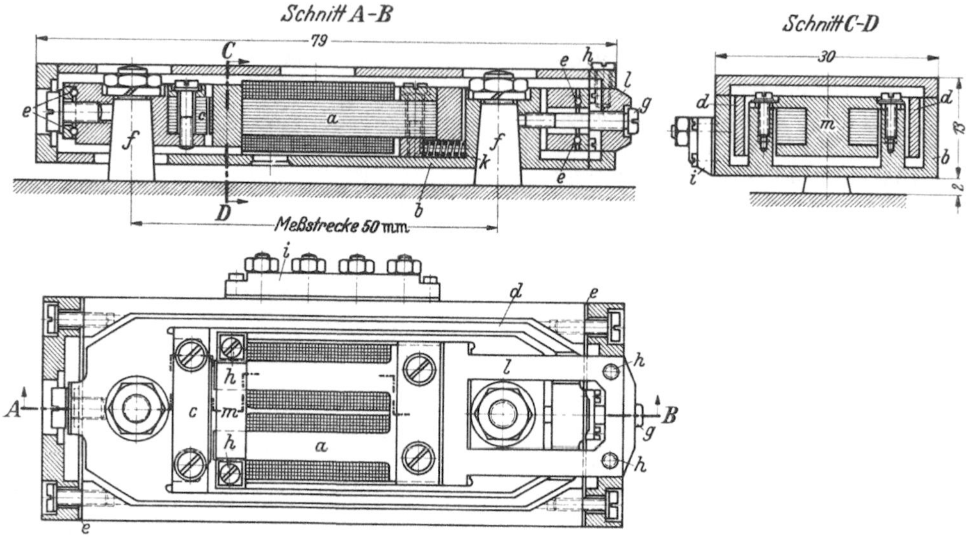

Abb. 123. Geber für 50 mm Strecke.

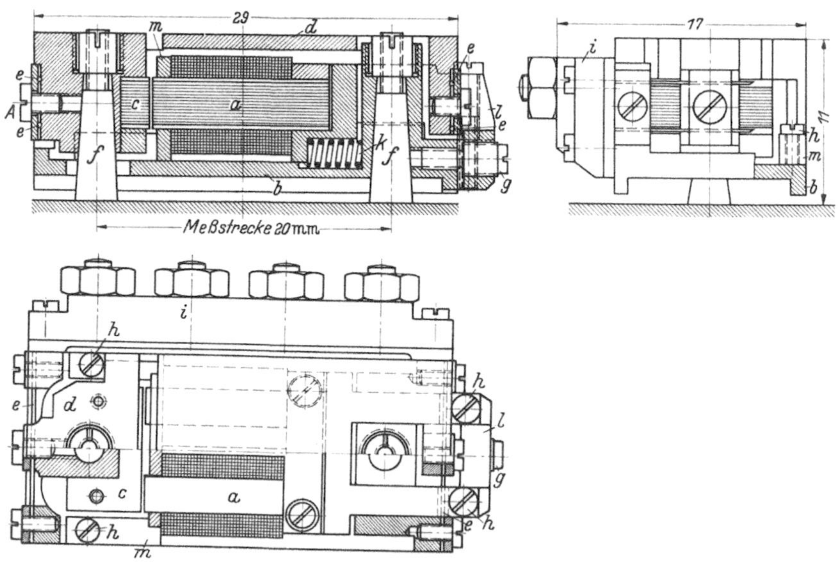

Abb. 124. Geber für 20 mm Strecke.

Abb. 123 bis 125. Aufbau der Geber des dynamischen Dehnungsmessers von E. LEHR.

a U-förmiger Magnetkörper aus Mu-Metallblechen von 0,05 mm Stärke aufgebaut; *b* Gehäuse; *c* Anker aus den gleichen Blechen aufgebaut wie *a*; *d* Führungsrahmen für den Anker; *e* Stahldrähte zur elastischen Führung des Rahmens *d*; *f* Kegelstifte, die an den Enden der Meßstrecke aufgelötet sind; *g* Differentialschraube zur Einstellung des Luftspaltes; *h* Feststellschrauben; *i* Klemmbrett; *k* Feder zur Erzielung einer Vorspannung in der Differentialschraube zwecks Beseitigung des toten Ganges; *l* Paßstück zur Erzielung einer Temperaturunabhängigkeit in der Meßanzeige; *m* Paßstück aus Preßstoff zur Festlegung der Schenkelenden des Magnetkörpers *a*.

lungen gerade auf und es fließt im Sekundärkreis kein Strom. Ändert sich nun der Luftspalt des Gebermagneten, so ergibt sich ein Sekundärstrom, welcher der Änderung verhältnisgleich ist. Wenn man den Verlauf dieses Stromes mit einem Kathodenstrahloszillographen aufnimmt, so erhält man das Bild einer amplitudenmodulierten Schwebung. Diese besitzt eine Trägerfrequenz von 10000 Hz; ihre Hüllkurve entspricht dem Verlauf der Luftspaltänderung. Um in dieser Hüllkurve positive und negative Änderungen zum Ausdruck zu bringen, wird der Luftspalt des Vergleichsmagneten bei unbeanspruchter Meßstrecke so eingestellt, daß im Sekundärkreis ein Strom mittlerer Stärke (z. B. 3 mA) zustande kommt.

Zur Aufzeichnung des Verlaufes der dynamischen Dehnungen wird in dem Sekundärkreis in der aus Abb. 121 ersichtlichen Weise ein Trockengleichrichter in Grätzschaltung angeordnet. Hierdurch wird der unter der Nullinie liegende Teil der Schwebung weggeschnitten, so daß nur der positive Teil übrigbleibt, dessen Trägerschwingung sich aus halben Sinuswellen zusammensetzt. An die

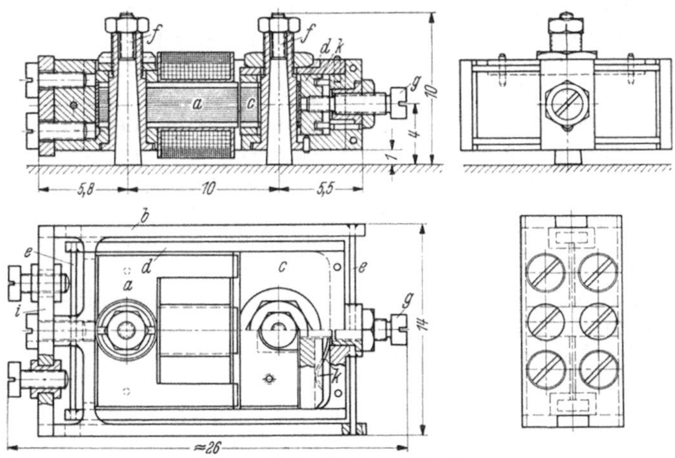

Abb. 125. Geber für 10 mm Strecke.

Gleichstromseite des Gleichrichters wird die Meßschleife des Oszillographen angeschlossen, die eine Eigenfrequenz von 2000 Hz besitzt und stark gedämpft ist. Infolge ihrer Trägheit vermag sie der Trägerfrequenz nicht zu folgen. Deshalb stellt die von ihr beschriebene Kurve einen der Hüllkurve der Schwebung entsprechenden Mittelwert, also ein unmittelbares Maß für die zu messenden Dehnungen dar.

Die Eichung kann statisch erfolgen, nachdem durch Versuche auf dem Schütteltisch der Reichsbahn nachgewiesen wurde, daß bis zu der dort erzielbaren Höchstfrequenz von 300 Hz ein Einfluß der Frequenz auf die Meßanzeige nicht vorliegt. Zu diesem Zweck wird der Geber auf ein besonders entwickeltes Eichgerät gesetzt. Es ist auf S. 569 beschrieben. Durch geschicktes Angleichen der an sich gekrümmten Kennlinie des Gebermagneten und des Gleichrichters wurde eine völlig geradlinige Eichkurve erzielt. Ist der Geber einmal geeicht, so kann die Eichkonstante im betriebsfertig aufgespannten Zustand jederzeit durch Aufnahme der sog. „Gegenkurve" mit Hilfe des Vergleichsmagneten festgestellt werden.

Einzelheiten der Konstruktion.

Der 10000-Hz-Generator. Die Konstruktion ist in Abb. 122 dargestellt. Der Läufer, der meist von einem in seiner Drehzahl feinfühlig regelbaren Gleichstromnebenschlußmotor über eine Gummikupplung mit $n = 3000$/min angetrieben wird, ist aus Transformatorblechen zusammengesetzt und trägt auf seinem Umfang 200 Evolventenzähne, die nach dem Abwälzverfahren mit höchster Genauigkeit eingeschnitten sind. Im Unterschied zu normalen Verzahnungen hören die Zähne im Teilkreis auf, so daß Zahnköpfe und Zahnlücken gleiche Breite besitzen. Die Welle läuft in Gleitlagern mit Ringschmierung und sehr geringem Spiel. Die Mantelfläche des Läufers ist derart rundgeschliffen, daß sie so genau wie möglich konzentrisch zu den Lagerzapfen läuft. Der Läufer ist sorgfältig ausgewuchtet.

Der Ständer besitzt 4 gleiche, ebenfalls aus Transformtorblechen aufgebaute Polgestelle, die je 4 Polschuhe tragen. Diese sind mit je 3 Zähnen versehen, die nach dem Abwälzverfahren mit möglichst großer Herstellgenauigkeit eingestoßen sind. Die Zähne der äußeren Polschuhe sind gegenüber denen der inneren Polschuhe um eine halbe Teilung versetzt derart, daß z. B. die Zähne der äußeren Polschuhe den Zähnen des Läufers gegenüberstehen, wenn die Zähne der inneren Polschuhe mit den Zahnlücken zusammenfallen. Hierdurch wird erreicht, daß der Magnetfluß in den Jochen des Polgestells, auf denen die Erregerspulen sitzen beim Umlaufen des Läufers gleichbleibt, so daß Induktionswirkungen in dieser Wicklung vermieden werden. Die durch kleine Unsymmetrien verbleibende Induktion wird durch eine um die Gleichstromspule gelegte in sich kurz geschlossene Windung aus Kupferblech unterdrückt. Die Wechselstromspulen sind auf den Polschuhen angeordnet. In ihnen wird die mit einer Frequenz von 10000 Hz verlaufende Wechselspannung dadurch induziert, daß beim Vorbeiwandern der Zähne des Läufers in den Polschuhen ein magnetischer Wechselfluß im Takt des Zahnwechsels entsteht.

Trotz sorgfältigster Herstellung läßt sich nicht vermeiden, daß sich der erzeugten Wechselspannung eine Störfrequenz überlagert, die im Takt der Umdrehung des Läufers, also bei $n = 3000$/min mit 50 Hz verläuft. Sie ist im wesentlichen durch magnetische Unsymmetrien in den Blechen, aus denen der Läufer aufgebaut ist, bedingt. Die Kompensation dieser Störung erfolgt einerseits durch allseits gleichmäßige Einstellung des Luftspaltes, andererseits dadurch, daß je 4 gleichliegende Wechselstromspulen der 4 Polgestelle zu einem Stromkreis hintereinandergeschaltet werden.

Der induktive Widerstand des Generators ist etwa 40mal so groß wie der Widerstand des Meßkreises. Demgemäß wird der Primärstrom durch Luftspaltänderungen des Gebers praktisch nicht beeinflußt.

Die Geber. Die Konstruktion des Gebers sei zunächst an Hand der Abb. 123 erläutert, in der ein Geber für 50 mm Meßstrecke dargestellt ist. Der hufeisenförmige Magnetkörper *a*, der aus Mu-Metallblechen von 0,05 mm Stärke aufgebaut ist, wird im Gehäuse *b* des Gebers befestigt, und zwar derart, daß er zwecks Regelung des Luftspaltes feinfühlig verschoben werden kann. Zu diesem Zweck greift in das am Fuß des Magneten befestigte Paßstück *l* eine Schraube *g* mit Differentialgewinde ein, deren zweiter Gewindeteil in den zur Aufnahme des Kegelstifts *f* dienenden Ansatz des Gehäuses geschraubt ist. Das Paßstück *l* besteht aus „Indilatans", einer Eisen-Nickellegierung, die fast keine Wärmedehnung besitzt. Die Stelle, an der dieses Stück am Gehäuse *b* durch die Schrauben *h* festgeklemmt wird, ist so gewählt, daß der Luftspalt des Magneten bei Temperaturänderungen unverändert bleibt, falls die Meßstrecke selbst sich nicht ändert. Dann zeigt das Gerät auch bei starken Temperaturänderungen stets genau die Längenänderungen der Meßstrecke an. Es kann also unter anderem auch zur Messung von Wärmedehnungen benutzt werden. In anderen Fällen wird das Paßstück *l* so abgestimmt, daß die Wärmedehnungen der Meßstrecke überhaupt keinen Einfluß auf die Luftspaltänderung haben, so daß also durch Temperaturschwankungen bedingte Längenänderungen der Meßstrecke keine Meßanzeige bewirken.

Zwischen Paßstück *l* und Gehäuse ist eine Feder *k* angeordnet, die jedes Spiel der Gewindegänge beseitigt. Bei einer vollen Umdrehung der Differentialschraube wird der Magnet um 0,05 mm verschoben. Der Luftspalt läßt sich daher bequem auf 0,005 mm genau einstellen. Nach der Einregelung wird der Magnet im Gehäuse festgespannt, und zwar einerseits durch zwei das Paßstück *l* festklemmende Schrauben, andererseits durch einen Bügel *m* aus Preßstoff, der auf das vordere Ende der Schenkel des Magnetkörpers aufgeklemmt ist und am Gehäuse festgeschraubt wird. Eine sichere Befestigung ist notwendig, damit der Magnet bei den starken Beschleunigungen, denen das Gerät während des Betriebes ausgesetzt ist, keine Bewegungen gegenüber

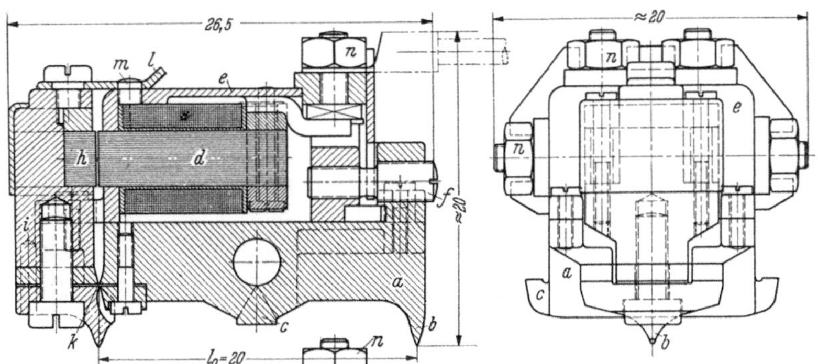

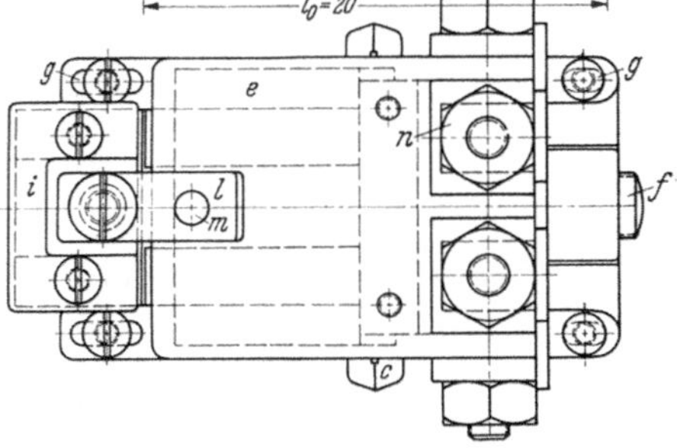

Abb. 126. Dynamischer Dehnungsmesser von E. Lehr mit 20 mm Meßstrecke und Spitzen. *a* Grundplatte; *b* feste Spitze; *c* seitlich sitzende Aufspannschneiden; *d* U-förmiger Elektromagnet; *e* Messinggehäuse; *f* Differentialschraube; *g* Feststellschrauben; *h* Anker; *i* Hebel; *k* Gelenk des Hebels; *l* Blattfeder der Feststellvorrichtung; *m* Warze der Feststellvorrichtung; *n* Klemmen.

dem Gehäuse ausführen kann, welche die Messungen stören würden. Die Enden der beiden Spulen des Magneten sind zu einem seitlich am Gehäuse angeordneten Klemmbrettchen *i* geführt und in dessen Klemmen eingelötet. Auf sorgfältige Isolierung dieser Verbindungen und Schutz gegen Scheuerwirkung ist besonders geachtet.

Der Anker *c* ist in der aus Abb. 123 ersichtlichen Weise in einem Rahmen *d* angeordnet, der an seinen Enden gegenüber dem Gehäuse durch Stahldrähte *e* parallel geführt wird. Die Anordnung von Drähten erwies sich als notwendig, damit der Rahmen beim Auftreten von Biegebeanspruchungen auch senkrecht zur Meßstrecke um kleine Beträge nachgeben kann[1].

Die Konstruktion des in Abb. 124 dargestellten Dehnungsmessers für 20 mm Meßstrecke ist sinngemäß ebenso durchgeführt. Der Rahmen für den Anker ist hier gleichzeitig als Deckel des Gerätes ausgebildet. Der in diesem Fall aus Messing bestehende Halter *m* für die Polschuhe des Magnetkörpers wird durch zwei Schrauben *h* seitlich auf der Grundplatte festgeklemmt. Bei dem Gerät mit 10 mm Meßstrecke (Abb. 125) ist der Magnet dreischenklig ausgebildet.

[1] Ursprünglich waren zur Führung Blattfedern vorgesehen, die dabei an einem biegebeanspruchten Konstruktionsteil entstehenden Querkräfte führten jedoch dazu, daß die auf der Meßstrecke hart aufgelöteten Befestigungsstifte abrissen.

Es ist nur eine Spule vorhanden bei der Primär- und Sekundärwindungen übereinandergewickelt sind. Zur Regelung des Luftspaltes wird hier der Anker mittels einer Differentialschraube verschoben. Die Führungsdrähte *e* des Rahmens sind nicht festgeklemmt, sondern eingelötet.

Die Gewichte der Geräte betragen 180 g bei 50 mm, 17 g bei 20 mm, und 6 g bei 10 mm Meßstrecke. Jedes Gerät ist mit einer besonderen Abdrückvorrichtung ausgerüstet, die das Abziehen von den Kegelstiften leicht und einwandfrei gestaltet.

Abb. 126 zeigt ein Sondergerät mit 20 mm Meßstrecke, das mit Spitzen in die Enden der Meßstrecke eingreift. Es läßt sich überall da verwenden, wo verhältnismäßig geringe Schwingbeschleunigungen und Rüttelungen auftreten und bei

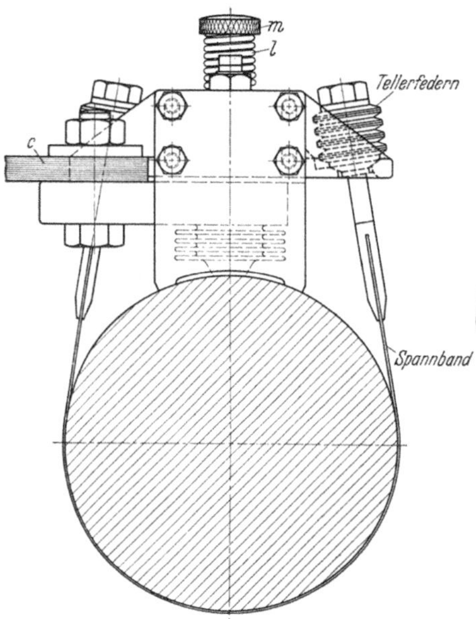

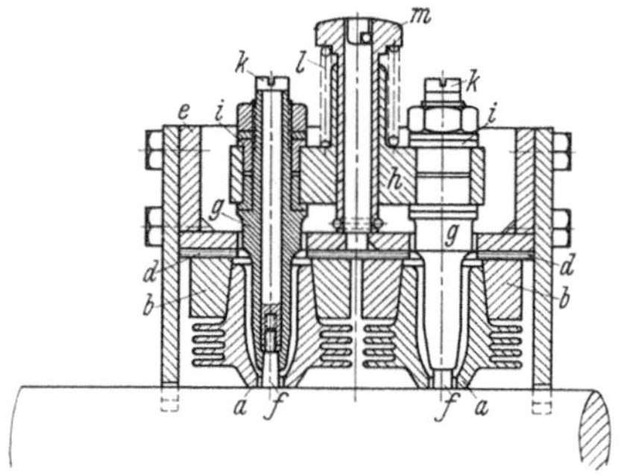

Abb. 127. Elektrische Lötvorrichtung für ein Gerät mit 50 mm Meßstrecke.

Meßfrequenzen, die unter 150 Hz liegen. Das Gerät wird z. B. bei Messung der dynamischen Dehnungen an Motorengehäusen mit Vorteil benutzt.

Die aus Stahl hergestellte Grundplatte *a* des Gerätes trägt die feste Spitze *b* und ist mit zwei seitlichen Schneiden *c* versehen, auf welche die Pfannen der Aufspannklammern aufgreifen. Der Magnet *d* ist in einem Messinggehäuse *e* befestigt, das gegenüber der Grundplatte mittels einer Differentialschraube *f* zur Einstellung des Luftspaltes feinfühlig verschoben werden kann. Nach der Einstellung wird das Gehäuse durch 4 Schrauben *g* an der Grundplatte *a* festgezogen. Der Anker *h* sitzt an einem Hebel *i*, der am unteren Ende mit einer Spitze in das Ende der Meßstrecke eingreift und an der Grundplatte mit einem Gelenk *k* gelagert ist, das nach denselben Grundsätzen wie bei dem Feindehnungsmesser Abb. 81 ausgebildet ist. Der Hebel wird beim Aufsetzen des Gerätes durch eine Feststellvorrichtung gehalten, die im wesentlichen aus einer Blattfeder *l* besteht, die am Meßhebel befestigt ist und in eine Warze *m* am Gehäuse eingreift. Ist die Aufspannung erledigt, so wird die Feststellvorrichtung ausgeklinkt und zur Seite gedrückt.

Elektrische Lötvorrichtungen. Die Befestigung der Geräte geschieht dadurch, daß an den Enden der Meßstrecke Kegelstifte mit Hilfe einer Lehre aufgelötet werden. Die Lötung wird mit Hilfe von Sondervorrichtungen durch elektrische Erwärmung des Werkstückes an der Lötstelle durchgeführt. Mit Hilfe dieser

Anordnung gelingt es leicht, die Lötung auch an Werkstücken sehr großer Abmessungen (z. B. an den Wangen von Kurbelwellen mit 450 mm Zapfendurchmesser) vorzunehmen, bei denen eine Lötung mit der Flamme wegen der starken Abkühlung unmöglich ist. In der Regel genügt es, die Stifte mit einem Zink-Kadmium-Lot aufzulöten, wobei die Umgebung der Lötstelle auf etwa 330° erwärmt wird. Diese Lötverbindung besitzt eine Zugfestigkeit von 9 bis 10 kg/mm². Durch besondere Ausbildung der Fußenden an den Kegelstiften für den 20-mm-Geber gelang es, zu erreichen, daß ein solcher Stift eine Last von 125 kg tragen vermag. Diese Befestigung reicht nahezu überall aus. Falls besonders hohe Beschleunigungen vorliegen, können die Stifte mit Silberlot hart aufgelötet werden, wobei die Lötstelle auf 850° erwärmt werden muß. Die Hartlötung kann unbedenklich überall da angewandt werden, wo die für die Messung

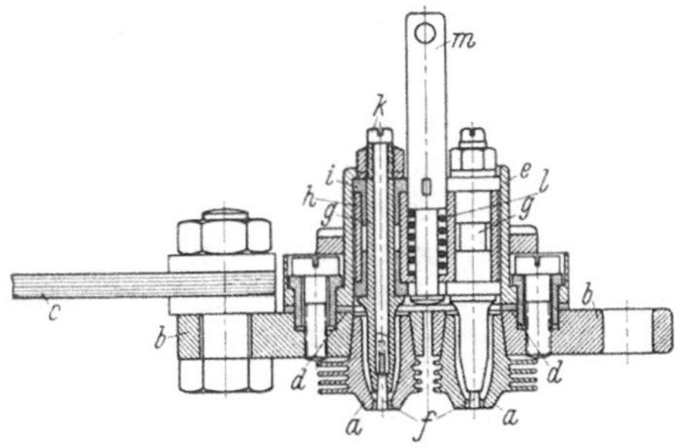

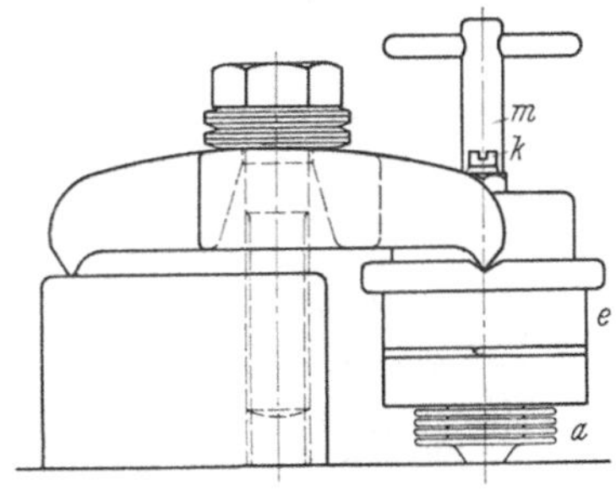

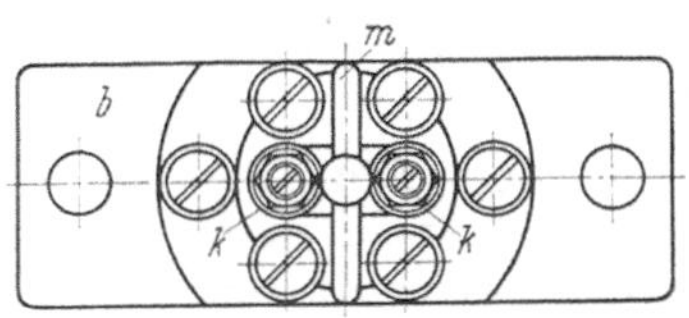

Abb. 128. Elektrische Lötvorrichtung für ein Gerät mit 20 mm Meßstrecke.
a Kupferlektroden mit Kühlrippen; *b* Messingplatten; *c* Leitungen vom Niederspannungstransformator, aus Kupferbändern von 0,5 mm Dicke bestehend; *d* Mikanitplatten; *e* Halter; *f* Kegelstifte; *g* Haltebolzen für die Kegelstifte; *h* Querjoch; *i* Specksteinisolierbüchsen; *k* Schrauben zum Festspannen der Kegelstifte in dem Haltebolzen *g*; *l* Feder zum Andrücken des Querjoches *h*; *m* Knebel zum Spannen der Feder *l*.

verwendeten Konstruktionsteile nach Beendigung der Messung ausgewechselt werden, so daß eine etwa durch die Erwärmung aufgetretene Schädigung des Werkstoffes keine Störungen verursachen kann.

Abb. 127 zeigt die Lötvorrichtung für ein Gerät mit 50 mm Meßstrecke, Abb. 128 diejenige für 20 mm Meßstrecke. Zur Erwärmung der Lötstellen dienen zwei mit Kühlrippen versehene Kupferelektroden *a*; diese sind mittels Kegel in zwei kräftige Messingplatten *b* eingesetzt, an denen die Leitungen des Niederspannungstransformators *c* angeschlossen werden und die durch Mikanitplatten *d* isoliert an dem Halter *e* befestigt sind. Der Strom, der auf eine Stärke von einigen tausend Ampere eingestellt wird, tritt an der einen Elektrode in das Werkstück ein, an der zweiten Elektrode aus. Die Berührungsflächen werden dabei satt aufgepaßt, so daß eine gleichmäßige Erwärmung stattfindet. Die Elektroden sind längs durchbohrt. Auf dem in der Berührungsfläche freibleibenden Kreis wird die Lötung durchgeführt. Die aufzulötenden Kegelstifte *f* werden in zwei mit Längsbohrung versehene Bolzen *g* eingesetzt, die isoliert an einem Querjoch *h* befestigt sind, und zwar in einem Abstand voneinander, welcher genau der Länge der Meßstrecke entspricht. Das Joch *h* ist am Halter *e* der Vorrichtung geführt. Die aufzulötenden Flächen der Kegelstifte werden vor dem Einsetzen mit Lot überzogen. Das Joch steht unter Federspannung, die so eingestellt ist, daß die Kegelstifte mit ausreichender Kraft gegen die Lötstelle gedrückt werden.

Zur Lötung wird der Strom des Umspanners im allgemeinen 30 bis 60 s lang eingeschaltet. Die Temperatur wird mit Hilfe von Thermoelementen an den Elektroden unmittelbar neben der Lötstelle gemessen und der Strom ausgeschaltet, sobald die gewünschte Temperatur erreicht ist. Schließlich werden die Schrauben *k*, mit denen die Kegelstifte in den Bolzen *g* festgezogen sind, herausgeschraubt und an ihrer Stelle Abdrückschrauben eingeführt, mit deren Hilfe die Bolzen von den Kegelstiften abgehoben werden.

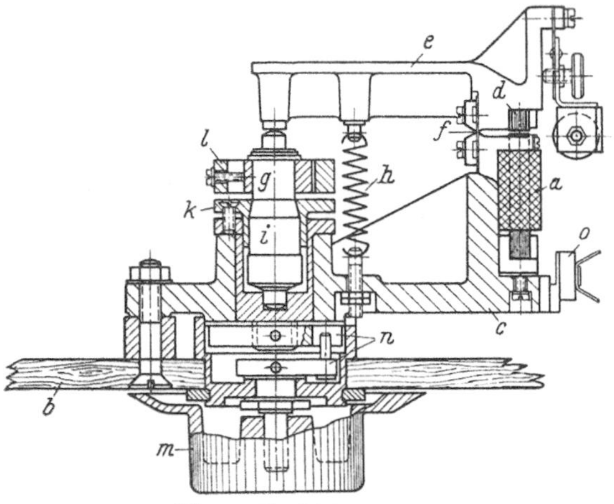

Abb. 129. Vergleichsmagnet.
a Magnet; *b* Platte des Schaltkastens; *c* Gestell; *d* Anker; *e* Hebel; *f* Federbandgelenk; *g* Mikrometerspindel; *h* Zugfeder; *i* Mikrometermutter; *k* Spannfutter; *l* Führungsklemme, die eine Drehung der Mikrometerspindel verhindert; *m* Drehknopf mit Teilung; *n* Mitnehmerkupplung; *o* Anschlußleiste.

Die Lötvorrichtungen für die Geräte mit 20 und 10 mm Meßstrecke sind sinngemäß ebenso konstruiert. Mit Hilfe dieses Lötverfahrens gelingt die Befestigung der Geräte auch unter schwierigen Bedingungen schnell und genau. Die Anwendung einer Punktschweißung ist grundsätzlich abzulehnen, da sie die Dauerfestigkeit der Konstruktionsteile in gefährlicher Weise herabsetzt, während die Lötung mit Zink-Kadmium-Lot auch bei vergüteten Edelstählen überhaupt keinen nachteiligen Einfluß ausübt, die Hartlötung, wenn die Teile auf etwa 150° vorgewärmt werden, im allgemeinen ebenfalls keinen schädlichen Einfluß besitzt.

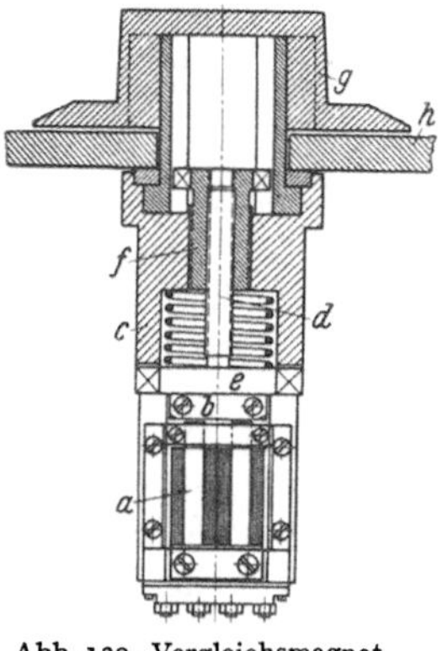

Abb. 130. Vergleichsmagnet für einen Geber mit 50 mm Meßstrecke mit Ankerverstellung durch ein Differentialgewinde mit 0,1 mm Steigungsunterschied.
a Magnetkörper, am Gehäuse *c* befestigt; *b* Anker; *c* Gehäuse; *d* Spindel; *e* Querhaupt der Spindel *e*, an dem der Anker *b* befestigt ist und das sich in Schlitzen des Gehäuses *c* führt; *f* Differentialmutter; *g* Drehknopf mit Teilung; *h* Schalttafel aus Preßstoff.

Vergleichsmagnet. Abb. 129 zeigt die konstruktiven Einzelheiten der älteren Ausführung des in dem Schaltkasten angeordneten *Vergleichsmagneten*, und zwar ist das zu dem Geber mit 50 mm Meßstrecke gehörige Gerät dargestellt. Die Vergleichsmagnete für Geber mit 20 und 10 mm Meßstrecke sind grundsätzlich ebenso gebaut, nur ist zwischen Mikrometerschraube und Teilscheibe noch eine Stirnraduntersetzung 1:10 eingeschaltet. Stets haben Magnet und Anker genau gleiche Abmessungen wie bei dem zugehörigen Geber.

Der Magnetkörper *a* wird an dem aus Leichtmetall bestehenden Gestell *c* des Gerätes befestigt, das mit der Platte *b* des Schaltkastens verschraubt ist. Der Anker *d* sitzt am kurzen Arm eines zweiarmigen Hebels *e*, der in einem Federbandgelenk *f* drehbar ist, und an dessen langem Hebelarm (Hebelverhältnis 1:5) eine Mikrometerschraube *g* angreift. Eine Zugfeder *h* stellt die kraftschlüssige Verbindung zwischen Hebel *e* und Mikrometerspindel *g* her. Die Drehung der Mikrometerschraube wird durch ein Futter *k* vermittelt, das in dem Gestell des Gerätes gelagert ist und von dem in der Platte des Schaltkastens gelagerten Drehknopf *m* angetrieben wird. Durch Anordnung einer besonderen Mitnehmerkuppelung *n* wird erreicht, daß durch Druck auf den Drehknopf oder auf die Platte des Schaltkastens keine Verschiebung des Mikrometers oder eine sonstige Ursache zur ungewollten Änderung des Luftspaltes im Vergleichsmagneten hervorgebracht wird.

Abb. 130 zeigt die neue Anordnung des Vergleichsmagneten für den Geber mit 50 mm Meßstrecke. Dabei ist der Magnetkörper *a* wieder am Gehäuse *b* befestigt. Der Anker *c* sitzt am Ende der Schraubenspindel *d*. Seine Fassung ist mit seitlichen Armen versehen, die in entsprechenden Schlitzen des Gehäuses *b* geführt sind. Die zugehörige Differentialmutter *e* besitzt beim 50-mm-Geber einen Steigungsunterschied von 0,1 mm bei den Gebern für 20 und 10 mm Meßstrecke einen solchen von 0,01 mm. Sie greift mit dem Außengewinde in das Gehäuse *b*, mit dem Innengweinde in die Spindel *d* ein.

Abb. 131. Anordnung von 4 dynamischen Dehnungsmessern mit 50 mm Meßstrecke und der Stromzuführung auf der Außenpleuelstange einer Lokomotive.
a Lenker für die Stromzuführung; *b* Gelenkstellen; *c* Geber mit 50 mm Meßstrecke, der Schutzkasten ist abgenommen

Diese Anordnung arbeitet sehr gleichmäßig und feinfühlig. Sie hat vor der in Abb. 129 dargestellten Konstruktion den Vorzug, daß der Anker immer genau parallel zu den Polflächen des Magneten bleibt.

Anwendungsbeispiele.

1. Messung der Beanspruchungen in der Pleuelstange einer Lokomotive bei Fahrt auf freier Strecke. Die Anordnung ist aus Abb. 131 ersichtlich. Etwa in der Mitte des Pleuelschaftes sind vier Geber mit 50 mm Meßlänge aufgesetzt, und zwar je ein Geber auf der Außenseite des Flansches, zwei weitere Geber in der „neutralen Faser" des I-Querschnittes zu beiden Seiten des „Steges". Die Kegelstifte zur Befestigung der Geber sind hart aufgelötet. Ein kräftiger Schutzkasten ist zum Schutz gegen Steinschlag und andere

Schädigungen angeordnet (in Abb. 131 abgenommen). Zu jedem Geber führt eine vieradrige Litze, die über 3 Gelenkstellen *b* geleitet ist. Als Leitung wurde die bei Fernsprechklappenschränken übliche Stöpselschnur benutzt. Dabei bestehen die Leiter aus dünnem Kupferband, das auf einem Baumwollfaden aufgewickelt und durch mehrfache Baumwollumspinnung isoliert ist. Diese Litze ist gegen Biegewechselbeanspruchungen außerordentlich widerstandsfähig. Die Leitungsführung verläuft von dem Lokomotivrahmen zu einem an diesem Rahmen gelagerten hölzernen Lenker *a*, von dessen Ende über eine aus Stahlrohr bestehende Koppelstange zum Kreuzkopf und von hier zur Pleuelstange. Die Litzen sind durch ein gemeinsames Rüschrohr geschützt und durchweg in Stahlrohren fest verlegt. An der Pleuelstange wird das Stahlrohr durch ein Holzfutter gehalten, das durch Schellen am Pleuelschaft befestigt ist. An allen Gelenkstellen kreuzt die Leitung die Achse des Gelenkes senkrecht, wobei sie nur auf einem etwa 2 cm langen Stück frei liegt, während die Stahlrohre beiderseits bis dicht an die Gelenkstelle herangeführt sind. Diese Anordnung ist aus Abb. 131 deutlich an dem Gelenk vom Kreuzkopf zur Pleuelstange zu ersehen. Mit dieser Stromzuführung, die durch eingehende Vorversuche als beste Lösung der schwierigen Aufgabe herausgearbeitet wurde, konnten zahlreiche Meßfahrten jeweils über Strecken von mehreren hundert Kilometern durchgeführt werden, ohne daß sich die geringsten Anstände ergaben.

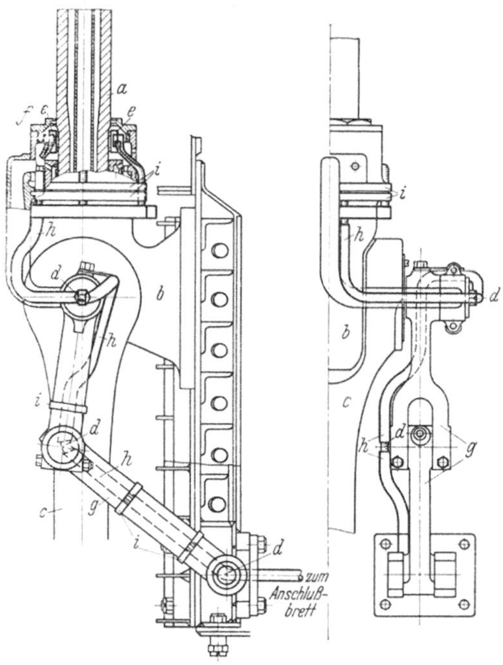

Abb. 132. Anordnung von 4 Gebern mit 20 mm Meßstrecke an der Kolbenstange eines doppeltwirkenden Zweitakt-Dieselmotors. Verlegung der Stromzuführung an dem Ölzuführungsgestänge. *a* Kolbenstange; *b* Kreuzkopf; *c* Pleuelstange; *d* Gelenkstellen; *e* vier Geber mit 20 mm Meßstrecke; *f* Schutzkappe; *g* Gelenkstangen für die Zuführung des Kühlöls; *h* Stahlrohre, in denen die Leitungen verlegt sind; *i* Schellen.

2. Messungen an Kolbenstangen von doppeltwirkenden Zweitaktdieselmaschinen. Die Messungen wurden mit 4 Meßgeräten von 20 mm Meßlänge durchgeführt, die an der Kolbenstange dicht oberhalb der Kreuzkopfverschraubung gleichmäßig auf den Umfang des Meßquerschnittes verteilt, angesetzt wurden. Die Einzelheiten gehen aus Abb. 132 hervor. Aus Platzrücksichten mußten die Geräte in der Zuströmkammer für das Kolbenkühlöl angeordnet werden, das Temperaturen bis zu 80° und einen mittleren Druck von 6 bis 8 atü aufweist. Die Geräte arbeiteten unter diesen schwierigen Bedingungen einwandfrei.

Die Befestigung erfolgte mit Hilfe von hart aufgelöteten Kegelstiften. Die Zuleitung, für welche dieselbe Litze wie bei der Lokomotive verwendet wurde, ist an dem Zuleitungsgestänge für das Kühlöl verlegt. Wieder sind 3 Gelenkstellen vorhanden, an denen die Litze die Gelenkachse senkrecht kreuzt. Alle weiteren Einzelheiten sind aus Abb. 132 ersichtlich. Besonders beachtlich ist die Leitungsführung in dem am Maschinengehäuse sitzenden Gelenkpunkt, wo die Litze durch eine Querbohrung des Gelenkbolzens geführt ist. Im übrigen sind auch hier die Leitungen durch Rüschrohre geschützt und in Stahlrohren verlegt. Diese Anordnung arbeitete während einer Dauer von etwa 400 Betriebsstunden und bei einer Motordrehzahl bis zu $n = 600$/min ohne Beschädigung.

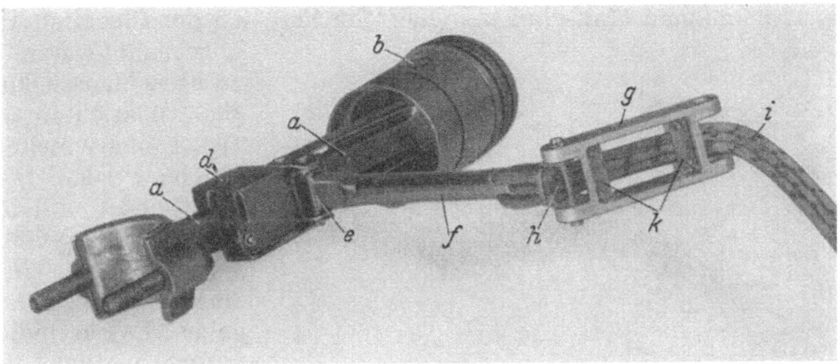

Abb. 133.

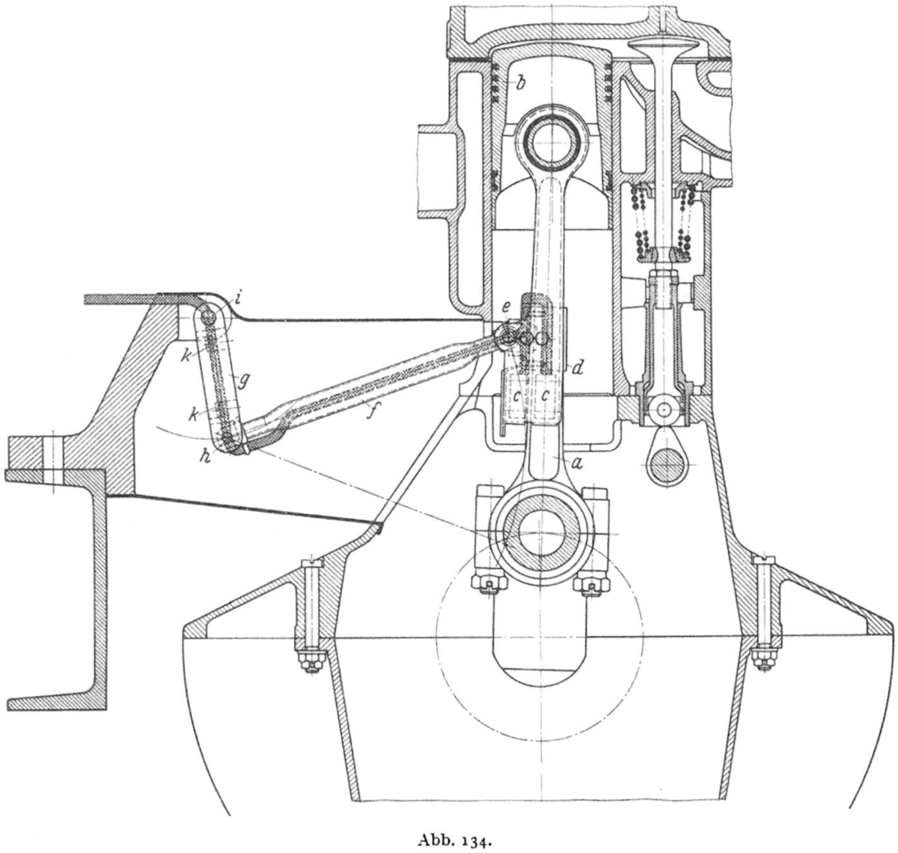

Abb. 134.

Abb. 133 und 134. Anordnung von 3 Gebern mit 20 mm Meßstrecke und der Stromzuführung bei Messung der dynamischen Dehnungen auf dem Schaft der Pleuelstange eines Automobilmotors.
a Pleuelstange; *b* Kolben; *c* Geber; *d* Schutzkasten; *e* Gelenkstelle am Pleuel; *f* rohrförmiger Lenker für die Litzen; *g* rahmenförmiger Lenker für die Litzen; *h* Zwischengelenkstelle; *i* Gelenkstelle am Motorgehäuse; *k* Klemmen.

Temperatur und Druck des Öles hatten keinen schädlichen Einfluß auf die Meßgenauigkeit der Geber.

3. Messung der Betriebsbeanspruchungen in der Pleuelstange eines Kraftwagenmotors bis zu $n = 2500$/min. Es wurden 3 Geber mit 20 mm Meßstrecke verwendet, von denen zwei in der neutralen Faser beiderseits des Steges, der dritte auf dem einen Flansch des I-Querschnittes, den der Pleuelschaft besitzt, angeordnet waren. Auf dem zweiten Flansch konnte aus Platzrücksichten ein vierter Geber nicht mehr untergebracht werden. Die Geber sind wieder auf hart aufgelöteten Kegelstiften befestigt. Ferner sind sie mit einem Schutzkästchen umgeben. Es war in diesem Fall außerordentlich schwierig, eine betriebssichere Leitungszuführung zu schaffen. Nach zahlreichen Vorversuchen ergab sich die in Abb. 133 und 134 dargestellte Lösung. Als Zuleitung wurde wieder die bei den vorerwähnten Versuchen bewährte vieradrige Litze benutzt. Das Zuführungsgestänge besteht aus einem Rohr, das mit dem einen Gelenk an der Pleuelstange, und zwar dicht oberhalb des Schutzkästchens mit dem zweiten Gelenk an einem rahmenförmigen Lenker gelagert ist. Dieser ist seinerseits am Motorgehäuse gelagert, das zur Unterbringung der Zuleitung mit einem Ausschnitt versehen werden mußte. Wieder sind die Leitungen so geführt, daß sie die Gelenkachsen senkrecht kreuzen und dicht vor und hinter den Gelenkstellen festgehalten werden. Abb. 133 zeigt eine Ansicht der Anordnung mit der ein vielstündiger Betrieb einwandfrei durchgeführt werden konnte.

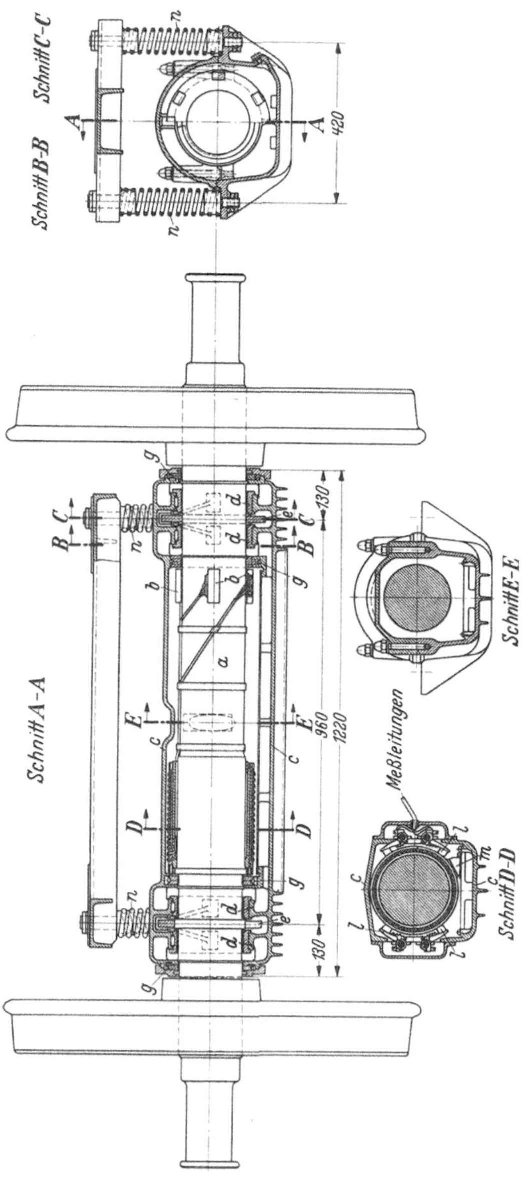

Abb. 135. Anordnung zur Messung der dynamischen Dehnungen einer Eisenbahnradachse mit 4 am Umfang eines Querschnittes gleichmäßig verteilten Gebern mit 50 mm Meßstrecke. Stromzuführung über Schleifringe. (Erklärung hierzu siehe Abb. 136.)

4. Messung der Betriebsbeanspruchungen in einer Eisenbahnwagenachse bei Fahrten auf freier Strecke bis zu Geschwindigkeiten von 140 km/h. Die besondere Schwierigkeit bestand bei dieser Meßaufgabe darin, eine einwandfreie Schleifringanordnung zu schaffen, die auch bei längeren Meßfahrten zuverlässig arbeitete. Abb. 135 zeigt die Anordnung für die Messung der Spannungsverteilung und des Spannungsverlaufes in einem Querschnitt, Abb. 136 die Anordnung zur Ermittlung der entsprechenden Werte in einem Längsschnitt der Meßachse.

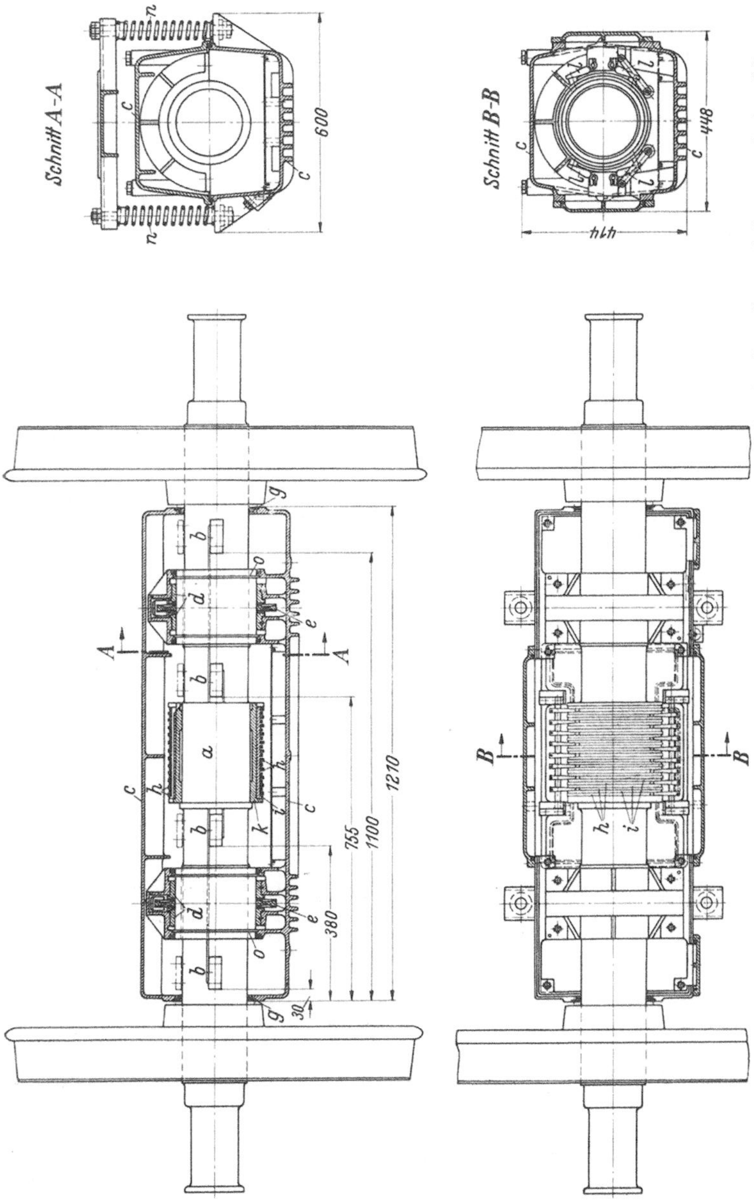

Abb. 136. Anordnung zur Messung der dynamischen Dehnungen einer Eisenbahnradachse mit 4 in einem Längsschnitt angeordneten Gebern von 50 mm Meßstrecke.

a Achse; *b* Geber; *c* Leichtmetallgehäuse; *d* Ringschmierlager; *e* fester Schmierring; *g* Abdichtung (Peyinghausringe mit Lederfutter); *h* Schleifringe; *i* Isolation; *k* Schleifringträger; *l* Kupferkohlebürsten; *m* Filzwischer mit Petroleum getränkt; *n* Federn zur Halterung des Leichtmetallgehäuses gegenüber dem Rahmen des Drehgestells; *o* warm aufgezogene Laufbüchsen für die Lagerstellen (nur bei Abb. 136).

In beiden Fällen wurden je 4 Geber mit 50 mm Meßstrecke verwendet, die auf hart aufgelöteten Kegelstiften auf der Meßachse befestigt waren. Auf dieser ist in beiden Fällen ein Schleifringträger mit 16 isoliert aufgesetzten Schleifringen aus Rotguß befestigt. Zur Stromabnahme dienen für jeden Schleifring 2 Kupferkohlebürsten. Die Schleifringe werden mit Petroleum geschmiert und durch einen Filzwischer, der nach Art eines Dochtes das Petroleum aus einem Sammelbehälter ansaugt, sauber gehalten. Die Bürstenhalter sitzen an einem zweigeteilten Leichtmetallgehäuse, das in Ringschmierlagern mit festem Schmierring auf der Achse gelagert ist. Das Gehäuse ist zwecks Vermeidung von Ölverlusten gegen die Achse sorgfältig abgedichtet.

Bei der zweiten in Abb. 136 dargestellten Anordnung sind an den Lagerstellen Stahlbüchsen aufgezogen, die innen mit einer Nut versehen sind. Durch diese wird die Zuleitung zu dem außerhalb der Lagerstelle angeordneten Geber geführt. Das Leichtmetallgehäuse ist an dem Wagengestell durch Federn gehalten.

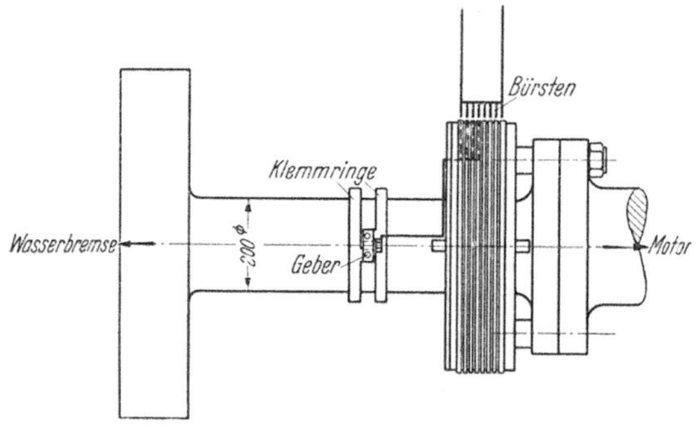

Abb. 137. Anordnung zur Messung des mittleren Drehmoments und von Drehschwingungen in einer Welle mit Hilfe von Gebern mit 50 mm Meßstrecke.

Diese Anordnung hat sich bei zahlreichen Meßfahrten, die an D-Zugwagen und Güterwagen durchgeführt wurden, bewährt und einwandfreie Meßergebnisse gezeitigt.

5. Verwendung des dynamischen Dehnungsmessers zur Messung des Drehmoments und der Drehschwingungen in einer Welle. Gemäß Abb. 137 wird auf die Welle ein Halter mit Rotgußschleifringen aufgeklemmt. Die Stromabnahme er-

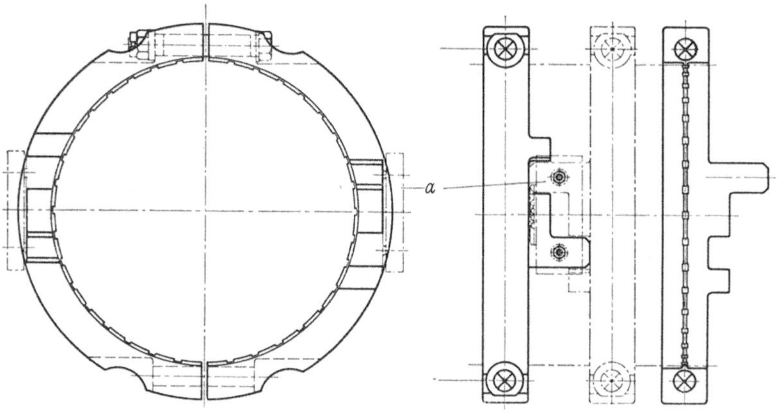

Abb. 138. Ausbildung der zweigeteilten Klemmringe bei der Anordnung Abb. 137. *a* Geber des dynamischen Dehnungsmessers.

folgt durch Kupferkohlebürsten, die an einem ortsfesten Gestell befestigt sind. Die Schleifringe werden wieder mit Petroleum geschmiert und durch einen Filzwischer sauber gehalten.

In den beiden Querschnitten, welche die Meßstrecke begrenzen, werden zweigeteilte Ringe aufgeklemmt, die an ihrer Sitzstelle sehr schmal gehalten sind, so daß sie die Meßebenen scharf festlegen. An diesen Ringen sind in der aus Abb. 138 ersichtlichen Weise seitlich Lappen angeschweißt auf denen die Kegelstifte für die Befestigung des Gebers aufgelötet werden. Dabei liegt die Achse des Gebers senkrecht zur Wellenachse. Es werden zweckmäßig zwei diametral zueinander angeordnete Geber benutzt, deren Anzeige eine gegenseitige Kontrolle ergibt.

Mit dieser Anordnung wurden auf mindestens $\pm$ 1% genaue und zuverlässige Ergebnisse erzielt, sowohl bei Messung des mittleren Drehmoments als auch bei Drehschwingungsmessungen. Besondere Vorsichtsmaßnahmen mußten zur einwandfreien Festlegung des Nullpunktes getroffen werden. Durch Benutzung von Meßgeräten mit Temperaturausgleich wurde erreicht, daß Temperaturänderungen keine Verschiebung des Nullpunktes herbeiführen. Die Anordnung wurde durch eine besondere Vorrichtung im betriebsfertigen Zustand geeicht.

Diese Beispiele, die noch beträchtlich vermehrt werden könnten, zeigen die vielseitige Anwendbarkeit und das zuverlässige Arbeiten des Gerätes bei schwierigen Meßaufgaben der Praxis.

E. Geräte zur Eichung und Nachprüfung von Dehnungsmessern.

Jede sorgfältige Messung erfordert die dauernde Überwachung und Nachprüfung der Meßgeräte. Dies gilt nicht zuletzt für die Dehnungsmeßgeräte mit ihren großen Übersetzungsverhältnissen und dem vielgestaltigen Aufbau. Mit besonderer Sorgfalt muß die Überwachung und Eichung bei den elektrischen Geräten durchgeführt werden, bei denen zahlreichere und weniger ins Auge fallende Fehlerquellen vorhanden sind als bei den mechanischen oder den optischen Geräten. Es sind deshalb besondere Eichvorrichtungen entwickelt worden, die hohen Anforderungen hinsichtlich bequemer Bedienbarkeit und Genauigkeit genügen.

1. Statische Eichgeräte.

Das einfachste Verfahren zur statischen Eichung eines Dehnungsmessers besteht darin, daß man ihn an einen glatten Probestab setzt, der in einer Zerreißmaschine mit bekannter Kraft beansprucht wird. Die zu jeder Laststufe gehörige Dehnung kann dann berechnet werden, wenn der E-Modul des Werkstoffes bekannt ist. Zur Kontrolle wird die Dehnung zweckmäßig noch mit einem MARTENS-Spiegeldehnungsmesser gemessen, der in derselben Faser aufgesetzt sein muß wie das zu eichende Gerät.

Dieses Verfahren ist einfach und genau aber recht zeitraubend.

Der Kalibrator von HUGGENBERGER[1].

Ein Eichgerät, dessen Einstellung auf 0,001 mm genau ist, wurde von HUGGENBERGER in erster Linie zur Eichung von Meßuhren und Tensometern unter der Bezeichnung „Kalibrator" herausgebracht. Der Aufbau ist aus Abb. 139 ersichtlich. Auf dem Grundgestell *a* ist in einer Führung ein Schlitten *b* verschiebbar angeordnet, der durch eine Mikrometerspindel bewegt wird. Diese wird über ein Vorgelege durch eine Handkurbel *c* gedreht. In dem Fenster *d* kann die Teilung der auf der Mikrometerspindel sitzenden Trommel abgelesen werden. Die Ablesung ist auf 5 μ genau. Eine auf 0,3 μ genaue Ablesung kann durch Benutzung eines Meßaufsatzes mit Ablesemikroskop erreicht werden, der als „Optimeter" bezeichnet wird. Die Anordnung geht aus Abb. 149 hervor. Der Schlitten kann insgesamt um 10 mm verschoben werden. Der Meßbereich des Optimeters ist 0,1 mm.

[1] HUGGENBERGER, A. U.: Apparate zur Prüfung der Meßgeräte, Zürich 1932.

Das Gerät reicht zur Eichung der Tensometer bis zu 10 mm Meßlänge aus. Zur Prüfung und Eichung von Feindehnungsmessern mit 1 bis 2 mm Meßstrecke ist es nicht geeignet.

Abb. 139. „Kalibrator" von HUGGENBERGER.
a Grundgestell; *b* Schlitten; *c* Handkurbel zum Antrieb des Vorgeleges; *d* Fenster, in dem die Teiltrommel der Mikrometerspindel abgelesen wird.

Das Eichgerät von E. LEHR.

Dieses Gerät wurde einerseits zur statischen Eichung der dynamischen Dehnungsmesser andererseits zur Prüfung und Eichung der Feindehnungsmesser, mit 1 bis 2 mm Meßstrecke entwickelt. In der zuletzt genannten Ausführung gestattet es noch einwandfrei die Ablesung von Längenänderungen von 0,01 μ.

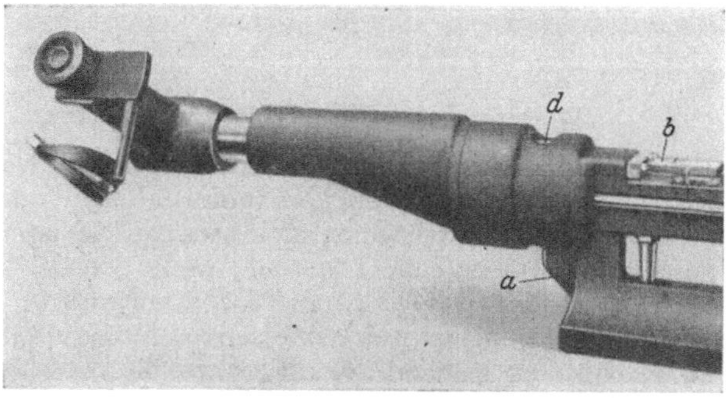

Abb. 140. „Optimeter" zum „Kalibrator" von HUGGENBERGER zum Ablesen der Schlittenverschiebung mittels Meßmikroskop. Ablesegenauigkeit 0,3 μ.

Abb. 141 zeigt den Aufbau. Das Einstellorgan ist eine etwa in der Mitte des Gehäuses eingespannte Membrane *a*. In ihrer Mitte greifen beiderseits Zugfeder *b* und *c* an, deren Enden in Federmuttern *d* befestigt sind. Die beiden Schraubenfedern *b* und *c* bestehen aus hochwertigem Stahl und sind gegeneinander vorgespannt. Dabei bleiben die Beanspruchungen weit unterhalb der Streckgrenze. In der Mitte der Meßmembrane *a* ist ferner eine Stoßstange *e* eingeschraubt, die am Ende des Gehäuses durch eine weitere dünne Membrane *f* geführt wird. An ihrem Ende ist ein auswechselbarer Halter *g* aufgeschraubt, auf dem z. B. der Kegelstift *h* für den zu eichenden Geber befestigt ist.

Der andere Kegelstift sitzt auf einem zweiten am Gehäuse befestigten Halter *i*. Dieser wird neuerdings mit einer Verstellung durch eine Differentialschraube versehen, damit er um etwa $\pm 0,2$ mm feinfühlig in Richtung der Stoßstange verschoben werden kann, so daß etwaige kleine Längenunterschiede der Meßstrecke, die über den Einstellbereich der Meßmembrane hinausgehen, ausgeglichen werden können.

Die Einstellvorrichtung arbeitet folgendermaßen. Die Federmutter am freien Ende der Meßfeder *b* sitzt am Ende einer Spindel *k*. Die zugehörige Mutter *l* ist spielfrei im vorderen Gehäusedeckel gelagert und kann durch ein Handrad *m* verdreht werden.

Durch die Verschiebung der Spindel wird die Spannung der zugehörigen Feder geändert und damit auch die Meßmembrane entsprechend durchgebogen. Um ein einwandfreies Arbeiten zu erzielen wird die Vorspannung der Federn so eingestellt, daß die Meßmembrane nach der Meßfeder zu von vornherein etwas durchgebogen ist. Nur unter dieser Voraussetzung läßt sich eine genaue und einwandfreie ohne Nullpunktsänderung wiederholbare Einstellung erzielen. Die Kraft der Meßfeder biegt die Meßmembran *a* um entsprechende Beträge

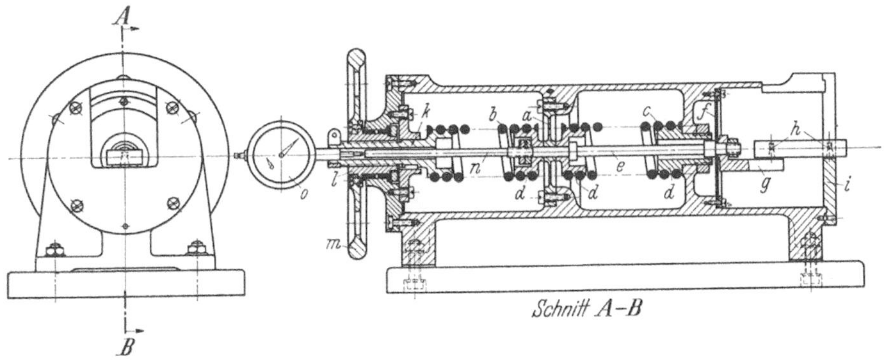

Abb. 141. Statisches Eichgerät von E. LEHR.
a Meßmembran; *b* Meßfeder; *c* Gegenfeder; *d* Federmuttern; *e* Stoßstange; *f* Führungsmembrane; *g* auswechselbarer Halter; *h* Kegelstifte; *i* am Gehäuse befestigter Halter; *k* Einstellspindel; *l* Mutter zur Einstellspindel; *m* Handrad; *n* Taststift; *o* Meßuhr.

durch, wobei die Durchbiegung und damit der Einstellweg der an der Meßmembran befestigten Stoßstange *e* der Federkraft verhältnisgleich ist. Diese hinwiederum ist der Längenänderung der Meßfeder proportional. Sie wird mit Hilfe eines Taststiftes *n* gemessen, der auf die Verlängerung der Stoßstange *e* aufgreift und eine am Ende der Spindel befestigte Meßuhr *o* betätigt. Zwischen der Anzeige der Meßuhr und dem Einstellweg der Stoßstange besteht eine lineare Beziehung, die durch Eichung auf optischem Weg bestimmt und in der Eichkurve des Gerätes festgelegt wird. Durch entsprechende Bemessung der Dicke der Meßmembrane kann die Eichkonstante geregelt werden, z. B. entspricht bei den Eichgeräten für dynamische Dehnungsmesser mit 50 mm Meßstrecke ein Weg der Stoßstange von 1 μ einem Zeigerausschlag von etwa 10 Teilstrichen der Meßuhr. Bei den Eichgeräten für den Feindehnungsmesser mit z. B. 2 mm Meßstrecke wird die Meßmembran so bemessen, daß ein Einstellweg von 0,1 μ einem Zeigerausschlag von rd. 20 Teilen der Meßuhr zugeordnet ist.

2. Dynamische Eichgeräte.

Bei der dynamischen Eichung der Dehnungsmeßgeräte muß die Möglichkeit gegeben sein, das Gerät auf eine Meßstrecke aufzusetzen, die schwingende Dehnungen mit rein sinusförmigem Verlauf ausführt, wobei Frequenz und Amplitude der Schwingung in weiten Grenzen stetig geregelt werden können. Die dynamische Eichung wird dann in der Weise durchgeführt, daß die vom Meßgerät angezeigte Amplitude in Abhängigkeit von der bekannten Amplitude des Eichgerätes für den gesamten Frequenzbereich von z. B. 20 bis 300 Hz aufgenommen wird.

Der elektromagnetische Schwingtisch der Deutschen Reichsbahn[1].

Abb. 142 zeigt die Anordnung des bereits mehrfach erwähnten Schwingtisches der Deutschen Reichsbahn, der diese Forderung verwirklicht. Er wurde 1930 nach Entwürfen von E. LEHR von der Fa. C. Schenck, Darmstadt, gebaut.

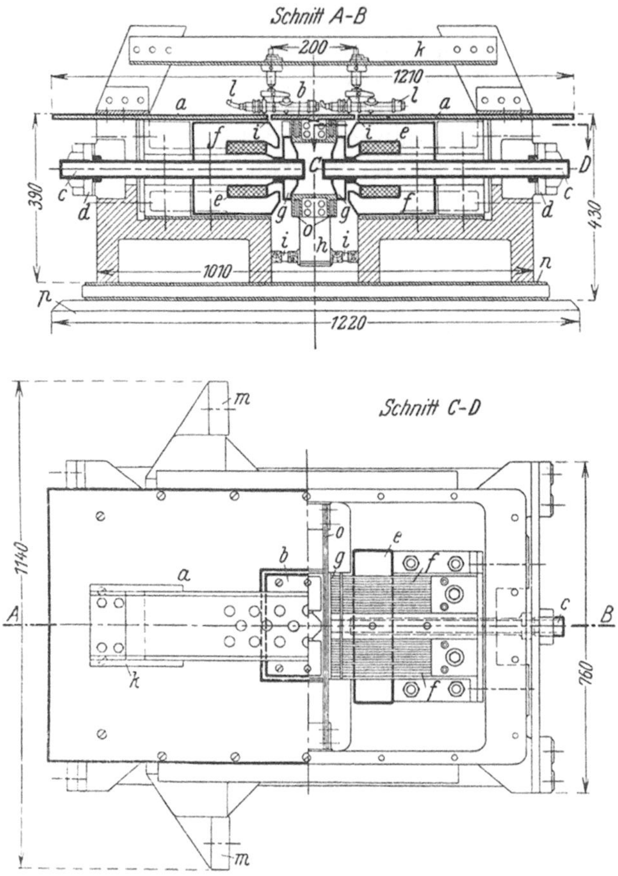

Abb. 142. Elektromagnetischer Schwingtisch der Deutschen Reichsbahn.
a feste Aufspannplatte; *b* schwingende Aufspannplatte; *c* Federrohre zur Abfederung des Schwingtisches in der höchsten Abstimmstufe ($f = 400$ Hz); *d* Blattfedern, auswechselbar zur Abfederung des Schwingtisches in den unteren Abstimmstufen; *e* Wechselstromspulen der Feldmagnete *f*; *f* Feldmagnete aus geblättertem Eisen, ortsfest im Gehäuse; *g* Anker aus geblättertem Eisen im Schwingtisch befestigt; *h* Gegengewicht am Schwingtisch zur Verlagerung seines Schwerpunktes in die Achse der Federrohre *c*; *i* Dämpfungsbeilagen aus Gummi zur Verhinderung von Drehschwingungen des Schwingtisches um eine waagerechte Achse; *k* Widerlager zum Festspannen der zu eichenden Meßgeräte; *l* Meßgeräte (dynamische Dehnungsmesser); *m* Pratzen zum Aufstellen des Schwingtisches mit senkrechter Schwingungsrichtung; *n* Korkplatte zur Isolierung gegen Erschütterungen; *o* Blattfederpakete zur Parallelführung des Schwingtisches; *p* Fundament.

Das durch elektromagnetische Kräfte angetriebene Schwingungssystem des Tisches besteht aus einem Stahlkörper, an dem die Anker für die Elektromagnete befestigt sind und der durch Blattfederpakete in der Schwingungsrichtung parallel geführt wird. Das System kann auf 4 verschiedene Eigenfrequenzen abgestimmt werden. Dabei beträgt die Eigenfrequenz der höchsten Stufe 400 Hz. Eine derartig hohe Eigenschwingungszahl erfordert Federn mit sehr hoher Federkraft und möglichst geringer Eigenmasse. Diese Eigenschaften lassen sich nur durch

[1] BERNHARD: Z. VDI Bd. 76 (1932) S. 1559. — LEHR, E.: Schwingungstechnik Bd. 2, S. 199.

Verwendung von Stahlrohren verwirklichen, die mit dem einen Ende am Schwingtisch, mit dem anderen Ende am Gehäuse befestigt sind, so daß die in Richtung der Rohrachse entstehenden elastischen Dehnungen die Abfederung bewirken. Dabei können im vorliegenden Fall Amplituden bis zu $\pm 200\,\mu$ erreicht werden. Bei den unteren Abstimmstufen werden an Stelle der starren Platten, an denen die Enden der Rohrfedern bei der obersten Abstimmstufe befestigt sind, Blattfedern verschiedener Stärke eingesetzt.

Die dreischenkligen Feldmagnete die im Gehäuse befestigt werden, sind aus geblättertem Eisen hergestellt. Ihre Spulen werden von einem für den vorliegenden Zweck besonders entwickelten Zweiphasenwechselstromgenerator gespeist, dessen Phasen um 90° gegeneinander versetzt sind. Der Generator wird von einem Gleichstromregelmotor über ein Schaltgetriebe derart angetrieben, daß die Frequenz von 10 bis 150 Hz stetig geregelt werden kann. Da bekanntlich die Kraft eines Wechselstrom-Magneten mit einer Frequenz verläuft, die doppelt so groß ist, wie diejenige des Wechselstromes, sind die Kräfte in beiden Magneten um 180° phasenverschoben und üben insgesamt auf das Schwingungssystem eine Kraft aus, die zwischen gleich großen positiven und negativen Höchstwerten nach einem Sinusgesetz verläuft, wobei die Frequenz dieser Kraft zwischen 20 und 300 Hz stetig regelbar ist.

Die Amplitude der Schwingungen wird durch Einstellen des Stromes in den Feldspulen des Generators, also durch Regeln des Wechselstromes in den Magneten des Schwingtisches feinfühlig verändert. Die Größe der Amplitude wird mit optischen Hilfsmitteln (Meßmikroskop und Schwingspiegel mit Federgelenken) beobachtet und gemessen.

Besonderer Wert wurde darauf gelegt, daß die Schwingungen rein sinusförmigen Verlauf besitzen. Dieses Ziel wurde einerseits dadurch erreicht, daß die Konstruktion aller Teile des Schwingtisches steif genug gemacht wurde, um unerwünschte Nebenschwingungen völlig auszuschließen, anderseits dadurch, daß durch eine besondere Anordnung der Feld- und Ankerwicklung des Generators für das Zustandekommen einer sinusförmigen Feldverteilung und eines sinusförmigen Wechselstromes bei allen Belastungsstufen gesorgt wurde.

Der Schwingtisch arbeitet *nicht* in Resonanz, vielmehr wird die Erregerfrequenz jeweils nur etwa bis auf 75% der Eigenfrequenz gesteigert. Abb. 142 läßt schließlich erkennen, in welcher Weise die Meßgeräte aufgespannt werden. Stets wird dabei die eine Meßspitze auf die Platte des Schwingtisches gesetzt, während die zweite Meßspitze auf die Aufspannplatte des Gehäuses aufgreift. Im übrigen wird die Aufspannung möglichst in der gleichen Weise vorgenommen, wie bei den Messungen. Das ganze Gerät ist auf einer Korkplatte schwingungsisoliert aufgestellt.

VII. Spannungsoptische Messungen.

Von **Ludwig Föppl**, München.

1. Die spannungsoptische Bank.

Die Spannungsoptik hat sich im Laufe der letzten Jahre zu einem für praktische Zwecke sehr wertvollem Hilfsmittel zur Untersuchung elastischer Spannungszustände entwickelt. Neuerdings wird die Spannungsoptik auch auf räumliche Spannungszustände angewandt. Doch wollen wir uns zunächst nur auf die ebene Spannungsoptik beschränken, da hier die Verhältnisse wesentlich einfacher liegen. In Abschn. 6 wird auch die räumliche Spannungsoptik behandelt.

Wir nehmen an, wir sollen mit Hilfe der Spannungsoptik den elastischen Spannungszustand feststellen, der in einer ebenen Scheibe von überall gleicher Dicke aber beliebiger Gestalt durch äußere Kräfte, die beliebig am Rand oder im Innern der Scheibe parallel zu ihrer Ebene wirken, hervorgerufen wird. Die Scheibe kann aus irgendeinem, dem Hookeschen Gesetz gehorchenden Stoff, wie z. B. Eisen oder Aluminium bestehen. Wir können nun zunächst von dem Ähnlichkeitsgesetz elastischer Spannungszustände Gebrauch machen und die Scheibe in einem für die Versuche geeigneten Maßstab verkleinern. Damit die Spannungszustände in beiden Fällen ähnlich bleiben, müssen die äußeren Kräfte mit dem Quadrat des linearen Verkleinerungsmaßstabes abnehmen. Dabei darf man die Dicke der Scheibe in anderem Maßstab verändern als die in der Scheibenebene liegenden Längen. In diesen Fall müssen die äußeren Kräfte entsprechend dem Produkt dieser beiden Maßstäbe verkleinert werden, um auch wieder im Modell einen der großen Ausführung ähnlichen Spannungszustand zu erhalten. Außerdem darf man aber auch einen anderen Werkstoff für das Modell wählen, ohne dadurch den Spannungszustand zu ändern, wenn nur die Form des Körpers und die Lasten dieselben bleiben. Daß es auf den Werkstoff nicht ankommt, soferne er nur dem Hookeschen Gesetz genügt, folgt aus der Tatsache, daß in den Grundgleichungen der Elastizitätstheorie des ebenen Spannungszustandes weder der Elastizitätsmodul noch die Poissonsche Konstante $1/m$ vorkommt. Eine Ausnahme kann nur eintreten bei gewissen Belastungsfällen einer zwei- oder mehrfach zusammenhängenden Scheibe, da durch den Zusammenhang Spannungen nach Art von Eigenspannungen hinzutreten können, die von der Poissonschen Konstante $1/m$ abhängen. Trotzdem kann man aber auch in diesem Falle aus den spannungsoptisch gemessenen Spannungen am Modell aus irgendeinem Stoff auf die entsprechenden Spannungen der Hauptausführung, die aus einem anderen Stoff besteht, schließen, wenn man die Poissonschen Konstanten beider Stoffe kennt[1].

Als Werkstoff für die Modelle kommen in der Spannungsoptik vorläufig nur durchsichtige in Betracht, und zwar Glas oder Kunstharze. Von den Kunstharzen spielt die Gruppe der Formaldehyd-Phenol-Kondensationsprodukte in der Spannungsoptik eine große Rolle. Hierher gehören die unter den Namen Bakelit, Phenolit, Trolon, Dekorit, Marblette usw. bekannten Stoffe, die für

---

[1] Siehe z. B. Coker u. Filon: A Treatise on Photo-Elasticity. Cambridge 1931. — Föppl, L. u. H. Neuber: Festigkeitslehre mittels Spannungsoptik. München u. Berlin 1935.

die Spannungsoptik ungefähr alle gleich geeignet sind. Dagegen gehört das unter dem Namen Plexiglas bekannte Kunstharz zu einer anderen Gruppe, die optisch bei weitem nicht so aktiv ist wie die zuerst genannte Gruppe von Kunstharzen und daher in der Spannungsoptik auch anderen Zwecken dient als die der ersten Gruppe. Plexiglas kommt seiner optischen Aktivität entsprechend spannungsfreiem Flintglas nahe und wird in der Spannungsoptik neuerdings als Ersatz für letzteres, das teuerer und schwerer zu bearbeiten ist, verwendet. Je nach der spannungsoptischen Aufgabe benützt man als Werkstoff für den Modellkörper entweder eines der obengenannten optisch stark aktiven Kunstharze oder das wenig aktive Flintglas bzw. Plexiglas. Wir wollen weiterhin die erste Gruppe kurzweg als „Kunstharze", die letztere als „Gläser" bezeichnen. Entsprechend diesen beiden Modellstoffen hat man zwei verschiedene Auswertungsverfahren der Spannungsoptik zu unterscheiden. Bevor wir auf diese Verfahren im einzelnen eingehen, wollen wir die beiden Verfahren gemeinsame spannungsoptische Apparatur besprechen.

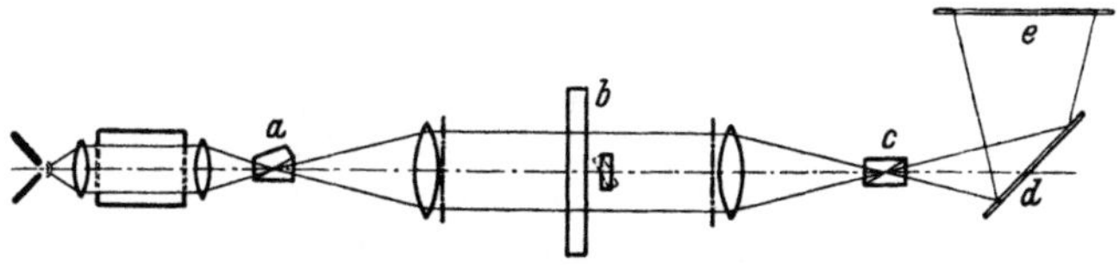

Abb. 1. Strahlengang: *a* Polarisator; *b* Aufspanntisch; *c* Analysator; *d* Spiegel; *e* Zeichentisch.

Abb. 1 zeigt die übliche Versuchsanordnung in schematischer Darstellung. Die einzelnen Teile der Anordnung sind auf einer geraden Schiene aufgesteckt, so daß eine möglichst genaue, der Schiene parallellaufende Gerade als optische Achse der Versuchseinrichtung erzielt wird. Die ganze Anordnung mit dem Tisch, auf dem die Schiene gelagert ist, wird als optische Bank bezeichnet. Als Lichtquelle wird gewöhnlich eine Osram-Punktlichtlampe oder eine Bogenlampe oder auch eine niedervoltige Doppelwendellampe verwendet, da es zweckmäßig ist, eine möglichst punktförmige Lichtquelle zu benützen. Wir wollen die von der Lichtquelle auslaufenden Strahlen weiter verfolgen. Es ist unter Umständen zweckmäßig, die Strahlen zur Abkühlung zunächst durch ein Wasserbad zu schicken. Zu diesem Zweck sind zwei Kondensorlinsen notwendig, wie aus Abb. 1 zu entnehmen ist. Übrigens scheint dieses Wasserbad der Strahlen in den meisten Fällen nicht notwendig zu sein. Will man anstatt des weißen Lichtes monochromatisches Licht verwenden, was für viele Aufgaben der Spannungsoptik notwendig ist, so bringt man ein Lichtfilter in den Strahlengang etwa kurz vor dem in Abb. 1 mit *a* bezeichneten Polarisator. Dieses Filter verschluckt die meisten Strahlen mit Ausnahme eines verhältnismäßig kleinen Wellenlängenbereiches. Zweckmäßig wird ein Blaulichtfilter verwendet, das nur für blaue Strahlen durchlässig ist. Die blauen Strahlen haben gegenüber den anderen sichtbaren Strahlen den Vorteil, daß sie im umgekehrten Verhältnis ihrer Wellenlänge zu der der ausgelöschten Strahlen optisch aktiver sind und sich außerdem besonders für photographische Aufnahmen eignen.

Die Strahlen, die zunächst in der Ebene senkrecht zu ihrer Fortpflanzungsrichtung eine beliebige Schwingung ausführen, werden beim Durchgang durch das erste NICOLsche Prisma, das als Polarisator bezeichnet wird, eben polarisiert. Wir wollen annehmen, der Polarisator sei so eingestellt, daß er nur die vertikale Schwingungskomponente des ankommenden Lichts durchläßt. Es ist üblich, die zur Lichtschwingungsebene senkrecht stehende Ebene, d. h. also in unserem Falle die horizontale, als Polarisationsebene zu bezeichnen.

Bevor die eben polarisierten Strahlen durch das auf dem Aufspanntisch aufgespannte Modell gehen, werden sie noch durch eine Kondensorlinse parallel gerichtet, so daß sie alle senkrecht zur Ebene der Scheibe ankommen. Hinter der Kondensorlinse ist durch eine strichpunktierte Linie in Abb. 1 ein Viertelwellenlängen-Plättchen, kurz $\lambda/4$-Plättchen genannt, angedeutet. Ein entsprechendes zweites findet man hinter dem Modell vor der nächsten Kondensorlinse angegeben. Über die Bedeutung dieser $\lambda/4$-Plättchen wird später noch einiges zu sagen sein. Vorläufig brauchen wir sie nicht weiter zu beachten. Wenn die Scheibe, die auf dem Aufspanntisch b aufgespannt ist, spannungsfrei wäre, so würden die eben polarisierten Strahlen ohne wesentliche Änderung die durchsichtige Scheibe durcheilen und nach Zusammenfassung durch die hinter der Scheibe befindliche Kondensorlinse in das zweite Nicolsche Prisma, den Analysator c, gelangen. Da aber der Analysator gegen den Polarisator um 90° gedreht ist, so daß er nur horizontal schwingendes Licht durchläßt, löscht er die in der vertikalen Ebene schwingenden ankommenden Strahlen vollkommen aus. Man würde also in diesem Falle auf dem Zeichentische e ein überall dunkles Feld feststellen. Dies ändert sich aber, sobald die Scheibe gespannt ist. Die Spannungen bewirken ein mehr oder weniger starkes Aufhellen des Gesichtsfeldes. Auch Eigenspannungen würden dieselbe Wirkung haben. Man benützt diesen Umstand, um festzustellen, ob die Scheibe frei von Eigenspannungen ist, indem man sie ohne äußere Belastung spannungsoptisch untersucht. Für eine genaue Untersuchung kommen nur Modelle in Betracht, die keine Eigenspannungen besitzen. Wie man Kunstharzmodelle herstellen und behandeln muß, um sie frei von Eigenspannungen zu erhalten, wird später besprochen.

Wir gehen jetzt zu der Frage über, wie der ebene Spannungszustand auf die durcheilenden polarisierten Lichtstrahlen einwirkt. Auf Grund der Versuche von Brewster (1816) und anderer Physiker nach ihm macht man sich von dieser Wirkung folgende Vorstellung. Der ankommende polarisierte Lichtstrahl wird entsprechend den Richtungen der Hauptspannungslinien an der betreffenden Stelle der Scheibe, die er durchdringt, in zwei Teilschwingungen zerlegt, die getrennt für sich die Dicke d der Scheibe durcheilen. Die beiden Teilschwingungen haben in der Scheibe im allgemeinen verschiedene Geschwindigkeiten entsprechend den verschiedenen Hauptspannungen σ_1 und σ_2 in den beiden Hauptspannungsrichtungen, und zwar bringt eine Zugspannung eine ihr proportionale Zunahme der Geschwindigkeit gegenüber dem spannungslosen Zustand hervor und eine Druckspannung eine ihr proportionale Abnahme der Geschwindigkeit. Es kommt nur auf die relative Verzögerung δ der beiden Teilstrahlen an. Diese ist demnach proportional der Differenz $\sigma_2 - \sigma_1$ der beiden Hauptspannungen. Außerdem ist sie selbstverständlich der Dicke d der Scheibe proportional sowie einer den Werkstoff kennzeichnenden Konstante C, die als *spannungsoptische Konstante* bezeichnet wird. Indem man die Verzögerung δ der beiden Teilschwingungen auf die Wellenlänge λ des verwendeten Lichtes bezieht, erhält man die *Hauptgleichung der Spannungsoptik:*

$$\delta = C \cdot (\sigma_2 - \sigma_1) \cdot \frac{d}{\lambda}. \qquad (1)$$

Die Verzögerung δ ist eine reine Zahl und gibt die Anzahl der Wellenlängen λ an, um die der eine Teilstrahl gegenüber dem anderen hinter der Scheibe nach- bzw. voreilt. Ist δ ganzzahlig, also gleich 1, 2, 3 usw., so setzen sich die beiden Teilstrahlen hinter der Scheibe wieder zu einer eben polarisierten Schwingung zusammen, die im weiteren Verlauf vom Analysator ebenso verschluckt wird, als wenn an dieser Stelle $\delta = 0$ wäre. Wir erhalten demnach an allen Stellen des Gesichtsfeldes, denen nach Gl. (1) ganzzahlige Werte δ entsprechen, Verdunklung, und zwar treten die Stellen der Verdunklung linienweise auf, so daß einer ersten Linie, die als Isochromate 1. Ordnung bezeichnet wird, die Stellen entsprechen, wo $\delta = 1$ wird, einer zweiten Linie, der Isochromate 2. Ordnung, die Stellen, wo $\delta = 2$ wird usw. Durch photographische Aufnahme solcher Isochromatenbilder sind z. B. die Abb. 4 bis 7 entstanden.

Bei Verwendung von monochromatischem Licht bekommt man deutliche Bilder von abwechselnd hellen und dunklen Linien, die sich zu photographischen Aufnahmen gut eignen. Verwendet man dagegen unmittelbar das weiße Licht der Lichtquelle ohne Zwischenschaltung eines Farbfilters, so erfahren die einzelnen Farben entsprechend ihrer Wellenlänge λ gemäß Gl. (1) verschiedene Verzögerungen δ, so daß sie an einer Stelle des ebenen Spannungszustandes nur teilweise ausgelöscht werden, während die Restfarben in Erscheinung treten. Daher erhält man in diesem Fall als Isochromaten farbige Linien an Stelle der abwechselnd hellen und dunklen Linien von vorhin. Da von dem Farbengemisch des weißen Lichtes bei steigender Spannungsdifferenz $\sigma_2 - \sigma_1$ nach Gl. (1) zuerst die Farben kurzer Wellenlänge λ die Verzögerung $\delta = 1$ machen und somit zum Verschwinden kommen, während erst bei höherer Spannungsdifferenz die Farben größerer Wellenlänge verschwinden, entspricht der Reihenfolge gelb, rot, grün, violett der Isochromaten die Richtung wachsender Spannungsdifferenz $\sigma_2 - \sigma_1$, während die umgekehrte Farbenfolge zu abnehmender Spannungsdifferenz gehört. In diesem Punkt ist man mit weißem Licht im Vorteil gegenüber einfarbigem Licht, während sich zum Photographieren der Isochromaten besser einfarbiges eignet. Ist man also im Zweifel, in welcher Richtung an einem Punkt des ebenen Spannungszustandes die Spannungsdifferenz $\sigma_2 - \sigma_1$ wächst, so nimmt man während des Versuches das Farbfilter, das man im allgemeinen mit Rücksicht auf die photographische Aufnahme der Isochromaten verwendet, für kurze Zeit heraus und kann dann an der Farbordnung der Isochromaten die Richtung ansteigender Spannungsdifferenz sofort feststellen.

Gleichbedeutend mit der Differenz der beiden Hauptspannungen $\sigma_2 - \sigma_1$ ist, wie aus dem Mohrschen Spannungskreis hervorgeht, das Doppelte der Hauptschubspannung $\tau_{\max}$ an der betreffenden Stelle des ebenen Spannungszustandes. Längs einer Isochromate behält die Hauptschubspannung den gleichen Wert. Ist die Ordnung δ der betreffenden Isochromate festgestellt worden, so könnte man nach Gl. (1) den Wert von $\sigma_2 - \sigma_1 = 2\,\tau_{\max}$ angeben, sobald die spannungsoptische Konstante C des Werkstoffes bekannt ist.

Zur Bestimmung der Konstante C des Werkstoffes macht man zweckmäßig einen Eichversuch in der Weise, daß man aus dem Werkstoff, den man zum Hauptversuch verwendet, einen Stab herstellt, der dieselbe Dicke d besitzt wie die Scheibe des Hauptversuches, und ihn einer reinen Biegung durch ein bekanntes Biegungsmoment unterwirft. Die im Querschnitt auftretenden Biegungsspannungen gehorchen nach der strengen Elastizitätstheorie dem Geradliniengesetz. Infolgedessen treten als Isochromaten der Stabachse parallele Linien in gleichen Abständen auf. Dem Übergang von einer dieser parallelen Isochromaten zur nächst höheren Ordnung entspricht eine Zunahme von δ nach Gl. (1) um 1 und andererseits ein bekannter Spannungssprung von $\sigma_2 - \sigma_1$, worin σ_1 als Hauptspannung in Richtung senkrecht zur Stabachse Null zu setzen ist. Man könnte demnach aus Gl. (1), da auch d und λ bekannt sind, C zahlenmäßig entnehmen. Es hat die Dimension cm^2/kg und es ist üblich $10^{-7}\,cm^2/kg$ als 1 brewster zu bezeichnen.

Zur Auswertung der Isochromatenbilder ist die zahlenmäßige Kenntnis der spannungsoptischen Konstante selbst aber gar nicht nötig, sondern man stellt durch den Eichversuch nur fest, wie groß der Sprung der Spannungsdifferenz $\sigma_2 - \sigma_1$ und damit der Hauptschubspannung $\tau_{\max}$ beim Übergang von einer Isochromate zur nächsthöheren beträgt. Da wir für den Eichversuch gleiche Dicke d des Probestabes und gleiche Wellenlänge λ des verwendeten Lichtes wie beim Hauptversuch mit der Scheibe vorausgesetzt haben, so entspricht im letzteren Fall dem Übergang von einer Isochromate zur nächsten derselbe Sprung der Hauptschubspannung wie beim Eichversuch. Mehr ist aber zur Auswertung der Isochromatenbilder der Scheibe nicht erforderlich.

Zu unseren bisherigen Betrachtungen, die schließlich zur Erklärung der Isochromatenbilder geführt haben, ist im optischen Teil noch eine Ergänzung nötig. Wir haben den in der vertikalen Ebene schwingenden polarisierten Lichtstrahl verfolgt, nachdem er den Polarisator verlassen hat. Beim Durchdringen der Scheibe zerlegt er sich in zwei Teilstrahlen, die in Richtung der Hauptspannungen schwingen und je nach der Größe der entsprechenden Hauptspannungen verschiedene Verzögerungen erfahren, deren relative Verzögerung hinter der Scheibe den Betrag δ von Gl. (1) ausmacht. Wenn nun aber der auf die Scheibe auftreffende polarisierte Strahl an einer Stelle durcheilt, wo die Hauptspannungsrichtungen selbst vertikal und horizontal gerichtet sind, so erfolgt keine Aufspaltung in zwei Teilstrahlen, sondern der in der vertikalen Hauptspannungsrichtung schwingende ankommende polarisierte Lichtstrahl bleibt auch beim Durchgang durch die Scheibe und dahinter eben polarisiert und wird schließlich vom Analysator vollkommen verschluckt, so daß dieser Stelle der Scheibe eine Verdunklung im Bild entspricht. Alle Punkte des ebenen Spannungszustandes mit horizontalen und vertikalen Hauptspannungsrichtungen wirken in gleicher Weise auf die sie durcheilenden polarisierten Lichtstrahlen ein, so daß ihnen im Bild eine schwarze Linie entspricht, die man als *Isokline* bezeichnet, da sie den geometrischen Ort aller Punkte des ebenen Spannungszustandes mit horizontalen bzw. vertikalen Hauptspannungsrichtungen darstellt. Dreht man den Aufspanntisch mit dem auf ihm aufgespannten Modell, so wandert die Isokline als deutlich erkennbare schwarze Linie über das Gesichtsfeld. Man kann auch das Modell in Ruhe lassen und dafür die beiden Nikols im gleichen Sinn um die Achse der optischen Bank drehen. Da es nur auf die relative Drehung der Nikols gegenüber der Ebene des Spannungszustandes ankommt, zeigt sich auch in diesem Fall das Wandern der Isokline über das ganze Gesichtsfeld des ebenen Spannungszustandes. Indem man statt der kontinuierlich wandernden Isokline nur einzelne Isoklinen herausgreift, die etwa gleichen Winkelabständen des relativ zu den feststehenden Nikols gedrehten Aufspanntisches entsprechen, und diese auf dem Zeichentisch jedesmal nachzieht, so erhält man ein Netz von Isoklinen, mit dessen Hilfe man, da jeder Isokline bestimmte Hauptspannungsrichtungen zugeordnet sind, zeichnerisch das Netz der Hauptspannungstrajektorien gewinnen kann. Unter Umständen ist die Kenntnis dieses Netzes von Vorteil. Das zweite Verfahren der Spannungsoptik, auf das in Abschn. 5 näher eingegangen wird, macht von diesem Netz Gebrauch. Begnügt man sich dagegen mit der Kenntnis der Hauptschubspannung an jeder Stelle des ebenen Spannungszustandes, wie es beim ersten, oben ausführlich besprochenen Verfahren geschieht, so braucht man weder die Isoklinen noch die Hauptspannungstrajektorien.

Trotzdem sind die soeben angestellten Betrachtungen auch für das erste Verfahren von Bedeutung; denn die Isokline, die als schwarzes, unter Umständen auch breites Band das Gesichtsfeld durchzieht, stört bei der Auswertung der Isochromatenbilder. Dazu kommt, daß überall in der Nähe der Isokline, wo die Schwingungsebene des ankommenden Strahles nur wenig von einer Hauptspannungsrichtung abweicht, die Intensität der Isochromate gering ist, während sie für Stellen in größeren Abständen von der Isokline, wo der Winkel zwischen der Schwingungsebene des ankommenden polarisierten Strahles und den Richtungen der Hauptspannungstrajektorien etwa 45° beträgt, die

Intensität der Isochromate besonders groß ist. Um diese Intensitätsschwankungen längs einer Isochromate zu vermeiden und zugleich die Isokline ganz zum Verschwinden zu bringen, verwendet man an Stelle des ankommenden, in einer bestimmten Ebene polarisierten Lichtes, zirkularpolarisiertes Licht. Die Wirkung eines zirkularpolarisierten Strahles kann man als Überlagerung unendlich vieler, gleichmäßig in allen Richtungen senkrecht zum Strahl ebenpolarisierter Lichtstrahlen auffassen, so daß damit die ausgezeichnete Richtung des einzelnen eben polarisierten Strahles, die die Veranlassung für das Auftreten der störenden Isokline und der störenden Intensitätsschwankungen längs der Isochromaten waren, in Wegfall kommen.

Um aus dem eben polarisierten Licht zirkularpolarisiertes zu erzeugen, dazu dient das erste der beiden oben schon erwähnten $\lambda/4$-Plättchen, das in Abb. 1 im parallelen Strahlengang zwischen erster Kondensorlinse und Aufspanntisch gestrichelt angedeutet ist. Es ist dies ein natürlicher Kristall, der auf die verwendete Wellenlänge λ des Lichtes so abgestimmt sein muß, daß er den ankommenden ebenpolarisierten Strahl in einen zirkularpolarisierten Strahl verwandelt. Die Wirkungsweise eines $\lambda/4$-Plättchens ist dieselbe wie die einer durchsichtigen Scheibe, die gleichmäßig auf Zug oder Druck unter 45° gegen die Durchlaßrichtungen der Nikols beansprucht wird in solcher Stärke, daß die sich nach Gl. (1) zu berechnende Verzögerung δ gerade $^1/_4$ beträgt. Wegen der genauen mathematischen Formulierung dieser Umwandlung des ebenpolarisierten in einen zirkularpolarisierten Strahl, sowie überhaupt der Berechnung des Strahlenganges in der optischen Bank sei auf meinen Aufsatz „Grundlagen der Spannungsoptik" in dem soeben erschienenen Band VI der „Ergebnisse der technischen Röntgenkunde" verwiesen.

Neben dem ersten $\lambda/4$-Plättchen braucht man hinter dem Aufspanntisch ein zweites gleiches $\lambda/4$-Plättchen, das in Abb. 1 ebenfalls gestrichelt links neben der zweiten Kondensorlinse im parallelen Strahlenbündel angedeutet ist. Mit Hilfe dieser beiden $\lambda/4$-Plättchen ist die Apparatur für das erste Auswertungsverfahren vollständig. Man erhält damit Isochromatenbilder, bei denen längs einer Isochromate konstante Lichtstärke herrscht, so daß sie sich bei Verwendung von monochromatischem Licht, wie wir oben gesehen haben, zur photographischen Wiedergabe gut eignen. Man erhält damit ein vollständiges Bild der Verteilung der Hauptschubspannungen über das ganze Gesichtsfeld, womit die Aufgabe der Spannungsermittlung in den meisten praktischen Fällen ausreichend erledigt ist. In Abschn. 3 soll die einfache Anwendung dieses ersten spannungsoptischen Verfahrens an einem Beispiel erläutert werden.

Zum Schluß sei noch darauf hingewiesen, daß man bei photographischen Aufnahmen der Isochromatenbilder durch einen Kunstgriff die beiden $\lambda/4$-Plättchen ersetzen kann. Man muß zu diesem Zweck nur zwei Aufnahmen hintereinander auf dieselbe Platte machen, wobei sich beide Aufnahmen nur dadurch unterscheiden, daß sie zu zwei verschiedenen Stellungen des Aufspanntisches gehören, die um 45° gegeneinander geneigt sind. Dadurch kommt die Abhängigkeit der Intensität längs einer Isochromate vom Winkel φ der Ebene des ankommenden ebenpolarisierten Strahles gegenüber den Hauptspannungsrichtungen ebenso wie bei Verwendung von $\lambda/4$-Plättchen in Wegfall. Der Beweis hierfür ist sehr einfach. Die Intensität nach der ersten photographischen Aufnahme beträgt[1]

$$I_1 = a^2 \sin^2 \pi\,\delta \cdot \sin^2 2\,\varphi,$$

[1] Siehe z. B. in dem obenerwähnten Aufsatz „Grundlagen der Spannungsoptik" in Bd. VI der Ergn. techn. Röntgenkde.

wobei δ die Bedeutung nach Gl. (1) hat. Drehen wir nun den Aufspanntisch mit dem Modell bzw. die beiden Nikols um 45° und machen eine zweite Aufnahme von gleicher Zeitdauer wie die erste, so erhält man dadurch die Intensitätsverteilung

$$I_2 = a^2 \sin^2 \pi\, \delta \sin^2 2\left(\varphi + \frac{\pi}{2}\right) \pi) = a^2 \sin^2 \pi\, \delta \cdot \cos^2 2\, \varphi .$$

Da beide Aufnahmen auf dieselbe Platte erfolgten, erhält man schließlich als Ergebnis

$$I_1 = I_1 + I_2 = a^2 \sin^2 \pi\, \delta .$$

Die Intensitätsverteilung ist also unabhängig von φ, ebenso wie bei Verwendung von $\lambda/4$-Plättchen.

2. Die vereinfachte spannungsoptische Apparatur.

Einen Nachteil der spannungsoptischen Bank, wie sie in Abschn. 1 besprochen worden ist, stellen die beiden NICOLschen Prismen dar. Da man solche Prismen zu erschwinglichen Preisen nur in kleiner Ausführung bekommt, ist es nötig, die Lichtstrahlen mit Hilfe von Linsen zusammenzufassen, in deren Brennpunkten die NICOLschen Prismen angeordnet werden. Zwischen den beiden Nikols muß durch weitere Linsen dafür

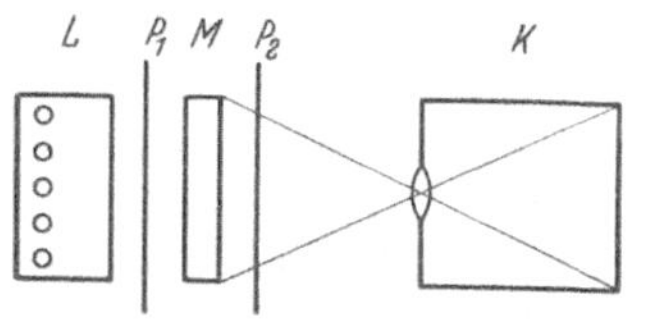

Abb. 2. Schema der neuen Apparatur: *L* Lichtquelle; P_1, P_2 Polarisationsfilter; *M* Modell; *K* Aufnahmekammer.

Abb. 2a. Neue spannungsoptische Apparatur.

gesorgt werden, daß ein paralleles Strahlenbündel den Modellkörper durchdringt. Sämtliche Linsen der Abb. 1 werden aber überflüssig, sobald man genügend große Polarisationsfilter an Stelle der Nikols zur Verfügung hat, so daß man mit parallelem Licht längs der ganzen optischen Bank arbeiten kann. Nachdem nunmehr ebene Polarisationsfilter von dem gewünschten Ausmaß von etwa $20 \cdot 20\ \text{cm}^2$ oder mehr künstlich hergestellt werden[1, 2], vereinfacht sich die spannungsoptische Apparatur außerordentlich. Abb. 2 gibt ein schematisches Bild dieser neuen Anlage. Das am zweckmäßigsten durch Lichtröhren erzeugte Licht geht als paralleles Lichtbündel nacheinander durch das erste Polarisationsfilter P_1, dann durch das Modell und schließlich durch das zweite Polarisationsfilter P_2. Das Modell wird von einer photographischen Kammer aufgenommen. Da man mit dieser Apparatur wesentlich größere Modelle als bei der alten Apparatur von Abb. 1 verwenden kann, ist es empfehlenswert, das Modell nicht auf einen drehbaren Aufspanntisch zu befestigen wie bei der alten Apparatur, sondern das Modell während der ganzen Untersuchung stehen zu lassen und dafür die beiden Polarisatoren um die optische Achse drehbar anzuordnen. Die $\lambda/4$-Plättchen sind auch entbehrlich, wenn man, wie am Ende von Abschn. 1 auseinandergesetzt

[1] SAUER, H.: Polarisiertes Licht in der Kraftfahrzeug-Beleuchtung. Z. VDI Bd. 82 (1938) S. 201.

[2] HAASE, M.: Dichroitische Kristalle und ihre Verwendung für Polaritionsfilter. Zeiß-Nachrichten, 2. Folge, Heft 2, Aug. 1936.

wurde, zwei gleich lange Aufnahmen hintereinander auf dieselbe Platte aufnimmt, wobei die beiden Aufnahmen Stellungen der Polarisatoren entsprechen, die 45° miteinander einschließen[1]. Die neue Apparatur läßt an Einfachheit nichts mehr zu wünschen übrig.

Abb. 2a gibt eine photographische Aufnahme unserer neuen Apparatur, die auf Grund dieser Überlegungen gebaut worden ist. Zwischen den beiden drehbaren Kreisscheiben, in denen sich die Polarisationsfilter befinden, ist in Abb. 2a ein in einem Rahmen eingespanntes Trolonmodell teilweise zu sehen, das durch Meßuhren, von denen eine in der Abbildung zu erkennen ist, belastet wird.

3. Beispiele zum einfachen Auswertungsverfahren mit Hilfe der Isochromaten.

Der einfachste Spannungszustand ist der eines gezogenen oder gedrückten Stabes von überall gleichmäßiger Spannung. Wird ein Flachstab aus Kunstharz in dieser Weise beansprucht und in den Strahlengang der optischen Bank gebracht, so daß die optische Achse senkrecht zur Ebene des Spannungszustandes steht, so können wir Gl. (1) darauf anwenden, in der $\sigma_1 = 0$ und $\sigma_2 = \frac{P}{F}$ zu setzen ist, wenn P die Zug- bzw. Drucklast des Stabes und F seinen Querschnitt bedeutet. Wir wollen dabei voraussetzen, daß in der optischen Apparatur $\lambda/4$-Plättchen verwendet werden, damit zirkularpolarisiertes Licht an den ebenen Spannungszustand herangeführt wird. In diesem Fall ändert sich, wie wir im vorigen Abschn. gesehen haben, nichts am Isochromatenbild, wenn wir den ebenen Spannungszustand in der eigenen Ebene drehen. Wir können daher den auf Zug oder Druck beanspruchten Stab mit seiner Achse in eine beliebige Richtung senkrecht zur optischen Achse der Apparatur in den Strahlengang einbringen.

Wir wollen annehmen, die Last P werde, von Null beginnend, langsam gesteigert. Solange überhaupt kein Spannungszustand vorhanden ist, erfahren die den Stab durchdringenden Strahlen keine Doppelbrechung, d. h. das ganze Gesichtsfeld, das wir hinter der Apparatur beobachten, bleibt dunkel. Mit wachsender Last findet ein überall gleichmäßiges Aufhellen statt, bis die Spannung σ_2 so groß geworden ist, daß sich nach Gl. (1) für δ der Wert $1/2$ berechnet. Bei dieser Spannung, die wir $\sigma_0/2$ nennen wollen, ist die Aufhellung ein Maximum geworden. Bei weiter wachsender Spannung geht die Aufhellung wieder zurück, bis beim Wert σ_0 für die Zug- bzw. Druckspannung wieder vollkommene Verdunklung des Gesichtsfeldes eingetreten ist. Nun hat δ den Wert 1 erreicht. Die dem Spannungswert σ_0 entsprechende Verdunklung ist die Verdunklung erster Ordnung. Wächst die Spannung über σ_0 hinaus, so wiederholt sich der Vorgang in der zweiten Periode zwischen σ_0 und $2\,\sigma_0$ in der gleichen Weise wie in der ersten Periode usw.

Man könnte diesen Versuch zu Eichzwecken verwenden, indem der Wert $\sigma_0/2$ den Sprung der Hauptschubspannungen von einer Isochromate zur nächsten angibt in irgendeinem ebenen Spannungszustand, wobei der gleiche Werkstoff und dieselbe Scheibendicke benützt wird wie beim Vergleichsstab. Ein Nachteil dieser Art der Eichung ist, daß die über den Stab gleichmäßig verteilten Aufhellungen bzw. Verdunklungen zeitlich nacheinander auftreten. Dazu kommt noch, daß es nicht ganz einfach ist, einen überall gleichmäßigen Spannungszustand in einem Zug- oder Druckstab zu erzeugen. Deshalb wird zu

[1] Neuerdings können $\lambda/4$-Plättchen von gleichen Abmessungen wie die Polarisationsfilter in einfacher Weise hergestellt werden; s. L. Föppl u. E. Müller-Lufft: Spannungsoptische Einrichtung mit Polarisationsfiltern., Arch. techn. Messen. Lieferung 100, Okt. 1939.

Eichversuchen in der Regel der auf reine Biegung beanspruchte Flachstab verwendet, worauf schon in Abschn. 1 hingewiesen worden ist.

Wir wollen nun das einfache erste Auswertungsverfahren der Spannungsoptik an einem praktischen Beispiel behandeln. Es betrifft eine Frage, die uns von seiten der Industrie gestellt worden ist, nämlich wie bei aufgelöster Bauweise einer Staumauer der Übergang vom Kopf der Staumauer in den Steg am günstigsten gestaltet wird. Wir haben zu diesem Zweck ein stark verkleinertes Modell eines Schnittes senkrecht zum Kopfpfeiler der Staumauer aus Kunstharz hergestellt. Es ist in Abb. 3 in einem Eisenrahmen befestigt zu sehen. Der Wasserdruck, der auf den Kopf der Staumauer als äußere Belastung wirkt, wurde durch 9 gleichmäßig gespannter vorher geeichte Federblätter ersetzt (s. Abb. 3 und 4). Für die Frage des geeigneten Übergangs aus dem Kopf in den schmalen Steg ist es nach dem bekannten ST. VENANTschen Prinzip gleichgültig, ob die Belastung wie im Falle des Wasserdruckes gleichmäßig verteilt angreift oder wie in unserem Modell in 9 gleiche Einzellasten aufgelöst wird, wenn nur dafür gesorgt wird, daß in beiden Fällen die Resultierende die gleiche ist, d. h. entsprechend dem hier gültigen CAUCHYschen Modellgesetz im Verhältnis des Quadrates des Verkleinerungsmaßstabes zwischen Modell und Hauptausführung steht. Wir haben bei unserem Modellversuch den Verkleinerungsmaßstab 1:100 angewandt, so daß die Stegbreite des Modelles (s. Abb. 3) 2 cm betrug gegenüber 2 m der Hauptausführung. Die Kopfbreite der Hauptausführung betrug etwa 12 m. Die ganze Staumauer wurde aus lauter solchen einzelnen Bauelementen, die seitlich gedichtet aneinandergereiht wurden, zusammengestellt.

Abb. 3. Durch Federn belastetes Kunstharzmodell.

Bei unserem ersten Versuch legten wir die ursprünglich gegebene Form des Überganges mit den scharfen einspringenden Ecken nach Abb. 5 zugrunde. Das Ergebnis der spannungsoptischen Untersuchung war das Isochromatenbild nach Abb. 5. Die Isochromaten sind darin ihrer Ordnung nach numeriert. Die höchste Ordnung war Nr. 9. Sie trat an der einspringenden Ecke bei A, also beim scharfen Übergang zum Steg auf. Die scharfe Ecke bei B brachte keine nennenswerte Spannungserhöhung. Durch einen Eichversuch mit einem Flachstab aus dem gleichen Werkstoff und von gleicher Dicke wie die untersuchte Scheibe, der auf reine Biegung beansprucht wurde, ergab sich in der früher besprochenen Weise ein Spannungssprung τ_0 der Hauptschubspannung $\tau_{\max}$ beim Übergang von einer Isochromate zur nächsten im Betrag von $\tau_0 = 2{,}8$ kg/cm², so daß die größte bei A auftretende Schubspannung $9 \cdot \tau_0 = 25{,}2$ kg/cm² betrug. Da diese größte Schubspannung an einem lastfreien Rand auftritt, liegt sie in den Schnitten unter 45° zur Randtangente und es entspricht ihr eine größte Normalspannung für den Schnitt senkrecht zum Rand von doppelter Größe $\sigma_{\max} = 2 \cdot 25{,}2 = 50{,}4$ kg/cm².

Der zweite Versuch wurde mit einem neuen Kunstharzmodell ausgeführt, das sich von dem ersten nur durch kreisförmige Abrundungen der Ecken bei A und B unterschied. Dadurch gelang es, die höchste Ordnung der auftretenden Isochromaten auf 7 herabzudrücken (s. Abb. 6). Der zum ersten Versuch gehörige Rand ist in Abb. 6 eingezeichnet. Da die Abrundung der Ecke bei B keine Verbesserung gebracht hat, haben wir bei dem folgenden Versuch die scharfe Ecke bei B wie beim ersten Versuch stehengelassen. Dagegen haben wir die Abrundung bei A wesentlich abgeändert, um die stärkste Beanspruchung

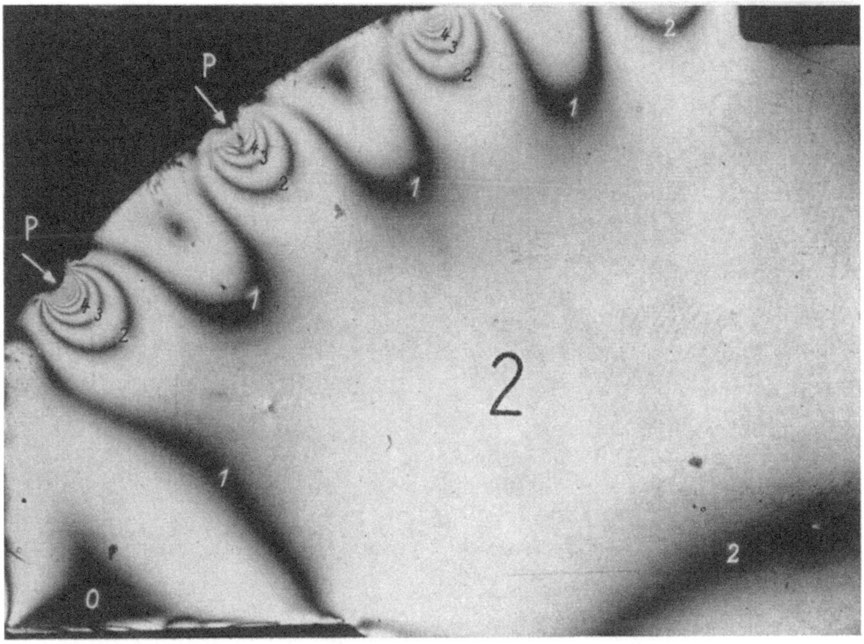

Abb. 4. Die Isochromaten in der Nähe der Einzellasten.

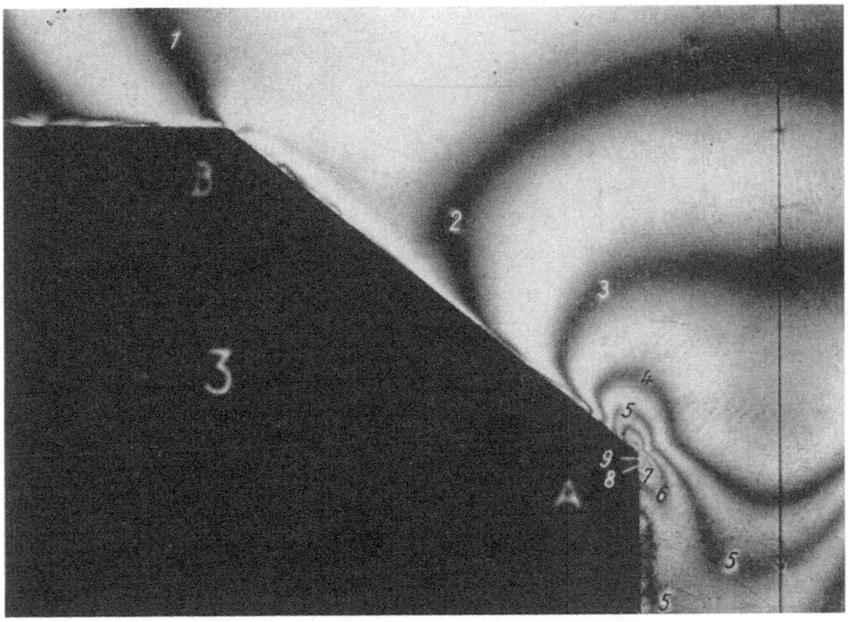

Abb. 5. Die Isochromaten bei scharfer einspringender Ecke.

noch weiter herabzusetzen. Und zwar haben wir in dem dritten Versuch einen sehr flachen, allmählichen Übergang in den Steg gewählt, wie dies aus Abb. 7

zu entnehmen ist. Der Erfolg war überraschend groß, indem die höchste Ordnung der auftretenden Isochromaten auf 5 herabgedrückt wurde. Dies bedeutet

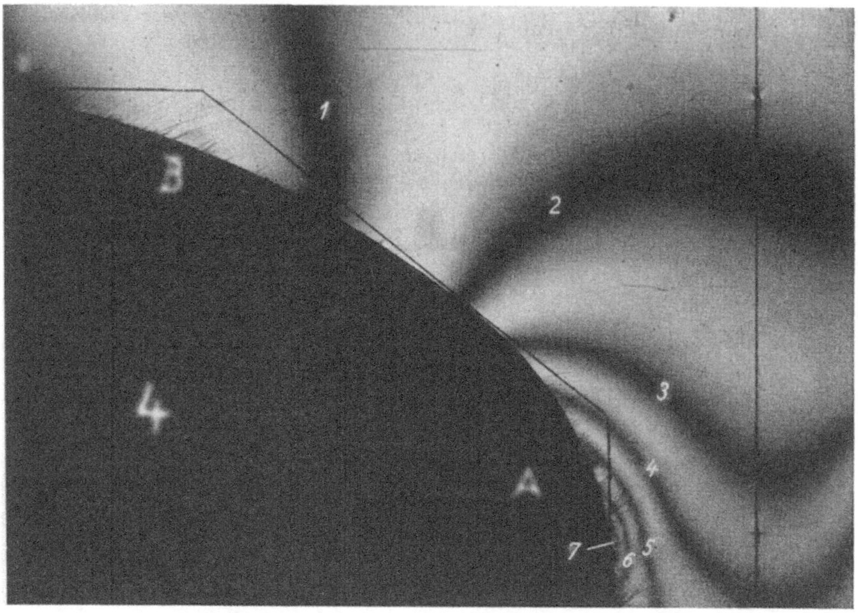

Abb. 6. Isochromaten bei kreisförmigem Übergang.

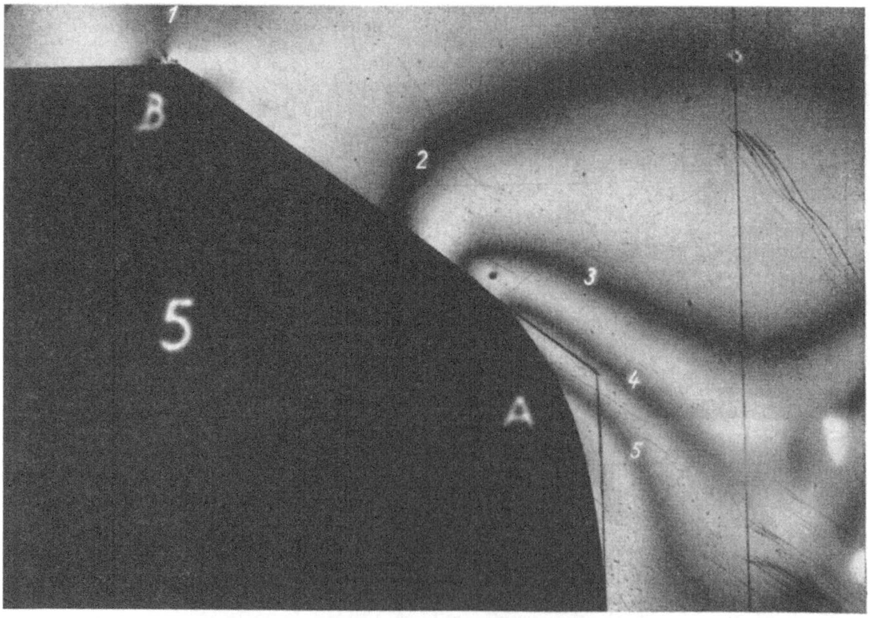

Abb. 7. Isochromaten bei günstigstem Übergang.

aber gegenüber der scharfen Ecke bei A nach Abb. 5 eine Herabsetzung der Anstrengung und damit der Bruchgefahr um etwa 40%. Selbstverständlich kann man auch die Größe der an der Hauptausführung auftretenden Spannungen zahlenmäßig angeben, wenn man sie am Modell gemessen hat. Bei vollkommener mechanischer Ähnlichkeit zwischen Hauptausführung und Modell stimmen die Spannungen in beiden überein.

Man erkennt aus den oben wiedergegebenen Versuchen die große Bedeutung sanfter Übergänge. Die Versuche, die bei Druckbelastung ausgeführt worden sind, würden bei Zugbelastung zu den gleichen Ergebnissen führen. Auf die Bedeutung der sanften Übergänge bei Zug, Druck und Biegung ist auch schon von anderer Seite hingewiesen worden[1]. Da die Berechnung solcher geeigneten Übergänge aus der strengen Elastizitätstheorie bisher noch nicht geglückt ist, bleibt die Spannungsoptik das einzige praktisch erfolgreiche Hilfsmittel für die Formgebung; denn einer punktweisen Ausmessung der Spannungen mit Hilfe eines mechanischen Dehnungsmessers fehlt die wunderbare Übersicht über das ganze Spannungsbild und das bequeme und rasche Arbeiten der Spannungsoptik.

Auf die Behandlung weiterer Beispiele zum einfachsten Auswertungsverfahren der Spannungsoptik muß hier verzichtet werden. Es sei hier nur noch auf neuere Literatur verwiesen, wo man entsprechende Beispiele finden kann[2].

Bei dieser Gelegenheit sei auch noch auf folgende Bücher zur Einführung in die Spannungsoptik verwiesen: L. Föppl und H. Neuber: Festigkeitslehre mittels Spannungsoptik. München-Berlin 1935. L. N. G. Filon: A manual of photo-elasticity for engineers University Press. Cambridge 1936. G. Mesmer: Spannungsoptik. Berlin: Julius Springer 1939.

4. Vorbehandlung des Werkstoffes und der Modelle aus Kunstharz.

Damit man mit dem Verfahren, wie es in den Abschn. 1 bis 3 besprochen worden ist, gute Resultate erhält, d. h. eine den Bedürfnissen der Praxis angepaßte Genauigkeit des Spannungszustandes, ist die richtige Vorbehandlung des Werkstoffes und der Modelle aus Kunstharz von ausschlaggebender Bedeutung. Das Kunstharz bekommt man von den herstellenden Fabriken gewöhnlich in Gestalt von Platten geliefert. Es ist wünschenswert, wenn diese Platten möglichst geringe Eigenspannungen besitzen. Nicht zu große Eigenspannungen, die anscheinend im Anlieferungszustand nicht ganz zu vermeiden sind, schaden aber kaum, da man das Modell vor der optischen Untersuchung auf jeden Fall einer Wärmebehandlung unterwerfen muß, wobei diese Eigenspannungen fast vollständig verschwinden. Die Härte der Kunstharzplatten im Anlieferungszustand beträgt nach unseren Erfahrungen ungefähr 20 Vickerseinheiten. Will man die Härte bestimmen, so ist es wegen der Genauigkeit wichtig, die Messung an einer polierten Fläche vorzunehmen. Wegen der störenden Eigenschaft des Kunstharzes, unter Belastung zu kriechen, sollte man auf Grund unserer Erfahrungen bei dem Modell einen Härtegrad von 35 bis 40 Vickerseinheiten benützen, damit das Kriechen so langsam erfolgt, daß es innerhalb der Dauer des Versuches noch nicht wesentlich in Erscheinung tritt. Diese höhere Härte gegenüber dem Anlieferungszustand erreicht man durch eine Wärmebehandlung. Man geht dabei zweckmäßig in der Weise vor, daß man zunächst das Modell aus der angelieferten Platte so herausschneidet, daß an den seitlichen Rändern der ebenen Scheibe noch etwa 5 mm Werkstoff über das endgültige Maß des Modells stehen bleibt, und bringt dann das Modell in den Wärmeofen, der langsam auf 100 bis 120° C angewärmt wird. Bei dieser Temperatur bleibt das Modell einige Stunden lang. Es ist dabei gut, wenn man das Modell im

[1] Baud, R. V.: Beiträge zur Kenntnis der Spannungsverteilung in prismatischen und keilförmigen Konstruktionselementen mit Querschnittsübergängen.

[2] Föppl, L.: Bauingeneur Bd. 19 (1938) S. 341.

Wärmeofen so lagert, daß es nicht durch sein Eigengewicht auf Biegung beansprucht wird. Bei dieser Wärmebehandlung wird der Werkstoff härter. Je höher die Temperatur ist und je länger sie auf das Modell einwirkt, um so mehr steigt die Härte des Werkstoffes. Es gilt dies für alle Kunstharzstoffe dieser Gruppe wie Bakelit, Phenolit, Trolon, Dekorit usw. in gleicher Weise. Das Abkühlen soll langsam vor sich gehen. Es ist aber nicht nötig, daß man zum Abkühlen Stunden braucht, wie dies von amerikanischen Forschern verlangt wird, sondern es genügt nach unseren Erfahrungen, wenn man bei 1 cm Plattendicke innerhalb 1 h stetig die Temperatur bis auf die Zimmertemperatur sinken läßt.

Gleichzeitig mit dem Steigen der Härte des Werkstoffes werden durch diese Wärmebehandlung die Eigenspannungen beseitigt. Nur am Rand des Modells sind in der Regel nach dem Abkühlen noch geringe Eigenspannungen vorhanden. Diese verschwinden auch nicht im Laufe der Zeit, sondern steigen im Gegenteil noch weiter an. Man nennt dies den Randeffekt. Dieser Rand wird nun aber bei der weiteren Bearbeitung des Modelles weggenommen. Die letzte Bearbeitung des Modells muß sehr sorgfältig erfolgen. Es kommt hauptsächlich Fräsen und Drehen in Betracht. Man muß dabei sorgfältig darauf achten, daß nicht durch zu starken Druck des Werkzeuges oder durch zu starke Erwärmung bei der Bearbeitung erneut Eigenspannungen in das Modell kommen. Wir haben mit Kühlung durch Luft, die während der Bearbeitung durch einen Schlauch dem Werkzeug zugeführt wurde, gute Erfolge erzielt.

Ist das Modell auf die vorgeschriebenen Maße gebracht worden, wobei es mit Rücksicht auf die erneute langsame Ausbildung des Randeffekts zweckmäßig ist, diejenigen Randteile, auf deren Spannungsermittlung es besonders ankommt, erst ganz am Schluß fertig zu bearbeiten, muß sogleich mit dem spannungsoptischen Versuch begonnen werden.

Bei der Durchführung des spannungsoptischen Versuches selbst ist darauf zu achten, daß die Belastung des Modelles nicht länger dauert als unbedingt notwendig; denn bei länger dauernder Belastung macht sich das Kriechen des Werkstoffes störend bemerkbar. Beim Kriechen unter gleich bleibender Belastung nimmt mit der Formänderung der spannungsoptische Effekt zu, so daß dadurch höhere Spannungen vorgetäuscht werden. Um das Kriechen während der Versuchsdauer klein zu halten, ist die oben angegebene Härte von 35 bis 40 Vickerseinheiten geeignet; ferner ist zu beachten, daß das Kriechen mit der Temperatur, der Höhe der Belastung sowie mit der Belastungszeit wächst. Man wird deshalb so rasch wie möglich die photographischen Aufnahmen der Isochromaten ausführen und die Belastung nicht größer machen, als es für deutliche Isochromatenbilder notwendig ist.

Häufig soll ein Modell für mehrere verschiedene Belastungsfälle dienen Auch in diesem Fall sind die einzelnen Fälle rasch hintereinander zu erledigen, namentlich wegen des Randeffektes, der sich schon nach einigen Stunden nach Fertigstellung des Randes am Modell störend bemerkbar macht. Kommt es gerade auf die Spannungsuntersuchung am Rand an, so ist ein mehrere Stunden altes Modell für genauere Spannungsmessungen nicht mehr zu brauchen.

Der zeitliche Ablauf des Kriechens ist sehr stark von der Temperatur abhängig. Bei niedriger und höherer Temperatur ist der Kriechvorgang an sich derselbe; nur geht er bei höherer Temperatur außerordentlich viel schneller vor sich als bei niederer Temperatur. Nähere Einzelheiten über das Kriechen der Kunstharze findet man in der Münchener Dissertation von A. Kuske[1].

[1] Kuske, A.: Kunstharz in der Spannungsoptik. Diss. T. H. München 1938. Forsch. Ing.-Wes. Bd. 9 (1938) S. 139.

Dort wird auch eine Erklärung für das mechanische und optische Verhalten des Kunstharzes bei Belastung gegeben, wobei die Annahme gemacht wird, daß das Kunstharz aus zwei Stoffen besteht: einem rein elastischen Anteil, der von der Temperatur unabhängig ist, und einem stark temperaturabhängigen rein plastischen Anteil. Mit dieser Annahme über den Aufbau des Kunstharzes lassen sich alle für die Spannungsoptik wichtigen Eigenschaften des Kunstharzes leicht erklären.

Beachtet man die soeben in den Hauptzügen gekennzeichneten Vorschriften für die Behandlung der Modelle und für die Durchführung der spannungsoptischen Messung, so kann man auf Grund unserer Erfahrung überall eine Genauigkeit der ermittelten Spannungen bis auf etwa 5% Fehler gewährleisten.

5. Zweites Auswertungsverfahren der Spannungsoptik bei ebenen Spannungszuständen.

Bei den weitaus meisten technischen Anwendungen der Spannungsoptik wird man mit dem bisher behandelten einfachen Verfahren, das rasch und übersichtlich die Verteilung der Hauptschubspannungen liefert, auskommen; denn mit der Kenntnis der Hauptschubspannungen ist z. B. bei Flußeisen nach der MOHRschen Theorie die Anstrengung des Werkstoffes bekannt. Es treten aber gelegentlich Fälle aus, wo man den ebenen Spannungszustand genauer kennenlernen will. Was zunächst das Netz der Hauptnormalspannungen betrifft, so ist auf die Herstellung dieses Netzes schon in Abschn. 1 hingewiesen worden. Jedoch erfordert die Aufnahme einer größeren Anzahl von Isoklinen einige Zeit, so daß hierbei der Einfluß des Kriechens bei Verwendung der üblichen Kunstharze schon merklich werden kann. Aus diesen und noch anderen, sogleich zu erörternden Gründen verwendet man zur Aufnahme der Isoklinen und damit zur Bestimmung der Hauptspannungstrajektorien statt der üblichen Kunstharze entweder das bekannte Plexiglas, das zu einer anderen Gruppe von Kunstharzstoffen gehört, oder spannungsfreies Flintglas. Diese beiden Gläser sind für die Aufnahme der Isoklinen geeigneter als die Kunstharze der Formaldehydgruppe. Sie haben erstens den Vorteil, daß das Kriechen vernachlässigbar gering ist, und zweitens, daß man sie stärker belasten kann, so daß die Isoklinen deutlicher in Erscheinung treten. Dafür haben diese Gläser aber andererseits den Nachteil, daß sie eine weit geringere optische Aktivität besitzen, als die beim ersten Verfahren verwendeten Kunstharze. Ihre optische Aktivität ist so gering, d. h. ihre spannungsoptische Konstante C ist so klein, daß die Verzögerung δ, die sich nach Gl. (1) berechnet, überall kleiner als 1 bleibt, selbst an den Stellen größter Hauptspannungsdifferenz $\sigma_2 - \sigma_1$; wenigstens wenn man die Dicke d der Scheibe nicht größer als 1 bis 1,5 cm macht, was für die Herstellung eines ebenen Spannungszustandes bei kleinen Modellen in der Regel eine obere Grenze darstellt. Mit Rücksicht auf die Bruchgefahr des Glases darf $\tau_{\max} = \frac{\sigma_2 - \sigma_1}{2}$ nirgends zu groß werden; aber selbst für den zulässigen Grenzwert von $\tau_{\max}$ wird δ nach Gl. (1) kaum größer als 1/2. Es treten also keine Isochromaten auf, so daß die Grundlage des früher beschriebenen einfachen Auswertungsverfahrens wegfällt.

Man kann aber trotzdem auch bei diesem Verfahren die Verteilung der Hauptschubspannungen messen. Nur ist es bedeutend umständlicher als beim ersten Verfahren. Es geschieht mit Hilfe eines Kompensators. Dieser besteht im wesentlichen aus einem Kristall, z. B. einem Quarzkristall, der von Natur aus doppelbrechend ist. Er ist in Abb. 1 unmittelbar rechts neben dem Aufspanntisch als kleines Rechteck in zwei Stellungen angedeutet. Der Kristall besitzt je nach der Lage seiner optischen Achsen zur Richtung der ihn durcheilenden Lichtstrahlen veränderliche Doppelbrechung. Man dreht den Kompensator so lange, bis die optische Wirkung des ebenen Spannungszustandes an der betreffenden Stelle, die der Lichtstrahl vor seinem Durchgang durch den Kristall durcheilt hat, wieder rückgängig gemacht worden ist. Dies erkennt man an der völligen Verdunklung der entsprechenden Stelle des Bildes auf dem Aufspanntisch. Da der Kristall in seinen optischen Eigenschaften vollständig bekannt ist, kann man aus einer Eichtabelle des Kristalls die Verzögerung δ entnehmen, die der zur Verdunklung der betreffenden Stelle des ebenen Spannungszustandes erforderlichen Drehung des Kristalls entspricht. Mit dem Wert von δ hat man aber nach Gl. (1) die Größe der Hauptschubspannung an der betreffenden Stelle.

Diese Art der Spannungsmessung, die man als Kompensation bezeichnet, erfolgt punktweise. Aus diesem Grunde ist es zweckmäßig, den Aufspanntisch mit einer Kreuzverschiebung zu versehen, die es gestattet, alle gewünschten Stellen des ebenen Spannungszustandes in die optische Achse zu verschieben und dann zu kompensieren. Wenn eine Ausmessung des ganzen ebenen Spannungszustandes erforderlich ist, ist dieses Verfahren umständlich und langwierig, da unter Umständen viele Hundert Stellen kompensiert werden müssen. Aus diesem Grund wird das Kompensationsverfahren praktisch nur selten angewandt, sondern es wird durch das früher beschriebene erste Verfahren ersetzt, das uns durch eine einzige Aufnahme mit Hilfe der Isochromaten die vollständige Verteilung der Hauptschubspannungen vermittelt. Es ist zu diesem Zwecke allerdings nötig, ein zweites Modell des zu untersuchenden Körpers aus optisch aktiverem Kunstharz herzustellen und in der früher beschriebenen Weise mittels der Isochromaten zu untersuchen. Für die möglichst genaue Bestimmung der Isoklinen und damit der Hauptspannungslinien wird man aber eines der genannten Gläser als Werkstoff für das Modell verwenden.

Mit der Kenntnis der Hauptspannungslinien und der Hauptschubspannungen $\tau_{\max}$ an jeder Stelle ist der Spannungszustand aber noch immer nicht vollständig bestimmt. Um die Hauptspannungen σ_1 und σ_2 selbst zu erhalten, gibt es verschiedene Möglichkeiten. Da mit $\tau_{\max} = \frac{\sigma_2 - \sigma_1}{2}$ die Differenz der beiden Hauptspannungen an jeder Stelle bekannt ist, wäre es noch nötig, ihre Summe $\sigma_1 + \sigma_2$ überall zu ermitteln, um σ_1 und σ_2 einzeln zu bekommen. Es sind zwei expei imentelle Verfahren bekanntgeworden, um $\sigma_1 + \sigma_2$ zu bestimmen. Beide haben allerdings den Nachteil, daß die experimentelle Durchführung umständlich ist. COKER bestimmt durch eine Feinmessung die Dickenänderung der Scheibe an einzelnen Stellen. Diese Dickenänderung ist proportional $\sigma_1 + \sigma_2$. Die Schwierigkeit dieser Messung liegt in der außerordentlichen Kleinheit der Dickenänderung. Aus diesem Grund ist man von diesem Verfahren wieder abgekommen.

Neuerdings wird gelegentlich $\sigma_1 + \sigma_2$ auf Grund eines Seifenhautgleichnisses bestimmt. Da mit $\sigma_2 - \sigma_1$ am Rand, wo die äußere Belastung bekannt ist, auch $\sigma_1 + \sigma_2$ als gegeben anzusehen ist, und da für $\sigma_1 + \sigma_2$ überall die Gleichung $\Delta(\sigma_1 + \sigma_2) = 0$ gelten muß, so ist $\sigma_1 + \sigma_2$ proportional den Ordinaten einer Seifenhaut, die über den gegebenen Randwerten von $\sigma_1 + \sigma_2$ als Ordinaten ausgespannt wird. Die Höhenlinien dieser Seifenhaut entsprechen den Linien konstanter Werte $\sigma_1 + \sigma_2$. Auch dieses Verfahren ist experimentell nicht einfach. Man wird es daher nur in besonderen Fällen heranziehen.

Es bleibt aber noch ein verhältnismäßig einfacher rechnerischer Weg zur Bestimmung der einzelnen Hauptspannungen σ_1 und σ_2 übrig. Er ergibt sich aus den Gleichgewichtsbedingungen am Volumenelement. Wenn schon die Hauptspannungslinien gezeichnet vorliegen, verwendet man zweckmäßig die auf diese Linien bezogenen Gleichgewichtsgleichungen und integriert sie längs einer Hauptspannungslinie, was schrittweise möglich ist. Es ist hier nicht der Platz, auf dieses Verfahren einzugehen. Es sei hier, auch bezüglich anderer Auswertungsverfahren, auf die Literatur verwiesen[1].

Schließlich soll noch auf das FAVREsche Verfahren[2] hingewiesen werden, das gestattet, auf rein optischem Wege die beiden Hauptspannungen σ_1 und σ_2 zu messen. Es mißt die Phasenverschiebungen der beiden in den Hauptspannungsrichtungen schwingenden Teilstrahlen einzeln. Diese Messungen sind allerdings mit großen Schwierigkeiten verbunden, so daß dieses Verfahren keine weite Verbreitung gefunden hat.

6. Die räumliche Spannungsoptik.

Die ebene Spannungsoptik beruht darauf, daß ein senkrecht zur Ebene des Spannungszustandes durch die Scheibe an irgendeiner Stelle durchtretender polarisierter Lichtstrahl infolge der dort herrschenden Hauptspannungen σ_1 und σ_2 in bestimmter Weise in zwei Teilstrahlen aufgelöst wird. Dabei ist Voraussetzung, daß der durch die Scheibe eilende Lichtstrahl überall innerhalb der Scheibe auf die gleichen Hauptspannungen σ_1 und σ_2 trifft, d. h. daß der Spannungszustand überall über die ganze Dicke der Scheibe gleichmäßig ist. Damit erklärt es sich auch, daß die spannungsoptische Wirkung, die der Lichtstrahl beim Durchgang durch die Scheibe erfährt, der Dicke der Scheibe proportional ist, wie aus Gl. (1) S. 574 hervorgeht.

Ganz anders liegen die Verhältnisse beim räumlichen Spannungszustand. Nehmen wir einen Modellkörper beliebiger Gestalt aus durchsichtigem Werkstoff wie Glas oder Kunstharzstoff und unterwerfen ihn einer beliebigen Belastung, so trifft ein polarisierter Lichtstrahl beim Durchgang durch den Körper von Stelle zu Stelle auf verschiedene Spannungszustände, die ihn verschieden beeinflussen, so daß sich die optische Gesamtwirkung, die der Lichtstrahl nach dem Durchgang erfahren hat, aus den verschiedensten Einzelwirkungen zusammensetzt. Es ist klar, daß es auf diese Weise nicht gelingt, die den Einzelwirkungen entsprechenden Spannungen, die der Lichtstrahl auf seinem Wege durch den Körper antrifft, zu ermitteln. Die räumliche Spannungsoptik verlangt daher gegenüber der ebenen ganz neue Verfahren.

Das Verfahren der räumlichen Spannungsoptik, das sich bisher am besten bewährt hat, ist das *Erstarrungsverfahren*[3]. Es beruht auf der Eigenschaft der meisten Kunstharze, Formänderungen, die ihnen bei etwa 80° C z. B. im Wasserbad aufgezwungen werden, bei langsamer Abkühlung unter Abnahme des äußeren Zwanges beizubehalten. Sinkt die Temperatur unter einen bestimmten Wert, der bei Trolon etwa 35° C beträgt, so bleibt die ursprüngliche Formänderung ohne äußeren Zwang bestehen; sie erstarrt. Da der optische Effekt durch die Größe der elastischen Formänderung an jeder Stelle des Körpers bedingt ist, so bleibt auch der optische Effekt nach der Abkühlung des Versuchskörpers erhalten. Mit dem Verschwinden des äußeren Zwanges sind aber auch die inneren Kräfte und damit die Spannungen verschwunden. Man kann

[1] Siehe z. B. L. FÖPPL u. H. NEUBER: Festigkeitslehre mittels Spannungsoptik. München - Berlin: R. Oldenbourg 1935 und G. MESMER: Spannungsoptik. Berlin: Julius Springer 1939.

[2] FAVRE, H.: Méthode purement optique de détermination des tensions intérieurs se produisant dans les constructions. Schweiz. Bauztg. Bd. 90 (1927) S. 291. — La détermination optique des tensions intérieures, Editions de la Revue d'Optique théorique et instrumentale. Paris 1932.

[3] OPPEL, G.: Polarisationsoptische Untersuchung räumlicher Spannungs- und Dehnungszustände. Diss. München 1936. — Forsch. Ing.-Wes. Bd. 7 (1936) S. 240. — FÖPPL, L.: Neue Erfolge in der Spannungsoptik. Z. VDI Bd. 8 (1937) S. 137.

also den so behandelten Versuchskörper sorgfältig aufschneiden, z. B. in Scheiben und Plättchen, ohne daß dadurch die abgeschnittenen Teile neue Formänderungen und damit zusätzliche optische Wirkungen erfahren würden. Der vorhandene optische Effekt entspricht einzig dem elastischen Spannungszustand, der bei 80° C aufgebracht worden ist. Er läßt sich an den herausgeschnittenen ebenen Scheiben mit Hilfe der Verfahren der ebenen Spannungsoptik, wie sie früher besprochen worden sind, ermitteln. Neuerdings[1] geht man so vor, daß man kleine Scheibchen von etwa 3 mm Dicke aus dem Versuchskörper herausschneidet und unter dem Polarisationsmikroskop ausmißt.

Dieses Verfahren der räumlichen Spannungsoptik ist bisher an einigen praktischen Beispielen durchgeführt worden und hat sich dabei gut bewährt. Es dürfte in der Zukunft noch eine große Rolle für die Praxis spielen. Hinsichtlich der Vorbehandlung des Werkstoffes und der Modelle gelten die für die ebene Spannungsoptik in Abschn. 4 erläuterten Maßnahmen entsprechend. Darüber hinausgehende, für die räumliche Spannungsoptik in Betracht kommenden Maßnahmen findet man in der schon früher erwähnten Arbeit von A. KUSKE[2], wo auch eine theoretische Erklärung für das eigenartige Verhalten des Kunstharzes, das die Grundlage des Erstarrungsverfahrens bildet, zu finden ist.

---

[1] HILTSCHER, R.: Polarisationsoptische Untersuchung des räumlichen Spannungszustandes im konvergenten Licht. Diss. T. H. München 1937. — Forsch. Ing.-Wes. Bd. 9 (1938) S. 91.

[2] KUSKE, A.: Kunstharz in der Spannungsoptik. Diss. T. H. München 1938. — Forsch. Ing.-Wes. Bd. 9 (1938) S. 139.

VIII. Verfahren und Einrichtungen zur röntgenographischen Spannungsmessung.

Von RICHARD GLOCKER, Stuttgart.

1. Grundgedanke des Verfahrens.

Die Spannungsbestimmung mittels Röntgenstrahlen beruht wie alle Spannungsmeßverfahren auf der Messung einer Längenänderung (Dehnung). Als Meßmarken dienen die im inneren Aufbau aller kristallinen Stoffe auftretenden, periodisch sich wiederholenden Atomabstände von der Größenordnung $1 \text{Å} = 1 \cdot 10^{-8}$ cm. Zur Ermittlung der sehr geringfügigen Änderungen dieser äußerst kleinen Größe wird der zu untersuchende kristalline Stoff mit Röntgenstrahlen von einer bestimmten Wellenlänge angestrahlt und die durch die Beugung der Strahlen an den Atomreihen hervorgerufene Interferenzstrahlung photographisch beobachtet. Eine Änderung der Atomabstände äußert sich dann in einer Verschiebung[1] der Röntgenlinien.

In Abb. 1 ist ein ebener Schnitt durch das Atomgitter eines einzelnen Kristalls dargestellt. Durch die mit Kreisen bezeichneten Atomlagen können beliebig gerichtete Ebenenscharen hindurchgelegt werden, die alle die Eigenschaft haben, daß sämtliche Ebenen einer Schar zueinander parallel sind und in genau gleichen Abständen aufeinanderfolgen. Als Beispiel für solche „Netzebenen" sind die Ebenen E, E', E'', E'''... mit dem Netzebenenabstand d eingezeichnet. Die Größe d ist für die verschiedenen Netzebenenscharen verschieden groß; die zu E, E', E'', E''' senkrechten, gestrichelt gezeichneten Netzebenen haben z. B. einen größeren Abstand. Die Messung von d erfolgt mit Hilfe der von v. LAUE entdeckten Röntgeninterferenzen. Ein Röntgenstrahlenbündel erleidet beim Durchgang durch einen Kristall infolge der gesetzmäßigen Anordnung der Atome („Atomraumgitter") eine Beugung ähnlich der Beugung des Lichtes an einem Spalt. Die Richtungen der gebeugten Strahlen (Interferenzstrahlen) ergeben sich in einfacher Weise aus der BRAGGschen Gleichung

$$n\lambda = 2d \sin\vartheta \qquad (n = 1, 2, 3 \ldots) \qquad (1)$$

Die Voraussetzung dafür, daß z. B. die in Abb. 1 gezeichneten Netzebenen mit dem Abstand d von dem unter dem Winkel ϑ auftreffenden Strahlenbündel PA überhaupt einen gebeugten Strahl erzeugen, ist das Vorhandensein der nach Gleichung (1) notwendigen Wellenlänge λ. Die Richtung des gebeugten Strahles AR wird erhalten, wenn man sich den einfallenden Strahl an der betreffenden Netzebene gespiegelt denkt. Man spricht daher häufig von einer „Reflexion" der Röntgenstrahlen am Kristall; man muß sich aber dabei bewußt sein, daß der physikalische Vorgang eine Beugung und nicht eine Reflexion ist.

Von besonderer technischer Bedeutung ist das Röntgeninterferenzbild von vielkristallinen Stoffen. Von der Gesamtheit der vom Röntgenstrahlenbündel erfaßten Kristallite liegt immer ein Teil so, daß die auffallende Wellenlänge

[1] Inwieweit aus der „Verbreiterung" der Röntgenlinien der Spannungszustand des Gitters erschlossen werden kann, ist noch ungeklärt.

an irgendwelchen Netzebenen den zur Reflexion erforderlichen Winkel ϑ vorfindet. Läßt man z. B. in Abb. 2 in Richtung PC auf ein vielkristallines zylindrisches Stäbchen Röntgenstrahlen, die nur eine Wellenlänge enthalten, auftreffen und frägt man nach dem geometrischen Ort für die „reflektierten Strahlen“

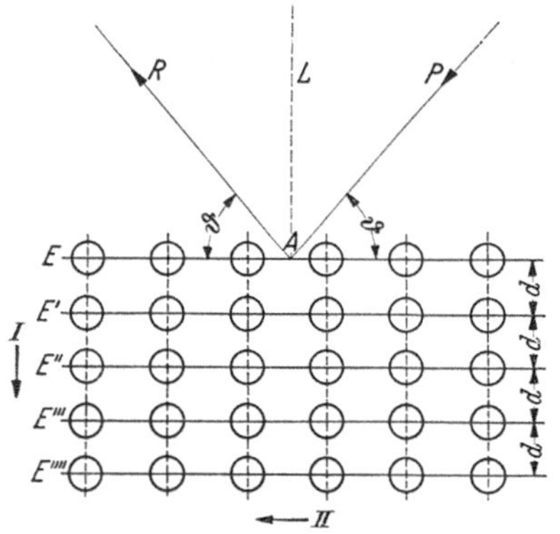

Abb. 1. Beugung der Röntgenstrahlen an den Atomebenen eines Kristalls.

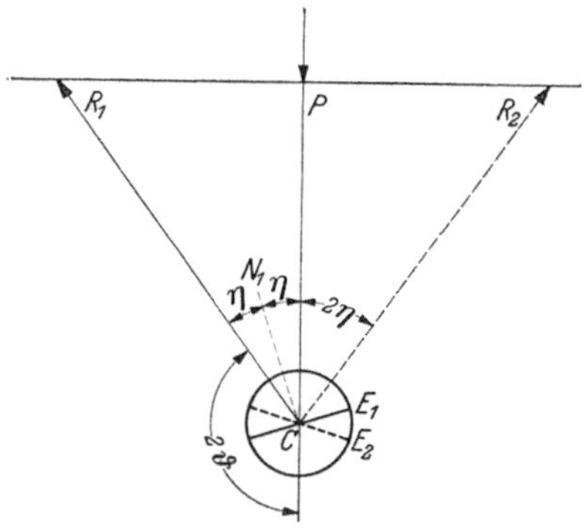

Abb. 2. Prinzip einer Rückstrahlaufnahme.

einer bestimmten Netzebenenart, z. B. der Würfelebenen bei kubischen Kriställchen, so folgt die Antwort unmittelbar aus Gleichung (1): Alle von den gleichen Netzebenen der verschiedenen reflexionsfähigen Kriställchen reflektierten Strahlen müssen auf einem Kreiskegel liegen, mit dem einfallenden Strahl als Achse und mit dem Öffnungswinkel 2ϑ. In der Abb. 2 sind R_1 und R_2 die reflektierten Strahlen der Netzebenen E_1 und E_2. Die Gesamtheit ergibt sich durch Drehung der Figur um die Achse PC. Auf einem zum einfallenden Strahl senkrechten Film entstehen gleichmäßig geschwärzte Ringe [2] (DEBYE-SCHERRER-Ringe), von denen jeder von einer bestimmten Netzebenenart herrührt (Abb. 3b).

a

b

c

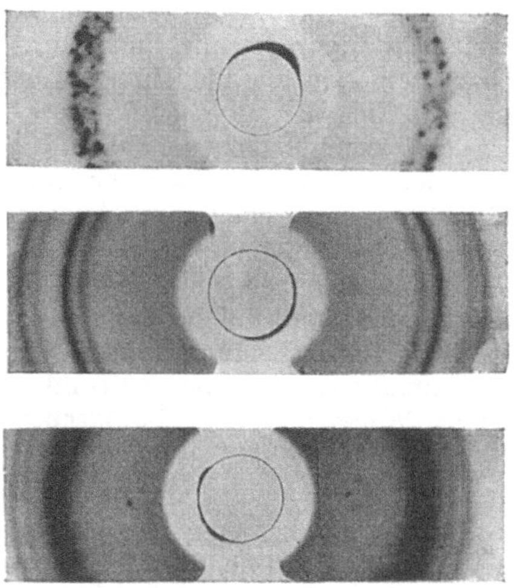

Abb. 3. Rückstrahlaufnahmen von Eisen mit Gold als Eichstoff.
a grobkörniger Stoff; b feinkörniger Stoff (scharfe Linien); c feinkörniger Stoff (verwaschene Linien).

Bei einer Änderung des Netzebenenabstandes d ändern sich die Öffnungswinkel der Interferenzkegel und damit die Durchmesser der Ringe auf dem Film. Eine besonders große Verschiebung der Ringlage bei kleinen Änderungen von d liefert eine Aufnahme der nach Art der Abb. 2 „zurückreflektierten“ Strahlen, das heißt der Interferenzstrahlen mit einem Winkel ϑ nahe an 90° („Rückstrahlaufnahme“). Dazu sind Röntgenstrahlen von besonders großer Wellenlänge (1,5 bis 2,5 Å) erforderlich; ihre Eindringungstiefe in Metallen ist gering und beträgt nur einige hundertstel Millimeter.

Denkt man sich in Abb. 1 eine Zugspannung in Richtung I angelegt, so werden die Atome alle um den gleichen Betrag in dieser Richtung elastisch

---

[2] Aus versuchstechnischen Gründen wurde ein schmaler Film verwendet; der obere und untere Bogen der Ringe ist daher auf dem Bild nicht wahrnehmbar.

verrückt, so daß die durch die neuen Atomlagen gelegten Netzebenen nunmehr einen größeren Abstand d aufweisen. Eine Zugspannung in Richtung II veranlaßt infolge der Querzusammenziehung eine Verringerung des Abstandes d. Eine Schubspannung in der Richtung II bewirkt dagegen nur eine Verschiebung der Atome innerhalb der Netzebenen selbst ohne Änderung des Netzebenenabstandes d.

Zusammenfassend ergeben sich folgende Feststellungen grundsätzlicher Art:

1. Die röntgenographische Spannungsmessung ist beschränkt auf kristalline Stoffe.

2. Zur Messung gelangt nur der Spannungszustand an der Oberfläche.

3. Die Richtung, in der die Dehnung gemessen wird, ist die Normale auf der reflektierenden Netzebene; unmittelbar meßbar sind daher nur Normalspannungen. Schubspannungen können mittelbar gemessen werden durch Bestimmung der mit ihnen verknüpften Normalspannungen.

4. Ermittelt wird die elastische Dehnung und nicht, wie bei der mechanischen Dehnungsmessung, die Summe aus elastischer und plastischer Dehnung.

5. Die röntgenographische Spannungsmessung erfaßt den absoluten Spannungszustand; sie eignet sich daher besonders zur Bestimmung von Eigenspannungen.

6. Die Röntgenbestimmung von Spannungen ist ein zerstörungsfreies Prüfverfahren.

2. Elastizitätstheoretische Grundgleichungen.

Die zu messende Oberflächenspannung σ_x bildet mit der einen Hauptspannungsrichtung σ_1 den Winkel φ; die zweite Hauptspannung σ_2 liegt in der gleichen Ebene wie σ_1 und σ_x (Abb. 4). Die dritte Hauptspannung[3] in Richtung des Oberflächenlotes LC ist $\sigma_3 = 0$. Die zugehörigen Hauptdehnungen sind ε_1, ε_2, $\varepsilon_3 = \varepsilon_\perp$. Die Dehnungen in Richtung σ_x und der hierzu senkrechten Richtung σ_y sind ε_x und ε_y. Dann gelten folgende Gleichungen (E Elastizitätsmodul, ν POISSONsche Zahl)

$$\left.\begin{aligned} \varepsilon_x E &= \sigma_x - \nu\sigma_y \\ \varepsilon_y E &= \sigma_y - \nu\sigma_x \\ \varepsilon_\perp E &= -\nu(\sigma_x + \sigma_y) = -\nu(\sigma_1 + \sigma_2) \end{aligned}\right\} \tag{2}$$

und für die Dehnung $\varepsilon_{\varphi,\psi}$, wobei ψ der Winkel gegen das Oberflächenlot ist,

$$\left.\begin{aligned} \varepsilon_{\varphi,\psi} &= \sin^2\psi\,(\varepsilon_1\cos^2\varphi + \varepsilon_2\sin^2\varphi) + \varepsilon_\perp(1 - \sin^2\psi) \\ &= \varepsilon_x\sin^2\psi + \varepsilon_\perp(1 - \sin^2\psi) \end{aligned}\right\} \tag{3}$$

somit

$$E\varepsilon_{\varphi,\psi} = \sigma_x[(\nu + 1)\sin^2\psi - \nu] - \nu\sigma_y. \tag{4}$$

Um den Beitrag der unbekannten Komponente σ_y zu beseitigen, wird die Differenz der Dehnungen $\varepsilon_\perp$ und ε_ψ gebildet ($\varepsilon_{\varphi,\psi}$ mit ε_ψ bezeichnet, da nunmehr unabhängig von φ)

$$E(\varepsilon_\psi - \varepsilon_\perp) = \sigma_x(\nu + 1)\sin^2\psi. \tag{5}$$

Zur Bestimmung einer Oberflächenspannungskomponente σ_x sind also zwei Dehnungsmessungen erforderlich, eine senkrecht zur Oberfläche und eine in der Ebene durch σ_x und das Oberflächenlot. Der Winkel ψ gegen das Lot ist beliebig; günstig sind Werte in der Nähe von 45°. Die Spannungsbestimmung nach Gleichung (5) erfordert zwei Röntgenaufnahmen mit verschiedenen Einstrahlrichtungen, senkrecht und schräg zur Oberfläche.

Die Spannung σ_x läßt sich noch auf andere Weise als Funktion der Differenz von zwei Dehnungen ausdrücken, wobei der Beitrag von σ_y herausfällt. Schreibt

---

[3] Betreffs eines in Ausnahmefällen vorhandenen Einflusses der dritten Hauptspannung auf das Meßergebnis vgl. Abschn. 2 f.

man die Gleichung (4) für zwei Winkel ψ_1 und ψ_2 an, so erhält man durch Subtraktion

$$E\,(\varepsilon_{\psi_1} - \varepsilon_{\psi_2}) = \sigma_x\,(\nu + 1)\,[\sin^2\psi_1 - \sin^2\psi_2]\,. \tag{6}$$

Diese Gleichung ermöglicht die Bestimmung von σ_x aus einer einzigen Aufnahme [vgl. Gleichung (11)].

In den Gleichungen (5) und (6) offenbart sich ein grundsätzlicher Unterschied zwischen mechanischer und röntgenographischer Dehnungsmessung; im ersten Fall liegen die gemessenen Dehnungen in der Oberfläche, im zweiten Fall außerhalb derselben. Die Möglichkeit, die gesuchte Spannung als Differenz zweier Dehnungen darzustellen, hat die praktisch bedeutsame Folge, daß die Kenntnis des Netzebenenabstandes d_0 im spannungsfreien Ausgangszustand entbehrlich ist. Es gilt

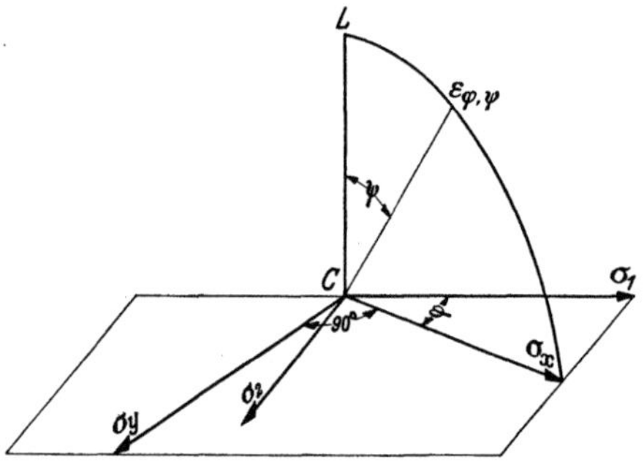

Abb. 4. Lage der Dehnungsrichtung $\varepsilon_{\varphi,\,\psi}$ zur Spannungsrichtung σ_x.

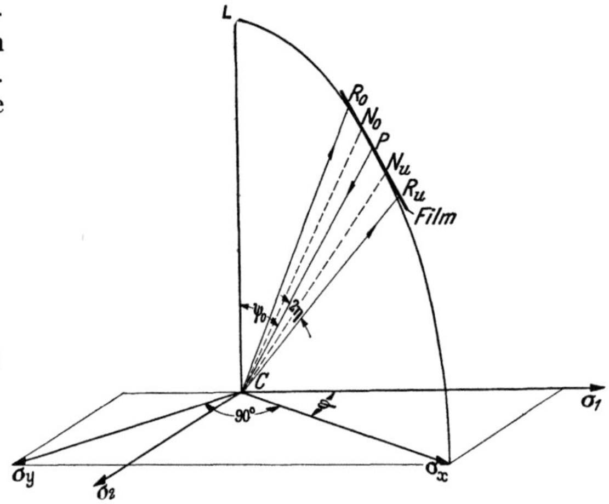

Abb. 5. Strahlengang bei einer Schrägaufnahme.

$$\varepsilon_{\psi_1} - \varepsilon_{\psi_2} = \frac{d_{\psi_1} - d_{\perp}}{d_0} - \frac{d_{\psi_2} - d_{\perp}}{d_0} = \frac{d_{\psi_1} - d_{\psi_2}}{d_{\psi_1}}\,, \tag{7}$$

wobei im Nenner mit guter Näherung $d_0 = d_{\psi_1}$ gesetzt wird.

Bei der röntgenographischen Spannungsbestimmung ist zu beachten, daß die Richtung der gemessenen Dehnung nicht identisch ist mit der Einstrahlrichtung, sondern mit der Richtung der Normalen auf der reflektierenden Netzebene (z. B. CN_1 in Abb. 2); diese bildet mit der Einstrahlrichtung einen Winkel $\eta = 90° - \vartheta$.

Bei Einstrahlung senkrecht zur Oberfläche wird im allgemeinen diese Abweichung vernachlässigt; bei Stoffen mit einem Winkel $\eta = 15°$ und mehr (z. B. Elektron) ist dies nicht mehr zulässig. Ferner muß die Abweichung bei allen Schrägaufnahmen berücksichtigt werden [vgl. Gleichung (8)]. Zwischen Senkrechtaufnahmen und Schrägaufnahmen besteht auch noch in anderer Hinsicht ein wesentlicher Unterschied.

Bei Einstrahlung senkrecht zur Oberfläche entsprechen alle Punkte eines DEBYE-SCHERRER-Ringes gleich großen Dehnungen, da das Oberflächenlot eine Hauptachse des Dehnungsellipsoides ist. Um die Verhältnisse bei einer Schrägaufnahme zu veranschaulichen, ist in Abb. 5 der Verlauf des einfallenden Strahles PC, der beiden reflektierten Strahlen CR_o und CR_u sowie die Richtungen der Normalen der reflektierenden Netzebenen CN_o und CN_u eingezeichnet. Die Länge des Radiusvektors von C nach einem Endpunkt des eingezeichneten Bogens (Schnittlinie der Ebene $LC\sigma_x$ mit der Oberfläche des Dehnungsellipsoides) ist ein Maß für die Größe der Dehnung in der betreffenden Richtung. Die beiden Schnittpunkte der reflektierten Strahlen R_0 und R_u mit dem Äquator A_1A_2

des Filmes (Abb. 6) liegen nicht symmetrisch zum Durchstoßpunkt P des Primärstrahles P, da die zugehörigen Netzebenennormalen CN_o und CN_u (Abb. 5) Richtungen mit verschieden großen Dehnungen entsprechen.

Zur Auswertung des Filmes ist in die Gleichung (6) einzusetzen

$$\left.\begin{array}{lll} \text{für die eine Filmhälfte (reflektierter Strahl } CR_u) & \psi = \psi_0 + \eta \\ \text{,, ,, andere ,, (,, ,, } CR_o) & \psi = \psi_0 - \eta \end{array}\right\} \qquad (8)$$

Bei grobkörnigen Stoffen bestehen die Ringe aus einzelnen Schwärzungsflecken (Abb. 3a). Durch Drehung des Filmes um die Einfallsrichtung als Achse wird über die verschiedenen Reflexe ausgemittelt und eine gleichmäßige Schwärzung erhalten (Abb. 3b) (Wever und Möller[4]). Während bei Senkrechtaufnahmen eine Drehung um 360° zulässig ist, da alle zur Einstrahlrichtung gleich geneigte Richtungen gleich große Dehnungen haben,

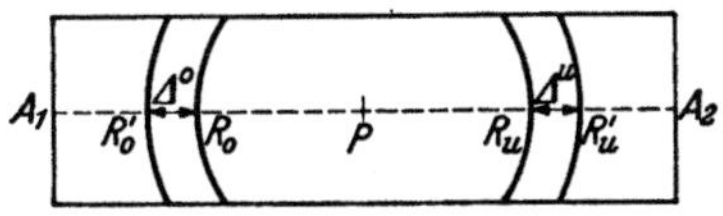

Abb. 6. Lage der Debye-Scherrer-Ringe auf dem Film.

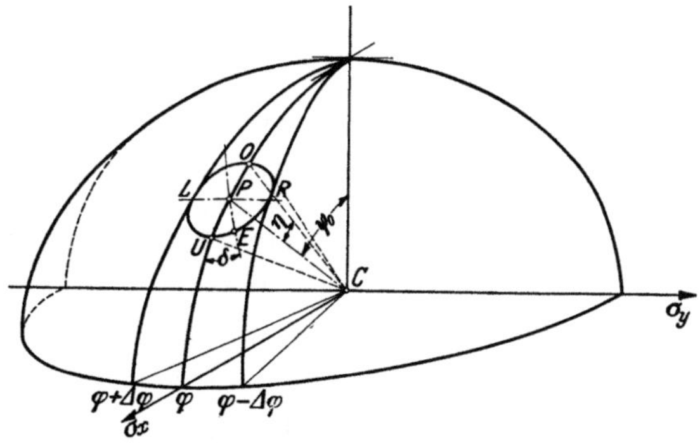

Abb. 7. Dehnungsellipsoid mit dem Kegel der Normalen der reflektierenden Netzebenen.

sind die Verhältnisse bei Schrägaufnahmen anders. Bei jeder Drehung des Filmes um CP aus der in Abb. 5 gezeichneten Ruhelage heraus ändert sich der Winkel ψ um kleine Beträge. Es muß daher die Bewegung des Filmes auf eine kleine Schwenkung δ zu beiden Seiten der Ruhelage beschränkt und der hierdurch entstehende Fehler nachträglich durch eine Korrektion berichtigt werden. Zur Veranschaulichung sind in Abb. 7 die Lagen sämtlicher reflektierender Netzebenennormalen, die alle auf einem Kegel um die Primärstrahlrichtung CP liegen, eingezeichnet. Der Äquator A_1A_2 des Filmes (Abb. 6) muß in Richtung OU zu liegen kommen, wenn σ_x bestimmt werden soll (Abb. 7).

Für die Spannungsmessungen sind im Laufe der Entwicklung drei verschiedene Verfahren ausgebildet worden, deren Grundformeln zunächst für den Fall des nicht gedrehten bzw. nicht geschwenkten Filmes angegeben sind [vgl. Gleichung (2), (5) und (6)], wobei die Dehnungen nunmehr durch die Gitterkonstanten $d_\perp$, d_ψ, d_{ψ_1}, d_{ψ_2} ersetzt werden:

I. Bestimmung der Summe der Hauptspannungen aus einer Senkrechtaufnahme und aus dem bekannten Netzebenenabstand d_0 im spannungsfreien Zustand (Sachs und Weerts[5], Wever und Möller[4]).

$$\frac{E \cdot (d_\perp - d_0)}{d_0} = -\nu\,(\sigma_1 + \sigma_2)\,. \qquad (9)$$

IIa. Bestimmung einer einzelnen Spannungskomponente σ_x aus zwei Aufnahmen, einer Senkrecht- und einer Schrägaufnahme (Gisen, Glocker und Osswald[6]) *ohne Kenntnis von d_0*

$$\frac{E \cdot (d_\psi - d_\perp)}{d_\perp} = \sigma_x\,(1 + \nu)\sin^2\psi \qquad (\psi = \psi_0 + \eta) \qquad (10)$$

[4] Wever, F. u. H. Möller: Arch. Eisenhüttenwes. Bd. 5 (1931) S. 215. — Möller, H.: Arch. Eisenhüttenwes. Bd. 8 (1934) S. 213; Bd. 12 (1939) S. 27.

[5] Sachs, G. u. J. Weerts: Z. Phys. Bd. 64 (1930) S. 344.

[6] Gisen, F., R. Glocker u. E. Osswald: Z. techn. Phys. Bd. 17 (1936) S. 145.

IIb. Bestimmung einer einzelnen Spannungskomponente σ_x aus einer einzigen Schrägaufnahme (GLOCKER, HESS und SCHAABER[7]) *ohne Kenntnis von d_0.*

$$\frac{E \cdot (d_{\psi_1} - d_{\psi_2})}{d_{\psi_1}} = \sigma_x (1 + \nu) [\sin^2 \psi_1 - \sin^2 \psi_2] \qquad \begin{cases} \psi_1 = \psi_0 + \eta \\ \psi_2 = \psi_0 - \eta \end{cases} \tag{11}$$

Für $\psi_0 = 45°$ ergibt sich die Vereinfachung

$$\frac{E \cdot (d_{\psi_1} - d_{\psi_2})}{d_{\psi_1}} = \sigma_x (1 + \nu) \cdot \sin 2\eta . \tag{11a}$$

Die Bestimmung IIb ist weniger genau als IIa, dafür erfordert sie nur etwa die Hälfte der Aufnahmezeit. Außerdem besteht der Vorteil einer Unempfindlichkeit gegenüber von Winkelfehlern bei der Einstellung der Strahlrichtung; Abweichungen von $\pm 5°$ von $45°$ bedeuten einen Fehler von nur 1,5% der Spannung (SCHAAL[8]). Am günstigsten ist der Einstrahlwinkel $\psi_0 = 45°$.

Die Verfahren IIa und IIb haben beide die Eigenschaft, daß *aus den Aufnahmen neben den Spannungen auch der „Nullwert“ d_0* (Wert des spannungsfreien Zustandes) *der Gitterkonstante* abgeleitet werden kann, sobald Aufnahmen an zwei zueinander senkrechten Spannungskomponenten σ_x und σ_y vorliegen. Im Falle IIa ergibt sich d_0 aus den drei gemessenen Gitterkonstanten d_x, d_y und $d_\perp$

$$d_0 = d_\perp + \frac{\nu}{(1+\nu)\sin^2\psi} \{d_x + d_y - 2\, d_\perp\}. \tag{12}$$

Für Bestimmungen nach IIb läßt sich eine entsprechende Beziehung ableiten.

Zur eindeutigen Kennzeichnung des Oberflächenspannungszustandes in einem Punkt ist die *Bestimmung der Größe und der Richtung der beiden Hauptspannungen* erforderlich. Aus drei Schrägaufnahmen und einer Senkrechtaufnahme kann nach Gleichung (10) eine Spannung σ_x, eine hierzu senkrechte Spannung σ_y und eine Spannung $\sigma_{x'}$, ermittelt werden, die gegenüber σ_x den bekannten, wählbaren Winkel α bildet (GISEN, GLOCKER und OSSWALD[6]). Alle vier Spannungen liegen in einer Ebene. Die Kenntnis von d_0 ist nicht erforderlich. Die auf $\sigma_{x'}$, senkrechte vierte Komponente $\sigma_{y'}$, ergibt sich aus

$$\sigma_x + \sigma_y = \sigma_{x'} + \sigma_{y'}. \tag{13}$$

Der gesuchte Winkel φ zwischen der Hauptspannung σ_1 und der bekannten Richtung σ_x wird erhalten aus

$$\frac{\cos(2\varphi - 2\alpha)}{\cos 2\varphi} = \frac{\sigma_{x'} - \sigma_{y'}}{\sigma_x - \sigma_y} \tag{14}$$

und sodann die Größe der Hauptspannungen aus

$$\left.\begin{aligned} \sigma_x (1 + \cos 2\varphi) - \sigma_y (1 - \cos 2\varphi) &= 2\sigma_1 \cdot \cos 2\varphi \\ -\sigma_x (1 - \cos 2\varphi) + \sigma_y (1 + \cos 2\varphi) &= 2\sigma_2 \cdot \cos 2\varphi . \end{aligned}\right\} \tag{15}$$

Bei der weiteren Entwicklung wurde die Zahl der Aufnahmen auf Kosten der Genauigkeit immer mehr verringert. Eine einzige Aufnahme auf kreisförmigem Film, die den ganzen DEBYE-SCHERRER-Ring enthält, bietet grundsätzlich genügend viele Bestimmungsstücke zur Lösung dieser Aufgabe, da den verschiedenen Punkten des Ringes verschiedene Dehnungsrichtungen entsprechen (BARRETT und GENSAMER[9], DORGELO und DE GRAAF[10]). Bei Senkrechtaufnahmen sind aber die Unterschiede der Dehnungen im Verhältnis zur Meßgenauigkeit viel zu klein; günstiger sind die Aussichten bei Schrägauf-

[7] GLOCKER, R., B. HESS u. O. SCHAABER: Z. techn. Phys. Bd. 19 (1938) S. 194.
[8] SCHAAL, A.: Z. techn. Phys. Bd. 21 (1940) S. 1.
[9] BARRETT, C. S. u. M. GENSAMER: Physics Bd. 7 (1936) S. 1.
[10] DORGELO, H. B. u. J. E. DE GRAAF: De Ingenieur Bd. 50 (1935) S. 31.

nahmen. Den Verfahren von MÖLLER und NEERFELD [11] und von STÄBLEIN [12] gemeinsam ist die Ausmessung der Linienverschiebung an vier um je 90° versetzten Punkten des DEBYE-SCHERRER-Ringes. Diese werden so ausgewählt daß sie den von C nach O, R, U, L zielenden Dehnungsrichtungen in Abb. 7, entsprechen. Die Genauigkeit *einer* Aufnahme reicht aber im allgemeinen zu einer befriedigenden Ermittlung der Größe *und* der Richtung der Hauptspannungen nicht aus, wohl aber zu einer Bestimmung ihrer Größe, wenn die Richtungen bekannt sind. Die größte Genauigkeit in bezug auf σ_1 und σ_2 wird bei Kenntnis von φ erreicht, wenn für die Strahlrichtung $\varphi = 45°$ gewählt wird (MÖLLER und NEERFELD[11])

Fügt man nach STÄBLEIN[12] zu der ersten Aufnahme mit unbekanntem Azimut φ eine zweite mit dem Azimut $90 + \varphi$ hinzu und mißt dort die analogen vier Punkte auf dem Ring, im folgenden mit ′ bezeichnet, so erhält man aus der Gleichung (3) und (7) folgende Beziehungen zwischen den gemessenen Gitterkonstanten d^O, d^U, d^L, d^R, $d^{O'}$, $d^{U'}$, $d^{L'}$, $d^{R'}$ und den gesuchten Spannungen σ_1 und σ_2, sowie dem gesuchten Winkel φ der einen Hauptspannung σ_1 gegen σ_x (Abb. 7), wenn $\psi_0 = 45°$ ist [13].

$$\frac{E}{\nu + 1} \cdot \left(\frac{d^U - d^O}{d^O} \right) \cdot \frac{1}{\sin 2\eta} = \sigma_1 \cos^2\varphi + \sigma_2 \sin^2\varphi \tag{16a}$$

$$\frac{E}{\nu + 1} \cdot \left(\frac{d^{U'} - d^{O'}}{d^{O'}} \right) \cdot \frac{1}{\sin 2\eta} = \sigma_1 \sin^2\varphi + \sigma_2 \cos^2\varphi \tag{16b}$$

$$\frac{2E}{\nu + 1} \cdot \left(\frac{d^L - d^R}{d_L} \right) = (\sigma_2 - \sigma_1) \cdot \sin^2\varphi \cdot \sin\left[2\sqrt{2} \cdot \eta\right]. \tag{16c}$$

Es läßt sich zeigen, daß $\Delta^{L'} - \Delta^{R'}$, abgesehen vom Vorzeichen eine mit Gleichung (16c) identische Gleichung liefert. Man mittelt daher zweckmäßig über die beiden Differenzen aus und setzt den erhaltenen Mittelwert an Stelle von $\Delta^L - \Delta^R$ in Gleichung (16c) ein.

Aus den Gleichungen (16a), (16b), (16c) läßt sich φ und sodann σ_1 und σ_2 in expliziter Form ausdrücken [vgl. Gleichung (28)].

Das Verfahren liefert bei unbekannten Richtungen der Hauptspannungen ihre Größe etwa mit der Genauigkeit wie bei der Einzelbestimmung einer Spannungskomponente nach Gleichung (11).

Es sei noch auf eine zusammenfassende Übersicht von MÖLLER [14] hingewiesen, die unter einheitlichem Gesichtspunkt alle mathematischen Formeln der verschiedenen röntgenographischen Spannungsmeßverfahren darstellt.

Bei sehr genauen Spannungsmessungen und in gewissen Sonderfällen z. B. bei Leichtmetallen sind *verschiedene Korrektionen zu berücksichtigen*, die im folgenden besprochen sind.

a) Berücksichtigung der Abweichung der Dehnungsrichtung vom Oberflächenlot bei der Senkrechtaufnahme.

Es wird vorausgesetzt, daß, wie üblich, der Film bei der Senkrechtaufnahme um 360° um die Einstrahlrichtung gedreht wird.

Die Gleichung (9) lautet dann abgeändert (GLOCKER, HESS und SCHAABER [7])

$$\frac{E \cdot (d_\perp - d_0)}{d_0} = -(\sigma_1 + \sigma_2)\left[\nu - \frac{\nu + 1}{2} \sin^2\eta\right]. \tag{17}$$

Für Eisen und Kobaltstrahlung bewirkt das in Gleichung (17) auftretende Zusatzglied eine Spannungskorrektion in Höhe von 6,2%.

---

11 MÖLLER, H. u. H. NEERFELD: Mitt. K.-Wilh.-Inst. Eisenforschg. Bd. 21 (1939) S. 289.

12 STÄBLEIN, F.: Krupp-Forschungsber. 1939 Anhang S. 29.

13 Dann ist $\Delta\varphi$ in Abb. 7 leicht durch η auszudrücken; $\Delta\varphi = \sqrt{2} \cdot \eta$.

14 MÖLLER, H.: Mitt. K.-Wilh.-Inst. Eisenforschg. Bd. 21 (1939) S. 297.

Die Gleichung (10) geht über in

$$\frac{E}{\nu+1}\cdot\frac{d_\psi - d_\perp}{d_\perp} = \sigma_x\left[\sin^2\psi - \frac{1}{2}\sin^2\eta\right] - \sigma_y\cdot\frac{1}{2}\sin^2\eta. \quad (18)$$

In der Bestimmungsgleichung für σ_x tritt jetzt ein, meist vernachlässigbar kleiner Beitrag der Querkomponente σ_y auf. Eine mathematisch strenge Lösung der Gleichung (18) und der entsprechenden Bestimmungsgleichung für σ_y ist von SCHAABER[15] angegeben worden; σ_x und σ_y können dann einzeln aus den Messungen erhalten werden.

Die Gleichung (11) und (11a) bleiben unverändert bestehen; ein Beitrag der Querkomponente ist grundsätzlich ausgeschlossen.

b) Schwenkungskorrektion bei Schrägaufnahmen.

Bei Schwenkung des Filmes um die Primärstrahlrichtung CP als Achse um den Winkel $+\delta$ wird statt der Dehnung CU in Abb. 7 ein Mittelwert über alle Dehnungsrichtungen von CU bis CE gemessen; dasselbe gilt sinngemäß für die Schwenkung $-\delta$.

Die an der gemessenen Spannung σ_x anzubringenden Korrektionen hängen außer von δ, vom Winkel η und vom Verhältnis σ_x zu der auf σ_x senkrechten Spannung σ_y ab.

Bei Bestimmungen nach der Gleichung (10) $(45°+\eta)$ liegen die Korrektionen wenn $\delta = \pm 30°$ ist, für Eisen mit Kobaltstrahlung zwischen -1% und $+3\%$ und können meist vernachlässigt werden. Für größere Schwenkbereiche von δ sind Zahlenwerte in Abhängigkeit von σ_x/σ_y bei GLOCKER, HESS und SCHAABER[7] angegeben.

Bei Bestimmungen von σ_x aus einer Aufnahme nach Gleichung (11) ist die Korrektion unabhängig von der Querkomponente σ_y und unabhängig vom Werkstoff und von der Wellenlänge; sie läßt sich formelmäßig angeben: Die gemessene Spannung ist bei einem Schwenkungsbereich $\pm\delta$ zu erhöhen um $k\cdot 100\%$, wobei

$$k = 1 - \frac{\sin\delta}{\delta} \quad (19)$$

ist.

Für $\delta = \pm 30°$ beträgt demnach die Korrektion 4,5%. Die Gleichung (19) gilt mindestens bis $\eta = 12°$ und $\delta = \pm 45°$.

c) Einfluß der Temperaturverschiedenheit der Aufnahmen.

Bei Bestimmung der Hauptspannungssumme aus einer Senkrechtaufnahme nach Gleichung (9) muß die bei der Temperatur T der Aufnahme gemessene Gitterkonstante d umgerechnet werden auf eine einheitliche Bezugstemperatur T_0, für die der benützte Wert von d_0 gilt. Zu dem gemessenen Wert von d ist hinzuzufügen $a\cdot 10^{-5}\,(T - T_0)$. Wird T und T_0 in Celsius und d bzw. d_0 in Ångström gemessen, so ist nach MÖLLER und BARBERS[16]

$a = +1{,}1$ für Eisen mit Gold als Eichstoff und Kobaltstrahlung,

$a = -4{,}0$ für Duralumin mit Gold als Eichstoff und Kupferstrahlung.

Bei Eisen bedeutet 1° Temperaturunterschied rd. 0,3 kg/mm² Spannungsänderung.

Bei Spannungsbestimmungen aus einer Senkrechtaufnahme und einer Schrägaufnahme nach Gleichung (10) ist der Temperatureinfluß geringer und kann meist vernachlässigt werden.

---

[15] SCHAABER, O.: Z. techn. Phys. Bd. 20 (1939) S. 264.

[16] MÖLLER, H. u. J. BARBERS: Mitt. K.-Wilh.-Inst. Eisenforschg. Bd. 16 (1934) S. 21, Bd. 17 (1935) S. 157.

Wird die Spannung aus den beiden Seiten *einer* Aufnahme ermittelt nach Gleichung (11), so kommt eine Temperaturkorrektion nicht in Betracht, da beide Dehnungen gleichzeitig gemessen werden.

d) Einfluß der elastischen Anistropie.

Zwischen der mechanischen und der röntgenographischen Dehnungsmessung besteht ein grundsätzlicher Unterschied (MÖLLER und BARBERS[16]). Von der Röntgenmessung wird nur ein kleiner Teil der vorhandenen Kristallite erfaßt, nämlich solche, die sich in reflexionsfähiger Lage gegenüber dem einfallenden Röntgenstrahl befinden; die Messung der Dehnung erfolgt in einer bestimmten kristallographischen Richtung, z. B. bei Eisen in Richtung der Normale auf der (310) Netzebene. Infolgedessen kann die Lage der Spannungsachsen in diesen Kristalliten nicht alle beliebigen Werte annehmen. Die mechanische Dehnungsmessung mittelt dagegen über alle möglichen Kristallitlagen. Beim einzelnen Metallkristall sind die elastischen Konstanten von der kristallographischen Richtung abhängig. Für Eiseneinkristalle liegt der E-Modul je nach der Meßrichtung zwischen 13500 und 29000 kg/mm². Es erscheint daher durchaus möglich, daß röntgenographische und mechanische Dehnungsmessung nicht zu genau gleichen Werten des E-Moduls und der POISSONschen Zahl führen.

Angeregt waren diese Überlegungen, die eng verknüpft sind mit der grundsätzlichen Frage, ob der Verformungszustand oder der Spannungszustand in allen Kristalliten eines Haufwerkes derselbe ist, durch gewisse Beobachtungen von MÖLLER und BARBERS[16] und MÖLLER und STRUNK[17]; es ergibt sich röntgenographisch für Eisen

$$\frac{E}{\nu} = 60000 \text{ kg/mm}^2 \text{ statt dem üblichen Wert } \frac{E}{\nu} = 75000 \text{ kg/mm}^2.$$

Dem steht gegenüber eine Meßreihe von BOLLENRATH, HAUK und OSSWALD[18], bei der kein nachweisbarer Unterschied aufgetreten ist. Ferner lieferten Messungen von GLOCKER und SCHAABER[19] innerhalb eines Meßfehlers von 3% eine Übereinstimmung zwischen röntgenographischem und mechanischem Wert des Torsionsmoduls G von Eisen[20]. Theoretische Berechnungen auf Grund der Elastizitätstheorie der Kristalle von GLOCKER[21], MÖLLER[22], MÖLLER und MARTIN[23] ergaben beim Vergleich mit den Messungen, daß jedenfalls die beiden Grenzfälle — Gleichheit der Verformung bzw. Gleichheit der Spannung[24] in allen Kristalliten eines vielkristallinen Werkstoffes — beim Eisen nicht vorliegen.

Für die röntgenographische Spannungsmessung lassen sich hieraus folgende Schlußfolgerungen ziehen: Bei Bestimmungen aus Senkrechtaufnahmen allein, bei denen E/ν vorkommt, wird von MÖLLER und MARTIN der empirisch gefundene Wert $E = 22000$ kg/mm² und $\nu = 0{,}37$ für Eisen vorgeschlagen. Dieselben Werte sollen auch bei der Bestimmung des Nullwertes der Gitterkonstante [z. B. Gleichung (12)] verwendet werden. Bei allen Bestimmungen der Spannung aus Schrägaufnahmen oder aus Schrägaufnahmen in Kombination mit Senkrechtaufnahmen tritt nur $E/(\nu+1)$ auf. Hier ist der Unterschied der neuen Werte für E

[17] MÖLLER, H. u. G. STRUNK: Mitt. K.-Wilh.-Inst. Eisenforschg. Bd. 19 (1937) S. 305.

[18] BOLLENRATH, F., V. HAUK u. E. OSSWALD: VDI-Zeitschrift Bd. 83 (1939) S. 129.

[19] GLOCKER, R. u. O. SCHAABER: Ergebn. techn. Röntgenkde Bd. 6 (1938) S. 34.

[20] Es ist $2G = \dfrac{E}{\nu + 1}$.

[21] GLOCKER, R.: Z. techn. Phys. Bd. 19 (1938) S. 289.

[22] MÖLLER, H.: Arch. Eisenhüttenwes. Bd. 13 (1939) S. 59.

[23] MÖLLER, H. u. G. MARTIN: Mitt. K.-Wilh.-Inst. Eisenforschg. Bd. 21 (1939) S. 261.

[24] Vgl. hierzu die röntgenographischen Spannungsmessungen an einzelnen Kristalliten von grobkörnigen Zugstäben aus unlegiertem Stahl [BOLLENRATH und OSSWALD: Z. Metallkde Bd. 31 (1939) S. 151], die starke Spannungsschwankungen von Korn zu Korn zeigen.

und ν gegenüber den üblichen mechanischen Werten bei der derzeitigen Meßgenauigkeit vernachlässigbar klein.

Bei den Leichtmetallen spielt die elastische Anisotropie praktisch keine Rolle, da bei Al- und Mg-Einkristallen die Richtungsabhängigkeit der Elastizität viel kleiner ist als bei Eisen.

e) Einfluß der Eindringtiefe der Strahlen.

Beobachtungen von SCHAABER[15] an gebogenen Schlaufen aus der Aluminiumlegierung Hydronalium ergaben in bestimmten Fällen eine Nichtübereinstimmung der aus Aufnahmen mit verschiedenen Strahlenrichtungen ermittelten Spannungswerte. Da beim Aluminium der E-Modul nur eine schwache Abhängigkeit von der kristallographischen Richtung aufweist, kommt elastische Anisotropie als Erklärung nicht in Betracht. Die Eindringungstiefe der verwendeten Röntgenstrahlung ist zwar an sich klein und beträgt nur einige hunderstel Millimeter; sie sie ist aber bei Aufnahmen mit verschiedener Einstrahlrichtung merklich verschieden. 90% der Intensität der Röntgenlinie von Kupferstrahlung rühren bei der Senkrechtaufnahme aus einer Hydronaliumschicht von $^8/_{100}$ mm Tiefe her, bei einer Schrägaufnahme $(45^\circ + \eta)$ aus einer Schicht von $^4/_{100}$ mm Tiefe. Eine Spannungsbestimmung aus einer Senkrecht- und einer Schrägaufnahme [Gleichung (10)] und eine solche aus den beiden Hälften einer Schrägaufnahme [Gleichung (11)] wird daher bei starker Änderung des Spannungszustandes mit der Tiefe keine übereinstimmenden Werte liefern. Dasselbe tritt ein, wenn die Gitterkonstante im spannungsfreien Zustand in den Schichten verschiedener Tiefe nicht die gleiche ist. Welcher von den beiden Einflüssen im Einzelfall vorliegt, läßt sich nur durch zusätzliche Überlegungen über den Richtungssinn der Änderung und durch Messungen an sehr dünnen Schichten mit gleicher Zusammensetzung feststellen. Der an sich nicht häufige Einfluß der Eindringungstiefe findet sich in erster Linie bei wenig absorbierenden Stoffen, wie Aluminium und Magnesium; er kann durch Verwendung noch langwelligerer Röntgenstrahlung, z. B. Chromstrahlung statt Kupferstrahlung, stark herabgesetzt werden.

Die folgende Beziehung ermöglicht eine Bestimmung der Spannung σ_x aus zwei Aufnahmen[25], die Dehnungen ε_x und ε_y *derselben* Schichttiefe entsprechen (SCHAABER[15])

$$\sigma_x \{(\nu + 1) \sin^2\psi [(\nu + 1) \sin^2\psi - 2\nu]\} = E\varepsilon_x [(\nu + 1) \sin^2\psi - \nu] + E\nu\varepsilon_y \quad (20)$$

wobei

$$\varepsilon_x = \frac{d_x - d_0}{d_0} \quad \text{und} \quad \varepsilon_y = \frac{d_y - d_0}{d_0}$$

ist.

Die praktische Bedeutung wird durch die Notwendigkeit der Kenntnis des Nullwertes d_0 der Gitterkonstante stark eingeschränkt. Einen gewissen Aufschluß über die Verschiedenheit der Spannungen dicht unterhalb der Oberfläche können Versuche liefern, bei denen Messungen bei zwei verschiedenen äußeren Belastungen ausgeführt werden. Da sich dann d_0 heraushebt, kann die Änderung der Spannungen für jede Tiefenschicht angegeben werden, was z. B. für das Studium von Fließvorgängen unter Umständen nützlich sein kann.

Bei der Messung eines Torsionsspannungszustandes mit den Hauptspannungen σ_1 und σ_2 ist die Bedingung der Bestimmung der Spannungen aus Auf-

[25] Die eine Aufnahme unter 45° zu σ_x liefert nach Gleichung (11a) ε_{x+} und ε_{x-}, die andere unter 45° zu σ_y analog ε_{y+} und ε_{y-}. Die +-Zeichen beziehen sich auf die Filmhälfte $\psi_0 + \eta$; die —-Zeichen beziehen sich auf die Filmhälfte $\psi_0 - \eta$. Die Gleichung (20) kann sowohl mit ε_{x+}, ε_{y+}, $\psi = 45^\circ + \eta$, als auch mit ε_{x-}, ε_{y-}, $\psi = 45^\circ - \eta$ angeschrieben werden; es werden dann zwei Werte von σ_x erhalten, die zwei verschiedenen Schichttiefen entsprechen.

nahmen gleicher Eindringungstiefe ohne weiteres erfüllt. Unter 45° zu σ_1 bzw. σ_2 wird je eine Aufnahme hergestellt und je nur die Hälfte $(45° + \eta)$ ausgemessen; die erhaltenen Gitterkonstanten seien d_1 und d_2. Dann folgt wegen der Bedingung $\sigma_1 = -\sigma_2$ durch zweimalige sinngemäße Anwendung der Gleichung (10)

$$\frac{E}{(\nu + 1)} \cdot \frac{(d_1 - d_2)}{d_1} = (\sigma_1 - \sigma_2) \sin^2 \psi = 2\, \sigma_1 \sin^2 \psi. \tag{21}$$

Dies gilt auch noch bei Überlagerung des Torsionsspannungszustandes durch Eigenspannungen, sofern diese nicht Torsionsspannungen sind. Die in die Richtung der Hauptspannungen der Torsion fallende Komponente der Eigenspannungen ist für σ_1 gleich groß wie für σ_2 und hebt sich aus der Gleichung (21) heraus.

f) Dreiachsigkeit des Spannungszustandes.

Die Voraussetzung aller bisher mitgeteilten Gleichungen war ein zweiachsiger Spannungszustand[26]. Ausnahmefälle treten dann auf, wenn der Gradient der dritten Hauptspannung σ_z nach der Tiefe sehr groß ist, so daß σ_z in der dünnen von der Röntgenstrahlung erfaßten Schicht bereits eine Größe von einigen kg/mm² erreicht. Das Auftreten eines solchen Falles wird begünstigt durch ein geringes Absorptionsvermögen des Werkstoffes. Beim Biegen einer Hydronaliumschlaufe für Spannungskorrosionsversuche beträgt z. B. der Spannungsgradient von σ_z rd. 70 kg/mm² für 1 mm Tiefenzunahme. Die Grundgleichungen für den dreiachsigen Spannungszustand ergeben sich nun, wie die mathematische Ableitung zeigt (ROMBERG[27], SCHAABER[15]) aus den Gleichungen (9), (10), (11) usw., wenn überall eingesetzt wird

$$\sigma_x - \sigma_z \text{ statt } \sigma_x \quad \text{und } \sigma_y - \sigma_z \text{ statt } \sigma_y.$$

Eine Einzelbestimmung von σ_x, σ_y, σ_z erfordert die Kenntnis des Nullwertes d_0 der Gitterkonstante. Es wird oft möglich sein, eine Stelle des Stückes ausfindig zu machen, an der praktisch nur ein zweiachsiger Spannungszustand vorliegt, um dann dort eine besondere Bestimmung[28] von d_0 vorzunehmen. Läßt sich zwar d_0 nicht ermitteln, aber eine Änderung von d_0 mit der Belastung ausschließen, so kann wenigstens aus den Aufnahmen die Änderung von σ_z mit der Belastung ermittelt werden.

Ein etwa in die Messung eingehender Beitrag der dritten Hauptspannung σ_z wirkt sich auch auf die Berechnung des Nullwertes der Gitterkonstanten aus. Ist d_0' der mit den Gleichungen des zweiachsigen Spannungszustandes [vgl. Gleichung (12)] berechnete Wert, so ist der wahre Wert d_0 beim Vorliegen eines dreiachsigen Spannungszustandes nach SCHAABER[15] durch die Beziehung bestimmt

$$E\,(d_0 - d_0') = -\sigma_z\,(1 - 2\,\nu). \tag{22}$$

Der so entstehende Unterschied der in Å ausgedrückten Gitterkonstanten beträgt eine Einheit in der vierten Stelle hinter dem Komma, wenn $\sigma_z \sim 5$ kg/mm² bei Eisen bzw. ~ 2 kg/mm² bei Hydronalium ist. Die Abhängigkeit des Nullwertes der Gitterkonstante von der dritten Hauptspannung ist daher vorzugsweise bei Werkstoffen mit niederem E-Modul und großer Eindringungstiefe der Strahlen zu erwarten. Eine Beachtung dieses Gesichtspunktes ist wichtig, wenn es sich darum handelt, gleichzeitige Änderungen der Gitterkonstante durch

---

[26] Ein von G. KURDJUMOW und M. SCHELDAK [Metallwirtsch. Bd. 15 (1936) S. 907; Physics Bd. 4 (1937) S. 516] ursprünglich mitgeteilter starker Einfluß der 3. Hauptspannung auf jede röntgenographische Spannungsmessung wurde von den Verf. widerrufen.

[27] ROMBERG, W.: Physics Bd. 4 (1937) S. 524.

[28] Näheres über Bestimmung von d_0 vgl. Gleichung (33).

andere Einflüsse als durch elastische Spannungen, z. B. durch Ausscheidungsvorgänge quantitativ zu bestimmen. Eine solche Extrapolation der Gitterkonstante für den spannungsfreien Zustand ist nur solange streng durchzuführen, als das Vorhandensein einer dritten Hauptspannung in der von der Messung erfaßten Schichttiefe ausgeschlossen werden kann, z. B. wenn das mit Eigenspannungen behaftete Werkstück sehr dünn ist oder wenn die Art der äußeren Beanspruchung nur ein- oder zweiachsig sein kann.

3. Röntgengerät und Auswertung der Aufnahmen.

Das Röntgengerät besteht aus dem Hochspannungserzeuger, der Röntgenröhre und der Rückstrahlkammer zur Aufnahme des Filmes. Um die erforderlichen großen Ablenkungswinkel der reflektierten Strahlen [Gleichung (1)] zu erhalten, müssen je nach Art des Stoffes Röntgenröhren mit verschiedenen Anoden Verwendung finden. Für Eisen ist eine Kobaltanode, für Aluminiumlegierungen eine Kupferanode geeignet. Ein Röntgengerät für technische Spannungsmessungen muß leicht transportabel sein und völligen Schutz gegen Hochspannung und Strahlengefährdung bieten. Die Röntgenröhre soll in verschiedenen Richtungen leicht verstellbar sein und einen scharfen, gleichförmig belegten Brennfleck besitzen; die Rückstrahlkammer muß mit der Röhre fest verbunden sein. Ein für diese Zwecke gut geeignetes Röntgengerät[29] ist in Abb. 8 zu sehen. Die Röntgenröhre ist nur einpolig mit der Hochspannungsquelle verbunden; der geerdete metallische Kopfteil der Röhre ragt aus einer Porzellanhaube heraus. Vor dem Austrittsfenster sitzt der tellerförmige Filmträger der Rückstrahlkammer; dieser ist mit Hilfe eines zentralen Kugellagers um das Blendenröhrchen als Achse drehbar, um die früher besprochene Schwenkung des Filmes bei grobkörnigen Stoffen vornehmen zu können (WEVER und MÖLLER[4]). Die Halterung der Röhre gestattet eine Verschiebung in drei zueinander senkrechten Richtungen und außerdem zwei Drehbewegungen (Drehung der Röhre um ihre Längsachse und Drehung der Haube um die horizontale Führungsstange). Die Belastbarkeit des Transformators beträgt im Dauerbetrieb 45 kV und 15 mA. Die Kühlung der Anode erfolgt unmittelbar aus der Wasserleitung. Durch eine Vorrichtung für automatische Abschaltung bei Wassermangel wird auch ein durchgehender Nachtbetrieb sichergestellt.

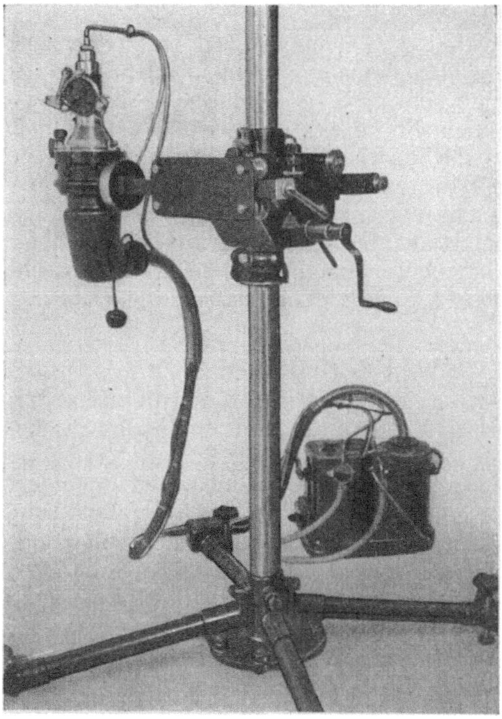

Abb. 8. Ansicht eines Röntgengerätes für Spannungsmessungen.

[29] Hersteller: Siemens u. Halske, Berlin-Siemensstadt. [vgl. auch GLOCKER, R.: Arch. techn. Messen V (1937) 132—14].

Eine für schwierige Einstellungen wegen ihrer kurzen Baulänge besonders gut geeignete Röntgenröhre[30] ist in Abb. 9 dargestellt. Die mit Wasser gekühlte, geerdete Anode hat einen scharfen strichförmigen Brennfleck. Die Belastbarkeit ist trotzdem hoch, 20 mA bei Kobaltanoden und einer Spannung von 35 kV. Die Zuführung der Hochspannung erfolgt einpolig durch ein am unteren Ende der Haube eingeführtes Kabel. Der metallische Kopf der Haube bietet günstige Befestigungsmöglichkeiten für die Rückstrahlkammer *F*.

Die Blenden werden bei der Rückstrahlkammer so angebracht, daß bei dem üblichen Abstand von 50 bis 60 mm des Filmes vom Werkstück die engere Blende mit etwa 0,6 mm Dmr. bei Aufnahmen an Eisen 10 bis 12 mm der Röhre näher liegt als der Film. Scharfe Röntgenlinien werden nämlich nur bei Erfüllung der Fokussierungsbedingung erhalten (WEVER und ROSE[31]): Oberfläche des Werkstückes, Blende und die Schnittpunkte der reflektierten Strahlen mit dem Film müssen auf dem Umfang eines Kreises liegen. Da die metallischen Werkstoffe keinen idealen Gitteraufbau haben, genügt eine angenäherte Erfüllung der Bedingung und es erübrigt sich, beim Übergang von Senkrecht- zu Schrägaufnahmen, die Blende zu verschieben. Zur Einschränkung des bestrahlten Bereiches auf der Oberfläche dient eine am röhrenfernen Ende des Blendenröhrchens angebrachte Vorblende mit 1 bis 2 mm Dmr. Bei örtlich rasch veränderlichen Spannungen (z. B. bei Kerben) muß eine noch schärfere Ausblendung vorgenommen werden, etwa durch Auflegen einer Elektronmaske mit 0,5 mm Bohrung auf die Oberfläche. Da die Belichtungszeiten mit der Querschnittsabnahme des Strahlenbündels zunehmen, wird das Bestrahlungsfeld möglichst groß (5 bis 15 mm²) gewählt. Die Belichtungszeit beträgt für die in Abb. 8 abgebildete Anlage bei Kobaltstrahlung für Eisen mit Goldauflage in einem Abstand von 60 mm etwa 10 min für ein Feld von 10 mm².

Abb. 9. Ansicht einer Einsatz-Röntgenröhre mit Synchronblende für dynamische Spannungsmessungen.

Der Durchmesser $2r$ des DEBYE-SCHERRER-Ringes hängt, wie Abb. 2 zeigt, nicht nur von dem Reflexionswinkel ϑ, sondern auch von dem Abstand A des Filmes von der Reflexionsstelle auf dem Stück ab ($A = \overline{CP}$). Es ist

$$r = A \operatorname{tg} (180 - 2\vartheta). \tag{23}$$

Um den Einfluß dieses von Aufnahme zu Aufnahme veränderlichen Abstandes A zu eliminieren, wird auf der Oberfläche des Stückes eine dünne Schicht

[30] Hersteller: C. H. F. Müller, Hamburg-Fuhlsbüttel.

[31] WEVER, F. u. A. ROSE: Mitt. K.-Wilh.-Inst. Eisenforschg. Bd. 17 (1935) S. 33.

eines Eichstoffes (z. B. Gold oder Silber) aufgebracht (WEVER und MÖLLER[4]). Aus dem Durchmesser des Ringes des Eichstoffes kann A von Fall zu Fall berechnet werden. Auf der Aufnahme in Abb. 3b rührt der innere Doppelring vom Eisen, der äußere vom Gold her. Die Dicke der Goldauflage muß so gewählt werden, daß beide Doppelringe ungefähr gleich starke Schwärzung haben.

Die Ausmessung der Ringabstände erfolgt entweder mit einem feingeteilten Glasmaßstab oder mit einem 2- bis 3fach vergrößernden Mikroskop mit Meßschlitten. Die Doppelnatur der Ringe wird dadurch verursacht, daß die benützte Strahlung zwei im Spektrum dicht aufeinanderfolgende Wellenlängen (λ_{α_1} und λ_{α_2} der K-Serie) enthält. Gemessen wird meist nur der Durchmesser des intensiveren Ringes von λ_{α_1}. (In Abb. 6 ist zur Vereinfachung der Zeichnung der von der schwächeren Wellenlänge herrührende Ring weggelassen.) Aus der Differenz der Durchmesser ergibt sich der Abstand Δ^o bzw. Δ^u zwischen Gold- und Eisenlinie.

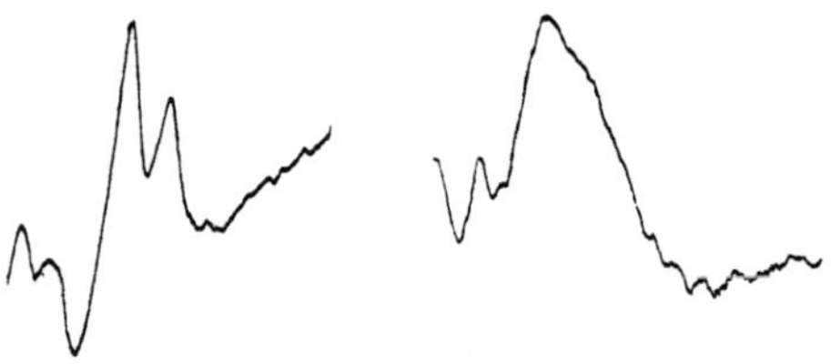

Abb. 10. Photometerkurven der Aufnahmen Abb. 3b und c.

Der *Hauptfehler der röntgenographischen Spannungsbestimmung* liegt in der Messung der Linienabstände auf dem Film; er ist stark abhängig von der jeweiligen Linienschärfe, aber unabhängig von der Höhe der Spannungen. Große Spannungen können daher mit wesentlich größerer prozentualer Genauigkeit bestimmt werden. Bei subjektiver Messung der Linienabstände beträgt der Fehler bei Eisen und Stahl höchstens ± 2 kg/mm², bei Leichtmetallen wegen des kleineren E-Moduls ein Drittel bis die Hälfte dieses Wertes. Vorausgesetzt ist dabei, daß bei grobkörnigen Stoffen durch genügend großen Schwenkbereich und nicht zu knappe Ausblendung so viele Kristallite erfaßt werden, daß eine gleichmäßige Schwärzung[32] der Linie erreicht wird.

Bei starker Verformung und bei Abschreckbehandlung fließen die zwei Linien eines Doppelringes zu einem breiten Band zusammen (Abb. 3c). Für genaue Messungen sind Photometrierungen des Schwärzungsverlaufes vorzunehmen und die Abstände der Maxima zu messen. Abb. 10 zeigt die Photometerkurven der Aufnahmen Abb. 3b und 3c. Bei einsatzgehärteten Stählen und bei nitrierten Oberflächen kann die Linienverbreiterung so groß sein, daß sich das Band von der Hintergrundschwärzung nicht mehr genügend abhebt. Hier kann eine wesentliche Verbesserung der Aufnahmen durch Verwendung der langwelligeren Chromstrahlung statt der Kobaltstrahlung erzielt werden (GISEN[33]). Ferner ist es vorteilhaft, um den Schwärzungshintergrund niederzuhalten, zunächst ohne Eichstoff zu belichten, dann bei unveränderter Stellung der Röntgenröhre den Eichstoff, z. B. durch Aufpinseln einer Aufschwemmung von Gold in Zaponlack, aufzubringen und nochmals zur Erzeugung der Eichstofflinien zu belichten.

Die weitere Auswertung der Aufnahmen kann auf verschiedene Weise erfolgen: Man kennt die Gitterkonstante für die Linie des Eichstoffes und damit auch den Reflexionswinkel ϑ_0 für die benützte Strahlung; z. B. ist für Gold- und Kobaltstrahlung (λ_{α_1})

$$t_1 = \operatorname{tg}(\pi - 2\,\vartheta_0) = 0{,}413_5. \tag{24}$$

Der gemessene Goldringdurchmesser geteilt durch $2t_1$ gibt den Abstand A. Der Eisenringradius liefert dann aus der Gleichung (23) den Reflexions-

[32] Betreffs Fehlmessungen beim Vorhandensein einzelner besonders großer Kristallite und die Möglichkeiten ihres Nachweises vgl. GLOCKER, HESS und SCHAABER[7].

[33] GISEN, F.: Krupp-Forschungsber. 1939 Anhang S. 35.

winkel ϑ für die Eisenlinie und mit Hilfe der Gleichung (1) die Gitterkonstante d. Für den Übergang von ϑ zu d ist für Eisen und Kobaltstrahlung eine fünfstellige Tafel[34] von MÖLLER und BARBERS[16] berechnet worden.

Bei Spannungsbestimmungen interessiert häufig der absolute Wert der Gitterkonstante nicht. Es läßt sich dann ein Auswertungsverfahren angeben, bei dem die gesuchte Spannung aus den gemessenen Linienabständen Δ ... (Abb. 6) mit Hilfe einer einmal berechneten Konstante sofort erhalten wird (GLOCKER, HESS und SCHAABER[7]). Die Bestimmungsgleichungen (9), (10) und (11) lassen sich für den praktischen Gebrauch so umformen:

$$\text{I.} \qquad -(\sigma_1 + \sigma_2) = (\Delta_0 - \Delta_\perp) \cdot C_1, \tag{25}$$

$$\text{IIa.} \qquad +\sigma_x = (\Delta_\perp - \Delta_{\psi_1}) \cdot C_2, \tag{26}$$

$$\text{IIb.} \qquad +\sigma_x = (\Delta_{\psi_2} - \Delta_{\psi_1}) \cdot C_3. \tag{27}$$

Die Vorzeichen gelten für den Fall, daß der Ring des Eichstoffes, wie in Abb. 3b, außen liegt (Gold-Eisen). Die Vorzeichen sind auf der rechten Seite aller drei Gleichungen umzukehren, wenn der Eichstoffring innen liegt (Hydronalium mit Aluminium als Eichstoff). Die Abstände Δ sind in mm zu messen und vor Einsetzen zwecks Reduktion auf einen einheitlichen Abstand A auf einen Normaldurchmesser des Goldringes $2r = 50{,}0$ mm umzurechnen. Für Gold als Eichstoff lauten die Konstanten[34]

Eisen (Kobaltstrahlung)	($E = 21000$, $\nu = 0{,}28$)	$C_1 = 91{,}8$	$C_2 = 30{,}4$	$C_3 = 62{,}5$ kg/mm²
Duralumin (Kupferstrahlung)	($E = 7400$, $\nu = 0{,}34$)	$C_1 = 23{,}0$	$C_2 = 9{,}1$	$C_3 = 21{,}1$ kg/mm²

Eine Linienverschiebung von 0,1 mm auf dem Film entspricht also bei einer Senkrechtaufnahme von Eisen einer Änderung der Spannung um 9,18 kg/mm². Die Genauigkeit des Verfahrens IIa ist erheblich größer, nämlich 3,04 kg/mm² für 0,1 mm; nur halb so groß ist sie bei Verfahren IIb. Wegen den anderen, früher erwähnten Vorzüge wird aber das Verfahren IIb für technische Messungen vorzugsweise angewendet.

Analog läßt sich das Verfahren von STÄBLEIN[12], *aus zwei Aufnahmen Größe und Richtung der beiden Hauptspannungen zu ermitteln*, durch folgende einfache Bestimmungsgleichungen ausdrücken [Eisen, Kobaltstrahlung, Einstrahlung unter 45°, Gold $2r_{\text{Au}} = 50{,}0$ mm, Bezeichnung der Linienabstände Δ ... entsprechend den Bezeichnungen der Gitterkonstanten d in Gleichung (16a), (16b), (16c)].

$$\operatorname{tg} 2\varphi = 1{,}44 \frac{(\Delta^L - \Delta^R)}{(\Delta^O - \Delta^U) - (\Delta^{O'} - \Delta^{U'})} \tag{28a}$$

$$\sigma_1 = 31{,}25 (\Delta^O - \Delta^U + \Delta^{O'} - \Delta^{U'}) + \frac{45}{\sin 2\varphi} (\Delta^L - \Delta^R) \tag{28b}$$

$$\sigma_2 = \ldots\ldots\ldots\ldots\ldots - \ldots\ldots\ldots \tag{28c}$$

Bei der Zahlenberechnung der Konstanten C_1, C_2, C_3 wird Gebrauch gemacht von einer *Beziehung zwischen Änderung des Ringradius r in mm und Änderung der Gitterkonstante d in* Å (SCHAABER[15]), wobei diese ausnahmsweise mit d^* bezeichnet ist, um Verwechslungen mit dem Differentialzeichen zu vermeiden

$$\frac{d_1^* - d^*}{r_1 - r} = \frac{d_1^* - d^*}{\Delta - \Delta_1} = \frac{d\,d^*}{d\,r} + \frac{(\Delta - \Delta_1)}{2} \frac{d^2\,d^*}{d\,r^2}. \tag{29}$$

Dabei ist mit d^* (bzw. a) und mit Δ der Wert der Gitterkonstante und des Linienabstandes bezeichnet, der für den der Berechnung von C_1, C_2, C_3 zugrunde gelegten Reflexionswinkel gültig ist (vgl. Anmerkung 35).

[34] Die Tafel enthält die Zahlenwerte der Kantenlänge a der Elementarzelle; es ist für die (310)-Ebene des Eisens $d \cdot \sqrt{10} = a$.

[35] Zahlen der Konstanten für weitere Werkstoffe finden sich bei R. GLOCKER: Materialprüfung mit Röntgenstrahlen, 2. Aufl. S. 314 Berlin 1936, sowie im Bd. 3 der physikalischen, chemischen und technischen Zahlenwerte (LANDOLT-BÖRNSTEIN, 6. Aufl., im Druck).

Meistens wird nicht der Netzebenenabstand der reflektierenden Ebene, sondern die Kantenlänge der Elementarzelle des Gitters a angegeben. Für die Ebene (310) von Eisen ist immer

$$d^* = \frac{a}{\sqrt{10}} \tag{30}$$

und entsprechend zu Gleichung (29) für Eisen bei den Normalbedingungen

$$\frac{a_1 - a}{\Delta - \Delta_1} = \frac{da}{dr} + \frac{(\Delta - \Delta_1)}{2}\,\frac{d^2 a}{d r^2} = 0{,}00350 + (\Delta - \Delta_1)\,0{,}00006_3 \tag{31}$$

Für einen Filmabstand $A = 60{,}45$ mm, entsprechend $2\,r_{Au} = 50{,}0$ mm bedeutet somit bei Eisen mit Kobaltstrahlung eine Linienverschiebung um 0,1 mm eine Änderung der Gitterkonstante der (310)-Ebene um 0,00011 Å bzw. der Kantenlänge der Gitterzelle ($a = 2{,}8610$ Å) um 0,00035 Å. Bei nicht zu großen Linienverschiebungen kann der zweite Differentialquotient in Gleichung (29) und (31) vernachlässigt werden, so daß dann der Umrechnungsfaktor von der Größe der Verschiebung unabhängig ist. Für diesen vereinfachten Fall sind die Zahlenwerte für C_1, C_2, C_3 in den Gleichungen (25), (26), (27) berechnet worden[35]. Bei größeren Verschiebungen sind die angegebenen Zahlen mit dem Korrektionsfaktor k zu multiplizieren, wobei

$$k = \frac{\dfrac{da}{dr} + \left(\dfrac{\Delta_1 + \Delta_2 - 2\,\Delta_0}{2}\right)\dfrac{d^2 a}{dr^2}}{\dfrac{da}{dr}} \tag{32}$$

ist. Δ_1 und Δ_2 bedeuten die beiden in Gleichung (25) oder (26) oder (27) vorkommenden Linienabstände.

Die Vorzeichen von $(\Delta - \Delta_1)$ in Gleichung (29), (31) und (32) gelten für den Fall, daß die Eichstofflinie auf dem Film außen liegt (Gold-Eisen) und sind zu vertauschen, wenn die Eichtstofflinie innen liegt.

Bei der Auswertung nach Gleichung (25), (26), (27) ist ferner vorausgesetzt, daß die Änderung des Winkels η durch den Spannungseinfluß vernachlässigbar klein ist. Bei Eisen ist dies immer der Fall, wenn nicht außergewöhnlich hohe Spannungen auftreten. Die Veränderung von η spielt dagegen eine Rolle bei Werkstoffen mit kleinem E-Modul; die Dehnung und daher der Winkel η ist bei gleicher Spannung größer als bei Eisen. Zur graphischen Korrektion der Veränderlichkeit von η sind für Hydronalium ($\eta = 10$ bis $13°$) Kurven von SCHAABER[15] angegeben worden.

Zur Prüfung der Genauigkeit der Messungen ist es häufig erwünscht, *den Nullwert* Δ_0 *des Linienabstandes* für den spannungsfreien Zustand auf einfache Weise ermitteln zu können, ohne daß der Nullwert der Gitterkonstante d_0 ausgerechnet werden muß. Werden aus einer Senkrechtaufnahme und aus der $\psi_0 + \eta$-Seite einer Schrägaufnahme unter 45° zwei aufeinander senkrechte Spannungskomponenten σ_l und σ_q bestimmt nach Gleichung (26), so liefern die drei Aufnahmen drei Linienabstände $\Delta_\perp$, Δ_l, Δ_q, die nach Umrechnung auf $2\,r_{\mathrm{Au}} = 50{,}0$ mm Δ_0 liefern

$$3\,\Delta_0 = \Delta_\perp + \Delta_q + \Delta_l \text{ (Eisen mit Kobaltstrahlung)} \tag{33a}$$

$$2{,}5\,\Delta_0 = 0{,}5\,\Delta_\perp + \Delta_q + \Delta_l \text{ (Duralumin mit Kupferstrahlung)} \tag{33b}$$

Bei der Spannungsbestimmung aus einer einzigen Aufnahme nach Gleichung (27) kann aus den gemessenen Werten Δ_{ψ_1} und Δ_{ψ_2} der Linienabstand $\Delta_\perp$, der sich bei einer Senkrechtaufnahme ergeben würde, errechnet werden; für Eisen gilt unter den Normalbedingungen

$$\Delta_\perp = 2\Delta\psi_2 - \Delta\psi_1 \qquad \left\{\begin{matrix} \psi_1 = \psi_0 + \eta \\ \psi_2 = \psi_0 - \eta \end{matrix}\right\} \tag{34}$$

Zur Ermittlung von Δ_0 ist Gleichung (33a) sinngemäß anzuwenden. Die Zahlenkonstanten in Gleichung (33a), (33b), (34) sind Näherungswerte.

Zur Kontrolle der Meßgenauigkeit wird Δ_0 für die verschiedenen Meßpunkte eines Stückes gebildet. Messungen mit stark abweichenden Werten sind zu wiederholen, sofern nicht Gründe physikalischer Art diese Abweichungen bedingen: Bei Schweißungen an Stahlteilen sind z. B. die Δ_0-Werte des Grundstoffes und der Schweiße häufig wegen des verschiedenen Kohlenstoffgehaltes verschieden; bei abgeschreckten Stahlkörpern treten Unterschiede der Δ_0-Werte auf, wenn Oberflächenpunkte und Punkte tieferer, durch Ätzen freigelegter Schichten verglichen werden. Die Berechnung der Δ_0-Werte ermöglicht bei zweiachsigen[36] Spannungszuständen etwaige Ausscheidungsvorgänge getrennt von der Änderung der Gitterkonstante durch Spannungen zu verfolgen (GLOCKER, HESS und SCHAABER[7]).

4. Anwendung des Spannungsmeßverfahrens.

Aus den zahlreichen im Schrifttum mitgeteilten Anwendungen werden im folgenden einige besonders kennzeichnende Beispiele herausgegriffen.

Ein durch *Biegen plastisch verformter Stahlstab* wurde einem *Zugversuch* unterworfen (WEVER und MÖLLER[37]). Mit steigender Belastung wurde auf beiden Seiten aus Senkrechtaufnahmen die elastische Spannung röntgenographisch bestimmt (Abszisse der Abb. 11). Bei einer Zugspannung von etwa 3 kg/mm² hat sich der Stab wieder gerade gereckt. Die Verschiedenheit der Gitterkonstanten und der röntgenographisch erhaltenen Spannung auf den beiden Seiten (1, 2, 3 ... bzw. 1′, 2′, 3′ ...) rührt davon her, daß als Folge des Biegens auf der konkaven Seite eine Zugeigenspannung, auf der konvexen eine Druckeigenspannung entstanden ist, die sich der angelegten Zugspannung überlagern. Von 3 bis 17 kg/mm² ändert sich die gemessene Spannung linear mit der Größe der aufgebrachten Zugspannung. Auf der konkaven Seite wird bei einer gemessenen Spannung von 45 kg/mm² die Streckgrenze erreicht und es tritt Fließen ein; dies ist daran erkenntlich, daß bei weiterer Zunahme der Zugspannung die Gitterkonstante und damit die röntgenmäßig ermittelte Spannung konstant bleibt. Auf der konvexen Seite nimmt die örtliche Spannung noch weiter mit der angelegten Spannung zu. Bemerkenswert ist noch die Feststellung einer starken Überhöhung der Streckgrenze.

Die Bestimmung der Größe und Richtung der Hauptspannungen an einem unter hohen Innendruck gesetzten Stahlrohr ergab aus 4 Aufnahmen Spannungen, die von den Sollwerten Längsspannung 10,3 kg/mm² und Ringspannung 20,6 kg/mm² im Höchstfall um $\pm 1{,}7$ kg/mm² abweichen (GLOCKER und OSSWALD[38]). Die Fehler in der Winkelbestimmung sind größer; bei drei unabhängigen Versuchsreihen wurden erhalten 36° statt 45°, 24° statt 25°, 38° statt 45°.

Bei einer Bestimmung aus 3 Aufnahmen nach Gleichung (11) an einer geschweißten Stahlplatte mit hohen Eigenspannungen wurden bei wiederholter Bestimmung aus verschieden gelegenen Spannungskomponenten als größte Abweichung vom Mittelwert $\pm 2{,}0$ kg/mm² beobachtet. Die für die eine Hauptspannungsrichtung erhaltenen Winkelwerte streuen folgendermaßen um den Mittelwert 1,5°

$$+13°, \quad -2°, \quad +2°, \quad -8°, \quad +6°, \quad -3°, \quad -2°, \quad +5°.$$

---

[36] Betreffs eines in Ausnahmefällen auftretenden Einflusses der dritten Hauptspannung auf Δ_0 und entsprechend auf d_0 vgl. Gleichung. (22).

[37] WEVER, F. u. H. MÖLLER: Mitt. K.-Wilh.-Inst. Eisenforschg. Bd. 18 (1936) S. 27; Naturwiss. Bd. 11 (1934) S. 401.

[38] GLOCKER, R. u. E. OSSWALD: Z. techn. Phys. Bd. 16 (1935) S. 237.

Von ungefähr gleicher Fehlergröße sind die Bestimmungen aus 2 Aufnahmen nach dem Verfahren von STÄBLEIN[12].

Das Röntgenverfahren ermöglicht bei entsprechender Verlängerung der Belichtungszeit die Ausmessung kleinster Flächenbereiche und ist daher besonders geeignet zur *Messung von Rand- und Kerbspannungen*[39]. In einer auf Verdrehung beanspruchten Stahlwelle befand sich ein Querloch, dessen Durchmesser halb so groß war als der Wellendurchmesser. Auf dem kreisförmigen Lochrand erreicht die Spannung 4mal einen Druck- und einen Zughöchstwert. Meßergebnisse für einen der 4 Quadranten sind in Abb. 12 dargestellt (GISEN, GLOCKER und OSSWALD[6]). Wegen der starken örtlichen Änderung der Spannungsverteilung — rd. 60 kg/mm² auf einer Strecke von 8 mm — wurde an dem Lochrand ein Bereich von 0,75 mm Dmr. durch eine

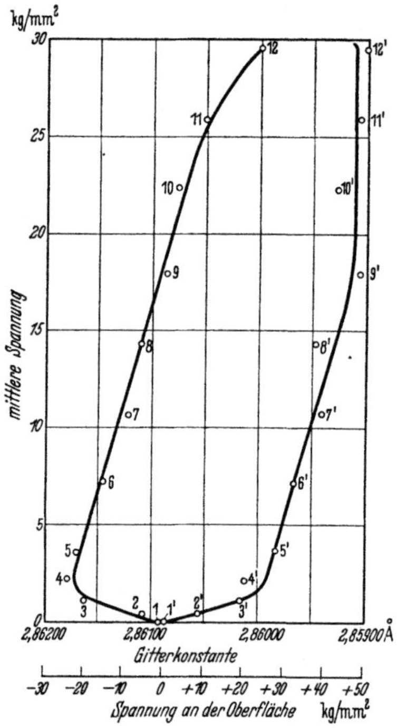

Abb. 11. Spannungsmessung an einem auf Zug beanspruchten vorgebogenen Stahlstab nach WEVER und MÖLLER.

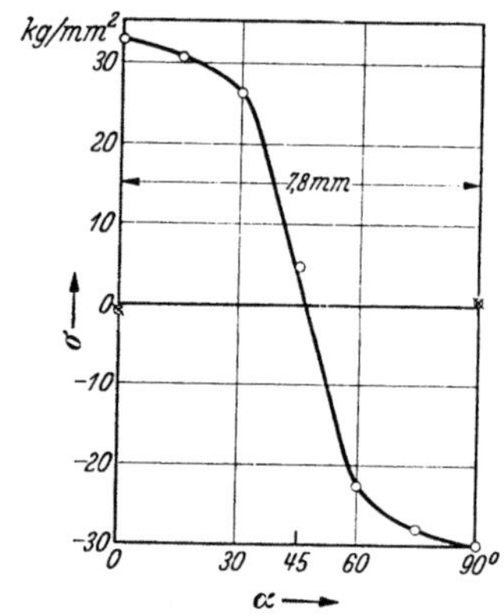

Abb. 12. Randspannung an einem Bohrloch.

Zelluloidscheibe mit Bohrung ausgeblendet. Bei einem Drehmoment, das beim Stab ohne Querloch eine Hauptspannung von 8 kg/mm² erzeugt, wurden als Höchstwerte der Randspannung rd. das 4fache, 30 bis 32 kg/mm², gemessen.

An einer dünneren, geometrisch ähnlichen Welle aus dem gleichen Stahl wurde der Versuch mit gleichem Drehmoment wiederholt (GLOCKER[40]). Das Ergebnis für die Hälfte eines Quadranten zeigt Abb. 13. Die gesamte ausgemessene Strecke beträgt weniger als 3 mm. Die Ausblendung wurde daher auf 0,5 mm Dmr. verschärft. Die bei rein elastischer Beanspruchung nach dem vorhergegangenen Versuch an der dickeren Welle zu erwartende Spannungsverteilung ist als ausgezogene Kurve in Abb. 13 eingetragen. Die röntgenographisch gemessenen Spannungen sind mit Kreuzen bezeichnet; zwischen 0 und 30° sind sie nahezu konstant und zeigen an, daß in diesem Bereich offenbar Fließen eingetreten ist. Tatsächlich ist die Streckgrenze von 33 kg/mm² erheblich überschritten. Die nach der Entlastung vorhandenen Eigenspannungen wurden ebenfalls gemessen (ausgefüllte Kreise in Abb. 13); ihr Vorzeichen ist entgegen-

[39] Betr. Bestimmung der Kerbziffer von Zugstäben: KRÄCHTER, H.: Z. Metallkde. Bd. 31 (1939) S. 114.

[40] GLOCKER, R.: Lilienthalges. Luftfahrtforschg. S. 320 (1936).

gesetzt wie bei den Spannungen unter Belastung. Addiert man Punkt für Punkt zum absoluten Betrag der Eigenspannungen die während der Belastung gemessenen Spannungen (Kreuze), so erhält man die als nicht ausgefüllte Kreise

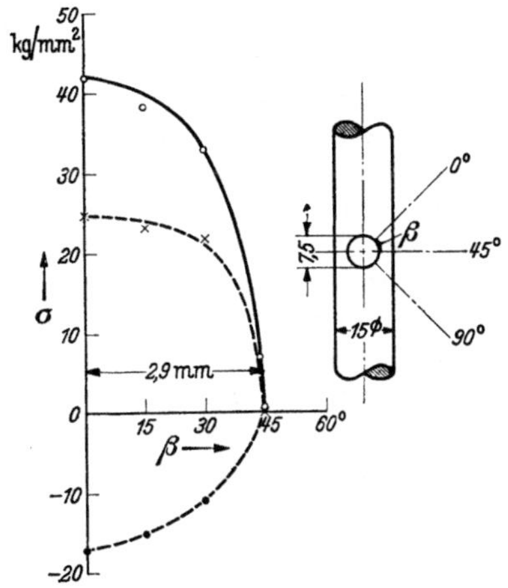

Abb. 13. Randspannung an einem Bohrloch nach Überschreiten der Fließgrenze.

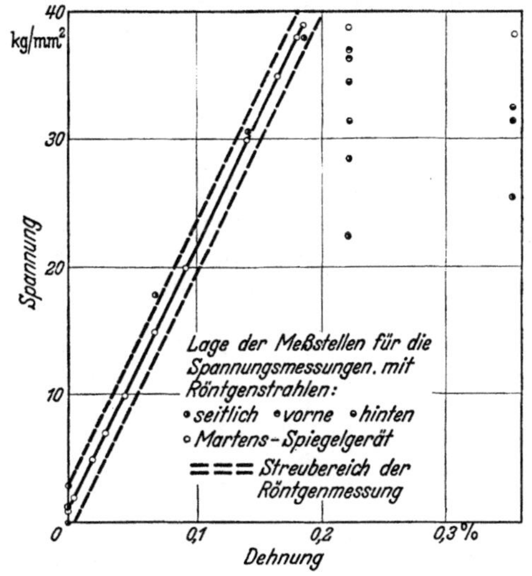

Abb. 14. Spannung an einem Zugstab im elastischen Gebiet. (Nach BOLLENRATH, HAUK und OSSWALD.)

eingetragenen Punkte. Diese liegen recht gut auf der Kurve der Spannungsverteilung, wie sie für rein elastische Beanspruchung vorhanden sein sollte.

Die Eigenschaft der röntgenographischen Spannungsmessung, nur die elastischen Anteile der Verformung zu erfassen, gestattet bei Hinzunahme von mechanischen Dehnungsmessungen eine Trennung der elastischen und plastischen Anteile der Verformung, was für das *Studium von Fließvorgängen* von besonderem Nutzen ist. An Zugstäben aus unlegiertem Stahl nimmt zunächst die röntgenographisch bestimmte Spannung linear mit der mit einem MARTENS-Spiegelgerät gemessenn Dehnung zu (BOLLENRATH, HAUK und OSSWALD[18]). Nach Überschreiten der oberen Streckgrenze bei 39 kg/mm² bleiben die röntgenmäßig

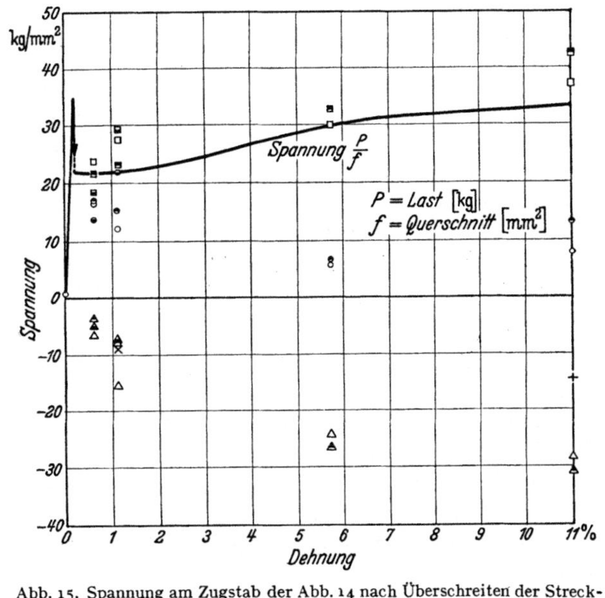

Abb. 15. Spannung am Zugstab der Abb. 14 nach Überschreiten der Streckgrenze. (Nach BOLLENRATH, HAUK und OSSWALD.) ○ I unter Last; △ II entlastet; □ Summe der Absolutwerte der Spannungen I und II.

ermittelten Spannungen hinter der aus der Belastung errechneten Nennspannung zurück (Abb. 14) und zeigen gleichzeitig stärkere Streuung. Der Betrag, um den die röntgenographische Spannung unter die Nennspannung absinkt, nimmt mit weiterer Dehnung zu (vgl. z. B. die Punkte für 1 und 6% Dehnung in Abb. 15). Beim jedesmaligen Entlasten werden röntgenographisch Eigenspannungen festgestellt mit entgegengesetztem Vorzeichen; ihre Höhe nimmt mit der Gesamtdehnung zu. Es ist nun bemerkenswert, daß im Fließgebiet wie in dem oben erwähnten Fall der Randspannung an einem Bohrloch und in dem von BOLLENRATH und SCHIEDT[41] früher untersuchten Fall der Biegestäbe, die Summe der absoluten Beträge der gemessenen Spannung und der Eigenspannung etwa gleich der Nennspannung ist (ausgezogene Kurve in Abb. 15). Durch Abätzen werden ferner der Eigenspannungszustand in der Tiefe erschlossen; in den äußeren Zonen ergibt sich Druck, im Kern Zug.

Die Spannungsverteilung über den Querschnitt im belasteten Zustand ist nach Überschreiten der Fließgrenze ungleichförmig geworden; das Absinken der Spannung an der Oberfläche wird aufgewogen durch eine Spannungsüberhöhung im Stabkern.

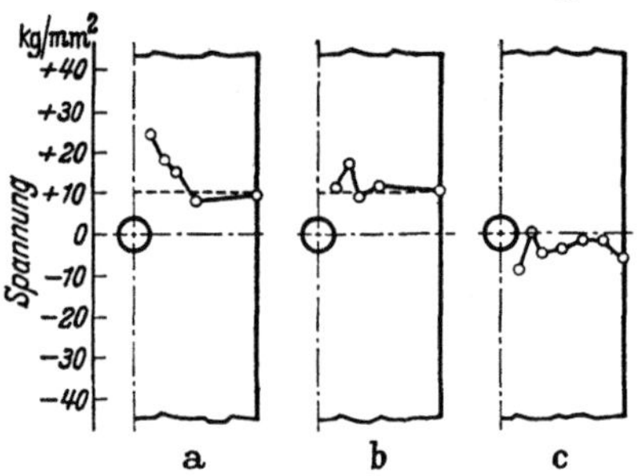

Abb. 16. Änderungen der inneren Spannungen in einem gelochten Flachstab durch Schwellbeanspruchung. (Nach WEVER und MARTIN.)

Die Frage, inwieweit *innere Spannungen durch Wechselbeanspruchung abgebaut* werden, behandeln Untersuchungen von WEVER und MARTIN[42]; die Röntgenbestimmung der Spannung wurde jedesmal vor und nach der Wechselbeanspruchung durchgeführt. Ein gelochter Flachstab aus Chromnickelstahl wurde spannungsfrei geglüht und dann mit einer statischen Zugspannung von 10 kg/mm² im Pulser belastet. Die auf der Breitseite röntgenographisch erhaltene Spannungsverteilung zeigt Abb. 16a; der Spannungshöchstwert am Lochrand beträgt das 2,3fache der mittleren Spannung. Der Stab wurde sodann bei einer Vorspannung von + 10 kg/mm² mit 16 Millionen Lastwechsel von ± 5 kg/mm² beansprucht. Erneute Röntgenaufnahmen bei 10 kg/mm² Vorspannung ergeben die aus Abb. 16b ersichtliche Spannungsverteilung. Die Spannungsspitze ist verschwunden, obgleich die größte Beanspruchung während des Schwellversuches weit unterhalb der Streckgrenze gelegen war. In völlig entlastetem Zustand werden Druckeigenspannungen gemessen (Abb. 16c). Auch bei Versuchen an gekerbten Flachstäben ergab sich grundsätzlich dasselbe Bild: Die durch die Vorlast hervorgebrachten Spannungsspitzen an den Kerben werden durch länger dauernde Schwellbeanspruchung abgebaut; nach Entlastung sind die Spannungen über den ganzen Querschnitt nach der Druckseite verschoben. Ein ähnlicher Befund in bezug auf die Eigenspannungen hatte sich bei Messungen von GISEN und GLOCKER[43] an Dauerbiegestäben ergeben; bei Wechselbiegebeanspruchung nahe der Dauerhaltbarkeit ändert sich der Eigenspannungszustand an der Oberfläche derart, daß sich der Stab mit einer „Druckhaut“ zu überziehen scheint.

Ein Vergleich der *Bestimmung innerer Spannungen*[44] von abgeschreckten Stahlwellen *einerseits nach dem* SACHS*schen Ausbohrverfahren, andererseits nach dem Röntgenverfahren* ergibt folgendes Bild (WEVER und MÖLLER[37], GLOCKER[40] und SIEBEL):

[41] BOLLENRATH, F. u. E. SCHIEDT: VDI-Zeitschrift Bd. 82 (1938) S. 1094.
[42] WEVER, F. u. G. MARTIN: Mitt. K.-Wilh.-Inst. Eisenforschg. Bd. 21 (1939) S. 213.
[43] GISEN, F. u. R. GLOCKER: Z. Metallkunde Bd. 30 (1938) S. 297.
[44] Vgl. KURDJUMOW, G., W. ROMBERG u. M. SCHELDAK: Techn. Physics Bd. 4 (1937) S. 533. Ferner Bestimmung von Eigenspannungen in Schweißnähten: MÖLLER, H. u. A. ROTH: Mitt. K.-Wilh.-Inst. Eisenforschg. Bd. 19 (1937) S. 127. — WEVER, F. u. A. ROSE: Mitt. K.-Wilh.-Inst. Eisenforschg. Bd. 18 (1936) S. 31. — NISHIHARA, T. u. K. KOJIMA: Trans. Soc. Mech. Engrs. Jap. Bd. 5 (1939) S. 159.

Bei stufenweisem Ausdrehen der Welle ergibt sich die Änderung der Oberflächenspannung von Stufe zu Stufe gleich bei beiden Verfahren; dagegen stimmen die Absolutwerte nicht überein. Die Ursache liegt in Bearbeitungsspannungen, die beim Abdrehen der verzunderten Oberflächenschicht auftreten und deren Wirkung bei dem Ausbohrverfahren nicht erfaßt werden, weil die mechanisch gemessenen Dehnungen auf die Wandstärke Null extrapoliert werden müssen. Wie Abätzversuche zeigen, erstrecken sich die Bearbeitungsspannungen nur auf wenige zehntel Millimeter Tiefe. Vermeidet man das Abdrehen oder beseitigt man die Oberflächenschicht durch Abätzen oder berücksichtigt man die Bearbeitungsspannungen auf Grund einer unmittelbaren röntgenographischen Bestimmung, so führen beide Verfahren zu übereinstimmenden Ergebnissen (vgl. Zahlentafel 1). Bei der Röntgenbestimmung ist das Verfahren IIa oder IIb sicherer als I (Gleichung 25ff.), da der Nullwert der Gitterkonstante unter Umständen in der Tiefe anders sein kann als an der Oberfläche.

Zahlentafel 1. Eigenspannungen eines Hohlzylinders aus Kohlenstoffstahl (in kg/mm²).

	σ_l	σ_q	$\sigma_l + \sigma_q$
Röntgenmessung	— 34	— 26	— 60
Messung nach dem Ausbohrverfahren	— 29	— 29	— 58

Zum Ausgleich von örtlichen Schwankungen der Spannungsverteilung sind die Röntgenmessungen an mehreren Punkten des Umfanges vorzunehmen, während das Ausbohrverfahren an sich schon über die ganze Oberfläche ausmittelt.

Über die *Reproduzierbarkeit der röntgenographischen Spannungsmessungen* und über die Genauigkeit der Übereinstimmung der in verschiedenen Instituten von verschiedenen Beobachtern am gleichen Probestück ausgeführten Bestimmungen wurden von MÖLLER und GISEN[45] umfangreiche Versuchsreihen mit durchaus günstigem Ergebnis durchgeführt.

5. Dynamische Spannungsmessung.

Die Verfolgung des Spannungszustandes während einer Wechselbelastung, insbesondere am Orte von Spannungsspitzen, ist für das Studium des Dauerbruchvorganges von größter Bedeutung. Die röntgenographische Bestimmung von Spannungen in der bisher beschriebenen Form ist für schwingende Beanspruchung nicht zu gebrauchen, weil eine Aufnahme über die zeitlich veränderlichen Spannungswerte einer Schwingung ausmitteln würde. Das Verfahren läßt sich aber dadurch zu einem *dynamischen Meßverfahren* erweitern, daß zwischen den Filmträger F und den Prüfstab S (Abb. 9) eine strahlenundurchlässige Scheibe B mit einem sektorförmigen Ausschnitt eingebaut wird (GLOCKER und KEMMNITZ[46]). Den Antrieb der Scheibe besorgt ein Synchronmotor M, der von einem mit der Antriebsachse der Prüfmaschine gekuppelten Generator gespeist wird. Je nach der Einstellung der Scheibe B, die mit Hilfe eines von der Schwungscheibe der Maschine ausgelösten Lichtblitzes erfolgt, wird von jeder Schwingung des Stabes nur ein und derselbe Momentanwert der Amplitude auf der Aufnahme erfaßt; das Strahlenbündel hat nur in dem betreffenden Augenblick freien Durchgang durch den Ausschnitt der Scheibe. Die elektrische

[45] MÖLLER, H. u. F. GISEN: Mitt. K.-Wilh.-Inst. Eisenforschg. Bd. 19 (1937) S. 57.
[46] GLOCKER, R. u. G. KEMMNITZ: Z. Metallkde Bd. 60 (1938) S. 1. — GLOCKER, R., G. KEMMNITZ u. A. SCHAAL: Arch. Eisenhüttenwes. Bd. 13 (1939) S. 89.

Übertragung durch Generator und Synchronmotor gewährleistet in einfacher Weise den einmal eingestellten Synchronismus zwischen Schwingungszustand des Stabes und Umlauf der Blendenscheibe. Die Belichtungsdauer erhöht sich gegenüber einer statischen Aufnahme im Verhältnis Winkelgrade des Sektorausschnittes zu 360°. Das meiste Interesse bietet die Ermittlung des positiven und negativen Höchstwertes der Amplitude. Da in der Umgebung dieser Werte die Sinuskurve flach verläuft, kann hierbei ein ziemlich großer Sektor angewendet werden; die Fehler in dem Spannungswert beträgt z. B. bei einem 50°-Sektor nur 3%. Je niederer die Tourenzahl, desto kleiner ist die Zahl der von einer Aufnahme erfaßten Lastwechsel. Es ist daher zweckmäßig die Prüfmaschine wesentlich langsamer als üblich laufen zu lassen. Für die dynamische Spannungsmessung kommt von den früher beschriebenen Aufnahmemöglichkeiten, nur die Bestimmung der Spannung aus einer einzigen Aufnahme [Gleichung (11)] in Betracht, da sich sonst leicht der Spannungszustand zwischen zwei zu einer Bestimmung erforderlichen Aufnahme ändern könnte.

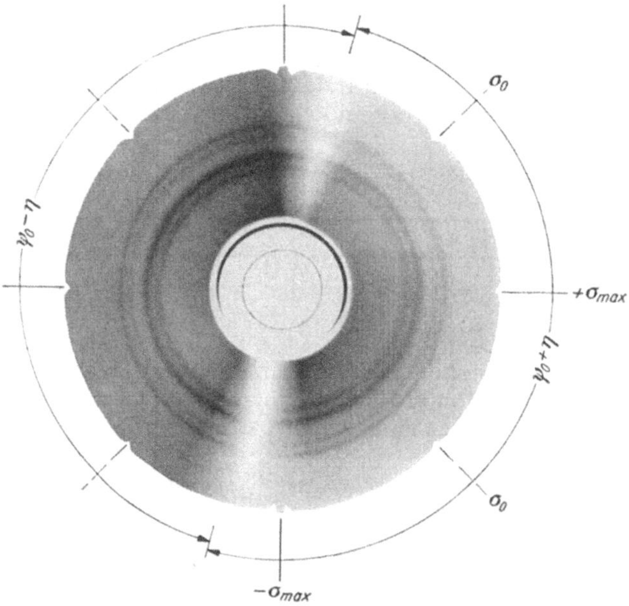

Abb. 17. Dynamische Spannungsaufnahme mit der „rotierenden Kammer".

Eine weitere Verbesserung der Aufnahmetechnik bringt die *„rotierende Kammer"* von SCHAABER[47]. Der mit einem kreisförmigen Film beschickte Filmträger dreht sich um die Primärstrahlrichtung hinter einem festen kreissektorförmigen Schlitz mit halber Tourenzahl; die Aufrechterhaltung des Synchronismus mit der Tourenzahl der Prüfmaschine erfolgt wieder mittels Generator-Synchronmotor. Die auf Abb. 9 ersichtliche Blendenscheibe B kommt in Wegfall. Dafür ist zwischen Röntgenröhre und Blendenröhrchen eine Verschlußvorrichtung eingebaut, die selbsttätig jedesmal nach einer Filmumdrehung von 180° den Strahlendurchgang freigibt bzw. verhindert. Damit wird erreicht, daß auf den einen Halbkreis des Filmes (Abb. 17) die unter $\psi_0+\eta$, auf den anderen die unter $\psi_0-\eta$ reflektierten Strahlen auftreffen. Die Ausmessung der Abstände der Goldlinie und der Eisenlinie auf den beiden Hälften eines Durchmessers liefert sofort nach Gleichung (11) die dem betreffenden Durchmesser zukommende Momentanspannung. Wie die Beschriftung der Abb. 17 zeigt, können aus einer Aufnahme nicht nur die positiven und negativen Höchstwerte der Amplitude $+\sigma_{max}$ und $-\sigma_{max}$ abgelesen werden, sondern auch jeder beliebige andere Momentanwert, z. B. die Nullstellen σ_0 der Schwingungsbelastung; σ_0 ist gleich der Größe der über die Amplitude überlagerten Eigenspannungen. Die Dauer einer Aufnahme ist doppelt so groß wie bei dem obenerwähnten

[47] SCHAABER, O. (Veröffentlichung bevorstehend).

Verfahren der synchron rotierenden Blende; sie umfaßt bei 150 Lastwechseln je Minute insgesamt etwa 100000 Lastwechsel.

Die oft diskutierte Frage, ob manche Werkstoffe, die durch schwingende Belastung hervorgebrachten örtlichen Spannungsspitzen im Laufe von Millionen von Lastwechseln abzubauen vermögen, ist auf Grund der vorliegenden Versuche (GLOCKER, KEMMNITZ und SCHAAL[45], KEMMNITZ[48], SCHAAL[49]) für Verdrehwechselbeanspruchung bei unlegiertem Stahl und bei Duralumin bestimmt zu verneinen. Wird zwischen der schwingenden Beanspruchung eine statische Belastung mit gleichem Drehmoment eingeschaltet, so ist bei Hohlkehlen mit der Kerbziffer 1,35 innerhalb des Meßfehlers kein Unterschied zwischen dem statischen Spannungswert und dem dynamischen Höchstwert solange vorhanden, bis der erste Defekt auftritt. Dann sinken beide Spannungen ab; bis zum Bruch können aber noch viele Millionen Lastwechsel ertragen werden, da die ersten Risse offenbar entlastend wirken. Einige Zahlenwerte sind als Beispiele in Zahlentafel 2 enthalten.

Zahlentafel 2. Spannungen an der Hohlkehle von verdrehbeanspruchten Stahlwellen.

Welle I		Welle II	
statisch kg/mm²	dynamisch kg/mm²	statisch kg/mm²	dynamisch kg/mm²
14,0	14,6	14,7	15,9
18,5	18,9	16,5	16,9
1. Anriß		1. Anriß	
15,4	12,6	14,7	11,8
nach weiteren $3 \cdot 10^6$ Lastwechsel			
11,5	6,0		

Im Laufe der Wechselbeanspruchung *entwickeln sich kräftige Druckeigenspannungen,* und zwar besonders an der Hohlkehle. Ihre Ermittlung ist auf folgende Weise möglich: Die in der Druck- bzw. Zughauptspannungsrichtung röntgenographisch gemessene Spannung $\sigma_{\text{gem. Druck}}$ bzw. $\sigma_{\text{gem. Zug}}$ setzt sich zusammen aus der Torsionshauptspannung $\pm\sigma_\tau$ und der in die Torsionshauptspannungsrichtung fallenden Komponente σ_{v_1} bzw. σ_{v_2} der Eigenspannungen. Im allgemeinen[50] ist $\sigma_{v_1} = \sigma_{v_2}$, im folgenden mit σ_v bezeichnet; es gilt dann

$$\sigma_{\text{gem. Druck}} = \sigma_{v_1} - \sigma_\tau \quad \text{und} \quad \sigma_{\text{gem. Zug}} = \sigma_{v_2} + \sigma_\tau \tag{35}$$

und hieraus

$$\left.\begin{aligned} 2\,\sigma_\tau &= \sigma_{\text{gem. Zug}} - \sigma_{\text{gem. Druck}} \\ 2\,\sigma_v &= \sigma_{\text{gem. Zug}} + \sigma_{\text{gem. Druck}} \end{aligned}\right\} \tag{36}$$

Das Auftreten von Druckeigenspannungen hat zur Folge, daß die in den beiden Torsionshauptspannungsrichtungen gemessenen Spannungen stark verschieden sind (Zahlentafel 3).

Die Eigenspannungen bilden sich bei Einstellung einer Belastungsstufe ziemlich rasch aus und ändern sich nicht mehr wesentlich mit der Lastwechselzahl; erst bei Steigerung der Belastung erfolgt wieder eine Zunahme. Wie das Beispiel in Zahlentafel 3 zeigt, wird in einem Fall in der

Zahlentafel 3. Dynamische Torsionsspannung und Eigenspannung an der Hohlkehle von verdrehbeanspruchten Stahlwellen.

σ_τ ber. kg/mm²	$\sigma_{\text{gem. Druck}}$ kg/mm²	$\sigma_{\text{gem. Zug}}$ kg/mm²	σ_τ exp. kg/mm²	σ_v exp. kg/mm²
0	—	—	—	— 3,7
16,6	— 25,0	+ 4,6	15,9	— 10,2
16,9	— 31,0	+ 3,4	16,9	— 13,8
Erster wahrnehmbarer Anriß				
18,0	— 18,7	+ 7,6	11,8	— 5,6

48 KEMMNITZ, G.: Z. techn. Phys. Bd. 20 (1939) S. 129.
49 SCHAAL, A.: Z. techn. Phys. Bd. 21 (1940) S. 1.
50 Betreffs des Falles $\sigma_{v_1} \neq \sigma_{v_2}$ vgl. KEMMNITZ[48] und SCHAAL[49].

Druckhauptspannungsrichtung eine Spannung von 31 kg/mm² gemessen, die sogar die Streckgrenze des Stabes überschreitet. Bei der Beurteilung der Beanspruchung ist die Entwicklung der Eigenspannungen unbedingt zu berücksichtigen. Die aufgebrachte schwingende Beanspruchung betrug 17 kg/mm²; die im Ausgangszustand vorhandenen Eigenspannungen waren 4 kg/mm², so daß sich rechnerisch eine Höchstlast von nur 21 kg/mm² statt der tatsächlich vorhandenen von 31 kg/mm² ergeben würde.

Daß sich an der Oberfläche bei Verdrehwechselbeanspruchung Druckeigenspannungen einstellen, liegt auf derselben Linie wie die früher besprochenen Ergebnisse von GISEN und GLOCKER[43] und WEVER und MARTIN[42], bei denen die Spannungsmessungen an Biege- und Zugstäben nach Aufhebung der Schwingungsbeanspruchung vorgenommen worden waren. Bei vergüteten Leichtmetallen (SCHAAL[49]) erreichen die Eigenspannungen beim Verdrehwechselversuch lange nicht die hohen Werte wie bei Kohlenstoffstahl; an einer Welle mit der gleichen Hohlkehle stieg die Eigenspannung von —2,5 kg/mm² während eines Versuches bis zum Bruch nur auf —4 kg/mm² an.

IX. Zerstörungsfreie Werkstoffprüfung.

Von **RUDOLF BERTHOLD** und **OTTO VAUPEL**, Berlin.

A. Verfahren und Einrichtungen zur Prüfung mit Röntgenstrahlen.

Die Grobstrukturuntersuchung mit Röntgenstrahlen dient dem zerstörungsfreien Nachweis von Fehlern (Fremdeinschlüssen, Materialtrennungen, Seigerungen, Wanddickenunterschieden, Verlagerung innerer Teile u. dgl.) in Werkstücken aller Art. Dabei wird vom Brennfleck der Röntgenröhre aus ein Schattenbild des Prüflings beispielsweise auf einen Leuchtschirm oder auf eine photographische Schicht geworfen (Abb. 1). Fehlstellen im durchstrahlten Querschnitt verursachen Helligkeitsunterschiede im Schattenbild, da die Durchdringung der Röntgenstrahlen u. a. von der Dicke und Dichte des Werkstoffes abhängig ist. Mit der Ausdeutung des so gewonnenen Schattenbildes ist die Röntgenprüfung beendet.

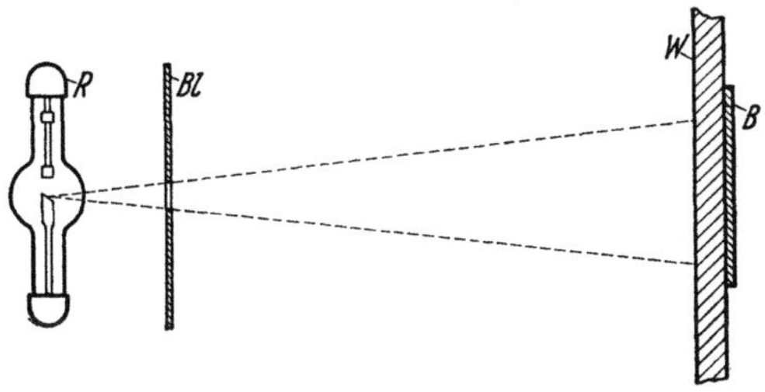

Abb. 1. Schema der Röntgendurchstrahlung eines Werkstücks. *R* Röntgenröhre; *Bl* Blende; *W* Untersuchungsstück; *B* Bildschicht.

1. Natur der Röntgenstrahlen.

Röntgenstrahlen sind wie das sichtbare Licht oder die HERTZschen Wellen der drahtlosen Telegraphie elektromagnetische Schwingungen. Ihr Wellenlängenbereich liegt größenordnungsmäßig zwischen 10 und 0,1 Å (Ångström), d. h. zwischen 10^{-7} und 10^{-9} cm.

2. Entstehung der Röntgenstrahlen.

Röntgenstrahlen entstehen beim Abbremsen von Elektronen hoher Geschwindigkeit, etwa beim Aufprall auf einen festen Körper. Dabei geht die Bewegungsenergie der Elektronen fast völlig in Wärme und nur zu etwa 0,3% in Röntgenstrahlenenergie über. Zur Erzeugung von Elektronen benutzt man glühende Drahtspiralen im Innern gasfreier Glaskolben. Die Beschleunigung der Elektronen erzielt man durch ein elektrisches Spannungsfeld im Innern der Röntgenröhre zwischen der „Glühkathode" und der „Anode"; die letzte besteht meist aus einer Wolframscheibe.

Die an der Röntgenröhre liegende Spannung V erteilt den erzeugten Elektronen (Ladung $= e$, Masse $= m$) eine Geschwindigkeit v mit der Bewegungsenergie $\frac{m \cdot v^2}{2}$. Wird die Bewegungsenergie eines Elektrons bei plötzlichem und vollständigem Abbremsen in strahlende Energie überführt, so entsteht ein Strahlenquant mit der Wellenlänge λ bzw. der Frequenz ν.

Hierbei gilt: $$e \cdot V = \frac{1}{2} m \cdot v^2 = h \cdot \nu = \frac{h \cdot c}{\lambda} \qquad (1)$$

(c = Lichtgeschwindigkeit; h = PLANCKsche Konstante.)

Bei stufenweisem Abbremsen der Elektronen dagegen entstehen Strahlenquanten geringerer Energie, also größerer Wellenlänge. Da die verschiedensten Abbremsgeschwindigkeiten auftreten, erzeugt die Spannung V ein *stufenloses Strahlengemisch der verschiedensten Wellenlängen (Bremsspektrum)* mit einer bestimmten kurzwelligen Grenze (λ_{min}). Zwischen dem Scheitelwert V_S der Röhrenspannung und der kürzesten im Bremsspektrum enthaltenen Wellenlänge λ_{min} besteht nach Einsetzen der Zahlenwerte in Gleichung (1) die Beziehung:

$$\lambda_{min} = \frac{12{,}345}{V_S} \qquad (\lambda_{min} \text{ in Å}; \; V_S \text{ in kV}). \qquad (2)$$

Die Höhe der Röhrenspannung bestimmt also die kürzeste Wellenlänge. Mit wachsender Spannung verschiebt sich die Grenzwellenlänge nach der kurzwelligen Seite; man sagt, daß die Strahlung „härter" wird, weil ihre Durchdringungsfähigkeit zunimmt.

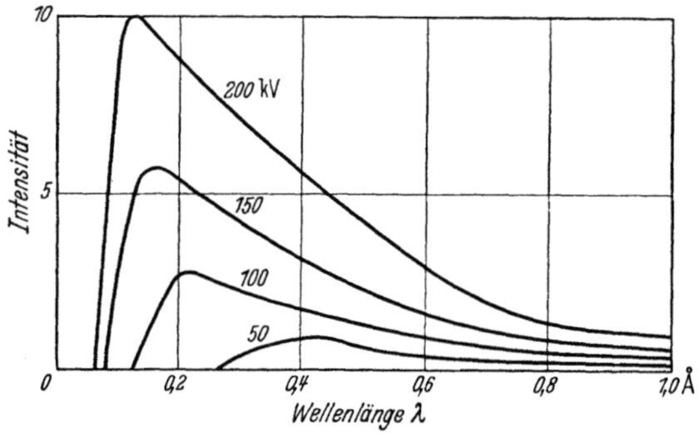

Abb. 2. Spektrale Energieverteilung der Bremsstrahlung einer Röntgenröhre.

Die gesamte *Strahlungsintensität* ist bei gleichbleibender Röhrenspannung durch die sekundlich abgebremsten Elektronen, d. h. durch die Stärke des in der Röhre fließenden Stromes bestimmt. Die Intensitätsverteilung auf die Wellenlängen des Bremsspektrums, gemessen außerhalb der Röhrenglaswand, ist aus Abb. 2 zu entnehmen. Der Höchstwert der Strahlungsintensität liegt nahe der kurzwelligen Grenze; er verschiebt sich, wie diese, mit steigender Röhrenspannung zur kurzwelligen Seite des Spektrums. Zugleich wächst die Gesamtintensität der Strahlung.

3. Die Röntgenröhre.

Die für die technische Röntgendurchstrahlung benutzten „Glühkathoden-Röntgenröhren" (Abb. 3) tragen ihren Namen von der Verwendung glühender Drahtspiralen oder -wendeln als Elektronenerzeuger. Der durch die Röhre fließende Strom entspricht der Zahl der von der Drahtspirale abgegebenen und an der Anode abgebremsten Elektronen; seine Einstellung erfolgt durch Regeln des die Glühspirale heizenden Stromes. Die Anode der technischen Röntgenröhre besteht in der Regel aus einer Wolframplatte, die in einen Kupferklotz eingelassen ist; dadurch vereint diese Anode einen hohen Schmelzpunkt und niedrigen Dampfdruck mit genügender Wärmeableitung für die im Brennfleck entstehende Wärme. Die Wärmeabfuhr geschieht durch Wasser oder Öl, das dem innen ausgebohrten Anodenblock zugeführt wird; in Sonderfällen erfolgt die Kühlung durch Wärmeabstrahlung des in Weißglut befindlichen Anodentellers.

Die spezifische Belastbarkeit eines Brennfleckes von etwa 10 bis 100 mm² Fläche erreicht bei einer Wolframanode und kräftiger Kühlung 50 bis 80 W/mm², je nach dem, ob an der Röhre gleichgerichtete Wechselspannung (unterer Wert) oder konstante Gleichspannung (oberer Wert) liegt. Die Forderung hoher Gesamtbelastbarkeit der Anode führt daher zu großen Brennflecken und damit zu einer geometrisch bedingten Bildunschärfe (vgl. Abschn. 9b).

Bei sehr kleinen Brennfleckflächen ist jedoch die spezifische Belastbarkeit infolge der sehr viel günstigeren Wärmeableitungsverhältnisse außerordentlich viel höher; beispielsweise kann ein Brennfleck von 0,2 mm Dmr. noch mit etwa 200 W, also etwa 5000 W/mm², belastet werden.

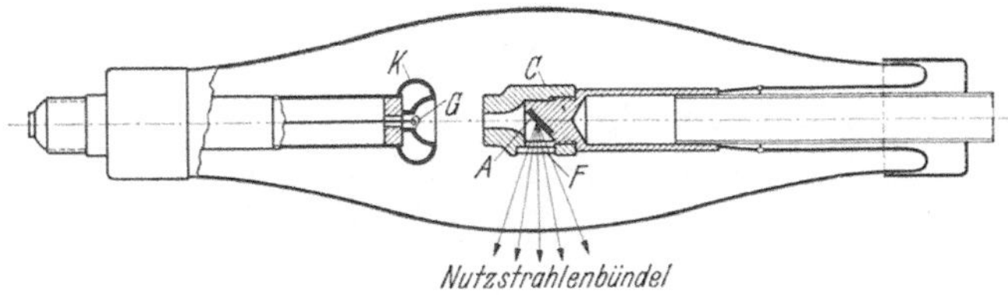

a

b

Abb. 3a und b. Röntgenröhre für Grobstrukturuntersuchungen (Hersteller: Siemens u. Halske AG., Berlin.) a Schnittzeichnung. *A* Anodenplatte; *C* Kupferzylinder; *F* Metallfolie; *G* Glühspirale; *K* Kathode. b Ansicht.

Man hat frühzeitig versucht, hohe Gesamtbelastbarkeit mit guter Zeichenschärfe zu vereinigen, indem man den Brennfleck bandförmig ausbildete (Strichfokus, Abb. 4). Durch die Verkürzung des bandförmigen Brennflecks in der Blickrichtung erhält man trotz hoher Gesamtbelastbarkeit einen scharf zeichnenden Brennfleck.

Die zur Zeit meist gebrauchten technischen Röntgenröhren mit 200 bis 250 kV höchster Spannungsbelastung haben einen Brennfleck von etwa 5 bis 7 mm Dmr. und demzufolge eine Dauerbelastbarkeit bei Wechselspannungsbetrieb von 1 bis 2 kW. Neuerdings werden auch Röhren mit 0,5 mm bis herab zu 0,2 mm Brennfleckdurchmesser hergestellt; derartige „Feinfokusröhren" erlauben die unmittelbare Herstellung vergrößerter Röntgenschattenbilder auf Leuchtschirm oder photographische Schicht (vgl. Abschn. 10).

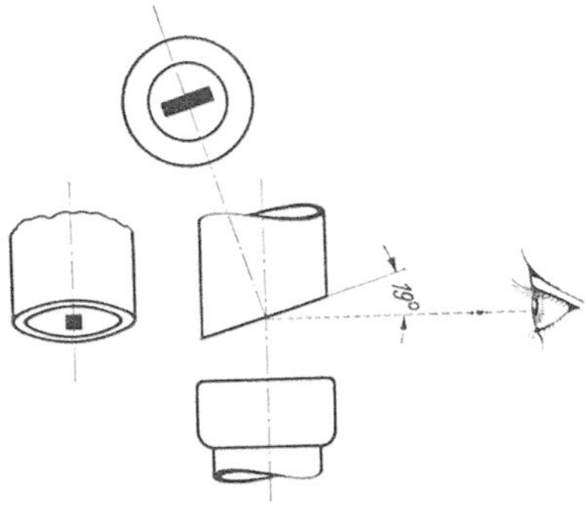

Abb. 4. Schematische Darstellung des GOETZE-Strichfokus.

Die Spannungsbelastbarkeit der Röntgenröhren ist im wesentlichen abhängig von der Höhe der Aufladungen der Innenwand durch gestreute Elektronen und von der Gleichmäßigkeit der Spannungsverteilung längs des Glaskolbens. Durch Einbau der Röhren in Öl gelang es, die Röhrenlängen merklich zu verkürzen und damit zu leichten Röhrenbehältern zu kommen.

Die marktgängigen Röhren haben Grenzspannungen von

40 kVs (Gemäldeprüfung),
100 kVs (dünnwandige Leichtmetalle),
150 kVs (Hohlanoden-Röntgenröhren für Rundnähte und Serienprüfzeug von Leichtmetallgußteilen),
200 kVs (für Schweißungen, Nietungen, Stahlgußteile u. dgl.).
250 kVs (für dickwandige Schweißungen, größere Stahlguß- und Bronzegußteile),
300 kVs (dgl. und für Beton).

Abb. 5. Kurzanodenröhre (Hersteller: C. H. F. Müller, Hamburg). Betrieb mit einseitiger Spannungszuführung. Leistung: 20 mA dauernd bei 150 kV_S

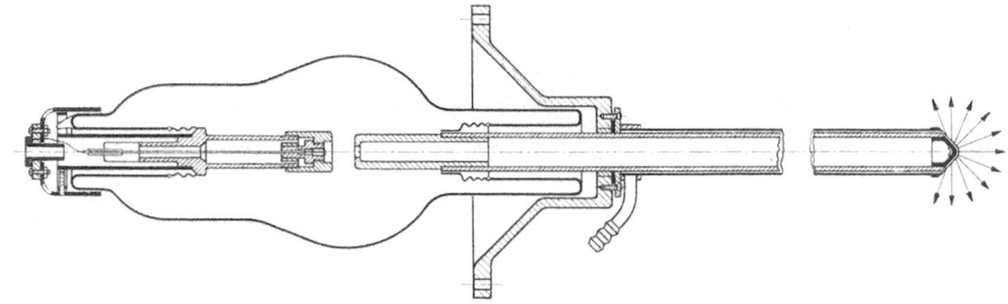

Abb. 6. Hohlanodenröhre für 150 $kV_{S\,max}$ (Hersteller: Siemens u. Halske AG., Berlin). Die Abstrahlung erfolgt am Ende einer etwa 30 cm langen „Hohlanode"; ausgestrahlter Raum: etwas mehr als Halbkugel.

Abb. 7. Röntgendurchstrahlung einer Rundnaht mittels einer Hohlanodenröhre (Hersteller: R. Seifert u. Co., Hamburg).

Von der im Brennfleck erzeugten, halbkugelig über der Anodenplatte austretenden Röntgenstrahlung wird nur ein kleiner Bruchteil (Nutzstrahlenbündel) zur Bildzeichnung benutzt. Der Rest kann in den Arbeitsraum austreten und entweder unmittelbar oder durch Auslösen von Sekundärstrahlen zu gesundheitlichen Schäden des Bedienungspersonals führen. Gemäß den Strahlenschutzvorschriften für technische Röntgenbetriebe (s. Abschn. 15) wurden deshalb die Röhren und ihre Behälter so ausgebildet, daß nur ein kegelförmiges Strahlenbündel aus der Röntgenröhre austreten kann. Abb. 3 zeigt, wie u. a. diese Aufgabe gelöst wurde.

Auch der Gefahr des unfreiwilligen Berührens hochspannungsführender Teile mußte der Röhrenbau Rechnung tragen. Deshalb sind die Röntgenröhren isoliert in einen metallischen Röhrenbehälter eingebaut, der mit Erde verbunden ist.

Den normalen Röntgenröhren wird beiderseits (Kathode und Anode) je die Hälfte der gesamten Röhrenspannung zugeführt. Diese doppelte Kabelzuführung erschwert gelegentlich das zweckmäßige Anbringen der Röntgenröhre vor dem Werkstück; in vielen Fällen wird dadurch die Röntgenprüfung unmöglich gemacht. Darum wurden vor kurzem Röntgenröhren entwickelt, bei denen die Hochspannung nur von der Kathodenseite aus zugeführt wird, während die Anode an Erde liegt. Beispiele solcher Röhren zeigen die Abb. 5 und 6. Die Durchstrahlung einer Rundschweißnaht, wie sie durch Verwendung einer Hohlanoden-Röntgenröhre möglich ist, stellt Abb. 7 dar.

4. Der Hochspannungserzeuger.

Die Bewertung von Hochspannungserzeugern in Röntgenanlagen erfolgt in erster Linie

a) nach ihrer Leistung, gegeben durch die zulässige Höchstspannung, Dauerstrombelastbarkeit und den Spannungsverlauf;

b) nach dem Schutz, den sie gegen das unfreiwillige Berühren Hochspannung führender Teile bieten;

c) bei ortsveränderlichen Anlagen nach ihrer Bewegbarkeit, d. h. ihren Gewichten und Abmessungen.

Hinsichtlich der zulässigen *Höchstspannungen* zeigen die zur Zeit üblichen Hochspannungserzeuger naturgemäß dieselbe Gliederung wie die marktgängigen Röntgenröhren (vgl. Abschn. 3). Abgesehen von den im vorliegenden Zusammenhang unwichtigen Apparaten für Gemäldeprüfung und Feinstrukturuntersuchungen gibt es demzufolge Hochspannungserzeuger für etwa 100, 150, 200, 250 und 300 kV Scheitelwert der Höchstspannung. Für einige Sonderfälle sind auch Röntgenanlagen für 400 bis 500 kV Scheitelspannung in Betrieb.

Die zulässige *Dauerstrombelastbarkeit* der Hochspannungserzeuger ist im allgemeinen höher als die der zugehörigen Röntgenröhren; diese Überbemessung ist, abgesehen von dem Wunsch nach Reserven, in der Schwierigkeit begründet, die Sekundärspule der Hochspanner mit so dünnen Drähten zu wickeln, wie sie nach der Strombelastung zu bemessen wären. Im allgemeinen bewegt sich die Dauerstrombelastbarkeit der Hochspannungserzeuger zwischen 10 und 30 mA.

Die Strahlenleistung des Hochspannungserzeugers hängt jedoch nicht nur von Spannungs- und Strombelastbarkeit ab, sondern auch von dem zeitlichen Verlauf der Hochspannung. Ist beispielsweise dieser Spannungsverlauf sinusförmig, so wird nur im Gebiet des Spannungsscheitelwertes eine durchdringungsfähige Röntgenstrahlung erzeugt, bei niedrigen Momentanwerten jedoch entsteht eine „weiche" Strahlung, die im Prüfling stecken bleibt, ohne auf den Film zu gelangen. Die Ausbeute an bildgebender Strahlung ist also gering. Führt man der Röntgenröhre dagegen *konstante* Gleichspannung zu, so entsteht eine zeitlich unveränderte Bremsstrahlung, deren kürzeste Wellenlänge der (konstanten) Betriebsspannung der Röhre entspricht. Aus diesem Grunde geht unter sonst gleichen Umständen der Zeitaufwand für die Belichtung eines Filmes auf weniger als die Hälfte zurück, wenn man die Röhre mit konstanter statt mit pulsierender Spannung des gleichen Scheitelwertes betreibt. Durch höhere Strombelastbarkeit der Röhre bei pulsierender Spannung wird allerdings dieser Vorzug der konstanten Gleichspannung zu einem Teile wieder ausgeglichen.

Bis etwa 100 kV Scheitelspannung bestehen die Hochspannungserzeuger in technischen Röntgenanlagen aus nur einem Hochspanner, dem Heiztransformator für die Röntgenröhre und den zugehörigen Regeleinrichtungen. Die Regelung der Hochspannung erfolgt durch einen zwischen Netz und Hochspanner angeordneten, mehrfach angezapften Zwischenspanner (Stufentransformator) und einen induktiven Gleitwiderstand zur Feinregelung; statt dessen werden auch sog. Ringtransformatoren benutzt, die mit einem von Hand verstellbaren Schleifkontakt zur stufenlosen Änderung der Sekundärspannung versehen sind. Die Heizspannung der Röntgenröhre wird (ebenfalls auf der Niederspannungsseite) durch OHMsche Widerstände geregelt.

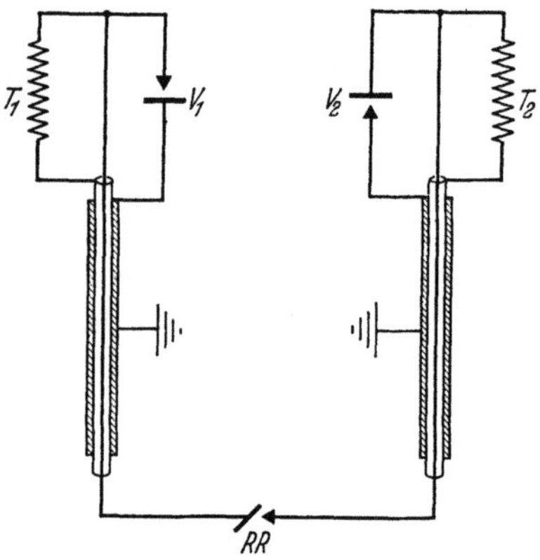

Abb. 8. VILLARD-Schaltung bei Benutzung von Kondensatorkabeln. T_1, T_2 Transformatoren; V_1, V_2 Gleichrichterröhren; *RR* Röntgenröhre.

Bei dieser einfachsten Form einer Röntgenanlage übernimmt die Röntgenröhre die notwendige Gleichrichtung der ihr zugeführten Wechselspannung, d. h. sie sperrt den Stromdurchgang, wenn an der Glühkathode der Röntgenröhre die positive, an der Anodenseite die negative Halbwellenspannung liegt. Infolgedessen führt nur jede zweite Spannungshalbwelle zum Stromdurchgang und damit zur Erzeugung von Röntgenstrahlen (Halbwellenschaltung). Für den Betrieb der Röntgenröhre ist nachteilig, daß in der unbelasteten Sperrphase die (Leerlauf-)Spannung wesentlich höher ist als in der Lastphase (OHMscher Widerstand der Hochspannungswicklung!).

Zur Entlastung der Röntgenröhre während der Sperrphase hat man deshalb gelegentlich eine Gleichrichter-Glühkathodenröhre (Ventilröhre) in den Hochspannungskreis eingeführt. Aber diese „Halbwellenschaltung mit Gleichrichterröhre" ist für technische Hochspannungserzeuger über etwa 100 kV_S nicht üblich, weil sie trotz ihres einfachen Aufbaues nicht den Bau ortsveränderlicher Röntgenanlagen hoher Spannung ermöglicht. Gewichte und Abmessungen von Hochspannern in Röntgenanlagen sind nämlich praktisch nur durch ihre Höchstspannung bestimmt und nehmen näherungsweise quadratisch mit dieser zu.

Darum hat es sich als zweckmäßig erwiesen, bei Anlagen über 100 kV_S sog. Kunstschaltungen anzuwenden, bei denen man mit Hilfe kleiner Hochspanner durch Spannungs-Vervielfachung hohe Röhrenspannungen erzielen kann.

Weitaus am verbreitesten ist die VILLARD-*Schaltung*; mit Hilfe von Kondensatoren und Gleichrichtern wird dabei die Transformatorspannung verdoppelt und der Röntgenröhre zugeführt. Wenn man, wie in Abb. 8 dargestellt ist, die Anlage noch in 2 Teile aufteilt, so beträgt die Transformatorspannung jedes Teiles sogar nur $^1/_4$ der höchsten Röhrenspannung. Abb. 9 zeigt eine nach dieser Schaltung arbeitende Röntgenanlage, bei der die Kondensatoren durch die Hochspannungskabel zwischen Erzeuger und Röntgenröhre gebildet werden (Kondensatorkabel).

Für ortsfest benutzte Anlagen spielen Gewichte und Abmessungen keine entscheidende Rolle. Deshalb konnte man in diesen Fällen Kunstschaltungen benutzen, die zur Erzeugung *konstanter* Gleichspannung an der Röntgenröhre

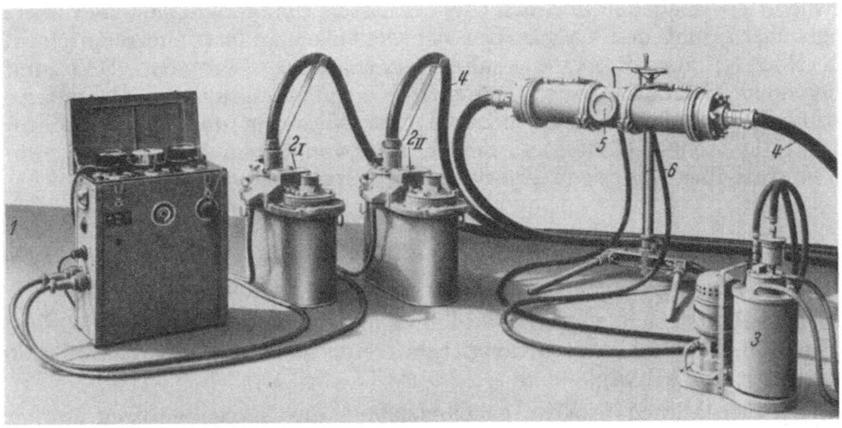

Abb. 9. Tragbare Grobstruktur-Röntgenanlage. Leistung 10 mA bei 200 kV Scheitelwert (Hersteller: Siemens u. Halske AG., Berlin). *1* Schalttisch; 2_I, 2_{II} Hochspannungserzeuger; *3* Ölpumpe; *4* Hochspannungskabel; *5* Fenster am Röhrenbehälter; *6* Stativ.

führen, womit — wie oben dargelegt wurde — der Vorteil der höheren Strahlenausbeute verknüpft ist. Wenn auch bei der in Abb. 10 dargestellten sog. GREINACHER-*Schaltung* die Transformatorspannung wiederum nur die Hälfte der Röhrenspannung beträgt, so werden Anlagen dieser Bauart doch schwerer als Anlagen derselben Höchstspannung in VILLARD-Schaltung, denn einmal

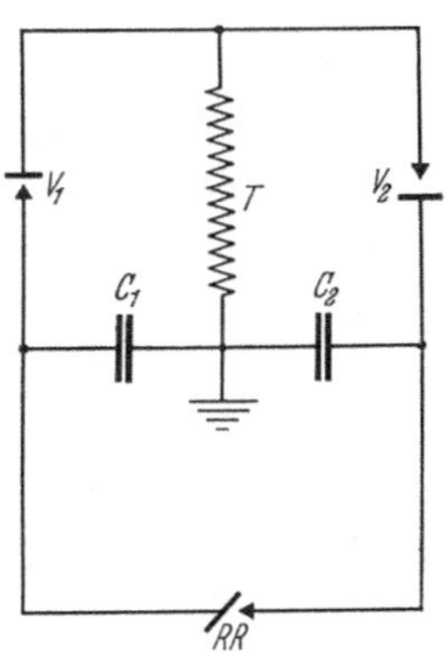

Abb. 10. Schaltung zur Erzeugung kontinuierlicher konstanter Gleichspannung. T Transformator; V_1, V_2 Gleichrichterröhren; C_1, C_2 Kondensatoren; RR Röntgenröhre.

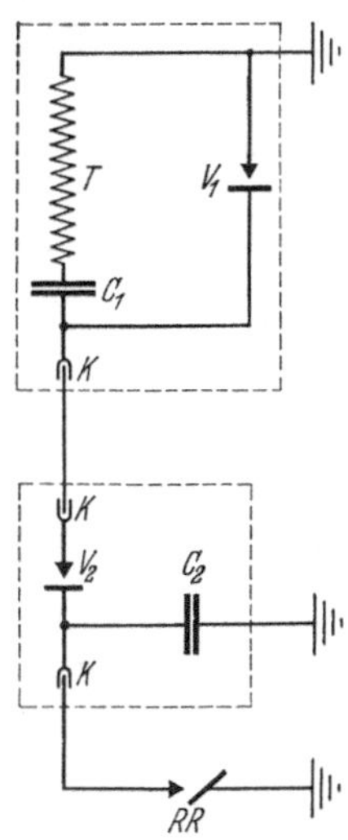

Abb. 11. Schaltung einer einpolig betriebenen Röntgenanlage in VILLARD-Schaltung und -Gleichspannungszusatz. (Hersteller: R. Seifert u. Co., Hamburg.) T Transformator; V_1, V_2 Gleichrichterröhren; C_1, C_2 Kondensatoren; K Kabelverbindung; RR Röntgenröhre.

sind mehr Schaltelemente (Gleichrichter und Kondensatoren) zu ihrem Aufbau notwendig, zum anderen stößt eine Unterteilung des Hochspannungserzeugers in zwei symmetrische Einzelteile wie bei der VILLARD-Schaltung auf Schwierigkeiten. Neuerdings hat man jedoch einen abtrennbaren Gleichspannungszusatz entwickelt, der an einem Hochspannungserzeugerteil in VILLARD-Schaltung angeschlossen werden kann. Abb. 11 zeigt eine derartige Schaltung für 150 kV konstante Gleichspannung gegen Erde, wie sie zur Zeit zum Betrieb von Feinfokusröhren verwendet wird.

Alle ortsbeweglichen und fast alle ortsfesten Röntgenanlagen sind hochspannungssicher gemäß den Vorschriften der Deutschen Industrienormen (Normblatt DIN Rönt 5) ausgeführt, d. h. alle Hochspannung führenden Teile sind von isolierenden Schichten aus Gummi (Hochspannungskabel), Porzellan bzw. Pertinax (Verbindungsstücke) oder Öl (Transformator und Röntgenröhre) umgeben; alle Isolierschichten wiederum sind von einem lückenlosen, zum Abführen statischer Ladungen geerdeten Metallmantel umhüllt.

5. Eigenschaften der Röntgenstrahlen.

Die wichtigsten Eigenschaften der Röntgenstrahlen sind:

a) Sie pflanzen sich geradlinig und mit Lichtgeschwindigkeit fort. Reflexionen an Spiegeln, Prismen oder Strichgittern treten nicht bzw. nur bei außerordentlich kleinen Einfallswinkeln auf.

b) An kristallinen Stoffen, gekennzeichnet durch regelmäßigen Aufbau der Atome, werden Röntgenstrahlen unter bestimmten Winkeln abgebeugt. Diese Erscheinung wurde für die Erforschung des Feinbaues der Werkstoffe von großer Bedeutung, spielt aber für die Grobstrukturuntersuchung keine Rolle und wird daher im folgenden nicht mehr berücksichtigt.

c) Beim Auftreffen auf Materie wird ein Teil der Röntgenstrahlen diffus gestreut. Diese Streustrahlung beeinträchtigt die Güte von Röntgenschattenbildern, ähnlich der Schleierwirkung bei Photoaufnahmen im sichtbaren Gebiet.

d) Röntgenstrahlen haben chemische Wirkungen; u. a. sind sie, wie das sichtbare Licht, in der Lage, photographische Schichten zu schwärzen.

e) Röntgenstrahlen haben biologische Wirkungen; in größeren Mengen schädigen sie die lebende Zelle. Diese Eigenschaft bedingt die Anwendung von Schutzmaßnahmen beim Arbeiten mit Röntgenstrahlen.

f) Eine Reihe von Stoffen fluoresziert unter der Einwirkung von Röntgenstrahlen. So leuchten Zinksulfide und Zinksilikate gelbgrün, Kalzium- und Kadmiumwolframate blauviolett auf. Diese Wirkung der Röntgenstrahlen ist die Grundlage der Leuchtschirmbetrachtung und der Benutzung von Verstärkerfolien.

g) Röntgenstrahlen wirken „ionisierend", d. h. sie spalten aus neutralen Atomen Elektronen ab und können dadurch positive Ionen erzeugen. Diese Eigenschaft ist die Grundlage der Messung von Röntgenstrahlenintensitäten mit Ionisationskammern und Zählrohren.

h) Endlich sind die Röntgenstrahlen imstande, alle Stoffe mehr oder weniger zu durchdringen. Diese Eigenschaft ist die Grundlage der Röntgendurchstrahlung.

6. Nachweis der Röntgenstrahlen.

Auf Grund der Eigenschaften der Röntgenstrahlen stehen ihrem praktischen Nachweis zur Zeit vier Möglichkeiten zur Verfügung:

Die unmittelbare *Betrachtung* von Schattenbildern erfolgt mit *Leuchtschirmen*, das sind Schirme aus einem leicht durchstrahlbaren Grundstoff, der mit fluoreszierenden Substanzen bestrichen ist. Zur Zeit werden meist Zinksulfide als fluoreszierende Leuchtschirmmassen benutzt.

Der *Aufnahme* von Röntgenschattenbildern dienen fast ausschließlich *Filme*, die zur Erhöhung der Empfindlichkeit gegen Röntgenstrahlen doppelseitig begossen sind. Zur weiteren Steigerung der Strahlenwirkung werden häufig Verstärkerfolien benutzt; diese mit Kalziumwolframat bestrichenen Folien werden beiderseits an den doppelt begossenen Film angepreßt. Ihr Fluoreszenzlicht wirkt ebenfalls auf den Film, und zwar so stark, daß zum überwiegenden Teil die Filmschwärzung durch das Fluoreszenzlicht, zum geringsten Teil unmittelbar durch Röntgenstrahlen erhalten wird.

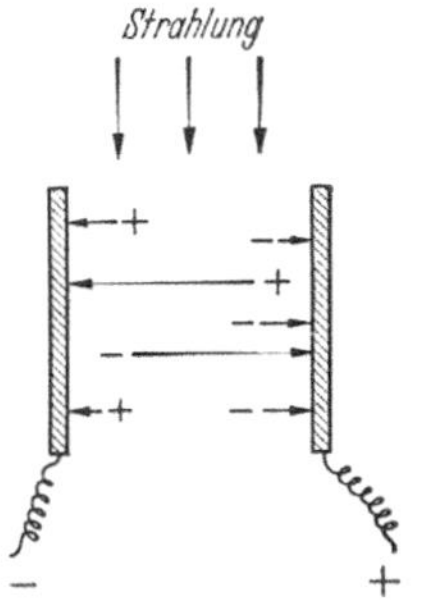

Abb. 12. Prinzip der Ionisationskammer. + positive, — negative Ionen.

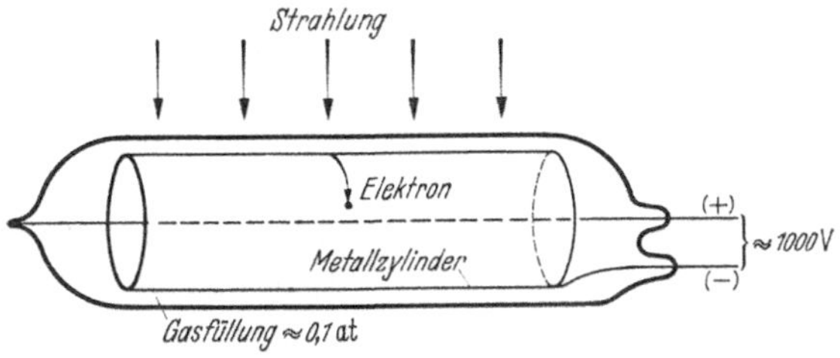

Abb. 13. Zählrohr nach GEIGER-MÜLLER (schematisch).

Der *mengenmäßigen Messung* von Röntgenstrahlenintensitäten dient die *Ionisationskammer*. Diese besteht in ihrer einfachsten Form aus einem gasgefüllten Gefäß mit zwei Elektroden, zwischen denen ein Gleichspannungsgefälle wirksam ist (Abb. 12). Unter der ionisierenden Wirkung der Röntgenstrahlen wird die ursprünglich isolierende Gassschicht leitend; die Größe des Ionisationsstromes ist ein Maß für die Intensität der Strahlung.

An die Stelle der Ionisationskammer tritt neuerdings das empfindlichere *Zählrohr* (Abb. 13), das in einem gasgefüllten Raum einen Metallzylinder und einen in dessen Achse gespannten Metalldraht aufweist. Die notwendige Spannungsdifferenz zwischen Draht und Zylinder ist höher als bei einer Ionisationskammer entsprechender Abmessungen. Wird durch ein in das Zählrohr eindringendes Strahlenquant ein Elektron an der Zylinderwand ausgelöst, so wandert es in die Nähe des Drahtes, d. h. in ein Gebiet großen Spannungsgefälles. Hier ist es durch seine Bewegungsenergie imstande, lawinenartig neue Elektrizitätsträger zu bilden; so löst ein einzelnes Elektron eine Gasentladung im Zählrohr aus. Die Zahl dieser Entladungen („Stöße") in der Zeiteinheit wird registriert und ist ein Maß der wirksamen Strahlenintensität. Die Zählung der Stöße, die früher einzeln vom Beobachter durch unmittelbare Ablesung der Instrumentenausschläge oder durch ein mechanisches Zählwerk durchgeführt wurde, wird heute durch ein integrierendes Gerät ermöglicht, dessen Anzeige somit unmittelbar proportional der Stoßzahl in der Zeiteinheit, d. h. also proportional der Strahlungsintensität ist. Zu diesem Zwecke sind in neuerer Zeit technische Zählrohre mit hohem Auflösungsvermögen entwickelt worden (Abb. 14)[1].

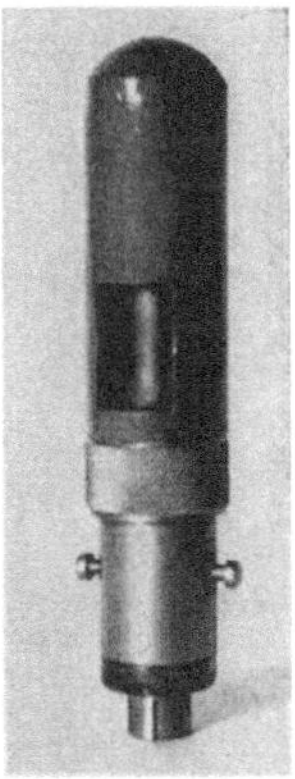
Abb. 14. Technisches Zählrohr für Wanddickenmessung (Bauart Reichs-Röntgenstelle).

[1] TROST,. A.: Ionisationskammer und Zählrohr. Atlas der zerstörungsfreien Prüfverfahr en, J. A Barth 1938.

7. Die Schwächung der Röntgenstrahlen beim Durchgang durch Materie.

Beim Durchgang durch Materie erleidet die Röntgenstrahlung eine Intensitätsschwächung, ähnlich dem sichtbaren Licht beim Durchgang durch Milchglas. Diese Schwächung folgt einem Exponentialgesetz von der Form

$$I_1 = I_0 \cdot e^{-\mu d}. \quad (3)$$

Hierbei ist (vgl. Abb. 15):

I_1 Strahlenintensität hinter dem Stoff,
I_0 Strahlenintensität vor dem Stoff,
e Basis der natürlichen Logarithmen,
μ Schwächungsbeiwert in cm^{-1},
d Werkstoffdicke in cm.

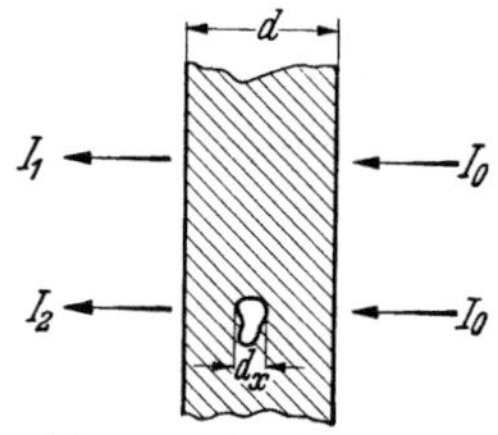

Abb. 15. Schwächung der Röntgenstrahlung beim Durchgang durch den Werkstoff (vgl. Text).

Die Strahlenschwächung erfolgt zum Teil durch reine Absorption; der absorbierte Strahlenanteil wird in andere Energieformen übergeführt (z. B. Wärme, Bewegungsenergie ausgelöster Elektronen). Ein weiterer Teil der einfallenden Strahlung ändert lediglich seine Richtung ohne irgendwelchen Energieverlust (klassische Streustrahlung). Ein dritter Teil ändert sowohl seine Richtung als auch den Energieinhalt seiner Strahlenquanten, d. h. seine Wellenlänge (COMPTON-Streuung).

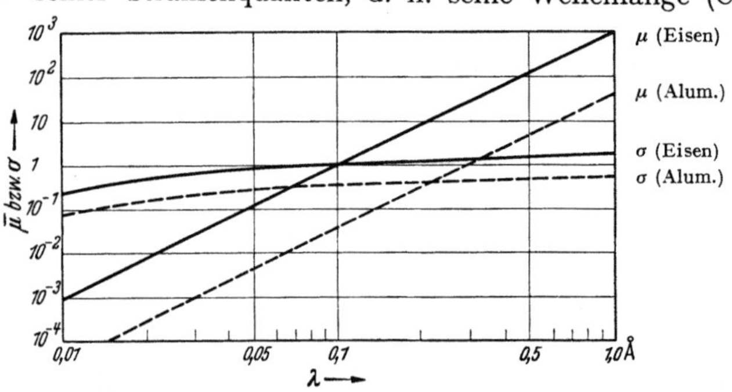

Abb. 16. Abhängigkeit des reinen Absorptionsbeiwertes (μ) und des Streubeiwertes (σ) von der Wellenlänge. ——— gültig für Eisen. – – – gültig für Aluminium.

Danach setzt sich der Schwächungsbeiwert aus drei verschiedenen Einzelwerten additiv zusammen:

$$\mu = \bar{\mu} + \sigma_{kl} + \sigma_r, \quad (4)$$

dabei ist

$\bar{\mu}$ der reine Absorptionsbeiwert,

σ_{kl} der Streubeiwert, der den klassisch gestreuten Strahlenanteil bestimmt,

σ_r der COMPTON-Streubeiwert,

Der reine Absorptionsbeiwert ist in stärkstem Maße abhängig von der Wellenlänge der Strahlung und der Atomnummer des absorbierenden Stoffes; die Streubeiwerte sind dagegen im technischen Bereich weniger abhängig von diesen Größen und in erster Linie der Dichte des durchstrahlten Stoffes proportional.

Abb. 16 zeigt die Abhängigkeit des reinen Absorptionsbeiwertes und der Summe der beiden Streubeiwerte von der Wellenlänge der benutzten Strahlung für Aluminium und Stahl. Es ergibt sich, daß im Bereich kleiner Wellenlängen (hoher Röhrenspannungen) und leichtatomiger Stoffe der *Streubeiwert*, im Bereich großer Wellenlängen (niedriger Spannungen) und schweratomiger Stoffe der *reine Absorptionsbeiwert* den Schwächungsvorgang bestimmt. Diese Feststellung ist wichtig in Rücksicht auf die erreichbare Klarheit der Schattenbilder. Denn der gestreute Strahlenanteil wirkt „verschleiernd" auf den Bildempfänger und setzt dadurch die Fehlererkennbarkeit wesentlich herab.

Die Durchdringungsfähigkeit einer Röntgenstrahlung beschreibt man am anschaulichsten durch die Angabe ihrer *Halbwertschicht*, das ist diejenige Dicke eines Werkstoffes, durch die die auffallende Strahlungsintensität auf die Hälfte geschwächt wird. Ermittelt man aus der experimentell gefundenen Schwächungskurve gemäß Abb. 17 die Halbwertschichten, so zeigt sich, daß diese nicht von Anfang an gleichbleibend sind, sondern allmählich zunehmen und sich einem konstanten Endwert nähern. Die Ursache dieser Erscheinung liegt in der zunächst stärkeren Schwächung der Gesamtbremsstrahlung, die ja viele weiche, d. h. leicht absorbierbare Strahlenanteile enthält. Sind diese erst ausgefiltert, so ist die Reststrahlung weitgehend „gehärtet" und unveränderlich.

Die endliche Halbwertschicht (HWS_{const}) und die Röhrenscheitelspannung (kV_S) bestimmen hinreichend die Qualität einer Röntgenstrahlung.

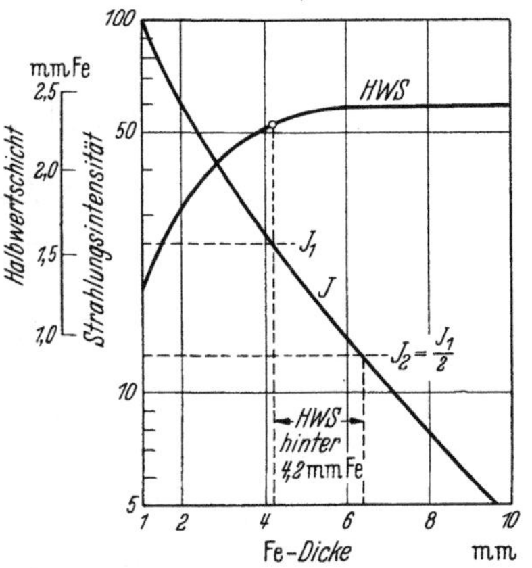

Abb. 17. Schwächung der Röntgenstrahlung von 160 kV_S durch Stahl. Eisenhalbwertschichten für 160 kV_S in Abhängigkeit von der Eisenvorfilterung.

8. Belichtungsgrößen und Grenzdicken bei Röntgen-Filmaufnahmen.

Die Mehrzahl aller Röntgenuntersuchungen wird mit Aufnahmen auf doppelt begossenem Röntgenfilm durchgeführt. Zur Herabsetzung der Belichtungsgrößen werden meist Verstärkerfolien benutzt, deren Wirksamkeit von der Strahlenqualität und von ihrer Schichtdicke abhängig ist[1].

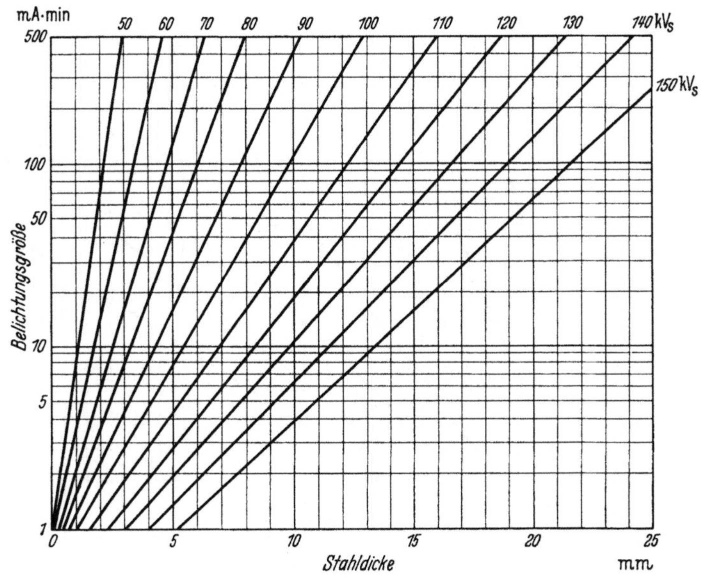

Abb. 18. Röntgenbelichtungsgrößen für Stahl.
Gültig für Aufnahmen ohne Verstärkerfolie. Abstand Fokus — Film 70 cm; absolute Filmschwärzung S 0,8—1,0; Röntgenfilm für Aufnahme ohne Folie 1937; VILLARD-Schaltung.

Die zur Erzielung brauchbarer Schwärzungen notwendigen Belichtungsgrößen, gemessen in Milliampere-Minuten (mA·min), sind in den Abb. 18 bis 21

[1] BERTHOLD, R. u. M. ZACHAROW: Untersuchungen an Röntgenverstärkerschirmen. Z. Metallkde. Bd. 28 (1936) S. 40.

für Aufnahmen mit bzw. ohne Verstärkerfolie für Stahl und Aluminium angegeben. Da mit Steigerung der Röhrenspannung der Kontrast und damit die

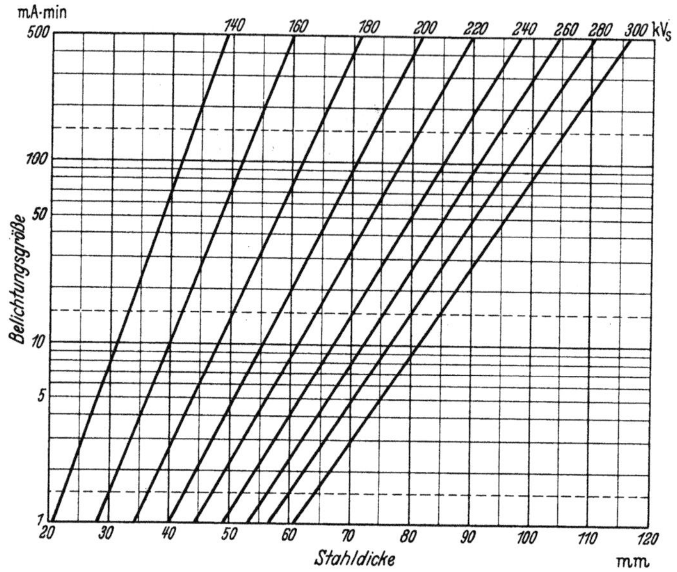

Abb. 19. Röntgenbelichtungsgrößen für Stahl.
Gültig für hochverstärkende Folien 1937; Abstand Fokus — Film 70 cm; absolute Filmschwärzung S 0,8—1,0; Röntgenfilm 1937; Villard-Schaltung.

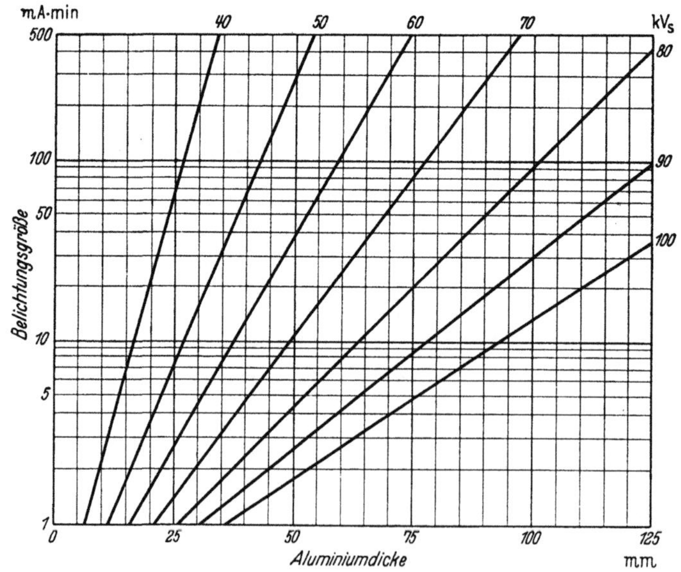

Abb. 20. Röntgenbelichtungsgrößen für Aluminium.
Gültig für Aufnahmen ohne Verstärkerfolie; Abstand Fokus — Film 70 cm; Absolute Filmschwärzung S 0,8—1,0; Röntgenfilm für Aufnahme ohne Folie 1937; Villard-Schaltung.

Güte der Röntgenschattenbilder (s. Abschn. 9a) abnimmt, sind Aufnahmen mit möglichst niedriger Röhrenspannung und dementsprechend möglichst langer Belichtungszeit anzustreben. Wenn man aus wirtschaftlichen Gründen höchstens 10 min Belichtungszeit zuläßt und über eine Röntgenröhre mit 10 mA

Dauerbelastbarkeit verfügt, so ergeben sich aus Abb. 22 die durchstrahlbaren Grenzdicken von Stahl für verschiedene Röhrenhöchstspannungen, gültig für

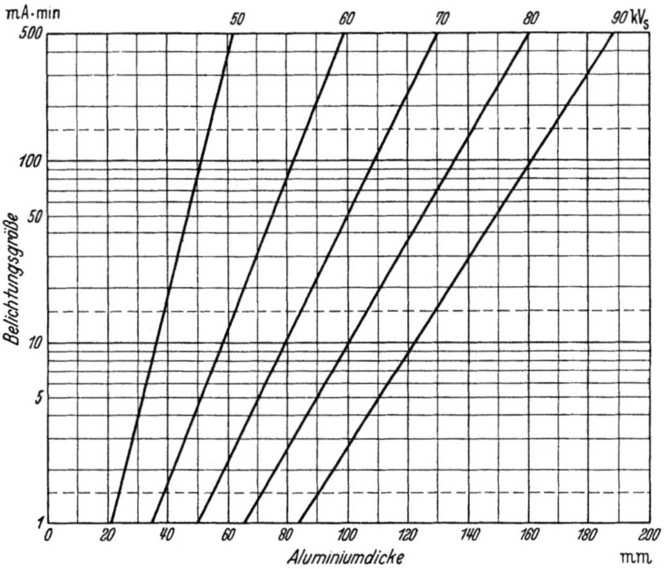

Abb. 21. Röntgenbelichtungsgrößen für Aluminium.
Gültig für: hochverstärkende Folien 1937; Abstand Fokus—Film 70 cm; absolute Filmschwärzung S 0,8—1,0; Röntgenfilm 1937; VILLARD-Schaltung.

einen Brennfleckabstand von 70 cm. Beispielsweise kann mit einer Röntgenanlage für 300 kV Höchstspannung etwa 100 mm dicker Stahl bei einer Belichtungsgröße von 100 mA·min durchstrahlt werden.

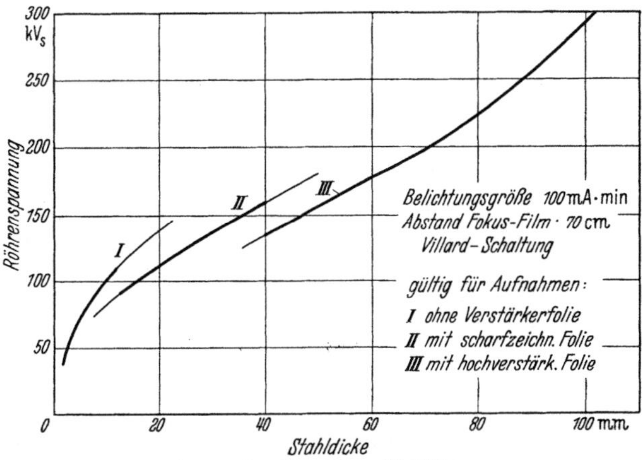

Abb. 22. Durchstrahlbare Stahldicken.

9. Die Bildgüte bei Röntgen-Filmaufnahmen.

Der Wahl hoher Röhrenspannungen zum Erzielen kurzer Belichtungszeiten steht die Forderung nach genügender Fehlererkennbarkeit, also hoher Bildgüte, entgegen.

Maßgeblich für die Erkennbarkeit eines bestimmten Fehlers in einem Werkstück sind der Schwärzungsunterschied, den die Fehlstelle auf dem Film hervorruft (Bildkontrast), und die Übergangsbreite an einem Schwärzungssprung (Bildschärfe).

a) Der Kontrast.

Der Kontrast, den bei der Durchstrahlung eine Fehlstelle gegenüber ihrer Umgebung im Bilde erzeugt, entspricht dem Verhältnis der wirksamen Strahlenintensitäten hinter und neben der Fehlstelle, gegeben durch die Beziehung:

$$\frac{I_1}{I_2} = e^{-\mu \cdot d_x}, \tag{5}$$

wobei d_x der z. B. durch eine Gasblase erzeugte Dickenunterschied im durchstrahlten Querschnitt bedeutet (Abb. 15). Das Intensitätsverhältnis und damit der Schwärzungsunterschied wachsen also bei gegebener Fehlerhöhe mit dem Schwächungsbeiwert; dieser nimmt aber nach Abb. 23 mit der Wellenlänge der Strahlung, d. h. mit abnehmender Röhrenspannung zu.

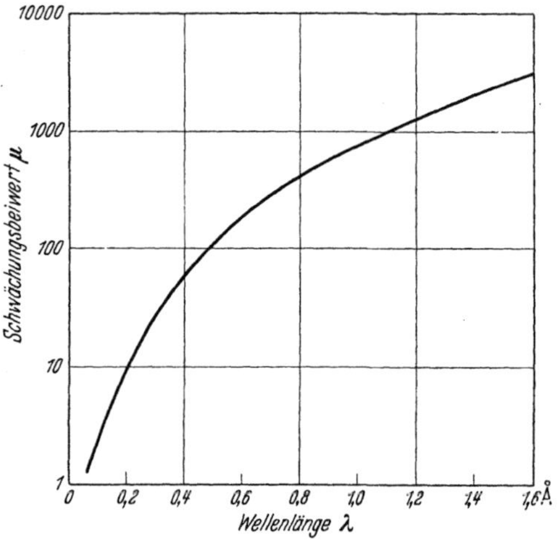

Abb. 23. Schwächungsbeiwert μ von Eisen in Abhängigkeit von der Wellenlänge der Strahlung.

In Gleichung (5) tritt die durchstrahlte Werkstückdicke überhaupt nicht mehr auf; danach müßte der durch einen bestimmten Fehler erzeugte Schwärzungsunterschied unabhängig von der durchstrahlten Werkstückdicke sein. Dies ist in der Tat der Fall, solange nicht die bildverschleiernde Streustrahlung hinzutritt, die im Werkstück selbst entsteht. Den ohne Streustrahlung erzielbaren Schwärzungsunterschied nennt man den Primärkontrast. Der bildzeichnenden Primärstrahlung überlagert sich aber die im Werkstück entstehende Streustrahlung, die mit dem durchstrahlten Volumen, also mit der Dicke des Werkstückes zunimmt; dadurch wird gleichzeitig der ursprüngliche Schwärzungsunterschied immer mehr verringert.

Das Verhältnis zwischen dem unter der Mitwirkung von Streustrahlen erreichbaren Kontrast K_{Str} und dem Primärkontrast K_{pr} ist gegeben durch die Beziehung:

$$\frac{K_{Str}}{K_{pr}} = \frac{I_{pr}}{I_{pr} + I_{Str}}. \tag{6}$$

In dieser Gleichung ist:

I_{pr} die Intensität der bildzeichnenden Primärstrahlung hinter dem gesunden Werkstückquerschnitt,

I_{Str} die Intensität der Streustrahlung hinter dem Werkstück.

Der Primärkontrast kann ferner bei der Abbildung von Fehlern geringer Breite durch Einflüsse verringert werden, welche die Schärfe des Bildes herabsetzen (s. u.).

Eine Verbesserung der Bildgüte in merklichem Maße ist durch Herabsetzungen der bildverschleiernden Streustrahlung zu erreichen. Dies erzielt man in beträchtlichem Umfang bei hohen Spannungen und großen Werkstückdicken durch Verwenden von „*Schwermetallfiltern*", d. s. Bleche von 0,5 bis 1,0 mm Dicke, die zwischen Werkstück und Film eingeschaltet werden. Für Aufnahmen von Stahl über 50 mm Wanddicke wird zweckmäßig Zinn (bei sehr dicken Werkstücken auch Blei) als Werkstoff für die Filter verwendet, während bei der Prüfung von stärkeren Leichtmetallteilen oft schon durch Kupferfolien genügende Filterung erzielt wird. Da die im Werkstück entstehende Streustrahlung zum Teil (COMPTON-Strahlung) längerwellig, also leichter absorbierbar als die bildzeichnende Primärstrahlung ist, so wird durch ein solches Filter die Streustrahlung stärker geschwächt als die bildzeichnende Primärstrahlung. Die so erreichbaren Verbesserungen sind bei großen Werkstückdicken und hohen Spannungen beträchtlich[1].

[1] BERTHOLD, R.: Verbesserung der Aufnahmen mit Röntgen- und γ-Strahlen durch Schwermetallfilter. Arch. Eisenhüttenw. Bd. 8 (1934/35) S. 21.

Derartige Filter können ferner als Ausgleich Verwendung finden, wenn große Dickenunterschiede des Prüflings in der Durchstrahlungsrichtung zum Auftreten übermäßiger Kontraste, also überbelichteter oder unterbelichteter Stellen führen.

b) Die Schärfe des Bildes.

Die Übergangsbreite zweier Schwärzungsstellen des Filmes ist ein Maß für die Unschärfe des Bildes. Sie ist bedingt einmal durch die räumliche Ausdehnung des Röhrenbrennfleckes (geometrische oder äußere Unschärfe), zum anderen durch die Wirkungsbreite des einfallenden Strahlenquantes und durch Streuvorgänge in der Bild(und Verstärker)schicht (innere Unschärfe)[1]. Beide Erscheinungen erschweren also die Nachweisbarkeit feiner Spalte; dem Einfluß der inneren Unschärfe kann man durch Herstellung vergrößerter Röntgenbilder begegnen.

Die Unschärfeneinflüsse setzen die Fehlererkennbarkeit nicht nur durch Kontrastminderung, sondern auch unmittelbar herab, sobald die Unschärfe das Auflösungsvermögen des menschlichen Auges (etwa 0,1 mm) überschreitet. Denn das Auge nimmt kleine Schwärzungsunterschiede um so leichter wahr, je plötzlicher der Übergang von der einen zur anderen Schwärzung erfolgt.

Die Güte des Röntgenbildes hängt also von zahlreichen Einflüssen ab; das „gute" Röntgenbild ist ein glückliches Kompromiß zwischen den verschiedenen Einflußgrößen. Die in Abb. 24 wiedergegebenen Aufnahmebedingungen für Stahl gewährleisten bestmögliche Röntgenbilder, gültig für Filme und Folien aus dem Jahre 1939 und für Röntgenaufnahmen im Maßstab 1:1.

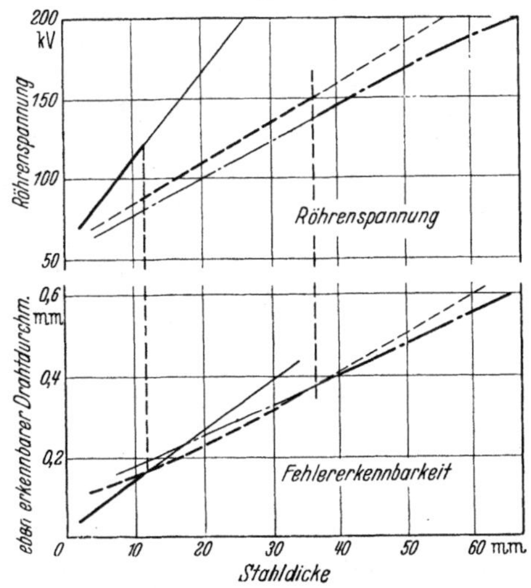

Abb. 24. Fehlererkennbarkeit und Aufnahmedaten bei der Röntgendurchstrahlung von Stahl. Gültig für Röntgenfilm 1938; VILLARD-Schaltung; Schwärzung 1,0. ——— Aufnahmen ohne Verstärkerfolie, 50 cm Fokusabstand, 20 mA · min. — — — Aufnahmen mit scharfzeichnender Folie, 60 cm Fokusabstand, 30 mA · min. —·—· Aufnahmen mit hochverstärkender Folie, 70 cm Fokusabstand, 40 mA · min. Die günstigsten Betriebsbedingungen sind durch stärkere Auszeichnung der Kennlinien hervorgehoben.

In Abb. 24 ist außer diesen bestimmten Vorschlägen über die Aufnahmebedingungen auch die dabei erzielbare Fehlererkennbarkeit, gemessen am Durchmesser eben erkennbarer Drähte, angegeben. Die Drähte bestehen aus demselben Material wie der Prüfkörper und werden auf diesen vor der Aufnahme aufgelegt. Dieses Maß der Fehlererkennbarkeit ist bis zu einem gewissen Grade willkürlich; tatsächlich sind Fehler kugliger Form noch schlechter nachzuweisen als Fehler zylindrischer Form[2]. Immerhin verläuft aber die Erkennbarkeit von Poren in Abhängigkeit von der Werkstoffdicke etwa parallel zu der Erkennbarkeit von Drähten, die auf jeden Fall ein brauchbares Maß der erreichten Bildgüte ergeben.

[1] BERTHOLD, R.: Der Einfluß geometrischer Bedingungen auf die Güte von Röntgenschattenbildern. Arch. Eisenhüttenw. Bd. 12 (1938/39) S. 597. — BERTHOLD, R.: Atlas der zerstörungsfreien Prüfverfahren. J. A. Barth 1938.

[2] MÜLLER, E. A. W. u. W. E. SCHMID: Über die Fehlererkennbarkeit und die Aufstellung von Belichtungsschaubildern in der Materialdurchstrahlung mit Röntgenstrahlen. Z. techn. Phys. Bd. 17 (1936) S. 190.

10. Vergrößerte Röntgenbilder.

Eine Erhöhung der Fehlernachweisbarkeit über die aus Abb. 24 ersichtlichen Grenzen hinaus kann man durch Vergrößerung des Röntgenbildes erreichen.

Diese Vergrößerung kann entweder dadurch zustande kommen, daß man ein auf feinkörnigen Film aufgenommenes Röntgenbild optisch vergrößert; kleine, unter dem Auflösungsvermögen des menschlichen Auges liegende Schwärzungsunterschiede können dann sichtbar werden, vorausgesetzt, daß der erzielte Kontrast ausreicht. Aufnahmen auf handelsüblichem Röntgenfilm für Aufnahmen ohne Verstärkerfolie aus dem Jahre 1939 kann man jedoch nur auf höchstens das 5fache vergrößern, ohne daß störende Korneinflüsse zutage treten. Handelsüblichen Feinkornfilm kann man bis auf das 20fache vergrößern; die Vergrößerung der Belichtungszeit gegenüber Aufnahmen auf Röntgenfilm ist aber bedeutend; gleichzeitig muß man eine erhebliche Kontrastminderung in Kauf nehmen. Praktisch durchführbar ist bis heute die Anwendung der optischen Vergrößerung bei Röntgenbildern, die auf Röntgenfilm für Aufnahmen ohne Verstärkerfolie bei niederen Röhrenspannungen gemacht werden, d. h. dann, wenn die innere Unschärfe sehr klein ist (bis höchstens 100 kV_S Röhrenspannung). Für eine Röntgenuntersuchung dünner Schliffe kann diese Bildvergrößerung sehr nützlich sein[1].

Ganz anders geartet liegen die Verhältnisse beim Entwerfen vergrößerter Röntgenbilder mit Hilfe sehr kleiner Brennflecke und vergrößerten Abstandes Film—Werkstück. Durch die vergrößerte Wiedergabe werden nicht nur Fehler deutlicher, deren Breite an der Grenze des Auflösungsvermögens des menschlichen Auges liegt, sondern zugleich tritt eine Erhöhung des durch den Fehler hervorgerufenen Schwärzungsunterschiedes auf. Die Bildverbesserung ist um so merklicher, je größer die innere Unschärfe der Bildschicht (und gegebenenfalls der Verstärkerfolie) ist. Sie wirkt sich also besonders stark bei der Leuchtschirmbetrachtung (Abb. 25) und bei Aufnahmen mit hochverstärkenden Folien aus. Durch Berücksichtigung der inneren Unschärfe und der übrigen geometrischen Aufnahmebedingungen (Brennfleckgröße, Brennfleckabstand) ergeben sich neue Richtlinien zum Erzeugen bestmöglicher Röntgenbilder unter Einbeziehung der Bildvergrößerung[2].

11. Betrachtung von Röntgenfilmen.

Von nicht zu unterschätzendem Einfluß auf die Beurteilbarkeit von Röntgenfilmen ist ihre *Betrachtungsweise*. Das menschliche Auge vermag nur in dem Helligkeitsgebiet, in dem es zu arbeiten gewohnt ist, kleine Schwärzungsunterschiede zu erkennen. Betrachtet man also einen geschwärzten Röntgenfilm vor einem Lichtkasten, so soll eine Helligkeit einstellbar sein, die eine dem Auge übliche Helligkeit hinter dem Film zu erzielen gestattet. Hellere Stellen des Filmes, die Überstrahlungen hervorrufen und dadurch das Auge stören, müssen dabei abgedeckt werden.

Zur Betrachtung dünner oder kontrastarmer Filme hat sich die Betrachtung des Filmes vor einem Fluoreszenzschirm bewährt (Auroskop), bei dem die Strahlung einer tief violetten Lampe durch den Film hindurch einen Fluoreszenzschirm anregt; das Fluoreszenzlicht muß, um in das Auge zu gelangen, nochmals den Film durchdringen, so daß durch eine gegebene Schwärzung eine zweimalige

---

[1] Glocker, R. u. O. Schaaber: Zeichenschärfe und Auflösungsvermögen bei Röntgenschattenbildern. Z. techn. Phys. Bd. 20 (1939) S. 286.

[2] Berthold, R.: Der Einfluß geometrischer Bedingungen auf die Güte von Röntgenschattenbildern. Arch. Eisenhüttenw. Bd. 8 (1934/35) S. 21. — Berthold, R.: Atlas der zerstörungsfreien Prüfverfahren. J. A. Barth 1938.

Radium (Ra) und Mesothor (MTh) praktische Anwendung. Radium hat eine Halbwertzeit von rd. 1600 Jahren, d. h. daß die von einem frischen Radiumpräparat ausgesandte γ-Strahlung nach 1600 Jahren auf die Hälfte ihrer Anfangsintensität zurückgegangen ist. Für ein technisches, abgeschlossenes MTh-Präparat beträgt die Halbwertzeit nur 26 Jahre; Mesothorium zerfällt also rascher als Radium.

Die Präparate beider Strahler werden in Form von Salzen, nämlich als Bromide oder Sulfate, benutzt. Diese Salze werden in Glasröhren eingeschmolzen, nachdem sie für den Fall einer technischen Verwendung auf ein möglichst kleines Volumen gebracht wurden. Dabei kann das rasch zerfallende MTh-Präparat bei gleicher Strahlenleistung auf einen kleineren Raum gebracht werden als das langsam zerfallende Radiumpräparat.

Die von radioaktiven Präparaten ausgehende ungefilterte γ-Strahlung besteht aus zahlreichen diskreten Wellenlängen zwischen etwa 4,0 und 0,005 Å. Wirksam für die technische γ-Durchstrahlung sind jedoch nur die kurzwelligen Strahlenanteile.

Die Bemessung radioaktiver Stoffe erfolgt nach der Intensität ihrer γ-Strahlung. Dabei gilt als Einheit (1 Milli-Curie) diejenige γ-Strahlung, die von 1 mg Radiumelement geliefert wird. „1 mg MTh" ist dann diejenige Menge eines technischen MTh-Präparates, die hinter 5 mm Bleivorfilterung dieselbe γ-Strahlenintensität liefert wie 1 Gew.-mg Radiumelement.

3. Technische γ-Präparate und ihre Hilfmittel.

Im Gegensatz zu den Einrichtungen der Röntgendurchstrahlung sind die technischen Hilfsmittel der γ-Durchstrahlung von großer Einfachheit. Ein Radiumpräparat von 100 mg läßt sich in einer Kugel von 4 mm Dmr., ein entsprechendes MTh-Präparat sogar in einer Kugel von etwa 1,2 mm Dmr. äußerstenfalls noch unterbringen.

Zusätzliches Gewicht erfordern die notwendigen Schutzschichten für Transport und Handhabung der Präparate. Abb. 29 zeigt ein Arbeitsgehäuse für γ-Präparate, das eine weitgehend gefahrlose Bedienung, verbunden mit bequemer

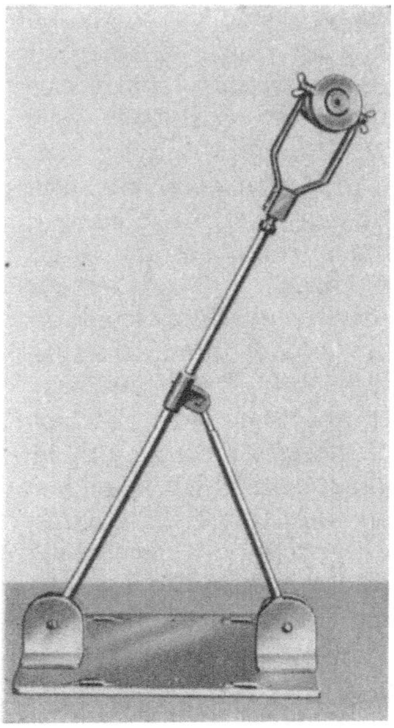

a

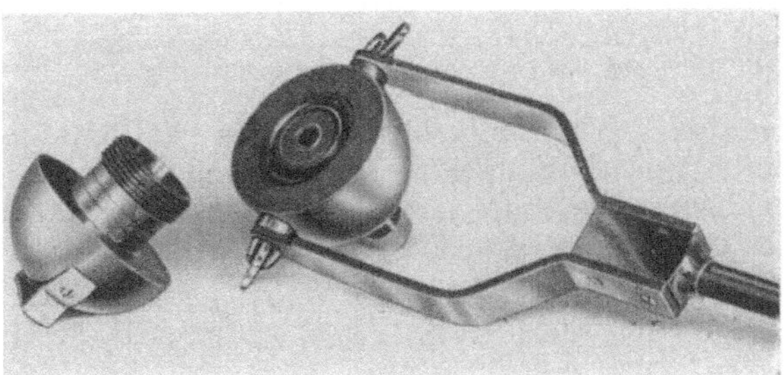

b

Abb. 29a und b. Arbeitsstativ für Durchstrahlung mit radioaktiven Präparaten. (Hersteller: Degea-Auergesellschaft, Berlin.) a Gesamt-, b Teilansicht.

Einstellmöglichkeit der gewünschten Strahlenfelder, ermöglicht. Für Aufbewahren oder Versenden der Präparate hingegen sind schwerere Bleibehälter vorzusehen, abhängig von der Stärke des Präparates.

Von großer Bedeutung für das Lesen der γ-Bilder ist ihre Betrachtungsweise. Als sehr günstig hat sich hier die in Abschnitt A 11 erwähnte Filmbetrachtung vor dem Auroskop erwiesen. Durch die dabei erzielte Verdopplung der Kontraste wird die Beurteilbarkeit der kontrastarmen γ-Aufnahmen wesentlich erhöht.

4. Eigenschaften der γ-Strahlen.

Die γ-Strahlen haben grundsätzlich dieselben Eigenschaften wie die Röntgenstrahlen; nur zur Beugung an kristallinen Stoffen können die γ-Strahlen praktisch nicht mehr benutzt werden, weil ihre Wellenlänge zu klein ist im Verhältnis zu den Atomabständen.

Ferner kann man radioaktive Präparate nicht benutzen, um Leuchtschirmbilder zu erzeugen, weil die Strahlenintensität erschwinglicher Präparate zu gering ist.

5. Nachweis von γ-Strahlen.

Für den Nachweis von γ-Strahlen fällt also der Leuchtschirm aus; dasselbe gilt für die normale Ionisationskammer, deren Empfindlichkeit nicht ausreicht, um die schwachen Intensitäten der γ-Strahlen bei technischen Anwendungen zu messen. Die γ-Durchstrahlung ist daher auf die Verwendung des doppelt begossenen Röntgenfilmes mit Verstärkerfolien und auf das Zählrohr angewiesen.

6. Die Schwächung der γ-Strahlung beim Durchgang durch Materie.

Den für die Röntgenstrahlen geltenden Schwächungsgesetzen ist auch die γ-Strahlung in vollem Umfange unterworfen. Da die γ-Strahlung hinsichtlich ihres Schwächungsverhältnisses einer mit 1 bis 2 Millionen Volt erzeugten Röntgenstrahlung entspricht, so gelten verstärkt alle Ausführungen über die Streuung kurzwelliger Röntgenstrahlung im Prüfling (Abschn. A 7); tatsächlich erfolgt der Schwächungsvorgang fast ausschließlich durch Streuung im Werkstück (vgl. Abb. 16). Dabei tritt aber eine neue Erscheinung auf: Die gestreute Strahlung liegt vorzugsweise in Richtung der einfallenden Primärstrahlen und nicht so allseitig verteilt wie bei ihrer Erzeugung durch weiche Röntgenstrahlen (Abb. 30). Diese „Vorzugsrichtung" der Streustrahlen mildert ihre verschleiernde Wirkung auf den Bildempfänger, da ein Teil der gerichteten Streustrahlen wieder zur Bildzeichnung beiträgt.

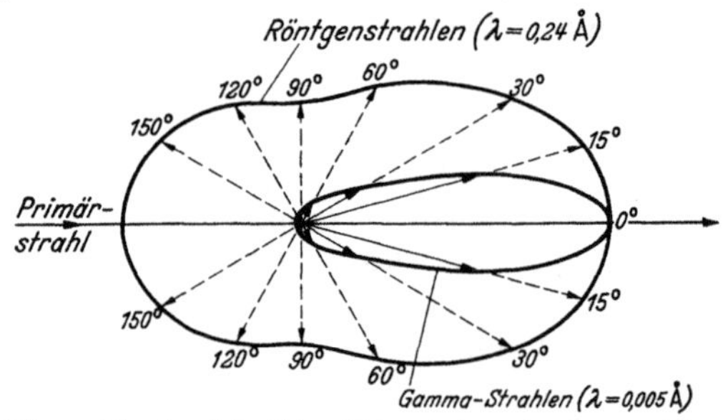

Abb. 30. Die räumliche Intensitätsverteilung der Streustrahlen von Röntgen- und γ-Strahlen. (Nach A. H. Compton.)

7. Belichtungsgrößen bei Filmaufnahmen.

Die Verwendung von Filmen zur Aufnahme von γ-Schattenbildern setzt aus Gründen der Wirtschaftlichkeit die Anwendung dickschichtiger Verstärkerfolien voraus. Die dann für Stahl notwendigen Belichtungsgrößen, gemessen in Milligrammstunden, sind in der strichpunktierten Kurve der Abb. 31, oberer Teil, wiedergegeben. Da die im Werkstück entstehende und auf den Film wirkende Streustrahlung durch die Art des Streuvorganges größtenteils eine merklich größere Wellenlänge aufweist als die einfallende Strahlung (Compton-Streuung), so kann man durch Anwendung von Schwermetallfiltern eine sehr erhebliche Verbesserung der Bildgüte erzielen; die Schwermetallfilter sondern den weichen Anteil der Streustrahlung aus. Man benutzt im allgemeinen Bleifilter von etwa 1 mm Dicke; die dann gültigen Belichtungsgrößen sind in der ausgezogenen Kurve der Abb. 31 wiedergegeben.

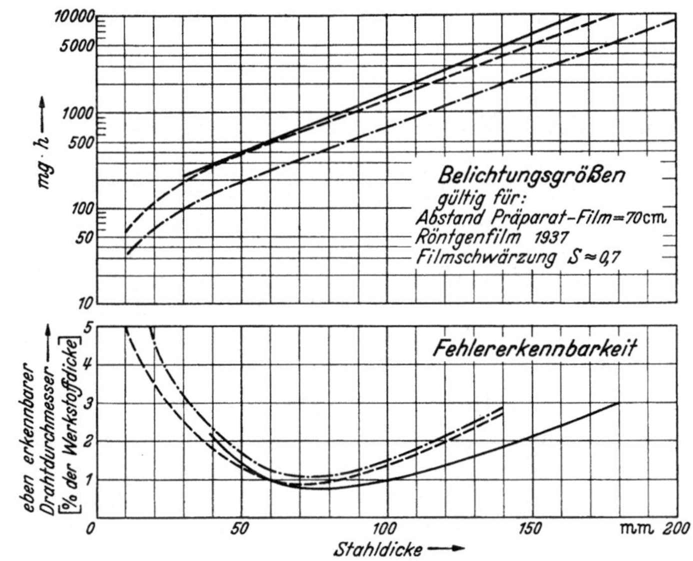

Abb. 31. Fehlererkennbarkeit und Belichtungsgrößen bei γ-Durchstrahlung von Stahl.
—·—·— für Aufnahmen ohne Streustrahlenfilterung; hochverstärkende Folien 1937; — — — für Aufnahmen ohne Streustrahlenfilterung; scharfzeichnende Folien 1937; ——— für Aufnahmen mit 1,0 mm Blei-Filter; hochverstärkende Folien 1937.

Die Belichtungskurven im oberen Teil dieser Abbildung sind auch für *andere Stoffe* mit der Dichte s gültig, wenn statt der zu durchstrahlenden Werkstückdicke d die entsprechende Stahldicke $d_0 = s/7{,}85\, d$ gewählt wird.

An Stelle dickschichtiger Verstärkerfolien werden besonders in USA. vielfach dünne Bleifolien benutzt. Man erreicht dann scharfe Bilder, jedoch bei wesentlich größeren Belichtungszeiten.

8. Die Fehlererkennbarkeit bei Filmaufnahmen.

Die unter solchen Umständen erreichbaren Fehlererkennbarkeiten in Abhängigkeit von der Dicke eines Stahlprüflings zeigt der untere Teil der Abb. 31. Auch hier ist wie bei Röntgenaufnahmen die Fehlererkennbarkeit gemessen am Durchmesser eben erkennbarer Stahldrähte, die auf das Werkstück aufgelegt werden. Bei großen Dicken (etwa 100 mm und darüber) besteht kein merklicher Unterschied zwischen der mit Röntgenstrahlen und der mit γ-Strahlen erreichbaren Fehlererkennbarkeit. Dies gilt jedoch nur für Stahl und Stoffe höheren Atomgewichtes als Stahl, während zur Aufnahme leichtatomiger Stoffe die mit γ-Strahlen erreichbare Fehlererkennbarkeit nicht ausreicht.

9. Normung.

γ-Strahlen sind, wie die Röntgenstrahlen, biologisch wirksam und in größerer Menge gesundheitsschädlich. Zur Herabsetzung der mit der Handhabung radioaktiver Präparate verknüpften Strahlengefährdung wurden die „Vorschriften für den Strahlenschutz in nichtmedizinischen Radiumbetrieben" DIN Rönt 8/1937 aufgestellt. Bei der großen Durchdringungsfähigkeit der γ-Strahlen einerseits, die sehr dicke Schutzdicken erforderlich machen würden, der geringen Intensität der üblichen Präparate andererseits ist das beste Schutzmittel, sich außer bei den notwendigen Arbeiten in angemessener Entfernung von den Präparaten aufzuhalten. Vor allem ist ein unmittelbares Berühren der Präparate zu vermeiden. Ihre Handhabung mit Zangen zum Anbringen bei der Durchstrahlung ist verhältnismäßig ungefährlich.

C. Das Magnetpulververfahren.

Das Magnetpulver- oder Feilspäneverfahren dient dem Nachweis von plötzlichen Änderungen der Permeabilität (z. B. von Rissen, Bindefehlern, Fremdeinschlüssen und Härtungszonen) an oder nahe der Oberfläche magnetisierbarer Werkstücke und Bauteile. Dabei wird das magnetisierte Werkstück mit einem trocknen oder in einer Flüssigkeit aufgeschlämmten magnetisierbaren Pulver bestreut bzw. bespült. Über einer Fehlstelle sammelt sich das Pulver vorzugsweise an und kennzeichnet so deren Vorhandensein und Verlauf[1, 2, 3, 4].

1. Allgemeine Grundlagen.

Magnetische Kraftlinien werden beim Durchgang durch einen beliebigen Körper über Stellen veränderter magnetischer Durchlässigkeit (Permeabilität) abgelenkt. Ist die Permeabilität der Störstellen wesentlich kleiner als die des gesunden Werkstoffes, so treten die Kraftlinien teilweise aus dem Prüfkörper aus und nehmen ungefähr in der Breite der Störstelle ihren Weg durch die Luft (Abb. 32). Der magnetische Widerstand dieses Luftstreuweges wird verkleinert, wenn durch aufgebrachtes magnetisierbares Pulver ein bequemerer Weg für die Streulinien geschaffen wird. Die so erzielte Verringerung der magnetischen Streuwegenergie, bezogen auf die Weglängeneinheit, ist gleich der Kraft, mit der das Magnetpulver über der Fehlstelle festgehalten wird (Richtkraft). Das Zustandekommen einer Magnetpulveranzeige setzt also voraus, daß die Richtkraft größer ist als die mechanischen Kräfte, die das Pulver von der Fehlstelle weg zu bewegen suchen (Abschwemmen, Abfallen, Abblassen); sie kann für bestimmte Annahmen über Permeabilität, Fehlerlage, -größe und -richtung, sowie für verschiedene Feldstärken rechnerisch ermittelt werden.

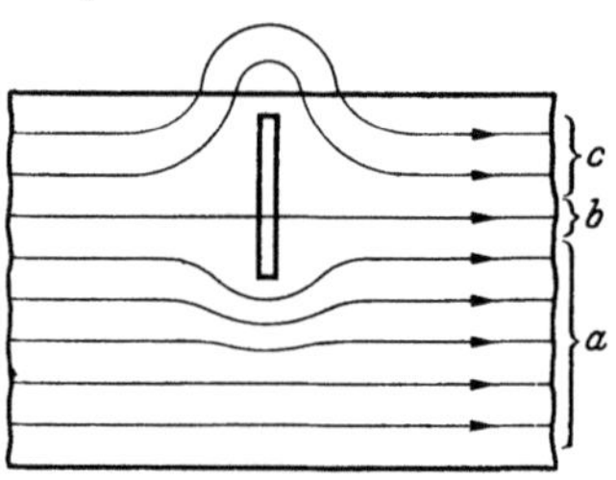

Abb. 32. Kraftlinienverlauf im Bereich einer Fehlstelle.
a Restquerschnittweg; *b* Störstellenweg; *c* Streulinienweg.

Die mechanischen Kräfte dagegen hängen von der Handhabung des Verfahrens ab, nur für den Fall, daß eine Aufschwemmung lediglich unter dem Einflusse der Schwerkraft an einer geneigten Fläche abläuft, können sie bestimmt werden; aus ihrem Zusammenwirken mit der Richtkraft lassen sich dann die im folgenden Abschnitt angegebenen Grenzwerte der Fehlernachweisbarkeit ermitteln.

[1] BERTHOLD, R.: Atlas der zerstörungsfreien Prüfverfahren. J. A. Barth 1938.
[2] SCHWARZ, M. v. u. J. KRAUSE: Magnetische Untersuchungen zum Fehlernachweis in ferromagnetischen Werkstoffen. Masch.-Schad. Bd. 11 (1934) S. 107.
[3] BERTHOLD, R. u. W. SCHIRP: Die Grundlagen des Magnetpulver-Verfahrens. Masch.-Schad., Sonderheft Juni 1937.
[4] HÄNSEL, H.: Die Fehlererkennbarkeit bei der magnetischen zerstörungsfreien Prüfung. Arch. Eisenhüttenw. Bd. 11 (1938) S. 497.

2. Fehlernachweisbarkeit in Abhängigkeit von Feldstärke, Fehlergröße und Fehlerlage.

Die im folgenden errechneten und, soweit möglich, experimentell nachgeprüften Leistungsgrenzen des Magnetpulververfahrens wurden ermittelt unter der Voraussetzung eines über den Körperquerschnitt gleichmäßig verteilten, stehenden Magnetfeldes, wie es durch einen Gleichstromelektromagneten erzeugt wird, zwischen dessen Pole der Prüfling eingespannt ist. Die Bedeutung der in den folgenden bildlichen Darstellungen auftretenden Größen ergibt sich aus Abb. 33.

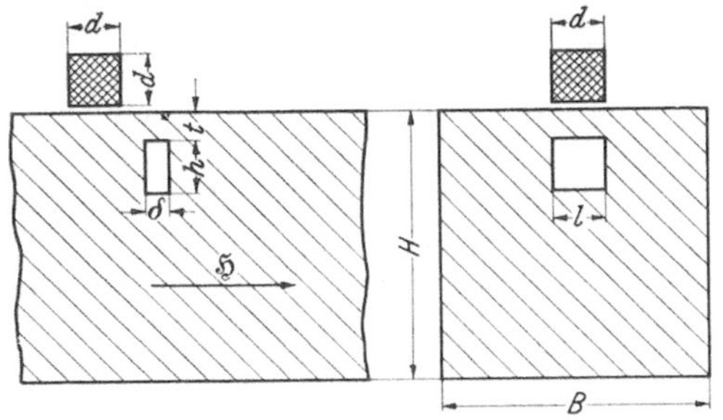

Abb. 33. Bedeutung der in den Abb. 34 und 35 auftretenden Größen.
H, *B* Querschnittsmaße des Werkstücks; *h* Fehlerhöhe, *l* Fehlerlänge, *δ* Fehlerbreite, *t* Tiefenlage des Fehlers, 𝔖 ⟶ Richtung des magnetischen Feldes; *d* Kantenlänge des (würfelförmig angenommenen) Magnetpulverteilchens.

Von größter praktischer Bedeutung ist die Frage des Zusammenhanges zwischen nachweisbarer Rißbreite und Feldstärke. Für den Fall, daß der Riß senkrecht zum Magnetfeld und an der Oberfläche des Prüflings verläuft, zeigt Abb. 34, daß Risse von $^1/_{1000}$ mm, bei höheren Feldstärken sogar von $^1/_{10000}$ mm Breite noch nachweisbar sein müssen. Diese hohe Empfindlichkeit wird schon bei Feldstärken von etwa 40 AW/cm annähernd erreicht; Steigerung über etwa 90 AW/cm bringt keine wesentliche Zunahme der Fehlernachweisbarkeit.

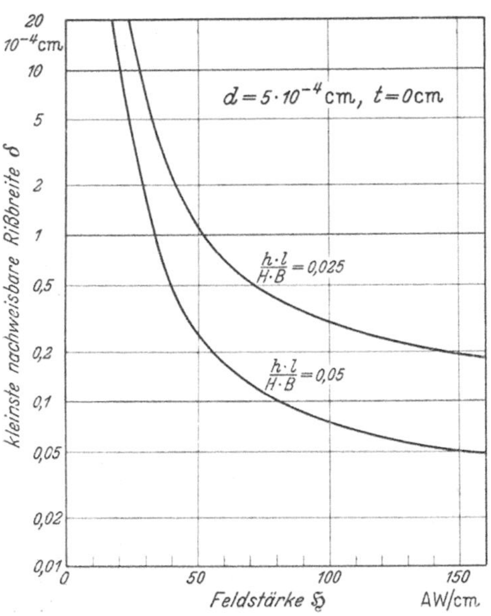

Abb. 34. Nachweisbarkeitsgrenze von Rissen in Abhängigkeit von der magnetischen Feldstärke. (Erklärung der Zeichen vgl. Abb. 33.)

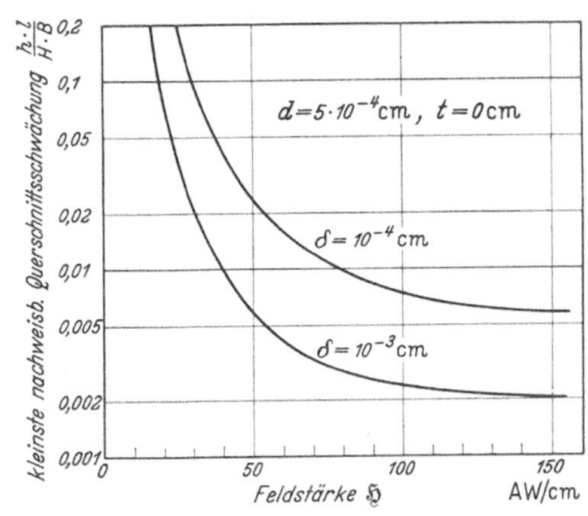

Abb. 35. Kleinste nachweisbare Querschnittsschwächung in Abhängigkeit von der magnetischen Feldstärke. (Erklärung der Zeichen vgl. Abb. 33.)

Diese Feststellungen stehen in Übereinstimmung mit Erfahrungen, die beim Anfertigen von Schliffbildern auf Grund von Magnetpulveranzeigen gemacht wurden.

Die Nachweisbarkeit eines Risses ist bei einer bestimmten Feldstärke jedoch nicht nur von seiner Breite, sondern auch von seiner *Gesamtausdehnung* (Fläche) und seinem *Verlaufe* zum magnetischen Kraftflusse abhängig. In Abb. 34 sind

2 Kurven für 2,5 und 5% Querschnittsschwächung des Werkstückes durch einen Riß gezeichnet, die den Einfluß der Rißausdehnung erkennen lassen. Dies zeigt noch deutlicher Abb. 35, wo die kleinsten noch nachweisbaren Querschnittsschwächungen in Abhängigkeit von der Feldstärke für oberflächlich verlaufende Risse von $^1/_{100}$ und $^1/_{1000}$ mm Breite aufgetragen sind. Auch in diesem Falle liegen die notwendigen Feldstärken zwischen etwa 40 und 90 AW/cm.

Man muß daraus entnehmen, daß Querschnittsschwächungen in der Größenordnung von 1% notwendig sind, um die Anzeige feiner Risse zu ermöglichen. Diese Feststellung widerspricht jedoch den praktisch gemachten Erfahrungen: In vielen Fällen wurden an großen Bauteilen feinste Risse magnetisch ermittelt, die, auf die Gesamtdicke des Werkstückes bezogen, nur eine verschwindend kleine Querschnittsschwächung hervorrufen. Die Ursache dieses Unterschiedes zwischen Rechnung und Erfahrung hängt mit der getroffenen Annahme der gleichmäßigen Feldverteilung über den ganzen Querschnitt zusammen, eine Voraussetzung, die gerade bei großen Werkstücken niemals erfüllt ist. Hierauf wird im nächsten Abschnitt eingegangen.

Bei den bisherigen Betrachtungen geht die Rißfläche $h \cdot l$ nur dann in voller Größe ein, wenn der Riß senkrecht zur Feldrichtung verläuft; bei schiefem Verlaufe ist nur diejenige Komponente der Fläche $h \cdot l$ einzusetzen, die senkrecht zum Magnetfeld steht. Diese Tatsache führt zu der Forderung, daß ein Werkstück zum magnetischen Nachweise *aller* Oberflächenfehler in wenigstens zwei zueinander senkrechten Richtungen magnetisiert werden muß. Von dieser Forderung kann man jedoch abgehen, wenn Form und Beanspruchung des Prüflings ausschließlich bestimmte Fehlerrichtungen auftreten lassen.

So empfindlich das Magnetpulververfahren beim Nachweis von Oberflächenfehlern ist, so wenig befriedigend ist seine Leistung beim Nachweis tiefgelegener Fehler. Die Tiefenwirkung nimmt bei Feldstärken unter 40 AW/cm sehr rasch ab; bei Feldstärken über 60 AW/cm nimmt sie kaum mehr zu. Hier decken sich wieder Erfahrung und rechnerische Ermittlung in befriedigendem Maße.

Eine etwas größere Tiefenwirkung wird durch Anwendung von sog. Magnetdosen erzielt, d. s. mit ruhender Magnetpulverflüssigkeit gefüllte Dosen mit Membranböden und durchsichtigem Deckel, die auf das Werkstück aufgesetzt werden. Die im Vergleich zum Überspülen erhöhte Empfindlichkeit wird durch das sehr langsame, also mit geringerer Reibung erfolgende Absetzen des Magnetpulvers bewirkt.

3. Die Felderzeugung.

Die vorstehend ermittelten Grenzen der Fehlernachweisbarkeit gelten, wie schon erwähnt, unter der Voraussetzung eines über den Körperquerschnitt gleichmäßig verteilten Magnetfeldes. Dies ist praktisch der Fall, wenn man einfach geformte Werkstücke zwischen die Backen eines mit Gleichstrom gespeisten Elektromagneten einigermaßen symmetrisch einspannt (*Magnetfremderregung*). Diese älteste Art der Felderzeugung für magnetische Prüfzwecke gestattet verhältnismäßig starke Felder im Prüfling aufzubauen, die bei kleineren Werkstücken bis zur magnetischen Sättigung führen; im übrigen ist die dem Prüfling aufgezwungene magnetische Randspannung nur durch Rücksichten auf Größe und Gewicht des Magneten begrenzt.

Grundsätzlich erhält man also leicht höchstmögliche Empfindlichkeit und Tiefenwirkung des Magnetpulververfahrens mit Hilfe der Magnetfremderregung. Aber bei der Prüfung sperriger, schlecht zugänglicher oder großer Werkstücke spielen gerade Abmessungen und Gewichte der Magnete eine entscheidende Rolle; mit schweren Magnetgeräten lassen sich Baustellenprüfungen überhaupt nicht durchführen. Man kann sich dann gelegentlich mit kleinen tragbaren Gleichstrommagneten besonderer Formgebung helfen; wenn dabei auch die aufgebrachte Amperewindungszahl niedrig begrenzt ist, so genügt sie doch, um Prüfkörper mäßiger Dicke abschnittweise ausreichend zu magnetisieren und zu prüfen.

Ähnliche Schwierigkeiten treten beim Prüfen langgestreckter Körper auf Längsrisse ein, wenn man mit Magnetfremderregung arbeiten will; man müßte auch in diesem Falle zu einem unwirtschaftlichen abschnittweisen Durchschieben des langgezogenen Prüflings senkrecht zu den Polschuhen greifen und außerdem in zwei zueinander senkrechten Richtungen magnetisieren. Ein weiterer Nachteil der Magnetfremderregung ist die gelegentliche Notwendigkeit der sorgfältigen Entmagnetisierung in besonderen Geräten, um Störungen im späteren Gebrauch zu vermeiden.

Aus den angeführten Gründen benutzt man mindestens ebenso häufig wie die Magnetfremderregung auch das Verfahren der *Stromdurchflutung*; dabei wird meist ein Wechselstrom, seltener ein Gleichstrom durch den Prüfling hindurchgeschickt. Kreisförmig um die Strombahn herum entstehen magnetische Ringfelder, deren Größe durch die Stärke des elektrischen Stromes und den magnetischen Widerstand des Feldlinienweges im Werkstück bestimmt ist. Bei dieser Art der Magnetisierung ist nun die Prüfung langgestreckter Körper auf Längsrisse sehr einfach, weil auf der ganzen Länge des Prüflings ein dem durchlaufenden Strom entsprechendes, senkrecht zur Längsachse verlaufendes Ringmagnetfeld herrscht; das Feld steht also senkrecht auch zum Verlauf etwaiger Längsrisse. Dazu kommt bei der Wechselstromdurchflutung ein besonderer Vorteil: Durch die mit steigender Frequenz immer stärker ausgeprägte Verdrängung des Stromes zu den Randzonen des Leiters wird auch das Magnetfeld im wesentlichen auf diese Randzonen beschränkt; infolgedessen ist für den Nachweis eines Fehlers in der Randzone nicht mehr die durch ihn verursachte prozentuale Schwächung des gesamten, sondern nur noch des magnetisierten Querschnittes maßgebend. Daraus erklärt sich die hohe Empfindlichkeit dieses Verfahrens beim Nachweis von Oberflächenfehlern, die nur eine kleine Schwächung des Prüfquerschnittes verursachen.

Diese Konzentrierung des Magnetfeldes auf einen bestimmten Teil des Prüfstückes kann man auch bei der Untersuchung der Innenwandung von Rohren oder Bohrungen ausnutzen; führt man in diesem Falle den felderzeugenden Strom nicht *in* den Prüfling selbst, sondern in einen durch die Bohrung oder das Rohr hindurchgesteckten Leiter, so entsteht die größte magnetische Feldstärke an der dem Leiter zugekehrten Wandung des Prüflings. Auch hier erhält man entsprechend große Empfindlichkeit beim Nachweis von Fehlern, die den Gesamtquerschnitt nur unmerklich schwächen. Beim Prüfen der Innenwand großer Behälter legt man dann zur Verstärkung mehrere Windungen durch die Behälteröffnungen, um eine entsprechend vervielfachte Amperewindungszahl zu erhalten; das Werkstück bildet dabei den Kern eines Ringtransformators. Bei sehr großen Werkstücken und langen stromführenden Leitungen werden die induktiven Widerstände groß, so daß nicht genügend Wechselstrom durch den Leiter fließt. Dann muß man zur *Gleichstromdurchflutung* übergehen, wobei die apparativen Aufwendungen größer sind als die für Wechselstromdurchflutung, bei welcher der Strom einem verhältnismäßig kleinem Tiefspanner entnommen werden kann.

Mit den beschriebenen Arten der Stromdurchflutung kann man in jedem Bauteil die gewünschte Feldrichtung erzielen; es gelingt jedoch nicht immer ohne Verbrennungsgefahr der Kontaktstellen (bei Stromdurchflutung des Prüfkörpers selbst) so hohe Feldstärken zu erzeugen wie bei der Magnetfremderregung. Dazu kommt, daß wegen der bei Wechselstromdurchflutung auftretenden Stromverdrängung die Tiefenwirkung des Verfahrens merklich geringer ist. Als Vorzüge des Verfahrens bleiben jedoch die Anwendung an beliebig gelagerten und geführten Werkstücken, die Möglichkeit, leichte Geräte hoher Leistung herzustellen und die einfache Entmagnetisierung bei Wechselstromdurchflutung, die durch langsame, kontinuierliche Verringerung der Primärspannung am Tiefspanner bewirkt wird.

Für die Serienprüfung kleiner Teile macht man in letzter Zeit häufiger von der Wirkung des *im Werkstück verbliebenen („remanenten") Magnetismus* Gebrauch. Man wünscht dabei die lästige Einspannung und Prüfung jedes einzelnen Teiles zu vermeiden. Deshalb schickt man mit Hilfe einfacher Spannvorrichtungen einen starken Gleichstromstoß durch das Werkstück und taucht eine große Zahl so bleibend magnetisch gewordener Stücke in ein gemeinsames Metallölbad. Die Erzeugung des Stromstoßes geschieht entweder durch Akkumulatoren oder durch Entladung von Kondensatoren.

4. Technische Hilfsmittel.

a) Geräte für Magnetfremderregung.

Bei den handelsüblichen Geräten für Magnetfremderregung wird der dem Netz entnommene Wechselstrom über einen Umformer gleichgerichtet und der Wicklung eines Elektromagneten zugeleitet. Mit Ausnahme eines amerikanischen Gerätes (de Forest Association, New York) sind die Magnetpole so angeordnet, daß das Werkzeug horizontal zwischen sie eingespannt werden kann. Die Polschuhe selbst haben verschiedene Ausbildung; im allgemeinen bestehen sie aus von Hand oder motorisch beweglichen und drehbaren Schlitten (vgl. Abb. 36). Die Werkstücke müssen mindestens in zwei Richtungen zwischen die Backen des Elektromagneten eingespannt werden, wenn Fehler aller Richtungen nachgewiesen werden sollen. Das Magnetpulver, in irgendeinem Gleitmittel, meist Mineralöl, aufgeschlämmt, wird durch eine Umlaufpumpe dauernd in Bewegung gehalten; über eine Spritzdüse kann das Magnetöl über den Prüfkörper gespült werden, und das rücklaufende Öl wird in großen Wannen aufgefangen, die Durchbrüche für die Magnetpole und den Ölrücklauf aufweisen. Die Regelung der Feldstärke geschieht durch Feldregelung am Umformeraggregat.

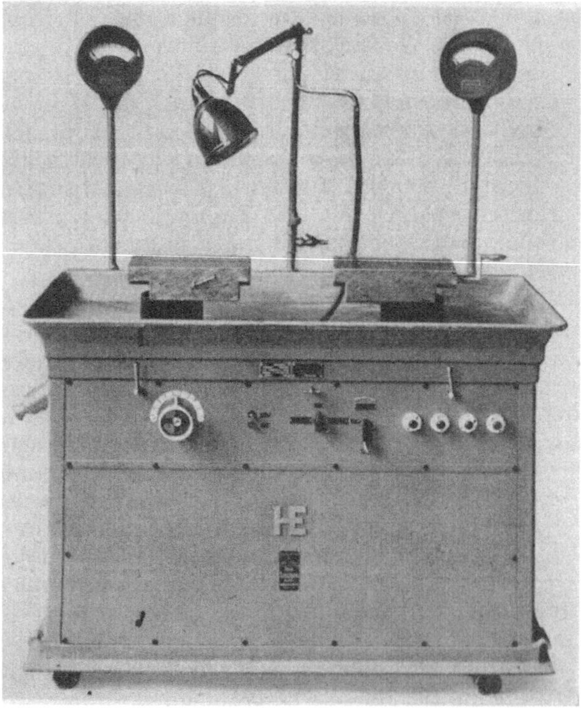

Abb. 36. Gleichstrom-Magnetgerät für Magnetpulverprüfungen. (Hersteller: E. Heubach, Berlin-Tempelhof.)

Als Maß der Feldstärke wird im allgemeinen die Spulenstromstärke (in Verbindung mit der feststehenden Windungszahl) gemessen. Man muß sich darüber klar sein, daß dieses Maß nur in sehr grober Annäherung einen Rückschluß auf das im Werkstück bestehende Feld zuläßt, insbesondere die Streuverluste sind im allgemeinen bei diesen Gleichstrommagneten ganz erheblich.

Abb. 37. Tunnelmagnet (Bauart Reichs-Röntgenstelle).

Die Gleichstromelektromagnete in der beschriebenen Bauart sind schwere Maschinen, auf die das Werkstück aufgelegt wird. Tritt die Forderung auf, große Werkstücke oder Bauteile mit Gleichstrommagneten zu prüfen, so bedarf es tragbarer Sonderausführungen. Eine solche Ausführung, den sog. Tunnelmagneten, zeigt Abb. 37. Durch die tunnelartige Form des Eisenkerns ist für kürzeste Weglänge und streuungslosen Feldaufbau gesorgt. Die zwischen den Polschuhen entstehenden Feldstärken sind verhältnismäßig groß und gewährleisten eine sehr gute Tiefenwirkung. Für die Prüfung von Schweißnähten hat sich diese Form von Elektromagneten am besten bewährt; im allgemeinen kann der Tunnelmagnet auf der der Beobachtung abgekehrten Seite angesetzt werden, wodurch die Beobachtung der Fehleranzeige wesentlich erleichtert wird.

Abb. 38. Stauchbund-Prüfgerät mit verstellbaren Sektoren. (Bauart Reichs-Röntgenstelle.)

Eine Sonderausführung für die Prüfung von angeschweißten oder angestauchten Rohrbunden zeigt Abb. 38. Verstellbare Sektoren ermöglichen das Anpassen des inneren Magnetrückschlusses an verschiedene Rohrdurchmesser. Ähnliche Ausführungen wurden benutzt für die Prüfung von Rohreinwalzstellen auf versteckte Rundrisse.

Der remanente Magnetismus mit starken Gleichstromfeldern erregter Werkstücke muß oft (besonders, wenn es sich um bewegte Teile handelt) beseitigt werden. Für kleine Stücke genügt das langsame Durchschieben durch eine starke Wechselstromspule (Abb. 39). Große Teile müssen erneut in einen Gleichstrommagneten eingespannt und durch allmähliches gleichmäßiges Herunterregulieren des Feldes bei gleichzeitigem regelmäßigen Umschalten der Pole entmagnetisiert werden.

b) Geräte für Wechselstromdurchflutung.

Die Wechselstromdurchflutungsgeräte bestehen aus einem Tiefspanner, der die Netzspannung auf wenige Volt heruntertransformiert. Die gebräuchlichen Wechselstromdurchflutungsgeräte haben maximale Stromstärken von 500, 1500, 2000 und 4000 A. Ihre Regulierung geschieht entweder stufenweise oder, was für eine restlose Entmagnetisierung vorteilhafter ist, stufenlos. Bei den kleinen marktgängigen Geräten ist jedoch keine Regulierung vorgesehen, da sie

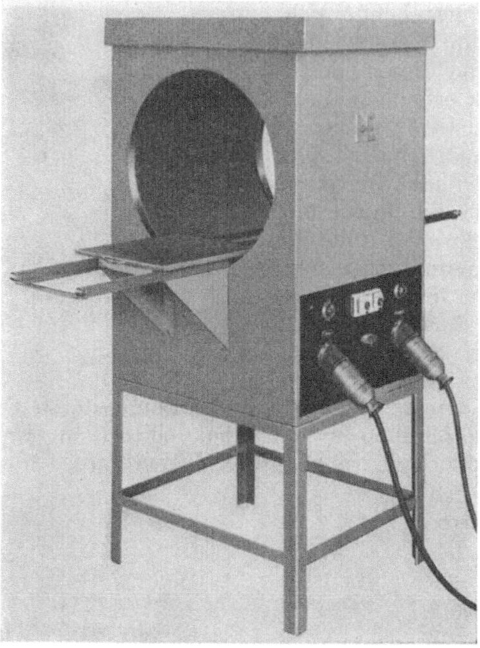

Abb. 39. Entmagnetisierungsgerät. (Hersteller: E. Heubach, Berlin-Tempelhof.)

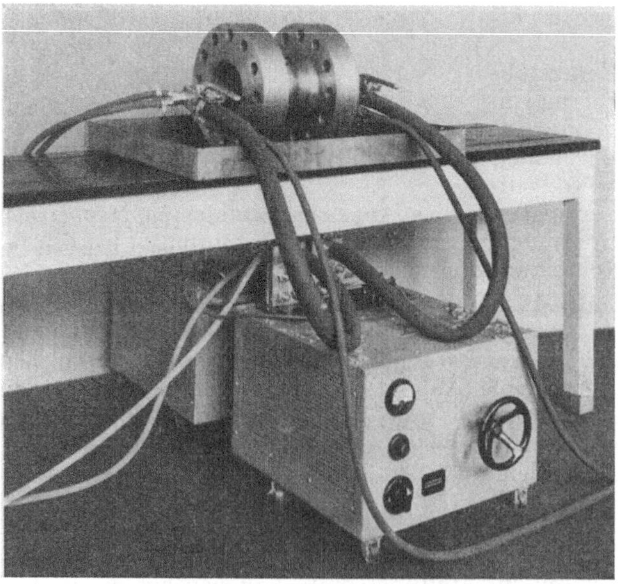

Abb. 40. Wechselstrom-Durchflutungsgerät für 4000 A Dauerbelastung. Stromleiter, Kabelschuhe und Zangenelektroden wassergekühlt. (Hersteller: Siemens u. Halske AG., Berlin-Siemensstadt.)

im allgemeinen nur zur Prüfung bestimmter kleiner Abschnitte von größeren Bauwerken (Nietlöcher an Kesseln, Schweißnähte an großen Konstruktionen

u. dgl.) verwendet werden und eine nachträgliche Entmagnetisierung nicht erforderlich ist. Abb. 40 zeigt ein Wechselstromdurchflutungsgerät für 4000 A, Abb. 41 und 42 kleine transportable Geräte für 500 bzw. 300 A.

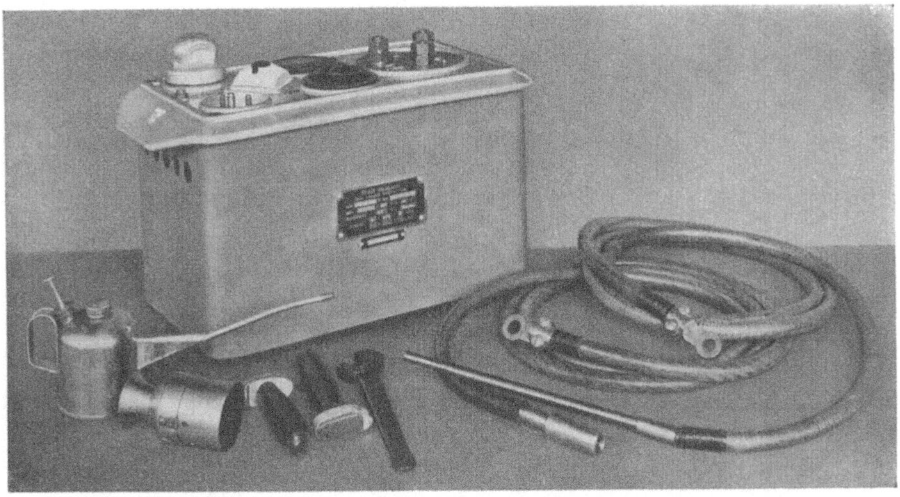

Abb. 41. Nietloch- oder Schweißnahtprüfer (500 A). (Hersteller: E. Heubach, Berlin-Tempelhof.)

Wie schon erwähnt, bedarf es zur Prüfung sehr großer Bauteile des Übergangs auf Gleichstrom, um zu große induktive Widerstände zu vermeiden. Deshalb wurden neuerdings Gleichstromzusatzeinrichtungen entwickelt, bei denen mit Hilfe von Kupferoxydulzellen der ankommende, tiefgespannte Wechselstrom gleichgerichtet wird. Um allzu große Dimensionen der Gleichrichter zu vermeiden, liefern diese Geräte jedoch höchstens 500 A Gleichstrom bei einer Spannung von etwa 10 V; man kann aber zur Erhöhung der Amperewindungszahl die stromzuführenden Kabel mehrfach um oder durch die Prüfkörper wickeln.

Abb. 42. Handmagnet zum Prüfen von Schweißnähten (300 A). (Hersteller: Siemens u. Halske AG., Berlin-Siemensstadt.)

c) Kombinierte Geräte.

Um das Umspannen der Werkstücke zum Auffinden von Fehlern der verschiedensten Richtungen zu vermeiden, werden häufig Gleichstromfremderregung und Wechselstromdurchflutung vereinigt (kombinierte Geräte). Durch nacheinander vorgenommene Gleichstromfremderregung und Wechselstromdurchflutung können damit in *einer* Einspannung Fehler aller Richtungen nachgewiesen werden. Die Untersuchung läßt sich auch bei gleichzeitiger Gleichstromfremderregung und Stromdurchflutung durchführen, wenn die Feldstärken nicht allzugroße Unterschiede aufweisen. Abb. 43 zeigt ein derartiges kombiniertes Gerät.

d) Stoßmagnetisierungsgeräte.

Zur Serienprüfung von Kleinteilen mit Hilfe des im Werkstück nach der Magnetisierung verbleibenden Restmagnetismus wurden sog. Stoßgeräte entwickelt. Bei einer Ausführungsform[1] werden Elektrolytkondensatoren über einen Widerstand aufgeladen und über das Werkstück entladen. Die Stromstöße sind von sehr kurzer Dauer, doch genügen auch bei größeren Stücken

Abb. 43. Kombiniertes Gleichstrom-Magnet- und Wechselstrom-Durchflutungs-Gerät (1500 A). Daneben ein selbsttätiges Entmagnetisierungs-Gerät. (Hersteller: E. Heubach, Berlin-Tempelhof.)

2 bis 3 Stöße, um eine der Spitzenstromstärke entsprechende Magnetisierung zu erzielen. Durch Kippschwingschaltungen wird für ein selbsttätiges Auf- und

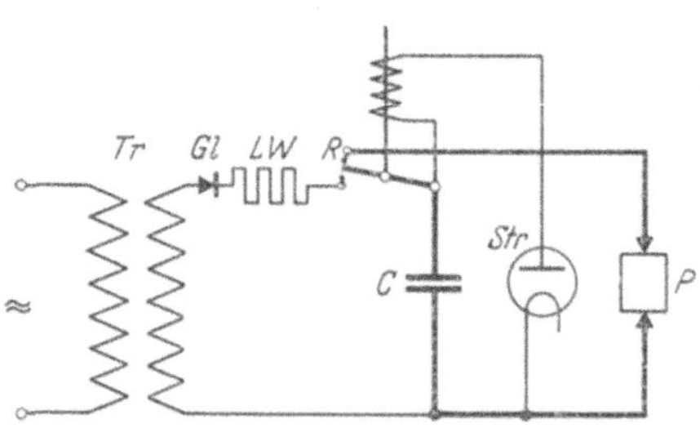

Abb. 44. Magnetstoßgerät,: Schaltskizze.
Tr Transformator; *Gl* Trockengleichrichter; *LW* Ladewiderstand; *R* Relais; *C* Kondensator; *Str* Stromtor; *P* Prüfling.

Entladen der Kondensatoren gesorgt; Schaltung und Ansicht eines solchen Gerätes zeigen Abb. 44 und 45.

e) Prüfdokumente.

Um von einer Magnetpulveruntersuchung Prüfdokumente zu erhalten, wie das z. B. die Röntgenfilme darstellen, kann man den Magnetbefund photographisch im Bild festhalten. Dies ist bei größeren Untersuchungen umständlich, besonders dann, wenn mehrere Aufnahmen unter verschiedenen Blickrichtungen notwendig sind, um alle Fehler zu erfassen (z. B. Nietlochrisse in der Leibung, Rißanzeigen bei zylindrischen Körpern usw.). Im allgemeinen ist deshalb das

[1] BERTHOLD, R. u. W. SCHIRP: Ein neuartiges Stoßgerät für Serienprüfungen nach dem Magnetpulver-Verfahren. Masch.-Schad. Bd. 15 (1938) S. 137.

Festhalten magnetischer Befunde nach der Abdruckmethode vorzuziehen[1]. Dabei wird ein saugfähiges Papier nach Entfernen überschüssigen Magnetöls auf

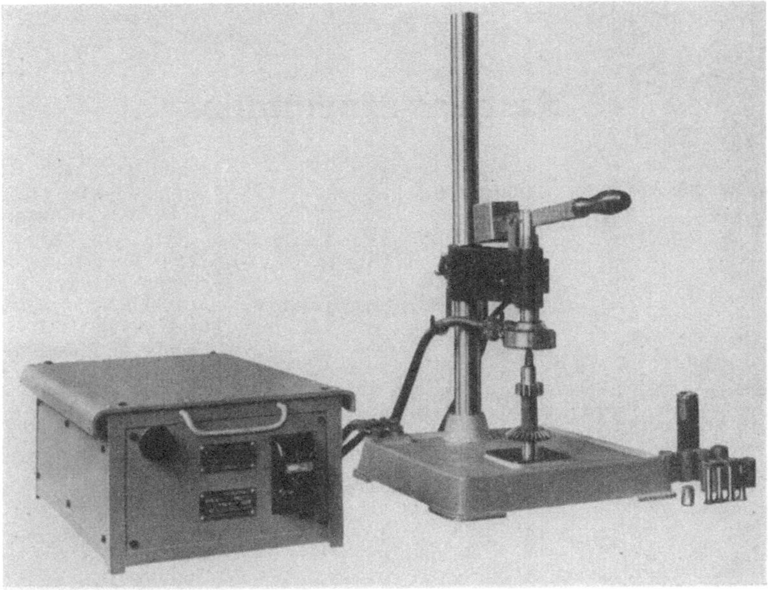

Abb. 45. Stoßmagnetisierungsgerät zur Serienprüfung kleiner Teile. (Hersteller: E. Heubach, Berlin-Tempelhof.)

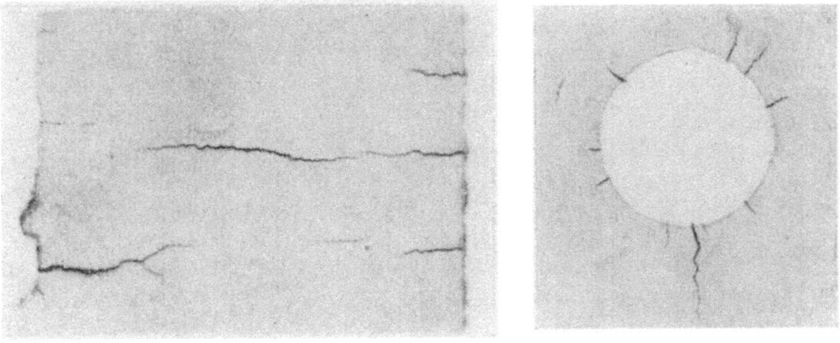

a b

Abb. 46a und b. Magnetabdrücke; a von einer Bremsbacke; b von einem Nietloch.

die Magnetanzeige angedrückt; die Pulveransammlung wird vom Papier aufgenommen und kann nach dem Trocknen mit einem Lack fixiert werden. Zwei derartige Abdrücke sind in Abb. 46 wiedergegeben.

Zusammenfassendes Schrifttum.

BERTHOLD, R.: Atlas der zerstörungsfreien Prüfverfahren. Leipzig: Johann Ambrosius Barth 1938 (wird laufend ergänzt).

Zerstörungsfreie Prüfung und Struktur der Werkstoffe. Berichte vom Ausschuß 60 beim Deutschen Verband für die Materialprüfungen der Technik (DVM). (Monatliche Berichterstattung aller auf dem Gebiet der zerstörungsfreien Werkstoffprüfung erscheinenden Veröffentlichungen.)

---

1 KOLB, W.: Ein Hilfsmittel zur Wiedergabe magnetischer Prüfbefunde. Masch.-Schad. Bd. 16 (1939) S. 1.

Namenverzeichnis.

Sachverzeichnis.

GPSR Compliance

The European Union's (EU) General Product Safety Regulation (GPSR) is a set of rules that requires consumer products to be safe and our obligations to ensure this.

If you have any concerns about our products, you can contact us on ProductSafety@springernature.com

In case Publisher is established outside the EU, the EU authorized representative is:

Springer Nature Customer Service Center GmbH
Europaplatz 3
69115 Heidelberg, Germany

Batch number: 10684222

Printed by Printforce, the Netherlands